AF061863

HANDBUCH DER PHYSIK

UNTER REDAKTIONELLER MITWIRKUNG VON

R. GRAMMEL-STUTTGART · F. HENNING-BERLIN
H. KONEN-BONN · H. THIRRING-WIEN · F. TRENDELENBURG-BERLIN
W. WESTPHAL-BERLIN

HERAUSGEGEBEN VON

H. GEIGER UND KARL SCHEEL

BAND XXIV

NEGATIVE UND POSITIVE STRAHLEN
ZUSAMMENHÄNGENDE MATERIE

BERLIN
VERLAG VON JULIUS SPRINGER
1927

NEGATIVE UND POSITIVE STRAHLEN
ZUSAMMENHÄNGENDE MATERIE

BEARBEITET VON

H. BAERWALD · O. F. BOLLNOW · M. BORN · W. BOTHE
P. P. EWALD · H. GEIGER · H. G. GRIMM · E. RÜCHARDT

REDIGIERT VON H. GEIGER

MIT 374 ABBILDUNGEN

BERLIN
VERLAG VON JULIUS SPRINGER
1927

ISBN 978-3-7091-5276-8 ISBN 978-3-7091-5424-3 (eBook)
DOI 10.1007/978-3-7091-5424-3

ALLE RECHTE, INSBESONDERE DAS DER ÜBERSETZUNG
IN FREMDE SPRACHEN, VORBEHALTEN.
COPYRIGHT 1927 BY JULIUS SPRINGER IN BERLIN.
SOFTCOVER REPRINT OF THE HARDCOVER 1ST EDITION 1927

Inhaltsverzeichnis.

Seite

Kapitel 4.

Der Aufbau der festen Materie und seine Erforschung durch Röntgenstrahlen.

Allgemeine physikalische Konstanten

(September 1926)[1].

a) Mechanische Konstanten.

Gravitationskonstante	$6{,}6_5 \cdot 10^{-8}$ dyn $\cdot$ cm^2 $\cdot$ g^{-2}
Normale Schwerebeschleunigung	$980{,}665$ cm $\cdot$ sec^{-2}
Schwerebeschleunigung bei 45° Breite	$980{,}616$ cm $\cdot$ sec^{-2}
1 Meterkilogramm (mkg)	$0{,}980665 \cdot 10^8$ erg
Normale Atmosphäre (atm)	$1{,}01325_3 \cdot 10^6$ dyn $\cdot$ cm^{-2}
Technische Atmosphäre	$0{,}980665 \cdot 10^6$ dyn $\cdot$ cm^{-2}
Maximale Dichte des Wassers bei 1 atm	$0{,}999973$ g $\cdot$ cm^{-3}
Normales spezifisches Gewicht des Quecksilbers	$13{,}5955$

b) Thermische Konstanten.

Absolute Temperatur des Eispunktes	$273{,}2_0°$
Normales Litergewicht des Sauerstoffes	$1{,}42900$ g $\cdot$ l^{-1}
Normales Molvolumen idealer Gase	$22{,}414_5 \cdot 10^3$ cm^3
Gaskonstante für ein Mol	$0{,}8204_5 \cdot 10^2$ cm^3-atm $\cdot$ grad^{-1} $0{,}8313_2 \cdot 10^8$ erg $\cdot$ grad^{-1} $0{,}8309_0 \cdot 10^1$ int joule $\cdot$ grad^{-1} $1{,}985_8$ cal $\cdot$ grad^{-1}
Energieäquivalent der 15°-Kalorie (cal)	$4{,}184_2$ int joule $1{,}1623 \cdot 10^{-6}$ int k-watt-st $4{,}186_3 \cdot 10^7$ erg $4{,}268_8 \cdot 10^{-1}$ mkg

c) Elektrische Konstanten.

1 internationales Ampere (int amp)	$1{,}0000_0$ abs amp
1 internationales Ohm (int ohm)	$1{,}0005_0$ abs ohm
Elektrochemisches Äquivalent des Silbers	$1{,}11800 \cdot 10^{-3}$ g $\cdot$ int coul^{-1}
Faraday-Konstante für ein Mol und Valenz 1	$0{,}9649_4 \cdot 10^5$ int coul
Ionisier.-Energie/Ionisier.-Spannung	$0{,}9649_4 \cdot 10^5$ int joule $\cdot$ int volt^{-1}

d) Atom- und Elektronenkonstanten.

Atomgewicht des Sauerstoffs	$16{,}000$
Atomgewicht des Silbers	$107{,}88$
LOSCHMIDTsche Zahl (für 1 Mol)	$6{,}06_1 \cdot 10^{23}$
BOLTZMANNsche Konstante k	$1{,}372 \cdot 10^{-16}$ erg $\cdot$ grad^{-1}
$^1/_{16}$ der Masse des Sauerstoffatoms	$1{,}650 \cdot 10^{-24}$ g
Elektrisches Elementarquantum e	$1{,}592 \cdot 10^{-19}$ int coul $4{,}77_4 \cdot 10^{-10}$ dyn$^{1/2}$ $\cdot$ cm
Spezifische Ladung des ruhenden Elektrons e/m	$1{,}76_6 \cdot 10^8$ int coul $\cdot$ g^{-1}
Masse des ruhenden Elektrons m	$9{,}02 \cdot 10^{-28}$ g
Geschwindigkeit von 1-Volt-Elektronen	$5{,}94_5 \cdot 10^7$ cm $\cdot$ sec^{-1}
Atomgewicht des Elektrons	$5{,}46 \cdot 10^{-4}$

e) Optische und Strahlungskonstanten.

Lichtgeschwindigkeit (im Vakuum)	$2{,}998_5 \cdot 10^{10}$ cm $\cdot$ sec^{-1}
Wellenlänge der roten Cd-Linie (1 atm, 15° C)	$6438{,}470_0 \cdot 10^{-8}$ cm
RYDBERGsche Konstante für unendl. Kernmasse	$109737{,}1$ cm^{-1}
SOMMERFELDsche Konstante der Feinstruktur	$0{,}729 \cdot 10^{-2}$
STEFAN-BOLTZMANNsche Strahlungskonstante σ	$5{,}7_5 \cdot 10^{-12}$ int watt $\cdot$ cm^{-2} $\cdot$ grad^{-4} $1{,}37_4 \cdot 10^{-12}$ cal $\cdot$ cm^{-2} $\cdot$ sec^{-1} $\cdot$ grad^{-4}
Konstante des WIENschen Verschiebungsgesetzes	$0{,}288$ cm $\cdot$ grad
WIEN-PLANCKsche Strahlungskonstante c_2	$1{,}43$ cm $\cdot$ grad

f) Quantenkonstanten.

PLANCKsches Wirkungsquantum h	$6{,}55 \cdot 10^{-27}$ erg $\cdot$ sec
Quantenkonstante für Frequenzen $\beta = h/k$	$4{,}77_5 \cdot 10^{-11}$ sec $\cdot$ grad
Durch 1-Volt-Elektronen angeregte Wellenlänge	$1{,}233 \cdot 10^{-4}$ cm
Radius der Normalbahn des H-Elektrons	$0{,}529 \cdot 10^{-8}$ cm.

---

[1]) Erläuterungen und Begründungen s. Bd. II d. Handb. Kap. 10, S. 487—518.

Kapitel 1.

Durchgang von Elektronen durch Materie[1]).

Von

W. BOTHE, Charlottenburg.

Mit 34 Abbildungen.

I. Allgemeines.

1. Übersicht. Dringen schnelle Elektronen in materielle Körper ein, so treten sie in Wechselwirkung mit den elektrisch geladenen Elementarbestandteilen der Atome, nämlich den positiven Atomkernen und den Elektronen, welche die äußere Hülle der Atome bilden. Als Resultat dieser Wechselwirkungsprozesse treten Veränderungen sowohl im Elektronenbündel als im durchstrahlten Körper auf. Jedes Strahlelektron erleidet eine Veränderung seiner Geschwindigkeit nach Richtung und Größe; die Geschwindigkeitsänderung erfolgt in den meisten Fällen im Sinne einer Energieabgabe an die durchquerten Atome; im umgekehrten Sinne verlaufende Vorgänge sind zwar bei langsamen Elektronen ebenfalls möglich, wenn das betroffene Atom sich nicht in seinem Normalzustand befindet (Stöße zweiter Art), solche Vorgänge sollen aber in diesem Kapitel außer Betracht bleiben. Streng genommen ist jede Richtungsänderung mit einer Geschwindigkeitsänderung verbunden und umgekehrt (Ziff. 2). Praktisch kann man jedoch bei den hier fast ausschließlich angenommenen größeren Strahlgeschwindigkeiten die beiden Phänomene als voneinander unabhängig ansehen; dies erklärt sich daraus, daß die beobachtbare Richtungsänderung im wesentlichen allein durch den Einfluß der Kerne zustande kommt, während der Geschwindigkeitsverlust praktisch nur durch die Atomelektronen bewirkt wird (Ziff. 9 u. 27). So ergibt sich eine Zweiteilung des ganzen Gebietes in die Erscheinungen der Zerstreuung und der Absorption der Elektronenstrahlen (Abschn. II und III); beide Erscheinungskomplexe überlagern sich praktisch unabhängig voneinander (über eine Ausnahme vgl. Ziff. 37 am Schluß).

Während die Zerstreuung keine weiteren beobachtbaren Erscheinungen im Gefolge hat (die geringe Impulsübertragung auf die zerstreuenden Atome ist praktisch bedeutungslos), geht mit der Energieabsorption eine Reihe weiterer Erscheinungen Hand in Hand. Ein Teil der Energie, welche den Strahlelektronen entzogen wird, dient dazu, Elektronen aus dem Atomverbande loszureißen, so daß sie als Sekundärelektronen oder δ-Strahlen beobachtbar werden, während das betroffene Atom im Zustande der Ionisation zurückbleibt. Einen anderen Teil der absorbierten Energie sendet das durchquerte Atom als sekundäre Wellenstrahlung wieder aus, und zwar größtenteils wohl in Form der

[1]) In diesem Kapitel werden in der Hauptsache nur die Kathoden- und β-Strahlen im engeren Sinne behandelt; auf langsame Elektronen, deren Verhalten eine ganz andersartige Behandlung erfordert (vgl. insbesondere ds. Handb. Bd. XXIII, Kap. 7), wird hier nur so weit eingegangen, als es der Zusammenhang verlangt.

dem Atom charakteristischen homogenen Strahlungen, welche sein Spektrum bilden; ob das durch Elektronenbombardement erregte Atom auch ein Kontinuum aussendet, steht noch nicht fest. Aber auch das gebremste Strahlelektron selbst wird zum Ausgangszentrum einer Wellenstrahlung, des kontinuierlichen Bremsspektrums. Mit diesen Sekundärerscheinungen beschäftigt sich Abschn. IV. Auf die verschiedenen Arten sekundärer Wellenstrahlung wird jedoch hier nur kurz eingegangen werden, da sie an anderen Stellen dieses Handbuches ausführlicher behandelt werden.

Die Bedeutung dieser Erscheinungen liegt in zwei Richtungen. Erstens lassen sie Aufschlüsse über den Bau der Atome erwarten, zweitens gestatten sie, die klassische (oder irgendeine andere) Mechanik in kleinsten Raumdimensionen nachzuprüfen[1]. Freilich muß von vornherein betont werden, daß die aus den bisherigen Versuchsergebnissen gewonnenen theoretischen Aufschlüsse noch etwas unbestimmter Art sind und an Präzision und Tragweite zurückstehen hinter denjenigen, die etwa aus der Wechselwirkung zwischen Wellenstrahlung und Materie gezogen werden konnten. Andererseits ist auch die Theorie noch weit davon entfernt, von dem ganzen Erscheinungsgebiet restlos und quantitativ Rechenschaft zu geben. Es handelt sich also um ein Gebiet, welches durchaus noch im Fluß ist. Als Ursachen hierfür lassen sich mehrere anführen. Die beobachtbaren Erscheinungen sind meist sehr komplexer Natur, die wirklichen Elementarprozesse sind der Beobachtung schwer zugänglich. Dabei stößt aber schon die strenge theoretische Behandlung einer einzelnen Atomdurchquerung auf erhebliche Schwierigkeiten, welche teils mathematischer Art sind (Mehrkörperproblem), teils in unserer Unkenntnis über die räumliche Anordnung der Atombestandteile begründet sind. Schließlich und vor allem hat sich mehr und mehr gezeigt, daß die gewöhnliche Mechanik auf diese Vorgänge zum mindesten nicht mehr streng anwendbar ist, ohne daß sich bisher mit Sicherheit die Grenze ihrer angenäherten Gültigkeit angeben ließe[2].

Betrachtet man ein einzelnes Strahlelektron bei seinem Durchgang durch eine gegebene Schicht Materie, so ist allerdings der Ablauf des ganzen Prozesses eindeutig bestimmt durch die Konstellation, welche dieses Elektron und die betroffenen Atome und ihre Bestandteile miteinander bilden. Trotzdem ist es experimentell nicht möglich, etwa eine bestimmte Ablenkung des Elektrons zu reproduzieren, weil offenbar die jeweilige Ablenkung in außerordentlich empfindlicher Weise auf kleinste Änderungen in der Richtung und Auftreffstelle des Elektrons und in der gegenseitigen Lage der ablenkenden Ladungszentren (Wärmebewegung, intraatomare Bewegungen) reagiert. So wird ein praktisch paralleles Elektronenbündel beim Durchgang durch Materie stets in ein Bündel von größerem Öffnungswinkel auseinandergezogen, „zerstreut", und zwar ist das zerstreute Bündel symmetrisch um die ursprüngliche Richtung verteilt; die Zerstreuung ist hiernach ein reines Schwankungsphänomen. Während also die mittlere Ablenkung Null ist, ist gleichzeitig der mittlere Geschwindigkeitsverlust positiv und der direkten Messung zugänglich; aber auch dieses Mittelwertsphänomen wird durch Schwankungserscheinungen verwischt. Man sieht, daß der Wahrscheinlichkeitstheorie ein breiter Raum bei der Deutung dieser Erscheinungen zuzuweisen ist. Der ganze Verlauf ist aufzulösen in eine Reihe

---

[1] Auf die Wichtigkeit des letzten Punktes hat mit besonderem Nachdruck BOHR hingewiesen (ZS. f. Phys. Bd. 34, S. 154. 1925).

[2] Die neue Quanten- und Undulationsmechanik von HEISENBERG-BORN-JORDAN-SCHRÖDINGER ist noch nicht soweit durchgebildet, daß ihre Einbeziehung hier zweckmäßig erschienen wäre, obwohl sie viel Aussicht auf Lösung der bestehenden Schwierigkeiten bietet (vgl. M. BORN, ZS. f. Phys. Bd. 37, S. 863, 1926; Bd. 38, S. 803. 1926; Anm. b. d. Korr.).

statistisch unabhängiger Elementarprozesse. Als derartiger Elementarprozeß ist der Zusammenstoß des Strahlelektrons mit einem Elementarbestandteil des Atoms anzusehen, denn die gegenseitige Bedingtheit in den räumlichen Lagen der Atombestandteile ist nach allem, was wir wissen, so komplizierter Natur, daß sie für unsere Zwecke einer völligen Unabhängigkeit gleichgesetzt werden kann.

In fast allen erwähnten Punkten bestehen sehr weitgehende Analogien zwischen α- und Elektronenstrahlen, weshalb die im folgenden vorkommenden theoretischen Entwicklungen so gehalten sein mögen, daß sie auch auf α-Strahlen anwendbar sind. Andererseits wird es aber auch wiederholt nötig sein, auf quantitative Unterschiede im Verhalten beider Strahlenarten hinzuweisen.

2. Wechselwirkung zwischen zwei Punktladungen. Wir behandeln hier sogleich die einfache Theorie des Elementarprozesses, weil sie für die Gliederung des ganzen Stoffes von Wichtigkeit ist. Wir bedienen uns dabei ausschließlich der klassischen Elektrodynamik. Es bezeichne e die Ladung, m die Masse des Strahlenteilchens, E und M die entsprechenden Größen für das ablenkende Teilchen, welches wir als ursprünglich ruhend ansehen. Von der Veränderlichkeit der Masse mit der Geschwindigkeit sehen wir ab. Ferner fassen wir als Wechselwirkungskraft nur die COULOMBsche ins Auge, weil durch Annahme magnetischer Atomkräfte, über die wir an sich sehr wenig wissen, keine Vorteile erzielt werden.

Wir denken uns das ablenkende Teilchen zunächst im Raume fixiert; der allgemeine Fall des beweglichen Teilchens läßt sich daran leicht anschließen. Wie aus der elementaren Mechanik bekannt, beschreibt das Strahlenteilchen, aus dem Unendlichen kommend, einen Hyperbelzweig. Das Ablenkungszentrum bildet den inneren oder äußeren Brennpunkt dieses Zweiges, je nachdem E und e entgegengesetztes oder gleiches Vorzeichen haben (M bzw. M', Abb. 1). In Polarkoordinaten r, φ lautet der Energie- und Flächensatz für die Bewegung

$$\frac{1}{2} m (\dot{r}^2 + r^2 \dot{\varphi}^2) + \frac{Ee}{r} = W = \frac{1}{2} m v^2;$$

$$r^2 \dot{\varphi} = F = v p ,$$

wo v die gegebene Anfangsgeschwindigkeit des Strahlenteilchens (in unendlicher Entfernung vom Ablenkungszentrum) und p die Länge des Lotes vom Ablenkungszentrum auf die ursprüngliche Flugbahn des Strahlenteilchens, der „Stoßparameter" ist. Setzt man $\dot{r} = \dot{\varphi}\, dr/d\varphi$, so erhält man durch Elimination von $\dot{\varphi}$ aus beiden Gleichungen die Differentialgleichung für r als Funktion von φ, deren Lösung bei passender Wahl der Integrationskonstanten (d. h. der Anfangsrichtung für φ, vgl. Abb. 1) die Normalform der Hyperbelgleichung annimmt:

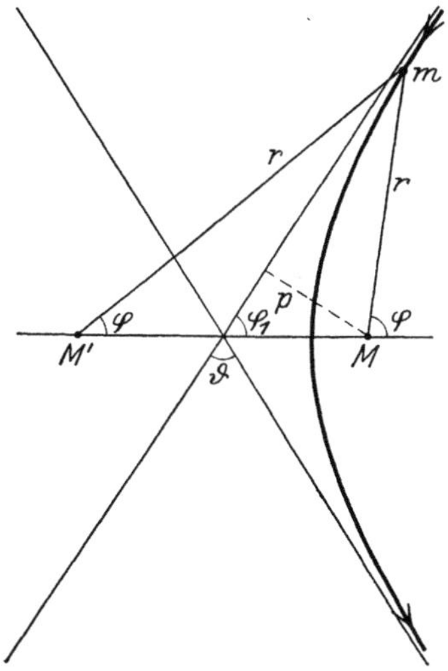

Abb. 1. Hyperbelbahn bei ruhendem Kraftzentrum.

$$r = \frac{a}{\varepsilon \cos\varphi - 1}$$

mit

$$a = \frac{m F^2}{E e}; \qquad \varepsilon^2 = 1 + \frac{2 m W F^2}{E^2 e^2}.$$

ε bedeutet die numerische Exzentrizität der Hyperbel. r wird ∞ für $\varphi = \pm \varphi_1$, wo $\cos\varphi_1 = 1/\varepsilon$. Daher ist $2\varphi_1$ der Asymptotenwinkel der Hyperbel. Die Ablenkung, welche das Strahlenteilchen während des ganzen Prozesses erfährt, wollen wir mit ϑ bezeichnen; sie ist

$$\vartheta = \pi - 2\varphi_1 .$$

So erhalten wir schließlich

$$\operatorname{tg}^2 \frac{\vartheta}{2} = \frac{1}{\varepsilon^2 - 1} = \frac{E^2 e^2}{2mWF^2},$$

oder nach Einsetzen der Werte für W und F

$$\operatorname{tg} \frac{\vartheta}{2} = \frac{E e}{m v^2 p} . \tag{1}$$

Diese Gleichung gilt für den Fall, daß die Masse M des ablenkenden Teilchens sehr groß gegen die Masse m des Strahlenteilchens ist. Sind nun die Massen miteinander vergleichbar, so lehrt die elementare Mechanik, daß die Bewegung des Strahlenteilchens so verläuft, als ob eine Coulombsche Kraft vom Massenmittelpunkt des Systems aus wirkte. Diesen Punkt S, welcher sich nach dem Gesetz von der Erhaltung des Schwerpunktes gleichförmig bewegt, wählen wir vorübergehend zum Anfangspunkt eines „gestrichenen" Koordinatensystems (Abb. 2). In diesem System bewegt sich also das Strahlenteilchen so, als ob in S die Ladung

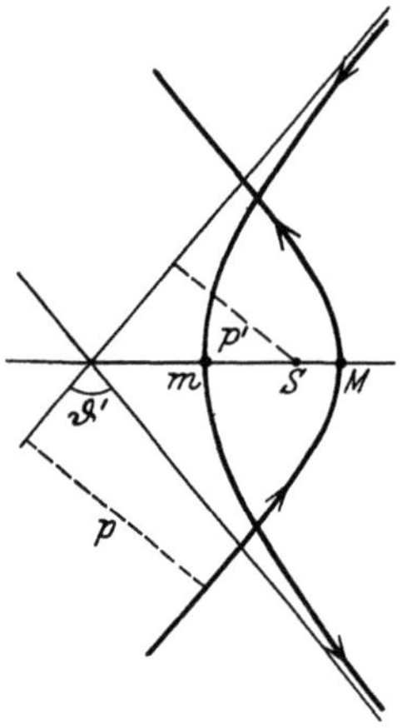

Abb. 2. Hyperbelbahn bei mitbewegtem Kraftzentrum.

$$E' = E \left(\frac{M}{M + m} \right)^2 \tag{2}$$

fixiert wäre. Daher gilt entsprechend (1)

$$\operatorname{tg} \frac{\vartheta'}{2} = \frac{E' e}{m v'^2 p'} . \tag{3}$$

Um denselben Winkel ϑ' wird in diesem Bezugssystem auch das Teilchen M aus seiner Richtung abgelenkt. Beide Teilchen haben nach dem Prozeß denselben Absolutwert der Geschwindigkeit wie vor dem Prozeß (v' bzw. V'), und zwar gilt nach dem Impulssatz

$$m v' = M V' . \tag{4}$$

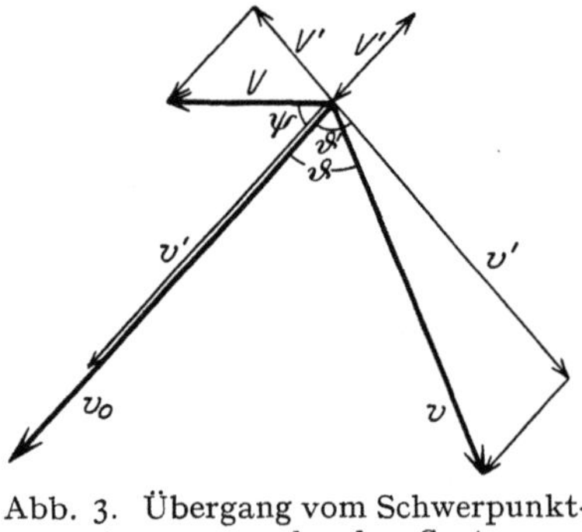

Abb. 3. Übergang vom Schwerpunktsystem zum ruhenden System.

Wir gehen nun zu dem „ruhenden System" über, in welchem das Teilchen M vor dem Prozeß ruhen soll; nach dem Prozeß wird es eine gewisse Geschwindigkeit V besitzen. Das Teilchen m habe in diesem System ursprünglich die Geschwindigkeit v_0 und nehme nach Ablauf des Prozesses die Geschwindigkeit v an, deren Richtung um den „Aklenkungswinkel" ϑ gegen die Richtung von v_0 verschieden sei. Den Übergang vollziehen wir an Hand der Abb. 3, indem wir zu sämtlichen vier Geschwindigkeitsvektoren im gestrichenen System die Geschwindigkeit V' in solcher Richtung addieren, daß die resultierende Anfangsgeschwindigkeit des Teilchens M verschwindet. Es ergeben sich sofort folgende Beziehungen:

$$\begin{aligned} v_0 &= v' + V', \\ v^2 &= v'^2 + V'^2 + 2v'V'\cos\vartheta', \\ V &= 2V'\sin\frac{\vartheta'}{2}, \\ v\sin\vartheta &= v'\sin\vartheta', \end{aligned} \tag{5}$$

woraus durch Elimination von v' und V' mit Benutzung von (4) folgt

$$v^2 = v_0^2\frac{M^2 + 2Mm\cos\vartheta' + m^2}{(M+m)^2}, \tag{6}$$

$$V = 2v_0\frac{m}{M+m}\sin\frac{\vartheta'}{2}, \tag{7}$$

$$\operatorname{tg}\vartheta = \frac{M\sin\vartheta'}{M\cos\vartheta' + m}. \tag{8}$$

Bezeichnet p wieder den „Stoßparameter" (Abb. 2), so gilt

$$p' = p\frac{M}{M+m},$$

so daß (3) mit (2), (4) und (5) übergeht in

$$\operatorname{tg}\frac{\vartheta'}{2} = \frac{Ee}{v_0^2 p}\left(\frac{1}{M} + \frac{1}{m}\right). \tag{9}$$

Der Winkel ψ, welchen die endgültige Bewegungsrichtung des Teilchens M mit der ursprünglichen Bewegungsrichtung des Strahlenteilchens m bildet, ist aus Abb. 3 abzulesen:

$$\psi = \frac{\pi - \vartheta'}{2}. \tag{10}$$

Die Gleichungen (6) bis (10) enthalten die vollständige Lösung des Problems. Sie sind in gleicher Weise auf positiv und negativ geladene, schwere und leichte Strahlenteilchen (α- und β-Strahlen) und ablenkende Teilchen (Atomkerne und -elektronen) anwendbar. Gleichung (8) bildet den Ausgangspunkt für das Verständnis der Zerstreuungserscheinungen, Gleichung (6) und (7) für die Bremsung und korpuskulare Sekundärstrahlung (Ionisation).

Erheblich komplizierter werden diese Beziehungen, wenn man die Abhängigkeit der Massen von der Geschwindigkeit in Rechnung zieht. DARWIN[1]) hat den Fall behandelt, daß das ablenkende Teilchen praktisch ruht, so daß nur die Veränderlichkeit von m zu berücksichtigen ist. Es ergibt sich für den Fall anziehender Kräfte das merkwürdige Resultat, daß unter gewissen Bedingungen das Strahlenteilchen sich dem ablenkenden Teilchen in spiralartiger Bahn unbegrenzt nähert, also „eingefangen" wird; dies tritt ein, wenn der Stoßparameter p einen gewissen kritischen Wert p_0 unterschreitet:

$$p_0 = \frac{Ee}{mc^2}\frac{\sqrt{1-\beta^2}}{\beta}.$$

Hierin ist $\beta = v_0/c$ die in Einheiten der Lichtgeschwindigkeit gemessene Anfangsgeschwindigkeit des Strahlenteilchens. Ist dagegen $p > p_0$, so tritt das Strahlenteilchen wieder aus dem Kraftfeld des ablenkenden Teilchens heraus, die Bahn ist dann eine „relativistische Keplerhyperbel", welche der „relativistischen Keplerellipse" in der Optik vollkommen analog ist. Von einer gewöhnlichen Hyperbel unterscheidet sich die Bahn dadurch, daß alle Azimute φ im Verhältnis

[1]) C. G. DARWIN, Phil. Mag. Bd. 25, S. 201. 1913.

$1:\sqrt{1-p_0^2/p^2}$ vergrößert sind. Bezeichnet ϑ den nach Gleichung (1), ϑ_r den relativistisch berechneten Ablenkungswinkel, so besteht die Beziehung

$$\operatorname{tg}\left(\gamma \cdot \frac{\vartheta_r + \pi}{2}\right) = \gamma \operatorname{tg}\frac{\vartheta + \pi}{2}; \qquad \gamma^2 = 1 - \beta^2 \cot^2 \frac{\vartheta + \pi}{2}.$$

Der Einfluß der Massenveränderlichkeit kann bei der Zerstreuung schneller Elektronen erheblich werden.

3. Geschwindigkeits- und Energiemaße. Außer der in $\mathrm{cm \cdot sec^{-1}}$ gemessenen Geschwindigkeit eines Elektrons, welche im folgenden stets mit v bezeichnet ist, wird als bequemes Geschwindigkeitsmaß häufig der Quotient

$$\beta = \frac{v}{c}$$

benutzt, wo c die Vakuumlichtgeschwindigkeit bedeutet. Ferner ist es namentlich bei kleinen Geschwindigkeiten nützlich, mit der „Voltgeschwindigkeit" V eines Elektrons zu rechnen, d. i. diejenige Spannungsdifferenz in Volt, welche das ursprünglich ruhende Elektron frei durchlaufen muß, um die Geschwindigkeit v zu erlangen. Bezeichnen (wie stets im folgenden) ε und μ die Ladung (in el.stat. E.) und Ruhemasse eines Elektrons, so hängt V mit der in Erg gemessenen kinetischen Energie T des Elektrons zusammen durch die Gleichung

$$\left.\begin{aligned} V &= \frac{300}{\varepsilon} T = 6{,}284 \cdot 10^{11}\, T, \\ \text{bzw.}\quad T &= 1{,}591 \cdot 10^{-12}\, V. \end{aligned}\right\} \tag{11}$$

Da nun

$$T = \mu c^2\left\{(1-\beta^2)^{-\frac{1}{2}} - 1\right\} = 8{,}13 \cdot 10^{-7}\left\{(1-\beta^2)^{-\frac{1}{2}} - 1\right\}, \tag{12}$$

so ist auch

$$V = 511\,000\left\{(1-\beta^2)^{-\frac{1}{2}} - 1\right\}. \tag{13}$$

Ein weiteres Geschwindigkeitsmaß, welches häufig da zur Anwendung kommt, wo die Geschwindigkeit durch magnetische Ablenkung gemessen wird, ist das Produkt von magnetischer Feldstärke H und Krümmungsradius r:

$$H r = \frac{\mu \beta c^2}{\varepsilon\sqrt{1-\beta^2}} = 1702 \frac{\beta}{\sqrt{1-\beta^2}}. \tag{14}$$

II. Zerstreuung.

4. Einzel-, Mehrfach-, Vielfachstreuung und vollständige Diffusion. Durchsetzt ein paralleles Bündel von Elektronenstrahlen senkrecht eine dünne Schicht Materie, so wird es zerstreut, d. h. die Richtungen der einzelnen Elektronen zeigen nach dem Durchgang eine kontinuierliche Verteilung um die ursprüngliche Richtung herum. Von der Geschwindigkeitsabnahme, welche hierbei eintritt, sehen wir im folgenden ab, was in weiten Grenzen zulässig ist. Die Erfahrung lehrt, daß die Gesetze für die Richtungsverteilung und ihre Abhängigkeit von Schichtdicke und Material der Folie und von der Geschwindigkeit der Strahlen sehr verschiedene Form haben, je nach der Größenordnung der durchstrahlten Schichtdicke, oder genauer ausgedrückt, je nach der Zahl der elementaren Ablenkungsprozesse, aus welchen die beobachtete Gesamtablenkung eines herausgegriffenen Strahlenteilchens resultiert. Hierin besteht im Prinzip vollständige Analogie mit der Zerstreuung der α-Strahlen. Bei sehr dünnen Schichten kommen zum mindesten die größeren Ablenkungen praktisch durch einen einzigen Elementarprozeß zustande, indem die Gesamtheit der übrigen Elementarablenkungen trotz ihrer möglicherweise recht großen Zahl nur einen verschwindend kleinen Beitrag zur Gesamtablenkung liefert. Diesen Fall bezeichnet man als den der „Einzelstreuung"; er tritt ein, wenn die Schichtdicke so gering ist, daß die Wahrscheinlichkeit, daß ein Teilchen mehr als eine Elementarablenkung der betrachteten Größenordnung erleidet, sehr klein ist. Die Schichtdicke, bis zu welcher herauf dies als gültig anzusehen ist, wird um so größer sein, je unwahrscheinlicher die betrachtete Einzelablenkung ist, d. h. je größere Ablenkungen man ins Auge faßt (Ziff. 5).

Das andere Extrem besteht darin, daß jedes Strahlenteilchen eine sehr große Zahl von Elementarablenkungen von gleicher Größenordnung erfährt. Auf diesen Fall, den wir als den der „Vielfachstreuung" bezeichnen, kann man die Prinzipien der Fehlertheorie anwenden und findet, in Übereinstimmung mit der Erfahrung, daß die Richtungsverteilung der gestreuten Elektronen mit gewisser Annäherung durch das GAUSSsche Fehlergesetz wiedergegeben wird, solange die Zerstreuung sich nicht über zu große Winkel erstreckt. Während Einzelstreuung bei großen Streuwinkeln und kleinen Schichtdicken eintritt, kann Vielfachstreuung nur bei kleinen Streuwinkeln und großen Schichtdicken erwartet werden.

Bei sehr großen Schichtdicken breiten sich die gestreuten Elektronen über die ganze Austritts-Halbkugel aus, wobei ihre Verteilung praktisch einem Grenzgesetz zustrebt; in diesem Falle sprechen wir von „vollständiger Diffusion". Sie entspricht dem, was LENARD als den „Normalfall" bezeichnet.

Den Übergang zwischen Einzel- und Vielfachstreuung bildet ein Gebiet, in welchem sich einerseits jede Gesamtablenkung im allgemeinen aus mehr als einer Einzelablenkung zusammensetzt, andererseits aber die Zahl der wesentlichen Einzelablenkungen nicht groß genug ist, daß das GAUSSsche Verteilungsgesetz sich einstellen könnte. Dieses Übergangsgebiet bezeichnen wir als das der „Mehrfachstreuung".

5. Die Einzelstreuung. Wir betrachten eine zerstreuende Schicht von der Dicke x aus einem chemisch einfachen Material von der Ordnungszahl Z; die Zahl der Atome pro cm^3 sei N. Wir berechnen zunächst die Einzelstreuung von Elektronenstrahlen durch die Atomkerne; in die Gleichungen von Ziff. 2 ist also für m und e die Elektronenmasse und -ladung μ und $-\varepsilon$, für M und E die Masse und Ladung $(Z\varepsilon)$ eines Atomkernes einzusetzen. Dabei ist $M \gg \mu$, so daß (1) für den Ablenkungswinkel ϑ die Gleichung ergibt

$$\operatorname{tg}\frac{\vartheta}{2} = \frac{Z\varepsilon^2}{\mu v^2 p}. \qquad (15)$$

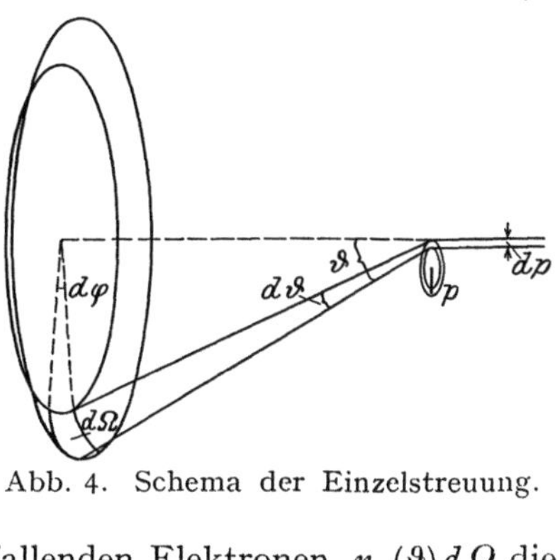

Abb. 4. Schema der Einzelstreuung.

Nun ist die Wahrscheinlichkeit, daß die Anfangsrichtung eines Strahlelektrons in einem zwischen p und $p + dp$ gelegenen Abstand an einem Atomkern vorbeiführt, gleich $Nx \cdot 2\pi p\,dp$ (Abb. 4), und ebenso groß ist daher die Wahrscheinlichkeit, daß ein Strahlenteilchen um einen zwischen ϑ und $\vartheta + d\vartheta$ gelegenen Winkel abgelenkt wird, wenn ϑ und $d\vartheta$ mit p und dp durch die Gleichung (15) verbunden sind. Ist also n_0 die Zahl der auffallenden Elektronen, $n_1(\vartheta)\,d\Omega$ die Zahl derjenigen, welche in das Raumwinkelelement $d\Omega = \sin\vartheta\, d\vartheta\, d\varphi$ hineingestreut werden, dessen Achse um den Winkel ϑ gegen die ursprüngliche Strahlrichtung geneigt ist, so ist

$$n_1\,d\Omega = n_0\,\frac{d\varphi}{2\pi}\,2\pi N x p\,dp = n_0\,\frac{d\Omega}{\sin\vartheta}\cdot N x p\left|\frac{dp}{d\vartheta}\right|$$

oder nach Einsetzen von p aus (15)

$$n_1\,d\,\Omega = \frac{1}{4}\,n_0 N x \left(\frac{Z\varepsilon^2}{\mu v^2}\right)^2 \frac{d\,\Omega}{\sin^4\vartheta/2}\,. \tag{16}$$

Dieser Ausdruck unterscheidet sich von demjenigen, welcher für die Einzelstreuung der α-Strahlen gilt, nur durch den Faktor 1/4 (wegen der verschiedenen Teilchenladung), wenn man μ durch die Masse eines α-Teilchens ersetzt.

Um die Zerstreuung durch die Atomelektronen zu berechnen, haben wir nur in (8) und (9) $M = m = \mu$ und $E = e = -\varepsilon$ zu setzen und finden für die Ablenkung ϑ durch ein Atomelektron

$$\operatorname{tg}\vartheta = \frac{2\varepsilon^2}{\mu v^2 p}\,. \tag{17}$$

Der größte, bei $p = 0$ erreichte Ablenkungswinkel beträgt also $\pi/2$, so daß bei Streuwinkeln $> \pi/2$ die Atomelektronen keinen Beitrag liefern. Für Streuwinkel $< \pi/2$ ergibt eine entsprechende Rechnung wie oben die Zahl $n_2(\vartheta)\,d\,\Omega$ der gestreuten Elektronen, wobei zu beachten ist, daß die Zahl der Atomelektronen im cm^3 gleich ZN ist:

$$n_2 d\,\Omega = n_0 Z N x \left(\frac{2\varepsilon^2}{\mu v^2}\right)^2 \frac{\cos\vartheta}{\sin^3\vartheta}\,d\Omega\,. \tag{18}$$

Insgesamt wird die beobachtete Zahl gestreuter Elektronen

$$n(\vartheta) = n_1(\vartheta) + n_2(\vartheta)\,. \tag{19}$$

Die Einzelstreuung der Elektronenstrahlen befolgt kompliziertere Gesetze als die der α-Strahlen. Zunächst können bei Elektronenstrahlen die Zusammenstöße mit den Atomelektronen unter Umständen sehr wesentlich zur Einzelstreuung beitragen, namentlich bei leichtatomigen Substanzen. Hierbei ist noch zu berücksichtigen, daß größere Ablenkungen durch einzelne Atomelektronen im Gegensatz zu denen durch Atomkerne stets mit einem beträchtlichen Energieverlust verbunden sind. Hinzu kommt die in den obigen Formeln vernachlässigte Abhängigkeit der Elektronenmasse von der Geschwindigkeit (Ziff. 2). Weiter werden auch die schnellsten experimentell zugänglichen β-Strahlen schon in größerem Abstande von einem Atomkern stark abgelenkt als die α-Strahlen; dieser Abstand kann bei den schwersten Atomen größer als der Bahnradius der K-Elektronen sein, so daß diese eine Abschirmungswirkung ausüben[1]); für Z ist dann eine kleinere „effektive Kernladungszahl" einzusetzen. Allgemein gesprochen, ist die Zerstreuung der Elektronenstrahlen viel stärker als die der α-Strahlen, so daß auch schon in den dünnsten Folien und bei sehr schnellen Strahlen eine beträchtliche allgemeine Diffusion (Vielfachstreuung) eintritt, welche sich der Einzelstreuung überlagert. Weitere experimentelle Komplikationen bestehen darin, daß eine so einfache Zählmethode für Elektronen, wie sie die Szintillationsmethode für α-Strahlen darstellt, nicht bekannt ist, und daß homogen β-strahlende Substanzen fehlen. Aus allen diesen Gründen ist die Einzelstreuung der β-Strahlen noch nicht sehr genau untersucht.

Von Wichtigkeit ist es, ein Kriterium dafür zu haben, daß bei einer gegebenen Versuchsanordnung wirklich Einzelstreuung und nicht Mehrfachstreuung gemessen wird. Als solches kann das lineare Anwachsen der gestreuten Teilchenzahl mit der Schichtdicke dienen, welches Gleichung (16) und (18) verlangen. Ferner kann man Einzelstreuung annehmen, wenn der theoretische Bruchteil aller

[1]) Andererseits können aus demselben Grunde die in großer Kernnähe bestehenden Abweichungen vom COULOMBschen Gesetz, welche RUTHERFORD neuerdings aus der Einzelstreuung der α-Strahlen erschlossen hat, sich bei β-Strahlen nicht äußern.

auffallenden Strahlen, welcher über Winkel gestreut wird, die größer sind als der Beobachtungswinkel, sehr klein ist, denn dann wird die Wahrscheinlichkeit, daß zwei Ablenkungswinkel von der Größenordnung des halben Beobachtungswinkels sich zur beobachteten Ablenkung zusammensetzen, klein von höherer Ordnung. Dieses letztere Kriterium ist von WENTZEL[1]) auf folgende Form gebracht worden: Berechnet man einen Ablenkungswinkel ϑ_m so, daß jedes Teilchen auf der gegebenen Strecke x im Mittel zwei Einzelablenkungen erfährt, die je $> \vartheta_m$ sind, so ist die Einzelstreuung gesichert, solange der Beobachtungswinkel ϑ wesentlich größer als $4\,\vartheta_m$ ist. Man sieht, daß mit wachsender Schichtdicke x der Bereich der Einzelstreuung immer mehr auf die großen Streuwinkel beschränkt wird.

6. Messung der Einzelstreuung. Eine von GEIGER und BOTHE[2]) angegebene Versuchsanordnung zur Messung von Einzelstreuung zeigt Abb. 5 in der Aufsicht. Der mit RaE aktivierte 2 mm lange Nickeldraht R sendet inhomogene β-Strahlen aus, welche auf die beiderseits des Bleistreifens B vorstehende Zerstreuungsfolie F auffallen. Durch das in die Messingkammer M konisch gebohrte Loch wird eine Abbildung der Zerstreuungsfolie auf dem photographischen Film P vermittelt. Die obere Kante der Folie lag in der Höhe des Loches, so daß die untere Hälfte des Films nicht von gestreuten Elektronen getroffen wurde und daher zur Ausmessung des Untergrundes dienen konnte. Zur Auswertung der Aufnahmen diente eine mit demselben Präparat aufgenommene Schwärzungsskala[3]); das Resultat einer solchen Photometrierung nach Abzug des schwachen Untergrundes zeigt Abb. 6. Für $\left(\frac{\varepsilon}{\mu v^2}\right)^2$ wurde in Gleichung (16) der photographische Mittelwert dieser Größe ($0{,}211 \cdot 10^{-26}$) eingesetzt, welcher durch Ausphotometrieren des Geschwindigkeitsspektrums des

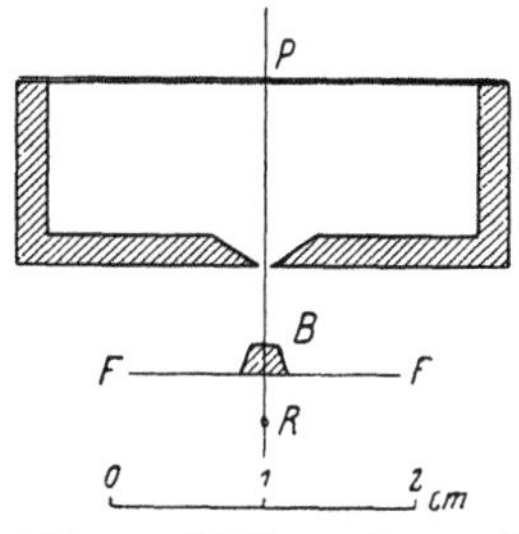

Abb. 5. Meßanordnung für Einzelstreuung (GEIGER-BOTHE).

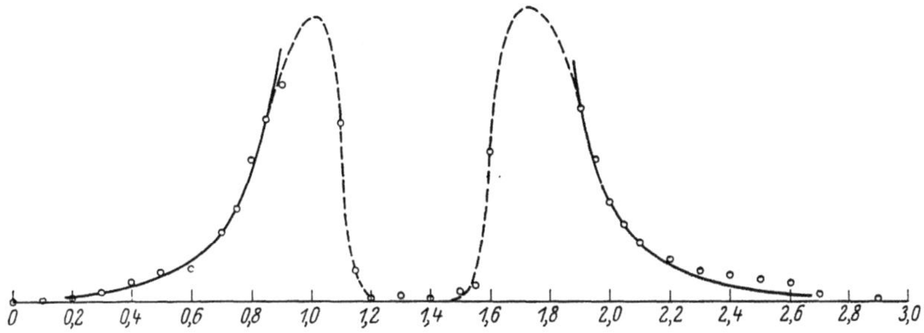

Abb. 6. Zerstreuung der β-Strahlen von RaE in $2{,}4 \cdot 10^{-5}$ cm Gold; Film unbedeckt.
——— Theoretische Intensität $\times$ 1,8.

RaE-Präparates ermittelt wurde. Bei vieltägiger Exposition konnten noch mit einer einzigen Goldfolie von $0{,}08\,\mu$ Dicke photometrierbare Zerstreuungsbilder erhalten werden[4]). In diesem Falle ist praktisch nur Einzelstreuung wirksam, und es zeigte sich ungefähre Übereinstimmung mit der theoretischen Formel (16)

---

1) G. WENTZEL, Ann. d. Phys. Bd. 69, S. 335. 1922.
2) H. GEIGER u. W. BOTHE, Phys. ZS. Bd. 22, S. 585. 1921.
3) W. BOTHE, ZS. f. Phys. Bd. 8, S. 243. 1922.
4) W. BOTHE, ZS. f. Phys. Bd. 13, S. 376. 1923.

in dem fraglichen Winkelbereich (bei ca. 90°), wenn der photographische Film mit einer Aluminiumfolie von 3,2 μ Dicke bedeckt wurde. Ohne diese Folie ergaben sich etwa dreimal so große Schwärzungswerte[1]). Dieser Überschuß kommt also nur durch verhältnismäßig langsame Elektronen zustande, für deren sichere Deutung zu wenig Anhaltspunkte vorlagen.

Ausgedehntere Versuche mit demselben Ziel wurden von Chadwick und Mercier[2]) unternommen. Die Versuchsanordnung, welche im wesentlichen mit der früher von Chadwick für α-Strahlen benutzten identisch ist, zeigt Abb. 7. Die vom RaE-Präparat S ausgehenden β-Strahlen treffen nach Ausblendung durch die Ringblende B auf die ringförmige Folie A (in der Abbildung im Achsenschnitt gezeichnet), von welcher die Streustrahlen durch die Blende O in die halbkugelförmige Ionisationskammer I eintreten. Diese Ringanordnung in Verbindung mit sehr starken Präparaten erlaubte auch bei Einzelstreuung noch die relativ sehr kleinen Streuintensitäten ionometrisch zu messen. Untersucht wurden Aluminium, Kupfer, Silber und Gold. Es zeigte sich, daß bei gleicher Atomzahl Nx pro Flächeneinheit der Folie die Streuintensitäten proportional Z^2 waren, wie es Gleichung (16) verlangt. Um den Absolutwert der Streuintensität mit der Theorie zu vergleichen, wurde die Primärintensität durch Öffnen der Blende L bestimmt. Dann wurde durch Integration über die in Frage kommenden Streuwinkel (20 bis 40°) die theoretische Intensität nach Gleichung (16) berechnet und auf Grund dieser Rechnung die Kernladungszahl Z bestimmt. Die so ermittelten Z-Werte stimmten auf etwa 10% mit den wirklichen überein. Eine größere Genauigkeit ist in Anbetracht der vielen anzubringenden Korrektionen kaum zu erwarten; besonders schwer ist der Beitrag der Atomelektronen zu berücksichtigen. Dieser macht zwar nach Ziff. 5 berechnet etwa 50% bei Aluminium, 8% bei Gold aus, doch wurde wegen der herabgesetzten Geschwindigkeit wohl ein wesentlicher Teil hiervon schon in der die Blende O abschließenden Folie absorbiert.

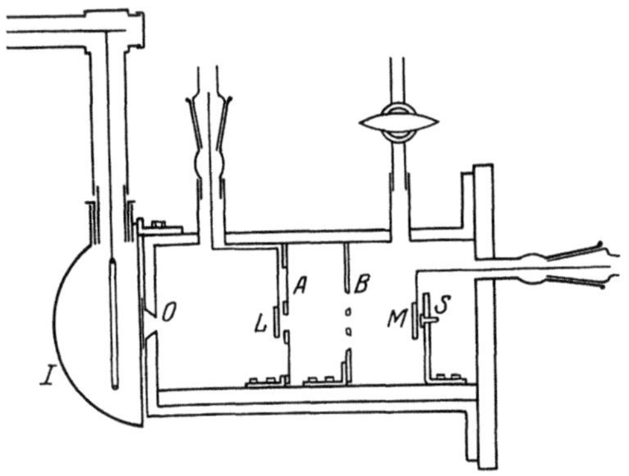

Abb. 7. Meßanordnung für Einzelstreuung (Chadwick-Mercier).

Nach der Wilsonschen Nebelmethode lassen sich Einzelstreuungsprozesse direkt als scharfe Knicke in der Bahn eines Elektrons sichtbar machen[3]). Abb. 8 zeigt ein extremes Beispiel einer solchen geknickten Elektronenbahn. Die Häufigkeit solcher Knicke ist wieder in ungefährer Übereinstimmung mit der obigen Theorie; ein genauerer Vergleich ist auf diesem Wege schwer durchführbar wegen der Unsicherheit in der Ermittlung der Geschwindigkeit.

Hier ist auch der Ort, auf einige interessante Resultate hinzuweisen, welche Davisson und Kunsman[4]) mit verhältnismäßig langsamen Kathodenstrahlen (bis 1000 Volt) erhielten. Die Strahlen wurden mit Glühkathode und konstanter

[1]) Im Falle der Abb. 6 betrug dieser Faktor nur noch 1,8, woraus zu schließen ist, daß hier die Schichtdicke noch zu groß für reine Einzelstreuung war.

[2]) J. Chadwick u. P. M. Mercier, Phil. Mag. Bd. 50, S. 208. 1925.

[3]) C. T. R. Wilson, Proc. Roy. Soc. London (A) Bd. 85, S. 285. 1911; Bd. 104, S. 192. 1923; W. Bothe, ZS. f. Phys. Bd. 12, S. 117. 1922.

[4]) C. Davisson u. C. H. Kunsman, Phys. Rev. Bd. 22, S. 242. 1923.

Hochspannungsquelle erzeugt und fielen dann auf ein Metallblech. Die von dem Blech rückdiffundierten Strahlen, welche stark inhomogen waren, wurden sodann durch ein Gegenfeld so weit wieder verzögert, daß nur solche Elektronen,

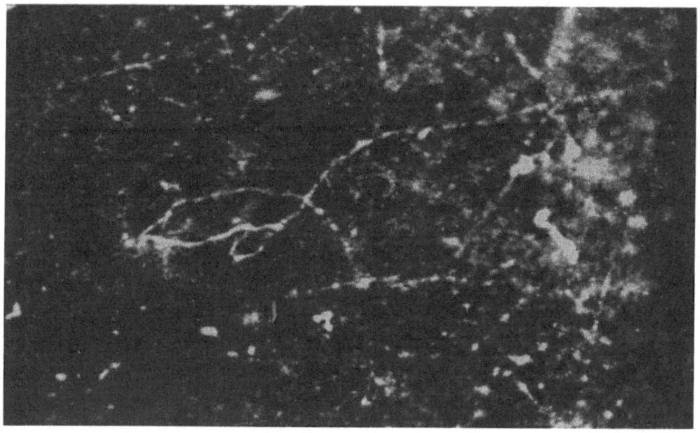

Abb. 8. Geknickte β-Strahlenbahn.

welche bei der Streuung einen relativ kleinen Geschwindigkeitsverlust erlitten hatten, in einen kleinen, beweglich angebrachten Faradaykäfig eintraten. Durch diesen Kunstgriff wurde erreicht, daß nur Elektronen zur Beobachtung gelangten, welche außerordentlich wenig in das Metallblech eingedrungen waren und daher eine verhältnismäßig geringe allgemeine Streuung erlitten hatten. Daher deuten die Verfasser ihre Messungen auch als Einzelstreuungsmessungen. Als Beispiel der gewonnenen Richtungsverteilungskurven mögen die in Abb. 9 wiedergegebenen für Platin dienen; es ist hier für jede Richtung die relative Zahl der gestreuten Elektronen aufgetragen. Man erkennt ausgeprägte Maxima in bestimmten Richtungen, welche sich mit Änderung der Primärgeschwindigkeit verschieben. Diese Maxima, welche auch bei anderen Elementen in anderer Lage auftraten, sind nach der elementaren Theorie nicht verständlich. Die Verfasser suchen die Erscheinung darauf zurückzuführen, daß die Atomelektronen in diskreten Schalen angeordnet sind, so daß mit zunehmendem Stoßparameter p die Abschirmungswirkung der Atomelektronen sich sprungweise ändert. Diese Erklärung ist wenig wahrscheinlich, da so ausgeprägte Unstetigkeiten in der Ladungsverteilung im Atom kaum vorhanden sein dürften. Auf eine andere Erklärungsmöglichkeit im Zusammenhange mit der EINSTEINschen Gasentartungstheorie hat ELSASSER hingewiesen[1]). Eine dritte, bisher noch nicht erwähnte Möglichkeit wäre die, daß unter den ungeschlossenen Elektronenbahnen

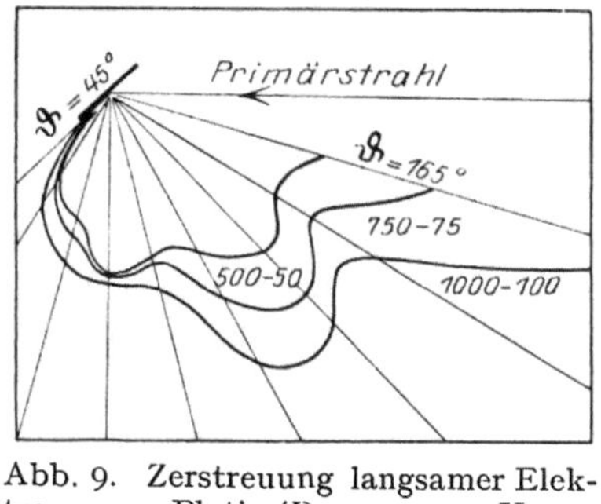

Abb. 9. Zerstreuung langsamer Elektronen an Platin (DAVISSON u. KUNSMAN). 500—50 bedeutet: 500 Volt Primärenergie, 450 Volt Gegenspannung.

---

[1]) W. ELSASSER, Naturwissensch. Bd. 13, S. 711. 1925. — Im Lichte der neuen „Undulationsmechanik" gewinnt ELSASSERS Vermutung, daß es sich hier um „Kristallinterferenzen" der Elektronenstrahlen handelt, besonderes Interesse; vgl. hierzu auch P. JORDAN, ZS. f. Phys. Bd. 37, S. 376, 1926 (Anm. b. d. Korr.).

ebenso wie unter den geschlossenen diejenigen quantenmäßig ausgezeichnet sind, für welche das Impulsmoment ein ganzes Vielfaches von $h/2\pi$ ist. Auch aus diesem Gesichtspunkt ergeben sich für die Maxima Winkelabstände von der richtigen Größenordnung, obwohl die genaue Rechnung wegen unserer Unkenntnis über die Ladungsverteilung im Atom nicht durchführbar ist (vgl. hierzu auch Ziff. 30).

7. Die Vielfachstreuung. Die Vielfachstreuung ist die gewöhnlich beobachtete Form der Diffusion[1]). Sie stellt im allgemeinen ein verwickelteres Phänomen dar als die Einzelstreuung; eine vollständige mathematische Behandlung steht daher noch aus. Einigermaßen übersichtlich werden die Verhältnisse, wenn nur kleine Streuwinkel mit merklicher Intensität vertreten sind, d. h. wenn die Schichtdicken nicht zu groß und die Geschwindigkeiten nicht zu klein sind. Denken wir uns wieder ein enges Elektronenbündel B (Abb. 10) eine dünne Folie F senkrecht durchsetzend, so erhält man auf einem in einiger Entfernung hinter der Folie aufgestellten Schirm S ein verwaschenes, symmetrisches Zerstreuungsbild um den Durchstoßpunkt D des ursprünglichen Bündels herum. Die Flächendichte der Elektronen auf dem Schirm wird im Achsenschnitt durch eine Fehlerkurve K dargestellt. Ist diese wenig ausgedehnt, so kann man die Entfernungen vom Durchstoßpunkt proportional den entsprechenden Streuwinkeln setzen, die wir zum Unterschied von den Elementarablenkungen ϑ mit Θ bezeichnen. Die allgemeine Fehlertheorie läßt dann folgendes Verteilungsgesetz für die Θ erwarten: Ist n_0 die Zahl der auf F auftreffenden Strahlenteilchen, so ist die Zahl $n(\Theta)\,d\Omega$ der Teilchen, welche in ein Raumwinkelelement $d\Omega$, dessen Achse um den Winkel Θ gegen die Ursprungsrichtung geneigt ist, hineingestreut werden,

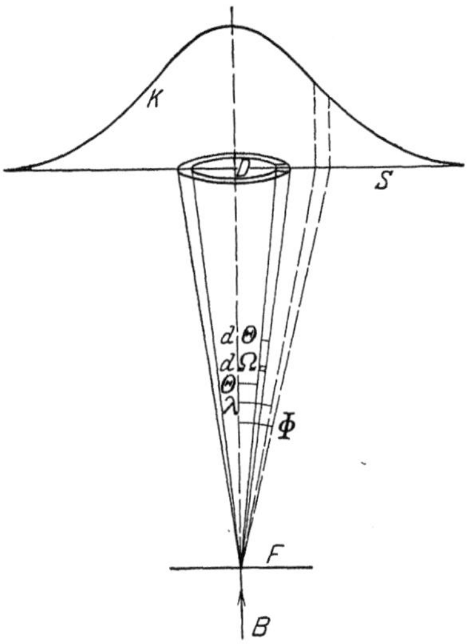

Abb. 10. Schema der Vielfachstreuung.

$$n\,d\Omega = n_0 \frac{d\Omega}{2\pi\lambda^2} e^{-\frac{\Theta^2}{2\lambda^2}}. \tag{20}$$

Dieses Gesetz ist nichts anderes als das auf zwei Dimensionen ausgedehnte GAUSSsche Fehlergesetz; λ ist die „wahrscheinlichste Ablenkung", d. h. derjenige Ablenkungswinkel, für welchen $\Theta n(\Theta)$ sein Maximum erreicht; es ist nämlich $2\pi\Theta n(\Theta)\,d\Theta$ die Zahl der gestreuten Teilchen im Hohlkegel vom Achsenwinkel Θ und der Dicke $d\Theta$. Die Zahl $n'(\Theta)$ der Teilchen, welche innerhalb eines Kegels mit dem Achsenwinkel Θ gestreut werden, ist demnach

$$n' = n_0 \int_0^{\Theta} 2\pi\Theta n(\Theta)\,d\Theta = n_0\left(1 - e^{-\frac{\Theta^2}{2\lambda^2}}\right). \tag{21}$$

Als „Halbierungswinkel" Φ kann man einen Streuwinkel so definieren, daß die Hälfte der auffallenden Teilchen innerhalb des Kegels mit dem Achsenwinkel Φ

[1]) Vgl. z. B. die von LENARD, dem Entdecker der Diffusion, schon 1894 mit dem Leuchtschirm aufgenommenen Bilder vom Verlauf der Kathodenstrahlen in Gasen (Ann. d. Phys. Bd. 51, Taf. IV).

bleibt, die andere Hälfte über diesen Kegel hinausgestreut wird: $n'(\Phi) = n_0/2$, d. h. nach Gleichung (21)

$$\Phi = \lambda \sqrt{2 \ln 2} = 1{,}18\,\lambda. \tag{22}$$

Das Gesetz (20) muß erfüllt sein, solange jede Gesamtablenkung sich aus einer sehr großen Zahl von Einzelablenkungen gleicher Größenordnung zusammensetzt. Man sieht, daß es einen gänzlich anderen Charakter hat als das Gesetz für die Einzelstreuung (16). Charakteristisch ist auch die Änderung des Zerstreuungsbildes mit der Schichtdicke. Wie aus der Fehlertheorie bekannt, ist der mittlere Fehler proportional der Wurzel aus der Zahl der (gleichartigen) Elementarfehlerquellen; entsprechend ist die wahrscheinlichste Ablenkung λ, und damit auch der Halbierungswinkel Φ proportional der Wurzel aus der Zahl der durchquerten Atome, d. h. aus der Schichtdicke x,

$$\Phi \sim \lambda \sim \sqrt{x}. \tag{23}$$

Diese parabolische Zunahme der Zerstreuung mit der Schichtdicke kann ebenso wie die Form der Verteilungskurve selbst als Kriterium für Vielfachstreuung dienen. Schließlich können wir auch noch leicht angeben, wie λ von der Geschwindigkeit der Strahlen abhängen wird, indem wir allein die Annahme elektrostatischer Einzelablenkungen ohne speziellere Hypothesen über den Bau der Atome benutzen. Wir finden für eine Elementarablenkung ganz allgemein, indem wir (8) und (9) für kleine Winkel ϑ und ϑ' spezialisieren:

$$\vartheta = \frac{M}{M+m}\,\vartheta' = \frac{2Ee}{m v_0^2 p}.$$

Bei gegebener geometrischer Stoßkonfiguration wird also ϑ proportional $(m v_0^2)^{-1}$, dasselbe muß daher auch für die resultierende wahrscheinlichste Ablenkung λ gelten:

$$\lambda \sim \frac{1}{m v_0^2}. \tag{24}$$

Aus (23) und (24) folgt, daß für die Schichtdicke x, bei welcher ein vorgegebener Wert λ oder Φ erreicht wird, die Beziehung gilt:

$$\sqrt{x} \sim m v_0^2. \tag{25}$$

Über die Abhängigkeit der Zerstreuung von der Natur der streuenden Substanz können jedoch erst Voraussagen gemacht werden, wenn man speziellere Annahmen über den Atombau macht. Dieser Teil der Vielfachstreuungstheorie wird in Ziff. 9 behandelt werden.

8. Messung der Vielfachstreuung. An α-Strahlen wurde das Gesetz (20) von GEIGER[1]) verifiziert. Wenig später teilte CROWTHER entsprechende Versuche an β-Strahlen mit[2]). Die Versuchsanordnung zeigt Abb. 11. Die vom Radiumpräparat A ausgehenden β-Strahlen wurden magnetisch zerlegt, so daß durch die Blende D ein gut paralleles, homogenes β-Strahlenbündel ausgesondert wurde, welches auf die auswechselbare Zerstreuungsfolie P auffiel.

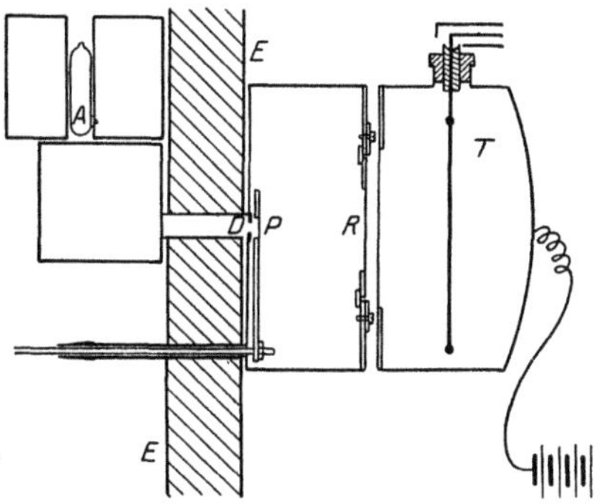

Abb. 11. Meßanordnung für Vielfachstreuung (CROWTHER).

[1]) H. GEIGER, Proc. Roy. Soc. London (A) Bd. 83, S. 492. 1910.
[2]) J. A. CROWTHER, Proc. Roy. Soc. London (A) Bd. 84, S. 226. 1910.

Durch die ebenfalls auswechselbare Blende R wurde ein konisches Bündel aus der gestreuten Strahlung ausgeblendet, welches dann in der Ionisationskammer T zur Messung gelangte. Bis zur Blende R verliefen die Strahlen im Vakuum. Der Eisenblock EE diente dazu, die einmal homogenisierten Strahlen vor der weiteren Einwirkung des Magnetfeldes zu schützen. Der Ionisationsstrom in T wurde durch eine zweite gegengeschaltete Ionisationskammer in meßbarer Weise am Elektrometer auskompensiert. Wurde die Dicke x der Folie P variiert, so änderte sich der Ionisationsstrom in T, indem mit zunehmender Schichtdicke immer mehr β-Strahlen aus der Öffnung der Blende R herausgestreut wurden. Die Abnahme des Ionisationsstromes mit wachsender Schichtdicke befolgte die aus (21) und (23) folgende Beziehung

$$n' = n_0 (1 - e^{-\text{konst.}/x}) . \qquad (26)$$

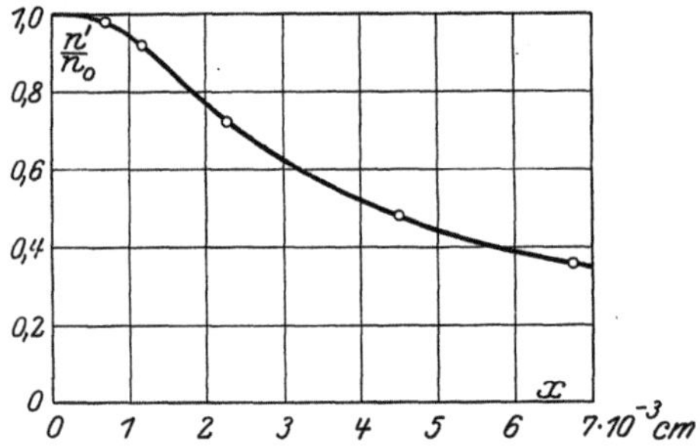

Abb. 12. Vielfachstreuung (CROWTHER). Al, $\Theta = 18°$, $v_0 = 2{,}64 \cdot 10^{10}$.

(Abb. 12.) War der Strom auf die Hälfte des ohne Folie vorhandenen Wertes gesunken, so war der Achsenwinkel Θ der Blende R gerade der zur betreffenden Schichtdicke und Geschwindigkeit gehörige Halbierungswinkel Φ. Durch Variation von Φ zwischen etwa 10 und 23° wurde dann die Gleichung (23) bestätigt, ebenso durch Variation der Geschwindigkeit v_0 (2,4 bis $2{,}9 \cdot 10^{10}$) die Gleichung (25). Hierbei mußte natürlich für die Elektronenmasse der der jeweiligenElektronengeschwindigkeit entsprechende LORENTZ-EINSTEINsche Wert eingesetzt werden; dagegen kann in solchen Fällen abgesehen werden von dem Einfluß der Massenveränderlichkeit auf die Bahnform, der nach der DARWINschen Theorie der präzessierenden Hyperbeln bestehen müßte (Ziff. 2), denn die Elementarablenkungen sind so klein, daß trotz deren großer Zahl dieser Einfluß verschwindend klein ist[1]). Diese Prüfung der Theorie wurde für Aluminium und Platin ausgeführt; soweit sich aus den Tabellen ersehen läßt, betrug die kleinste benutzte Aluminiumdicke 7μ, die kleinste Platindicke $0{,}7\mu$. Oberhalb dieser Schichtdicken ist also sicher Vielfachstreuung gewährleistet, und gleichzeitig ist durch die Bestätigung der Gleichung (25) der Beweis erbracht, daß bei der Zerstreuung nur die elektrostatischen Kräfte des Atoms am Werke sind. Bemerkenswert ist hierbei noch, daß die benutzten Streuwinkel durchaus nicht als sehr klein gelten können; allerdings betrug die Meßgenauigkeit nur etwa 5%, mehr ist wegen der geringen Intensität des spektral ausgesonderten Bündels und wegen der Störungen durch die γ-Strahlen des Radiumpräparates wohl schwer zu erreichen.

Weiter untersuchte nun CROWTHER noch, wie sich der Wert von $\Phi/\sqrt{x}$, welcher ja nach (23) für eine bestimmte Streusubstanz und Geschwindigkeit konstant ist, mit der Streusubstanz ändert. Hieraus sollten Schlüsse über den Atombau gezogen werden. Das Ergebnis dieses Teiles der Untersuchung zeigt Tabelle 1. Wir haben in der 3. Spalte die Werte von $\Phi/\sqrt{Nx}$ hinzugefügt, wo N die Zahl der Atome pro cm³ bedeutet, Nx also die Zahl der Atome pro Flächeneinheit der Schicht, und haben in der 4. Spalte diese Zahlen noch durch die Ordnungszahlen Z dividiert. Man sieht, daß die Zahlen der letzten Spalte nicht sehr stark voneinander abweichen. CROWTHER selbst deutete seine Beobach-

[1]) Vgl. hierzu W. BOTHE, ZS. f. Phys. Bd. 13, S. 374. 1923.

tungen an Hand einer von THOMSON aufgestellten Theorie dahin, daß die positive Ladung des Atoms kontinuierlich über das Atomvolumen verteilt sein sollte. Wir werden jedoch in Ziff. 9 sehen, daß die Ergebnisse mit dem RUTHERFORDschen Atommodell im Einklang sind.

Zerstreuungsmessungen in Gasen, welche naturgemäß schwieriger sind als solche in festen Substanzen, wurden von FRIMAN ausgeführt[2]). Leider läßt die dort benutzte komplizierte Blendenanordnung eine theoretische Verwertung der Resultate kaum zu.

Tabelle 1. Materialabhängigkeit der Vielfachstreuung von β-Strahlen. Geschwindigkeit $\beta = 0{,}89$ (CROWTHER).

Zerstreuende Substanz	$\frac{\Phi}{\sqrt{x}}$	$\frac{\Phi}{\sqrt{N x}} \cdot 10^{11}$	$\frac{\Phi}{Z\sqrt{N x}} \cdot 10^{12}$
C[1])	2,0	(0,633)	(1,06)
Al	4,25	1,734	1,33
Cu	10,0	3,45	1,19
Ag	15,4	6,40	1,36
Pt	29,0	11,30	1,45
		Mittel:	1,33

9. Spezielle Theorie der Vielfachstreuung über kleine Winkel. Unter Zugrundelegung des RUTHERFORD-BOHRschen Atommodells läßt sich die wahrscheinlichste Ablenkung λ angenähert berechnen[3]). Daß diese Berechnung nicht exakt durchführbar ist, liegt nicht allein an unserer Unkenntnis über die Anordnung der Atombestandteile, sondern vor allem daran, daß die Größe λ als Konstante des Fehlerverteilungsgesetzes (20) nicht exakt definiert ist, weil sich herausstellt, daß dieses Gesetz in unserem Falle nur eine grobe Näherung darstellen kann.

In erster Annäherung an die Wirklichkeit kann man sich das Atom vorstellen als eine positive Punktladung $Z\varepsilon$ von großer Masse, welche umgeben ist von einer homogenen Kugel negativer Ladung vom Gesamtbetrage $-Z\varepsilon$ und vom Radius R, welche als starr und unbewegt, obwohl für α-Teilchen und Elektronen durchdringbar angesehen werden kann; diese Art der Idealisierung kommt nach allem, was wir über die Ladungsverteilung im Atom wissen, der Wirklichkeit näher als die bisweilen vorgenommene Aufteilung der Elektronenhülle in dünne Schalen. Bezeichnen wir allgemein mit e und m die Ladung und Masse eines α- oder β-Strahlenteilchens, so ergibt Gleichung (1) für die Ablenkung ϑ, welche dieses beim Vorbeifliegen in einer Entfernung p vom (isoliert gedachten) Kern erleiden würde,

$$\vartheta = \frac{2 Z \varepsilon e}{m v_0^2 p}.$$

Die abschirmende Wirkung der Elektronenhülle hat jedoch eine Verkleinerung dieses Winkels zur Folge, und zwar ergibt eine einfache Rechnung

$$\vartheta = \frac{2 Z \varepsilon e}{m v_0^2 p}\left(1 - \frac{p^2}{R^2}\right)^{\frac{3}{2}}. \tag{27}$$

Für $p > R$ verschwindet die Ablenkung. In welcher Weise setzen sich nun die durch (27) gegebenen Einzelablenkungen in einer großen Zahl von Atomlagen statistisch zu dem Verteilungsgesetz (20) zusammen? Wir denken uns die ganze zerstreuende Schicht x in viele sehr dünne Teilschichten zerlegt, so daß in einer Teilschicht keine Überdeckung einzelner Atome eintritt. Die „Dicke" der Teilschicht sei δ, die Zahl der Atome im cm³ sei N. Wir können dann die Ablenkung, welche ein Strahlenteilchen in einer dieser Teilschichten erfährt, als unabhängig von derjenigen ansehen, welche es in den vorhergehenden Teilschichten bereits erlitten hat. Ein bekannter Satz der Fehlertheorie sagt nun aus, daß die mittleren Fehlerquadrate unabhängig zusammenwirkender Fehlerquellen sich

[1]) Kautschuk.
[2]) E. FRIMAN, Ann. d. Phys. Bd. 49, S. 409. 1916.
[3]) W. BOTHE, ZS. f. Phys. Bd. 4, S. 300. 1921; Bd. 5, S. 63. 1921.

additiv zusammensetzen. Fassen wir daher die Einzelablenkungen als Fehler auf, so ist das mittlere Quadrat der Gesamtablenkung Θ gleich der Summe der mittleren Ablenkungsquadrate in den einzelnen Teilschichten

$$\overline{\Theta^2} = \sum \overline{\vartheta^2}.$$

Nun ist die Wahrscheinlichkeit, daß irgendein herausgegriffenes Strahlenteilchen etwa in der ersten Teilschicht einen Atomkern in einem Abstande $p \ldots p + dp$ passiert, gleich $N\delta \cdot 2\pi p dp$. Dies ist gleichzeitig die Wahrscheinlichkeit, daß dieses Teilchen eine zwischen ϑ und $\vartheta + d\vartheta$ gelegene Ablenkung erfährt, wo ϑ und $d\vartheta$ mit p und dp durch die Gleichung (27) verbunden sind. So ergibt sich

$$\overline{\vartheta^2} = 2\pi N \delta \int \vartheta^2 p\, dp,$$

$$\overline{\Theta^2} = 2\pi N x \int \vartheta^2 p\, dp. \tag{28}$$

Andererseits berechnet man aus (20)

$$\overline{\Theta^2} = \frac{1}{n_0} \int_0^\infty \Theta^2 n(\Theta) \cdot 2\pi \Theta\, d\Theta = 2\lambda^2, \tag{29}$$

so daß schließlich folgt

$$\lambda^2 = \pi N x \int_{p_1}^{R} \vartheta^2 p\, dp. \tag{30}$$

Von ausschlaggebender Bedeutung ist nun die Wahl der unteren Integrationsgrenze p_1. Würde man $p_1 = 0$ annehmen, was am nächsten liegt, so würde $\lambda = \infty$, was nach der Erfahrung ausgeschlossen ist. In der Tat ist diese Annahme nicht berechtigt, denn die Beziehung (29) würde nur gelten, wenn Θ bis zu unendlich großen Werten hin streng das Fehlergesetz befolgen würde, und dies ist nicht der Fall. Für große Streuwinkel tritt vielmehr Einzelstreuung ein, deren Häufigkeit viel größer ist, als sich aus dem Fehlergesetz (20) berechnen würde. Diese großen Einzelablenkungen müssen also in der Gleichung (29) außer Betracht gelassen werden, damit sie erfüllt ist. Daher müssen diese großen Werte ϑ aber auch in dem Ausdruck (30) unberücksichtigt bleiben; es ist bei der Integration eine obere Grenze ϑ_1 für ϑ, also eine endliche untere Grenze p_1 für p anzunehmen. Der Grenzwinkel ϑ_1 muß einerseits so groß sein, daß die ϑ, welche $> \vartheta_1$ sind, keinen merklichen Beitrag zum Zerstreuungsbild bei kleineren Winkeln liefern; andererseits aber muß eine zweite, mit der ersten konkurrierende Bedingung erfüllt sein:

$$\vartheta_1 \ll \lambda,$$

damit überhaupt das GAUSSsche Verteilungsgesetz der Gesamtablenkungen sich einstellt. Durch eine genauere Analyse des GAUSSschen Gesetzes kann man zu einer exakten Formulierung dieser Bedingungen gelangen[1]) und erkennt dann, daß sie sich in unserem Falle nur ziemlich roh gleichzeitig erfüllen lassen. Dies besagt, daß das GAUSSsche Verteilungsgesetz (20) praktisch nur in erster Näherung erfüllt sein kann; in der Tat ist ja die Meßgenauigkeit sowohl bei α- wie β-Strahlen keine sehr große. Mit wachsender Schichtdicke würden zwar die Gültigkeitsbedingungen für das Fehlergesetz immer besser erfüllt sein, doch stößt man praktisch bald auf eine obere Grenze für die Schichtdicke, bei α-Strahlen wegen des merklich werdenden Geschwindigkeitsverlustes, bei β-Strahlen deshalb, weil λ von der Größenordnung $\pi/2$ wird, so daß die Streuwinkel nicht mehr als klein

[1]) W. BOTHE, ZS. f. Phys. Bd. 4, S. 161. 1921.

gelten können. Der bestgeeignete Wert p_1 liegt etwa bei $0{,}5 - 1 \cdot 10^{-10}$ cm; auf seine genaue Größe kommt es im übrigen nicht an, da er, wie sich zeigen wird, als log eingeht. Führt man jetzt die Integration in (30) aus und unterdrückt höhere Potenzen von p_1/R, so wird

$$\lambda^2 = \pi N x \left(\frac{2 Z \varepsilon e}{m v_0^2}\right)^2 \left(\log \frac{R}{p_1} - \frac{11}{12}\right). \tag{31}$$

Dieser Ausdruck wurde unter der Voraussetzung hergeleitet, daß die Elektronenzahl im Atom so groß ist, daß man sich die Elektronenwolke als nahezu homogen vorstellen kann. Für leichtere Atome ist dies nicht mehr möglich; die zufälligen Verschiedenheiten in der Konstellation der Elektronen und Strahlenteilchen bilden dann eine weitere Schwankungsursache, welche die Zerstreuungskonstante λ vergrößert, und zwar ergibt eine Abschätzung dieses Einflusses — eine genauere Rechnung ist nur bei den allereinfachst gebauten Atomen durchführbar —, daß in diesem Falle ein Korrektionsfaktor von ungefähr $\sqrt{1 + Z^{-1}}$ an λ anzubringen ist.

Der Vergleich der Formel (31) mit der Erfahrung kann sich auf die Abhängigkeit von der Ordnungszahl Z und der Teilchenladung e und die Kontrolle der Absolutwerte von λ beschränken; die übrigen Punkte sind in Ziff. 8 bereits besprochen. Nimmt man $p_1 = 5 \cdot 10^{-11}$ cm an, so berechnet man aus (31) für α-Strahlen des RaC ($e = 2\varepsilon$; $v_0 = 1{,}92 \cdot 10^9$), und für eine Goldfolie von 4 μ Dicke $\lambda = 0{,}055$ in Bogenmaß, während der experimentelle Wert nach GEIGER 0,051 beträgt. Die Übereinstimmung ließe sich noch verbessern, indem man berücksichtigt, daß die Elektronenhülle in der Mitte dichter ist als am Rande, so daß für den Atomradius R ein kleinerer Effektivwert einzusetzen ist, als der wirkliche. Nach (31) sollte bei gleicher Atomzahl pro cm² der Schicht λ und damit auch Φ nahe proportional Z sein, wenn man die logarithmisch eingehenden Atomradien als gleich annimmt. Wie Tabelle 2 zeigt, ist dies nahe der Fall; die bestehenden Abweichungen sind in dem Sinne, wie es der obenerwähnte Korrektionsfaktor verlangt. Etwas weniger befriedigend ist die Übereinstimmung mit CROWTHERS β-Strahlenmessungen, wie Tabelle 1 zeigt. Nach der theoretischen Formel sollte ferner sein

Tabelle 2. Materialabhängigkeit der Vielfachstreuung von α-Strahlen. Geschwindigkeit $v_0 = 1{,}9 \cdot 10^9$ (GEIGER).

Zerstreuende Substanz	$\frac{\lambda}{\sqrt{Nx}} \cdot 10^{12}$	$\frac{\lambda}{Z\sqrt{Nx}} \cdot 10^{13}$
Al	1,93	1,48
Cu	4,19	1,44
Ag	6,32	1,34
Sn	6,54	1,31
Au	10,3	1,30
	Mittel:	1,37

$$\frac{\lambda}{\sqrt{Nx}} \frac{m v_0^2}{2 Z \varepsilon e} = \sqrt{\pi \left(\log \frac{R}{p_1} - \frac{11}{12}\right)}. \tag{32}$$

Die rechte Seite dieser Gleichung ist nicht nur unabhängig von der Geschwindigkeit und (praktisch) der Ordnungszahl, sondern auch von der Strahlenart. In der Tat leitet man aus den Mittelwerten der letzten Spalten von Tabelle 1 und 2 in guter Übereinstimmung miteinander ab

$$\frac{\lambda}{\sqrt{Nx}} \frac{m v_0^2}{2 Z \varepsilon e} = 3{,}6. \tag{32a}$$

Hierbei ist Gleichung (22) benutzt. Der theoretische Wert dieses Ausdruckes ergibt sich aus (32) mit $R = 1{,}5 \cdot 10^{-8}$ und $p_1 = 0{,}5$ bzw. $1 \cdot 10^{-10}$ zu 3,9 bzw. 3,7. Diese zahlenmäßige Übereinstimmung kann als durchaus befriedigend angesehen werden. Vor allem aber muß die Übereinstimmung für zwei so verschiedene

Strahlenarten, deren Teilchenmassen sich um fast vier Zehnerpotenzen unterscheiden, als eine starke Stütze der Theorie angesehen werden; insbesondere zeigt sie wieder, daß das Produkt mv_0^2 für die Zerstreubarkeit maßgebend ist, daß also die Elementarablenkungen elektrostatischer Natur sind. Zum praktischen Gebrauch für Elektronenstrahlen mag folgende nach (32a) und (13) berechnete Formel dienen

$$\lambda = \frac{8,0}{V} \frac{V + 511}{V + 1022} Z \sqrt{\frac{\varrho x}{A}}. \tag{33}$$

Hierin bedeutet

λ die wahrscheinlichste Ablenkung in Bogenmaß,
V die Elektronengeschwindigkeit, in Kilovolt ausgedrückt,
Z die Ordnungszahl, ϱ die Dichte, A das Atomgewicht, x die Dicke in 10^{-4} cm } der Folie

Für die Einfachheit der Theorie ist ausschlaggebend, daß die Ablenkungswinkel als klein angesehen wurden. Wollte man diese Voraussetzung aufgeben, so hätte man Wahrscheinlichkeitsbetrachtungen auf der Kugelfläche anzustellen, die notwendig sehr verwickelt wären. Es ist auch prinzipiell nichts damit gewonnen, wenn man, wie es mehrfach geschehen ist, statt der elementaren Ablenkungswinkel deren Tangenten einführt, denn diese verhalten sich nicht additiv, können also nicht als „unabhängige Elementarfehler" im Sinne der Fehlertheorie behandelt werden. Außerdem scheint aber auch die obige vereinfachte Behandlungsweise des Problems durchaus der bisher erreichten Meßgenauigkeit angepaßt.

Die Grundvoraussetzung der Theorie, daß die Elementarablenkungen statistisch unabhängig sind, ist gelegentlich angezweifelt worden. So schlossen GLASSON und COMPTON[1]) aus dem Anblick der nach WILSONS Nebelmethode aufgenommenen Elektronenbahnen in Luft, daß ein Elektron eine einmal angenommene Bahnkrümmung dem Sinne nach beizubehalten strebt. Analysen des Bahnverlaufs schneller β-Strahlen ließen jedoch keine kontinuierliche Komponente in der Bahnkrümmung erkennen und zeigten, daß gewisse psychologische Täuschungen den Eindruck der Kontinuität hervorzubringen vermögen[2]). Solange also keine schwerwiegenden Gründe dagegen sprechen, wird man an der Annahme unabhängiger Elementarablenkungen festhalten können[3]).

10. Die Mehrfachstreuung. In dem Zwischengebiet zwischen der Einzel- und Vielfachstreuung, welches wir als das der „Mehrfachstreuung" bezeichnen, trifft man auf außerordentlich schwer zu übersehende Verhältnisse. Einerseits hat die Mehrzahl der Strahlenteilchen mehr als einen einzigen wirksamen Zusammenstoß erlitten, andererseits ist die Zahl dieser Zusammenstöße zu klein, als daß das universelle GAUSSsche Fehlergesetz sich auch nur angenähert einstellen könnte, vielmehr geht das spezielle Verteilungsgesetz der Elementarablenkungen noch in das resultierende Verteilungsgesetz ein. Messungen in diesem Gebiet wurden von GEIGER und BOTHE[4]) sowie von CROWTHER und SCHONLAND[5]) mit β-Strahlen ausgeführt. GEIGER und BOTHE benutzten eine

[1]) A. H. COMPTON, Phil. Mag. Bd. 41, S. 279. 1921; J. L. GLASSON, Proc. Cambridge Phil. Soc. Bd. 21, S. 7. 1922.
[2]) W. BOTHE, ZS. f. Phys. Bd. 12, S. 117. 1922.
[3]) Vgl. hierzu auch P. L. KAPITZA, Proc. Cambridge Phil. Soc. Bd. 21, S. 129. 1922.
[4]) H. GEIGER u. W. BOTHE, ZS. f. Phys. Bd. 6, S. 204. 1921.
[5]) J. A. CROWTHER u. B. F. J. SCHONLAND, Proc. Roy. Soc. London (A) Bd. 100, S. 526. 1922; B. F. J. SCHONLAND, ebenda Bd. 101, S. 299. 1922.

photographische Methode, wobei sie die inhomogenen β-Strahlen des $RaB + C$ durch zerstreuende Folien gehen ließen und sie gleichzeitig in ein magnetisches Spektrum zerlegten, so daß die Zunahme der Zerstreuung mit abnehmender Geschwindigkeit unmittelbar vor Augen geführt wurde (Abb. 13). Als Maß für die Zerstreuung diente eine Größe, welche für den Fall der GAUSSschen Verteilung in dessen Konstante, die „wahrscheinlichste Ablenkung" λ, übergeht. Die benutzten Schichtdicken lagen unter den früher von CROWTHER angewendeten (Ziff. 8). Während für die größten Schichtdicken der Anschluß an CROWTHERS Messungen hergestellt werden konnte, zeigte sich bei Schichtdicken von weniger als einigen 10^{-4} cm, daß die Zerstreuung deutlich schwächer wird als man nach dem parabolischen Gesetz (23) der Vielfachstreuung erwarten sollte. Zu demselben Ergebnis kamen CROWTHER und SCHONLAND, welche wieder eine der Abb. 11 ähnliche Versuchsanordnung benutzten, mit welcher sie den Halbierungswinkel Φ maßen. Dies Versagen der Gleichung (23) zeigt eben, daß bei Schichtdicken von der Größenordnung 10^{-4} cm und darunter von Vielfachstreuung nicht mehr die Rede sein kann; die Grenze scheint für alle untersuchten Substanzen etwa bei der gleichen Schichtdicke, also der gleichen Zahl durchquerter Atome zu liegen, wie es ja nach dem statistischen Charakter der Vielfachstreuung zu erwarten ist. CROWTHER und SCHONLAND gingen sogar so weit, ihre Messungen als Einzelstreuungsmessungen anzusehen, doch wurde von verschiedenen Seiten der Nachweis erbracht, daß diese Deutung nicht zutreffen kann, und daß das benutzte Kriterium für Einzelstreuung nicht einwandfrei ist[1]). Damit entfallen auch die von CROWTHER und SCHONLAND aus ihren Messungen gezogenen Schlüsse.

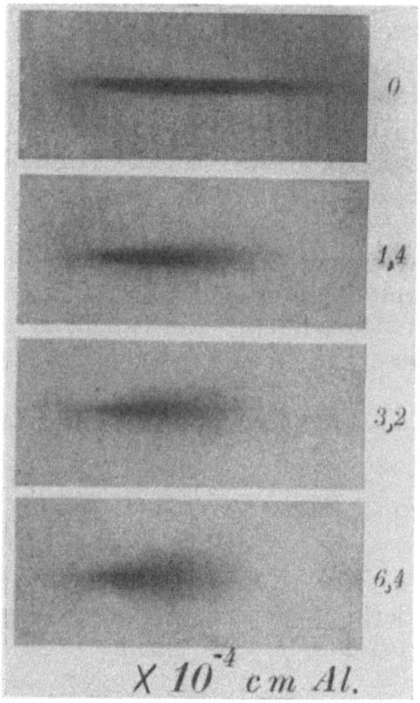

← *Wachsende Geschwindigkeit.*

Abb. 13. Mehrfachstreuung in Aluminium (GEIGER-BOTHE).

Was die Abhängigkeit vom zerstreuenden Material betrifft, so müßte offenbar die bei der Vielfachstreuung geltende Proportionalität mit der Ordnungszahl Z auch hier bestehen, denn da jede Einzelablenkung proportional Z ist, sollten bei gleicher Zahl der Atomdurchquerungen (also roh gleicher Schichtdicke) die Zerstreuungsbilder verschiedener Substanzen im Verhältnis der Ordnungszahlen zueinander ähnlich sein. Dies ist nun merkwürdigerweise nicht der Fall, wie Tabelle 3 zeigt[2]), vielmehr streuen bei Schichtdicken von etwa 1 μ die schwereren

Tabelle 3. Materialabhängigkeit der Mehrfachstreuung von β-Strahlen.

Zerstreuende Substanz	Relativwerte von	
	$\frac{\lambda}{Z}$ für $x = 0{,}76\,\mu$ (GEIGER u. BOTHE)	$\frac{\Phi}{Z}$ für $x = 1\,\mu$ (SCHONLAND)
Al	59	31
Cu	86	—
Ag	86	32
Au	100	47

[1]) G. WENTZEL, Ann. d. Phys. Bd. 69, S. 335. 1922; W. BOTHE, ZS. f. Phys. Bd. 13, S. 368. 1923; J. H. JEANS, Proc. Roy. Soc. London (A) Bd. 102, S. 437, 1923; H. A. WILSON, ebenda S. 9; J. CHADWICK u. P. M. MERCIER, Phil. Mag. Bd. 50, S. 208. 1925.

[2]) Vgl. hierzu W. BOTHE, ZS. f. Phys. Bd. 13, S. 368. 1923.

Atome relativ stärker als man erwarten sollte (möglicherweise ist ein Gang im selben Sinne schon in der letzten Spalte der Tabelle 1 angedeutet). Für eine sichere Deutung dieser Besonderheit liegen vorläufig zu wenig Anhaltspunkte vor. Vielleicht hängt sie mit der weichen Elektronenstrahlung zusammen, welche nach BOTHE[1]) die Einzelstreuung in Gold begleitet (Ziff. 6). Es drängt sich hier die Vermutung auf, daß im Innern der schweren Atome, wo die großen Einzelablenkungen ihren Ursprung haben sollten, Quantengesetze für die Wechselwirkung mit den Atomelektronen eingreifen, ähnlich wie für langsame Elektronen an der Atomoberfläche. Direkte Hinweise hierauf fehlen aber noch gänzlich (vgl. hierzu auch Ziff. 26).

11. Zur Theorie der Mehrfachstreuung. Eine Theorie der Mehrfachstreuung zu geben, bedeutet nichts anderes, als das höhere Verteilungsgesetz der Gesamtablenkungen aufzustellen, welches die Gesetze (16) und (20) als Spezialfälle in sich schließt. Bei Beschränkung auf kleine Winkel läßt sich dieses allgemeine Gesetz in geschlossener Form angeben[1]). Es lautet in der bisherigen Bezeichnung

$$\left.\begin{aligned} n(\Theta)\,d\Omega &= n_0\,\frac{d\Omega}{2\pi}\int\limits_0^\infty d\sigma\cdot\sigma\cdot J(\sigma\Theta)\cdot e^{-2\pi N x\,\Psi(\sigma)}\,, \\ \text{wo}\qquad \Psi(\sigma) &= \int\limits_0^R dp\cdot p\,[1-J(\sigma\vartheta)]\,. \end{aligned}\right\}\tag{34}$$

Hierin bedeutet wieder ϑ die Elementarablenkung, welche ein Teilchen im Abstande p vom Atomzentrum erleidet, σ ist Integrationsvariable und

$$J(t) = 1 - \frac{t^2}{2^2} + \frac{t^4}{2^2 4^2} - \frac{t^6}{2^2 4^2 6^2} + \cdots$$

ist die BESSELsche Funktion nullter Ordnung. Die Gleichung (34) geht für große x in erster Näherung in das GAUSSsche Gesetz (20) über und kann dazu dienen, Zusatzglieder zu diesem zu berechnen.

Von den Versuchen, eine quantitative Deutung der Beobachtungen über Mehrfachstreuung zu geben, ist der von WENTZEL bei weitem der vollständigste[2]). WENTZEL geht im Prinzip in der Weise vor, daß er zunächst schrittweise die Elektronenintensität $\Phi_k(\Theta)$ als Funktion des Ablenkungswinkels Θ nach Durchgang durch 1,2, . . k, . . Atome berechnet. Bei gegebener Dicke der zerstreuenden Schicht würden nun die Elektronen im Mittel eine gewisse Zahl m von Atomen durchqueren; die genaue Zahl k der Durchquerungen wird von Elektron zu Elektron um diesen Mittelwert nach einem Wahrscheinlichkeitsausdruck

$$w_k = \frac{m^k}{k!}\,e^{-m}$$

schwanken. Indem man nun jedes Φ_k mit der der Durchquerungszahl k zukommenden Wahrscheinlichkeit w_k multipliziert und über alle k summiert, erhält man die wirkliche Intensität $n(\Theta)$ der gestreuten Elektronen unter dem Streuwinkel Θ:

$$n(\Theta) = \sum w_k\,\Phi_k(\Theta)\,.$$

Zur Berechnung der Φ_k wird das BOHRsche Atommodell in der Weise idealisiert, daß die Elektronenhülle in Form einer unendlich dünnen Schale mit einem gewissen mittleren Radius gedacht wird. Die Ansätze werden zwar bis zu einem

---

1) W. BOTHE, ZS. f. Phys. Bd. 5, S. 63. 1921.

2) G. WENTZEL, Ann. d. Phys. Bd. 69, S. 335. 1922.

gewissen Punkt für beliebig große Winkel durchgeführt, doch ist die numerische Auswertung auch hier nur für kleine Winkel möglich und ist selbst da mit einem erheblichen Aufwand an numerischer und graphischer Rechnung verbunden. Für Gold fand WENTZEL gute Übereinstimmung mit den Messungen von CROWTHER und SCHONLAND. Für die dünnste Goldfolie (ca. $8 \cdot 10^{-6}$ cm) mußte dabei bereits mit zwölffachen Durchquerungen gerechnet werden; man ist hier also weit von der Einzelstreuung entfernt. Für die übrigen von CROWTHER untersuchten Elemente müßte man noch wesentlich mehr Durchquerungen berücksichtigen, so daß die Rechnung praktisch nicht mehr durchführbar ist.

12. Vollständige Diffusion und Rückdiffusion. Gehen wir nun zu sehr großen Streuwinkeln über, so ist besonders folgende Fragestellung von Wichtigkeit: wie groß ist die gesamte Strahlenmenge, die von einer senkrecht bestrahlten Platte nach der „Austrittsseite" ($\Theta < \pi/2$) und nach der „Einfallsseite" ($\Theta > \pi/2$) ausgeht. Bei α-Strahlen ist die Einfallsmenge stets außerordentlich klein, und die Austrittsmenge wird praktisch allein durch die Absorption begrenzt. Anders bei den Elektronen, bei welchen die Zerstreubarkeit gegenüber der Absorbierbarkeit weit mehr ins Gewicht fällt als bei den α-Strahlen. Schon ehe mit wachsender Schichtdicke eine beträchtliche Geschwindigkeitsabnahme eintritt, nimmt die Austrittmenge an Elektronen dadurch ab, daß ein Teil nach rückwärts gestreut wird. Nach dem Vorschlag von LENARD nennt man diesen Vorgang „Rückdiffusion". Wie besonders eindrucksvoll die Wilsonschen Nebelbahnen zeigen, kommt die Rückdiffusion praktisch allein durch Vielfachstreuung zustande, indem nämlich die mittlere Ablenkung von der Größenordnung 1 wird[1]. In der Tat findet man mit Hilfe der (bei so großen Streuwinkeln natürlich nur roh gültigen) Formel (33), daß $\lambda = 1$ erreicht wird bei Schichtdicken von der Größenordnung der experimentellen „Rückdiffusionsdicke" (Ziff. 13). Läßt man die Schichtdicke von 0 an wachsen, so nimmt die Austrittsmenge der Elektronen nach einer Kurve ab, welche in ihrem Charakter ähnlich derjenigen ist, welche man bei Begrenzung der Austrittsstrahlung durch eine Blende erhält (Abb. 12); der flache Anfangsteil der Kurve ist bei den leichteren Elementen ausgeprägter als bei den schwereren und verschwindet z. B. beim Platin ganz[2] (vgl. Abb. 18). Für größere Schichtdicken läßt sich die Kurve durch eine Exponentialfunktion darstellen. Gleichzeitig strebt die Richtungsverteilung der Elektronen bei größeren Dicken einem stationären Zustand zu, der sich bei weiterer Vergrößerung der Dicke nicht mehr ändert; die Strahlen sind dann so vollständig diffus, wie sie beim Durchgang durch eine Platte nur werden können. Diesen Zustand vollständiger Diffusion bezeichnet LENARD als den „Normalfall", im Gegensatz zum „Parallelfall" bei nahezu parallelem Strahlenverlauf. Nach Untersuchungen von KOVARIK und MCKEEHAN[3] ist die Intensitätsverteilung bei vollständiger Diffusion dieselbe wie an der Oberfläche eines leuchtenden Körpers, es gilt das „LAMBERTsche Gesetz"

$$n(\Theta) \sim \cos\Theta . \qquad (35)$$

Dies ist nach (16), (20) und (34) der vierte Ausdruck für die Richtungsverteilung der gestreuten Strahlen.

Ist die einfallende Strahlung nicht im Parallellauf, sondern bereits von Anfang im Normallauf, so bleibt dieser erhalten; die Kurve für die Austrittsmenge verliert dann auch in leichtatomigen Mitteln den ersten schwach ab-

---

[1] Bei den α-Strahlen ist so starke Vielfachstreuung ausgeschlossen, weshalb die wenigen nach rückwärts gestreuten α-Teilchen stets einzelgestreut sind.

[2] J. A. CROWTHER, Proc. Roy. Soc. London (A) Bd. 84, S. 226. 1910.

[3] A. F. KOVARIK u. L. W. MCKEEHAN, Phys. Rev. Bd. 6, S. 426. 1915.

fallenden Teil der Abb. 18 und setzt sogleich praktisch exponentiell an. Geht schließlich die einfallende Strahlung von einer unendlich dünnen, allseitig strahlenden Schicht aus, so ist die Rückdiffusion noch stärker als bei ursprünglicher Normalverteilung, weil die streifend einfallenden Elektronen stärker vertreten sind als bei der Verteilung (35), nämlich $n(\Theta) =$ konst.; in diesem Falle stellt sich mit zunehmender Schichtdicke der Normalfall von der anderen Seite her ein als bei parallelem Auftreffen, die Austrittsmenge nimmt dabei zuerst stärker als exponentiell ab [Abb. 14[1]]. Dieser anfängliche Steilabfall ist bei den schwereren Elementen ausgeprägter als bei den leichteren und verschwindet beim Aluminium ganz. Der weitere Verlauf der Austrittsstrahlung bei größeren Dicken ist Gegenstand des folgenden Abschnittes III.

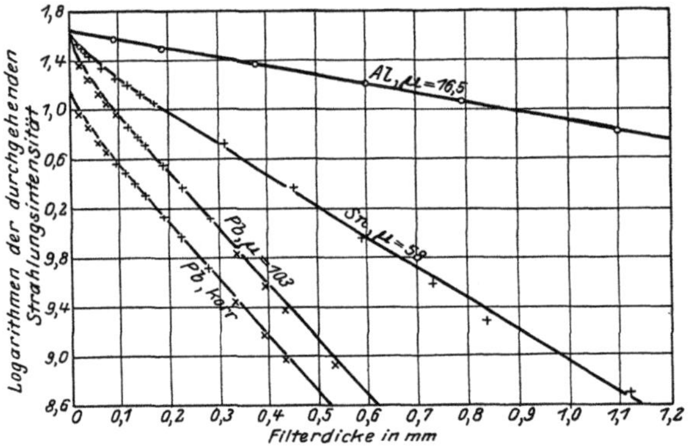

Abb. 14. Abnahme der β-Strahlung von einer dünnen Schicht UX (H. W. Schmidt).

13. Rückdiffusionsdicke und Rückdiffusionskonstante. Die rückdiffundierte, d. h. nach der Einfallsseite der Folie gestreute Strahlung nimmt allgemein zuerst mit wachsender Schichtdicke zu und nähert sich dann allmählich einem Maximalwert. Die Schichtdicke, bei welcher dieser Grenzwert praktisch erreicht ist, die „Rückdiffusions-“ oder „Sättigungsdicke“, ist nicht scharf definiert; sie ist bei parallelem Einfall größer als bei diffusem Einfall[2]. Man kann erfahrungsgemäß die Rückdiffusionsdicke etwa von der Größenordnung $1/\alpha$ annehmen, wo α der praktische Absorptionskoeffizient ist (Ziff. 21). Der Bruchteil der auffallenden Strahlen, welcher von einer unendlich dicken Platte rückdiffundiert, wird als die „Rückdiffusionskonstante“ p bezeichnet.

Für den Fall, daß die einfallende Strahlung stark diffus ist, hat H. W. Schmidt[3] die Rückdiffusion untersucht, indem er als Strahlenquelle eine dünne Schicht UX benutzte, welche einerseits unmittelbar einer Ionisationskammer auflag, andererseits mit den zu untersuchenden Folien bedeckt werden konnte. Die erhaltenen Kurven, welche den oben angegebenen Verlauf der rückdiffundierten Menge mit der Schichtdicke zeigen, sind in Abb. 15 gestrichelt wiedergegeben. Auf ganz ähnliche Weise untersuchte Kovarik[4] die stark inhomogenen β-Strahlen von RaE und AcC″ (die beide im Mittel

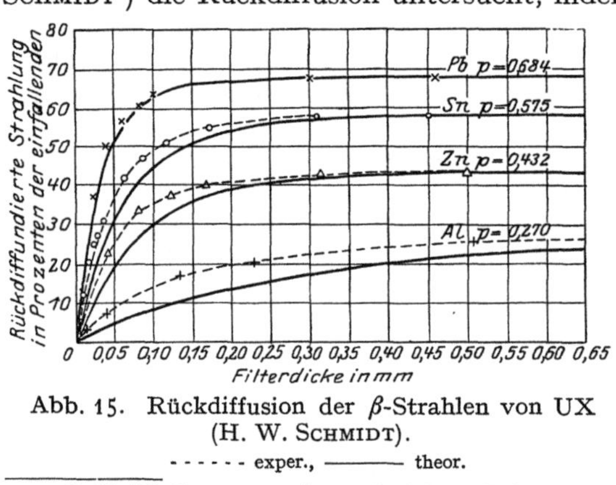

Abb. 15. Rückdiffusion der β-Strahlen von UX (H. W. Schmidt).
- - - - - - exper., ——— theor.

[1] H. W. Schmidt, Ann. d. Phys. Bd. 23, S. 678. 1907. — Wieweit allerdings bei diesem Verlauf noch die Inhomogenität der benutzten UX-β-Strahlen mitgewirkt hat, ist schwer zu beurteilen.

[2] W. Wilson, Proc. Roy. Soc. London (A) Bd. 87, S. 321. 1912.

[3] H. W. Schmidt, Ann. d. Phys. Bd. 23, S. 678. 1907.

[4] A. F. Kovarik, Phil. Mag. Bd. 20, S. 849. 1910.

etwas weicher sind als die von UX) sowie der aktiven Th- und Ra-Niederschläge. Außerdem liegen für mittelschnelle Kathodenstrahlen Messungen von A. BECKER[1]) vor. Auf neuere Untersuchungen von SCHONLAND, welcher bei parallelem Einfall arbeitete, wird im Zusammenhang mit der Absorption näher eingegangen werden (Ziff. 24). Einige der aus diesen Messungen abgeleiteten Werte der Rückdiffusionskonstante p sind in Tabelle 4 zusammengestellt. Hierbei sind einige von LENARD

Tabelle 4. **Rückdiffusionskonstante p und Umwegfaktor B.**

Substanz	Paralleler Einfall	Diffuser Einfall					
	$\beta = 0{,}2$ bis $0{,}55$ (SCHONLAND)	$\beta = 0{,}35$ (A. BECKER und P. LENARD)		$\beta = 0{,}92$ (UX) (H. W. SCHMIDT und P. LENARD)		RaE (KOVARIK)	AcC'' (KOVARIK)
	p	p	B	p	B	p	p
C	—	—	—	—	—	0,171	0,274
Al	0,13	0,28	1,8	0,23	1,6	0,300	0,383
S	—	—	—	—	—	0,321	0,401
Fe	—	—	—	—	—	0,412	0,471
Ni	—	—	—	—	—	0,435	0,480
Cu	0,29	—	—	0,35	2,1	0,447	0,519
Zn	—	—	—	—	—	0,455	0,526
Ag	0,39	0,60	4,0	0,46	2,7	0,574	0,635
Sn	—	—	—	0,47	2,8	0,625	0,697
Pt	—	—	—	0,54	3,4	0,677	0,776
Au	0,50	0,68	5,3	0,56	3,6	0,678	0,787
Pb	—	—	—	—	—	0,702	0,800
Bi	—	—	—	—	—	0,709	0,810

nachträglich berechnete Korrektionen schon berücksichtigt[2]). Man sieht, daß p nicht stark von der Strahlgeschwindigkeit abhängt. Nach KOVARIK und WILSON[3]) nimmt mit wachsender Strahlgeschwindigkeit p zunächst zu, geht dann für eine Geschwindigkeit von etwa $\beta = 0{,}9$ durch ein flaches Maximum und nimmt schließlich wieder ab. Mit wachsender Ordnungszahl des Mittels nimmt p beträchtlich zu. MCCLELLAND[4]) fand, daß die Rückdiffusion, als Funktion des Atomgewichts des Mittels betrachtet, gewisse Unregelmäßigkeiten aufweist, welche mit den Perioden des natürlichen Systems der Elemente konform gehen. Diese Erscheinung ist begründet in dem periodischen Verhalten des Absorptionskoeffizienten, welcher wesentlich die wirksame Rückdiffusionsdicke und damit auch die maximale rückdiffundierte Menge bestimmt (Ziff. 23).

Die rückdiffundierten Strahlen haben deutlich kleinere Geschwindigkeit als die auffallenden[5]).

14. Theoretische Ansätze zur Rückdiffusion. Eine vollständige Theorie der Rückdiffusion steht noch aus und muß nach dem in Ziff. 9 Gesagten notwendig sehr verwickelt sein, zumal die Geschwindigkeitsverluste der Elektronen nicht mehr, wie bei der Diffusion über kleine Winkel, vernachlässigt werden können. Zu einer näherungsweisen Darstellung der Verhältnisse gelangt man nach H. W. SCHMIDT, indem man das Problem zu einem eindimensionalen idealisiert. Wir nehmen an, daß in dem Schichtelement dx von der durchgehenden Strahlung ein Bruchteil $\beta_0\,dx$ rückdiffundiert, ein weiterer Bruchteil $\alpha_0\,dx$ ver-

---

[1]) A. BECKER, Ann. d. Phys. Bd. 17, S. 381. 1905.

[2]) P. LENARD, Quantitatives über Kathodenstrahlen aller Geschwindigkeiten, S. 229. Heidelberg 1918.

[3]) A. F. KOVARIK u. W. WILSON, Phil. Mag. Bd. 20, S. 866. 1910.

[4]) J. A. MCCLELLAND, Proc. Roy. Soc. London (A) Bd. 80, S. 501. 1908.

[5]) H. W. SCHMIDT, Ann. d. Phys. Bd. 23, S. 671. 1907; A. F. KOVARIK, Phil. Mag. Bd. 20, S. 849. 1910; A. F. KOVARIK u. L. W. MCKEEHAN, Phys. ZS. Bd. 15, S. 434. 1914.

nichtet („absorbiert") und der Rest durchgelassen wird. Bezeichnet nun $\delta(x)$ den von einer Platte von der endlichen Dicke x durchgelassenen, $\varrho(x)$ den von dieser Platte rückdiffundierten Bruchteil, so ändert sich durch Hinzufügung einer Elementarschicht dx die rückdiffundierte Menge um

$$d\varrho = \beta_0 \delta^2 dx, \tag{36}$$

denn von der auffallenden Menge gelangt der Bruchteil δ bis zur Zusatzschicht. Hiervon rückdiffundiert wieder der Bruchteil $\beta_0 dx$ und wird beim Rückweg auf den Bruchteil δ geschwächt. Die durchgelassene Menge ändert sich dagegen um

$$d\delta = \{-(\alpha_0 + \beta_0)\delta + \beta_0 \delta \varrho\} dx; \tag{37}$$

der erste Summand stellt die Schwächung durch die Zusatzschicht dar, der zweite die Zunahme durch die zweimal (nämlich zuerst von der Zusatzschicht, dann von der ursprünglichen Platte selbst) rückdiffundierte Strahlung. Integration der beiden Gleichungen (36) (37) ergibt:

$$\left.\begin{aligned} &\varrho = p\,\frac{1 - e^{-2\alpha x}}{1 - p^2 e^{-2\alpha x}}; \qquad \delta = (1 - p^2)\,\frac{e^{-\alpha x}}{1 - p^2 e^{-2\alpha x}}, \\ \text{wo}\quad &\frac{\alpha_0 + \beta_0 - \sqrt{\alpha_0(\alpha_0 + 2\beta_0)}}{\beta_0} = p; \qquad \sqrt{\alpha_0(\alpha_0 + 2\beta_0)} = \alpha, \\ \text{bzw.}\quad &\alpha_0 = \alpha\,\frac{1 - p}{1 + p}; \qquad \beta_0 = \frac{2\alpha p}{1 - p^2}\,. \end{aligned}\right\} \tag{38}$$

gesetzt ist. Für große Schichtdicken x wird:

$$\varrho = p; \qquad \delta = (1 - p^2)\, e^{-\alpha x}$$

Es bedeutet also p, in Übereinstimmung mit der in Ziff. 13 gewählten Bezeichnung, die Sättigungsmenge der rückdiffundierten Strahlen, die „Rückdiffusionskonstante", während α die Rolle eines „Absorptionskoeffizienten" spielt, und zwar des „praktischen" im Gegensatz zu dem „reinen Absorptionskoeffizienten" α_0. Die in Abb. 14 und 15 eingetragenen (ausgezogenen) Kurven zeigen, daß die Gleichungen (38) den Charakter der experimentell gefundenen Abhängigkeiten gut wiedergeben, wenn man die beiden Konstanten α_0 und β_0 passend wählt. Eine andere Frage ist, ob diese Konstanten eine einfache physikalische Bedeutung haben. Nach der LENARDschen Auffassung, welche allerdings mehr und mehr an Boden verliert (vgl. Ziff. 25), wäre α_0 die Wahrscheinlichkeit pro Weglängeneinheit, daß das Strahlenteilchen als solches plötzlich vernichtet wird. Da in Wahrheit die Elektronenbahnen sehr krummlinig verlaufen, ist der praktische Absorptionskoeffizient α, welcher sich bei dicken Schichten einstellt, größer als α_0, und das Verhältnis beider gibt nach LENARD das durchschnittliche Verhältnis der wahren Bahnlänge der Elektronen zur durchlaufenen Schichtdicke, den „Umwegfaktor" B[1]). Für diesen würde sich aus den obigen Gleichungen der Ausdruck ergeben:

$$B = \frac{\alpha}{\alpha_0} = \frac{1 + p}{1 - p}. \tag{39}$$

Auf diese Weise betrachtet LENARD die Rückdiffusionsmessungen als ein Mittel zur Bestimmung des Umwegfaktors. Obwohl man auf diesem Wege richtige Größenordnungen von B gewinnt, dürfte damit doch die immerhin sehr summarische Theorie etwas zu stark beansprucht sein. Auch hat der Umwegfaktor hiernach eine recht unbestimmte Bedeutung und jedenfalls nur grob orien-

[1]) P. LENARD, Kathodenstrahlen, S. 215.

tierenden Charakter. Nach den Bemerkungen in Ziff. 25 über das Wesen der Absorption verliert die Gleichung (39) überhaupt ihren einfachen Sinn. Die Werte des Umwegfaktors, welche LENARD aus den Messungen von SCHMIDT und von A. BECKER ableitet, sind in die Tabelle 4 aufgenommen. Aus photographischen Aufnahmen der Elektronenbahnen nach der WILSONschen Nebelmethode findet man Werte von der gleichen Größenordnung.

Viel eingehender ist eine von WENTZEL[1]) entwickelte Theorie der Rückdiffusion, welche im Anschluß an die Ziff. 11 bereits erwähnte Theorie der Mehrfachstreuung die wirklichen Richtungsänderungen der Elektronen berücksichtigt. Unvollständig ist auch diese Theorie insofern, als sie die allmähliche Geschwindigkeitsabnahme der Elektronen vernachlässigt und nur mit plötzlicher Bremsung (Absorption im LENARDschen Sinne) rechnet. Aber selbst unter diesen vereinfachten Annahmen ist die Rechnung schon recht verwickelt. Man wird auf eine Integralgleichung geführt, wie man schon nach Analogie der Verhältnisse in der anisotropen Wärmestrahlung[2]) erwarten kann. Wichtig scheint das Ergebnis, daß (zum mindesten bei der SCHMIDTschen Versuchsanordnung) die Rückdiffusionskonstante p keine wohldefinierte Materialkonstante ist. Für eine bestimmte Versuchsanordnung läßt sich nach WENTZELS Theorie die Abhängigkeit der Rückdiffusion vom Plattenmaterial durch eine stark konvergierende Reihe wiedergeben:

$$p = b_1\left(\frac{Z^2\varrho}{\alpha_0 A}\right) + b_2\left(\frac{Z^2\varrho}{\alpha_0 A}\right)^2 + \cdots,$$

wo Z die Ordnungszahl, A das Atomgewicht, ϱ die Dichte und α_0 der reine Absorptionskoeffizient des Materials ist. Mit geeignet gewählten Koeffizienten b lassen sich die Meßresultate SCHMIDTS in dieser Form gut darstellen; der weitaus ausschlaggebende Koeffizient b_1 läßt sich sogar berechnen und ergibt sich in befriedigender Übereinstimmung mit den Versuchen. Ein schwerer Einwand gegen diese Theorie scheint uns aber darin zu liegen, daß die Rückdiffusion sich hiernach zum wesentlichen Teil als Resultat der Einzelstreuung statt der Vielfachstreuung darstellt (vgl. Ziff. 12).

III. Geschwindigkeitsabnahme und Absorption.

15. Definition der Geschwindigkeitsabnahme. LEITHÄUSER[3]) hat zuerst beobachtet, daß Kathodenstrahlen beim Durchgang durch Materie an Geschwindigkeit einbüßen. Die Geschwindigkeitsverluste sind nicht einheitlich, vielmehr zeigt ein ursprünglich homogenes Bündel nach Durchgang durch eine Folie eine gewisse Geschwindigkeitsverteilung[4]), deren Breite allerdings verhältnismäßig gering ist, wenn die Geschwindigkeitsverluste überhaupt klein sind, d. h. bei großen Geschwindigkeiten und dünnen Folien. Der Einblick in die wahren Vorgänge bei der Geschwindigkeitsabnahme wird ganz erheblich dadurch erschwert, daß diese im allgemeinen mit der Diffusion Hand in Hand geht. Daher ist die „wahre Geschwindigkeitsabnahme" dv/dl pro Einheit der Bahnlänge l oft nicht direkt meßbar, besonders bei kleineren Geschwindigkeiten, wo die Zerstreuung schon in den dünnsten Folien stark ins Gewicht fällt. LENARD[5]) gibt daher folgende praktische Definition: Geschwindigkeits-

[1]) G. WENTZEL, Ann. d. Phys. Bd. 70, S. 561. 1923.
[2]) Vgl. G. JAFFÉ, Ann. d. Phys. Bd. 70, S. 457. 1923.
[3]) E. LEITHÄUSER, Ann. d. Phys. Bd. 15, S. 299. 1904.
[4]) Vgl. von neueren Arbeiten besonders H. M. TERRILL, Phys. Rev. Bd. 22, S. 101. 1923; O. KLEMPERER, ZS. f. Phys. Bd. 34, S. 532. 1925.
[5]) P. LENARD, Kathodenstrahlen, S. 49.

abnahme dv/dx ist die maximal vertretene Geschwindigkeitsänderung, bezogen auf die Einheit der Schichtdicke x im Normalfall (Ziff. 12) und bei gleicher Richtung des Ein- und Austritts. Der letzte Punkt ist insofern wichtig, als, allgemein gesprochen, die Geschwindigkeitsverluste in den stärker gestreuten Strahlen größer sind; besonders groß sind sie bei den rückdiffundierten Strahlen. Die „maximal vertretene" Geschwindigkeitsänderung ist zwar auch etwas unbestimmt definiert[1]), jedoch bei nicht zu großen Verlusten immerhin mit einiger Genauigkeit. Die wahre Geschwindigkeitsabnahme dv/dl kann man aus der praktischen dv/dx nur überschlägig durch Division mit einem „Umwegfaktor" berechnen (Ziff. 14). Wieweit die wahren Geschwindigkeitsabnahmen einheitlich sind, und wieweit die Streuung in den praktischen Geschwindigkeitsabnahmen auf die Verschiedenheiten in den individuellen Bahnlängen (d. h. Umwegfaktoren) zurückgeführt werden können, steht noch nicht fest. Theoretische Gesichtspunkte sprechen dafür, daß schon die wahren Geschwindigkeitsabnahmen eine Streuung aufweisen (Ziff. 27).

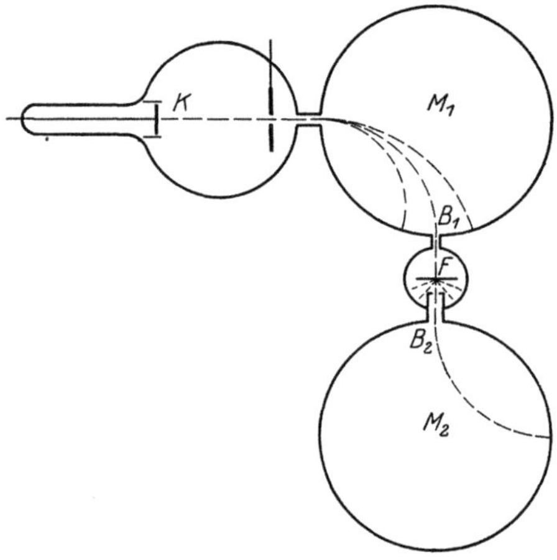

Abb. 16. Versuchsanordnung zur Geschwindigkeitsabnahme (WHIDDINGTON).

16. Messung der Geschwindigkeitsabnahme. Zur Messung der Geschwindigkeitsabnahme von Kathodenstrahlen bediente sich WHIDDINGTON[2]) der in Abb. 16 skizzierten Versuchsanordnung. Die von der Kathode K ausgehenden inhomogenen Strahlen werden nach passender Ausblendung in dem Raum M_1 magnetisch zerlegt. Durch eine Blende B_1 werden Strahlen von engem Geschwindigkeitsbereich abgesondert, welche senkrecht auf eine auswechselbare Folie F fallen. Von dem diffusen Bündel, welches von der Folie ausgeht, wird durch die Blende B_2 wieder der senkrecht zur Folie laufende Teil ausgeblendet und im Raume M_2 einem zweiten Magnetfeld ausgesetzt, welches vom ersten unabhängig reguliert werden kann. Das abgelenkte Bündel erscheint dann als Fluoreszenzfleck auf der mit Willemit bestrichenen Wand des Gefäßes M_2. Aus den Feldstärken in M_1 und M_2 und den Krümmungsradien ergibt sich die Geschwindigkeit vor und nach dem Durchgang durch die Folie. Die gemessenen Geschwindigkeitsverluste entsprechen direkt der LENARDschen Definition. Die Geschwindigkeiten lagen zwischen $\beta = 0{,}18$ und 0,29. In diesem Bereich waren die Resultate darstellbar durch eine Gleichung von der Form

$$v_0^4 - v^4 = a\,x\,, \tag{40}$$

wo x wieder die durchlaufene Schichtdicke ist, v_0 die Anfangs-, v die Austrittsgeschwindigkeit. Durch Differentiation ergibt sich hieraus

$$-\frac{dv}{dx} = \frac{a}{4v^3}\,. \tag{41}$$

[1]) Die genaue Lage des Maximums in der Geschwindigkeitsverteilungskurve hängt von der Art der Zerlegung und des Nachweises der Strahlen ab, sie ist z. B. verschieden bei elektrischer und magnetischer Zerlegung, ebenso bei Untersuchung mit dem Auffangekäfig, dem Fluoreszenzschirm, der photographischen Platte und der Ionisationskammer.

[2]) R. WHIDDINGTON, Proc. Roy. Soc. London (A) Bd. 86, S. 360. 1912.

Die Konstanten a für verschiedene Substanzen zeigt Tabelle 5 [1]). Das Gesetz (40) wurde kürzlich bestätigt von TERRILL[2]) und von KLEMPERER[3]), welche beide

Tabelle 5. Geschwindigkeitsabnahme. $a = \frac{v_0^4 - v^4}{x}$ (WHIDDINGTON).

Substanz	Luft	Al	Sn	Cu	Ag	Au	Pt
a	$2,0 \cdot 10^{40}$	$7,3 \cdot 10^{42}$	$14,9 \cdot 10^{42}$	$15,3 \cdot 10^{42}$	$16,9 \cdot 10^{42}$	$25,4 \cdot 10^{42}$	$28,9 \cdot 10^{42}$

mit Glühkathode und konstanter Hochspannung arbeiteten, so daß die magnetische Homogenisierung überflüssig wurde. Das Spektrum der senkrecht durchgehenden Strahlen wurde bei KLEMPERER nach der DANYSZschen Fokusierungsmethode (Ablenkung im Halbkreis) entworfen, photographiert und ausphotometriert. KLEMPERER fand folgende Werte a:

$$\left.\begin{aligned} a &= 6,4 \cdot 10^{42} \text{ für Al} \\ a &= 19 \cdot 10^{42} \;\;,, \;\; \text{Ni} \end{aligned}\right\} \beta = 0,15 \text{ bis } 0,22 .$$

TERRILL fand in dem Bereich $\beta = 0,3$ bis 0,42 für Aluminium $a = 1,4 \cdot 10^{43}$, also fast doppelt so groß wie WHIDDINGTON; für andere Substanzen (Be, Cu, Ag, Au) war a ungefähr proportional der Dichte, so daß die Abweichungen gegen WHIDDINGTON für die schwereren Elemente noch größer sind. Ein einfacher Grund für diese Abweichungen ist nicht ersichtlich, doch ist bemerkenswert, daß die Messungen von TERRILL die einzigen sind, bei welchen die Geschwindigkeitsverteilung der Elektronen*zahlen* aufgenommen wurde, indem das magnetisch zerlegte Elektronenbündel über die spaltförmige Öffnung eines Faradaykäfigs geführt wurde.

Eine größere Zahl von Untersuchungen wurde auch an den β-Strahlen radioaktiver Substanzen ausgeführt. W. WILSON[4]) hatte hierzu bereits vor WHIDDINGTON eine Meßanordnung benutzt, welche derjenigen WHIDDINGTONS in allen wesentlichen Punkten entspricht, nur konnte die Ausblendung der Strahlenbündel wegen Intensitätsmangels und wegen der störenden Wirkung der γ-Strahlen von dem benutzten RaEm-Präparat bei weitem nicht so sauber erfolgen. Die Messung geschah mittels Ionisationskammer. WILSONS Resultate, welche sich auf einen Geschwindigkeitsbereich $\beta = 0,85$ bis 0,95 beziehen, lassen sich angenähert in der Weise darstellen, daß die Energie T eines Elektrons proportional der durchlaufenen Schichtdicke abnimmt:

$$\frac{dT}{dx} = \text{konst.,} \tag{42}$$

wo

$$T = \mu c^2 \left\{ (1 - \beta^2)^{-\frac{1}{2}} - 1 \right\}.$$

Das Gesetz ist also ein gänzlich anderes als das für kleinere Geschwindigkeiten gültige von WHIDDINGTON. O. v. BAEYER, DANYSZ und RAWLINSON[5]) machten für die Messung des Geschwindigkeitsverlustes die Tatsache nutzbar, daß gewisse radioaktive Substanzen homogene β-Strahlengruppen aussenden. Sie entwarfen durch magnetische Zerlegung das Geschwindigkeitsspektrum dieser β-Strahlen und bestimmten die Verschiebungen, welche die einzelnen darin auftretenden

[1]) Die Werte für Sn, Cu, Ag, Pt wurden nach einer anderen, weit weniger durchsichtigen Methode gefunden (Proc. Roy. Soc. London (A) Bd. 89, S. 559. 1914). Der Wert für Luft dürfte reichlich hoch sein (vgl. Ziff. 20 u. 34).

[2]) H. M. TERRILL, Phys. Rev. Bd. 22, S. 101. 1923.

[3]) O. KLEMPERER, ZS. f. Phys. Bd. 34, S. 532. 1925.

[4]) W. WILSON, Proc. Roy. Soc. London (A) Bd. 84, S. 141. 1910.

[5]) O. v. BAEYER, Phys. ZS. Bd. 13, S. 485. 1912; J. DANYSZ, Le Radium Bd. 10, S. 4. 1913; Ann. chim. phys. Bd. 30, S. 289. 1913; R. W. RAWLINSON, Phil. Mag. Bd. 30, S. 627. 1915.

Linien nach der Seite kleinerer Geschwindigkeiten erlitten, wenn das als Strahlenquelle dienende Präparat mit einer Folie umgeben wurde. Da die Präparate zylindrische Form hatten, so spielten die „Umwege" der Elektronen in der Folie eine verwickelte Rolle; auch war die durchlaufene Schichtdicke für die seitlich austretenden Elektronen größer als für die in radialer Richtung durchgehenden. Daher entsprechen die Meßresultate noch nicht ganz der in Ziff. 15 gegebenen Definition der Geschwindigkeitsabnahme und bedürfen einer (übrigens kaum exakt durchzuführenden) Reduktion, welche für die Messungen von v. BAEYER und DANYSZ von LENARD vorgenommen worden ist[1]). v. BAEYER findet in dem Geschwindigkeitsbereich $\beta = 0{,}39$ bis $0{,}73$ die WHIDDINGTONsche Formel (40) bestätigt; die Konstante a für Aluminium liegt dabei zwischen den Werten von WHIDDINGTON und von TERRILL. RAWLINSON, welcher die schnellen β-Strahlen bis $\beta = 0{,}97$ benutzt, stellt seine Resultate in folgender Form dar (H = magnetische Feldstärke, r = Krümmungsradius):

$$\frac{d(Hr)}{dx} \sim \frac{1}{v^3}, \tag{43}$$

welche von der Gleichung (41) besonders bei den höchsten Geschwindigkeiten abweicht, da die Veränderlichkeit der Elektronenmasse von entscheidendem Einfluß wird.

17. Gesamtergebnisse über Geschwindigkeitsabnahme. LENARD hat in seinem oben zitierten Bericht eine eingehende Diskussion und Reduktion der einzelnen bis 1918 vorliegenden Versuchsergebnisse über Geschwindigkeitsabnahme vorgenommen, auf die hier verwiesen werden darf. Das Resultat der Ausgleichung zwischen den reduzierten Einzelergebnissen zeigt für die am meisten untersuchte Substanz Aluminium die Tabelle 6. Eine in dem ganzen Bereich der Geschwindigkeiten gültige einfache formelmäßige Darstellung dieser Zahlen läßt sich nicht geben; wohl aber bewähren sich die beiden Gleichungen (41) und (42) auch hier, wenn man den ganzen Bereich der Geschwindigkeiten in zwei Teile zerlegt, nämlich

Tabelle 6. Geschwindigkeitsabnahme in Aluminium (LENARD).

β	$\frac{d\beta}{dx}$ cm^{-1}	β	$\frac{d\beta}{dx}$ cm^{-1}	β	$\frac{d\beta}{dx}$ cm^{-1}
0,05	12000	0,40	24	0,89	0,94
0,10	2300	0,45	18	0,90	0,81
0,15	700	0,50	14	0,91	0,70
0,18	310	0,55	11	0,92	0,60
0,20	230	0,60	8,4	0,93	0,48
0,22	175	0,65	6,4	0,94	0,38
0,24	133	0,70	4,7	0,95	0,29
0,26	102	0,75	3,4	0,96	0,20
0,28	79	0,80	2,3	0,97	0,13
0,30	60	0,85	1,5	0,98	0,070
0,32	47	0,87	1,2	0,99	0,025
0,35	35	0,88	1,05	—	—

$$-\frac{d\beta}{dx} = \frac{1{,}7}{\beta^3} \quad \text{für} \quad \beta < 0{,}7, \tag{44}$$

$$-\frac{dV}{dx} = 4560 \quad \text{für} \quad \beta > 0{,}7. \tag{45}$$

Hierin ist V die in Kilovolt ausgedrückte Geschwindigkeit, also nach (13)

$$\frac{dV}{dx} = 511 \frac{\beta}{(1-\beta^2)^{\frac{3}{2}}} \frac{d\beta}{dx}.$$

Die Gleichung (45) ist direkt zur Berechnung des entsprechenden Teiles der Tabelle 6 benutzt worden.

[1]) P. LENARD, Kathodenstrahlen, S. 50.

Wenn man die neueren Messungen von RAWLINSON, TERRILL und KLEMPERER in die Diskussion einbezieht, so ändert sich das Bild etwas. RAWLINSONS Angaben passen für $\beta >$ etwa 0,75 gut zu LENARDS Kurve, lassen aber für kleinere Geschwindigkeiten auf merklich größere Geschwindigkeitsabnahme schließen. Ebenso fallen TERRILLS Werte wesentlich über LENARDS Kurve, während KLEMPERERS α-Wert nicht weit von demjenigen der Gleichung (44) entfernt ist (Ziff. 16). Wir möchten daher vermuten, daß bei den mittleren Geschwindigkeiten LENARDS Werte etwas zu klein ausgefallen sind[1]).

Für andere Substanzen als Aluminium liegen weit weniger vollständige Angaben vor. Hier ist insbesondere die Frage von Wichtigkeit, ob eine Massenproportionalität, wie sie LENARD für die Absorption in gewissen Bereichen gültig gefunden hatte (Ziff. 28), auch für die Geschwindigkeitsabnahme besteht, ob also die Geschwindigkeitsabnahme einfach proportional der Dichte ist. LENARD kommt in der erwähnten kritischen Diskussion zu folgendem Ergebnis. Für Geschwindigkeiten $\beta > 0{,}8$ ist die wahre Geschwindigkeitsabnahme dv/dl nahe massenproportional, die praktische Geschwindigkeitsabnahme dv/dx dagegen steigt mit zunehmender Ordnungszahl stärker als massenproportional an, weil in den schwereren Elementen die Umwege der Elektronenbahnen von größerem Einfluß sind als in leichteren (vgl. Tabelle 4). Für Geschwindigkeiten $\beta < 0{,}7$ ist dagegen die praktische Geschwindigkeitsabnahme dv/dx in schwereren Elementen geringer, als man nach der Massenproportionalität von den leichteren Elementen her erwarten sollte. Dasselbe muß a fortiori für die wahre Geschwindigkeitsabnahme gelten. Sieht man also etwa Aluminium als Normalsubstanz an, als welche sie sich wegen der großen Zahl daran ausgeführter Untersuchungen besonders eignet, so gilt allgemein

$$\frac{dv/dx}{(dv/dx)_{\mathrm{Al}}} = \frac{\varrho}{\varrho_{\mathrm{Al}}} f,$$

wo die ϱ die Dichten bezeichnen und f ein Zahlenfaktor ist, welcher mit wachsender Ordnungszahl sich von 1 entfernt, und zwar bei den größten Geschwindigkeiten > 1, bei den kleineren < 1 ist. LENARD gibt die in Tabelle 7 aufgeführten ungefähren Werte dieses Faktors. Für Luft gilt nach LENARD für alle Geschwindigkeiten nahe $f = 1$. Es lassen sich jedoch Argumente dafür beibringen, daß Luft gegenüber Aluminium stärker als massenproportional bremst (vgl. Tabelle 5 und Ziff. 33). Auch die neueren Messungen von RAWLINSON und TERRILL stimmen nicht gut zu den LENARDschen Regeln. Nach RAWLINSON ändert sich bei höchsten Geschwindigkeiten ($\beta > 0{,}94$) die Geschwindigkeitsabnahme schwächer als massenproportional, wobei jedoch wahrscheinlich der Normalfall, d. h. vollständige Diffusion, zum Teil nicht erreicht war. Umgekehrt findet TERRILL bei mittleren Geschwindigkeiten Massenproportionalität.

Tabelle 7. Massengeschwindigkeitsabnahme, bezogen auf Aluminium (LENARD).

β	Substanz	f
0,1 bis 0,3	Au	0,5
0,3 „ 0,4	Fe, Sn	0,5
0,6 „ 0,7	Cu	0,9
	Sn	0,8
	Pt	0,7
0,9	Ni, Cu, Zn	1,7
	Ag, Cd, Sn	2,4
	Pt, Au, Pb	3,2

Als allgemeines Resultat kann man hiernach wohl sagen, daß die wahre Geschwindigkeitsabnahme, sofern sie von der Massenproportionalität abweicht, nach der Seite geringerer Veränderlichkeit tendiert.

[1]) Anm. b. d. Korr.: Einer kürzlich erschienenen Untersuchung von A. BECKER (Ann. d. Phys. 81, 94, 1926) ist zu entnehmen, daß inzwischen LENARD und BECKER die Werte unserer Tabelle 6 genau in dem hier angegebenen Sinne korrigiert haben.

18. Die Grenzdicke. Unter der „Grenzdicke" X versteht man nach LENARD[1] „diejenige Schichtdicke eines Mediums, welche die gegebene Strahlgeschwindigkeit bei Normallauf (Ziff. 12) und bei den maximal vertretenen Geschwindigkeitsverlusten zu Null reduziert". Diese Definition ist offenbar darauf zugeschnitten, die Grenzdicke aus der Geschwindigkeitsabnahme berechnen zu können, denn nach ihr gilt:

$$X = \int_v^0 \frac{dv}{dv/dx}, \tag{46}$$

wo dv/dx die nach Ziff. 15 definierte Geschwindigkeitsabnahme ist. Um X als Funktion von v für Aluminium zu erhalten, wertet LENARD für $\beta < 0{,}7$ das Integral nach Tabelle 6 graphisch aus und berechnet für die größeren Geschwindigkeiten mit Benutzung von (45):

$$X = \frac{0{,}112}{\sqrt{1-\beta^2}} - 0{,}124; \tag{47}$$

das zweite Glied enthält die Integrationskonstante, welche so gewählt wurde, daß der Anschluß nach der Seite kleinerer Geschwindigkeiten hergestellt ist. Für nicht zu große Geschwindigkeiten erhält man aus (41) auch die formelmäßige Darstellung:

$$X = \frac{v^4}{a} = b\,\beta^4, \tag{48}$$

wo für Aluminium etwa $b = 0{,}14$ ist. Wie Abb. 17 zeigt, fällt die durch (48) gegebene Kurve für Geschwindigkeiten $\beta <$ etwa 0,7 praktisch mit der graphisch konstruierten zusammen. LENARDs Tabelle ist als Tabelle 8 untenstehend wiedergegeben.

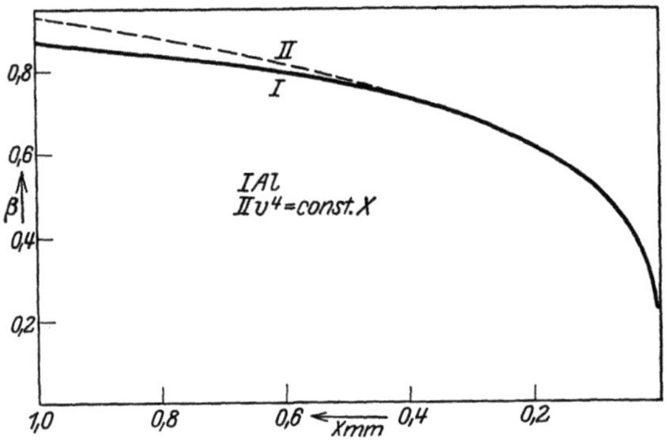

Abb. 17. Grenzdicken Aluminium.

Die direkte experimentelle Bestimmung der Grenzdicke durch Vergrößerung der Schichtdicke bis zum Verschwinden der durchgelassenen Strahlen ist dadurch erschwert, daß mit Annäherung an die Grenzdicke die Intensität der durchgelassenen Strahlen sehr stark abnimmt, so daß es in gewissem Grade eine Frage der Meßgenauigkeit ist, bei welcher Dicke sich eben noch durchgehende Strahlen nachweisen lassen. Im übrigen ist es fraglich, ob die größte durchlässige Dicke der LENARDschen Definition der Grenzdicke genau entspricht, denn man könnte vermuten, daß die am weitesten durchgelassenen Strahlen solche sind, welche kleinere als die maximal vertretenen Geschwindigkeitsverluste erlitten haben. Immerhin sind die maximalen durchlässigen Dicken, wie sie z. B. LENARD bestimmt hat, in ungefährer Übereinstimmung mit den rechnerisch ermittelten.

Tabelle 8.
Grenzdicken Aluminium (LENARD).

β	$X\cdot 10^4$	β	$X\cdot 10^4$	β	$X\cdot 10^4$
0,05	0,2	0,32	15	0,80	630
0,10	0,3	0,35	22	0,85	890
0,15	0,7	0,40	38	0,90	1330
0,18	1,3	0,45	61	0,95	2360
0,20	1,9	0,50	89	0,96	2770
0,22	3,0	0,55	127	0,97	3350
0,24	4,3	0,60	178	0,98	4380
0,26	5,9	0,65	237	0,99	6710
0,28	8,2	0,70	320		
0,30	11	0,75	442		

[1] P. LENARD, Kathodenstrahlen, S. 63.

19. Die praktische Reichweite. Eine der Grenzdicke ebenfalls nahekommende ausgezeichnete Schichtdicke bestimmten W. WILSON[1]) und VARDER[2]) für schnelle β-Strahlen und SCHONLAND[3]) für mittelschnelle Kathodenstrahlen. Diese Autoren zeigten, daß für gewisse Substanzen, wie Aluminium, die Ionisationswirkung der Elektronenstrahlen bei Durchgang durch wachsende Schichtdicken über gewisse Bereiche fast linear abnimmt (vgl. Abb. 18); erst wenn die Ionisationswirkung auf einen verhältnismäßig kleinen Bruchteil abgefallen ist, tritt stärkere Krümmung in dem Kurvenverlauf ein. Indem man von dem schwachgekrümmten Kurventeil auf die Ionisation 0 extrapoliert, kommt man zu einer Schichtdicke R, welche von der Größenordnung der größten durchlässigen Dicke, aber kleiner als diese ist. Man kann die Dicke R als die „praktische Reichweite" bezeichnen, da die Art ihrer Ermittlung derjenigen für die Reichweite der α-Strahlen analog ist (vgl. Kap. 3 ds. Bandes). Die Versuche von VARDER wurden mit besser homogenisierten Strahlen als die von WILSON ausgeführt, weichen indessen in ihren Ergebnissen nicht stark von diesen ab. VARDERS Reichweiten in Aluminium sind in Abb. 19 dargestellt. SCHONLAND benutzte eine in Ziff. 24 näher erläuterte Methode, welche auch auf die schwereren Elemente anwendbar ist, die den linearen Abfall der durchgehenden Intensität nicht zeigen. SCHONLAND stellte seine Resultate gemeinsam mit denen von VARDER dar durch die für alle Substanzen leidlich erfüllte Beziehung

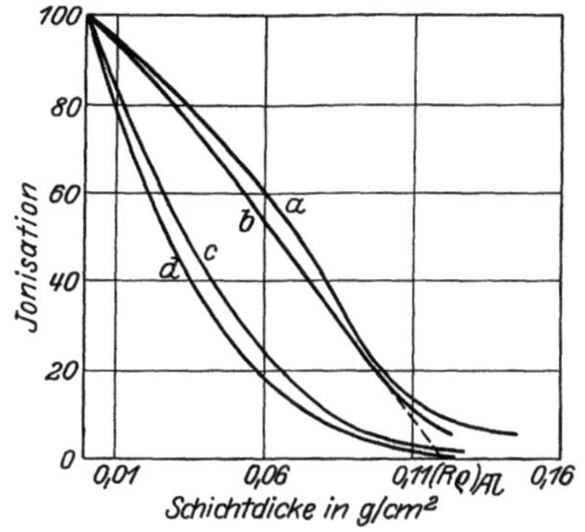

Abb. 18. Abnahme der Ionisationswirkung von β-Strahlen ($Hr = 2535$; VARDER).

a Papier, *b* Aluminium, *c* Zinn, *d* Platin.

$$R\varrho = 0{,}57\left[(1-\beta^2)^{\frac{1}{2}} + (1-\beta^2)^{-\frac{1}{2}} - 2\right], \tag{49}$$

wo ϱ die Dichte ist. Über den theoretischen Ursprung des in eckigen Klammern stehenden Faktors vgl. Ziff. 27. Genauer betrachtet, zeigt der Zahlenfaktor auf der rechten Seite von (49) mit wachsender Geschwindigkeit eine schwache Abnahme. Für nicht zu große Geschwindigkeiten vereinfacht sich die Formel zu

$$R\varrho = 0{,}14\,\beta^4. \tag{50}$$

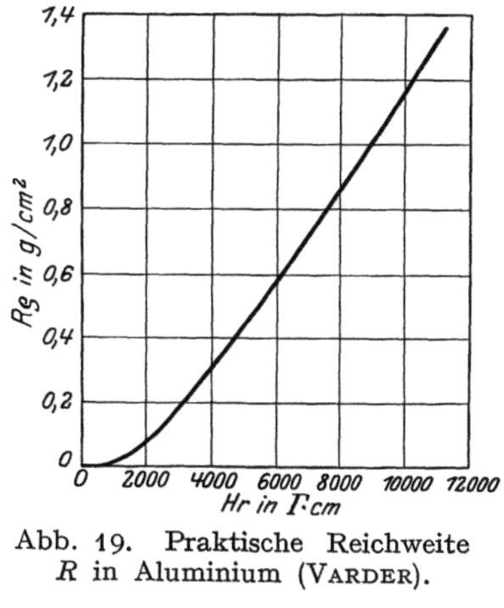

Abb. 19. Praktische Reichweite R in Aluminium (VARDER).

Eine Zusammenstellung der praktischen Reichweiten in Aluminium gibt Tabelle 9, während Tabelle 10 zeigt, daß in der Tat das Produkt der Reichweite in die Dichte praktisch unabhängig vom Material ist. Diese Werte R sind bis zu 50% und mehr kleiner als die LENARDschen Grenzdicken [Tabelle 8 und Gleichung (48)], wie nach Fig. 18 ohne weiteres verständlich.

20. Die wahre Reichweite. Von viel direkterem theoretischen Interesse als die Grenzdicke X und die praktische Reichweite R sind die wirklichen Bahn-

[1]) W. WILSON, Proc. Roy. Soc. London (A) Bd. 82, S. 612. 1909; Bd. 87, S. 310. 1912.
[2]) R. W. VARDER, Phil. Mag. Bd. 29, S. 725. 1915.
[3]) B. F. J. SCHONLAND, Proc. Roy. Soc. London (A) Bd. 104, S. 235. 1923; Bd. 108, S. 187. 1925.

längen, welche die Elektronen bis zu ihrer vollständigen Bremsung zurücklegen; diese sollen als die „wahren Reichweiten" R_0 bezeichnet werden. Man errechnet

Tabelle 9. Praktische Reichweiten R in Aluminium.

β	$R\varrho$ g/cm²	Autor	β	$R\varrho$ g/cm²	Autor
0,198	0,000250	SCHONLAND	0,632	(0,018)	VARDER
0,214	0,000336		0,752	0,064	
0,230	0,000375		0,831	0,124	
0,265	0,000664		0,882	0,189	
0,298	0,00117		0,913	0,279	
0,326	0,00169		0,933	0,360	
0,347	0,00232		0,948	0,440	
0,380	0,00341		0,965	0,580	
0,475	0,0070		0,975	0,785	
0,512	0,0095		0,981	0,925	
0,524	0,0108		0,99	1,36	

sie überschlägig aus den Grenzdicken durch Multiplikation mit dem „Umwegfaktor". Ein Mittel zur direkten Messung der wahren Reichweite, welches nur leider bisher sehr wenig ausgenutzt worden ist, bietet die WILSONsche Nebelmethode. Saubere photographische Aufnahmen von Elektronenbahnen bestimmter Geschwindigkeit, wie sie WILSON[1]) selbst herstellte, lassen die Einzelheiten der Bahnform so weit erkennen und ausmessen, daß man wertvollere Anhaltspunkte für die Theorie gewinnt, als sie die Grenzdicke bietet. WILSON bestimmte die Bahnlängen von Photoelektronen, welche durch die $K\alpha$- und $K\beta$-Strahlung des Kupfers und Silbers in Luft ausgelöst werden ($\beta = 0{,}18$ bis $0{,}3$). Die Geschwindigkeit dieser Elektronen läßt sich aus der EINSTEINschen photoelektrischen Gleichung berechnen. WILSON stellte seine Resultate durch die Gleichung dar:

Tabelle 10. Materialabhängigkeit der praktischen Reichweite R (SCHONLAND).

Substanz	$\beta = 0{,}265$		$\beta = 0{,}298$		$\beta = 0{,}326$	
	$R \cdot 10^4$	$R\varrho \cdot 10^3$	$R \cdot 10^4$	$R\varrho \cdot 10^3$	$R \cdot 10^4$	$R\varrho \cdot 10^3$
Al	2,5	6,6	4,36	1,16	6,4	1,70
Cu	—	—	1,27	1,13	1,97	1,76
Ag	0,616	6,4	—	—	—	—
Au	0,34	6,6	0,62	1,19	0,87	1,70

$$V = 21\sqrt{R_0}, \tag{51}$$

wo V die Elektronengeschwindigkeit, in Kilovolt ausgedrückt, bedeutet. Die Gleichung entspricht der WHIDDINGTONschen Formel (48) für die Grenzdicke, woraus man in Übereinstimmung mit der Tabelle 4 wieder schließen kann, daß der „Umwegfaktor" nicht sehr stark von der Geschwindigkeit abhängt. Führt man die wahren Geschwindigkeiten ein, so lautet (51) etwa:

$$v^4 = 0{,}5 \cdot 10^{40} R_0. \tag{52}$$

Der Zahlenfaktor ist etwa viermal kleiner als der entsprechende in WHIDDINGTONs Formel (48) für die Grenzdicke (a in Tabelle 5), als Umwegfaktor wäre hiernach in Luft 4 zu rechnen, das ist erheblich mehr, als man erwarten sollte; daher dürfte entweder WILSONs Faktor zu klein oder WHIDDINGTONs zu groß sein.

21. Die durchgelassene Elektronenmenge und der praktische Absorptionskoeffizient. Läßt man homogene Elektronenstrahlen auf eine Platte irgendeines Materials auffallen, so nimmt allgemein mit zunehmender Plattendicke nicht nur die Geschwindigkeit, sondern noch weit schneller die Zahl der durch-

[1]) C. T. R. WILSON, Proc. Roy. Soc. London (A) Bd. 104, S. 1. 1923.

gehenden Elektronen ab. Der genauere Verlauf dieser Abnahme hängt aber von verschiedenen Faktoren ab, nämlich außer dem Plattenmaterial und der Strahlgeschwindigkeit auch von der Art des Einfalls. Für parallelen Einfall ist häufig die Abnahme der Ionisationswirkung gemessen worden; Beispiele zeigt Abb. 18 nach VARDER[1]). Die Teilchenzahl fällt schneller als die Ionisation ab, da mit wachsender Schichtdicke die mittlere Geschwindigkeit abnimmt und daher die differentiale Ionisation eines Teilchens zunimmt[2]) (Ziff. 33). Man sieht aus Abb. 18, daß die Ionisationskurve um so stärker nach unten durchgebogen ist, je hochatomiger das absorbierende Material ist. Bei Aluminium erhält man z. B. über einen weiten Schichtdickenbereich fast linearen Abfall, was WILSON[3]) veranlaßte, von einem „linearen Absorptionsgesetz" zu sprechen und die Abweichungen von diesem auf sekundäre Einflüsse zu schieben; diese Auffassung ist jedoch irrig[4]). Der Charakter dieser Kurven ändert sich nicht wesentlich, wenn man von der Ionisierung auf die Teilchenzahl reduziert. Bei diffusem Einfall ändert sich in der Hauptsache der Anfangsteil der Kurve, indem er um so steiler verläuft, je diffuser die einfallende Strahlung ist. Auf diese Vorgänge, welche mit der Stärke der Rückdiffusion zusammenhängen, ist schon oben Ziff. 12 hingewiesen worden. Oberhalb der Rückdiffusionsdicke wird der Kurvenverlauf unabhängig von der Art des Einfalls und läßt sich dann über beschränkte Bereiche durch eine Exponentialfunktion darstellen, wie zuerst von LENARD festgestellt wurde. Bezeichnet also n_0 die Elektronenzahl pro Zeiteinheit für eine gewisse Dicke, welche größer als die Rückdiffusionsdicke ist, n die Zahl für eine um den Betrag x größere Dicke, so kann man für nicht zu große x ansetzen:

$$n = n_0 e^{-\alpha x}, \tag{53}$$

woraus durch Differentiation hervorgeht:

$$\alpha = -\frac{1}{n}\frac{dn}{dx}. \tag{54}$$

α ist der „praktische Absorptionskoeffizient" nach der Definition von LENARD[5]). Sein Quotient in die Dichte ϱ des Absorbers wird als der „praktische Massenabsorptionskoeffizient" α/ϱ bezeichnet. Der Absorptionskoeffizient muß als veränderlich mit der Schichtdicke betrachtet werden, denn das Exponentialgesetz (53) gilt nicht streng. Als Grund für diese Veränderlichkeit ist nach LENARD anzusehen, daß die mittlere Geschwindigkeit mit wachsender Schichtdicke abnimmt. Man kann daher α als Funktion allein der jeweiligen Geschwindigkeit und des absorbierenden Mittels auffassen, und zwar wächst α mit abnehmender Geschwindigkeit. Um den Absorptionskoeffizienten zu messen, bestimmt man die Schwächung dn in einer so dünnen Schicht dx, daß in ihr der Geschwindigkeitsverlust zu vernachlässigen ist; hierbei ist eine genügend dicke Schicht vorzuschalten, daß α nahe konstant oder langsam mit der Schichtdicke steigend sich ergibt. Diese „Vorschaltdicke" bringt bei leichtatomigen Substanzen bereits eine sehr wesentliche Reduktion der Intensität mit sich. Man kann die Ein-

---

1) R. W. VARDER, Phil. Mag. Bd. 29, S. 725. 1915.

2) Experimentell erwiesen von A. F. KOVARIK u. L. W. MCKEEHAN, Phys. ZS. Bd. 15, S. 434. 1914.

3) W. WILSON, Proc. Roy. Soc. London (A) Bd. 82, S. 612. 1909.

4) Auf störende Nebeneinflüsse ist dagegen zurückzuführen, daß WILSON unter Umständen auch ein anfängliches Ansteigen der Ionisation mit der Schichtdicke beobachtete (s. R. W. VARDER, Phil. Mag. Bd. 29, S. 725. 1915; vgl. auch A. F. KOVARIK, ebenda Bd. 20, S. 849. 1910).

5) P. LENARD, Kathodenstrahlen, S. 73.

stellung des Exponentialgesetzes aber auch mit kleinerem Intensitätsverlust herbeiführen, indem man eine hochatomige Folie, etwa Platin, vorschaltet[1]).

Bemerkenswert ist, daß eine gewisse Inhomogenität der Strahlen die Annäherung an ein Exponentialgesetz der Form (53) begünstigt. Man kann also die exponentielle Absorption nicht als ein Kriterium für Homogenität der Strahlen betrachten.

22. Absorptionskoeffizienten in Aluminium und Luft. Die LENARDsche Definition des praktischen Absorptionskoeffizienten ist wohl unter den bisher vorgeschlagenen die einzige vollständige und einigermaßen eindeutige. Sie ist aber gleichzeitig so verwickelt, daß nur wenige der bisher ausgeführten Messungen vor ihr standhalten. LENARD und seine Mitarbeiter haben Absorptionsmessungen angestellt in den Gebieten $\beta < 0{,}1$[2]) und $\beta = 0{,}3$ bis $0{,}5$[3]). Für größere Geschwindigkeiten kommen dann noch die Messungen von CROWTHER[4]), H. W. SCHMIDT[5]) und FRIMAN[6]) in Betracht, welche an den (übrigens inhomogenen) β-Strahlen des UX ausgeführt wurden. Das experimentelle Material ist hiernach noch recht lückenhaft, und die von LENARD aufgestellte Tabelle 11, welche den innerhalb der Meßgenauigkeit gleichen praktischen Massenabsorptionskoeffizienten in Aluminium und Luft als Funktion der Geschwindigkeit gibt, kann daher für die interpolierten Gebiete keine große Genauigkeit beanspruchen. Man erkennt aus dieser Tabelle eine außerordentlich starke Zunahme des Absorptionskoeffizienten mit abnehmender Geschwindigkeit. Für diese Abhängigkeit hatte LENARD in einem beschränkten Bereich eine Beziehung von der Form:

Tabelle 11. Praktische Massen-Absorptionskoeffizienten α/ϱ in Luft und Aluminium (LENARD).

β	$\frac{\alpha}{\varrho}$	β	$\frac{\alpha}{\varrho}$	β	$\frac{\alpha}{\varrho}$
(0,00)	$2{,}0 \cdot 10^7$	0,20	36000	0,65	49
0,01	$1{,}8 \cdot 10^7$	0,25	8600	0,70	29
0,02	$1{,}3 \cdot 10^7$	0,30	2900	0,75	19
0,03	$8{,}6 \cdot 10^6$	0,35	1400	0,80	13
0,04	$5{,}8 \cdot 10^6$	0,40	740	0,85	9,0
0,06	$2{,}5 \cdot 10^6$	0,45	400	0,90	6,0
0,08	$1{,}4 \cdot 10^6$	0,50	220		
0,10	$8{,}0 \cdot 10^5$	0,55	130		
0,15	$1{,}5 \cdot 10^5$	0,60	83		

$$\alpha v^4 = \text{konst.} \tag{55}$$

gültig befunden, welche WHIDDINGTON[7]) dann ergänzte zu:

$$\alpha = \frac{b}{v^4} + c\,. \tag{56}$$

wo b und c Konstante sind. Allgemeine Gültigkeit kommt diesen empirischen Formeldarstellungen nicht zu. Mit wachsender Geschwindigkeit scheint α gegen 0 für $\beta = 1$ zu gehen. Auf die komplizierteren Verhältnisse bei kleineren Geschwindigkeiten von der Größenordnung 10 Volt und darunter wird in Ziff. 26 und 29 noch kurz zurückzukommen sein.

W. WILSON[8]) definierte mit Hilfe seines „linearen Absorptionsgesetzes" und der in Ziff. 19 angegebenen praktischen Reichweite R eine etwa als „Anfangs-

[1]) J. A. CROWTHER, Proc. Roy. Soc. London (A) Bd. 84, S. 244. 1910.
[2]) P. LENARD, Ann. d. Phys. Bd. 12, S. 714. 1903; F. MAYER, ebenda Bd. 45, S. 24. 1914.
[3]) P. LENARD, Ann. d. Phys. Bd. 56, S. 255. 1895; A. BECKER, ebenda Bd. 17, S. 405. 1905; Heidelb. Ber. 1910, A. 19. — Neuere Versuche von H. M. TERRILL (Phys. Rev. Bd. 24, S. 616. 1924) ergaben in diesem Gebiet wesentlich höhere Werte; die Versuchsanordnung entsprach jedoch nicht der LENARDschen Definition des Absorptionskoeffizienten.
[4]) J. A. CROWTHER, Phil. Mag. Bd. 12, S. 379. 1906.
[5]) H. W. SCHMIDT, Ann. d. Phys. Bd. 23, S. 671. 1907; Phys. ZS. Bd. 10, S. 929. 1909.
[6]) E. FRIMAN, Ann. d. Phys. Bd. 49, 373. 1916.
[7]) R. WHIDDINGTON, Proc. Roy. Soc. London (A) Bd. 89, S. 559. 1914; Proc. Cambridge Phil. Soc. Bd. 16, S. 326. 1911.
[8]) W. WILSON, Proc. Roy. Soc. London (A) Bd. 82, S. 612. 1909; Bd. 87, S. 310. 1912.

absorptionskoeffizienten" zu bezeichnende Größe $1/R$, welche ein Maß für den ersten Abfall der Ionisationskurve für Aluminiumabsorber gibt. Es ist nach dem Anblick der Abb. 18 ohne weiteres verständlich, daß dieser Absorptionskoeffizient wesentlich kleiner als α ausfallen muß.

23. Materialabhängigkeit des praktischen Absorptionskoeffizienten. Schon die ersten Messungen führten LENARD zu der Feststellung, daß das Absorptionsvermögen für Kathodenstrahlen gegebener Geschwindigkeit in erster Linie durch die Dichte ϱ und in viel geringerem Grade durch die chemische Natur und den Aggregatzustand bestimmt ist. Aus diesem Gesichtspunkt wurde auch in der Folgezeit stets die Frage nach der Materialabhängigkeit der Absorption betrachtet, was sich darin ausdrückte, daß man häufig statt mit dem Absorptionskoeffizienten selbst mit dem „Massenabsorptionskoeffizienten" α/ϱ rechnete. Die Aufstellung dieses „LENARDschen Gesetzes" bedeutete einen starken Impuls für die Atomforschung; es führte LENARD zuerst auf die bis heute bewährte Vorstellung, daß die Atombestandteile, welche er sich als elektrische Dipole (Dynamiden) vorstellte, nur einen winzigen Bruchteil des Atomvolumens einnehmen. Von größerem Interesse als das LENARDsche Gesetz selbst sind heute fast die Abweichungen von diesem. Diese sind mehrfacher Art.

a) Bei Geschwindigkeiten unterhalb $\beta = 0{,}1$ hört die Massenproportionalität überhaupt auf, die Substanzen verhalten sich individuell (vgl. Ziff. 26).

b) Stärker als massenproportional absorbieren die Halogene, wie die Untersuchungen von SILBERMANN und A. BECKER[1]) (bei mittleren Geschwindigkeiten) und von FRIMAN[2]) (bei großen Geschwindigkeiten; UX) zeigten; FRIMANS Ergebnisse sind in Tabelle 12 zusammengestellt. Außerdem findet im ganzen ein Anstieg der Massenabsorption mit der Ordnungszahl statt. Ein vollständigeres Bild dieser Verhältnisse geben die älteren Messungen von CROWTHER[3]), bei welchen zwar die von FRIMAN eingehend diskutierten Fehlerquellen noch nicht berücksichtigt sind, die sich aber dafür auf eine große Zahl über das ganze periodische System verteilter Elemente erstrecken. Die Abb. 20, welche CROWTHERS Resultate zeigt, läßt ein ausgesprochen periodisches Verhalten des Massenabsorptionskoeffizienten α/ϱ erkennen, und zwar gehen die Perioden mit denjenigen des natürlichen Systems der Elemente konform. Die Maxima liegen etwa bei den Halogenen. Eine Analogie mit dem Verlauf des Bremsvermögens für α-Strahlen (Kap. 3) ist nach Abb. 20 unverkennbar vorhanden.

Tabelle 12. Absorptionskoeffizienten α von Gasen beim Druck 1 cm Hg für β-Strahlen von UX (FRIMAN).

Gas	$\alpha \cdot 10^5$	$\alpha/\alpha_{\text{Luft}}$	$\varrho/\varrho_{\text{Luft}}$
Luft	6	1,0	1,0
Chloroform	30	5,0	4,1
Äthylbromid	37	6,2	3,8
Methyljodid	65	10,9	4,9
Kohlensäure	9	1,5	1,5
Sauerstoff	7	1,1	1,1
Aceton	12	2,0	2,0
Isobutylchlorid	21	3,5	3,2
Tetrachlorkohlenstoff	42	7,0	5,3
Chlor*)	—	1,60	1,2
Brom*)	—	5,2	2,8
Jod*)	—	10,4	4,4

*) Aus den vorigen berechnet.

c) Wasserstoff absorbiert rund doppelt massenproportional gegenüber Aluminium. Diese Abweichung verschwindet, wenn man die Absorption nicht auf gleiche Massen, sondern auf gleiche Elektronenzahl pro Flächeneinheit der Schicht bezieht. Hierzu ist α/ϱ noch zu multiplizieren mit dem Verhältnis A/Z

[1]) J. SILBERMANN, Diss. Heidelberg 1912; A. BECKER, Ann. d. Phys. Bd. 67, S. 428. 1922.
[2]) E. FRIMAN, Ann. d. Phys. Bd. 49, S. 373. 1916.
[3]) J. A. CROWTHER, Phil. Mag. Bd. 12, S. 379. 1906.

von Atomgewicht zu Ordnungszahl; dieses Verhältnis ist 1 für Wasserstoff, dagegen 2 für die übrigen leichteren Elemente.

Der Absorptionskoeffizient einer Mischung oder Verbindung setzt sich additiv aus denjenigen der einzelnen Atomarten zusammen, läßt sich also nach der Mischungsregel berechnen. Bezeichnen $(\alpha/\varrho)_i$ die Massenabsorptionskoeffizienten der einzelnen Elemente, c_i ihre gewichtsmäßigen Konzentrationen ($\sum c_i = 1$), so ist der Massenabsorptionskoeffizient der Substanz:

$$\alpha/\varrho = \sum c_i (\alpha/\varrho)_i .$$

Diese Beziehung diente vielfach zur Ermittlung des Absorptionskoeffizienten solcher Elemente, welche nur in Verbindungen leicht zugänglich sind (vgl. z. B. Tabelle 12). Bei Wasserstoffverbindungen scheinen nach A. BECKER Abweichungen von der Additivität zu bestehen[1]).

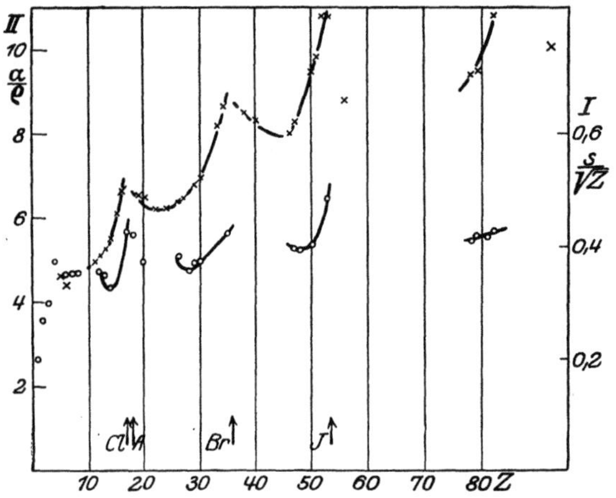

Abb. 20. I. ○ Bremsvermögen s für α-Strahlen (RAUSCH V. TRAUBENBERG). II. × Massenabsorptionskoeffizient α/ϱ für β-Strahlen des UX (CROWTHER).

24. Die vollständige Absorptionskurve für parallele Strahlen. Der praktische Absorptionskoeffizient gibt nur Auskunft über die Zahl der absorbierten Teilchen oberhalb einer gewissen Schichtdicke, wo jedenfalls die Strahlen schon vollkommen diffus und um einen merklichen Bruchteil geschwächt sind. Für die Frage nach dem Wesen der Absorption ist es aber von Wichtigkeit, die Absorption für ein nahezu paralleles Strahlenbündel von Anfang an zu verfolgen. Hierzu ist es nicht ausreichend, die Abnahme der durchgelassenen Teilchenzahl allein zu messen, denn diese lehrt lediglich die Summe von absorbierter und rückdiffundierter Teilchenzahl kennen, und die letztere stellt einen wesentlichen Bruchteil dar (Ziff. 13). Zur Messung der wirklichen Zahl der absorbierten Teilchen bediente sich SCHONLAND[2]) der in Abb. 21 skizzierten Anordnung. Beiderseits der zu untersuchenden Folie F befinden sich zwei isolierte Auffangekäfige D und R; die Käfige und die Folie können einzeln mit einem Galvanometer verbunden werden. Die magnetisch homogenisierten Kathodenstrahlen, deren Geschwindigkeit zwischen etwa $\beta = 0{,}2$ und $0{,}5$ variiert werden konnte, durchsetzten die Folie nahezu senkrecht. In dem Käfig D wurde die durchgelassene, in R die rückdiffundierte Elektronenmenge gemessen, während die in der Folie steckenbleibende (absorbierte) Elektronenmenge durch Anschalten der Folie selbst bestimmt wurde. Das Gitter G, welches auf -100 bis -200 Volt gegenüber der

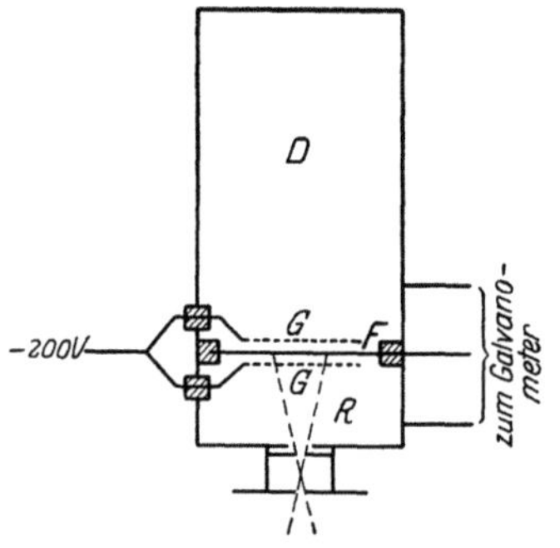

Abb. 21. Versuchsanordnung zur Absorption und Rückdiffusion (SCHONLAND).

[1]) A. BECKER, Ann. d. Phys. Bd. 67, S. 428. 1922.

[2]) B. F J. SCHONLAND, Proc. Roy. Soc. London (A) Bd. 104, S. 235. 1923; 108, S. 187. 1925.

Folie gehalten wurde, diente dazu, die Sekundärelektronen (δ-Strahlen) zurückzuhalten, welche die Kathodenstrahlen beim Durchgang erzeugen. Der Verlauf der durchgehenden Elektronenmenge als Funktion der Schichtdicke zeigte nichts, was über die früheren Befunde hinausging (Ziff. 21). Die andererseits aus der rückdiffundierten Menge bestimmten Rückdiffusionskonstanten sind bereits in Tabelle 4 aufgeführt. Die Ergebnisse für den absorbierten Bruchteil der auffallenden Elektronen zeigt Abb. 22 für Aluminium. Man erkennt, daß die relative Zahl der nicht absorbierten, d. h. der durchgelassenen + rückdiffundierten Elektronen bis zu einer gewissen Schichtdicke fast konstant gleich 1 bleibt, um dann verhältnismäßig rasch abzufallen und sich endlich langsam einem Grenzwert zu nähern. Dieser Grenzwert stellt nichts anderes als die Rückdiffusionskonstante p dar. Die Kurven für Gold zeigen genau den gleichen Charakter. Die Unterschiede, welche in den Kurven für die durchgelassene Elektronenmenge bestehen (Abb. 18), verschwinden hier also vollständig. Der allgemeine Verlauf dieser Kurve ist auch qualitativ der gleiche wie bei der Absorptionskurve („Teilchenzahlkurve") für α-Strahlen[1]), allerdings mit dem quantitativen Unterschied, daß bei α-Strahlen der horizontale Anfangsteil der Kurve relativ weiter reicht und der dann folgende Abfall steiler ist; dieser Unterschied erklärt sich schon allein daraus, daß die wirklichen Bahnlängen der Elektronen bei gegebener Schichtdicke großen Schwankungen unterliegen; sie werden z. B. im Mittel andere sein für die durchgelassenen als für die rückdiffundierten Elektronen. Man kann hieraus schließen, daß man den Elektronenstrahlen eine „Reichweite" in demselben Sinne zuzuschreiben hat, wie den α-Strahlen (vgl. Ziff. 27).

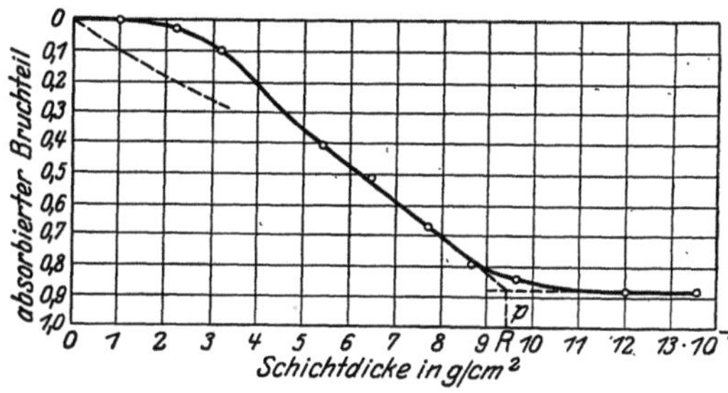

Abb. 22. Vollständige Absorptionskurve in Aluminium; $\beta = 0{,}52$ (SCHONLAND).

Der Hauptabfall der Absorptionskurven Abb. 22 ist praktisch linear; durch Fortsetzung dieses Teiles bis zur Grenzordinate p erhält man wieder die in Ziff. 19 bereits definierte „praktische Reichweite" R. Diese Art der Ermittelung hat vor derjenigen aus der durchgehenden Teilchenzahl den Vorzug, daß sie sich bei allen Elementen, auch den schwersten, gleichartig vornehmen läßt. Die Ergebnisse sind bereits in Tabelle 9 und 10 aufgeführt.

Für schnelle β-Strahlen ($\beta = 0{,}88$) hatte schon lange vorher W. WILSON[2]) ein entsprechendes Ergebnis gefunden, indem er zeigte, daß die Summe von durchgelassener und rückdiffundierter Elektronenzahl über eine Schichtdicke von 0,5 mm Aluminium praktisch konstant war, d. h. über einen wesentlichen Teil der 0,7 mm betragenden praktischen Reichweite.

25. Der reine Absorptionskoeffizient; Wesen der Absorption. Bestimmte Vorstellungen vom Wesen der Absorption der Kathodenstrahlen wurden von LENARD ausgebildet, welcher jedoch im wesentlichen nur den quasiexponentiellen Teil in der Kurve der durchgehenden Elektronenmenge in Betracht zog. Es kommen von vornherein zwei mögliche Ursachen für die Abnahme der Teilchenzahl mit der Schichtdicke in Frage: 1. eine allmähliche Abnahme der Geschwindigkeit bis zur vollständigen Vernichtung der kinetischen Energie; 2. eine plötzliche Reduktion der Geschwindigkeit auf gaskinetische Größenordnung durch

[1]) Vgl. ds. Bd. Kap. 3.
[2]) W. WILSON, Proc. Roy. Soc. London (A) Bd. 87, S. 323. 1912.

Zusammenstoß mit einem einzigen Atom. LENARD vertrat den Standpunkt, daß die letzterwähnte „eigentliche Absorption" den Ausschlag gibt; als Maß für sie dient der „reine Absorptionskoeffizient" α_0, welcher dadurch definiert ist, daß in einem parallelen Strahlenbündel $\alpha_0 dl$ der Bruchteil der Teilchen ist, welcher pro Bahnlängenelement dl durch derartige Absorptionsprozesse ausscheidet. Diese Definition ist analog derjenigen für den „praktischen Absportionskoeffizienten" α (Gleichung 54), welcher die Abnahme der Teilchenzahl bei vollständig diffusem Verlauf („Normalfall") in der Richtung der Schichtnormale bestimmt. Hiernach sollte sich α_0 von α nur um den Umwegfaktor unterscheiden, für welchen angenähert die in Tabelle 4 aufgeführten Werte gelten.

Der von LENARD ausgesprochene Gedanke, den reinen Absorptionskoeffizienten direkt aus dem Verhalten paralleler Strahlen zu ermitteln, hat nun inzwischen seine Verwirklichung gefunden in den Versuchen von SCHONLAND (Ziff. 24), und man muß aus diesen Versuchen den Schluß ziehen, daß die eigentliche Absorption im LENARDschen Sinne bei weitem nicht die Rolle spielen kann, die LENARD ihr glaubte zuschreiben zu müssen. In Abb. 22 ist z. B. gestrichelt der Kurvenverlauf eingetragen, wie man ihn nach den aus LENARDS Angaben berechneten reinen Absorptionskoeffizienten für die Geschwindigkeit $\beta = 0{,}52$ erwarten sollte. Der experimentell gefundene Verlauf ist, soweit er überhaupt in seinem Anfangsteil von der Horizontalen abweicht, außerordentlich viel flacher. Bei schnellen β-Strahlen hat W. WILSON sogar auf dem größeren Teil der praktischen Reichweite keine merkliche Absorption gefunden, wenn er die Rückdiffusion berücksichtigte. Man wird also nicht umhin können, für den wahren Absorptionskoeffizienten höchstens einen kleinen Bruchteil des von LENARD angenommenen Wertes anzusetzen. Praktisch wird man das Verhalten der Elektronenstrahlen als analog dem der α-Strahlen betrachten können, d. h. die Energie eines Strahlenteilchens wird in kleinen Stufen allmählich aufgezehrt. Hierfür sprechen auch durchaus die Bilder des wirklichen Bahnverlaufs schneller Elektronen, die nach der WILSONschen Nebelmethode heute schon in sehr großer Zahl aufgenommen worden sind. Derartige Bahnbilder zeigen stets die allmähliche Geschwindigkeitsabnahme bis zur vollständigen Abbremsung, kenntlich an der zunehmenden Ionendichte und Bahnkrümmung bis zu dem oft knopfförmig verdickten oder zusammengerollten Ende der Bahn; über ein plötzliches Abbrechen einer Bahn, wie man es bei Überwiegen der „eigentlichen" Absorption mit großer Häufigkeit erwarten sollte, ist bisher nicht berichtet worden. Auch lassen die Angaben von C. T. R. WILSON (Ziff. 20) darauf schließen, daß die Reichweite eines Elektrons von bestimmter Geschwindigkeit eine leidlich definierte Größe ist. Ein weiteres sehr schwerwiegendes Argument für die Seltenheit eigentlicher Absorptionsprozesse bildet die Größe der experimentell bestimmten Totalionisation (s. das Nähere hierüber in Ziff. 34).

Die Abnahme der Teilchenzahl bei Schichtdicken, welche größer sind als die Rückdiffusionsdicke, hat man sich hiernach im Anschluß an eine auch früher schon verschiedenerseits vertretene Anschauung im wesentlichen vorzustellen als ein Resultat des Zusammenwirkens von Zerstreuung und Geschwindigkeitsabnahme. Bei so dicken Schichten kann man annehmen, daß die wirklich zurückgelegten Elektronenwege sehr verschieden sind, je nach der zufälligen Größe des Umweges; einige der Elektronen werden sogar so weit abseits geraten, daß sie völlig abgebremst werden, ehe sie die Austrittsseite der Schicht erreichen, während andere die Schicht fast geradlinig senkrecht durchsetzen und dementsprechend verhältnismäßig geringe Geschwindigkeitsverluste erleiden. Hinzu kommt noch, daß aller Wahrscheinlichkeit nach auch die wahren Reichweiten R_0 (Ziff. 20) von Teilchen zu Teilchen etwas schwanken werden, ähnlich wie es bei den α-Strahlen der Fall ist (vgl. Ziff. 27). Somit werden die individuellen Geschwindigkeiten der zum Austritt gelangenden Elektronen von 0 bis zu einem gewissen oberen Grenzwert variieren. Indessen sind die langsamsten Elektronen nur außerordentlich schwach vertreten, weil sie den kleinen Rest ihrer Geschwindigkeit noch besonders rasch verlieren[1]. Diese Verteilung der Geschwindigkeiten und der Richtungen wird man als „quasistationär", d. h. nur langsam mit der Schichtdicke veränderlich, erwarten können, indem bei Vergrößerung der Schichtdicke jeder Geschwindigkeits- und Richtungsbereich soviel Teilchen an andere Bereiche abgibt und von anderen wieder aufnimmt, daß für alle Geschwindigkeiten und Richtungen eine fast proportionale Verringerung der Teilchenzahlen erfolgt. Die eigentlich ausscheidenden Teilchen sind natürlich die, welche bereits besonders starke Geschwindigkeitsverluste erlitten haben oder unter sehr großem Winkel gegen die Primärrichtung verlaufen; daher kann kräftige Absorption schon in Schichtdicken erfolgen, in welchen die mittlere Geschwindigkeit nicht sehr stark abnimmt. Streng stationär ist die Verteilung insofern nicht, als das Ende großer Geschwindigkeiten langsam abbröckelt. Eine solche quasistationäre Verteilung bedingt ohne jede weitere Annahme das Quasi-Exponentialgesetz des Abfalls. Man kann sogar erwarten, daß der quasistationäre Zustand sich in gewissem Grade unabhängig von der ursprünglichen Geschwindigkeitsverteilung einstellt, also z. B. bei erheblicher Inhomogenität der einfallenden Strahlen (UX), indem die etwa zu stark vertretenen kleinen Geschwindigkeiten allmählich weggefiltert werden. Eine strenge Begründung dieser Vorstellung ist natürlich nur von einer künftigen sehr eingehenden und notwendigerweise sehr verwickelten Theorie zu erwarten. Jedenfalls scheint die hier vertretene Anschauung mit keiner Erfahrung in Widerspruch zu stehen[2].

Ist somit die eigentliche Absorption in dem hier betrachteten Geschwindigkeitsbereich von untergeordneter Bedeutung, so muß doch in gewissem Sinne mit ihrer Existenz gerechnet werden, wie in Ziff. 26 näher dargelegt wird.

26. Die Quantenabsorption. Bei Geschwindigkeiten, deren Voltäquivalent von der Größenordnung 10 Volt und kleiner ist, treten insofern besondere Verhältnisse ein, als allgemeine, das Verhalten aller Substanzen zusammenfassende Gesetzmäßigkeiten nicht existieren. Für jede Substanz gibt es in diesem Bereich eine Reihe ausgezeichneter Primärgeschwindigkeiten, deren Voltäquivalente als die „kritischen Potentiale" der Substanz bezeichnet werden. Die „Anregungs"- und „Umwandlungsspannungen" bedeuten die Energieunterschiede zwischen den stationären Zuständen der Molekel im Sinne der BOHRschen Theorie. Auch

[1] Zur Illustration diene folgende einfache Betrachtung: Man denke sich eine große Zahl von vollständigen Bahnen bestimmter Anfangsgeschwindigkeit mit ihren Anfangspunkten und -richtungen nach Zufall im Raume verteilt und lege durch das Ganze eine Ebene. Die Wahrscheinlichkeit, daß die Ebene ein bestimmtes, im Abstande l vom Bahnende gelegenes Element dl trifft, ist proportioual dl. Andererseits ist die Bahnstrecke dl, auf welcher die Geschwindigkeit sich um dv ändert, $\frac{dl}{dv} \cdot dv$, und da nach Ziff. 20 etwa $l \backsim v^4$ ist, so ist die Zahl der Elektronenbahnen, deren Geschwindigkeit in dem Schnittpunkt mit der Ebene zwischen v und $v + dv$ gelegen ist, etwa proportional $v^3 dv$.

[2] Anm. b. d. Korr.: Dem hier vertretenen Standpunkt nähert sich neuerdings auch A. BECKER (Ann. d. Phys. Bd. 81, S. 105. 1926), indem er die echte Absorption als praktisch bedeutungslos ansieht. Aber auch die unechte Absorption (Reflexion oder Einzelstreuung), auf welche BECKER nunmehr die Abnahme der Teilchenzahl zurückführen will, ist nach Ausweis der WILSONschen Nebelbilder und anderer Erfahrungstatsachen ein viel zu seltener Vorgang, als daß er die Größe der experimentell gefundenen Absorptionskoeffizienten erklären könnte, so daß allein die Diffusion (Vielfachstreuung) und Geschwindigkeitsabnahme zur Erklärung übrigbleibt.

die „Ionisierungsspannungen", d. s. diejenigen, welche der zur Ablösung eines Elektrons aus der Molekel nötigen Arbeit entsprechen, gehören zu den kritischen Potentialen. Durch die BOHRsche Frequenzbedingung sind die kritischen Potentiale mit charakteristischen Frequenzen im Spektrum der Substanz verbunden. In diesem Gebiet hört die praktisch kontinuierliche Geschwindigkeitsabnahme und Zerstreuung der Primärelektronen auf. Das Elektron verliert bei einem Zusammenstoß einen bestimmten, relativ sehr großen Energiebetrag, welcher einem der kritischen Potentiale entspricht, also im allgemeinen geeignet ist, die Molekel in einen anderen stationären Zustand zu überführen. Erreicht die Primärgeschwindigkeit gerade einen der kritischen Werte, so kann das Elektron seine ganze Energie bei einem einzigen Zusammenstoß vollständig verlieren, d. h. es tritt Absorption im LENARDschen Sinne ein. Für den Fall, daß die Primärgeschwindigkeit etwas größer ist, lassen die Versuche von ÅKESSON[1]) darauf schließen, daß das Primärelektron wieder genau den kritischen Energiebetrag an die Molekel abgibt und mit dem Rest der Energie weiterfliegt.

Eine weitere Erscheinung, welche in diesem Gebiet kleiner Geschwindigkeiten gewissermaßen an die Stelle der Diffusion tritt, ist die Reflexion der Elektronen; hierbei kann das Primärelektron durch einen einzigen Zusammenstoß um einen beliebig großen Winkel abgelenkt werden, ohne mehr als den geringen Geschwindigkeitsverlust zu erleiden, welcher nach dem Impulssatz zu erwarten ist. Von der Einzelstreuung über große Winkel unterscheidet sich die Reflexion dadurch, daß sie nicht Wirkung der Atomkerne allein ist; wahrscheinlich kann man sich den Vorgang so vorstellen, daß das Elektron bereits von der Oberfläche des Atoms wie an einer elastischen Kugel zurückgeworfen wird. Zum Unterschied von den vorerwähnten „unelastischen" Anregungs- und Ionisierungsstößen werden diese Reflexionsstöße auch als „elastische" bezeichnet. LENARD nennt die Reflexion auch „unechte Absorption". Wirkliche Diffusion, wie sie in Ziff. 7ff. behandelt ist, setzt nach RAMSAUER[2]) z. B. für Xenon erst ein bei etwa 36 Volt, für die anderen Edelgase bei noch höheren Geschwindigkeiten.

Auf die verwickelten Einzelheiten dieser Vorgänge und ihren engen Zusammenhang mit der Spektroskopie wird in Bd. XXIII ds. Handbs. ausführlicher eingegangen.

Da der Charakter der Absorption bei den kleinen Geschwindigkeiten ein anderer ist als bei mittleren und großen, verhält sich hier auch der Absorptionskoeffizient anders. Es ist praktisch, in diesem Gebiet statt des Absorptionskoeffizienten α den „absorbierenden Querschnitt" Q_α einer Molekel zu benutzen und diesen zu dem gaskinetischen Querschnitt in Beziehung zu setzen. Der absorbierende Querschnitt ist, wenn N die Zahl der Molekeln im cm^3 des Mittels bezeichnet,

$$Q_\alpha = \alpha/N, \tag{57}$$

d. i. in der Tat eine Größe von der Dimension einer Fläche. Versinnbildlichen läßt sich diese Größe, indem man jeder Molekel eine senkrecht zur Strahlrichtung liegende Fläche Q_α zuschreibt, welche jedes von ihr getroffene Primärelektron bremst oder reflektiert; womit natürlich keineswegs gesagt ist, daß eine solche, für alle Molekeln gleiche und scharf begrenzte Fläche existiert. Aus Gleichung (57) ersieht man, daß einerseits der Absorptionskoeffizient auch aufgefaßt werden kann als Summe der absorbierenden Querschnitte aller in 1 cm^3 des Mittels enthaltenen Molekeln, andererseits Q_α als der „molekulare Absorptionskoeffizient", d. h. der absorbierte Bruchteil der Primärmenge für

[1]) N. ÅKESSON, Heidelb. Ber. 1914, Nr. 21.

[2]) C. RAMSAUER, Ann. d. Phys. Bd. 72, S. 345. 1923.

eine Schicht, welche eine Molekel pro cm² enthält. LENARD schloß, daß bei Geschwindigkeiten von einigen Volt der absorbierende Querschnitt nahe konstant und etwas größer als der gaskinetische Querschnitt ist. Indessen zeigten eingehendere Untersuchungen, daß die Verhältnisse im allgemeinen nicht so einfach liegen (Ziff. 29).

Es ist nicht anzunehmen, daß die Erscheinung der Quantenabsorption mit relativ großen Energieverlusten grundsätzlich auf das Gebiet kleiner Geschwindigkeiten beschränkt ist, denn „kritische Potentiale" gibt es bei den Schwerelementen bis in das Gebiet hinein, welches den harten Röntgenstrahlen entspricht, also Elektronengeschwindigkeiten von der halben Lichtgeschwindigkeit und mehr; es sind dies in der Hauptsache die Ionisierungspotentiale für die inneren Atomelektronen. Aus dem in Ziff. 25 Ausgeführten geht jedoch bereits hervor, daß die Quantenabsorption in diesem Gebiet praktisch nur eine untergeordnete Rolle spielen kann. Hierfür spricht auch eine Reihe weiterer Befunde. Da ein etwa in der K-Schale ionisiertes Atom bei seiner Rückkehr zum Normalzustand im allgemeinen[1]) eine Spektrallinie der K-Serie aussenden muß, so gibt die Ausbeute an K-Strahlung des Anodenmaterials in einem Röntgenrohr ein Maß für die Häufigkeit von K-Ionisierungsprozessen, und diese Ausbeute ist nur von der Größenordnung 1/1000. In Übereinstimmung hiermit ist auch, daß es bisher nicht gelungen ist, eine selektive Absorbierbarkeit für Elektronen, welche gerade etwas mehr als die K-Ionisierungsenergie besitzen, festzustellen[2]). Ähnliches wie für die Anregung charakteristischer Strahlen gilt auch für die Erzeugung der Bremsstrahlung (vgl. hierüber ds. Handb. Bd. XXIII). Um nämlich ein Strahlungsquant $h\nu$ zu erzeugen, dessen Wellenlänge der Grenze des kontinuierlichen Röntgenspektrums entspricht, müßte nach dem DUANE-HUNTschen Gesetz das Primärelektron seine ganze Energie in einem einzigen Akt verlieren. Die Häufigkeit solcher Prozesse kann jedoch wiederum nur außerordentlich klein sein, da die ganze Ausbeute an Bremsstrahlung nur von der Größenordnung 1/1000 ist.

27. Theorie der Geschwindigkeitsabnahme der Elektronen- und α-Strahlen. Die qualitative Erklärung für die Geschwindigkeitsabnahme von Elektronen- und α-Strahlen ist folgende. Die Strahlenteilchen durchqueren die Atome und treten dabei in Wechselwirkung mit deren Elementarbestandteilen. Da man diese im wesentlichen als ursprünglich ruhend ansehen kann, so wird die von dem Strahlenteilchen auf die Atombestandteile übertragene Energie positiv sein, das Strahlenteilchen wird also sukzessive gebremst. Die einfachste quantitative Formulierung dieses Gedankens ist schon in der Rechnung der Ziff. 2 enthalten; aus Gleichung (7) und (9) folgt für die Energie Q, welche das bremsende Teilchen bei dem Prozeß gewinnt:

$$Q = \frac{1}{2} M V^2 = 2 m v_0^2 \frac{M m}{(M+m)^2} \frac{1}{1 + p^2/\lambda^2}, \tag{58}$$

wo

$$\lambda = \frac{E e}{v_0^2} \frac{M + m}{M m} \tag{59}$$

eine Länge ist, welche vom „Stoßparameter" p unabhängig ist. Ist $p \gg \lambda$ — nur solche Elementarprozesse geben den Ausschlag, da die übrigen zu selten sind[3]) —, so wird

$$Q = \frac{2}{M} \left(\frac{E e}{v_0 p}\right)^2,$$

[1]) Nämlich bis auf die „strahlungslosen Umwandlungen"; vgl. ds. Handb. Bd. XXIII.

[2]) R. WHIDDINGTON, Proc. Roy. Soc. London (A) Bd. 89, S. 554. 1914; B. F. J. SCHONLAND, Proc. Roy. Soc. London (A) Bd. 108, S. 187. 1925.

[3]) $p \gg \lambda$ bedeutet nämlich nach Gleichung (9), daß die gleichzeitige Richtungsänderung klein ist, was nur sehr selten nicht der Fall ist.

woraus man sieht, daß die Bremswirkung der Atomkerne klein gegen die der Atomelektronen ist. Während also die Zerstreuung im wesentlichen eine Wirkung der Atomkerne ist (Ziff. 9), sind für die Geschwindigkeitsabnahme praktisch allein die Atomelektronen verantwortlich zu machen. Dieser Umstand ermöglicht es überhaupt erst, Zerstreuung und Bremsung als zwei unabhängige Erscheinungen zu behandeln, welche sich einfach überlagern. Im folgenden wird also $M = \mu$ und $E = -\varepsilon$ zu setzen sein, während m und e weiter die Masse und Ladung des Strahlenteilchens (α- oder β-Teilchens) bedeuten.

Bezeichnet nun wieder Z die (mit der Ordnungszahl identische) Zahl der Elektronen in einem Atom, N die Zahl der Atome im cm^3, dl die Dicke einer sehr dünnen, daher praktisch nicht zerstreuenden Schicht, welche von den Strahlen senkrecht durchsetzt wird, so ist $NZdl$ die Zahl der Elektronen pro cm^2 der Schicht. Da der Inhalt eines Kreisringes vom Radius p und der Breite dp gleich $2\pi p\,dp$ ist, so ist die Wahrscheinlichkeit, daß die ursprüngliche Bahn eines Strahlenteilchens in einem zwischen p und $p + dp$ gelegenen Abstand an irgendeinem Atomelektron vorbeiführt, gleich $2\pi NZ p\,dp\,dl$. Daher ist der mittlere Energieverlust dT, welchen ein Strahlenteilchen insgesamt erleidet,

$$dT = 2\pi NZ\,dl\int_0^\infty Q\,p\,dp\,. \tag{60}$$

Setzt man nun aber hierin den Wert (58) von Q ein, so wird das Integral $\log\infty$. Einen endlichen Wert nimmt dagegen das Integral an, wenn man für die obere Grenze einen endlichen Wert p_0 einsetzt. Um also überhaupt verstehen zu können, daß die Strahlen Materie zu durchdringen vermögen, muß man annehmen, daß die Bremswirkung eines Atomelektrons sich im wesentlichen auf einen endlichen Bereich von einem gewissen Radius p_0 erstreckt. THOMSON[1]) deutete p_0 als den mittleren Abstand zweier Atomelektronen, DARWIN[2]) (kaum weniger willkürlich) als Entfernung des Atomelektrons von der „Oberfläche" des Atoms. Die wahre Ursache für die Begrenztheit des Wirkungsbereichs der Elektronen wurde erst von BOHR[3]) aufgedeckt; sie liegt darin, daß die Atomelektronen in Wirklichkeit nicht frei sind. BOHR stellt sich auf den Standpunkt der klassischen Dispersionstheorie, in welcher so gerechnet wird, als ob jedes Elektron isotrop quasielastisch an eine feste Gleichgewichtslage gebunden wäre, so daß es eine bestimmte Eigenschwingungszahl ν hat. Für den Ablauf der Wechselwirkung zwischen einem solchen Elektronenoszillator und einem vorbeifliegenden Strahlenteilchen ist nun von entscheidender Bedeutung die „Stoßdauer", worunter wir diejenige Zeit verstehen, auf welche sich im wesentlichen die gegenseitige Beeinflussung beschränkt. Da die wechselweisen Kräfte rasch mit der Entfernung abnehmen, so kann man als Stoßdauer die Zeit definieren, in welcher das Strahlenteilchen eine Strecke von der Länge p zurücklegt, d. h. die Zeit p/v_0. Ist nun p so klein, daß die Stoßdauer klein gegen die Eigenperiode $1/\nu$ ist, so wird das Atomelektron während der kurzen Dauer der Einwirkung nur wenig aus seiner Gleichgewichtslage entfernt, die Bindungskraft wird klein bleiben, der ganze Vorgang verläuft „ballistisch". In diesem Falle wird das Elektron so wirken, als ob es frei wäre. Ist dagegen umgekehrt der Abstand p so groß, daß die Stoßdauer groß gegen die Eigenperiode ist, so stellt sich das Elektron in jedem Zeitpunkt in die jeweilige, durch das Kraftfeld des Strahlenteilchens verschobene Gleichgewichtslage ein, ohne einen wesentlichen

---

1) J. J. THOMSON, Conduction of Electricity through Gases, S. 375ff. Cambridge 1906.
2) C. G. DARWIN, Phil. Mag. Bd. 23, S. 907. 1912.
3) N. BOHR, Phil. Mag. Bd. 25, S. 10. 1913; Bd. 30, S. 581. 1915.

Betrag an kinetischer Energie zu erlangen. In diesem Falle findet praktisch keine Energieübertragung statt. Man ersieht hieraus, daß die bremsende Wirkung des Elektronenoszillators wesentlich auf eine Strecke p_0 von solcher Größenordnung beschränkt ist, daß die Stoßdauer p_0/v_0 von der Größenordnung der Schwingungsperiode $1/\nu$ ist:

$$p_0 \cong \frac{v_0}{\nu}. \tag{61}$$

Die mathematische Präzisierung dieses Gedankens würde im allgemeinsten Fall zu sehr verwickelten Rechnungen führen. Deshalb führt BOHR die vereinfachende Voraussetzung ein, daß sich eine Strecke a angeben läßt, welche in folgendem Größenverhältnis zu der durch Gleichung (59) definierten Länge λ und dem „effektiven Wirkungsradius" p_0 steht:

$$\lambda \ll a \ll \frac{v_0}{\nu}.$$

Dann kann man nämlich nach dem obigen für solche Stoßparameter p, welche $< a$ sind, den Ausdruck (58) für Q benutzen. Für $p > a$ kann man andererseits einen anderen Ausdruck Q_1 für die übertragene Energie mit genügender Näherung herleiten, indem man die erzwungenen Schwingungen des Elektronenoszillators berechnet. Wenn man dann Q und Q_1 für die entsprechenden Bereiche von p in (60) einführt und integriert, ergibt sich in der Tat ein endlicher Wert für den gesamten Energieverlust dT. Wir übergehen die immerhin noch etwas weitläufige Rechnung und geben das Resultat:

$$\frac{dT}{dl} = -4\pi N \frac{\varepsilon^2 e^2}{\mu v_0^2} \sum_{i=1}^{Z} \log\left(\frac{1{,}123\, v_0^3}{2\pi \nu_i \varepsilon e} \cdot \frac{\mu m}{\mu + m}\right). \tag{62}$$

Diese Gleichung gilt bereits für den allgemeinen Fall, daß alle Z Atomelektronen verschiedene Eigenfrequenzen $(2\pi \nu_i)$ haben. Der Zahlenfaktor 1,123 ist eine durch ein bestimmtes Integral definierte Transzendente. Wendet man (60) unter Beschränkung auf eine Oszillatorengattung an, indem man $Z = 1$ setzt, für Q den einfachen Ausdruck (58) und als obere Grenze des Integrals den effektiven Wirkungsradius p_i für diesen Oszillator einsetzt, so findet man Übereinstimmung mit dem einzelnen Summenglied von (62), indem man setzt:

$$p_i = \frac{1{,}123\, v_0}{2\pi \nu_i}; \tag{63}$$

dies ist im Einklang mit der früheren Abschätzung (61) für diese Größe. Da in erster Näherung $T = \frac{1}{2} m v^2$, so ist die wahre Geschwindigkeitsabnahme

$$-\frac{dv}{dl} = 4\pi N \frac{\varepsilon^2 e^2}{\mu m v_0^3} \sum_{i=1}^{Z} \log\left(\frac{1{,}123\, v_0^3}{2\pi \nu_i \varepsilon e} \cdot \frac{\mu m}{\mu + m}\right). \tag{64}$$

Für β-Strahlen, deren Geschwindigkeit derjenigen des Lichtes nahekommt, sind noch gewisse Korrektionen anzubringen, da in diesem Falle die Wechselwirkung sich nicht mehr nach dem COULOMBschen Gesetz berechnen läßt. Die wahre Reichweite R_0 läßt sich im wesentlichen analog Gleichung (46) finden

$$R_0 = \int_{v_0}^{0} \frac{dv}{dv/dl}.$$

Uns interessiert besonders die Reichweite der Elektronenstrahlen, für welche BOHR eine Gleichung folgender Form findet:

$$R_0 = \frac{\text{konst.}}{N\Sigma}\left[(1-\beta^2)^{\frac{1}{2}} + (1-\beta^2)^{-\frac{1}{2}} - 2\right]. \tag{65}$$

Hierin bedeutet N die Zahl der Atome pro cm³, Σ den Summenausdruck in (62) und (64).

Die Gleichungen (62), (64), (65) geben nur Mittelwerte. Entsprechend dem statistischen Charakter des Bremsvorganges werden für ein herausgegriffenes Strahlenteilchen die wirklichen Werte mehr oder weniger von diesem Mittelwert abweichen. Diese Schwankungen werden ebenfalls von BOHR diskutiert. Die Rechnung ist hierbei weitgehend analog derjenigen für die Vielfachstreuung (Ziff. 9).

Gehen wir dazu über, die BOHRsche Theorie mit den Erfahrungstatsachen über Elektronenstrahlen zu vergleichen, so finden wir zunächst durch eine Überschlagsrechnung, daß die unter dem log stehende Zahl in (64) sehr groß ist; daher ändert sich die Summe Σ nur langsam mit der Geschwindigkeit, und es gilt nahe

$$v^3 \frac{dv}{dl} = \text{konst.}, \tag{66}$$

d. i. im wesentlichen die Formel von WHIDDINGTON (41). In der auch für größere Geschwindigkeiten angenähert gültigen Form

$$v^3 \frac{d(Hr)}{dl} = \text{konst.} \tag{67}$$

ist sie mit den Ziff. 16 erwähnten Messungen von DANYSZ und von RAWLINSON in Übereinstimmung (Gleichung 43). Genauer sollte der Ausdruck (67) mit wachsender Geschwindigkeit langsam ansteigen, da die Summe Σ in (64) ansteigt; die bisher erreichte Meßgenauigkeit reicht nicht aus, um diesen Punkt zu entscheiden. Für die Konstante a des WHIDDINGTONschen Gesetzes für Aluminium berechnet BOHR beispielsweise den Wert $19 \cdot 10^{42}$, während die experimentellen Werte zwischen 6,4 und $14 \cdot 10^{42}$ schwanken. Hinsichtlich der Materialabhängigkeit der Geschwindigkeitsabnahme läßt sich aus (64) folgendes ablesen: Die Zahl der Summenglieder ist gleich der Ordnungszahl Z, gleichzeitig werden jedoch mit wachsender Ordnungszahl die einzelnen Summenglieder im ganzen immer kleiner, da immer höhere Eigenfrequenzen ν_i hinzukommen; allerdings wird der letztere Einfluß nicht sehr stark in Erscheinung treten, wiederum wegen der Größe des ganzen unter dem log stehenden Ausdruckes. Daher ist zu erwarten, daß die Geschwindigkeitsabnahme etwa massenproportional ist oder sich etwas schwächer als massenproportional ändert. Dies ist im Einklang mit der allgemeinen Erfahrung (Ziff. 17).

Bei Geschwindigkeiten, welche der Lichtgeschwindigkeit nahekommen, beruht die Energieänderung wesentlich nicht auf einer Änderung der Geschwindigkeit, sondern nur der Masse, daher kann man (62) schreiben

$$\frac{dT}{dl} = \text{konst.},$$

was der empirischen Beziehung von W. WILSON entspricht [Gleichung (42)].

Auch an dem Ausdruck (65) für die Reichweite läßt sich die Theorie prüfen. Da NZ näherungsweise der Dichte ϱ proportional ist, läßt sich (65) auch schreiben

$$R_0 \varrho = \text{konst.} \frac{Z}{\Sigma}\left[(1-\beta^2)^{\frac{1}{2}} + (1-\beta^2)^{-\frac{1}{2}} - 2\right].$$

Die Größe Σ/Z, das mittlere Summenglied in (64), sollte nach dem obigen wieder langsam zunehmen mit wachsender Primärgeschwindigkeit und abnehmender Ordnungszahl. Ersteres zeigen in der Tat die in Ziff. 19 erwähnten Messungen von VARDER und SCHONLAND, welche für die praktische Reichweite eine Gleichung dieser Form erfüllt fanden [Gleichung (49)]. Zur Feststellung der schwachen Materialabhängigkeit des Produktes $R_0 \varrho$ bzw. $R \varrho$ reichen offenbar die bisher ausgeführten Messungen nicht aus. Die gemessenen Absolutwerte von R stimmen sogar auf wenige Prozente mit den theoretischen von R_0 überein. Im ganzen ist also in allen Punkten die Übereinstimmung noch besser als man eigentlich erwarten kann, denn einerseits ist in der Theorie auf die Krümmung der Elektronenbahnen keine Rücksicht genommen, andererseits ist auch die experimentelle Definition der praktischen Reichweite nicht frei von Willkür.

Bekanntlich ändern sich im BOHRschen Atom die Konfigurationen der äußeren Atomelektronen mit fortschreitender Ordnungszahl periodisch nach dem Schema des natürlichen Systems der Elemente. Man kann daher vermuten, daß auch die Frequenzen ν_i, welche die Rolle der klassischen Eigenfrequenzen spielen, eine solche Periodizität aufweisen, wofür in der Tat auch spektroskopische Tatsachen sprechen. Dies muß sich dann nach Gleichung (64) in der Materialabhängigkeit der Geschwindigkeitsabnahme ausdrücken[1]). Über die Geschwindigkeitsabnahme selbst liegen zu wenig Daten vor, um diese Folgerung zu prüfen, wohl aber zeigt der Absorptionskoeffizient, welcher ja nach unserer Anschauung wesentlich durch die Geschwindigkeitsabnahme mitbestimmt ist, deutlich diese Periodizität, wie der Anblick der Abb. 20 sofort lehrt. Ferner werden die Eigenfrequenzen der äußeren Elektronen auch von der chemischen Bindung beeinflußt werden; dies wird Abweichungen von der strengen Additivität des Absorptionsvermögens zur Folge haben; beobachtbar werden diese Abweichungen jedoch nur bei den allerleichtesten Elementen sein, da bei den übrigen das Gros der Eigenfrequenzen chemisch nicht merklich beeinflußt wird. So würden die Vermutungen über Abweichungen von der Additivität bei Wasserstoffverbindungen, falls sie sich bestätigen sollten, ihre Erklärung finden (vgl. Ziff. 23 am Schluß). Ganz Analoges gilt auch für das Bremsvermögen für α-Strahlen.

Im übrigen ist das Verhalten der α-Strahlen ebenfalls in guter Übereinstimmung mit BOHRS Theorie, indem diese von der Form der Geschwindigkeitskurve und der Reichweite der α-Strahlen fast quantitativ Rechenschaft zu geben vermag. Ein wesentlicher Unterschied gegenüber den Elektronenstrahlen liegt darin, daß wegen der kleineren Geschwindigkeit v_0 die Veränderlichkeit des Σ-Faktors stärker ins Gewicht fällt, daher geht die Reichweite der α-Strahlen nicht mehr mit der 4. Potenz der Geschwindigkeit, sondern nur etwa mit der 2. bis 3. Aus demselben Grunde zeigt das Bremsvermögen für α-Strahlen viel ausgesprochenere Abweichungen von der Massenproportionalität als dasjenige für Elektronenstrahlen (vgl. hierüber Kap. 3). Ein weiterer Unterschied besteht darin, daß die einschränkenden Voraussetzungen der Theorie bei den Elektronenstrahlen für alle Elemente erfüllt sind, während dies bei den α-Strahlen nur für die leichtesten Elemente ($Z < 10$) gilt; nur auf diese ist also die Theorie für α-Strahlen erfolgreich anwendbar.

Lehrreich ist ein Vergleich der Zerstreuungsformel (31) mit der Bremsformel (64). Nach der ersteren ist das mittlere Zerstreuungsquadrat λ^2 pro Schichtdickeneinheit proportional $\frac{e^2}{m^2 v_0^4}$, während die relative Geschwindigkeitsabnahme $\frac{1}{v_0}\frac{dv}{dx}$ pro Schichtdickeneinheit rund proportional $\frac{e^2}{m v_0^4}$ ist, wenn man den schwach veränderlichen Summenfaktor in (64) außer Betracht läßt. Hieraus ersieht man, daß α-Strahlen viel rascher gebremst werden als Elektronenstrahlen gleicher Zerstreubarkeit, oder daß α-Strahlen viel schwächer zerstreut werden als Elektronenstrahlen gleicher Reichweite. So erklärt sich, daß bei den α-Strahlen der fast geradlinige Verlauf der hervorstechendste Zug ist, während die Elek-

[1]) W. BOTHE, Jahrb. d. Radioakt. Bd. 20, S. 73. 1923.

tronenstrahlen bis zu ihrer vollständigen Bremsung die Richtung um 180° und mehr ändern können. Damit hängt auch zusammen, daß die parabolische Abhängigkeit der Zerstreuung von der Schichtdicke [Gleichung (23)] in den Messungen an β-Strahlen direkt über große Schichtdickenbereiche zum Ausdruck kommt[1]), während sie bei den α-Strahlen durch die Geschwindigkeitsabnahme verzerrt ist[2]).

28. Quantentheoretische Modifikation der BOHRschen Theorie. Nachdem die BOHRsche Atomtheorie ihre beherrschende Stellung eingenommen hat, entsteht natürlich die Aufgabe, auch die Theorie der Bremsung von Korpuskularstrahlen, welche BOHR etwa gleichzeitig mit der Grundlegung der Atomtheorie entwickelte, dieser anzupassen. Indessen ist ein eindeutiger Weg hierzu bisher nicht erkennbar; das Problem hängt offenbar eng zusammen mit demjenigen der quantentheoretischen Umdeutung der klassischen Dispersionstheorie. Ein von HENDERSON[3]) unternommener Vorstoß in dieses Gebiet verdient jedoch Beachtung[4]).

Um zu HENDERSONS Grundannahme zu gelangen, kann man direkt an die Erfahrung bei langsamen Elektronen anknüpfen (Ziff. 26). Überschreitet die Strahlenenergie nur wenig eine charakteristische Anregungsenergie der Molekel, so lassen die Versuche von ÅKESSON[5]) den Schluß zu, daß, falls überhaupt eine Wechselwirkung eintritt, die Molekel genau die nötige Anregungsenergie übernimmt, um in einen höheren Quantenzustand überzugehen, während das Strahlenteilchen mit dem Rest der Energie weiterfliegt. Reichen dagegen Strahlenenergie und -impuls nicht aus, um der Molekel einen Quantensprung zu ermöglichen, so findet überhaupt keine Energieübertragung statt. Entsprechend nimmt nun HENDERSON ganz allgemein an, daß die Reaktion der Molekel stets nur in Quantenübergängen erfolgt, und zwar soll derjenige Übergang eintreten, für welchen die Energiezunahme am größten ist, ohne den von der BOHRschen Bremstheorie für den betreffenden Wert des Stoßparameters p klassisch geforderten Betrag zu überschreiten. Zu den Quantenübergängen gehören auch die in eine ungeschlossene Bahn, welche zur Ionisation führen; diese sind kontinuierlich verteilt, für sie ist daher die BOHRsche Rechnung einfach zu übernehmen. Das Resultat hat die gleiche Form wie die BOHRsche Gleichung (64), nur treten als Atomkonstanten nicht mehr die „Eigenfrequenzen" auf, sondern die Energiedifferenzen zwischen den stationären Zuständen. Für α-Strahlen stimmt diese Gleichung nicht ganz so gut, wie die ursprüngliche BOHRsche.

29. Der RAMSAUER-Effekt[6]). Eine Entdeckung von weittragender Bedeutung machte RAMSAUER[7]), als er den Wirkungsquerschnitt von Gasmolekeln gegenüber langsamsten Elektronen untersuchte. Der Wirkungsquerschnitt Q_w unterscheidet sich formal von dem in Ziff. 26 definierten absorbierenden Querschnitt Q_α dadurch, daß er sich auf die g a n z e aus dem Primärbündel ausscheidende Elektronenmenge bezieht; außer den absorbierten und reflektierten („unecht absorbierten") sind also die evtl. gestreuten Elektronen einzurechnen. Aller-

---

[1]) J. A. CROWTHER, Proc. Roy. Soc. London (A) Bd. 84, S. 226. 1910.

[2]) H. GEIGER, Proc. Roy. Soc. London (A) Bd. 86, S. 235. 1912.

[3]) G. H. HENDERSON, Phil. Mag. Bd. 44, S. 680. 1922; vgl. hierzu auch R. H. FOWLER, Proc. Cambridge Phil. Soc. Bd. 21, S. 521. 1923.

[4]) Vom Standpunkt der Quanten- und Undulationsmechanik hat neuerdings M. BORN das Bremsproblem in Angriff genommen (ZS. f. Phys. Bd. 37, S. 863. 1926; Bd. 38, S. 803. 1926; Anm. b. d. Korr.).

[5]) N. ÅKESSON, Heidelb. Ber. 1914, Nr. 21.

[6]) Vgl hierzu auch ds. Handb. Bd. XXIII, Kap. 7.

[7]) C. RAMSAUER, Phys. ZS. Bd. 21, S. 576. 1920; Ann. d. Phys. Bd. 64, S. 513. 1921; Bd. 66, S. 546. 1921; Bd. 72, S. 345. 1923; Jahrb. d. Radioakt. Bd. 19, S. 345. 1922.

dings zeigte sich, daß bei den in Frage stehenden kleinen Geschwindigkeiten $Q_w = Q_\alpha$ ist.

Den wesentlichen Teil von RAMSAUERS endgültiger Versuchsanordnung zeigt Abb. 23. Die an der Zinkplatte Z lichtelektrisch ausgelösten Elektronen werden auf dem Wege bis zum Netz N beschleunigt, worauf ein nahezu homogener Teil von ihnen unter der Wirkung eines Magnetfeldes den durch die Blenden B_1 bis B_8 vorgeschriebenen Kreisweg durchläuft. Die ganze Apparatur ist mit dem zu untersuchenden Gase von bestimmtem Druck gefüllt. Auf dem Wege bis B_5 werden die Strahlen homogenisiert, der Käfig A_1 dient als Meßstrecke, A_2 als Auffänger. Verbindet man A_1 und A_2 zusammen mit einem Elektrometer, so mißt man die in A_1 eintretende Elektronenmenge, die als Primärmenge anzusehen ist. Verbindet man nur A_2 mit dem Elektrometer, so mißt man die aus A_1 austretende Elektronenmenge, d. i. die Primärmenge vermindert um die in A_1 ausgeschiedene Menge. Aus der Weglänge in A_1 und dem Druck läßt sich dann der Wirkungsquerschnitt berechnen. Da bei kleinen Gasdrucken gearbeitet werden mußte, wurden stets zwei Messungen bei verschiedenen Drucken kombiniert, um den Einfluß der Gasresiduums zu eliminieren. Durch Änderung des Magnetfeldes und der Spannung zwischen Z und N konnte die Elektronengeschwindigkeit variiert werden[1].

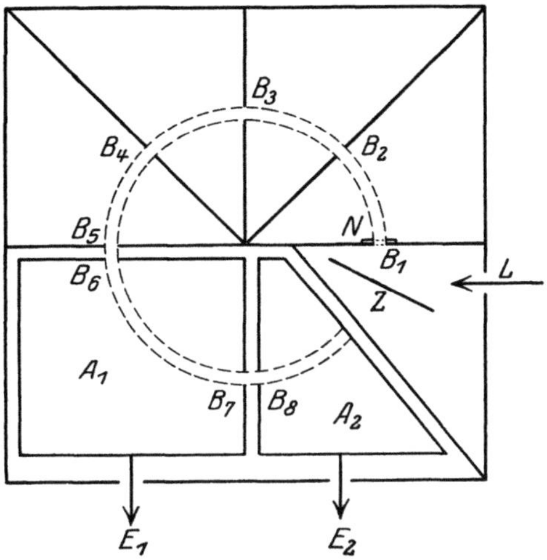

Abb. 23. Versuchsanordnung zum Ramsauer-Effekt.

Die Resultate für die Edelgase zeigt Abb. 24 u. 25. Als Abszissen sind die Wurzeln aus den Voltgeschwindigkeiten (also im wesentlichen die wahren Geschwindigkeiten) aufgetragen, als Ordinaten die gemessenen Wirkungsquerschnitte. Die gaskinetischen Querschnitte sind zum Vergleich am

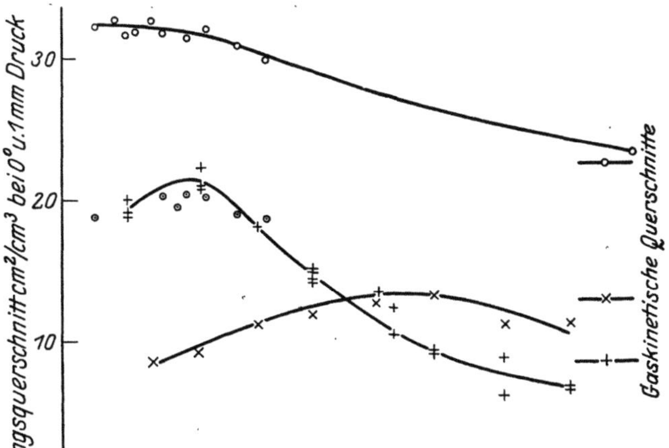

Abb. 24. + Wirkungsquerschnitt von He, × Wirkungsquerschnitt von Ne (RAMSAUER), ⊙ absorbierender Querschnitt von He (H. F. MAYER), ○ absorbierender Querschnitt von N_2 [H. F. MAYER u. ROBINSON[2]].

[1] Über eine andere Versuchsanordnung vgl. M. RUSCH, Ann. d. Phys. Bd. 80, S. 707. 1926 (Anm. b. d. Korr.).

[2] J. ROBINSON, Ann. d. Phys. Bd. 31, S. 769. 1910.

Rande der Abbildungen eingetragen. Man sieht, daß mit abnehmender Geschwindigkeit der Wirkungsquerschnitt zunächst über den gaskinetischen steigt, dann durch ein Maximum geht, wieder abfällt und schließlich bei den schwereren Gasen sogar den gaskinetischen Querschnitt stark unterschreitet. Dieser Verlauf ist

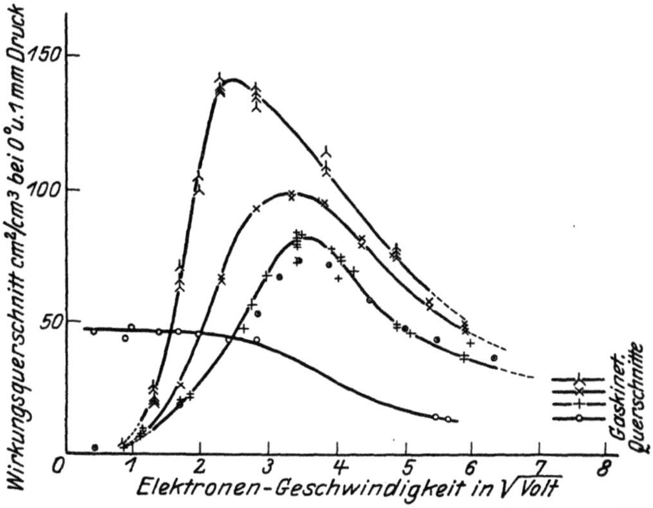

Abb. 25. + Wirkungsquerschnitt von A, × Wirkungsquerschnitt von Kr, ⅄ Wirkungsquerschnitt von X (RAMSAUER), ⊙ absorbierender Querschnitt von A (H. F. MAYER), O absorbierender Querschnitt von H_2 [H. F. MAYER, ROBINSON u. LENARD[1])].

bei Helium und Neon nur angedeutet, bei den übrigen ist er umso ausgeprägter, je höher das Atomgewicht ist. Es zeigt sich also, daß für sehr langsame Elektronen die Edelgasatome fast frei durchlässig sind; die freie Weglänge solcher Elektronen ist also abnorm groß.

RAMSAUERS Befund ist von verschiedenen Seiten bestätigt und ergänzt worden. H. F. MAYER[2]) untersuchte gleichzeitig mit RAMSAUER den Absorptionskoeffizienten langsamster Elektronen nach der gewöhnlichen Methode. Die Anordnung war hierbei derart, daß eine möglicherweise vorhandene Diffusion im gewöhnlichen Sinne in dem gemessenen Absorptionskoeffizienten nicht einbegriffen gewesen wäre. Der so gefundene „absorbierende Querschnitt" für Argon stimmte für alle untersuchten Geschwindigkeiten fast völlig mit RAMSAUERS Wirkungsquerschnitt überein (vgl. Abb. 25); daraus folgt, daß die Diffusion in diesem Geschwindigkeitsbereich fehlt. Außer den Edelgasen Argon und Helium untersuchte MAYER noch Wasserstoff, Stickstoff und Kohlendioxyd. Die in Abb. 24 u. 25 aufgenommenen Ergebnisse für N_2 bzw. H_2 zeigen in Übereinstimmung mit älteren Untersuchungen von LENARD, daß für diese Gase in dem untersuchten Geschwindigkeitsbereich der absorbierende Querschnitt wenig veränderlich und etwas größer als der gaskinetische ist. MINKOWSKI und SPONER[3]) untersuchten die Charakteristik eines edelgasgefüllten Dreielektrodenrohres, indem sie zwischen dem Glühdraht und dem dicht davor befindlichen Gitter verschiedene beschleunigende Spannungen anlegten, während zwischen dem Gitter und der weit entfernten Anode nur ein sehr schwaches beschleunigendes Feld herrschte.

[1]) P. LENARD, Ann. d. Phys. Bd. 12, S. 714. 1903.
[2]) H. F. MAYER, Ann. d. Phys. Bd. 64, S. 451. 1921.
[3]) R. MINKOWSKI u. H. SPONER, ZS. f. Phys. Bd. 15, S. 399. 1923; vgl. auch G. HERTZ, Proc. Amsterdam Bd. 25, S. 90. 1922.

Befinden sich am Gitter Elektronen kleiner Geschwindigkeit, so ist wegen deren abnorm großer freier Weglänge die Raumladung zwischen Gitter und Anode abnorm niedrig und die Charakteristik steigt daher an solchen Stellen schroff an. Dies ist nicht nur dann der Fall, wenn die Gitterspannung sehr klein ist, sondern auch stets dann, wenn die Gitterspannung so bemessen ist, daß am Gitter unelastische Stöße stattfinden, durch welche „0-Volt-Elektronen", d. h. praktisch ruhende Elektronen, geschaffen werden. Auf diese Weise konnten MINKOWSKI und SPONER den Effekt auch bei dem von RAMSAUER damals noch nicht untersuchten Krypton und Xenon voraussagen. Ferner ergaben sich auf demselben Wege Anhaltspunkte dafür, daß die Zunahme der freien Weglänge sich bis zur Elektronengeschwindigkeit 0 fortsetzt, während vorher TOWNSEND und BAILEY[1]) aus Diffusionsversuchen geschlossen hatten, daß bei Geschwindigkeiten von etwa 0,4 Volt die freie Weglänge durch ein Maximum geht, um bei noch kleineren Geschwindigkeiten wieder kleiner zu werden.

Außer den Edelgasen wurden auch noch einige andere Gase untersucht. Beim Quecksilber- und Kadmiumdampf fand MINKOWSKI[2]) nach der oben beschriebenen Raumladungsmethode ebenfalls eine Weglängenanomalie im selben Sinne wie bei Argon angedeutet, wenn sie auch weit schwächer als bei diesem sein muß. In Stickstoff fand LOEB[3]) nach der RUTHERFORDschen Wechselfeldmethode die Elektronenbeweglichkeit etwa 3,9mal größer als gaskinetisch zu erwarten. Ganz ähnliche Verhältnisse wie beim Argon fand BRODE[4]), welcher nach RAMSAUERS Methode arbeitete, auch beim Methan. Beim Stickstoff und Kohlenoxyd geht nach BRODE der Wirkungsquerschnitt bei ca. 18 Volt durch ein Maximum, bei ca. 9 Volt durch ein Minimum, um mit weiter abnehmender Geschwindigkeit wieder stark anzusteigen. BRODE und ebenso H. F. MAYER diskutieren auch die Angabe von ÅKESSON[5]), daß für eine große Zahl von Gasen die Absorptionskurve zwei Maxima aufweisen soll.

30. Deutungsversuche für den RAMSAUER-Effekt. Eine vollständige Erklärung für den Verlauf des Wirkungsquerschnittes der Edelgasatome mit der Elektronengeschwindigkeit ist noch nicht gegeben worden, es liegen jedoch zwei interessante Versuche in dieser Richtung vor, ein quantentheoretischer von HUND[6]) und ein klassisch orientierter von ZWICKY[7]).

HUND argumentiert etwa folgendermaßen. Ein Elektron, welches in das Kraftfeld eines Atoms gerät, würde nach der klassischen Theorie eine stetige Ablenkung und Bremsung erfahren, wobei es ein kontinuierliches Bremsspektrum aussendet, welches von unendlich kleinen bis zu unendlich großen Frequenzen reicht. An die Stelle dieses Vorganges treten nach der Quantentheorie Übergänge des Strahlenteilchens zwischen stationären Bahnen, wie bei den Atomelektronen selbst, nur mit dem Unterschied, daß in unserem Falle die stationären Bahnen geradlinig sind. Mit jedem Übergang ist Aussendung eines Strahlungsquants $h\nu$ verbunden, dessen Größe gleich dem Energieunterschied in den beiden Bahnen ist. Die Wahrscheinlichkeiten der verschiedenen von einer bestimmten Anfangsbahn aus möglichen Übergänge werden durch das Korrespondenzprinzip in der Weise geregelt, daß im Mittel über eine große Zahl von solchen Übergängen ungefähr das klassische Bremsspektrum resultiert (vgl. die gestrichelte Kurve in Abb. 26).

[1]) J. S. TOWNSEND u. V. H. BAILEY, Phil. Mag. Bd. 44, S. 1033. 1922.
[2]) R. MINKOWSKI, ZS. f. Phys. Bd. 18, S. 258. 1923.
[3]) L. B. LOEB, Phys. Rev. Bd. 20, S. 106. 1922.
[4]) R. B. BRODE, Phys. Rev. Bd. 25, S. 636. 1925.
[5]) N. ÅKESSON, Lunds Årsskrift Bd. 12, Nr. 11. 1916.
[6]) F. HUND, ZS. f. Phys. Bd. 13, S. 241. 1923.
[7]) F. ZWICKY, Phys. ZS. Bd. 24, S. 171. 1923.

Da dieses sich nun aber, wie bemerkt, bis $\nu = \infty$ erstreckt, so müßten auch solche Übergänge vorkommen, bei welchen das ausgesandte Energiequant $h\nu$ größer ist als die ganze Anfangsenergie T des Elektrons. Das Elektron müßte in diesem Falle in das Atom endgültig hineinfallen. Da dies nun nicht vorstellbar ist, nimmt HUND in Übereinstimmung mit dem DUANE-HUNTschen Gesetz für die kurzwellige Grenze des Bremsspektrums an, daß solche Fälle nicht eintreten; statt dessen soll eine entsprechende Wahrscheinlichkeit vorhanden sein, daß das Elektron das Atom glatt durchquert, ohne überhaupt in Wechselwirkung zu treten. Es kommt also von dem klassischen Bremsspektrum, dessen Energieverteilung in Abb. 26 angedeutet ist, nur etwa der schraffierte Teil durch Elektronenübergänge tatsächlich zustande; seine kurzwellige Grenze ist bestimmt durch $h\nu = T$. Der unschraffierte Teil fällt fort, und an seine Stelle treten freie Elektronendurchgänge mit einer Häufigkeit, welche der Größe dieses Flächenteiles ungefähr entspricht. Dieser Teil wird relativ um so bedeutender, je kleiner die Elektronenenergie und damit die kurzwellige Grenzfrequenz des Bremsspektrums wird, und je stärker im klassischen Bremsspektrum die großen Frequenzen vertreten sind, d. h. je stärker die klassische Bahnkrümmung und Bremsung wäre. So hat jedes Atom einen im wesentlichen frei durchlässigen Bereich, dessen Ausdehnung mit abnehmender Elektronengeschwindigkeit zunimmt, bis er den ganzen Atomquerschnitt ausfüllt. Die Geschwindigkeit, bei welcher dies beim Argon eintritt, ist in der Tat von der Größenordnung derjenigen, bei welcher RAMSAUER das starke Sinken des Wirkungsquerschnittes unter den gaskinetischen Querschnitt beobachtete.

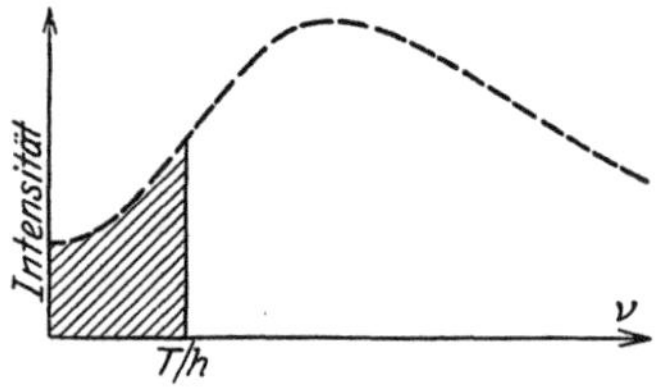

Abb. 26. Quantentheoretische Begrenzung des klassischen Bremsspektrums.

Ganz im Gegensatz zu HUND versuchte ZWICKY auf klassischer Grundlage RAMSAUERS Resultate verständlich zu machen, indem er unter verschiedenen Annahmen über das Feld in der Umgebung eines Atoms die Ablenkung des vorbeifliegenden Elektrons überschlagsmäßig berechnete. Dabei soll das Elektron als aus dem Primärbündel ausgeschieden gelten, wenn es einen gewissen Ablenkungswinkel, welcher durch RAMSAUERS Versuchsanordnung bestimmt ist, überschreitet. Man ersieht hieraus schon, daß das Resultat in gewissem Grade von der Versuchsanordnung, insbesondere von der Winkelöffnung der benutzten Blenden abhängen müßte; dies scheint allerdings, nach der Übereinstimmung der nach sehr verschiedenen Methoden gewonnenen Versuchsergebnisse tatsächlich nicht der Fall zu sein. Im einzelnen behandelt ZWICKY das Heliumatom als polarisierbaren Dipol, das Argonatom als Quadrupol, und kann so für beide Gase den Anstieg des Wirkungsquerschnittes mit abnehmender Geschwindigkeit bis etwa zum Maximum angenähert darstellen. Um das Maximum selbst und den dann folgenden starken Abfall verständlich zu machen, muß ZWICKY annehmen, daß das Atom vermöge der Bewegung seiner Bestandteile ein Drehfeld um sich schafft, mit dem das Strahlelektron beim Vorbeifliegen in eine Art von Resonanz kommen kann. Eine quantitative Durchrechnung ist auch hier wie bei HUND nicht möglich.

ELSASSER hat versucht, den Ramsauer-Effekt mit der neuen Theorie der Gasentartung von EINSTEIN in Zusammenhang zu bringen[1]).

Erwähnt sei noch, daß auch die Möglichkeit gequantelter Strahlenbahnen im Auge behalten zu werden verdient. Nimmt man an, daß bei beliebig ge-

---

[1]) W. ELSASSER, Naturwissensch. Bd. 13, S. 711. 1925.

gebener Energie das Impulsmoment eines Strahlenteilchens, bezogen auf den Atomschwerpunkt, nur ein ganzes Vielfaches von $h/2\pi$ sein kann, so findet man durch eine einfache Rechnung, daß bei denjenigen Strahlgeschwindigkeiten, wo der RAMSAUER-Effekt einsetzt, die „innerste“ Quantenbahn gerade etwa aus dem gaskinetischen Querschnitt austreten würde, so daß überhaupt keine Atomdurchquerung und damit keine Wechselwirkung mehr stattfinden könnte.

IV. Ionisation und Sekundärstrahlung.

31. Definitionen. LENARD stellte fest, daß Gase unter der Einwirkung von Kathodenstrahlen elektrisch leitend werden und klärte auch bereits den Mechanismus auf, welcher dieser Erscheinung zugrunde liegt. Man hat sich hiernach die ionisierende Wirkung der Kathodenstrahlen so vorzustellen, daß ein Strahlenteilchen von einem neutralen Atom ein Elektron abspaltet, so daß ein positives Ion zurückbleibt. Dies ist in fast allen Fällen die primäre Wirkung; zeigen sich chemische Umwandlungen bei Einwirkung von Elektronenstrahlen, so beruhen diese zumeist auf nachträglichen Reaktionen der primären Spaltungsprodukte. Die abgetrennten Elektronen haben eine durchaus merkliche Geschwindigkeit, so daß man sie als „sekundäre Kathodenstrahlen“ bezeichnen kann; häufig ist auch die Bezeichnung „δ-Strahlen“, welche übernommen ist von der entsprechenden Sekundärstrahlung der α-Strahlen, die im wesentlichen die gleichen Eigenschaften hat. Die Zahl der von einem Primärteilchen pro cm Bahnlänge erzeugten Sekundärelektronen bezeichnen wir als das „differentiale Sekundärstrahlungsvermögen“.

Die Sekundärelektronen besitzen zum Teil genügend Energie, um selbst wieder zu ionisieren. Als „Ionisation“ bezeichnen wir daher im folgenden die gesamte in Freiheit gesetzte Ladung, gleichgültig, ob sie direkt von den Primärstrahlen oder erst von den Sekundärelektronen hervorgerufen ist. Unter dem „differentialen Ionisationsvermögen“ i verstehen wir die Zahl der Ionenpaare, welche ein Strahlenteilchen von gegebener Geschwindigkeit in einem gegebenen Gase von Atmosphärendruck pro Einheit der Bahnlänge l erzeugt. Als „totales Ionisationsvermögen“ J bezeichnen wir dagegen die Zahl der Ionenpaare, welche das gegebene Strahlenteilchen insgesamt bis zu seiner vollständigen Bremsung erzeugt, also[1])

$$J = \int_0^{R_0} i\,dl; \tag{68}$$

R_0 bedeutet hierin die wahre Reichweite (Ziff. 20). Häufig wird auch die eigentliche („reine“) Sekundärstrahlung als „primäre Ionisation“ bezeichnet, zum Unterschied von der durch die Sekundärelektronen erst erzeugten „sekundären Ionisation“.

32. Messung der differentialen Ionisation. Bei der Messung des differentialen Ionisationsvermögens dienten als Primärstrahlung bei kleinsten Geschwindigkeiten Photo- oder Thermoelektronen nach entsprechender Beschleunigung, bei mittleren Geschwindigkeiten außerdem gewöhnliche Kathodenstrahlen, bei großen die magnetisch zerlegten β-Strahlen radioaktiver Substanzen. Die Messung zerfällt im Prinzip in zwei Teile: 1. man stellt ein geeignetes Strahlenbündel her und bestimmt die Zahl primärer Strahlenteilchen pro Zeiteinheit; 2. man läßt das-

[1]) In diesen Definitionen weichen wir etwas von LENARD ab, aus Gründen, die aus Ziff. 32 und 34 ersichtlich sind.

selbe Strahlenbündel durch eine Gasstrecke von bekannter Länge bei geeignetem Druck hindurchgehen und mißt den erzeugten Ionisationsstrom. Für den ersten Teil der Messung bediente man sich meist eines Faraday-Käfigs, den man dann z. B. für die zweite Messung durch eine Ionisationskammer ersetzen konnte[1]). Statt dessen kann man aber auch in vielfacher Weise die beiden Teile, Auffangevorrichtung und Ionisationskammer, zu einem Apparat vereinigen. Von Anordnungen dieser Art sei hier die von F. MAYER[2]) benutzte beschrieben (Abb. 27). Die an der Kathode K entstehenden (hier lichtelektrisch ausgelösten) Elektronen werden auf dem Wege bis zu dem Netz N_1 beschleunigt, worauf sie nach Durchlaufen eines feldfreien Raumes durch die Blende B in die Öffnung A des Auffangekäfigs F eintreten. Der Käfig ist durch ein Netz N_2 in zwei Teile geteilt, von denen der vordere als Ionisationskammer dient, während im hinteren Teil die Kathodenstrahlen sich totlaufen. Im Ionisationsraum ist eine Ringelektrode R angebracht, so daß sie nicht von den Primärstrahlen getroffen werden kann. Der Gasdruck wird so niedrig gehalten, daß die an R gemessene Ionisation druckproportional ist; damit ist Gewähr geboten, daß bis N_2 keine merkliche Absorption der Primärstrahlen eintritt. F wird auf demselben Potential wie N_1 gehalten. Zur Messung der Ionisation wird R gegenüber F negativ geladen und der zwischen R und F (bzw. N_2) übergehende Strom gemessen, während zur Messung der Primärintensität R und F gemeinsam an das Elektrometer gelegt werden.

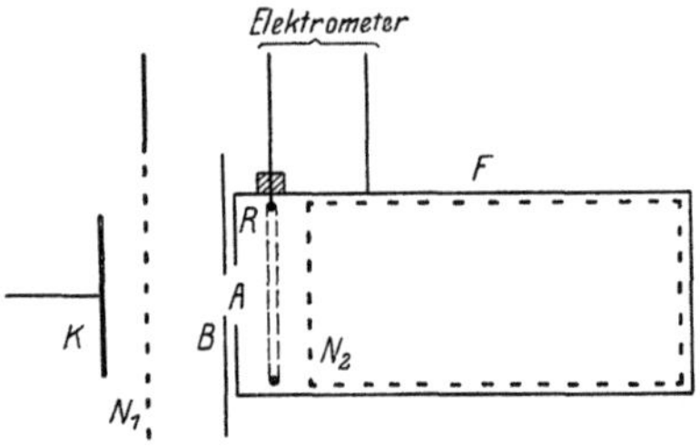

Abb. 27. Versuchsanordnung zur differentialen Ionisation (F. MAYER).

Eine schon früher von GLASSON[3]) für schnellere Kathodenstrahlen benutzte Anordnung (Abb. 28) unterscheidet sich von derjenigen MAYERs dadurch, daß der Ionisationsraum vor den Auffangekäfig verlegt ist. Der Käfig befindet sich isoliert im Innern eines größeren Gefäßes und dient gleichzeitig als innere Elektrode der Ionisationskammer. Ist der Käfig positiv gegen das Gehäuse geladen, so mißt man die Summe, bei negativem Käfigpotential die Differenz von sekundärer und primärer Elektronenmenge, denn in letzterem Falle gelangen ebensoviel positive Ionen an den Käfig, wie Sekundärelektronen erzeugt werden. Hiernach kann man die primäre und sekundäre Elektronenmenge getrennt berechnen.

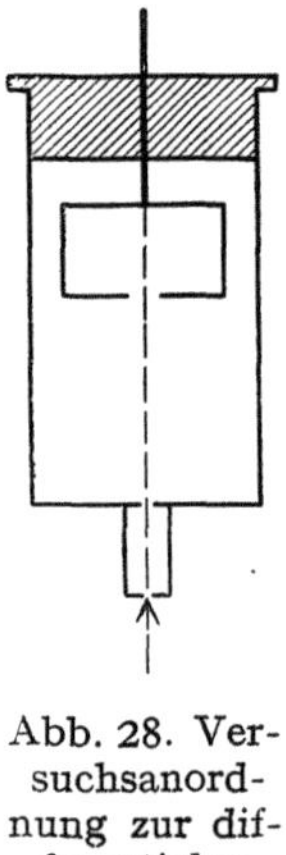
Abb. 28. Versuchsanordnung zur differentialen Ionisation (GLASSON).

Als Fehlerquellen kommen bei Messungen dieser Art besonders in Betracht: Rückdiffusion der Primärstrahlen von den Gefäßwänden, Absorption und Geschwindigkeitsverlust auf der Meßstrecke im Gase. Merkwürdigerweise ist ein Punkt bei vielen bisherigen Veröffentlichungen über diesen Gegenstand nicht erwähnt, ob nämlich der Strahlenverlauf nahezu parallel oder stark diffus war. Offenbar mißt man in letzterem Falle das Ionisationsvermögen i, wie es oben definiert ist, zu groß. Bei den bisher ausgeführten Messungen an einigermaßen schnellen Strahlen dürften die Verhältnisse dem parallelen Strahlenverlauf nähergekommen sein als dem vollständig diffusen.

[1]) W. WILSON, Proc. Roy. Soc. London (A) Bd. 85, S. 240. 1911.
[2]) F. MAYER, Ann. d. Phys. Bd. 45, S. 1. 1914. Über eine zylindrisch-konzentrische Anordnung mit Glühdraht vgl. O. v. BAEYER, Verh. d. D. Phys. Ges. Bd. 10, S. 96. 1908.
[3]) J. L. GLASSON, Phil. Mag. Bd. 22, S. 647. 1911.

Eine viel direktere Methode zur Untersuchung der Ionisation durch Elektronenstrahlen ist die WILSONsche Nebelmethode, welche die einzelnen Ionen sichtbar zu machen und in ihrer Lage photographisch zu fixieren gestattet. Sie stellt jedoch hohe Anforderungen an die Geschicklichkeit des Experimentators, da nur so saubere Aufnahmen, wie sie WILSON selbst gelungen sind, zur Auswertung geeignet sind. Ein besonderer Vorteil dieser Methode besteht darin, daß sie es ermöglicht, die von jedem einzelnen Sekundärelektron erzeugte Ionenzahl, die „sekundäre Ionisation" zu ermitteln (Ziff. 40).

33. Die differentiale Ionisation in Luft. Der allgemeine Verlauf der differentialen Ionisation i in Gasen als Funktion der Strahlgeschwindigkeit wurde wiederum bereits von LENARD festgelegt. Bei den kleinsten Geschwindigkeiten vermögen die Strahlen überhaupt nicht zu ionisieren. Die Ionisation setzt erst ein beim Überschreiten einer gewissen Grenzgeschwindigkeit, deren Voltäquivalent von der Größenordnung 10 Volt ist. Mit wachsender Geschwindigkeit steigt die Ionisation rasch zu einem Maximum, welches je nach der Natur des Gases etwa zwischen 100 und 250 Volt liegt, um dann beständig abzufallen.

Am genauesten bekannt ist der Verlauf der Kurve bei Luft. Eine eingehende Diskussion und Zusammenfassung fremder und eigener Messungen an Luft gibt BLOCH[1]) in seiner unter LENARDs Leitung ausgeführten Dissertation. Es war hierbei nötig, die zum Teil nur relativ ausgeführten Messungen an Hand von Fixpunkten auf absolutes Maß zu bringen. Indem LENARD[2]) hierzu noch die etwas späteren Messungen von F. MAYER nimmt, welche sich auf den Anfangsteil der i-Kurve beziehen, gewinnt er den in Tabelle 13 wiedergegebenen Gesamtverlauf (vgl. auch Abb. 34). Besonders bemerkenswert ist, daß i sich für $\beta = 1$ nicht dem Wert 0 zu nähern scheint, sondern einem endlichen Wert von etwa 40. Für Geschwindigkeiten $\beta > 0{,}4$ kann man folgende empirische Näherungsformel mit einer Genauigkeit von 10% benutzen[3]):

$$i = \frac{43}{\beta^2}\,. \tag{69}$$

Tabelle 13.
Differentiale Ionisation i in Normalluft (LENARD).

β	i cm^{-1}	β	i cm^{-1}
0,006	0	0,40	250
0,024	7700	0,45	210
0,03	7500	0,50	180
0,04	5000	0,55	152
0,05	3200	0,60	131
0,07	2300	0,65	111
0,10	1700	0,70	95
0,15	1200	0,75	80
0,20	830	0,80	69
0,25	580	0,85	59
0,30	400	0,90	50
0,35	308	0,95	45
		0,99	41

Einige Angaben, welche C. T. R. WILSON[4]) auf Grund seiner Nebelphotographien macht, passen gut in die Tabelle hinein, obwohl ihre Genauigkeit vom Verfasser selbst nicht sehr hoch eingeschätzt wird. Für $\beta = 0{,}33$ findet WILSON durch Auszählen der Nebeltröpfchen $i = 337$. Für schnellere β-Strahlen, deren Geschwindigkeit sich nur roh abschätzen ließ, erhielt WILSON Werte, wie sie ungefähr nach der Tabelle 13 zu erwarten wären. Bemerkenswert ist, daß auch bei der optimalen Primärgeschwindigkeit die Zahl der in Luft erzeugten Ionenpaare noch nicht die Zahl der getroffenen Molekeln erreicht, sondern nur etwa 40% von dieser beträgt, wenn man als Molekularquerschnitt den gaskinetischen zugrunde legt.

34. Die totale Ionisation in Luft. Energieverlust pro Ionenpaar. Für die totale Ionisation J würde sich nach (68) ergeben:

$$J = \int \frac{i}{d\beta/dl}\, d\beta = B \int \frac{i}{d\beta/dx}\, d\beta\,,$$

[1]) S. BLOCH, Ann. d. Phys. Bd. 38, S. 559. 1912.
[2]) P. LENARD, Kathodenstrahlen, S. 143.
[3]) Vgl. auch W. WILSON, Proc. Roy. Soc. London (A) Bd. 85, S. 240. 1911.
[4]) C. T. R. WILSON, Proc. Roy. Soc. London (A) Bd. 104, S. 192. 1923.

wo $d\beta/dx$ die praktische Geschwindigkeitsabnahme und B der Umwegfaktor ist; beide Größen sind so wenig genau bekannt, daß man auf diesem Wege nur die ungefähre Größe von J ermitteln kann. Benutzt man LENARDS Angaben[1]), so findet man beispielsweise für $\beta = 0{,}2$ etwa $J = 1000$. Die Voltgeschwindigkeit dieser Strahlen beträgt 10500 Volt, so daß durchschnittlich auf jedes erzeugte Ionenpaar ein Energieverlust von 10 Volt entfallen würde. Benutzt man jedoch WHIDDINGTONS Formel (41) mit dem experimentellen a-Wert der Tabelle 5, so wird der Energieverlust pro Ionenpaar etwa achtmal so groß. Außerdem kann man die aus WILSONS Nebelaufnahmen abgeleitete Formel (52) benutzen, welche direkt die wahre Geschwindigkeitsabnahme $d\beta/dl$ liefert; in diesem Falle erhält man etwa das $3^1/_2$fache der nach LENARDS Angaben berechneten Zahl. WILSON selbst berechnet aus seinen Tröpfchenzählungen für $\beta = 0{,}3$ einen Energieverlust von 26 Volt pro Ionenpaar, allerdings nicht als Mittelwert über die vollständige Bahn, sondern nur über eine kurze Strecke. Nach neueren Angaben von LEHMANN und OSGOOD[2]) nimmt der Energieverlust pro Ionenpaar zwischen 200 und 1000 Volt primär (β ca. 0,03 bis 0,06) von 35 auf 22 Volt ab.

Ein anderes Mittel, um die totale Ionisation J zu bestimmen, besteht darin, daß man die durch Röntgenstrahlen bekannter Wellenlänge erzeugte Ionisation mißt. Die Röntgenstrahlen ionisieren nicht direkt, sondern mittels der Elektronenstrahlen, welche sie im Gase auslösen. Die Geschwindigkeit dieser Elektronen läßt sich nach der EINSTEINschen photoelektrischen Gleichung berechnen. Andererseits kann man die im Gas absorbierte Röntgenenergie bestimmen, z. B. mittels der Wärmewirkung der Röntgenstrahlen. Da die absorbierte Röntgenenergie sich vollständig als kinetische Energie der Photoelektronen wiederfindet, so kann man hieraus unmittelbar den Energieverlust pro Ionenpaar für die betreffende Elektronengeschwindigkeit ermitteln (vgl. Bd. XXIII ds. Handbs.). Auf diese Weise hat KULENKAMPFF festgestellt, daß für Photoelektronen von 6000 bis 20000 Volt ($\beta = 0{,}15$ bis 0,28) der mittlere Energieverlust pro Ionenpaar innerhalb 5% konstant ist und 35 ± 5 Volt beträgt[3]). Diese Zahl, welche wohl als die sicherste bisher gemessene gelten kann, beträgt wiederum ein Mehrfaches des nach LENARDS Angaben berechneten Wertes. Man kann hiernach wohl annehmen, daß die von LENARD massenproportional zu Aluminium berechneten Geschwindigkeitsverluste in Luft merklich zu klein sind[4]). Andererseits erscheint hiernach WHIDDINGTONS a-Wert für Luft (Tabelle 5) deutlich zu groß.

35. Ionisation in anderen Gasen. Der für Luft gefundene Verlauf der differentialen Ionisation mit der Primärgeschwindigkeit findet sich bei anderen Gasen nur wenig verändert wieder[5]). Namentlich bei mittleren und großen Geschwindigkeiten kann man nach den vorliegenden Versuchsergebnissen den

---

[1]) P. LENARD, Kathodenstrahlen, Tab. 13, S. 173; $B = 1{,}8$.

[2]) J. F. LEHMANN u. T. H. OSGOOD, Nature Bd. 116, S. 242. 1925.

[3]) H. KULENKAMPFF, Ann. d. Phys. Bd. 79, S. 97. 1926.

[4]) LENARD selbst berechnet unter der Annahme „eigentlicher" Absorption durch plötzliche Bremsung (Ziff. 25) für $\beta = 0{,}2$ eine Totalionisation von nur ungefähr 20, was einen Energieverlust von 500 Volt pro Ionenpaar bedeuten würde. Dies ist mit den erwähnten Versuchsergebnissen unvereinbar, worin man eine Bestätigung dafür erblicken kann, daß LENARD der eigentlichen Absorption zu großen Platz eingeräumt hat. Allerdings fallen die von LENARD berechneten Totalionisationen noch dadurch besonders klein aus, daß er so rechnet, als ob die Ionisierungsvermögen an diffusen Strahlen (im „Normalfall") gemessen wären, während z. B. gerade bei den in das fragliche Gebiet fallenden Messungen von GLASSON besonderer Wert auf parallelen Strahlengang gelegt wurde. — Anm. b. d. Korr.: Dieses Argument gegen die LENARDsche Absorption ist inzwischen auch von H. KULENKAMPFF eingehend und mit Nachdruck vertreten worden (Ann. d. Phys. Bd. 80, S. 261. 1926).

[5]) Vgl. die kritische Zusammenstellung bei LENARD, Kathodenstrahlen, S. 148.

Verlauf für alle Gase gleich annehmen. Was die Absolutwerte von i anbetrifft, so besteht in diesem Bereich angenäherte Massenproportionalität, d. h. die Ionisation pro cm Bahnlänge ist angenähert proportional der Dichte des Gases, unabhängig von seiner chemischen Natur[1]) (Tabelle 14). Die einzige stärkere

Tabelle 14. Relativwerte der differentialen Ionisation i in Gasen von gleichem Druck. β-Strahlen von UX (KLEEMAN).

Gas	i	Dichte	Elektronenzahl pro Molekel	Gas	i	Dichte	Elektronenzahl pro Molekel
Luft	1,00	1,00	1,00	$CHCl_3$	4,94	4,15	4,03
O_2	1,17	1,11	1,11	CCl_4	6,28	5,35	5,13
CO_2	1,60	1,53	1,53	CS_2	3,62	2,64	2,64
C_2H_4O	2,12	1,53	1,67	CH_3Br	3,73	3,30	3,05
C_5H_{12}	4,55	2,50	2,91	C_2H_5Br	4,41	3,78	3,60
CH_4O	1,69	1,11	1,25	CH_3J	5,11	4,93	4,30
$C_4H_{10}O$	4,39	2,57	2,91	C_2H_5J	5,90	5,42	4,85
C_6H_6	3,95	2,71	2,91	NH_3	0,89	0,59	0,62
C_2N_2	1,86	1,81	1,81	SO_2	2,25	2,22	2,22
N_2O	1,55	1,53	1,53	H_2	0,165	0,069	0,14
C_2H_5Cl	3,24	2,24	2,36				

Ausnahme bildet wieder Wasserstoff, welcher gegenüber den übrigen Gasen etwa doppelt massenproportional ionisiert wird. Auch die Wasserstoffverbindungen geben abnorm hohe Ionisation. Ein Grund hierfür ist ohne Zweifel wieder, wie bei der Absorption (Ziff. 23), daß die Zahl der Elektronen im Wasserstoffatom doppelt massenproportional gegenüber den anderen leichten Elementen ist. Bezieht man jedoch die Ionisation statt auf gleiche Masse auf gleiche Elektronenzahl im cm^3 (Tabelle 14, Spalte 4), so bleiben die Zahlen für die Wasserstoffverbindungen immer noch deutlich größer als für die übrigen. Außerdem scheinen die Halogenverbindungen etwas höhere Ionisation zu ergeben, als zu erwarten wäre.

Gegenüber kleinen Primärgeschwindigkeiten kommt ebenso wie bei der Absorption die Individualität der Atome mehr und mehr zum Durchbruch. Für 1000 Volt-Strahlen ($\beta = 0{,}06$) besteht noch die ungefähre Massenproportionalität, aber Wasserstoff wird bereits viermal massenproportional ionisiert[2]). Charakteristisch für jedes Gas ist die Grenzgeschwindigkeit und die optimale Geschwindigkeit, d. h. diejenige, für welche i sein Maximum erreicht. Die Grenzgeschwindigkeit wird durch eines der kritischen Potentiale des betreffenden Gases bestimmt, nämlich das niedrigste Ionisierungspotential. Im übrigen treten in der Nähe der Grenzgeschwindigkeit recht verwickelte und zum Teil noch wenig geklärte Verhältnisse ein, da geringfügige Verunreinigungen, sowie Sekundäreffekte durch das schon unterhalb der Ionisierungsspannung erregte Leuchten von großem Einfluß sein können[3]); hierauf wird in Bd. XXIII, Kap. 7 ausführlicher eingegangen. Für die optimale Geschwindigkeit in einigen Gasen geben wir in Tabelle 15 die von F. MAYER[4]) gemessenen Werte. Die

[1]) J. C. MC LENNAN, Phil. Trans. (A) Bd. 194, S. 1. 1900; R. D. KLEEMAN, Proc. Roy. Soc. London (A) Bd. 79, 220. 1907.

[2]) W. KOSSEL, Ann. d. Phys. Bd. 37, S. 393. 1912.

[3]) Auf die ständige Anwesenheit geringer Mengen Quecksilberdampf dürfte es zurückzuführen sein, daß LENARD u. a. ursprünglich für alle untersuchten Gase die gleiche Grenzgeschwindigkeit von 11 Volt gefunden hatten.

[4]) F. MAYER, Ann. d. Phys. Bd. 45, S. 1. 1914. Ähnliche, aber im einzelnen abweichende Werte geben W. P. JESSE (Phys. Rev. Bd. 26, S. 208. 1925) und K. T. COMPTON u. C. C. VAN VOORHIS (ebenda S. 436): vgl. Bd. XXIII, Kap. 7.

Tabelle 15. Optimale Primärgeschwindigkeiten für die differentiale Ionisation (F. MAYER).

Gas	Luft	N_2	H_2	CO_2	CO	CH_4
Volt	130	150	125	140	125	132

differentiale Ionisation i im Optimum ist noch ungefähr massenproportional, wieder mit Ausnahme des Wasserstoffs, welcher hier sogar zwölffach massenproportionale Ionisation ergibt.

In chemischen Verbindungen verhält sich die Ionisation im allgemeinen additiv, soweit die bisherigen Versuche reichen. Nur für Wasserstoffverbindungen bestehen deutliche Abweichungen von der Additivität[1]).

Soweit die differentiale Ionisation und Absorption (bzw. Geschwindigkeitsabnahme) nahe massenproportional sind, kann man erwarten, daß die totale Ionisation nahe unabhängig von der Natur des Gases ist. Wie weit dies der Fall ist, zeigen am besten die Versuche, welche BARKLA und PHILPOT[2]) gelegentlich einer Untersuchung über Röntgenionisation ausführten. Die Primärelektronen wurden hierbei an der einen Platte eines Plattenkondensators durch Röntgenstrahlen ausgelöst; der Plattenabstand war größer als die Reichweite der Elektronen, so daß direkt die Totalionisation gemessen wurde. Die Relativwerte, welche bei Füllung des Kondensators mit verschiedenen Gasen erhalten wurden, sind in Tabelle 16 aufgeführt. Man sieht, daß in Anbetracht der großen Verschiedenheiten im Molekulargewicht die Zahlen nicht sehr verschieden sind. Wasserstoff ordnet sich gut ein, dagegen geben SH_2 und besonders die Halogen-

Tabelle 16. Relative Totalionisationen J.

BARKLA u. PHILPOT		KLEEMAN		
Gas	J f. Elektronen	Gas	J f. Elektronen	J f. α-Strahlen
Luft	1,00	Luft	1,00	1,00
H_2	1,02	CO_2	1,08	1,08
N_2	0,93	$C_4H_{10}O$ . . .	1,23	1,32
O_2	1,10	C_5H_{12} . . .	1,31	1,35
CO_2	1,02	C_6H_6	1,20	1,29
SH_2	1,33	C_2H_5Cl . . .	1,33	1,32
SO_2	0,96	$CHCl_3$ . . .	1,34	1,29
C_2H_5Br . . .	1,50			
CH_3J . . .	1,48			

verbindungen beträchtlich höhere Totalionisationen als die übrigen. Dies besagt, daß der mittlere Energieverlust pro Ionenpaar in diesen Gasen merklich kleiner ist als in Luft. Diese Zahlen waren in weitem Bereich unabhängig von der Härte der Röntgenstrahlen, also von der Geschwindigkeit der Elektronen (etwa $\beta = 0{,}2$ bis 0,3; vgl. auch Bd. XXIII ds. Handbs.).

Frühere ähnliche Messungen von KLEEMAN[3]) ergaben auch in Wasserstoffverbindungen erheblich höhere Werte der Totalionisation als in Luft (vgl. Tabelle 16). Nach KLEEMAN gehen die relativen Totalionisationen in verschiedenen Gasen für Kathodenstrahlen parallel mit denen für α-Strahlen.

---

[1]) R. D. KLEEMAN, Proc. Roy. Soc. London (A) Bd. 79, S. 220. 1907. KLEEMANS Berechnungen der „atomaren Ionisation" sind jedoch nicht durchweg einwandfrei; vgl. hierzu W. KOSSEL, Ann. d. Phys. Bd. 37, S. 393. 1912.

[2]) C. G. BARKLA u. A. J. PHILPOT, Phil. Mag. Bd. 25, S. 832. 1913.

[3]) R. D. KLEEMAN, Proc. Roy. Soc. London (A) Bd. 84, S. 16. 1910.

36. Oberflächen-Sekundärstrahlung fester Substanzen. Auch die Oberfläche eines festen Körpers, z. B. eines Metalles, sendet Elektronen aus, wenn sie von Elektronenstrahlen getroffen wird. Wir nennen sie hier der Kürze halber Sekundärelektronen, obwohl sie zum Teil auch tertiären Ursprungs sein können. Die Zahl der Sekundärelektronen für jedes auffallende Primärelektron hängt ab von der Primärgeschwindigkeit, dem Einfallswinkel der Primärstrahlen und der Natur und Oberflächenbeschaffenheit des Körpers; auch die Gasbeladung des Körpers ist von wesentlichem Einfluß. Ebenso werden Sekundärelektronen ausgelöst auf der Austrittsseite einer von den Primärstrahlen durchsetzten dünnen Folie[1]). Unter geeigneten Bedingungen kann die Zahl der ausgesandten Sekundärelektronen die Zahl der absorbierten Primärelektronen überwiegen, so daß der isolierte Körper sich positiv auflädt. Ebenso kann eine „negative Absorption" dadurch vorgetäuscht werden, daß in der durchgehenden Primärstrahlung Sekundärelektronen mitgemessen werden. Ist die Primärgeschwindigkeit einigermaßen hoch, so sind die Sekundärelektronen wegen ihrer geringen Geschwindigkeit leicht von den rückdiffundierten bzw. durchgelassenen Primärelektronen zu trennen. Bei kleinen Primärgeschwindigkeiten ist dies nicht mehr genau durchführbar.

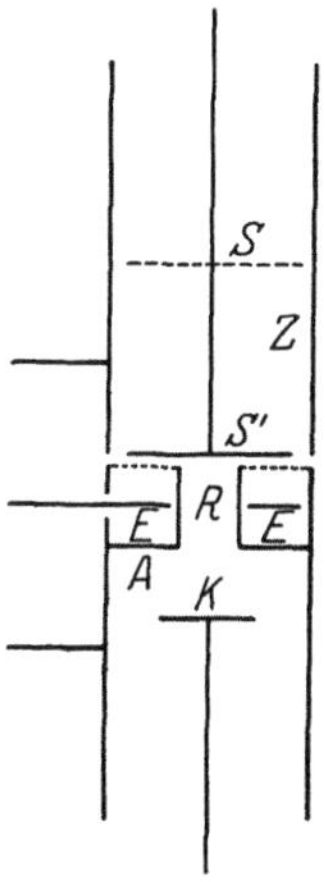

Abb. 29. Versuchsanordnung zur Sekundärstrahlung fester Substanzen (v. BAEYER-GEHRTS).

Eine typische Versuchsanordnung, wie sie v. BAEYER und GEHRTS[2]) zur Messung der Sekundäremission bei kleinen Primärgeschwindigkeiten benutzt haben, zeigt Abb. 29. Die an der Kathode K lichtelektrisch ausgelösten Elektronen werden bis zur Anode A beschleunigt und fallen dann durch das Rohr R auf den Strahler S, der in dem Zylinder Z verschiebbar angebracht ist. In der zurückgezogenen Stellung S werden praktisch alle vom Strahler ausgehenden Elektronen von Z aufgefangen. Verbindet man daher S und Z mit demselben Elektrometer, so zeigt dieses die Primärintensität an. Zieht man den Strahler in die Stellung S' vor, wo er den Zylinder gerade abschließt, so findet man die Differenz der auffallenden und der vom Strahler ausgehenden Elektronenzahlen, ebenso auch in der Stellung S, wenn man den Strahler allein an das Elektrometer legt.

Abb. 30 zeigt nach den Messungen von GEHRTS für Aluminium das Zahlenverhältnis der den Strahler verlassenden zu den auffallenden Elektronen in Abhängigkeit von der Primärgeschwindigkeit. Die Grenzgeschwindigkeit (11 Volt) gibt sich als scharfer Knick in der Kurve zu erkennen. Unterhalb dieser Geschwindigkeit besteht die von der Metallplatte ausgehende Strahlung wesent-

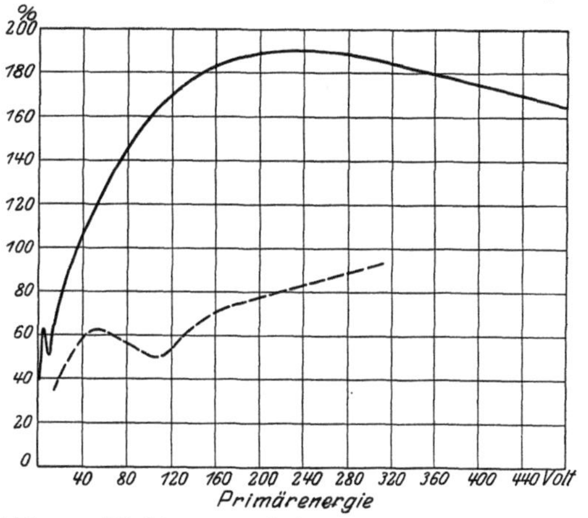

Abb. 30. Elektronenemission von Al in Prozenten der auffallenden Elektronenmenge (GEHRTS)
- - - - zehnfacher Abszissenmaßstab.

[1]) A. BECKER, Ann. d. Phys. Bd. 17, S. 427. 1905.

[2]) O. v. BAEYER, Verh. d. D. Phys. Ges. Bd. 10, S. 953. 1908; Phys. ZS. Bd. 10, S. 176. 1909; A. GEHRTS, Ann. d. Phys. Bd. 36, S. 995. 1911.

lich aus reflektierten Primärelektronen (Ziff. 26). Etwas oberhalb der Grenzgeschwindigkeit besteht zum mindesten der Hauptanteil der Strahlung aus wirklichen Sekundärelektronen. Die Kurve erhebt sich ähnlich wie diejenige für die Gasionisation (Abb. 34) zu einem Maximum bei etwa 220 Volt, um dann mit weiter wachsender Primärgeschwindigkeit langsam wieder abzufallen. Oberhalb etwa 30 Volt verlassen mehr Elektronen die Platte, als auf sie auffallen. Eine deutliche Materialabhängigkeit dieser Kurve haben von v. BAEYER, GEHRTS und CAMPBELL[1]) bei den untersuchten Metallen (Al, Co, Ni, Cu, Pt, Pb) nicht gefunden. Dasselbe geht aus Messungen von A. BECKER bei $\beta = 0{,}35$ hervor[2]).

STARKE und Mitarbeiter[3]), welche auch mit schnelleren Primärstrahlen arbeiteten und auch den Einfluß des Einfallswinkels untersuchten, fanden bei senkrechtem Einfall das Maximum der Sekundäremission für Aluminium und Platin schon bei etwa 80 Volt. Eine Erklärung für diese Abweichung gegenüber GEHRTS wird nicht gegeben.

Nach ähnlichen Methoden arbeiteten auch CAMPBELL[1]), HULL und FARNSWORTH[4]). Die Ergebnisse von CAMPBELL und FARNSWORTH sind mit denen von GEHRTS in allgemeiner Übereinstimmung, scheinen aber noch mehr Einzelheiten in dem Gebiet unterhalb der Grenzgeschwindigkeit zutage gefördert zu haben; hierauf kann jedoch an dieser Stelle nicht eingegangen werden. Weiter untersuchten diese Forscher noch besonders den schon von STARKE, v. BAEYER u. a. bemerkten Einfluß der Gasbeladung auf die Sekundäremission. FARNSWORTH arbeitete im höchsten Vakuum, so daß die benutzten Metallfolien durch Glühen weitgehend entgast werden konnten. Durch fortgesetztes Glühen wurde die Sekundäremission bis zu einem gewissen Grenzwert herabgedrückt, um wieder auf den alten Wert zu steigen, wenn Gas zugelassen wurde. Dies zeigt, daß unter gewöhnlichen Verhältnissen die im Metall gelösten Gase einen Beitrag von mindestens derselben Größenordnung zur Sekundäremission liefern, wie das Metall selbst. CAMPBELL, welcher etwas kompliziertere Zusammenhänge fand, nahm an, daß eine Gashaut den entscheidenden Einfluß ausübt. MCALLISTER[5]) glaubt beim Kupfer Oberflächenoxydation als Ursache für die Änderung der Sekundäremission beim Glühen nachgewiesen zu haben. Derselbe Verfasser zeigte, daß die Temperatur direkt keinen Einfluß auf die Sekundäremission hat.

37. Geschwindigkeitsverteilung der Sekundärelektronen von festen Platten. Die Geschwindigkeit der Sekundärelektronen wurde fast stets nach der LENARDschen Methode der gegengeschalteten elektrischen Felder gemessen, deren Prinzip folgendes ist. Stellt man dem Sekundärstrahler eine Platte gegenüber, welche gegen den Strahler ein negatives Potential V hat, so werden nur solche Elektronen an die Platte gelangen, deren senkrechte Geschwindigkeitskomponente, in Volt ausgedrückt, größer als V ist, während die übrigen zurückgebogen werden, ehe sie die Platte erreichen. Zweckmäßiger legt man die verzögernde Spannung an ein feines Drahtnetz, hinter welchem sich die eigentliche Auffangelektrode befindet. In der Anordnung von v. BAEYER-GEHRTS, welche in Abb. 29 dargestellt ist, ist E die ringförmige Elektrode, welche mit dem Elektrometer verbunden und auf verschiedene Potentiale gegen den Sekundärstrahler S gebracht wird. Eine große Zahl derartiger Messungen an festen Sekundärstrahlern

[1]) N. CAMPBELL, Phil. Mag. Bd. 22, S. 276. 1911; Bd. 25, S. 803. 1913; Bd. 28, S. 286. 1914; Bd. 29, S. 369. 1915.

[2]) Vgl. P. LENARD, Kathodenstrahlen, S. 153.

[3]) L. AUSTIN u. H. STARKE, Verh. d. D. Phys. Ges. Bd. 4, S. 106. 1902; M. BALTRUSCHAT u. H. STARKE, Phys. ZS. Bd. 23, S. 403. 1922.

[4]) H. E. FARNSWORTH, Phys. Rev. Bd. 20, S. 358. 1922; Bd. 21, S. 204. 1923; Bd. 23, S. 113. 1924.

[5]) L. E. MCALLISTER, Phys. Rev. Bd. 20, S. 110. 1922; Bd. 21, S. 122. 1923.

wurden ausgeführt[1]), die alle das schon von LENARD gefundene Ergebnis bestätigten, daß der Hauptanteil der Sekundärelektronen Geschwindigkeiten unter 10 Volt aufweist; daneben treten in geringerer Zahl auch Geschwindigkeiten bis etwa 40 Volt auf. Einige charakteristische Kurven zeigt Abb. 31, wo die Zahl der Elektronen, welche den Auffänger erreichen, als Funktion der Gegenspannung aufgetragen ist. Differenziert man diese Funktion, trägt also für jede Gegenspannung die Neigung der ersten Kurve auf, so erhält man die „Energieverteilungskurve", welche die relative Zahl der Elektronen angibt, deren Voltgeschwindigkeit zwischen V und $V + dV$ liegt. Diese Kurven sind in Abb. 31 gestrichelt eingetragen. Sie lassen folgendes erkennen. Liegt die Primärgeschwindigkeit unterhalb der Grenzgeschwindigkeit, so haben die von dem Strahler ausgehenden Elektronen im wesentlichen dieselbe Geschwindigkeit wie die auffallenden, sind also „reflektierte" Primärelektronen (Abb. 31 a). Übersteigt jedoch die Primärgeschwindigkeit die Grenzgeschwindigkeit, so treten weitere Elektronen hinzu, deren Geschwindigkeit zum größten Teil 10 Volt nicht übersteigt; dies sind die eigentlichen Sekundärelektronen (Abb. 31 b). Immerhin scheint nach FARNSWORTH doch auch in diesem Falle ein geringer Prozentsatz an Elektronen aufzutreten, deren Geschwindigkeit der primären nahekommt[2]), während andere Forscher vorher einen solchen Anteil in der Strahlung der Platte nicht nachweisen konnten, zum mindesten ehe die Primärgeschwindigkeit nicht eine gewisse Grenze überschritten hatte (z. B. 6000 Volt bei BALTRUSCHAT und STARKE). Diese Elektronen, welche im wesentlichen die Primärgeschwindigkeit besitzen, müssen als rückdiffundierte aufgefaßt werden (Ziff. 12).

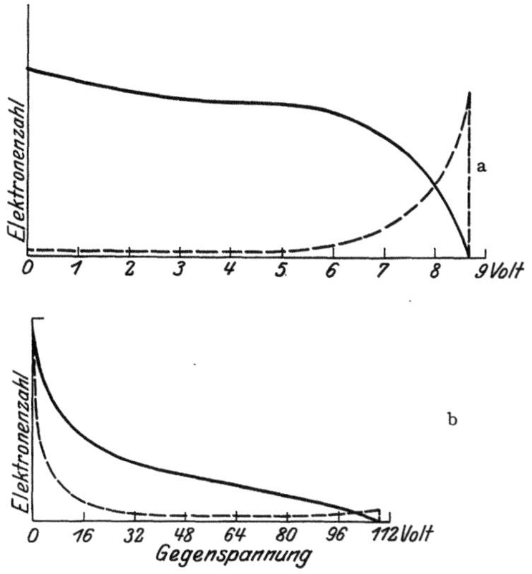

Abb. 31. Energieverteilung der Sekundärelektronen von Ni (FARNSWORTH).
a) Primärenergie 8,6 Volt. —— Gegenfeldkurven,
b) „ 110 „ - - - - Energieverteilungskurven.

38. Geschwindigkeit der Sekundärelektronen von Gasen. Etwas anders gestalten sich Geschwindigkeitsmessungen an den in Gasen ausgelösten Sekundärelektronen. ISHINO[3]) bediente sich hierzu der in Abb. 32 skizzierten Anordnung. Konzentrisch um das ausgeblendete Primärbündel sind drei zylindrische Drahtnetze angebracht (ABC), welche ihrerseits wieder von der Auffangelektrode D umgeben sind. Der Gasdruck ist so niedrig gehalten, daß die an den Gasmolekeln erzeugten Sekundärelektronen im großen ganzen wenige Zusam-

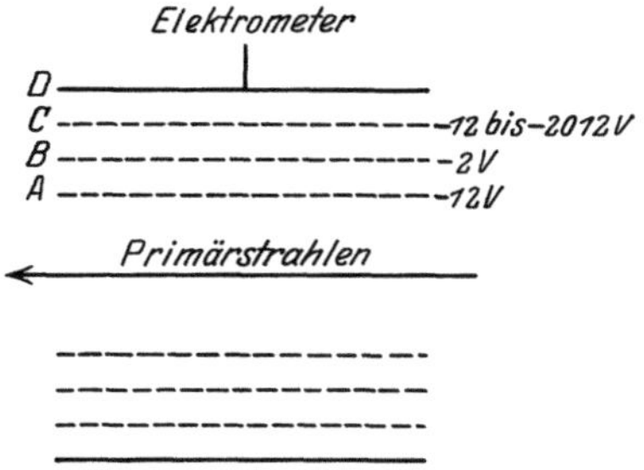

Abb. 32. Messung der sekundären Geschwindigkeitsverteilung in Gasen (ISHINO).

[1]) Z. B.: STARKE u. Mitarbeiter, v. BAEYER, GEHRTS, CAMPBELL, FARNSWORTH, A. BECKER.

[2]) Ebenso nach C. DAVISSON u. C. H. KUNSMAN, Phys. Rev. Bd. 20, S. 110. 1922.

[3]) M. ISHINO, Phil. Mag. Bd. 32, S. 202. 1916.

menstöße auf ihrem Wege zur Elektrode D erleiden. Zwischen A und B liegt ein Feld, welches die positiven Ionen verhindert, durch B hindurchzutreten. Das eigentliche, die Elektronen verzögernde Feld liegt zwischen A und C. Es zeigte sich, daß in dem Gase auch Röntgenstrahlen entstehen, welche an den Netzen Photoelektronen erzeugen. Nachdem der hiervon herrührende Effekt in Abzug gebracht war, ergaben sich für Luft Gegenfeldkurven, welche bei verschiedenen Primärgeschwindigkeiten ($\beta = 0{,}16$ bis $0{,}24$) keine systematischen Unterschiede gegeneinander aufwiesen. Die Kurven für Wasserstoff unterschieden sich nur wenig von derjenigen für Luft. Das allgemeine Bild ist dasselbe wie für die Sekundärelektronen von festen Platten, doch sind hier noch Sekundärgeschwindigkeiten bis etwa 1000 Volt nachweisbar. Tabelle 17 zeigt die Prozentsätze, mit welchen die größeren Sekundärgeschwindigkeiten vertreten sind. Die Kurven lassen sich für den Bereich von 40 bis 700 Volt durch eine Potenz der verzögernden Spannung V wiedergeben, und zwar für Luft durch $V^{-0{,}84}$, für Wasserstoff durch $V^{-0{,}91}$. Für Sekundärgeschwindigkeiten unter 30 Volt liegen die Kurven weit höher, als diesen einfachen Ausdrücken entsprechen würde.

Tabelle 17. Gegenspannungskurve für Sekundärelektronen (ISHINO).

Gegenspannung Volt	Zahl der Sekundärelektronen Luft	H_2
0	100	100
10	22,7	20,6
20	13,1	12,7
40	8,32	7,74
110	3,60	3,12
190	2,25	1,87
390	1,28	1,01
790	0,324	0,293
990	0,104	0,120
1190	0	0

Die bisher erwähnten Resultate lassen schon vermuten, daß die nachweisbare Maximalgeschwindigkeit in gewissem Grade von der Meßgenauigkeit abhängt. In der Tat konnten nach der WILSONschen Nebelmethode noch Sekundärstrahlen nachgewiesen werden, deren Energie auch bei verhältnismäßig schnellen Primärstrahlen einen wesentlichen Bruchteil der Primärenergie ausmachte; sie betrug z. B. gelegentlich mehr als 10000 Volt. In solchen Fällen, die allerdings sehr selten sind, tritt eine gabelförmige Teilung der primären Elektronenbahn ein[1]), da das Primärelektron selbst bei dem

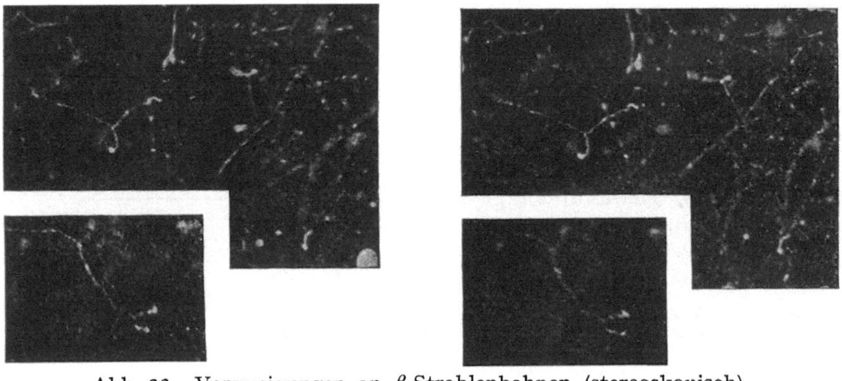

Abb. 33. Verzweigungen an β-Strahlenbahnen (stereoskopisch).

Prozeß eine beträchtliche Ablenkung erfährt (Abb. 33). Aus den Gleichungen (8) und (10) der Ziff. 2 leitet man mit $M = m$ leicht die Beziehung ab:

$$\operatorname{tg}\vartheta \operatorname{tg}\psi = 1\,,$$

[1]) W. BOTHE, ZS. f. Phys. Bd. 12, S. 117. 1922; C. T. R. WILSON, Proc. Roy. Soc. London (A) Bd. 104, S. 192. 1923.

d. h. die beiden Zweigbahnen müssen einen rechten Winkel miteinander bilden. Die Beobachtungen sind hiermit im Einklang. Allerdings wird bei Berücksichtigung der Massenveränderlichkeit der Zusammenhang verwickelter. WILSON hat auch vereinzelte Fälle beobachtet, wo die Zweige nur einen kleinen Winkel miteinander bilden; die Deutung solcher Verzweigungen steht noch aus.

39. Abhängigkeit der Sekundärgeschwindigkeit von der Primärgeschwindigkeit und vom Material. Nach den bisherigen Meßergebnissen kann im allgemeinen die Sekundärgeschwindigkeit weder vom Material des Strahlers noch von der Primärgeschwindigkeit wesentlich abhängen, wenn man von dem letzterwähnten sehr schnellen Anteil der Sekundärstrahlen absieht, welcher praktisch zu vernachlässigen ist. Nur bei Primärgeschwindigkeiten unter 1000 Volt scheint sich die Form der sekundären Geschwindigkeitsverteilungskurve etwas zu ändern[1]). KOSSEL[2]) hat bei Primärgeschwindigkeiten von 200 bis 1000 Volt keine Tertiärstrahlung, d. h. kein Ionisationsvermögen der Sekundärstrahlen nachweisen können, woraus folgen würde, das kein wesentlicher Bruchteil der Sekundärelektronen Geschwindigkeiten hat, welche die Grenzgeschwindigkeit überschreiten. Andererseits zeigen WILSONS Bahnaufnahmen von schnelleren Elektronen ein deutliches Ionisationsvermögen der Sekundärelektronen (Ziff. 40). Eine stärkere allgemeine Abnahme der Sekundärgeschwindigkeit tritt ein, wenn die Primärgeschwindigkeit sich der Grenzgeschwindigkeit nähert[3]). Dies ist theoretisch so zu verstehen, daß die Differenz zwischen Primärenergie und Ionisierungsenergie, welche für das Sekundärelektron verfügbar ist, immer kleiner wird.

Auch die von α-Strahlen erzeugte δ-Strahlung ist mit derjenigen der Elektronenstrahlung wesentlich identisch[4]).

40. Trennung von primärer und sekundärer Ionisation. Die in Ziff. 37 und 38 aufgeführten Versuchsergebnisse lehren, daß zwar der größte Teil der als Sekundärelektronen gemessenen Teilchen Geschwindigkeiten unterhalb der Grenzgeschwindigkeit besitzt, daß aber im allgemeinen auch Teilchen von erheblich größerer Geschwindigkeit auftreten, die also ihrerseits wieder ionisieren, also „Tertiärelektronen" erzeugen können. Man wird sogar annehmen können, daß der langsamste Teil der beobachteten Elektronen zum Teil aus solchen Tertiärelektronen besteht, denn diese sind ja von den eigentlichen Sekundärelektronen nach der gewöhnlichen Gegenfeldmethode nicht zu unterscheiden. Wohl aber ist eine Trennung der Sekundär- und Tertiärelektronen nach der WILSONschen Nebelmethode möglich, da man die räumliche Lage der einzelnen Ionen photographisch festhalten kann. So bemerkte WILSON[5]), daß längs einer Strahlenbahn die Nebeltröpfchen, welche je ein Ion anzeigen, nicht nur zu Einzelpaaren, sondern auch in Gruppen zu 4, 6, ... angeordnet sind. Eine solche Gruppe zeigt an, daß ein Sekundärelektron 1, 2, ... Tertiärelektronen erzeugt hat. An einigen besonders sauberen Aufnahmen gewann WILSON folgende Statistik. Von 129 Gruppen bestanden

55	aus	je	2 Tröpfchen
29	„	„	4 „
16	„	„	6 „
13	„	„	8 „
16	„	„	mehr als 8 Tröpfchen.

[1]) A. GEHRTS, Ann. d. Phys. Bd. 36, S. 995. 1911; N. CAMPBELL, Phil. Mag. Bd. 25, S. 803. 1913.
[2]) W. KOSSEL, Ann. d. Phys. Bd. 37, S. 393. 1912.
[3]) N. ÅKESSON, Heidelb. Ber. 1914, A. 21.
[4]) C. RAMSAUER, Jahrb. d. Radioakt. Bd. 9, S. 515. 1912; N. CAMPBELL, Phil. Mag. Bd. 24, S. 783. 1912.
[5]) C. T. R. WILSON, Proc. Roy. Soc. London (A) Bd. 104, S. 192. 1923.

Im ganzen schließt WILSON, daß die Gesamtzahl der Ionenpaare drei- bis viermal so groß ist wie die Zahl der Gruppen, d. h. der eigentlichen Sekundärelektronen, wenn die Primärgeschwindigkeit ungefähr $\beta = 0{,}33$ beträgt. Hiernach erzeugt also im Mittel jedes Sekundärelektron 2 bis 3 Tertiärelektronen bei dieser Geschwindigkeit. Daß gelegentlich auch so schnelle Sekundärelektronen vorkommen, daß sie wohlausgebildete Ionenspuren hinterlassen, welche sogar von denen der Primärelektronen nicht zu unterscheiden sind, wurde bereits in Ziff. 38 erwähnt. Im übrigen sind die einzelnen Ionen weit schwieriger zu zählen als die Gruppen, so daß der Wert dieser Methode vor allem darin besteht, daß sie die Zahl der eigentlichen, vom Primärstrahl erzeugten Sekundärelektronen, die „differentiale Sekundärstrahlung" s liefert; für diese fand WILSON den Wert $s = 96$ in Luft von Atmosphärendruck bei einer Primärgeschwindigkeit von $\beta = 0{,}32$. Für $\beta = 0{,}7$ ca. war etwa $s = 20$. Die entsprechenden, nach elektrischen Methoden gemessenen differentialen Ionisationen i sind nach Tabelle 13 rund viermal so groß, in Übereinstimmung mit dem direkten Befund von WILSON (s. oben).

41. THOMSONS Theorie der Ionisation durch Elektronen- und α-Strahlen. Die theoretische Grundlage zum Verständnis der Erscheinungen der Ionisation und Sekundärstrahlung ist von J. J. THOMSON gegeben worden[1]. Der Grundgedanke dieser Theorie ist folgender. Die Strahlenteilchen durchdringen die Atome und treten dabei mit den Atomelektronen in Wechselwirkung. Um ein Elektron endgültig aus dem Atomverbande zu entfernen, muß ihm eine gewisse Mindestenergie zugeführt werden. Bei sehr kleinen Geschwindigkeiten reicht die Energie eines Strahlenteilchens hierzu nicht aus. Bei sehr großen Geschwindigkeiten ist andererseits die Zeit, während welcher das Atomelektron dem Kraftfeld des vorbeifliegenden Teilchens ausgesetzt ist, sehr kurz, daher ist die übertragene Energie im allgemeinen sehr klein, so daß auch in diesem Falle die ionisierende Wirkung der Strahlen klein bleibt. Hiernach ist zu erwarten, daß für eine bestimmte, nicht zu große und nicht zu kleine Primärgeschwindigkeit die Ionisation durch ein Maximum geht.

Zur mathematischen Formulierung dieses Gedankens knüpfen wir an die Gleichungen (58) und (59) der Ziff. 27 an, welche die auf das Atomelektron übertragene Energie Q als Funktion der Primärgeschwindigkeit v_0 und des Stoßparameters p angeben. Wir sehen also hier im Gegensatz zu Ziff. 27 wieder die Atomelektronen als frei an, was deshalb erlaubt ist, weil eine so große Energie, wie sie zur Ionisierung nötig ist, nur dann übertragen werden kann, wenn p wesentlich kleiner ist als der charakteristische Parameter p_i, bei welchem sich die Elektronenbindung bemerkbar macht (Gleichung 63). Wir nehmen nun an, daß Ionisation dann, und nur dann eintritt, wenn die Energie Q einen gewissen kritischen Wert W, die „Ionisierungsenergie", überschreitet. Wir betrachten eine Schicht von der Dicke dl eines Materials, welches N Atome im cm³ enthält. Jedes Atom soll Z Elektronen besitzen, und zwar der Allgemeinheit halber je eines der durch die Werte $W_1, W_2, \ldots, W_Z$ charakterisierten Art. Dann ist die mittlere Zahl A von Atomelektronen der 1. Art, an welchen die Bahn eines einzelnen Strahlenteilchens in einem Abstande $< p$ vorbeiführt,

$$A = N\,dl\,p^2\pi.$$

Dies ist gleichzeitig die Zahl der Elektronen, welche einen Energiebetrag $> Q$

[1] J. J. THOMSON, Phil. Mag. Bd. 23, S. 449. 1912. Andere Betrachtungsweisen bei P. L. KAPITZA, Phil. Mag. Bd. 45, S. 989. 1923 und E. FERMI, ZS. f. Phys. Bd. 29, S. 315. 1924. KAPITZA faßt die Sekundäremission auf als Thermoemission der lokal hoch erhitzten Materie, FERMI als Photoemission durch die bei der Bremsung des Primärteilchens entstehende Strahlung. Kritische Bemerkungen hierzu bei N. BOHR, ZS. f. Phys. 34, 154. 1925.

von dem Strahlenteilchen übernehmen, wo p und Q durch Gleichung (58) miteinander verbunden sind:

$$A = N\pi\, d l\, \lambda^2 \left(\frac{Q_0}{Q} - 1\right). \tag{70}$$

Darin ist

$$Q_0 = \frac{2 M m^2 v_0^2}{(M+m)^2} \tag{71}$$

der größtmögliche Wert von Q, welchen es bei zentralem Stoß ($p = 0$) erreicht. Als Sekundärelektron wird das Elektron beobachtbar, sobald $Q > W_1$ ist; es besitzt dann die kinetische Energie

$$U = Q - W_1.$$

Führt man also U statt Q in (70) ein und summiert über alle Atomelektronen, so findet man die Zahl a der Sekundärelektronen, deren Energie den Wert U übersteigt, pro cm Bahnlänge:

$$a(U) = N\pi\lambda^2 \sum_{i=1}^{Z} \left(\frac{Q_0}{U + W_i} - 1\right). \tag{72}$$

Die Gesamtzahl der Sekundärelektronen pro cm Bahnlänge, d. i. die differentiale Sekundärstrahlung s, erhält man hieraus, indem man $U = 0$ setzt:

$$s = N\pi\lambda^2 \sum_{i=1}^{Z} \left(\frac{Q_0}{W_i} - 1\right). \tag{73}$$

Durch (72) ist die Geschwindigkeitsverteilung der Sekundärelektronen gegeben.

Besteht die Primärstrahlung aus Elektronen, so ist $M = m = \mu$, $E = e = -\varepsilon$ zu setzen; damit wird

$$Q_0 = \tfrac{1}{2}\mu v_0^2 = T, \tag{74}$$

d. i. die kinetische Energie des primären Strahlenteilchens, ferner nach (59)

$$\lambda = \frac{2\varepsilon^2}{\mu v_0^2} = \frac{\varepsilon^2}{T}. \tag{75}$$

Die Gleichungen (72) und (73) gehen dann über in

$$a(U) = \frac{\pi N \varepsilon^4}{T^2} \sum \left(\frac{T}{U + W_i} - 1\right), \tag{76}$$

$$s = \frac{\pi N \varepsilon^4}{T^2} \sum \left(\frac{T}{W_i} - 1\right). \tag{77}$$

Für α-Strahlen kann man dagegen $m \gg \mu$ ansehen und hat $E = -\varepsilon$; $e = 2\varepsilon$ zu setzen, so daß

$$\lambda = -\frac{m}{\mu}\frac{\varepsilon^2}{T_\alpha}; \quad Q_0 = \frac{4\mu}{m} T_\alpha$$

wird, wo T_α die kinetische Energie eines α-Teilchens bezeichnet. Dann wird

$$a(U) = \frac{\pi N \varepsilon^4}{T_\alpha^2}\left(\frac{m}{\mu}\right)^2 \sum \left(\frac{4\mu}{m}\frac{T_\alpha}{U + W_i} - 1\right), \tag{78}$$

$$s = \frac{\pi N \varepsilon^4}{T_\alpha^2}\left(\frac{m}{\mu}\right)^2 \sum \left(\frac{4\mu}{m}\frac{T_\alpha}{W_i} - 1\right). \tag{79}$$

42. Vergleich der THOMSONschen Theorie mit der Erfahrung. Die experimentellen Daten für das Sekundärstrahlungsvermögen s von Elektronenstrahlen sind nur sehr spärlich. Wir müssen uns daher an das Ionisierungsvermögen i

halten, welches mit s nahe parallel geht, aber jedenfalls größer als s sein muß. Der Einfachheit halber nehmen wir zunächst für alle Atomelektronen die gleiche Ionisierungsenergie W an. Die allgemeine Abhängigkeit des s von der Primärgeschwindigkeit ist nach (77) qualitativ diejenige des gemessenen Ionisierungskoeffizienten i, nämlich s erreicht einen positiven Wert, wenn die Primärenergie gleich W ist, steigt dann zu einem Maximum an und fällt hierauf wieder ab. Allerdings liegt das theoretische Maximum schon bei der Primärenergie $2W$, während experimentell die Optimalenergie rund 10 mal so groß wie die Grenzenergie gefunden wurde. Für größere Primärgeschwindigkeiten ($T \gg W$) wird s proportional $1/T$, was für nicht zu große Geschwindigkeiten der experimentellen Beziehung $i \sim v^{-2}$ entspricht [Gleichung 69]; für die größten Geschwindigkeiten wäre die Theorie relativistisch zu erweitern. Bezüglich der Materialabhängigkeit liest man aus Gleichung (77) ab, daß die Sekundärstrahlung pro Atomelektron um so größer ist, je kleiner W. Kleine Ionisierungsarbeit geht, allgemein gesprochen, parallel mit kleinen Eigenfrequenzen, daher ist nach Ziff. 27 zu erwarten, daß Elemente, welche stark bremsen, auch starke differentiale Ionisation zeigen. Bei den Halogenen scheint dieser Parallelismus zu bestehen.

Was die Geschwindigkeit der Sekundärelektronen betrifft, so folgt aus (76) und (77)

$$\frac{a}{s} = \frac{(T - U - W)W}{(T - W)(U + W)}.$$

Dies ist der Bruchteil an Sekundärelektronen, deren Energie $> U$ ist. Die maximale Sekundärenergie ist die, für welche dieser Ausdruck verschwindet:

$$U_{\max} = T - W.$$

Diese nimmt ab mit Annäherung an die Grenzgeschwindigkeit, wie es auch die Versuche von ÅKESSON zu zeigen scheinen (Ziff. 39). Für größere Primärgeschwindigkeiten ($T \gg W, U$) wird

$$\frac{a}{s} = \frac{W}{U + W}.$$

Die Geschwindigkeitsverteilung der Sekundärelektronen wird also unabhängig von der Primärgeschwindigkeit, und da W für verschiedene Substanzen nicht allzu verschieden ist, auch wenig abhängig vom Material. Beides ist mit den Versuchen im Einklang (Ziff. 37 bis 39). Betrachtet man schließlich allein die größeren Sekundärgeschwindigkeiten ($T \gg U \gg W$), so wird

$$\frac{a}{s} = \frac{W}{U}.$$

In der Tat fand ISHINO für Sekundärgeschwindigkeiten von 40 bis 700 Volt $a \sim U^{-\varkappa}$, wo $\varkappa$ nicht stark von 1 verschieden war. Für $U = 110$ Volt war $a/s = 0{,}036$ in Luft, was $W = 4$ Volt ergibt. Dies ist immerhin die richtige Größenordnung. Daß der Wert zu klein ist, könnte man auf sekundäre Ionisation zurückführen, welche im Sinne einer scheinbaren Verkleinerung von a und Vergrößerung von s wirkt.

Für den quantitativen Vergleich haben wir in Abb. 34 die experimentelle i-Kurve für Luft mit der nach (77) berechneten s-Kurve für Stickstoff zusammengestellt. Hierbei wurde jedoch nicht von den direkt gemessenen Ionisierungsenergien W Gebrauch gemacht, deren niedrigste mit Sicherheit beobachtete für Stickstoff 16—17 Volt beträgt. C. T. R. WILSON hat nämlich gefunden, daß mit diesem W-Wert seine Nebeltröpfchenzählungen nicht mit der THOMSONschen Theorie in Einklang zu bringen sind, wohl aber, wenn man für W etwa die niedrigste Anregungsspannung von Stickstoff einsetzt. Wir werden hier zeigen, daß die Theorie mit allen Erfahrungstatsachen vereinbar ist, wenn man für die 10 äußeren Elektronen der Stickstoffmolekel $W = 7{,}5$ Volt annimmt; mit diesem Wert ist auch die s-Kurve in Fig. 34 konstruiert[1]). Der Beitrag der vier inneren (K-) Elektronen ergibt sich zu weniger als 1% und ist daher zu vernachlässigen. Als einzigen experimentellen s-Wert haben wir den von C. T. R. WILSON (Ziff. 39): $s = 96$ für $\beta = 0{,}32$, während sich auf die angegebene Weise $s = 80$ berechnet. Mit dieser Übereinstimmung kann man sich wohl zufrieden geben und annehmen, daß in dem ganzen mittleren Geschwindigkeitsbereich der Unterschied zwischen den beiden Kurven auf die „sekundäre Ionisation", d. h. die Ionisation durch die Sekundärelektronen, zurückzuführen ist. Hierfür spricht einerseits das von WILSON experimentell ermittelte Verhältnis $i/s = 3$ bis 4, welches mit Fig. 34 im Einklang ist, andererseits auch die in Ziff. 43 zu behandelnde Berechnung BOHRS. Bei kleinen Primärgeschwindigkeiten kehren sich jedoch die Verhältnisse um; insbesondere ist das theoretische s-Maximum zehnmal **höher** als das experimentelle i-Maximum. RAMSAUER[2]) will dies damit erklären, daß ein Teil des Atomquerschnittes für die Sekundärstrahlung ausscheidet, weil ein Strahlenteilchen, welches in diesen Teil gerät, durch Absorption (im LENARDschen Sinne) seine ganze Energie verliert. Uns scheint, daß eher folgende Überlegung zur Aufklärung dieser Diskrepanz beiträgt. Man berechnet nach Gleichung (58) leicht, daß im theoretischen Maximum der Sekundärstrahlung ($T = 2W$) jedes Elektron losgerissen werden müßte, welches von einem Strahlenteilchen im Umkreis von $p = \lambda$ passiert wird. Mit $W = 7{,}5$ Volt wird dieser Radius $1{,}0 \cdot 10^{-8}$, also von der Größenordnung des „Molekelradius". Entsprechend unserer Rechnung wäre daher anzunehmen, daß in solchem Falle im allgemeinen nicht nur ein Atomelektron, sondern eine größere Zahl von solchen aus derselben Molekel ausgelöst wird. Die Theorie macht nämlich die stillschweigende Voraussetzung, daß die Atomelektronen nicht gekoppelt sind, daß also die Ionisierungsarbeit für ein Elektron unabhängig davon ist, wie viele von den übrigen Elektronen bereits das Atom verlassen haben. Diese Voraussetzung ist aber sicher nicht erfüllt,

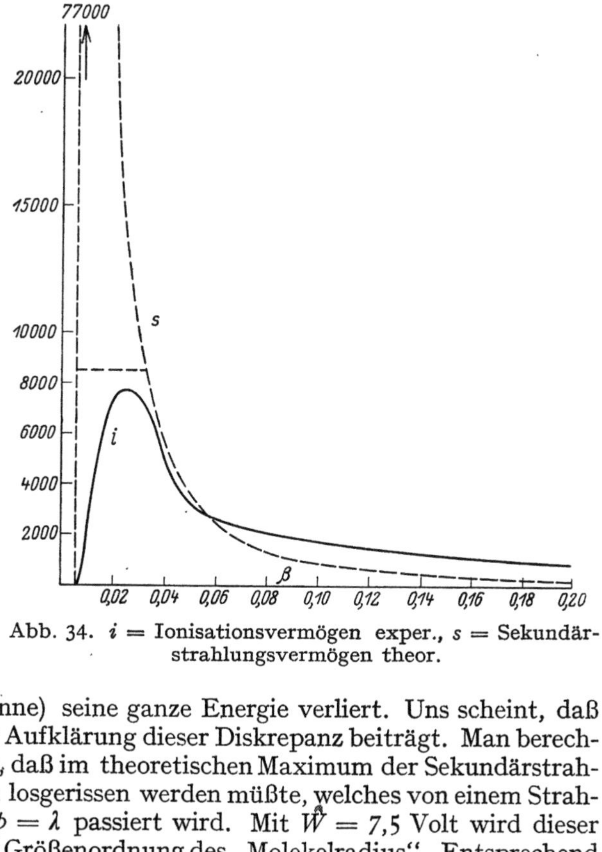

Abb. 34. i = Ionisationsvermögen exper., s = Sekundärstrahlungsvermögen theor.

[1]) Ob dieser Wert irgend etwas mit der Anregungsspannung zu tun hat, sei hier nicht weiter erörtert. Mit den üblichen Versuchsanordnungen setzt zwar bei etwa 7,5 Volt Primärgeschwindigkeit ein deutlicher Elektronenstrom ein, dieser wird jedoch als Sekundärphänomen gedeutet; man nimmt nämlich an, daß durch die hier beginnende Lichtemission Photoelektronen an den Apparateteilen ausgelöst werden.

[2]) C. RAMSAUER, Jahrb. d. Radioakt. Bd. 9, S. 515. 1912.

denn selbst unter der Annahme, daß alle Atomelektronen gleiche Ionisierungsenergie besitzen, ist die Arbeit, welche zur Ablösung von n Elektronen eines Atoms nötig ist, nicht einfach gleich der n-fachen Ionisierungsenergie eines Elektrons, sondern ganz erheblich größer. Daher wird die Theorie zu hohe Werte liefern, sobald im Mittel ein oder mehr Sekundärelektronen pro Molekeldurchquerung zu erwarten wären. Macht man z. B. die ganz rohe Annahme, daß im Mittel nicht mehr als ein Elektron pro Molekel ausgelöst werden kann, weil die Ionisierungsenergie für die übrigen dann sehr groß wird, und rechnet den Molekelradius rund zu 10^{-8} cm, so wird das theoretische Maximum durch die in Abb. 34 eingetragene Horizontale abgeschnitten. Man sieht, daß auf diesem Wege eine beträchtliche Annäherung an das Experiment erreicht werden kann. Daß andererseits bei so kleinen Geschwindigkeiten i nicht mehr wesentlich größer als s ist, ist im Einklang damit, daß KOSSEL in diesem Gebiet keine sekundäre Ionisation nachweisen konnte (Ziff. 39). Es ist auch im Auge zu behalten, daß bei den kleinsten Geschwindigkeiten die quantenmäßigen Abweichungen von der klassischen Theorie am stärksten hervortreten werden; hierüber sind wir aber heute noch sehr wenig unterrichtet. Ein weiterer schwerwiegender Grund, daß die THOMSONsche Theorie bei kleinen Primärgeschwindigkeiten nicht anwendbar ist, besteht darin, daß die Grundannahme der ursprünglich ruhenden Atomelektronen hier auch nicht mehr angenähert als erfüllt angesehen werden kann (sofern man überhaupt noch mit punktförmigen Elektronen rechnen kann).

Nimmt man $W = 16$ Volt an, so fällt der Vergleich erheblich ungünstiger aus, z. B. erniedrigen sich die theoretischen s-Werte jenseits des Maximums auf rund die Hälfte; die gemessene Ionisation wäre danach deutlich größer als theoretisch zu erwarten.

Auch auf die Ionisation der inneren Elektronenschalen schwerer Elemente kann man die Theorie anwenden. Experimentelle Aufschlüsse gewinnt man z. B. für die Häufigkeit der K-Ionisation aus der Intensität der K-Linien des Anodenmaterials in einer Röntgenröhre. Auch hier besteht nach ROSSELAND[1]) Übereinstimmung jedenfalls in der Größenordnung.

43. Ergänzungen zur THOMSONschen Theorie. Für einen exakteren Vergleich mit dem Experiment bedarf die THOMSONsche Theorie noch verschiedener Ergänzungen, besonders nach zwei Richtungen. Erstens muß die Frage der Mehrfachionisation geklärt sein; einen ersten Ansatz hierzu enthält eine Arbeit von ROSSELAND[1]). Zweitens muß der Zusammenhang zwischen eigentlicher Sekundärstrahlung s und Ionisation i einbezogen werden. Hierüber hat BOHR einige Betrachtungen angestellt[2]).

Eine Theorie der Mehrfachionisation muß notwendig von bestimmten Modellvorstellungen ausgehen. ROSSELAND denkt sich die Atomelektronen in konzentrischen Schalen angeordnet; auf jeder Schale sollen sie nach Zufall verteilt sein. Dann läßt sich nach Analogie der THOMSONschen Rechnung die Wahrscheinlichkeit ausrechnen, daß ein Strahlenteilchen zwei Elektronen desselben Atoms in genügend kleinem Abstand passiert, um sie beide aus dem Atomverbande loszulösen; damit ergibt sich der Prozentsatz doppelter Ionisationsprozesse. Um für Helium und α-Strahlen die Rechnung durchzuführen, setzt ROSSELAND als Abtrennungsarbeit für jedes der beiden Elektronen die Hälfte der Energie an, welche zur Ablösung beider Elektronen zusammen nötig ist; dieser Energiebetrag ist von FRANCK und KNIPPING gemessen worden. Da die Zahl der Doppel-

---

[1]) S. ROSSELAND, Phil. Mag. Bd. 45, S. 65. 1923.

[2]) N. BOHR, Phil. Mag. Bd. 30, S. 606. 1915. Vgl. hierzu auch R. H. FOWLER, Proc. Cambridge Phil. Soc. Bd. 21, S. 531. 1923.

ionisationen aus Versuchen von MILLIKAN und WILKINS bekannt ist, kann hiernach der Atomradius des Heliums ausgerechnet werden; er ergibt sich nahe gleich dem von BOHR berechneten Wert. Indem ROSSELAND dann eine analoge Rechnung für die K-Elektronen schwererer Elemente durchführt, kommt er zu dem Schluß, daß die „Funkenlinien" im Röntgengebiet ihre Entstehung ebenfalls derartigen Doppelionisationsprozessen verdanken, und nicht etwa durch zwei kurz aufeinanderfolgende Elektronenstöße angeregt werden.

Zur Berechnung der sekundären Ionisation nimmt BOHR an, daß die ionisierende Wirkung der Sekundärelektronen selbst nicht mehr nach der THOMSONschen Theorie zu berechnen ist, weil diese so langsam sind, daß schon Quantenbeziehungen eine entscheidende Rolle spielen. Die einfachste Annahme, welche auch durch Versuche gestützt wird, ist die, daß das Sekundärelektron bei jedem Ionisationsakt genau die Energie W verliert (wir beschränken uns wieder auf eine Elektronengattung). Dann wird jedes Sekundärelektron, dessen Energie zwischen nW und $(n+1)W$ liegt, im Maximum n neue Ionenpaare erzeugen können. Die Zahl a_n der Sekundärelektronen, deren Energie größer als nW ist, erhält man aus Gleichung (76), indem man $U = nW$ setzt. Daher wird die Gesamtzahl der Ionenpaare pro cm primärer Bahnlänge, d. i. die differentiale Ionisation i,

$$i = (s - a_1) + 2(a_1 - a_2) + 3(a_2 - a_3) + \dots = s + a_1 + a_2 + \dots$$
$$= \pi N \lambda^2 \left\{ \left(\frac{Q_0}{W} - 1 \right) + \left(\frac{Q_0}{2W} - 1 \right) + \dots \right\}.$$

Hierfür kann man, solange $Q_0 \gg W$ ist, näherungsweise schreiben

$$i = \pi N \lambda^2 \frac{Q_0}{W} \log \frac{Q_0}{W},$$

woraus mit (73) folgt

$$\frac{i}{s} = \log \frac{Q_0}{W}.$$

Für Elektronenstrahlen gibt dies mit (74)

$$\frac{i}{s} = \log \frac{T}{W}. \tag{80}$$

Mit $W = 7{,}5$ Volt berechnet man hiernach für $\beta = 0{,}3$ und $0{,}2$ bezüglich $i/s = 8{,}1$ und $7{,}2$. Diese Zahlen, welche also obere Grenzen darstellen, sind in der Tat nicht sehr viel größer als die nach Abb. 34 und nach WILSONS experimentellem Ergebnis zu erwartenden (nämlich 3 bis 4).

Eine ganz analoge Rechnung kann auch für eines der fester gebundenen Atomelektronen durchgeführt werden. Dieses möge die Ablösungsenergie W_1 haben, während W wieder die für die sekundäre Ionisation maßgebende Minimalenergie ist. Dann findet man

$$\frac{i_1}{s} = \frac{W_1}{W} \log \frac{T}{W_1}. \tag{81}$$

Dies bedeutet, daß ein aus dem Innern des Atoms kommendes Sekundärelektron im Mittel weit mehr sekundäre Ionenpaare erzeugt als ein äußeres Elektron. Für ein K-Elektron des Stickstoffs ($W_1 = 375$ Volt) wird z. B. mit $\beta = 0{,}2$ $i/s = 167$. So kommt es, daß zwar für die Zahl der eigentlichen Sekundärelektronen die inneren Atomelektronen praktisch ausscheiden, nicht aber für die Ionisation. Natürlich ist für so starke Sekundärionisation der BOHRsche Ansatz noch weniger quantitativ zu nehmen. Immerhin wird hierdurch eigentlich erst die experimentell gefundene ungefähre Proportionalität der Ionisation mit der Elektronendichte verständlich (s. Ziff. 35).

An diesen Betrachtungen ändert sich nichts Wesentliches, wenn man 16 Volt statt 7,5 als W-Wert einsetzt.

Ähnlich wie für Elektronenstrahlen fällt der Vergleich zwischen der Erfahrung und der THOMSON-BOHRschen Theorie auch für α-Strahlen aus, wie in der BOHRschen Arbeit nachzulesen ist.

44. Sekundäre Wellenstrahlung. Außer der korpuskularen Sekundärstrahlung erzeugen bewegte Elektronen beim Durchgang durch Materie auch Wellenstrahlung der verschiedensten Wellenlängen. Diese hat zweierlei Ursprung, sie entstammt zum Teil dem Atom, welches durch das Kraftfeld des hindurchfliegenden Strahlenteilchens gestört ist, zum Teil geht sie von dem Strahlenteilchen selbst aus, welches beim Durchfliegen eines Atoms seinen Geschwindigkeitsvektor ändert. Die Atomstrahlung enthält die charakteristischen Spektrallinien des Elementes. Ihre Entstehung ist nach der BOHRschen Atomtheorie so vorzustellen, daß das Strahlenteilchen eines (oder auch mehrere) der Atomelektronen auf eine andere stationäre Bahn befördert (Ziff. 26 u. 28) oder ganz aus dem Atom ausstößt (Ziff. 41); bei der Rückkehr in seinen Normalzustand, die entweder in einem Sprung oder auch stufenweise erfolgen kann, sendet das Atom eine oder mehrere seiner Spektrallinien aus. Zwischen der Schwingungszahl ν der ausgesandten Strahlung und der Abnahme E an potentieller Energie, welche das Atom hierbei erleidet, besteht die BOHRsche „Frequenzbedingung“ $E = h\nu$. Dies ist also die Mindestenergie, welche dem Atom zugeführt werden muß, um die betreffende Spektrallinie zu erzeugen. Daher kann ein Strahlelektron von der Energie T nur solche Spektrallinien hervorrufen, für welche

$$T \geqq h\nu$$

ist. Diese Ungleichung ist das vollkommene Analogon zum „STOKESschen Gesetz“, welches für die Fluoreszenzerregung durch Einstrahlung von Licht gilt. Das Gleichheitszeichen gilt nur für den Fall, daß T gerade einem kritischen Potential des Atoms entspricht, und auch dann nur, sofern das Atom in einem Sprung zum Normalzustand zurückkehrt, was im allgemeinen nur bei den äußeren Atomelektronen möglich ist. Im anderen Falle wird die vom Atom aufgenommene potentielle Energie in Quanten von kleinerer Schwingungszahl zersplittert. Im besonderen ist für die Erregung der Röntgenlinien nötig, daß das Strahlelektron mindestens die der betreffenden Seriengrenze entsprechende Energie besitzt, welche größer ist, als die der Spektrallinie selbst entsprechende („STOKESscher Sprung“). Bezüglich der Einzelheiten der Strahlungserregung durch Elektronenstoß muß auf Bd. XXIII ds. Handb. verwiesen werden. Ob das vom Strahlelektron getroffene Atom auch andere Wellenlängen als seine charakteristischen aussendet, steht noch nicht fest. Eine derartige Strahlung wäre vielleicht nach Analogie mit der Streustrahlung bei optischer Einwirkung zu vermuten, da die charakteristische Strahlung ja in gewissem Sinne analog der Resonanz- und Fluoreszenzstrahlung ist. Andererseits wäre nach HENDERSONS Theorie (Ziff. 28) ausschließlich charakteristische Strahlung zu erwarten[1]).

Über die vom Strahlelektron selbst ausgesandte Wellenstrahlung, welche eine kontinuierliche spektrale Verteilung aufweist und als „Bremsstrahlung“ bezeichnet wird, findet sich in Bd. XXIII ds. Handbs. ein ausführlicher Bericht.

45. Die Energiebilanz. Die direkten Wirkungen der Elektronenstrahlen auf die Materie sind (wenn man von der praktisch verschwindenden direkten Energieübertragung auf die Atomkerne absieht) zweierlei Art: Ionisation und

---

[1]) Es muß hier bemerkt werden, daß diese ganze bildhafte Beschreibung der Vorgänge nach der neuen Quantenmechanik nicht mehr angemessen erscheint; zur Veranschaulichung dürfte sie jedoch ihren Wert behalten.

Anregung. Während die Ionisation direkt beobachtbar ist, wird es die Anregung erst, wenn die Molekel in ihren Normalzustand zurückkehrt. Dies kann auf verschiedenen Wegen geschehen: durch Emission von Wellenstrahlung (Ziff. 44), durch „strahlungslose Umwandlungen" innerhalb der Molekel unter Aussendung von Elektronen[1]), und endlich durch „Stöße zweiter Art" mit einer anderen Molekel, wodurch die Anregungsenergie direkt in kinetische Molekularenergie übergehen kann. Die zweite Möglichkeit, welche bei Anregung durch Röntgenstrahlen eine bedeutende Rolle spielt (Bd. XXIII ds. Handbs.), dürfte hier weniger in Frage kommen. Die Gesamtheit der bei diesen Prozessen frei werdenden Energien muß mit der Bremsstrahlung zusammen die vernichtete Primärenergie decken. Dies wäre eine wertvolle Kontrollbeziehung, wenn nicht leider unsere Kenntnisse über die quantitativen Einzelheiten dieser Vorgänge noch sehr lückenhaft wären; auch ist überhaupt bisher sehr wenig geklärt, welcher Teil der beobachteten Effekte direkter oder indirekter Natur ist.

Nehmen wir für mittelschnelle Kathodenstrahlen in Luft einen Energieverlust von rund 30 Volt pro erzeugtes Ionenpaar an und rechnen die zur Abtrennung eines Sekundär- oder Tertiärelektrons wirklich verbrauchte Energie zu 7,5 bis 16 Volt, so folgt, daß ein Viertel bis die Hälfte der Primärenergie zur Abtrennung von Elektronen verbraucht wird. Da die eigentlichen Sekundärelektronen sicher auch noch auf andere Weise als durch sekundäre Ionisationsprozesse ihre Energie verlieren, und da jedes der erzeugten Elektronen schließlich noch einen gewissen Energiebetrag behält, welcher zur Erzeuguug eines weiteren Ionenpaares nicht mehr ausreicht, so wird der Bruchteil der Primärenergie, welcher auf Sekundärelektronen übertragen wird, etwa $^1/_2$ oder noch mehr betragen.

Für die Energie der sekundären Wellenstrahlung sind noch weniger Anhaltspunkte vorhanden. Bei schnelleren Primärstrahlen macht die Energie der im Röntgengebiet liegenden Strahlung, sowohl der Bremsstrahlung als der charakteristischen, nur einen Bruchteil von der Größenordnung 1/1000 der Primärenergie aus, wie Ausbeutemessungen am Röntgenrohr ergaben. Die langwelligere Strahlung, insbesondere in dem weiten Zwischengebiet zwischen den Röntgenstrahlen und dem Sichtbaren, ist jedoch sehr leicht absorbierbar und daher der Beobachtung schwer zugänglich. Es ist daher wohl trotz der geringen Strahlungsausbeute im Röntgenrohr nicht unwahrscheinlich, daß die gesamte Ausbeute an Wellenstrahlung von derselben Größenordnung wie die an Sekundärelektronen ist. Hiermit ist auch im Einklang, daß bei kleinen Primärgeschwindigkeiten, wo die erregten Wellenlängen ausschließlich von der Größenordnung der sichtbaren sind, die Ausbeute an sichtbarem und ultraviolettem Licht bekanntermaßen sehr groß ist. Es besteht somit bisher kein Grund, daran zu zweifeln, daß die Energiebilanz erfüllt ist.

---

[1]) S. Rosseland, ZS. f. Phys. Bd. 14, S. 173. 1923.

Kapitel 2.

Durchgang von Kanalstrahlen durch Materie.

Abschnitt I bis III von E. RÜCHARDT, München.

Abschnitt IV bis VI von H. BAERWALD, Darmstadt.

Mit 70 Abbildungen.

I. Allgemeines und Untersuchungsmethoden.

1. Wesen der Kanalstrahlen. Die Kanalstrahlen sind von GOLDSTEIN entdeckt worden[1]). Sie entstehen im Entladungsrohr (Abb. 1) beim Durchgang einer Glimmentladung und treten durch einen zentralen „Kanal“ einer zylinderförmigen Kathode K in einen kräftefreien Raum B hinein. Bisweilen wird als Kathode auch ein Netz benutzt (Abb. 2). Bei höheren Spannungen wird auch im Falle einer netzförmigen Kathode der Strahl auf die Mitte des Netzes zusammengezogen. Bei kugelförmigen Entladungsröhren (Abb. 3) erhält man erst bei höheren Gasverdünnungen Strahlen größerer Geschwindigkeit bzw. hohe Entladungsspannungen. Die Strahlen bestehen aus schnell bewegten Atomen oder Molekülen, die zumeist dem Füllgas der Röhre entstammen und als positive Restionen im Kathodenfall ihre Beschleunigung in Richtung auf die Kathode hin erhalten. Im Entladungsrohr selbst ist die sogenannte erste Kathodenschicht, die bei höheren Spannungen sich zu einem engen leuchtenden „Pinsel“ P (Abb. 1) in der Mitte der Kathode zusammenzieht, mit den Kanalstrahlen identisch.

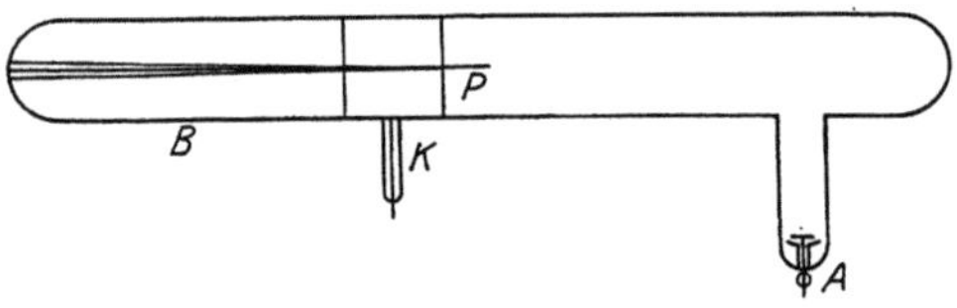

Abb. 1. Kanalstrahlrohr.
K Kathode, A Anode, P Kanalstrahlpinsel, B Beobachtungsraum.

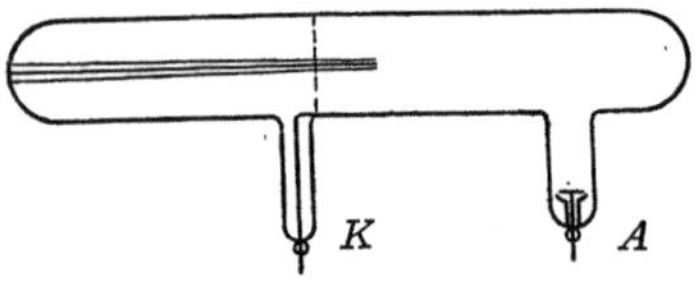

Abb. 2. Kanalstrahlrohr mit Netzkathode.

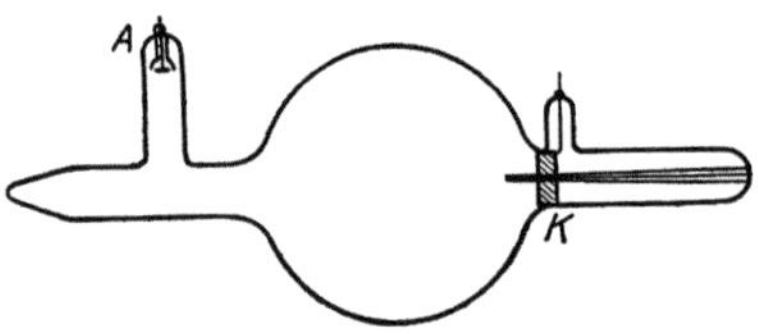

Abb. 3. Kugelförmiges Kanalstrahlrohr.

Die Geschwindigkeit der Strahlen schwankt je nach Röhrenspannung und Art der Strahlen. Die größte erreichte Geschwindigkeit für Wasserstoffkanalstrahlen dürfte 3 bis $4 \cdot 10^8$ cm/sec betragen. Eine direkte Geschwindigkeits-

1) E. GOLDSTEIN, Berl. Ber. 1886, S. 691; Wied. Ann. Bd. 64, S. 38. 1898.

bestimmung nach einer der DES COUDRES-WIECHERTschen Methode für Kathodenstrahlen verwandten Methode hat HAMMER[1]) ausgeführt. Die Geschwindigkeit ist indessen im Gegensatz zu den Kathodenstrahlen nicht einheitlich, und die Beziehung

$$e V = \frac{m}{2} v^2, \tag{1}$$

wo V die Entladungsspannung (oder genauer die Spannung des Kathodenfalls), e die Ladung, m die Masse und v die Geschwindigkeit eines Teilchens bedeutet, ist auch für die schnellsten Teilchen des Strahles nicht genau erfüllt. Die Geschwindigkeit v der schnellsten Teilchen beträgt nur ca. 80 bis 90% derjenigen, die sich nach obiger Gleichung berechnet. Die Gründe für dieses Verhalten liegen darin, daß die Teilchen einen größeren oder kleineren Teil des Kathodengefälles in ungeladenem Zustande durchlaufen.

Die spezifische Ladung der Teilchen ist von derselben Größe wie die der Ionen in der Elektrolyse. e/m sowie v werden durch Kombination von elektrischer und magnetischer Ablenkung, ähnlich wie bei Kathodenstrahlen, bestimmt. Wegen der großen Masse der Teilchen müssen kräftige Magnetfelder verwendet werden. Im gewöhnlichen Kanalstrahl kommen auch bei praktisch reiner Gasfüllung Ionen verschiedener Art vor. Außer Atomionen werden auch Molekülionen beobachtet. Die in Ziff. 12f. zu besprechenden Umladungsvorgänge bewirken es endlich, daß im Kanalstrahl neben positiven Ionen, die eine oder gelegentlich auch mehrere Elementarladungen tragen, auch negative und vor allem auch neutrale Atome und Moleküle vorhanden sind. Der gewöhnliche Kanalstrahl ist also weder in bezug auf Geschwindigkeit noch in bezug auf Masse und Ladung homogen, so daß er ein recht kompliziertes Gebilde darstellt.

Wenn es sich darum handelt, positive Ionenstrahlen besonders geringer Geschwindigkeit oder Strahlen von nicht gasförmigen Elementen zu erzeugen, so müssen besondere Methoden angewandt werden. Langsame Strahlen kann man bei Benutzung einer Wehneltkathode oder eines glühenden Wolframdrahtes als Elektronenquelle erhalten. Die durch die langsamen Kathodenstrahlen im Gase der Entladungsröhre erzeugten Ionen werden durch ein elektrisches Feld beschleunigt und treten dann als Ionenstrahlen durch eine Blende oder durch einen Kanal in den kräftefreien Raum hinaus. Diese Methode hat DEMPSTER[2]) benutzt.

Ist die Anode ein glühender Körper, so werden die Ionen von diesem geliefert, und man kann dann auch im höchsten Vakuum Ionenstrahlen erzeugen. Solche Strahlen werden gewöhnlich „Anodenstrahlen" genannt. Ein glühender Wolframdraht liefert neben Elektronen hauptsächlich Atom- und Molekülionen des Wasserstoffs. GEHRCKE und REICHENHEIM[3]) haben als erste positive Strahlen aus glühenden Anoden erzeugt. Als Anode diente dabei eine feste Metallverbindung, die in eine Glasröhre mit Zuleitung eingefüllt war. Sie arbeiten mit Gasfüllung und Glimmentladung. Beim Stromdurchgang erhitzt sich die Anode und liefert die positiven Metallionen, die durch das Anodengefälle beschleunigt werden. GEHRCKE und REICHENHEIM haben in dieser Weise positive Strahlen von Alkalimetallen erzeugt. Besonders gute Resultate ergab ein Gemisch von LiJ, LiBr, NaJ und etwas Graphitzusatz zur Erhöhung der Leitfähigkeit.

---

[1]) W. HAMMER, Ann. d. Phys. Bd. 43, S. 653. 1914.

[2]) A. J. DEMPSTER, Phys. Rev. Bd. 8, S. 651. 1916.

[3]) E. GEHRCKE u. O. REICHENHEIM, Verh. d. D. Phys. Ges. Bd. 8, S. 559. 1906; Bd. 9, S. 76, 200, 374. 1907.

Man hat in der letzten Zeit viel daran gearbeitet, Kanalstrahlen größerer Geschwindigkeit von nicht gasförmigen Elementen zu erzeugen. Bisweilen lassen sich flüchtige metallorganische Verbindungen in das Entladungsrohr einer gewöhnlichen Kanalstrahlröhre einbringen. Man erhält dann Metallkanalstrahlen. Methoden zur Erzeugung von Alkalikanalstrahlen sind von ASTON[1] und anderen angegeben worden. ASTON verwendet eine glühende Platinanode A, Abb. 4, die so geformt ist, daß sie die Salze aufnehmen kann. Er konnte Li, Na, K, Rb, Cs untersuchen. Eine neue, anscheinend besonders brauchbare Methode stammt von KERSCHBAUM[2]. Außer der Anode und der durchbohrten Kathode befindet sich noch eine Elektrode im Rohr, die aus einem kleinen Hohlzylinder aus Stahl besteht. Dieser ist mit einem geeigneten Alkalisalz gefüllt und steht außerhalb des Kathodendunkelraumes der Kathodenbohrung gegenüber. Die auftreffenden Kathodenstrahlen erhitzen das Salz und bringen das Metall zum Verdampfen, so daß reichlich Alkalimetalldampf entsteht. Die gebildeten Ionen werden in gewöhnlicher Weise im Kathodenfall beschleunigt. Die Methode ergab sehr kräftige Alkalikanalstrahlen, die einige Zeit (ca. $1^1/_2$ Stunden) aufrechterhalten werden konnten, bis eine neue Beschickung des Stahlzylinders notwendig war.

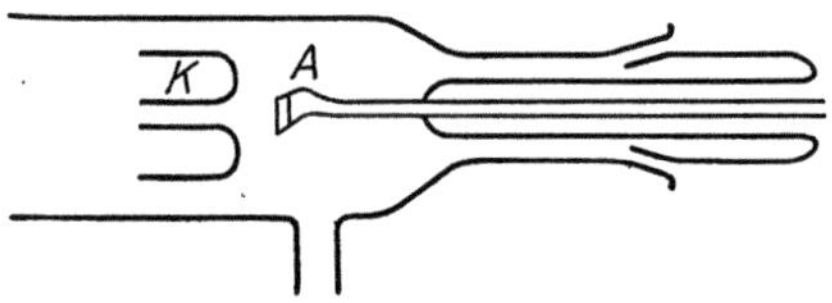

Abb. 4. Anordnung von ASTON zur Erzeugung von Alkalistrahlen.

ASTON ist es in den letzten Jahren gelungen, Kanalstrahlen der meisten Elemente zu erlangen. Borkanalstrahlen wurden aus Borfluorid, Schwefelkanalstrahlen aus Schwefeldioxyd, Bromkanalstrahlen aus Methylbromid, Phosphor- und Arsenstrahlen aus PH_3 und AsH_3 hergestellt. Selen- und Tellurkanalstrahlen gewann man aus Selenhydrid und Tellurmethyl, Antimonstrahlen aus SbH_3 usw.

Zwei Gebiete sind es vor allem, auf denen die Kanalstrahlenforschung besonders erfolgreich gewesen ist. Durch die Zusammenstöße der Strahlteilchen mit den Molekülen des ruhenden Gases werden die Kanalstrahlen zum Leuchten angeregt (Leuchten der bewegten Teilchen = „bewegte Intensität") und erregen ihrerseits die Gasmoleküle zum Leuchten (Leuchten der nur in thermischer Bewegung befindlichen Moleküle und Atome = „ruhende Intensität"). Bei spektroskopischer Beobachtung lassen sich die beiden Vorgänge wegen des Dopplereffektes, den die bewegte Intensität zeigt, trennen. Da die Bedingungen dieser Leuchtvorgänge (gegenüber den Vorgängen in der Flamme z. B.) eine verhältnismäßig große Einfachheit aufweisen und leicht variiert werden können, und da hierbei ferner leuchtende Atome, die mit einer Geschwindigkeit von ca. 10^8 cm/sec fliegen, beobachtet werden, hat das Studium dieser Leuchtvorgänge sehr wichtige Fragen über das Wesen der Lichtemission und den Zusammenhang zwischen Materie und Strahlung zu beantworten gestattet.

Die Tatsache, daß wir es in den Kanalstrahlen mit geladenen bewegten Atomen und Molekülen zu tun haben, hat durch Anwendung der auch bei den Kathodenstrahlen benutzten Methoden der Ablenkung durch elektrische und magnetische Felder sehr genaue Messungen der spezifischen Ladungen und Massen der Teilchen des Strahles ermöglicht. Die Massenbestimmung hat ihren größten Triumph in der Entdeckung der Isotopen nicht radioaktiver Elemente durch ASTON mittels der Kanalstrahlenanalyse gefeiert. Diese Untersuchungen

[1]) F. W. ASTON, Phil. Mag. Bd. 42, S. 436. 1921.

[2]) H. KERSCHBAUM, Ann. d. Phys. Bd. 79, S. 473. 1926. Hier sind auch mehrere andere Methoden besprochen.

werden in ds. Handb. Bd. XXII ausführlich besprochen werden. Im vorliegenden Kapitel werden wir hauptsächlich Untersuchungen behandeln, welche die Wechselwirkung zwischen Kanalstrahlen und den Atomen und Molekülen der durchstrahlten Materie betreffen. Bekanntlich hat das Studium des Durchganges von Korpuskularstrahlen durch Materie den ersten Einblick in den Aufbau der Atome geliefert, dessen Ausgestaltung durch BOHR wir die Entstehung unserer heutigen Atomphysik verdanken. Auf diesem Gebiete ist die Kathodenstrahlen- und α-Strahlenforschung erfolgreich gewesen, während die Kanalstrahlen eine weniger wichtige Rolle gespielt haben. Der Grund hierfür liegt im folgenden: Die Methoden der experimentellen Erforschung der Atomkonstitution mittels Korpuskularstrahlen bestehen in einer Beschießung von Atomen oder Molekülen der Materie mit einheitlichen Geschossen subatomarer Dimensionen und erheblicher Geschwindigkeit. Aus dem Schicksal des Geschosses oder des getroffenen Atoms lassen sich dann Schlüsse ziehen auf die Lage und Größe der Kraftzentren im Atom usw. Bekannte Versuche dieser Art sind die Absorptionsmessungen der Kathodenstrahlen durch LENARD, die Bestimmungen der Anregungs- und Ionisierungsspannung durch FRANCK und seine Mitarbeiter und die Beobachtung der Streuung von α-Strahlen durch RUTHERFORD. In den Kanalstrahlen haben wir nun zum größten Teil Geschosse von atomaren Dimensionen und im Verhältnis zu den α-Strahlen nicht sehr großer Geschwindigkeit vor uns, und der gewöhnliche Kanalstrahl ist, wie erwähnt, weder nach Geschwindigkeit noch nach Masse oder Ladung einheitlich. Während man nun zwar durch geeignete Anordnungen einen hinsichtlich Masse und Geschwindigkeit ziemlich homogenen Strahl herstellen kann, ist die Homogenität in bezug auf die Ladung nicht zu erreichen, solange die Strahlen in Wechselwirkung mit Materie stehen und nicht in nahezu vollkommenem Vakuum verlaufen. Wenn man aber gerade die Wechselwirkung mit der Materie studieren will, ist natürlich die Erfüllung obiger Bedingung nicht möglich. Man wird deshalb bei Messungen der Streuung, der Absorption, der Geschwindigkeitsänderung, der ionisierenden Wirkung usw. immer die Wirkung verschiedener Kanalstrahlteilchen beobachten und schon aus diesem Grunde in den meisten Fällen keine so einfachen Resultate zu erhoffen haben wie bei den Kathoden- und α-Strahlen. Trotzdem ist auch das Studium des Durchgangs von Kanalstrahlen durch Materie von großem Interesse, besonders wenn sich, wie dies in einzelnen Fällen möglich ist, die Wirkung und das Schicksal von Teilchen verschiedener Ladung experimentell trennen lassen.

2. Magnetische und elektrische Ablenkung. Infolge der verhältnismäßig kleinen spezifischen Ladung bzw. großen Masse der Kanalstrahlenteilchen sind verhältnismäßig starke magnetische Felder von mehreren 1000 Gauß anzuwenden. Die Entladungsröhre selbst muß durch Schirme oder Hüllen aus weichem Eisen vor der Wirkung des Feldes auf die Kathodenstrahlen geschützt sein. Die ersten Ablenkungsversuche sind von W. WIEN im Jahre 1898 ausgeführt worden[1]). Die Ablenkung wurde an der Verschiebung eines auf der Rohrwandung durch den Aufprall der Strahlen entstehenden Fluoreszenzfleckes beobachtet.

Es sei ein elektrisches und ein magnetisches Feld gleichzeitig vorhanden. Die Felder seien parallel gerichtet und in der Y-Achse gelegen (Abb. 5). Dann stehen die Ablenkungen senkrecht aufeinander. Im allgemeinen ist es zweckmäßig, die Felder, wie wir auch angenommen haben, örtlich zusammenfallen zu lassen und ihre Ausdehnung nahe gleich groß zu machen. Ferner soll das Vakuum im Beobachtungsraum möglichst hoch sein.

---

[1]) W. WIEN, Verh. d. Berl. Phys. Ges. Bd. 17, S. 9. 1898.

Die magnetische Ablenkung ist gegeben durch

$$x = K_1 \frac{e}{mv}, \tag{2}$$

die elektrische durch

$$y = K_2 \frac{e}{mv^2}. \tag{3}$$

K_1 und K_2 sind Konstante, die von den geometrischen Abmessungen und der Stärke der Felder abhängen. Die Elimination von v bzw. e/m aus den Gleichungen (2) und (3) liefert

$$x^2 = c_1 \frac{e}{m} y, \qquad x = c_2 v y. \tag{4}$$

Aus diesen Gleichungen folgt, daß Teilchen von gleichem e/m und verschiedenem v auf einer Parabel liegen, die durch den Koordinatenanfangspunkt geht, und Teilchen von verschiedenem e/m und gleichem v auf einer Geraden, die durch den Koordinatenanfangspunkt geht. Die trigonometrische Tangente des Neigungswinkels dieser Geraden mit der y-Achse ist proportional zu v. Der Koordinatenanfangspunkt wird von neutralen, nicht abgelenkten Teilchen markiert. Negative und positive Teilchenparabeln liegen in diagonal gegenüberliegenden Quadranten (Abb. 5). Die Punkte A, B, C der schematischen Abbildung entsprechen gleichen v und verschiedenen e/m.

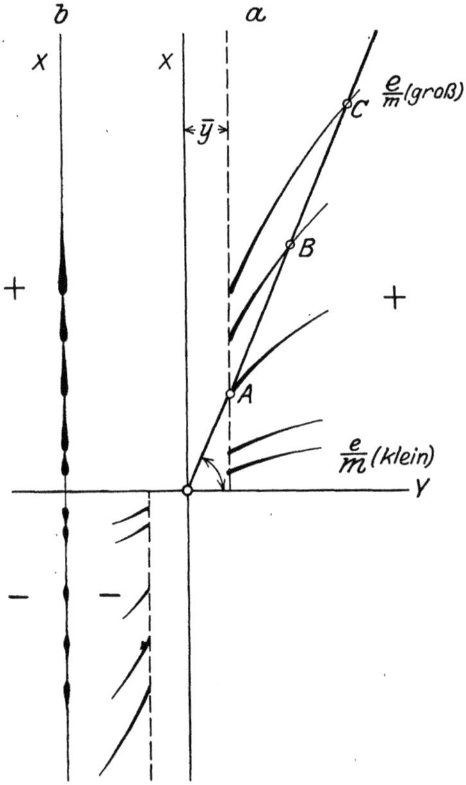

Abb. 5.

a Gleichzeitige magnetische und elektrische Ablenkung bei parallelen Feldern. Für jede Parabel ist e/m = konst. A, B, C sind Punkte konstanter Geschwindigkeit. *b* Magnetische Ablenkung allein.

Ist V die Spannungsdifferenz, die ein Teilchen in geladenem Zustande durchlaufen hat, und der es somit seine Geschwindigkeit verdankt, so folgt aus Gleichung (1) und (3)

$$y = \frac{K_2}{2V}. \tag{5}$$

Hieraus ersieht man, daß die Größe der elektrischen Ablenkung nicht von e/m abhängt, sondern für alle Teilchen den gleichen Wert hat, die ihre Beschleunigung durch die Spannungsdifferenz V erhalten haben. Ein großer Teil aller Teilchen durchläuft fast den ganzen Teil des Kathodenfalles in geladenem Zustande unabhängig von ihrem e/m-Wert. Deshalb liegen die Punkte kleinster elektrischer Ablenkung $\bar{y}$, die sog. „Parabelköpfe" aller Parabeln, auf einer zur x-Achse parallelen Geraden. (In Abb. 5 punktiert.) Aus $V = K_2/2\bar{y}$ ergibt sich die Spannungsdifferenz, der die Strahlen ihre Beschleunigung verdanken. Verschiedene Beobachter haben hierfür Werte gefunden, die etwa zwischen 60 und 80% der Entladungsspannung betragen.

Die magnetische Ablenkung allein liefert im allgemeinen mehrere Maxima entsprechend verschiedenen e/m- bzw. v-Werten. Es gilt

$$x = K_1 \frac{v}{2V}, \tag{6}$$

$$x = \frac{K_1}{\sqrt{2V}} \sqrt{\frac{e}{m}}. \tag{7}$$

Man ersieht hieraus, daß die magnetische Ablenkung x für ein gegebenes e/m proportional mit v ist, für ein gegebenes v proportional mit $\sqrt{e/m}$. Für eine Analyse der Strahlzusammensetzung ist also außer der Kombination von elektrischem und magnetischem Feld auch das magnetische Feld allein brauchbar, wenn auch wegen der Überlagerungen weniger übersichtlich. Man erhält das einer bestimmten Parabelserie entsprechende magnetische Ablenkungsbild, wenn man sich die Parabeln auf die X-Achse projiziert denkt (Abb. 5). Das elektrische Feld dagegen vermag die Teilchengattungen nicht zu trennen. Die Parabelköpfe würden alle zusammenfallen. Abänderungen und Verbesserungen der hier beschriebenen elektromagnetischen Zerlegungsmethoden sowie die Ergebnisse der Untersuchungen werden in Ziff. 8 besprochen.

Die Exaktheit der Ablenkungsmessungen wurde durch das auch auf anderweitige Kanalstrahluntersuchungen anwendbare, von W. Wien[1]) ausgearbeitete Durchströmungsverfahren wesentlich gesteigert. Das Verfahren ermöglicht es, Druck und Spannung in dem Entladungsrohr äußerst konstant zu halten, außerdem gewährleistet es eine große Reinheit der Gasfüllung. Das Gas strömt aus dem Vorratsraum in das Entladungsrohr dauernd ein und wird durch eine kontinuierlich wirkende Pumpe abgepumpt. Durch geeignete Einstellung der Pumpgeschwindigkeit und des Druckes im Vorratsraum kann im Entladungsrohr jeder beliebige Druck dauernd aufrechterhalten werden. Durch Anwendung dieses Verfahrens sind manche schwierige Untersuchungen auf dem Gebiet der Kanalstrahlen überhaupt erst möglich geworden.

3. Der Phosphoreszenzschirm ist ein zum Nachweis der Kanalstrahlen viel gebrauchtes Mittel. Die Erregung der Fluoreszenz auf der Glaswand [zuerst von Goldstein[2]) beschrieben] ist ziemlich schwach. In der Praxis werden deshalb Schirme von Sidotblende oder noch besser aus dem natürlichen Mineral Willemit (Zn_2SiO_4) benutzt. Auch einige der bekannten Lenardschen Phosphore sind brauchbar. Alle diese Substanzen zeigen eine rasche Ermüdung bei der Bestrahlung mit Kanalstrahlen. Bei den α-Strahlen wird dieselbe Erscheinung beobachtet. Rutherford[3]) hat eine Theorie der Abnahme des Leuchtens mit der Zeit aufgestellt, der sich auch das Gesetz der Ermüdung bei Bestrahlung mit Kanalstrahlen fügt. Das Gesetz lautet:

$$i = \frac{i_0}{At}(1 - e^{-At}).$$

A ist eine Konstante, i_0 die Lichtmenge zur Zeit $t = 0$, i die zur Zeit t. Willemit leuchtet sehr hell und ermüdet relativ langsam. Wegen des geringen Eindringens der Strahlen sind Bindemittel bei der Schirmherstellung möglichst zu vermeiden. Das feine Pulver wird deshalb am besten mit Alkohol auf eine Glasplatte aufgeschlämmt [Everet[4])]. Nach der Trocknung hält die Schicht ziemlich fest. Die Schirme leuchten nach Erregung mit den Strahlen nur sehr schwach nach.

[1]) W. Wien, Ann. d. Phys. Bd. 30, S. 349. 1909.
[2]) E. Goldstein, Ann. d. Phys. Bd. 8, S. 94. 1902.
[3]) E. Rutherford, Proc. Roy. Soc. London (A) Bd. 83, S. 561. 1910.
[4]) Siehe J. J. Thomson, Phil. Mag. Bd. 20, S. 753. 1910.

Strahlen unter einem gewissen Schwellenwert der Geschwindigkeit von einigen 1000 Volt erregen nicht mehr merklich Fluoreszenz[1]). Abgesehen davon ist die Helligkeit der kinetischen Energie $mv^2/2$ proportional. Bei konstanter Geschwindigkeit ist die Helligkeit der Teilchenzahl im Strahl proportional und unabhängig von ihrem Ladungszustand. Wasserstoffstrahlen erregen bei weitem die stärkste Fluoreszenz. Zum quantitativen Vergleich der Energieverteilung auf verschiedene Teilchengattungen ist deshalb der Phosphoreszenzschirm ungeeignet. An dieser Stelle sei noch erwähnt, daß man versucht hat, mit sehr schnellen Wasserstoffkanalstrahlen einzelne Szintillationen wie bei den α-Strahlen zu beobachten; indessen ist es bisher nicht mit Sicherheit gelungen.

4. Die photographische Platte. Die photographische Wirkung ist erst verhältnismäßig spät zum Nachweis der Strahlen benutzt worden, weil man sich scheute, die photographische Platte wegen der Dampfabgabe in das Vakuumrohr zu bringen. Bei kürzerer Wirkung zeigt sich nach der Entwicklung eine Schwärzung, bei längerer tritt dagegen eine Art Solarisation ein[2]). Die getroffenen Stellen sind dann mehr oder weniger durchsichtig auf dem durch die Lichtwirkung der Strahlen etwas geschwärzten Untergrund. Die Schicht wird also durch längere Wirkung der Strahlen zerstört. KÖNIGSBERGER und KUTSCHEWSKI[3]) haben nachgewiesen, daß die photographische Schwärzung nicht vom Ladungszustand der Kanalstrahlen abhängt, auch fanden sie die Schwärzung bei sonst gleichbleibenden Bedingungen der Teilchenzahl proportional. Sie verwandten photographisches Chlor-Bromsilberpapier „Velox" der Kodakgesellschaft bei ihren Messungen.

In der letzten Zeit hat ASTON[4]) Versuche unternommen, besonders geeignete Platten für Korpuskularstrahlen herzustellen. Die Empfindlichkeit für Licht hat nichts zu tun mit der Empfindlichkeit für Kanalstrahlen. Für Wasserstoffstrahlen sind photographische Platten wegen der großen Eindringungstiefe dieser Strahlen am empfindlichsten. Es ist notwendig, Platten mit viel Silber in dünner Schicht zu benutzen, wenn man mit schwereren Strahlen gute Schwärzungen erhalten will. J. J. THOMSON hat mit gutem Erfolg mit der „Imperial-Sovereign-Platte" und dann mit einer Art photomechanischer Platte „Half-Tone" der Paget Co Gesellschaft gearbeitet. Diese Platte ist wenig empfindlich für Licht, hat ein feines Korn und galt lange Zeit als die beste Platte für Kanalstrahlen. Doch kommt es anscheinend sehr auf die Emulsion an, weil zu verschiedenen Zeiten hergestellte Platten sehr verschieden gut brauchbar waren. Auch waren trotz langer Belichtungszeiten keine sehr großen Schwärzungen zu erreichen. Als brauchbar erwiesen sich ferner gelatinearme Schumannplatten, wie sie für Zwecke der Ultraviolettspektroskopie z. B. von A. HILGER in London hergestellt werden.

Die besten Erfolge hatte ASTON bei folgendermaßen bereiteten Platten: Eine Half-Tone-Platte von PAGET wird mit Schwefelsäure übergossen (Akkumulatorensäure vom spez. Gew. 1,225 und Wasser halb und halb) und bei mindestens 16° eine Nacht ruhig stehengelassen. Die Platte wird nun vorsichtig mit einem Spachtel und fettfreiem, vorher mit Säure benetztem Finger herausgehoben. Die milchige Flüssigkeit läßt man ablaufen und wässert die Platte eine Stunde in kaltem, sacht laufendem Wasser. Dann wird die Platte vor-

---

[1]) E. RÜCHARDT, Ann. d. Phys. Bd. 48, S. 838. 1915.

[2]) T. RETSCHINSKY, Ann. d. Phys. Bd. 47, S. 540. 1915; M. JAKOBSON, Ann. d. Phys. Bd. 73, S. 326. 1924.

[3]) J. KÖNIGSBERGER u. J. KUTSCHEWSKI, Ann. d. Phys. Bd. 37, S. 161. 1912.

[4]) F. W. ASTON, Photographic plates for the detection of mass-rays. Proc. Cambridge Phil. Soc. Bd. 22, S. 548. 1925.

sichtig aus dem Wasser gehoben und an einer Wand lehnend getrocknet. Die Schicht ist niemals gleichmäßig dick, was aber nichts schadet. Erst nach dem Trocknen ist die dünne Schicht ziemlich widerstandsfähig. Ein Erfolg kann nicht mit Sicherheit garantiert werden, doch gelang es häufig, in dieser Weise Platten herzustellen, die für schwere Strahlen eine sehr hohe Empfindlichkeit hatten, außerdem einen gleichmäßigen, klaren Hintergrund und keine Schleierneigung besaßen. Die Platten sind wenig empfindlich für Licht und können deshalb bei gelbem Licht entwickelt werden. Entwickler: Metol-Hydrochinon zur Hälfte mit Wasser verdünnt und genügend Bromkalizusatz, um die Entwicklungsdauer auf ca. 1 Minute zu bringen.

5. Ladungsmessungen. Zum Nachweis des geladenen Anteils der Strahlen kann ein Auffänger (Faradaykäfig) in Verbindung mit einem Galvanometer oder Elektrometer verwendet werden. Für quantitative Messungen sind besondere Vorsichtsmaßregeln erforderlich. Gewöhnliche Plattenauffänger geben falsche Werte, weil die Kanalstrahlen sekundäre Elektronen aus der Platte auslösen, die den Auffänger verlassen und schon dadurch eine positive Aufladung der Platte bedingen. Der durch die Elektronenabgabe veranlaßte Strom ist von der gleichen Größenordnung wie der Kanalstrahlenstrom selbst. Um den Stromanteil, der von der Sekundärstrahlung herrührt, zu unterdrücken, läßt man die Kanalstrahlen durch die kleine Öffnung *A* eines geerdeten Metallzylinders und weiter durch die Öffnung *B* in den isolierten Hohlauffänger treten (Abb. 6). Dann können nur wenige von den Sekundärstrahlen den Auffänger verlassen, und man mißt in diesem Falle den wirklichen Kanalstrahlenstrom.

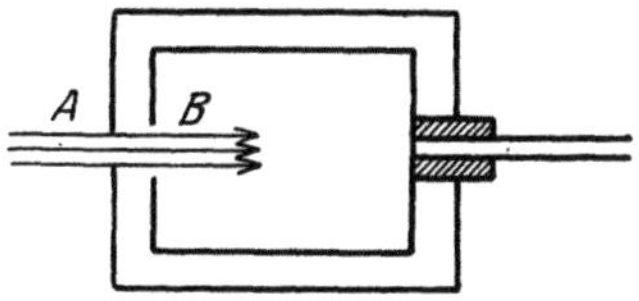

Abb. 6. Auffänger zur Ladungsmessung der Kanalstrahlen.

Es ist weiter zu beachten, daß in Wirklichkeit die Differenz der positiven und negativen Ladungen gemessen wird: doch ist der negative Anteil meist klein. Zuverlässige Messungen sind ferner nur in sehr hohem Vakuum möglich, weil nur dann die Diffusion von Ionen in den Auffänger vermieden wird.

6. Thermoelement. Eine große Bedeutung kommt der Messung der von den Kanalstrahlen transportierten Energie zu. Diese wird gemessen durch die Wärmewirkung an der Stelle, wo die Strahlen absorbiert werden. Durch Reflexion oder Sekundärstrahlung geht nur ein unmeßbar kleiner Bruchteil der Energie verloren, so daß praktisch die ganze Energie der auffallenden Kanalstrahlen in Wärme umgewandelt wird. Der Ladungszustand der Teilchen beeinflußt die Messung nicht, so daß bei gleicher Geschwindigkeit die Wärmewirkung der Teilchenzahl proportional ist. Man mißt hier im Gegensatz zu den Auffängermessungen auch den neutralen Bestandteil des Strahles mit. Je nach den besonderen Zwecken benutzt man flächenhafte oder lineare Thermoelemente oder Thermosäulen, ähnlich wie sie zu Strahlungsmessungen Verwendung finden. Meist ist bei den Messungen zu berücksichtigen, daß die Empfindlichkeit der Thermoelemente vom Gasdruck abhängt, so daß eine besondere Bestimmung dieser Abhängigkeit erforderlich wird. Das Prinzip für ein Thermoelement, das für Materiestrahlung besonders geeignet sein soll, hat RÜTTENAUER[1]) entwickelt.

7. Beobachtung der Lichtaussendung. Der Dopplereffekt. Der von STARK[2]) entdeckte Dopplereffekt der Kanalstrahlen und die mit den Leuchtvorgängen zusammenhängenden Fragen werden in Abschnitt IV bis VI dieses Kapitels be-

[1]) A. RÜTTENAUER, ZS. f. Phys. Bd. 5, S. 341. 1921.
[2]) J. STARK, Phys. ZS. Bd. 6, S. 893. 1905.

handelt. Hier sei nur erwähnt, daß das Spektrum der leuchtenden Atome und Moleküle der Kanalstrahlen bei geeigneter Beobachtung eine nach dem Dopplereffekt verschobene Spektrallinie neben der unverschobenen Linie des ruhenden Gases aufweist.

Die Verschiebung erfolgt nach violett, wenn die Strahlen auf den Spalt des Spektralapparates zu, nach rot, wenn sie von ihm fortlaufen[1]. Die Größe der Verschiebung ist gegeben durch $\Delta\lambda/\lambda = v/c$. Da verschiedene Geschwindigkeiten v im Strahl vorkommen, ist die verschobene Linie nicht scharf und zeigt oft mehrere Maxima. Bei transversaler spektraler Beobachtung des Strahles bekommt man keinen Dopplereffekt.

II. Durchgang der Kanalstrahlen durch Gase.

8. Die Ladung und Masse der Kanalstrahlen in Abhängigkeit von den Versuchsbedingungen. Über die Zusammensetzung der Kanalstrahlen sind mit Hilfe der bereits in Ziff. 2 besprochenen Parabelanalyse sehr viele Untersuchungen ausgeführt worden. Hierbei wurden die elektromagnetischen Parabeln entweder auf einem Phosphoreszenzschirm betrachtet und ausgemessen oder photographiert. e/m läßt sich dann durch Ausmessungen der Koordinaten der Parabelköpfe bestimmen. Auch lassen sich qualitative Aussagen über die Abhängigkeit der Energieverteilung auf die verschiedenen e/m von den Versuchsbedingungen gewinnen. Für quantitative Energiemessungen ist nur der Auffänger (Ziff. 5) und das Thermoelement (Ziff. 6) geeignet. Dabei wird aus experimentellen Gründen meist die magnetische Ablenkung allein gemessen.

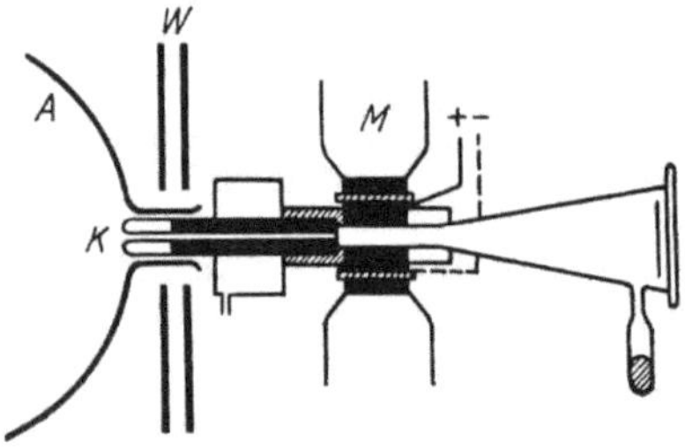

Abb. 7. Anordnung von THOMSON zur e/m-Bestimmung.

Eine typische Versuchsanordnung für die Kanalstrahlanalyse von J. J. THOMSON nach der photographischen Methode zeigt Abb. 7.

Die Kanalstrahlen treten aus dem kugelförmigen Entladungsrohr A durch einen engen und langen Kanal in der Kathode K in den Beobachtungsraum, in dem ein sehr hohes Vakuum mit Hilfe eines in flüssige Luft getauchten, mit Kohle gefüllten Ansatzes aufrechterhalten wird. Die parallelen elektrischen und magnetischen Felder liegen bei M. W sind Eisenplatten, die den Zweck haben, die Entladung vor der Wirkung des Magnetfeldes zu schützen.

Hinsichtlich der beobachteten Teilchengattungen verschiedener Elemente wollen wir uns auf folgende Zusammenstellung beschränken, die das Wesentliche enthalten dürfte:

Tabelle 1.

Vorkommen von Kanalstrahlteilchen verschiedener Masse und Ladung.

Wasserstoff	$H^{\pm}$ H_2^+ (H_2^-) H_3^+
Sauerstoff	$O^{\pm}$ $O_2^{\pm}$ O_3^+ O^{++}
Stickstoff	$N^{\pm}$ $N_2^{\pm}$ N_3^+ N^{++} N^{+++}
Kohlenstoff (aus C-Verbindungen)	$C^{\pm}$ $C_2^{\pm}$ $C_3^{\pm}$ C_4^- C^{++}
Chlor	Cl^+ Cl^-
Jod	J^+
Quecksilber	Hg^+ (außerdem noch mit 2- bis 7 facher positiver Ladung beobachtet und mit 8 facher erschlossen) (Hg_2^+)

[1] H. RAU, Dissert. Würzburg 1905.

Helium	He^+ (He^-) (He^{++})
Neon	Ne^+ Ne^{++}
Argon	Ar^+ Ar^{++} Ar^{+++}
Krypton	Kr^+ Kr^{++} Kr^{+++} Kr^{++++}
Aus CN	$CN^\pm$
Aus CO_2 und CO	CO^+ CO_2^+
Aus CH_4	CH^+ CH_2^+ CH_3^+ CH_4^+

Außerdem werden noch viele andere Molekülionen angegeben. ASTON hat Kanalstrahlen der meisten festen Elemente beobachtet, doch sei hierfür auf Bd. XXII ds. Handbs. verwiesen. Negative Teilchen werden nicht beobachtet bei Ne, Ar, Kr, Hg. Bei He und H_2 sind sie erst kürzlich gefunden. Andererseits treten negative Teilchen stark auf bei H, C, O, S und Cl. Benutzt man O_2 als Füllgas der Röhre, so werden bei reinem trocknem Sauerstoff als negative Teilchen nur Atome O^- beobachtet. Die negativen Teilchen überwiegen sogar im Sauerstoff bei Anwesenheit von Quecksilberdampf. Ist dagegen der Hg-Partialdruck klein, so überwiegen die positiven Teilchen.

Die Beobachtung von He^{++} (Heliumkerne) im Kanalstrahl wird nur einmal von J. J. THOMSON angegeben, sonst ist diese Ionenart nicht beobachtet. Kürzlich hat ASTON vergeblich danach gesucht. Mehrfache Ladungen werden überhaupt nur unter besonderen Bedingungen und dann schwach beobachtet. Niemals zeigt Wasserstoff mehrfache Ladungen. Die Zuordnungen sind bei den mehrfachen Ladungen nicht immer zuverlässig, auch bei den komplizierten Molekülen besteht teilweise die gleiche Unsicherheit.

Die Beobachtung von H_3^+ ist dagegen völlig sichergestellt. Diese zuerst von J. J. THOMSON beobachtete Teilchenart soll angeblich besonders stark auftreten, wenn das Füllgas der Röhre aus Gasresten besteht, die aus festen Körpern durch Bombardement mit Kathodenstrahlen freigemacht sind. Besonders geeignet soll hierzu KOH sein. Auf die Beobachtung von H_3 bei langsamen Strahlen kommen wir auf S. 85 noch zu sprechen.

Doppelt geladene Atome werden nach der Parabelmethode von den einfach geladenen leicht unterschieden. Andererseits zeigt Gleichung (4) unmittelbar, daß bei zweiatomigen Molekülen die Parabel der doppelt geladenen Moleküle mit der der einfach geladenen Atome zusammenfallen muß; denn $2e/m$ ist identisch mit $e/\frac{1}{2}m$. Es entstehen aber hierdurch bei der Analyse keine Schwierigkeiten, da sich auf anderem Wege zeigen läßt, daß mehrfach geladene Moleküle im Kanalstrahl nicht vorkommen. Nur im Falle der Fluorverbindungen konnten doppelt geladene Moleküle von ASTON beobachtet werden.

Sehr eigentümlich ist bisweilen die Intensitätsverteilung innerhalb der Parabeln, welche wichtige Schlüsse zu ziehen gestattet. Der am wenigsten abgelenkte Teil der Parabel ist in der Regel der hellste (Parabelkopf). Die ihm entsprechenden Teilchen haben den größten Teil des Kathodenfalls im geladenen Zustand durchlaufen. Vom Kopf ab nimmt die Intensität nach kleineren Geschwindigkeiten hin ab. Der Intensitätsabfall und damit auch die Parabellänge ist für verschiedene e/m auch auf dem gleichen Radiogramm verschieden. Außer dem Kopf besitzen manche Parabeln noch ein zweites Intensitätsmaximum. Z. B. findet man bei der Hg-Parabel (Abb. 8) außer dem Kopf ein Maximum, das elektrisch nur halb so weit abgelenkt ist wie der Kopf. Dieses Maximum rührt also von Teilchen her,

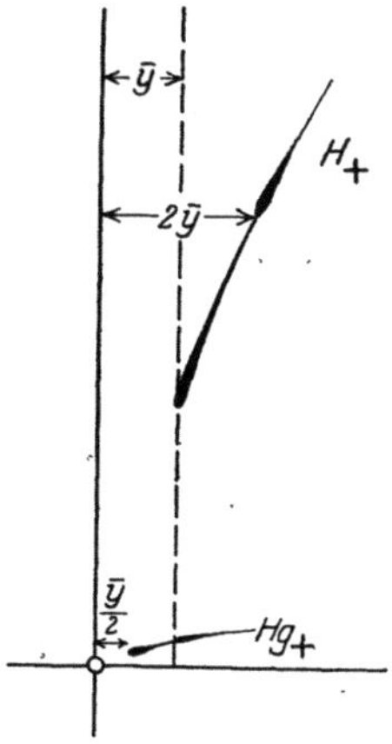

Abb. 8. Hg- und H-Parabeln mit zwei Maximis.

welche die doppelte kinetische Energie besaßen, als sie abgelenkt wurden, wie die Teilchen, die den Kopf bilden. Es müssen also Hg-Ionen sein, die als Hg^{++} beschleunigt wurden und vor der Ablenkung eine Elementarladung eingebüßt haben. Quecksilber scheint eine besondere Neigung zur Bildung von Ionen mehrfacher Ladung zu haben. Wie schon erwähnt, sind sogar Atome beobachtet worden, die als achtfache Ionen beschleunigt waren und bei der Ablenkung nur mehr eine Ladung besaßen. Eine andere Art der Intensitätsverteilung wird häufig bei der H-Parabel (Abb. 8) beobachtet. In diesem Falle ist außer dem Kopf ein Maximum vorhanden, das die doppelte elektrische Ablenkung zeigt wie der Kopf. Die einfachste Erklärung ist die, daß hier Teilchen beobachtet werden, die als H_2^+-Molekülionen beschleunigt wurden und vor der Ablenkung in die beiden Atome zerfallen sind. Dann ist die kinetische Energie bei der Ablenkung nur halb so groß, die elektrische Ablenkung selbst doppelt so groß wie die der als H^+ beschleunigten Teilchen, die den Parabelkopf bilden. Sehr auffällig ist aber, daß solche Maxima auch bei einatomigen Gasen und bei der H_2^+-Parabel gelegentlich beobachtet wurden. Vielleicht kann man daraus auf die Existenz instabiler Ionenarten im Entladungsrohr wie He_2^+ und H_4^+ schließen, die alle vor Erreichung der ablenkenden Felder zerfallen. Die Annahme, daß vor der Kathode mehrere ausgezeichnete Stellen für die Ionisation vorhanden sind, und daß dadurch verschiedene ausgezeichnete Geschwindigkeiten entstehen, ist ad hoc ersonnen und wird durch keine andere bekannte Tatsache gestützt.

RETSCHINSKY[1]) hat in Fortsetzung der Untersuchungen von W. WIEN sehr ausführliche quantitative Messungen über die Zusammensetzung der Strahlen des Sauerstoffs und Stickstoffs mit einem linearen Thermoelement ausgeführt. Dieses wurde senkrecht zu dem magnetischen Spektrum verschoben (Abb. 9).

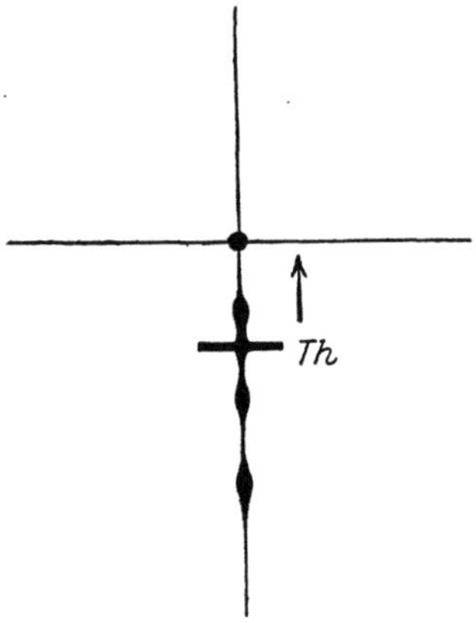

Abb. 9. Energiemessung im magnetisch abgelenkten Strahl mit Thermoelement *Th*.

Die Grundlage für eine genaue Analyse nach dieser zuerst von W. WIEN benutzten Methode, sei es nun, daß man ein lineares Thermoelement, sei es, daß man einen linearen Auffänger benutzt, wollen wir kurz entwickeln. Fassen wir den einfachsten Fall ins Auge, daß für alle Teilchen des Strahles e/m denselben Wert hat und nur die Geschwindigkeit v verschieden ist. Die Zusammensetzung des Bündels ist dann bekannt, wenn man für jedes v die Anzahl der Teilchen $N_v dv$ kennt, deren Geschwindigkeit also zwischen v und $v + dv$ liegt. Betrachten wir ein sehr schmales Kanalstrahlenbündel unter der Wirkung eines transversalen Magnetfeldes. Das Bündel wird in einen Streifen zerlegt, und jedem v entspricht eine bestimmte Ablenkung x. Stellen wir in diesen Streifen einen linearen Auffänger von der Breite dx, so mißt der Galvanometeranschlag die Ladung bzw. die Anzahl N_x der Teilchen, deren Ablenkung zwischen x und $x - dx$, und deren Geschwindigkeit zwischen v und $v + dv$ liegt. Verschiebt man den Auffänger längs des Streifens, so bleibt dx unverändert, dv dagegen wird um so kleiner, je größer x wird. Dies folgt daraus, daß die magnetische Ablenkung gegeben ist durch

$$x = \frac{Ke}{mv}.$$

[1]) T. RETSCHINSKY, Ann. d. Phys. Bd. 47, S. 525. 1915; Bd. 48, S. 546. 1915; Bd. 50, S. 369. 1916.

Deshalb ist
$$dv = -\frac{Ke}{mx^2}dx\,.$$
Nun ist $N_v \cdot dv = -N_x dx$, weil es die gleichen Teilchen sind, die zwischen x und $x - dx$ und v und $v + dv$ liegen.

Folglich ist $$N_v = -N_x\frac{dx}{dv} = \frac{N_x m x^2}{Ke} = \frac{N_x e K}{m v^2} = N_x\frac{x}{v}\,.$$

Aus der beobachteten Abhängigkeit $N_x = f(x)$ kann man hieraus die Geschwindigkeitsverteilung $N_v = \varphi(v)$ für jedes e/m berechnen.

Benutzt man ein lineares Thermoelement von der Breite dx statt eines Auffängers, so mißt man die Energie $E_x dx$ der Teilchen, die zwischen x und $x - dx$ fallen. Es ist ganz analog
$$E_v \cdot dv = -E_x \cdot dx\,,$$
wenn E_v die Energie der Teilchen ist, deren Geschwindigkeiten zwischen v und $v + dv$ liegen. Es gilt dann
$$E_v = E_x x^2\frac{m}{Ke} = E_x\frac{eK}{mv^2} = E_x\frac{x}{v}\,.$$
Man gewinnt so E_v als Funktion von v. Andererseits ist
$$\frac{E_v}{\frac{1}{2}mv^2} = N_v = \frac{2E_x x^4 m^2}{e^3K^3}$$
ein Ausdruck aus dem man wiederum die Teilchenzahl in Abhängigkeit von der Geschwindigkeit berechnen kann. Berechnet man diese Verteilung einmal aus den Auffängermessungen, das andere Mal aus den thermischen Messungen, so muß die Differenz die Anzahl der Teilchen geben, die sich auf dem Wege vom Feld bis zum Auffänger neutralisiert hat, weil der Auffänger nur die geladenen Teilchen mißt. Die Größe
$$-\frac{dx}{dv} = \frac{eK}{mv^2} = \frac{x}{v}$$
kann man als „Dispersion des magnetischen Spektrums" bezeichnen. Für die „Dispersion des elektrischen Spektrums" findet man auf Grund analoger Betrachtungen
$$-\frac{dy}{dv} = \frac{2ec}{mv^3} = \frac{2y}{v}\,.$$

RETSCHINSKY führte parallel zu den Thermoelementmessungen bei alleiniger magnetischer Ablenkung auch Beobachtungen der Parabeln mit parallelen elektrischen und magnetischen Feldern durch. Variiert wurde Entladungsspannung (zwischen 8000 und 40000 Volt), ferner Gasdruck (Größenordnung 0,0005 mm) und Stromstärke des Glimmstromes. Die letztere ist ohne wesentlichen Einfluß auf die Versuchsergebnisse. Die Energiekurven und Teilchenzahlkurven im magnetischen Spektrum zeigen drei Maxima auf der positiven und drei auf der negativen Seite. Die Parabelbeobachtung ergibt die Zuordnung dieser Maxima zu den Teilchengattungen:

a) einfach geladene Moleküle;

b) einfach geladene Atome, deren Geschwindigkeit $\sqrt{2}$ mal größer ist als die der Moleküle. Diese Teilchen sind also als Atomionen beschleunigt;

c) einfach geladene Atome, deren Geschwindigkeit der der Moleküle gleich ist (langsame Atome, entstanden aus Teilchen, die als Moleküle beschleunigt und vor der Ablenkung zerfallen sind).

Um ein Beispiel der Zuordnung der Maxima zu geben, betrachten wir eine Messung RETSCHINSKYS an Sauerstoffkanalstrahlen mit einem linearen Thermoelement bei magnetischer Zerlegung (Abb. 10). Seine Versuchsbedingungen sind:

Druck im Beobachtungsraum 0,00053 mm Hg,
Strom der Glimmentladung $102{,}10^{-6}$ Amp.,
Spannung der Entladung 18000 Volt.

Die magnetischen Ablenkungen der drei Maxima a, b, c, von der mit dem Pfeil bezeichneten Auftreffstelle des neutralen Bündels aus gerechnet, verhalten sich wie $1:\sqrt{2}:2$. Links ist die Verteilung der negativen, rechts die der positiven Teilchen angegeben. Man findet nun durch einfache Rechnung, daß sich die magnetische Ablenkung a eines Atoms zur magnetischen Ablenkung b eines Moleküls verhalten muß wie $1:\sqrt{2}$. Folglich gehört das Maximum a den Molekülen, das Maximum b den Atomen an, die die gleiche Potentialdifferenz durchlaufen haben.

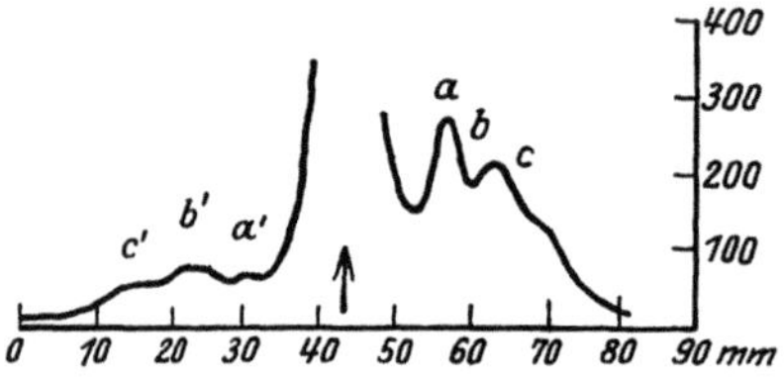

Abb. 10. Energieverteilung der Sauerstoffkanalstrahlen als Funktion der magnetischen Ablenkung.

a, b, c positive Teilchen,
a', b', c' negative Teilchen.

Bedeutet ferner c die magnetische Ablenkung eines Atoms, das durch den Zerfall eines im Kathodenfall beschleunigten Moleküls entstanden ist, so findet man $b:c = 1:\sqrt{2} = \sqrt{2}:2$, und damit ist erwiesen, daß das Maximum c den langsamen Atomen angehört, die als Moleküle beschleunigt wurden. Diese Zuordnung wird auch durch die Aufnahme der elektromagnetischen Parabeln bestätigt.

Um die Verteilung der Energie auf die Geschwindigkeiten statt auf die Ablenkungen zu erhalten, wenden wir die Transformationen an

$$v = \frac{eK}{mx}, \qquad E_v = E_x \frac{x^2 m}{eK}.$$

Für die Moleküle hätte man $2m$ statt m zu setzen. In den Abb. 11 und 12, die das Ergebnis der Transformation für die positiven bzw. negativen Teilchen wiedergeben, ist der Faktor 2 weggelassen. Man hat daher zu berücksichtigen,

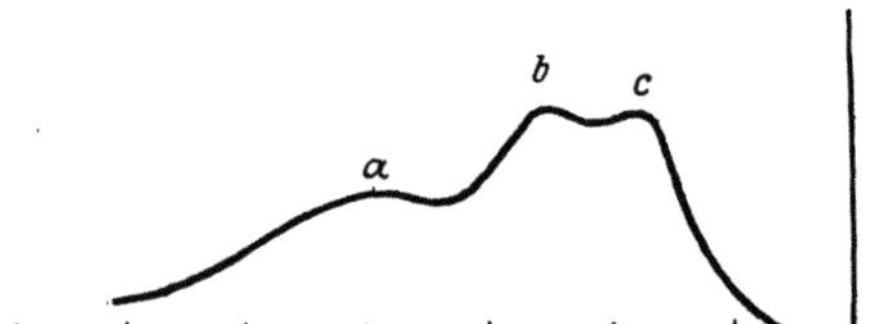

Abb. 11.

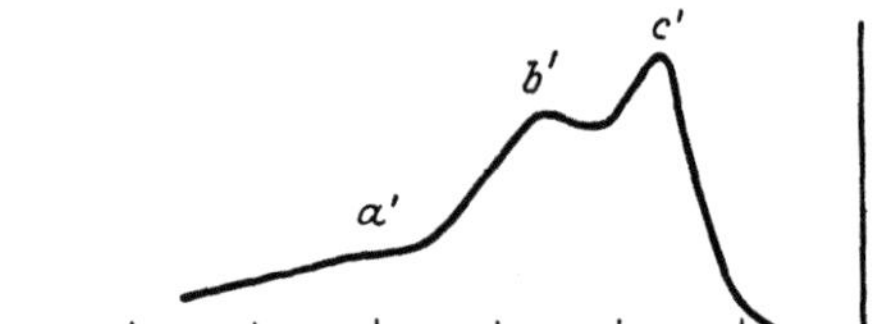

Abb. 12.

Energieverteilung im magnetischen Spektrum der Sauerstoffkanalstrahlen als Funktion der Geschwindigkeit. Links positive, rechts negative Teilchen.

daß für das Maximum a die Abszissen in doppeltem und die Ordinaten in halbem Maßstab aufgetragen sind wie für die Maxima b und c.

Um weiter die Teilchenzahlkurven als Funktion von v zu erhalten, hat man $E_v/\frac{1}{2}mv_b^2$ für die Atome und E_v/mv_a^2 für die Moleküle zu bilden, wenn v_b die Geschwindigkeit eines Atoms, v_a die eines Moleküls bedeutet. Da aber in den E_v-Kurven $v_a = v_b/2$ ist, so genügt es, die Ordinaten der ganzen Kurve durch $\frac{1}{2}mv_b^2$ zu dividieren, wenn man berücksichtigt, daß dann in der erhaltenen Kurve die Ordinaten der Moleküle (Maximum *a*) mit 4 zu multiplizieren sind, um auf gleichem Maßstab mit den Atomen gebracht zu werden. Die Ergebnisse der Untersuchung für die positiven Teilchen sind in Abb. 13, die für die negativen Teilchen in Abb. 14 wiedergegeben.

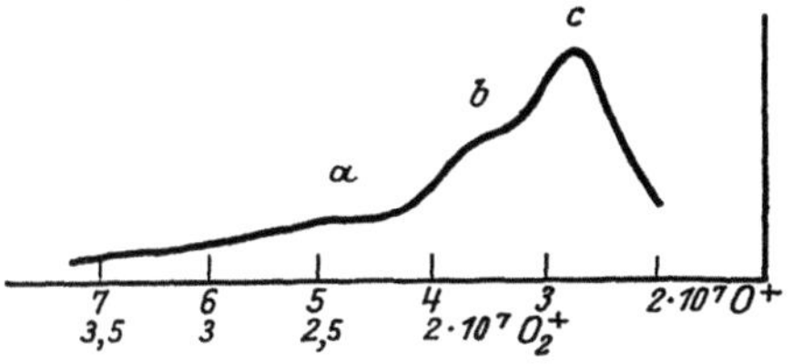

Abb. 13.

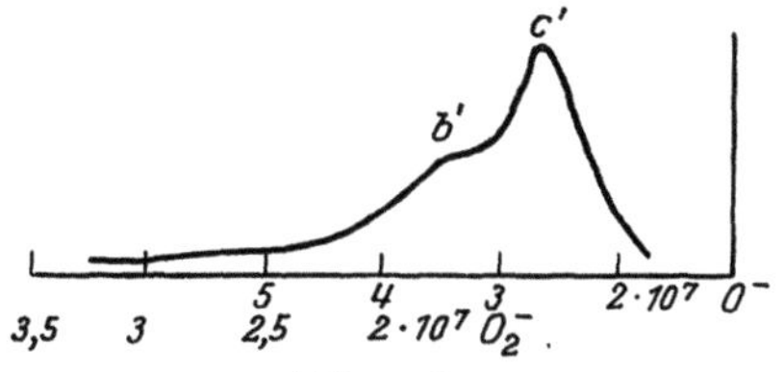

Abb. 14.

Teilchenzahl als Funktion der Geschwindigkeit. Links positive, rechts negative Teilchen.

Man sieht aus den Kurven, daß die meisten Teilchen den langsamen Atomen angehören, dann folgen bei den positiven Teilchen die Moleküle und dann die schnellen Atome. Aus der ursprünglichen, durch die Messung direkt gelieferten Kurve, Abb. 10, konnte man dies Ergebnis durchaus nicht entnehmen; dort ist im Gegenteil das Maximum *c* am kleinsten. Bei den negativen Teilchen ist die Anzahl der schnellen Atome größer als die der Moleküle. Positive und negative Teilchen haben die gleichen Geschwindigkeiten, aber verschiedene Energieverteilung auf die Gattungen. Eine Zunahme des Druckes im Beobachtungsraum verringert die Energien der einzelnen Maxima, aber das der langsamen Atome am meisten. Aus den errechneten Teilchenzahlkurven kann man ersehen, daß die Zahl der langsamen Atome im Strahl sehr groß ist, fast doppelt so groß wie die der schnellen. Der Zerfall der Molekülionen im Kanalstrahl ist also ein sehr häufiger Vorgang. Die Teilchenzahlkurven zeigen auch, daß für jede Ionenart die Geschwindigkeit innerhalb eines ziemlich engen Bereichs liegt.

Die Ergebnisse in anderen zweiatomigen Gasen sind ähnlich. Wasserstoff ist ausführlich von DÖPEL[1]) untersucht worden. Der Betrag an negativen Teilchen ist hier nur klein.

RETSCHINSKY hat auch den Einfluß von Verunreinigungen durch fremde Gase auf die Energieverteilung untersucht. Er findet, daß man durch verschiedene Mengen Wasserstoff, der dem Sauerstoff zugesetzt wird, das Verhältnis zwischen Molekülen und Atomen des Sauerstoffs stark ändern kann. Es gelang ihm sogar, die Moleküle ganz zum Verschwinden zu bringen. Eine derartige Beeinflussung der Strahlenzusammensetzung ist von Interesse, wenn man unter ähnlichen Bedingungen das Spektrum der Kanalstrahlen untersucht. Es ist dann möglich, aus der Änderung des Spektrums mit den Bedingungen auf die Art der Träger von Spektrallinien zu schließen.

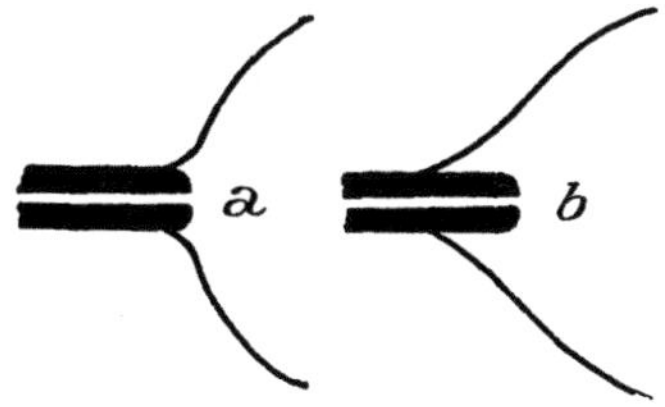

Abb. 15. Zum Einfluß der Kathodenlage auf die Strahlzusammensetzung.

Änderung der Röhren- und Kathodenform ist ebenfalls von Einfluß auf die Strahlzusammensetzung. In Abb. 15 sind zwei Formen von Kugelröhren gezeichnet. Die Lage der Kathode ist in beiden Fällen verschieden. In *a* schließt die Kathode dort, wo die Kugel beginnt, bereits ab, im Falle *b* ragt sie in die Kugel hinein. Bei Wasser-

[1]) R. DÖPEL, Ann. d. Phys. Bd. 76, S. 1. 1925.

stoffkanalstrahlen treten in *a* mehr Atome, in *b* mehr Moleküle auf. Wahrscheinlich hängt das nur damit zusammen, daß in der Anordnung *b* eine bestimmte Entladungsspannung einem niedrigeren Druck entspricht als in Anordnung *a*. Atome entstehen hauptsächlich durch Zusammenstoß. Je weniger Zusammenstöße die Strahlteilchen erleiden, um so mehr Molekülionen sind vorhanden. Aus demselben Grunde sind überhaupt in Kugelröhren die Moleküle stärker als in Zylinderröhren.

J. J. THOMSON[1]) hat zuerst Auffängermessungen zum Zwecke von e/m-Bestimmungen ausgeführt. Bei NS der Abb. 16 liegt das magnetische und ihm

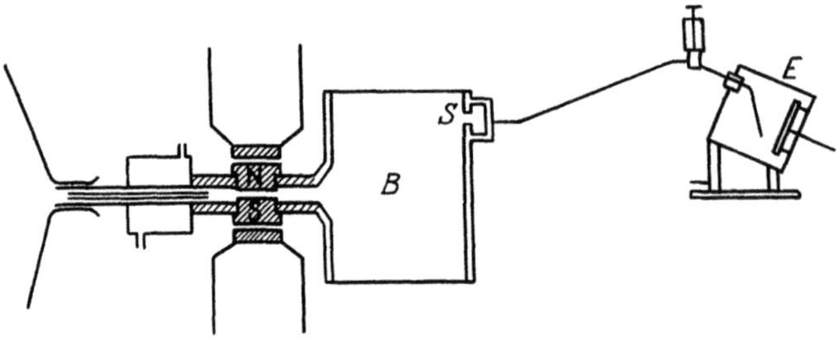

Abb. 16. Kanalstrahlanalyse durch Ladungsmessung nach THOMSON.

parallele elektrische Feld. In dem Metallkasten B ist bei S ein parabolischer Schlitz angebracht. Hinter diesem befindet sich ein isolierter, metallischer Auffänger, der mit einem Wilsonelektroskop E verbunden ist. Wird nun das magnetische Feld variiert, so gelangen der Reihe nach die verschiedenen Parabeln vor den Schlitz. Die Parabelgleichung lautet hier

$$x^2 = C\mathfrak{H}^2 \frac{e}{m} y .$$

Wenn die Apparatdimensionen und das elektrische Feld unverändert bleiben, erhält man also an demselben Orte, dort wo sich der Schlitz befindet, nacheinander die Ladungen der verschiedenen Ionenarten, wenn man $\mathfrak{H}$ so variiert, daß $\mathfrak{H}^2 \cdot e/m$ konstant bleibt. Hat man es mit Teilchen gleicher Ladung und verschiedener Masse zu tun, so kann man schreiben $m \backsim \mathfrak{H}^2$. Wenn man also $\mathfrak{H}$ oder die Ströme durch den Elektromagneten als Abszissen und die Auffängerströme als Ordinaten aufträgt, so werden die Maxima der Kurven zu $\mathfrak{H}$-Werten oder i-Werten gehören, für die gilt

$$\mathfrak{H}_1 : \mathfrak{H}_2 : \mathfrak{H}_3 \ldots = i_1 : i_2 : i_3 \ldots$$
$$= \sqrt{m_1} : \sqrt{m_2} : \sqrt{m_3} \ldots ,$$

eine derartige Aufnahme zeigt Abb. 17.

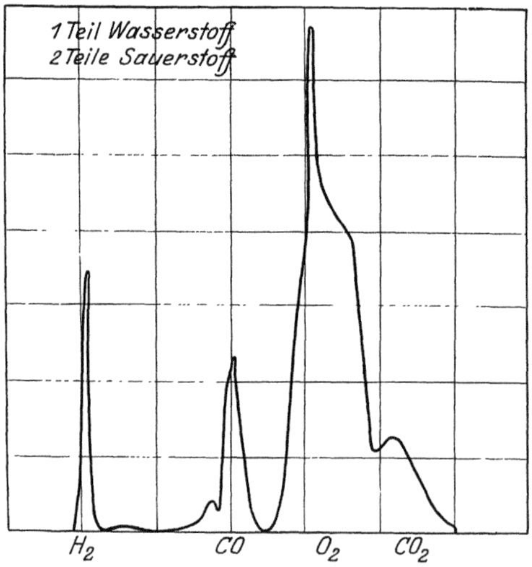

Abb. 17. Analyse eines Kanalstrahls mit Anordnung Abb. 16.

DEMPSTER[2]) hat dieselbe Methode für langsame Strahlen benutzt. In Abb. 18 bedeutet K einen dünnen Platinstreifen mit einem Oxydfleck (Wehnelt-

[1]) J. J. THOMSON, Phil. Mag. Bd. 24, S. 245. 1912.
[2]) A. J. DEMPSTER, Phys. Rev. Bd. 8, S. 651. 1916.

kathode). Der Streifen kann durch Stromdurchgang auf Rotglut erhitzt werden, bis Kathodenstrahlen entstehen, die durch das Feld zwischen *K* und *A* beschleunigt werden und das Gas der Röhre ionisieren. Die positiven Ionen treten durch den Kanal des mit der Glühkathode verbundenen, geerdeten Eisenzylinders *M* in den Beobachtungsraum, wo sie nach erfolgter elektrischer und magnetischer Ablenkung durch den parabolischen Schlitz bei *Sp* hindurchtreten und in dem Auffänger *F* elektrometrisch gemessen werden.

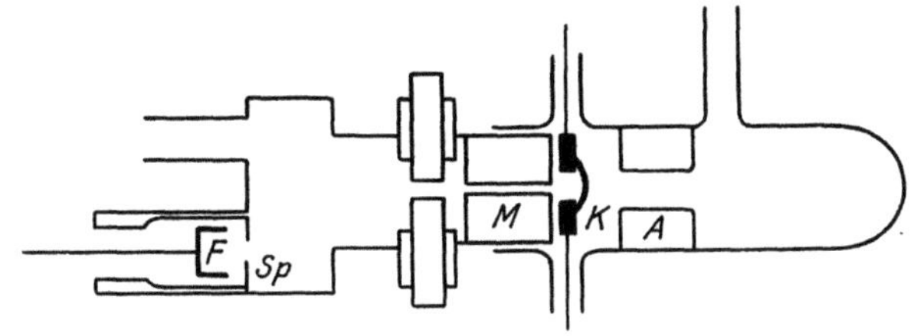

Abb. 18. Analyse langsamer Kanalstrahlen durch Ladungsmessung nach DEMPSTER.

Die Methode hat den Vorteil, daß Druck und Geschwindigkeit unabhängig voneinander variiert werden können. Es zeigt sich, daß bei langsamen Strahlen und niedrigem Gasdruck bei Wasserstoff fast nur H_2^+ auftritt, bei höheren Drucken auch H^+ und ziemlich stark H_3^+. Es wurden Strahlen bis herunter zu 90 Volt analysiert. Die Versuche zeigen, daß ursprünglich hauptsächlich H_2^+-Ionen im Entladungsraum entstehen und Zusammenstöße notwendig sind zur Entstehung von H^+. H_3^+ wird nur gebildet, wenn Wasserstoff zum Teil dissoziiert ist. Abb. 19 zeigt das Resultat einer Messung bei 800 Volt und einem ziemlich hohen Druck (0,01 mm Hg).

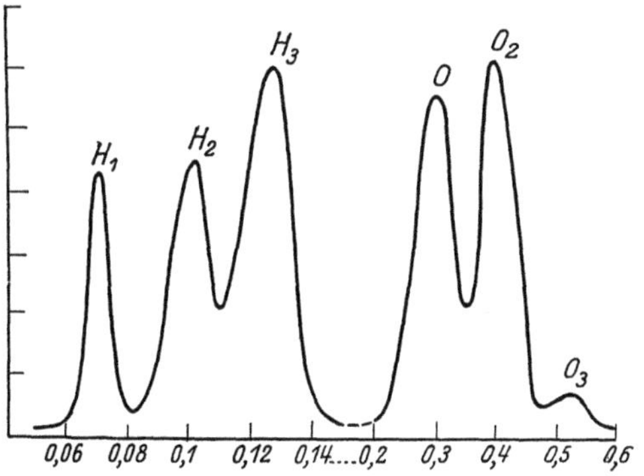

Abb. 19. Analyse eines Kanalstrahls mit Anordnung Abb. 18.

DEMPSTER[1]) hat die Methode dann weiter ausgebildet mit dem Zwecke, das Auflösungsvermögen der Apparatur zu steigern ohne durch Wahl zu enger Kathodenkanäle die Intensität zu sehr zu verringern. Er hat seine Methode dann zur Untersuchung von Isotopen fester Elemente benutzt, wovon in Bd. XXII dieses Werkes berichtet wird. Andere amerikanische Forscher haben die verbesserte Methode von DEMPSTER noch ein wenig abgeändert und e/m-Bestimmungen in verschiedenen Gasen an sehr langsamen Strahlen damit ausgeführt, hauptsächlich zu dem Zwecke, die Ionisierungspotentiale zweiatomiger Gase zu bestimmen. Eine nähere Beschreibung dieser Methoden findet sich in Bd. XXIII ds. Handb. (Art. FRANCK-JORDAN). Es sei hier nur erwähnt, daß es SMYTH[2]) gelungen ist, langsame Atomionen des Wasserstoffs in den Strahlen nachzuweisen, die als H_3^+ beschleunigt wurden und vor der Ablenkung im Magnetfeld in Atome zerfallen waren. SMYTH findet ferner in Übereinstimmung mit DEMPSTER eine starke Abnahme der H_2^+-Ionen mit zunehmendem Druck. Es läßt sich eine einfache Theorie für diese Abnahme aufstellen, wenn man annimmt, daß diese Abnahme auf einen gesteigerten Zerfall der Molekülionen in Atome durch Zusammenstöße zurückzuführen ist. Das Ergebnis der Rechnung ist in guter Übereinstimmung mit den experimentellen Werten und gestattet

1) A. J. DEMPSTER, Phys. Rev. Bd. 9, S. 317. 1918.
2) H. B. SMYTH, Phys. Rev. Bd. 25, S. 452. 1925.

die mittlere freie Weglänge anzugeben, die ein H_2^+-Ion zurücklegt, bevor es bei einem Zusammenstoß zerfällt. Es zeigt sich, daß diese freie Weglänge ca. 15 mal kleiner ist als die gaskinetische. Das bedeutet, daß der für den Zerfall des H_2^+-Ions maßgebende Querschnitt der Moleküle bei den Zusammenstößen 15 mal größer ist als der gaskinetische Querschnitt. Es ist dies ein Zeichen für die geringe Stabilität dieses Gebildes. Auch das H_3^+-Ion zerfällt leicht.

Eine große Steigerung in der Genauigkeit der e/m-Bestimmung für schnelle Strahlen hat ASTON[1]) erzielt, indem es ihm gelang, durch „Fokussierung" sämtlicher Strahlteilchen gleicher Masse und verschiedener Geschwindigkeit ein großes Auflösungsvermögen mit einer hinlänglichen Intensität zu erhalten. Die natürliche Divergenz des Strahlenbündels wird durch Anwendung enger Blenden und einer hohlspiegelförmig geformten Kathode möglichst herabgedrückt. Im einzelnen sind diese Versuche bereits in Bd. XXII ds. Handb. (Kapitel „Kernmasse") beschrieben.

9. Geschwindigkeitsänderung der Kanalstrahlen. Die Frage, ob Kanalstrahlen beim Durchgang durch Gase an Geschwindigkeit verlieren, wurde nach zwei verschiedenen Methoden untersucht. KÖNIGSBERGER und KUTSCHEWSKI[2]) ließen die Kanalstrahlen ein transversales magnetisches und elektrisches, örtlich zusammenfallendes Feld passieren. In einem Abstand von 14 cm von dem ersten Magnetfeld befand sich ein zweites, das so reguliert wurde, daß die Ablenkung des ersten Magnetfeldes für jede Geschwindigkeit gerade kompensiert wurde. Es blieb dann nur eine horizontale elektrische Ablenkung übrig. Wurde nun der Gasdruck vergrößert, so mußte, falls ein Geschwindigkeitsverlust vorhanden war, das zweite Magnetfeld nunmehr stärker ablenkend wirken als das erste, was sich an einer vertikalen Verschiebung des abgelenkten Fleckes, der photographiert wurde, bemerkbar machen mußte. Indessen war selbst eine sehr beträchtliche Druckerhöhung ohne Einfluß auf die Kompensation.

WILSAR[3]) photographiert mit einem Spektrographen die Dopplerverschiebung der Linie H_γ eines Wasserstoffkanalstrahles. Das Kollimatorrohr ist unter 45° gegen den Strahl geneigt. Hierbei zeigt sich sogar, daß die leuchtenden Teilchen im größeren Abstand von der Kathode mehr schnellere Teilchen enthalten als im kleineren, was durch größere Absorption und Streuung der langsamen Bestandteile des Strahls erklärt werden kann. Eine Verringerung der Geschwindigkeit konnte auch hier nicht nachgewiesen werden. Man hat aus diesen Versuchen geschlossen, daß die Absorption nicht in einer allmählichen Geschwindigkeitsverringerung besteht, sondern darin, daß das einzelne Teilchen durch einen einmaligen, besonders wirksamen Zusammenstoß mit einem Gasmolekül aus dem Strahlenbündel ausscheidet (vgl. hierzu auch die Erfahrungen bei Kathodenstrahlen, Kap. 1 des vorliegenden Bandes).

10. Die Absorption der Kanalstrahlen in Gasen. Die Absorption ist nach drei verschiedenen Methoden an schnellen nichthomogenen Kanalstrahlen untersucht worden. Genaue Messungen sind jedoch wegen der Kleinheit der Absorption schwierig.

W. WIEN[4]) hat bereits im Jahre 1907 mit einem Auffänger und Galvanometer den von Wasserstoffstrahlen transportierten Strom in verschiedenen Abständen von der Kathode gemessen. Es wird angenommen, daß die Schwächung des Strahls allein durch Absorption, d. h. durch völligen Verlust der Geschwindig-

[1]) F. W. ASTON, Phil. Mag. Bd. 38, S. 707. 1919 und viele weitere Veröffentlichungen. Zusammenfassende Darstellung: Isotope von ASTON. Leipzig: S. Hirzel 1923.

[2]) J. KÖNIGSBERGER u. J. KUTSCHEWSKI, Ann. d. Phys. Bd. 37, S. 167. 1912.

[3]) H. WILSAR, Ann. d. Phys. Bd. 39, S. 1288. 1912.

[4]) W. WIEN, Ann. d. Phys. Bd. 23, S. 435. 1907.

keit bei einem einmaligen geeigneten Zusammenstoß, erfolgt. Die Wahrscheinlichkeit dafür, daß ein Kanalstrahlteilchen die Strecke x, ohne einen absorbierenden Zusammenstoß zu erleiden, zurücklegt, ist

$$e^{-\frac{x}{L}} = e^{-\alpha x},$$

wo L die mittlere freie Weglänge, α die Zahl der absorbierenden Zusammenstöße pro Zentimeter Weg ist. Für α kann man schreiben:

$$\alpha = N\pi R^2 .$$

N ist die Zahl der Gasmoleküle pro Kubikzentimeter, R der Radius der Wirkungssphäre für die Absorption. Empfängt der Auffänger in den Stellungen x_1 und x_2, die um x differieren, Ströme, die Ausschläge s_1 und s_2 am Galvanometer ergeben, so ist

$$s_2 = s_1 e^{-\alpha x},$$

woraus sich α, L und R finden lassen.

WIEN findet für verschiedene Primärgeschwindigkeiten und Gasdrucke die in Tabelle 2 eingetragenen Werte. R muß vom Druck unabhängig sein, erweist sich aber auch als ziemlich unabhängig von v.

Tabelle 2. Absorption von Kanalstrahlen nach Messungen von W. WIEN.

Spannung	Druck in	α pro cm	R 10^9 cm	L cm
1550	0,47	0,21	1,67	4,75
2660	0,20	0,08	1,60	12,50
3150	0,13	0,07	1,80	12,80
4800	0,087	0,036	1,58	27,80
10800	0,061	0,02	1,4	50,0

Da Auffängermessungen bei höheren Drucken nicht zuverlässig sind, hat W. WIEN[1]) später ein großes flächenhaftes Thermoelement benutzt. Es wurde dabei dafür gesorgt, daß stets der ganze Strahlquerschnitt auf die Fläche des in der Rohrachse verschiebbaren Thermoelementes T_2 auffiel (Abb. 20). Man beobachtet dann die wahre Absorption frei von Diffusion. Da die Entladungsschwankungen die Messung der verhältnismäßig geringen Absorption unsicher machen, verfährt W. WIEN in folgender Weise: Die eine Hälfte des Strahlquerschnittes wird für die Messung verwendet, während die andere Hälfte auf ein zweites feststehendes Thermoelement T_1 auffällt. Die beiden Thermoelemente liegen in einer Kompensationsschaltung, sodaß die absoluten Schwankungen der Entladungen, die auf beide Elemente gleichmäßig wirken, ohne Einfluß bleiben. Wenn das Galvanometer keinen Ausschlag zeigt, ist das Verhältnis der Thermokräfte e_1 von Thermoelement T_2 zu E von Thermoelement T_1 durch das Widerstands-

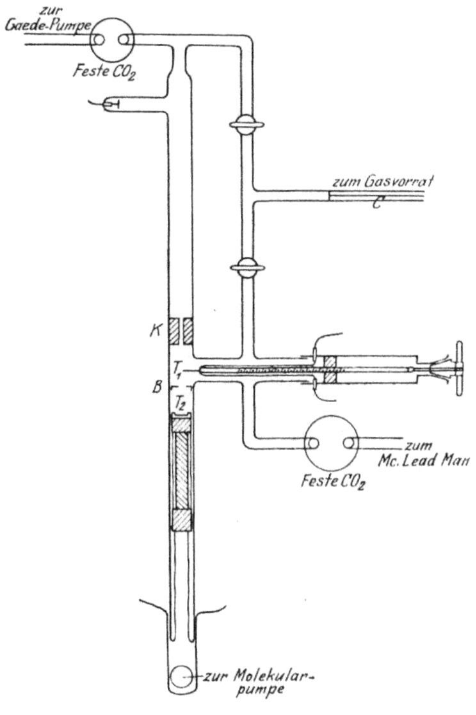

Abb. 20. Apparat von W. WIEN zur Messung der Absorption von Kanalstrahlen in Gasen.

[1]) W. WIEN, Ann. d. Phys. Bd. 48, S. 1089. 1915.

verhältnis gegeben. In einer zweiten Stellung von Thermoelement T_2 erhält man analog e_2/E, und es ist

$$\frac{J_2}{J_1} = \frac{e_2}{e_1} = e^{-\alpha x},$$

wobei x die Strecke ist, um die das Thermoelement T_2 verschoben wurde.

Die Versuche wurden mit Stickstoff und Sauerstoffstrahlen ausgeführt, da hier die Konstanz der Entladung besser ist. Merkwürdigerweise zeigte sich, daß sich α nicht dem Drucke proportional ändert, sondern bei niedrigen Drucken relativ viel größer ist. Dies widerspricht den Gesetzen der kinetischen Gastheorie. Aus $\alpha = N\pi R^2$ sieht man, daß α proportional p sein muß, weil N mit p proportional ist und R nicht von p abhängen kann, wenn die Zusammenstöße voneinander unabhängig sind. Wahrscheinlich war doch ein mit dem McLEODschen Manometer nicht mitgemessener Dampfdruck vorhanden, so daß bei niedrigen Drucken falsche Druckwerte eingesetzt wurden. Man kann aber erwarten, daß bei höheren Drucken die Werte für α ziemlich richtig sind. Bei einem Druck von 0,02 mm ergibt sich für Sauerstoff α zu etwa 0,05 und L zu etwa 20 cm. Die Geschwindigkeit der Strahlen betrug ca. 10000 Volt. Auf Atmosphärendruck bezogen wird $L = 5260 \cdot 10^{-7}$, also etwa 50- bis 100 mal so groß wie die gaskinetischen freien Weglängen.

Die photographische Schwärzung ist von KÖNIGSBERGER und KUTSCHEWSKI zur Messung der Absorption benutzt worden. Dies ist möglich, da die Schwärzung ceteris paribus der Teilchenzahl proportional ist. Sie beobachten die Schwärzung unter sonst gleichen Verhältnissen bei zwei verschiedenen Gasdrucken und finden unter Annahme eines exponentiellen Absorptionsgesetzes für den Absorptionskoeffizienten von Wasserstoffstrahlen in Sauerstoff von 1 mm Hg-Druck im Mittel 7 cm^{-1} bei einer Strahlgeschwindigkeit von $1{,}8 \cdot 10^8 - 2{,}6 \cdot 10^8$ cm/sec.

11. Die Streuung der Kanalstrahlen in Gasen kann man an der allmählichen, mit zunehmendem Druck zunehmenden Verbreiterung der Strahlen mit dem Abstand von der Kathode erkennen. KÖNIGSBERGER und KUTSCHEWSKI[1]) finden ebenfalls aus der photographischen Schwärzung, daß eine Streuung der Strahlen durch Unscharfwerden der photographischen Auftreffstelle des Strahles nur bei höheren Drucken deutlich wird. In Tabelle 3 geben wir ein Beispiel der relativen Zahlenverteilung der Teilchen pro Flächeneinheit für den von den ungeladenen Teilchen herrührenden Fleck auf der Platte. Aus der Tabelle ist eine kleine Änderung der Fleckbegrenzung bei höherem Druck zu ersehen.

Tabelle 3. Unscharfwerden eines Kanalstrahls infolge Zerstreuung.

$v = 2{,}4 \cdot 10^8$ cm/sec, $p = 6 \cdot 10^{-3}$ mm Hg		$v = 2{,}3 \cdot 10^8$ cm/sec, $p = 6 \cdot 10^{-4}$ mm Hg	
Abstand von der Mitte in mm	Photographische Schwärzung	Abstand von der Mitte in mm	Photographische Schwärzung
1,4	130	1,2	130
1,6	16	1,5	10
2,2	14	2,0	7
2,9	10	2,3	4,5
3,6	5	2,5	2
4,3	3		
5	2		

STARK und KIRSCHBAUM[2]) beobachteten, daß die Sauerstoffspektrallinie des Sauerstoffkanalstrahls, wenn der Strahl in He-Atmosphäre verläuft, eine größere Doppelverschiebung zeigt, als wenn er in Sauerstoff verläuft. Sie glauben dies darauf zurückführen zu können, daß die Streuung in O_2 größer ist als im He. Dadurch wird die Geschwindigkeitskomponente in der Strahlrichtung im He größer und damit auch der Dopplereffekt. Indessen ist diese Deutung zweifelhaft (vgl. Ziff. 27).

[1]) J. KÖNIGSBERGER u. J. KUTSCHEWSKI, Ann. d. Phys. Bd. 37, S. 175. 1912.
[2]) J. STARK u. H. KIRSCHBAUM, Phys. ZS. Bd. 14, S. 433. 1913.

Einen Versuch, die Streuung in Gasen quantitativ zu erfassen, hat kürzlich THOMSON[1]) unternommen. Kanalstrahlen der Atome oder Moleküle des Wasserstoffs mit nicht ganz homogener Geschwindigkeit von ungefähr 10000 Volt wurden durch Wasserstoff, dessen Druck zwischen 0,0015 und 0,012 mm Hg variiert wurde, geschickt. Sie traten dann durch einen Schlitz veränderlicher Weite in einen Auffänger ein. Die Abhängigkeit des Auffängerstromes von der Spaltweite wurde untersucht, wenn der Spalt weiter gemacht wurde, als der natürlichen, durch die Strahldivergenz und die geometrischen Verhältnisse gegebenen Breite des Strahles entsprach. Der Weg, auf dem die Streuung erfolgte, betrug 15 cm. Der beobachtete Streuwinkel war von der Größenordnung 1°. Der Vergleich mit der Theorie, die auf ähnlichen Überlegungen beruht wie die RUTHERFORDsche Theorie[2]) der α-Strahlen-Streuung, ergibt, daß die beobachtete Streuung 10 bis 20mal größer ist als man unter der Annahme des COULOMBschen Gesetzes für die abstoßenden Kräfte, welche die Streuung verursachen, erhält. Indessen können eine Reihe von Einwänden gegen die Versuchsmethode mit einem Auffänger erhoben werden. THOMSON[3]) hat deshalb neuerdings ähnliche Untersuchungen mit einer Methode ausgeführt, bei der die Streuung aus der Schwärzung einer photographischen Platte ermittelt wird. THOMSON macht wahrscheinlich, daß die von ihm gemessene Streuung eine Einfachstreuug ist. Auch bei diesen Versuchen ergibt sich eine größere Streuung als auf Grund der Theorie zu erwarten ist.

12. Allgemeines über Umladungen von Kanalstrahlen. Sehr ausführlich sind die Umladungen der Kanalstrahlen beim Durchgang durch Gase untersucht worden. W. WIEN[4]) ließ die Kanalstrahlen zwei hintereinanderliegende, transversale, einander parallele Magnetfelder passieren und dann auf einen Auffänger auftreffen. Wurde das Magnetfeld *I* so stark erregt, daß alle beim Durchgang durch das Feld *I* geladenen Teilchen ganz zur Seite gelenkt wurden, so zeigte der Auffänger zwar eine Abnahme, aber kein völliges Verschwinden des Stromes an. Wurde nun noch Magnetfeld *II* eingeschaltet, so erfolgte eine weitere Abnahme des Auffängerstromes. Die Vermutung, daß dies Verhalten auf Umladungsvorgänge bei der Wechselwirkung zwischen Strahlenteilchen und Gasmolekülen zurückzuführen sei, wurde dadurch bestätigt, daß die schwächende magnetische Einwirkung auf die Kanalstrahlen, die unter gleichen Bedingungen erzeugt wurden, um so stärker war, je größer der Gasdruck gewählt wurde, in dem der Strahl verlief. Dies erklärt sich dadurch, daß in dem Bereich des Magnetfeldes bei höherem Gasdruck mehr Zusammenstöße stattfinden, die mit Umladungen verbunden sind, so daß mehr geladene und damit ablenkbare Teilchen entstehen. Von der Geschwindigkeit der Strahlen schien dagegen die Schwächung durch das Feld nicht wesentlich abzuhängen.

J. J. THOMSON[5]) benutzte zwei hintereinanderliegende, transversale, zueinander gekreuzte Magnetfelder. Der Kanalstrahl passierte beide Felder und fiel dann auf einen Phosphoreszenzschirm. War nur Magnetfeld *I* eingeschaltet, so bekam man einen abgelenkten vertikalen Streifen (Abb. 21). *a* ist unabgelenkt, *b* entspricht der maximalen Ablenkung der positiven, *c* der negativen Teilchen. Das Magnetfeld *II* allein gab einen horizontalen Streifen (Abb. 22). Wurden beide Felder gleichzeitig erregt, so ergab sich ein komplizierteres Bild (Abb. 23). Der Punkt *b* entspricht Teilchen, die das ganze Feld *I* geladen durchlaufen

---

[1]) G. P. THOMSON, Proc. Roy. soc. London (A) Bd. 102, S. 197. 1923.
[2]) Vgl. hierzu ds. Handb. Bd. XXII, sowie Kap. 3, S. 181ff. des vorliegenden Bandes.
[3]) G. P. THOMSON, Phil. Mag. ser. 7., Bd. 1, S. 961. 1926.
[4]) W. WIEN, Ann. d. Phys. Bd. 27, S. 1025. 1908.
[5]) J. J. THOMSON, Phil. Mag. (6) Bd. 18, S. 824. 1909.

haben, Feld *II* dagegen ungeladen. Umgekehrt ist es mit *b'*. *d* dagegen rührt von Teilchen her, die sowohl Feld *I* als Feld *II* ganz in geladenem Zustand durchlaufen haben. Die horizontale Verlängerung von *a* nach links zeigt, daß es auch Teilchen gibt, die in Feld *I* neutral, in Feld *II* dagegen negativ waren. Daß die Fläche *ab'bd* ebenfalls nicht frei von Teilchen ist, rührt hauptsächlich von Umladungen innerhalb der Magnetfelder her. In genügend hohem Vakuum bleibt die Fläche frei von Teilchen.

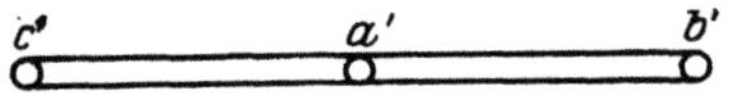

Abb. 22.

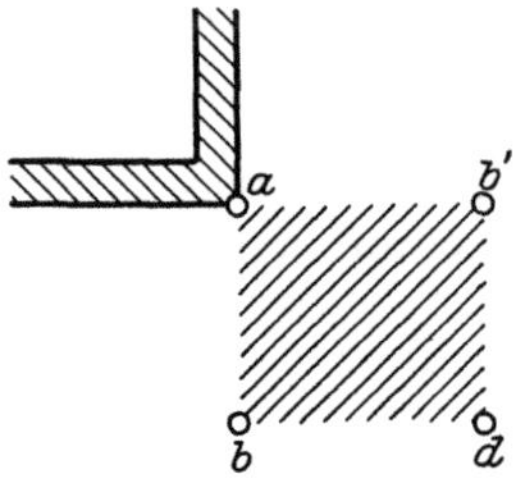

Abb. 21. Abb. 23.

Schematische Strahlspuren bei Umladungsbeobachtungen von Thomson.

Die Wirkung der Umladungen innerhalb der ablenkenden Felder macht sich bisweilen bei den Parabelbeobachtungen bemerkbar und kann hier leicht zu Täuschungen Anlaß geben. Die sog. Umladungsstreifen bestehen in Linien, welche die Parabeln mit dem Auftreffpunkt der unabgelenkten Strahlen verbinden. Wenn man nämlich parallel zusammenfallende elektrische und magnetische Felder benutzt, so durchlaufen einige der Teilchen, die Umladungen innerhalb der Felder erleiden, nur einen Teil der Felder in geladenem Zustand und werden deshalb weniger abgelenkt als die Teilchen, welche die Felder ganz in geladenem Zustand durchlaufen haben und der Parabel angehören. Diese Umladungsstreifen münden an irgendeiner Stelle in die zugehörige Parabel ein und haben etwas verschiedene Gestalt, je nach der gegenseitigen Lage und relativen Ausdehnung des magnetischen und elektrischen Feldes und je nach dem Umladungsvorgang (Ionisierung oder Neutralisierung) innerhalb der Felder, der ihre Entstehung veranlaßt. Diese Streifen können leicht mit Parabeln verwechselt werden und zu der Täuschung, als handle es sich um eine Parabel von anderem e/m, Anlaß geben, besonders wenn der Einmündungspunkt des Umladungsstreifens in die zugehörige Parabel nicht mehr auf der Platte sichtbar ist (Abb. 24 rechts). Sie sind aber keine Parabeln und immer daran kenntlich, daß sie keinen „Kopf“ haben, sondern vom unabgelenkten Fleck ausgehen. Bei genügender Erniedrigung des Druckes und Verringerung der Ausdehnung der Felder verschwinden sie.

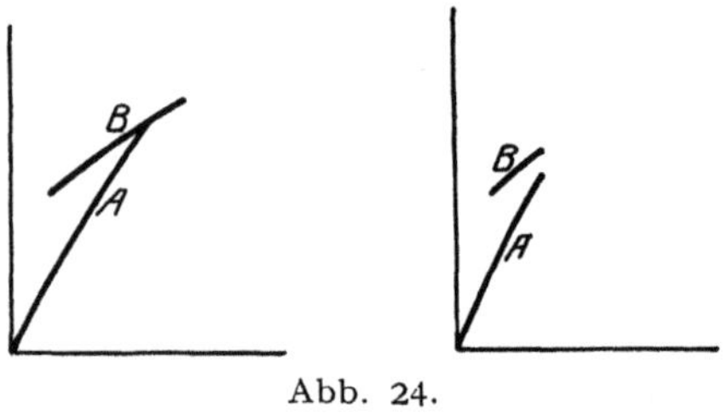

Abb. 24.

A Umladungsstreifen. *B* Parabel.

13. Theorie der quantitativen Umladungsmessung. Für die quantitative Messung der mittleren freien Weglänge, die ein neutrales Teilchen im Kanalstrahl durchläuft, bis es mit einem Gasmolekül einen Zusammenstoß erleidet, bei dem es ionisiert wird, und der mittleren freien Weglänge eines Kanalstrahlteilchens, die es durchläuft, bis es bei einem Zusammenstoß unter Aufnahme eines Elektrons neutralisiert wird, sind mehrere Methoden benutzt worden. Wir wollen hier nur die Methoden beschreiben, die sich bewährt haben. Die Theorie der Methoden sowie die ersten Versuche auf diesem Gebiete stammen von W. Wien[1]).

[1]) W. Wien, Berl. Ber. 1911, S. 773; Ann. d. Phys. Bd. 39, S. 528. 1912.

n_1 und n_2 seien die Zahlen für die positiven bzw. neutralen Atome, die durch 1 cm² des Strahles pro Sekunde fliegen. n_1^0 bzw. n_2^0 seien die Zahlen für das Gleichgewicht. W. WIEN setzt dann:

$$\frac{dn_1}{dx}\,dx = (\alpha_2 n_2 - \alpha_1 n_1)\,dx\,,$$

$$\frac{dn_2}{dx}\,dx = (\alpha_1 n_1 - \alpha_2 n_2)\,dx\,.$$

Der Sinn dieser Gleichung ist einfach der, daß die Zahl der neutralen Atome sich aus den geladenen rekrutiert, die der geladenen aus den neutralen, und daß die Zunahme der einen Sorte jeweils proportional ist der vorhandenen Zahl der anderen Sorte. Es besteht dabei im ungestörten Strahl ein kinetisches Gleichgewicht. Von den negativen Atomen wird ihrer geringen Zahl wegen abgesehen. Die Ursache der Umladungen ist die Wechselwirkung mit den Molekülen des Gases, in dem die Kanalstrahlen verlaufen. Wechselwirkung mit Sekundärelektronen kommt ihrer geringen Konzentration wegen nicht in Betracht (Vgl. Ziff. 16).

α_1 und α_2 sind für die Art der Zusammenstöße charakteristische Konstanten, die von der Natur und dem Druck des Gases, von der Art und Geschwindigkeit der Strahlen abhängen können. Ihre kinetische Bedeutung ist einfach die, daß

$$\alpha_1 = \frac{1}{L_1}\,, \qquad \alpha_2 = \frac{1}{L_2}\,,$$

wo L_1 die mittlere freie Weglänge ist, die ein positiv geladenes Atom zurücklegt, bevor es neutralisiert wird, und L_2 ganz entsprechend die mittlere freie Weglänge bezeichnet, die ein neutrales Atom zurücklegt, bevor es ionisiert wird. Die Zahl aller Zusammenstöße, die zu einer Neutralisierung führt, ist nämlich für den Weg dx einfach $n_1 dx/L_1$, die Zahl, die zu einer Ionisierung führt, $n_2 dx/L_2$.

Aus den beiden Grundgleichungen folgt zunächst:

$$n_1 + n_2 = \text{konst.};$$

$$\alpha_1 n_1^0 = \alpha_2 n_2^0 \quad \text{oder} \quad \frac{\alpha_2}{\alpha_1} = \frac{L_1}{L_2} = \frac{n_1^0}{n_2^0} = w\,.$$

Die Integrale mit unbestimmten Integrationskonstanten lauten:

$$n_1 = A e^{-(\alpha_1+\alpha_2)x} + B\,,$$

$$n_2 = -A e^{-(\alpha_1+\alpha_2)x} + \frac{\alpha_1}{\alpha_2} B\,.$$

Für $x = \infty$ sei immer $n_1 = n_1^0$, $n_2 = n_2^0$, wenn der Strahl an irgendwelchen Stellen gestört worden ist.

Methode I: Man geht von einem ganz neutralen Strahl aus; dann ist

$$\text{für } x = 0: \quad n_2 = n_1^0 + n_2^0\,, \quad n_1 = 0\,;$$
$$\text{,, } x = \infty: \quad n_2 = n_2^0\,, \quad n_1 = n_1^0\,.$$

Hieraus lassen sich die Konstanten bestimmen:

$$n_1 = n_1^0\left(1 - e^{-(\alpha_1+\alpha_2)x}\right),$$

$$n_2 = n_1^0 e^{-(\alpha_1+\alpha_2)x} + n_2^0\,.$$

Setzt man noch

$$\alpha_1 + \alpha_2 = \alpha\,, \qquad \frac{n_1^0}{n_2^0} = w\,,$$

so wird

$$\frac{n_2}{n_1} = \frac{1}{w}\,\frac{1 + w e^{-\alpha x}}{1 - e^{-\alpha x}}\,,$$

und hieraus

$$\alpha = \frac{1}{L} = \alpha_1 + \alpha_2 = \frac{1}{L_1} + \frac{1}{L_2} = \frac{1}{x}\ln w \frac{1 + \frac{n_1}{n_2}}{w - \frac{n_1}{n_2}}.$$

Methode II: Man geht bei dieser Methode von einem Strahl im Gleichgewicht aus und nimmt auf einer längeren Strecke $\bar{x}$ alle vorhandenen und sich bildenden positiven Atome heraus. Im Gleichgewicht mögen pro Zeit- und Querschnittseinheit N_1^0 positive und N_2^0 neutrale Atome fliegen.

Für $x = 0$ ist jetzt

$$n_1 = N_1^0, \qquad n_2 = N_2^0.$$

Ferner ist n_1 innerhalb x dauernd 0 und für $\bar{x} = \infty$ wäre natürlich auch $n_2 = 0$.

Die Grundgleichungen reduzieren sich jetzt auf

$$\frac{dn_2}{dx} dx = -\alpha_2 n_2 dx$$

und integriert

$$n_2 = N_2^0 e^{-\alpha_2 \bar{x}}.$$

Es ist weiter

$$\frac{N_1^0 + N_2^0}{n_2} = \frac{N_1^0 + N_2^0}{N_2^0} e^{\alpha_2 \bar{x}}$$

oder

$$\alpha_2 = \frac{1}{L_2} = \frac{1}{\bar{x}} \ln\left(\frac{\frac{N_1^0 + N_2^0}{n_2}}{1 + w}\right),$$

wo

$$w = \frac{N_1^0}{N_2^0}.$$

Man bekommt hier direkt L_2 und bei Kenntnis von w auch L_1.

Methode III: Diese Methode, die bisher noch nicht verwendet worden ist, ist lediglich eine kleine Abänderung von Methode II. Man geht von einem ganz neutralen Strahl aus und erhält, wenn man auf einer längeren Strecke $\bar{x}$ alle sich bildenden positiven Atome herausnimmt:

$$\frac{N_2^0}{n_2} = \frac{N_2^0}{N_2^0} e^{\alpha_2 \bar{x}}; \qquad \alpha_2 = \frac{1}{L_2} = \frac{1}{\bar{x}} \ln \frac{N_2^0}{n_2}.$$

Diese Methode hat den Vorteil, daß L_2 gefunden wird ohne Kenntnis von w. Über die Größe von w gehen aber gerade die Ansichten stark auseinander. Außerdem ist die Methode dadurch ausgezeichnet, daß sie mit einem dauernd neutralen Strahl arbeitet. Ein neutraler Strahl kann aber durch irgendwelche Einflüsse (ungewollte magnetische oder elektrische Felder) nicht gestört werden.

Bei der experimentellen Ausführung werden die Eingriffe in das Ladungsgleichgewicht durch hinreichend starke transversale elektrische oder magnetische Felder, die der Strahl zu passieren hat, verwirklicht. Die Felder müssen so stark sein, daß die geladenen Atome ganz aus dem Strahlengang nach der Seite abgelenkt werden. Als Indikator für die Zahl der im Strahl bewegten Atome kann eine lineare Thermosäule dienen, da die Geschwindigkeit und Masse der Atome durch den Eingriff nicht geändert wird, sondern nur ihre Zahl, und auch die Ladung für die Wirkung auf die Thermosäule ohne Einfluß ist.

In der Methode I gibt ein Strahl im Gleichgewicht den Ausschlag A_1 am Galvanometer, das mit der Thermosäule verbunden ist. Dabei ist $A_1 = \varepsilon(N_1^0 + N_2^0)$. ε ist hierbei eine Proportionalitätskonstante. Schaltet man ein kurzes elektrisches

Feld ein, das alle geladenen Atome so weit ablenkt, daß sie nicht mehr auf die Thermosäule treffen, so bekommt man den Ausschlag

$$A_2 = \varepsilon N_2^0 = \varepsilon (n_1 + n_2)\,.$$

Schaltet man ein zweites elektrisches Feld im Abstand x vom ersten ein, so bekommt man

$$A_3 = \varepsilon n_2\,.$$

Es ist dann

$$\frac{A_1 - A_2}{A_2} = \frac{N_1^0}{N_2^0} = \frac{n_1^0}{n_2^0} = w\,,$$

$$\frac{A_2 - A_3}{A_3} = \frac{n_1}{n_2}\,.$$

Man findet hieraus α und mit Hilfe von w auch L_1 und L_2.

In Methode II bestimmt man w wie in Methode I. Um L_2 zu bestimmen, mißt man mit dem Strahl im Gleichgewicht den Ausschlag

$$A_1 = \varepsilon (N_1^0 + N_2^0)\,.$$

Nimmt man nun, indem man den Strahl ein elektrisches Feld von der Länge $\bar{x}$ passieren läßt, alle positiven Atome längs dieser Strecke heraus, so erhält man den Ausschlag

$$A_2 = \varepsilon n_2\,.$$

Hieraus bekommt man

$$\frac{A_1}{A_2} = \frac{N_1^0 + N_2^0}{n_2}\,,$$

und wenn w wie in Methode *I* gemessen ist, L_2 und mittels w auch L_1.

In Methode III wird w wie bisher bestimmt. Man entfernt ferner kurz vor dem Eintritt des Strahles in den Kondensator von der Länge $\bar{x}$ durch ein kurzes elektrisches Feld alle positiven Atome aus dem Strahl. Ist nur das kurze Feld eingeschaltet, so erhält man den Ausschlag

$$A_1 = \varepsilon N_2^0\,.$$

Wird nun der lange Kondensator ebenfalls aufgeladen, so erhält man

$$A_2 = \varepsilon n_2\,.$$

Aus der Formel der Methode III findet man L_2 ohne Kenntnis von w, wenn man

$$\frac{A_1}{A_2} = \frac{N_2^0}{n_2}$$

einsetzt. w braucht man indessen zur Berechnung von L_1.

Die Voraussetzung der Theorie für die Methode I ist, daß die Strecke, auf der die Einwirkung auf den Strahl erfolgt, kurz ist gegen die freie Weglänge, weil sonst Umladungen innerhalb des Feldes erfolgen können. Dieselbe Voraussetzung gilt auch für die Bestimmung von w. Da die Methode III gestattet, L_2 ohne Kenntnis von w zu bestimmen, so findet man hier L_2 fehlerfrei. Hat man einen fehlerfreien Wert von L_2, so läßt sich andererseits die Korrektur berechnen, die man an den gemessenen Werten von w wegen der Feldausdehnung anzubringen hat. Die Korrektur kann nämlich offenbar nur von L_2, nicht von L_1 abhängen, weil der Fehler, der durch die endliche Ausdehnung des Feldes bedingt ist, nur darin besteht, daß sich innerhalb des Feldes neutrale Atome aufladen und deshalb mehr geladene aus dem Strahl entfernt werden, als dies bei unendlich kurzen Feldern der Fall wäre. Eine Umladung von positiv zu neutral im Felde kommt nicht in Betracht, weil die positiven Atome durch das Feld sofort aus dem Strahle entfernt werden.

Die Korrektur für w berechnet sich folgendermaßen: Der Gesamtstrahl erzeuge einen Galvanometerausschlag

$$A_1 = \varepsilon (N_1^0 + N_2^0).$$

Nimmt man bei x längs einer unendlich kurzen Strecke dx die positiven Atome heraus, so bekommt man

$$A_2 = \varepsilon N_2^0.$$

Dann war

$$w = \frac{A_1 - A_2}{A_2} = \frac{N_1^0}{N_2^0}.$$

In Wirklichkeit ist das Feld von endlicher Länge Δx. Aus der Theorie der Methoden II und III folgt daher, daß man in Wirklichkeit beobachtet

$$A_1 = \varepsilon (N_1^0 + N_2^0),$$
$$A_2 = \varepsilon N_2^0 e^{-\alpha_2 \Delta x}$$

und

$$w' = \frac{A_1 - A_2}{A_2} = \frac{N_1^0 + N_2^0 - N_2^0 e^{-\alpha_2 \Delta x}}{N_2^0 e^{-\alpha_2 \Delta x}}.$$

Das kann auch geschrieben werden:

$$w' = (w + 1)\, e^{\alpha_2 \Delta x} - 1.$$

Man findet also den richtigen Wert von w aus:

$$w = (w' + 1)\, e^{-\alpha_2 \Delta x} - 1.$$

Da α_2 oder L_2 einwandfrei bekannt ist, kann die Korrektur an dem gemessenen w-Wert angebracht und dann L_1 aus $L_1/L_2 = w$ berechnet werden.

14. Umladungsmessungen. Aus dem in voriger Ziffer Gesagten geht hervor, wie sich die Anordnungen unterscheiden, je nachdem man nach der Methode I oder nach einer der Methoden II oder III beobachten will. Methode III, die zuerst von RÜCHARDT benutzt wurde, ist allen übrigen an Zuverlässigkeit überlegen. Abb. 25 zeigt eine Anordnung für die Methode I, Abb. 26 eine An-

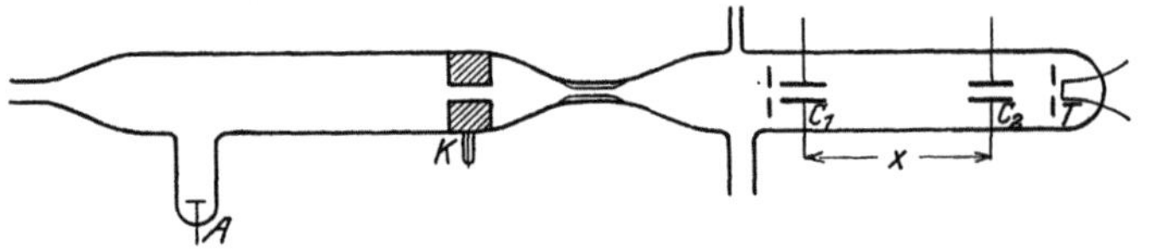

Abb. 25.

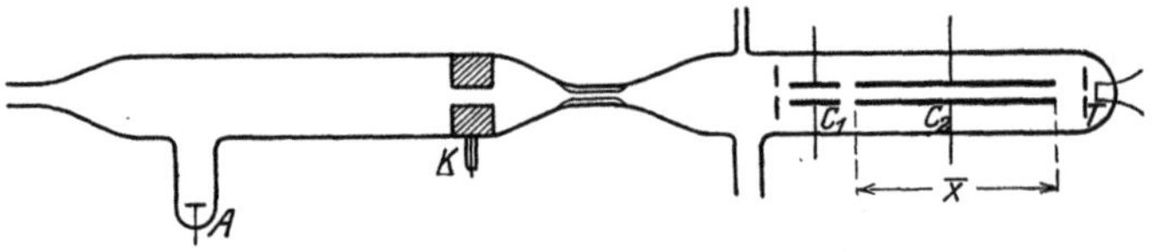

Abb. 26.

Zur Messung der positiven und neutralen freien Weglänge der Umladungen.

ordnung für die Methode II oder III. C_1 und C_2 sind die elektrischen Kondensatoren und T das Thermoelement. Der Kanalstrahl tritt dabei in den Beobachtungsraum durch eine enge Kapillare ein. Dadurch ist es möglich, den Druck im Beobachtungsraum zu variieren, ohne die Entladungsbedingungen und damit die Geschwindigkeit der Strahlen zu beeinflussen.

W. Wien hat Messungen nach Methode I und II ausgeführt. Genaue Messungen sind von Rüchardt[1]) hauptsächlich nach Methode III angestellt worden. Er hat auch die Wirkung von fremden Dampfdrucken vermieden und hat vor allem Messungen mit Strahlen ausgeführt, welche in bezug auf Masse und Geschwindigkeit homogen waren. Es wurden Wasserstoffatomstrahlen verschiedener Geschwindigkeit ausführlich untersucht. Die Strahlen verliefen dabei in Wasserstoff, Sauerstoff oder Stickstoff, so daß die Moleküle, mit denen die Kanalstrahlteilchen Zusammenstöße erlitten, variiert wurden. Die Anordnung ist aus der Abb. 27 ersichtlich. Die Trennung von Entladungs- und Beobachtungsraum

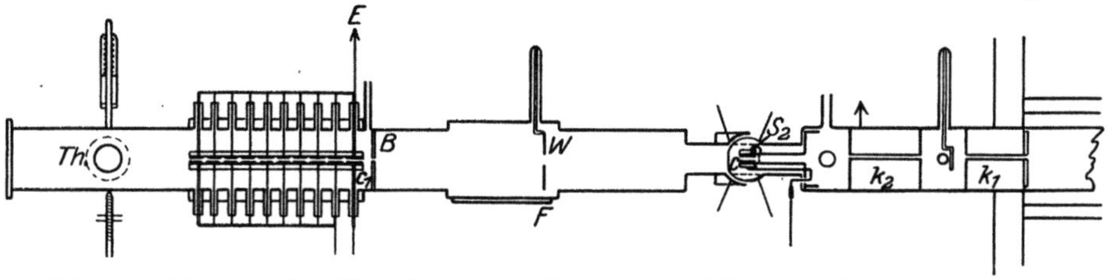

Abb. 27. Messung der Umladungen an homogenen Wasserstoffkanalstrahlen nach Rüchardt.

ist durch die engen Kapillaren k_1 und k_2 erreicht. In beiden Räumen wirken getrennte Pumpen, und die Gase werden ebenfalls durch zwei Kapillaren dauernd beiden Räumen getrennt zugeführt. S_2 ist ein Kugelschliff, in dessen Mitte sich ein elektrischer Ablenkungskondensator befindet. Außerdem liegt an dieser Stelle ein Magnetfeld, dessen Kraftlinien mit denen des elektrischen Feldes parallel sind. Die entstehenden Parabeln werden durch das seitliche Glasfenster F der Metallröhre auf dem Phosphoreszenzschirm W mit zentraler kreisförmiger Durchbohrung sichtbar. Der Kugelschliff wird so gedreht, daß der Kopf der Wasserstoffatomparabel durch das Loch bei W durchtreten kann. Der so ausgeblendete Wasserstoffatomstrahl von gleichmäßiger Geschwindigkeit wird nach dem Durchtritt durch die Blende B in gleicher Weise auf seine Umladungen hin untersucht, wie wir es oben beschrieben haben.

Zu diesem Zwecke dienen die zehn, je 1 cm langen Kondensatoren, von denen bei der meist benutzten Methode III der zweite bis zehnte zu einem langen Kondensator vereinigt waren. Th ist die Thermosäule. Die Ergebnisse dieser Messungen lassen sich kurz folgendermaßen zusammenfassen: Das Verhältnis der freien Weglängen $L_1/L_2 = w$ ist unabhängig vom Druck, nimmt aber mit zunehmender Geschwindigkeit der Strahlen zu. In Abb. 28 ist dieses Verhältnis als Funktion der Entladungsspannung aufgetragen.

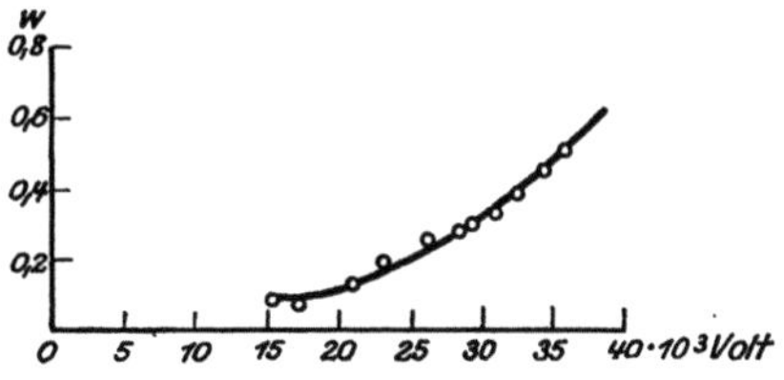

Abb. 28. Verhältnis $L_1 : L_2$ als Funktion der Entladungsspannung für Wasserstoffatomstrahlen nach Rüchardt.

Die freien Weglängen selbst sind dem Gasdruck umgekehrt proportional. L_2 nimmt mit abnehmender Geschwindigkeit etwas ab. L_1 nimmt mit zunehmender Geschwindigkeit beträchtlich zu. Einige Größen der freien Weglängen der Wasserstoffatomkanalstrahlen umgerechnet auf 760 mm Hg sind in der Tabelle 4 angegeben.

[1]) E. Rüchardt, Ann. d. Phys. Bd. 71, S. 377. 1923.

Tabelle 4. Freie Weglängen von Wasserstoffatomstrahlen, bezogen auf 760 mm Hg.

Strahlenart	v (cm/sec)	L_2 (cm)	v (cm/sec)	L_1 (cm)
H-Strahlen	2 bis $2{,}26 \cdot 10^8$	$22 \cdot 10^{-5}$	$2{,}26 \cdot 10^8$	$10 \cdot 10^{-5}$
in H_2	$1{,}77 \cdot 10^8$	$29 \cdot 10^{-5}$		
	$1{,}6 \cdot 10^8$	$35 \cdot 10^{-5}$	$1{,}6 \cdot 10^8$	$3{,}1 \cdot 10^{-5}$
H-Strahlen	2,08 bis $2{,}42 \cdot 10^8$	$9{,}5 \cdot 10^{-5}$	$2{,}26 \cdot 10^8$	$8{,}7 \cdot 10^{-5}$
in N_2	$1{,}6 \cdot 10^8$	$10{,}7 \cdot 10^{-5}$	$1{,}6 \cdot 10^8$	$3{,}9 \cdot 10^{-5}$
H-Strahlen	2,2 bis $2{,}5 \cdot 10^8$	$10 \cdot 10^{-5}$	$2{,}26 \cdot 10^8$	$7{,}9 \cdot 10^{-5}$
in O_2	$1{,}6 \cdot 10^8$	$10 \cdot 10^{-5}$	$1{,}6 \cdot 10^8$	$2{,}8 \cdot 10^{-5}$

Zur Orientierung über die Größenordnung sei angegeben, daß die gaskinetische freie Weglänge in Wasserstoff bei 760 mm Hg etwa $11 \cdot 10^{-5}$ beträgt. Man sieht, daß die Größenordnung die gleiche ist. Bei anderen Strahlen sind nur weniger genaue Werte bekannt.

15. Berechnung des Neutralisierungsvorgangs. Die Ergebnisse für die positive freie Weglänge L_1 der Umladungen sind besonders einfach. L_1 ist diejenige mittlere freie Weglänge in Zentimeter, die ein Wasserstoffkern im Kanalstrahl zurücklegt, ehe er durch Zusammenstoß mit einem Gasmolekül dieses ionisiert und unter Aufnahme eines der frei gewordenen Elektronen ein neutrales Wasserstoffatom bildet. L_1 ist, wie die obige Tabelle zeigt, nahezu unabhängig von der Art des Moleküls, mit dem der Zusammenstoß erfolgt und lediglich eine Funktion der Geschwindigkeit des H-Teilchens.

Es scheint also, daß der Neutralisierungsvorgang lediglich von den Bedingungen abhängt, die dafür maßgebend sind, ob ein freies Elektron sich einem mit der Geschwindigkeit v im Abstand r von ihm vorüberfliegenden H-Kern anlagert oder nicht. RÜCHARDT[1]) hat versucht, diese Anlagerungsbedingung zu formulieren und gibt dafür folgenden Ausdruck:

$$\frac{mv^2}{2} \leqq \frac{eE}{r}.$$

m ist hierbei die Masse des Elektrons, v die Geschwindigkeit des Kanalstrahlteilchens, e die Ladung des Elektrons und E die des Kerns. Im Falle eines Wasserstoffkerns ist $E = e$. Das Gleichheitszeichen gibt den Grenzfall. Der H-Kern soll nun jedes durchquerte Molekül ionisieren und dabei Elektronen freimachen. Wir denken uns um den Kern als Mittelpunkt einen Kreis vom Radius r_0 geschlagen, der bestimmt ist durch

$$\frac{m v^2}{2} = \frac{eE}{r_0}.$$

Die Zahl der Rekombinationsstöße ist dann $Z = N r_0^2 \pi = \frac{4 N \pi e^2 E^2}{m^2 v^4}$, die mittlere freie Weglänge

$$L_1 = \frac{1}{Z} = \frac{m^2 v^4}{4 N \pi e^2 E^2}.$$

Hierbei ist $N = n\mathfrak{N}$, und $\mathfrak{N}$ die Zahl der Moleküle pro ccm, n die im Mittel bei jedem Ionisierungsvorgang aus einem Gasmolekül freigemachte Zahl von Elektronen. Wird beim Drucke p und Zimmertemperatur (300° abs.) beobachtet, so ist $\mathfrak{N} = \mathfrak{N}_0 p/760$ und $\mathfrak{N}_0 = 2{,}45 \cdot 10^{19}$. Die Zahl n ist aus Messungen der differentialen Sekundärstrahlung der Kanalstrahlen in Wasserstoff als Funktion der Geschwindigkeit bekannt und wird durch Abb. 29 gegeben.

[1]) E. RÜCHARDT, Ann. d. Phys. Bd. 73, S. 228. 1924.

In Abb. 30 ist die aus der Formel für Z berechnete Kurve als Funktion der Geschwindigkeit für Wasserstoffatomstrahlen in Wasserstoff (Kurve I) und die aus den Beobachtungen von RÜCHARDT gewonnene (Kurve II) aufgetragen.

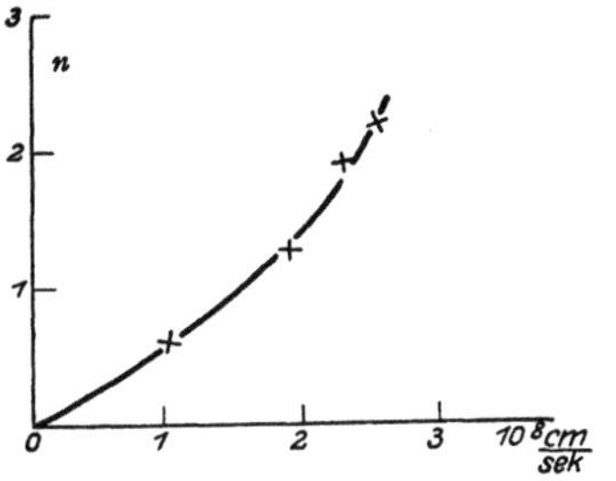

Abb. 29. Die von einem H-Atomstrahl in Wasserstoff pro gaskinetischen Zusammenstoß erzeugte Elektronenzahl.

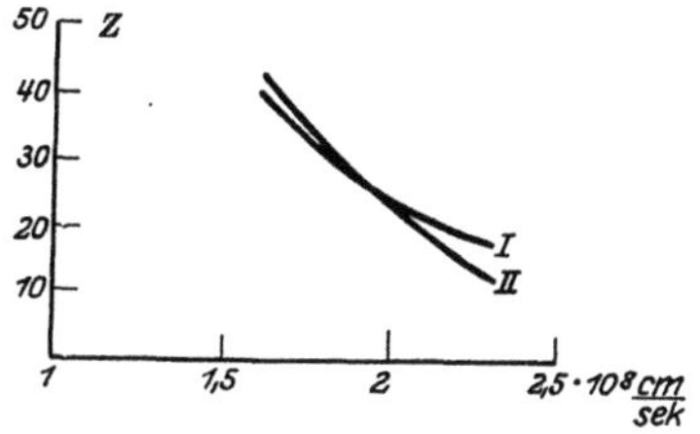

Abb. 30. Zahl der Zusammenstöße pro cm Bahn.
I: Theoretische Kurve. *II*: Experimentelle Kurve.

Die Übereinstimmung ist so gut, wie sich nur irgend erwarten ließ. Die Theorie, die nur einen ersten Versuch zur Formulierung des Neutralisierungsvorganges darstellt, hat sich auch auf dem Gebiete der neuerdings beobachteten α-Strahlenumladungen bewährt (s. Kap. 3, Ziff. 25 des vorliegenden Bandes).

16. Sekundärstrahlung und Ionisation in Gasen[1]). Daß Gase durch Kanalstrahlen ionisiert werden, ist schon lange bekannt. Anderseits werden auch die neutralen Kanalstrahlteilchen selbst beim Zusammenstoß mit den Gasmolekülen ionisiert. Dieser Vorgang ist in Ziff. 12 u. f. ausführlich behandelt worden. Unter Sekundärstrahlung versteht man die Elektronenstrahlung, die entsteht, wenn die primären Kanalstrahlen auf die Moleküle oder Atome der Materie auftreffen. Diese Elektronen sind eben die bei dem Ionisierungsprozeß freigemachten Elektronen. Ionisation und Sekundärstrahlung sind also gewissermaßen zwei Seiten ein und desselben Vorganges. Die Moleküle bleiben nach Lostrennung des Elektrons als positive Ionen zurück. Die Elektronen sind zum Teil als freie Elektronen im Raume beobachtbar, zum Teil verbinden sie sich beim Neutralisierungsvorgang mit den vorher positiven Kanalstrahlteilchen, zu einem geringen Teil endlich lagern sie sich an neutrale Kanalstrahlteilchen unter Bildung negativer, schnell bewegter Ionen an. KÖNIGSBERGER und KUTSCHEWSKI[2]) haben zuerst gezeigt, daß nicht nur positive, sondern auch neutrale Kanalstrahlteilchen Gase ionisieren. BAERWALD hat sogar für die Sekundärstrahlen, die von Kanalstrahlen aus Metallen ausgelöst werden, nachgewiesen, daß die Menge der sekundären Elektronen nicht vom Ladungszustand der Kanalstrahlen abhängt. Man muß annehmen, daß dasselbe auch für Gase gilt. Die Anzahl der von Kanalstrahlen bei ihrem Durchgang durch Gase gebildeten Ionen hat zuerst SEELIGER[3]) zu bestimmen gesucht. Neuere Versuche hat BAERWALD[4]) angestellt. Die von ihm verwandte Methode war die folgende:

Die Kanalstrahlen treten durch eine enge Metallkapillare E (Abb. 31) in einen Metallkasten A ein. Der Kasten ist mit dem negativen Pol einer Batterie verbunden. In den Kasten ragt isoliert der Metallstab B hinein, der über ein Galvanometer mit dem positiven Pol der Batterie verbunden ist. In dieser An-

[1]) Über die ionisierende Wirkung langsamer positiver Ionen siehe auch den Artikel von FRANCK und JORDAN in Bd. XXIII ds. Handbs.

[2]) J. KÖNIGSBERGER und J. KUTSCHEWSKI, Abhandlgn. d. Heidelb. Akad. Nr. 13. Juni 1910.

[3]) R. SEELIGER, Phys. ZS. Bd. 12, S. 839. 1911.

[4]) H. BAERWALD, Ann. d. Phys. Bd. 65, S. 167. 1921.

ordnung gelangen die in dem Raume A am Gase und an den Metallwänden von A durch die Kanalstrahlen erzeugten Elektronen an den Stab B und bewirken einen Ausschlag s_1 am Galvanometer. Liegt dagegen A am positiven Pol der Batterie, so erfolgt ein Ausschlag s_2, der die im Gasraum erzeugten positiven Ionen mißt. Wird A und B gemeinsam, ohne Zwischenschaltung einer Batterie, über das Galvanometer zur Erde abgeleitet, so wird der positive Kanalstrahlstrom G durch das Galvanometer angezeigt. s_2/G ist ein Maß für die Zahl der im Gasraum erzeugten Ionenladungen, die von einem positiven Kanalstrahlteilchen ausgelöst werden. Hierbei ist vernachlässigt, daß ein kleiner Teil der Kanalstrahlen negative Ladung trägt. s_2/G ist aber auch gleich der von einem positiven Kanalstrahlteilchen im Gase freigemachten Zahl sekundärer Elektronen. Da bekannt ist, welcher Bruchteil der Kanalstrahlteilchen geladen und welcher neutral ist, und diese beiden Teilchenarten hinsichtlich ihrer ionisierenden Wirkung gleichwertig sind, kann auch die Zahl der sekundären Elektronen pro Kanalstrahlteilchen berechnet werden. Bezieht man diese Zahl auf 1 cm Weg, so bezeichnet man die so gewonnene Größe nach LENARD als „differentiale Sekundärstrahlung". Da sich die Zahl der gebildeten Ionen dem Gasdruck proportional erwies, so kann man die Werte auf 760 mm Hg umrechnen. BAERWALD findet so bei einer beschleunigten Spannung von 5000 Volt die Zahl der von einem Wasserstoffkanalstrahlteilchen in Wasserstoff von 760 mm Hg Druck auf 1 cm Weg ausgelösten Elektronen zu $0{,}76 \cdot 10^4$, bei einer Spannung von 35000 Volt zu $2{,}6 \cdot 10^4$. Kurve a Abb. 32 gibt die differentiale Sekundärstrahlung von Wasserstoffkanalstrahlen in Wasserstoff als Funktion der Strahlgeschwindigkeit. b_1, b_2 ist die entsprechende Kurve für α-Strahlen. Es ist möglich, daß das Maximum der α-Strahlkurve in Wirklichkeit etwas mehr nach kleineren Geschwindigkeiten zu verschieben ist. Man gewinnt dann einen zusammenhängenden Linienzug c, dessen Maximum auf $v = 6{,}8 \cdot 10^8$ cm/sec fällt. In diesem Zusammenhang ist es von besonderem Interesse, darauf hinzuweisen, daß bei etwa derselben Geschwindigkeit auch Kathodenstrahlen ihr optimales Auslösungsvermögen für Sekundärelektronen besitzen.

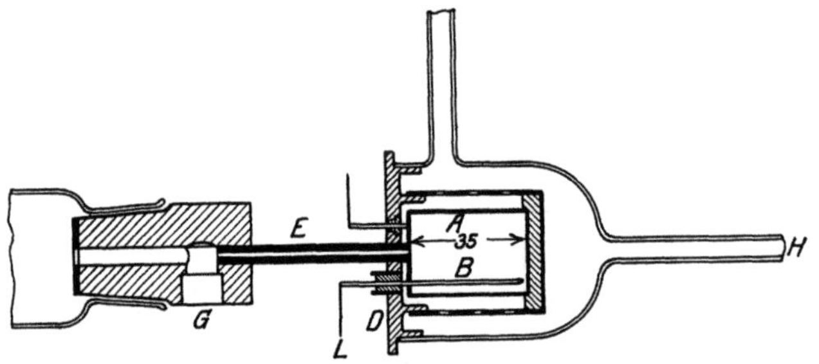

Abb. 31. Messung der differentialen Sekundärstrahlung in Gasen nach BAERWALD.

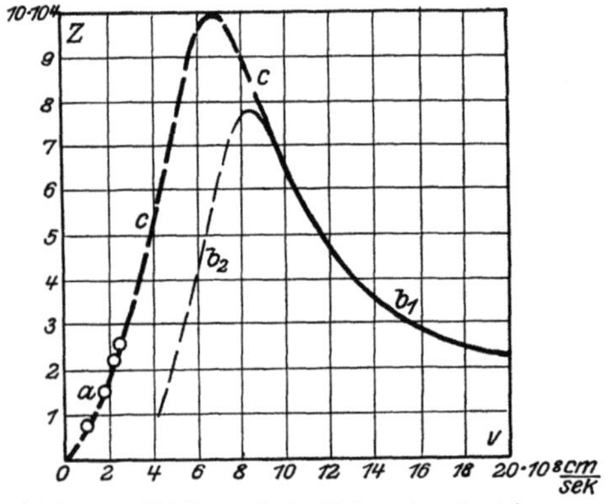

Abb. 32. Differentiale Sekundärstrahlung: a für Kanalstrahlen, b für α-Strahlen.

Aus den BAERWALDschen Messungen ergibt sich auch, daß die Raumdichte der sekundären Elektronen bei einem Druck von 0,1 mm Hg und einer Kanalstrahlgeschwindigkeit von ca. 17000 Volt ca. $2 \cdot 10^5$ bis $2 \cdot 10^6$ ist, während die der Gasmoleküle ca. $3{,}5 \cdot 10^{15}$ beträgt. Die Wahrscheinlichkeit eines Zusammenstoßes zwischen freien Elektronen und Kanalstrahlteilchen ist deshalb zu vernachlässigen und spielt bei den Umladungen keine Rolle. Hierfür sind nur die Zusammenstöße mit den Gasmolekülen maßgebend.

v. BAHR und FRANCK[1]) haben die ionisierende Wirkung langsamer positiver Ionen auf Gase untersucht. Die positiven Ionen werden von einem glühenden Platindraht, der als Anode dient, geliefert (Abb. 33). Der Draht P ist von einem zylindrischen Netz N aus Metall und einer zweiten zylindrischen Metallelektrode A umgeben. Zwischen P und N liegt eine variable, die positiven Ionen beschleunigende Spannung, zwischen N und A eine so große bremsende Spannung, daß die positiven Ionen nicht an A gelangen können. Wenn nun die positiven Ionen das Gas ionisieren, so gelangen die zwischen N und A gebildeten Elektronen auf A und können hier als negative Ladungen gemessen werden. Die Potentialdifferenz zwischen P und N, bei der zuerst negative Ladungen auftreten, entspricht der Ionisierungsspannung für positive Ionen in dem untersuchten Gase. Ein Mangel der Methode ist, daß die Natur der positiven Ionen nicht einheitlich und nicht gut bekannt ist, wenn auch Wasserstoffionen anscheinend überwiegen. Es ergibt sich, daß die positiven Ionen viel schwächer ionisieren als Elektronen, doch läßt sich bei genügender Steigerung der Zahl auch unterhalb der für Elektronen gültigen Ionisierungsspannung noch Ionisation nachweisen. Eine scharfe Grenze, wie bei Elektronen, konnte nicht gefunden werden. Ähnliche Ergebnisse, nach der gleichen Methode, hat PAWLOW[2]) erhalten. Er hat auch einen direkten Vergleich mit der Ionisation durch Elektronenstoß angestellt. Die Unterschiede sind sehr auffällig. Die Herren JOOS und KULENKAMPFF[3]) haben die Vorgänge der Ionisation und Lichtanregung durch Ionenstoß in einfacher Weise theoretisch zu fassen gesucht und kommen zu dem Schluß, daß ein Ion eine Spannungsdifferenz gleich der doppelten für Elektronen geltenden Ionisierungsspannung durchlaufen haben muß, um ein gleichartiges Atom zu ionisieren. Versuche von HORTON und DAVIS[4]), die in Helium nach ähnlichen Methoden, wie die beschriebenen, ausgeführt sind, scheinen zu beweisen, daß die beobachtete Ionisation nicht allein auf Rechnung der positiven Ionen zu setzen ist.

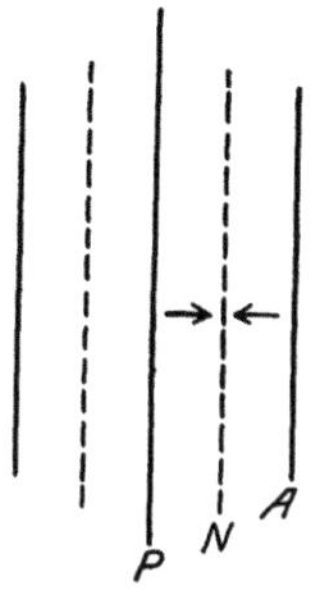

Abb. 33. Messung des Ionisierungsvermögens positiver Ionen nach BAHR und FRANCK.

Wie aus einer kurzen Notiz hervorgeht, ist Hooper[5]) neuerdings zu dem Schluß gekommen, daß die Wirkung positiver Ionen in einer sekundären Elektronenemission von den Wänden des Ionisationsgefäßes und nicht in einer Ionisierung des Gases besteht. Es soll entweder überhaupt keine Ionisation in Wasserstoff durch Stoß positiver Ionen, deren Geschwindigkeit kleiner ist als 925 Volt, geben, oder aber die Wirkung soll so gering sein, daß sie bei Drucken von 0,01 mm Hg jedenfalls noch durch sekundäre Erscheinungen verdeckt wird. Diese Arbeit würde z. T. eine Erklärung liefern für die merkwürdigen Ergebnisse von FRANCK und BAHR sowie den anderen Beobachtern.

Weitere interessante Ausblicke auf die Ionisation durch langsame H^+-Ionenstrahlen, die in bemerkenswerter Übereinstimmung mit den Beobachtungen von

---

1) E. v. BAHR u. J. FRANCK, Verh. d. D. Phys. Ges. Bd. 16, S. 57. 1914.
2) H. J. PAWLOW, Proc. Roy. Soc. London (A) Bd. 90, S. 398. 1914.
3) G. JOOS u. H. KULENKAMPFF, Phys. ZS. Bd. 25, S. 257. 1924.
4) F. HORTON u. A. C. DAVIS, Proc. Roy. Soc. London (A) Bd. 95, S. 333. 1919.
5) W. J. HOOPER, Phys. Rev. Bd. 27, S. 109. 1926.

HOOPER stehen, geben neuere Veröffentlichungen von DEMPSTER[1]). Wasserstoffstrahlen von ca. 900 Volt werden in der früher beschriebenen Weise durch ein Magnetfeld zu einem Kreise gebogen, so daß die H^+-Ionen oder Protonen durch einen Spalt in einen Auffänger gelangen. Der Spalt befindet sich an der Stelle, wo Fokusierung erfolgt. Hat man nun im Beobachtungsraum, in dem der Strahl ganz im Magnetfeld verläuft, zunächst hohes Vakuum, so wird bei gegebenem Magnetfeld eine bestimmte beschleunigende Spannung, z. B. 900 Volt, die H^+-Ionen in den Auffänger bringen. Wird nun, bei ungeändertem Magnetfeld, der Wasserstoffdruck im Beobachtungsraum erhöht, so wird infolge der nun auftretenden Umladungen die Ablenkung durch das Magnetfeld im ganzen geringer sein, weil die Strahlen auf einem Teil des Weges ungeladen sind. Man wird dann also bei einer geringeren beschleunigenden Spannung als bei Vakuum die Strahlen in den Auffänger hineinbringen, wenn das Magnetfeld unverändert ist. Anderseits werden etwaige Geschwindigkeitsverluste bei Zusammenstößen den entgegengesetzten Effekt haben müssen. DEMPSTER konnte aber bei einem Gesamtweg von 15,7 cm und bei Wasserstoffdrucken, die zwischen 0,00017 und 0,008 mm Hg variiert werden, keine derartigen Effekte beobachten. Die beschleunigende Spannung, welche die Strahlen in den Auffänger brachte, war bis auf weniger als 2 Volt die gleiche wie im Vakuum. Der Auffängerstrom nahm auch nur wenig mit Erhöhung des Druckes ab, obwohl mit der von RÜCHARDT für seine langsamsten Strahlen (13000 Volt) gemessenen positiven freien Weglänge L_1 sich ausrechnen läßt, daß der Auffängerstrom bei einem Druck von 0,008 mm Hg gegenüber Vakuum auf weniger als $^1/_{1000}$ hätte abnehmen müssen. Nach den Beobachtungen von RÜCHARDT nimmt L_1 mit abnehmender Geschwindigkeit ab, so daß in Wirklichkeit noch ein stärkerer Druckeinfluß auf den Strom erwartet werden mußte. Nach dem Ergebnis von DEMPSTER erscheint der Schluß unerläßlich, daß bei so kleinen Geschwindigkeiten L_1 wieder zunimmt und schließlich keine Neutralisierungsprozesse mehr erfolgen. Dies kann im Zusammenhang mit dem Befund von HOOPER gebracht werden, daß 900-Volt-Strahlen nicht mehr ionisieren; denn ohne Ionisation gibt es auch keine Umladungen. Nach dem DEMPSTERschen Befund müssen Protonenstrahlen dieser Geschwindigkeit überhaupt sehr viele Moleküle ohne einen Geschwindigkeitsverlust, der größer ist als 2 Volt, durchdringen können, also weder ionisieren noch Licht erregen. Auch die Streuung ist kaum merklich. DEMPSTER macht darauf aufmerksam, daß die lineare Geschwindigkeit seiner 900-Volt-Strahlen von der gleichen Größenordnung ist wie die, welche RAMSAUER bei Elektronen benutzt hat. Hierbei ergab sich bei den schwereren Edelgasen ebenfalls der Wirkungsquerschnitt Null. Dagegen hat AICH[2]) bei noch kleineren Geschwindigkeiten (ca. 20 Volt) Zusammenstöße von H-Kernen mit Wasserstoffmolekülen beobachtet, die zu einem Ausscheiden der Strahlteilchen aus dem Strahl führten. Der wirksame Querschnitt war hierbei nahezu der gaskinetische, so daß es sich nicht um Durchquerungswirkung handelt. DEMPSTER glaubt deshalb schließen zu dürfen, daß es eine Geschwindigkeit zwischen 900 und 13000 Volt gibt, wo die Protonen die Fähigkeit erlangen, Licht zu erregen und zu ionisieren, und eine Geschwindigkeit zwischen 900 und 20 Volt, bei der das Strahlteilchen die Fähigkeit verliert, Atome zu durchqueren. Im Zwischengebiet soll Durchquerung ohne merkliche Wirkung möglich sein. DEMPSTER[3]) hat neuerdings die Strahlen auch im Helium verlaufen lassen. Hier konnte bei 950 Volt noch ein definiertes, nur wenig verbreitertes Strahlen-

[1]) A. J. DEMPSTER, Proc. Nat. Acad. Amer. Bd. 11, S. 552. 1925.
[2]) W. AICH, ZS. f. Phys. Bd. 9, S. 372. 1922.
[3]) A. J. DEMPSTER, Proc. Nat. Acad. Amer. Bd. 12, S. 96. 1926.

bündel bis zu einem He-Druck von 0,53 mm Hg beobachtet werden. Alle anderen im Strahl vorhandenen Ionenarten außer der H-Kernstrahlung verschwanden bereits bei Gasdrucken, die nur sehr wenig Einfluß auf die Intensität der H-Kernstrahlung hatten. Diese Strahlen hatten einen Weg von 17 cm bei dem Druck von 0,53 mm Hg zurückgelegt und über 120 gaskinetische Zusammenstöße ohne wesentliche Geschwindigkeits- oder Richtungsänderungen erlitten. Die Beobachtungen wurden auch auf noch wesentlich langsamere Strahlen mit ähnlichem Erfolg ausgedehnt.

III. Durchgang der Kanalstrahlen durch feste Körper.

In diesem Abschnitt haben wir die wichtigsten Vorgänge zu schildern, welche mit dem Auftreffen der Kanalstrahlen auf feste Körper, mit ihrem Eindringen in feste Körper und mit ihrem Durchgang durch dieselben verknüpft sind. Am frühesten ist die Reflexion und die Erregung von sekundären Elektronen beim Auftreffen auf feste Körper bekannt geworden. Die letztgenannte Eigenschaft ist auch bereits ziemlich ausführlich studiert worden. Dagegen sind die Fragen, welche mit der Durchdringung fester Körper verknüpft sind (Geschwindigkeitsänderung, Absorption, Diffusion, Umladungen), erst neuerdings der Untersuchung zugänglich geworden. Man ist hier deshalb bisher nicht viel über qualitative Ergebnisse hinausgekommen.

17. Reflexion der Kanalstrahlen an festen Körpern. Obwohl man die Reflexion und Zerstreuung von Korpuskularstrahlen als ganz verwandte Erscheinungen aufzufassen hat, pflegt man auf dem Gebiete der Kanalstrahlen diese Vorgänge meist nach rein äußerlichen Gesichtspunkten getrennt zu betrachten, ohne dabei etwas über eine Verschiedenheit im Mechanismus aussagen zu wollen. Erst ein reicheres Beobachtungsmaterial würde eine zweckmäßige Einordnung in den Gesamtkomplex der hierher gehörigen, bei Korpuskularstrahlen bekannten Erscheinungen ermöglichen.

Die Kanalstrahlen werden bis zu einem gewissen Betrage an festen Körpern reflektiert, doch ist der reflektierte Bestandteil nur bei kleinen Geschwindigkeiten merklich. SAXÉN[1]) hat untersucht, ob die durch die Wärmewirkung gemessene Energie der Kanalstrahlen wesentlich durch die Reflexion gefälscht wird. Die Kanalstrahlen trafen dabei auf den flach geformten Boden eines empfindlichen Thermometers mit enger Kapillare und Xylolfüllung auf. Der Boden war versilbert und dann galvanisch verkupfert. Das Kupfer konnte elektrisch geheizt werden. Auf diese Weise wurde das Thermometer auch für die zugeführte Energie geeicht. Es wurden abwechselnd zwei Thermometer gleicher Art benutzt, von denen aber das eine am Boden noch einen kleinen mit einer Öffnung versehenen Hohlzylinder aus Kupfer trug, in den die Strahlen eindrangen. Auf diese Weise wurden die reflektierten Strahlen zum größten Teil zurückgehalten. Bei dem anderen Thermometer ohne Kupferzylinder wurden die reflektierten Strahlen nicht abgefangen. Die beiden Thermometer zeigten trotz dieses Unterschiedes die gleiche Wärmewirkung an, woraus zu schließen ist, daß keine merkliche Energie auf den reflektierten Bestandteil entfällt. Dies Ergebnis ist von Wichtigkeit für die Beurteilung der Genauigkeit von Energiemessungen der Kanalstrahlen durch ihre Wärmewirkung. Außerdem folgt aus diesen Versuchen auch, daß die durch die Kanalstrahlen am Metall erregten sekundären Elektronen, von denen im nächsten Abschnitt die Rede sein wird, keinen im Verhältnis zur

[1]) B. SAXÉN, Ann. d. Phys. Bd. 38, S. 319. 1912.

Kanalstrahlenergie merklichen Energiebetrag besitzen. Nur bei Sauerstoffkanalstrahlen und bei einer Entladungsspannung unterhalb 10000 Volt wurde beobachtet, daß bei schrägem Einfall der Strahlen auf den Kupferreflektor (45 und 60°) die Wärmewirkung um 28 bzw. 45% kleiner war als bei senkrechtem Einfall. Dies kann durch Reflexion erklärt werden, da für schräg auffallende Strahlen die Eindringungstiefe geringer, die Reflexion größer sein muß als bei senkrechtem Einfall. Bei den vermutlich tiefer eindringenden Wasserstoffstrahlen konnte eine Reflexion überhaupt nicht bemerkt werden.

Eine viel empfindlichere Methode zum Nachweis der Reflexion bietet die Beobachtung der transportierten Ladung. FÜCHTBAUER sowohl wie BAERWALD haben auf diese Weise die Reflexion nachgewiesen. Diese Versuche sollen in Ziff. 19 im Zusammenhang mit der Emission von Sekundärelektronen besprochen werden. Als Gesamtbild ergibt sich, daß die Reflexion nur einige Prozente der Primärintensität beträgt und mit wachsender Primärgeschwindigkeit etwas abnimmt.

Daß die Reflexion auch bei großen Geschwindigkeiten nicht ganz verschwindet, wie man aus den SAXÉNschen Versuchen folgern könnte, zeigen die Beobachtungen von FÜCHTBAUER und die Untersuchung der Reflexion nach der optischen Methode mit Hilfe des Dopplereffektes, die wir nunmehr zu schildern haben. Es ist bei dieser Methode darauf zu achten, daß vor der Kathode in der sog. ersten Kathodenschicht, die bei genügend hoher Gasverdünnung und bei einer durchbohrten Kathode den sogenannten Kanalstrahlpinsel bildet, Strahlen vorhanden sind, die nicht auf die Kathode zu-, sondern von ihr fortlaufen. Diese rücklaufenden Kanalstrahlen kommen nicht durch Reflexion zustande, sondern dadurch, daß im Raume des Kathodenfalles auch negative Ionen entstehen, die in entgegengesetzter Richtung beschleunigt werden wie die eigentlichen Kanalstrahlen. HERMANN und KINOSHITA[1]) sowie STARK und STEUBING[2]) haben beobachtet, daß durch Reflexion von Kanalstrahlen an der Glaswand bei der Beobachtung des Dopplereffektes neben der nach violett verschobenen Linie, welche der Geschwindigkeit der Kanalstrahlen entspricht, unter Umständen auch eine nach Rot verschobene Linie auftritt, die durch den an der Glaswand reflektierten, vom Spaltrohr des Spektrographen fortlaufenden Bestandteil des Strahles bedingt wird. Es zeigt sich, daß die Energie eines reflektierten Teilchens, die sich aus der mittels des Dopplereffektes beobachteten Geschwindigkeit berechnen läßt, im Verhältnis zur Energie des primären Teilchens mit zunehmender Primärgeschwindigkeit abnimmt. WAGNER[3]) sowohl wie WILSAR[4]) haben die Reflexion an Metallen nach der gleichen Methode untersucht. WAGNER hat dabei besonders darauf geachtet, daß nicht optische Spiegelung des Kanalstrahllichtes am Metall eine Reflexion der Kanalstrahlen nur vortäuscht, was möglicherweise bei einigen der vorher erwähnten Beobachtungen eine Rolle gespielt hat.

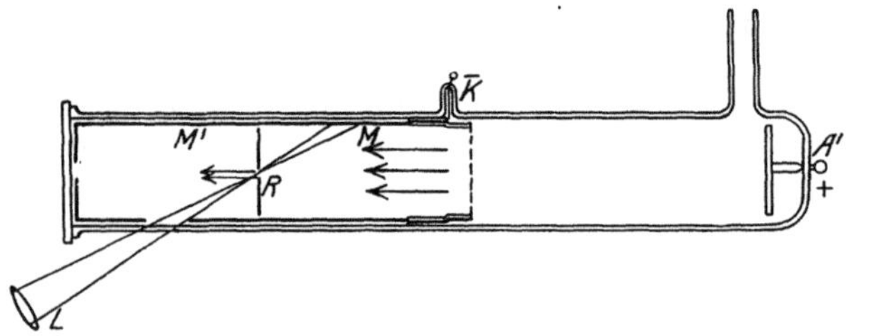

Abb. 34. Beobachtung der Kanalstrahlreflexion mit Hilfe des Dopplereffekts nach WAGNER.

Die Anordnung von WAGNER ist aus Abb. 34

[1]) W. HERMANN u. S. KINOSHITA, Phys. ZS. Bd. 7, S. 564. 1906.
[2]) J. STARK u. W. STEUBING, Ann. d. Phys. Bd. 28, S. 995. 1909.
[3]) E. WAGNER, Ann. d. Phys. Bd. 41, S. 214. 1913.
[4]) H. WILSAR, Ann. d. Phys. Bd. 39, S. 1292. 1912.

zu ersehen. Die Kanalstrahlen verlaufen von rechts nach links und treffen den Reflektor R. In diesem befindet sich ein Schlitz, der mit der achromatischen Linse L auf dem Spektrographenspalt abgebildet wird. Auf diese Weise blieb vermieden, daß reflektiertes Licht in den Spektralapparat gelangte. Die linke Seite des Reflektors ist berußt und ebenso die mit Aluminiumrohren MM' ausgekleideten Innenwandungen. WAGNER findet auch jetzt bei längerer Exposition neben der nach violett verschobenen eine nach rot verschobene Intensität, die bei Gold als Reflektor etwas größer ist als die fast gleich große bei Aluminium und Glas. Ein Beispiel für die Linie H_δ ist in Abb. 35 gezeigt. Als Ordinaten sind die Schwärzungen, als Abszissen die Wellenlängen aufgetragen. R ist die nach Rot verschobene, durch die Kanalstrahlreflexion bedingte Linie, P die gewöhnliche Dopplerverschiebung. Die ausgezogene Kurve gilt für Gold, die durchbrochene für Aluminium als Reflektor.

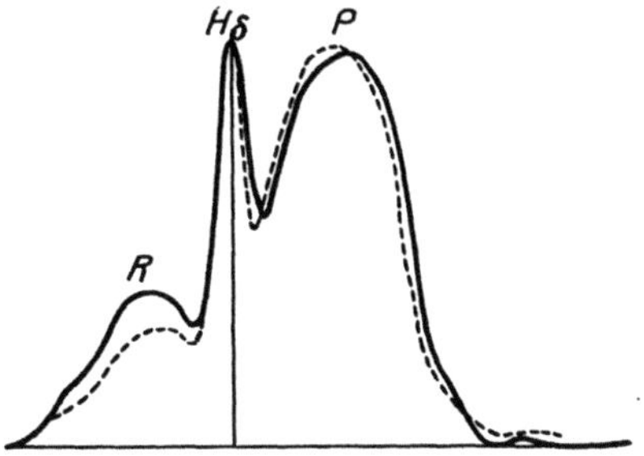

Abb. 35. Dopplereffekt, beobachtet an H_δ.
P Intensität der direkten, R der reflektierten Strahlung.

Die Entladungsspannung betrug ca. 2000 Volt, die Strahlen waren also ziemlich langsam. Auch WAGNER findet, daß das Geschwindigkeitsverhältnis v_r/v_p mit abnehmender Geschwindigkeit etwas zunimmt, d. h. der Geschwindigkeitsverlust mit abnehmender Geschwindigkeit abnimmt. Die kinetische Energie eines reflektierten Teilchens beträgt noch 30 bis 50% des primären bei Strahlen von 2000 Volt Primärgeschwindigkeit.

18. Geschwindigkeitsverlust, Zerstreuung und Umladungen der Kanalstrahlen beim Durchgang durch feste Körper. Daß Kanalstrahlen dünne Aluminiumfolie von 0,38 μ Dicke durchdringen können, haben KÖNIGSBERGER und KUTSCHEWSKI[1]) und KÖNIGSBERGER und GLIMME[2]) gefunden. GOLDSMITH[3]) hat gezeigt, daß noch Glimmer von 2 bis 6 μ Dicke für Kanalstrahlen des Wasserstoffs und Heliums schwach durchlässig ist. Eine phosphoreszenzerregende Wirkung der durchgegangenen Strahlen konnte er nicht nachweisen, sondern nur den spektralen Nachweis erbringen, daß im Beobachtungsraum, der durch die Glimmerplatte vom Entladungsraum luftdicht getrennt war, sich Wasserstoff bzw. Helium befand, wenn die betreffenden Kanalstrahlen längere Zeit die Glimmerplatte getroffen hatten, während vorher der Beobachtungsraum frei von diesen Gasen war. Eine genauere Untersuchung dieser Frage haben wir RAUSCH VON TRAUBENBERG[4]) zu verdanken. Er konnte die Wärmewirkung mit einem Thermoelement nachweisen, wenn die Kanalstrahlen eine Goldfolie von $7{,}33 \cdot 10^{-6}$ cm Dicke durchdrungen hatten. Die Geschwindigkeit der Primärstrahlen betrug dabei $2{,}5 \cdot 10^8$ cm/sec.

a) Ob die Geschwindigkeit der Strahlen beim Durchgang durch die Folie meßbar abnimmt, wurde von v. TRAUBENBERG folgendermaßen untersucht: Die in den flachen Messingkasten A (Abb. 36), in dem ein hohes Vakuum herrschte, von links durch die Kathodenbohrung K eindringenden Strahlen wurden durch ein senkrecht zur Zeichenfläche liegendes Magnetfeld so abgelenkt, daß die schnellsten Kanalstrahlen von bestimmtem e/m durch die Öffnung O durchtraten. f ist die Folie und B ein weiteres flaches Messinggefäß, das ganz

---

[1]) J. KÖNIGSBERGER u. J. KUTSCHEWSKI, Ann. d. Phys. Bd. 37, S. 230. 1912.
[2]) J. KÖNIGSBERGER u. K. GLIMME, Heidelb. Ber., A. 3, Abh. 6. 1913.
[3]) A. N. GOLDSMITH, Phys. Rev. Bd. 2, S. 16. 1913.
[4]) H. v. TRAUBENBERG, Göttinger Nachr. S. 272. 1914.

in einem zweiten zur Zeichenebene senkrechten Magnetfeld sich befindet. Ohne Folie wurde zunächst durch Ablenkung mit diesem zweiten Feld die Geschwindigkeit der Strahlen bestimmt. Wurde nun die Folie durch Drehung eines Schliffes vorgeschaltet, so zeigte sich auf dem Phosphoreszenzschirm b keine Änderung der Ablenkung. Allerdings waren dann auch noch stärker ablenkbare Strahlen vorhanden, die offenbar einen Geschwindigkeitsverlust erlitten hatten, doch hatte die Hauptmenge unveränderte Geschwindigkeit behalten. Beim Durchgang der Kanalstrahlen durch Gase wurde ebenfalls kein Geschwindigkeitsverlust gefunden (Ziff. 9).

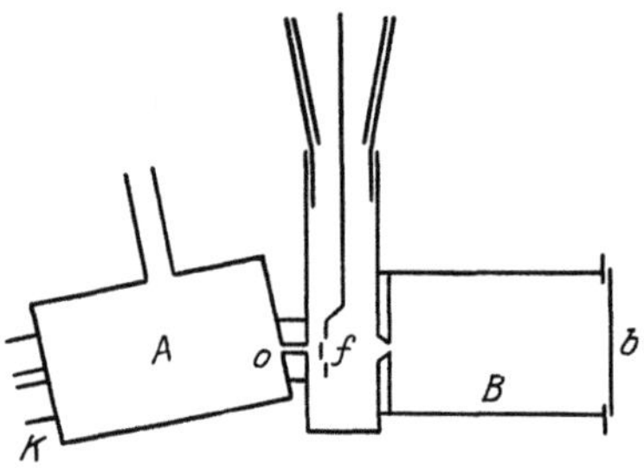

Abb. 36. Beobachtung des Durchgangs der Kanalstrahlen durch Metallfolien nach v. TRAUBENBERG.

b) Hinsichtlich der Streuung beim Durchgang durch Goldfolie finden sich bei RAUSCH VON TRAUBENBERG nur wenige quantitative Angaben. Es wurden Streuwinkel bis zu 90° beobachtet. Ein Sidotblendenschirm, der parallel zum Kanalstrahl angebracht war, wurde zum Leuchten erregt, wenn die Folie in den Weg der Strahlen gebracht wurde. Größere Ablenkungen als 90° wurden nicht mit Sicherheit beobachtet. Ein in den Weg der Strahlen gebrachter Sidotblendenschirm zeigte bei Zwischenschaltung von Goldfolie einen verwaschenen Fleck. Der Durchmesser nahm mit steigender Strahlgeschwindigkeit ab. Der maximale Streuungswinkel nahm schneller ab, als die aus der Entladungsspannung berechnete Primärgeschwindigkeit wuchs.

RAUSCH VON TRAUBENBERG macht auch Angaben über die Dicke von Goldfolien, die gerade noch durchstrahlt werden können. Es wurden zu dem Zwecke mit elektrischer und magnetischer Ablenkung Parabeln auf einem Sidotblendenschirm erzeugt. Vor den Schirm konnte die Goldfolie gebracht werden, und es wurde beobachtet, bei welcher Entladungsspannung der Kopf der H-Parabel noch auf dem Schirm sichtbar war. Ferner wurde die Dicke der Folien variiert. Die Dicke, welche von den Strahlen eben noch merklich durchsetzt wurde, bezeichnet v. TRAUBENBERG als Reichweite. Zwischen 1,02 und $2{,}61 \cdot 10^8$ cm/sec Primärgeschwindigkeit war die Reichweite der Geschwindigkeit nahe proportional. Die Reichweite in Gold betrug bei $2{,}61 \cdot 10^8$ cm/sec $36{,}6 \cdot 10^{-6}$ cm.

HOMMA[1]) hat neuerdings genauere Untersuchungen über die Streuung beim Durchgang der Strahlen durch Goldfolien angestellt. Homogene, magnetisch abgelenkte Wasserstoffkanalstrahlen fielen auf die Folie bekannter Dicke in hohem Vakuum. Nach dem Durchgang durch die Folie trafen sie auf einen Zinksulfidschirm. Die Helligkeit des Schirmes wurde mit einem lichtstarken Photometer nach Art des LUMMER-BRODHUNschen an vielen Stellen photometriert. Da die Helligkeit nach RÜCHARDT der auftreffenden Teilchenzahl proportional ist, konnte so ein Maß für die Zahl der unter verschiedenen Winkeln gestreuten Teilchen gewonnen werden. Ist die Helligkeit in einem Punkte im Abstand r von der Achse in willkürlichem Maß J, so ist die Gesamtheit aller um den zugehörigen Winkel gestreuten Teilchen proportional $2r\pi J$. Trägt man dies als Funktion des Streuwinkels auf, so ergibt das Maximum der Kurve den wahrscheinlichsten Streuwinkel. Es wurden Entladungsspannungen von 30, 40 und 50 kV benutzt und die wahren Geschwindigkeiten der Kanalstrahlen ermittelt. Die untersuchten Foliendicken verhielten sich wie 1 : 2 : 3 und betrugen im Mittel

[1]) E. HOMMA, Ann. d. Phys. Bd. 80, S. 609. 1926.

71 $\mu\mu$, 140 $\mu\mu$ und 211 $\mu\mu$. Es ergab sich sehr genau, daß der wahrscheinlichste Ablenkungswinkel umgekehrt proportional v^3 und proportional $d^{\frac{3}{2}}$ ist. Dieses Gesetz ist in guter Übereinstimmung mit den Ergebnissen für die Vielfachstreuung der α-Strahlen, für welche die gleiche Geschwindigkeitsabhängigkeit besteht. Für α-Strahlen wächst der Streuwinkel bei geringen Dicken proportional mit der Quadratwurzel aus der Dicke, für größere Dicken schneller.

c) Die Ladungsänderungen der Kanalstrahlen beim Durchgang durch Goldfolie haben v. TRAUBENBERG und HAHN[1]) untersucht. Die in der in Abb. 37 dargestellten Apparatur durch das Loch O von links durchtretenden Kanalstrahlen gelangten nach Durchsetzung der Folie in einen Auffänger a. Durch ein schwächeres Magnetfeld M_2 vor dem Auffänger wurde dafür gesorgt, daß die an der Rückseite der Folie in großer Zahl austretenden sekundären Elektronen zurückgebogen wurden und nicht in den Auffänger gelangen konnten. Unterhalb 3500 Volt Primärgeschwindigkeit konnten keine positiven Ladungen gefunden werden, mit zunehmender Primärspannung nahmen die positiven Aufladungen zu. Es wurde immer das Verhältnis der Auffängerströme mit Folie zu denen ohne Folie bestimmt. Die positive Ladung der durchgehenden Strahlen wächst somit mit zunehmender Primärgeschwindigkeit. Ein ähnliches Resultat hatten wir bei den Umladungsvorgängen in Gasen gefunden. Die Versuche sind mit Wasserstoffstrahlen angestellt. Es ist indessen nicht gelungen, geladene Sauerstoffstrahlen durch die Folie durchzuschießen, obwohl neutrale durchgehende Strahlen beobachtet werden konnten.

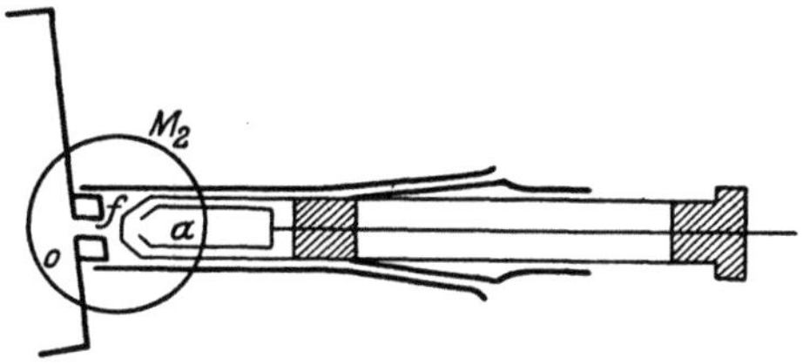

Abb. 37. Anordnung v. TRAUBENBERGS zur Untersuchung der Teilchenladung nach Durchgang durch Metallfolien.

19. Sekundärstrahlung, ausgelöst durch Kanalstrahlen an Metallen. Ebenso wie Kathodenstrahlen und α-Strahlen besitzen auch Kanalstrahlen die Fähigkeit, bei ihrem Auftreffen auf Metalle Elektronen aus ihnen freizumachen. Diese zuerst nahezu gleichzeitig von J. J. THOMSON[2]), FÜCHTBAUER[3]) und AUSTIN[4]) entdeckte Erscheinung ist später besonders von BAERWALD ausführlich studiert worden. Als Hauptfragen bieten sich dar: Die Abhängigkeit der sekundären Elektronenmengen und Geschwindigkeiten von der Natur des getroffenen Metalls und der Menge, Geschwindigkeit und Art der primären Kanalstrahlen. Es sind wiederum Fragen der Atomkonstitution, auf die man hier eine Antwort erhofft. Außerdem aber hat die Sekundärstrahlung der Kanalstrahlen auch ihre große Bedeutung für die Aufklärung der Vorgänge bei der Glimmentladung. Durch die auf die Kathode auftreffenden Ionen werden Elektronen aus dem Kathodenmaterial frei gemacht, und diese sind es, die die Glimmentladung unterhalten. Es kann deshalb kaum einem Zweifel unterliegen, daß die Größe des „normalen Kathodenfalls" mit der Kanalstrahlsekundärstrahlung verknüpft ist. FÜCHTBAUERS Apparat zeigt Abb. 38. Die Kanalstrahlen gehen durch die durchbohrte Kathode K und treffen auf eine Öffnung O in einem mit einem Galvanometer verbundenen Metallauffänger C. S ist eine Scheibe, die mit fünf Sektoren aus verschiedenen Metallen (Pt, Ag, Cu, Zn, Al) belegt ist, die mittels einer magnetisch betätigten Drehvorrichtung M nacheinander vor die Öffnung ge-

[1]) H. v. TRAUBENBERG und J. HAHN, ZS. f. Phys. Bd. 9, S. 356. 1922.
[2]) J. J. THOMSON, Proc. Cambridge Phil. Soc. Bd. 13, S. 212. 1905.
[3]) CH. FÜCHTBAUER, Phys. ZS. Bd. 7, S. 153. 1906.
[4]) L. W. AUSTIN, Phys. Rev. Bd. 22, S. 312. 1906.

bracht werden können. Ein sechster Sektor ist ausgeschnitten. Liegt dieser vor O, so mißt das Galvanometer den gesamten Kanalstrahlstrom. Steht ein Metallsektor vor O, so verlassen die Sekundärelektronen den Auffänger. Da C und S metallisch verbunden sind, wird der positive Strom, den das Galvanometer mißt, dann um einen Betrag vergrößert, der ein Maß für die Größe der Sekundärstrahlung ist. Außer den Sekundärelektronen spielen aber bei diesem Versuch auch reflektierte Kanalstrahlen eine Rolle. Diese können nämlich im ersten Fall den Auffänger nicht verlassen, wohl aber im zweiten. Biegt man deshalb durch einen Magneten die langsamen sekundären Elektronen so zurück, daß sie zum Auffänger zurückkehren, so muß jetzt der positive Strom kleiner sein, wenn ein Metallsektor sich vor O befindet, als wenn der Ausschnitt vor O gestellt ist. Die Differenz ist ein Maß für die Größe der Reflexion. FÜCHTBAUER beobachtete mit Strahlen von 15000 bis 30000 Volt Geschwindigkeit. Der reflektierte Bestandteil war gering und nahm mit zunehmender Primärgeschwindigkeit ab. Die beträchtliche Sekundärstrahlung schien in der Reihe Pt, Ag, Cu, Zn, Al an Menge zuzunehmen, entsprechend der VOLTAschen Spannungsreihe, doch ist dieses letztere Ergebnis später nicht bestätigt worden. Wahrscheinlich waren die Auffängermessungen gefälscht durch zu geringes Vakuum und dadurch verursachte Ionendiffusion. FÜCHTBAUER hat auch schon die Sekundärstrahlen magnetisch auf einer vorgeschriebenen Kreisbahn abgelenkt und so mittels eines Auffängers die Größenordnung der Geschwindigkeiten der Sekundärelektronen bestimmt, die er zwischen 3,2 und $3{,}5 \cdot 10^8$ cm/sec (27 bis 30 Volt) fand. Die linearen Geschwindigkeiten sind also von der gleichen Größenordnung wie die der primären Kanalstrahlen.

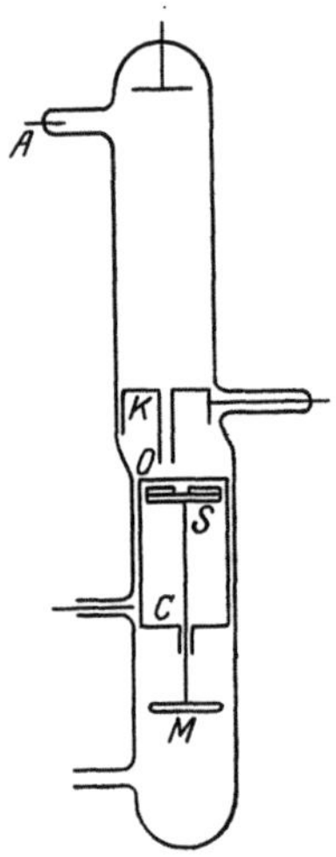

Abb. 38. Zur Beobachtung der von Kanalstrahlen ausgelösten Sekundärstrahlung nach FÜCHTBAUER.

BAERWALDS[1]) Untersuchungen ergaben, daß Geschwindigkeitsmessungen mit größerer Zuverlässigkeit nach einer elektrostatischen Methode ausgeführt werden können, bei der die sekundären Elektronen durch ein bremsendes elektrisches Feld zurückgehalten werden. Seine Apparatur (Abb. 39) ist außerdem dadurch ausgezeichnet, daß im Beobachtungsraum ein verhältnismäßig hohes Vakuum herrscht. Die Kanalstrahlen gehen aus der Kathodenbohrung C, durch die sie in einen Raum mit hohem Vakuum eintreten, durch die Bohrung E eines Metallzylinders auf die isolierte Platte G aus dem zu untersuchenden Metall.

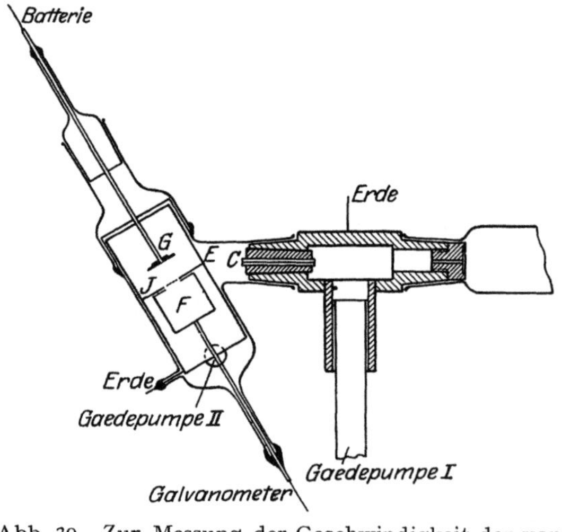

Abb. 39. Zur Messung der Geschwindigkeit der von Kanalstrahlen ausgelösten Sekundärstrahlung nach BAERWALD.

[1]) H. BAERWALD, Ann. d. Phys. Bd. 41, S. 643. 1913.

Die Sekundärelektronen treten durch das Metallgitter J in den Auffänger F, der mit einem Galvanometer verbunden ist. Ein variables, die Elektronen bremsendes Feld liegt zwischen G und J. Die kleinste verzögernde Spannung, von der ab der Sekundärelektronenstrom Null wird, ist ein Maß für die maximal vorkommende Elektronengeschwindigkeit. Daß der Strom nicht genau Null wird, sondern ein schwacher entgegengesetzter Strom fließt, rührt von Kanalstrahlen her, die an der Platte G reflektiert werden. Abb. 40 gibt ein Beispiel für Wasserstoffstrahlen, die auf eine Aluminiumfläche auffielen. Die Kurve zeigt, in welcher Weise die Maximalgeschwindigkeit der Elektronen von der Primärgeschwindigkeit der Kanalstrahlen abhängt. Die höchste Elektronengeschwindigkeit, die überhaupt beobachtet wurde, entsprach 22 Volt. Sie wurde bereits bei einer Parallelfunkenstrecke von etwa 8 mm erreicht, was einer Kanalstrahlgeschwindigkeit von 24000 Volt entspricht.

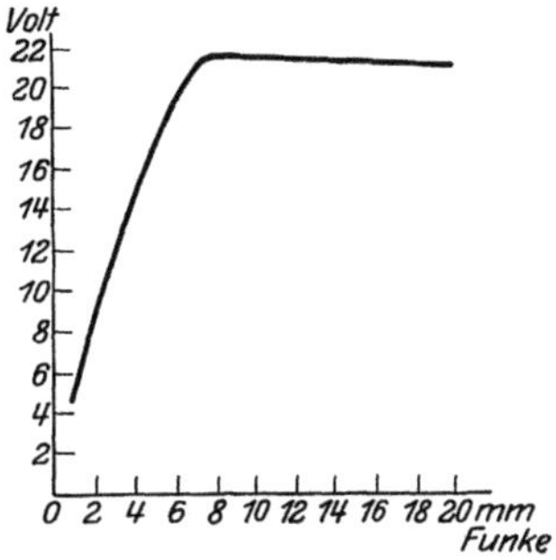

Abb. 40. Maximalgeschwindigkeiten der Sekundärelektronen als Funktion der Entladungsspannung.

Die durch Abb. 39 dargestellte Methode erlaubt nur die Untersuchung von Sekundärstrahlen, die durch relativ schnelle (untere Grenze 900 Volt), aber wenig homogene Kanalstrahlen ausgelöst werden. Strahlen ziemlich homogener Geschwindigkeit lassen sich nach der Methode der Glühanode in höchstem Vakuum herstellen. Die aus einem glühenden Wolframdraht als Anode entweichenden positiven Ionen scheinen zum größten Teil aus geladenen Atomen und Molekülen des Wasserstoffs zu bestehen. Diese können alle in einem konstanten Feld beliebiger Größe beschleunigt werden. Natürlich ist auch hier wegen der verschiedenen e/m die lineare Geschwindigkeit nicht für alle Teilchen gleich, wohl aber sehr annähernd die Voltgeschwindigkeit. Die von

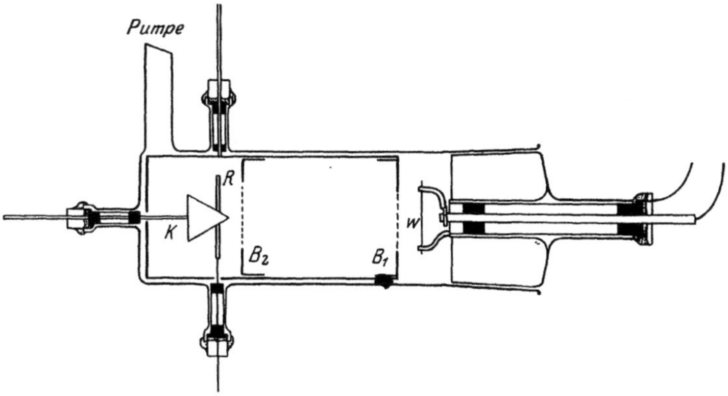

Abb. 41. Messung des von langsamen positiven Ionen ausgelösten Elektronenstroms nach BAERWALD.

so erzeugten Strahlen ausgelösten Sekundärelektronen hat BAERWALD[1]) im Primärgeschwindigkeitsbereich von 0 bis zu einigen 1000 Volt nach einer Methode untersucht, die sehr viele Variationsmöglichkeiten zuläßt (Abb. 41). Die Methode erlaubt gleichzeitig auch den Vorgang der Reflexion der Kanal-

[1]) H. BAERWALD, Ann. d. Phys. Bd. 60, S. 1. 1919.

strahlen genauer zu studieren. Die von der glühenden Anode W ausgehenden Strahlen treten durch das weitmaschige Beschleunigungsnetz B_1 und das engmaschige Netz B_2. K ist ein Kegel aus Metall und R ein den Kegel konzentrisch umgebender Ring. Messungen erfolgten in vier verschiedenen Richtungen.

1. Das eine Quadrantenpaar eines Elektrometers liegt am Ring, während das Elektrometersystem selbst auf variable positive Spannung aufgeladen ist. Die Anode ist auf positiver Spannung, Kegel und Hülle geerdet. Wird nun der Ring nebst dem zugehörigen Quadrantenpaar isoliert, so mißt das Elektrometer die negative Ladung der Elektronen, die am Kegel ausgelöst werden und auf den Ring auffallen. Bei genügend hoher positiver Elektrometeraufladung beobachtet man einen Sättigungsstrom, bei genügend niedriger eine positive Aufladung des Ringes, wenn die Primärgeschwindigkeit klein ist. Diese positive Aufladung rührt von Kanalstrahlen her, die am Kegel reflektiert wurden. Aus den Kurven a und b der Abb. 42 sind diese Ergebnisse zu ersehen. Reflexion ist bei 1200 Volt Primärgeschwindigkeit noch kaum merklich, bei 350 Volt aber bereits deutlich ausgesprochen.

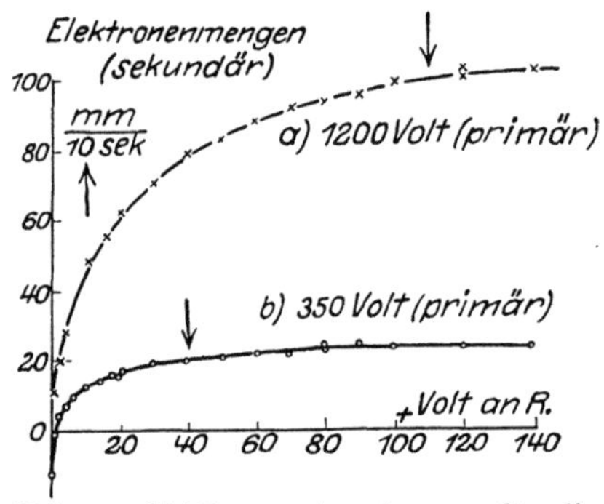

Abb. 42. Sättigungsstromkurven für die Sekundärstrahlung.

2. An Ring und Elektrometer liegt konstante positive Spannung von 140 Volt. Die Anode liegt an variabler positiver Spannung zwischen 0 und 100 Volt. Kegel und Hülle sind geerdet. Von ca. 20 Volt Primärgeschwindigkeit an gelangen sekundäre Elektronen an den Ring, an Zahl steigend mit zunehmender Primärgeschwindigkeit. Dies zeigt, daß Sekundärelektronen schon durch Primärstrahlen von 20 Volt ausgelöst werden können.

3. Hülle und Ring sind geerdet, die Anode auf variabler positiver Spannung, Kegel K an einem Quadrantenpaar des geerdeten Elektrometers. Es wird nun der Gang des Elektrometers beobachtet, wenn der Kegel mit dem zugehörigen Quadrantenpaar isoliert wird. Der vom Kegel auf das Quadrantenpaar abfließende Strom ist zwischen 0 und 20 Volt Anodenspannung positiv (Abb. 43, Kurve b), erreicht ein Maximum bei 20 Volt, nimmt dann wieder ab und geht bei 900 Volt ins Negative über. Dies zeigt sehr deutlich, daß am Netz B_2 erst oberhalb 20 Volt Primärgeschwindigkeit Sekundärelektronen ausgelöst werden, die den positiven, ebenfalls auf den Kegel gelangenden Primärstrom z. T. neutralisieren. Bei den Spannungen über 900 Volt überwiegt bei den gewählten Apparaturdimensionen die Ladung der Sekundärelektronen. Die Kurven a und b der Abb. 43 stellen die gleiche Meßreihe in verschiedenem Maßstab dar. Aus a ersieht man den Verlauf bei großer, aus b den bei kleiner Primärgeschwindigkeit.

4. An der Anode liegt konstante positive Spannung. Kegel und Hülle sind geerdet. Der Ring liegt an dem einen Quadrantenpaar des Elektrometers, das an variable negative Spannung gelegt ist. Isoliert man nun den Ring mit dem Quadrantenpaar, so gelangen bei höherer negativer Elektrometeraufladung nur die schnellen, bei niedriger auch die langsameren Sekundärelektronen an den Ring. Es läßt sich deshalb aus diesen Versuchen die Geschwindigkeitsverteilung der Sekundärelektronen ableiten. Die bei verschiedenen Primärgeschwindigkeiten ausgeführten Versuche sind in Tabelle 5 wiedergegeben.

Tabelle 5. Geschwindigkeitsverteilung der Sekundärelektronen in Prozenten der Gesamtmenge.

Volt primär	Volt sekundär											
	0—0,1	0,1—0,2	0,2—0,3	0,3—0,4	0,4—0,5	0,5—0,6	0.6—0,7	0,7—0,8	0,8—0,9	0,9—1,0	1,0—1,1	1,1—1,2
1790	13,5	12,8	12	11,2	10,5	9,0	7,5	6,8	6,1	5,3	3,8	1,5
1080	19,4	16,1	14,5	12,9	11,3	9,7	8,1	6,4	1,6			
500	40	30	20	10								
420	100											

Die Gesamtergebnisse der BAERWALDschen Untersuchungen lassen folgendes Bild über das Verhalten der Sekundärstrahlen entstehen:

1. Die Menge der Sekundärstrahlung ist der Primärintensität proportional.

2. Der chemische Charakter der Primärstrahlen ist ohne Einfluß auf Menge und Geschwindigkeit der Sekundärelektronen.

3. Die Natur des Metalls ist ohne Einfluß auf Menge und Geschwindigkeit der Sekundärelektronen.

4. Die Geschwindigkeit der Sekundärelektronen ist von der Primärintensität unabhängig und nur durch die Primärgeschwindigkeit bestimmt. Höhere bzw. tiefere Maximalgeschwindigkeiten der Elektronen entsprechen dabei größeren bzw. kleineren Geschwindigkeiten der Primärstrahlen (s. Tab. 5).

5. Die Existenz der Sekundärstrahlung konnte bis ca. 20 Volt Primärgeschwindigkeit herunter verfolgt werden.

In diesem Zusammenhang ist es von Interesse zu bemerken, daß auch die Geschwindigkeit der von α-Strahlen an Metallen ausgelösten Elektronen von der gleichen Größenordnung ist wie die von Kanalstrahlen ausgelöste. Überhaupt haben die sog. δ-Strahlen viel Ähnlichkeit mit den von Kanalstrahlen ausgelösten Sekundärelektronen. Insbesondere scheint auch hier die Menge nicht vom Material abzuhängen (vgl. hierzu Kap. 3, Ziff. 23 des vorliegenden Bandes).

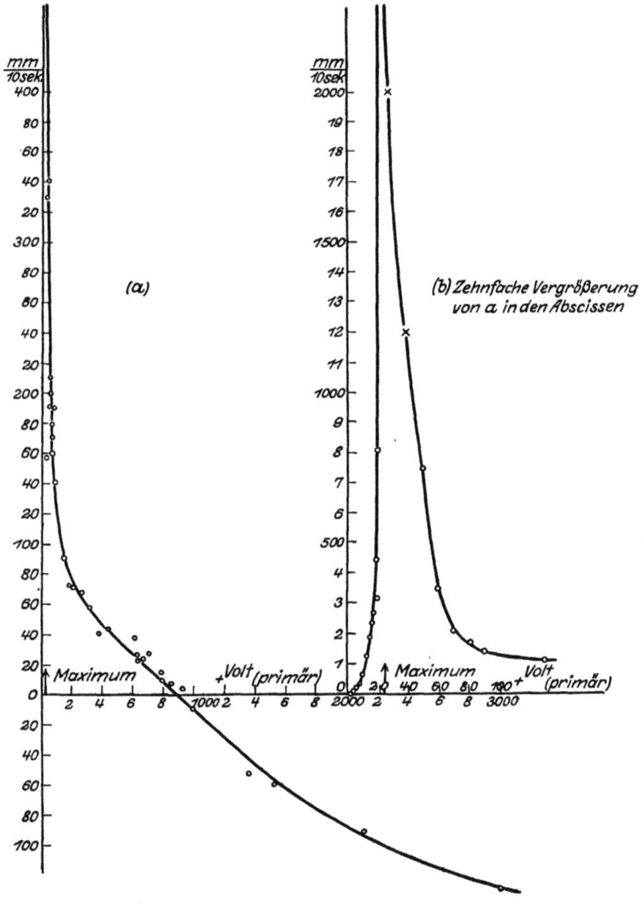

Abb. 43. Zum Nachweis der kleinsten Primärgeschwindigkeit, bei der noch Sekundärstrahlung beobachtet wird.

BAERWALD hat auch untersucht, wie viele sekundäre Elektronen aus Metallen von einem einzelnen Kanalstrahlteilchen ausgelöst werden. Er benutzte dazu die bereits in Ziff. 16 beschriebene Anordnung und arbeitete in hohem Vakuum. Das Ergebnis seiner Versuche mit Wasserstoffatomstrahlen, die auf Messing auffielen, ist folgendes: „Die von einem Strahlteilchen ausgelöste Zahl von Elektronen Z steigt anfangs bei zunehmender Primärgeschwindigkeit rasch an, ist bei einer Parallelfunkenstrecke $f = 0{,}1$ mm oder 300 Volt schon ungefähr 2, wächst von $f = 1$ mm oder 5000 Volt an langsamer und bleibt von $f = 6$ mm oder 20000 Volt an praktisch konstant zwischen 5 und 6 stehen." Der Grenzwert, dem die Kurve zustrebt, kann so gedeutet werden, daß die Elektronen nur aus geringer Tiefe aus dem Metall austreten können. Selbst wenn schnellere Kanalstrahlteilchen in größere Tiefen eindringen, so können die dort ausgelösten Elektronen nicht mehr das Metall verlassen.

Die Frage nach der Zahl der Elektronen, die von einem primären Kanalstrahlteilchen an Metallen ausgelöst werden, ist auch von verschiedenen anderen Forschern untersucht worden. CAMPBELL[1]) hat Messungen mit Strahlen, die von einer glühenden, mit Aluminiumphosphat bedeckten Anode ausgingen,

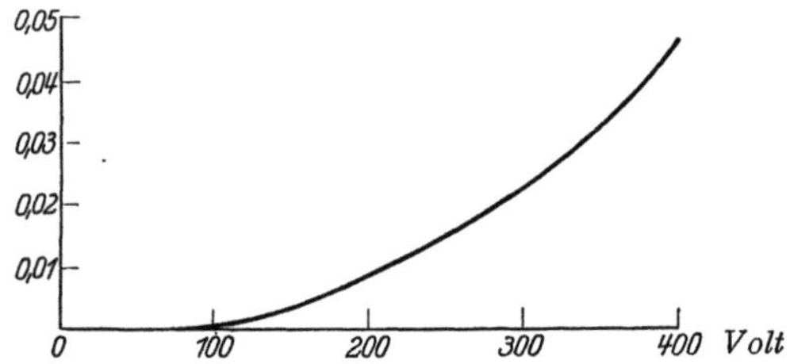

Abb. 44.

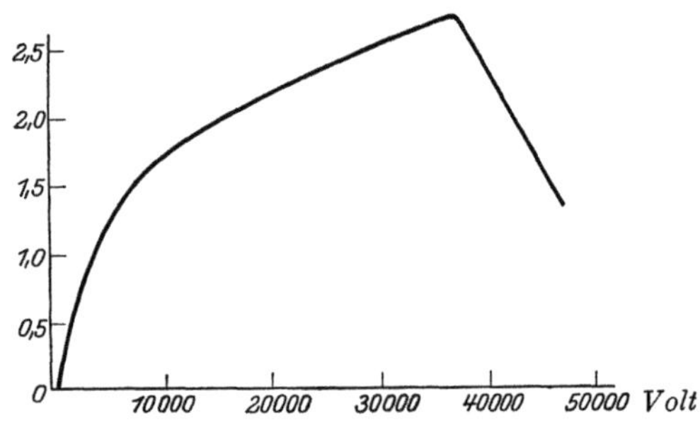

Abb. 45.

Zahl der Sekundärelektronen pro Primärteilchen als Funktion der Entladungsspannung nach CAMPBELL.

im Geschwindigkeitsbereich von 0 bis 50000 Volt in hohem Vakuum an Kupfer ausgeführt.

Abb. 44 und 45 zeigen die Zahl der ausgelösten sekundären Elektronen pro Primärteilchen als Funktion der Geschwindigkeit für zwei Bereiche von 0 bis 400 Volt bzw. 0 bis 50000 Volt. CAMPBELL findet bei größeren Geschwindigkeiten etwa halb so viele Elektronen wie BAERWALD. Den schroffen Abfall bei großen Geschwindigkeiten erklärt er durch das tiefere Eindringen der Primärstrahlen in das Metall bei großen Geschwindigkeiten. Nach kleineren Geschwindigkeiten ist der Einlauf der Kurve asymptotisch. Die Zahl der Elektronen ist bei 300 Volt ca. nur $^1/_{100}$ von der BAERWALDschen Zahl. Unterhalb 40 Volt konnte CAMPBELL keine Elektronen nachweisen.

BADAREU[2]) beobachtet mit langsamen, ebenfalls mit Hilfe einer glühenden, mit Aluminiumphosphat bedeckten Anode in hohem Vakuum an Platin. Er findet einen mit V proportionalen Anstieg der pro Primärteilchen ausgelösten Zahl der Sekundärelektronen zwischen 75 und 600 Volt. Er schließt aus seinen Versuchen, daß es überhaupt keine untere Geschwindigkeit der Primärstrahlen für die Auslösung von sekundären Elektronen gibt. Die von ihm beobachteten

[1]) N. CAMPBELL, Phil. Mag. Bd. 29, S. 783. 1915.
[2]) E. BADAREU, Phys. ZS. Bd. 25, S. 137. 1924.

Zahlen betragen nur etwa $^1/_{10}$ der von BAERWALD an Messing gefundenen. CHENEY[1]) benutzt einen glühenden Platinstreifen als Anode, der mit K_2SO_4, Li_2SO_4 oder Rb_2SO_4 bedeckt war, Primärgeschwindigkeiten bis 600 Volt und Aluminium sowohl wie Platin als Sekundärstrahler. Ein Beispiel der Ergebnisse ist in Abb. 46 gegeben. Man sieht, daß ein Unterschied in der Wirkung sowohl für verschiedene Sekundärstrahler (Al, Pt) als für verschiedene Strahlenarten (Li, K, Rb) gefunden wird.

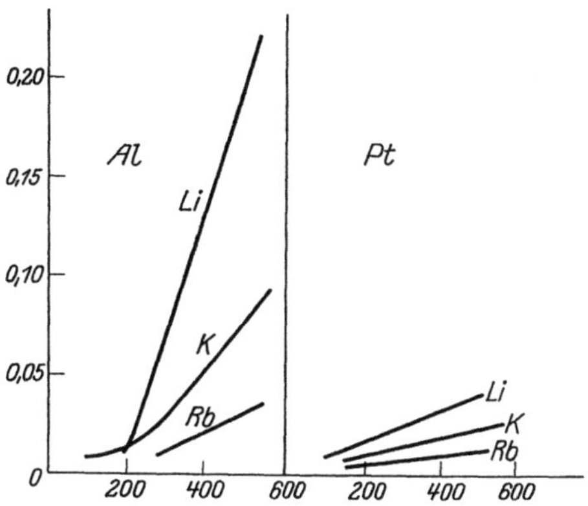

Abb. 46. Zahl der Sekundärelektronen pro Primärteilchen für verschiedene Sekundärstrahler nach CHENEY.

DÄLLENBACH, GERECKE und STOLL[2]) geben an, daß Hg-Strahlen von 2000 bis 3000 Volt Geschwindigkeit noch keine merkliche Sekundärstrahlung an Eisen auslösen, jedenfalls weniger als 1% der Primärstrahlung, während VON ISSENDORF[3]) auf 10% Ausbeute bei 300 Volt schließt.

Wenn es schwierig erscheint, alle diese Angaben in Einklang zu bringen, so ist zu bedenken, daß, abgesehen von etwaigen methodischen Fehlern, als Grund für die unterschiedlichen Ergebnisse wohl angeführt werden kann, daß anscheinend niemals bei der Untersuchung der Sekundärstrahlung durch Kanalstrahlen auf eine wirkliche Reinigung der Metalle durch Ausglühen in hohem Vakuum Bedacht genommen worden ist. Man weiß aber sowohl aus den Untersuchungen des lichtelektrischen Effektes, als auch neuerdings aus Untersuchungen, welche die sekundäre Elektronenemission bei Bestrahlung mit Kathodenstrahlen betreffen, wie wichtig diese Bedingung ist. So gibt denn auch CHENEY in der zitierten Arbeit an, daß die Metalle, wenn sie längere Zeit im Vakuum gewesen wären, kleinere sekundäre Mengen gezeigt hätten, dagegen größere, wenn sie sich vorher in Wasserstoffatmosphäre befunden hätten, was schon die Rolle, die die Gasbeladung spielt, unzweifelhaft vor Augen führt. In diesem Punkte sind alle Untersuchungen über die Sekundärstrahlung an Metallen durch Kanalstrahlen deshalb noch revisionsbedürftig.

Man hat danach gesucht, ob beim Auftreffen von schnellen Kanalstrahlen auf Metalle außer einer sekundären Elektronenstrahlung auch eine Wellenstrahlung, ähnlich der Röntgenstrahlung, entsteht[4]). Ein Versuch von J. J. THOMSON[5]) scheint in der Tat darauf hinzudeuten. Die Kanalstrahlen trafen auf die Platinplatte *P* (Abb. 47) auf. *L* ist eine photographische Platte. Es wurde eine Schumannplatte benutzt, auf der sich nach einstündiger Bestrahlung eine Schwärzung zeigte. Diese Schwärzung trat auch auf, wenn an dem

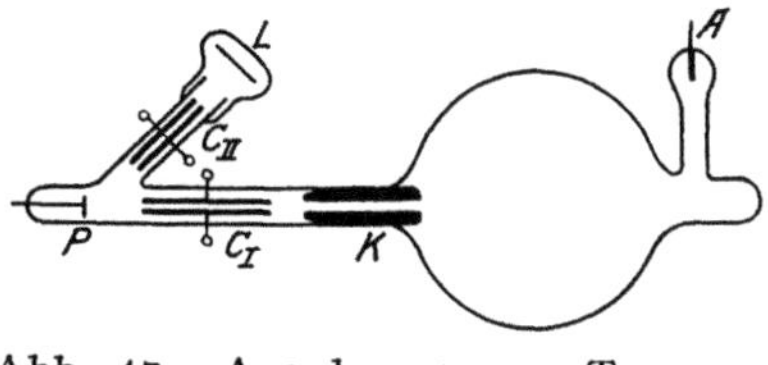

Abb. 47. Anordnung von THOMSON zum Nachweis der durch Kanalstrahlen erregten kurzwelligen Strahlung.

---

[1]) W. L. CHENEY, Phys. Rev. Bd. 10, S. 325. 1917.
[2]) W. DÄLLENBACH, E. GERECKE u. E. STOLL, Phys. ZS. Bd. 26, S. 10. 1925.
[3]) J. v. ISSENDORF, Wiss. Veröffentl. a. d. Siemens-Konz. Bd. 4, S. 124. 1925.
[4]) Vgl. hierzu auch Ziff. 24 in Kap. 3 des vorliegenden Bandes.
[5]) J. J. THOMSON, Phil. Mag. Bd. 28, S. 620. 1914.

Kondensator C_{II} eine hohe Potentialdifferenz angelegt wurde. Dies zeigt, daß die Schwärzung von einer elektrisch nicht ablenkbaren Strahlung verursacht wird. Wurden indessen durch den Kondensator C_I die geladenen Kanalstrahlteilchen aus dem Strahl entfernt, so verschwand die Wirkung fast vollständig. Es scheint also die neue Strahlung nur durch geladene Kanalstrahlteilchen erzeugt zu werden.

Auch WOLFKE[1]) hat Versuche über eine durchdringende Sekundärstrahlung der Kanalstrahlen angestellt. Seine Ergebnisse sind aber bisher nicht genügend klargelegt.

IV. Der Dopplereffekt bei Kanalstrahlen. Methodik und Vorkommen.

20. Bedeutung und Beobachtbarkeit des Dopplereffekts. Unter dem Dopplereffekt versteht man die durch Bewegung der Lichtquelle bedingte Beeinflussung der Frequenz der Lichtemission. Die Bewegung relativ zum Beobachter erzeugt eine Verschiebung nach Rot, wenn sie im Sinne der Blicklinie, eine Verschiebung nach Violett, wenn sie ihr entgegengesetzt gerichtet ist. Für die Größe der Verschiebung ist die Geschwindigkeit des Leuchtzentrums relativ zum Beobachter und der Richtungskosinus der Blicklinie maßgebend. Aus der Lichtgeschwindigkeit c, der Frequenz- bzw. Wellenänderung $\delta\nu$ bzw. $\delta\lambda$, läßt sich die Relativgeschwindigkeit v des Leuchtzentrums aus der Beziehung

$$\frac{\delta\nu}{\nu} = \frac{v}{c}\cos\alpha \qquad \text{bzw.} \qquad \frac{\delta\lambda}{\lambda} = \frac{v}{c}\cdot\cos\alpha$$

berechnen. Über die Erklärung des Dopplereffektes auf Grund der Wellen- oder Quantentheorie s. Bd. XXIII ds. Handbs. oder auch A. SOMMERFELD, Atombau und Spektrallinien 1924. Der Dopplereffekt bei Kanalstrahlen kommt durch Erregung geschleuderter Atome und Moleküle beim Durchgang durch Gase zustande. Seine Bedeutung ist eine doppelte: Er bringt erstens von den Trägern des Leuchtens, ihrer Natur, ihren Bildungen und den an ihnen stattfindenden Prozessen Kunde, zweitens gestattet er Rückschlüsse über den Mechanismus der Lichterregung, welcher ebenfalls in der Wechselwirkung zwischen bewegten Strahlteilchen und durchquerter Materie liegt. So vermag der Dopplereffekt durch Vergleich die Ergebnisse der elektromagnetischen Analyse zu unterstützen. Ist er in seinen Aussagen über die Natur der Teilchen in engere Grenzen gebannt als diese, so geht er als Mittel zur Erforschung des Leuchtens über sie hinaus und ermöglicht eine Parallele mit den Ergebnissen der Lichterregung durch Elektronenstoß.

Der Dopplereffekt tritt als breiter, unscharfer Streifen hervor, sobald die Beobachtungsrichtung nicht mehr senkrecht zur Strahlrichtung genommen ist. So hat ihn STARK[2]) gefunden und gedeutet, RAU[3]) seine Deutung durch den Nachweis bestätigt, daß der Dopplerstreifen auf der kurzwelligen bzw. langwelligen Seite der unverschobenen Linie erscheint, je nachdem die Visierrichtung entgegengesetzt oder gleichsinnig mit der Kanalstrahlrichtung genommen wird.

Kompliziertere, linienreiche Spektren, insbesondere Bandenspektren, erschweren den Nachweis des Dopplereffektes durch Unübersichtlichkeit sehr. Auch besteht hier die Gefahr der Linienüberdeckung etwa vorhandener Effekte.

---

[1]) M. WOLFKE, Phys. ZS. Bd. 14. S. 475, 1917; Bd. 19, S. 205. 1918.
[2]) J. STARK, Phys. ZS. Bd. 6, S. 892. 1905.
[3]) H. RAU, Dissert. Würzburg 1906.

Stereoskopischer Vergleich zweier Beobachtungen senkrecht und parallel zum Strahlengange führt aus diesem Grunde nicht zum gewünschten Ziel. Hier hilft die von RAU[1]) neuerdings eingeführte Methode der Strahlenbrechung in einem Glasstäbchen, die noch besonders dadurch ausgezeichnet ist, daß sie selbst sehr schwache Effekte aufzudecken vermag.

Sei K (Abb. 48) der senkrecht nach unten gehende Kanalstrahl, die Achse des Kollimatorrohres senkrecht, der Spalt parallel zu ihm gerichtet, G ein horizontal angebrachtes Glasstäbchen. Von dem gesamten Strahlenbündel liefert a die unverschobene, r die nach Rot, v die nach Violett verschobene Intensität. Die unverschobene Linie ist daher von einer schräg liegenden verschobenen überlagert, quer durchkreuzt, und dieser Umstand ist es, der die Auffindung und Bestimmung der Zugehörigkeit der Dopplereffekte sehr erleichtert.

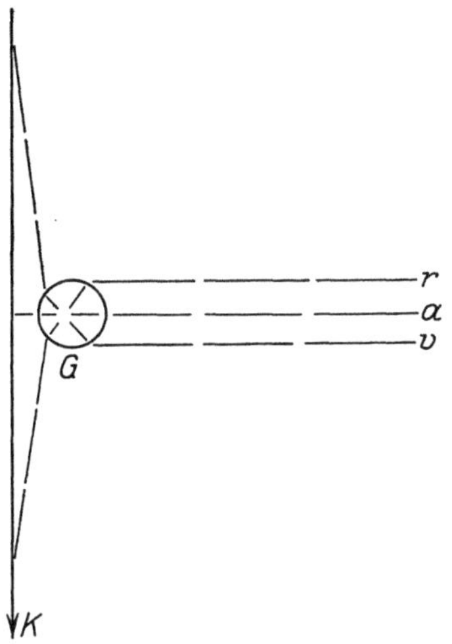

Abb. 48. Beobachtung des Dopplereffektes nach RAU.

21. Zusammenstellung der Dopplereffekte bei verschiedenen Elementen. Das Folgende bringt nun eine gedrängte Zusammenstellung der Ergebnisse von Untersuchungen am Dopplereffekt verschiedener Elemente, soweit sie bis jetzt vorliegen und allein seine Feststellung und sein Vorkommen betreffen. Bemerkungen über die materielle und elektrische Natur der Strahlenträger gründen sich auf das BOHRsche Atommodell oder die Beweise des Ablenkungsverfahrens von W. WIEN im Hochvakuum. Sie dienen nur dem allgemeinen Überblick. Abschnitt V geht auf die einschlägigen Fragen genauer ein[2]).

1. Wasserstoff[3]). Der Dopplereffekt ist beobachtet bei den Linien der Balmerserie. Als Träger dieser Linien sind nach BOHR neutrale Atome anzunehmen und von W. WIEN[4]) auch experimentell festgestellt worden. Dreifache Unterteilungen im Dopplereffekt weisen auf Atome, H_2-Moleküle, in geringerem Betrage sogar auf H_3-Moleküle als Strahlträger hin. Diese, als Ionen beschleunigt und später in Atome dissoziiert, senden bei der Neutralisierung die Balmerlinien aus[5]).

Im Viellinienspektrum ist nach vielen Bemühungen der Dopplereffekt neuerdings von RAU[6]) nachgewiesen worden. Vor der Kathode besteht er offenbar nicht, hinter der Kathode wurde er beobachtet bei den Linien

$$4723,\ 4634,\ 4573,\ 4568,\ 4213,\ 4177,\ 4171{,}5,\ 4063.$$

Die geringe Intensität des Dopplereffektes deutet darauf hin, daß die Rückbildung von H_2^+-Ionen, oder vielleicht auch von H^+-Ionen zu neutralen H_2-Molekülen im bewegten Strahl sehr selten ist. Die gut bestimmbare Breite des Dopplereffektes ist nur etwa 10 bis höchstens 20% kleiner als $1 : \sqrt{2}$ der Breite

[1]) H. RAU, Ann. d. Phys. Bd. 73, S. 266. 1924.
[2]) Eine genaue Darstellung der historischen Entwicklung der einzelnen Fragen und ganzer Problemgruppen findet der Leser in W. WIENS Monographie der Kanalstrahlen im Handb. d. Radiol. von E. MARX, Bd. IV. 2. Auflage 1923.
[3]) Vgl. H. KREFFT, Ref. Phys. ZS. Bd. 25, S. 352. 1924.
[4]) W. WIEN, Ann. d. Phys. Bd. 69, S. 325. 1922.
[5]) E. GEHRCKE u. O. REICHENHEIM, Verh. d. D. Phys. Ges. Bd. 12, S. 417. 1910.
[6]) H. RAU, Ann. d. Phys. Bd. 73, S. 270. 1924.

der Dopplereffekte der Balmerlinien und sehr genau gleich groß bei allen obengenannten Linien. Mithin ist anzunehmen, daß der Träger dieser Linien des Viellinienspektrums das neutrale H_2-Molekül ist. Ob unter besonderen Umständen auftretende Linien dieses Spektrums andere Träger, etwa das H_3-Molekül besitzen, bleibt eine offene Frage. Die für die Entstehung von H_2-Strahlteilchen günstigen Bedingungen sind ebenfalls noch ungeklärt. Die Dopplereffekte am Viellinienspektrum wurden etwa bei 60000 Volt beobachtet.

2. Helium. Festgestellt ist der Dopplereffekt bei den Linien

5876, 5016, 4922, 4713, 4472, 4388, 4144, 4026, 3965 (?), 3889[1])[2]).

Träger dieser Linien ist, wenn auch noch nicht endgültig experimentell bewiesen, das neutrale Heliumatom.

Neuerdings ist aber von RAU[3]) der Dopplereffekt auch an der Linie 4686 nachgewiesen worden, und seine gegenüber dem Dopplereffekt der obigen Linien viel größere Breite kennzeichnet ihren Träger als das positive He-Atom. Wir haben hier den charakteristischen Unterschied der Bogenlinien neutraler Träger und der Funkenlinien positiver Träger als erstes Beispiel im Dopplereffekt vor uns.

3. Lithium. Der Dopplereffekt wurde von GEHRCKE und REICHENHEIM[4]) an Anodenstrahlen gefunden und beobachtet bei

6708,2 (Zweite Nebenserie), 6103,8 (Erste Nebenserie).

Als wahrscheinlicher Träger kommt das neutrale Li-Atom in Betracht.

4. Kohlenstoff. Beobachtungen des Dopplereffekts sind bei den Linien

5661, 4267

von RAU[5]) und KINOSHITA[6]) gemacht worden. Über die elektrische Natur ihrer Träger lassen sich keine sicheren Angaben machen.

5. Stickstoff[7]). Die Linieneinteilung des Stickstoffs entnehmen wir den Arbeiten von HERMANN[8]) und von STARK und KÜNZER[9]), ohne jedoch die Gruppeneinteilung HERMANNS beizubehalten.

HERMANN beobachtet den Dopplereffekt bei den Bogenlinien:

5565, 4150*, 4110*, 4100*.

Bestätigt wird die Beobachtung durch STARK und KÜNZER[9]), wie durch WILSAR[10]). Seine geringe Intensität, wie die von W. WIEN[11]) bei den mit einem Stern versehenen Linien festgestellte Tatsache, daß das elektrische Feld sie nicht ablenkt, kennzeichnet diese Linien als Bogenlinien mit neutralem Träger.

Von Funkenlinien ist der Dopplereffekt bei den folgenden festgestellt:

5006*, 5003, 4643, 4631*, 4622, 4614, 4607, 4601*, 4530*, 4432*, 4041, 4035*, 3995*.

---

[1]) H. RAU, Phys. ZS. Bd. 8, S. 360. 1907; E. DORN, ebenda Bd. 8, S. 589. 1907; J. STARK, ebenda Bd. 8, S. 400. 1907.
[2]) J. STARK, A. FISCHER u. H. KIRSCHBAUM, Ann. d. Phys. Bd. 40, S. 499. 1913.
[3]) H. RAU, Ann. d. Phys. Bd. 73, S. 271. 1924.
[4]) E. GEHRCKE u. O. REICHENHEIM, Verh. d. D. Phys. Ges. Bd. 9, S. 374. 1907; Phys. ZS. Bd. 8, S. 724. 1907; O. REICHENHEIM, Ann. d. Phys. Bd. 33, S. 757. 1910.
[5]) H. RAU (Veröffentlichung von J. STARK), Phys. ZS. Bd. 8, S. 401. 1907.
[6]) S. KINOSHITA, Phys. ZS. Bd. 8, S. 35. 1907.
[7]) Vgl. H. KREFFT, Ref. Phys. ZS. Bd. 25, S. 352. 1924.
[8]) W. HERMANN, Phys. ZS. Bd. 7, S. 567. 1906.
[9]) J. STARK u. R. KÜNZER, Ann. d. Phys. Bd. 45, S. 67. 1914.
[10]) H. WILSAR, Ann. d. Phys. Bd. 39, S. 1265. 1912.
[11]) W. WIEN, Ann. d. Phys. Bd. 69, S. 330. 1922.

Die mit einem Stern versehenen Linien werden im elektrischen Felde abgelenkt, haben also tatsächlich positive Träger, ebenso die Linie

4199*,

bei welcher jedoch die Literatur keine Dopplereffektbeobachtung meldet.

Für die Banden des Stickstoffs vervollständigt die neue Methode von RAU[1]) die Kenntnis der bestehenden Dopplereffekte. Bei allen negativen Banden zwischen 5000 und 3900 wurde der Dopplereffekt festgestellt, vor der Kathode mit überwiegender bewegter und fast gar nicht vorhandener ruhender, hinter der Kathode mit schwacher bewegter Intensität. Dem entspricht es, daß die negativen Banden

4705, 4278, 4236, 3914

im WIENschen Ablenkungsverfahren beim Eintritt in hohes Vakuum sich als geladen erwiesen. Folglich ist, wie von RAU und STARK bereits früher vermutet wurde, Träger der negativen Stickstoffbande das N_2^+-Molekül.

Positive Stickstoffbanden tragen keinen Dopplereffekt. Dies erwies sich endgültig in dem empfindlichen Beobachtungsverfahren von RAU. Im Ablenkungsversuch zeigten sich die positiven Banden

4666, 4490, 4201, 3856, 3710, 3576, 3536, 3371, 3159, 2976, 2965[2])

als nicht ablenkbar. Ihr Träger ist mithin das neutrale N_2-Molekül. Es zeigt sich also am Fehlen des Dopplereffektes, daß die Rekombination von N^+ oder N_2^+ zu neutralem N_2 im Kanalstrahl unter normalen Versuchsbedingungen nicht oder nur sehr selten vorkommt.

6. Sauerstoff[3]). Der Dopplereffekt der Serienlinien des Sauerstoffs ist in der Literatur umstritten gewesen. Während PASCHEN[4]) und WILSAR[5]) ihn nicht beobachteten, behauptete STARK[6]) ihn in den Serienlinien

4773, 4368, 3947,

bei letzterer am deutlichsten, festgestellt zu haben. Die Entscheidung brachte auch hier erst die Methode von RAU[7]); es zeigte sich in der Tat bei 4368 und 3947 ein sehr kleiner lichtschwacher Dopplereffekt bei sehr großer ruhender Intensität. Der Ablenkungsversuch ergab neutrale Strahlträger. Mithin sind die Serienlinien typische Bogenlinien. Es ist auffallend, daß bei dem stark elektronegativen Sauerstoff der Prozeß $O^+ \rightarrow O$ neutral verhältnismäßig selten vorkommt, während beim Wasserstoff der neutrale Bestandteil als Träger der Balmerserie so stark vertreten ist. Vermutlich spielt der Unterschied der Atomradien hierbei mit.

An den Funkenlinien des Sauerstoffs ist der Dopplereffekt von PASCHEN[8]), STARK[9]) und WILSAR[10]) festgestellt worden. Es werden hier folgende Linien angegeben:

4662, 4651, 4650, 4642, 4639* 4597 4592* 4417,
4415*, 4352, 4350*, 4348, 4346, 4320, 4318, 4191*,
4186, 4120, 4076, 4072, 4070*, 3983, 3973, 3955.

1) H. RAU, Ann. d. Phys. Bd. 73, S. 268. 1924.
2) Vgl. H. KAYSER, Spektroskopie Bd. 5, S. 832. 1910.
3) Vgl. H. KREFFT, Ref. Phys. ZS. Bd. 25, S. 352. 1924.
4) F. PASCHEN, Ann. d. Phys. Bd. 23, S. 261. 1907.
5) H. WILSAR, Ann. d. Phys. Bd. 39, S. 1259. 1912.
6) J. STARK, Ann. d. Phys. Bd. 26, S. 806. 1908.
7) H. RAU, Ann. d. Phys. Bd. 73, S. 266. 1924.
8) F. PASCHEN, Ann. d. Phys. Bd. 23, S. 261. 1907.
9) J. STARK, Ann. d. Phys. Bd. 26, S. 806. 1908.
10) H. WILSAR, Ann. d. Phys. Bd. 39, S. 1259. 1912.

Für die mit einem Stern versehenen Linien ist von W. WIEN im Ablenkungsverfahren der positive Träger nachgewiesen worden.

7. Neon. DORN[1]) beobachtet den Dopplereffekt an folgenden Linien:
in Trennung bei 6335,
als starke Verbreiterung bei 6402, 6143, 6096,
als schwache Verbreiterung bei: 6507, 6383, 6267, 6164 (?).

Der Charakter der Bogen- und Funkenlinien ist somit beim Neon in den Unterschieden ihrer Dopplereffekte angedeutet. Eine sichere Zuordnung der Linien zu neutralen bzw. positiven Trägern ist bis jetzt noch nicht möglich.

8. Natrium. Im Anodenstrahlenverfahren ist der Dopplereffekt an den *D*-Linien der Hauptserie

5890, 5895

von GEHRCKE und REICHENHEIM[2]) beobachtet worden. STARK und SIEGL[3]) haben im Kanalstrahl an den Dupletlinien der ersten Nebenserie

4669—4665, 4500—4494

den Dopplereffekt festgestellt, an den übrigen Linien des Na-Spektrums nicht; die Schwierigkeiten des Arbeitens mit Kanalstrahlen der Alkalimetalle machte eine sorgfältigere Nachprüfung unmöglich. Als Träger dieser Linien wird das neutrale Atom zu vermuten sein.

9. Aluminium. An den Dupletlinien der ersten Nebenserie

3093—3082, 2575—2568, 2373—2367, 2269—2264, 2210—2205,
2174—2169, 2151—2146, 2135—2130,

ferner an den Dupletlinien der zweiten Nebenserie

3962—3944,

sowie an den Linien

2661—2653, 2379—2372, 2264—2258

finden STARK und seine Mitarbeiter[4])[5]) den Dopplereffekt. Als sein Träger ist, da es sich um Bogenlinien handelt, in Analogie mit vorangegangenen Fällen, das neutrale Al-Atom anzunehmen. Dasselbe gilt von den Dupletlinien mit Bogenspektrumcharakter

3057—3050, 2322—2318, 2319—2315,

die allerdings aus dem Serienschema herausfallen.

Die Funkenlinien des Aluminiums unterscheiden sich in ihrem Dopplereffekt von dem der Bogenlinie ebenso, wie dies bei allen anderen Elementen der Fall ist, durch die größere Intensität in den höheren Geschwindigkeitsbereichen der bewegten Intensität. In dieser Form wird er beobachtet bei den Linien

4664, 4530, 4513, 4480, 3901, 3613, 3602, 3587, 2816, 2642.

Es ist mit Sicherheit anzunehmen, daß der Träger dieser Linien das positiv geladene Al-Atom ist. Die Ladungsgröße bleibt hier, wie in allen anderen analogen Fällen, unbestimmt.

---

1) E. DORN, Phys. ZS. Bd. 10, S. 614. 1909.

2) E. GEHRCKE u. O. REICHENHEIM, Verh. d. D. Phys. Ges. Bd. 9, S. 374. 1907; O. REICHENHEIM, Ann. d. Phys. Bd. 33, S. 747. 1910.

3) J. STARK u. K. SIEGL, Ann. d. Phys. Bd. 21, S. 457. 1906.

4) J. STARK, G. WENDT, H. KIRSCHBAUM u. R. KÜNZER, Ann. d. Phys. Bd. 42, S. 241. 1913.

5) J. STARK u. R. KÜNZER, Ann. d. Phys. Bd. 45, S. 29. 1914.

10. Schwefel. Die chemische Analogie des Schwefels mit dem Sauerstoff findet sich in spektroskopischer Hinsicht wieder. Der Dopplereffekt der Bogenlinien unterscheidet sich hier wie dort von dem der Funkenlinien durch die Betonung höherer Geschwindigkeiten im bewegten Streifen bei letzteren und durch das stärkere Hervortreten der Funkenlinien und ihrer Dopplereffekte bei höheren Entladungsspannungen, während bei niedrigeren die Bogenlinien vorherrschen.

Der Dopplereffekt an Bogenlinien wird von STARK und KÜNZER[1]) erstens an den von PASCHEN und RUNGE zu Serien geordneten Linien, insbesondere am Hauptserientriplet

4696—4695—4694

festgestellt, dann auch an mehreren nicht hierzu gehörigen, von STARK als „zweites Bogenspektrum“ zusammengefaßten Linien offenbaren Bogenliniencharakters, nämlich an

4158, 4153, 4151.

An Funkenlinien mit Dopplereffekt werden

4591, 4553, 4174, 4153

als Beispiele mitgeteilt. Ihnen gleichen die übrigen Linien des Funkenspektrums. Der Kenntnis von der Ablenkbarkeit der Funkenlinien und Nichtablenkbarkeit der Bogenlinien folgend, wären dem Träger der Bogenlinien des Schwefels neutrale, dem Träger seiner Funkenlinien positive Strahlteilchen zuzuordnen. Der Beweis hierfür fehlt. Über den atomaren Zustand der Träger herrscht völlige Unsicherheit.

11. Chlor. Auch beim Chlor wiederholt sich die Trennung in Bogen- und Funkenlinien, sowie ihr gegenseitiges Verhalten im Dopplereffekt. STARK und KÜNZER[2]) haben hierüber Messungen angestellt und reihen dem Bogenspektrum die Linien

4603, 4526, 4402, 4389,

dem Funkenspektrum die Linien

4795, 4740, 4292, 4277, 4254, 4133

ein, ein Dopplereffekt, wie in früheren Fällen, dadurch voneinander unterschieden, daß beim Übergang zu höheren Entladungsspannungen bei geringer Zerstreuung die bewegten Streifen der Funkenlinien gegenüber den ruhenden stark anwachsen, während sie bei den Bogenlinien eher mehr zurücktreten. Die Unterscheidung „scharfer“ und „unscharfer“ Funkenlinien, von STARK gebraucht, führt zu Feinheiten, die hier außer Betracht bleiben können, da sie keine sicheren Rückschlüsse über die Natur der Träger vermitteln. Daß die Funkenlinien den positiven, die Bogenlinien den neutralen Atomen angehören, ist auch beim Chlor als gültig anzunehmen.

12. Argon. Der Dopplereffekt am Argon wurde zuerst von DORN[3]) beobachtet, dann von STARK und KIRSCHBAUM[4]) sowie von FRIEDERSDORFF[5]) studiert.

Die Zahl der den Dopplereffekt tragenden Linien ist so groß, die Ordnung im Spektrum des Argons noch so wenig geklärt, daß eine Wiedergabe der Linien-

[1]) J. STARK u. R. KÜNZER, Ann. d. Phys. Bd. 45, S. 41. 1914.
[2]) J. STARK u. R. KÜNZER, Ann. d. Phys. Bd. 45, S. 57. 1914.
[3]) E. DORN, Phys. ZS. Bd. 8, S. 589. 1907.
[4]) J. STARK u. H. KIRSCHBAUM, Ann. d. Phys. Bd. 42, S. 255. 1913.
[5]) K. FRIEDERSDORFF, Ann. d. Phys. Bd. 47, S. 737. 1915.

liste sich nicht empfiehlt. Der Leser findet in der Arbeit von FRIEDERSDORFF[1]) eine ausführliche tabellarische Übersicht der Linien mit ihren Dopplereffekten im Wellenlängenbereich 5000 bis 2800 Å, und zwar für das rote und blaue Argonspektrum.

Der Dopplereffekt der Linien des roten Spektrums verhält sich zu dem der Linien des blauen Spektrums, wie es vom Verhalten der Bogen- zu den Funkenlinien her bekannt ist. Es gelten also über ihre Trägernatur die entsprechenden Vermutungen, für die jedoch auch beim Argon experimentelle Beweise bisher fehlen.

13. Kalium. STARK und SIEGL[2]) gelang es, den Dopplereffekt im Kanalstrahlverfahren am zweiten Duplett der Hauptserie

4047—4044

zu beobachten. Über seinen Träger gilt dasselbe wie das über die *D*-Linien des Natriums Gesagte: da es sich um Bogenlinien handelt, ist mit einem neutralen Träger zu rechnen.

14. Calcium. Die Dopplereffektbeobachtungen beschränken sich auf das Paar

3969, 3934,

welches von REICHENHEIM[3]) im Anodenstrahlverfahren ausgemessen vorden ist.

15. Strontium. Ebenfalls von REICHENHEIM[3]) im Anodenstrahl beobachtet. Der Dopplereffekt wird bei den Linien

4608, 4306, 4216, 4162, 4078

festgestellt.

16. Jod. Von STARK und KÜNZER[4]) werden Dopplereffekte an den innerhalb der Leistungsfähigkeit des benutzten Spektrographen liegenden Bogenlinien

4910, 4896, 4849, 4820, 4760, 4480, 4322

mitgeteilt.

Bewegte Streifen an Funkenlinien fanden sich bei

4658, 4641, 4635, 4633, 4622, 4453, 4445, 4443, 4428, 4422, 4413, 4410, 4408, 4399, 4376, 4292,

wiederum deutlich durch Betonung der höheren Geschwindigkeiten von den Intensitätsverhältnissen im bewegten Streifen der Bogenlinien unterschieden, auch dann, wenn Jodstrahlen in Heliumatmosphäre verlaufen.

17. Quecksilber. STARK, HERMANN und KINOSHITA[5])[6]) beobachten und messen den Dopplereffekt bei den Linien:

4486, 4398, 4347, 4078,

dann bei der ersten Tripletserie

3663—3655—3650, 3132—3126, 3022, 2968,

der zweiten Tripletserie

4359, 4047, 3342, 2894,

sowie bei den Linien

4339, 3984, 2847, 2537, 2224,

---

[1]) K. FRIEDERSDORFF, Ann. d. Phys. Bd. 47, S. 756. 1915.

[2]) J. STARK u. K. SIEGL, Ann. d. Phys. Bd. 21, S. 457. 1906.

[3]) O. REICHENHEIM, Ann. d. Phys. Bd. 33, S. 747. 1910.

[4]) J. STARK u. R. KÜNZER, Ann. d. Phys. Bd. 45, S. 65. 1914.

[5]) J. STARK, W. HERMANN u. S. KINOSHITA, Ann. d. Phys. Bd. 21, S. 462. 1906.

[6]) J. STARK, G. WENDT, H. KIRSCHBAUM u. R. KÜNZER, Ann. d. Phys. Bd. 42, S. 278. 1913.

von welchen die vorletzte die bekannte Resonanzlinie des Quecksilbers ist. Da es sich durchweg um Bogenlinien handelt, so kommt für alle das neutrale Atom als Träger in Betracht. Durch das Ablenkungsverfahren W. WIENS ist dies für die Linien der beiden Tripletserien, wie für die vier folgenden erwiesen, unter welchen die Resonanzlinie schon durch Untersuchungen im Elektronenstoßverfahren als zu einem neutralen Träger gehörig bekannt geworden ist. Nur für 4347 und 4078 kann die Zugehörigkeit zu einem neutralen Träger nicht mit Sicherheit behauptet werden. Der Charakter ihres Dopplereffektes weicht von dem der übrigen ab, und sie finden sich bei der Ablenkungsprüfung nicht unter den beobachteten Linien. Ebenso bleiben die Träger der Linien 4486 und 4398 zweifelhaft.

Zusammenfassend kann man als Ergebnis unseres Überblicks das aussagen, was KREFFT[1]) in einem Referat über den Dopplereffekt von Bogen- und Funkenlinien betont. Im allgemeinen gilt der Satz, daß die bewegte Intensität der Funkenlinien bei höheren Spannungen gegenüber derjenigen der Bogenlinien mehr hervortritt und daß in der Verteilung des bewegten Streifens bei Funkenlinien die höheren Geschwindigkeiten vorherrschen, bei den Bogenlinien die geringeren. Die mit diesem allgemeinen Resultat im Zusammenhang stehenden Folgerungen werden in Abschnitt V besprochen.

V. Der Dopplereffekt als Mittel zum Studium der Vorgänge im Kanalstrahl.

Der Dopplereffekt bildet eine Beziehung zwischen bewegten Trägern und ihrer Lichtemission, ermöglicht also Rückschlüsse zweifacher Art, einmal solche, welche sich aus dem Bewegungszustand der Träger folgern lassen, dann ferner solche, welche sich auf die Lichtemission und ihren Mechanismus beziehen.

Abschn. V geht zunächst auf die ersteren ein. Aus dem Bewegungszustand der Träger, so wie ihn der Dopplereffekt kennzeichnet, sind wiederum zwei Arten von Folgerungen gezogen worden. Erstens solche, die sich auf die Natur der Träger bezogen: man hat Beziehungen zwischen der Struktur des Dopplereffektes und der molekularen Beschaffenheit der Träger, wie Beziehungen zwischen der Lichtemission und der elektrischen Natur der Träger konstruiert; zweitens solche, welche im Kanalstrahl sich abspielende Prozesse betrafen: Rücklauf der Kanalstrahlen, ihre Reflexion, Absorption und Zerstreuung.

a) Beziehungen zwischen dem Dopplereffekt und der Natur der Träger.

22. Molekulare Struktur der Träger: Unterteilungen im Dopplereffekt. PASCHEN[2]) hat an den Kanalstrahlen des Wasserstoffs die wichtige Beobachtung gemacht, daß im bewegten Streifen unter Umständen Unterteilungen auftreten. Die von PASCHEN gefundenen Gesetzmäßigkeiten dieser Erscheinung lassen sich kurz folgendermaßen formulieren.

Die Spannungsabhängigkeit: Mit zunehmender Spannung entsteht neben einem stärker verschobenen Streifen, etwa von 800 Volt an, ein schwächer abgelenkter, von diesem durch ein Minimum deutlich getrennter Streifen. Bei 1200 Volt haben beide annähernd gleiche Intensität. Dann tritt der stärker abgelenkte immer mehr zurück und verschwindet überhalb 3000 Volt.

[1]) H. KREFFT, Phys. ZS. Bd. 25, S. 352. 1924.
[2]) F. PASCHEN, Ann. d. Phys. Bd. 23, S. 247. 1907.

Die Gasdruckabhängigkeit: Mit zunehmendem Gasdruck wird der weniger abgelenkte Dopplerstreifen geschwächt, der stärker abgelenkte verstärkt. Bei abnehmendem Gasdruck kann letzterer fast ganz verschwinden. Abb. 49 gibt die Reproduktionen der Arbeit Paschens wieder.

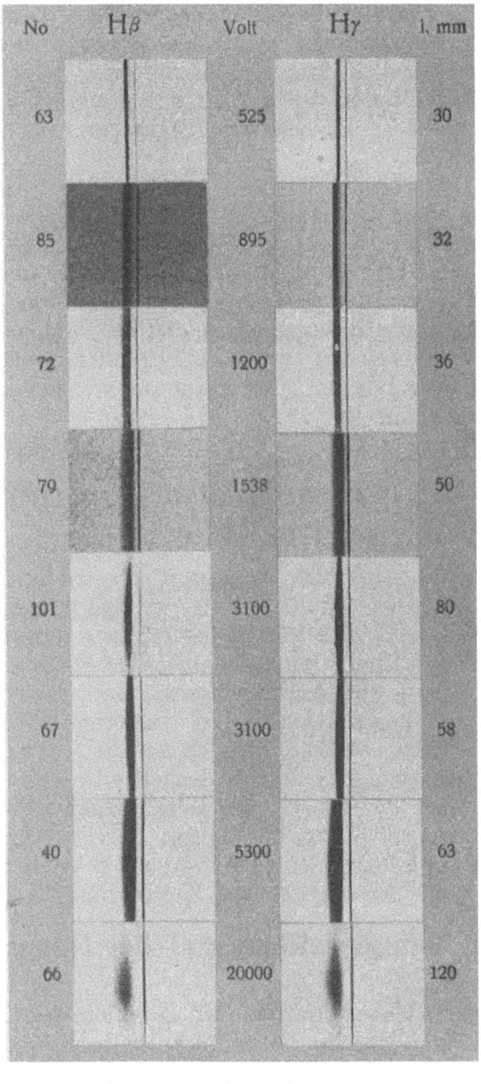

Abb. 49. Die Unterteilung des Dopplerstreifens in Abhängigkeit von der Spannung nach Paschen.

Zur Erklärung der Unterteilung im Dopplerstreifen bei geringeren Spannungen hat Paschen selbst schon Massenverschiedenheiten herangezogen. Gehrcke und Reichenheim[1]) nehmen in einfachster Deutung an, daß die Erscheinung auf gleichzeitiger Beschleunigung von geladenen Wasserstoffatomen und Molekülen beruht. Es muß also gelten:

$$\frac{1}{2} m_H v_H^2 = \frac{1}{2} m_{H2} v_{H2}^2 ,$$

oder da $2m_H = m_{H2}$:

$$\frac{v_{H2}}{v_H} = \frac{1}{\sqrt{2}} .$$

Die Ausmessungen stimmen recht gut zu diesem Größenverhältnis.

Stark und Steubing[2]) haben bei 6000 bis 8000 Volt Spannung noch ein drittes Maximum im Intervall kleinster Geschwindigkeiten des Dopplerstreifens des Wasserstoffs feststellen können. In Anwendung der Hypothese von Gehrcke und Reichenheim wäre dieses Maximum möglicherweise dem H_3^+-Ion zuzuweisen, dessen Vorkommen von J. J. Thomson zuerst nachgewiesen worden ist und von dem wir aus neuen Untersuchungen wissen, daß seine Beträge unter Umständen, wie sie im Entladungsrohr gegeben sind, sehr ansehnliche Größe annehmen können.

Im wesentlichen haben die Beobachtungen von Stark und Steubing die Ergebnisse Paschens bestätigt. Abweichungen betreffen die Spannungsverhältnisse beim Entstehen der Unterteilungen, sowie ihr Nebeneinanderbestehen bei variierender Spannung. Sie dürfen bei der Empfindlichkeit der Kanalstrahlkonstitution von den Versuchsbedingungen, z. B. auch von der Röhrenform, nicht wundernehmen. Die Annahme von Stark[3]),

---

[1]) E. Gehrcke u. O. Reichenheim, Verh. d. D. Phys. Ges. Bd. 8, S. 417. 1910.
[2]) J. Stark u. W. Steubing, Ann. d. Phys. Bd. 28, S. 974. 1909.
[3]) J. Stark, Phys. ZS. Bd. 9, S. 767. 1908.

daß die Dopplereffektunterteilungen mit der Lichtquantenhypothese in Verbindung zu bringen sei, hat sich nicht bewährt und ist von ihm auch selbst später[1]) fallen gelassen worden.

23. Ladungszustände der Träger: Geschwindigkeitsbereiche im Dopplereffekt. Der Dopplereffekt $\delta\lambda/\lambda$ ist eine Funktion der Geschwindigkeit v des Strahlträgers, diese wiederum eine Funktion seiner spezifischen Ladung e/m im Kathodenfall, in welchem er bis zu derjenigen Endgeschwindigkeit beschleunigt wird, welche er im Zustand des Leuchtens, im Dopplereffekt ablesbar, zeigt. So spricht die Literatur, einem Gebrauche STARKS folgend, von einwertigen und mehrwertigen Geschwindigkeitsbereichen des bewegten Dopplerstreifens. Es werden damit diejenigen Intervalle $\delta\lambda$ bezeichnet, welche auf ein während seiner Beschleunigungsperiode einfach bzw. mehrfach geladenes Teilchen hinweisen. Es lassen sich nun, außer beim Wasserstoff, bei allen im Kanalstrahl beobachtbaren Elementen mehrwertige Dopplerstreifen feststellen. Dem entspricht das Ergebnis der elektromagnetischen Analyse, daß im Kanalstrahl je nach den Umständen mehrfach positiv geladene Strahlträger vorkommen.

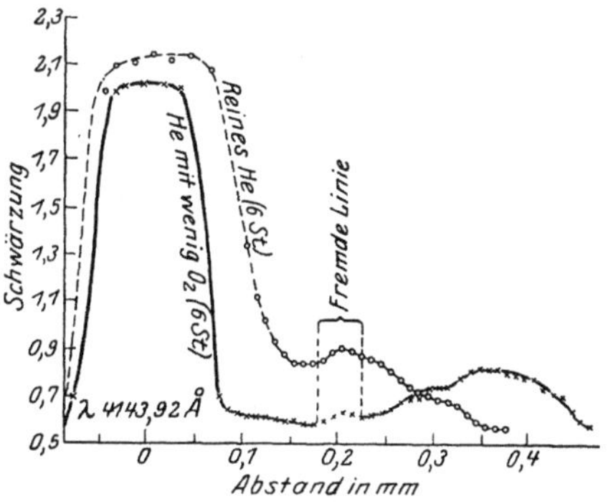

Abb. 50. Wirkung von Sauerstoff auf den Dopplereffekt in Helium.

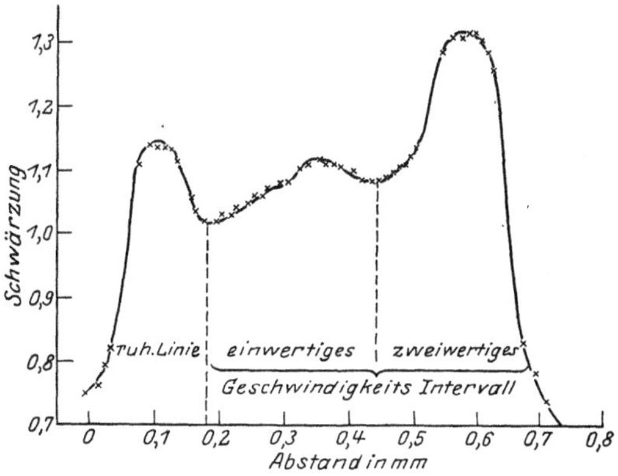

Abb. 51. Die Al-Bogenlinie 3962 bei 8000 Volt.

Interessant sind nun diejenigen Dopplereffektbeobachtungen, welche die Veränderungen in mehrwertigen Dopplerstreifen bei variablen Versuchsbedingungen dartun. Hierfür seien einige Beispiele gebracht.

Helium, in Helium und in Sauerstoff verlaufend. Abb. 50 zeigt die Wirkung elektronegativer Gase auf den Kanalstrahl. Sie liegt erstens in der Verstärkung der bewegten Intensität der ruhenden gegenüber, dann aber auch darin, daß der bewegte Dopplerstreifen in höhere Geschwindigkeitsbereiche hinein verschoben wird. Sauerstoff, beim Zusammenstoß eine starke Elektronenaffinität zeigend, läßt das Heliumatom positiv zurück und begünstigt dadurch die Häufigkeit der Fälle, in welchen die Heliumatome den vollen Kathodenfall, oder wenigstens seinen größeren Teil in geladenem Zustande durchlaufen und eine höhere Endgeschwindigkeit erreichen als im Falle der Beimengung eines Gases geringerer Elektronenaffinität.

Aluminium. Das zweite Beispiel sei der Einfluß der Entladungsspannung auf die Bogen- und Funkenlinien des Aluminiums[2]). Die Linie 3962 ist eine Bogenlinie des Aluminiums und besitzt als solche einen neutralen Träger. Abb. 51

---

[1]) J. STARK, Verh. d. D. Phys. Ges. Bd. 15, S. 813, 1235. 1913.
[2]) J. STARK, G. WENDT u. H. KIRSCHBAUM, Ann. d. Phys. Bd. 42, S. 241. 1913.

stellt ihren Dopplereffekt (nach Stark) dar, aufgenommen an einem Kanalstrahl, der in einem Gemisch von H_2, Cl_2, $HgCl_2$ und $AlCl_3$ verläuft. Die Spannung beträgt 8000 Volt. Abb. 52 zeigt den Dopplereffekt derselben Linie 3962 unter sonst gleichen Versuchsbedingungen, nur beträgt die Spannung 10000 bis 15000 Volt.

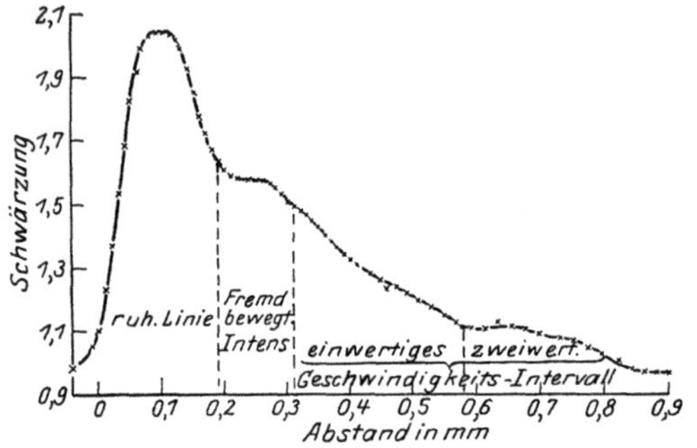

Abb. 52. Die Al-Bogenlinie 3962 bei 10000 bis 15000 Volt.

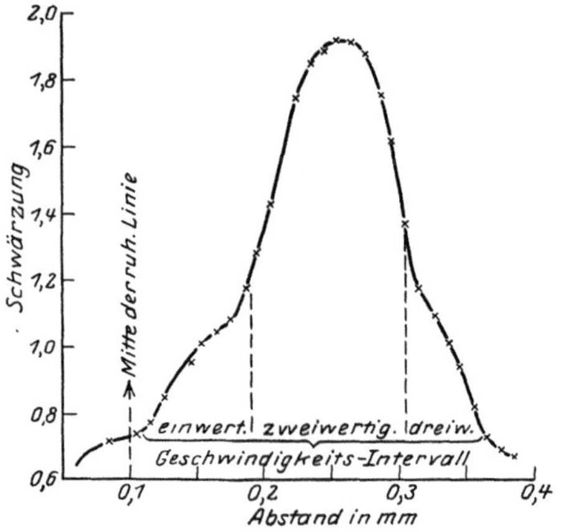

Abb. 53. Die Al-Funkenlinie 4664 bei 8000 Volt.

Die höhere Strahlgeschwindigkeit ist der Bildung neutraler Träger nicht günstig. Sie drängt daher die Zahl der Träger, welche den Kathodenfall ganz oder teilweise in vollem Ladungszustande durchlaufen und sich dann neutralisiert haben, zurück. Geringere Strahlgeschwindigkeiten begünstigen diese Fälle mehr. Daher das Vorwiegen der ruhenden Linie in Abb. 52 gegenüber der bis in das zweiwertige Intervall hinein sich erstreckenden bewegten Intensität und die stärkere Betonung der ebenfalls bis in den zweiwertigen Geschwindigkeitsbereich reichenden bewegten Dopplerstreifen gegenüber der ruhenden Linie in Abb. 51.

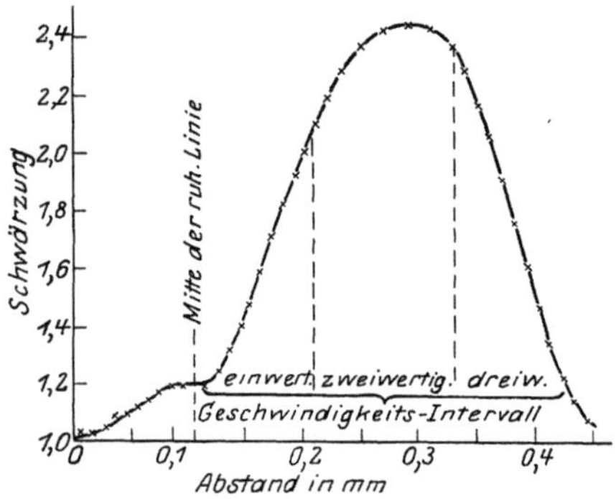

Abb. 54. Die Al-Funkenlinie 4664 bei 10000 bis 15000 Volt.

Umgekehrt bei der Funkenlinie 4664. Sie hat geladene Träger; höhere Spannung begünstigt diese und steigert die Intensität des bewegten Dopplerstreifens. Die Abb. 53, 54 und 55 zeigen deutlich, wie beim Übergang von 8000 Volt zu 10000 bis 15000 Volt und endlich zu 20000 bis 30000 Volt, bei gleichen sonstigen Versuchsbedingungen, der einwertige Bereich mehr und mehr zurücktritt und das Intensitätsmaximum sich in den dreiwertigen Geschwindigkeitsbereich vorschiebt.

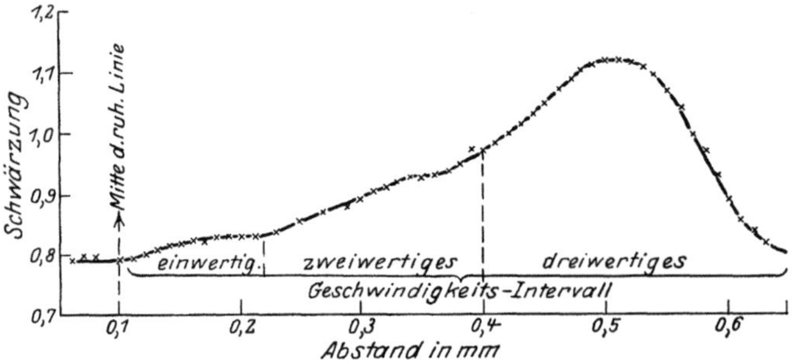

Abb. 55. Die Al-Funkenlinie 4664 bei 20000 bis 30000 Volt.

Ähnlich liegen die Verhältnisse bei den

Bogen- und Funkenlinien des Stickstoffs[1]) und in anderen Fällen. Was die Bildung geladener Strahlträger im Kathodenfall fördert, wie Beimengung elektronegativer Gase und hohe Spannung, das steigert die bewegte Intensität, in letzterem Falle jedoch nur dann, wenn es sich um geladene Linienträger, also um Funkenlinien handelt. Dies erinnert an das in Ziff. 21 aus der Zusammenstellung der Beobachtungen von Dopplereffekten gezogene Resultat.

Was nun aber die Möglichkeit betrifft, von dem Dopplereffekt und seinen Geschwindigkeitsbereichen auf die elektrische Natur über das Resultat hinaus zu schließen, daß zu Bogenlinien neutrale, zu Funkenlinien geladene Träger gehören — eine Kenntnis, die durch andere Erscheinungen besser vermittelt wird als durch den Dopplereffekt —, so muß hier ausdrücklich betont werden, daß die auf S. 119 genannte Möglichkeit, vom Dopplereffekt auf Strahlträger und Kanalstrahlvorgänge zu schließen, doch nur insoweit gilt, als keine komplizierenden Nebenvorgänge mit ins Spiel kommen. Nun ist ein solcher aber in der Umladung der Kanalstrahlen gegeben. Diese Umladung trennt den Bewegungszustand des Trägers, wie er im Kathodenfall sich herstellte, von seiner elektrischen Natur im Augenblicke des Leuchtens und zerreißt den funktionalen Zusammenhang, der ohne ihr Dazwischentreten zwischen Lichtemission und elektrischer Natur der Träger im Kanalstrahl bestehen würde.

Aus dem Einfluß der Variation der Versuchsbedingungen auf den Dopplereffekt allein auf die Natur der Strahlträger zu schließen, ist deshalb unmöglich. Der Dopplereffekt ist nur eine Aussage über die Vergangenheit des Trägers, als er der Beschleunigung unterlag. Seine Geschichte bis zum Augenblick der Beobachtung im Zustande des Leuchtens kann er nicht ergründen helfen. Daher kann er auch für sich allein über diesen Zustand nichts Beweisendes aussagen. Über das Resultat des am Schlusse von Ziff. 21 Gesagten gelangen wir nicht hinaus.

b) Beziehungen zwischen dem Dopplereffekt und den Vorgängen im Kanalstrahl.

24. Rücklaufstrahlen. Wir kommen nunmehr zu einer anderen Gruppe von Fällen, den Dopplereffekt zum Studium des Kanalstrahls zu verwenden, den im Strahl sich abspielenden Prozessen. Zunächst der Rücklauf der Kanalstrahlen. Man versteht unter rücklaufenden Kanalstrahlen solche, die von negativen Ionen getragen, im Entladungsfelde eine den gewöhnlichen Kanalstrahlen entgegengerichtete Geschwindigkeit erhalten haben. Schon GOLDSTEIN[2]) fand sie durch Trennung von den magnetisch leicht ablenkbaren Kathodenstrahlen und bezeichnete sie zum Unterschied von den auf die Kathode zueilenden Kanalstrahlen als K^1-Strahlen. WILSAR[3]) beobachtet sie mit einer in Abb. 56 dargestellten Anordnung im Dopplereffekt als Überlagerung über die Wirkung von Kanalstrahlen, welche im Beobachtungsraum regel-

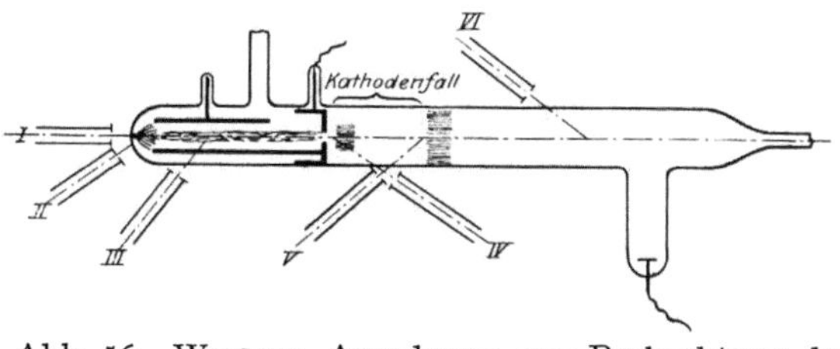

Abb. 56. WILSARS Anordnung zur Beobachtung der Rücklaufstrahlen.

[1]) J. STARK u. R. KÜNZER, Ann. d. Phys. Bd. 45, S. 29. 1914; vgl. dort Abb. 22 mit Abb. 23, 24, u. 25.

[2]) E. GOLDSTEIN, Verh. d. D. Phys. Ges. Bd. 3, S. 204. 1901.

[3]) H. WILSAR, Ann. d. Phys. Bd. 39, S. 1292. 1912.

rechte Reflexion erleiden, von der aber der Rücklauf der Kanalstrahlen streng zu trennen ist. Der an der Glaswand des Beobachtungsraumes reflektierte Kanalstrahl gibt bei Anvisierung entgegen der Strahlrichtung neben dem nach Violett verschobenen auch einen nach Rot verschobenen Streifen. Dieser wird bei axialem Anvisieren (Übergang von Stellung II und III in Stellung I, Abb. 56) bedeutend stärker, weil sich dann das Licht des Entladungsraumes dem des Beobachtungsraumes hinzugesellt und die Wirkung der hier verlaufenden Rücklaufstrahlen sich zu derjenigen der normalen Reflexion addiert. RAU[1]) findet vor der Kathode im Dopplereffekt der Funkenlinien des Sauerstoffs, besonders wenn er nur als Verunreinigung im Wasserstoff oder Stickstoff vorhanden war, einen dem normalen Dopplereffekt entgegengesetzt verlaufenden Streifen, dessen maximale Breite dieselbe ist wie bei diesem. Auch hier handelt es sich um Rücklaufstrahlen, die ihre Entstehung negativ geladenen O-Atomen verdanken und teilweise den ganzen Kathodenfall mit negativer Ladung durchlaufen haben. Da die Funkenlinien dem O^+-Atom zugehören, müssen sie zwei Elektronen später, nach erfolgter voller Beschleunigung, verloren haben.

25. Reflexion der Kanalstrahlen, beobachtet am Dopplereffekt. Die Feststellung der Reflexion von Kanalstrahlen an der Glaswand des Beobachtungsraumes durch den Dopplereffekt rührt von HERMANN und KINOSHITA[2]) her. WILSAR[3]) hat ihre Beobachtung mit der in Abb. 56 gegebenen Versuchsanordnung bestätigt und mit der Anordnung Abb. 57 auf Metall (Aluminium) ausgedehnt. Abb. 58 ist sein Resultat an der Linie H_γ.

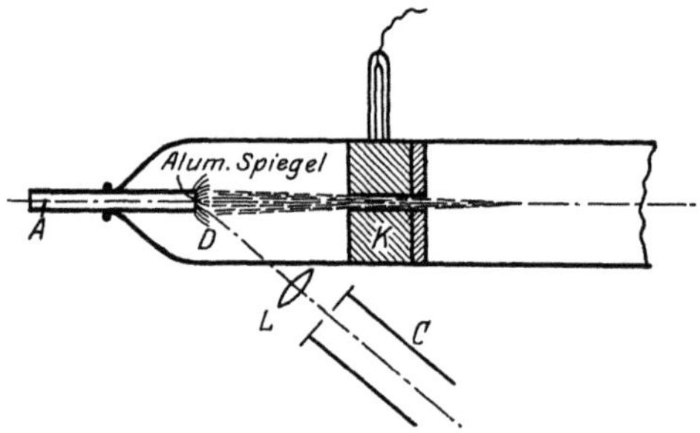

Abb. 57. WILSARS Anordnung zur Beobachtung der Reflexion an Metall.
C Kollimatorrohr, *D* Spiegelfläche, *L* Linse.

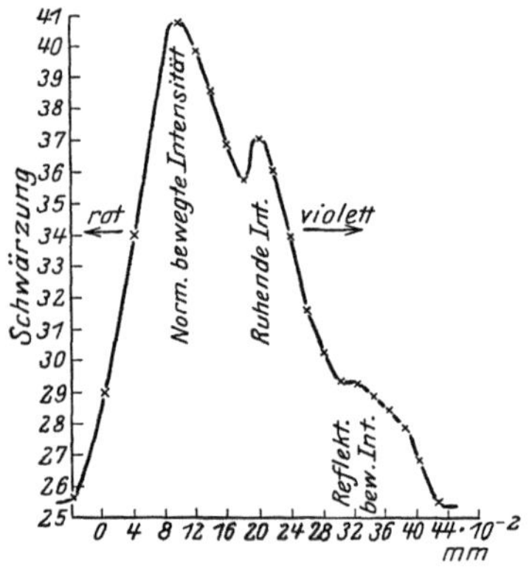

Abb. 58. Beobachtung der Reflexion am Doppler-Effekt.

Abhängigkeiten der Reflexion von variierten Bedingungen untersuchen am Dopplereffekt WAGNER[4]) und STARK und STEUBING[5]). Die Beobachtung WILSARS an Aluminium setzte WAGNER in einem Vergleich zwischen Aluminium und Gold fort. Der dem Dopplereffekt entnommene Vergleich stellt bei Gold eine etwas größere Reflexion als bei Aluminium, dagegen bei Aluminium und Glas etwa gleich große Reflexion fest. Die Dichte des reflektierenden Körpers läßt sich als maßgebend vermuten. (Über die Versuchsanordnung und ihr Ergebnis an H_γ siehe Ziff. 17.)

STARK und STEUBING stellen die Abnahme der Reflexion E_r bei zunehmender Entladungsenergie E_e fest.

[1]) H. RAU, Ann. d. Phys. Bd. 73, S. 266. 1924.
[2]) W. HERMANN u. S. KINOSHITA, Phys. ZS. Bd. 7, S. 564. 1906.
[3]) H. WILSAR, Ann. d. Phys. Bd. 39, S. 1292. 1912.
[4]) E. WAGNER, Ann. d. Phys. Bd. 41, S. 209. 1913.
[5]) J. STARK u. W. STEUBING, Ann. d. Phys. Bd. 28, S. 995. 1909.

Daß oberhalb etwa 10000 Volt die Reflexion überhaupt verschwindet, hat auch WILSAR gefunden, FÜCHTBAUER[1]) schon bei Beobachtung der Sekundärstrahlen durch elektrische Messungen nachgewiesen. Insbesondere findet FÜCHTBAUER, daß die Reflexion bei einigen Tausend Volt Spannung etwa 10%, unterhalb 2500 Volt bis zu 50% der einfallenden Strahlenergie beträgt.

Tabelle 6. Beziehungen zwischen reflektierter Energie E_r und Entladungsenergie E_e.

Spannung Volt	$\frac{E_r}{E_e}$
390	1,14
425	1,07
555	0,62
600	0,64
1200	0,52
3000	0,45
4000	0,38
7000	0,32

26. Einfluß der Absorption der Kanalstrahlen auf den Dopplereffekt. WILSAR[2]) hat die Wirkung der Absorption von Kanalstrahlen auf den Dopplereffekt dadurch bestimmt, daß er den Strahl in zwei verschiedenen Entfernungen, 10 cm und 35 cm, hinter der Kathode anvisierte. Erwartet wurde eine Bremsung des Strahls, ein Hinüberrücken des bewegten Streifens zu kleineren Geschwindigkeiten. Das Gegenteil trat ein (Abb. 59). Die bewegte Intensität verschiebt sich mit Entfernung von der Kathode nach größeren Geschwindigkeiten hin. Als Deutung hierfür kommt nur die stärkere Aussiebung kleinerer Geschwindigkeiten durch Absorption gegenüber den größeren Geschwindigkeiten in Betracht. Zu demselben Resultat gelangt W. WIEN[3]) bei Bestimmung der Absorption aus der Strahlintensität mit dem Thermoelement. Unter Absorption wird hierbei jede Entfernung eines Strahlteilchens aus dem Strahl verstanden.

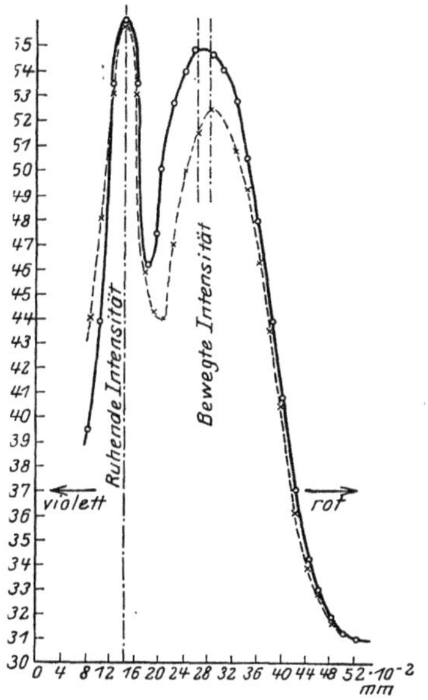

Abb. 59. Einfluß der Absorption auf den Dopplereffekt.

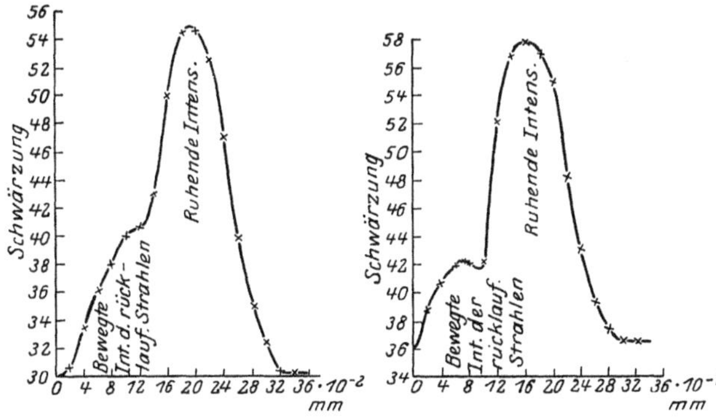

Abb. 60. Einfluß der Absorption auf den Dopplereffekt der Rücklaufstrahlen.
a) Stellung V in Abb. 56. b) Stellung VI in Abb. 56.

Eine ganz ähnliche Wirkung der Absorption hat WILSAR auch an den rücklaufenden Kanalstrahlen festgestellt, indem er sie (s. Abb. 56, Stellung V und Stellung VI) in zwei verschiedenen Entfernungen vor der Kathode anvisierte. Der Vergleich der H_γ-Linie in beiden Fällen zeigt ein stärkeres Hervortreten der bewegten Intensität der Rücklaufstrahlen in weiterem Abstande vor der Kathode (Abb. 60a und b).

[1]) CHR. FÜCHTBAUER, Phys. ZS. Bd. 7, S. 153. 1906.
[2]) H. WILSAR, Ann. d. Phys. Bd. 39, S. 1288. 1912.
[3]) W. WIEN, Ann. d. Phys. Bd. 48, S. 1089. 1915.

27. Einfluß der Zerstreuung der Kanalstrahlen auf den Dopplereffekt; Einfluß fremder Gase. Die Wirkung der Zerstreuung bewegter Strahlteilchen auf den Dopplereffekt ist eine zweifache. Bei den Balmerlinien des Wasserstoffs, an welchen sie sich sehr gut studieren läßt, verschwindet mit zunehmender Zerstreuung das Intensitätsminimum zwischen ruhendem und bewegtem Streifen; die Kontraste verflachen, und beide Streifengebiete gehen schließlich kontinuierlich ineinander über. Ferner verschiebt sich die Geschwindigkeitsverteilung im bewegten Streifen gegen kleinere Geschwindigkeiten hin. Da die Zerstreuung in einer Ablenkung der bewegten Teilchen durch die von ihnen durchsetzte ruhende Gasatmosphäre besteht, so ist die Zerstreuung und mit ihr die Veränderung des Dopplereffekts je nach der Wahl der den Kanalstrahl umgebenden Gasart verschieden.

HERMANN und KINOSHITA[1]) haben die Erscheinung zuerst beobachtet. Bei Wasserstoffkanalstrahlen in Wasserstoff waren die Kontraste im Dopplereffekt scharf ausgeprägt, in Stickstoff verflacht, in Kohlensäure nicht mehr erkennbar. In gleicher Reihenfolge nahmen die Geschwindigkeitsverschiebungen ab.

Ähnliches hat STRASSER[2]) gefunden. STRASSER gibt an, daß das Intensitätsminimum im Dopplereffekt von Wasserstoffstrahlen bei steigendem Stickstoffgehalt mehr und mehr abflacht und bei einem Volumverhältnis von $H:N = 1:1,5$ nicht mehr wahrzunehmen ist. Eine andere Beobachtung STRASSERS, daß in sehr reinem Wasserstoff die ruhende Linie gegenüber der bewegten stark zurücktritt, ist auf Spannungsverhältnisse zurückzuführen und gehört nicht hierher. In Ziff. 31 kommen wir auf diesen Punkt zurück. Wohl aber dürfte in der weiteren Feststellung STRASSERS eine Wirkung der Zerstreuung zu erblicken sein, daß mit zunehmender Verunreinigung des Wasserstoffs die Intensität der ruhenden Linie gegenüber der bewegten zunimmt.

Zu bemerken ist hierbei, daß diese Versuche ohne Trennung von Entladungs- und Beobachtungsraum vorgenommen worden sind. Eine Trennung des zerstreuenden Gases vom Entladungsraum würde sicherere Aussagen über die Wirkung der Zerstreuung auf den Dopplereffekt gestatten. Dies gilt auch von einer Arbeit von STARK und KIRSCHBAUM[3]). Sie finden z. B. für Sauerstoffstrahlen in Sauerstoff und in Helium das in Abb. 61 niedergelegte Ergebnis, nach welchem, am Dopplereffekt der Funkenlinie 4190 abgelesen, ganz im Sinne des oben Gesagten die Zerstreuung im Sauerstoff größer ist als im Helium. Indessen ist zu bezweifeln, ob die volle Größe des Unterschiedes der beiden Kurven der alleinigen Wirkung der Zerstreuung zuzurechnen ist. Wie von W. WIEN[4]) betont, würde das Ergebnis beweiskräftiger sein, wenn durch Trennung von Beobachtungs- und Entladungsraum die Entstehungsbedingungen der Kanalstrahlen eindeutiger gemacht und am Strahlverlauf im

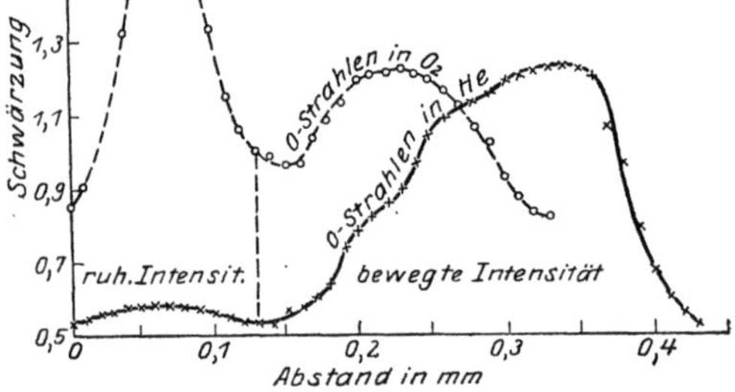

Abb. 61. Einfluß der Zerstreuung auf den Dopplereffekt der Sauerstoff-Funkenlinie 4190.

[1]) W. HERMANN u. S. KINOSHITA, Phys. ZS. Bd. 7, S. 564. 1906.
[2]) B. STRASSER, Ann. d. Phys. Bd. 31, S. 890. 1910.
[3]) J. STARK u. H. KIRSCHBAUM, Phys. ZS. Bd. 14, S. 433. 1913.
[4]) W. WIEN, Referat in Marx Handb. d. Radiol. Bd. IV, S. 234.

Beobachtungsraum die Zerstreuung und ihre zunehmende Wirkung auf den Dopplereffekt in verschiedenen Abständen von der Kathode festgestellt würde, wie es Wilsar bei der Asorption getan hat.

VI. Der Dopplereffekt als Mittel zum Studium der Lichtemission.

28. Mechanismus der Lichterregung. Lichterregung durch molekulare Zusammenstöße. Im hohen Vakuum leuchtet der Kanalstrahl nicht. Er bedarf zum Leuchten der Umgebung einer ruhenden Gasatmosphäre. Den ersten quantitativen Nachweis hierfür erbrachte W. Wien[1]). Bei Trennung von Beobachtungs- und Entladungsraum mittels Kapillaren wurden bei konstanten Entladungsbedingungen verschiedene Drucke im Beobachtungsraum eingestellt. Die Strahlenergie wurde mit der Thermosäule gemessen. Es zeigte sich für einen in Wasserstoff verlaufenden Wasserstoffstrahl, daß bei gleicher Wärmewirkung des Strahls und gleicher Spannung die Lichtintensität in höheren Verdünnungen wesentlich kleiner ist als bei geringeren Verdünnungen. Freilich war in dem photometrischen Verfahren die Gesamtemission gemessen worden. Beim Wasserstoff ist jedoch zu bemerken, daß jedenfalls der größere Teil der Lichtemission vom Dopplereffekt herrührt, also den bewegten Trägern zuzuweisen ist.

Versuche über Lichterregung des Strahls durch verschiedene Gase. Den besten Einblick in den Vorgang der Lichterregung bei Kanalstrahlen und die Bedeutung, welche der den Strahl umgebenden ruhenden Gasatmosphäre dabei zukommt, gewähren die Versuche von Wilsar[2]). Die Versuchsanordnung Wilsars trennt durch zwei Kapillaren K_1 und K_2 (Abb. 62) den Entladungsraum A vom Beobachtungsraum B. Der bei G wirkenden Pumpe strömen die in A durch E und in B durch D eingefüllten Gase ohne erhebliche Vermischung in diesen beiden Räumen zu.

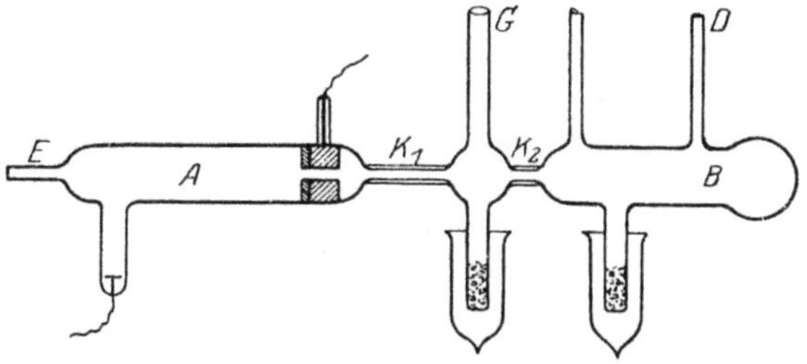

Abb. 62. Anordnung Wilsars zur Beobachtung der Anregung des Dopplerstreifens.

Von den Resultaten der spektrographischen Aufnahmen, welche den Strahl in B entgegengesetzt zu seiner Richtung anvisieren, gibt Abb. 63 ein photometrisches Kurvenbild. In der unteren Hälfte handelt es sich um Anregung eines Sauerstoffstrahls durch eine in B ruhende Stickstoffatmosphäre. Hier sieht man von der Sauerstoff-Funkenlinie 4415 den bewegten Streifen ihres Dopplereffektes betont, von den Stickstoff-Funkenlinien 4437 und 4432 dagegen nur die ruhenden Intensitäten. Umgekehrt die obere Hälfte: Ein Stickstoffstrahl erregt im ruhenden Sauerstoff von seinen Linien 4415 und 4367 im wesentlichen nur ihre ruhenden Intensitäten. Die Stickstofflinien sind hier verschwunden.

Bestätigung der Versuche Wilsars durch Fulcher. Gleichzeitig mit der Arbeit Wilsars erschien eine Veröffentlichung Fulchers[3]), welche die Beobachtungen Wilsars bestätigte. Fulcher bewirkt die Trennung der

[1]) W. Wien, Ann. d. Phys. Bd. 30, S. 349. 1909.
[2]) H. Wilsar, Ann. d. Phys. Bd. 39, S. 1299. 1912.
[3]) G. S. Fulcher, Astrophys. Journ. Bd. 35, S. 101. 1912.

Gasatmosphäre vom Kanalstrahl durch eine Kapillare (Abb. 64), welche das durch den Strahl anzuregende Gas bis nahe an die Kathodenbohrung heranführt. Die Kapillare ist versilbert, die Versilberung auf einer feinen Linie fortgenommen, welche als Spektrographenspalt wirkt. Das Innere der Kapillare

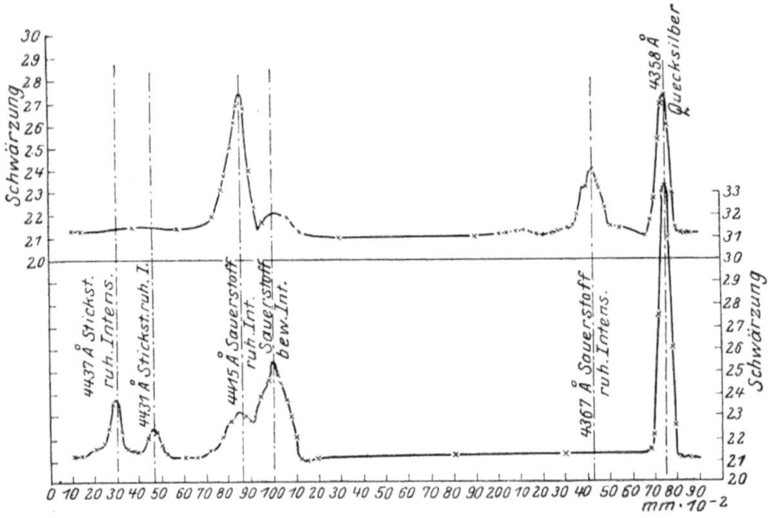

Abb. 63. Die Anregung des Dopplerstreifens (Diagramm nach WILSAR).
a) Stickstoffstrahl in O_2. b) Sauerstoffstrahl in N_2.

ist der Beobachtungsraum für die Anregungsvorgänge. FULCHERS Spektrogramme (Abb. 65) zeigen bei H-Strahlen in H_2 für die Linie 4341 ruhende und bewegte Intensität, bei H-Strahlen in N_2 dagegen für dieselbe Linie nur die bewegte Intensität, daneben die ruhende Intensität der Stickstofflinie 4344.

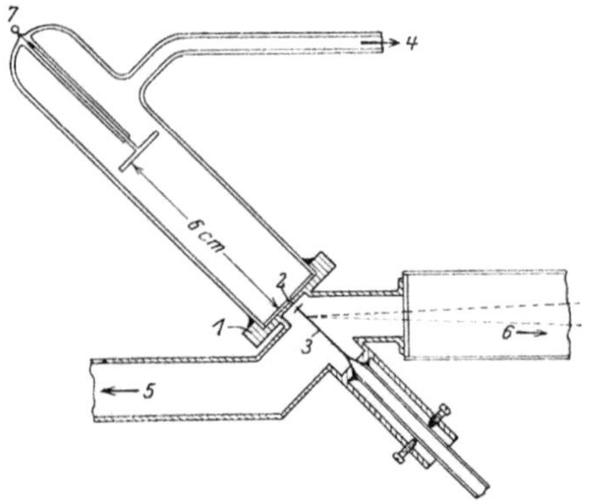

Abb. 64. Anordnung FULCHERS zur Beobachtung der Anregung des Dopplerstreifens.
1 Kathode. *2* Kanal. *3* Kapillare. *4* Zum Gasbehälter. *5* Zur Pumpe. *6* Spektrograph. *7* Anode.

V e r s u c h e W. WIENS ü b e r I m p u l s - ü b e r t r a g u n g b e i L i c h t e r r e g u n g. Die Versuche WILSARS und FULCHERS legen die Auffassung nahe, daß die Anregung der ruhenden und bewegten Teilchen zum Leuchten eine gegenseitige ist, daß sie bei streifender Durchquerung so vor sich geht, daß hierbei weder das bewegte Teilchen gebremst (s. Ziff. 26), noch dem ruhenden, etwa durch Stoß, Geschwindigkeit erteilt wird.

Die Bestätigung für diese Auffassung erbrachten Versuche W. WIENS[1]) zu der Frage, ob bei der Lichterregung zentrale Stöße, bei welchen Bewegung übertragen wird, eine wesentliche Rolle spielen. Methodisch ließ sich diese Frage auf zweierlei Art behandeln: erstens durch Erregung eines nur im Beobachtungsraum befindlichen Gases durch ein anderes, wobei entsprechend den Versuchen WILSARS und FULCHERS der Dopplereffekt fortfällt; zweitens durch Benutzung eines Gases, z. B. Heliums, welches den

[1]) W. WIEN, Ann. d. Phys. Bd. 43, S. 955. 1914.

Dopplereffekt nur schwach zeigt, so daß er nicht stört. Die Versuche wurden mit dem Stufengitter angestellt und ergaben selbst im günstigsten Falle einer möglichen Bewegungsübertragung von bewegten Heliumatomen auf ruhende Heliumatome ein negatives Resultat. Die ruhende Intensität der gelben Heliumlinie 5876 zeigte keinerlei Verbreiterung, die bei gerichteten Stößen als eine einseitige zu erwarten gewesen wäre. Bei dem überwiegenden Teil der durch Kanalstrahlen zum Leuchten gebrachten Atome ist die übertragene Bewegungsgröße im unelastischen Stoße kleiner als 0,36% der zu erwartenden Geschwindigkeitsänderung. Natürlich kann der Fall vorkommen, daß Atome, welche durch zentralen Stoß, zunächst ohne Lichterregung, in Bewegung gesetzt wurden, nachher zur Lichtemission angeregt, bewegte Intensität im Dopplerstreifen zeigen. STARK[1]) folgert z. B. aus der Gestalt der Aluminiumlinie 3962, wenn sie von schwereren Strahlteilchen als Al, z. B. Cl, Ar, Hg erregt wurden, eine „fremdbewegte" Intensität aus ihrem bewegten Dopplerstreifen. Indessen widerspricht dieser Fall nicht dem Ergebnis der Versuche W. WIENS, und es kann als festgestellt gelten, daß der normale Mechanismus der Lichterregung auf streifender Durchquerung ohne Bewegungsübertragung beruht.

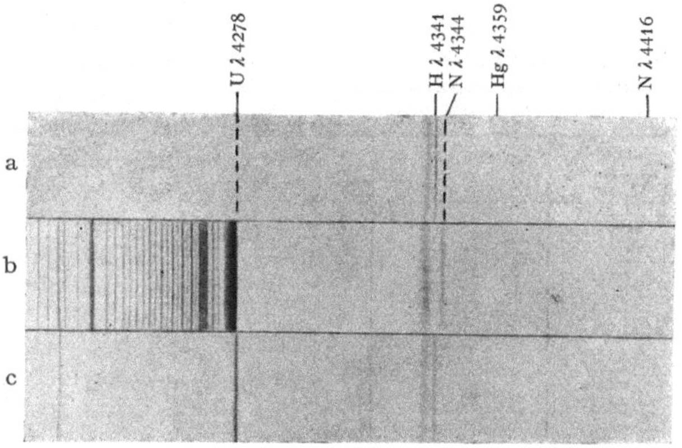

Abb. 65. Die Anregung des Dopplerstreifens. (Photogramm nach FULCHER.)
Wasserstoffstrahlen bei a in H_2, bei b in N_2, bei c in $H_2 + N_2$.

29. Absolutmessung der Lichtemission. Versuche von W. WIEN. Mit den Versuchen WILSARS, FULCHERS und WIENS ist der Mechanismus der Lichterregung bei Kanalstrahlen qualitativ klargelegt. Über die hierbei obwaltenden quantitativen Verhältnisse gewähren weitere Messungen W. WIENS[2]) interessante Einblicke. Durch einen photometrischen, auf die Strahlung des schwarzen Körpers bezogenen Vorgang wird die Ausstrahlung eines Teilchens in H_β pro sec und, bei bekannter Strahlgeschwindigkeit, die Ausstrahlung pro cm Weg in Erg/sec bestimmt, oder, bei Annahme der Strahlungsatomisierung in Energieelemente, die Zahl der in H_β pro cm Weg ausgestrahlten Energieelemente.

Auf die Strahlung eines Teilchens kann aus der Gesamtzahl positiver und der mit ihnen im Umladungsgleichgewicht stehenden neutralen geschlossen werden. Negative Teilchen kommen im Wasserstoffstrahl nicht in Betracht. Nun sind weiterhin aus den Umladungsmessungen nach Überlegungen, welche Ziff. 12 u. f. zu entnehmen sind, die freien Weglängen und Stoßzahlen, besser gesagt: streifenden Durchquerungen positiver und neutraler Teilchen für die in obigen Versuchen angewandten Drucke bekannt. Division der Zahl der von einem Einzelteilchen pro cm Weg ausgestrahlten Energieelemente durch die Stoßzahl führt so für H_β bei 0,039 mm Hg Druck und 18600 Volt Spannung auf die

---

[1]) J. STARK, Ann. d. Phys. Bd. 42, S. 163. 1913.
[2]) W. WIEN, Ann. d. Phys. Bd. 23, S. 415. 1907.

Zahl 1/275, welche besagt, daß von 275 Durchquerungen nur eine die Ausstrahlung eines Energieelementes zur Folge hat. Es ist anzunehmen, daß dies Verhältnis für H_α etwas größer, für H_γ usw. kleiner wird. Die Lichtausbeute der Umladung bewirkenden streifenden Durchquerungen ist also sehr gering. Sie scheint nach den Messungen W. WIENS von der Spannung wesentlich unabhängig zu sein, worauf die nebenstehende für die Strahlung eines Teilchens pro sec gegebene Tabelle hindeutet.

Tabelle 7.
Die Ausstrahlung eines bewegten Teilchens in Beziehung zur Geschwindigkeit. (Spannung.)

Spannung (Volt)	Ausstrahlung pro sec C. G. S. 10^7	Druck mm Hg
1890	2,3	0,401
1990	3,0	0,40
2250	3,4	0,31
2300	3,2	0,30
2550	3,8	0,23
2650	2,7	0,200
5820	3,8	0,081
10800	4,4	0,060
12600	3,5	0,053
13500	5,8	0,050
18600	8,3	0,039
32700	5,6	0,016

30. Die elektrische Natur der leuchtenden Teilchen. Der Dopplereffekt ist vor der Entdeckung der Umladung der Kanalstrahlen gefunden worden. STARK hat nach ihm in der Annahme gesucht, daß es sich bei Kanalstrahlen um rein positive Teilchen handele. Seine Auffindung galt ihm als Bestätigung hierfür, wie überhaupt als Beweis für den allgemeingültigen Satz, daß leuchtende Teilchen positiv geladen sind.

Die Ergebnisse der Arbeiten W. WIENS haben aber erkennen lassen, daß dieser Satz nicht in dem Umfange gelten kann, in dem er aufgestellt worden war. Der Umladungsprozeß macht ihn zweifelhaft und erfordert eine Prüfung durch Vergleich der Wirkungen elektrischer oder magnetischer Beeinflussung des Kanalstrahls auf seine Leuchtstärke und auf die von ihm mitgeführte Elektrizitätsmenge oder Energie. W. WIEN[1]) hat solche Messungen durchgeführt. Ein Wasserstoffkanalstrahl wird durch Vergleich mit einer Geißlerröhre auf seine Gesamtintensität hin ausphotometriert und diese Intensität mit der transportierten Elektrizitätsmenge in Beziehung gesetzt. Es zeigt sich, daß ein gleich hinter der Kathode wirkender Magnet die transportierte Elektrizitätsmenge auf 49% herabmindert, die Helligkeit dagegen auf 92 bis 100% beläßt.

Eine andere Beobachtung W. WIENS[2]) bezieht sich auf den Vergleich magnetisch beeinflußter Helligkeit und Wärmewirkung auf die Thermosäule bei Wasserstoffkanalstrahlen in größerer Entfernung hinter der Kathode. Auch hier zeigt sich eine erheblich größere Herabminderung der Wärmewirkung als der Helligkeit.

Da nun bei reinen Wasserstoffkanalstrahlen die bewegte Intensität des Dopplereffekts den Hauptanteil an der Helligkeit des Strahles hat, so ist durch die Versuche W. WIENS gezeigt, daß die bewegten leuchtenden Teilchen bei Wasserstoffstrahlen nicht positiv geladen sein können. Jedenfalls könnte im Umladungsprozeß ihre positive Periode neben der neutralen nur eine verschwindend kleine Dauer haben, was aber mit den neueren Bestimmungen RÜCHARDTS[3]) über die freien Weglängen unter den entsprechenden Versuchsbedingungen im Widerspruch stünde.

Dasselbe Ergebnis fand sich bei Untersuchung des bewegten Dopplerstreifens monochromatischer Strahlung. W. WIEN[4]) läßt einen Wasserstoffstrahl hinter der Kathode ein Gegenfeld von 5 mm durchlaufen und bringt ihn hinter diesem

[1]) W. WIEN, Ann. d. Phys. Bd. 27, S. 1036. 1908.
[2]) W. WIEN, Ann. d. Phys. Bd. 30, S. 349. 1909.
[3]) E. RÜCHARDT, Ann. d. Phys. Bd. 71, S. 377. 1923.
[4]) W. WIEN, Ann. d. Phys. Bd. 27, S. 1025. 1908.

Gegenfeld in einem schräg gegen den Strahlengang anvisierenden Spektrometer in H_β zur Beobachtung. Der Dopplerstreifen wird durch einen seitlich beleuchteten, im Beobachtungsfernrohr angebrachten feinen Platindraht ausphotometriert. Es ergibt sich keine meßbare Änderung seiner Helligkeit bei Steigerung des Gegenfeldes bis zum Dreifachen der Entladungsspannung.

Ein gleiches Resultat hatte eine magnetische Beeinflussung des Dopplereffektes[1]). Wenn man Wasserstoffstrahlen nach Durchsetzung eines Magnetfeldes z. B. in H_γ spektrographisch mit dem Fall magnetisch unbeeinflußten Strahlenganges vergleicht, findet man eine geringe Schwächung der ruhenden und eine etwas stärkere Schwächung der bewegten Intensität, dagegen keinerlei Änderung in ihrer Geschwindigkeitsverteilung (Abb. 66). Die Schwächung der ruhenden Intensität, gemessen an photographischer Schwärzung, beträgt z. B. rund 8%, die der bewegten 25%. Eichung dieser Beträge durch einen photographischen Keil ergibt, daß zu dieser Schwärzungsverminderung um 25% eine Lichtschwächung von 31% gehört. Die vom Strahl mitgeführte Ladung ist durch das Magnetfeld dagegen um 79% verringert.

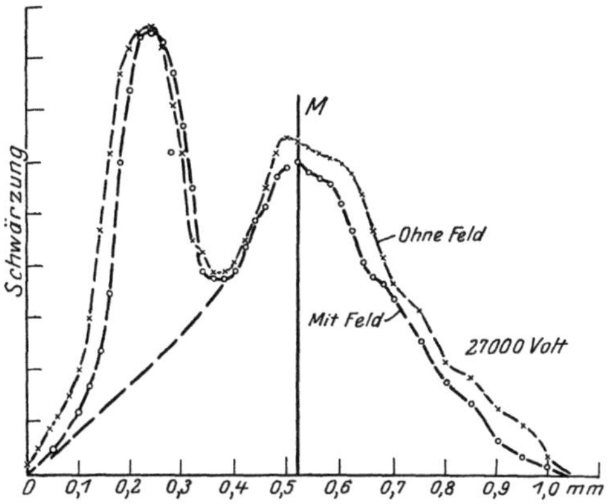

Abb. 66. Einfluß des Magnetfeldes auf den Dopplerstreifen.

Während bei den eben beschriebenen Versuchen wegen ihrer Verbindung mit dem Umladungsvorgange der Schluß auf die Natur der leuchtenden Teilchen ein indirekter ist, gibt eine spätere Methode W. WIENS[2]) die leuchtenden Teilchen nach ihrem Durchtritt durch eine sehr feine Kathodenbohrung bei ihrer Abklingung im höchsten Vakuum, also ohne Komplikation durch die Umladung, in einem kurzen Kondensatorfelde auf Ablenkbarkeit zu untersuchen, ein direktes Mittel in die Hand, die Teilchen als geladene oder ungeladene zu erkennen. Da die Methode mit dem Dopplereffekt nichts zu tun hat, sei hier nur erwähnt, daß sie den neutralen Zustand der Träger der Balmerserie des Wasserstoffes bewies und im übrigen zeigte, daß die Bogenlinien der schwereren Elemente neutralen, die Funkenlinien geladenen Trägern angehören (s. Ziff. 21 uud 23).

31. STARKS Verschiebungssatz. Auf Grund seines Beobachtungsmaterials hat STARK[3]) einen Verschiebungssatz aufgestellt und gegenüber anderslautenden Ergebnissen verfochten. Dieser Verschiebungssatz tritt in doppelter Gestalt auf. In der ersten Form spricht er von der durch Transversalbeobachtung am Kanalstrahl zu gewinnenden Gesamtintensität der Balmerlinien des Wasserstoffs und behauptet, daß sich die Intensitätsverteilung dieser Linien mit zunehmender Strahlgeschwindigkeit zugunsten der kurzwelligen verschiebe. In der zweiten Form vergleicht er die durch eine einzige Longitudinalaufnahme zu gewinnenden Dopplerstreifen der verschiedenen Balmerlinien und sagt von ihrer Geschwindigkeitsverteilung aus, daß sich deren Maximum bei schrittweisem Übergang zu den kurzwelligen Linien mehr und mehr nach höheren Geschwindigkeiten zu verschiebe. Die literarische Diskussion verwischt zuweilen

[1]) H. BAERWALD, Ann. d. Phys. Bd. 34, S. 883. 1911.
[2]) W. WIEN, Ann. d. Phys. Bd. 69, S. 325. 1922.
[3]) J. STARK, Ann. d. Phys. Bd. 21, S. 431. 1906; Bd. 23, S. 798. 1907. J. STARK u. W. STEUBING, ebenda Bd. 26, S. 918. 1908.

diese beiden Formen des Verschiebungssatzes. STARK selbst hat zur Nachprüfung und Bestätigung seiner Behauptung gegenüber einem abweichenden Versuchsergebnis PASCHENS[1]), welches nur die zweite Form des Verschiebungssatzes betraf und aussagte, daß die Geschwindigkeitsverteilungen in sämtlichen bewegten Dopplerstreifen der Balmerserie übereinstimmte, in einer mit STEUBING[2]) zusammen gemachten Untersuchung die Transversalbeobachtung gewählt, welche die Gesamtintensitäten erfaßt und nur die erste Form des Verschiebungssatzes betrifft. Beide Formen sagen aber nicht schlechthin ein und dasselbe aus, weil, was man zur Zeit dieser Diskussion noch nicht wußte, die Vorgänge, welche der ruhenden und der bewegten Intensität zugrunde liegen, auf verschiedenartigen Mechanismen beruhen. Dazu kommt, daß bei Vergleich der Gesamtintensitäten mehrere Versuche bei verschiedenen Geschwindigkeiten gemacht werden müssen, was bei den älteren Anordnungen das Hineinspielen des Druckeffektes bedingt, der tatsächlich im Sinne des Verschiebungssatzes wirkt, da in ihnen höheren Spannungen geringere Drucke entsprechen (s. weiter unten die Ergebnisse VEGARDS).

LUNKENHEIMER[3]) prüft die Resultate STARKS nach, findet aber bei Transversalbeobachtung und Variation der Funkenstrecke von 0,7 bis 13 mm keinen Anhaltspunkt des STARKschen Verschiebungssatzes. H_β/H_α behält wesentlich denselben Betrag durch den ganzen Spannungsbereich hindurch. Bei der eben dargelegten Kompliziertheit der Einzelfaktoren in der Transversalbeobachtung konnte immerhin das Problem des Verschiebungssatzes in seiner ersten Form noch nicht als erledigt gelten.

Dagegen sind die weiteren Messungen LUNKENHEIMERS zur zweiten Form des Verschiebungssatzes beweisend. Sie zeigen die Unveränderlichkeit der Geschwindigkeitsverteilungen in den Dopplerstreifen aller Linien der Balmerserie durch den Nachweis (Abb. 67a) der Unveränderlichkeit des Ortes gleicher Intensität in diesen Verteilungskurven. Für Kurve A in Abb. 67a z. B. sind c_1 und c_2 Orte gleicher Schwärzung in der photographischen Aufnahme. Sie sind es auch für die Kurve B einer anderen Linie kürzerer Wellenlänge derselben Serie. Der Verschiebungssatz dagegen wäre nur durch ein Ergebnis bewiesen, welches Abb. 67b zeigt. Hier ist die Intensität an denselben Orten c_1 und c_2 in Kurve B der kürzeren Wellen zugunsten c_2, d. h. nach höheren Geschwindigkeiten der Verteilungskurve verschoben. LUNKENHEIMERS Resultate dagegen sind durch Abb. 67a dargestellt.

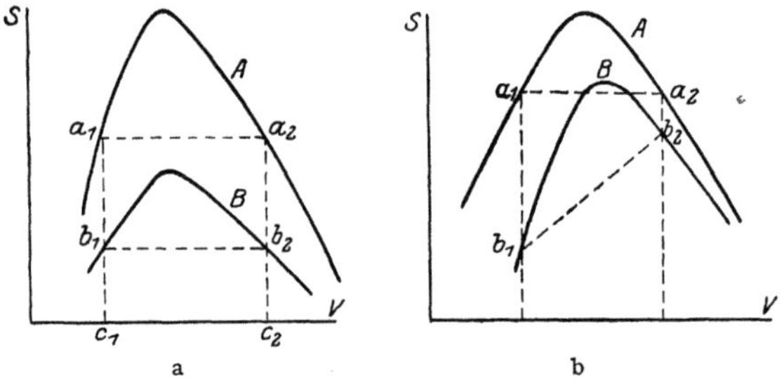

Abb. 67. Die Intensitätsverteilung im Dopplerstreifen in Beziehung zur Geschwindigkeit. a Bei Unabhängigkeit. b Bei Abhängigkeit.

Über die Geltung des STARKschen Verschiebungssatzes in seiner ersten, das Intensitätsverhältnis verschiedener Linien einer Serie betreffenden Fassung haben VEGARDS[4]) Beobachtungen eine Entscheidung gebracht. Gegenüber vorangegangenen mit Transversalbeobachtung arbeitenden Versuchen, wendet VEGARD auch hier die Longitudinalbeobachtung an. Dadurch trennt er den Einfluß von

[1]) F. PASCHEN, Ann. d. Phys. Bd. 23, S. 247. 1907.
[2]) J. STARK u. W. STEUBING, Ann. d. Phys. Bd. 26, S. 918. 1908.
[3]) F. LUNKENHEIMER, Ann. d. Phys. Bd. 36, S. 134. 1911.
[4]) L. VEGARD, Ann. d. Phys. Bd. 39, S. 111. 1912.

Spannung und Druck auf die Intensitäten der ruhenden und bewegten Dopplerkomponente, letzteres noch besonders dadurch, daß er den Beobachtungsraum vom Entladungsraum unabhängig macht.

Abb. 68a gibt die Anordnung wieder, welche VEGARDS Hauptergebnisse lieferte. Die Kathode K ist eingekittet, dem Entladungsraum B und Be-

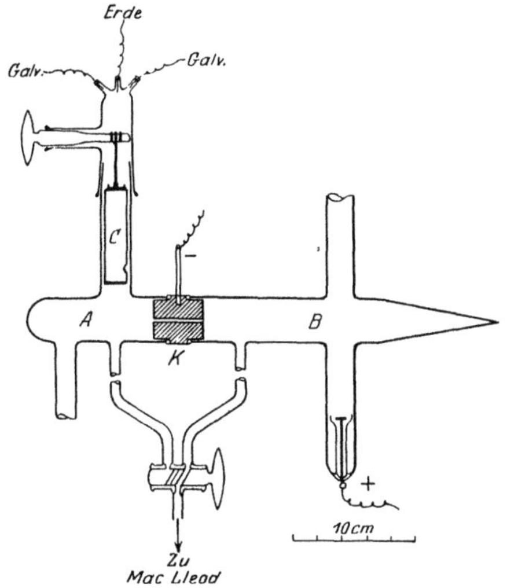

Abb. 68a. Anordnung VEGARDS zur Beobachtung der Lichtemission.

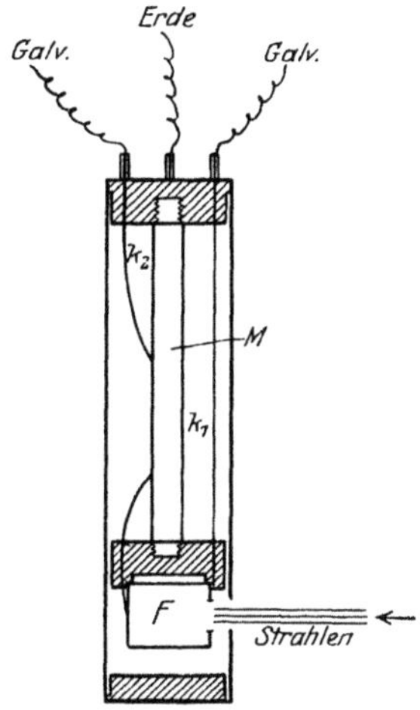

Abb. 68b. Auffänger und Thermoelement. F Auffänger, M Messingstab, $k_1 k_2$ Thermoelement.

obachtungsraum A werden die Gase getrennt zugeführt. Mit spektralen Beobachtungen können Ladungs- und Energiemessungen verknüpft werden. Die Vorrichtung C, die im einzelnen aus Abb. 68b ersichtlich ist, dient gleichzeitig als Ladungsauffänger wie als Thermoelement und kann vor die Mündung der 2 mm weiten und 40 mm langen Kathodenbohrung gebracht werden. Die Spannungsvariation erstreckt sich auf drei Funkenlängen von 2, 6 und 10 mm, die Druckvariationen auf zwei Werte von 0,035 und 0,100 mm Hg. Abb. 69 zeigt die an den Linien H_α und H_β der Balmerserie gewonnenen Resultate in photographischer und graphischer Wiedergabe. Man liest aus ihnen folgende Gesetze ab:

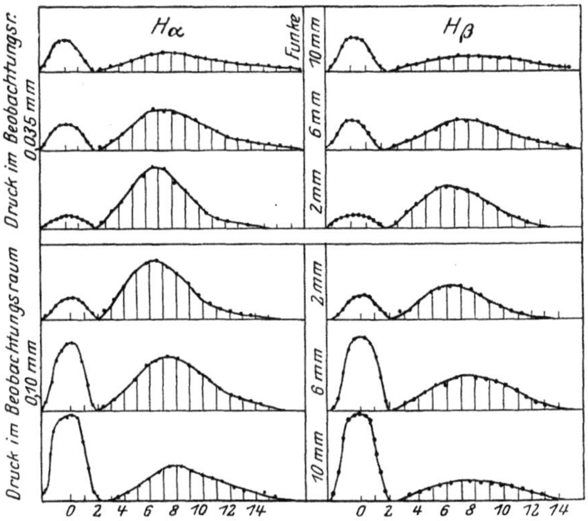

Abb. 69. Abhängigkeit des Dopplereffektes von Spannung und Druck.

a) Das Verhältnis der ruhenden Intensitäten zweier Linien einer Serie hängt weder von der Spannung, noch vom Drucke ab.

b) Das Verhältnis der bewegten Intensitäten zweier Linien einer Serie ist von der Spannung unabhängig, dagegen vom Drucke in dem Sinne abhängig, daß bei zunehmendem Drucke die langwellige Linie überwiegt.

c) Das Verhältnis der bewegten zur ruhenden Intensität einer Linie, in Beziehung gesetzt zum Verhältnis der bewegten zur ruhenden Intensität einer zweiten Linie derselben Serie ergibt das Überwiegen der langwelligen Linie in der bewegten Intensität.

d) Das Verhältnis zwischen bewegter und ruhender Intensität hängt von der Spannung ab: Bei wachsender Spannung nimmt es ab.

e) Das Verhältnis zwischen bewegter und ruhender Intensität hängt vom Drucke ab: bei wachsendem Drucke nimmt es ab.

Mit gleichem Ergebnis hat VEGARD[1]) an der Funkenlinie 4530 des Stickstoffs und an der Funkenlinie 4119 des Sauerstoffs den Verschiebungseffekt im Verhältnis der bewegten und ruhenden Intensität untersucht. Der Effekt ist bei Wasserstoff in dem untersuchten Spannungsbereich viel größer.

Die quantitative Nachprüfung der Messungen VEGARDs beruht auf folgenden Beziehungen.

Gegeben seien durch Longitudinalbeobachtung:

$$J = \text{Intensität des ruhenden Streifens,}$$

$$\mathfrak{J} = \text{Intensität des bewegten Streifens,}$$

$$r = \frac{J_\alpha}{J_\beta}, \qquad b = \frac{\mathfrak{J}_\alpha}{\mathfrak{J}_\beta}, \qquad f = \frac{\mathfrak{J}_\beta}{J_\beta};$$

durch Transversalbeobachtung:

$$A = \text{Gesamtintensität beider Streifen.}$$

Dann gelangt man mit Hilfe von Longitudinalaufnahmen zur quantitativen Prüfung eines Vergleichs zweier unter verschiedenen Bedingungen durchgeführten Transversalaufnahmen auf folgende Weise.

Man bildet z. B. für H_α und H_β das Doppelverhältnis

$$k_{\alpha,\beta}^{A,J} = \frac{\frac{A_\alpha}{A_\beta}}{\frac{J_\alpha}{J_\beta}} = \frac{\frac{J_\alpha + \mathfrak{J}_\alpha}{J_\beta + \mathfrak{J}_\beta}}{\frac{J_\alpha}{J_\beta}} = \frac{1 + \frac{\mathfrak{J}_\alpha}{J_\alpha}}{1 + \frac{\mathfrak{J}_\beta}{J_\beta}} = \frac{1 + \frac{b}{r} \cdot f}{1 + f},$$

und hat somit

$$\frac{A_\alpha}{A_\beta} = \frac{1 + \frac{b}{r} f}{1 + f} \cdot r,$$

also für den Vergleich zweier Transversalaufnahmen

$$k_{\alpha,\beta}^{A_1,A_2} = \frac{r_1 \cdot \left(1 + \frac{b_1}{r_1} f_1\right)(1 + f_2)}{r_2 \cdot \left(1 + \frac{b_2}{r_2} f_2\right)(1 + f_1)},$$

eine Gleichung, deren rechte Seite nur mittels Longitudinalbeobachtungen auszuwerten ist. Nur für $r_1 = r_2$, $b_1 = b_2$ und $b = r$ würde bei $f_1 \neq f_2$ das Verhältnis k zweier Transversalbeobachtungen gleich der Einheit auch dann sein, wenn f von der Spannung abhängt. Da jedoch $b \neq r$, d. h. da das Intensitätsverhältnis zweier Linien für den bewegten Dopplerstreifen je nach den Umständen verschieden von dem für den ruhenden Dopplerstreifen ist [vgl. oben unter d) und e)], so verursacht die Variation von f, d. h. des Verhältnisses der bewegten zu den ruhenden Linien, eine Änderung des Intensitätsverhältnisses zweier Linien bei Transversalbeobachtung.

[1]) L. VEGARD, Ann. d. Phys. Bd. 41, S. 625. 1913.

Tabelle 8 stellt die Beobachtungsresultate zusammen. γ_α und γ_β sind Proportionalitätsfaktoren.

Tabelle 8. Die Intensitätsverhältnisse im Dopplereffekt in Abhängigkeit von Spannung und Druck.

$r\frac{\gamma_\alpha}{\gamma_\beta}$			$b\frac{\gamma_\alpha}{\gamma_\beta}$			$\frac{b}{r}$	$\frac{b_{0,10}}{b_{0,035}}$	f	Funkenlänge	Druck
Gesamt	Maximum	Mittel	Gesamt	Maximum	Mittel				mm	mm Hg
0,90	0,92	0,91	1,15	1,20	1,18	1,30		1,64	10	
0,91	0,88	0,90	1,20	1,23	1,21	1,34		3,22	6	0,035
0,87	0,94	0,90	1,23	1,27	1,25	1,39	1,28	7,18	2	
0,90	0,85	0,88	1,63	1,60	1,62	1,84		3,53	2	
0,85	0,91	0,88	1,44	1,43	1,44	1,64		1,24	6	0,110
0,93	0,95	0,94	1,59	1,58	1,59	1,69		0,57	10	

Daß zwischen Beobachtung und Berechnung dabei eine ausreichende Übereinstimmung herrscht, zeigt Tabelle 9.

Tabelle 9. Spannungseffekt und Druckeffekt.

	Spannungseffekt Druck 0.10 mm Hg	Druckeffekt Funkenlänge 2 mm
	$\frac{(A_\alpha/A_\beta)_2}{(A_\alpha/A_\beta)_{10}}$	$\frac{(A_\alpha/A_\beta)_{0,100}}{(A_\alpha/A_\beta)_{0,035}}$
Berechnet . . .	1,20	1,23
Beobachtet . .	1,28	1,21

Die Unstimmigkeiten zwischen den Transversalbeobachtungen J. Starks und den übrigen klärt sich also dahin auf, daß die bestehenden Druck- und Spannungseffekte die früheren Transversalbeobachtungen als nicht genügend definiert erweisen.

Schon bei bloßer Betrachtung der Kurven der Abb. 69 erkennt man das Nachlassen der bewegten Intensität bei zunehmender Spannung. Vegard trägt aus seinen Resultaten die Kurven Abb. 70 auf. Sie bilden für die bewegte (B) und ruhende (R) Intensität für die zwei Drucke 0,035 und 0,100 mm Hg den Verlauf der Lichtintensitäten als Funktion der Spannung ab. Während die ruhenden Intensitäten der Spannung proportional sind und auch mit dem Drucke proportional anwachsen, ergibt sich für die bewegten Intensitäten ein starker Abfall, dagegen auch eine langsamere Abnahme mit dem Druck.

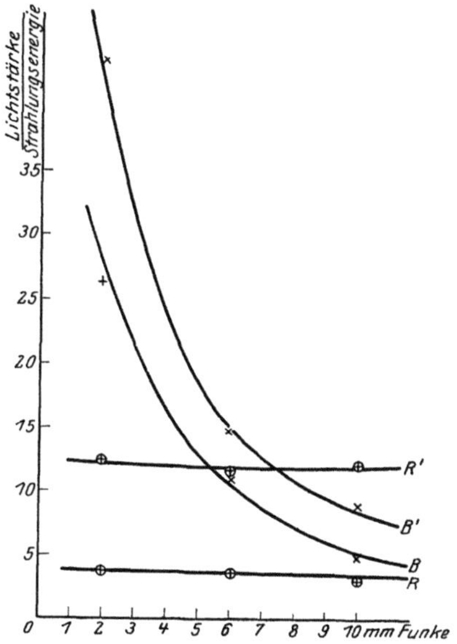

Abb. 70. Abhängigkeit der bewegten und ruhenden Intensität von der Spannung.

32. Obere Grenze der Geschwindigkeit. Man sieht aus dem in vorausgehender Ziffer Besprochenen, daß die Fähigkeit bewegter Teilchen, Licht zu emittieren, mit wachsender Geschwindigkeit sinkt. Diese Tatsache wird möglicherweise durch den Zusammenhang der Lichtemission mit der elektrischen Natur der Strahlträger verständlich zu machen sein. Nach Rüchardt[1]) nimmt die freie Weglänge der positiven Teilchen im Verhältnis zu den neutralen im Wasserstoffkanalstrahl mit der Geschwindigkeit zu. Aus Rutherfords Versuchen

[1]) E. Rüchardt, Ann. d. Phys. Bd. 71, S. 377. 1923.

wissen wir, daß sich für α-Teilchen dies Verhalten im Gebiet hoher Geschwindigkeiten fortsetzt und sich auf das Verhältnis der doppelt positiv geladenen zu den einfach geladenen Heliumatomen im gleichen Sinne erstreckt. Da nun z. B. im Wasserstoffstrahl die positiven Träger überhaupt nicht leuchten, so bedeutet die Erhöhung der Strahlgeschwindigkeit die Überführung in einen Zustand, der für die Lichtemission nicht mehr in Betracht kommt.

Tabelle 10. Die obere Grenze des Dopplereffektes.

Entladungs-spannung Volt	$\frac{\delta \lambda_{max}}{\lambda}$	Berechnete Spannung Volt
1000	14,3	963
2000	18,4	1575
4000	23,5	2560
6000	27,8	3580
8000	30,6	4370
12000	31,3	4550
16000	31,5	4600
20000	31,6	4650
25000	31,6	4650

Von hier aus wäre zu verstehen, daß der Dopplereffekt mit wachsender Spannung sich nicht dauernd weiter in höhere Geschwindigkeitsbereiche hinein verschiebt, sondern einem oberen Grenzwerte zustrebt. Diese von PASCHEN[1]) und STARK[2]) beobachtete Tatsache haben SAXÉN[3]) und WILSAR[4]) durch nachprüfende Messungen bestätigt. Aus WILSARS Tabelle 10 sieht man z. B., daß bei ansteigender Spannung der Dopplereffekt bei einer wirksamen Spannung[5]) von etwa 4600 Volt stehen bleibt, während die elektromagnetische Prüfung ein weiteres Steigen der Geschwindigkeit mit zunehmender Spannung ergibt. Es liegt in der Natur der Beobachtung wie im Sinne der obigen Deutung, daß die Grenze keine scharfe ist.

[1]) F. PASCHEN, Ann. d. Phys. Bd. 23, S. 247. 1907.
[2]) J. STARK, Phys. ZS. Bd. 11, S. 178. 1910.
[3]) B. SAXÉN, Ann. d. Phys. Bd. 38, S. 334. 1912.
[4]) H. WILSAR, Ann. d. Phys. Bd. 39, S. 1283. 1912.
[5]) Die wirksame Spannung ist die nach der Beziehung $V = \text{const} \cdot (\delta \lambda_{max}/\lambda)^2 \cdot 10^8$ Volt in Tabelle 10, Kolonne 3 berechnete Spannung.

Kapitel 3.

Durchgang von α-Strahlen durch Materie.

Von

H. Geiger, Kiel.

Mit 32 Abbildungen.

I. Methoden zur Beobachtung von α-Strahlen.

1. Elektrische Zähler. Ein einzelnes α-Teilchen erzeugt in Luft bis zur völligen Absorption rund $2 \cdot 10^5$ Ionen. Die Elektrizitätsmenge, welche dieser Ionenzahl entspricht, kann mit einem sehr empfindlichen Meßinstrument gerade noch nachgewiesen werden. So ist es Hoffmann[1]) gelungen, mit einem Elektrometer besonderer Konstruktion[2]) (Empfindlichkeit etwa 1 Skt. für 5000 Ionen) jedes einzelne in eine Zählkammer eintretende α-Teilchen zu registrieren[3]). Abgesehen von speziellen Fällen kommt aber eine solche unmittelbare Messung der primären Ionisation eines Teilchens nicht in Betracht gegenüber den Methoden, bei denen der Primäreffekt zunächst durch Ionenstoß vergrößert wird.

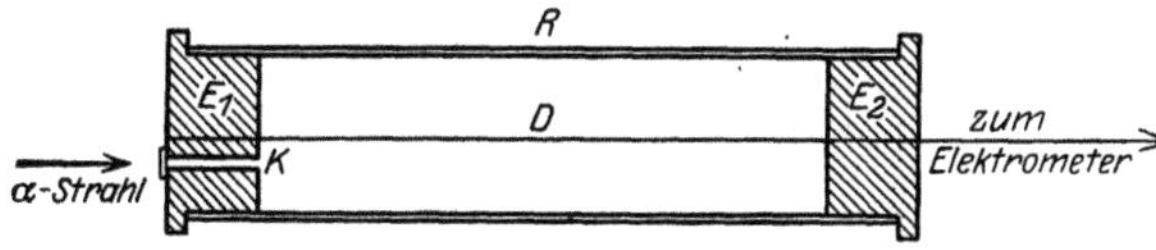

Abb. 1. Zylindrischer Zähler zur Registrierung von α-Strahlen.

Die ursprüngliche Rutherford-Geigersche[4]) Apparatur, welche sich auf den Ionenstoß stützt, besteht aus einem etwa 2 cm weiten Metallrohr R, in dem axial ein dünner Draht D ausgespannt ist (Abb. 1). Der Draht wird von den Hartgummistopfen E_1 und E_2 gehalten und führt zu einem Elektrometer. Das Rohr R ist auf einen Druck von einigen Zentimeter Hg ausgepumpt und liegt an dem einen Pol einer Batterie von etwa 1000 Volt, deren anderer Pol geerdet ist. Die α-Teilchen treten durch einen mit einem dünnen Glimmerfenster verschlossenen Kanal K in das Rohr R ein und ionisieren die Luft. Die bei dem Ionisationsprozeß primär entstehenden Elektronen gelangen in das starke elektrische Feld, welches den Draht D umgibt, und erzeugen dort durch Stoß neue Elektronen in großer Zahl. Der primäre Ionisationseffekt eines α-Teilchens kann auf diese Weise auf das Tausend- oder Zehntausendfache vergrößert werden. Die Gesamtladung, welche so bei Eintritt eines α-Teilchens dem Draht plötz-

---

1) G. Hoffmann, Ann. d. Phys. Bd. 62, S. 738. 1920; ZS. f. Phys. Bd. 25, S. 177. 1924.

2) G. Hoffmann, Ann. d. Phys. Bd. 52, S. 665. 1917.

3) Neuerdings hat H. Greinacher (ZS. f. Phys. Bd. 36, S. 364. 1926) den Primäreffekt eines α-Teilchen mit Hilfe von Elektronenröhren soweit verstärkt, daß er ihn galvanometrisch oder akustisch beobachten konnte.

4) E. Rutherford u. H. Geiger, Proc. Roy. Soc. London (A) Bd. 81, S. 141. 1908.

lich zugeführt wird, kann auch mit einem weniger empfindlichen Elektrometer, z. B. mit einem Fadenelektrometer, nachgewiesen werden. Jedes einzelne Teilchen macht sich dabei durch einen scharf einsetzenden Ausschlag des Elektrometerfadens erkennbar. Damit der Faden nach Registrierung des α-Teilchens rasch in seine Ruhelage zurücktritt, ist er durch einen hohen Widerstand (10^8 bis 10^9 Ohm) dauernd zur Erde abgeleitet. Die Spannung an R muß auf einen im wesentlichen durch Gasdruck und Drahtdurchmesser bestimmten günstigsten Wert genau einreguliert werden.

Eine ebenfalls mehrfach verwandte Anordnung[1]) zeigt Abb. 2. Die Kammer besteht aus einer metallischen Halbkugel B, in deren Mitte sich eine von dem Draht C getragene Kugel A befindet. Die α-Teilchen treten durch das Glimmerfenster F in die mit Helium oder einem Luft-Kohlensäuregemisch gefüllte Kammer ein. Bei Anwendung photographischer Registrierung kann die Zahl der durch das Fenster eintretenden Teilchen bis zu 1000 pro Minute gesteigert werden, ohne daß die Zählgenauigkeit darunter leidet.

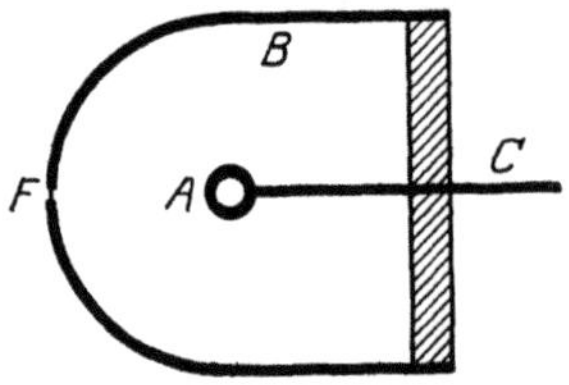

Abb. 2. Halbkugelförmiger Zähler zur Registrierung von α-Strahlen.

2. Spitzenzähler. Benutzt man als zentrale Elektrode eine „empfindliche" Spitze, so erhält man sehr handliche Zähler, die auch bei Atmosphärendruck arbeiten und selbst auf die nur schwach ionisierenden β-Strahlen und sekundären Elektronenstrahlen ansprechen[2]). Auch zur Zählung der radioaktiven Rückstoßatome ist er brauchbar[3]). Die durch das intensive Feld in Nähe einer Spitze erzielbare Stromsteigerung beträgt das 10^6 bis 10^8fache. Abb. 3 zeigt die gebräuchliche Form eines solchen Zählers. Die durch den Isolator E gehaltene Spitze D liegt etwa 0,8 cm von der Scheibe B entfernt, die das Rohr A abschließt. Dieses wird auf etwa 1400 Volt aufgeladen, wobei positives Potential im allgemeinen günstiger ist als negatives. Als Beobachtungsinstrument ist das Fadenelektrometer am geeignetsten.

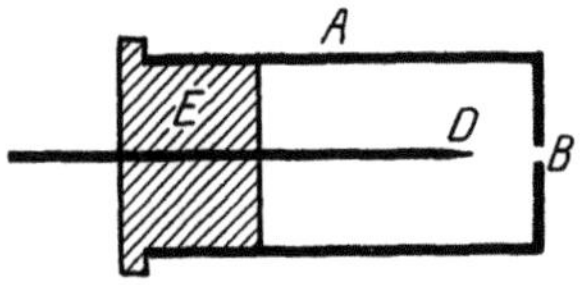

Abb. 3. Spitzenzähler zur Registrierung von α- und β-Strahlen.

Bei Benutzung eines Verstärkerrohres und eines empfindlichen Relais gelingt es leicht, die einzelnen Strahlenteilchen auf einem Chronographenstreifen zu registrieren. Auch ist Hörbarmachung durch Telephon oder Lautsprecher oft sehr bequem[4]).

Über die Arbeitsbedingungen und Arbeitsgrenzen des Zählers sei folgendes gesagt:

a) Beschaffenheit der Spitze: Seit den Arbeiten von WARBURG und anderen ist bekannt, daß die Bedingungen, unter denen Entladungen an einer Spitze einsetzen, von schwer kontrollierbaren Eigenschaften der Spitze sehr stark abhängen[5]). Auch beim Spitzenzähler erfordert die Herstellung einer „empfindlichen" Spitze besondere Sorgfalt. Es kommt weniger auf bestimmte geometrische Form oder auf Politur der Spitze an, als vielmehr auf eine gewisse

[1]) H. GEIGER u. E. RUTHERFORD, Phil. Mag. Bd. 24, S. 618. 1912; V. F. HESS u. R. W. LAWSON, Wiener Ber. Bd. 127, S. 405. 1918.

[2]) H. GEIGER, Verh. d. D. Phys. Ges. Bd. 15, S. 534. 1913.

[3]) W. KOLHÖRSTER, ZS. f. Phys. Bd. 2, S. 257. 1920.

[4]) A. F. KOVARIK, Phys. Rev. Bd. 9, S. 567. 1917; Bd. 13, S. 272. 1919; H. BEHNKEN, G. JAECKEL u. W. KUTZNER, ZS. f. Phys. Bd. 20, S. 188. 1923; H. GREINACHER, ebenda Bd. 23, S. 361. 1924; TH. WULF, Phys. ZS. Bd. 26, S. 382. 1925; ZS. f. phys. u. chem. Unters. Bd. 38, S. 222. 1925 (Anordnung für Unterrichtszwecke); W. KOLHÖRSTER. Phys. ZS. Bd. 26, S. 732. 1925.

[5]) S. ds. Handb. Bd. XIV.

Beschaffenheit der Metalloberfläche, die am besten durch Glühen der Spitze erzielt wird. Stahlspitzen und Platinspitzen sind nach Glühen fast immer brauchbar, auch winzige Platinkügelchen (ca. $^1/_{10}$ mm Durchmesser), wie sie sich am Ende dünner Platindrähte im Gebläse bilden, haben sich bewährt[1]). Andererseits arbeiten auch die besten durch Schleifen und Polieren herstellbaren Spitzen gewöhnlich nicht, wenn sie nicht geglüht werden.

b) Abhängigkeit von der Spannung: Eine gute Spitze beginnt in Luft von Atmosphärendruck und bei positiver Aufladung des Rohres von einer Spannung von etwa 1200 Volt an zu arbeiten. Man kann die Spannung gewöhnlich um 300 Volt, manchmal noch stärker erhöhen, ohne daß die Zählgenauigkeit beeinträchtigt wird. Genaue Einregulierung der Spannung ist also nicht erforderlich. Die Spannung ist übertrieben hoch, wenn auch bei Abwesenheit jeder Strahlung Stromstöße von selbst einsetzen (spontane Ausschläge). Überlastung des Zählers durch zu hohe Spannung führt gewöhnlich zu einer Zerstörung der Spitze. Liegt am Rohr negative Spannung statt positive, so ist der Bereich, innerhalb dessen die Spannung variiert werden kann, erheblich kleiner.

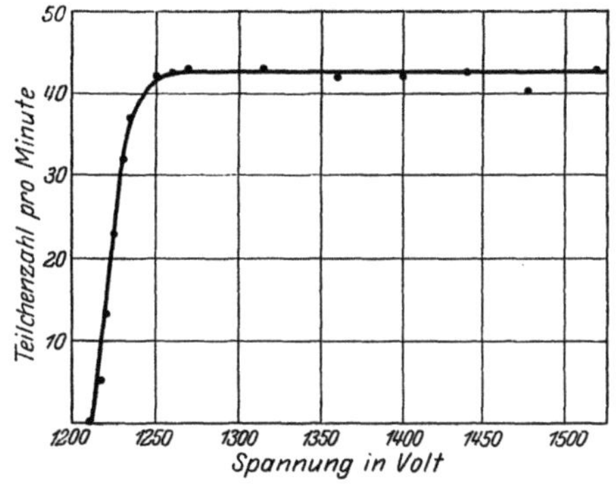

Abb. 4. Zählung von α-Strahlen bei verschiedenen Spannungen.

Die Unabhängigkeit der Stoßzahl von der angelegten Spannung wird für α-Strahlen durch Abb. 4 gezeigt. Man sieht, wie mit wachsender Spannung sehr bald eine konstante Zahl erreicht wird, die über einen Spannungsbereich von 300 Volt erhalten bleibt. Bei den weniger stark ionisierenden β-Strahlen wird ein konstanter Wert für die Teilchenzahl im allgemeinen nicht so rasch erreicht.

c) Abhängigkeit von Gasinhalt und Gasdruck. Für jeden Druck im Zähler gibt es einen bestimmten Potentialbereich, innerhalb dessen er brauchbar ist. Die Grenzen sind nicht sehr scharf ausgeprägt, besonders nicht die obere. Bei tiefen Drucken verkleinert sich der Bereich beträchtlich. Abb. 5, aus einer Arbeit von KOLHÖRSTER[2]) entnommen, gibt ein Beispiel für den Zählbereich eines positiv geladenen Zählers in Luft und Wasserstoff bei verschiedenen Drucken, wobei Polonium als Strahlenquelle diente. Man ersieht, daß z. B. bei 100 mm Druck der brauchbare Potentialbereich in Luft zwischen 900 und 1200 Volt, in Wasserstoff zwischen 600 und 1300 Volt lag. Für β-Strahlen ist der brauchbare Bereich viel schmaler und liegt im oberen Drittel des α-Strahlenbereichs. Bei

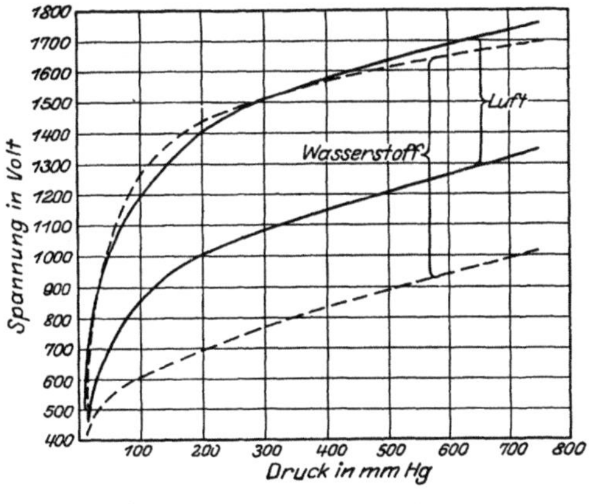

Abb. 5. Charakteristik für den Spitzenzähler bei verschiedenen Drucken.

---

[1]) A. F. KOVARIK u. L. W. MC KEEHAN, Phys. Rev. Bd. 6, S. 426. 1915; s. auch J. E. SHRADER, ebenda Bd. 6, S. 292. 1915.

[2]) W. KOLHÖRSTER, ZS. f. Phys. Bd. 2, S. 257. 1920.

Drucken, die kleiner sind als einige Zentimeter Hg, scheinen die Zähler nicht mehr auf β-Strahlen anzusprechen; für α-Strahlen liegt die Druckgrenze erheblich tiefer. Die Zähler arbeiten mit jeder Gasfüllung, soweit diese nicht die Spitze angreift.

3. Eigenschaften des Spitzenzählers. Die folgenden Angaben[1]) beziehen sich auf Beobachtungen mit α-Strahlen bei einem mit Luft von Atmosphärendruck gefüllten Zähler von der Form wie Abb. 6.

a) Es ist nicht erforderlich, daß die α-Strahlen bei ihrem Eintritt in den Zähler genau auf die Spitze zulaufen (Pfeil *A*). Der Zähler spricht auch dann an, wenn die Strahlen unter sehr schrägem Winkel eintreten (Pfeil *B*).

b) Die Eintrittsöffnung muß der Spitze einigermaßen gegenüber liegen. Ist die Eintrittsöffnung stark seitlich verschoben, so spricht der Zähler nicht mehr an (Pfeil *C*). Aus diesen Gründen darf der Durchmesser der Eintrittsöffnung einige Millimeter nicht übersteigen, wenn der Zähler quantitativ arbeiten soll. Die wirksame Zähleröffnung wächst jedoch, wenn die Spitze weiter von ihr abgerückt wird.

c) Auch wenn die Geschwindigkeit des α-Teilchens so klein ist, daß es nur einen Bruchteil eines Millimeters in den Zählerraum einzudringen vermag, wird es vom Zähler registriert.

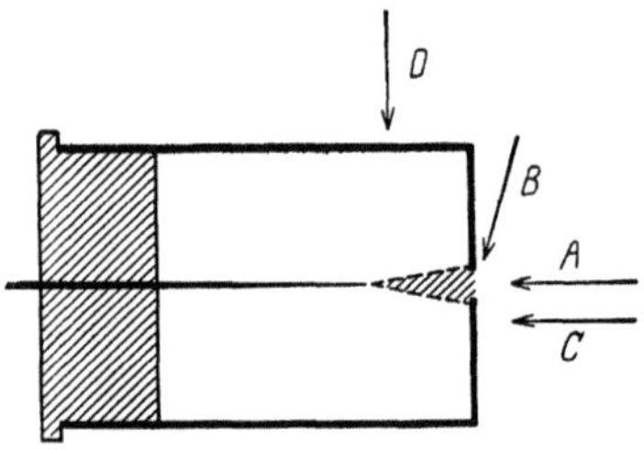

Abb. 6. Zur Erläuterung der Wirksamkeit des Spitzenzählers.

d) Zwei α-Teilchen werden auch dann noch getrennt registriert, wenn sie einander in einem Intervall von $^1/_{100}$ sec folgen. Sollen noch kleinere Intervalle gemessen werden, so sind besondere Maßnahmen (Zusatzfelder) nötig, um die von dem Teilchen erzeugten Ionen in kürzester Zeit in das wirksame Spitzenfeld zu führen[2]) [vgl. auch die Bemerkungen am Schlusse dieser Ziffer].

Man kann aus diesen Beobachtungen schließen, daß der Zähler immer dann, und nur dann anspricht, wenn Ionen in einem gewissen durch den Kraftlinienverlauf bestimmten Bereich erzeugt werden. Dieser Bereich entspricht etwa dem in Abb. 6 durch Schraffierung kenntlich gemachten Gebiet. Nur die Ionen, die in diesem Bereich erzeugt werden, gelangen auf ihrem Weg zur Spitze in Felder, in denen eine genügende Multiplikation durch Stoßionisation eintreten kann. Ionen außerhalb dieses Bereichs können zwar ebenfalls das gesamte Potentialgefälle zwischen Gehäuse und Spitze durchlaufen, aber der Potentialgradient ist entlang ihrem Weg zu gleichförmig verteilt, als daß ausreichende Stoßionisation eintreten könnte. Man versteht auch, warum α-Strahlen, die durch die Seitenwand etwa in Richtung des Pfeiles *D* in den Zähler eintreten, im allgemeinen nicht registriert werden; es ist eben der wirksame Bereich in Nähe der Spitze so schmal, daß die meisten in Richtung *D* eintretenden α-Strahlen ihn nicht durchsetzen.

Der wirksame Bereich eines Zählers wurde neuerdings von BOTHE[3]) im Anschluß an seine mit dem Zähler ausgeführte Arbeit über die Koppelung zwischen elementaren Strahlungsvorgängen näher untersucht. Der von ihm benutzte Zähler hatte einen Durchmesser von 30 mm; die zentrale Elektrode war mit einem Wulst (vgl. Abb. 7) versehen und endigte in einem feinen 0,05 mm starken Platindraht, dessen Ende zu einem 0,1 mm starken Kügelchen verschmolzen

[1]) Zum Teil nach W. KUTZNER, ZS. f. Phys. Bd. 23, S. 117. 1924.
[2]) W. BOTHE u. H. GEIGER, ZS. f. Phys. Bd. 32, S. 639. 1925.
[3]) W. BOTHE, ZS. f. Phys. Bd. 37, S. 547. 1926; siehe auch C. W. HEWLETT, Phys. Rev. Bd. 27, S. 111. 1926.

war. Das mit Aluminium bedeckte Fenster hatte 8 mm Durchmesser und lag 15 mm von der zentralen Elektrode ab. BOTHE fand, daß bei negativer Gehäusespannung die α-Strahlen über das ganze Fenster von 8 mm Durchmesser quantitativ gezählt werden, während für β-Strahlen der wirksame Bereich ein wenig kleiner ist (Durchmesser ca. 7 mm). Bei positiver Gehäusespannung ist der Bereich sowohl für α-Strahlen als für β-Strahlen auf einen Durchmesser von etwa 5 mm reduziert.

Wenn man versucht, sich die Vorgänge im Zähler bei Registrierung eines α- oder β-Teilchens klar zu machen, so erscheint zunächst schwer verständlich, warum die Entladung, nachdem sie einmal ausgelöst worden ist, überhaupt wieder abreißt, obwohl die durch den Zähler fließenden Ströme von der Größenordnung 10^{-6} Amp. und höher sind. Daß hierfür im wesentlichen die Oberflächenbeschaffenheit der Spitze maßgebend ist, scheint außer Zweifel. ZELENY[1]) nimmt an, daß die Oberfläche einer empfindlichen Spitze die ihr bei Eintritt eines α-Teilchens zufließende Ladung nicht sofort an das Metall der Spitze abzugeben vermag, und daß dadurch für kurze Zeit das elektrische Feld an der Spitze soweit herabgesetzt wird, daß ausreichende Stoßionisation nicht mehr stattfindet. Bei einer empfindlichen Spitze erzeugt daher das α-Teilchen einen rasch abklingenden Stromstoß, während es andererseits bei unempfindlicher Spitze einen Dauerstrom auslösen würde; denn in diesem Falle bietet die Spitze dem Strom keinen erheblichen Übergangswiderstand. Da ein Zähler α-Strahlen auch dann noch getrennt registrieren kann, wenn sie in Abständen von $^1/_{100}$ sec und weniger einander folgen, so muß sich die Doppelschicht, die durch die auf der Spitzenoberfläche haftenden Ionen gebildet wird, sich auch in Zeiten, die von der Größenordnung $^1/_{100}$ sec oder darunter sind, wieder entladen. Der Übergangswiderstand kann also nicht sehr erheblich sein. Von anderen Gesichtspunkten ausgehend als ZELENY kam GEIGER[2]) zu ähnlichen Ergebnissen.

Es ist wahrscheinlich, daß der Übergangswiderstand durch Gase, die an der Oberfläche absorbiert sind, hervorgerufen wird. Die unter Ziff. 2 gegebenen Bedingungen für die Herstellung empfindlicher Spitzen sind damit im Einklang. Weitere oszillographische Untersuchungen über die Entladungsform und Wirkungsweise des Zählers findet man bei APPLETON, EMELÉUS und BARNETT[3]). EMELÉUS[4]) im besonderen vertritt die Ansicht, daß bei negativ geladener Spitze das Abreißen der Entladung durch eine lokale Druckerhöhung infolge eines an der Spitze vorbeistreichenden Ionenwindes veranlaßt wird (über das Wesen des Ionenwindes vgl. ds. Handb. Bd. XXII).

Wie WULF[5]) zuerst zeigte, kann bei geeigneter Anordnung die durch ein α-Teilchen ausgelöste Spitzenentladung mikroskopisch beobachtet werden. Auch EMELÉUS[6]) gibt an, daß bei positiv geladener Spitze jedes in den Zähler eintretende α-Teilchen ein plötzliches Aufleuchten an der äußersten Nadelspitze hervorruft. Ein schwachleuchtender Kegel von ungefähr 30° läuft dabei axial von der Nadelspitze in den Gasraum hinein und wird heller und länger, je mehr man die Spannung erhöht oder den Druck verringert.

Bei quantitativen Arbeiten ist es wesentlich, feststellen zu können, ob wirklich jedes in den Zähler eintretende α-Teilchen einen Ausschlag hervorruft.

---

[1]) J. ZELENY, Phys. Rev. Bd. 19, S. 566. 1922.

[2]) H. GEIGER, ZS. f. Phys. Bd. 27, S. 7. 1924; s. auch K. OELKERS, Dissert. Halle; Ann. d. Phys. Bd. 74, S. 703. 1924.

[3]) E. V. APPLETON, K. G. EMELÉUS u. M. A. F. BARNETT, Proc. Cambridge Phil. Soc. Bd. 22, S. 434. 1924.

[4]) K. G. EMELÉUS, Proc. Cambridge Phil. Soc. Bd. 22, S. 676. 1925.

[5]) TH. WULF, Phys. ZS. Bd. 26, S. 382. 1925.

[6]) K. G. EMELÉUS, Proc. Cambridge Phil. Soc. Bd. 23, S. 85. 1926.

Man kann sich davon überzeugen, indem man die α-Strahlen einer sehr schwachen Strahlenquelle zwei hintereinander gestellte Zähler durchlaufen läßt[1]). Reagieren die Zähler wirklich auf jedes individuelle Teilchen, so müssen die Ausschläge an beiden Instrumenten stets gleichzeitig eintreten. In der Tat zeigt sich, daß dies nahezu ausnahmslos der Fall ist. Ganz unabhängig von jeder Vorstellung, die man sich über die Wirkungsweise eines Zählers machen mag, beweist ein solcher Versuch unzweideutig, daß die Ausschläge von den einzelnen Teilchen herrühren und daß j e d e s Teilchen wirksam ist. Auch durch Kombination der Szintillationszählmethode mit dem elektrischen Zähler kann man das quantitative Arbeiten des Zählers nachweisen[2]).

Ob auch β-Strahlen quantitativ gezählt werden, läßt sich nicht so unmittelbar beweisen wie bei den α-Strahlen. Die Versuche, die bei den α-Strahlen zum Ziele führen, scheitern hier an der starken Zerstreuung, die die β-Strahlen beim Durchgang durch die Luft erleiden. Man kann jedoch so verfahren, daß man Präparate, bei denen die Zahl der zerfallenden Atome bekannt ist, mit dem Zähler auszählt. So hat EMELÉUS[3]) die Zahl der α- und β-Teilchen von einem Präparat bestimmt, das aus Radium D + E + F im Gleichgewicht bestand. Es zeigte sich, daß von dem Radium E in der Zeiteinheit ebensoviele β-Teilchen ausgingen, wie α-Teilchen von Radium F. Da dies nach der Zerfallstheorie zu erwarten war, ist dadurch gezeigt, daß der Zähler auch die β-Teilchen quantitativ registriert. Im selben Sinne sprechen die Versuche von KOVARIK[4]) über die Zählung von γ-Strahlen.

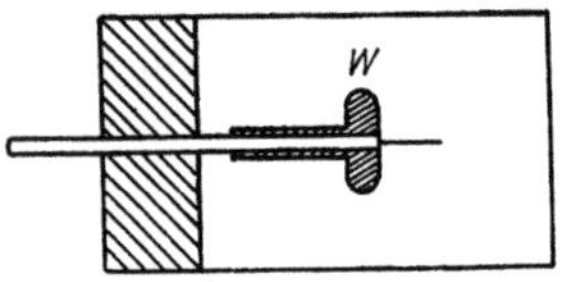

Abb. 7. Spitzenzähler mit Wulst.

Kommt es darauf an, den Zeitpunkt, in dem ein α- oder β-Teilchen in den Zähler eintritt, möglichst scharf zu erfassen, so ist zu beachten, daß zwischen Eintritt des Teilchens und Ansprechen des Zählers ein Intervall bis zu $^1/_{100}$ sec liegen kann[5]). Dies erklärt sich dadurch, daß die zur Einleitung der Spitzenentladung erforderlichen Ionen je nach der Richtung des Strahleneintritts in verschiedener Entfernung von der Spitze entstehen können. Daher haben die Ionen, ehe sie in wirksame Spitzennähe gelangen, bisweilen erst ein verhältnismäßig schwaches Feld zu durchlaufen, und dies hat zur Folge, daß eine merkliche Zeit zwischen Eintritt des Strahlenteilchens und Einsetzen des Stromstoßes verstreichen kann. Man kann die Verzögerungen praktisch ganz beheben, wenn man einige Millimeter hinter der Spitze einen metallischen Wulst *W* über den Führungsstift der Spitze schiebt (Abb. 7). Durch diesen Wulst wird dem sehr inhomogenen Spitzenfeld ein homogenes Feld superponiert, so daß die Ionen aus allen Teilen des Zählerraumes in kürzester Zeit an die Spitze herangeführt werden. Die veränderte Feldverteilung kommt auch darin zum Ausdruck, daß ein Zähler mit Wulst eine um etwa 1000 Volt höher liegende Arbeitsspannung braucht als derselbe Zähler ohne Wulst.

4. Szintillationszählmethoden. Es gibt einige Substanzen, bei welchen der Aufprall eines α-Teilchens einen schwachen Lichtblitz (Szintillation) hervorruft. Am deutlichsten zeigen sich die Szintillationen bei phosphoreszierendem Zinksulfid, an dem sie auch erstmalig von CROOKES[6]) beobachtet wurden. Von

[1]) H. GEIGER, Ann. d. Phys. Bd. 44, S. 813. 1914.
[2]) H. GEIGER, Verh. d. D. Phys. Ges. Jhrg. 5, S. 12. 1924.
[3]) K. G. EMELÉUS, Proc. Cambridge Phil. Soc. Bd. 22, S. 400. 1924.
[4]) A. F. KOVARIK, Phys. Rev. Bd. 23, S. 559. 1924.
[5]) W. BOTHE u. H. GEIGER, ZS. f. Phys. Bd. 32, S. 639. 1925.
[6]) W. CROOKES, Proc. Roy. Soc. London (A) Bd. 71, S. 405. 1903; J. ELSTER u. H. GEITEL, Phys. ZS. Bd. 4, S. 439. 1903.

CROOKES stammt auch das sog. Spinthariskop, das zur Demonstration der Szintillationen besonders geeignet ist: auf eine kleine Fläche sind Zinksulfidkristalle aufgeklebt, die von einem winzigen in der Nähe befindlichen Radiumpräparat bestrahlt werden. Mit Hilfe einer Lupe, die auf die Zinksulfidfläche eingestellt ist, lassen sich die Szintillationen aufs beste beobachten.

Szintillationen zeigen sich außer bei Zinksulfid auch bei Diamant, Willemit, Saphir, Bariumplatinzyanür u. a. Doch ist die Helligkeit der Szintillationen bei diesen Substanzen wesentlich geringer als bei Zinksulfid.

Es wurde zuerst von REGENER[1]) wahrscheinlich gemacht, daß jedes einzelne auf Zinksulfid auffallende α-Teilchen eine Szintillation erzeugt. Die Beobachtung der Szintillationen bietet daher die Möglichkeit, quantitative Zählungen von α-Strahlen auszuführen[2]). Von GEIGER und WERNER[3]) ist ein Verfahren angegeben worden, um die subjektiven Fehler auszuschalten, welche durch Ermüdung und Unsicherheit des Auges beim Zählen entstehen. Das Verfahren beruht darauf, daß dieselben Szintillationen mittels eines Doppelmikroskopes von zwei Beobachtern durch elektrisch betätigte Kontaktschlüssel auf einen ablaufenden Chronographenstreifen gleichzeitig registriert werden. Alle von dem Beobachter A registrierten Szintillationen müssen mit den von B registrierten zeitlich zusammenfallen, wenn es möglich ist, fehlerlos zu zählen. Da aber längere Zählreihen auch für ein gesundes und gut ausgeruhtes Auge eine erhebliche Anstrengung bedeuten, die sich in Ermüdung und häufigem Blinzeln äußert, wird manche Szintillation übersehen. Man findet daher auf dem Registrierstreifen neben den für beide Beobachter koinzidierenden Szintillationsmarken auch solche, die zwar von A, aber nicht von B gesehen wurden und umgekehrt. Unter der Voraussetzung, daß die Zahl der beobachteten Koinzidenzen groß ist, läßt sich auf Grund einfacher Wahrscheinlichkeitsbetrachtungen angeben, wieviel Szintillationen im Mittel von einem Beobachter übersehen werden. Auch unter günstigen Beobachtungsbedingungen werden von geübten Beobachtern nur etwa 90% der auftretenden Szintillationen registriert.

Man beobachtet die Szintillationen gewöhnlich auf einem Zinksulfidschirm, bestehend aus einer Glasplatte, auf der die feinen Zinksulfidkristalle möglichst gleichmäßig und lückenlos aufgetragen sind[4]). Am besten erfolgt die Auszählung mittels eines schwach vergrößernden Mikroskopes von möglichst hoher Lichtstärke. Ein im Dunkeln genügend ausgeruhtes Auge ist dabei Vorbedingung; schwache Beleuchtung des Schirmes oder der Schirmbegrenzung während des Auszählens hat sich als praktisch erwiesen, um ein Abirren des Auges zu verhindern. Soweit es die Natur des Versuches zuläßt, hält man die Zahl der zu beobachtenden Szintillationen zwischen 20 und 40 pro Minute. Überschreitet die Zahl der Szintillationen etwa 50 pro Minute, so kann man bei der Unregelmäßigkeit der zeitlichen und räumlichen Verteilung der Szintillationen ihre Zahl oft nicht mehr richtig erfassen. Läßt sich eine große Szintillationsdichte nicht umgehen, so kann man nach CHADWICK[5]) durch folgenden Kunstgriff zum Ziele kommen. Zwischen Strahlenquelle und Zinksulfidschirm wird eine rotierende Scheibe mit radialem Schlitz eingeschaltet. Bei einem Scheibendurchmesser

---

[1]) E. REGENER, Verh. d. D. Phys. Ges. Bd. 10, S. 78. 1908.

[2]) E. REGENER, Berl. Ber. 1909, S. 948; E. RUTHERFORD u. H. GEIGER, Proc. Roy. Soc. London (A) Bd. 81, S. 141. 1908; Phys. ZS. Bd. 10, S. 1. 1909; H. GEIGER u. A. WERNER, ZS. f. Phys. Bd. 21, S. 187. 1924.

[3]) H. GEIGER u. A. WERNER, ZS. f. Phys. Bd. 21, S. 187. 1924.

[4]) Näheres über geeignetes Zinksulfid und über Herstellung von Schirmen z. B. bei H. GEIGER u. A. WERNER, ZS. f. Phys. Bd. 21, S. 187. 1924. Verwendung eines Diamantdünnschliffs als Auszählfläche bei E. REGENER, Berl. Ber. 1909, S. 948.

[5]) J. CHADWICK, Phil. Mag. Bd. 40, S. 734. 1920.

von 10 cm und einer Schlitzbreite von 2 mm wird beispielsweise eine Szintillationsdichte von 80000 pro Minute auf 120 pro Minute reduziert. Hinzu kommt als weiterer Vorteil, daß sich durch Wechsel der Drehgeschwindigkeit der Scheibe die zeitliche Verteilung verändern läßt. Dreht sich in obigem Fall die Scheibe gerade einmal in jeder Sekunde herum, so werden im Mittel zwei Szintillationen jedesmal erscheinen, wenn der Schlitz vor dem Schirm vorbeistreicht. Eine kleine Zahl gleichzeitig auftretender Szintillationen kann der Beobachter aber relativ leicht erfassen und registrieren, da er ja immer eine Sekunde Zeit hat, bis er wieder in Anspruch genommen wird. Mit etwas Übung läßt sich eine Gruppe von 6 oder 7 Szintillationen noch gut erfassen, wenn bis zum Erscheinen der nächsten Gruppe mindestens $^1/_2$ sec verstreicht. Bei intermittierender Bestrahlung lassen sich also noch 200 Szintillationen pro Minute zählen, während sonst 30 bis 40 Szintillationen pro Minute eine obere Grenze bilden.

Unterschreitet andererseits die Zahl der Szintillationen etwa 5 in der Minute, so wird das Auszählen sehr mühsam. RUTHERFORD und CHADWICK[1]) haben sich bei ihren Untersuchungen über Atomzertrümmerungen, bei denen die Ausbeute an wirksamen Strahlen immer sehr gering ist, dadurch geholfen, daß sie ein Mikroskop konstruierten, das bei erheblicher Lichtstärke des optischen Systems (Apertur 0,45) eine Fläche von etwa 40 mm² auszuzählen gestattete[2]).

Die Szintillationszählmethode ist wegen ihrer großen Einfachheit bei Untersuchungen über die Natur der α-Strahlen und über Atomzertrümmerungen in weitgehendem Maße und mit Erfolg angewandt worden. Ein besonderer Vorzug der Methode liegt auch darin, daß Verwechslungen mit β-Strahlen nicht eintreten können, im Gegensatz zum elektrischen Zähler, bei dem eine scharfe Trennung zwischen α- und β-Strahlen nicht möglich zu sein scheint.

5. Helligkeit der Szintillationen. Nach LENARD[3]) erscheint es wahrscheinlich, daß die Szintillation auf Tribolumineszenz zurückzuführen ist. Das α-Teilchen zerbricht bei seinem Aufprall die Kristalle, wobei sich luftverdünnte Spalte bilden, in denen die bei dem Bruch entstehenden elektrischen Doppelschichten kurzdauernde Entladungen hervorrufen. Das dabei auftretende ultraviolette Licht löst im Zinksulfid den sog. Momentanprozeß des Leuchtens aus, den wir als die Szintillation ansprechen. Um möglichst helle Szintillationen zu erhalten, muß daher bei Herstellung des ZnCu-Phosphors auf höchste Intensität des Momentanprozesses hingewirkt werden. Nun nimmt der Momentanprozeß, der bei allen ZnCu-Phosphoren an sich schon stark ausgeprägt ist, bei Glühtemperaturen unter 1000° mit steigendem Metallgehalt zu und erreicht bei 0,0002 g Cu pro Gramm ZnS seinen höchsten Wert[4]). Ein nach diesen Gesichtspunkten speziell für Szintillationszählungen hergestellter ZnCu-Phosphor mit NaCl als Schmelzzusatz zeigt bei Erregung durch Licht eine smaragdgrüne Farbe. Durch die Wahl einer nicht zu hohen Glühtemperatur und geeignete Glühdauer, sowie durch schnelle Abkühlung des fertigen Präparats läßt sich ein recht feinkörniges Material gewinnen, mit dem gleichmäßige und lückenlose Schirme hergestellt werden können[5]). Die Feinkörnigkeit kann durch Aufschlämmen in Alkohol und Abtrennung der sich schnell absetzenden gröberen Teilchen meist erheblich verbessert werden. Die Körnchen haben schließlich im Mittel einen Durchmesser von einigen Mikron; sie zeigen kristallinischen Charakter, sind aber

---

[1]) E. RUTHERFORD u. J. CHADWICK, Phil. Mag. Bd. 44, S. 417. 1922.

[2]) Über weitere Verbesserung der optischen Hilfsmittel s. den Artikel von H. PETTERSSON und G. KIRSCH in Bd. XXII d. Handbs.

[3]) Siehe bei R. TOMASCHEK, Ann. d. Phys. Bd. 65, S. 195. 1921; vgl. auch A. IMHOF, Phys. ZS. Bd. 18, S. 374. 1917.

[4]) R. TOMASCHEK, Ann. d. Phys. Bd. 65, S. 195. 1921.

[5]) H. GEIGER u. A. WERNER, ZS. f. Phys. Bd. 21, S. 192. 1924.

nicht selten zu unregelmäßigen traubenförmigen Gebilden zusammengeschlossen. Versuche, die Struktur des Phosphors durch Zerreiben verfeinern zu wollen, scheitern daran, daß durch den dafür erforderlichen Druck neben einer Verfärbung auch eine Zerstörung der Phosphoreszenzzentren eintritt.

Mit abnehmender Geschwindigkeit der α-Strahlen werden die Szintillationen immer lichtschwächer. Man glaubte anfänglich, daß Szintillationen überhaupt nicht mehr nachgewiesen werden können, wenn die Geschwindigkeit der α-Strahlen 0,4 V_0 unterschreitet, wobei V_0 die Anfangsgeschwindigkeit der α-Strahlen von Radium C′ bedeutet (Ziff. 10). Nach Verbesserung der optischen Hilfsmittel gelang es RUTHERFORD[1]), α-Strahlen von $0{,}25\,V_0$ teilweise auch von noch kleinerer Geschwindigkeit gut zu zählen. Quantitative Messungen über die Abhängigkeit der Szintillationshelligkeit von der Geschwindigkeit sind von KARA-MICHAILOVA[2]) an α-Strahlen von Radium C′ ausgeführt worden. Sie benutzte ein Mikroskop mit zwei Objektiven und einem Vergleichsokular, so daß die beiden unter den Objektiven befindlichen Zinksulfidschirme gleichzeitig beobachtet werden konnten. Oberhalb der Objektive war der Tubus durchschnitten, so daß Graugläser eingeschoben werden konnten. Als Vergleichspräparat diente Polonium in 7 mm Entfernung von dem einen Zinksulfidschirm. Der Abstand des RaC′-Präparats von dem zweiten Schirm war meßbar veränderlich. Die Szintillationen von RaC′ zeigten eine konstante Helligkeit bis ungefähr 1,8 cm Restreichweite; von da ab wurden sie lichtschwächer und in den letzten 5 mm nahmen sie rapide an Helligkeit und Größe ab. Einige Versuche mit Thor C′ und Polonium als Strahlungsquelle ergaben ähnliche Resultate. Läßt man für längere Zeit eine intensive α-Strahlung auf Zinksulfid auffallen, so nimmt zwar die Helligkeit der Szintillationen allmählich ab, ihre Zahl aber bleibt ungeändert[3]).

Treffen die α-Strahlen streifend auf Zinksulfid- oder besser auf einen Willemit-Dünnschliff auf, so zeigen sich bei starker Vergrößerung (etwa 400fach) keine punktförmigen Szintillationen mehr, sondern es treten helle und scharf begrenzte Striche auf, die nichts anderes sind als die Leuchtspuren der α-Strahlen in dem Kristall[4]). Die Länge der Leuchtspur in Willemit beträgt für die α-Strahlen von Polonium etwa 0,02 mm. Die Dauer der Lichtaussendung bei einer Szintillation wird von HERSZFINKIEL und WERTENSTEIN[5]) zu $^1/_{9000}$ sec bestimmt.

6. Sichtbarmachung von Korpuskularstrahlen durch WILSONS Nebelmethode. Durchsetzt ein α- oder β-Teilchen ein mit Wasserdampf übersättigtes Gas, so wird die Bahn des Strahles dadurch sichtbar, daß sich der Wasserdampf an den entstehenden Ionen in feinen Tröpfchen kondensiert. Die auf diesem Prinzip von C. T. R. WILSON[6]) aufgebaute Apparatur ist in ihren wesentlichen Teilen aus Abb. 8 ersichtlich. Die Expansionskammer A wird gebildet durch einen Glasring R, von ca. 16 cm Durchmesser und 4 cm Höhe, der oben durch die Glasplatte P verschlossen ist. Der Messingzylinder K, der den Boden der

---

[1]) E. RUTHERFORD, Phil. Mag. Bd. 47, S. 277. 1924.

[2]) E. KARA-MICHAILOVA, Phys. ZS. Bd. 22, S. 595. 1924; E. KARA-MICHAILOVA u. H. PETTERSSON, Naturwissensch. Bd. 12, S. 388. 1924; s. auch unter Szintillationsphotometrie in Bd. XXII ds. Handbs.

[3]) E. MARSDEN, Proc. Roy. Soc. London (A) Bd. 83, S. 548. 1910; bei radioaktiven Leuchtfarben (Gemisch von Zinksulfid mit Radium, Mesothor oder Radiothor) ist das Abklingen der Helligkeit über viele Monate von G. BERNDT (ZS. f. techn. Phys. Bd. 1, S. 102. 1920) verfolgt worden.

[4]) H. HERSZFINKIEL u. L. WERTENSTEIN, Journ. d. phys. et le Radium Bd. 1, S. 146. 1920; H. GEIGER u. A. WERNER, ZS. f. Phys. Bd. 8, S. 191. 1922.

[5]) H. HERSZFINKIEL u. L. WERTENSTEIN, Journ. de phys. et le Radium Bd. 2, S. 31. 1921.

[6]) C. T. R. WILSON, Proc. Roy. Soc. London (A) Bd. 87, S. 293. 1912. Neuere technische Einzelheiten z. B. bei L. MEITNER u. K. FREITAG, ZS. f. Phys. Bd. 37, S. 481. 1926.

Kammer bildet, bewegt sich kolbenartig in dem Messingrohr M, das den Glasring R trägt. Wird unter dem Kolben K plötzlich die Luft abgesogen, so schlägt K herab und expandiert das Gas im Raume A. Die Luft, die in Berührung mit Wasser (Gelatine) steht, ist jetzt mit Wasserdampf übersättigt und dieser kondensiert sich an den in A etwa vorhandenen Ionen. Die Expansion muß sehr rasch erfolgen und soll etwa das 1,3 fache des Anfangsvolumens betragen.

Man läßt die zu untersuchenden Strahlen kurz vor beendeter Expansion etwa durch ein im Ring R angebrachtes Glimmerfenster in die Kammer eintreten. Um deutliche Strahlbahnen zu erhalten, muß A völlig staubfrei sein, da sich sonst der Wasserdampf an den Staubteilchen kondensiert. Staubfreiheit wird durch mehrmalige Expansion leicht erzielt. Auch müssen alle Ionen aus der Kammer A entfernt sein, soweit sie nicht zu der zu untersuchenden Strahlenbahn gehören. Dies geschieht durch ein elektrisches Feld, das zwischen die leitend gemachte Glasplatte P und den Kolben K gelegt wird. Auf die bei der Expansion sich mit Wassertröpfchen beladenden Ionen hat dieses Feld keinen merklichen Einfluß mehr, da die schweren Wassertröpfchen sich viel zu langsam bewegen. Die Ionen verbleiben also für einige Zeit an der Stelle, wo sie erzeugt wurden, und können in ihrer Gesamtheit photographiert werden. Intensive seitliche Beleuchtung durch elektrischen Funken oder Bogenlampe ist erforderlich[1]). Einige typische Beispiele für die Bahnen von Korpuskularstrahlen finden sich auf den Abb. 15 und 27 bis 29.

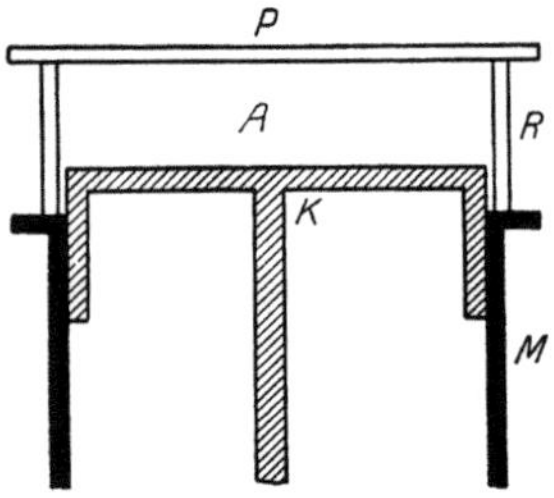

Abb. 8. WILSONS Nebelkammer zur Sichtbarmachung von α- und β-Strahlen (schematisch).

Zum genaueren Studium der Strahlbahnen hat es sich als nötig erwiesen, stereoskopische Aufnahmen oder auch Aufnahmen in zwei zueinander senkrechten Blickrichtungen vorzunehmen. Auch ist die Apparatur dahin verbessert worden, daß Expansionen und photographische Aufnahmen in rascher Folge gemacht werden können[2]). BLACKETT[3]) benutzt bei seinen Versuchen über Zertrümmerung von Stickstoffkernen durch α-Strahlen eine automatisch arbeitende Wilsonkammer, mit der alle 10 sec eine Expansion vorgenommen und eine photographische Aufnahme gemacht werden konnte (s. auch Ziff. 29). Die Brauchbarkeit dieser Apparatur wurde durch 23000 Aufnahmen erwiesen.

Einfache Formen der WILSONschen Expansionskammer sind von BOSE[4]) u. a. angegeben worden. Über Beobachtungen bei geringen Gasdrucken findet man Angaben bei BUMSTEAD[5]) und CHADWICK[6]).

7. Photographische Wirksamkeit von α-Strahlen. KINOSHITA[7]) zählte die Silberkörner einer entwickelten photographischen Platte, nachdem sie mit

---

[1]) Durch elektrische Überlastung zerplatzende Wolframdrähte geben eine sehr intensive Beleuchtung; s. z. B.: F. W. BUBB, Phys. Rev. Bd. 23, S. 137. 1924; A. H. COMPTON u. A. W. SIMON, ebenda Bd. 26, S. 289. 1925.

[2]) T. SHIMIZU, Proc. Roy. Soc. London (A) Bd. 99, S. 432. 1921; P. M. S. BLACKETT, ebenda Bd. 102, S. 294. 1922; Bd. 103, S. 62. 1923; R. W. RYAN u. W. D. HARKINS, Phys. Rev. Bd. 21, S. 375. 1923; Journ. Amer. Chem. Soc. Bd. 45, S. 2095. 1923; Wilson-Shimizu-Apparatur zur Projektion für Vorlesung usw.; s. H. T. PYE, Journ. scient. instr. Bd. 2, S. 199. 1925.

[3]) P. M. S. BLACKETT, Proc. Roy. Soc. London (A) Bd. 107, S. 349. 1925; T. SHIMIZU, ebenda Bd. 99, S. 432. 1921.

[4]) D. BOSE, ZS. f. Phys. Bd. 12, S. 207. 1922; D. M. BOSE u. S. K. GHOSH, Phil. Mag. Bd. 45, S. 1050. 1923.

[5]) H. A. BUMSTEAD, Phys. Rev. Bd. 8, S. 715. 1916.

[6]) J. CHADWICK u. K. G. EMELÉUS, Phil. Mag. (7) Bd. 1, S. 1. 1926.

[7]) S. KINOSHITA, Proc. Roy. Soc. London (A) Bd. 83, S. 432. 1910.

α-Strahlen bestrahlt worden war, mikroskopisch aus und fand, daß die Zahl der Körner in erster Annäherung der Zahl der α-Teilchen entsprach, die auf die Platte aufgefallen war. Die photographische Wirksamkeit einzelner α-Strahlen war damit erwiesen.

Anschließend an diese ersten Beobachtungen wurde später von REINGANUM[1]), MICHL[2]) u. a. gezeigt, daß auch die Bahn eines α-Teilchens durch eine Reihe von Silberkörnern sichtbar gemacht werden kann. Am besten verfährt man in der Weise, daß man die Spitze einer radioaktiv gemachten Nadel auf eine photographische Platte aufsetzt. Nach Entwicklung zeigt sich ein feiner Schwärzungspunkt, der sich unter dem Mikroskop in eine Menge radialer, aus Silberkörnern bestehenden Bahnen auflöst [Abb. 9 nach IKEUTI[3])]. Sie rühren her von den α-Strahlen, welche die obere Schicht der Platte streifend durchsetzt haben. Für das Gelingen solcher Aufnahmen ist die Wahl einer geeigneten, möglichst schleierfreien Platte besonders wichtig[4]). Außerdem muß das Plattenkorn sehr fein und regelmäßig sein.

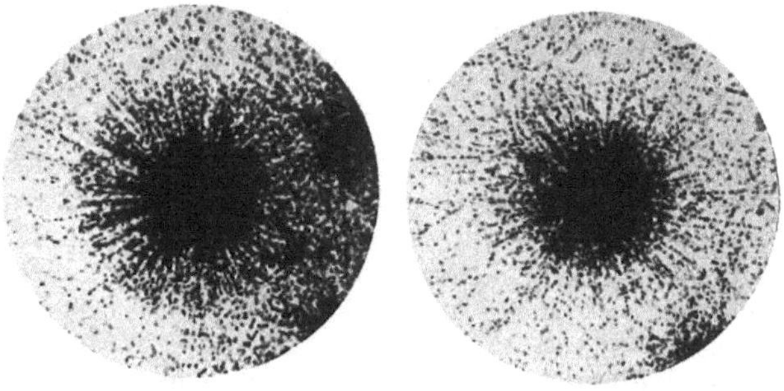

Abb. 9. Bahnen von α-Strahlen in der photographischen Schicht. Vergrößerung etwa 200fach.

Es sei noch auf folgende Punkte hingewiesen, welche bei Benutzung der photographischen Platte zur Untersuchung der α-Strahlung von Bedeutung sind[5]).

a) Zahl der Silberkörner auf einer Bahn: Unter günstigen Bedingungen werden im Mittel durch ein α-Teilchen von 7 cm Reichweite in Luft (d. h. 50 μ Reichweite in der photographischen Schicht) etwa 16 Silberkörner entwicklungsfähig.

b) Der Körnerabstand in der Bahn ist sehr variabel. Im Mittel werden Abstände von 4—5 μ zwischen zwei in derselben Bahn aufeinanderfolgenden Körnern gefunden, vereinzelt auch solche von 7—9 μ.

c) Entwicklungsfähigkeit eines Kornes: Jedes Korn, das von einem α-Teilchen getroffen wird, ist entwicklungsfähig. Es ist dabei gleichgültig, welche Geschwindigkeit das α-Teilchen beim Durchgang durch das Korn besessen hat.

d) Geradlinigkeit der Bahnen. Abweichungen davon sind fast stets durch Verziehen der Gelatine während des Entwicklungsprozesses verursacht. Die verschiedentlich beobachtete scheinbare Zerstreuung von α-Strahlen in der photographischen Schicht ist auf solche sekundären Einflüsse zurückzuführen. Bei Aufnahmen von β-Strahlen sind gerade Bahnen nicht zu sehen und wegen der leichten Zerstreubarkeit dieser Strahlen auch nicht zu erwarten.

---

[1]) M. REINGANUM, Phys. ZS. Bd. 12, S. 1076. 1911.

[2]) W. MICHL, Wiener Ber. Bd. 121, S. 1431. 1912; s. auch F. MAYER, Ann. d. Phys. Bd. 41, S. 960. 1913.

[3]) H. IKEUTI, Phil. Mag. Bd. 32, S. 129. 1916; s. auch S. KINOSHITA u. H. IKEUTI, ebenda Bd. 29, S. 420. 1915.

[4]) Nähere Angaben hierüber und über betr. Entwicklungsverfahren in den zitierten Arbeiten, dann besonders bei R. R. SAHNI, Phil. Mag. Bd. 29, S. 836. 1915; Bd. 33, S. 290. 1917 und bei E. MÜHLESTEIN, Arch. sc. phys. et nat. Bd. 4, S. 38. 1922; K. PRZIBRAM, Wiener Ber. Bd. 130, S. 271. 1921; R. WÄLDER, ebenda Bd. 131, S. 495. 1922.

[5]) Die folgenden Angaben im wesentlichen nach E. MÜHLESTEIN, Arch. sc. phys. et nat. Bd. 4, S. 38. 1922.

Die Geradlinigkeit der Körneranordnung bei α-Strahlen wird durch einen Versuch von BOTHE[1]) überzeugend zum Ausdruck gebracht. Er ließ parallele α-Strahlen auf einen photographischen Film auffallen und untersuchte dann den entwickelten Film unter verschiedener Beleuchtung auf seine Lichtdurchlässigkeit. Der Film erwies sich als besonders durchlässig, wenn die Richtung des auffallenden Lichtes mit der Richtung der α-Strahlen zusammenfiel. Die Erklärung hierfür liegt eben darin, daß die einzelnen α-Teilchen in der photographischen Schicht geradlinige Ketten von Körnern erzeugen, zwischen denen prismatische Räume frei bleiben, durch die das Licht ohne erhebliche Absorption hindurchgelangt. Man ersieht aus diesem Versuche auch, wie vorsichtig man verfahren muß, wenn es sich etwa darum handelt, eine durch α-Strahlen geschwärzte Platte auszuphotometrieren.

e) Zählung von α-Strahlen auf photographischem Weg: Läßt man die α-Strahlen schräg und in nicht zu großer Dichte auf eine Platte fallen, so läßt sich durch Abzählen der einzelnen Bahnen ermitteln, wieviel Teilchen auf die Platte aufgefallen sind. Die experimentellen Schwierigkeiten sind aber wegen Mangels befriedigender Platten sehr groß. Eine praktische Verwendung hat dies Verfahren daher noch nicht gefunden.

f) Photographische Intensitätsmessungen: Zur Ermittelung der Intensität einer α- oder β-Strahlung aus der Schwärzung einer photographischen Platte kann das BUNSEN-ROSCOEsche Reziprozitätsgesetz herangezogen werden. Nach BOTHE[2]) gilt dieses Gesetz mit großer Annäherung, d. h. die Schwärzung hängt für α- und β-Strahlen konstanter Geschwindigkeitszusammensetzung nur von dem Produkt Intensität × Expositionszeit ab (vgl. auch das unter d Gesagte).

8. Herstellung starker Strahlungsquellen[3]). Die meisten Versuche über die Natur der α-Strahlen usw. verlangen Strahlenquellen höchster Intensität, von möglichst kleinen Dimensionen und ohne erhebliche Eigenabsorption.

a) Aktive Niederschläge: Man aktiviert kleine Bleche oder feine Drähte, indem man sie für längere Zeit (bei RaEm für etwa drei Stunden, bei ThEm für etwa drei Tage) in ein mit der Emanation gefülltes Gefäß bringt, wobei man Blech oder Draht zur Erhöhung der Ausbeute auf ein negatives Potential von einigen hundert Volt bringt (Ziff. 32b). Der positive Pol wird an die Gefäßwandung gelegt. Unter der Einwirkung des elektrischen Feldes wandern die positiv geladenen RaA-Atome nach ihrer Entstehung aus der Emanation an die negative Elektrode (den Draht usw.) und schlagen sich dort nieder[4]). Auf dem Draht bilden sich dann die Folgeprodukte RaB und RaC. Dieses Konzentrationsverfahren arbeitet befriedigend, solange die auf dem Draht zu sammelnde Niederschlagsmenge nicht allzu groß ist. Soll aber etwa das RaA + B + C aus Emanationsmengen von der Größenordnung 10 Millicurie und darüber gesammelt werden, so ist die Ausbeute gering und beträgt nur einen kleinen Bruchteil der theoretisch zu erwartenden Gleichgewichtsmenge. Der Grund hierfür ist die hohe Leitfähigkeit des stark

---

1) W. BOTHE, ZS. f. Phys. Bd. 13, S. 106. 1923.

2) W. BOTHE, ZS. f. Phys. Bd. 8, S. 243. 1922; Bd. 13, S. 106. 1923.

3) In dieser Ziffer sind nur einige besonders oft gebrauchte Verfahren zur Herstellung starker α-Strahlenpräparate besprochen. Über die chemische Abtrennung und Reindarstellung der verschiedenen radioaktiven Elemente (z. B. RaC) findet man Näheres bei H. GEIGER u. W. MAKOWER, Meßmethoden auf dem Gebiet der Radioaktivität, Braunschweig 1920 oder bei G. v. HEVESY u. F. PANETH, Lehrbuch der Radioaktivität. Leipzig 1923; s. außerdem Bd. XXII ds. Werkes.

4) Über Verteilung der aktiven Niederschläge in elektrischen Feldern s. z. B. H. P. WALMSLEY, Phil. Mag. Bd. 28, S. 539. 1914; A. GABLER, Wiener Ber. Bd. 129, S. 201. 1920; G. H. BRIGGS, Phil. Mag. Bd. 41, S. 357. 1921.

emanationshaltigen Gases, was Neutralisierung und Umladung der RaA-Atome zur Folge hat.

Zur Gewinnung großer Mengen des aktiven Niederschlags kondensiert man nach PETTERSSON[1]) die weitgehend gereinigte Radiumemanation[2]) durch flüssige Luft auf der zu aktivierenden Platte selbst. Die Wirksamkeit des Verfahrens erhellt daraus, daß aus einer Emanationsmenge von 40 Millicurie über 10 Millicurie RaC auf einer Scheibe von 4 mm Durchmesser gesammelt werden konnten.

b) Emanationsröhrchen: Die Verwendbarkeit von RaB + C als Strahlenquelle ist durch die kurze Lebensdauer dieser Substanzen beschränkt (Halbwertszeit von RaB 26,7 min). Man hat daher versucht, die Radiumemanation (Halbwertszeit 3,82 Tage) in kleine Gefäße einzuschließen, deren Wandung für α-Strahlen durchlässig ist. Bei der Emanation besteht die Strahlung aus den drei homogenen α-Strahlengruppen, RaEm, RaA, RaC im Gegensatz zum aktiven Niederschlag, der 20 min nach Beendigung der Exposition nur die homogenen α-Strahlen des RaC (Reichweite 7 cm) emittiert.

RUTHERFORD und ROYDS[3]) haben enge, sehr dünnwandige Glasröhrchen (Wandstärke ca. $^1/_{100}$ mm) mit sorgfältig gereinigter Radiumemanation bis zu mehreren hundert Millicurie gefüllt. Angaben über Herstellung solcher Röhrchen findet man bei LIND[4]). Auch äußerst dünnwandige Glaskügelchen von 1 bis 2 mm Durchmesser lassen sich herstellen (LIND a. a. O.). Bei etwas größeren Kügelchen kann die Emanation durch Quecksilber auf ein kleines Kugelsegment zusammengedrängt werden, so daß eine intensive Strahlenquelle kleinster Dimensionen entsteht [Abb. 10 nach DANYSZ und DUANE[5])]. Die Wandstärke des Glases kann dabei bis auf etwa 1 cm Luftaquivalent (ca. $^5/_{1000}$ mm) herabgesetzt werden, ohne daß die Röhrchen oder Kügelchen, soweit ihre Dimensionen die obigen Angaben nicht überschreiten, beim Auspumpen durch den Luftdruck zerstört würden.

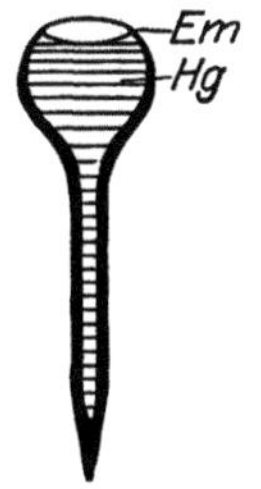

Abb. 10. Glaskügelchen mit Emanation gefüllt als α-Strahlenquelle.

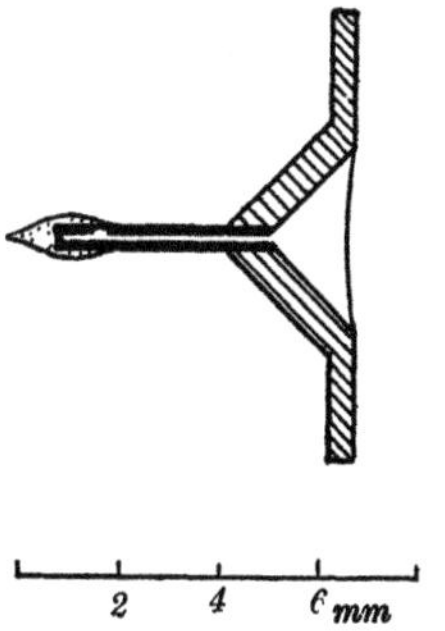

Abb. 11. Trichterchen mit Emanation gefüllt als α-Strahlenquelle.

Kommt es bei quantitativen Messungen darauf an, daß die Homogenität der Strahlen erhalten bleibt und daß wenigstens nach einer Richtung hin alle α-Strahlen austreten können, so haben sich kleine, innen polierte Messingtrichterchen bewährt, bei denen die Grundfläche (3 bis 4 mm Durchmesser) durch ein dünnes Glimmerblatt abgeschlossen wird. Die Einführung der Emanation erfolgt durch eine an das Trichterende angesetzte, möglichst feine Platinkapillare [Abb. 11 nach GEIGER und WERNER[6])].

c) Poloniumpräparate werden deshalb häufig benutzt, weil sie eine homogene α-Strahlung (Reichweite 3,9 cm) emittieren, die nur langsam abklingt (Halbwertszeit 136 Tage). Ist eine geringe Strahlungsintensität ausreichend

---

[1]) H. PETTERSSON, Wiener Ber. Bd. 132, S. 55. 1923; G. ORTNER u. H. PETTERSSON, ebenda Bd. 133, S. 229. 1924.

[2]) Über Reinigung der Radiumemanation s. Bd. XXII ds. Handbs.

[3]) E. RUTHERFORD u. T. ROYDS, Phil. Mag. Bd. 17, S. 281. 1909; s. auch E. RUTHERFORD u. H. ROBINSON, Wiener Ber. Bd. 122, S. 1855. 1913; Phil. Mag. Bd. 28, S. 552. 1914.

[4]) S. C. LIND, Wiener Ber. Bd. 120, S. 1709. 1911.

[5]) J. DANYSZ u. W. DUANE, Sill. Journ. Bd. 35, S. 295. 1913.

[6]) H. GEIGER u. A. WERNER, ZS. f. Phys. Bd. 21, S. 187. 1924.

(Größenordnung 10^5 α-Teilchen/sec), so kommt man am besten zum Ziel, indem man aus einer Lösung von RaD + E + F das Polonium auf einem Kupferblech elektrolytisch niederschlägt[1]).

II. Geschwindigkeit und Reichweite der α-Strahlen.

9. Allgemeines über Absorption von α-Strahlen. Während die β-Strahlen auch bei einer einheitlichen radioaktiven Substanz im allgemeinen mit sehr verschiedenen Geschwindigkeiten emittiert werden, ist die α-Strahlung immer durch eine bestimmte Anfangsgeschwindigkeit charakterisiert. Für verschiedene Substanzen hat jedoch diese Anfangsgeschwindigkeit verschiedene Werte; sie ist desto größer, je kurzlebiger die emittierende Substanz[2]). Während aber die Lebensdauer der uns bekannten radioaktiven Elemente innerhalb 25 Zehnerpotenzen variiert, ändert sich die Anfangsgeschwindigkeit der α-Strahlen nur im Bereich von etwa $1{,}3$ bis $2{,}1 \cdot 10^9$ cm/sec.

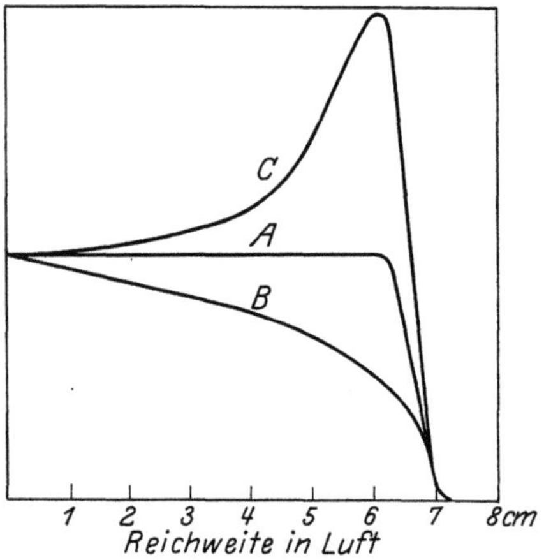

Abb. 12. Absorption von α-Strahlen in Luft. *A* Teilchenzahl, *B* Geschwindigkeitskurve, *C* Ionisationskurve.

Die Verschiedenheit der Anfangsgeschwindigkeit äußert sich am deutlichsten in der der Messung leicht zugänglichen Wegstrecke, welche die α-Strahlen einer bestimmten Substanz in Luft von Normalbedingungen durchlaufen. Diese Wegstrecke heißt Reichweite der betreffenden α-Strahlung. Denken wir uns im Nullpunkt des Koordinatensystems der Abb. 12 ein radioaktives Präparat sehr kleiner Dimensionen, das parallele α-Strahlen in Richtung der Abszissenachse aussendet, so zeigen die Kurven *A*, *B*, *C*, wie sich Zahl, Geschwindigkeit und Ionisierungsvermögen der α-Teilchen auf ihrem Weg durch die Luft allmählich ändern. Die Ordinaten bedeuten also

bei *A*: die Zahl der Teilchen etwa gemessen durch die Szintillationen, die man beobachtet, wenn das Strahlenbündel mit einem Zinksulfidschirm an verschiedenen Bahnpunkten aufgefangen wird (Ziff. 17);

bei *B*: die Geschwindigkeit der Strahlen an verschiedenen Bahnpunkten (Ziff. 11), und schließlich

bei *C*: die Zahl der pro Millimeter Wegstrecke erzeugten Ionen (Ziff. 21).

Im Gegensatz zur Absorption von Elektronenstrahlen ist als wesentlich hervorzuheben, daß die Zahl der Teilchen bis nahezu an das Ende der Reichweite ungeändert bleibt und erst dann rasch abfällt. Die Energieabnahme eines α-Strahlenbündels beim Durchgang durch ein absorbierendes Medium äußert sich also in einer Geschwindigkeitsabnahme der einzelnen Teilchen, nicht aber in einer Verminderung der Teilchenzahl, hervorgerufen etwa durch Zerstreuung oder durch völlige Abbremsung in der Materie.

[1]) Genaue Angaben über Abscheidung des Poloniums aus RaD + E + F-Präparaten findet man bei A. S. RUSSELL u. J. CHADWICK, Phil. Mag. Bd. 27, S. 112. 1914; vgl. auch ds. Handb. Bd. XXII.

[2]) Über den Zusammenhang zwischen Reichweite und Lebensdauer s. ds. Handb. Bd. XXII.

Die Kurven in Abb. 12 sind für den speziellen Fall der α-Strahlen von Radium C′, also für eine Reichweite von 6,97 cm bei 15 ° C und 76 cm Hg-Druck gezeichnet. Die entsprechenden Kurven für α-Strahlen kürzerer Reichweite ergeben sich ohne weiteres durch Verschiebung der Ordinatenachse. So würden für Polonium (RaF) mit einer Reichweite von 3,92 cm die Kurven bei dem Abszissenwert 6,97 — 3,92 = 3,05 cm beginnen, im übrigen aber mit den Kurven für RaC′ identisch sein.

10. Anfangsgeschwindigkeit der α-Strahlen. Die Anfangsgeschwindigkeit der α-Strahlen von Radium C′ wurde von RUTHERFORD und ROBINSON[1]) durch Messung der elektrischen und magnetischen Ablenkbarkeit mit einer Genauigkeit von $^1/_{400}$ zu $1{,}922 \cdot 10^9$ cm/sec bestimmt. Gleichzeitig ergab sich als e/m-Wert $4{,}823 \cdot 10^3$ elektromagnetische Einheiten. Diese Messungen sind im einzelnen bereits in Bd. XXII ds. Handbs. (Art. HAHN) beschrieben, auf den verwiesen wird.

Außer bei RaC′ wurde die magnetische Ablenkbarkeit der α-Strahlen nur bei wenigen anderen Elementen unmittelbar gemessen. Die für diese Elemente aus der magnetischen Ablenkung und dem bekannten e/m-Wert berechneten Anfangsgeschwindigkeiten sind in Tab. 1, Spalte 3 eingetragen, wobei die Anfangsgeschwindigkeit V_0 für die α-Strahlen von RaC′ (Reichweite 6,971 cm) gleich 1 gesetzt ist.

Tabelle 1. Relative Geschwindigkeitswerte für α-Strahlen, bestimmt durch magnetische Ablenkung.

1	2	3	4	5
Substanz	Reichweite R (15°)	Geschwindigkeit V, wenn V' für RaC′ = 1		Beobachter
		experimentell	$V = (R/R')^{\frac{1}{3}}$	
Radium C′	6,971 cm	1	1	
Radium A	4,722 „	0,879	0,878	TUNSTALL[2])
Radium F	3,925 „	0,829	0,826	CURIE[3])
Thor C′	8,617 „	1,074	1,073	WOOD[4])
Thor C	4,787 „	0,894	0,882	WOOD[4])

Aus der in Ziff. 11 näher begründeten Gleichung $V^3 = \mathrm{k} \cdot R$, welche die Geschwindigkeit V der α-Strahlen als Funktion der Reichweite R wiedergibt, läßt sich bei bekannter Reichweite für jedes Element die Anfangsgeschwindigkeit berechnen, wenn man die Konstante k durch Einsetzen der Werte V' und R' für RaC′ bestimmt hat. Die so berechneten Zahlen sind in Spalte 4 der obigen Tabelle eingetragen und zeigen gute Übereinstimmung mit den experimentellen Werten. Für die übrigen α-Strahler findet man die Anfangsgeschwindigkeiten in der Reichweitetabelle S. 156.

11. Geschwindigkeitsabnahme der α-Strahlen beim Durchgang durch Materie. Die Abnahme der Geschwindigkeit als Funktion der Reichweite ist in der Weise untersucht worden, daß man die α-Strahlen verschieden dicke Schichten absorbierenden Materials durchsetzen ließ und die Geschwindigkeit der austretenden Strahlen aus der Ablenkung in einem magnetischen Feld errechnete. Der Nachweis der Strahlen erfolgte dabei entweder durch die photographische

[1]) E. RUTHERFORD u. H. ROBINSON, Wiener Ber. Bd. 122, S. 1855. 1913; Phil. Mag. Bd. 28, S. 552. 1914.

[2]) N. TUNSTALL u. W. MAKOWER, Phil. Mag. Bd. 29, S. 259. 1915.

[3]) I. CURIE, C. R. Bd. 175, S. 220. 1922.

[4]) A. B. WOOD, Phil. Mag. Bd. 30, S. 702. 1915.

Platte oder durch Szintillationsbeobachtungen. Ältere Messungen dieser Art führten zu dem Schluß, daß die Wirksamkeit der Strahlen bereits an einer Stelle der Bahn erlischt, wo die Geschwindigkeit immer noch etwa 0,4 des Anfangswertes der RaC'-Strahlen beträgt. Jedenfalls ließen sich die α-Strahlen photographisch oder durch Szintillationen nicht mehr nachweisen, wenn ihre Geschwindigkeit unter diesen kritischen Wert gesunken war. Dies theoretisch schwer verständliche Ergebnis war, wie sich später ergab, die Folge der häufigen Umladungen, die die α-Strahlen bei kleinen Geschwindigkeiten erleiden (Ziff. 25). Infolge dieser Umladungen wird ein Strahlenbündel, das sonst scharf begrenzt erscheint, im Magnetfeld fächerartig auseinandergezogen und entzieht sich dadurch der Beobachtung. Nur unter besonders günstigen Bedingungen, namentlich bei hohem Vakuum, gelingt es, α-Strahlen bis herab zu 0,25 der anfänglichen Geschwindigkeit nachzuweisen[1]).

Nach GEIGER[2]), MARSDEN und TAYLOR[3]) läßt sich die Geschwindigkeit V eines α-Teilchens bei Absorption in Luft oder in einer anderen Substanz geringen Atomgewichts darstellen durch die Gleichung

$$V^3 = \text{konst.} \cdot R \tag{1}$$

wo R die bei Austritt aus der Substanz noch verbleibende Reichweite bedeutet. Erfolgt die Absorption in einer Substanz von höherem Atomgewicht, so verläuft die Geschwindigkeitskurve flacher als obiger Gleichung entspricht. Die folgende diesbezügliche Tabelle ist der Arbeit von MARSDEN und TAYLOR entnommen[4]).

Tabelle 2. Abnahme der Geschwindigkeit der α-Strahlen von Radium C' in Folien verschiedenen Materials.

Relative Geschwindigkeit	Gewicht der Folie in g pro cm²				
	Gold	Kupfer	Aluminium	Glimmer	Luft
1,0	—	—	—	—	—
0,95	$4{,}00 \cdot 10^{-3}$	$2{,}08 \cdot 10^{-3}$	$1{,}48 \cdot 10^{-3}$	$1{,}43 \cdot 10^{-3}$	$1{,}24 \cdot 10^{-3}$
0,90	7,05	3,90	2,79	2,75	2,32
0,85	9,79	5,35	3,94	3,83	3,26
0,80	12,27	6,69	5,01	4,86	4,08
0,75	14,80	8,00	6,05	5,72	4,84
0,70	17,04	9,20	7,03	6,40	5,46
0,65	18,99	10,30	7,85	7,00	6,02
0,60	20,71	11,40	8,50	7,50	6,48
0,55	22,29	12,35	9,10	7,98	6,90
0,50	23,89	13,13	9,64	8,47	7,29
0,45	25,40	14,00	10,15	8,96	7,67
0,415	26,65	14,60	10,46	9,35	7,96

Nach einer wesentlich anderen Methode hat KAPITZA[5]) die Geschwindigkeits- bzw. Energieabnahme eines α-Teilchens von RaC' in Luft und Kohlensäure gemessen: Er bestimmte die Wärmewirkung der α-Strahlen, nachdem sie eine Gasschicht variabler Dicke durchlaufen hatten. Als Meßinstrument diente ein Radiomikrometer, bestehend aus einem in einem Magnetfeld hängenden Kupferbügel, der unten durch ein Thermoelement geschlossen war. Wenn die

[1]) E. RUTHERFORD, Phil. Mag. Bd. 47, S. 277. 1924.

[2]) H. GEIGER, Proc. Roy. Soc. London (A) Bd. 83, S. 505. 1910.

[3]) E. MARSDEN u. T. S. TAYLOR, Proc. Roy. Soc. London (A) Bd. 88, S. 443. 1913; s. auch E. C. ADAMS, Phys. Rev. Bd. 25, S. 244. 1925.

[4]) Eine eingehende Diskussion der Zahlenwerte von MARSDEN und TAYLOR findet man bei L. FLAMM und R. SCHUMANN, Ann. d. Phys. Bd. 50, S. 655. 1916. Dort wird die Absorption in verschiedenen Substanzen durch eine Gleichung mit drei verfügbaren Konstanten dargestellt.

[5]) P. L. KAPITZA, Proc. Roy. Soc. London (A) Bd. 102, S. 48. 1923.

Lötstelle des Thermoelements durch die auffallende α-Strahlung erwärmt wurde, so wurde der Kupferbügel von Strom durchflossen und drehte sich im Magnetfeld. Eine Strahlung von 2000 bis 3000 α-Teilchen pro Sekunde bewirkte eine Ablenkung des Lichtzeigers um 1 mm. Dies entsprach einem Wärmestrom von 10^{-9} cal/sec. Dabei war die Trägheit des Systems so gering, daß es sich in wenigen Sekunden auf einen bestimmten Wert einstellte. Die Energie der α-Strahlen von RaC′ nahm bei Absorption in Luft oder Kohlensäure über eine Strecke von 6,95 cm Luftäquivalent kontinuierlich ab; darüber hinaus machte sich noch eine kleine Erwärmung von etwa 5,8% des Anfangswertes bemerkbar. Berücksichtigt man diese von den β-Strahlen herrührende Wärmewirkung, so zeigen die Messungen von GEIGER[1]) und KAPITZA eine bemerkenswerte Übereinstimmung. Dabei gelang es beiden Beobachtern nach wesentlich verschiedenen Methoden, die Energieabnahme der α-Strahlen bis zu einem Wert, der kleiner ist als 1% der Anfangsenergie, nachzuweisen. Es kann daher im Gegensatz zu älteren Anschauungen jetzt mit Sicherheit angenommen werden, daß für $R = 0$ die Energie der α-Strahlen verschwindet. Auch BLACKETT[2]) gelingt es, nach der WILSONschen Nebelmethode α-Strahlen bis zu einer Geschwindigkeit von etwa 0,04 V_0 nachzuweisen, wo V_0 die Anfangsgeschwindigkeit der α-Strahlen von Radium C' bedeutet. BLACKETT gibt ferner an, daß bei sehr geringen Geschwindigkeiten die Beziehung zwischen der Reichweite R und der Geschwindigkeit V besser durch $R \backsim V$ als durch $R \backsim V^3$ dargestellt wird.

Die Energieabnahme erfolgt bei den experimentellen Kurven in Übereinstimmung mit den in Tabelle 3, Spalte 3 angegebenen Zahlen, die auf Grund von Gleichung (1) berechnet sind. In die Tabelle sind außerdem die häufig gebrauchten Werte für mv/e, mv^2/e und $1/v$ eingetragen.

Tabelle 3. Geschwindigkeit, Energie usw. eines α-Teilchens an verschiedenen Stellen seiner Bahn.

Reichweite bei 15° C in cm 1	v (RaC′ = 1) 2	v^2 (RaC′ = 1) 3	$\frac{m}{e}v$ el.-magn. CGS 4	$\frac{m}{e}v^2$ el.-magn. CGS 5	$\frac{1}{v}$ (relatives Ionisierungsvermögen) 6
8,00	1,047	1,096	$4{,}172 \cdot 10^5$	$8{,}40 \cdot 10^{14}$	0,956
6,97	1,000	1,000	3,985	7,66	1,000
6,00	0,951	0,905	3,790	6,93	1,052
5,00	0,895	0,801	3,567	6,14	1,117
4,00	0,831	0,691	3,331	5,29	1,202
3,00	0,755	0,570	3,008	4,36	1,324
2,00	0,660	0,436	2,630	3,34	1,516
1,50	0,586	0,343	2,334	2,63	1,707
1,00	0,523	0,274	2,083	2,10	1,912
0,50	0,415	0,172	1,653	1,32	2,410
0,20	0,306	0,094	1,219	0,72	[3,269]
0,10	0,243	0,059	0,968	0,45	[4,116]

Die Zahlen der Spalte 5 ergeben nach Multiplikation mit $\frac{1}{2} \cdot 10^{-8}$ das zur Erzielung einer Geschwindigkeit v erforderliche Spannungsgefälle in Volt.

Eine Theorie der Geschwindigkeitsabnahme der α-Strahlen beim Durchgang durch Materie ist von BOHR und anderen[3]) entwickelt worden. Diese Theorie

[1]) H. GEIGER, Proc. Roy. Soc. London (A) Bd. 83, S. 505. 1910.

[2]) P. M. S. BLACKETT, Proc. Roy. Soc. London (A) Bd. 102, S. 294. 1923; Bd. 103, S. 62. 1923.

[3]) N. BOHR, Phil. Mag. Bd. 30, S. 581. 1915. G. H. HENDERSON, ebenda Bd. 44, S. 680. 1922; R. H. FOWLER, Proc. Cambridge Phil. Soc. Bd. 21, S. 521 u. 531. 1923; F. FERMI, ZS. f. Phys. Bd. 29, S. 315. 1924; L. LOEB und E. CONDON, Journ. Frankl. Inst. Bd. 200, S. 595. 1925.

ist im Zusammenhang mit der Absorption der Elektronenstrahlen bereits in Kap. 1 Ziff. 27 und 28 des vorliegenden Bandes von BOTHE eingehend dargestellt worden.

12. Definition der Reichweite. Die drei in Abb. 12 eingezeichneten Kurven treffen an praktisch derselben Stelle auf die X-Achse auf. Diese Stelle bezeichnet das Ende der Reichweite. Ihre Größe kann also durch das Verschwinden der Szintillationen oder durch das Aufhören der photographischen oder ionisierenden Wirkung festgelegt werden. (In dem in Abb. 12 gezeichneten Beispiel für die α-Strahlen von Radium C' beträgt die Reichweite fast genau 7 cm, wobei der Luftdruck zu 76 cm Hg und die Temperatur zu 15° C angenommen ist.)

Am schärfsten kann die Reichweite durch Ionisationsmessungen bestimmt werden. Es besteht aber insofern noch eine gewisse Willkür, als die Ionisationskurve (Abb. 13) kurz vor der X-Achse abbiegt und sich ihr asymptotisch nähert. Der Endpunkt der Kurve, der die Reichweite bestimmt, ist daher nicht ganz scharf und wird je nach der Empfindlichkeit der Meßanordnung etwas verschieden erfaßt werden. Nun zeigt aber bei allen Messungen die Ionisationskurve bald nach Überschreiten des Maximalwertes einen mit großer Annäherung gradlinig verlaufenden Teil AB, dessen Verlängerung die X-Achse im Punkte R schneiden möge. Da dieser Schnittpunkt unabhängig von den speziellen Versuchsbedingungen scharf erfaßt werden kann, definiert man den Abstand OR als die Reichweite der betreffenden Strahlung.

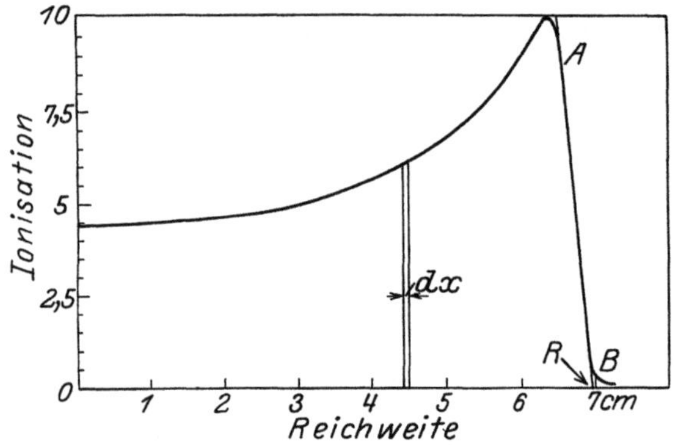

Abb. 13. Zur Definition der Reichweite.

13. Methoden zur Messung der Reichweite in Gasen. Die Meßverfahren bestehen meist darin, daß an verschiedenen Stellen x der α-Strahlbahn mit einer Ionisationskammer von der Tiefe dx (Abb. 13) der Ionisationsstrom gemessen wird. Als ideale Versuchsbedingungen haben zu gelten: unendlich dünne Schicht des Präparats, vollkommene Parallelität der Strahlen, unendlich kleine Dicke der Ionisationskammer. Diese Bedingungen sind natürlich nur bei Präparaten sehr hoher Aktivität einigermaßen zu erfüllen. Größere Abweichungen von diesen Bedingungen haben eine Verflachung der Ionisationskurve und damit einen weniger gradlinigen Verlauf des absteigenden Kurventeils zur Folge. Fehler in der Reichweitemessung, die hieraus entstehen können, lassen sich aber dadurch ausschalten, daß man der zu messenden Substanz A eine zweite hochaktive und relativ kurzlebige Substanz B genau bekannter Reichweite, z. B. RaC′, in solchem Betrage beimengt, daß ihre Aktivität die von A um das hundertfache oder mehr übertrifft. Mit dieser Strahlenquelle bestimmt man zunächst die Reichweite von B, dann, nachdem B abgeklungen ist, die von A. Auf Grund der Abweichungen, die die B-Kurve infolge der unzureichenden Versuchsbedingungen aufweist, kann die A-Kurve entsprechend korrigiert werden. In vielen Fällen müssen die Reichweiten mehrerer α-Strahlgruppen gleichzeitig gemessen werden, da die die Strahlen emittierenden Elemente sich nicht voneinander trennen lassen. Die Reichweiten müssen in solchen Fällen durch ein Subtraktionsverfahren aus der experimentell gefundenen Kurve ermittelt werden.

Bei stark aktiven Substanzen läßt sich die Reichweite am besten mit einer Vorrichtung wie Abb. 14 bestimmen. Auf ein weites mehr als 1 m langes Glasrohr *G* ist am oberen Ende das Messinggehäuse *M* luftdicht aufgekittet. Eine Platte *P* und zwei Drahtnetze *A* und B sind in geringem Abstand voneinander isoliert darin befestigt. *P* führt zu einem Elektrometer, A zu einer Batterie und *B* zu Erde. Der zwischen *P* und *A* befindliche Raum bildet die eigentliche Ionisationskammer, während durch das zwischen *A* und *B* liegende elektrische Feld eine Diffusion von Ionen aus dem Rohr *G* in die Ionisationskammer verhindert wird. Das radioaktive Präparat ist auf einem Tischchen *T* befestigt, das durch einen nicht gezeichneten Barometerverschluß in einem Abstand von 80 bis 100 cm von der Ionisationskammer verschoben werden kann. Wird der Luftdruck in dem Rohr *G* auf 6 cm Hg eingestellt, so beträgt bei RaC' die Reichweite der Strahlen ungefähr 90 cm, da die Reichweite umgekehrt proportional mit dem Drucke anwächst. In die Ionisationskammer selbst entfällt dabei nur etwa $^1/_{200}$ der gesamten Laufstrecke der Strahlen. Wenn daher das Präparat langsam verschoben wird, so läßt sich durch Messung des Stromes zwischen *A* und *P* der Verlauf der Ionisationskurve am Ende der Reichweite sehr genau erfassen. Ein Beispiel für eine solche Kurve ist bereits in Abb. 13 gegeben.

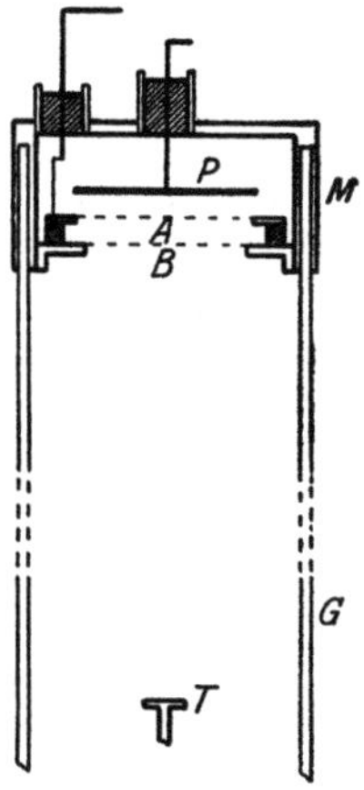

Abb. 14. Anordnung zur Messung von Reichweiten.

Handelt es sich um die Messung schwach aktiver Substanzen, so stellt man das Präparat *P* in der Mitte einer größeren Metallkugel *K* isoliert auf und bestimmt den zwischen *K* und *P* fließenden Ionisationsstrom in Abhängigkeit von dem in der Kugel herrschenden Luftdruck. Bei tiefen Drucken erreichen die von *P* ausgehenden α-Strahlen die Metallkugel und werden dort absorbiert. Die ionisierende Wirkung der Strahlen auf die Luft wird also nur teilweise ausgenützt. Wächst der Luftdruck, so wächst damit der Ionisationsstrom, bis er für einen bestimmten Gasdruck ziemlich plötzlich einen konstanten Wert erreicht, nämlich dann, wenn die Strahlen gerade nicht mehr die Kugel erreichen. Weitere Druckerhöhung hat dann keine Steigerung des Stromes mehr zur Folge. Aus dem kritischen Druck und dem Kugeldurchmesser berechnet sich unmittelbar die Reichweite. Da keine Ausblendung der Strahlen erfolgt, vielmehr die gesamte Strahlung zur Messung ausgenutzt wird, können in dieser Weise auch sehr schwach aktive Präparate noch gemessen werden. Andererseits muß aber die Ausdehnung und Schichtdicke des Präparates klein sein, wenn der Knick in der Ionisationskurve scharf heraustreten soll.

Im Gegensatz hierzu bieten die Verfahren, welche sich an die ursprünglichen Versuche von BRAGG und KLEEMAN[1]) anlehnen und zur Ausblendung nahezu paralleler Strahlen ein Röhrensystem oder Sieb benutzen, den Vorteil, daß Präparate von großer Oberfläche benutzt werden können. So wurden von GEIGER und NUTTALL[2]) die Reichweiten des Urans in dieser Weise bestimmt.

14. Reichweiten in Luft. Die folgende Tabelle 4 enthält eine Zusammenstellung aller Reichweiten nach den Messungen von GEIGER[3]), HENDERSON[4]) und GUDDEN[5]). Die Angaben beziehen sich auf einen Luftdruck von 76 cm und

---

1) W. H. BRAGG u. R. D. KLEEMAN, Phil. Mag. Bd. 8, S. 726. 1904; Bd. 10, S. 318. 1905.

2) H. GEIGER u. J. M. NUTTALL, Phil. Mag. Bd. 23, S. 439. 1912; H. GEIGER, ZS. f. Phys. Bd. 8, S. 45. 1922.

3) H. GEIGER, ZS. f. Phys. Bd. 8, S. 45. 1922.

4) G. H. HENDERSON, Phil. Mag. Bd. 42, S. 538. 1921.

5) B. GUDDEN, ZS. f. Phys. Bd. 26. S. 110. 1924.

auf eine Temperatur von 0° bzw. 15° C. Spalte 4 gibt Aufschluß über die bei den einzelnen Substanzen erreichte Meßgenauigkeit. Die Zahlen der Spalten 5 und 6 sind nach Gleichung (1) Ziff. 11 bzw. Gleichung (2), Ziff. 22 berechnet.

Tabelle 4. Reichweiten der α-Strahlen in Luft.

1	2	3	4	5	6
Substanz	Reichweite in cm bei 0°	Reichweite in cm be 15°	Mittlerer Fehler in cm	Geschwindigkeit in cm/sec	Zahl der in Luft erzeugten Ionenpaare
Uran I	2,531[a)]	2,67	sehr unsicher	$1{,}396\cdot 10^9$	$1{,}33\cdot 10^9$
Uran II	2,910[b)]	3,07	± 0,1	1,462	1,43
Ionium	3,028	3,194	± 0,016	1,482	1,46
Radium	3,212	3,389	± 0,009	1,511	1,52
Radium Em	3,907	4,122	± 0,009	1,613	1,71
Radium A	4,476	4,722	± 0,010	1,688	1,87
Radium C′	6,608	6,971[c)]	± 0,004	1,922	2,37
Radium F	3,721	3,925	± 0,004	1,587	1,67
Protactinium	3,482	3,673	± 0,042	1,552	1,60
Radioactinium	4,432	4,676	± 0,025	1,683	1,87
Actinium X	4,141	4,369	± 0,019	1,645	1,78
Actinium Em	5,487	5,789	± 0,017	1,807	2,11
Actinium A	6,241	6,584	± 0,010	1,886	2,28
Actinium C	5,224	5,511	± 0,006	1,777	2,05
Thor	2,749	2,90	sehr unsicher	1,435	1,37
Radiothor	3,810	4,019	± 0,005	1,600	1,69
Thor X	4,127	4,354	± 0,010	1,643	1,77
Thor Em	4,799	5,063	± 0,007	1,728	1,95
Thor A	5,387	5,683	± 0,008	1,796	2,09
Thor C	4,538	4,787[d)]	± 0,009	1,696	1,89
Thor C′	8,168	8,617[e)]	± 0,007	2,063	2,74

a) nach GUDDEN, U I . . . 2,68 cm
b) „ „ U II . . . 2,76 „
c) nach HENDERSON, Ra C′ . . . 6,953 cm
d) „ „ Th C . . . 4,778 „
e) „ „ Th C′ . . . 8,618 „

Alle Reichweiten der Tabelle 4 sind durch Ionisationsmessung nach den in Ziff. 13 angegebenen Methoden bestimmt. Nur die von GUDDEN angegebenen Werte für *U* I und *U* II sind durch Ausmessung sog. pleochroitischer Höfe gewonnen. In verschiedenen Mineralien findet man als Einschlüsse winzige Zirkon- und Apatitkristalle, die von einem dunkelgefärbten, kugelförmigen Hof (Halo) umgeben sind[1]). MÜGGE[2]) und gleichzeitig JOLY[3]) gaben die radioaktive Deutung, indem sie zeigten, daß die Verfärbungen von den α-Strahlen herrühren, welche im Laufe geologischer Epochen von dem zentralen, uranhaltigen Kristall ausgesandt werden. Da das Uran sich im Gleichgewicht mit seinen Folgeprodukten befindet, werden außer den Uran-α-Strahlen auch die α-Strahlen der anderen Glieder der Uran-Radium Reihe emittiert. Im allgemeinen läßt sich nur die Reichweite der schnellsten α-Strahlengruppe, nämlich RaC′, allenfalls noch die der zweitschnellsten, RaA, aus dem Halodurchmesser ermitteln; die kürzeren Reichweiten treten nicht, oder nicht genügend scharf heraus. Anders liegen nach GUDDEN die Verhältnisse im Wölsendorfer Flußspat, wo die Verfärbung sich nicht über die ganze Bahn der α-Strahlen erstreckt, sondern auf das Reichweitenende beschränkt ist. Anscheinend kommt in diesem Mineral die die Färbung

[1]) Abbildungen derartiger Höfe findet man in Bd. XXII ds. Handbs.
[2]) O. MÜGGE, Centralbl. f. Min. 1907, S. 397.
[3]) J. JOLY, Phil. Mag. Bd. 13, S. 381. 1907; Bd. 19, S. 327. 1910; J. JOLY u. A. L. FLETCHER, Phil. Mag. Bd. 19, S. 630. 1910.

bedingende kolloidale Metallausscheidung bevorzugt bei allerkleinsten Geschwindigkeiten der α-Strahlen zustande, während umgekehrt bei hoher Geschwindigkeit eine ursprüngliche Blaufärbung vielfach völlig getilgt wird. Der uranhaltige Kern ist daher von konzentrischen dunkelgefärbten Kugelschalen umgeben, die im Dünnschliff als konzentrische Ringe erscheinen und jeweils das Reichweitenende einer homogenen α-Strahlengruppe bezeichnen. Die Unsicherheit der aus dem Ringdurchmesser errechneten Reichweiten der beiden Uranelemente wird zu 1% angegeben. Die Abweichungen gegenüber den Ionisationsmessungen sind erheblich und bedürfen der Aufklärung, namentlich im Hinblick auf die Beziehung zwischen Reichweite und Lebensdauer der emittierenden Substanz (Bd. XXII ds. Handbs.).

In den Tabellen 5 und 6 sind noch die Reichweiten der α-Strahlen von RaC′, ThC und ThC′ für einige Gase nach Messungen von TAYLOR[1]) (Tabelle 5, Spalte 2), BATES[2]) (Tabelle 5, Spalte 4) und MEITNER und FREITAG[3]) (Tabelle 6) angegeben. Die letztgenannten Messungen sind nach der Nebelmethode ausgeführt, ebenso die Messungen von MERWE[4]), der mit Polonium als Strahlenquelle arbeitete. Über die Möglichkeit der Berechnung der Reichweite aus dem Molekulargewicht des Gases s. Ziff. 18.

Tabelle 5. Reichweite der α-Strahlen von Radium C′ in verschiedenen Gasen bei 15° C und 760 mm Hg.

1	2	3	4
Gas	Reichweite	Gas	Reichweite
Luft	6,97 cm	Helium	39,7 cm
Sauerstoff	6,29 „	Neon	11,9 „
Wasserstoff	31,12 „	Argon	7,50 „
		Krypton	5,24 „
		Xenon	3,86 „

Tabelle 6. Reichweite der α-Strahlen von Thor C und Thor C′ in verschiedenen Gasen bei 15° C und 760 mm Hg.

Gas	Reichweite	
	ThC	ThC′
Luft	4,78 cm	8,62 cm
Stickstoff	4,89 „	8,76 „
Sauerstoff	4,57 „	8,11 „
Argon	5,11 „	9,03 „

Die Reichweite der α-Strahlen kann durch elektrische Felder, welche verzögernd oder beschleunigend auf die α-Strahlen einwirken, verändert werden. HAMMER und PYCHLAU[5]) fanden bei Polonium-α-Strahlen mit einer sehr empfindlichen Anordnung eine Reichweitenänderung von 0,0478 cm in Luft, wenn die Strahlen einen Plattenkondensator durchsetzten, in dem eine Spannungsdifferenz von 21200 Volt einmal verzögernd und dann beschleunigend wirkte. Die gefundene Zahl ist in bester Übereinstimmung mit der theoretischen Erwartung.

---

1) T. S. TAYLOR, Phil. Mag. Bd. 26, S. 402. 1913.
2) L. F. BATES, Proc. Roy. Soc. London (A) Bd. 106, S. 622. 1924.
3) L. MEITNER u. K. FREITAG, ZS. f. Phys. Bd. 27, S. 481. 1926.
4) C. W. MERWE, Phil. Mag. Bd. 45, S. 379. 1923.
5) W. HAMMER u. H. PYCHLAU, Phys. ZS. Bd. 25, S. 585. 1924; dort auch ältere Literatur über Beschleunigung von α-Strahlen durch elektrische Felder.

15. α-Strahlen großer Reichweite. In der Tabelle 4 sind nur diejenigen Elemente verzeichnet, die zu den Hauptzerfallsreihen der radioaktiven Elemente gehören. Man hat aber außerdem bei einigen radioaktiven Elementegruppen, wie z. B. bei den aktiven Niederschlägen, noch α-Strahlen besonders großer Reichweite gefunden, allerdings nur in verschwindend kleiner Zahl gegenüber den Elementen der Hauptreihen. Die ersten Beobachtungen solcher α-Strahlen besonders großer Reichweite gehen auf RUTHERFORD[1]) zurück. Der Nachweis erfolgte in der Weise, daß man in den Strahlengang Folien oder Gasschichten wachsender Dicke einschaltete und auf einem Zinksulfidschirm die Szintillationen abzählte. So fand man bei Radium C′, daß nach Absorption der Hauptgruppe von 7 cm Reichweite noch eine sehr geringe Zahl von α-Strahlen zu beobachten war, deren Reichweite 9,3 bzw. 11,2 cm betrug. Es war zunächst strittig, ob diese Strahlen wirklich von der Strahlenquelle selbst kamen, also von einer radioaktiven Umwandlung herrührten, oder ob sie in dem Gas entstanden, das die Strahlenquelle umgab. Bekanntlich können ja durch den zentralen Aufprall von α-Teilchen Wasserstoffkerne so beschleunigt werden, daß ihre Reichweite erheblich größer wird als die Reichweite der α-Strahlen, durch deren Aufprall sie entstanden sind (Ziff. 30). Auch durch Atomzertrümmerung können Strahlen von großer Reichweite in geringer Zahl entstehen (ds. Handb. Bd. XXII). Ein Entscheid in diesen Fragen war durch die geringe Zahl der langreichweitigen Strahlen sehr erschwert.

Bei Radium C′ haben RUTHERFORD und CHADWICK[2]) den Beweis erbracht, daß die Strahlen großer Reichweite wirklich aus der Strahlenquelle entstammen, also wahrscheinlich die Begleiterscheinung besonderer Umwandlungsarten des Radium C′ sind. Der Beweis stützt sich in der Hauptsache darauf, daß Teilchenzahl und Reichweite ungeändert bleiben, welches Material man auch benutzt, um die α-Strahlen von Radium C′ (Reichweite 7 cm) zu absorbieren. Auch spielt es keine Rolle, in welcher Weise die Strahlenquelle (gewöhnlich Ra B + C) hergestellt wird, und auf welchem Material die aktive Substanz niedergeschlagen ist. Schließlich konnte auch aus der magnetischen Ablenkung mit erheblicher Sicherheit geschlossen werden, daß die langreichweitigen α-Strahlen tatsächlich in der radioaktiven Substanz selbst ihren Ursprung haben. BATES und ROGERS u. a.[3]) sowie MEITNER und FREITAG[4]) haben Untersuchungen ähnlicher Art auch bei Thor C′ und Polonium ausgeführt. MEITNER und FREITAG arbeiteten nach der Nebelmethode, indem sie in verschiedenen Gasen etwa 3000 photographische Bahnaufnahmen machten, auf denen sie eine merkliche Zahl von α-Strahlen extremer Reichweite vorfanden. In Abb. 15 ist eine solche stereoskopische Aufnahme für Luft als Füllgas wiedergegeben. Man erkennt sehr schön die Reichweiten, die den beiden α-Strahlengruppen ThC + C′ entsprechen. Außerdem ist aber auch ein einzelner Strahl von 11,5 cm Reichweite sichtbar, dessen Bahnspur ebenso kräftig erscheint, wie die der normalen Strahlen von Th C. Im Gegensatz dazu zeigen H-Strahlen, deren Auftreten durch eine über das Präparat gelegte Paraffinfolie hervorgerufen werden kann, erheblich feinere Bahnspuren.

---

[1]) E. RUTHERFORD u. A. B. WOOD, Phil. Mag. Bd. 31, S. 379. 1916; E. RUTHERFORD, ebenda Bd. 37, S. 537. 1919; Bd. 41, S. 570. 1921; Journ. chem. soc. Bd. 121, S. 413. 1922.

[2]) E. RUTHERFORD u. J. CHADWICK, Phil. Mag. Bd. 48, S. 509. 1924.

[3]) L. F. BATES u. J. S. ROGERS, Proc. Roy. Soc. London (A) Bd. 105, S. 97. 360. 1924; s. auch D. PETTERSSON, Wiener Ber. Bd. 133, S. 149. 1924; K. PHILIPP, Naturwissensch. Bd. 12, S. 511. 1924; N. YAMADA, C. R. Bd. 180, S. 436 u. 1591. 1925; ebenda Bd. 181, S. 176. 1925; I. CURIE u. N. YAMADA, ebenda Bd. 180, S. 1487. 1925; K. PHILIPP, ZS. f. Phys. Bd. 37, S. 518. 1926.

[4]) L. MEITNER u. K. FREITAG, ZS. f. Phys. Bd. 37, S. 481. 1926.

In Tabelle 7 sind die langreichweitigen α-Strahlen, soweit ihre Existenz mit Sicherheit erwiesen scheint, zusammengestellt.

Tabelle 7. Reichweite und Häufigkeit langreichweitiger α-Strahlen.

Radioaktive Substanz	Reichweite	Auf 10^6 Strahlen von RaC′ bzw. ThC′ treffen
Radium C′	9,3 cm	30
	11,2 „	5
Thor C′	9,5 „	65
	11,5 „	180

16. Reichweiten in flüssigen und festen Körpern. Ebenso wie in Gasen besitzen die α-Strahlen auch in flüssigen und festen Körpern eine bestimmte Reichweite. MICHL[1]) hat die Reichweiten in Flüssigkeiten auf photographischem Wege ermittelt, indem er einen mit Polonium aktivierten Platindraht auf eine photographische Platte unter einem sehr spitzen Winkel auflegte. Der Draht und die Platte waren dabei in die zu untersuchende Flüssigkeit eingebettet. Aus der Form des auf der Platte ent-

Abb. 15. Stereoskopische Wilsonaufnahme der beiden α-Strahlengruppen des Thor C. Außerdem ist eine α-Strahlbahn großer Reichweite sichtbar.

stehenden Schwärzungsgebietes konnte die Reichweite entnommen werden. Die Methode ist beschränkt auf Flüssigkeiten, die die photographische Schicht nicht angreifen.

RAUSCH V. TRAUBENBERG und PHILIPP[2]) arbeiteten in der Weise, daß sie eine kleine in Radiumemanation aktivierte Kugel in die zu untersuchende Flüssigkeit ganz eintauchten. War die oberhalb der Kugel befindliche Flüssigkeitsschicht genügend dünn, so konnten die α-Strahlen einen über der Flüssigkeitsoberfläche befindlichen Zinksulfidschirm erreichen. Durch besondere Reguliervorrichtungen wurde das Flüssigkeitsniveau soweit gehoben, daß die Szintillationen auf dem Schirm gerade verschwanden. Die Dicke dieser Flüssigkeitsschicht ergab sich durch mikroskopische Ausmessung des Abstandes zwischen der Kugel und ihrem an der totalreflektierenden Flüssigkeitsoberfläche entstehenden Spiegelbild.

Die Reichweiten der α-Strahlen in festen Körpern sind von RAUSCH V. TRAUBENBERG[3]) nach dem aus Abb. 16 ersichtlichen Verfahren gemessen worden.

[1]) W. MICHL, Wiener Ber. Bd. 123, S. 1965. 1914.

[2]) H. RAUSCH V. TRAUBENBERG u. K. PHILIPP, ZS. f. Phys. Bd. 5, S. 404. 1921; K. PHILIPP, ebenda Bd. 17, S. 23. 1923.

[3]) H. RAUSCH V. TRAUBENBERG, ZS. f. Phys. Bd. 2, S. 268. 1920; Messungen an Lithium: C. JACOBSON u. J. OLSEN, Det Kgl. Danske Videnskabernes Selskab. Math. fys. 1922, S. 4.

Es bedeutet D einen Draht von einigen Zentimetern Länge, der durch Aktivierung in Radiumemanation zu einer intensiven α-Strahlquelle (RaC′) gemacht worden war. Die α-Strahlen durchflogen zunächst eine kurze Luftstrecke L und fielen dann auf einen — in der Abbildung stark übertrieben gezeichneten — Keil, der aus der zu untersuchenden Substanz durch mechanische Bearbeitung hergestellt worden war. Bis zu einer kritischen Keildicke K vermochten die α-Strahlen die Substanz zu durchfliegen, jenseits K blieben sie stecken. Man sah also den Zinksulfidschirm S, der unmittelbar auf dem Keil auflag, nur bis zu einer Länge a aufleuchten, darüber hinaus blieb er dunkel. Bei gut gelungenen Keilen war die Trennungslinie zwischen hell und dunkel scharf ausgeprägt, so daß die kritische Keildicke K, die unter Berücksichtigung der Strahlenabsorption in der Luftstrecke L die gesuchte Reichweite ergab, bis auf wenige Prozente genau bestimmt werden konnte. Die Ergebnisse sind in der folgenden Tabelle zusammengestellt.

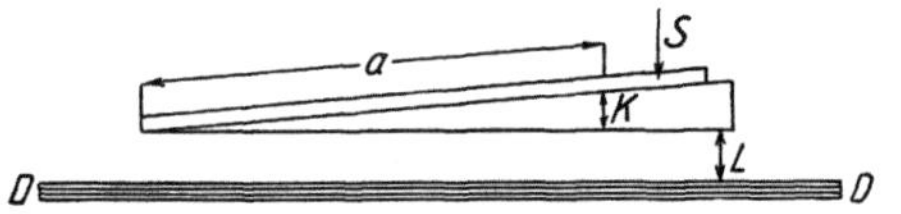

Abb. 16. Messung der Reichweite in festen Körpern.

Tabelle 8. Reichweite der α-Strahlen von RaC′ in festen Körpern.

Lithium	129,1 μ	Nickel	18,4 μ	Zinn	29,4 μ
Magnesium	57,8 μ	Kupfer	18,3 μ	Platin	12,8 μ
Aluminium	40,6 μ	Zink	22,8 μ	Gold	14,0 μ
Kalzium	78,8 μ	Silber	19,2 μ	Thallium	23,3 μ
Eisen	18,7 μ	Kadmium	24,2 μ	Blei	24,1 μ

Die Reichweiten der α-Strahlen in der Bromsilberschicht der photographischen Platte wurden von MÜHLESTEIN[1]) für RaC′ zu 50,0 μ, für Polonium zu 27,7 μ bestimmt.

Die Beziehungen zwischen der Reichweite der α-Strahlen und dem Atomgewicht bzw. der Ordnungszahl der durchstrahlten Substanz werden in Ziff. 18 besprochen.

17. Reichweiteschwankungen. Im Augenblick ihrer Emission besitzen die α-Strahlen einer einheitlichen radioaktiven Substanz alle dieselbe Geschwindigkeit[2]). Sobald sie aber eine Gasschicht durchlaufen haben, die ihre Geschwindigkeit merklich herabsetzt, so wird das Strahlenbündel inhomogen. Sehr deutlich kommt dies bei Messung der Reichweite zum Ausdruck. Bestimmt man etwa die Reichweite einer einheitlichen α-Strahlengruppe durch Szintillationszählungen, so beobachtet man, daß die Grenze, bei der die Szintillationen verschwinden, nicht sehr scharf ist, sondern daß die Zahl der Szintillationen innerhalb eines Bereiches von einigen Millimetern allmählich abklingt (Reichweiteschwankung, straggling).

Über die Größe der Reichweiteschwankungen liegen mehrere Untersuchungen vor, die sich auf Szintillationszählungen[3]), auf photographische Aufnahmen[4]), auf Ionisationsmessungen[5]) und auf die WILSONsche Nebelmethode[6]) stützen.

[1]) E. MÜHLESTEIN, Arch. sc. phys. et nat. Bd. 4, S. 38. 1922.

[2]) Messungen über die Konstanz der Emissionsgeschwindigkeit findet man bei H. GEIGER, Proc. Roy. Soc. London (A) Bd. 83, S. 505. 1910; E. RUTHERFORD u. H. ROBINSON, Wiener Ber. Bd. 122, S. 1855. 1913; Phil. Mag. Bd. 28, S. 552. 1914; I. CURIE, Journ. de phys. et le Radium Bd. 6, S. 84. 1925.

[3]) H. GEIGER, Proc. Roy. Soc. London (A) Bd. 83, S. 505. 1910; FRIEDERIKE FRIEDMANN, Wiener Ber. Bd. 122, S. 1269. 1913; T. S. TAYLOR, Phil. Mag. Bd. 26, S. 405. 1913; J. P. ROTHENSTEINER, Wiener Ber. Bd. 125, S. 1237. 1916.

[4]) W. MAKOWER, Phil. Mag. Bd. 32, S. 222. 1916.

[5]) G. H. HENDERSON, Phil. Mag. Bd. 44, S. 42. 1922.

[6]) I. CURIE, Journ. de phys. et le Radium Bd. 4, S. 170. 1923; I. CURIE u. N. YAMADA, C. R. Bd. 179, S. 761. 1924.

Die Ergebnisse können dahin zusammengefaßt werden, daß die Zahl der Teilchen etwa 3 bis 4 mm vor dem eigentlichen Ende der Reichweite (vgl. Definition Ziff. 12) abzunehmen beginnt. Diese Schwankungsbreite von 3 bis 4 mm ist nach HENDERSON (a. a. O.) nur wenig von der Natur des absorbierenden Materials abhängig; auch ist sie ebenso groß für α-Strahlen kleiner Reichweite (z. B. RaF) wie für α-Strahlen großer Reichweite (z. B. ThC′). Man wird also die Ursachen, welche die Reichweiteschwankungen bedingen, in einem besonderen Verhalten der Strahlen auf dem letzten Teile ihrer Bahn suchen müssen.

Während aus Szintillationszählungen und Ionisationsmessungen nur die mittlere Schwankungsbreite ermittelt werden konnte, wurde von CURIE die Verteilungskurve, d. h. die Funktion, welche die Gruppierung der einzelnen individuellen Reichweiten um den Mittelwert darstellt, in der Weise bestimmt, daß mit Polonium als Strahlenquelle eine große Anzahl von Strahlenbahnen in der WILSONschen Nebelkammer erzeugt und photographiert wurde. Die Bahnlängen wurden auf den Platten genau ausgemessen und zeigten merklich kleinere Schwankungen, als nach den Szintillationszählungen und Ionisationsmessungen

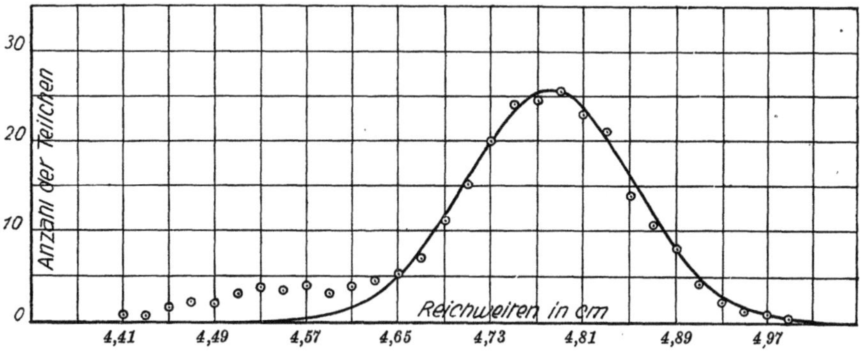

Abb. 17. Reichweitenverteilung der α-Strahlen von Thor C in Stickstoff.

zu erwarten war. Eingehende Messungen ähnlicher Art sind neuerdings auch von MEITNER und FREITAG[1]) durchgeführt worden. Abb. 17 zeigt eine Verteilungskurve für die α-Strahlen von ThC in Stickstoff. Die Punkte der Kurve entsprechen den Beobachtungen, wobei allerdings durch eine Korrektion dem Umstand Rechnung getragen werden mußte, daß die Dichte des Gases in der Nebelkammer während des Eintritts der α-Strahlen nicht völlig konstant blieb. Die eingezeichnete Kurve selbst ist eine Fehlerkurve, die den Beobachtungen nach Möglichkeit angepaßt ist. Man sieht, daß der Abfall auf der Seite der kleineren Reichweiten nicht so schnell erfolgt, wie das Wahrscheinlichkeitsgesetz es fordert. Es ist dies darauf zurückzuführen, daß die Strahlenquelle nicht eine unendlich dünne Schicht besitzt, sondern daß schon dort die Strahlen teilweise eine Absorption erleiden. Überhaupt ist bei allen Messungen der Schwankungsbreite zu beachten, daß die unvermeidlichen experimentellen Mängel in der Anordnung stets dahin wirken, die Schwankungsbreite zu vergrößern.

Man könnte zunächst denken, daß die Reichweiteschwankungen dadurch bedingt sind, daß nicht jedes α-Teilchen auf derselben Wegstrecke genau dieselbe Anzahl von Atomen durchsetzt, und daß außerdem auch die Absorption durch die einzelnen Atome sehr verschieden ausfallen kann, je nach der Orien-

[1]) L. MEITNER u. K. FREITAG, ZS. f. Phys. Bd. 37, S. 481. 1926.

tierung des Atoms gegen die Bahn des α-Teilchens. FLAMM[1]) und BOHR[2]) haben auf Grund von klassischen Betrachtungen und unter Anschluß an die THOMSONschen Überlegungen (Kap. 1, Ziff. 41) gezeigt, daß die von den angegebenen Gründen herrührenden Reichweiteschwankungen in Luft etwa von der Größe eines Millimeters sind. Beide Autoren stimmen darüber überein, daß nur die Energieabgabe an die Elektronen eine Reichweiteschwankung bedingt, und daß die Wechselwirkung zwischen den α-Teilchen und den Atomkernen keinen merklichen Betrag dazu liefert. Außerdem wird eine erhebliche Abhängigkeit der Schwankungsbreite von der Reichweite vorausgesagt.

Will man Theorie und Experiment vergleichen, so kann man als Maß für die Schwankungsbreite etwa die Luftstrecke nehmen, in der die Teilchenzahl von 92% auf 8% des Maximalwertes abfällt. FLAMM berechnet diese Strecke für Polonium zu 0,088 cm, für Thor C′ zu 0,174 cm. In Wirklichkeit ergeben die älteren Beobachtungen Strecken, die um ein Mehrfaches größer sind: am nächsten der Theorie kommen die Messungen von MEITNER und FREITAG, die auch eine erhebliche Abhängigkeit der Schwankungsbreite von der Reichweite finden.

Andererseits bieten die erst vor kurzem entdeckten Umladungsvorgänge (Ziff. 25) eine Erklärungsmöglichkeit für die Differenzen zwischen Theorie und Erfahrung. RUTHERFORD zeigte, daß ein α-Teilchen von Radium C′ etwa 600 Umladungen erfährt, bis seine Geschwindigkeit auf 0,3 des Anfangswertes herabgesetzt ist. Bei dieser Geschwindigkeit beträgt die Reichweite nur noch 0,2 cm. Im ganzen legt das α-Teilchen etwa 6,4 cm seiner Bahn im Normalzustand, also mit doppelter positiver Ladung, und 0,5 cm mit einfacher positiver Ladung zurück. Da die Umladungszahl statistischen Schwankungen unterworfen ist, und da angenommen werden kann, daß der Reichweiteverlust eines α-Teilchens beim Durchgang durch dieselbe Luftstrecke von seinem Ladungszustand abhängt, so ist eine erhebliche Beeinflussung der Schwankungsbreite durch die Umladungen zu erwarten.

18. Bremswirkung fester Körper. Das Absorptionsvermögen (die Bremswirkung) einer Folie wird gemessen durch das entsprechende Luftäquivalent, d. h. durch die Dicke der Luftschicht, welche die Reichweite der α-Strahlen um denselben Betrag verkürzt wie die Folie. Zur Bestimmung der Bremswirkung verfährt man in der Weise, daß man die Folie in den Gang eines parallelen und homogenen α-Strahlbündels einschaltet und die Reichweite entweder durch Ionisationsmessungen oder durch Szintillationsbeobachtungen bestimmt. Die Differenz der so gefundenen Reichweite gegen die Reichweite, die sich in Luft ohne Folie ergibt, ist die gesuchte Bremswirkung. Beispielsweise beträgt für eine Aluminiumfolie von $^1/_{1000}$ mm Dicke das Luftäquivalent 0,17 cm, d. h. eine Luftschicht von dieser Dicke reduziert die Reichweite ebenso stark wie die Aluminiumfolie. Die Angaben werden gewöhnlich auf Luft von Atmosphärendruck und von 0° C bezogen. Auch ist die Geschwindigkeit der zur Absorption gelangenden α-Strahlen anzugeben, da das Bremsvermögen hiervon abhängt (Ziff. 19).

Will man das Bremsvermögen verschiedener Substanzen miteinander vergleichen, so ist es angebracht, das Bremsvermögen auf das Atom bzw. das Molekül zu beziehen. Es gelten dann mit später zu besprechenden Einschränkungen folgende einfache Regeln.

1. Das Bremsvermögen ist nach BRAGG und KLEEMAN[3]) der Wurzel

[1]) L. FLAMM, Wiener Ber. Bd. 123, S. 1393. 1914; Bd. 124, S. 597. 1915; s. auch K. F. HERZFELD, Phys. ZS. Bd. 13, S. 547. 1912.

[2]) N. BOHR, Phil. Mag. Bd. 30, S. 581. 1915.

[3]) H. W. BRAGG u. R. D. KLEEMAN, Phil. Mag. Bd. 10, S. 318. 1905.

aus dem Atomgewicht bzw. nach v. TRAUBENBERG[1]) der Wurzel aus der Ordnungszahl proportional. GLASSON[2]) glaubt das vorhandene Zahlenmaterial befriedigender darzustellen, indem er das atomare Bremsvermögen s zur Ordnungszahl N durch die Gleichung $s = kN^{\frac{2}{3}}$ in Beziehung bringt, wo k eine Konstante bedeutet.

2. Die molekulare Bremswirkung ist annähernd gleich der Summe der Bremswirkungen der einzelnen Atome.

In Wirklichkeit liegen die Verhältnisse jedoch nicht so einfach, daß man hoffen könnte, die Absorption durch eine einfache Funktion der Kernladung darzustellen. Die Absorption der α-Strahlen wird ja weit weniger durch den Atomkern als durch die Bahnelektronen und deren Bindung bestimmt. Bei genaueren Messungen der Absorption ergaben sich auch bald erhebliche Abweichungen von obigen Regeln; so haben z. B. nach RAUSCH v. TRAUBENBERG die

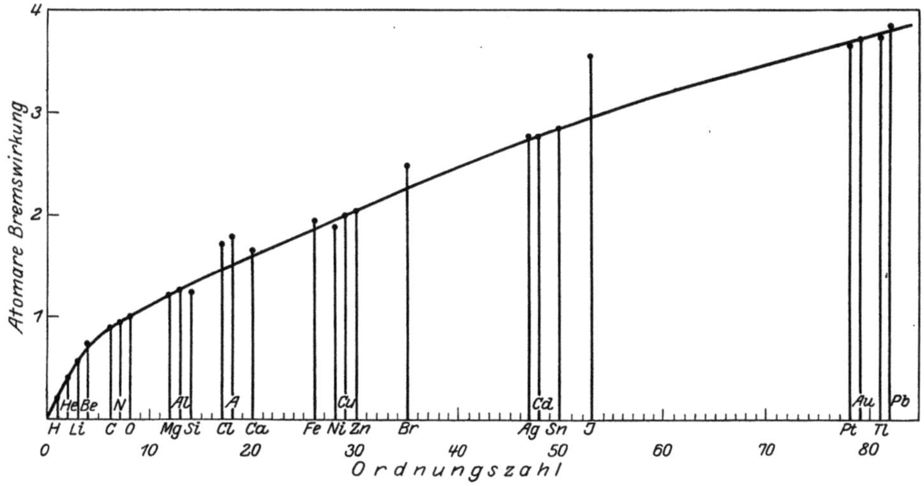

Abb. 18. Abhängigkeit der atomaren Bremswirkung von der Ordnungszahl.

Elemente mit hohem Atomvolumen (Cl, Ar, Br, J) ein anormal großes Bremsvermögen. Deutlich zeigt dies Abb. 18, in der die Bremswirkung s als Funktion der Ordnungszahl N dargestellt ist. Die Zahlenwerte für das atomare Bremsvermögen sind der Arbeit von v. TRAUBENBERG entnommen und beziehen sich auf Sauerstoff als Einheit. Man findet die atomare Bremswirkung s aus der gemessenen Reichweite R durch die Bestimmungsgleichung

$$s = \frac{R_0}{R} \frac{d_0}{d} \frac{A}{A_0},$$

wobei d die Dichte, A das Atomgewicht bedeuten und sich die Indizes auf die Bezugssubstanz, in diesem Fall also auf Sauerstoff beziehen.

Auch das Additionsgesetz (2) ist in vielen Fällen nicht genau erfüllt. So erhalten wir aus dem Bremsvermögen des H_2-Moleküls für das H-Atom den Wert $s = 0{,}200$, dagegen aus den Verbindungen C_2H_2, C_2H_4, C_2H_6, CH_4 für das H-Atom den Wert $s = 0{,}187$, aus NH_3 $s = 0{,}173$, aus HCl $s = 0{,}16$, aus H_2O $s = 0{,}27$. Wasser bremst also anormal stark; dasselbe Verhalten zeigt auch Al-

[1]) H. RAUSCH v. TRAUBENBERG, ZS. f. Phys. Bd. 5, S. 396. 1921.
[2]) J. L. GLASSON, Phil. Mag. Bd. 43, S. 477. 1922.

kohol. Es ist bemerkenswert, daß diese beiden Stoffe aber als Dämpfe die normale, der Molekülzusammensetzung entsprechende Bremsung geben[1]).

19. Bremswirkung von Folien; Abhängigkeit von der Geschwindigkeit. Die Geschwindigkeitsabnahme der α-Strahlen beim Durchgang durch Materie läßt sich nach Ziff. 11 durch die Gleichung $V^n = k \cdot R$ darstellen, wo k eine Konstante ist und R die Stelle der Strahlenbahn bedeutet, an der die Reichweite, in Luft gemessen, gerade noch R cm beträgt. Der Exponent n ist von der Natur der durchsetzten Substanz abhängig und wächst bei abnehmender Ordnungszahl etwa von 2 bis 3. Es folgt hieraus, daß die Bremswirkung, d. h. das Luftäquivalent einer Metallfolie, z. B. eines Goldblättchens, von der Geschwindigkeit der Strahlen abhängen muß.

Diese Abhängigkeit wurde zuerst von BRAGG und KLEEMAN[2]) beobachtet und später genauer von TAYLOR[3]), MARSDEN und RICHARDSON[4]) untersucht. Die Meßverfahren laufen darauf hinaus, die Reichweite oder Geschwindigkeitsänderung zu beobachten, welche eintritt, wenn man die Folie allmählich von der Strahlenquelle wegbewegt, so daß sie von immer langsameren Strahlen durchsetzt wird. Es zeigte sich, daß für Substanzen höherer Ordnungszahl als Stickstoff (bzw. Luft) die Bremswirkung mit abnehmender Geschwindigkeit abnimmt, während für Substanzen mit kleinerer Ordnungszahl das Umgekehrte eintritt. Es folgt daraus auch, daß die Bremswirkung zweier aufeinandergelegter Folien verschiedener Ordnungszahl von der Richtung abhängt, in der die Folien von den α-Strahlen durchsetzt werden.

Die folgende, der Arbeit von MARSDEN und RICHARDSON entnommene Tabelle 9 gibt das Gewicht verschiedener Folien von 1 cm Luftäquivalent in mg/cm², wobei vorausgesetzt ist, daß die α-Strahlen beim Eintritt in die Folie eine Reichweite von 6 cm besitzen. Die Tabelle erfährt eine wertvolle Erweiterung durch die Messungen von GURNEY[6]) an verschiedenen Gasen, vor allem an Edelgasen. Die α-Strahlen eines radioaktiven Präparates durchsetzten ein Glimmerfenster und traten als nahezu paralleles Bündel in eine zylindrische Ionisationskammer ein, die mit den zu untersuchenden Gasen gefüllt wurde. Durch Verwendung verschiedener Präparate (ThC bzw. RaF) oder durch Ein-

Tabelle 9. Luftäquivalent verschiedener Substanzen.

1	2	3
Substanz	Atomgewicht	Gewicht einer Folie von 1 cm Luftäquivalent (15° C)
Aluminium	27,1	1,62 mg/cm²
Kupfer	63,6	2,26 ,,
Silber	107,9	2,86 ,,
Zinn	118,7	3,17 ,,
Platin	195,2	4,4 ,,
Gold	197,2	3,96 ,,
Glimmer[5])	—	1,43 ,,

[1]) K. PHILIPP, ZS. f. Phys. Bd. 17, S. 23. 1923.

[2]) W. H. BRAGG u. R. D. KLEEMAN, Phil. Mag. Bd. 10, S. 318. 1905; W. H. BRAGG, ebenda Bd. 13, S. 507. 1907.

[3]) T. S. TAYLOR, Phil. Mag. Bd. 18, S. 604. 1909.

[4]) E. MARSDEN u. H. RICHARDSON, Phil. Mag. Bd. 25, S. 184. 1913.

[5]) Glimmer (Dichte 2,87 g/cm³) ist wegen seiner Homogenität und leichten Spaltbarkeit eine sehr geeignete Substanz zur Absorption von α-Strahlen. Genaue Messungen von R. W. LAWSON (Wiener Ber. Bd. 127, S. 943. 1918) zeigten, daß ein Glimmerblatt von 1,50 mg/cm² für α-Strahlen von Polonium gerade 1 cm Luft von 760 mm Druck und 15° C äquivalent ist.

[6]) R. W. GURNEY, Proc. Roy. Soc. London (A) Bd. 107, S. 340. 1925.

schaltung einer absorbierenden Luftschicht zwischen Präparat und Fenster konnte die Reichweite der α-Strahlen bei Eintritt in die Ionisationskammer variiert werden. Die Messungen wurden auf drei Reichweitegruppen beschränkt: schnellste Strahlen mit Reichweiten zwischen 8,6 und 7,6 cm, mittelschnelle Strahlen mit Reichweiten zwischen 3,8 und 3,5 cm, langsame Strahlen mit Reichweiten zwischen 0,35 und 0 cm. Die Meßresultate sind in Abb. 19 wiedergegeben, in die zum Vergleich auch die Messungen von MARSDEN und RICHARDSON für Gold, Silber und Aluminium eingetragen sind. Man erkennt, daß die Werte der atomaren Bremswirkung für alle Stoffe gegen das Ende der Reichweite hin konvergieren.

Bezieht man die atomare Bremswirkung nicht, wie in Abb. 19 geschehen, auf Luft, sondern auf Wasserstoff, so nimmt sie für alle Stoffe mit abnehmender Geschwindigkeit ab.

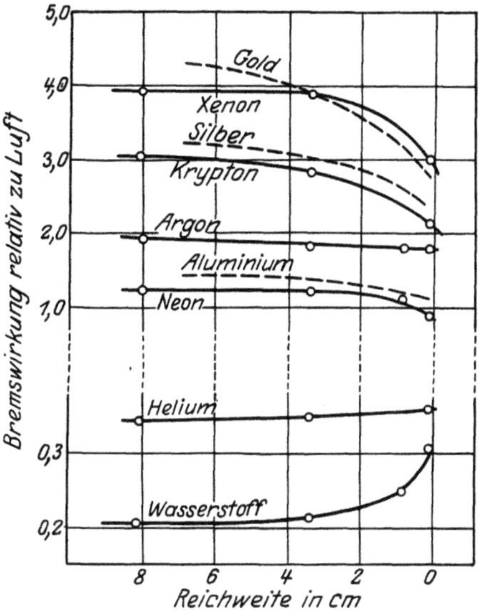

Abb. 19. Abhängigkeit des Luftäquivalents von der Reichweite der α-Strahlen.

III. Ionisierungsvermögen der α-Strahlen.

20. Ionisationsströme in Abhängigkeit von der Spannung. Erzeugt man in einem Gas die gleiche Ionenzahl pro Sekunde einmal durch α-Strahlen, dann durch β- oder Röntgenstrahlen, und bestimmt beide Male die Stromstärke als Funktion der herrschenden Feldstärke, so weisen die Kurven einen sehr erheblichen Unterschied auf: die Sättigung erfolgt bei α-Strahlen erst für wesentlich höhere Feldstärken als bei β-Strahlen, wie ein Vergleich der Kurven A und B in Abb. 20 unmittelbar zeigt.

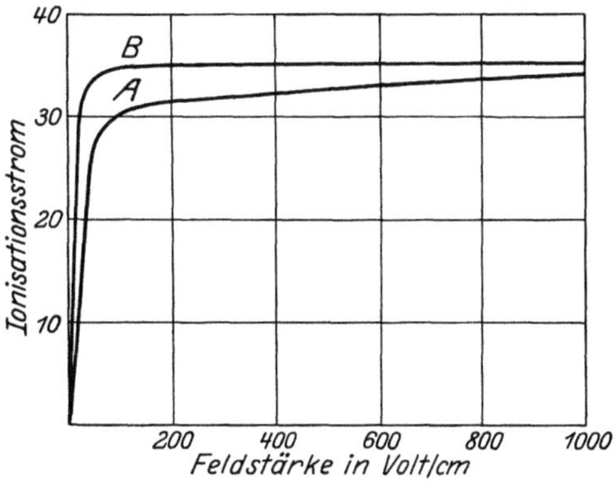

Abb. 20. Sättigungskurven in Luft unter Normalbedingungen.

A Ionisation erzeugt durch α-Strahlen, B Ionisation erzeugt durch β-Strahlen.

BRAGG und KLEEMAN[1]) deuteten den Sättigungsverzug bei α-Strahlen durch „anfängliche Wiedervereinigung" (initial recombination), welche sich darin äußert, daß die beiden in einem Ionisationsakt erzeugten Ionen so wenig voneinander getrennt werden, daß Wiedervereinigung eintritt, bevor noch das elektrische Feld die vollständige Trennung bewirken konnte. MOULIN[2]) dagegen erklärte die Erscheinung allein durch die gewöhnliche Rekombination, die sich im Gegensatz zur Ionisation durch β- oder Röntgenstrahlen deswegen besonders

[1]) W. H. BRAGG u. R. D. KLEEMAN, Phil. Mag. Bd. 11, S. 466. 1906; R. D. KLEEMAN, ebenda Bd. 12, S. 273. 1906; vgl. auch Bericht von F. HARMS, Jahrb. d. Radioakt. Bd. 3, S. 321. 1906.

[2]) M. MOULIN, Ann. chim. et phys. Bd. 21, S. 550. 1910; Bd. 22, S. 26. 1911.

stark bemerkbar macht, weil die Ionendichte entlang der Bahn des α-Teilchens besonders groß ist (Säulenionisation). Eine starke Stütze für seine Anschauung gibt ein Versuch mit verschieden gerichteten Feldern. Wirkt das elektrische Feld in Richtung der Strahlenbahn, also parallel zur Achse der Ionensäulen, so gleiten alle Ionen derselben Säule dicht aneinander vorbei; die Wiedervereinigung der Ionen innerhalb einer Säule ist daher beträchtlich. Verläuft andererseits das Feld senkrecht zur Strahlenbahn, so trennen sich die Ionen entgegengesetzten Vorzeichens sofort voneinander, und die Wiedervereinigung von Ionen derselben Säule ist gering. Aber auch Wiedervereinigung mit Ionen anderer Säulen ist wenig wahrscheinlich, da bei den gewöhnlich erreichbaren Ionisierungsstärken die von einem α-Teilchen herrührenden Ionen im allgemeinen die Elektroden bereits erreicht haben, bis das nächste α-Teilchen in das Gas eintritt. Beispielsweise wurde von MOULIN bei parallelem Feld Sättigung erst für etwa 1500 Volt/cm erreicht, während bei senkrechtem Feld 200 Volt/cm bereits genügten.

In Übereinstimmung mit dieser Vorstellung steht die Erfahrung, daß in Gasen von hohem Druck, besonders in komplexen Gasen, die Schwierigkeit der Sättigung besonders stark hervortritt. Auch die Abhängigkeit von der Geschwindigkeit der erregenden α-Strahlen ist verständlich. Bei langsamen Strahlen, wo die lineare Ionendichte größer ist als bei schnellen Strahlen, erfolgt auch die Sättigung langsamer. Ein eingehendes experimentelles Material über diese Fragen findet man bei WHEELOCK u. a.[1]).

JAFFÉ[2]) hat unter Berücksichtigung der Diffusion und Wiedervereinigung der Ionen Formeln für die zeitliche und räumliche Ionisationsdichte in einer Ionensäule aufgestellt und daraus die Form der Sättigungskurven unter verschiedenen Bedingungen abgeleitet. Die aus den Formeln sich ergebende Abhängigkeit der Gestalt der Sättigungskurven von der Orientierung des elektrischen Feldes, vom Druck und von der linearen Ionendichte war in quantitativer Übereinstimmung mit den experimentellen Ergebnissen, wenn man den Halbmesser einer von einem α-Teilchen erzeugten Säule, d. h. den mittleren Abstand der Ionen von der Säulenachse im Anfangszustand in Luft zu $1{,}6 \cdot 10^{-3}$ cm annahm. In anderen Gasen als Luft war der Durchmesser der Säule der Reichweite der α-Strahlen proportional zu setzen.

Der obige Wert für den Säulendurchmesser in Luft ist etwa 100mal so groß als die mittlere freie Weglänge eines Ions[3]) und wäre schwer verständlich, wenn nur die unmittelbar von dem α-Teilchen getroffenen Moleküle ionisiert würden. In Wirklichkeit erfolgt aber die Ionisation durch ein α-Teilchen zu einem erheblichen Teil indirekt durch die an den Molekülen ausgelösten Elektronen (δ-Strahlen), deren Geschwindigkeit bis zu $3 \cdot 10^9$ cm/sec (entsprechend einer Beschleunigung durch eine Spannungsdifferenz von 2400 Volt) betragen kann (Ziff. 23). Der große Durchmesser einer Ionensäule findet dadurch eine ungezwungene Erklärung.

Die von JAFFÉ abgeleiteten Gleichungen können auch auf die Ionisation von Flüssigkeiten durch α-Strahlen angewandt werden. Nach Messungen von GREINACHER[4]) und JAFFÉ[5]) sind die Ionisationsströme in Flüssigkeiten, wenn

---

[1]) F. E. WHEELOCK, Sill. Journ. Bd. 30, S. 233. 1910; E. M. WELLISCH u. H. L. BRONSON, Phil. Mag. Bd. 23, S. 714. 1912; E. M. WELLISCH u. J. W. WOODROW, ebenda Bd. 26, S. 511. 1913; H. OGDEN, ebenda Bd. 26, S. 991. 1913; G. JAFFÉ, Phys. ZS. Bd. 15, S. 353. 1914.

[2]) G. JAFFÉ, Ann. d. Phys. Bd. 42, S. 303. 1913; Phys. ZS. Bd. 15, S. 353. 1914. — Die JAFFÉsche Theorie der Säulenionisation ist in Bd. XIV ds. Handbs. eingehend dargestellt.

[3]) P. LANGEVIN, Ann. chim. et phys. Bd. 28, S. 333. 1903.

[4]) H. GREINACHER, Phys. ZS. Bd. 10, S. 986. 1909; s. auch J. C. McLENNAN u. D. A. KEYS, Phil. Mag. Bd. 26, S. 876. 1913.

[5]) G. JAFFÉ, Le Radium Bd. 10, S. 126. 1913.

durch α-Strahlen erzeugt, rund 1000mal, wenn durch β-Strahlen erzeugt, rund 10mal kleiner als in Gasen. Meßtechnisch verfuhr JAFFÉ in der Weise, daß er in einer an sich nicht leitenden Flüssigkeit Radiumemanation absorbierte und die Erhöhung der Leitfähigkeit bestimmte. Die beobachteten Unterschiede bei Flüssigkeiten gegenüber Gasen lassen sich allein auf die erhöhte Wiedervereinigung zurückführen, die durch die bei einer Flüssigkeit stark gesteigerte räumliche Ionendichte bedingt ist. Es liegt kein Grund zur Annahme vor, daß die Zahl der von einem α- oder β-Teilchen in Flüssigkeiten erzeugten Ionen kleiner wäre als in Gasen.

Bei quantitativen Messungen schwacher Radioaktivitäten spielen die Sättigungsschwierigkeiten oft eine erhebliche Rolle. Es sind daher zahlreiche Untersuchungen[1]) ausgeführt worden, wie man durch Wahl geeigneter Versuchsbedingungen zu rasch ansteigenden Sättigungskurven gelangen kann. Es sei hier auf eine für meßtechnische Zwecke wichtige Arbeit von HILDA FONOVITS[2]) hingewiesen, die eine Kammer, bestehend aus zwei parallelen Platten von 20 cm Durchmesser und 4 cm Abstand benutzte. Poloniumpräparate sehr verschiedener Stärke wurden auf die untere Platte aufgelegt und jedesmal die Sättigungskurve aufgenommen. Die Stromstärke variierte dabei zwischen 1 und 2400 elektrostatischen Einheiten. — Sättigungskurven in Wasserstoff bei verschiedenem Druck hat LAWSON[3]) angegeben. Über absolute Stromwerte vgl. Ziff. 22.

21. Abhängigkeit der Ionisationsstärke von der Geschwindigkeit. BRAGG und KLEEMAN[4]) haben als erste beobachtet, daß die Ionisation entlang einem parallelen Bündel homogener α-Strahlen mit der Entfernung von der Strahlenquelle anwächst und wenige Millimeter vor dem Ende der Reichweite einen maximalen Wert erreicht. Nach Überschreitung des Maximums fällt die Ionisation sehr schnell ab und ist am Ende der Reichweite nicht mehr nachweisbar. Ein Beispiel einer solchen „BRAGGschen Kurve" wurde bereits in Abb. 13 wiedergegeben. Die dort gezeichnete Kurve bezog sich auf die α-Strahlen von Radium C', doch zeigen auch die Kurven für andere α-Strahlen denselben charakteristischen Verlauf und lassen sich durch eine einfache Parallelverschiebung zur Deckung bringen. Würde man z. B. die Reichweite der α-Strahlen von RaC' (R = 6,97 cm) durch Einschaltung eines Glimmerblattes von 3,05 cm Luftäquivalent auf 3,92 cm reduzieren, so würde sich die Ionisationskurve in nichts von der entsprechenden Kurve für Polonium ($R = 3{,}92$ cm) unterscheiden.

Aus der für ein paralleles Bündel von α-Strahlen aufgenommenen BRAGGschen Kurve kann nicht ohne weiteres auf den Ionisationsverlauf bei einem einzelnen α-Teilchen geschlossen werden. Denn nach den Betrachtungen in Ziff. 17 wird das Strahlenbündel gegen das Ende der Reichweite inhomogen und einzelne Teilchen werden früher als andere vollständig abgebremst. Es ist daher wohl möglich, daß das Maximum in der BRAGGschen Kurve nicht in dem Sinne reell ist, daß an der Stelle R=0,57 cm, d. h. für eine Geschwindigkeit von $8{,}3 \cdot 10^8$ cm/sec, wirklich eine Abnahme des Ionisierungsvermögens des einzelnen Teilchens eintritt, sondern daß es durch die Übereinanderlagerung vieler, in ihrer Reichweite etwas verschiedener Einzelkurven entsteht, die sich von der BRAGGschen Kurve möglicherweise erheblich unterscheiden. Das vorliegende experimentelle Material reicht nicht aus, um über das Ionisationsvermögen von α-Strahlen, deren

[1]) E. REGENER, Verh. d. D. Phys. Ges. Bd. 13, S. 1065. 1911; ST. MEYER u. V. F. HESS, Wiener Ber. Bd. 120, S. 1187. 1911.

[2]) HILDA FONOVITS, Wiener Ber. Bd. 128, S. 761. 1919; s. auch G. RICHTER, ebenda Bd. 128, S. 539. 1919.

[3]) R. W. LAWSON, Wiener Ber. Bd. 124, S. 637. 1915.

[4]) W. H. BRAGG u. R. D. KLEEMAN, Phil. Mag. Bd. 8, S. 726. 1904; Bd. 10, S. 318, 600. 1905.

Geschwindigkeiten kleiner ist als etwa $8{,}5 \cdot 10^8$ cm/sec, Bestimmtes aussagen zu können. Immerhin lassen sich auch Gründe beibringen, die das Maximum reell erscheinen lassen. So bemerkt RAMSAUER[1]), daß bei Kathodenstrahlen die Kurve, welche das Ionisationsvermögen als Funktion der Strahlgeschwindigkeit darstellt, für fast denselben Geschwindigkeitswert durch ein Maximum geht wie die entsprechende Kurve für α-Strahlen. Ein derartiger gleichartiger Verlauf beider Kurven ist auch nach einfachen theoretischen Ansätzen von J. J. THOMSON[2]) zu erwarten.

Über den Verlauf der Ionisationskurve in Luft liegen zahlreiche Messungen vor, die allerdings recht beträchtlich voneinander abweichen. Am zuverlässigsten dürfte wohl die Kurve von HENDERSON sein, dessen Versuchsanordnung etwa der Abb. 14, S. 155 entspricht. Auf Grund dieser Kurve und unter Benutzung des Wertes $2{,}36 \cdot 10^5$ für die Gesamtzahl der von einem RaC'-α-Teilchen erzeugten Ionen (Ziff. 22) sind die Zahlen der Tabelle 10 berechnet. Es ist dabei zu berücksichtigen, daß die Ionenzahlen für Geschwindigkeiten kleiner als etwa $0{,}43\ V_0$ nach dem im vorangehenden Absatz Gesagten wahrscheinlich erheblich zu klein sind.

Tabelle 10. Zahl der von einem α-Teilchen pro mm Bahnlänge erzeugten Ionen.

1	2	3	4
Abstand von Strahlenquelle	Reichweite	Relative Geschwindigkeit	Ionenzahl pro mm Bahn
0 cm	6,97 cm	1,000	2110
1,0 ,,	5,97 ,,	0,950	2360
2,0 ,,	4,97 ,,	0,893	2590
3,0 ,,	3,97 ,,	0,829	2910
4,0 ,,	2,97 ,,	0,753	3320
4,5 ,,	2,47 ,,	0,702	3620
5,0 ,,	1,97 ,,	0,656	4020
5,5 ,,	1,47 ,,	0,595	4740
6,0 ,,	0,97 ,,	0,518	5900
6,2 ,,	0,77 ,,	0,480	6620
6,4 ,,	0,57 ,,	0,434	7100
6,6 ,,	0,37 ,,	0,376	6330
6,8 ,,	0,17 ,,	0,290	1450

Bestimmt man die Ionisierung eines α-Teilchens in verschiedenen Gasen, so findet man, daß die Zahl der pro Längeneinheit der Bahn erzeugten Ionen mit abnehmender Reichweite desto rascher zunimmt, je kleiner die Ordnungszahl des durchsetzten Gases ist. So zeigt in Wasserstoff die BRAGGsche Kurve einen erheblich steileren Anstieg als in Luft. Bedenkt man, daß auch der Geschwindigkeitsabfall pro Längeneinheit der Bahn desto rascher zunimmt, je kleiner die Ordnungszahl des durchsetzten Stoffes (Ziff. 11), so ist es wohl möglich, daß die Funktion, welche die Abhängigkeit des Ionisierungsvermögens von der Geschwindigkeit bestimmt, für alle Gase dieselbe ist. Nur sehr exakte Aufnahmen von Ionisierungs- und Geschwindigkeitskurven könnten hierüber entscheiden. Zur Orientierung über die Unterschiede in verschiedenen Gasen sind in Abb. 21 drei von TAYLOR[3]) aufgenommene Kurven eingezeichnet, bei denen zur Erzielung möglichst gleichartiger Bedingungen der Gasdruck jedesmal so gewählt war, daß die α-Strahlen stets dieselbe Reichweite (11,1 cm) besaßen.

22. Zahl der von einem α-Teilchen erzeugten Ionen. Die Gesamtzahl der Ionen, die ein α-Teilchen bis zur völligen Absorption in Luft zu erzeugen vermag, ist mehrfach bestimmt worden[4]). Die Schwierigkeiten einer exakten Bestimmung

---

[1]) C. RAMSAUER, Jahrb. d. Radioakt. Bd. 9, S. 515. 1912.

[2]) J. J. THOMSON, Phil. Mag. Bd. 23, S. 449. 1912. Siehe auch Kap. 1, Ziff. 41 des vorliegenden Bandes.

[3]) T. S. TAYLOR, Phil. Mag. Bd. 21, S. 571. 1911; Bd. 24, S. 296. 1912; Bd. 26, S. 402. 1913; s. auch F. HAUER, Wiener Ber. Bd. 131, S. 583. 1922.

[4]) E. RUTHERFORD, Phil. Mag. Bd. 10, S. 193. 1905; H. GEIGER, Proc. Roy. Soc. London (A) Bd. 82, S. 486. 1909; T. S. TAYLOR, Phil. Mag. Bd. 23, S. 670. 1912; H. FONOVITS-SMEREKER, Wiener Ber. Bd. 131, S. 355. 1922; V. BIANU (Messungen an Polonium), Bull. Acad. Roumaine Bd. 9, S. 115. 1925.

liegen einmal in der Festlegung der Zahl der wirksamen Strahlen, andererseits in der Erzielung eines vollkommen gesättigten Ionisationsstromes. GEIGER vermied die zweite Schwierigkeit, indem er die Messung bei sehr geringem Gasdruck derartig ausführte, daß nur ein kleiner, genau bestimmbarer Bruchteil der Reichweite jedes α-Teilchens in der Meßkammer zur Geltung kam. Aus dem bekannten Verhältnis der auf diesen Bruchteil der Reichweite entfallenden Ionisation zur Gesamtionisation ergab sich die Gesamtzahl aller erzeugten Ionen. Die Zahl der wirksamen α-Teilchen wurde dabei aus der γ-Strahlung des Präparates (RaC′) berechnet. Bei den Messungen von TAYLOR und FONOVITS wurde der Ionisationstrom unmittelbar in Luft gemessen, während die wirksame Teilchenzahl durch Szintillationszählung bzw. durch γ-Strahlmessung bestimmt wurde. Legt man bei den Messungen von GEIGER und FONOVITS für die Elementarladung den Wert $4{,}774 \cdot 10^{-10}$ el. stat. Einheiten, und für die Zahl der pro Gramm Radium und Sekunde emittierten α-Teilchen den Wert $3{,}5 \cdot 10^{10}$ zugrunde, so ergibt sich die Zahl der von einem RaC′-α-Teilchen auf seiner ganzen Bahn erzeugten Ionenpaare in naher Übereinstimmung zu $2{,}36 \cdot 10^{5}$.

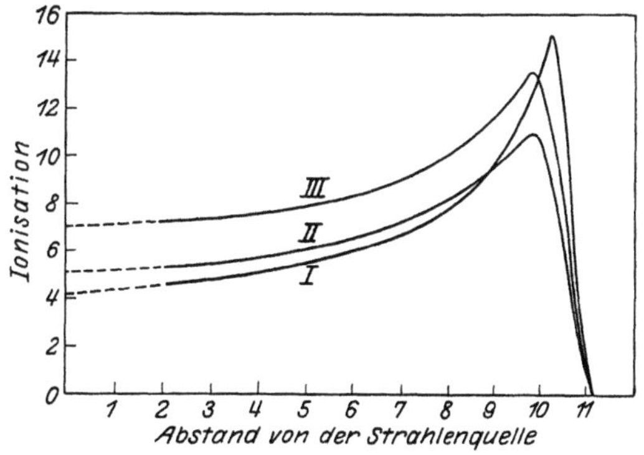

Abb. 21. Ionisationskurven in verschiedenen Gasen.
I Ionisationskurve in Methan, *II* Ionisationskurve in Äthylchlorid, *III* Ionisationskurve in Schwefelkohlenstoff.

Bei Berechnung der Tabelle 10 war stillschweigend angenommen, daß das α-Teilchen auf seiner Bahn nur einfach, nicht mehrfach geladene Ionen erzeugt. Dieser Punkt bedarf noch der Aufklärung, namentlich mit Rücksicht auf die Erfahrungen bei Kanalstrahlen, wo bekanntlich mehrfach geladene Ionen in großer Zahl beobachtet werden. MILLIKAN, GOTTSCHALK und KELLY[1]) haben diese Frage unter Verwendung der Öltröpfchenmethode zu klären gesucht. Ein sehr kleiner, positiv geladener Tropfen wird im elektrischen Feld schwebend erhalten, während α-Strahlen unterhalb des Tropfens durch die auf einen Gasdruck von 4 bis 10 cm Hg evakuierte Kammer hindurchfliegen. Ein Molekül, das gerade unterhalb des Tropfens durch ein α-Teilchen ionisiert wird, wird sofort durch das elektrische Feld in die Höhe gerissen, bleibt an dem Tropfen hängen und vergrößert dessen positive Ladung. Aus der Geschwindigkeitsänderung des Tropfens im elektrischen Felde ergibt sich unmittelbar die Größe der Ladung des Ions. Versuche wurden ausgeführt in einer Reihe von Gasen, deren Atomgewichte von 1 bis 200 variierten. Im ganzen wurden in der beschriebenen Weise 2900 Ionen an Öltröpfchen eingefangen und ihre Ladungen gemessen. Nur in 5 Fällen wurden Doppelladungen beobachtet, jedoch in keinem Fall eine dreifache oder höhere Ladung. Auch von den 5 beobachteten Doppelladungen konnte nicht mit Bestimmtheit gesagt werden, ob sie nicht in der Weise entstanden waren, daß zwei einfach geladene Ionen gleichzeitig auf den Tropfen gelangt waren. Jedenfalls geht aus den Versuchen hervor, daß bei α-Strahlen in mindestens 99% aller Ionisationsprozesse nur einfach geladene Ionen entstehen. Es muß noch hervorgehoben werden, daß sich die MILLIKANschen Messungen auf positive Strahlen relativ großer Geschwindigkeit beziehen, und daß bei langsamen Strahlen die Erscheinungen wesentlich andere

[1]) R. A. MILLIKAN, V. H. GOTTSCHALK u. M. J. KELLY, Phys. Rev. Bd. 15, S. 157. 1920.

sein können. WILKINS[1]) hat die MILLIKANschen Versuche fortgesetzt und glaubt, in Helium Doppelladungen mit Sicherheit nachgewiesen zu haben. Bei zahlreichen anderen Gasen, die er ebenfalls untersucht hat, wurden Doppelladungen nicht beobachtet.

Da die α-Strahlen verschiedener Reichweite an Stellen gleicher Geschwindigkeit auch gleiche Ionisation aufweisen, so kann bei bekannter Ionisationskurve die Gesamtzahl der erzeugten Ionen für ein α-Teilchen beliebiger Reichweite aus der für RaC′ ermittelten Zahl berechnet werden (vgl. Tabelle 4, S. 156). In erster Annäherung ist die Gesamtionisation I gegeben durch

$$I = \text{konst.}\ R^{\frac{2}{3}}, \tag{2}$$

eine Beziehung, die mehrfach experimentell bestätigt wurde[2]).

Bestimmt man die Ionisation durch α-Strahlen in verschiedenen Gasen relativ zu der in Luft, so erhält man erheblich verschiedene Werte, je nach der Reichweite der benutzten Strahlen.

Tabelle 11. Größe der durch α-Strahlen in verschiedenen Gasen erzeugten Gesamtionisation.

Restreichweite	Ionisation durch α-Strahlen relativ zu Luft				
	Kohlensäure	Stickstoff	Sauerstoff	Luft	Wasserstoff
0,3 cm	0,92	0,96	1,17	1	1,25
0,7 „	0,97	1,04	1,12	1	1,13
1,0 „	0,99	0,95	1,06	1	1,04
1,4 „	1,02	0,98	1,07	1	1,01
1,8 „	1,12	0,98	1,09	1	0,91
3,8 „	1,23	0,97	1,12	1	—

Aus Tabelle 11, die einer Arbeit von HESS und HORNYAK[3]) entnommen ist, erkennt man, daß die relative Ionisation bezogen auf Luft für das dichtere Gas (CO_2) mit wachsender Reichweite zunimmt, für das leichtere (H_2) dagegen abnimmt. Bei den in ihrer Dichte von Luft nur wenig verschiedenen Gasen N_2 und O_2 ist ein Gang nicht bemerkbar.

Man möchte zunächst erwarten, daß die von einem α-Teilchen erzeugte Gesamtionisation desto größer ist, je kleiner die Ionisierungsspannung des betreffenden Gases. Dem widerspricht aber die Beobachtung von TAYLOR[4]), der zeigte, daß bei Helium, das durch eine hohe Ionisierungsspannung (24,6 Volt) ausgezeichnet ist, die Gesamtionisation um etwa 5% größer ist als in Wasserstoff (Ionisierungsspannung 16,5 Volt). Zur Klärung dieser Unstimmigkeit wurden von GURNEY[5]) weitere Untersuchungen über die Gesamtionisation in verschiedenen Gasen, vornehmlich Edelgasen, in Angriff genommen. Die Versuchsanordnung war ähnlich der bereits in Ziff. 19 besprochenen Apparatur desselben Verfassers. Die Reichweiten der aus dem Glimmerfenster austretenden Strahlen war stets so gewählt, daß die Strahlen in der Kammer vollständig absorbiert wurden. In diese Kammer wurden nacheinander die zu untersuchenden Gase eingelassen und jedesmal die Ionisation gemessen. Die folgende Tabelle 12 gibt einen Überblick über die Resultate.

---

1) T. R. WILKINS, Phys. Rev. Bd. 19, S. 210. 1922.
2) Z. B. N. McCoy u. E. D. LEMAN, Phys. Rev. Bd. 6, S. 184. 1913.
3) V. F. HESS u. MARIA HORNYAK, Wiener Ber. Bd. 129, S. 661. 1920.
4) T. S. TAYLOR, Phil. Mag. Bd. 26, S. 402. 1913.
5) R. W. GURNEY, Proc. Roy. Soc. London (A) Bd. 107, S. 332. 1925.

Tabelle 12. Relative Ionisation verschiedener Gase durch α-Strahlen von einer Restreichweite von 7 mm. Ionisation in Luft gleich 1.

Gas	Ionisation	Gas	Ionisation
Xenon	1,68	Helium	1,26
Krypton	1,53	Sauerstoff	1,08
Argon	1,38	Wasserstoff	1,07
Neon	1,28	Stickstoff	0,98

Die Tabelle zeigt, daß die Ionisation für die einatomigen Gase in regelmäßiger Weise mit zunehmender Ordnungszahl zunimmt. Da andererseits die Ionisierungsspannungen bei den Edelgasen, soweit bekannt, mit wachsender Ordnungszahl abnehmen, so scheint hier der erwartete Zusammenhang zwischen Ionisierungsspannung und Gesamtionisation in der Tat zu bestehen. In den zweiatomigen Gasen dagegen ist die Ionisation kleiner als in irgendeinem der Edelgase. Es wird also in den zweiatomigen Gasen ein erheblicher Teil der absorbierten α-Strahlenenergie in anderer, noch ungeklärter Form verausgabt. Für Wasserstoff z. B. beträgt die Ionisierungsspannung 16,5 Volt, während die von einem α-Teilchen pro Ionenpaar in diesem Gase verausgabte Energie 31 Volt entspricht.

23. Sekundäre Elektronenstrahlen (δ-Strahlen). Treffen die α-Strahlen auf feste Körper auf, so werden dort langsame Elektronenstrahlen, sog. δ-Strahlen, ausgelöst[1]). Die Untersuchungen über die Natur dieser Strahlen wurden fast durchweg in folgender Weise ausgeführt: In einem aufs beste evakuierten Gefäß stehen sich zwei Platten gegenüber, von denen die eine A mit Polonium (oder einer anderen radioaktiven Substanz) bedeckt ist, während die zweite B als Empfänger für die von der Poloniumplatte ausgehende Strahlung dient. Es wird dann die der Platte B zufließende Ladung als Funktion des zwischen den Platten herrschenden elektrischen und magnetischen Feldes bestimmt. Diese Ladung setzt sich zusammen: a) aus der positiven Ladung der auffallenden α-Strahlen, b) aus der negativen Ladung der an A entstehenden und an B absorbierten δ-Strahlen und c) aus der positiven Ladung, die daraus resultiert, daß δ-Strahlen die Platte B verlassen. Durch Anwendung von Feldern geeigneter Stärke und Richtung lassen sich die verschiedenen Ladungseffekte voneinander trennen. Die nach diesem Prinzip ausgeführten Messungen[2]) haben zu folgenden Ergebnissen geführt:

Die δ-Strahlen bestehen aus Elektronen, was durch e/m-Messungen erwiesen wird[3]).

Die Zahl der von einem α-Teilchen zur Emission gebrachten δ-Strahlen ist von der Natur des Metalles und von der Aufprallrichtung des α-Teilchens praktisch unabhängig. Dagegen nimmt die Zahl der δ-Strahlen mit abnehmender Geschwindigkeit der α-Strahlen zu, und zwar in analoger Weise wie die Ionisation bei der BRAGGschen Kurve.

Über die absolute Zahl der an einer Metallfläche von einem α-Teilchen ausgelösten δ-Strahlen gehen die Literaturangaben (3 bis 30) weit auseinander. Wahrscheinlich kommt dieser Zahl auch nur eine untergeordnete Bedeutung zu, da bei der δ-Emission die Gasbeladung des Metalles — ebenso wie bei dem lichtelektrischen Effekt — eine sehr erhebliche Rolle spielt. So konnten McLENNAN

[1]) Zuerst beobachtet von J. J. THOMSON, Proc. Cambridge Phil. Soc. Bd. 13, S. 49. 1905; und unabhängig davon von E. RUTHERFORD, Phil. Mag. Bd. 10, S. 193. 1905.

[2]) Ältere Literatur im Bericht von F. HAUSER, Jahrb. d. Radioakt. Bd. 10, S. 445. 1913; s. ferner L. WERTENSTEIN, Le Radium Bd. 9, S. 6. 1912; H. A. BUMSTEAD, Phil. Mag. Bd. 26, S. 233. 1913; B. BIANU, Le Radium Bd. 11, S. 230. 1919; A. BECKER, Ann. d. Phys. Bd. 75, S. 217, 781. 1924.

[3]) Siehe Bericht von N. R. CAMPBELL, Jahrb. d. Radioakt. Bd. 9, S. 419. 1912.

und FOUND[1]) an einer Zinkoberfläche, die durch Destillation im Vakuum hergestellt war, zunächst keine δ-Emission unter der Einwirkung von α-Strahlen feststellen; wenn aber die Oberfläche allmählich Gase absorbierte, so traten in wachsendem Maße auch δ-Strahlen wieder auf. Sollte diese Beobachtung allgemein zutreffen, so wäre die Unabhängigkeit der δ-Emission von der Natur des Metalles und ihre Zunahme mit abnehmender Strahlgeschwindigkeit unmittelbar zu verstehen.

Die Geschwindigkeiten, mit der die einzelnen δ-Strahlen emittiert werden, sind sehr verschieden. Jedoch ist die Verteilungskurve, d. h. die Kurve, welche die Häufigkeit des Vorkommens als Funktion der Geschwindigkeit darstellt, von der Geschwindigkeit der erregenden α-Strahlen unabhängig. BECKER gibt an, daß Geschwindigkeiten, die ungefähr der von 2-Volt-Strahlen entsprechen, am häufigsten vorkommen, daß aber Strahlen, die schneller sind als 15-Volt-Strahlen, höchstens 1 $^0/_0$ der Gesamtstrahlung ausmachen. Andererseits kann nach den Messungen von BUMSTEAD und MCGOUGAN[2]) sowie auf Grund von Aufnahmen nach der WILSONschen Nebelmethode, die nunmehr besprochen werden sollen, kein Zweifel sein, daß in einzelnen Fällen auch δ-Strahlen bis zu $^1/_{10}$ Lichtgeschwindigkeit (entsprechend 2400 Volt) vorkommen.

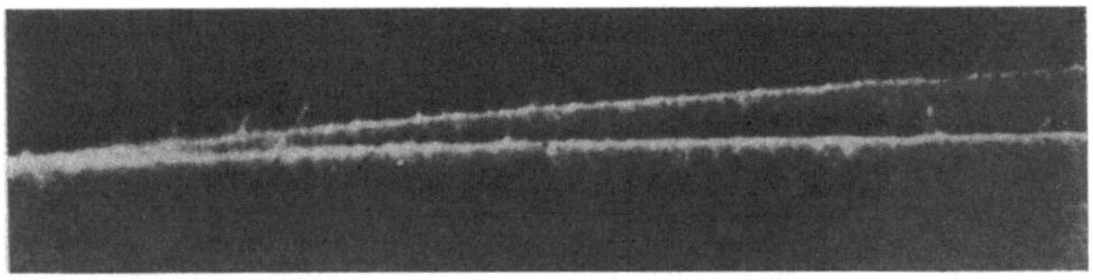

Abb. 22. Sichtbarmachung von δ-Strahlen. (Vergrößerte Nebelbahn eines α-Teilchens in Wasserstoff.)

Gerade die schnellen δ-Strahlen lassen sich an den nach der Nebelmethode erzeugten α-Strahlenbahnen sehr deutlich erkennen, besonders wenn man in Wasserstoff bei reduziertem Druck arbeitet[3]). Die α-Strahlbahn erscheint dann nicht mehr als einfache Nebellinie, sondern sie weist feine sekundäre Ionisationsbahnen auf, die von der Hauptbahn nach allen Richtungen hin ausgehen (Abb. 22 nach BOSE). Diese seitlichen Bahnen haben dasselbe Aussehen wie die Bahnen langsamer Elektronen; z. B. zeigen sie auch die für Elektronenstrahlen charakteristischen Verdickungen an den Bahnenden, die durch die Zunahme der Ionisation und der Zerstreuung mit abnehmender Geschwindigkeit bedingt sind. Es ist anzunehmen, daß Untersuchungen nach der Nebelmethode das Wesen der δ-Strahlen viel rascher klären werden, als dies nach dem älteren Verfahren der Ladungsmessung möglich ist. Bisher liegen an quantitativen Messungen außer einigen Angaben von WILSON[4]) nur die Untersuchungen von CHADWICK und EMELÉUS[5]) sowie von AUGER[6]) vor.

WILSON zeigte an einigen besonders schönen Bahnen, daß schnelle δ-Strahlen nur im anfänglichen Teil der α-Bahn erscheinen, während sie dagegen in den letzten beiden Zentimetern der Bahn völlig fehlen. Zu einem ähnlichen Ergebnis gelangten CHADWICK und EMELÉUS, die an Hand zahlreicher Aufnahmen nachwiesen, daß die Zahl der von einem α-Teilchen pro cm seiner Bahn erzeugten δ-Strahlen, soweit sie deutlich aus der Nebelbahn des α-Teilchens heraustreten,

---

1) J. C. MCLENNAN u. C. G. FOUND, Phil. Mag. Bd. 30, S. 491. 1915.

2) H. A. BUMSTEAD u. A. C. MC GOUGAN, Phil. Mag. Bd. 24, S. 462. 1912; s. auch L. WERTENSTEIN, Le Radium Bd. 9, S. 6. 1912.

3) H. A. BUMSTEAD, Phys. Rev. Bd. 8, S. 715. 1916; D. BOSE, ZS. f. Phys. Bd. 12, S. 207. 1923; W. D. HARKINS u. R. W. RYAN, Journ. Amer. Chem. Soc. Bd. 45, S. 2095. 1923.

4) C. T. R. WILSON, Proc. Cambridge Phil. Soc. Bd. 21, S. 405. 1923.

5) J. CHADWICK u. K. G. EMELÉUS, Phil. Mag. Bd. 1, S. 1. 1926.

6) P. AUGER, Journ. de phys. et le Radium Bd. 7, S. 65. 1926.

etwa 10 beträgt, und daß sich diese Zahl bis etwa 3 cm vor dem Reichweitenende nur unmerklich ändert. Von hier an nimmt die Zahl sehr rasch ab, so daß in den letzten beiden Zentimetern der Bahn praktisch überhaupt keine δ-Strahlen mehr beobachtet werden. Diese ungleiche Verteilung der δ-Strahlen wurde bei allen untersuchten Gasen (Luft, Wasserstoff, Helium, Argon) beobachtet. CHADWICK und EMELÉUS versuchen, diese Ergebnisse an Hand einfacher Stoßbetrachtungen theoretisch zu deuten. Es gelingt ihnen auch, die rasche Abnahme in der Zahl der δ-Strahlen gegen das Ende der Reichweite verständlich zu machen.

Die maximale Reichweite der δ-Strahlen betrug unter Normalbedingungen in Wasserstoff 2 mm, in Helium 2,6 mm und in Luft bzw. Argon 0,45 mm. Diese verschiedenen Reichweiten sind durch die verschiedene Bremswirkung der einzelnen Gase bestimmt, während die Maximalgeschwindigkeit der δ-Strahlen von der Natur des Gases nicht abhängt. Nimmt man an, daß die Reichweite der dritten Potenz der Anfangsgeschwindigkeit proportional ist, und zieht man die Reichweiten der von Aluminium- und Kupfer-K-Strahlung in Luft ausgelösten Photoelektronen zum Vergleich heran, so ergibt sich die Geschwindigkeit der schnellsten δ-Strahlen zu etwa $3{,}7 \cdot 10^9$ cm/sec. Dieser Geschwindigkeitswert ist in naher Übereinstimmung mit einer unmittelbaren Folgerung aus der THOMSONschen Theorie (vgl. Kap. 1, Ziff. 41 des vorliegenden Bandes), nach der die Maximalgeschwindigkeit der δ-Strahlen gleich der doppelten α-Strahl-Geschwindigkeit ist.

WILSON hatte an seinen Aufnahmen in Luft eine in die Bahnrichtung der α-Strahlen fallende Vorzugsrichtung der δ-Strahlen nicht bemerkt. Es kann aber kein Zweifel sein, daß für das Fehlen dieser theoretisch zu erwartenden Vorzugsrichtung die starke Zerstreuung der δ-Strahlen in Luft verantwortlich ist. Jedenfalls zeigen die Aufnahmen von CHADWICK und EMELÉUS in den leichten Gasen Wasserstoff und Helium eine ausgesprochene Häufung solcher δ-Strahlen, deren anfängliche Flugrichtung annähernd mit der Richtung der α-Strahlen zusammenfällt.

KAPITZA[1]) hat versucht, die δ-Strahlung als Elektronenemission eines erhitzten Körpers zu deuten. Es läßt sich nämlich zeigen, daß die lokale Erwärmung, welche ein Metall an der Aufprallstelle eines α-Teilchens erfährt, leicht mehrere tausend Grad erreichen kann, so daß dort eine momentane Elektronenemission einsetzen muß. Unter Benutzung von Konstanten, welche der RICHARDSONschen Gleichung für den Thermoelektronenstrom entnommen sind, werden für Zahl und Geschwindigkeit der δ-Strahlen-Werte abgeleitet, die mit der Erfahrung in Übereinstimmung sind.

24. Anregung von Wellenstrahlung durch α-Teilchen. CHADWICK[2]) hat zuerst gezeigt, daß beim Auftreffen von Radium C′-α-Strahlen auf Materie eine schwache, aber sicher nachweisbare, kurzwellige Strahlung entsteht. Er benutzte eine mit Radiumemanation gefüllte dünne Glaskapillare, deren Wandung von den α-Strahlen leicht durchdrungen werden konnte. Diese Kapillare war von einem Aluminiumröhrchen umgeben, das alle aus dem Inneren kommenden α-Strahlen absorbierte: über das Aluminiumröhrchen war ein zweites Röhrchen geschoben, das aus einem Metall von hohem Atomgewicht, z. B. aus Gold, gefertigt war. Es wurde die aus dem Röhrchen austretende γ-Strahlung genau gemessen und festgestellt, ob Änderungen in der Intensität auftraten, wenn man das Aluminium- und Goldröhrchen miteinander vertauschte, so daß also jetzt die α-Strahlen nicht mehr in Aluminium, sondern in Gold absorbiert wurden. Es zeigte sich im zweiten Falle eine etwa um 5% erhöhte Ionisation, die nur

[1]) P. L. KAPITZA, Phil. Mag. Bd. 45, S. 989. 1923.

[2]) J. CHADWICK, Phil. Mag. Bd. 25, S. 193. 1913.

darin ihren Grund haben konnte, daß die α-Strahlen bei ihrer Absorption in dem Gold kurzwellige Strahlen erregten. Daß die beobachteten Unterschiede nicht etwa von γ-Strahlen herrührten, die durch die aus der Kapillare kommenden β-Strahlen erregt waren, ließ sich dadurch zeigen, daß man die Glaskapillare mit einer Papierschicht umgab, die so dick war, daß sie alle α-Strahlen, nicht aber die β-Strahlen absorbierte. Mit dieser Papiereinlage waren keine Unterschiede in den Ionisationsströmen mehr zu bemerken, wenn die beiden Metallröhrchen miteinander vertauscht wurden.

Eine genaue Untersuchung der durch α-Strahlen angeregten kurzwelligen Strahlen war infolge der intensiven, primären γ-Strahlung nicht durchführbar. Erst als ein sehr aktives Präparat des reinen α-Strahlers Ionium (Substanzmenge 1,2 g, Aktivität entsprechend 3 mg Ra) zur Verfügung stand, gelang es, die Strahlung näher zu untersuchen. CHADWICK und RUSSELL[1]) zeigten, daß das Ionium auch nach sorgfältigster Reinigung von allen β- und γ-Strahlen emittierenden Elementen eine schwache kurzwellige Strahlung emittierte. Diese Strahlung wird von den α-Teilchen des Ioniums entweder in den Ioniumatomen selbst oder in den Atomen des beigemengten isotopen Thors angeregt. Ihre Intensität relativ zur α-Strahlung ist etwa ebenso groß wie die Intensität der Wellenstrahlung, die durch die α-Strahlen von Radium C′ an Materie von hohem Atomgewicht ausgelöst wird. Die Absorptionsanalyse ergab drei verschieden harte Strahlengruppen mit den Massenabsorptionskoeffizienten $\mu/D = 0{,}15$, $\mu/D = 8{,}35$ und $\mu/D = 400\,\text{cm}^{-1}$ für Aluminium. Weitaus der größte Teil der ausgestrahlten Energie entfällt auf die weichste Gruppe ($\mu/D = 400$). Diese Ergebnisse werden im wesentlichen von SLATER[2]) bestätigt, der wieder mit Radiumemanation arbeitet, und zwar unter Anwendung besonderer Vorsichtsmaßregeln, um die Maskierung des α-Strahleneffektes durch die primären γ-Strahlen des Radium B + C zu vermeiden. Auch für Polonium, Radium und Radioactinium liegen Messungen über die von den α-Strahlen erregte Wellenstrahlung vor[3]).

Mit Rücksicht auf die Schwierigkeiten derartiger Messungen scheint es berechtigt, die bei Ionium beobachteten Strahlungen den K-, L- und M-Niveaus der von den α-Strahlen getroffenen Atome (Ionium oder Thor) zuzuordnen. Denn für das Thoratom betragen die Massenabsorptionskoeffizienten der von diesen Niveaus ausgehenden Strahlungen etwa 0,2 bzw. 10 bzw. 700 cm^{-1} für Aluminium.

GERTHSEN[4]) hat eine theoretische Deutung des Anregungsvorgangs durch α-Strahlen gegeben, indem er in Übereinstimmung mit Betrachtungen von RÜCHARDT[5]) bei Kanalstrahlen betont, daß beim Zusammenstoß zwischen α-Teilchen und Elektron für den Energieaustausch außer der Erhaltung der Energie auch die Erhaltung des Impulses zu fordern ist. Wäre das gestoßene Elektron in Ruhe, so würde die beim Stoß übertragene Energie allerdings nicht ausreichen, um die Thorstrahlung anzuregen. Die Anregung wird aber für das L- und M-Niveau sofort verständlich, wenn man die Eigengeschwindigkeit des Elektrons im Atom berücksichtigt. Besitzt das α-Teilchen von der Masse m die Geschwindigkeit V, das ihm entgegenfliegende Elektron die Geschwindigkeit v, so ist der bei einem zentralen Stoß von dem Elektron übernommene Energiebetrag um $2mVv$ größer als für den Fall des ruhenden Elektrons. Dieser Mehrbetrag reicht aus, um die Anregung des L- und M-Niveaus beim Thor zu ermöglichen.

---

1) J. CHADWICK u. A. S. RUSSELL, Proc. Roy. Soc. London (A) Bd. 88, S. 217. 1913.
2) F. P. SLATER, Phil. Mag. Bd. 42, S. 904. 1921.
3) A. S. RUSSELL u. J. CHADWICK Phil. Mag. Bd. 27, S. 112. 1914.
4) C. GERTHSEN, ZS. f. Phys. Bd. 36, S. 540. 1926.
5) Zitiert nach H. BAERWALD, Jahrb. d. Radioakt. Bd. 16, S. 65. 1919.

Auch das relativ starke Hervortreten der M-Strahlung relativ zur L-Strahlung kann aus diesen Vorstellungen heraus verstanden werden. Die Anregung der K-Strahlung ist allerdings nur dann zu erklären, wenn man einen in Kernnähe erfolgenden Zusammenstoß des α-Teilchens mit einem Tauchbahnelektron heranzieht. In diesem Fall empfängt das Elektron einen Energiebetrag, der es ihm ermöglicht, seinerseits die K-Strahlung anzuregen.

25. Umladungen bei α-Strahlen. In Analogie zu den Kanalstrahlen war zu erwarten, daß auch die α-Strahlen Umladungen erfahren müßten, wenn sie Materie durchsetzen, wenigstens bei kleinen Geschwindigkeiten. Es gelang aber erst 1922 Henderson[1]), zu zeigen, daß ein solcher Effekt wirklich existiert. Er ließ ein durch einen engen Spalt begrenztes Bündel langsamer α-Strahlen auf eine photographische Platte (Schumannplatte) auffallen und beobachtete die Ablenkung des Strahlenbündels unter der Einwirkung eines magnetischen Feldes. Bei höchstem Vakuum, aber auch nur dann, zeigte sich außer der Hauptlinie, welche von den abgelenkten, doppelt geladenen α-Strahlen (He_{++}) herrührte, noch eine zweite Linie, die nur eine halb so große Ablenkung erfahren hatte als die Hauptlinie und durch einfach geladene α-Strahlen (He_+) entstanden sein mußte. Je geringer die Geschwindigkeit der α-Strahlen, desto deutlicher war die He_+-Linie im Vergleich zur He_{++}-Linie, und bei der allerkleinsten Geschwindigkeit zeigte sich schließlich noch eine unabgelenkte Linie, welche neutralen α-Teilchen (He_0) zugeschrieben werden mußte. Man sieht also, daß das α-Teilchen, das an sich nur aus einem nackten Heliumkern besteht, beim Durchgang durch die absorbierenden Atome gelegentlich ein Elektron, manchmal sogar noch ein zweites, aufzunehmen vermag. Aus dem Folgenden ergibt sich, daß diese Elektronen bald wieder abgestoßen werden, und daß sich Aufnahme und Abgabe von Elektronen auf der ganzen Wegstrecke eines α-Teilchens mehrere tausendmal wiederholen. Die theoretische Deutung dieser Vorgänge bietet große Schwierigkeiten.

In quantitativer Weise und unter Benutzung der Szintillationsmethode sind die Umladungen von Rutherford[2]) untersucht worden. Aus seinen Versuchen ergibt sich unmittelbar das Verhältnis N_+/N_{++}, d. h. $\frac{\text{Zahl der He}_+\text{-Teilchen}}{\text{Zahl der He}_{++}\text{-Teilchen}}$ in einem Strahlenbündel bestimmter Geschwindigkeit, außerdem die mittlere Weglänge λ_+ der He_+-Teilchen. Ist aber für eine bestimmte Geschwindigkeit sowohl λ_+ wie auch das Verhältnis N_+/N_{++} bekannt, so ergibt sich ohne weiteres λ_{++} (die mittlere Weglänge der He_{++}-Teilchen), da ja bei der Häufigkeit der Umladungen für eine kurze Wegstrecke, über die die Geschwindigkeit der Strahlen sich nicht merklich ändert, die Beziehung gelten muß: $N_+/N_{++} = \lambda_+/\lambda_{++}$. Entsprechendes müßte auch für die Übergänge $He_+ \rightarrow He_0$ und $He_0 \rightarrow He_+$ gelten, aber hier macht die geringe Geschwindigkeit der He_0-Strahlen quantitative Messungen unmöglich.

a) Bestimmung von N_+/N_{++}. Die Strahlenquelle (Abb. 23) bestand aus einem feinen, senkrecht zur Zeichenebene liegenden Platindraht W, der mit RaB + C überzogen war und sich in einer hoch evakuierten Kammer K befand. Durch den parallel zum Draht W liegenden Spalt S wurde ein schmales Strahlenbündel aus geblendet, das auf einen an der Innenseite der Glasplatte P befestigten Zinksulfidschirm bei B auftraf. Das zur Beobachtung dienende Mikroskop M war längs einer Teilung verschiebbar, so daß die Szintillationen auch bei C, D, E beobachtet werden konnten, wenn sie durch ein Magnetfeld (ca. 6000 Gauß) dorthin abgelenkt wurden.

[1]) G. H. Henderson, Proc. Roy. Soc. London (A) Bd. 102, S. 496. 1923.

[2]) E. Rutherford, Phil. Mag. Bd. 47, S. 277. 1924.

Abb. 24 zeigt die relative Häufigkeit der He_{++}, He_{+} und He_0-Teilchen in einem Strahlenbündel bei verschiedenen Geschwindigkeiten, nämlich für Restreichweiten von 3,6 bzw. 1,2 bzw. 0,46 cm. Zur Erzielung dieser Reichweiten waren dicht vor dem Platindraht Glimmerblättchen geeigneter Dicke eingeschaltet. Man sieht, wie rasch sich die Intensitäten in den drei Linien verschieben, wenn die Geschwindigkeit des Strahlenbündels abnimmt. Bei Kurve *a* hat die He_{+}-Linie eine Intensität, die kaum mehr als 1% der He_{++}-Linie beträgt, während He_0-Teilchen überhaupt noch nicht auftreten; bei Kurve *c* ist die He_{+}-Linie an Intensität mit der He_{++}-Linie vergleichbar, auch die He_0-Linie tritt deutlich heraus. Allerdings werden die Linien bei kleiner Strahlgeschwindigkeit erheblich breiter, aber dies erklärt sich ungezwungen durch die ungleiche Absorption, welche die α-Strahlen beim Durchgang durch den Glimmer erleiden.

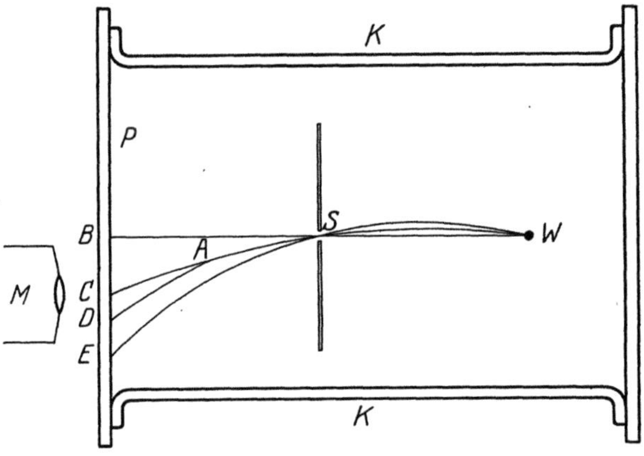

Abb. 23. Anordnung zur Zählung der einfach und doppelt geladenen α-Teilchen.

Durch Messung der Ablenkung in einem elektrischen Feld wurde ferner festgestellt, daß sich die Teilchen der He_{+}-Linie von denen der He_{++}-Linie nur in dem e/m-Wert, der halb so groß ist, nicht aber in ihrer Geschwindigkeit unterscheiden. Man darf daraus schließen, daß die He_{+}-Linie, der Bezeichnung entsprechend, durch einfach geladene Heliumatome entsteht, also durch Heliumkerne, die ein Elektron aufgenommen haben. Wenn aber die Existenz so schnell fliegender, einfach geladener Heliumatome zugegeben werden muß, so ist es nur natürlich, die unabgelenkte Linie durch neutrale Heliumatome zu erklären, die aus den α-Teilchen durch Aufnahme zweier Elektronen entstanden sind.

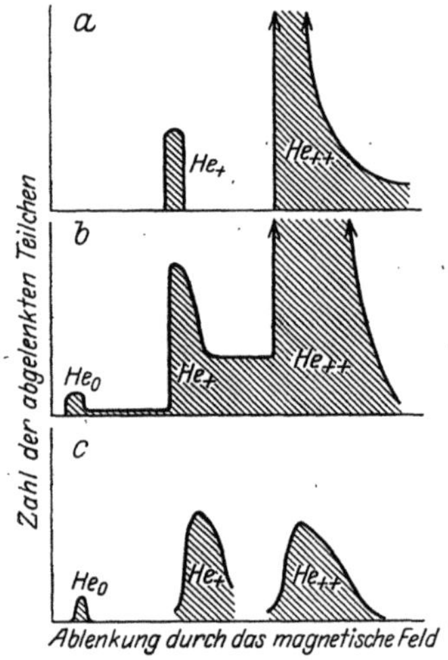

Abb. 24. Trennung von α-Strahlen verschiedener Ladung durch ein magnetisches Feld.

a Restreichweite der α-Strahlen 3,6 cm,
b Restreichweite der α-Strahlen 1,2 cm,
c Restreichweite der α-Strahlen 0,46 cm.

Aus den in Abb. 24 dargestellten Kurven läßt sich das Verhältnis der Teilchenzahl N_+/N_{++} entnehmen. Die zweite wichtige Größe, nämlich die mittlere Wegstrecke λ_+, auf der das α-Teilchen im Mittel ein Elektron mitzuführen vermag, ergibt sich aus folgendem Versuch.

b) Bestimmung von λ_+. Es werden zunächst die magnetisch abgelenkten He_{+}-Teilchen an der Auftreffstelle *C* (Abb. 23) bei höchstem Vakuum abgezählt, dann läßt man Luft — etwa 0,01 mm Hg entsprechend — in die Kammer eintreten, so daß einzelne He_{+}-Teilchen auf ihrem Weg von *W* nach *C* mit Luftmolekülen zusammenstoßen und dabei das anhaftende Elektron wieder verlieren. Diese Teilchen werden dann infolge ihrer veränderten Ladung durch das magnetische Feld aus dem Strahlenbündel herausgebogen. So wird z. B. ein He_+-Teilchen, das an der Stelle A sein Elektron verliert, den Zinksulfidschirm nicht mehr bei C, sondern etwa bei D erreichen. Indem man die Abnahme der Teilchenzahl bei C in Abhängigkeit vom Druck bestimmt, kann man die mittlere Weglänge λ_+ der He_+-Strahlen ermitteln.

Der eben beschriebene Versuch macht auch verständlich, warum bei allen älteren Versuchen über die magnetische Ablenkbarkeit der α-Strahlen niemals einfach geladene Teilchen beobachtet wurden. Die geringen Spuren von Gas, z. B. die Fett- und Quecksilberdämpfe, deren Anwesenheit man für belanglos hielt, bewirkten mehrfach Umladungen der entstandenen He_+-Teilchen, so daß diese im Magnetfeld völlig zerstreut wurden.

26. Umladungshäufigkeit in Abhängigkeit von der Strahlgeschwindigkeit. Auf Grund von Messungen der oben beschriebenen Art zeigte RUTHERFORD, daß die für die Umladungen charakteristischen Größen (N_+/N_{++}, λ_{++}, λ_+) in folgender Weise von der Geschwindigkeit abhängen:

1. Das Verhältnis der Teilchenzahl N_+/N_{++} kann proportional zu $1/V^n$ gesetzt werden, wobei n etwa den Wert 5 hat. Bei einer Geschwindigkeit von 0,29 V_0 ist die Zahl der He_+-Teilchen gleich der Zahl der He_{++}-Teilchen, also $N_+/N_{++} = 1$. V_0 bedeutet dabei die Anfangsgeschwindigkeit der α-Strahlen von Radium C'. HENDERSON[1]), der neuerdings unter Verwendung einer Ionisationsmethode weitere Versuche in dieser Richtung ausführte, findet eine regelmäßige Zunahme von n mit abnehmender Geschwindigkeit und gibt für n den Ausdruck $n = 6{,}4 - 4{,}2\ V/V_0$.

2. Die mittlere Weglänge λ_{++} ist angenähert der 6. Potenz der Geschwindigkeit proportional.

3. Die mittlere Weglänge λ_+ dagegen ist der Geschwindigkeit selbst proportional.

4. Setzt man die Gültigkeit der Gleichung $V^3 = a \cdot R$ voraus, so folgt aus 2. und 3., daß für ein α-Teilchen von Radium C' die Zahl der Übergänge $He_{++} \rightarrow He_+$ auf einer Wegstrecke, über die die Geschwindigkeit von V_0 auf 0,29 V_0 absinkt, im Mittel 590 beträgt. Ebenso groß ist natürlich auch die Zahl der Übergänge $He_+ \rightarrow He_{++}$. Man kann auch zeigen, daß im Mittel auf eben dieser Wegstrecke von 6,89 cm Länge das α-Teilchen im ganzen auf 6,39 cm doppelt geladen und auf 0,50 cm einfach geladen ist.

5. Die mittlere Weglänge λ_0 der neutralen Teilchen ist bei Geschwindigkeiten zwischen 0,25 V_0 und 0,30 V_0 von der Größenordnung $1/_{1000}$ mm. Genauere Messungen waren wegen der Inhomogenität der sehr langsamen Strahlen und wegen der Schwäche der Szintillationen nicht durchführbar.

Die folgende Tabelle 13, zum größten Teil experimentelle Werte enthaltend, illustriert die obigen Zusammenhänge:

Tabelle 13. Umladung der α-Strahlen von Radium C'. Anfangsgeschwindigkeit $V_0 = 1{,}922 \cdot 10^9$ cm/sec.

Geschwindigkeit	Reichweite	N_+/N_{++} bzw. λ_+/λ_{++}	Mittlere Weglänge λ_+ der He_+-Teilchen	Mittlere Weglänge λ_{++} der He_{++}-Teilchen
0,94 V_0	5,79 cm	0,005	0,011 mm	2,2 mm
0,76 „	3,06 „	0,015	0,0078 „	0,52 „
0,47 „	0,72 „	0,133	0,0050 „	0,037 „
0,32 „	0,23 „	0,53	0,0035 „	0,0066 „
0,29 „	0,17 „	1,00	0,0031 „	0,0031 „
0,27 „	0,14 „	1,5	0,0029 „	0,0019 „
0,23 „	0,08 „	3,0	0,0025 „	0,0008 „

[1]) G. H. HENDERSON, Proc. Roy. Soc. London (A) Bd. 109, S. 157. 1925.

Bei der Mehrzahl der Messungen dienten Glimmer bzw. Luft als absorbierende Substanzen, doch ergaben sich keine erheblichen Unterschiede, wenn statt dieser Substanzen solche höheren Atomgewichts benutzt wurden. Dies wird auch von HENDERSON (a. a. O.) bestätigt, der zahlreiche Substanzen in dieser Hinsicht untersuchte.

Da die α-Teilchen dem Atomkern unmittelbar entstammen, sollte man erwarten, daß von der radioaktiven Substanz selbst nur doppelt geladene Heliumteilchen emittiert werden. Versuche in dieser Richtung führten aber zu einem entgegengesetzten Ergebnis. Auch wenn die α-Teilchen keine absorbierende Materie durchsetzt hatten, waren He_+-Teilchen in erheblichem Betrag vorhanden. Die Zahl dieser Teilchen war bei einer unbedeckten Strahlenquelle von molekularer Dicke fast ebenso groß als bei Bedeckung mit Glimmer von 3 mm Luftäquivalent, eine Dicke, die ausreicht, um ein normales Verhältnis N_+/N_{++} herbeizuführen. RUTHERFORD hält es für wahrscheinlich, daß das α-Teilchen bereits in der Elektronenhülle des radioaktiven Atoms Umladungen erfährt. Dabei mögen diejenigen Elektronen, deren Bahngeschwindigkeit der Geschwindigkeit des α-Teilchens am nächsten kommt, eine bevorzugte Rolle spielen.

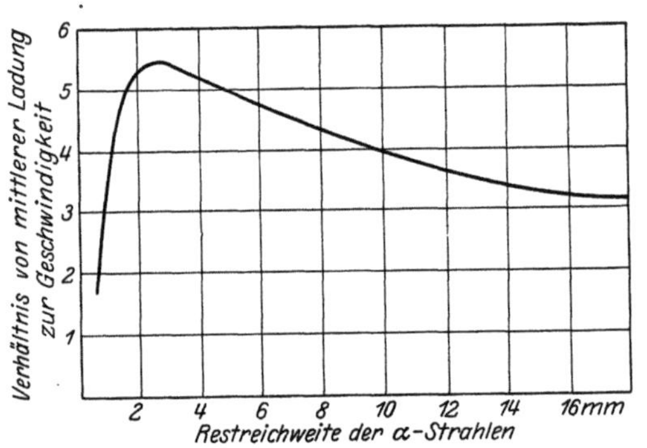

Abb. 25. Umladungen bei α-Strahlen, erschlossen aus ihrer magnetischen Ablenkbarkeit.

Eine Ergänzung zu den RUTHERFORDschen Messungen bilden die Versuche von KAPITZA[1]) über die Ablenkbarkeit der α-Strahlen in starken magnetischen Feldern von der Größenordnung von 40000 Gauß. Diese Felder konnten über den von der WILSON-Kammer (Durchmesser 2,5 cm) eingenommenen Raum für die Dauer von etwa $^1/_{100}$ Sek. aufrechterhalten werden[2]). KAPITZA zeigte an Hand zahlreicher Aufnahmen von α-Bahnen in Luft und Wasserstoff, daß die Krümmung der Bahn infolge des Magnetfeldes mit abnehmender Geschwindigkeit nicht dauernd zunimmt, sondern kurz vor dem Reichweitenende durch einen Maximalwert hindurchgeht. Dies rührt daher, daß mit abnehmender Reichweite nicht nur die Geschwindigkeit V abnimmt, sondern auch die Ladung e, bzw. deren Mittelwert E, insofern, als das α-Teilchen gegen das Reichweitenende immer häufiger Umladungen erfährt. In Abb. 25 ist nach KAPITZA das Verhältnis: $\frac{\text{mittlere Ladung}}{\text{Geschwindigkeit}} = \frac{E}{V}$ als Funktion der Reichweite in Luft (76 cm Hg, 15° C) für die letzten 16 mm der Bahn aufgetragen. E ist in Bruchteilen der Elektronenladung und V in Bruchteilen der Anfangsgeschwindigkeit des α-Teilchens von RaC′ gemessen. Zu Beginn seiner Bahn hat also das α-Teilchen einen E/V-Wert gleich 2; der Wert wächst aber, wie Abb. 25 zeigt, so lange an, bis die Reichweite 3 mm beträgt, woraus zu schließen ist, daß bis dahin die Geschwindigkeit schneller abnimmt als die mittlere Ladung. Darüber hinaus aber ist das Entgegengesetzte der Fall: die Ladung nimmt rascher ab als die Geschwindigkeit. Der Verlauf der Kurve in Abb. 25 ist mit den RUTHERFORDschen Messungen im Einklang.

---

1) P. L. KAPITZA, Proc. Roy. Soc. London (A) Bd. 106, S. 602. 1924.
2) P. L. KAPITZA, Proc. Roy. Soc. London (A) Bd. 105. S. 691. 1924.

Durch einige interessante Überlegungen macht FOWLER[1]) es wahrscheinlich, daß das Verhältnis N_+/N_{++} aus thermodynamischen Gleichgewichtsbetrachtungen berechnet werden kann, wenn man ein Elektronengas von 5800000° C (entsprechend einer Elektronengeschwindigkeit gleich der Emissionsgeschwindigkeit der α-Strahlen) und einer Dichte von der Größenordnung 10^{24} Elektronen pro cm^3 (entsprechend der Dichte der lose gebundenen Elektronen in der absorbierenden Substanz) betrachtet. Bei der Berechnung wird angenommen, daß die Elektronen die Geschwindigkeit des α-Teilchens besitzen, während dieses selbst als ruhend gedacht ist. Dann entspricht die Abtrennung eines Elektrons von dem He_+-Teilchen einer Ionisation durch Elektronenstoß, während die Aufnahme eines Elektrons durch den genau entgegengesetzten Vorgang zu erklären ist, nämlich durch einen sogenannten Dreierstoß. Von diesen Vorstellungen ausgehend, läßt sich in der Tat die freie Weglänge λ_+ und das Verhältnis N_+/N_{++} in Abhängigkeit von der Temperatur bzw. der α-Strahlgeschwindigkeit berechnen. Die gefundenen Werte entsprechen dem experimentellen Befunde; doch hat sich die von der Theorie geforderte — allerdings sehr schwache — Abhängigkeit des Verhältnisses N_+/N_{++} vom Atomgewicht der durchsetzten Substanz bis jetzt nicht bestätigt.

IV. Streuung von α-Strahlen.

27. Verschiedene Arten der Streuung. In erster Näherung kann die Bahn eines α-Teilchens durch ein Gas oder einen festen Körper als gradlinig angesehen werden. Genauere Beobachtungen — zuerst von RUTHERFORD[2]) auf photographischem Wege ausgeführt — zeigten indes, daß eine kleine Zerstreuung der Strahlen beim Durchgang durch Materie stattfindet. Später wurden die Erscheinungen von GEIGER[3]) näher untersucht: die α-Strahlen durchsetzten einen Spalt und fielen auf einen 50 cm entfernten Zinksulfidschirm, wo sie durch ihre Szintillationswirkung ein 2 mm breites, ziemlich scharf begrenztes Spaltbild erzeugten, falls die Strahlenbahn völlig im Vakuum verlief. Die Verteilung der Szintillationen auf dem Schirm entlang einer zur Spaltrichtung senkrechten Achse entsprach in diesem Fall der Kurve A in Abb. 26. Wurde aber der Spalt mit einem bzw. zwei Goldblättchen von je 0,04 cm Luftäquivalent (Ziff. 18) überdeckt, so verschwanden die scharfen Grenzen des Spaltbildes, und die Szintillationsverteilung entsprach den Kurven B bzw. C. Man sieht also, daß die α-Strahlen schon beim Durchgang durch sehr dünne Metallfolien — ebenso auch beim Durchgang durch Gase — um meßbare Winkel abgelenkt werden. Aus Kurve C läßt sich entnehmen, daß für eine Goldschicht von $1,6 \cdot 10^{-5}$ cm Dicke der mittlere Ablenkungswinkel etwa 2° beträgt. Über genauere Messungen vgl. Ziff. 28.

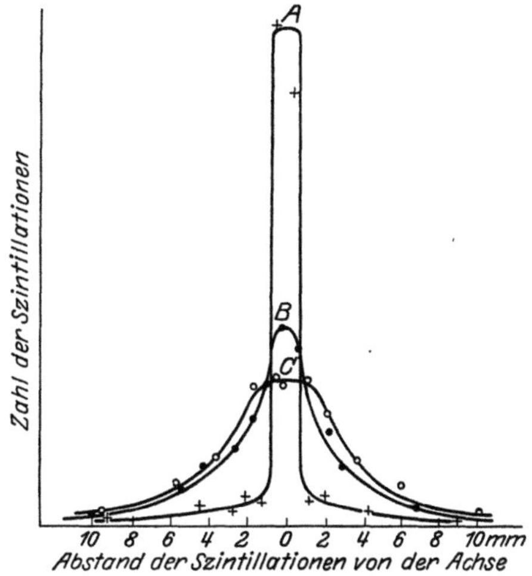

Abb. 26.

A Verteilung der Szintillationen ohne Zerstreuungsfolie, B Verteilung bei Einschaltung einer Goldfolie, C Verteilung bei Einschaltung von zwei Goldfolien.

[1]) R. H. FOWLER, Phil. Mag. Bd. 47, S. 416. 1924.
[2]) E. RUTHERFORD, Phil. Mag. Bd. 12, S. 143. 1906.
[3]) H. GEIGER, Proc. Roy. Soc. London (A) Bd. 81, S. 174. 1908.

Die eben beschriebene Zerstreuung läßt sich durch die Annahme erklären, daß das α-Teilchen in jedem einzelnen Atom, das es durchsetzt, infolge der dort herrschenden elektrischen Kräfte um einen kleinen Winkel abgelenkt wird. Diese atomaren Ablenkungen setzen sich zu einer größeren, meßbaren Ablenkung zusammen, wenn das α-Teilchen, wie in der Goldfolie, eine größere Zahl von Atomen nacheinander durchläuft. Die Zusammensetzung erfolgt dabei nach den Gesetzen der Wahrscheinlichkeit, so daß für die Verteilung der Szintillationen auf dem Schirm bei unendlich schmalem Strahlenbündel das GAUSSsche Fehlergesetz zu erwarten ist (Ziff. 28).

Da die wahrscheinlichste Ablenkung in Schichten, die α-Strahlen überhaupt durchsetzen können, wenige Grade nicht übersteigt, so muß es zunächst praktisch ausgeschlossen erscheinen, daß ein α-Teilchen einmal um einen Winkel von 90° oder mehr abgelenkt werden könnte. Der Versuch zeigt aber, daß solche Fälle doch vorkommen, und zwar in einer Häufigkeit, die außerordentlich viel größer ist, als man bei Gültigkeit des Fehlergesetzes annehmen könnte. Läßt man nämlich eine intensive α-Strahlung auf eine Metallfläche auffallen, so findet sich unter etwa 10000 auffallenden α-Teilchen bereits eines, das beim Eindringen in die Folie um einen Winkel abgelenkt wurde, der 90° übersteigt[1]).

Dieses zunächst sehr überraschende Ergebnis fand seine Erklärung durch die von RUTHERFORD entwickelte Kerntheorie der Atome. Er zeigte, daß grundsätzlich zwei Arten der Streuung — Vielfachstreuung und Einzelstreuung — unterschieden werden müssen:

a) Die „Vielfachstreuung“ entsteht, wie oben bereits angegeben, durch das Zusammenwirken der vielen kleinen Ablenkungen, welche das α-Teilchen beim Durchgang durch die einzelnen Atome erleidet. Diese Ablenkungen entstehen in der Mehrzahl durch die Wechselwirkung zwischen dem α-Teilchen und den in den Atomen befindlichen Elektronen, wenigstens bei Atomen kleinerer Ordnungszahl. Für die Zusammensetzung der vielen kleinen Einzelablenkungen zu einer beobachtbaren Ablenkung ist das GAUSSsche Fehlergesetz maßgebend.

b) Die „Einzelstreuung“ entsteht durch die Wechselwirkung zwischen α-Teilchen und Atomkern. Die Größe der Ablenkung ist dabei durch die geometrischen Bedingungen des Zusammenstoßes und die zwischen α-Kern und Atomkern wirkenden Kräfte bestimmt. Dabei kann eine einzelne derartige Ablenkung wohl 90° und mehr betragen, wenn nur das α-Teilchen dem Kern eines schweren Atoms genügend nahe kommt (bei Gold auf etwa $2 \cdot 10^{-12}$ cm bei Gültigkeit des COULOMBschen Kraftgesetzes). Beobachten wir aber eine so große Ablenkung, so kann sie auch nur von einem einzigen Zusammenstoß herrühren, denn die Wahrscheinlichkeit, daß das α-Teilchen beim Durchgang durch eine Folie zweimal oder öfter in so wirksame Nähe eines Atomkernes kommt, ist verschwindend klein. Es ist darum berechtigt, von Einzelstreuung zu sprechen.

c) Mehrfachstreuung. Beachtet man die Zerstreuung der α-Strahlen durch leichte Atome in einem mittleren Winkelbereich, so können Vielfach- und Einzelstreuung gleich stark ins Gewicht fallen. Man spricht dann zweckmäßig von Mehrfachstreuung. (Vgl. hierzu auch Kap. 1, Ziff. 4 u. ff. des vorliegenden Bandes.)

28. Vielfachstreuung. Die von GEIGER[2]) angewandte Methode bestand darin, daß die Ablenkung einzelner α-Teilchen beim Durchgang durch eine dünne Metallfolie durch Beobachtung der Szintillationen direkt gemessen wurde. Die Versuchsanordnung war im wesentlichen dieselbe, wie in Ziff. 27 beschrieben, nur war der Spalt durch eine möglichst feine, kreisförmige Öffnung ersetzt und als Strahlen-

[1]) H. GEIGER u. E. MARSDEN, Proc. Roy. Soc. London (A) Bd. 82, S. 495. 1909.

[2]) H. GEIGER, Proc. Roy. Soc. London (A) Bd. 83, S. 492. 1910; s. auch F. MAYER, Ann. d. Phys. Bd. 41, S. 931. 1913.

quelle die homogene α-Strahlung von Radium C' benutzt. Für Folien wechselnder Dicke und verschiedenen Materials unf für α-Strahlen verschiedener Geschwindigkeit wurde dann die Verteilung der Szintillationen auf dem Zinksulfidschirm bestimmt und aus jeder solchen Kurve die wahrscheinlichste Ablenkung entnommen. Folgende Gesetzmäßigkeiten wurden gefunden:

Die wahrscheinlichste Ablenkung wächst proportional mit der Quadratwurzel aus der Schichtdicke, solange die Geschwindigkeit der Strahlen in der Schicht nicht merklich herabgesetzt wird. Diese Beziehung ist auch theoretisch zu erwarten[1]).

Wurden Folien verschiedenen Materials, aber gleichen Luftäquivalents (1,52 cm) miteinander verglichen, so ergaben sich als wahrscheinlichste Ablenkungen die in Spalte 4 der Tabelle 14 gegebenen Zahlen. BOTHE[2]) zeigte nach eingehender Diskussion des Fehlergesetzes und Anwendung auf die Streuung der α-Strahlen, daß die Ablenkung λ proportional mit $Z\sqrt{Nx}$ verlaufen muß, wo Z die Kernladungszahl, N die Anzahl der Atome pro cm³ und x die Dicke der Folie bedeutet. In der Tat zeigen die Zahlen der Spalten 4 und 5 eine gute Übereinstimmung.

Tabelle 14. Zerstreuung von α-Strahlen in verschiedenen Metallen.

1	2	3	4	5
Metall	Ordnungszahl Z	Schichtdicke x	Wahrscheinlichste Ablenkung in Bogenmaß	
			Beobachtet	Berechnet
Gold	79	$4{,}00 \cdot 10^{-4}$ cm	$5{,}1 \cdot 10^{-2}$	$5{,}1 \cdot 10^{-2}$
Zinn	50	$8{,}90 \cdot 10^{-4}$ „	$3{,}8 \cdot 10^{-2}$	$3{,}8 \cdot 10^{-2}$
Silber	47	$5{,}92 \cdot 10^{-4}$ „	$3{,}8 \cdot 10^{-2}$	$3{,}7 \cdot 10^{-2}$
Kupfer	29	$5{,}03 \cdot 10^{-4}$ „	$2{,}77 \cdot 10^{-2}$	$2{,}55 \cdot 10^{-3}$
Aluminium	13	$10{,}5 \cdot 10^{-4}$ „	$1{,}56 \cdot 10^{-2}$	$1{,}42 \cdot 10^{-2}$

Der wahrscheinlichste Ablenkungswinkel λ wächst mit abnehmender Geschwindigkeit der α-Strahlen rasch an. BOTHE folgert aus theoretischen Betrachtungen, daß λ proportional mit v^{-2} verlaufen müßte, während GEIGER aus seinen Messungen auf λ proportional mit v^{-3} schließt. MAYER, der Zerstreuungsmessungen mit Leuchtschirm und auch mit photographischer Platte ausführte, gibt an, daß der Exponent zwischen 2 und 3 liegt. Alle diese Messungen tragen jedoch wegen der Schwierigkeit, langsamere α-Strahlen zu beobachten, nur orientierenden Charakter, und es ist wohl möglich, daß Proportionalität mit v^{-2} tatsächlich besteht.

29. Einzelstreuung durch schwere Atome. Die RUTHERFORDsche Kerntheorie und die zu ihrer Bestätigung unternommenen Versuche sind bereits in Bd. XXII ds. Handb. eingehend dargestellt worden. Es wurde dort gezeigt, wie sich aus einfachen Stoßbetrachtungen die Wahrscheinlichkeit für einen Ablenkungswinkel beliebiger Größe als Funktion von Kernladungszahl und Dicke der durchsetzten Substanz sowie als Funktion der Strahlgeschwindigkeit berechnen läßt[3]). Die wesentlichen Ergebnisse der Rechnung seien hier kurz wiederholt: Es ist die Wahrscheinlichkeit dafür, daß ein α-Teilchen beim Durchgang durch ein Atom um einen Winkel φ abgelenkt wird,

---

[1]) J. J. THOMSON, Proc. Cambridge Phil. Soc. Bd. 15, S. 375. 1909; H. GEIGER, Proc. Roy. Soc. London (A) Bd. 86, S. 235. 1912.

[2]) W. BOTHE, ZS. f. Phys. Bd. 4, S. 161, 300. 1921; Bd. 5, S. 63. 1921. Siehe auch die Darstellung in Kap. 1 des vorliegenden Bandes, Ziff. 7f.

[3]) E. RUTHERFORD, Phil. Mag. Bd. 21, S. 669. 1911; Bd. 37, S. 537. 1919; C. G. DARWIN, ebenda Bd. 23, S. 901. 1912; Bd. 27, S. 499. 1914.

a) proportional zu $\frac{\cos \Phi/2}{\sin^3 \Phi/2}$,

b) proportional dem Quadrat der zentralen Ladung des Atoms,

c) umgekehrt proportional der 4. Potenz der Geschwindigkeit des α-Teilchens.

Die experimentelle Bestätigung dieser Gesetze erfolgte durch GEIGER und MARSDEN[1]), indem sie die Ablenkung einzelner α-Strahlen in dünnen Metallfolien durch Szintillationsbeobachtung bestimmten. Die Messungen zu a erstreckten sich auf einen Winkelbereich von 5 bis 150°, innerhalb dessen die Zahl der auf einen Zinksulfidschirm in der Zeiteinheit auffallenden α-Teilchen von 200000 auf 1 abnimmt. Der Zinksulfidschirm wurde dabei in kleinen Stufen auf einer Kreislinie weiterbewegt, in deren Mittelpunkt die streuende Substanz sich befand.

Die unter b genannte Abhängigkeit von der Kernladung wurde für Elemente vom Atomgewicht 12 bis 197 geprüft und bestätigt. Die besondere Bedeutung dieser Messungen liegt darin, daß aus der absoluten Zahl der gestreuten Teilchen die Ordnungszahl des streuenden Atoms berechnet werden kann [vgl. d. Handb. Bd. XXII, vor allem die Messungen von CHADWICK[2])].

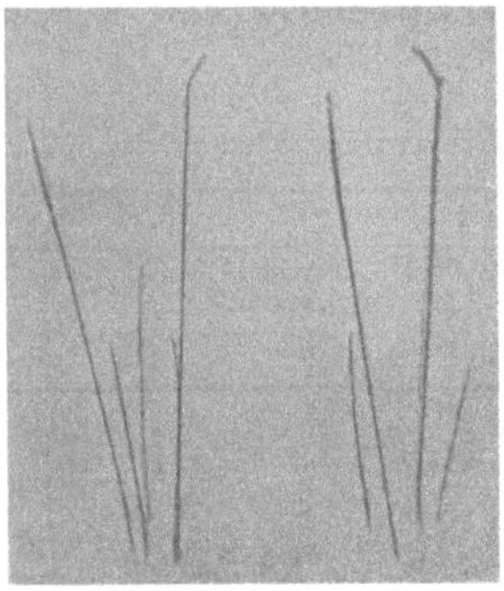

Abb. 27. Einzelablenkung eines α-Strahles geringer Geschwindigkeit in Luft.

Was schließlich die unter c) genannte Geschwindigkeitsabhängigkeit anlangt, so war hier nur eine Prüfung innerhalb eines relativ engen Bereiches (0,9 bis 0,5 V_0) möglich, da bei kleineren Geschwindigkeiten die Helligkeit der Szintillationen zu schwach wurde. Hier greifen aber Versuche von BLACKETT[3]) ergänzend ein, insofern sie zeigen, daß auch für α-Strahlen geringer Geschwindigkeit die Häufigkeit großer Ablenkungswinkel der RUTHERFORDschen Theorie entspricht. BLACKETT arbeitete nach der WILSONschen Nebelmethode (Ziff. 6) und benutzte eine von SHIMIZU[4]) ausgearbeitete Apparatur, bei der durch zweckmäßig angebrachte Spiegel auf demselben Film gleichzeitig zwei Aufnahmen gemacht werden können, die die Strahlenbahn aus zwei senkrecht zueinanderliegenden Blickrichtungen wiedergeben. Dadurch war es möglich, an geknickten Bahnen die Größe des Ablenkungswinkels sowie den Abstand des Knickpunktes von dem Bahnende zu ermitteln. Abb. 27 zeigt eine gegenüber der Originalaufnahme auf etwa das dreifache vergrößerte Doppelaufnahme eines α-Strahles in Luft, der ziemlich am Ende seiner Bahn scharf abgelenkt wurde, und zwar, wie die genaue Analyse ergab, um einen Winkel von 42° 19'[5]).

Zahlreiche Aufnahmen wurden in Luft und Argon ausgeführt, wobei, wie zu erwarten war, α-Bahnen mit Knicken in dem schweren Argon häufiger auftraten als in Luft. Auch entsprach es der Erwartung, daß sich die Knicke gegen das Ende der Reichweite häuften, wo die Geschwindigkeit der Strahlen klein wird. Um die Häufigkeit und Größe der Ablenkungen mit der Theorie vergleichen zu können, wurde die Gesamtzahl der beobachteten Ablenkungen derart in Gruppen

[1]) H. GEIGER u. E. MARSDEN, Wiener Ber. Bd. 121, S. 2361. 1912; Phil. Mag. Bd. 25, S. 604. 1913. Über Einzelstreuung in Gasen s. E. RUTHERFORD u. J. M. NUTTALL, Phil. Mag. Bd. 26, S. 702. 1913.

[2]) J. CHADWICK, Phil. Mag. Bd. 40, S. 734. 1920.

[3]) P. M. S. BLACKETT, Proc. Roy. Soc. London (A) Bd. 102, S. 294. 1923.

[4]) T. SHIMIZU, Proc. Roy. Soc. London (A) Bd. 99, S. 425, 432. 1921.

[5]) Einige Aufnahmen ähnlicher Art findet man auch in der Arbeit von W. D. HARKINS und R. W. RYAN, Journ. Amer. Chem. Soc. Bd. 45, S. 2095. 1923.

unterteilt, daß in eine Gruppe nur solche Ablenkungen fielen, bei denen die abgelenkten α-Teilchen im Augenblick des wirksamen Zusammenstoßes annähernd dieselbe Reichweite und damit auch dieselbe Geschwindigkeit besaßen. Die Verteilung der Ablenkungswinkel, d. h. die Kurve, welche die Häufigkeit eines Ablenkungswinkels als Funktion der Größe dieses Ablenkungswinkels wiedergibt, entsprach innerhalb einer Gruppe der RUTHERFORD-DARWINschen Theorie, wodurch erneut die Gültigkeit der in der Theorie gemachten Voraussetzungen bewiesen wurde, vor allem die Gültigkeit des COULOMBschen Kraftgesetzes auch bei sehr starker Annäherung des α-Teilchens an den Kern. Die größte Annäherung an einen Argonkern betrug bei den Versuchen von BLACKETT $7 \cdot 10^{-12}$ cm. Der Radius der K-Elektronenbahn bei Argon ist merklich größer ($3 \cdot 10^{-10}$ cm).

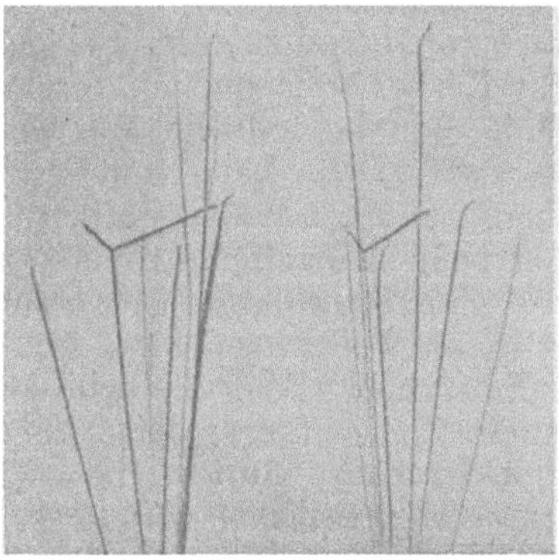

Abb. 28. Zusammenstoß eines α-Teilchens mit einem Sauerstoffkern.

Abb. 29. Zusammenstoß eines α-Teilchens mit einem Wasserstoffkern.

Bei einem Zusammenstoß, bei dem sich die Kerne einander aufs stärkste nähern, übernimmt auch der gestoßene Kern einen beträchtlichen Teil der Energie. Die Gesetze von der Erhaltung der Energie und der Bewegungsgröße führen auf die Gleichungen

$$u/v = M \sin \Phi / m \sin \Theta\,, \tag{1}$$

$$M/m = \cos 2\Theta + \sin 2\Theta \operatorname{cotg} \Phi\,, \tag{2}$$

wo M und m die Masse des α-Teilchens bzw. des gestoßenen Atoms (Rückstoßatoms), v und u die Geschwindigkeiten des α-Teilchens und des Rückstoßatoms nach dem Stoß bedeuten; Φ und Θ bezeichnen die Winkel zwischen der ursprünglichen Bahn des α-Teilchens einerseits und den Bahnen des α-Teilchens und des Rückstoßatoms andererseits.

Solche besonders heftige Zusammenstöße wurden ebenfalls von BLACKETT[1]) mit Hilfe der WILSONschen Nebelmethode beobachtet und näher untersucht. Die Doppelaufnahme (Abb. 28) zeigt eine derartige Verzweigung, und zwar den Zusammenstoß eines α-Teilchens mit einem Sauerstoffkern, wobei das α-Teilchens um $\Phi = 76°\,6'$ aus seiner ursprünglichen Bahn abgelenkt wurde und die Bahnrichtung des gestoßenen Sauerstoffatoms einen Winkel von $\Theta = 45°\,12'$ mit der ursprünglichen Bahnrichtung des α-Teilchens bildete. Die Aufnahme (Abb. 29)

[1]) P. M. S. BLACKETT, Proc. Roy. Soc. London (A) Bd. 103, S. 62. 1923. Bei weiterer Fortführung seiner Versuche hat BLACKETT (Proc. Roy. Soc. London (A) Bd. 107, S. 349. 1925) auch die Zertrümmerung von Stickstoffkernen photographisch festzuhalten vermocht. Vgl. hierzu das Kapitel über Atomzertrümmerung in Bd. XXII ds. Handb.

zeigt den Zusammenstoß eines α-Teilchens mit einem Wasserstoffkern, wobei $\Phi = 9^\circ\,21'$, $\Theta = 65^\circ\,39'$ betrugen.

Die Masse des Rückstoßatoms ergibt sich aus der Natur des benutzten Gases, sie konnte aber auch aus der photographischen Aufnahme entnommen werden, wenn die Winkel genau ausgemessen waren [vgl. Gleichung (2)]. Auch die Reichweiten von Rückstoßstrahlen verschiedener Massen (Wasserstoff, Helium, Luft, Argon) konnten ermittelt werden, wobei sich ergab, daß die Reichweite eines Rückstoßatoms gegebener Geschwindigkeit innerhalb eines Bereiches von 0,05 bis $0{,}10 \cdot 10^9$ cm/sec proportional der Quadratwurzel aus der Ordnungszahl des Atomes ist.

30. Zerstreuung von α-Strahlen durch Wasserstoffkerne. Die in vorausgehender Ziffer mitgeteilten Gesetze wurden von Rutherford unter der Annahme abgeleitet, daß das die Ablenkung bewirkende Atom beim Zusammenstoß in Ruhe bleibt, was für schwere Atome auch annähernd zutrifft. Bei leichten Atomen dagegen findet eine Mitbewegung des Kernes statt und die Streuungsgesetze werden dadurch erheblich modifiziert. Von besonderem Interesse ist die Zerstreuung der α-Strahlen durch Wasserstoff. Denn bei einem zentralen oder nahezu zentralen Aufprall eines α-Teilchens auf einen Wasserstoffkern wird dieser in so schnelle Bewegung gesetzt, daß er beim Auftreffen auf einen Zinksulfidschirm — ebenso wie ein α-Teilchen — eine Szintillation hervorzurufen vermag (H-Strahl). Durch die Beobachtung dieser H-Strahlen nach der Szintillationsmethode gewinnt man viel sicherere Erfahrungen über die beim Durchgang von α-Strahlen durch Wasserstoff geltenden Zerstreuungsgesetze, als wenn man etwa versuchen wollte, die gestreuten α-Strahlen selbst zu beobachten. Hierbei würde allein schon die Tatsache, daß ein α-Teilchen von RaC′ beim Aufprall auf einen H-Kern im günstigsten Fall nur um $14^1/_2{}^\circ$ aus seiner Bahn abgelenkt werden kann, zu großen experimentellen Schwierigkeiten führen. Auch würden neben den abgelenkten α-Strahlen auch H-Strahlen erscheinen, die nicht ohne weiteres von den α-Strahlen unterschieden werden könnten. Man läßt daher parallele α-Strahlen homogener Geschwindigkeit in eine Wasserstoffatmosphäre oder in einen Wasserstoffatome enthaltenden festen Körper, z. B. Paraffin, eintreten und bestimmt die Winkelverteilung der aus der zerstreuenden Substanz herauskommenden H-Strahlen. Da diese H-Strahlen eine größere Reichweite haben als die auslösenden α-Strahlen, so kann man die für die Beobachtung nötige Trennung beider Strahlenarten durch Einschaltung geeigneter Absorptionsfolien erreichen.

Unter der Annahme, daß die α- und H-Strahlen als punktförmige Coulombsche Ladungen betrachtet werden können, hat Darwin[1]) die für den Stoß geltenden Gesetze abgeleitet. Es bedeute E, M und V Ladung, Masse und Anfangsgeschwindigkeit des α-Teilchens; es seien ferner e, m und v die entsprechenden Größen des Wasserstoffkernes, der anfänglich in Ruhe sei. Nach dem Zusammenstoß bewege sich der H-Kern unter einem Winkel ϑ zur ursprünglichen Bewegungsrichtung des α-Teilchens. Bei Gültigkeit von Energie- und Impulssatz ergibt sich dann folgende Gleichung für die Geschwindigkeit v des H-Teilchens:

$$v = 2\frac{M}{M+m}\,V\cos\vartheta \tag{1}$$

oder, da $M = 4\,m$,

$$v = \tfrac{8}{5}\,V\cos\vartheta\,. \tag{2}$$

Es erhält also bei zentralem Stoß ($\vartheta = 0$) das H-Teilchen eine Geschwindigkeit, die 1,6mal größer ist als die des stoßenden α-Teilchens. Im allgemeinen wird

[1]) C. G. Darwin, Phil. Mag. Bd. 27, S. 499. 1914; Bd. 41, S. 486. 1921.

man experimentell nicht die Geschwindigkeit selbst, sondern nur die Reichweite feststellen können. RUTHERFORD[1]) hat gezeigt, daß die maximale Reichweite des H-Teilchen nach dem zentralen Aufstoß eines α-Teilchens von 7 cm Reichweite 30 cm beträgt und daß die Reichweite der H-Strahlen der dritten Potenz ihrer Geschwindigkeit proportional gesetzt werden kann. Ist also R_0 die Reichweite des H-Teilchens bei einem zentralen Aufstoß des α-Teilchen, so ist nach (2) die Reichweite R_ϑ eines unter dem Winkel ϑ fortfliegenden H-Teilchens gegeben durch

$$R_\vartheta = R_0 \cos^3 \vartheta . \tag{3}$$

Die Theorie gibt ferner Aufschluß über die zahlenmäßige Verteilung der H-Strahlen auf die verschiedenen Richtungen. Die Zahl n der H-Teilchen, welche in einen gegebenen Raumwinkel Θ fallen, wenn ein einziges α-Teilchen eine 1 cm dicke Wasserstoffschicht durchsetzt, ergibt sich zu

$$n = \pi N \mu^2 \operatorname{tg}^2 \Theta , \tag{4}$$

wo N die Zahl der Wasserstoffatome im cm³ bedeutet und μ gegeben ist durch

$$\mu = E e \left(\frac{1}{M} + \frac{1}{m}\right) \cdot \frac{1}{V^2} . \tag{5}$$

RUTHERFORDS[1]) erste orientierende Versuche zeigten bereits, daß zwar die durch Gleichung (3) gegebene Reichweiteabhängigkeit von der Emissionsrichtung der H-Teilchen mit der Theorie in Übereinstimmung ist, daß aber andererseits die räumliche Verteilung (4) eine wesentlich andere ist, als die Theorie verlangt. Die RUTHERFORDschen Versuche wurden von CHADWICK und BIELER[2]) mit einer sehr vervollkommneten Anordnung weitergeführt, und zwar hauptsächlich in der Erwartung, durch solche Versuche Aufschlüsse über die Feldverteilung in nächster Nähe des α-Teilchens, d. h. Heliumkerns zu erhalten. Denn wenn die obenbesprochenen Zerstreuungsgesetze in Wasserstoff sich nicht bestätigen, so deutet das darauf hin, daß die für die Rechnung gemachte Voraussetzung punktförmiger Ladungen für den komplizierter gebauten, aus vier Protonen und zwei Elektronen bestehenden Heliumkern nicht zutrifft.

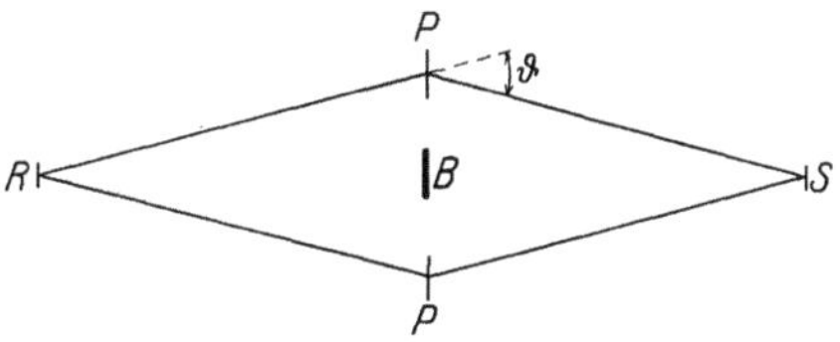

Abb. 30. Anordnung von CHADWICK und BIELER zur Zählung der in Paraffin ausgelösten Wasserstoffstrahlen.

Die Versuchsanordnung von CHADWICK und BIELER hatte große Ähnlichkeit mit der bereits in diesem Handb. Bd. XXII beschriebenen Anordnung CHADWICKS zur Bestimmung der Ordnungszahl einiger Elemente auf Grund von Zerstreuungsmessungen an α-Strahlen. Auch für die vorliegenden Zwecke bot die in Abb. 30 nochmals schematisch skizzierte Anordnung den Vorteil einer sehr großen Ausbeute an H-Strahlen unter übersichtlichen geometrischen Bedingungen. Die von einer intensiven Strahlenquelle R ausgehenden α-Teilchen fielen auf eine ringförmige, sehr dünne Paraffinfolie PP von 8 μ Dicke mit einer Bremswirkung für α-Strahlen gleich 8,7 mm Luft. Die α-Strahlen lösten in der Paraffinfolie H-Strahlen aus, welche bei entsprechender Flugrichtung (Ablenkungswinkel ϑ) auf dem Zinksulfidschirm S beobachtet werden konnten. Dieser Schirm war mit Aluminiumfolien von solcher Dicke überdeckt, daß alle in der Paraffinfolie in Richtung nach S gestreuten α-Strahlen absorbiert wurden, während die H-Strahlen infolge ihrer größeren Reichweite den Zinksulfidschirm erreichen

[1]) E. RUTHERFORD, Phil. Mag. Bd. 37, S. 537. 1919.
[2]) J. CHADWICK u. E. S. BIELER, Phil. Mag. Bd. 42, S. 923. 1921.

konnten. Die von R ausgehenden β-Strahlen wurden durch eine bei B angebrachte Blende zurückgehalten, um eine die Zählung erschwerende Aufhellung des Schirmes durch diese Strahlen zu vermeiden. Als Strahlenquelle diente Radium C′ oder Thor C′ mit einer α-Strahlenreichweite von 7,0 bzw. 8,6 cm. Durch vorgeschaltete Silberfolien konnte die Reichweite nach Belieben herabgesetzt werden.

Die Versuche ergaben in Übereinstimmung mit RUTHERFORD eine Bestätigung der Gleichung (3). So wurden z. B. mit der Paraffinfolie von 8,0 μ Dicke in dem Winkelbereich von 21,4° bis 31,3° Reichweitemessungen vorgenommen. Nach der Theorie mußten diese Reichweiten für ein auslösendes α-Teilchen von 7,0 cm Reichweite zwischen 24,2 cm (entsprechend 21,4°) und 16,3 cm (entsprechend 31,3°) liegen, was in der Tat mit großer Annäherung gefunden wurde.

Die Prüfung der Gleichung (4) erstreckte sich auf Winkel bis zu 48°. Wie wenig hier Theorie und Experiment miteinander übereinstimmen, zeigt folgende kleine Tabelle, die die berechnete und beobachtete Teilchenzahl für einen Winkel von 30° wiedergibt.

Reichweite des α-Teilchens	Zahl der H-Teilchen	
	Theorie	Experiment
8,2 cm	$4{,}4 \cdot 10^{-7}$	$4{,}3 \cdot 10^{-5}$
2,9 „	$15{,}8 \cdot 10^{-7}$	$0{,}6 \cdot 10^{-5}$

Im ersten Falle ist der beobachtete Wert 100mal, im zweiten Falle 4mal so groß als der theoretisch geforderte Wert.

CHADWICK und BIELER suchen im Anschluß an DARWIN (a. a. O.) die Differenzen durch die besondere Struktur des Heliumkerns zu erklären und kommen zu dem Schluß, daß sich das α-Teilchen verhält wie ein elastisches Sphäroid mit den Halbachsen von ungefähr $8 \cdot 10^{-13}$ und $4 \cdot 10^{-13}$ cm, wobei die Bewegungsrichtung in die Richtung der kürzeren Achse fällt. Außerhalb des Sphäroids nimmt die Kraft umgekehrt proportional mit dem Quadrat der Entfernung vom Mittelpunkte ab.

31. Gültigkeitsgrenzen des COULOMBschen Kraftgesetzes in Kernnähe. Die RUTHERFORDsche Ableitung der Streugesetze für α-Strahlen setzt die Gültigkeit des COULOMBschen Kraftgesetzes auch für sehr kleine Abstände von der punktförmig gedachten Kernladung des Atoms voraus. Die experimentelle Bestätigung, die die RUTHERFORDsche Theorie durch die in Ziff. 29 beschriebenen Versuche erfahren hat, zeigt jedenfalls, daß diese Voraussetzung für Atome hoher Ordnungszahl weitgehend erfüllt ist. Andererseits führten die in Ziff. 30 beschriebenen Versuche mit Wasserstoff als zerstreuende Substanz auf erhebliche Abweichungen von der Theorie. Für die weitere Erforschung der Kernstruktur war es von besonderer Bedeutung, gerade solche experimentelle Bedingungen zu finden, bei denen die Abweichungen von dem COULOMBschen Gesetz besonders deutlich hervortreten. Solche Bedingungen sind immer dann gegeben, wenn das α-Teilchen dem Kern des streuenden Atoms sehr nahe kommt. BIELER[1]) untersuchte daher die leichten Elemente Magnesium und Aluminium, indem er die durch diese Atome bewirkte Streuung von α-Strahlen mit der Streuung durch Goldatome verglich. Er nahm an, daß bei dem schweren Goldkern die Streuung der RUTHERFORDschen Theorie entspricht, und suchte etwaige Abweichungen bei den leichten Elementen durch Vergleich mit Gold festzustellen. BIELER zeigte, daß die Zerstreuung für diese Elemente kleiner ist, als man nach der Theorie erwarten mußte, und daß die Unterschiede um so deutlicher hervortreten, je größer die Geschwindigkeit des α-Teilchens ist, d. h. je näher es bei dem Zusammenstoß an den Kern herankommt. Diese Ergebnisse wurden von RUTHERFORD und CHADWICK[2]) in einer bedeutsamen Arbeit

[1]) E. S. BIELER, Proc. Roy. Soc. London (A) Bd. 105, S. 434. 1924.
[2]) E. RUTHERFORD u. J. CHADWICK, Phil. Mag. Bd. 50, S. 889. 1925.

bestätigt und wesentlich erweitert. Bei diesen Versuchen wurde der Ablenkungswinkel konstant gehalten, während die Geschwindigkeit der α-Strahlen durch Einschaltung von Glimmerblättchen variiert wurde. Bei Gültigkeit des COULOMBschen Gesetzes mußte die Zahl N der in einer festgesetzten Richtung abgelenkten Strahlen der vierten Potenz der Geschwindigkeit proportional sein, d. h. das Produkt Nv^4 mußte konstant bleiben. Sollten andererseits in nächster Nähe des Kernes keine COULOMBschen Kräfte mehr herrschen, so mußten die Versuche auf Abweichungen von dem Gesetze $Nv^4 = \text{const}$ führen. Mutmaßlich mußten diese Abweichungen desto stärker hervortreten, je mehr sich das α-Teilchen dem Kerne näherte, d. h. je größer seine Geschwindigkeit bei gleichbleibendem Ablenkungswinkel ist.

Bei den Elementen Au, Pt, Ag und Cu konnten bei einem konstant gehaltenen Streuungswinkel von 135° keine Abweichung vom obigen Gesetz gefunden werden. Die schnellsten Strahlen näherten sich unter diesen Versuchsbedingungen bis auf $6 \cdot 10^{-12}$ cm dem Goldkern. Auch die Geschwindigkeit der α-Strahlen zeigte nach erfolgter Ablenkung durch den Kern keine Anomalien.

Wesentlich andere Ergebnisse zeitigten zwei weitere in derselben Weise ausgeführte Versuche mit den Elementen Magnesium und Aluminium. Es konnte mit Sicherheit gezeigt werden, daß bei 5,3 cm Reichweite die Streuung der α-Strahlen kleiner war als bei schnelleren Strahlen von 6,8 cm Reichweite, entgegen der Theorie, nach der sie um 40% größer sein müßte. In Abb. 31 sind einige charakteristische Beobachtungen eingetragen. Die Ordinate bedeutet das Verhältnis von beobachteter Streuzahl zu der theoretischen Zahl bei Gültigkeit des COULOMBschen Gesetzes; die Abszisse gibt den kürzesten Abstand, bis zu dem sich das α-Teilchen dem Kern genähert hat. Dieser kürzeste Abstand ist bei Gültigkeit des COULOMBschen Kraftgesetzes der Energie des α-Teilchens umgekehrt proportional. Man sieht, daß im Gegensatz zu Silber, wo die Punkte sich um die zu erwartende gerade Linie (punktiert) gruppieren, bei Magnesium der Kurvenverlauf ein völlig anderer ist. Bei einem Streuungswinkel von 135° tritt für α-Strahlen von 5 cm Reichweite ein Minimum der Streuung auf. Auch bei einem Streuungswinkel von 90° zeigte sich ein ähnliches Minimum, das aber jetzt zu Strahlen von etwa 6,4 cm Reichweite verschoben war. Diese Verschiebung des Minimum entspricht der Annahme, daß das Minimum immer für die Geschwindigkeit eintritt, bei der die Annäherung an den Kern dieselbe ist. Der Kurvenverlauf in Abb. 31 kann zum Teil durch Polarisation des Atomkerns gedeutet werden[1]).

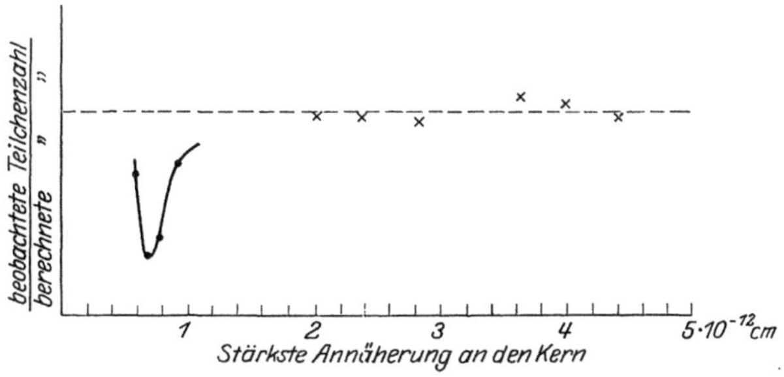

Abb. 31. Abweichungen vom COULOMBschen Kraftgesetz in Kernnähe. Ablenkungswinkel konstant = 135°. • Streuung durch Magnesium. × Streuung durch Silber.

---

[1]) H. PETTERSSON, Ark. f. Math., Astron. och Fys. Bd. 19, Nr. 2. 1925; P. DEBYE und W. HARDMEIER, Phys. ZS. Bd. 27, S. 196. 1926; A. SMEKAL, Phys. ZS. Bd. 27, S. 383. 1926.

V. Anhang: Rückstoßstrahlen.

32. Nachweis und Natur der Rückstoßstrahlen. Sendet ein radioaktives Atom bei seinem Zerfall ein α-Teilchen aus, so erfährt das Atom selbst einen Rückstoß, der es ihm ermöglicht, bei Atmosphärendruck eine Luftschicht von etwa $^1/_{10}$ mm Dicke zu durchsetzen (Rückstoßatome, Rückstoßstrahlen). Da die Masse des radioaktiven Atoms rund 50 mal so groß ist wie die des α-Teilchens, so beträgt nach dem Schwerpunktsatz seine Geschwindigkeit $^1/_{50}$ der des α-Teilchens.

Für das Auftreten der Rückstoßstrahlen ist wesentlich, daß die emittierende Substanz in sehr dünner Schicht vorliegt. Ist diese Bedingung erfüllt, so lassen sich die Rückstoßstrahlen auf verschiedene Weise nachweisen:

a) Nachweis im Vakuum durch Aktivitätsmessungen bzw. durch die photographische Platte. Blendet man bei hohem Vakuum ein Strahlenbündel von Rückstoßatomen aus, so läßt sich die Geschwindigkeit sowie das Verhältnis von Ladung zu Masse durch Ablenkung des Strahlenbündels in magnetischen und elektrischen Feldern feststellen. Da die Rückstoßstrahlen im allgemeinen selbst wieder aus radioaktiven Atomen bestehen, so kann die durch die Felder bewirkte Ablenkung durch Messung der Aktivitätsverteilung auf einer senkrecht zur Strahlrichtung aufgestellten Auffangplatte oder auch vermittelst einer photographischen Platte erfolgen. Die von RUSS, MAKOWER u. a.[1]) ausgeführten Versuche konnten nur dann mit den oben angegebenen Vorstellungen über die Entstehung der Rückstoßstrahlen in Einklang gebracht werden, wenn man annahm, daß die Rückstoßatome eine einfach-positive Ladung tragen. Wahrscheinlich erhält das Rückstoßatom seine positive Ladung schon im Augenblick des Zerfalls dadurch, daß das bei dem Zerfall aus dem Atomkern herausgeschleuderte α-Teilchen in dem Atom selbst, dem es entstammt, ionisierend wirksam ist. Es besteht aber auch die Möglichkeit, daß einzelne Atome oder Atomarten ihre positive Ladung erst auf ihrem Weg durch das Gas gewinnen[2]).

b) Nachweis bei hohem Gasdruck durch Konzentration auf einer negativ geladenen Elektrode. Befindet sich die die Rückstoßatome emittierende radioaktive Substanz in einem Gase von erheblichem Druck, so werden die Strahlen rasch abgebremst, wandern aber dann infolge ihrer positiven Ladung in einem elektrischen Felde an die Kathode. Auf der Kathode schlagen sie sich nieder und können dort nachgewiesen werden. Z. B. sind die Atome der Radiumemanation stets ungeladen und daher durch ein elektrisches Feld nicht zu beeinflussen. Sobald aber ein Emanationsatom unter Emission eines α-Teilchens zerfällt, so wandert das positive Restatom, nämlich das Radium A, nach Verlust seiner im Zerfallsprozeß gewonnenen Geschwindigkeit unter der Einwirkung des elektrischen Feldes zur negativen Elektrode. Hierauf beruht die Möglichkeit die „aktiven Niederschläge" (vgl. d. Handb. Bd. XXII) auf kleinen Oberflächen, z. B. auf dünnen Drähten zu konzentrieren. Ohne das elektrische Feld würde der aktive Niederschlag sich auf die Oberfläche aller benachbarter Körper verteilen[3]).

---

[1]) S. RUSS u. W. MAKOWER, Proc. Roy. Soc. London (A) Bd. 82, S. 205. 1909; Phys. ZS. Bd. 10, S. 361. 1909; Phil. Mag. Bd. 20, S. 875. 1910; W. MAKOWER u. E. J. EVANS, ebenda Bd. 20, S. 882. 1910; A. B. WOOD u. W. MAKOWER, ebenda Bd. 30, S. 811. 1915; H. P. WALMSLEY u. W. MAKOWER, ebenda Bd. 29, S. 253. 1915.

[2]) S. z. B. G. H. BRIGGS, Phil. Mag. Bd. 50, S. 600. 1925.

[3]) Die Literatur über die Verteilung der aktiven Niederschläge in elektrischen Feldern in Abhängigkeit von Gasdruck, Ionisierungszustand des Gases, Feldstärke und Feldrichtung ist sehr beträchtlich. Es sei hier besonders auf die Arbeiten von H. P. WALMSLEY, Phil. Mag. Bd. 26, S. 381. 1913; Bd. 28, S. 539. 1914; E. M. WELLISCH, ebenda Bd. 28, S. 417. 1914; S. RATNER, ebenda Bd. 34, S. 429. 1917; A. GABLER, Wiener Ber. Bd. 129, S. 201. 1920 hingewiesen.

Die die Rückstoßatome emittierende Substanz kann aber ebenso gut auch als fester Körper auf einer Metall- oder Glasplatte niedergeschlagen sein. Durch den Rückstoß überwinden die radioaktiven Atome die Adhäsionskräfte, die sie an der Platte festhalten, treten in das umgebende Gas ein und wandern dann ebenfalls zur negativen Elektrode. Einige radioaktive Substanzen, z. B. Thor C″ und Actinium C″ können auf diese Weise in sehr großer Reinheit und nahezu quantitativ von ihren Muttersubstanzen abgetrennt werden[1]). Chemische Trennungsmethoden würden bei der Kurzlebigkeit dieser Substanzen (Halbwertszeit von Thor C″ 3,20 min, von Actinium C″ 4,76 min) kaum zum Ziele führen.

Es sei noch bemerkt, daß unter geeigneten Bedingungen auch der viel schwächere Rückstoß bei Emission eines β-Teilchens beobachtet werden kann[2]).

c) Nachweis der Rückstoßstrahlen durch ihre ionisierende Wirkung (Ionisationskammer, Spitzenzähler, Nebelkammer). Wertenstein[3]) hatte zuerst gezeigt, daß die Rückstoßstrahlen in Gasen eine beträchtliche Ionisation hervorrufen. Auf seine Versuche wird in Ziff. 33 näher eingegangen. Kolhörster[4]) ließ die Rückstoßstrahlen bei stark reduziertem Gasdruck in einen Spitzenzähler eintreten und vermochte sie so zu zählen und ihre Reichweite zu messen. Schließlich haben Wilson[5]) sowie Bose und Ghosh[6]) die Bahnen von Rückstoßatomen bei reduziertem Gasdruck sichtbar gemacht und photographiert. Die Rückstoßbahnen hatten in Wasserstoff von 12,5 cm Hg Druck Längen von etwa 1,5 mm und bildeten die rückwärtige Verlängerung der α-Strahlbahnen.

33. Absorption der Rückstoßstrahlen. Wertenstein[7]) hat das Ionisierungsvermögen von Rückstoßstrahlen mit einer Apparatur untersucht, die im wesentlichen mit der in Abb. 14, S. 155 dargestellten Anordnung übereinstimmt. Der zwischen dem Netz A und der Platte P liegende Raum bildete die Ionisationskammer, wobei das zwischen den Netzen A und B liegende Feld eine Diffusion von Ionen nach der Ionisationskammer verhinderte. Das die Rückstoßatome emittierende Präparat (Radium C′ bzw. Polonium) befand sich in möglichster Reinheit auf dem Tischchen T; unter den von dem Präparat ausgehenden Strahlungen (α-, β-, γ-Strahlung, Rückstoßstrahlung, δ-Strahlung) erzeugte nur die α- und die Rückstoßstrahlung eine merkliche Ionisation, da die δ-Strahlen durch ein Magnetfeld weggebogen wurden und die Ionisationswirkung der β- und γ-Strahlen im Vergleich zu den α-Strahlen überhaupt nur von der Größenordnung 1% ist. Es wurde die in der Ionisationskammer AP durch die Strahlung von Radium C′ erzeugte Ionisation entweder in Abhängigkeit vom Gasdruck bei konstant gehaltenem Präparatabstand oder in Abhängigkeit vom Präparatabstand bei konstant gehaltenem Druck gemessen. In Abb. 32 ist eine bei variiertem

---

[1]) O. Hahn, Phys. ZS. Bd. 10, S. 81. 1909; O. Hahn u. L. Meitner, Verh. d. D. Phys. Ges. Bd. 11, S. 55. 1909. — Was die Ausbeute bei der Trennung radioaktiver Substanzen durch Rückstoß anlangt, so ist zu bemerken, daß die Substanz, welche die Rückstoßatome liefern soll, bei ihrer Entstehung aus der Muttersubstanz durch Rückstoß in die Metallplatte, welche als Unterlage dient, hineingeschossen worden sein kann. In solchen Fällen sitzt die Substanz unter der Oberfläche und die Ausbeute an Rückstoßatomen ist gering. Über die Eindringungstiefe radioaktiver Rückstoßatome in Metalle s. z. B. W. Makower, Phil. Mag. Bd. 32, S. 226, 1916; E. Rie, Wiener Ber. Bd. 130, S. 283. 1921.

[2]) W. Makower u. S. Russ, Phil. Mag. Bd. 19, S. 100. 1910; A. Muszkat, ebenda Bd. 39, S. 690. 1920; Journ. de phys. et le Radium Bd. 2, S. 93. 1921; A. W. Barton, Phil. Mag. Bd. 1, S. 835. 1926.

[3]) L. Wertenstein, Le Radium Bd. 7, S. 288. 1910; Bd. 9, S. 6. 1912.

[4]) W. Kolhörster, ZS. f. Phys. Bd. 2, S. 257. 1920.

[5]) C. T. R. Wilson, Proc. Cambridge Phil. Soc. Bd. 21, S. 405. 1923.

[6]) D. M. Bose u. S. K. Ghosh, Phil. Mag. Bd. 45, S. 1050. 1923.

[7]) L. Wertenstein, Le Radium Bd. 9, S. 6. 1912; L. Bianu u. L. Wertenstein, ebenda Bd. 9, S. 347. 1912.

Gasdruck erhaltene Ionisationskurve wiedergegeben, um zu illustrieren, wie die von den Rückstoßstrahlen erzeugte Ionisation sich der α-Strahlenionisation überlagert. Die Tiefe der Ionisationskammer *AP* (Abb. 14) betrug dabei 2 mm, der Abstand des Präparates von der Kammer 6,5 mm. Wären allein die α-Strahlen ionisierend wirksam, so würde die Ionisation mit dem Druck proportional ansteigen entsprechend der in Abb. 32 punktiert eingezeichneten Linie. Die von den Rückstoßstrahlen erzeugte Ionisation bewirkt aber eine starke anfängliche Ausbuchtung der Kurve nach oben, die erst bei einem Gasdruck von 20 mm in die punktierte Linie einläuft. Bei diesem Druck werden also alle Rückstoßstrahlen in der zwischen *T* und *P* liegenden Gasschicht absorbiert. Unter den günstigsten Bedingungen betrug die von den Rückstoßatomen erzeugte Ionisation das fünffache der Ionisation der α-Strahlen, wenn die Ionisation beider Strahlenarten in derselben Kammer gemessen wurde. Das Rückstoßatom wirkt also viel stärker ionisierend als ein α-Teilchen, das eine gleichdicke Luftschicht durchsetzt. Doch zeigt sich bei den Rückstoßstrahlen im Gegensatz zu den α-Strahlen stets eine Abnahme der Ionisation mit abnehmender Geschwindigkeit. Es ist nicht anzunehmen, daß diese Ionisationsabnahme dadurch bedingt ist, daß die Zahl der Rückstoßatome sich beim Durchgang durch das Gas verringert, da nach den Zählungen von KOLHÖRSTER die Kurve, welche die Teilchenzahl in Abhängigkeit vom Druck wieder gibt, sich ganz mit der entsprechenden Kurve für α-Strahlen (Kurve *A* in Abb. 12, S. 150) deckt.

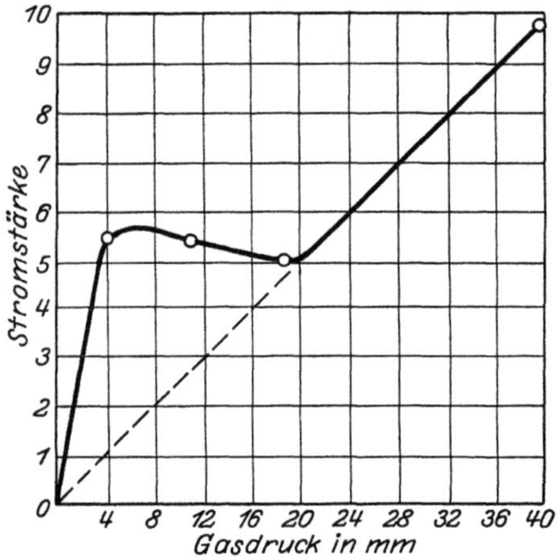

Abb. 32. Ionisationskurve, entstanden durch die Übereinanderlagerung der von den Rückstoßstrahlen und α-Strahlen von Radium C′ erzeugten Ionisation.

Die Reichweite der Rückstoßatome in Luft ist etwa 500mal kleiner als die der α-Strahlen. WOOD[1]) gibt die Reichweite der beim Zerfall von Actinium C emittierten Rückstoßatome (Actinium C″) für Luft zu 0,12 mm und in Wasserstoff zu 0,52 mm. Beim Zerfall des aktiven Thorniederschlages (Thor C + C′) konnten zwei Gruppen von Rückstoßatomen verschiedener Reichweiten nachgewiesen werden. Auch bei den Zählungen von KOLHÖRSTER traten die beiden Gruppen von Rückstoßatomen deutlich hervor. Dabei ist das Verhältnis der Reichweiten der Rückstoßatome dasselbe wie das der sie auslösenden α-Teilchen von Thor C und Thor C′.

[1]) A. B. WOOD, Phil. Mag. Bd. 26, S. 586. 1913.

Kapitel 4.

Der Aufbau der festen Materie und seine Erforschung durch Röntgenstrahlen.

Von

P. P. Ewald, Stuttgart.

Mit 173 Abbildungen.

Wenn es sich in diesem und den folgenden Kapiteln dieses Bandes darum handelt, einen Überblick über den Aufbau der festen Materie, die daran beteiligten Kräfte und ihre Verwandtschaft mit den chemischen molekülbildenden Kräften aufzustellen, so ist mit „fester Materie" vorzugsweise die kristalline Form der Materie gemeint. Man hat gelernt, den Kristall an vielen Stellen nachzuweisen und als Grundlage für den gröberen Aufbau zu betrachten, wo es früher angängig erschien, ein isotropes Kontinuum vorauszusetzen. Ein Beispiel unter vielen ist die Theorie der Metalle; selbst für deren mechanische Eigenschaften kann nur eine sehr oberflächliche, auf das Hookesche Gesetz beschränkte Theorie von der mikrokristallinen Natur der Metalle absehen, während die für die Technik brennenden Fragen nach der Zerreißfestigkeit, der Ermüdung, der elastischen Hysteresis usw. — kurz nach allen über das Hookesche Gesetz hinausgehenden Eigenschaften — nur auf Grund einer viel intimeren Einsicht in den kristallinen Aufbau und seine Veränderungen durch mechanische und thermische Einflüsse eine Beantwortung erwarten dürfen.

In diesem Kapitel sollen deshalb, wie aus der Inhaltsangabe zu Beginn dieses Bandes des näheren hervorgeht, zuerst die allgemeinen Eigenschaften besprochen werden, durch welche sich Kristalle von „amorphen" Körpern unterscheiden (Symmetrie, Strukturtheorie). Sodann ist das mächtigste Hilfsmittel zur Erforschung des individuellen Aufbaues der Kristalle, die Röntgenuntersuchung, zu behandeln und schließlich ein Bericht über die wichtigsten damit erhaltenen Resultate zu geben. Es versteht sich, daß bei einem noch so wenig abgeschlossenen Forschungsgebiet im Rahmen eines allgemeinen Handbuchs auf viele Einzelheiten verzichtet werden muß, die nur durch Hinweis auf Originalarbeiten oder Monographien angedeutet werden können. Die Lehre von dem Wechselspiel der Atomkräfte in den Kristallen ist den beiden folgenden Kapiteln vorbehalten.

I. Der Kristall als anisotropes Kontinuum.

1. Kristalliner und amorpher Körper. α) Die Abgrenzung des kristallinen gegen den nichtkristallinen Zustand geschieht am besten unter Berücksichtigung der regelmäßigen Atomlagerung, wie sie durch die Röntgeninterferenzen in Kristallen offenbar wird. Dem älteren Standpunkt entspricht es jedoch, wenn wir zunächst den Kristall ohne Eingehen auf den Aufbau aus Atomen durch die Anisotropie seiner physikalischen (und chemischen) Eigenschaften zu definieren trachten. Ein idealer nichtkristalliner homogener Körper, bei dem man vom Einfluß äußerer Kraftfelder (wie z. B. Gravitation) absehen kann, weist in bezug auf alle physikalischen Eigenschaften seines Inneren volle Kugelsymmetrie, d. h. Unabhängigkeit von der Richtung im Körper, auf. Ein Kristall hingegen verhält sich mindestens bezüglich einiger physikalischer Eigenschaften „anisotrop", d. h. diese Eigenschaften sind in gesetzmäßiger Weise mit der Richtung im Kristall veränderlich. Beispiele sind etwa die Geschwindigkeit der Lichtfortpflanzung in Abhängigkeit von der Schwingungsrichtung des Lichtes, desgl. die hierbei auftretende Absorption, die Schallgeschwindigkeit, die elektrische und thermische Leitfähigkeit, die Elastizität (YOUNGscher Modul) in Abhängigkeit von der Orientierung des Versuchsstäbchens, die Kontaktpotentiale, die Oberflächenspannung u. a. m. Charakteristisch ist es, daß alle diese Eigenschaften ausschließlich von der Orientierung gegen den Kristall abhängen und daher in jedem Volumelement des Kristalls bei paralleler Lage gleiche Werte haben müssen. Diese als „Homogenität" bezeichnete Eigenschaft des Kristalls ist wichtig, weil oft scheinbar einfache Kristalle vorliegen, die in Wirklichkeit aus mehreren verschieden orientierten Individuen gesetzmäßig zusammengewachsen sind. Solche „Zwillinge" oder gar „Viellinge" können an dem Wechsel irgendeiner physikalischen Eigenschaft beim Überschreiten der Zwillingsgrenze erkannt werden, und es läßt sich daraus die Lage der Zwillinge feststellen. Über die aus den physikalischen Eigenschaften hervortretenden Symmetrieeigenschaften der Kristalle vgl. Ziff. 5, β).

β) Trotzdem die oben aufgeführten physikalischen Eigenschaften starke Hinweise auf den Unterschied zwischen amorphem und kristallinem Zustand geben, ist es doch schwer, aus ihnen allein zu einer allgemeingültigen Formulierung dieses Unterschieds zu gelangen[1]). Denn ein gekühlter Glasblock (typisch amorph) kann innere Spannungen besitzen, so daß er eine regelmäßige Doppelbrechung über größere Bereiche zeigt und andererseits ist ein doppelbrechender Kristall selten so homogen, daß er eine gleichmäßige Doppelbrechung im ganzen Innern anzeigt. Zudem sind die meisten kristallphysikalischen Eigenschaften schwer nachweisbar, wenn nicht reichliches und gut ausgebildetes Kristallmaterial vorhanden ist. Daher bilden die äußeren Eigenschaften der Auflösung und des Wachstums und die mit ihnen in engem Zusammenhang stehende der Flächenausbildung eine wertvolle Ergänzung, auch zur Abgrenzung zwischen kristallin und amorph.

Ob eine Kugel aus Steinsalz oder Glas geschliffen ist, läßt sich daran erkennen, daß die Glaskugel in einem Lösungsmittel (Flußsäure) sich löst, indem sie sich selbst ähnlich bleibt; während beim Kristall aus der Kugel charakteristische Lösungskörper entstehen[2]), weil die chemische Angreifbarkeit durch das Lösungsmittel von der Richtung abhängt. In gleicher Weise wie die Auflösung läßt auch das regelmäßige, zur Ausbildung bestimmter ebener Grenzflächen führende Weiterwachsen eines genügend kleinen Kristallsplitters aus der Lösung oder Schmelze auf die kristalline Natur schließen. Allerdings sind uns die physikalisch-chemischen Gesetze des Wachstums noch sehr wenig bekannt[2])[3]) und es gelingt nur in sehr empirischer Weise von Fall zu Fall, das Wachstum zu beeinflussen bzw. günstigste Wachstumsbedingungen herauszu-

[1]) Vgl. G. FRIEDEL, Ann. d. phys. Bd. 18, S. 273. 1922.

[2]) Für eine Übersicht s. P. NIGGLI, Lehrbuch der Mineralogie. Bd. I. Berlin. Gebr. Bornträger 1924.

[3]) J. P. VALETON, ZS. f. Krist. Bd. 59, S. 135, 335. 1923; Bd. 60, S. 1. 1924.

finden. Trotzdem gilt, aus den eben angeführten Gründen mit Recht, die äußere Gestalt der Kristalle als eines der für den kristallinen Zustand charakteristischsten Merkmale. Das Wesentliche daran ist zum Unterschied von amorphen Körpern die mehr oder weniger vollständige Ebenheit der Begrenzungsflächen, das Auftreten paralleler Flächen und häufig die Wiederholung bestimmter Winkel zwischen den Flächen. (Über die quantitativen Gesetze s. Ziff. 3.) Die Ebenheit der natürlichen Wachstumsflächen ist oft erstaunlich gut[1]), bei manchen, innerlich sehr regelmäßig gewachsenen Kristallen (Röntgenbefund!) jedoch gering, z. B. bei Diamant, der fast stets abgerundete Flächen und Kanten hat. Bei weniger gut gewachsenen Kristallen — z. B. den meisten Steinsalzstücken — ist schon mit bloßem Auge bei genauer Betrachtung des Reflexes z. B. eines Fensterkreuzes zu erkennen, daß die Fläche nach Art eines Mosaikpflasters aus kleinen in sich ebenen, gegeneinander aber schwach geneigten Bereichen besteht. Die Neigungen sind abgeschätzt worden[2]) und dürften z. B. bei bestem Steinsalz (Würfelfläche) von der Größenordnung einiger Minuten sein. Ähnlich verschieden ideal verhalten sich die Kristalle in bezug auf die Konstanz der Flächenwinkel (einschließlich des Spezialfalles der Parallelität).

2. Begriff der kristallographischen Symmetrie. α) Innere wie äußere Eigenschaften (unter letzteren die an der Oberfläche zutage tretenden verstanden) sind beim Kristall weiter meist durch eine gewisse Symmetrie ausgezeichnet. Unter diesem für die gesamte Kristallographie fundamentalen Begriff versteht man, daß zu jeder gegebenen Richtung sich eine oder mehrere andere Richtungen vorfinden, die sich in bezug auf die interessierende Eigenschaft völlig gleichartig verhalten. Nur in singulären Richtungen kann hiervon infolge Zusammenfallens gleichwertiger Richtungen eine Ausnahme entstehen (z. B. wenn die gleichartigen Richtungen durch Spiegelung an einer Ebene auseinander hervorgehen und man die Ausgangsrichtung in die Spiegelebene selbst fallen läßt.)

β) Die Art, wie Symmetrie in Kristallen entsteht, wird Gegenstand einer der nächsten Abschnitte sein. Immer sind es gewisse „Symmetrieoperationen", wie Spiegelungen oder Drehungen, welche die gleichwertigen Richtungen auseinander entstehen lassen. Hier genügt es, darauf hinzuweisen, daß zwar die verschiedenen Eigenschaften — optische, elastische, Strom- und Wärmeleitung, Pyro- und Piezoelektrizität, Kohäsion, Wachstums- und Auflösungsgeschwindigkeit, Ritzhärte, Kapillarkonstante — je für sich verschiedene Grade der Symmetrie aufweisen können, daß aber eine gewisse Übereinstimmung insofern herrscht, als die Symmetrieelemente (Drehachsen, Spiegelebenen usw.), wenn überhaupt vorhanden, bei allen Eigenschaften die gleiche Lage haben; und daß ferner auch bei den gering-symmetrischen Eigenschaften eine Mindestsymmetrie vorhanden ist, die sich in den höheren Symmetrien anderer (z. B. optischer) Eigenschaften wiederfindet — ergänzt durch die Zufügung noch weiterer Symmetrieelemente, d. h. durch die Gleichwertigkeitserklärung noch weiterer Richtungen. Dies führt auf die Vorstellung, daß die beobachtbare Symmetrie einer Eigenschaft aus zwei Quellen entspringt: aus einer Eigensymmetrie des Kristallaufbaues und aus der eventuellen Hinzufügung von Symmetrieeigenschaften, die dem physikalischen Vorgang eigentümlich sind. Am krassesten sehen wir dies an den skalaren Eigenschaften der Dichte oder Temperatur, die auch im unsymmetrischsten Kristall durch ihre

---

[1]) Lord RAYLEIGH, Phil. Mag. Bd. 29, S. 96. 1910 (auch Scient. Pap. Bd. 5, S. 536) hat festgestellt, daß Glimmerspaltstücke von $\sim 30\,\mu$ Dicke über große Gebiete sicher um weniger als 0,1% = 300 Å = 30 Netzebenenabstände in der Dicke schwankten.

[2]) Vgl. Ziff. 19 (ζ).

eigene Isotropie jegliche Richtungsabhängigkeit unterdrücken, d. h. *alle* Richtungen als gleichwertig erklären[1]). Die optische Wellengeschwindigkeit wiederum ist stets für entgegengesetzt gleiche Strahlrichtungen gleich; diese Eigenschaft bringt also ein Zentrum der Symmetrie mit sich, so daß — im Gegensatz etwa zur Piezoelektrizität — kein Unterschied zwischen Kristallen mit und ohne Symmetriezentrum an ihr zu erkennen ist[2]). Die Eigensymmetrie des Kristallaufbaues wird nicht höher sein können, als die höchste Symmetrie, die *allen* physikalischen Eigenschaften gemeinsam ist. Denn wäre sie höher, so würden Richtungen im Kristall für gleichwertig erklärt, deren Verhalten in bezug auf manche Eigenschaften verschieden ist. Die *Wachstumserscheinungen* und speziell die beim Ätzen der Flächen mit Lösungsmittel entstehenden *Ätzfiguren* sind oft besonders empfindliche Kriterien für die geringste Symmetrie. Als Beispiel ist in Abb. 1 ein Pyritkristall abgebildet. Der vollendeten Würfelgestalt kann man nicht ansehen, daß der Kristall in Wahrheit die Normalen zu den Würfelebenen nicht als vierzählige Symmetrieachsen, sondern nur als zweizählige besitzt. Aber an den Streifungen, die bei genauem Betrachten an fast allen Pyriten wahrgenommen werden und die auf jeder Würfelfläche nur *einem* Kantenpaar parallel laufen, zeigt sich die geringere Symmetrie des Kristallaufbaues[3]).

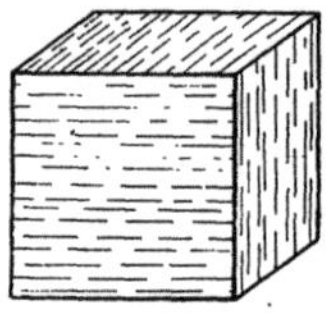

Abb. 1. Pyritwürfel mit Streifung.

γ) Bisher haben wir absichtlich zur Definition des kristallinen Zustandes nur solche Kriterien benutzt, die sich *an einem einzigen* Kristallindividuum anwenden lassen — ideale Beobachtungsmittel vorausgesetzt. Eine wesentliche *Ergänzung* finden sie, wenn wir verschiedene Individuen des chemisch gleichen Stoffes untersuchen können. Es zeigt sich nämlich dann, daß trotz verschiedenartigster Größe und Gestalt die Symmetrieeigenschaften an allen Individuen der gleichen Kristallart genau übereinstimmen. Das heißt, die Art und die gegenseitige Lage der Symmetrieelemente ist bei allen gleich. Es kann vorkommen, daß ein und derselbe Stoff in mehreren kristallographischen „*Modifikationen*" oder Arten vorkommt (*Polymorphie*), die auch gleichzeitig nebeneinander bestehen können; in dem Fall müßte man die Gesamtheit der Individuen nach ihren Symmetrien in Gruppen zu trennen suchen, die als besondere Modifikationen angesprochen werden und für deren jede die volle Übereinstimmung in der Symmetrie aller ihr angehörenden Individuen gilt. (TiO_2, CSi sind Beispiele dafür, daß Modifikationen manchmal nur durch Anwendung der quantitativen Gesetze unterschieden werden können. Durch bloße Symmetrie unterscheiden sich z. B. die Schwefelmodifikationen oder $CaCO_3$ = Kalkspat/Aragonit.)

Die Übereinstimmung der Symmetrie bei vielen Individuen trotz wechselnder

[1]) Ob ein Quarzkristall in horizontaler oder vertikaler Lage mehr wiegt, ist mit einer Genauigkeit von 10^{-9} untersucht worden von P. R. Heyl, Scient. Pap. Bureau of Standards 1924, Nr. 482.

[2]) Über die Symmetrieklassen, in die die Kristalle nach ihren physikalischen Eigenschaften zerfallen, s. Tabelle 4.

[3]) Bei der Bewertung der Ätzfiguren für die Kristallsymmetrie ist es wichtig, daß die Ätzfiguren die Flächensymmetrie der angeätzten Fläche zeigen. Tabellen über die Flächensymmetrien finden sich bei P. Niggli, Lehrb. d. Mineral., 2. Aufl., Bd. I. Durch die Verschiedenheit von Kristallinnerem und -äußerem wird die Normale zur Begrenzungsebene polar ausgezeichnet. Die Flächensymmetrie entsteht durch sämtliche Symmetrieelemente, welche die polare Normale enthalten. — Wegen der Möglichkeit einer Beeinflussung der Ätzsymmetrie durch niedrigsymmetrische Verunreinigungen des Lösungsmittels vgl. K. F. Herzfeld und A. Hettich, ZS. f. Phys. 38, S. 1. 1926, jedoch J. J. P. Valeton, ZS. f. Phys. Bd. 39. S. 69. 1926.

äußerer Form ist wohl in Zweifelsfällen das überzeugendste makroskopische Kriterium für die kristalline Natur eines Stoffes.

3. Die rationalen Flächenstellungen und die Kristallachsen. α) Die äußere Form, so wichtig sie zur Erkennung der kristallinen Natur ist, zeigt nur in Ausnahmefällen die volle, der Symmetrie entsprechende Ausbildung, die sog. Idealgestalt der Kristallzeichnungen. Zufälligkeiten beim Wachstum, wie das Aufliegen des Kristalls auf der Unterlage, die Behinderung durch Nachbarkristalle und vor allem die Ungleichmäßigkeiten in der Ausbildung der Konvektionsströme, welche den wachsenden Flächen die zum Aufbau benötigte übersättigte Lösung zuführen, bewirken oft, daß Flächen, die der inneren Symmetrie nach gleichwertig sind, bei verschiedenen Individuen ganz regellos verschieden groß sind. Daher beginnt die Ära der geometrischen Kristallographie mit der Loslösung von der Flächengröße und der alleinigen Betrachtung der Flächenstellung (Anlegegoniometer, CARANGEAU 1783; Reflexionsgoniometer, WOLLASTON 1809). Das Gesetz der Symmetriekonstanz fand daraufhin sein wichtiges quantitatives Gegenstück in dem Gesetz der konstanten Flächenwinkel: an ein und derselben Kristallart treten stets nur Flächen unter bestimmten Neigungen gegeneinander auf. Die verschiedene Größe der Flächen in verschiedenen Kristallindividuen ist also auf eine Parallelverschiebung der Flächen zurückzuführen. Umgekehrt gewinnt man die Idealgestalt mit gleichwertiger Ausbildung der Flächen, indem man sich alle vorkommenden Flächen in die gleiche Entfernung von einem Punkt — dem Zentrum der Kristallzeichnung — gebracht denkt (vgl. Abb. 2).

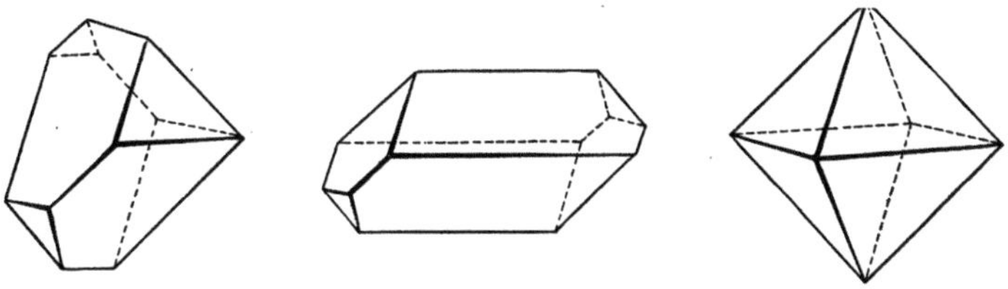

Abb. 2. Kristalltracht und Idealgestalt.
Alle drei Körper haben als Idealgestalt das Oktaeder.

β) Die Neigung oder Stellung von Flächen wird am übersichtlichsten in der sog. stereographischen Kristallprojektion angegeben. Man denkt sich zu dem Zweck die Normalen der Flächen von einem gemeinsamen Punkt O aus abgetragen und zum Schnitt mit der Einheitskugel um O gebracht (Abb. 3). Die Durchstoßpunkte P und P' auf der Kugeloberfläche kennzeichnen dann die Flächenstellungen. Um die Kugeloberfläche in einer ebenen Zeichnung bequem zu übersehen, wird ihre obere Hälfte vom unteren Pol S aus, ihre untere Hälfte vom oberen Pol aus auf die Äquatorebene projiziert. Beide Projektionen füllen das Innere des Äquatorkreises aus und die Punkte der beiden Halbkugeln werden durch Kreuze und Kreise voneinander unterschieden. Um einen Punkt mit den Koordinaten φ (= Breite, vom Pol aus gezählt) und ϑ (= Länge, von willkürlichem Anfangspunkt aus gezählt) in die Projektion einzutragen, hat man in den ebenen Polarkoordinaten ϑ, ϱ der Projektion den Punkt mit gleichem Winkel ϑ und dem Abstand $\varrho = \operatorname{tg}\varphi/2$ aufzusuchen.

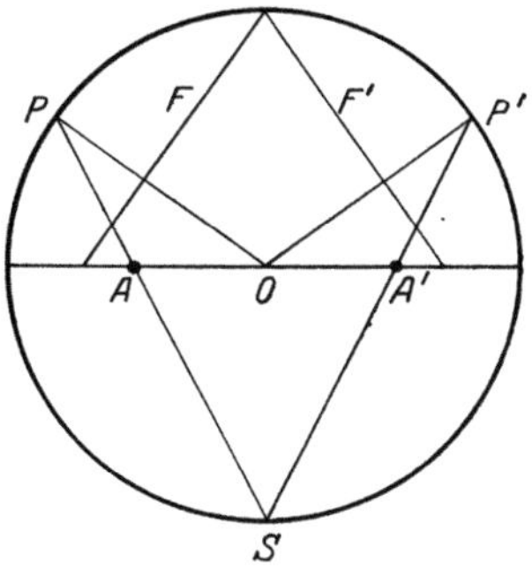

Abb. 3. Entstehung der stereographischen Projektion. A und A' repräsentieren die Flächen F und F'.

Von besonderer Wichtigkeit ist es, an der stereographischen Projektion den Winkel zwischen zwei beliebigen Flächen ermitteln zu können. Seien in Abb. 4a A und B die Durchstoßpunkte der Normalen

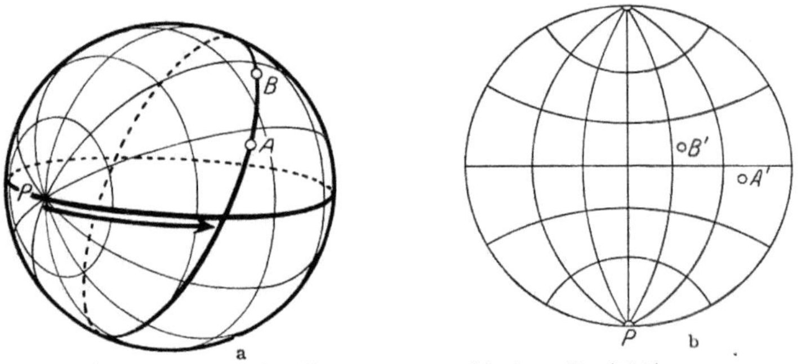

Abb. 4a und 4b. Zur stereographischen Projektion.

der beiden Flächen mit der Einheitskugel. Auf die Kugelfläche ist die Gradteilung eingetragen, die in Abb. 4b zugleich mit den Punkten A und B in die Ebene der stereographischen Projektion projiziert erscheint (vom unteren Kugelpol aus). Denkt man sich nun in Abb. 4a A und B festgehalten, aber die Kugel mit ihrem Gradnetz um eine vertikale Achse gedreht, wie es der Pfeil angibt, so kommen die Punkte A und B auf einen Meridian der Gradteilung zu liegen. Dieser Drehung entspricht eine Drehung des stereographischen Netzes der Abb. 4b unter Festhaltung der Projektionspunkte $A'B'$, solange bis $A'B'$ auf den gleichen Ellipsenbogen fallen. Aus der Anzahl Meridiankreise (in Abb. 4a) bzw. Hyperbeln in Abb. 4b, die zwischen A und B liegen (bzw. A' und B'), ist der Winkel zwischen den Flächen abzulesen. — Beim kristallographischen Arbeiten benutzt man ein auf durchsichtigem Zelluloid geritztes „WULFFsches Netz", das nichts anderes ist als die Abb. 4b mit feinerer Gradteilung (2° zu 2°), s. Abb. 5.

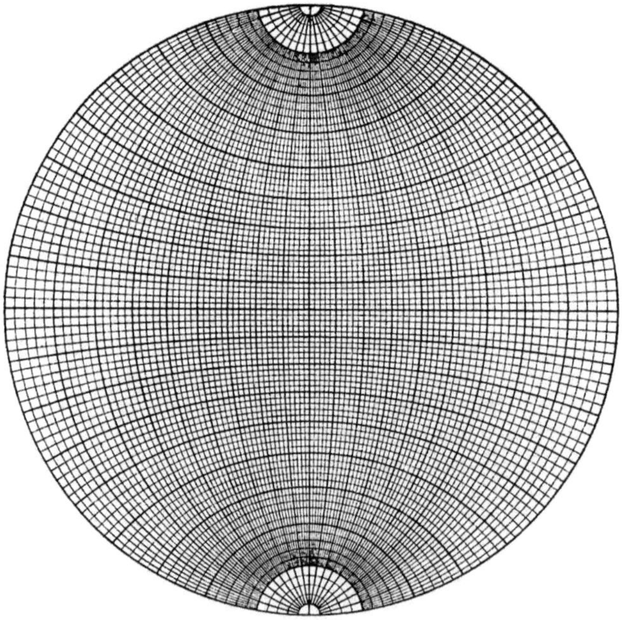

Abb. 5. WULFFsches Netz.

γ) Um die Neigungen beliebiger Flächen gegeneinander analytisch zu übersehen, ist es angemessen, die Stellung jeder einzelnen Fläche in einem Koordinatensystem festzulegen. Zur Wahrung der genügenden Allgemeinheit wählen wir drei beliebige, nichtkomplanare Vektoren $\mathfrak{a}_1 \mathfrak{a}_2 \mathfrak{a}_3$ als „Achsenvektoren", d. h.

wir betrachten durch ihre Richtungen und Längen die Richtungen und Einheiten der Koordinatenachsen als bestimmt (Abb. 6). Dann ist die Stellung einer Fläche gegeben durch die Verhältnisse der drei Abschnitte, die sie auf diesen Achsen abschneidet. Die Angabe der Abschnitte selbst würde die Lage, d. h. neben der Stellung auch den Abstand der Fläche vom Nullpunkt, festlegen; das wäre zu viel für unsere Zwecke: die Verhältnisse der Achsenabschnitte genügen. Es ist nun vorteilhaft, die abgeschnittenen Achsenstücke OA_1, OA_2, OA_3 in der Form (η ganzzahlig)

$$p\,\frac{\mathfrak{a}_1}{\eta_1}, \quad p\,\frac{\mathfrak{a}_2}{\eta_2}, \quad p\,\frac{\mathfrak{a}_3}{\eta_3},$$

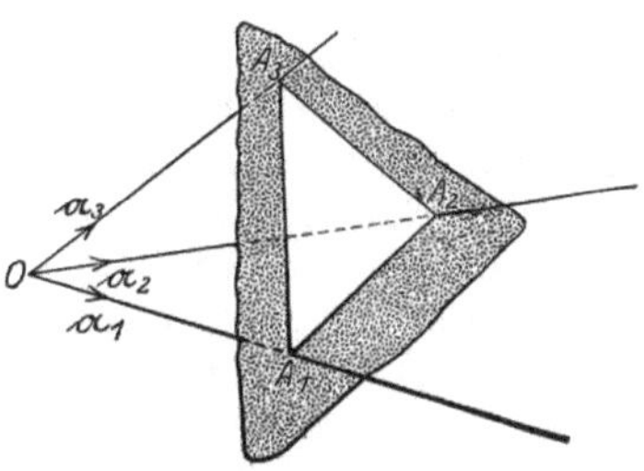

Abb. 6. Stellung einer Ebene.

zu schreiben, wobei also $1/\eta_1 : 1/\eta_2 : 1/\eta_3$ im Verhältnis der Abschnitte stehen und p ein beliebiger Proportionalitätsfaktor ist. Die Fläche kann dann ebensogut wie durch die Abschnitte, durch die 3 Zahlen $(\eta_1\,\eta_2\,\eta_3)$ gekennzeichnet werden, die selbst noch durch einen beliebigen Faktor geteilt werden dürfen, da es nur auf ihre Verhältnisse ankommt.

δ) Mittels dieser Bezeichnungsweise läßt sich nunmehr das Grundgesetz der Kristallographie aussprechen, das Gesetz von der rationalen Stellung der Kristallflächen: Für jeden Kristall läßt sich ein Achsensystem $(\mathfrak{a}_1\,\mathfrak{a}_2\,\mathfrak{a}_3)$ derart angeben, daß alle Kristallflächen Symbole $(\eta_1\eta_2\eta_3)$ erhalten, die aus drei kleinen ganzen Zahlen bestehen. Wir schreiben dies ganzzahlige Symbol dann spezieller $(h_1 h_2 h_3)$ und bezeichnen die h_i als die MILLERschen Indizes der Kristallfläche[1]). Somit bedeutet beispielsweise das Symbol $(3\,2\,\bar{4})$, daß die Fläche parallel zu der Fläche ist, die durch die Endpunkte der Vektoren

$$\frac{\mathfrak{a}_1}{3}, \qquad \frac{\mathfrak{a}_2}{2}, \qquad -\frac{\mathfrak{a}_3}{4},$$

gelegt wird. (Das Minuszeichen wird der Platzersparnis halber über die Zahl gesetzt.) Ist ein Index 0, so ist die Fläche der betr. Achse parallel. Die Achsenebenen selbst erhalten die Symbole (100), (010), (001).

Das Grundgesetz [aufgestellt von R. J. HAÜY[2])] enthält erstens eine Aussage über die Beschränkung der an einem Kristall überhaupt möglichen Flächen auf solche, die zu den andern vorhandenen Flächen im obigen Sinn „rationale" (d. h. durch kleine ganze Zahlen zusammenhängende) Stellungen haben. Und zweitens spricht es die Existenz eines geeigneten Achsensystems aus, in bezug auf welches die Rationalität der Flächenstellungen erst einen Sinn hat. Dies Achsensystem $(\mathfrak{a}_1\,\mathfrak{a}_2\,\mathfrak{a}_3)$, abgekürzt mit $(\mathfrak{a})$ bezeichnet, ist nicht eindeutig bestimmt. Denn es folgt durch eine geometrische Überlegung, daß als Richtungen für die Achsen irgend drei nichtkomplanare Schnittgeraden zwischen drei beliebigen Kristallflächen gewählt werden dürfen. Hierdurch reduziert sich das Problem der Achsenbestimmung darauf, in diesen Richtungen die erforderlichen Einheitslängen zu ermitteln. Dies geschieht, indem man die Achsenabschnitte aller beobachteten Ebenen aus ihren gemessenen gegenseitigen Neigungen feststellt und auf jeder der Achsen den größten

---

[1]) Im allgemeinen wählt man die Zahlen h_i teilerfremd. Soll dies besonders betont werden, so schreiben wir $(h_1^* \, h_2^* \, h_3^*)$ statt $(h_1\, h_2\, h_3)$.

[2]) Vgl. zur Geschichte der Formulierung des Grundgesetzes P. GROTH, Naturwissensch. Bd. 13, S. 61. 1925; sowie P. GROTH, Entwicklungsgeschichte d. mineral. Wissenschaften (Berlin 1926, J. Springer).

gemeinsamen Teiler dieser Strecken als Achsenlänge annimmt. Natürlich ergeben sich so nur Achsenverhältnisse. Unter Umständen können Gründe dafür vorhanden sein (z. B. Verwandtschaften mit anderen Kristallen), um nicht die größten gemeinsamen Teilstrecken als Achsen zu wählen, sondern rationale Bruchteile dieser Längen. Insbesondere zeigt die röntgenmäßige Strukturerforschung manchmal, daß ein Wechsel gegenüber dem zunächst aus den Flächenstellungen sich bietenden Achsensystem angebracht ist; das widerspricht natürlich niemals den kristallographischen Befunden.

Den Beweis des soeben benutzten Satzes über die Richtungen der möglichen Kristallachsen s. Ziff. 9 (γ).

ε) Für die Praxis der Kristallographie ist es sehr wichtig, zur Beschreibung der Kristallflächen ein möglichst fest bestimmtes und an den Kristallen möglichst leicht auffindbares Achsensystem anzugeben, auf das die Beobachtungen aller Forscher einheitlich bezogen werden. Es ist bestimmt, wenn 3 geeignete Ebenen durch ihre Indizes ($h_1 h_2 h_3$) bezeichnet sind. Als Referenzebenen wird man solche wählen, die durch häufiges Vorkommen und gute Ausbildung dazu prädestiniert sind. Man spricht davon, daß hiermit die „Aufstellung" des Kristalls bestimmt sei. Nach Möglichkeit wird man diese Ebenen gleichzeitig als die Grundebenen (100), (010), (001) bezeichnen; aber es kann sein, daß Gründe vorliegen (etwa die Symmetrie), ihnen kompliziertere Indizes zu geben.

Der wichtigste Gesichtspunkt, nach dem unter den bezüglich des Rationalitätsgesetzes gleichwertigen Achsen eine Auswahl getroffen wird, ist die Kristallsymmetrie: Die Achsen sollen derart sein, daß die Kristallsymmetrie in den Symbolen der Flächen zum Ausdruck kommt. Man wird Beispiele dafür, wieweit sich dies erreichen läßt, am besten in Tabelle 3 in der Zeile: Symbole gleichwertiger Flächen, finden. Durch diese Forderung ist aber nur eine Einschränkung für die Richtung der Achsen, nicht der Maßstab auf ihnen, festgelegt.

Das Verhältnis der Achsenlängen (nur dies hat in der Kontinuumstheorie eine Bedeutung) wird nun weiter bestimmt durch die Forderung, daß die am häufigsten beobachteten und am besten ausgebildeten Flächen möglichst einfache rationale Stellungen, d. h. möglichst niedere Indizes (h_i) erhalten. Auch diese Forderung führt nicht stets zu einer eindeutigen Bestimmung. Denn die Ausbildung der Flächen — die „Tracht" — eines Kristalls ist recht beeinflußbar durch die Verhältnisse, unter denen die Kristallisation erfolgt (geringe Verunreinigungen der Lösung („Lösungsgenossen") schnelles und langsames Kühlen, Druck usw.). Es kann vorkommen, daß bei einem Mineral in einem Fundort etwa eine tafelige, in einem andern Fundort eine spitze Tracht vorliegt. Es wird daher manchmal ungewiß, welches die wichtigsten Ebenen sind, die man als (100), (010), (001) bezeichnen möchte. Bei tetragonalen und hexagonalen Kristallen tritt hinzu, daß die Nebenachsen (d. h. die auf der vier- bzw. sechszähligen Achse senkrechten) um 45 bzw. 30° gedreht werden können („Nebenachsen" — „Zwischenachsen"), ohne die Symmetrie der Flächenbezeichnung zu stören. So bleibt in vielen Fällen bei der Achsenwahl ein gut Stück Konvention übrig. Indem man sich den Kristall in das Achsengerüst eingefügt denkt, spricht man von der „kristallographischen oder morphologischen Aufstellung". Die volle Strukturbestimmung mittels der Röntgenstrahlen führt oft auf eine abweichende Achsenwahl. Um den Zusammenhang zwischen kristallographischem Diskontinuum und Kontinuum herzustellen, ist dann eine Angabe über die Beziehung der beiderlei Achsensysteme gegeneinander notwendig (vgl. etwa Calcit Ziff. 37 C).

4. Die Symmetrie der Kristalle vom Kontinuumsstandpunkt aus[1]). α) Die Symmetrie war in Ziff. 2 definiert worden als die Gleichwertigkeit verschiedener Richtungen. Diese Richtungen können auf verschiedene Weise durch Symmetrieelemente bzw. durch die an ihnen zu vollziehenden Symmetrieoperationen verknüpft sein:

1. durch Symmetrieachsen (Cyklische Achsen, Achsen erster Art). Gehen aus der Ausgangsrichtung die gleichwertigen bei einer Drehung um $2\pi/n$ hervor, so heißt die Achse n-zählig. So ist z. B. der Schirmstock eine (meist 12-zählige) Symmetrieachse des Schirmgestells. Wir bezeichnen eine solche Achse durch das Symbol C_n (C = Cyklisch) (Beispiele in Abb. 18b, 23b, 30b);

2. durch Symmetrieebenen (Spiegelebenen, C_s). Eine C_s definiert zu einer Richtung eine weitere, die aus dem Einheitsvektor der ersten Richtung durch Umkehr seiner Normalkomponente bezüglich der C_s hervorgeht (Beispiel in Abb. 8a);

3. durch Inversionszentrum C_i. Zu einer Richtung (Einheitsvektor $\mathfrak{s}$) wird die entgegengesetzte ($-\mathfrak{s}$) als gleichwertig erklärt. Kristalle mit Inversionszentrum können z. B. keine Pyro- und Piezoelektrizität zeigen, da nicht das eine Ende des Kristalls positiv, das andere negativ werden kann (Beispiel $\bar{\mathfrak{s}}$ und $\mathfrak{s}'$ in Abb. 8b);

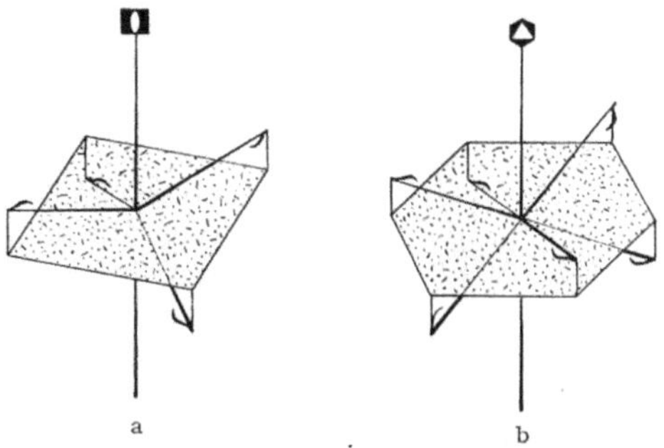

Abb. 7. Vierzählige und sechszählige Drehspiegelachse (S_4 und S_6).

4. durch Drehspiegelachsen (Achsen zweiter Art, S_n). Sie können nur geradzählig sein ($n = 2$, 4 oder 6) und erklären eine Richtung jeweils als gleichwertig mit einer, die aus ihr durch Drehung um $2\pi/n$ und nachfolgende Spiegelung an einer zur Achse senkrechten Ebene entsteht (Beispiele in Abb. 7.)

Von diesen Symmetrieelementen können mehrere gemeinsam vorhanden sein; sie bedingen dann aber im Allgemeinen das gleichzeitige Vorhandensein noch weiterer Symmetrieelemente. Durch diese etwas verwirrende gegenseitige Bedingtheit entsteht die große Mannigfaltigkeit der Behandlungsweisen der Kristallsymmetrie und die bedauerliche Vielheit der Bezeichnungsweisen (s. Tabelle 1). Schon an den aufgeführten vier Operationen erkennt man, daß sie nicht unabhängig von einander sind. Insbesondere ist eine Spiegelung identisch mit einer Drehung um eine C_2 und nachfolgender Inversion. Abb. 8 zeigt ein Ausgangsobjekt $\mathfrak{s}$ (als Fähnchen ausgebildet, damit es selbst keinerlei Symmetrie hat) einmal durch Spiegelung, dann durch Drehung und Inversion in die gleiche Lage $\mathfrak{s}'$ gebracht. Wir schreiben das Ergebnis in die Form

$$C_s \equiv C_2 \cdot C_i\,, \qquad C_2 \perp C_s\,,$$

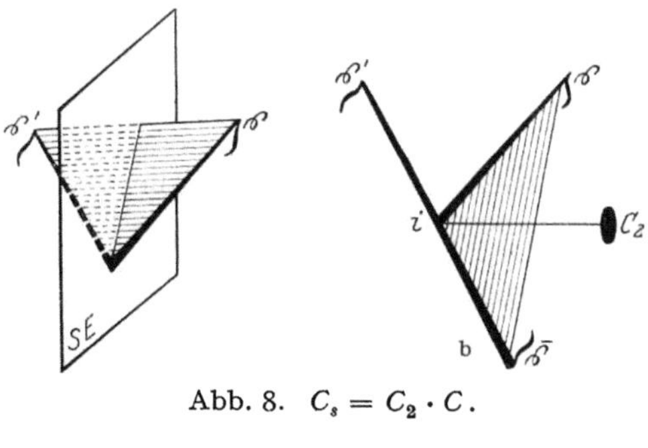

Abb. 8. $C_s = C_2 \cdot C$.

[1]) Vgl. die gruppentheoretische Behandlung des gleichen Gegenstandes in Bd. III ds. Handbuchs (Art. Duschek).

indem wir unter dem Produkt zweier Symmetrieoperationen (hier C_2 und C_i) verstehen, daß erst die eine Operation ausgeführt und auf das Ergebnis ($\bar{\mathfrak{s}}$ in Abb. 8b) die zweite angewandt werden soll.

Weiter ist die zweizählige Drehspiegelung identisch mit der Inversion

$$S_2 \equiv C_i;$$

hieraus erkennt man, daß ein Aufbau der Symmetrielehre möglich ist unter alleiniger Benutzung von zyklischen Achsen, Drehspiegelachsen und Inversionszentren oder aber von zyklischen Achsen, Drehspiegelachsen und Symmetrieebenen. Wir werden hier einer Ableitung mit Benutzung von Symmetrieebenen folgen, im Anschluß an die schöne Darstellung, die in NIGGLIS Lehrbuch der Mineralogie[1]) ausführlich zu finden ist.

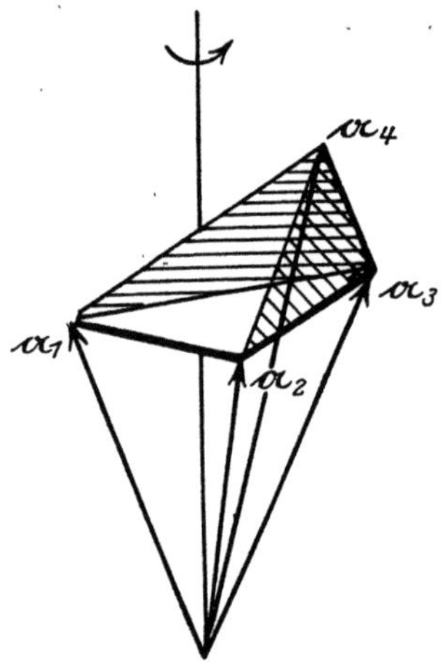

Abb. 9. Zum Gesetz der Zähligkeit der kristallographischen Achsen.

β) Es ist eine Besonderheit der kristallographischen Symmetrie, daß bei ihr nur zwei-, drei-, vier- und sechszählige Achsen vorkommen können. Diese Tatsache kann auf das Gesetz der rationalen Flächenstellung zurückgeführt werden.

Sei in Abb. 9 eine n-zählige Drehachse vertikal. Zu einer möglichen Kristallkante $\mathfrak{a}_1$, die die Achse schneidet, gehören dann $(n - 1)$ weitere, von denen wir die beiden nächsten $\mathfrak{a}_2$ und $\mathfrak{a}_3$ zusammen mit $\mathfrak{a}_1$ als Kristallachsen wählen dürfen. Es ist zu zeigen, daß die nächste, durch $\mathfrak{a}_3$ und $\mathfrak{a}_4$ bestimmte Ebene nur dann rational ist, wenn $n = 2, 3, 4$ oder 6. Die Indizes dieser Ebene erhalten wir, indem wir sie parallel sich selbst verschoben denken, bis sie durch den Endpunkt von $\mathfrak{a}_2$ geht. Da sie $\mathfrak{a}_3$ parallel ist, genügt es, ihren Abschnitt $\mathfrak{a}_1/h_1$ auf der Achse $\mathfrak{a}_1$ festzustellen. — Bedeutet $\mathfrak{r}$ den Fahrstrahl zu einem beliebigen Punkt, so ist die Gleichung der durch $\mathfrak{a}_3$ und $\mathfrak{a}_4$ gehenden Ebene

$$(\mathfrak{r}[\mathfrak{a}_3\,\mathfrak{a}_4]) = 0\,.$$

(Das skalare Produkt hat die Bedeutung des von den drei Vektoren aufgespannten Rauminhalts; die Gleichung drückt aus, daß $\mathfrak{r}$ mit $\mathfrak{a}_3$ und $\mathfrak{a}_4$ komplanar ist.) Verrücken wir die Ebene, so daß sie durch den Punkt $\mathfrak{a}_2$ geht, so lautet ihre Gleichung offenbar

$$(\mathfrak{r} - \mathfrak{a}_2,\, [\mathfrak{a}_3\,\mathfrak{a}_4]) = 0\,.$$

Suchen wir den Schnitt mit der $\mathfrak{a}_1$-Achse, so ist für $\mathfrak{r}$ einzusetzen $\mathfrak{a}_1/h_1$, so daß wir für h_1 erhalten

$$h_1 = \frac{(\mathfrak{a}_1[\mathfrak{a}_3\,\mathfrak{a}_4])}{(\mathfrak{a}_2[\mathfrak{a}_3\,\mathfrak{a}_4])}\,.$$

Zähler und Nenner bedeuten die von den Vektoren aufgespannten Volumina. Da sie eine gemeinsame Höhe haben, verhalten sie sich wie die Inhalte der in der Abb. 9 schraffierten Dreiecke mit gemeinsamer Grundlinie, d. h. wie die Höhen dieser Dreiecke. Da der Außenwinkel des Polygons $2\pi/n$ ist, wird

$$h_1 = \frac{a\left(\sin\frac{2\pi}{n} + \sin 2\cdot\frac{2\pi}{n}\right)}{a\sin\frac{2\pi}{n}} = 1 + 2\cos\frac{2\pi}{n}\,.$$

[1]) P. NIGGLI, Lehrbuch der Mineralogie, Bd. I, 2. Aufl. Berlin: Gebr. Bornträger 1924.

Soll also die untersuchte Ebene rational sein, so muß $\cos 2\pi/n$ rational sein. Das ist aber nur für $n = 2, 3, 4, 6$ der Fall. Somit sind anderszählige Drehachsen mit der rationalen Flächenstellung unverträglich.

γ) Die nächste Einschränkung, die die Aufzählung aller möglichen Kombinationen von Symmetrieelementen wesentlich erleichtert, ist ein Satz über die Winkel, unter denen sich allein die Symmetrieachsen schneiden können. Daß hier Einschränkungen bestehen müssen, ist leicht einzusehen. Denn nehmen wir an, eine n-zählige Achse schneide unter einem Winkel γ eine zweite, so müssen notwendig unter der gleichen Neigung γ weitere $n-1$ Achsen vorhanden sein, die aus der angenommenen durch Drehung um die erste Achse entstehen. Bei Drehung um eine dieser n Achsen entstehen aus den n übrigen n^2 Achsen, deren jede wieder die Zahl ver-n-facht. Nur wenn die Ausgangslage γ der beiden angenommenen Achsen derart ist, daß die hinzukommenden Achsen sich schließlich stets überdecken, wird vermieden, daß zuletzt alle Richtungen zu Achsen werden. Die systematische Überlegung lehrt, daß allein folgende Winkel zwischen gleichwertigen Achsen möglich sind:

digonale Achsen: 0° 180° 60° 120° 90°,
trigonale Achsen: 0° 180° 70°31′44″ bzw. 109°28′16″,
tetragonale Achsen: 0° 180° 90°,
hexagonale Achsen: 0° 180°.

Alle Achsen können mithin zweiseitig sein, d. h. nach Drehung um 180° erhält man eine gleichwertige Achse (Gegenrichtung). Ist dies nicht der Fall (also nur 0° als „gleichwertige Richtung"), so nennt man die Achse einseitig oder polar oder hemimorph.

δ) Die vollständige Aufzählung aller möglichen Kombinationen von Symmetrieelementen geschieht nun etwa derart, daß erst alle Kombinationen von Drehachsen miteinander, sodann solche von Drehspiegelachsen untereinander und mit Drehachsen systematisch ermittelt werden. Das gibt zusammen 14 Kombinationen. Hernach ist zu untersuchen, welche neuen Kombinationen auftreten, wenn auch Symmetrieebenen zugelassen werden. Symmetrieebenen allein zu kombinieren ist nutzlos, denn die Schnittgeraden von Symmetrieebenen werden zu Achsen. Man käme also auf schon behandelte Systeme zurück.

Es zeigt sich nun, daß auf diese Weise insgesamt 32 verschiedene Kombinationen entstehen, die man als die Symmetrieklassen bezeichnet. Die Feststellung, in welche Symmetrieklasse jeder einzelne Kristall gehört, ist eines der Hauptziele der Kristallographie, weil damit ein Rahmen gegeben ist, innerhalb dessen sich alle physikalischen Vorgänge am Kristall abspielen müssen.

Da die Symmetriearten in der Gleichwertigerklärung gewisser Richtungen bestehen, ist ein Überblick am leichtesten zu gewinnen, wenn man in gewohnter Weise (Ziff. 3β) mittels der stereographischen Projektion die gleichwertigen Richtungen (die z. B. als Flächennormalen gedeutet werden können) aufzeichnet. Auf den folgenden Seiten sind die 32 Klassen in 32 solchen Bildern angeführt. Jedes Bild kann als die Angabe der allgemeinsten „Form" der Klasse angesehen werden. Unter „Form" (geschrieben mit geschweiften Klammern $\{hkl\}$) versteht man die Gesamtheit der symmetrisch-gleichwertigen Flächen. In speziellen Formen können eine Reihe gleichwertiger Flächen zusammenfallen (z. B. entsteht in allen „kubischen" Klassen der Würfel als spezielle Form, nämlich dann, wenn die Symmetrieoperationen auf eine Fläche [100] angewandt werden). Nur die allgemeine Form $\{hkl\}$ mit $h \neq k \neq l$ ist also kennzeichnend für die Klasse.

ε) Die eine von GROTH[1]) stammende Nomenklatur der Klassen schließt sich aus diesem Grund eng an die allgemeinste Form an. So ist z. B. die in Abb. 41 b abgebildete Form derjenigen Klasse, die überhaupt am meisten Symmetrieoperationen aufweist, ein 48-Flächner, der nach Belieben sich auffassen läßt als ein Würfel (Hexaeder), dessen Flächen je achtfach facettiert sind, oder als ein Oktaeder mit je sechsfach facettierten Flächen. Dieser Körper heißt deshalb Hexakisoktaeder (6 × 8-Flächner) und die entsprechende Klasse nach GROTH die hexakisoktaedrische. Die meisten dieser Klassenbezeichnungen werden beim Anblick der zugehörigen Formen verständlich sein[2]).

Während die 32 Kristallklassen aus den Symmetrieoperationen auf Grund der skizzierten Herleitung unmittelbar entstehen, ist ihre weitere Einteilung in sieben Kristallsysteme (auch „Syngonien" genannt) von geringerer systematischer Notwendigkeit, wenn schon von großer praktischer Bedeutung. Es handelt sich nämlich dabei im wesentlichen um die Zusammenfassung zu solchen Gruppen, daß durch die übereinstimmende Lage einiger Symmetrieelemente sich innerhalb jeder Gruppe das gleiche Achsensystem als das natürliche bietet. Am deutlichsten sieht man dies vielleicht im „monoklinen" System, in dem die Klassen, die nur eine polare bzw. zweiseitige zweizählige Achse besitzen, mit der gänzlich verschiedenen Klasse vereint sind, die eine einzige Symmetrieebene hat. Das Gemeinsame an diesen 3 Klassen ist, daß sich sowohl als Folge der Existenz der Achse, wie der Symmetrieebene, genau eine Achsenrichtung — konventionellerweise die der b-Achse — als auf den beiden andern senkrecht stehend ergibt. Für die Kristalle mit einer einzigen dreizähligen Achse (dreizählige Hauptachse) sind die Richtungen für ein geeignetes Koordinatensystem durch irgendeine Kante und ihre beiden Wiederholungen um die dreizählige Achse gegeben (Anfang eines Rhomboeders, daher trigonales oder rhomboedrisches System). Da aber auch die 120° einschließenden Projektionen zweier dieser Kantenrichtungen auf eine zur Hauptachse senkrechte Ebene, nebst dieser Hauptachse selbst zu Achsenrichtungen genommen werden können, so ergibt sich die Möglichkeit, die Klassen mit dreizähliger und mit sechszähliger Hauptachse auf die gleichen Koordinatensysteme zu beziehen. Daher wird in der Aufzählung der Kristallsysteme nicht immer das rhomboedrische neben dem hexagonalen genannt.

Mit der Aufstellung der „Systeme" hängt eine andere viel benutzte Nomenklatur zusammen, die zum Teil eine Kennzeichnung der für die Klassen charakteristischen Symmetrieelemente zu geben sucht. Die höchstsymmetrische Klasse eines jeden Systems wird als dessen „Holoedrie" (Vollflächner) bezeichnet, die andern Klassen als Hemiedrien (Halbflächner) bzw. Tetartoedrien (Viertelflächner). (Oft braucht man jedoch ohne diese genaue Unterscheidung hemiedrisch im Sinne von nichtholoedrisch.) Die Zusätze hemimorph, paramorph und enantiomorph kennzeichnen die vorkommenden Achsen als einseitig, als zweiseitig (also mit dazu senkrechter Spiegelebene oder geradzähliger

---

[1]) P. GROTH, Physikalische Kristallographie. Leipzig: W. Engelmann. Diese Klassenbezeichnung wurde eingeführt in der 3. Auflage von 1894.

[2]) Im folgenden seien einige der kristallographischen Formenbezeichnungen philologisch erläutert, da es eine große Hilfe zum Auffassen und Behalten der Nomenklatur ist, die Herkunft der Bezeichnungsweise zu wissen. *Πεδίον* die (einfache) Ebene; *πίναξ* die Tafel (Doppelebene mit Zentrum der Symmetrie zwischen Ober- und Unterseite). *Δῶμα* das Haus (gedacht ist an das Dach, d. h. zwei gegeneinander geneigte Flächen, die durch eine Symmetrieebene ineinander übergehen); *σφήν* der Keil (zwei Flächen, die durch eine senkrecht zur Schnittkante stehende zweizählige Achse ineinander übergehen); *σκαληνός* ungleich, höckerig (bezieht sich beim Skalenoeder auf die Flächen und ihre Schnittlinien); *τραπέζιον* das Tischchen, das ungleichseitige Viereck.

Achse) bzw. die Abwesenheit von Spiegelebenen. (Enantiomorph = gegensätzlich gestaltet, d. h. wie rechte und linke Hand; in diesen Klassen sowie evtl. in den Tetartoedrien gibt es „rechte“ und „linke“ Kristalle.)

Es ist nicht zu leugnen, daß die Fülle der Bezeichnungen die Vertrautheit mit den 32 Symmetrieklassen unnötig erschwert, zumal nicht immer Übereinstimmung in der Anwendung der Bezeichnungen herrscht. Tabelle 1 vergleicht die Nomenklaturen, die bei verschiedenen Autoren benutzt werden. Durch die große Verbreitung von P. v. GROTHS Chemischer Kristallographie, dem ausführlichsten kristallographischen Nachschlagewerk, ist die GROTHsche Bezeichnung vielfach angenommen worden. Heutzutage ist es aber richtig, sich sofort die SCHOENFLIESsche Klassen- bzw. Gruppen[1])bezeichnung mit zu merken, die die Klassen wohl am eindeutigsten benennt und zugleich die Grundlage für die Benennung in der Strukturtheorie bildet. Die Grundzüge dieser Nomenklatur[2]), der man im einzelnen an den Klassenbildern Tabelle 3 nachgehen möge, sind folgende: Einfache Drehachsen werden mit C bezeichnet (cyklische Gruppe); der angehängte Index, z. B. C_3, gibt die Zähligkeit an. C_s und C_i bedeuten Symmetrieebene und Zentrum. S ist das Zeichen der Drehspiegelachse ($S_2 = C_i$; S_4; $S_6 = C_{3i}$). Klassen mit einer Hauptachse und dazu senkrechten zweizähligen Achsen heißen Diederklassen: D_3, D_4, D_6. Statt D_2 ist die Bezeichnung V (Vierergruppe) gewählt, da in dieser Gruppe die Bevorzugung der zweizähligen Ausgangsachse als Hauptachse fortfällt. T und O sind die Symmetriegruppen des Tetraeders (3 zweizählige, 4 dreizählige Achsen) und des Oktaeders (3 vierzählige, 6 zweizählige, 4 dreizählige Achsen). Zu diesen Zeichen, die die Klassen ohne Symmetrieebenen betreffen, kommen nun Indizes h (horizontal, d. h. quer zur Hauptachse), v (vertikal), d (diagonal), welche angeben, welche Art Symmetrieebenen zu den obigen Klassen zugefügt werden, um auf die volle Zahl von 32 Klassen zu kommen. Natürlich wird durch dies eine Symbol nur eine wichtige Symmetrieebene herausgegriffen und das Symbol T_h z. B. besagt nicht, daß nicht auch vertikale Symmetrieebenen vorhanden wären, die durch die zyklischen Operationen aus der horizontalen entstehen. Da die einzelne Symmetrieebene sozusagen nach Belieben als parallel oder senkrecht zu einer beliebigen einzähligen Drehachse stehend aufgefaßt werden kann, ist ihr Symbol C_s.

Die SCHOENFLIESsche Nomenklatur kommt nicht mit so wenig Zeichen aus, wie es möglich wäre. Außerdem ist die Schoenflies'sche Schreibweise mit zahlreichen Indizes (vor allem bei den strukturtheoretischen Raumgruppen) und mit der Unterscheidung zwischen deutschen und lateinischen Buchstaben für den Druck lästig und die Verwendung des gleichen Buchstabens als Elementensymbol und Index in ganz verschiedenen Bedeutungen (z. B. V, v, D, d)

---

[1]) Unter Gruppe ist die Gesamtheit der Symmetrieoperationen der Klasse zu verstehen, kurz dargestellt durch deren allgemeine Form.

[2]) SCHOENFLIES unterscheidet zwischen solchen (endlichen) Symmetriegruppen, bei denen alle Symmetrieelemente durch einen Punkt (Kristallmitte) gelegt sind, und solchen, bei denen unendlich viele diskrete Schnittpunkte von Symmetrieelementen vorhanden sind. Letztere heißen Raumgruppen und werden mit deutschen Buchstaben geschrieben, erstere als Punktgruppen bezeichnet, mit lateinischen. Die Zähligkeit der Achsen wird als unterer Index geschrieben, die hinzutretenden Symmetrieelemente bei den Punktgruppen oben (z. B. D_3^d), bei den Raumgruppen unten. Raumgruppen, die die gleichen Symmetrieelemente haben, wie gewisse Punktgruppen, heißen mit diesen „isomorph“. Es gibt deren meist mehrere, die durch einen oberen Zahlenindex unterschieden werden (z. B. $\mathfrak{D}_{3d}^6$). Da erfahrungsgemäß Mißverständnisse kaum dadurch entstehen können, hat sich eine vereinfachte Schreibweise mit lateinischen Buchstaben und tiefgesetzten Symmetrieindizes eingebürgert, die auch hier angewandt worden ist.

Tabelle 1. Übersicht der Kristallklassen-Bezeichnungen.

System	Symbole SCHOENFLIES[1])	Symbole WYCKOFF[2])	GROTH[3])	Französische Schule, SCHOENFLIES[1])	LIEBISCH	DANA[4])	MIERS[5])
Triklin oder anorthisch	C_1	1 C	asymmetr. od. pedial	trikl. hemiedr.		asymmetrisch	asymmetrisch
	Ci	1 Ci	pinakoidal	,, holoedr.		normal	zentrosymmetr.
Monoklin	C_s	2 c	domatisch	monokl. hemiedr.		klinoedrisch	äquatorial
	C_2	2 C	sphenoidisch	,, hemimorph		hemimorph	digonal polar
	C_{2h}	2 Ci	prismatisch	,, holoedr.		normal	digonal äquatorial
Rhombisch (orthorhomb.)	C_{2v}	2 e	rhombisch pyramidal	rhombisch hemimorph		hemimorph	didigonal polar
	*)V	2 D	,, bisphenoidisch	,, hemiedr.		sphenoidisch	digonal holoaxial
	**)V_h	2 Di	,, bipyramidal	,, holoedr.		normal	didigonal äquatorial
Trigonal[6])	C_3	3 C	trigonal pyramidal	rhomboedr. tetartoedr.	hexag. ogdoedrisch	Nr. 24	trigon. polar
	C_{3i}	3 Ci	rhomboedrisch	,, paramorph (hex. tetart. II. Art)	,, rhomboedr. tetar.	trirhomboedrisch	hexagon. alternierend
	C_{3v}	3 e	ditrigonal pyramidal	rhomboedr. hemimorph	,, hemim. tetart. II	ditrigon. pyramid.	ditrigon. polar
	D_3	3 D	trigonal trapezoedrisch	,, enantiomorph	,, trapezoedr. tetart.	rhomboedr. trapezoedr.	trigon. holoaxial
	D_{3d}	3 Di	ditrigonal skalenoedr.	,, holoedrisch (hex. hem. II. Art	,, rhomboedr. hemiedr.	rhomboedrisch	dihexagon. alternierend
	C_{3h}	6 c	trigonal bipyramidal	hexagon. tetartoedr. m. trigon. Achse (trigon. paramorph)	,, trigon. tetart.	Nr. 23	trigon. äquatorial
	D_{3h}	6 d	ditrigonal bipyramidal	hexagon. hemiedr. m. trigon. Achse (trigon. holoedr.)	,, trigon. hemiedr.	hexag. trigonotyp	ditrigon. äquatorial
Hexagonal[6])	C_6	6 C	hexagon. pyramidal	hexagon. tetartoedr.	hexag. hemim. tetart. I	hexag. pyram. hemim.	hexag. polar
	C_{6h}	6 Ci	,, bipyramidal	,, paramorph	,, pyram. hemiedr.	,, pyramid.	,, äquatorial
	C_{6v}	6 e	dihexagon. pyramidal	,, hemimorph	,, hemim. hemiedr.	,, hemimorph	dihexag. polar
	D_6	6 D	hexagon. trapezoedr.	,, enantiomorph	,, trapezoedr. hemied.	,, trapezoedr.	hexag. holoaxial
	D_{6h}	6 Di	dihexagon. bipyramidal	,, holoedrisch	,, holoedrisch	,, normal	dihexag. äquatorial

Tetragonal (quadratisch)	C_4	4C	tetragon. pyramid.	tetrag. tetartoedrisch	tetrag. hemimorph tetartoedr.	tetrag. pyram. hemim.	tetrag. polar
	C_{4h}	4C	„ bipyramid.	„ paramorph	„ pyramid. hemiedrisch	„ pyramid.	„ äquatorial
	C_{4v}	4e	ditetragon. pyramid.	„ hemimorph	„ hemimorph hemiedrisch	„ hemimorph	ditetragon. polar
	D_4	4D	tetrag. trapezoedr.	„ enantiomorph	„ trapezoedrisch	„ trapezoedr.	tetragon. holoaxial
	D_{4h}	4Di	ditetrag. bipyramid.	„ holoedrisch	„ holoedrisch	„ normal	ditetrag. äquatorial
	§) S_4	4c	tetragon. bisphenoid.	„ tetartoedrisch II. Art	„ sphenoidisch tetartoedr.	„ tetartoedr.	tetrag. alternierend
	§§) V_d	4d	tetragonal (didigonal) skalenoedr.	„ hemiedrisch II. Art (sphenoidisch)	„ sphenoidisch hemiedrisch	„ sphenoidisch	ditetrag. alternierend
Kubisch, regulär, tesseral	T	T	tetraedrisch-pentapon-dodekaedrisch	kubisch tetartoedr.	regul. tetartoedrisch	kubisch tetartoedr.	tesseral polar
	T_h	Ti	dyakisdodekaedrisch	„ paramorph	„ pentagonal-hemiedrisch	„ pyritoedr.	„ central
	T_d	Te	hexakistetraedrisch	„ hemimorph	„ tetraedrisch hemiedrisch	„ tetraedrisch	ditesseral polar
	O	O	pentagonikositetraedr.	„ enantiomorph	„ plagiedrisch hemiedrisch	„ plagiedrisch	tesseral holoaxial
	O_h	Oi	hexakisoktraedrisch	„ holoedrisch	„ holoedrisch	„ normal	ditesseral central

[1]) A. SCHOENFLIES, Kristallsysteme und Kristallstruktur. Leipzig: B. G. Teubner 1891. II. Aufl. unter dem Titel: Theorie der Kristallstruktur. Berlin: Gebr. Bornträger 1923.

[2]) R. W. G. WYCKOFF, Sill. Journ. Bd. 6, S. 288 (1923), sowie The Structure of Crystals. New York: The Chem. Catalog Co. 1924.

[3]) P. GROTH, Physikalische Kristallographie. Leipzig: W. Engelmann. Diese Namen kommen zuerst in der 3. Auflage vor.

[4]) E. S. DANA, A Textbook of Mineralogy, 1899.
[5]) H. A. MIERS, Mineralogy, 1902.
} Beide Bücher und ihre Bezeichnungen sind in den englischsprechenden Ländern weit verbreitet.

[6]) C_3 bis D_{3d} werden auch als „Rhomboedrisches System" zusammengefaßt; dann zählt man C_{3h} und D_{3h} zum hexagonalen System.

Im Anschluß an die Darstellung der SCHOENFLIES-FEDOROWschen Theorie von W. HILTON (Mathematical Crystallography, Oxford 1903) finden sich in englischen Arbeiten (z. B. den Tafeln von ASTBURY-YARDLEY) für 4 Klassen andere Bezeichnungen:

*) = D_2 oder Q, **) = D_{2h} oder Q_h, §) = C_4, §§) = D_{2d}.

verwirrend. Es erscheint daher nicht ausgeschlossen, daß die Vereinfachung, die neuerdings Wyckoff[1]) vorgeschlagen und angewandt hat, sich durchsetzt, obwohl auch hiermit noch kein ganz rationales System geschaffen ist. Wyckoff schreibt die Zähligkeit vor die Achsen und braucht folgende 8 Symbole:

nC = n-fache Drehachse;
nc = n-fache Drehinversionsachse, d. h. nach jeder Drehung um $2\pi/n$ ist eine Inversion vorzunehmen. Dies ist ein Analogon zur Drehspiegelachse. $2c$ ist identisch mit einer Spiegelebene senkrecht zur Achse; n ist stets gerade.
i = Inversion.
nD = Diedergruppe mit n-zähliger Hauptachse.
nd = n-zählige Drehinversionsachse plus dazu senkrechte zweizählige Drehachsen. ($n = 4$ und 6.)
ne = n-zählige Drehachse plus dazu senkrechte zweizählige Drehinversionsachsen.
T = Tetraedergruppe.
O = Oktaedergruppe.

Wie man sieht, ist die Nomenklatur Wyckoffs nicht auf die Ableitung mit Symmetrieebenen, sondern auf eine solche mit Inversionszentrum aufgebaut.

5. Übersicht über die Kristallklassen. α) In der folgenden Übersicht (Tab. 3) sind die 32 Kristallklassen charakterisiert. In der ersten Zeile steht zunächst das alte Schoenfliessche Symbol, darauf, unterstrichen, diejenige der Schoenfliesschen Bezeichnungen, die zur Zeit am gebräuchlichsten ist, und z. B. bei Niggli, Geometrische Kristallographie des Diskontinuums[2]), gebraucht wird — endlich das Symbol der Klasse nach Wyckoff. In den nächsten beiden Zeilen folgen die Namen der Klassen, und zwar in der zweiten die Benennung nach den Symmetrieelementen (alter Schoenfliesscher Vorschlag, der allerdings nicht allgemein benutzt wird. Manche dieser Namen werden von anderen Kristallographen in anderem Sinne gebraucht). In der dritten Zeile folgt die Benennung nach den einfachen Formen (Groth). Darauf folgt die stereographische Projektion der Symmetrieelemente und allgemeinen Ebenenlagen, darunter die Aufzählung aller Symmetrieelemente. Hierbei bedeutet

$\dot{C}_n$ eine polare n-zählige Drehungsachse,
C_n „ zweiseitige n-zählige Drehungsachse,
S_n „ eine n-zählige Drehspiegelachse,
σ „ Spiegelebene, und zwar
σ_h „ „ senkrecht zur Hauptachse (im kubischen System in den Koordinatenebenen)
σ_v „ „ parallel zur Hauptachse und einer anderen Koordinatenachse,
σ_d „ „ parallel zur Hauptachse, aber geneigt gegen die anderen Koordinatenachsen, im Kubischen durch zwei C_3,
i ein Inversionszentrum.

In der nächsten Zeile stehen die Achsenverhältnisse und Winkel, die zur Bestimmung der Kristallform angegeben werden müssen; in der nächsten die Beziehungen zwischen diesen Größen, die durch die Symmetrie festgelegt sind.

---

[1]) R. W. G. Wyckoff, Sill. Journ. Bd. 6, S. 288. 1923.

[2]) P. Niggli, Geometrische Kristallographie des Diskontinuums. Berlin: Gebr. Bornträger 1918.

Darunter folgt die Art, wie man gewöhnlich die Koordinatenachsen *a*, *b*, *c* zu legen pflegt. Schließlich kommt noch ein Bild der allgemeinen Kristallform und eine Aufzählung der gleichwertigen Kristallebenen.

Von den Symmetrieelementen sind diejenigen unterstrichen, die als bestimmend angesehen werden können, da sie die weiteren Symmetrieelemente automatisch nach sich ziehen. Diese Hervorhebung ist bis zu einem gewissen Grade willkürlich; sie hängt von der Systematik ab, nach der die Aufzählung vorgenommen wird. Hier ist (im Anschluß an NIGGLIS Lehrbuch der Mineralogie) von den einfachen Achsen erster und zweiter Art ausgegangen worden und durch Zufügung von Spiegelebenen und weiteren Achsen der Aufbau im Sinn von links nach rechts der folgenden Übersicht vollzogen worden (zugleich gibt die Tabelle eine Begründung der Klassenbeiworte der französischen Schule):

Tabelle 2. Übersicht über den Aufbau der Kristallklassen in Tabelle 3.

n	Tetartoedrisch I $\dot{C}_n$	Tetartoedrisch II S_n	Paramorph. $C_n + \sigma_h$	Hemimorph. $\dot{C}_n + \sigma_v$	Hemiedrisch II $S_n + C_2$	Enantiomorph $C_n + C_2$	Holoedrisch $C_n + C_2 + \sigma_h$
1	C_1	—	$C_{1h} = C_s$	—	—	—	—
2	C_2	$S_2 = C_i$	C_{2h}	C_{2v}	—	$D_2 = V$	$D_{2h} = V_h$
3	C_3	—	C_{3h}	C_{3v}	—	D_3	D_{3h}
4	C_4	S_4	C_{4h}	C_{4v}	$S_{4u} = V_d$	D_4	D_{4h}
6	C_6	$S_6 = C_{3i}$	C_{6h}	C_{6v}	$S_{6u} = D_{3d}$	D_6	D_{6h}
kubisch	T	—	T_h	T_d	—	O	O_h

Tabelle 3, Übersicht über die 32 Kristallklassen, siehe S. 208—215.

β) Wie in Ziff. 2 (β) betont wurde, läßt sich eine Trennung der Symmetriebeobachtungen in dem Sinn durchführen, daß gewisse Symmetrien dem Kristall, andere dem physikalischen Vorgang zugeschrieben werden. Je nach dem Symmetriegrad des physikalischen Vorgangs lassen sich daher durch ihn eine mehr oder weniger große Zahl der 32 Kristallklassen erkennen.

So ist z. B. die Lichtfortpflanzung ein zentrisch-symmetrischer Vorgang, d.h. stets in Richtung und Gegenrichtung gleich. Das gleiche gilt für die Ausbreitung von Röntgenstrahlen (vgl. Ziff. 13 ε). Man kann durch einen zentrisch-symmetrischen physikalischen Vorgang jene Klassen nicht trennen, die sich nur durch ein Zentrum der Symmetrie unterscheiden. Dadurch reduzieren sich die röntgenmäßig unterscheidbaren Klassen auf 11, s. Tabelle 4.

Doppelbrechung kann bei allen außer den kubischen Kristallen auftreten. Optisch einachsig sind die hexagonalen, rhomboedrischen und tetragonalen Kristalle; die andern sind optisch zweiachsig. Im triklinen und monoklinen System liegen die Hauptachsen des optischen Indexellipsoids nicht durch Symmetrie fest. Daher kann in diesem System bei Abänderung der Wellenlänge oder der Temperatur eine Drehung und Verzerrung des Indexellipsoids eintreten, während er in rhombischen und in den einachsigen Kristallen nur eine Deformation erleiden kann.

Drehung der Polarisationsebene (optische Aktivität) kann nur auftreten in den Klassen ohne Zentrum und Ebene der Symmetrie. Das Vorhandensein von optischer Aktivität und die Röntgensymmetrie bestimmen die Klasse eindeutig; fehlende Symmetrie läßt jedoch noch mehrere Möglichkeiten offen.

Pyro- und Piezoelektrizität ist nur in Klassen ohne Zentrum der Symmetrie möglich. Vorhandene Piezoelektrizität bestimmt zusammen mit dem Röntgenbefund und dem Fehlen der optischen Aktivität die Klasse eindeutig bis auf die Unterscheidung zwischen C_{6v} und D_{3h}, die durch die äußere Gestalt zu erfolgen hat.

Tabelle 3. Übersicht über die 32 Kristallklassen.

Symbole	C_1 **C_1** 1 C	C_{1h} **C_s** 2 c	C_2 **C_2** 2 C	S_2 **C_i** 1 Ci
Name nach { Schoenflies .	triklin hemiedrisch	monoklin hemiedrisch	monoklin hemimorph	triklin holoedrisch
Name nach { Groth	„ pedial	„ domatisch	„ sphenoidisch	„ pinakoidal
Stereograph. Projektion Abb. 10a—13a.	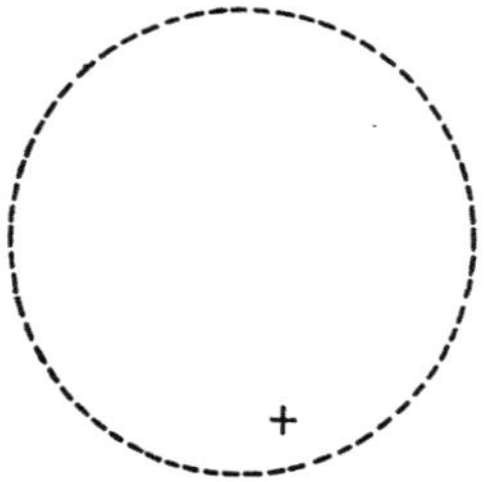	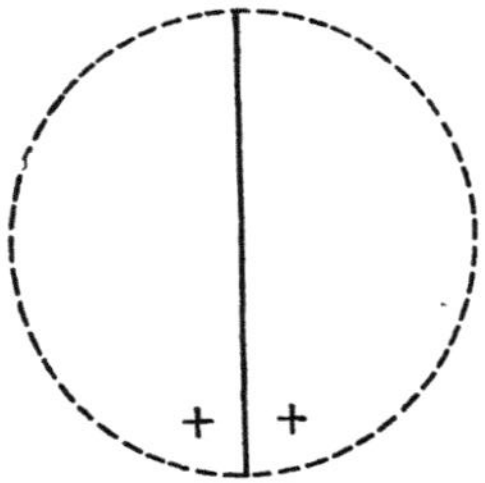	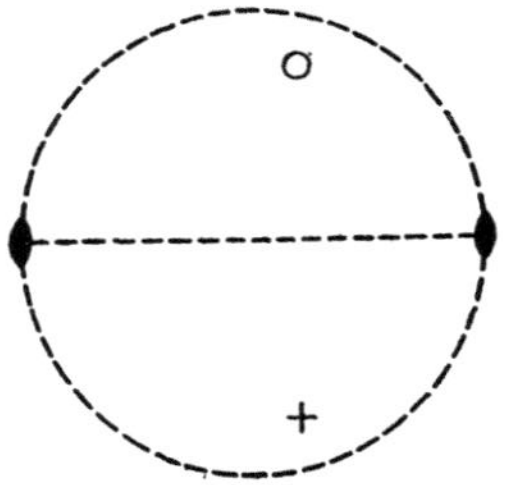	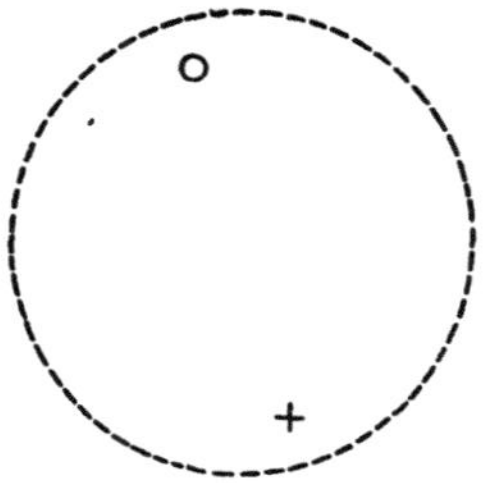
Symmetrieelemente. .	—	σ	$\dot{C}_2$	i
Anzugeben	$a:b:c;\ \alpha, \beta, \gamma$	$a:b:c;\ \beta$	} wie C_s	wie C_1
Bekannt	—	$\alpha = \gamma = 90°$	}	
Achsenwahl	beliebig	b-Achse $\perp\ \sigma$; a, c beliebig	$b \parallel c_2$; a, c beliebig	beliebig
Allgemeine Kristallform Abb. 10b—13b.	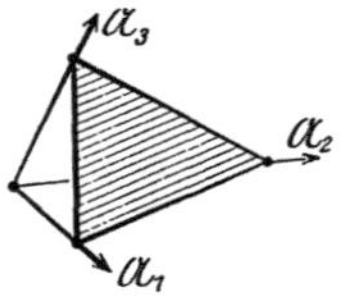	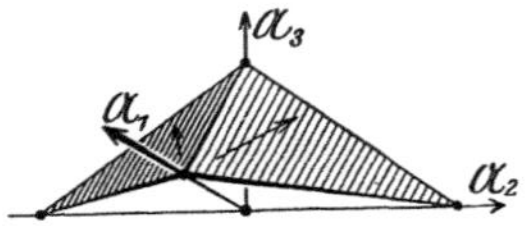	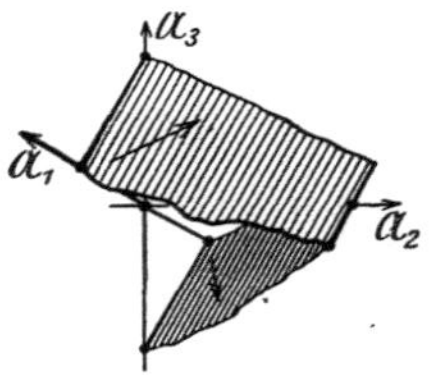	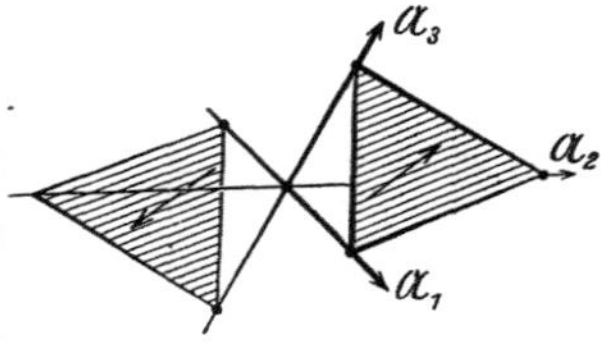
Gleichwertige Flächen	(hkl)	(hkl), $(h\bar{k}l)$	(hkl), $(\bar{h}k\bar{l})$	(hkl), $(\bar{h}\bar{k}\bar{l})$

Fortsetzung von Tabelle 3.

Symbole	C_{2h} $\boldsymbol{C_{2h}}$ $2Ci$	C_{2v} $\boldsymbol{C_{2v}}$ $2e$	D_2 $\boldsymbol{V}$ $2D$	D_{2h} $\boldsymbol{V_h}$ $2Di$
Name nach { SCHOENFLIES .	monoklin holoedrisch	rhombisch hemimorph	rhombisch hemiedrisch	rhombisch holoedrisch
Name nach { GROTH	,, prismatisch	,, pyramidal	,, disphenoïdisch	,, dipyramidal
Stereograph. Projektion Abb. 14a—17a.	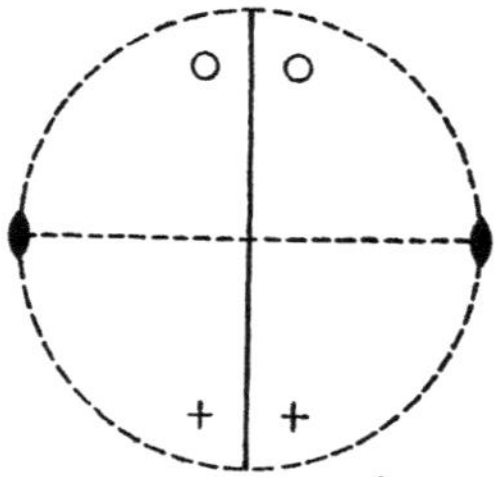	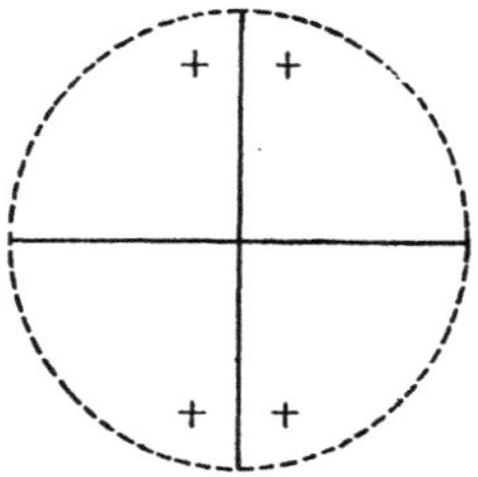	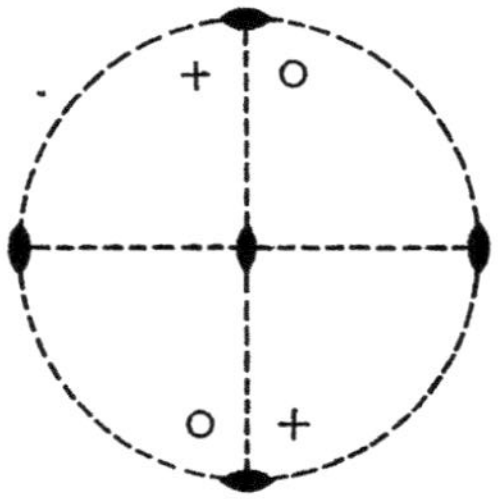	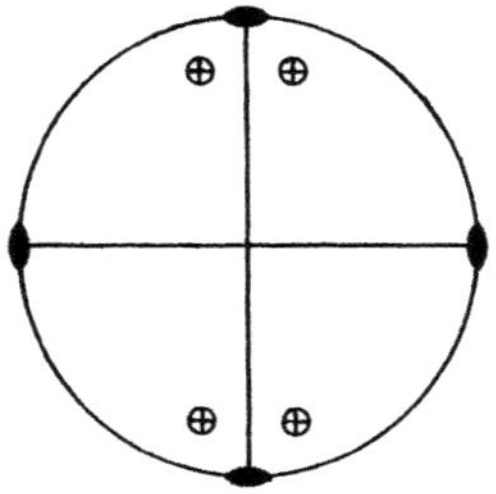
Symmetrieelemente .	$\underline{C_2}$, $\underline{\sigma_h}$, i	$\underline{\dot{C}_2}$, $\underline{\sigma_v}$, σ_v	$\underline{C_2}$, $\underline{C_2}$, C_2	$\underline{C_2}\,\underline{C_2}\,C_2$, $\underline{\sigma_h}\,\sigma_v\,\sigma_v$, i
Anzugeben . . . . . } Bekannt . . . . . . }	wie C_s	$a:b:c$ $\alpha=\beta=\gamma=90°$	wie C_{2v}	wie C_{2v}
Achsenwahl	wie C_s	$c \parallel \dot{C}_2$; a u. b bel. in $\sigma \perp c$	a, b, $c \parallel C_2$	wie V
Allgemeine Kristallform Abb. 14b—17b.	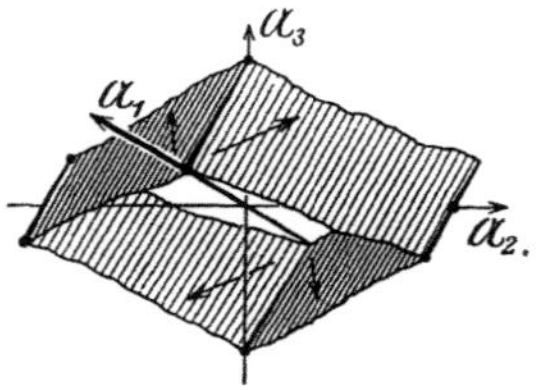	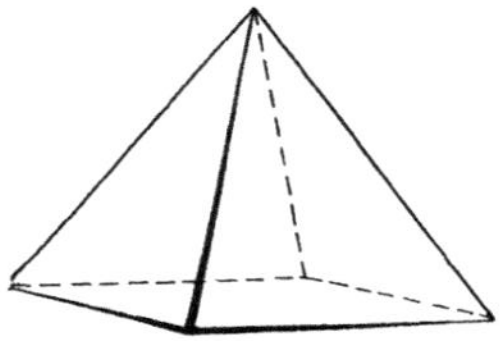	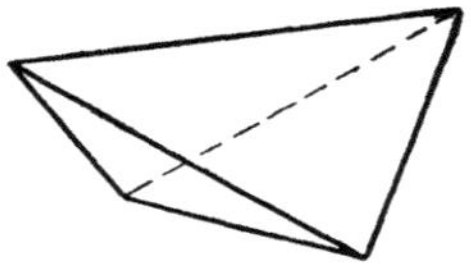	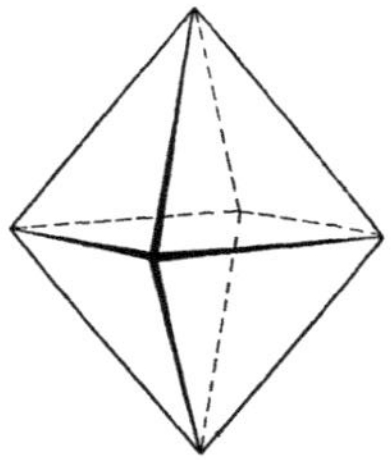
Gleichwertige Flächen	$(h\,k\,l)$, $(h\,\bar{k}\,l)$ $(\bar{h}\,k\,\bar{l})$, $(\bar{h}\,\bar{k}\,\bar{l})$	$(h\,k\,l)$, $(h\,\bar{k}\,l)$ $(\bar{h}\,k\,l)$, $(\bar{h}\,\bar{k}\,l)$	$(h\,k\,l)$, $(h\,\bar{k}\,\bar{l})$ $(\bar{k}\,h\,\bar{l})$, $(\bar{h}\,\bar{k}\,l)$	wie C_{2v}; dazu dieselben mit $\bar{l}$ statt l

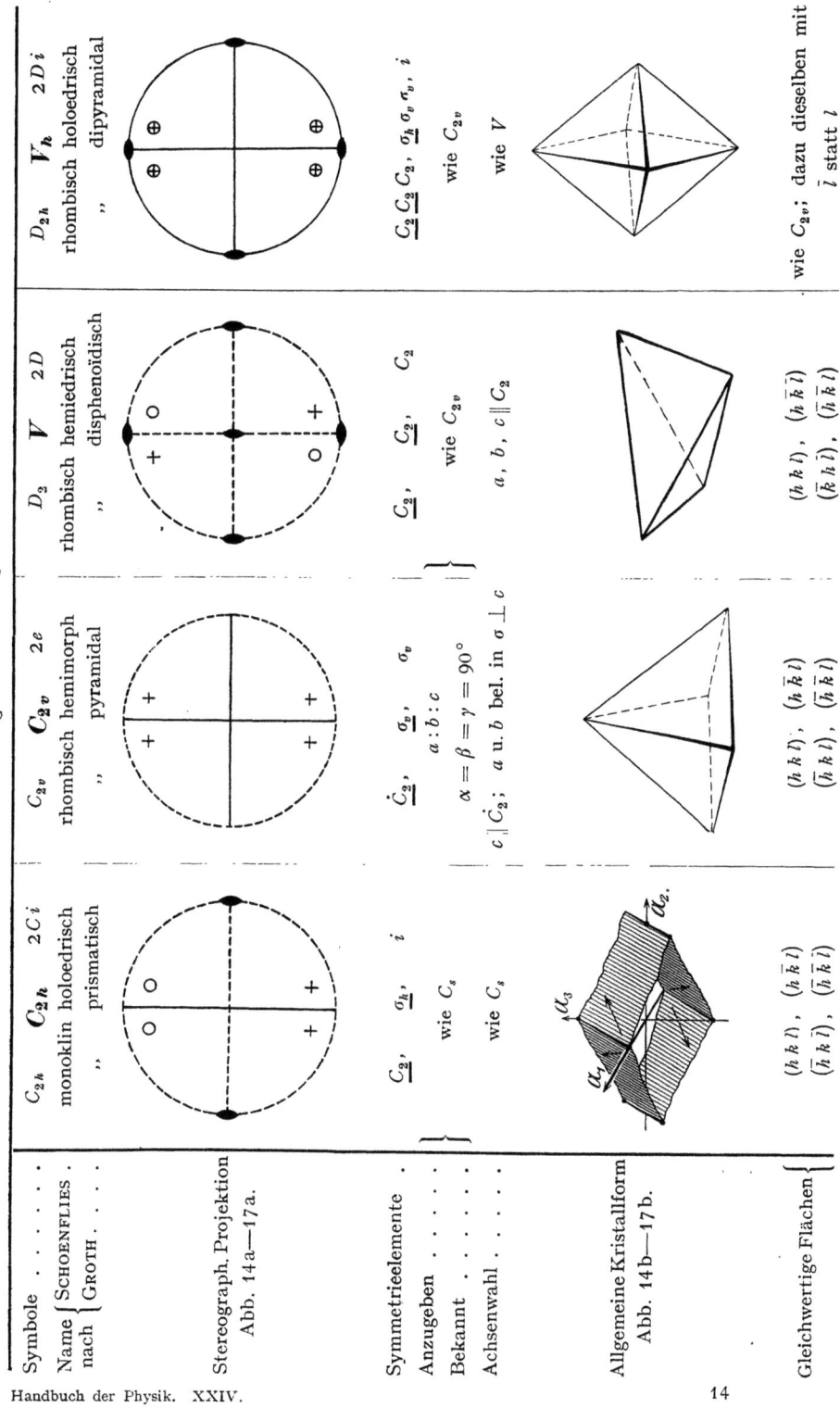

Fortsetzung von Tabelle 3.

Symbole	C_3 $\boldsymbol{C_3}$ $3C$	C_{3h} $\boldsymbol{C_{3h}}$ $6c$	C_{3v} $\boldsymbol{C_{3v}}$ $3e$	D_3 $\boldsymbol{D_3}$ $3D$
Name nach { SCHOENFLIES .	trigonal tetartoedrisch	trigonal paramorph	trigonal hemimorph	trigonal enantiomorph
Name nach { GROTH	„ pyramidal	„ dipyramidal	ditrigonal pyramidal	„ trapezoedrisch
Stereograph. Projektion Abb. 18a—21a.	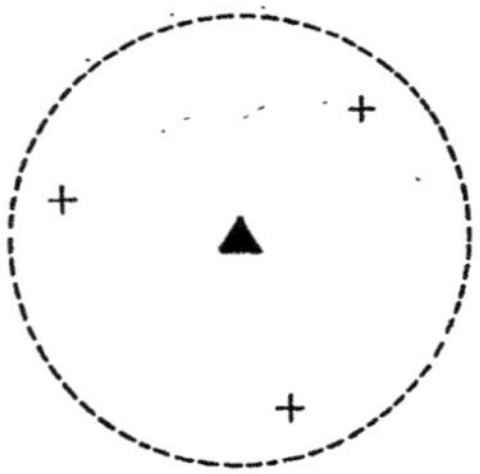	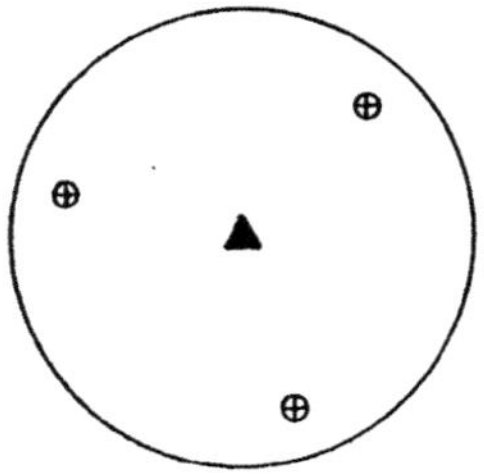	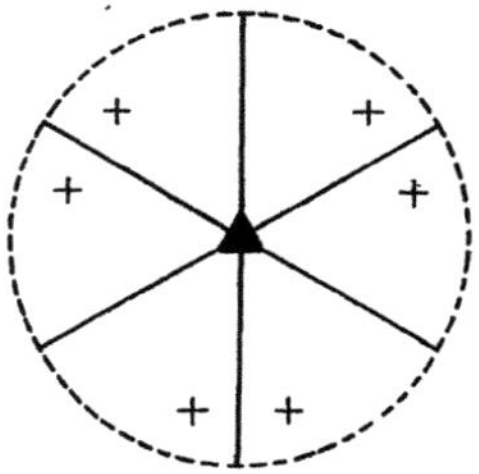	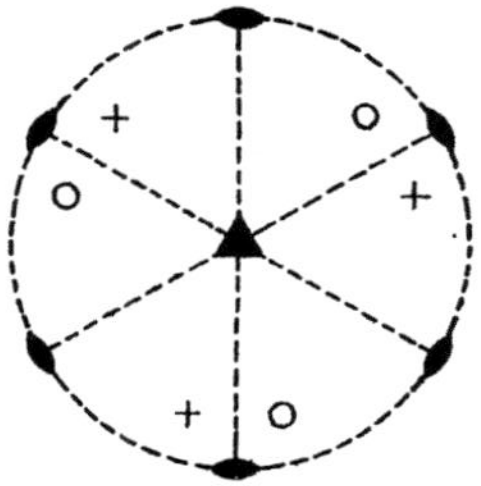
Symmetrieelemente .	$\dot{C}_3$	$\underline{C_3}$ $\underline{\underline{\sigma_h}}$	$\underline{\dot{C}_3}$, $3\underline{\sigma_v}$	$\underline{C_3}$, $3\underline{\dot{C}_2}$
Anzugeben	$a : c$ [bzw. α]	wie C_3	wie C_3	wie C_3
Bekannt	$a=b=b'$; $\alpha=\beta=90°$; $\gamma=120°$			
Achsenwahl	$c \parallel \dot{C}_3$; a, b, b' beliebig	wie C_3	$c \parallel \dot{C}_3$; a, b, b' in σ_v	$c \parallel C_3$; $a, b, b' \parallel \dot{C}_2$
Allgemeine Kristallform Abb. 18b—21b.	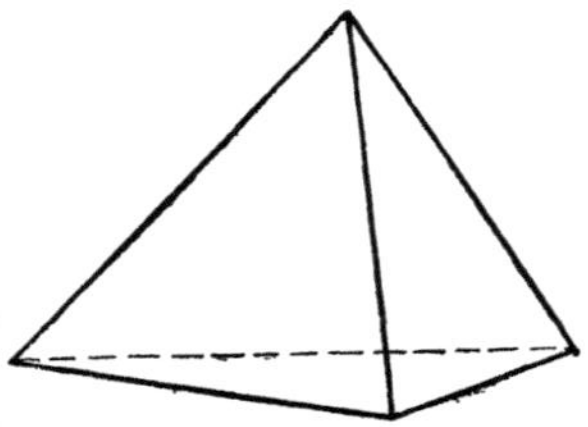	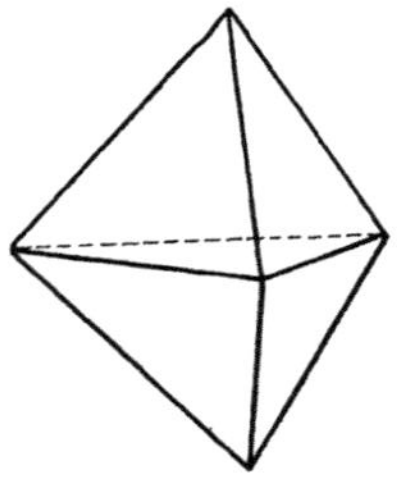	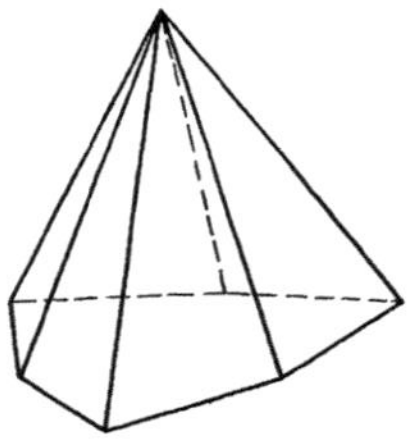	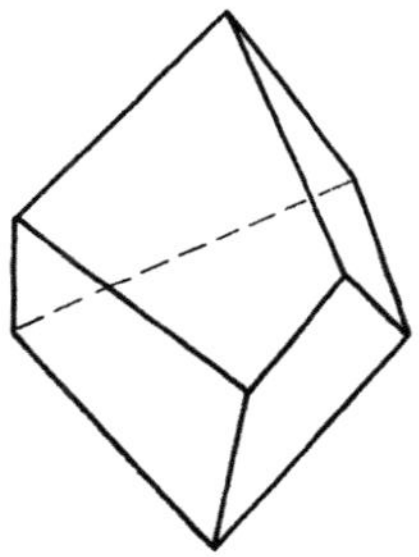
Gleichwertige Flächen	$(hkil)$, $(kihl)$, $(ihkl)$ $h+k+i=0$	wie C_3, dazu dieselben mit $\bar{l}$ statt l	wie C_3, dazu $(hikl)$, $(khil)$, $(ikhl)$	wie C_3, dazu $(hik\bar{l})$, $(khi\bar{l})$, $(ikh\bar{l})$

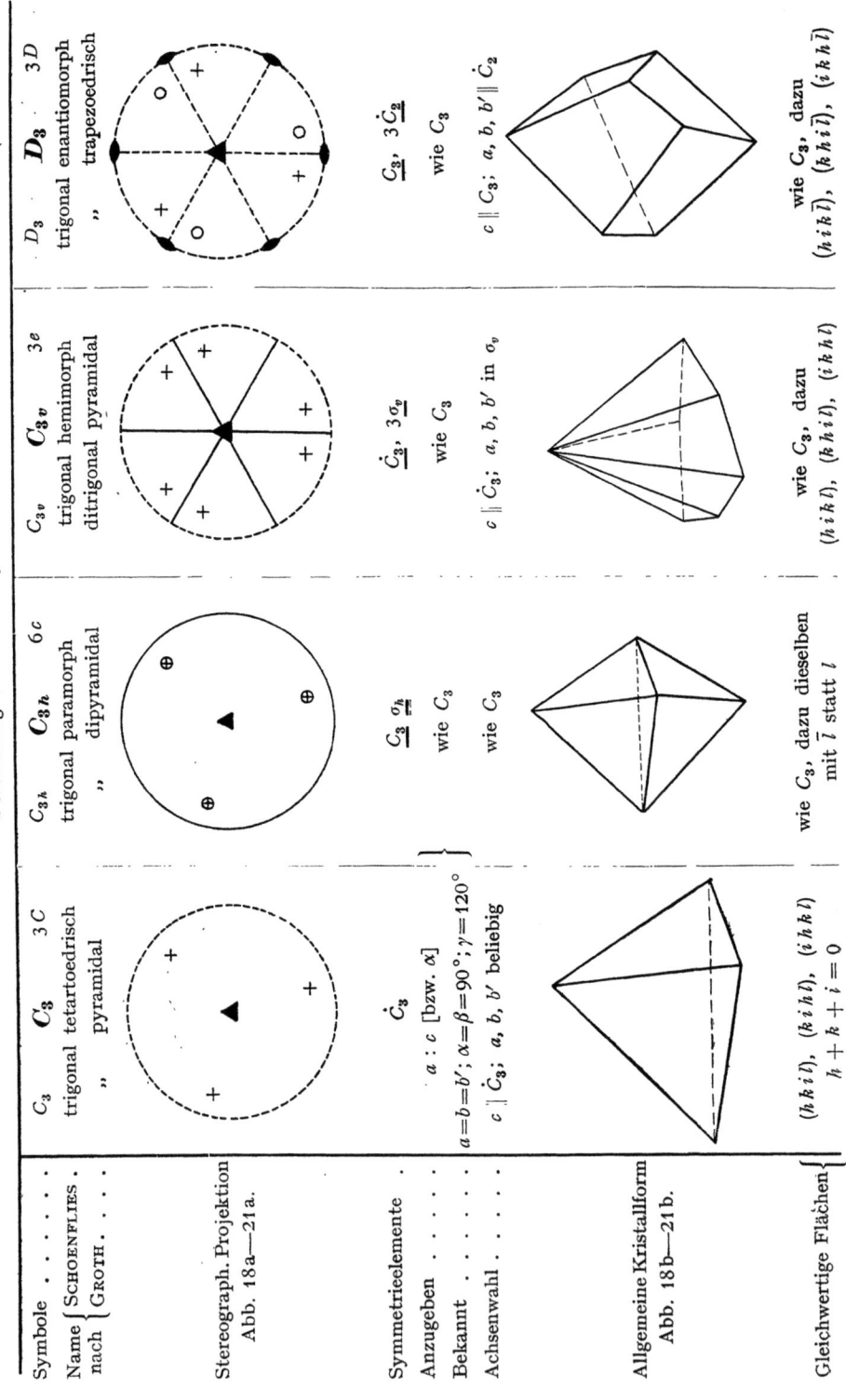

Fortsetzung von Tabelle 3.

Symbole	D_{3h} $\mathbf{D_{3h}}$ $6d$	C_4 $\mathbf{C_4}$ $4C$	S_4 $\mathbf{S_4}$ $4c$	C_{4h} $\mathbf{C_{4h}}$ $4Ci$
Name nach SCHOENFLIES	trigonal holoedrisch	tetragonal tetartoedr. I. Art	tetragonal tetartoedr. II. Art	tetragonal paramorph
Name nach GROTH	ditrigonal dipyramidal	tetragonal pyramidal	tetragonal dispenoïdisch	„ dipyramidal
Stereograph. Projektion Abb. 22a—25a.	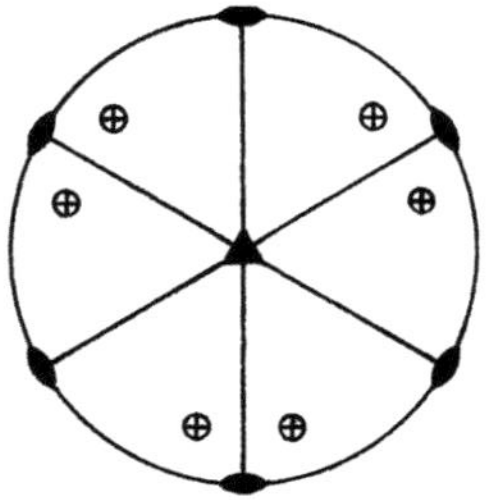	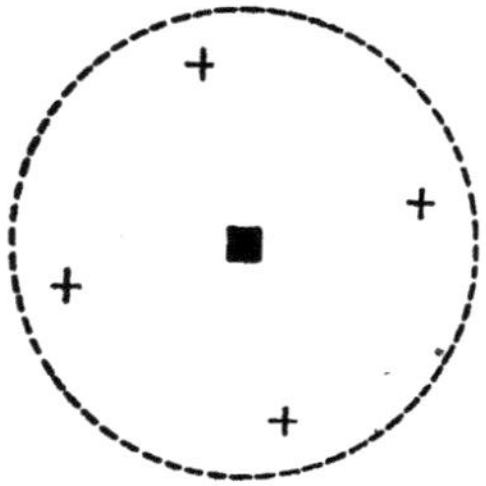	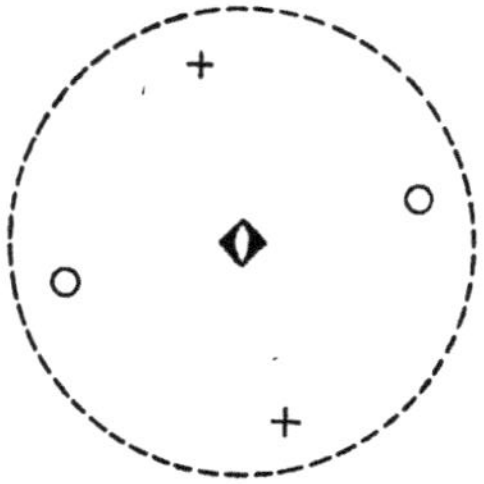	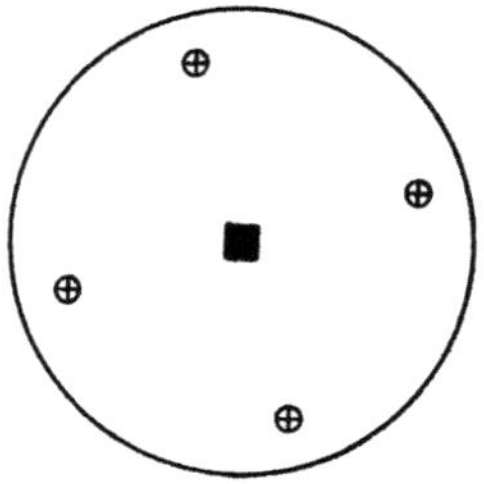
Symmetrieelemente	$\underline{C_3}$, $3\underline{\dot{C}_2}$, $\underline{\sigma_h}$, $3\sigma_v$	$\dot{C}_4$	$\underline{S_4}$, C_2	$\underline{C_4}$, $\underline{\sigma_h}$, i
Anzugeben	wie bei C_3	$a:c$	wie C_4	wie C_4
Bekannt	wie bei C_3	$a=b$; $\alpha=\beta=\gamma=90°$	wie C_4	wie C_4
Achsenwahl	wie bei D_3	$c \parallel \dot{C}_4$; a, b belieb.	$c \parallel S_4$; a, b bel.	wie C_4
Allgemeine Kristallform Abb. 22b—25b.	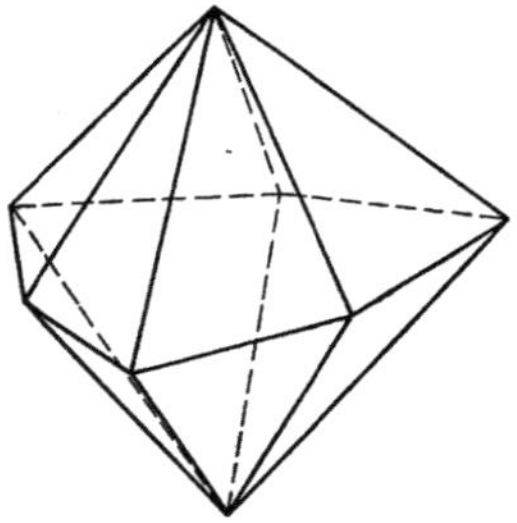	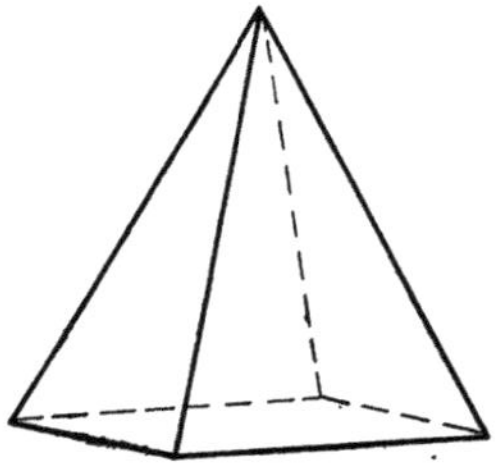	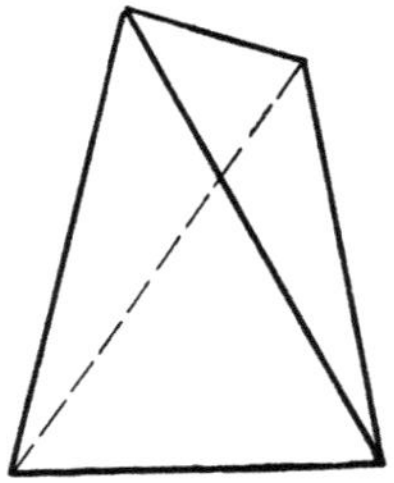	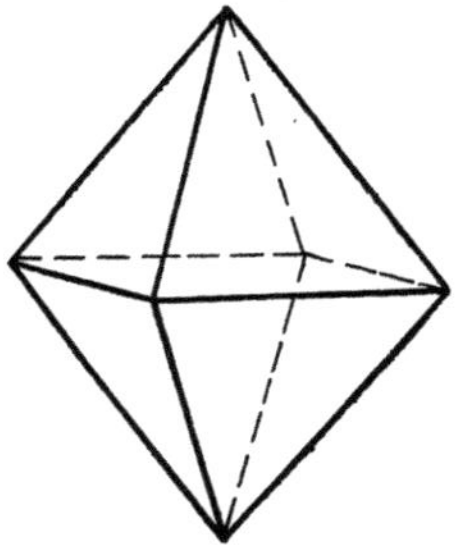
Gleichwertige Flächen	wie bei C_{3v}, dazu dieselben mit $\bar{l}$ statt l	(hkl) $(k\bar{h}l)$ $(\bar{h}\bar{k}l)$ $(\bar{k}hl)$	(hkl) $(k\bar{h}\bar{l})$, $(\bar{h}\bar{k}l)$, $(\bar{k}h\bar{l})$	wie C_4, dazu dieselben mit $\bar{l}$ statt l

Fortsetzung von Tabelle 3.

Symbole	C_{4v} **C_{4v}** $4e$	S_{4u} **V_d** $4d$	D_4 **D_4** $4D$	D_{4h} **D_{4h}** $4Di$
Name nach { SCHOENFLIES . / GROTH	tetragonal hemimorph ditetragonal pyramidal	tetragonal hemiedrisch II. Art „ skalenoedrisch	tetragonal enantiomorph „ trapezoedrisch	tetragonal holoedrisch ditetragonal dipyramidal
Stereograph. Projektion Abb. 26a—29a.	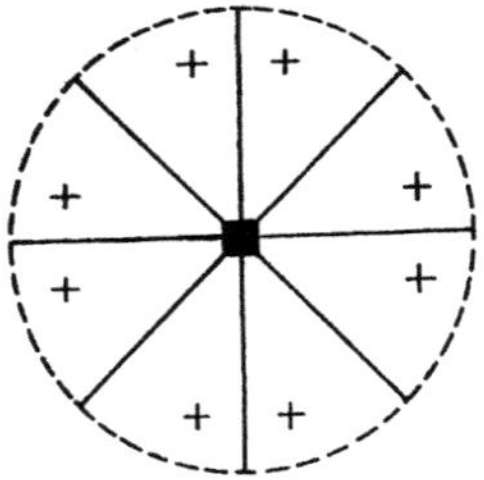	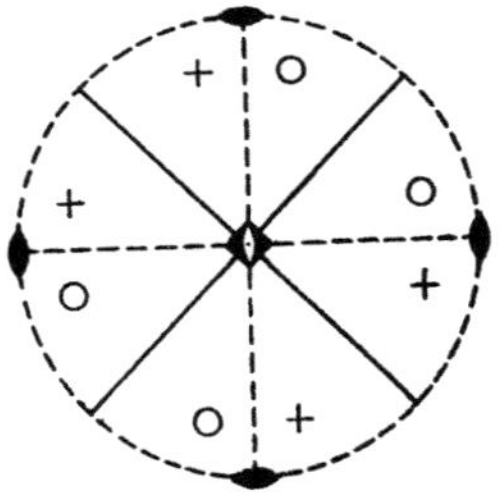	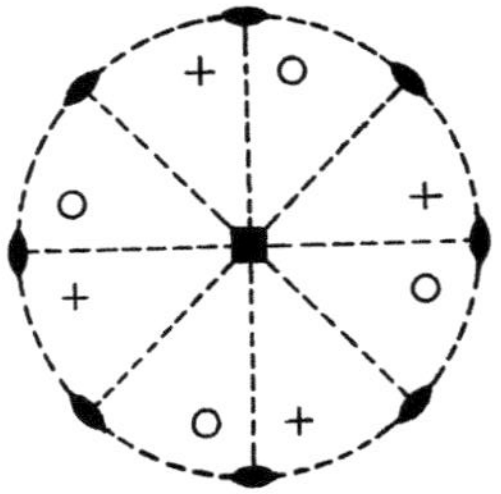	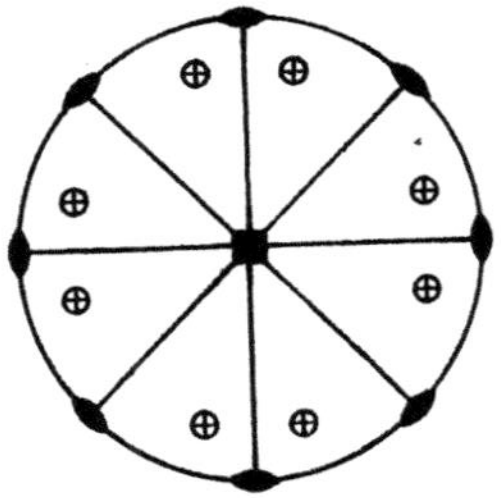
Symmetrieelemente .	$\underline{\dot{C}_4}$, $\underline{2\sigma_v}$, $2\sigma_d$	$\underline{S_4}$, C_2, $2\underline{C_2}$, $2\sigma_d$	$\underline{C_4}$, $2\underline{C_2}$, $2C_2$	$\underline{C_4}$, $2\underline{C_2}$, $2C_2$, $\underline{\sigma_h}$, $2\sigma_v$, $2\sigma_d$, i
Anzugeben . . . . . } Bekannt . . . . . . }	wie C_4	wie C_4	wie C_4	wie C_4
Achsenwahl	$c \parallel \dot{C}_4$, a, b in σ_v (2 Möglichkeiten)	$c \parallel S_4$; $a, b \parallel C_2$	$c \parallel C_4$; $a, b \parallel C_2$	wie D_4
Allgemeine Kristallform Abb. 26b—29b.	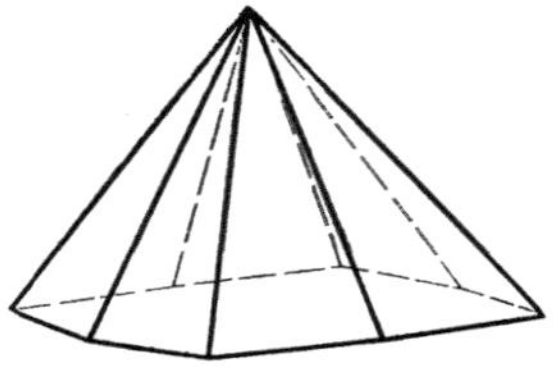	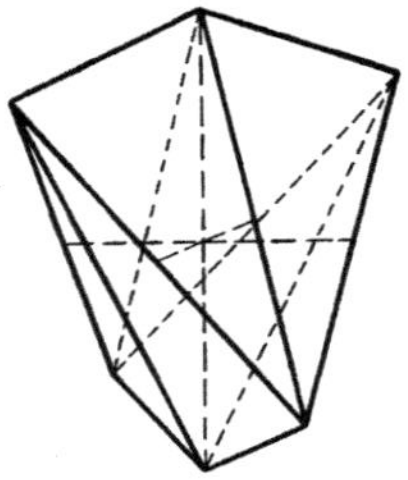	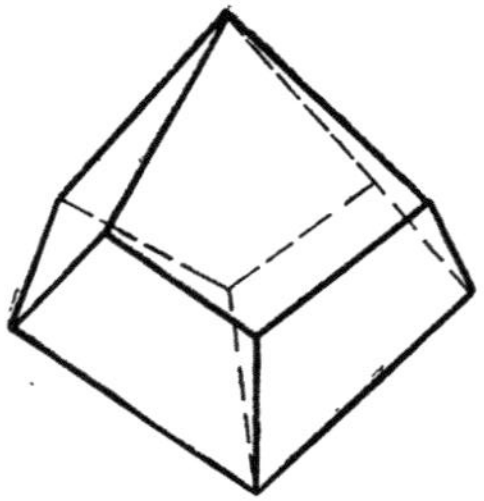	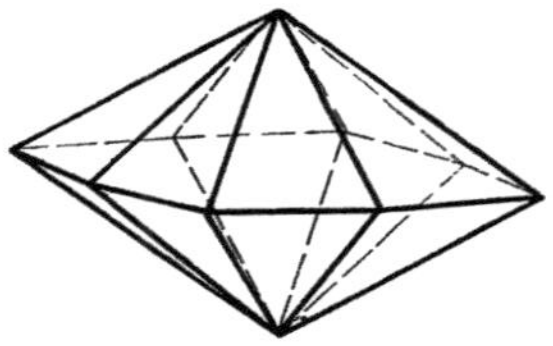
Gleichwertige Flächen	wie C_4, dazu (khl), $(h\bar{k}l)$, $(\bar{k}\bar{h}l)$, $(\bar{h}kl)$	wie S_4, dazu (khl), $(h\bar{k}\bar{l})$, $(\bar{k}\bar{h}l)$, $(\bar{h}k\bar{l})$	wie C_4, dazu $(hh\bar{l})$, $(h\bar{k}\bar{l})$($\bar{k}\bar{h}\bar{l}$), $(\bar{h}kl)$	wie C_{4v}, dazu dieselben mit $\bar{l}$ statt l

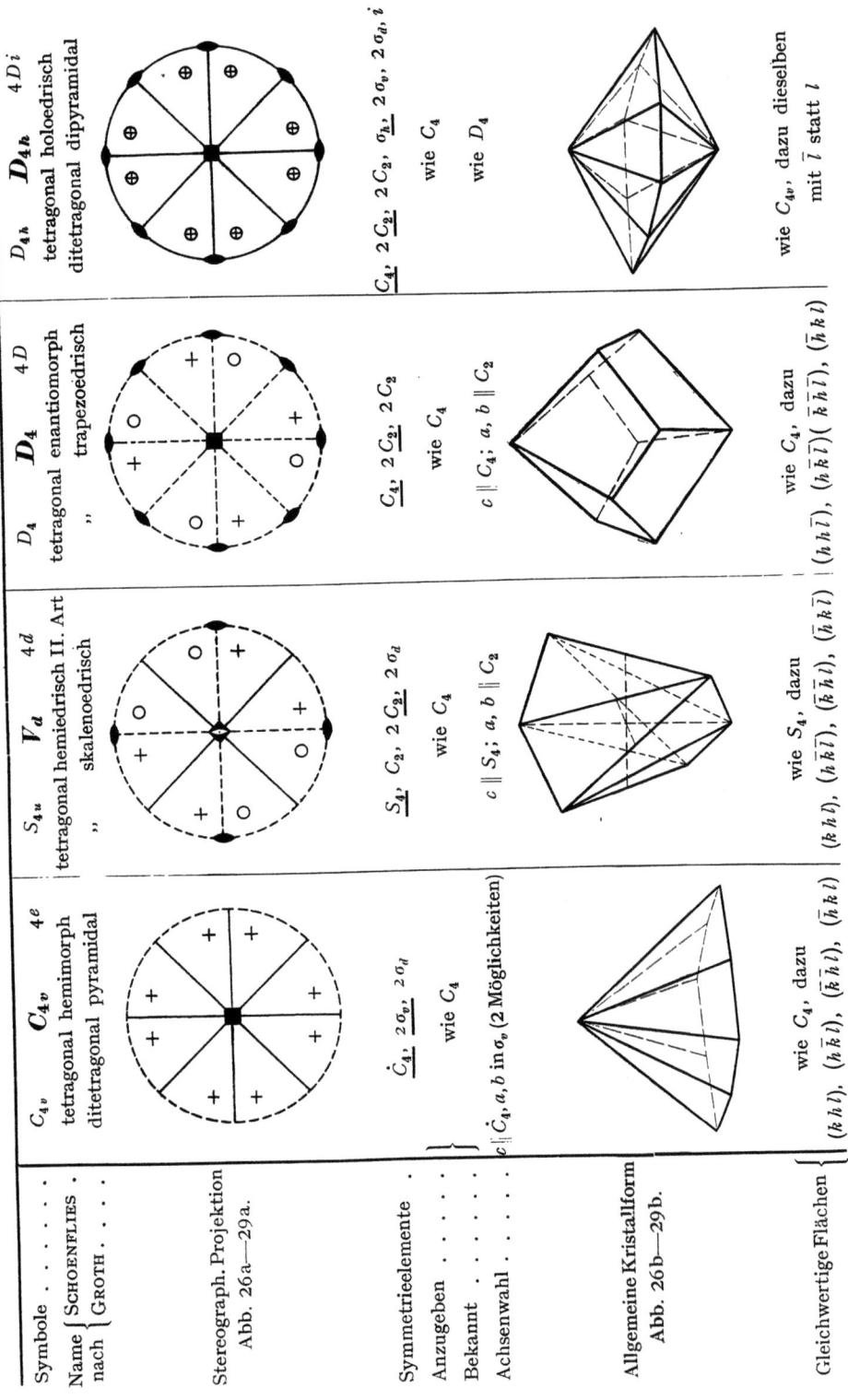

Fortsetzung von Tabelle 3.

Symbole	C_6 $\boldsymbol{C_6}$ $6C$	S_6 $\boldsymbol{C_{3i}}$ $3\,Ci$	C_{6h} $\boldsymbol{C_{6h}}$ $6\,Ci$	C_{6v} $\boldsymbol{C_{6v}}$ $6e$
Name nach SCHOENFLIES	hexagonal tetardoedrisch I. Art.	hexagonal tetartoedr. II. Art.	hexagonal paramorph	hexagonal hemimorph
Name nach GROTH	„ pyramidal	rhomboedrisch	„ dipyramidal	dihexagonal pyramidal
Stereograph. Projektion Abb. 30a—33a.	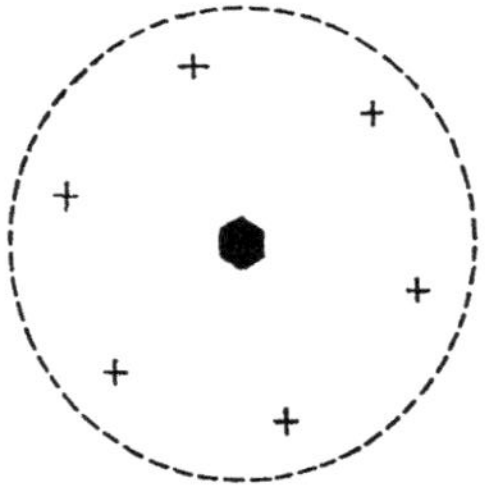	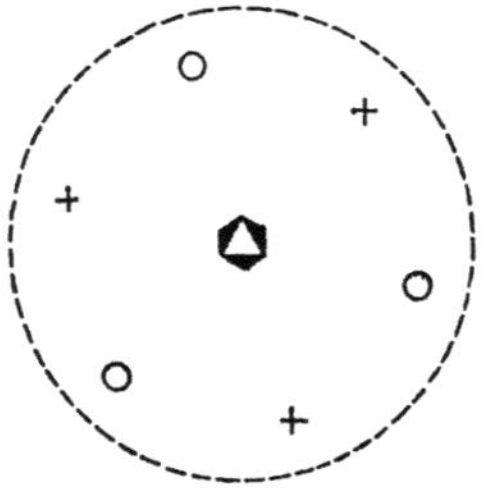	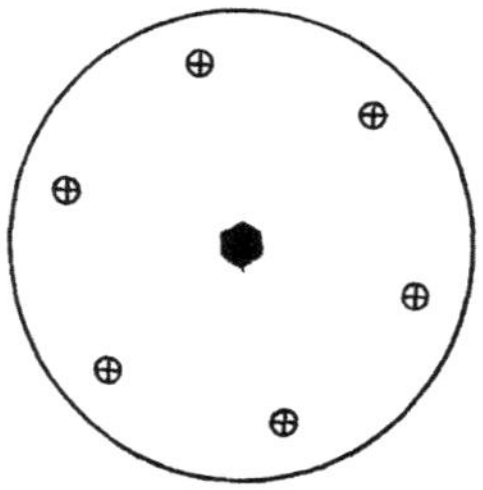	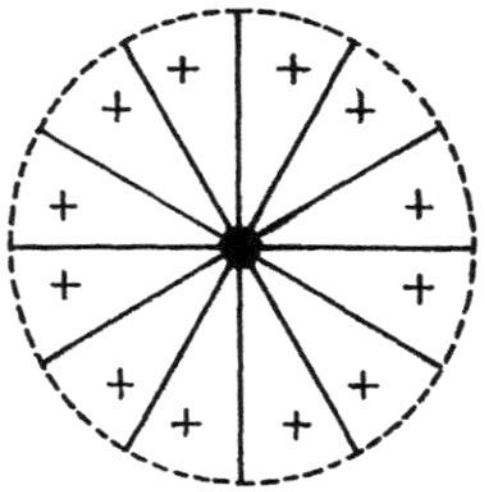
Symmetrieelemente	$\dot{C}_6$	$\underline{S_6}$ C_3 i	$\underline{C_6}$, $\underline{\sigma_h}$	$\dot{C}_6$, $3\,\sigma_v$, $3\,\sigma_d$
Anzugeben / Bekannt	wie C_3	wie C_3	wie C_3	wie C_3
Achsenwahl	$c \parallel C_6$, a, b, b' belieb.	$c \parallel S_6$, a, b, b' bel.	wie bei C_6	$c \parallel C_6$, a, b, b' in σ_v (2 Mögl.)
Allgemeine Kristallform Abb. 30b—33b.	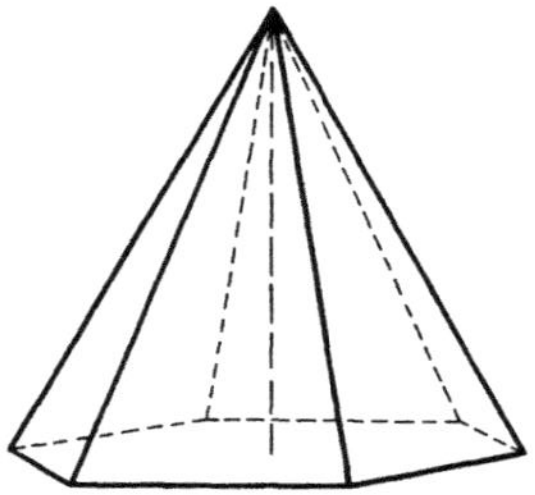	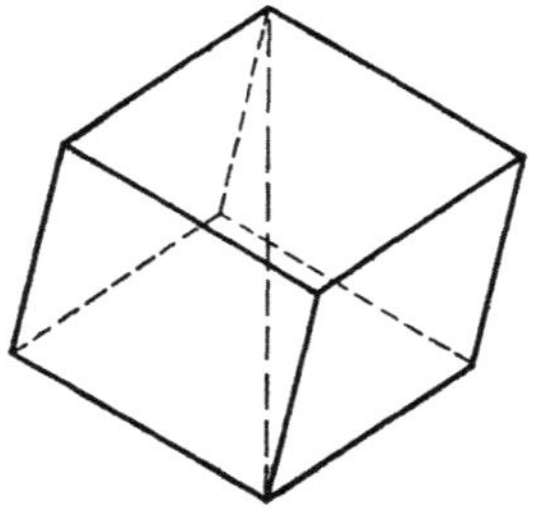	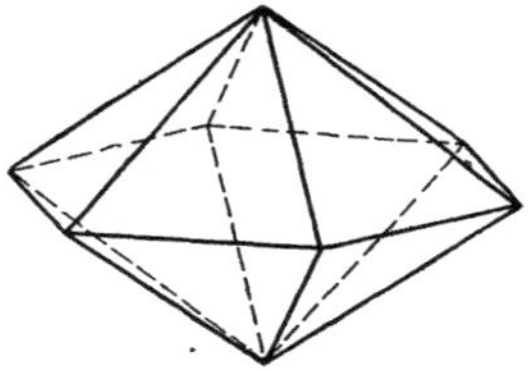	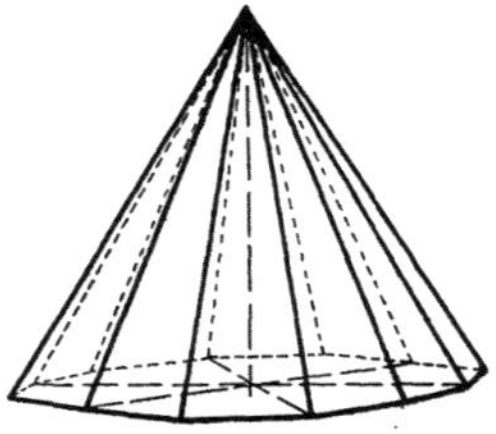
Gleichwertige Flächen	wie bei C_3, dazu $(\bar{h}\,\bar{k}\,\bar{i}\,l)$, $(\bar{k}\,\bar{i}\,\bar{h}\,l)$, $(\bar{i}\,\bar{h}\,\bar{k}\,l)$	wie C_3, dazu dieselben mit umgekehrten Vorzeichen	wie bei C_{3h}, dazu dieselben mit $\bar{h}\,\bar{k}\,\bar{i}$ statt $h\,k\,i$	wie bei C_{3v}, dazu dieselben mit $\bar{h}\,\bar{k}\,\bar{i}$ statt $h\,k\,i$

Fortsetzung von Tabelle 3.

Symbole	S_{6u} $\boldsymbol{D_{3d}}$ $3Di$	D_6 $\boldsymbol{D_6}$ $6D$	D_{6h}, $\boldsymbol{D_{6h}}$ $6Di$	T $\boldsymbol{T}$ T
Name nach { SCHOENFLIES . / GROTH	hexagonal hemiedrisch II. Art ditrigonal skalenoedrisch	hexagonal enantiomorph „ trapezoedrisch	hexagonal holoedrisch dihexagonal dipyramidal	kubisch tetartoedrisch „ pentagondodekaedrisch
Stereograph. Projektion Abb. 34a—37a.	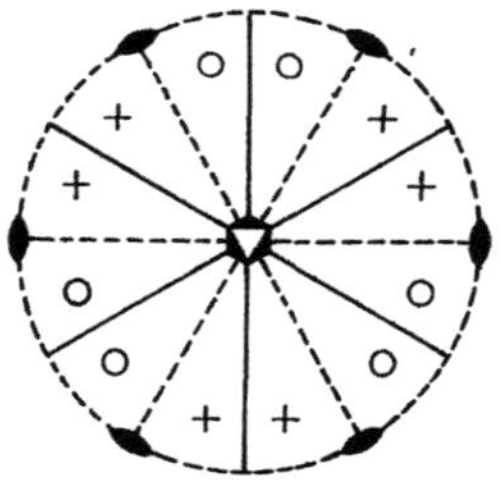	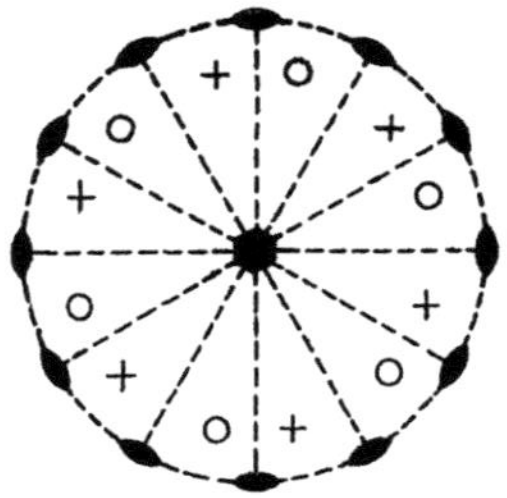	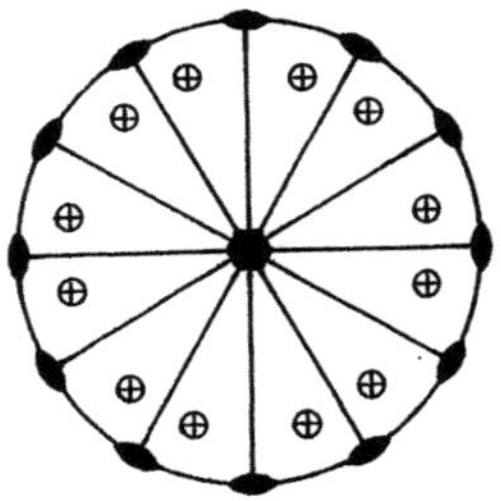	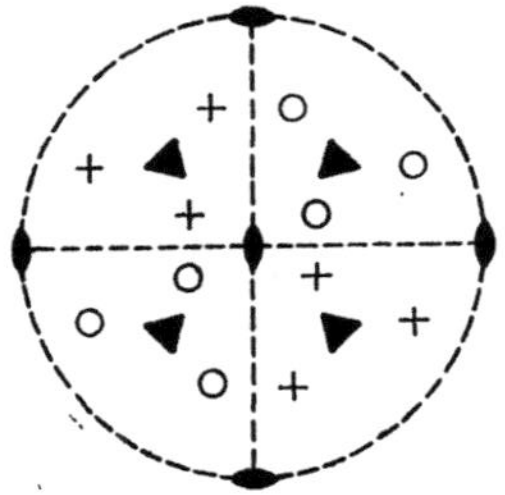
Symmetrieelemente .	$\underline{S_6}$, C_3, $\underline{C_2}$, $3\sigma_d$, i	$\underline{C_6}$, $3\underline{C_2}$, $3C_2$	$\underline{C_6}$, $3\underline{C_2}$, $3C_2$, $\underline{\sigma_h}$, $3\sigma_v$, $3\sigma_\alpha$, i	$\underline{4\dot{C}_3}$, $3C_2$
Anzugeben . . . . . } Bekannt	wie bei C_3	wie bei C_3	wie bei C_3	— — —
Achsenwahl	$c \parallel S_6$; $a, b, b' \parallel C_2$	$c \parallel C_6$; $a, b, b' \parallel C_2$ (2 Mögl.)	wie bei D_6	$a = b = c$, $\alpha = \beta = \gamma = 90°$ $a, b, c \parallel C_2$
Allgemeine Kristallform Abb. 34b—37b.	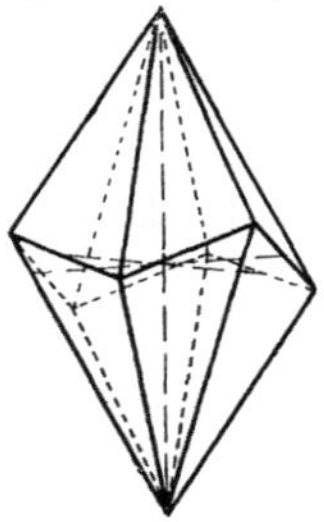	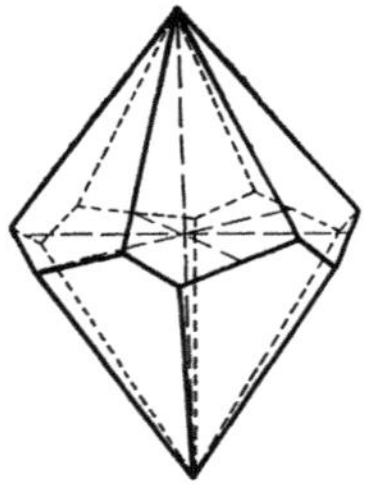	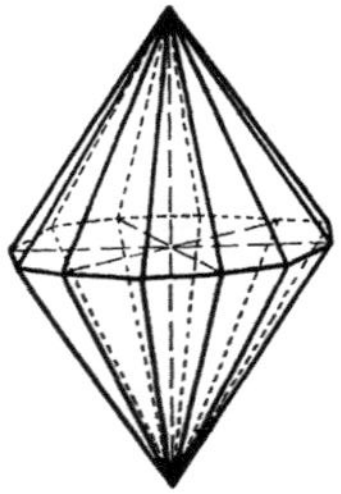	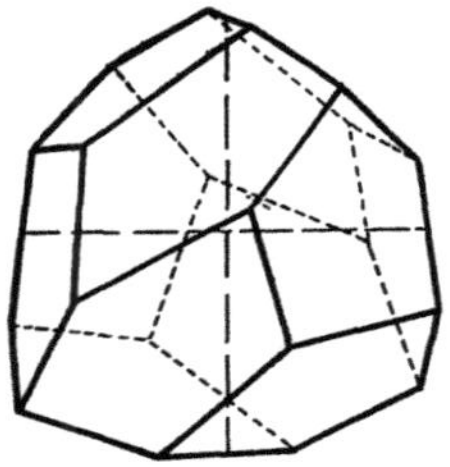
Gleichwertige Flächen	wie D_3, dazu dieselben mit umgekehrten Vorzeichen	wie D_3, dazu dieselben mit $h\bar{k}\bar{i}$ statt hki	wie D_{3h}, dazu dieselben mit $\bar{h}k\bar{i}$ statt hki	(hkl) $(h\bar{k}\bar{l})$ $(\bar{h}k\bar{l})$ $(\bar{h}\bar{k}l)$ (klh) $(k\bar{l}\bar{h})$ $(\bar{k}l\bar{h})$ $(\bar{k}\bar{l}h)$ (lhk) $(l\bar{h}\bar{k})$ $(\bar{l}h\bar{k})$ $(\bar{l}\bar{h}k)$

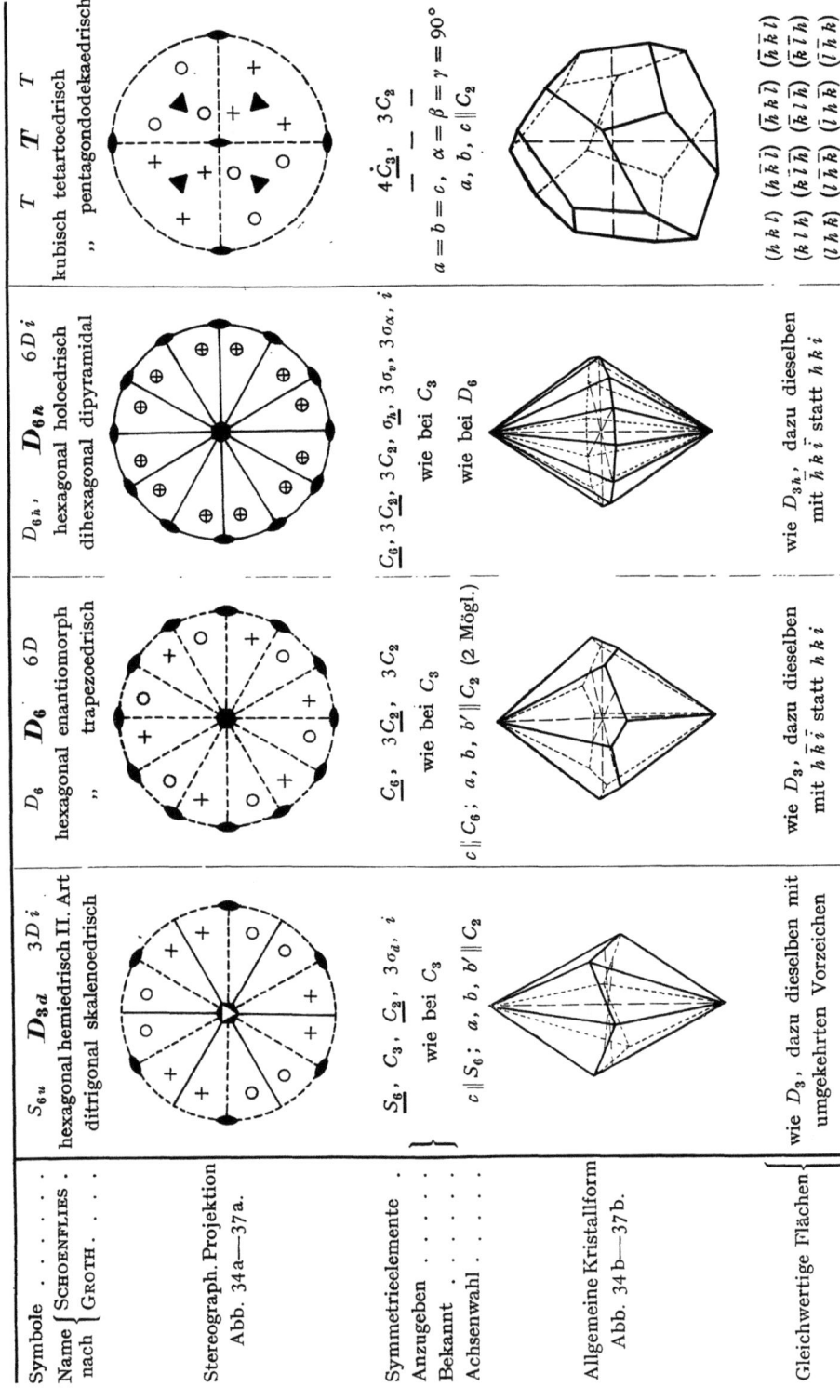

Fortsetzung von Tabelle 5.

Symbole	T_h **T_h** Ti	T_d **T_d** Te	O **O** O	O_h **O_h** Oi
Name nach { SCHOENFLIES . / GROTH	kubisch paramorph „ dyakisdodekaedrisch	kubisch hemimorph „ hexakistetraedrisch	kubisch enantiomorph „ pentagonikositetraedr.	kubisch holoedrisch „ hexakisoktaedrisch
Stereograph. Projektion Abb. 38a—41a.	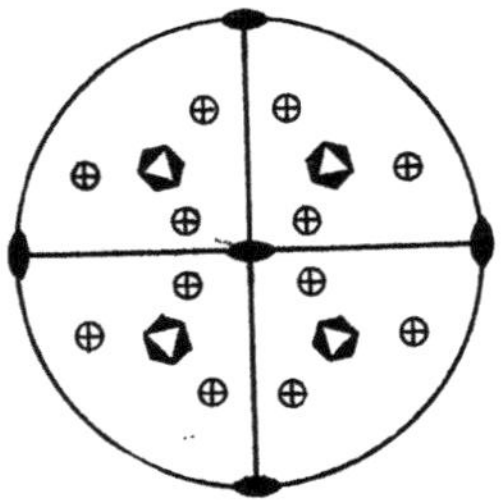	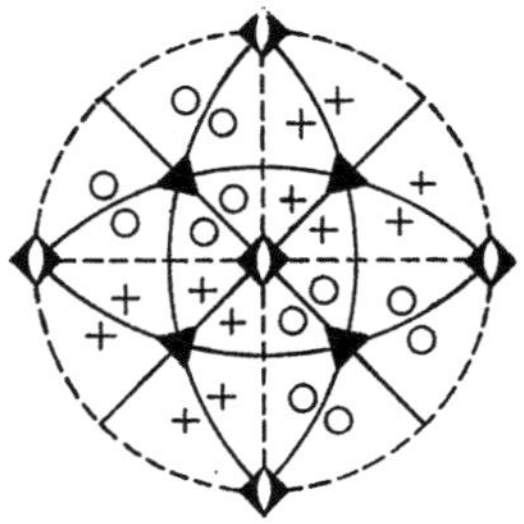	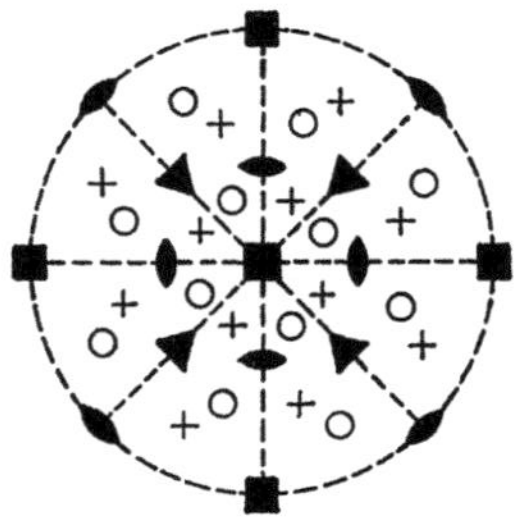	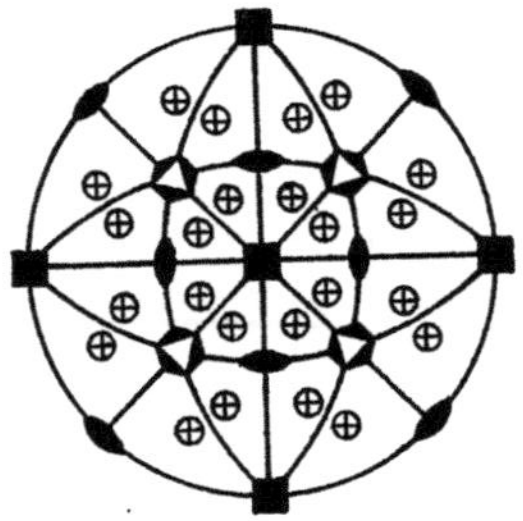
Symmetrieelemente .	$4\underline{C_3}$, $3C_2$, $3\underline{\sigma_h}$, i	$4\underline{\dot{C}_3}$, $3C_2 = 3S_4$, $6\underline{\sigma_d}$	$4\underline{C_3}$, $3C_4$, $6\underline{C_2}$	$4\underline{C_3}$, $3C_4$, $6\underline{C_2}$, $3\underline{\sigma_h}$, $6\sigma_d$, i
Anzugeben . . . . . } Bekannt	wie T	wie T	wie T	wie T
Achsenwahl	wie T	wie T	$a, b, c \parallel C_4$	wie O
Allgemeine Kristallform Abb. 38b—41b.	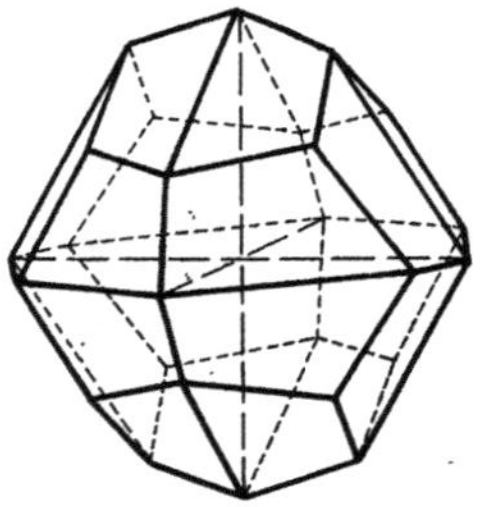	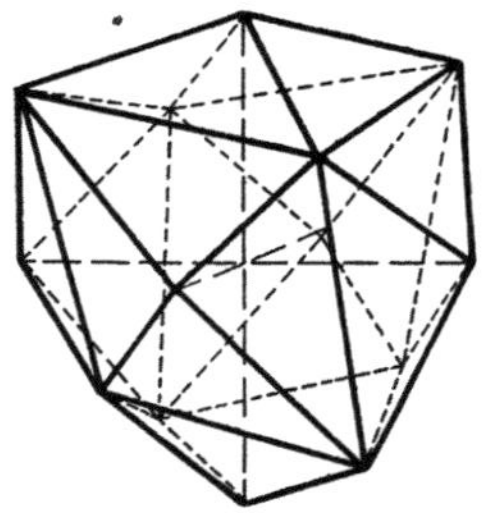	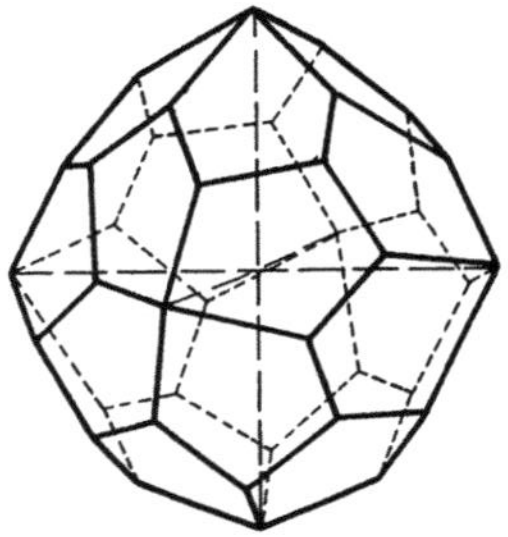	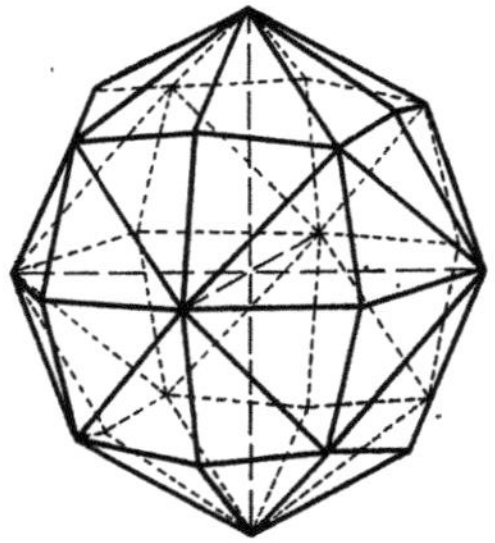
Gleichwertige Flächen	wie T, dazu dieselben mit umgekehrten Vorzeichen	wie T, dazu dieselben mit Vertauschung der beiden letzten Indizes	wie T, dazu: $[\bar{k}\bar{h}\bar{l}]$ $[k h \bar{l}]$ $[k \bar{h} l]$ $[\bar{k} h l]$ $[\bar{h}\bar{l}\bar{k}]$ $[h l \bar{k}]$ $[h \bar{l} k]$ $[\bar{h} l k]$ $[\bar{l}\bar{k}\bar{h}]$ $[l k \bar{h}]$ $[l \bar{k} h]$ $[\bar{l} k h]$	wie O, dazu dieselben mit umgekehrten Vorzeichen

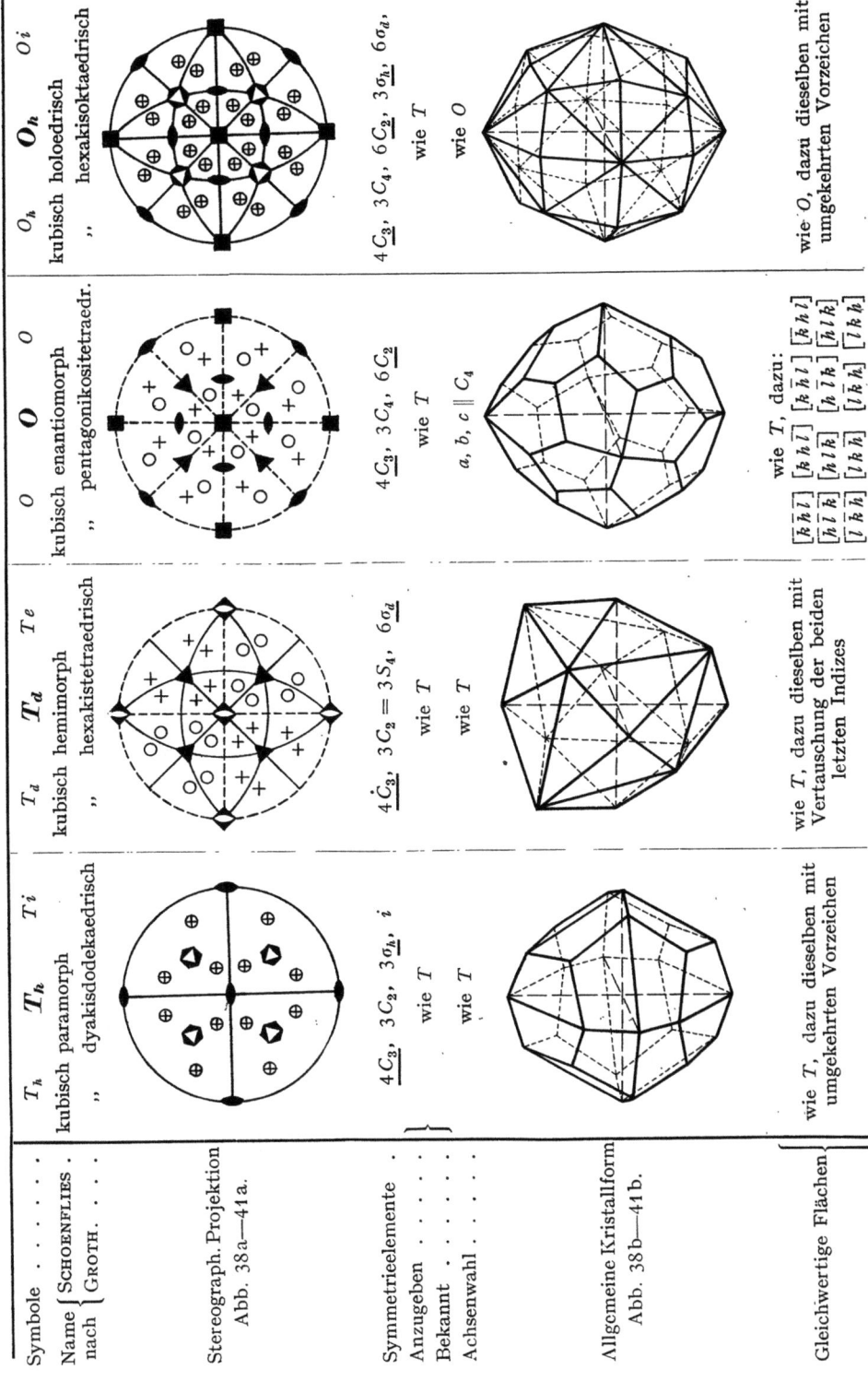

Tabelle 4 gibt eine Zusammenstellung des Verhaltens der 32 Klassen bei den besprochenen physikalischen Vorgängen.

Tabelle 4. Kristallklassen und physikalische Symmetrie.

Kristallsystem	Triklin		Monoklin			Rhombisch			Rhomboedrisch				
Kristallklasse	C_1	C_i	C_2	C_s	C_{2h}	C_{2v}	V	V_h	C_3	C_{3i}	C_{3v}	D_3	D_{3d}
Röntgensymmetrie	C_i		C_{2h}			V_h			C_{3i}		D_{3d}		
Doppelbrechend	ja		ja			ja			ja		ja		
Optische Achsen	zweiachsig								einachsig				
Optisch aktiv	ja	nein	ja	nein	nein	nein	ja	nein	ja	nein	nein	ja	nein
Piezoelektrisch	ja	nein	ja	ja	nein	ja	ja	nein	ja	nein	ja	ja	nein

Kristallsystem	Hexagonal							Tetragonal							Kubisch				
Kristallklasse	C_6	C_{3h}	C_{6h}	C_{6v}	D_6	D_{3h}	D_{6h}	C_4	S_4	C_{4h}	C_{4v}	D_4	V_d	D_{4h}	T	T_h	T_d	O	O_h
Röntgensymmetrie	C_{6h}			D_{6h}				C_{4h}			D_{4h}				T_h		O_h		
Doppelbrechend	ja			ja				ja			ja				nein		nein		
Optische Achsen	einachsig														isotrop				
Optisch aktiv	ja	nein	nein	nein	ja	nein	nein	ja	nein	nein	nein	ja	nein	nein	ja	nein	nein	ja	nein
Piezoelektrisch	ja	ja	nein	ja	ja	ja	nein	ja	ja	nein	ja	ja	ja	nein	ja	nein	ja	nein	nein

γ) Unter den kristallographisch untersuchten Stoffen finden sich Beispiele für alle Symmetrieklassen, jedoch in sehr ungleichmäßiger Verteilung. Von den kristallographisch am besten untersuchten Mineralien kristallisiert die Mehrzahl monoklin oder rhombisch. BECKENKAMP[1]) gibt folgende Statistik über 565 Minerale:

Triklin	Monoklin	Rhombisch	Rhomboedrisch	Hexagonal	Tetragonal	Kubisch
36	186	155	51	20	32	85

Von diesen kristallisieren holoedrisch 469 = 83%;

in Klassen mit Symmetriezentrum	kristallisieren	498 =	88 %
„ „ „ Spiegelebenen	„	503 =	89 %
„ „ „ nur Achsensymmetrie	„	26 =	4,6%
„ „ „ polaren Achsen	„	45 =	8 %.

Es ist nicht gesagt, daß die Auswahl der Mineralien ein ganz richtiges Bild darüber gibt, wie sich alle kristallisierten Substanzen einreihen würden. Von den organischen Verbindungen ist bekannt, daß ziemlich wenige kubisch, sehr viele monoklin kristallisieren.

II. Der Kristall als homogenes Diskontinuum.

6. Die BRAVAISschen Raumgitter. α) Die bisherigen Ausführungen über Kristalle knüpfen allein an die „makroskopischen" Eigenschaften dieser Körper an, d. h. an die Symmetrie der „Materialkonstanten": Brechungsindex, Wärmeleitfähigkeit, pyroelektrische Erregbarkeit, Wachstumsgeschwindigkeit von Flächen, Flächenwinkel und ähnliche andere, wie sie von der beobachtenden und messenden Physik und Kristallographie ohne Einführung der atomistischen Vorstellungen über den Kristallaufbau festgestellt werden konnten. Es ist wesentlich, sich heute klarzumachen, wieviel sich von diesem sicheren, experimentell gegebenen Standpunkt aus erreichen ließ, der deshalb mit Recht auch weiterhin das Fundament für einen systematischen Aufbau der Kristallographie

[1]) Zitiert nach P. NIGGLI, Lehrbuch der Mineralogie, S. 71.

bleiben kann. Dabei hat es nicht schon in frühesten Zeiten an dem richtigen Gedanken gefehlt, wie die einfachen ganzzahligen Gesetzmäßigkeiten der Kristalle durch die Annahme eines regelmäßigen Aufbaues aus kleinsten Teilchen zu begründen wären. Zuerst ist dieser Gedanke von R. J. HAÜY ausgesprochen worden[1]). Abb. 42 (nach seinem 1803 erschienenen Traité élémentaire de Physique) zeigt die Entstehung des Pentagondodekaeders {210} (= Pyritoeder, weil häufig Pyrit FeS_2 so wächst) aus den Annahmen kubischer „Moleküle" (molécules intégrantes), eines rein kubischen Kristall-„kernes" und eines einfachen „Dekreszenzgesetzes": daß nämlich das Verhältnis von Höhe zu Breite der Stufen, die durch die „Dekreszenz" entstehen, wie 2:1 ist. (Eine fertige Pentagonfläche ist $OpqJf$.)

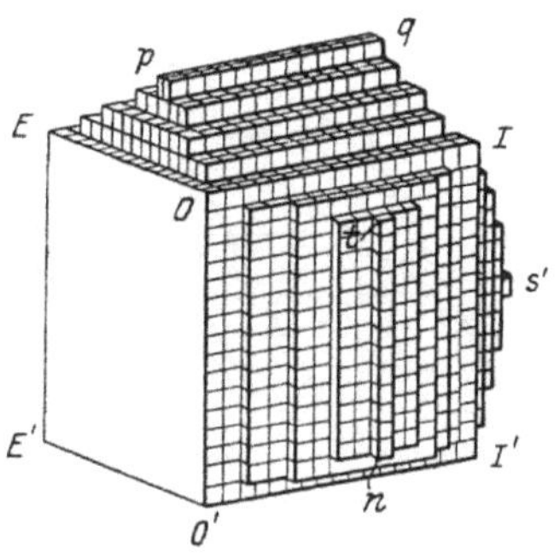

Abb. 42. Dekreszenzgesetz nach HAÜY.

Man sieht, wie in dieser HAÜYschen Vorstellung der richtige Kern einer Erklärung der rationalen Flächenstellung durch Vorbildung gleicher Abstände noch vermischt ist mit unnötig komplizierten Annahmen über die Art dieser Vorbildung. Die Vorstellung von der regelmäßigen Lagerung der Moleküle im Kristall gewann aber an Boden und wurde z. B. von CAUCHY in berühmten Abhandlungen[2]) zur Grundlage einer Theorie der Elastizität der Kristalle genommen, die ein direkter Vorläufer der heutigen Gitterdynamik (s. Kap. 5 dieses Bandes) ist. In dieser und anderen Abhandlungen zur Elastizitätstheorie wurden die Moleküle als punktförmige Kraftzentren angesehen — ähnlich wie in der NEWTONschen Himmelsmechanik die Weltkörper. Vielleicht ist es dem Einfluß dieser physikalischen Arbeiten zu verdanken, daß die HAÜYsche Vorstellung von der Gestalt der „molécules intégrantes" verschwand. Die erste systematische Untersuchung über die „homogenen Discontinua", die sich mit punktförmigen Molekeln aufbauen lassen, stammt von BRAVAIS[3]) (1849). Seine 14 Anordnungstypen (Raumgitter) bilden die Grundlage für die heutige Strukturtheorie und seien deshalb ausführlich besprochen.

β) Der Charakter des „Diskontinuums" besteht in der räumlichen Trennung der Kristallbausteine — wir nennen sie kurz Atome. Die „Homogenität" des Diskontinuums ihrerseits verlangt, daß ein physikalisches Volumelement des Kristalls — viele Atome enthaltend — ganz gleich ausfällt, einerlei an welcher Stelle des Kristalls es entnommen wird. U. a. muß deshalb der Aufbau nach allen Richtungen hin beliebig weit fortsetzbar sein — eine Forderung, die durch die Fähigkeit der Kristalle, regelmäßig weiterzuwachsen, physikalisch bedeutungsvoll wird. Am einfachsten läßt sich diesen beiden Forderungen durch ein „einfaches Translationsgitter" genügen, d. h. ein Gitter, das aus einem Ausgangsatom (Konstruktionsatom, einatomige oder einfache Basis oder Stammfigur) entsteht, wenn man es nach drei (nicht komplanaren) Achsenvektoren oder Translationen $\mathfrak{a}_i$ ($i = 1, 2, 3$) sich selbst parallel wiederholt (Abb. 43). Über die Beschaffenheit des Ausgangsatoms ist hierbei zunächst nichts vorausgesetzt. Doch wollen wir der Übersichtlichkeit halber

[1]) Essai d'une Théorie sur la structure des Crystaux . . . par M. l'Abbé HAÜY, de l'Acad. roy. des sciences, Professeur d'Humanités dans l'Université de Paris. Paris 1784.

[2]) A. L. CAUCHY, Exercices de mathém., 1827.

[3]) A. BRAVAIS, Abhandlungen über die Systeme von regelmäßig auf einer Ebene oder im Raume verteilten Punkten, 1848. Ostwalds Klassiker Nr. 90.

erst an kleine kugelförmige Atome denken und nachher sehen, welchen Einfluß diese Annahme hat.

In Abb. 43 sind die kugelförmigen Atome gemäß drei willkürlich angenommenen Achsen wiederholt. Diese Achsen entsprechen dem Achsenkreuz eines triklinen Kristalls. Es ist offenbar, daß man gewisse Symmetrien in die Atomanordnung bringen kann, indem man die Achsen spezialisiert. BRAVAIS erkannte, daß im ganzen 14 verschiedene Typen von Translationen zu unterscheiden sind und daß unter Umständen Symmetrien in der Anordnung entstehen, die man den Achsen nicht ohne weiteres ansieht. Die 14 Typen sind in Tab. 5 aufgezeichnet. Um die Winkelverhältnisse deutlicher hervortreten zu lassen, sind die Raumgitter auf quadratische Bretter gestellt. Bei den Abbildungen finden sich die SCHOENFLIESschen Symbole $\Gamma_{..}^{..}$ der Gitter und die Angaben, die zur Festlegung der Achsen nötig sind. Im allgemeinsten triklinen Fall sind dies drei Achsenlängen $|\mathfrak{a}_i|$ und drei Achsenneigungen, die aus $(\mathfrak{a}_i \mathfrak{a}_k) = \mathfrak{a}_i^2 \cos \alpha_{ik}$ entnommen werden können. Bei den kubischen Gittern reduzieren sich diese sechs Angaben auf eine einzige (Achsenlänge). Unter den Raumgittern sind sieben, deren Achsen man sofort die Symmetrie des Gitters ansieht. Diese Achsen sind durch große Buchstaben kenntlich gemacht. Es empfiehlt sich oft, auch die andern Raumgitter nicht als einfache Gitter mit den zugehörigen schiefwinkligen Translationen $\mathfrak{a}_i$, sondern als Zusammensetzung von Gittern mit Translationen $\mathfrak{A}_i$ aufzufassen (z. B. das körperzentrierte Kubische aus zwei einfachen Kubischen aufzubauen). In diesem Fall muß die „Basis" angegeben werden. In der Elementarzelle liegen dann mehrere völlig gleichwertige Gitterpunkte. Eine solche Zelle nennt man „mehrfach-primitiv". Die Transformationsformeln von den $\mathfrak{a}_i$ zu den $\mathfrak{A}_i$ und umgekehrt sind angegeben. Die Strecken $\overrightarrow{01}$, $\overrightarrow{02}$, $\overrightarrow{03}$ bzw. $\overrightarrow{0c}$ in den Abbildungen geben diejenigen Achsen, bei denen das Gitter als einfaches Gitter erscheint. Auf diese Zelle bezieht sich auch die Angabe des Volumens.

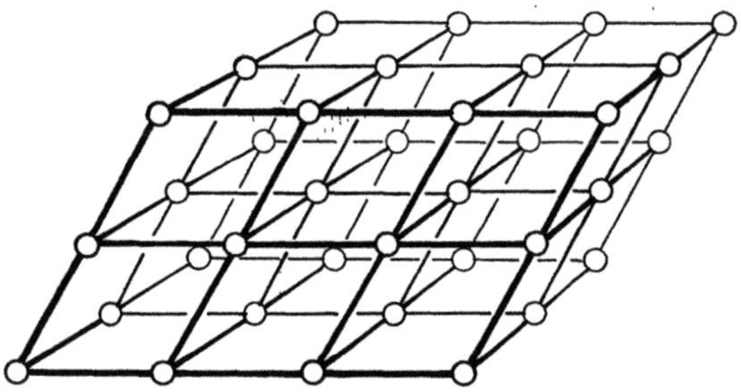

Abb. 43. Einfaches Raumgitter.

Das hexagonale Raumgitter läßt sich als Ineinanderstellung von rhomboedrischen, das rhomboedrische als hexagonales mit Basis ansehen. Daher ist bei diesen Gittern eine doppelte Beschreibung angegeben, die oft nützlich ist. Die beiden Abb. 58 und 59, beziehen sich auf diesen Zusammenhang[1]).

[1]) Bei den tetragonalen Gittern ist die Lage der $\mathfrak{A}$-Achsen nicht ohne weiteres durch die äußere Kristallform bestimmt, sondern es bleibt die Wahl zwischen zwei Achsenkreuzen, die durch Drehung um die Hauptachse um 45° auseinander hervorgehen. Diesen beiden Möglichkeiten entsprechen die Gitterbeschreibungen (*a*) und (*b*) der Tab. 5. Je nachdem, auf welches Achsenkreuz $\mathfrak{A}_i$ man sich bezieht, erscheint die Basis von Γ_t einfach oder doppelt, die von Γ_t' doppelt oder vierfach primitiv. Bei den beiden Gitterdarstellungen $\Gamma_t(a)$ und $\Gamma_t(b)$ erkennt man die Gleichwertigkeit ohne Schwierigkeit an der Aufzählung der bekannten Stücke. Bei den Gittern $\Gamma_t'(a)$ und $\Gamma_t'(b)$ ist das nicht ganz so einafch. Das liegt daran, daß überall, wo man ein hochsymmetrisches Gitter durch eine niedriger symmetrische Einheitszelle beschreiben möchte, eine große Willkür in der Wahl dieser Zelle bleibt. Welche von den zahlreichen möglichen Zellen aus geometrischen Gründen den Vorzug verdient, hängt im allgemeinen vom Achsenverhältnis ab. Nun pflegt man oft das kristallographische Achsenkreuz so zu wählen, daß sich das Achsenverhältnis möglichst wenig vom kubischen unterscheidet. Daher wird man in vielen Fällen, wo man durch das kristallographische

Tabelle 5.

Bravaisgitter.

I. Kubische Bravaisgitter.

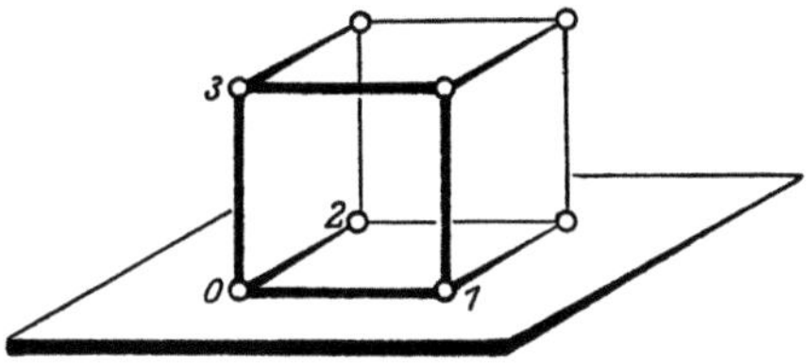

Abb. 44.

1. Γ_c, kubisches, einfach primitives Gitter.

Achsen: $\mathfrak{A}_1, \mathfrak{A}_2, \mathfrak{A}_3$.

Bekannt: $\mathfrak{A}_1^2 = \mathfrak{A}_2^2 = \mathfrak{A}_3^2; \quad (\mathfrak{A}_2\mathfrak{A}_3) = (\mathfrak{A}_3\mathfrak{A}_1) = (\mathfrak{A}_1\mathfrak{A}_2) = 0$,

anzugeben: $\mathfrak{A}_1^2$.

Volumen der Elementarzelle $V = |\mathfrak{A}|^3$.

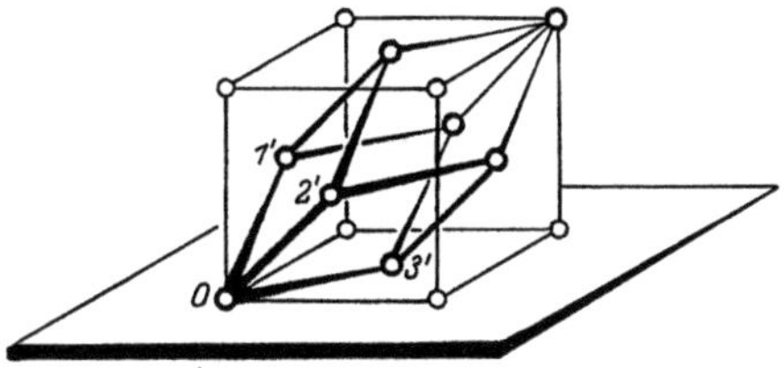

Abb. 45.

2. Γ_c', kubisches flächenzentriertes Gitter.

Γ_c mit Basis: $(0\;0\;0,\quad 0\;{}^1/_2\;{}^1/_2,\quad {}^1/_2\;0\;{}^1/_2,\quad {}^1/_2\;{}^1/_2\;0)$.

$$\mathfrak{a}_1' = {}^1/_2(\mathfrak{A}_2 + \mathfrak{A}_3); \quad \mathfrak{a}_2' = {}^1/_2(\mathfrak{A}_3 + \mathfrak{A}_1); \quad \mathfrak{a}_3' = {}^1/_2(\mathfrak{A}_1 + \mathfrak{A}_2).$$

$$\mathfrak{A}_1 = -\mathfrak{a}_1' + \mathfrak{a}_2' + \mathfrak{a}_3'; \quad \mathfrak{A}_2 = \mathfrak{a}_1' - \mathfrak{a}_2' + \mathfrak{a}_3'; \quad \mathfrak{A}_3 = \mathfrak{a}_1' + \mathfrak{a}_2' - \mathfrak{a}_3'$$

Bekannt: $\mathfrak{a}_1'^2 = \mathfrak{a}_2'^2 = \mathfrak{a}_3'^2 = 2(\mathfrak{a}_2'\mathfrak{a}_3') = 2(\mathfrak{a}_3'\mathfrak{a}_1') = 2(\mathfrak{a}_1'\mathfrak{a}_2')$,

anzugeben: $\mathfrak{a}_1'^2$ (oder $\mathfrak{A}_1^2$).

Volumen der Elementarzelle $v' = {}^1/_4 V$.

Achsenkreuz auf ein innenzentriertes tetragonales Gitter geführt wird, durch die zu Γ_c'' analoge Transformation auf die beste einfachprimitive Zelle geführt werden, wo man aber auf ein flächenzentriertes Gitter stößt, durch die zu Γ_c' analoge Transformation. Diese beiden Transformationen sind hier gegeben. Es lassen sich aber ohne große Mühe eine Reihe weiterer einfachprimitiver Einheitszellen angeben, die dasselbe Bravaisgitter Γ_t' darstellen. Ähnlich können bei dem hexagonalen Raumgitter die drei „Nebenachsen" um 30° in ihrer Ebene gedreht werden („Zwischenachsen"), wodurch die Zelle dreifach primitiv wird.

Auf die gleiche Willkür weisen auch die verschiedenen Bezeichnungen bei den monoklinen Gittern hin, ohne daß hier wirklich die verschiedenen Transformationen ausgeführt wären.

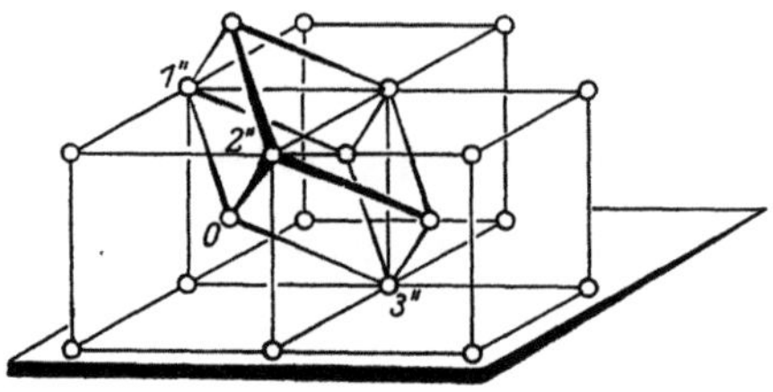

Abb. 46.

3. Γ_c'', kubisches innenzentriertes Gitter.

Γ_c mit Basis: $(0\ 0\ 0,\ \ {}^1/_2\ {}^1/_2\ {}^1/_2)$.

$$\mathfrak{a}_1'' = {}^1/_2(-\mathfrak{A}_1 + \mathfrak{A}_2 + \mathfrak{A}_3);\quad \mathfrak{a}_2'' = {}^1/_2(\mathfrak{A}_1 - \mathfrak{A}_2 + \mathfrak{A}_3);\quad \mathfrak{a}_3'' = {}^1/_2(\mathfrak{A}_1 + \mathfrak{A}_2 - \mathfrak{A}_3).$$

$$\mathfrak{A}_1 = \mathfrak{a}_2'' + \mathfrak{a}_3'';\qquad \mathfrak{A}_2 = \mathfrak{a}_3'' + \mathfrak{a}_1'';\qquad \mathfrak{A}_3 = \mathfrak{a}_1'' + \mathfrak{a}_2''.$$

Bekannt: $\mathfrak{a}_1''^2 = \mathfrak{a}_2''^2 = \mathfrak{a}_3''^2 = -3(\mathfrak{a}_2''\mathfrak{a}_3'') = -3(\mathfrak{a}_3''\mathfrak{a}_1'') = -3(\mathfrak{a}_1''\mathfrak{a}_2'')$,

anzugeben: $\mathfrak{a}_1''^2$ (oder $\mathfrak{A}_1^2$).

Volumen der Elementarzelle $v'' = {}^1/_2 V$.

II. Hexagonale und rhomboedrische Bravaisgitter.

a) Erste Auffassung (hexagonale Achsen als Bezugssystem).

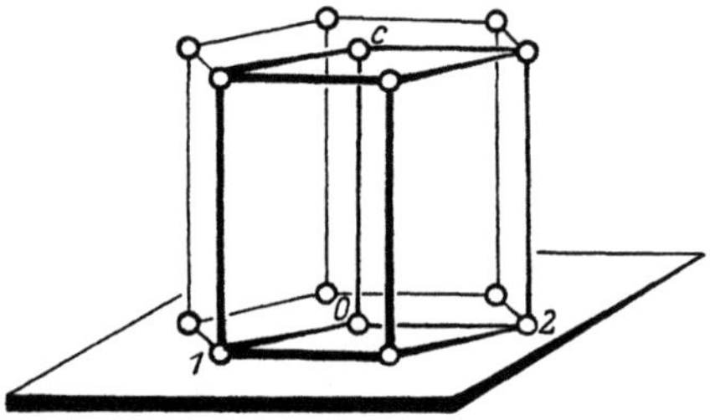

Abb. 47.

1. Γ_h, hexagonales Gitter.

Achsen: $\mathfrak{A}_1,\ \mathfrak{A}_2,\ \mathfrak{A}_c$.

Bekannt: $\mathfrak{A}_1^2 = \mathfrak{A}_2^2 = -2(\mathfrak{A}_1\mathfrak{A}_2);\quad (\mathfrak{A}_1\mathfrak{A}_c) = (\mathfrak{A}_2\mathfrak{A}_c) = 0$,

anzugeben: $\mathfrak{A}_1^2,\ \mathfrak{A}_c^2$.

Um die Symmetrie hervortreten zu lassen, kann in der Ebene $\mathfrak{A}_1\mathfrak{A}_2$ ein weiterer Achsenvektor $\mathfrak{A}_3 = -\mathfrak{A}_1 - \mathfrak{A}_2$ eingeführt werden.

Volumen der Elementarzelle $V = \frac{1}{2}\sqrt{3}\,|\mathfrak{A}_1|^2|\mathfrak{A}_c|$.

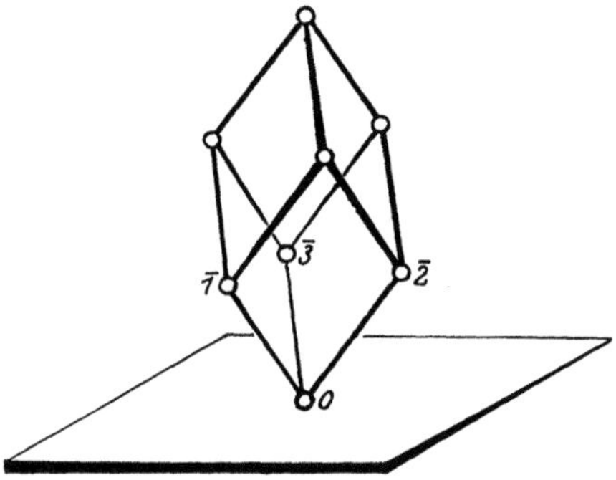

Abb. 48.

2. Γ_{rh}, rhomboedrisches Gitter (für die Transformation s. Abb. 58).

$$\Gamma_h \text{ mit Basis: } (0\ 0\ 0,\ \ {}^2/_3\,{}^1/_3\,{}^1/_3,\ \ {}^1/_3\,{}^2/_3\,{}^2/_3).$$

aus der Abb. 58 erkennt man leicht die Beziehungen:

$$\mathfrak{A}_1 = \mathfrak{a}_2 - \mathfrak{a}_3; \quad \mathfrak{A}_2 = -\mathfrak{a}_1 + \mathfrak{a}_3; \quad \mathfrak{A}_c = \mathfrak{a}_1 + \mathfrak{a}_2 + \mathfrak{a}_3 .$$

Daraus folgt:

$$\mathfrak{a}_1 = {}^1/_3(-\mathfrak{A}_1 - 2\mathfrak{A}_2 + \mathfrak{A}_c); \quad \mathfrak{a}_2 = {}^1/_3(2\mathfrak{A}_1 + \mathfrak{A}_2 + \mathfrak{A}_c); \quad \mathfrak{a}_3 = {}^1/_3(-\mathfrak{A}_1 + \mathfrak{A}_2 + \mathfrak{A}_c).$$

Bekannt: $\mathfrak{a}_1^2 = \mathfrak{a}_2^2 = \mathfrak{a}_3^2; \quad (\mathfrak{a}_2\mathfrak{a}_2) = (\mathfrak{a}_3\mathfrak{a}_1) = (\mathfrak{a}_1\mathfrak{a}_2)$,

anzugeben: $\mathfrak{a}_1^2; \ (\mathfrak{a}_2\mathfrak{a}_3)$.

Volumen der Elementarzelle $v = {}^1/_3 V$.

b) Zweite Auffassung (rhomboedrische Achsen als Bezugssystem.)

1. Γ_{rh}, rhomboedrisches Gitter.

Achsen: $\mathfrak{A}_1, \mathfrak{A}_2, \mathfrak{A}_3$.

Bekannt: $\mathfrak{A}_1^2 = \mathfrak{A}_2^2 = \mathfrak{A}_3^2; \quad (\mathfrak{A}_2\mathfrak{A}_3) = (\mathfrak{A}_3\mathfrak{A}_1) = (\mathfrak{A}_1\mathfrak{A}_2)$,

anzugeben: $\mathfrak{A}_1^2; \ (\mathfrak{A}_2\mathfrak{A}_3)$.

Volumen der Elementarzelle $V = [\mathfrak{A}_1^2 - (\mathfrak{A}_2\mathfrak{A}_3)]\sqrt{\mathfrak{A}_1^2 + 2(\mathfrak{A}_2\mathfrak{A}_3)}$.

2. Γ_h, hexagonales Gitter (für die Transformation s. Abb. 59).

$$\Gamma_{rh} \text{ mit Basis: } (0\ 0\ 0,\ \ {}^1/_3\,{}^1/_3\,{}^1/_3\ \ {}^2/_3,\ {}^2/_3\,{}^2/_3).$$

$$\mathfrak{A}_1 = -\mathfrak{a}_1 + \mathfrak{a}_c; \qquad \mathfrak{A}_2 = -\mathfrak{a}_2 + \mathfrak{a}_c; \qquad \mathfrak{A}_3 = \mathfrak{a}_1 + \mathfrak{a}_2 + \mathfrak{a}_c,$$

$$\mathfrak{a}_1 = {}^1/_3(-2\mathfrak{A}_1 + \mathfrak{A}_2 + \mathfrak{A}_3); \quad \mathfrak{a}_2 = {}^1/_3(\mathfrak{A}_1 - 2\mathfrak{A}_2 + \mathfrak{A}_3); \quad \mathfrak{a}_c = {}^1/_3(\mathfrak{A}_1 + \mathfrak{A}_2 + \mathfrak{A}_3).$$

Bekannt: $\mathfrak{a}_1^2 = \mathfrak{a}_2^2 = -2(\mathfrak{a}_1\mathfrak{a}_2); \quad (\mathfrak{a}_1\mathfrak{a}_c) = (\mathfrak{a}_2\mathfrak{a}_c) = 0$,

anzugeben: $\mathfrak{a}_1^2, \ \mathfrak{a}_c^2$.

Volumen der Elementarzelle $v = {}^1/_3 V$.

III. Tetragonale Bravaisgitter.

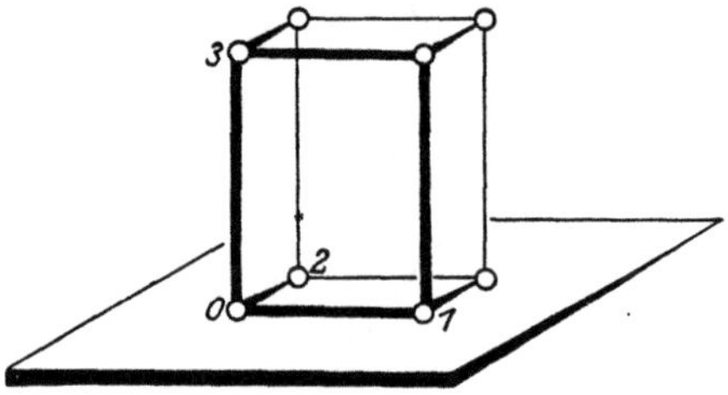

Abb. 49.

1. Γ_t, (a) einfaches tetragonales Gitter (SCHOENFLIES: Γ_q).

Achsen: $\mathfrak{A}_1, \mathfrak{A}_2, \mathfrak{A}_3$.

Bekannt: $\mathfrak{A}_1^2 = \mathfrak{A}_2^2;\quad (\mathfrak{A}_1\mathfrak{A}_2) = (\mathfrak{A}_1\mathfrak{A}_3) = (\mathfrak{A}_2\mathfrak{A}_3) = 0$,

anzugeben: $\mathfrak{A}_1^2;\ \mathfrak{A}_3^2$.

Volumen der Elementarzelle $V = |\mathfrak{A}_1|^2\,|\mathfrak{A}_3|$.

(b) Tetragonales basiszentriertes Gitter [kein selbständiger Bravaisscher Typ, da aus (a) durch Drehung der Nebenachsen um 45° hervorgehend].

Γ_t (a) mit Basis (0 0 0, $^1/_2\,^1/_2$ 0).

$$\mathfrak{a}_1 = {}^1/_2(\mathfrak{A}_1 + \mathfrak{A}_2);\quad \mathfrak{a}_2 = {}^1/_2(-\mathfrak{A}_1 + \mathfrak{A}_2);\quad \mathfrak{a}_3 = \mathfrak{A}_3,$$
$$\mathfrak{A}_1 = \mathfrak{a}_1 - \mathfrak{a}_2;\quad \mathfrak{A}_2 = \mathfrak{a}_1 + \mathfrak{a}_2;\quad \mathfrak{A}_3 = \mathfrak{a}_3.$$

Bekannt: $\mathfrak{a}_1^2 = \mathfrak{a}_2^2;\quad (\mathfrak{a}_1\mathfrak{a}_2) = (\mathfrak{a}_1\mathfrak{a}_3) = (\mathfrak{a}_2\mathfrak{a}_3) = 0$,

anzugeben: $\mathfrak{a}_1^2,\ \mathfrak{a}_3^2$.

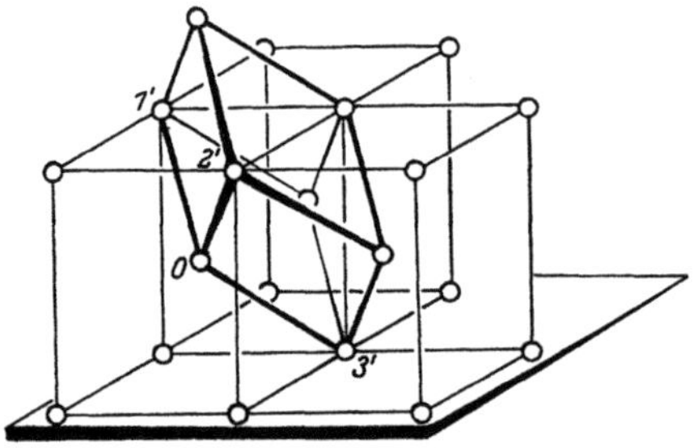

Abb. 50.

2. Γ_t', (a) tetragonales innenzentriertes Gitter (SCHOENFLIES Γ_q').

Γ_t (a) mit Basis (0 0 0, $^1/_2\,^1/_2\,^1/_2$).

$$\mathfrak{a}_1' = {}^1/_2(-\mathfrak{A}_1 + \mathfrak{A}_2 + \mathfrak{A}_3);\quad \mathfrak{a}_2' = {}^1/_2(\mathfrak{A}_1 - \mathfrak{A}_2 + \mathfrak{A}_3);\quad \mathfrak{a}_3' = {}^1/_2(\mathfrak{A}_1 + \mathfrak{A}_2 - \mathfrak{A}_3),$$
$$\mathfrak{A}_1 = \mathfrak{a}_2' + \mathfrak{a}_3';\quad \mathfrak{A}_2 = \mathfrak{a}_1' + \mathfrak{a}_3';\quad \mathfrak{A}_3 = \mathfrak{a}_1' + \mathfrak{a}_2'.$$

Bekannt: $\mathfrak{a}_1'^2 = \mathfrak{a}_2'^2 = \mathfrak{a}_3'^2;\quad (\mathfrak{a}_2'\mathfrak{a}_3') = (\mathfrak{a}_2'\mathfrak{a}_3') = -{}^1/_2\{\mathfrak{a}_1'^2 + (\mathfrak{a}_1'\mathfrak{a}_2')\}$.

anzugeben: $\mathfrak{a}_1'^2$; $(\mathfrak{a}_1'\mathfrak{a}_2')$ oder $(\mathfrak{a}_1'\mathfrak{a}_3')$.

Volumen der Elementarzelle $v' = {}^1/_2 V$.

(b) tetragonales allseitig flächenzentriertes Gitter [kein selbstständiger Bravaisscher Typ, da durch Drehung der Nebenachsen um 45° in (a) übergehend].

Γ_t (a) mit Basis (0 0 0, 0 ½ ½, ½ 0 ½, ½ ½ 0),

oder Γ_t (b) mit Basis (0 0 0, ½ ½ ½).

$$\bar{\mathfrak{a}}_1' = {}^1/_2(\mathfrak{A}_2 + \mathfrak{A}_3); \quad \bar{\mathfrak{a}}_2' = {}^1/_2(\mathfrak{A}_1 + \mathfrak{A}_3); \quad \bar{\mathfrak{a}}_3' = {}^1/_2(\mathfrak{A}_1 + \mathfrak{A}_2),$$

$$\mathfrak{A}_1 = -\bar{\mathfrak{a}}_1' + \bar{\mathfrak{a}}_2' + \bar{\mathfrak{a}}_3'; \quad \mathfrak{A}_2 = \bar{\mathfrak{a}}_1' - \bar{\mathfrak{a}}_2' + \bar{\mathfrak{a}}_3'; \quad \mathfrak{A}_3 = \bar{\mathfrak{a}}_1' + \bar{\mathfrak{a}}_2' - \bar{\mathfrak{a}}_3'.$$

Um die Gleichwertigkeit mit $\Gamma_t'(a)$ zu erkennen, benutzt man statt dessen besser die folgende Transformation, die auf eine Einheitszelle vom dortigen Typ führt:

$$\bar{\bar{\mathfrak{a}}}_1' = {}^1/_2(2\mathfrak{A}_2 + \mathfrak{A}_3); \quad \mathfrak{a}_2' = {}^1/_2(-2\mathfrak{A}_2 + \mathfrak{A}_3); \quad \mathfrak{a}_3' = {}^1/_2(2\mathfrak{A}_1 - \mathfrak{A}_3),$$

$$\mathfrak{A}_1 = {}^1/_2(2\bar{\bar{\mathfrak{a}}}_3' - \bar{\bar{\mathfrak{a}}}_1' - \bar{\bar{\mathfrak{a}}}_2'); \quad \mathfrak{A}_2 = {}^1/_2(\bar{\bar{\mathfrak{a}}}_1' - \bar{\bar{\mathfrak{a}}}_2'); \quad \mathfrak{A}_3 = \bar{\bar{\mathfrak{a}}}_1' + \bar{\bar{\mathfrak{a}}}_2'.$$

Bekannt: $\bar{\mathfrak{a}}_1'^2 = \bar{\mathfrak{a}}_2'^2 = (\bar{\mathfrak{a}}_1'\bar{\mathfrak{a}}_2') + (\bar{\mathfrak{a}}_1'\bar{\mathfrak{a}}_3')$; $\mathfrak{a}_3^2 = 2(\mathfrak{a}_1'\bar{\mathfrak{a}}_3') = 2(\bar{\mathfrak{a}}_2'\bar{\mathfrak{a}}_3')$,

anzugeben: $\bar{\mathfrak{a}}_1'^2$; $\bar{\mathfrak{a}}_3'^2$ oder $(\bar{\mathfrak{a}}_1'\bar{\mathfrak{a}}_2')$; $(\bar{\mathfrak{a}}_1'\bar{\mathfrak{a}}_3')$.

IV. Rhombische Bravaisgitter.

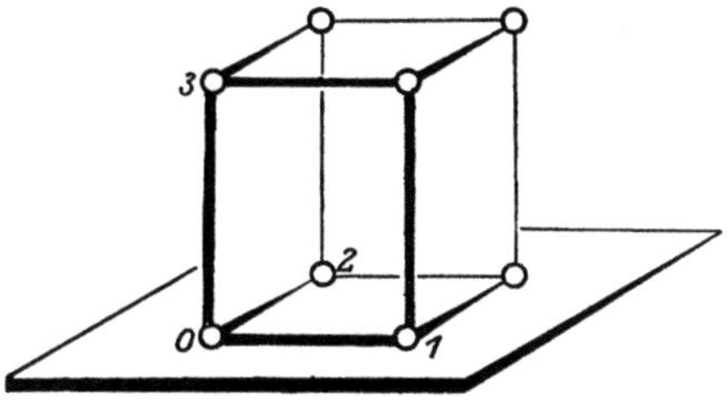

Abb. 51.

1. Γ_o, einfaches rhombisches Gitter (SCHOENFLIES Γ_v)[1]).

Achsen: $\mathfrak{A}_1$, $\mathfrak{A}_2$, $\mathfrak{A}_3$.

Bekannt: $(\mathfrak{A}_2\mathfrak{A}_3) = (\mathfrak{A}_3\mathfrak{A}_1) = (\mathfrak{A}_1\mathfrak{A}_2) = 0$,

anzugeben: $\mathfrak{A}_1^2$, $\mathfrak{A}_2^2$, $\mathfrak{A}_3^2$.

Volumen der Elementarzelle $V = |\mathfrak{A}_1||\mathfrak{A}_2||\mathfrak{A}_3|$.

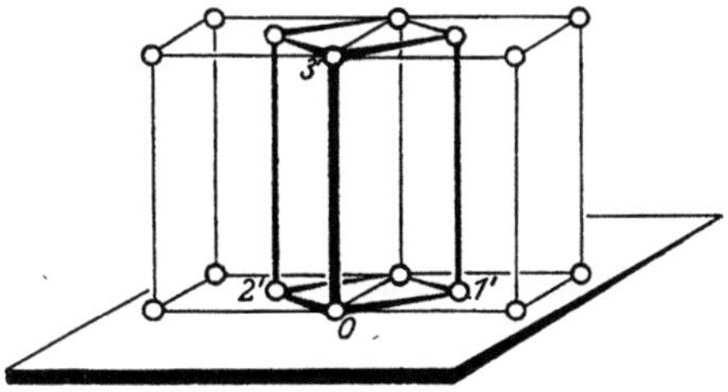

Abb. 52.

2. Γ_o', rhombisches einseitig flächenzentriertes Gitter (SCHOENFLIES Γ_v').

Γ_o mit Basis: (0 0 0, ½ ½ 0).

$$\mathfrak{a}_1' = {}^1/_2(\mathfrak{A}_1 + \mathfrak{A}_2); \quad \mathfrak{a}_2' = {}^1/_2(-\mathfrak{A}_1 + \mathfrak{A}_2); \quad \mathfrak{a}_3' = \mathfrak{A}_3,$$

$$\mathfrak{A}_1 = \mathfrak{a}_1' - \mathfrak{a}_2'; \quad \mathfrak{A}_2 = \mathfrak{a}_1' + \mathfrak{a}_2'; \quad \mathfrak{A}_3 = \mathfrak{a}_3'.$$

Bekannt: $\mathfrak{a}_1'^2 = \mathfrak{a}_2'^2$; $(\mathfrak{a}_1'\mathfrak{a}_3') = (\mathfrak{a}_2'\mathfrak{a}_3') = 0$,

anzugeben: $\mathfrak{a}_1'^2$, $\mathfrak{a}_3'^2$, $(\mathfrak{a}_1'\mathfrak{a}_2')$.

Volumen der Elementarzelle $v' = {}^1/_2 V$.

[1]) Der Index o bedeutet „orthorhombisch", SCHOENFLIES' v erinnert an die „Vierergruppe".

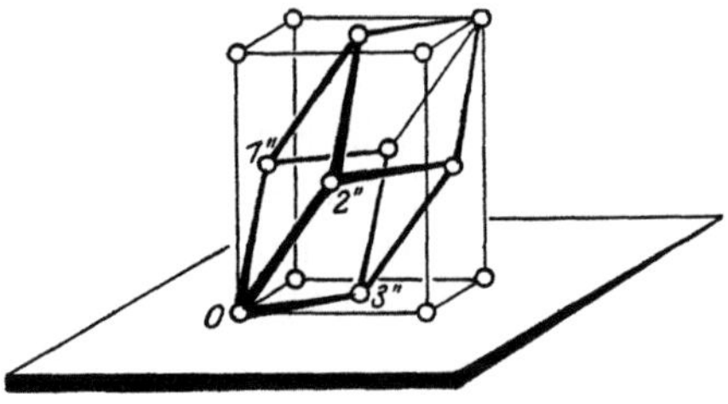

Abb. 53

3. Γ_o'', rhombisches allseitig flächenzentriertes Gitter (SCHOENFLIES Γ_v'').

$$\Gamma_o \text{ mit Basis: } (0\,0\,0,\ \tfrac{1}{2}\,\tfrac{1}{2}\,0,\ \tfrac{1}{2}\,0\,\tfrac{1}{2},\ 0\,\tfrac{1}{2}\,\tfrac{1}{2}).$$

$$\mathfrak{a}_1'' = \tfrac{1}{2}(\mathfrak{A}_2 + \mathfrak{A}_3); \quad \mathfrak{a}_2'' = \tfrac{1}{2}(\mathfrak{A}_3 + \mathfrak{A}_1); \quad \mathfrak{a}_3'' = \tfrac{1}{2}(\mathfrak{A}_1 + \mathfrak{A}_2),$$

$$\mathfrak{A}_1 = -\mathfrak{a}_1'' + \mathfrak{a}_2'' + \mathfrak{a}_3''; \quad \mathfrak{A}_2 = \mathfrak{a}_1'' - \mathfrak{a}_2'' + \mathfrak{a}_3''; \quad \mathfrak{A}_3 = \mathfrak{a}_1'' + \mathfrak{a}_2'' - \mathfrak{a}_3''.$$

Bekannt: $\mathfrak{a}_1''^2 = (\mathfrak{a}_1''\mathfrak{a}_2'') + (\mathfrak{a}_1''\mathfrak{a}_3'')$; $\mathfrak{a}_2''^2 = (\mathfrak{a}_2''\mathfrak{a}_3'') + (\mathfrak{a}_2''\mathfrak{a}_1'')$; $\mathfrak{a}_3''^2 = (\mathfrak{a}_3''\mathfrak{a}_1'') + (\mathfrak{a}_3''\mathfrak{a}_2'')$,

anzugeben: $(\mathfrak{a}_1''\mathfrak{a}_2'')$; $(\mathfrak{a}_2''\mathfrak{a}_3'')$; $(\mathfrak{a}_3''\mathfrak{a}_1'')$; oder $\mathfrak{a}_1''^2$, $\mathfrak{a}_2''^2$, $\mathfrak{a}_3''^2$.

Volumen der Elementarzelle $v'' = \tfrac{1}{4}V$.

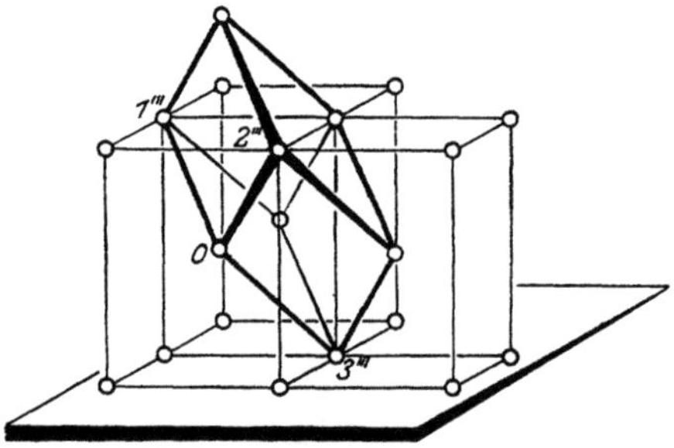

Abb. 54.

4. Γ_o''', rhombisches innenzentriertes Gitter (SCHOENFLIES Γ_v''').

$$\Gamma_o \text{ mit Basis: } (0\,0\,0,\ \tfrac{1}{2}\,\tfrac{1}{2}\,\tfrac{1}{2}).$$

$$\mathfrak{a}_1''' = \tfrac{1}{2}(-\mathfrak{A}_1 + \mathfrak{A}_2 + \mathfrak{A}_3); \quad \mathfrak{a}_2''' = \tfrac{1}{2}(\mathfrak{A}_1 - \mathfrak{A}_2 + \mathfrak{A}_3); \quad \mathfrak{a}_3''' = \tfrac{1}{2}(\mathfrak{A}_1 + \mathfrak{A}_2 - \mathfrak{A}_3),$$

$$\mathfrak{A}_1 = \mathfrak{a}_2''' + \mathfrak{a}_3'''; \quad \mathfrak{A}_2 = \mathfrak{a}_3''' + \mathfrak{a}_1'''; \quad \mathfrak{A}_3 = \mathfrak{a}_1''' + \mathfrak{a}_2'''.$$

Bekannt: $\mathfrak{a}_1'''^2 = \mathfrak{a}_2'''^2 = \mathfrak{a}_3'''^2 = -\{(\mathfrak{a}_2'''\mathfrak{a}_3''') + (\mathfrak{a}_3'''\mathfrak{a}_1''') + (\mathfrak{a}_1'''\mathfrak{a}_2''')\}$,

anzugeben: $(\mathfrak{a}_2'''\mathfrak{a}_3''')$; $(\mathfrak{a}_3'''\mathfrak{a}_1''')$; $(\mathfrak{a}_1'''\mathfrak{a}_2''')$.

Volumen der Elementarzelle $v''' = \tfrac{1}{2}V$.

V. Monokline Bravaisgitter.

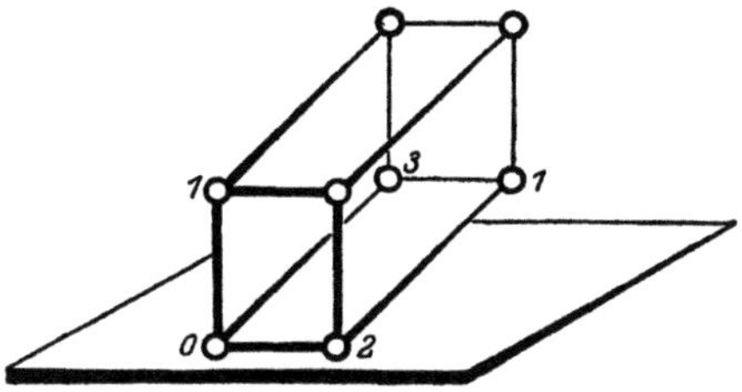

Abb. 55.

1. Γ_m, einfaches monoklines Gitter. (In anderer Auffassung basiszentriertes monoklines Gitter).

Achsen: $\mathfrak{A}_1, \mathfrak{A}_2, \mathfrak{A}_3$.

Bekannt: $(\mathfrak{A}_1\mathfrak{A}_2) = (\mathfrak{A}_2\mathfrak{A}_3) = 0$,

anzugeben: $\mathfrak{A}_1^2, \mathfrak{A}_2^2, \mathfrak{A}_3^2, (\mathfrak{A}_1\mathfrak{A}_3)$.

Volumen der Elementarzelle $V = |\mathfrak{A}_2| \cdot \sqrt{\mathfrak{A}_1^2\mathfrak{A}_3^2 - (\mathfrak{A}_1\mathfrak{A}_3)^2}$.

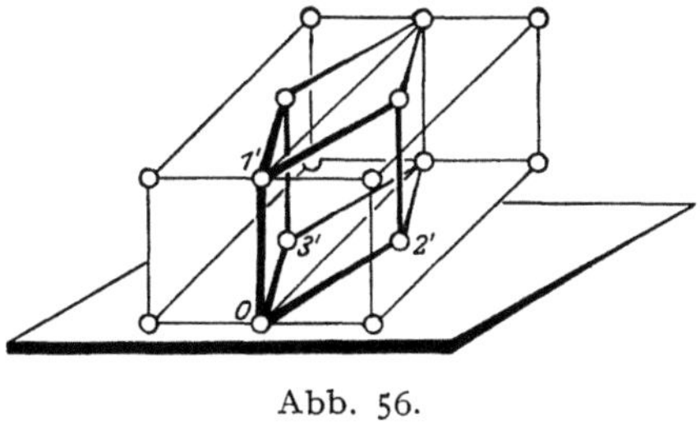

Abb. 56.

2. Γ_m', monoklines einseitig flächenzentriertes (innenzentriertes; allseitig flächenzentriertes) Gitter.

$$\Gamma_m \text{ mit Basis } (0\ 0\ 0,\quad 0\ {}^1/_2\ {}^1/_2)\,.$$

$$\mathfrak{a}_1' = \mathfrak{A}_1; \quad \mathfrak{a}_2' = {}^1/_2(\mathfrak{A}_2 + \mathfrak{A}_3); \quad \mathfrak{a}_3' = {}^1/_2(-\mathfrak{A}_2 + \mathfrak{A}_3)\,,$$

$$\mathfrak{A}_1 = \mathfrak{a}_1'; \quad \mathfrak{A}_2 = \mathfrak{a}_2' - \mathfrak{a}_3'; \quad \mathfrak{A}_3 = \mathfrak{a}_2' + \mathfrak{a}_3'\,.$$

Bekannt: $\mathfrak{a}_2'^2 = \mathfrak{a}_3'^2$; $(\mathfrak{a}_1'\mathfrak{a}_2') = (\mathfrak{a}_1'\mathfrak{a}_3')$,

anzugeben: $\mathfrak{a}_1'^2$; $\mathfrak{a}_2'^2$; $(\mathfrak{a}_1'\mathfrak{a}_2')$; $(\mathfrak{a}_2'\mathfrak{a}_3')$.

Volumen der Elementarzelle $v' = {}^1/_2 V$.

VI. Trikline Bravaisgitter.

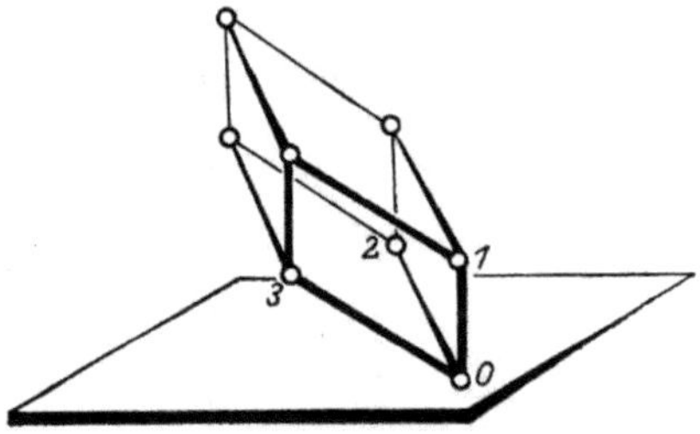

Abb. 57.

Γ_τ, **triklines Gitter** (SCHOENFLIES Γ_τ).

Achsen: $\mathfrak{A}_1, \mathfrak{A}_2, \mathfrak{A}_3$.

Bekannt: — — —

anzugeben: $\mathfrak{A}_1^2, \mathfrak{A}_2^2, \mathfrak{A}_3^2, (\mathfrak{A}_2\mathfrak{A}_3), (\mathfrak{A}_3\mathfrak{A}_1), (\mathfrak{A}_1\mathfrak{A}_2)$.

Volumen der Elementarzelle

$$V = \sqrt{\mathfrak{A}_1^2\mathfrak{A}_2^2\mathfrak{A}_3^2 + 2(\mathfrak{A}_2\mathfrak{A}_3)(\mathfrak{A}_3\mathfrak{A}_1)(\mathfrak{A}_1\mathfrak{A}_2) - (\mathfrak{A}_2\mathfrak{A}_3)^2\mathfrak{A}_1^2 - (\mathfrak{A}_3\mathfrak{A}_1)^2\mathfrak{A}_2^2 - (\mathfrak{A}_1\mathfrak{A}_2)^2\mathfrak{A}_3^2}.$$

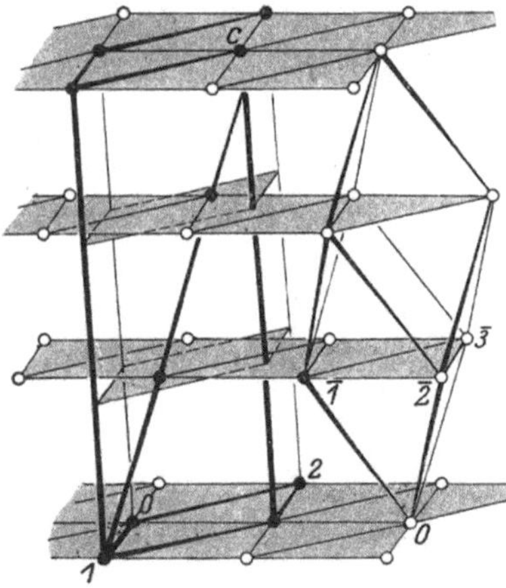

Abb. 58. Das einfache rhomboedrische Bravaisgitter Γ_{rh} als hexagonales Gitter mit Basis.

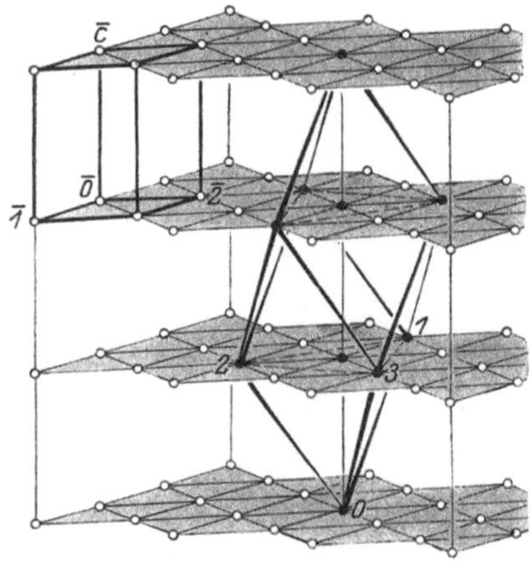

Abb. 59. Das einfache hexagonale Bravaisgitter Γ_h als rhomboedrisches Gitter mit Basis.

(Die Achsen $\mathfrak{a}$ sind durch Überstreichung von den Achsen $\mathfrak{A}$ unterschieden.)

γ) An die Darstellung der Bravaisgitter seien einige Bemerkungen geknüpft:

1. Einordnung in die Kristallsysteme. Die Achsen ($\mathfrak{A}_i$), bzw. wo solche nicht unterschieden ($\mathfrak{a}_i$), weisen unmittelbar die Symmetrie der sieben Kristallsysteme auf. Es gehören mithin ins

trikline System	Γ_{tr}
monokline System	Γ_m, Γ_m',
rhombische System . . .	$\Gamma_0\ \Gamma_0', \Gamma_0'', \Gamma_0'''$,
tetragonale System	Γ_t, Γ_t',
kubische System	$\Gamma_c, \Gamma_c', \Gamma_c''$,
rhomboedrische System	Γ_{rh},
hexagonale System . .	Γ_h.

2. Jedes der Gitter hat — Kugelsymmetrie der Atome vorausgesetzt — die höchste Symmetrie, die in seinem System erreichbar ist: die BRAVAIS-Gitter sind holoedrisch. Man erkennt dies leicht aus den Abbildungen. Eine Folge davon ist, daß die Gitter, wie sie gezeichnet sind, keine Erklärung für hemiedrisches Verhalten der Kristalle geben.

3. Hemiedrie des Kristalls würde nach BRAVAIS auf eine geringere Symmetrie der Atome in den Raumgitterpunkten zurückzuführen sein. Sind nämlich z. B. in einem der kubischen Gitter die Atome selbst tetartoedrisch, so wird auch das ganze Gitter kubisch-tetartoedrisch sein, denn obzwar die Schwerpunktsanordnung der Atome alle kubisch-holoedrischen Symmetrieoperationen zuläßt, kommen bei denjenigen von ihnen, die über die Tetartoedrie hinausgehen, die Atome selbst nicht wieder mit sich zur Deckung. Die Abweichung von der Holoedrie macht also bei BRAVAIS ebensolche unkontrollierbaren und aus den geometrischen Verhältnissen des groben Kristalls abstrahierten Annahmen über die Gestalt der Bausteine nötig, wie HAÜY sie seiner ganzen Strukturtheorie zugrunde legte.

Es ist nun naheliegend, die BRAVAISsche Theorie in der Art zur Deutung der Hemiedrien zu erweitern, daß statt des einen (kugelsymmetrischen) Atoms eine ganze Gruppe von solchen in den Gitterpunkt eingesetzt wird, derart daß diese Gruppe in sich die von der Hemiedrie geforderte Teilsymmetrie der holoedrischen Symmetrie aufweist. Handelt es sich etwa darum, in einem kubischen Gitter die zu den Würfelflächen parallelen Spiegelebenen zu unterdrücken, so kann dies erreicht werden, wenn der in Abb. 60 wiedergegebene 24-Punktner (SOHNCKES Bezeichnung) statt des einfachen Gitterpunktes eingesetzt wird. Dieser selbst läßt die vier-, drei- und zweizähligen Symmetrieachsen zu, aber keine Symmetrieebenen; man erhält also die „holoaxiale" kubische Hemiedrie, d. h. Klasse O. Vgl. den nächsten Abschnitt.

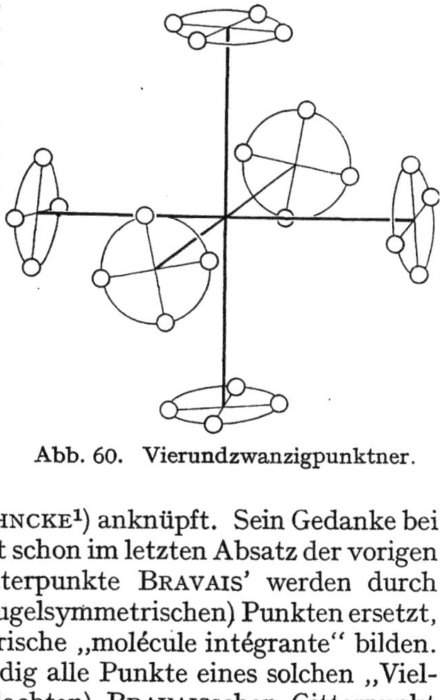

Abb. 60. Vierundzwanzigpunktner.

7. Die allgemeinen „Punktsysteme" der Strukturtheorie. Die Entwicklung der kristallographisch-geometrischen Strukturlehre hat vor ihrem endgültigen Abschluß durch SCHOENFLIES und FEDOROW eine Zwischenstufe aufzuweisen, die an den Namen SOHNCKE[1]) anknüpft. Sein Gedanke bei der Ausgestaltung der BRAVAISschen Lehre ist schon im letzten Absatz der vorigen Ziffer eingeleitet worden: die einfachen Gitterpunkte BRAVAIS' werden durch Gruppen von gleichartigen (nicht notwendig kugelsymmetrischen) Punkten ersetzt, die insgesamt eine mehr oder minder symmetrische „molécule intégrante" bilden. Es entging SOHNCKE nicht, daß nicht notwendig alle Punkte eines solchen „Vielpunktners" sich um ein und denselben (gedachten) BRAVAISschen Gitterpunkt scharen müssen, sondern daß eventuell eine Aufspaltung der Gruppe möglich sei. Was hiermit gemeint ist, sieht man an Abb. 61 a und b, die ein zweidimensionales reguläres (quadratisches) Gitter holoedrischer Symmetrie darstellt. Das ebene BRAVAIS-Gitter (die Schnittpunkte der Koordinatenlinien des oberen Bildes) hat vier- und zweizählige Drehachsen senkrecht zur Gitterebene und Spiegellinien längs den Translationen und diagonal zu ihnen. Die Spiegellinien (oder

[1]) L. SOHNCKE, Entwicklung einer Theorie der Kristallstruktur. Leipzig 1879.

S.-Ebenen senkrecht zur Zeichenebene) sind durch die von NIGGLI eingeführte Symbolik am Rand markiert. Außerdem sind durch „Gleitspiegellinien" markiert, d. h. solche Linien, an denen das Gitter gespiegelt werden kann und dann nur noch einer Verrückung in Richtung der Linien (hier um die halbe Quadratdiagonale) bedarf, um mit der alten Lage zur Deckung zu kommen. In der unteren Abbildung sind nun die Bravaispunkte durch 8-Punktner ersetzt. Offenbar bleiben die Symmetrieelemente des Gitters sämtlich erhalten. Die untere Abbildung zeigt die Aufspaltung der 8-Punktgruppe in zwei 4-Punktgruppen, die um verschiedene Gitterorte angeordnet sind, und zwar hier um die zwei Arten von vierzähligen Achsen (die durch die Ecken und die durch die Mitten der Grundquadrate gehenden). Man erkennt, daß die Achsen genau die gleichen geblieben sind. Die reinen Spiegellinien parallel den Quadratseiten sind verschwunden; dafür stellen sich Gleitspiegellinien ein. Andererseits haben die Spiegellinien in den Diagonalrichtungen den Charakter verändert: die Gleitspiegellinien sind in reine Spiegellinien verwandelt worden und umgekehrt.

Offenbar ist das Gitter der unteren Abbildung für jede makroskopische Eigenschaft von der gleichen (holoedrischen) Symmetrie, wie das der oberen. Denn wenn bei der Spiegelung an einer Symmetrielinie eine Verschiebung um Bruchteile der Gitterabstände notwendig ist, um die genaue Deckung mit der Ausgangslage zu erzielen, so ist das makroskopisch nicht bemerkbar.

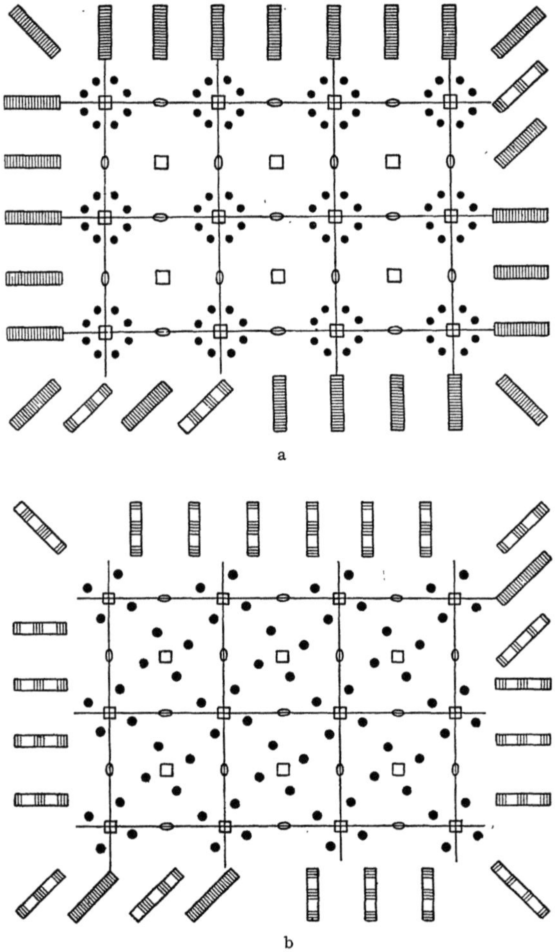

Abb. 61a und b. Zweidimensionales quadratisch-holoedrisches Gitter.

β) Auch im dreidimensionalen Gitter werden reine Spiegelebenen mit Gleitspiegelebenen für die makroskopische Symmetrie als gleich zu bewerten sein. Ähnliches kann bei Drehachsen stattfinden: eine Drehachse C_n, bei der die volle Lagengleichheit nach Umdrehung um $2\pi/n$ erst wieder hergestellt ist, wenn eine Translation τ in Richtung der Achse zugefügt wird, heißt eine Schraubenachse. Die Translation ist wieder von der Größe der Zelldimensionen. Bei der Schraubenachse kann allerdings ein Einfluß auf die makroskopische Symmetrie entstehen: wenn nämlich ein Windungssinn ausgezeichnet wird. Beispiele für zwei-, drei-, vierzählige Schraubenachsen mit und ohne Windungssinn zeigt Abb. 62. Ein Windungssinn geht auch für makroskopische Vorgänge nicht verloren, z. B. wird längs einer Schraubenachse mit Windungssinn im allgemeinen eine Drehung der Polarisationsebene des Lichtes stattfinden. Die typische Schraubenachse mit Windungssinn ist der Drillbohrer, bei dem Translation (des Schiebers) und Rotation (des Bohrers) eineindeutig gekoppelt sind. Hingegen entsteht die Schuppenanordnung im Tannenzapfen aus der Überschneidung zweier entgegengesetzt gewundener Schraubenlinien und weist keinen Windungssinn auf (wenigstens bei gleicher Ganghöhe der beiden Schraubenlinien).

Es ist charakteristisch für die über BRAVAIS hinausgehenden Strukturtheorien, daß sie die zur Verfügung stehenden Symmetrieelemente gegenüber den Elementen der endlichen Punktgruppen (bzw. der „Formen" oder Kristallklassen) vermehren um die Gleitspiegelebenen und die Schraubenachsen. Hierdurch entsteht erst die Vielheit der Anordnungen.

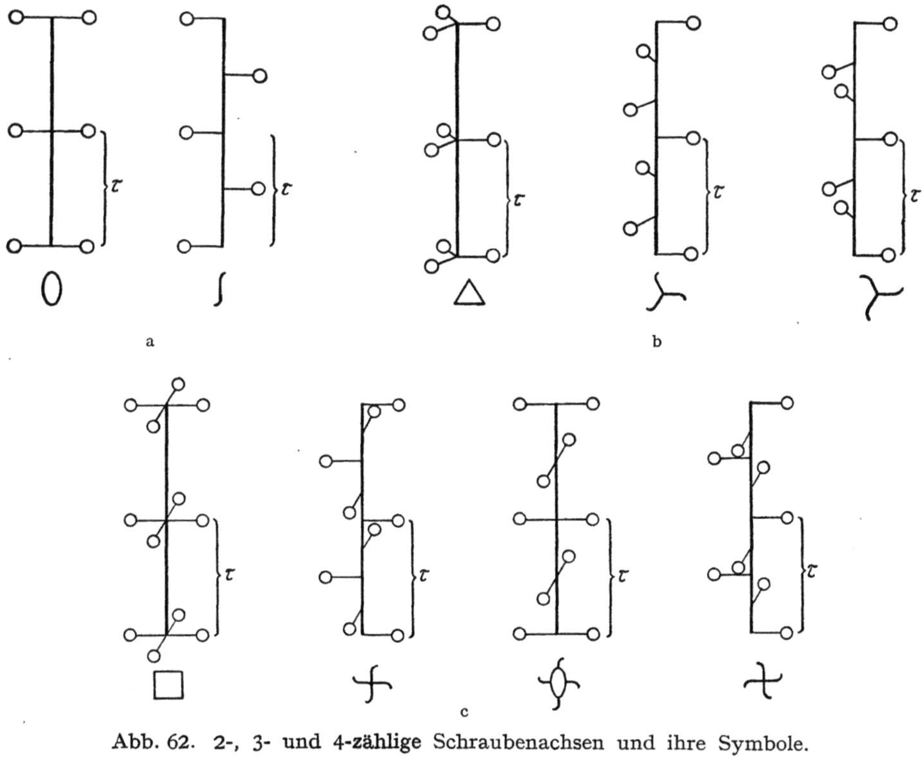

Abb. 62. 2-, 3- und 4-zählige Schraubenachsen und ihre Symbole.

γ) Fassen wir kurz die Anforderungen zusammen, die an ein „Punktsystem" d. h. an ein aus lauter gleichartigen Atomen bestehendes Gitter, zu stellen sind:

1. Diskontinuität, d. h. der kleinste Abstand gleichwertiger Punkte darf nicht unter alle Grenzen sinken;

2. Homogenität, d. h. es soll kein Gitterpunkt vor einem beliebigen anderen etwas voraus haben.

Diese letzte Forderung wird bei SOHNCKE enger ausgelegt, als bei den beiden späteren Forschern, und deshalb gewinnt SOHNCKE nur 65 von den 230 SCHOENFLIESschen Punktsystemen. Wird nämlich über die Atome der Punktsysteme gar keine Voraussetzung gemacht, so wird im allgemeinen ein Atom von seinem Spiegelbild verschieden sein, d. h. man wird zu einem „rechten" ein davon verschiedenes „linkes" Atom konstruieren können. SOHNCKES Voraussetzung ist, daß alle Atome des Punktsystems identisch, d. h. entweder rechte oder linke sind. SCHOENFLIES[1]) und FEDOROW[2]) hingegen lassen auch Gitter zu, die rechte und linke Atome in gesetzmäßigem Wechsel enthalten. Dies entspricht etwa dem Standpunkt, daß an sich höher symmetrische Atome erst durch den Einbau in das Gitter derart verzerrt werden, daß sie „rechten" und „linken" Charakter bekommen. Doch ist die Entstehung dieses Charakters für die Strukturtheorie natürlich gleichgültig, das Wichtige ist nur, daß jetzt nicht mehr wie bei SOHNCKE der Anblick des gesamten Gitters von jedem Atom aus genau gleich zu sein braucht, sondern daß er auch spiegelbildlich gleich sein kann. Der Aufbau eines Gitters aus rechten und linken Molekülen ist etwa in Abb. 159 bei Al_2O_3 zu sehen; hier tragen die isoliert gedachten Moleküle Al_2O_3 zwar noch nicht in sich die Kennzeichen von rechten und linken Molekülen, aber wenn man die verschiedene Umgebung der (durch Schraffur unterschiedenen) Moleküle beachtet, so finden sich Moleküle mit „linker" und solche mit „rechter" Umgebung. Entsprechend könnte man sich etwa die Valenzkräfte beim einzelnen Al_2O_3-Molekül entweder „rechts" oder „links" verteilt denken. Ähnliches gilt auch für die CO_3-Gruppen des Calcit (Abb. 165).

Gehen wir von diesem Standpunkt der allgemeinen Strukturtheorie nochmals zu den Bravaisgittern zurück, so ist bei ihnen der Anblick des Gitters von jedem Atom aus sogar in parallelen Richtungen gleich; der Beobachter — klein genug gedacht — braucht sich beim Betreten eines neuen Atoms nicht erst zu wenden, um das alte Bild vor sich zu sehen. In anderer Weise lassen sich die Bravaisgitter als diejenigen Gitter charakterisieren, deren Gesamtsymmetrie von der holoedrischen ihres Systems nur in dem Grade abweicht, als die Eigensymmetrie der in den Gitterpunkten befindlichen Atome niedriger ist[3]).

Der Fortschritt der neuen Strukturtheorien gegenüber der BRAVAISschen liegt darin, daß zur Erklärung der Hemiedrien nicht auf Eigenschaften der Atome zurückgegriffen zu werden braucht, sondern daß beliebige symmetrische oder unsymmetrische Atome die Gesamtsymmetrie des Gitters verbürgen.

δ) Es ist charakteristisch, daß die ganze geometrische Strukturlehre, vollendet wie sie seit 1891 dastand, nicht das geringste über das Wesen der Kristall„atome" aussagen konnte: ob es sich um das chemische Molekül oder um Polymerisationen desselben handelt oder ob gar die Atome so gleichmäßig verteilt sind, daß man von chemischen Molekülen gar nicht reden kann. Auch heute noch ist die Strukturlehre ein formaler Rahmen, in den sich notwendig alle Strukturen fügen müssen, sofern sie überhaupt möglich, d. h. in sich widerspruchsfrei sind. Aber zu einem Verständnis der Strukturen führt uns die reine Strukturlehre auch heute nicht und es hieße Falsches von ihr verlangen, wollte man es erwarten. Hierzu ist erst die auf der Atomdynamik aufbauende Gitterdynamik zu benutzen.

Nur unter besonderen Umständen erfährt man aus der Strukturtheorie gewisse Symmetrieeigenschaften der Atome: ist nämlich (z. B. durch die Röntgenuntersuchung) festgestellt, wo die Atome liegen oder — das ist oft schon genügend — wieviele Atome einer Art in der Zelle enthalten sind, so folgt daraus

[1]) A. SCHOENFLIES, Kristallsysteme und Kristallstruktur. Leipzig 1891. Zweite, ganz neubearbeitete Auflage u. d. Titel: Theorie der Kristallstruktur. Berlin 1923.

[2]) E. v. FEDOROW, ZS. f. Krist. Bd. 20, S. 28. 1892 usw. Bd. 37, S. 22. 1903.

[3]) Zum Beispiel A. SCHOENFLIES, op. cit. sup. 2. Aufl., S. 210.

häufig, daß die Atome an Stellen liegen müssen, durch die ein oder mehrere Symmetrieelemente hindurchgehen. Man stelle sich das Entstehen eines Punktsystems so vor, daß zuerst ein Gerüst aus allen Symmetrieelementen („die Raumgruppe") vorhanden ist und nun ein Ausgangsatom irgendwo hineingelegt und durch die Drehachsen, Spiegelebenen usw. vervielfältigt wird. So entsteht für jede Raumgruppe ein Punktsystem mit einer Basis aus einer gewissen Zahl Z von Atomen. Die Zahl Z vermindert sich dann, wenn das Ausgangsatom bereits auf einer Drehachse oder Spiegelebene lag, da dann dies Symmetrieelement für seine Vervielfältigung ausfällt. Man bezeichnet die allgemeine Punktlage als Z-zählig, Lagen auf Symmetrieelementen als niedrigerzählig (bis einzählig) gemäß der Zahl gleichwertiger Punkte in der Zelle. Mit der niedrigen Zähligkeit ist aber notwendig verbunden, daß das Atom selbst die sämtlichen es durchsetzenden Symmetrieelemente aufweist: die niedrigzähligen Lagen haben eine angebbare Mindestsymmetrie des Atoms zur Folge. Bei den organischen Substanzen ist die Mindestsymmetrie des Moleküls oft schon das Ziel der Untersuchung, das sich verhältnismäßig leicht erreichen läßt.

Die eingehende Kenntnis der niedrigzähligen Lagen ist für die Praxis der Strukturermittlung sehr wichtig. Die große Mehrzahl der bisher durchgeführten Bestimmungen führte auf niedrigzählige Lagen der Atome. Das NIGGLIsche Buch[1]) gab zuerst in bequemer Form Tabellen über diese Lagen; die Tafeln von ASTBURY und YARDLEY[2]) sowie vor allem von WYCKOFF[3]) geben sie auch.

Es ist nicht möglich, den Inhalt oder gar die Ableitungen der Strukturtheorie hier im einzelnen wiederzugeben. Ihre Methodik ist insofern erstaunlich primitiv, als die anschauliche Ab- und Aufzählung aller möglichen Fälle nur durch wenige formale Hilfsmittel unterstützt wird. Eine gute Einführung in den Geist der Strukturtheorie und zugleich die Kenntnis einer Reihe wichtiger Strukturen vermittelt die folgende Ableitung aller der für die ditriginal skalenoedrische Klasse D_{3d} zur Verfügung stehenden Punktsysteme.

8. Raumgruppendiskussion der Klasse D_{3d}. α) Die Kristallklasse D_{3d} ist charakterisiert durch eine sechszählige Drehspiegelachse S_6 und drei zweizählige Achsen senkrecht dazu. Die S_6 läßt sich auffassen als Kombination einer dreizähligen Drehachse C_3 mit einem Inversionszentrum i. Nun wird ein Kristall im großen immer eine S_6 zu haben scheinen, sobald in seinem Gitter die Symmetrieelemente C_3 und i vorhanden sind, auch wenn das Zentrum nicht auf der Achse liegen sollte. Um daher alle möglichen Gittersymmetrien aufzufinden, die auf die Symmetrie D_{3d} führen, müssen wir nacheinander eine dreizählige Achse, ein Symmetriezentrum und eine zweizählige Achse senkrecht zu der dreizähligen mit einer einfachen Translationsgruppe zusammensetzen.

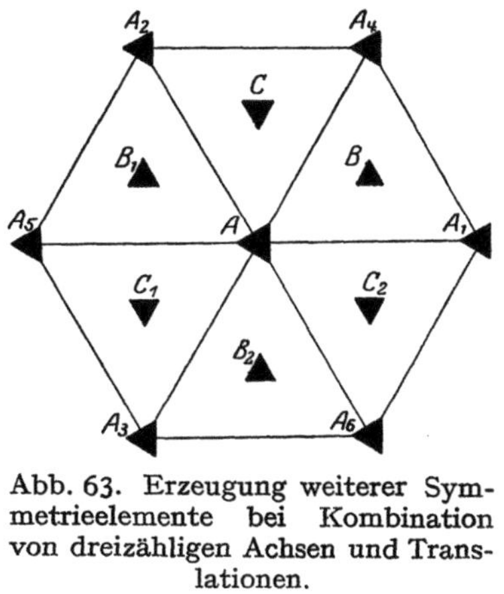

Abb. 63. Erzeugung weiterer Symmetrieelemente bei Kombination von dreizähligen Achsen und Translationen.

Nehmen wir zunächst an (Abb. 63), durch den Punkt A gehe eine dreizählige Drehachse. Die nächste mit ihr translatorisch identische Achse gehe durch A_1. Dann erzeugt

[1]) P. NIGGLI, Geometrische Kristallographie des Diskontinuums. Leipzig: Gebr. Bornträger 1919.

[2]) W. T. ASTBURY u. K. YARDLEY, Phil. Trans. Roy. Soc. Bd. 224, S. 221. 1924.

[3]) R. W. G. WYCKOFF, The analytical Expression of the results of the Theory of Space-Groups. Published by the Carnegie Institution, Washington 1922.

die Achse in A sofort weitere Achsen in A_2 und A_3, die ebenfalls translatorisch identisch mit ihr sind. Durch Anwendung der drei damit gefundenen elementaren Translationen erhält man Achsen in A_4, A_5, A_6 usw. und erkennt, daß die ganze Zeichenebene von einem Dreiecksnetz von identischen dreizähligen Achsen durchstoßen wird. Man erkennt aber leicht, daß außerdem noch andere dreizählige Achsen auftreten. Man kann sich nämlich in der Abbildung die Achse A_1 aus A ebensogut durch eine dreizählige Achse in B oder C erzeugt denken, wie durch eine Translation. Diese beiden neuen Achsen erzeugen nun wieder in Verbindung mit der Translationsgruppe weitere Scharen paralleler Achsen, die aber weder untereinander noch mit den A-Achsen identisch sind. Außer diesen drei Scharen können keine dreizähligen Achsen vorhanden sein, denn jede solche würde mindestens einem der Punkte A näher liegen als B oder C und würde damit eine zu A identische Achse in geringerer Entfernung als A_1 bedingen, entgegen der Voraussetzung, daß A_1 die nächste mit A identische Achse sein soll.

β) Die bisherige Überlegung war unabhängig davon, ob die Achsen Dreh- oder Schraubenachsen sind. Es fragt sich jetzt, welche Kombinationen von diesen Achsenarten möglich sind.

1. A und B seien Drehachsen. Dann liegt die Translation, die A in A_1 überführt, ganz in der Zeichenebene, und auch C muß eine Drehachse sein. In Abb. 64a ist für diesen Fall ein Schnitt durch die Elementarzelle parallel zur Basis gezeichnet, wobei die allgemeine Punktlage durch Kreise angedeutet ist.

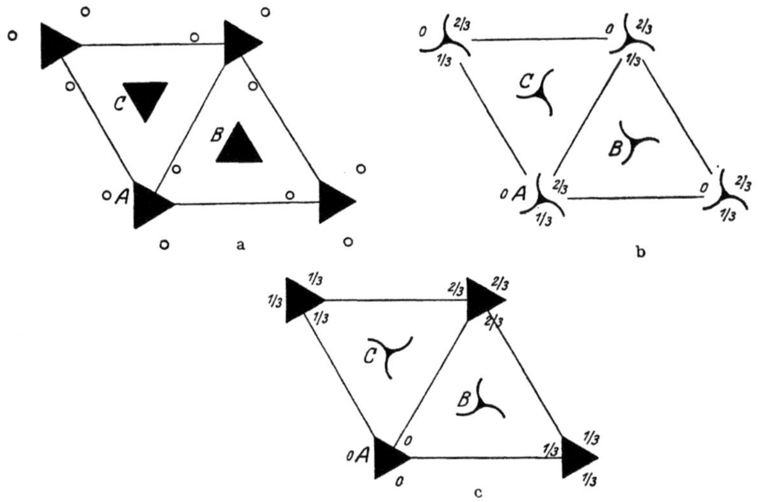

Abb. 64a—c. Entwicklung der Raumgruppen der Klasse C_3.

Da die kürzeste Translation, die nicht den dreizähligen Achsen parallel läuft, in der Basisebene liegt, so ist die natürliche Translationsgruppe zur Beschreibung dieser Raumgruppe Γ_h. Die Raumgruppe heißt $\mathfrak{C}_3^1$.

2. A und B seien Schraubenachsen von gleichem Windungssinn. In Abb. 64b ist dieser Fall dargestellt. Die allgemeine Punktlage ist hier durch Zahlen dargestellt, welche die Koordinaten der Punkte senkrecht zur Zeichenebene angeben. Bei Betrachtung dieser Punkte erkennt man leicht, daß auch C eine Schraubenachse vom gleichen Windungssinn wie A und B sein muß. Die kürzeste Translation liegt auch in diesem Fall in der Basisebene, so daß auch hier Γ_h die ge-

gebene Translationsgruppe ist. Die Raumgruppe heißt $\underline{\mathfrak{C}_3^2}$ für links-, $\underline{\mathfrak{C}_3^3}$ für rechtsgewundene Schraubenachsen.

3. A sei Dreh-, B Schraubenachse. Dieser Fall ist in Abb. 64c dargestellt. Wie man sieht, muß C auch eine Schraubenachse sein, jedoch vom umgekehrten Windungssinn wie B. Hier liegt die Translation von A nach A_1 nicht in der Basisebene. Man kann daher die drei Translationen AA_1, AA_2 und AA_3 als Kanten der Basiszelle wählen, die dadurch die Gestalt eines Rhomboeders erhält, und kommt auf die Translationsgruppe Γ_{rh}. Diese Raumgruppe heißt $\underline{\mathfrak{C}_3^4}$.

Die Annahme, daß A und B Schraubenachsen von verschiedenem Windungssinn sind, führt offenbar zu keiner wesentlich neuen Raumgruppe. C wird dann nämlich Drehachse, und wenn man den Koordinatenanfang in die Achse C legt, so hat man genau dasselbe Bild wie bei $\mathfrak{C}_3^4$. Damit sind also alle möglichen Zusammensetzungen der drei Achsen erledigt.

γ) In diese Raumgruppen sollen nun I n v e r s i o n s z e n t r e n eingeführt werden. Dabei dürfen aber keine neuen dreizähligen Achsen entstehen, da solche ja in der gegebenen Zelle keinen Platz haben. Man erkennt daher leicht, daß Zentren nur in der Mitte zwischen zwei Achsen oder auf diesen selbst untergebracht werden können. Nun erzeugen zwei identische Zentren in der Mitte zwischen sich stets ein weiteres, nichtidentisches Zentrum, wie man aus der Betrachtung der allgemeinen Punktlage leicht erkennt.

Um in $\mathfrak{C}_3^1$ Zentren unterzubringen, hat man die beiden Möglichkeiten, das Ausgangszentrum entweder in eine Achse hinein (z. B. nach A, Abb. 65a) oder in die Mitte zwischen zwei Achsen (z. B. nach D) zu legen. Man erkennt aber, daß diese beiden Möglichkeiten auf die gleiche Anordnung von Zentren führen.

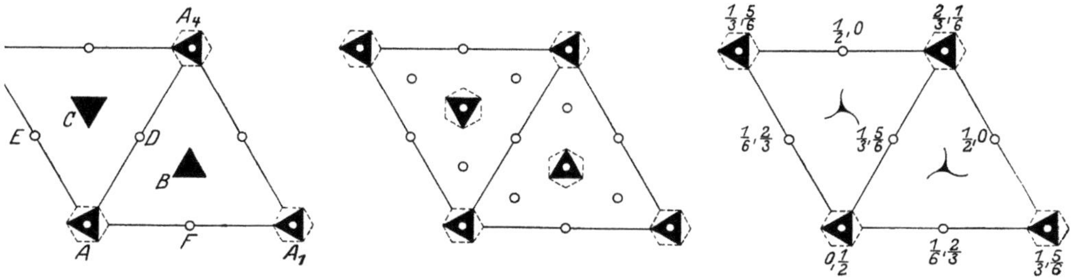

a b c

Abb. 65a—c. Entwicklung der Raumgruppen der Klasse C_{3i}.

Es entstehen nämlich in der Basisebene vier verschiedene Scharen von Zentren mit den Ausgangspunkten in A, D, E und F, ferner weitere vier gerade über diesen in Höhe der halben vertikalen Translation. Die so entstehende Raumgruppe heißt $\underline{\mathfrak{C}_{3i}^1}$. Weitere Zentren lassen sich in $\mathfrak{C}_3^1$ nicht einbauen. Beispielsweise würde $\overline{\text{ein}}$ weiteres Zentrum, etwa in B, das Symmetriebild Abb. 65b erzeugen, in dem die drei Arten von dreizähligen Achsen nicht nur s p i e g e l b i l d l i c h, sondern auch direkt identisch sein müßten[1]), entgegen der Voraussetzung, daß AA_1 kürzester Identitätsabstand sein soll.

In $\mathfrak{C}_3^2$ und $\mathfrak{C}_3^3$ läßt sich kein Zentrum anbringen, da dies den Windungssinn der Schraubenachsen umkehren würde und eine Überlagerung einer rechten

[1]) Eine Drehachse oder Schraubenachse geht durch ein Zentrum der Symmetrie in eine ihr spiegelbildlich gleiche (enantiomorphe) über (Abb. 65a, Achsen B und C), eine Drehspiegelachse hingegen in eine ihr völlig identische Drehspiegelachse — dies wäre der Fall von Abb. 65b.

und einer linken dreizähligen Schraubenachse keine dreizählige Symmetrie mehr besitzt.

Aus demselben Grunde lassen sich auch in $\mathfrak{C}_3^4$ die Zentren nur in der in Abb. 65 c gezeigten Art anbringen, so daß ein Zentrum zwischen zwei Schraubenachsen von verschiedenem Windungssinn fällt. Auf den Drehachsen entstehen dann automatisch weitere Zentren. Die in Abb. 65 c zu den Zentren gesetzten Zahlen geben ihre Höhe über der Horizontalebene des Ausgangszentrums A an, gemessen in Bruchteilen der kleinsten vertikalen Translation. Diese Raumgruppe heißt $\underline{\mathfrak{C}_{3i}^2}$. Mehr Raumgruppen der Symmetrie C_{3i} kann es nicht geben. In beiden Raumgruppen $\mathfrak{C}_{3i}^n$ gibt es also Zentren, die auf einer dreizähligen Achse liegen, d. h. sechszählige Drehspiegelachsen.

δ) Es handelt sich nun darum, z w e i z ä h l i g e A c h s e n in diese Raumgruppen einzuordnen, so daß weder die Zahl der dreizähligen Achsen noch die der Zentren vergrößert wird. Auch hier hat man zu beachten, daß zwei translatorisch identische Achsen in der Mitte zwischen sich eine weitere zweizählige, nicht identische Achse hervorrufen; und zwar ist diese eine Drehachse, wenn die erzeugenden Achsen Drehachsen mit einer Translation senkrecht zu ihrer Richtung oder Schraubenachsen mit einer Translation schief dazu sind; eine Schraubenachse, wenn die Erzeugenden Drehachsen mit schiefer oder Schraubenachsen mit senkrechter Translation sind (vgl. Abb. 66a—d).

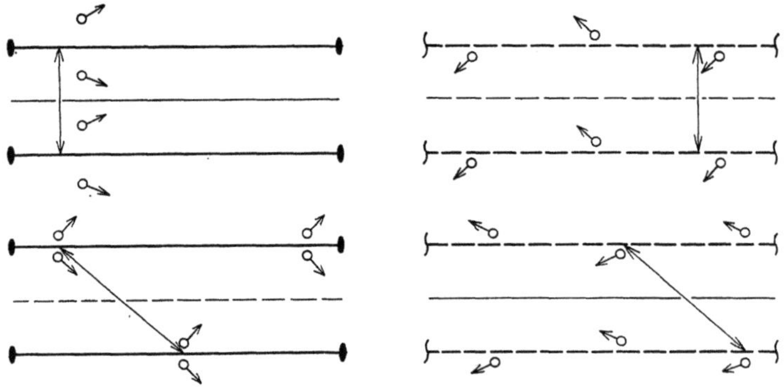

Abb. 66a—d. Erzeugung weiterer Symmetrieelemente bei Kombination von zweizähligen Achsen und Translationen.

Nun kann man in $\mathfrak{C}_{3i}^1$ zweizählige Achsen offenbar auf vierfache Weise unterbringen, nämlich entsprechend den Abb. 67a und 67b, und zwar in beiden Fällen entweder in den Horizontalebenen der Zentren oder in halber Höhe zwischen ihnen. Diese vier Kombinationen führen zu den Raumgruppen $\underline{\mathfrak{D}_{3d}^1}$, $\underline{\mathfrak{D}_{3d}^2}$, $\underline{\mathfrak{D}_{3d}^3}$ und $\underline{\mathfrak{D}_{3d}^4}$.

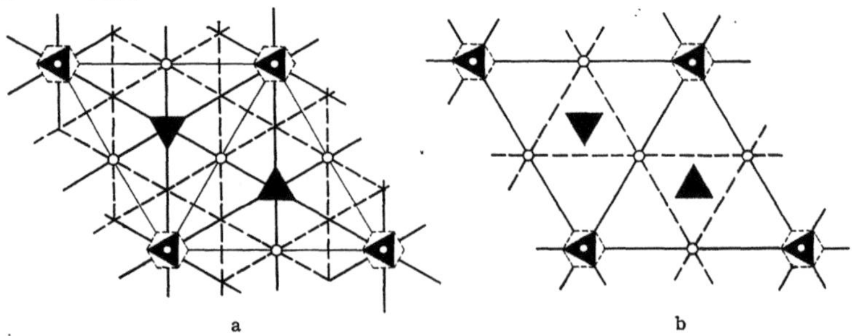

a b

Abb. 67a und b. Die zweizähligen Achsen der Raumgruppen von D_{3d}.

In $\mathfrak{C}_{3i}^2$ lassen sich die zweizähligen Achsen nur entsprechend Abb. 67a legen, da die Anordnung der Abb. 67b die beiden Achsen C und B ineinander überführen würde, was wegen des verschiedenen Windungssinnes nicht möglich ist. Hier entstehen also, entsprechend den verschiedenen möglichen Höhenlagen der Achsen, nur zwei neue Raumgruppen, $\underline{\mathfrak{D}_{3d}^5}$ und $\underline{\mathfrak{D}_{3d}^6}$. Weitere Raumgruppen der Symmetrie D_{3d} können nicht vorkommen.

ε) Die Spiegelebenen, die in der Kristallklasse D_{3d} auftreten, ergeben sich einfach aus der Betrachtung, daß die Kombination einer zweizähligen Achse mit einem Zentrum eine Symmetrieebene senkrecht zu dieser Achse erzeugt. Dabei sind folgende Fälle zu unterscheiden (Abb. 68a—d):

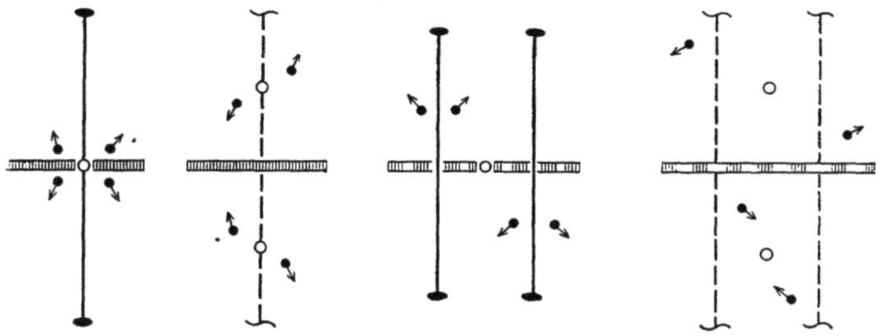

Abb. 68a—d. Erzeugung weiterer Symmetrieelemente bei Kombination von Symmetriezentren und zweizähligen Achsen.

1. Das Zentrum liege auf einer Drehachse; dann geht eine echte Spiegelebene durch das Zentrum hindurch (Abb. 68a).

2. Es liege auf einer Schraubenachse. Dann liegt eine echte Spiegelebene in der Mitte zwischen zwei aufeinander folgenden Zentren (Abb. 68b).

3. Es liege in der Mitte zwischen zwei Drehachsen. Dann geht eine Gleitspiegelebene durch es hindurch (Abb. 68c).

4. Es liege in der Mitte zwischen zwei Schraubenachsen. Dann liegt eine Gleitspiegelebene in der Mitte zwischen zwei aufeinander folgenden Zentren (Abb. 68d).

ζ) Wir wollen nun die einzelnen Raumgruppen der Symmetrie D_{3d} genauer betrachten.

$\boxed{\mathfrak{D}_{3d}^1}$. Die dreizähligen Achsen sind sämtlich Drehachsen, die zweizähligen Achsen schneiden die elementaren Translationen in der Basisebene rechtwinklig und liegen in denselben Horizontalebenen wie die Zentren. Die Spiegelebenen liegen daher wie in Abb. 69 gezeigt. Dabei liegt die Gleitkomponente der Gleitspiegelebenen ganz in der Basisebene. Die allgemeine Punktlage ergibt sich daraus, daß sämtliche Symmetrieelemente der Kristallklasse D_{3d} in einem Punkt A vereinigt liegen, und die übrigen Symmetrieelemente der Raumgruppe aus diesen folgen; sie ist daher, wie die allgemeine Ebenenlage in D_{3d}, zwölfzählig. Nimmt man den Nullpunkt in dem Zentrum auf A an, so sind die zusammengehörigen Koordinaten:

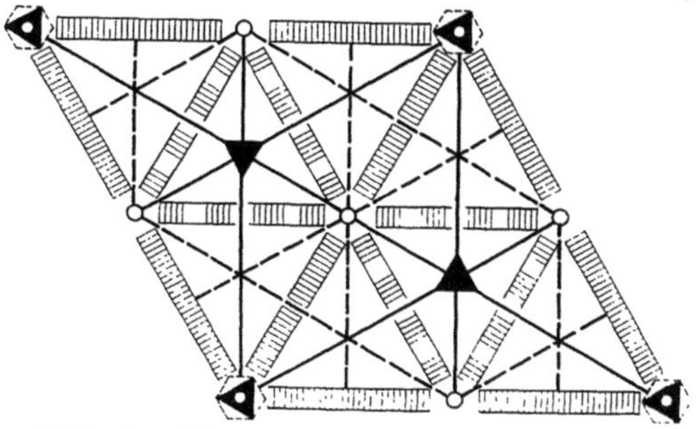

Abb. 69. Die Raumgruppen D_{3d}^1 und D_{3d}^2.

(dreizählige Achse)	$[[m\,n\,p]]$,	$[[n-m\;\bar{m}\;p]]$,	$[[n\;m-n\;p]]$,
(+ Zentrum)	$[[\bar{m}\,\bar{n}\,\bar{p}]]$,	$[[m-n\;m\;\bar{p}]]$,	$[[n\;n-m\;\bar{p}]]$,
(+ zweizählige Achse)	$[[\bar{n}\,\bar{m}\,\bar{p}]]$,	$[[m\;m-n\;\bar{p}]]$,	$[[n-m\;n\;\bar{p}]]$,
	$[[n\,m\,p]]$,	$[[\bar{m}\;n-m\;p]]$,	$[[m-n\;n\;p]]$.

Punkte, die auf Symmetrieelementen liegen, haben häufig eine geringere Zähligkeit. So ist z. B. die Punktlage in $[[0\,0\,0]]$ und die in $[[0\,0\,\frac{1}{2}]]$ nur einzählig. Die Lagen in den übrigen Inversionszentren sind dreizählig. Es gehören nämlich zusammen die Lagen:

$$\{[[\tfrac{1}{2}\,0\,0]],\ [[0\,\tfrac{1}{2}\,0]],\ [[\tfrac{1}{2}\,\tfrac{1}{2}\,0]]\}$$

sowie

$$\{[[\tfrac{1}{2}\,0\,\tfrac{1}{2}]],\ [[0\,\tfrac{1}{2}\,\tfrac{1}{2}]],\ [[\tfrac{1}{2}\,\tfrac{1}{2}\,\tfrac{1}{2}]]\}.$$

Soll ein Atom in eine dieser Punktlagen kommen, so muß es, um die Symmetrie des Gitters nicht zu stören, die der Punktlage zukommende Eigensymmetrie besitzen. Also muß ein Atom in $[[0\,0\,0]]$ oder $[[0\,0\,\frac{1}{2}]]$ mindestens die Eigensymmetrie D_{3d}, in den andern Symmetriezentren die Symmetrie C_{2h} haben.

Außer den Zentren gibt es noch zwei Punktlagen ohne Freiheitsgrad, nämlich die Stellen, wo die dreizähligen Achsen in B und C von den zweizähligen geschnitten werden. Es sind dies

$$\{[[\tfrac{1}{3}\,\tfrac{2}{3}\,0]],\ [[\tfrac{2}{3}\,\tfrac{1}{3}\,0]]\}$$

und

$$\{[[\tfrac{1}{3}\,\tfrac{2}{3}\,\tfrac{1}{2}]],\ [[\tfrac{2}{3}\,\tfrac{1}{3}\,\tfrac{1}{2}]]\}.$$

Diese Lagen sind also zweizählig und haben die Eigensymmetrie D_3.

Von Punktlagen, die nur an eine Drehachse gebunden sind, also noch einen Freiheitsgrad besitzen, sind zu nennen:

1. solche auf den dreizähligen Achsen in A; sie sind zweizählig mit der Eigensymmetrie C_{3v}: $[[0\,0\,p]]$, $[[0\,0\,\bar{p}]]$;

2. solche auf den Achsen in B und C; sie sind vierzählig mit der Symmetrie C_3: $\{[[\frac{1}{3}\,\frac{2}{3}\,p]],\ [[\frac{1}{3}\,\frac{2}{3}\,\bar{p}]],\ [[\frac{2}{3}\,\frac{1}{3}\,p]],\ [[\frac{2}{3}\,\frac{1}{3}\,\bar{p}]]\}$;

3. solche auf den zweizähligen Achsen; sie sind sechszählig mit der Symmetrie C_2: $[[2m\,m\,0]]$, $[[\bar{m}\,2\bar{m}\,0]]$, $[[\bar{m}\,m\,0]]$, $[[2\bar{m}\,\bar{m}\,0]]$, $[[m\,2m\,0]]$, $[[m\,\bar{m}\,0]]$; ebenso dieselbe Lage mit $p = \frac{1}{2}$ statt 0.

Schließlich sind Punkte, die an die Spiegelebenen gebunden sind, die also zwei Freiheitsgrade haben, sechszählig mit der Symmetrie C_s: $[[m\,0\,p]]$, $[[0\,m\,p]]$, $[[\bar{m}\,\bar{m}\,p]]$, $[[\bar{m}\,0\,\bar{p}]]$, $[[0\,\bar{m}\,\bar{p}]]$, $[[m\,m\,\bar{p}]]$.

$\mathfrak{D}_{3d}^2$ enthält ebenfalls $\mathfrak{C}_{3i}^1$ als Untergruppe. Die zweizähligen Achsen liegen in denselben Vertikalebenen, wie in $\mathfrak{D}_{3d}^1$, aber nicht in den Horizontalebenen der Zentren, sondern in der Mitte zwischen ihnen. Dadurch erhalten alle Spiegelebenen eine vertikale Gleitkomponente von der Größe $\frac{1}{2}c$. Echte Spiegelebenen gibt es in dieser Raumgruppe nicht. Die allgemeine Punktlage ist wieder zwölfzählig:

$[[m\,n\,p]]$,	$[[n-m\;\bar{m}\;p]]$,	$[[\bar{n}\;m-n\;p]]$,
$[[\bar{m}\,\bar{n}\,\bar{p}]]$,	$[[m-n\;m\;\bar{p}]]$,	$[[n\;n-m\;\bar{p}]]$,
$[[\bar{n}\,\bar{m}\,\bar{p}+\frac{1}{2}]]$,	$[[m\;m-n\;\bar{p}+\frac{1}{2}]]$,	$[[n-m\;n\;\bar{p}+\frac{1}{2}]]$,
$[[n\,m\,p+\frac{1}{2}]]$,	$[[\bar{m}\;n-m\;p+\frac{1}{2}]]$,	$[[m-n\;\bar{n}\;p+\frac{1}{2}]]$.

Punktlagen ohne Freiheitsgrad sind zunächst wieder die Zentren. Doch gehören jetzt immer zwei der Punktlagen von $\mathfrak{D}_{3d}^1$ zusammen, so daß die folgenden Gruppen entstehen:

$\{[[0\,0\,0]],\ [[0\,0\,\frac{1}{2}]]\}$ zweizählig mit der Eigensymmetrie C_{3i},

$\{[[\frac{1}{2}\,0\,0]],\ [[\frac{1}{2}\,\frac{1}{2}\,0]],\ [[0\,\frac{1}{2}\,0]],\ [[\frac{1}{2}\,0\,\frac{1}{2}]],\ [[\frac{1}{2}\,\frac{1}{2}\,\frac{1}{2}]],\ [[0\,\frac{1}{2}\,\frac{1}{2}]]\}$ sechszählig, Symmetrie C_i.

Schnittpunkte von zwei- und dreizähligen Achsen treten diesmal in drei verschiedenen Lagen auf:

$$\left.\begin{array}{l}\{[[0\,0\,\tfrac{1}{4}]],\ [[0\,0\,\tfrac{3}{4}]]\}\\ \{[[\tfrac{1}{3}\,\tfrac{2}{3}\,\tfrac{1}{4}]],\ [[\tfrac{2}{3}\,\tfrac{1}{3}\,\tfrac{3}{4}]]\}\\ \{[[\tfrac{2}{3}\,\tfrac{1}{3}\,\tfrac{1}{4}]],\ [[\tfrac{1}{3}\,\tfrac{2}{3}\,\tfrac{3}{4}]]\}\end{array}\right\}\ \text{alle drei zweizählig mit der Eigensymmetrie } D_3.$$

Punktlagen mit einem Freiheitsgrad:

$$\left.\begin{array}{l}\{[[0\,0\,p]],\ [[0\,0\,\bar{p}]],\ [[0\,0\,p+\tfrac{1}{2}]],\ [[0\,0\,\bar{p}+\tfrac{1}{2}]]\}\\ \{[[\tfrac{1}{3}\,\tfrac{2}{3}\,p]],\ [[\tfrac{2}{3}\,\tfrac{1}{3}\,\bar{p}]],\ [[\tfrac{2}{3}\,\tfrac{1}{3}\,p+\tfrac{1}{2}]],\ [[\tfrac{1}{3}\,\tfrac{2}{3}\,\bar{p}+\tfrac{1}{2}]]\}\end{array}\right\}\ \text{beide vierzählig, Symmetrie } C_3;$$

$\{[[2m\,m\,\tfrac{1}{4}]],\ [[\bar{m}\,2\bar{m}\,\tfrac{1}{4}]],\ [[\bar{m}\,m\,\tfrac{1}{4}]],\ [[2\bar{m}\,\bar{m}\,\tfrac{3}{4}]],\ [[m\,2m\,\tfrac{3}{4}]],\ [[m\,\bar{m}\,\tfrac{3}{4}]]\}$ sechszählig mit der Eigensymmetrie C_2.

Punktlagen mit zwei Freiheitsgraden sind nicht ausgezeichnet, da alle Symmetrieebenen Gleitspiegelebenen sind und die Zähligkeit der allgemeinen Lage nicht verringern.

In die Raumgruppe $\mathfrak{D}_{3d}^2$ läßt sich u. a. Molybdenit, MoS_2 Abb. 156 einordnen. Man erhält sein Kristallgitter, wenn man Mo in die zweizählige Lage $\{[[\tfrac{1}{3}\,\tfrac{2}{3}\,\tfrac{1}{4}]],\ [[\tfrac{2}{3}\,\tfrac{1}{3}\,\tfrac{3}{4}]]\}$ und S in die vierzählige $\{[[\tfrac{1}{3}\,\tfrac{2}{3}\,p]],\ [[\tfrac{2}{3}\,\tfrac{1}{3}\,\bar{p}]],\ [[\tfrac{2}{3}\,\tfrac{1}{3}\,\tfrac{1}{2}+p]],\ [[\tfrac{1}{3}\,\tfrac{2}{3}\,\tfrac{1}{2}-p]]\}$ legt. Übereinstimmung mit der Beschreibung in Ziff. 37 C 7 erhält man, wenn man zu allen dort angegebenen Punktlagen die Translation $(\tfrac{1}{3}\,\tfrac{2}{3}\,\tfrac{1}{4})$ hinzufügt und $p-\tfrac{1}{4}=u$ setzt.

$\boxed{\mathfrak{D}_{3d}^3}$ enthält als Untergruppe wiederum $\mathfrak{C}_{3i}^1$. Die zweizähligen Achsen liegen in den Horizontalebenen der Zentren, aber diesmal in den Koordinatenebenen. Als Bild sämtlicher Symmetrieelemente ergibt sich Abb. 70. Dabei liegen Zentren und zweizählige Achsen in den Höhen 0 und $\tfrac{1}{2}$.

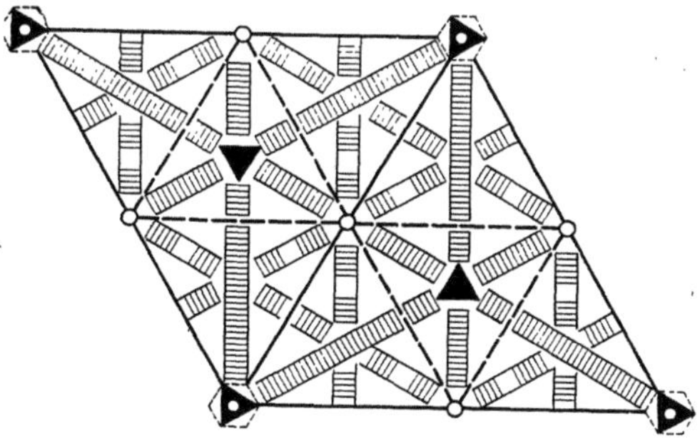

Abb. 70. Die Raumgruppen D_{3d}^3 und D_{3d}^4.

Die allgemeine Punktlage ist zwölfzählig und heißt:

$$\begin{array}{lll}[[m\ \ n\ \ p]], & [[n-m\ \ \bar{m}\ \ p]], & [[\bar{n}\ \ m-n\ \ p]],\\ [[\bar{m}\ \ \bar{n}\ \ \bar{p}]], & [[m-n\ \ m\ \ \bar{p}]], & [[n\ \ n-m\ \ \bar{p}]],\\ [[\bar{n}\ \ \bar{m}\ \ p]], & [[\bar{m}\ \ m-n\ \ p]], & [[n-m\ \ \bar{n}\ \ p]],\\ [[n\ \ m\ \ \bar{p}]], & [[m\ \ n-m\ \ \bar{p}]], & [[m-n\ \ n\ \ \bar{p}]].\end{array}$$

Spezielle Lagen sind:

Ohne Freiheitsgrad: $[[0\,0\,0]]$ sowie $[[0\,0\,\tfrac{1}{2}]]$; beide sind einzählig mit der Eigensymmetrie D_{3d}.

$$\left.\begin{array}{l}\{[[\tfrac{1}{2}\,0\,0]],\ [[\tfrac{1}{2}\,\tfrac{1}{2}\,0]],\ [[0\,\tfrac{1}{2}\,0]]\}\\ \{[[\tfrac{1}{2}\,0\,\tfrac{1}{2}]],\ [[\tfrac{1}{2}\,\tfrac{1}{2}\,\tfrac{1}{2}]],\ [[0\,\tfrac{1}{2}\,\tfrac{1}{2}]]\}\end{array}\right\}\ \text{beide dreizählig, Eigensymmetrie } C_{2h}.$$

Auf den anderen dreizähligen Achsen liegt diesmal kein Punkt ohne Freiheitsgrad.

Mit einem Freiheitsgrad:

$$\left.\begin{array}{l}\{[[0\,0\,p]],\ [[0\,0\,\bar{p}]]\}\\ \{[[\tfrac{1}{3}\,\tfrac{2}{3}\,p]],\ [[\tfrac{2}{3}\,\tfrac{1}{3}\,\bar{p}]]\}\end{array}\right\}\ \text{beide zweizählig, Eigensymmetrie } C_{3v}.$$

$$\left.\begin{array}{l}\{[[m\,0\,0]],\ [[\bar{m}\,\bar{m}\,0]],\ [[0\,m\,0]],\ [[\bar{m}\,0\,0]],\ [[m\,m\,0]],\ [[0\,\bar{m}\,0]]\}\\ \{[[m\,0\,\tfrac{1}{2}]],\ [[\bar{m}\,\bar{m}\,\tfrac{1}{2}]],\ [[0\,m\,\tfrac{1}{2}]],\ [[\bar{m}\,0\,\tfrac{1}{2}]],\ [[m\,m\,\tfrac{1}{2}]],\ [[0\,\bar{m}\,\tfrac{1}{2}]]\}\end{array}\right\}\ \text{beide sechszählig, Eigensymmetrie } C_2.$$

Mit zwei Freiheitsgraden:

$\{[[2m\, m\, p]],\ [[\bar{m}\, 2\bar{m}\, p]],\ [[\bar{m}\, m\, p]],\ [[2\bar{m}\, \bar{m}\, \bar{p}]],\ [[m\, 2m\, \bar{p}]],\ [[m\, \bar{m}\, \bar{p}]]\}$ sechszählig mit der Eigensymmetrie C_s.

In $\mathfrak{D}_{3d}^3$ kristallisiert Brucit, $Mg(OH)_2$, und Kadmiumjodid, CdJ_2 (Abb. 155) Mg bzw. Cd liegen in der einzähligen Lage $[[0\,0\,0]]$, O bzw. J in der zweizähligen $[[\frac{1}{3}\,\frac{2}{3}\,p]],\ [[\frac{2}{3}\,\frac{1}{3}\,\bar{p}]]$.

$\boxed{\mathfrak{D}_{3d}^4}$ unterscheidet sich von $\mathfrak{D}_{3d}^3$ nur dadurch, daß die zweizähligen Achsen in den Höhen $\frac{1}{4}$ und $\frac{3}{4}$ liegen. Die Symmetrieebenen werden dadurch, wie in $\mathfrak{D}_{3d}^2$, sämtlich Gleitspiegelebenen. Die allgemeine Punktlage ist:

$$\begin{array}{lll}
[[m\ \ n\ \ p\,]], & [[n-m\ \ \bar{m}\ \ p\,]], & [[\ \bar{n}\ \ m-n\ \ p\,]], \\
[[\bar{m}\ \ \bar{n}\ \ p\,]], & [[m-n\ \ m\ \ \bar{p}\,]], & [[\ n\ \ n-m\ \ \bar{p}\,]], \\
[[\bar{n}\ \ \bar{m}\ \ p+\frac{1}{2}]], & [[\ m\ \ m-n\ \ p+\frac{1}{2}]], & [[n-m\ \ n\ \ p+\frac{1}{2}]], \\
[[n\ \ m\ \ \bar{p}+\frac{1}{2}]], & [[\ \bar{m}\ \ n-m\ \ \bar{p}+\frac{1}{2}]], & [[m-n\ \ \bar{n}\ \ \bar{p}+\frac{1}{2}]].
\end{array}$$

Lagen ohne Freiheitsgrad:

$\{[[0\,0\,0]],\ [[0\,0\,\frac{1}{2}]]\}$ zweizählig, Eigensymmetrie C_{3i},

$\{[[\frac{1}{2}\,0\,0]],\ [[\frac{1}{2}\,\frac{1}{2}\,0]],\ [[0\,\frac{1}{2}\,0]],\ [[\frac{1}{2}\,0\,\frac{1}{2}]],\ [[\frac{1}{2}\,\frac{1}{2}\,\frac{1}{2}]],\ [[0\,\frac{1}{2}\,\frac{1}{2}]]\}$ sechszählig, Eigensymmetrie C_i.

$\{[[0\,0\,\frac{1}{4}]],\ [[0\,0\,\frac{3}{4}]]\}$ zweizählig, Eigensymmetrie D_3.

Mit einem Freiheitsgrad:

$$\left.\begin{array}{l}
\{[[0\,0\,p]],\ [[0\,0\,\bar{p}]],\ [[0\,0\,p+\frac{1}{2}]],\ [[0\,0\,\bar{p}+\frac{1}{2}]]\} \\
\{[[\frac{1}{3}\,\frac{2}{3}\,p]],\ [[\frac{2}{3}\,\frac{1}{3}\,\bar{p}]],\ [[\frac{2}{3}\,\frac{1}{3}\,p+\frac{1}{2}]],\ [[\frac{1}{3}\,\frac{2}{3}\,p+\frac{1}{2}]]\}
\end{array}\right\}\ \text{vierzählig, Eigensymmetrie } C_3.$$

$\{[[m\,0\,0]],\ [[\bar{m}\,\bar{m}\,0]],\ [[0\,m\,0]],\ [[\bar{m}\,0\,\frac{1}{2}]],\ [[m\,m\,\frac{1}{2}]],\ [[0\,\bar{m}\,\frac{1}{2}]]\}$ sechszählig, Eigensymmetrie C_2.

Weitere ausgezeichnete Punktlagen sind nicht vorhanden.

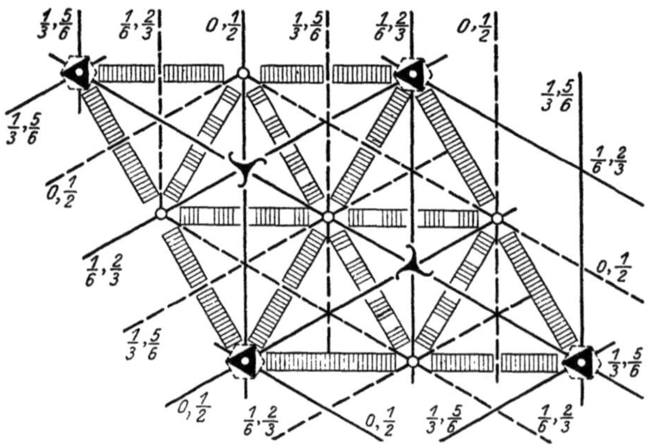

Abb. 71. Die Raumgruppen $\mathfrak{D}_{3d}^5$ und $\mathfrak{D}_{3d}^6$.

Die Raumgruppen $\mathfrak{D}_{3d}^5$ und $\mathfrak{D}_{3d}^6$ enthalten die Untergruppe $\mathfrak{C}_{3i}^2$. Die Elementarzelle ist ein Rhomboeder. Die dreizähligen Achsen und Zentren liegen entsprechend Abb. 65 c. Die zweizähligen Achsen sind in Abb. 71 dargestellt. Die angeschriebenen Zahlen bedeuten ihre Höhe in Bruchteilen der vertikalen Translation für $\mathfrak{D}_{3d}^5$. Für $\mathfrak{D}_{3d}^6$ ist zu allen diesen Zahlen $\frac{1}{4}$ zu addieren. Die vollständige rhomboedrische Translationszelle erhält man, wenn man das hier gezeichnete Achsenbild um die Achse A um 120 bzw. 240° dreht. Dann werden die Zentren in den Höhen 0, $\frac{1}{3}$, $\frac{2}{3}$, 1 die Ecken der Elementarzelle.

$\boxed{\mathfrak{D}_{3d}^5}$: Die Achsenlage ist in Abb. 71 dargestellt. Die allgemeine Punktlage ist zwölfzählig:

$$[[m\ n\ p]],\quad [[n\ p\ m]],\quad [[p\ m\ n]],$$
$$[[\bar m\ \bar n\ \bar p]],\quad [[\bar n\ \bar p\ \bar m]],\quad [[\bar p\ \bar m\ \bar n]],$$
$$[[n\ m\ p]],\quad [[p\ n\ m]],\quad [[m\ p\ n]],$$
$$[[\bar n\ \bar m\ \bar p]],\quad [[\bar p\ \bar n\ \bar m]],\quad [[\bar m\ \bar p\ \bar n]].$$

Punktlagen ohne Freiheitsgrad sind:

$[[0\,0\,0]]$ sowie $[[\frac{1}{2}\,\frac{1}{2}\,\frac{1}{2}]]$, beide einzählig, Eigensymmetrie D_{3d},

$\left.\begin{array}{l}\{[[\frac{1}{2}\,0\,0]],\ [[0\,\frac{1}{2}\,0]],\ [[0\,0\,\frac{1}{2}]]\}\\ \{[[\frac{1}{2}\,\frac{1}{2}\,0]],\ [[\frac{1}{2}\,0\,\frac{1}{2}]],\ [[0\,\frac{1}{2}\,\frac{1}{2}]]\}\end{array}\right\}$ beide dreizählig, Eigensymmetrie C_{2h},

Mit einem Freiheitsgrad:

$\{[[m\,m\,m]],\ [[\bar m\,\bar m\,\bar m]]\}$ zweizählig, Eigensymmetrie C_{3v},

$\{[[m\,m\,0]],\ [[m\,0\,m]],\ [[0\,m\,m]],\ [[\bar m\,\bar m\,0]],\ [[\bar m\,0\,\bar m]],\ [[0\,\bar m\,\bar m]]\}$ sechszählig, Eigensymmetrie C_2; ebenso dieselbe Punktlage, um $[[\frac{1}{2}\,\frac{1}{2}\,\frac{1}{2}]]$ verschoben.

Mit zwei Freiheitsgraden:

$[[m\,p\,p]],\ [[p\,m\,p]],\ [[p\,p\,m]],\ [[\bar m\,\bar p\,\bar p]],\ [[\bar p\,\bar m\,\bar p]],\ [[\bar p\,\bar p\,\bar m]]$ sechszählig, Eigensymmetrie C_s.

In dieser Raumgruppe kristallisieren eine Reihe von Elementen: Arsen, Antimon und Wismut Abb. 139. Auch das alte Graphitgitter von Debye und Scherrer gehörte hierher. In allen diesen Fällen liegen zwei Atome in der Zelle in der zweizähligen Lage $[[m\,m\,m]]$, $[[\bar m\,\bar m\,\bar m]]$ mit der Eigensymmetrie C_{3v}.

$\boxed{\mathfrak{D}_{3d}^6}$: Das Achsenbild entsteht, wenn man in Abb. 71 alle zweizähligen Achsen um $\frac{1}{4}$ des vertikalen Identitätsabstandes nach oben verschiebt. Dabei werden alle Symmetrieebenen zu Gleitspiegelebenen. Die allgemeine Punktlage ist:

$$[[m\ n\ p]],\quad [[n\ p\ m]],\quad [[p\ m\ n]],$$
$$[[\bar m\ \bar n\ \bar p]],\quad [[\bar n\ \bar p\ \bar m]],\quad [[\bar p\ \bar m\ \bar n]],$$
$$[[n+\tfrac{1}{2}\ m+\tfrac{1}{2}\ p+\tfrac{1}{2}]],\quad [[p+\tfrac{1}{2}\ n+\tfrac{1}{2}\ m+\tfrac{1}{2}]],\quad [[m+\tfrac{1}{2}\ p+\tfrac{1}{2}\ n+\tfrac{1}{2}]],$$
$$[[\bar n+\tfrac{1}{2}\ \bar m+\tfrac{1}{2}\ \bar p+\tfrac{1}{2}]],\quad [[\bar p+\tfrac{1}{2}\ \bar n+\tfrac{1}{2}\ \bar m+\tfrac{1}{2}]],\quad [[\bar m+\tfrac{1}{2}\ \bar p+\tfrac{1}{2}\ \bar n+\tfrac{1}{2}]].$$

Punktlagen ohne Freiheitsgrad sind:

$[[0\,0\,0]]$, $[[\frac{1}{2}\,\frac{1}{2}\,\frac{1}{2}]]$ zweizählig, Eigensymmetrie C_{3i},

$[[\frac{1}{2}\,0\,0]],\ [[0\,\frac{1}{2}\,0]],\ [[0\,0\,\frac{1}{2}]],\ [[\frac{1}{2}\,\frac{1}{2}\,0]],\ [[\frac{1}{2}\,0\,\frac{1}{2}]],\ [[0\,\frac{1}{2}\,\frac{1}{2}]]$ sechszählig, Eigensymmetrie C_i,

$[[\frac{1}{4}\,\frac{1}{4}\,\frac{1}{4}]]$, $[[\frac{3}{4}\,\frac{3}{4}\,\frac{3}{4}]]$ zweizählig, Eigensymmetrie D_3.

Mit einem Freiheitsgrad:

$\{[[m\,m\,m]],\ [[\bar m\,\bar m\,\bar m]],\ [[m+\frac{1}{2},\ m+\frac{1}{2},\ m+\frac{1}{2}]],\ [[\bar m+\frac{1}{2},\ \bar m+\frac{1}{2},\ m+\frac{1}{2}]]\}$ vierzählig, Eigensymmetrie C_3.

$\left.\begin{array}{l}\{[[\frac{1}{4}+m,\ \frac{1}{4}-m,\ \frac{1}{4}]],\ [[\frac{1}{4}-m,\ \frac{1}{4},\ \frac{1}{4}+m]],\ [[\frac{1}{4},\ \frac{1}{4}+m,\ \frac{1}{4}-m]]\\ \ [[\frac{3}{4}-m,\ \frac{3}{4}+m,\ \frac{3}{4}]],\ [[\frac{3}{4}+m,\ \frac{3}{4},\ \frac{3}{4}-m]],\ [[\frac{3}{4},\ \frac{3}{4}-m,\ \frac{3}{4}+m]]\}\end{array}\right\}$ sechszählig, Eigensymmetrie C_2.

Punktlagen mit zwei Freiheitsgraden sind nicht ausgezeichnet.

Hierher gehört die Struktur von Calcit, $CaCO_3$ Abb. 165, und einer großen Zahl von anderen Karbonaten. Dabei liegt Ca in der zweizähligen Lage $\{[[0\,0\,0]], [[\frac{1}{2}\,\frac{1}{2}\,\frac{1}{2}]]\}$; C in der zweizähligen Lage $[[\frac{1}{4}\,\frac{1}{4}\,\frac{1}{4}]], [[\frac{3}{4}\,\frac{3}{4}\,\frac{3}{4}]]$; O in der sechszähligen Lage $[[\frac{1}{4}+m, \frac{1}{4}-m, \frac{1}{4}]]$ usw.

In ähnlicher Weise kristallisiert auch Korund, Al_2O_3 Abb. 159: Die O liegen in denselben Lagen wie in Calcit, die Al dagegen in der vierzähligen Lage $\{[[p\,p\,p]], [[\bar{p}\,\bar{p}\,\bar{p}]], [[p+\frac{1}{2}\;p+\frac{1}{2}\;p+\frac{1}{2}]], [[\bar{p}+\frac{1}{2}\;\bar{p}+\frac{1}{2}\;\bar{p}+\frac{1}{2}]]\}$.

9. Die reziproken Achsen und das reziproke Gitter. α) In der Strukturtheorie herrscht eine Beschreibung der Gitter nach Gitterpunkten vor: in dem durch die Translationen gegebenen Koordinatengerüst ist angegeben, wo gleichwertige Punkte liegen. Die beschreibende Kristallographie sowohl wie die Strukturuntersuchung mit Röntgenstrahlen liefert in erster Linie eine Beschreibung des Gitters nach seinen Flächen oder Netzebenen. Offenbar muß es stets möglich sein, durch Angabe der Flächen — deren Schnittpunkte die Gitterpunkte sind — eine völlig äquivalente und gewissermaßen duale Beschreibung zu der üblichen zu erhalten. Dies geschieht durch das „reziproke Gitter“, das zunächst für einfache Translationsgitter entwickelt werden möge.

Sei $\mathfrak{a}_i$ das Translationstripel des Atomgitters. In der Vektorrechnung[1]) wird zu einem Vektortripel $\mathfrak{a}_i$ ein dazu reziprokes $\mathfrak{b}_i$ definiert durch die sechs Gleichungen

$$(\mathfrak{b}_i\mathfrak{a}_i) = 1, \qquad (\mathfrak{b}_i\mathfrak{a}_k) = 0 \qquad (i \neq k \text{ gleich } 1, 2, 3)\,. \tag{1}$$

Die zweite Gleichung besagt, daß die $\mathfrak{b}_i$ die Polarecke zu der der $\mathfrak{a}_i$ bilden ($\mathfrak{b}_1 \perp$ auf $\mathfrak{a}_2$ und $\mathfrak{a}_3$ usw.); die erste Gleichung normiert die Längen der $\mathfrak{b}_i$. Durch diese Normierung und die daraus entspringende volle Symmetrie der Definitionsgleichungen in den $\mathfrak{a}_i$ und $\mathfrak{b}_i$ unterscheiden sich die reziproken von den durch GRASSMANN[2]) in die Kristallographie eingeführten „polaren“ Achsen.

Aus den Definitionsgleichungen folgt die explizite Darstellung der $\mathfrak{b}_i$ durch die $\mathfrak{a}_i$ und umgekehrt:

$$\mathfrak{b}_1 = \frac{[\mathfrak{a}_2\mathfrak{a}_3]}{(\mathfrak{a}_1[\mathfrak{a}_2\mathfrak{a}_3])}, \ldots; \qquad \mathfrak{a}_1 = \frac{[\mathfrak{b}_2\mathfrak{b}_3]}{(\mathfrak{b}_1[\mathfrak{b}_2\mathfrak{b}_3])}, \ldots \tag{2}$$

Die Nenner dieser Ausdrücke haben die Bedeutung des von den $\mathfrak{a}_i$ bzw. $\mathfrak{b}_i$ aufgespannten Volums v_a bzw. v_b. Dabei gilt, wie leicht zu sehen, $v_a \cdot v_b = 1$. Gibt man den $\mathfrak{a}_i$ die Dimensionen Länge, so werden die $\mathfrak{b}_i$ von der Dimension einer reziproken Länge, wegen (1). Ist das ($\mathfrak{a}_i$)-Achsensystem festgelegt durch Angabe der Längen $|\mathfrak{a}_i| = a_i$ und der Kosinus der Achsenwinkel $\cos\alpha_i = (\mathfrak{a}_k\mathfrak{a}_j)/a_k a_j$, so stellen sich die entsprechenden Größen für die reziproken Achsen auf Grund leichter Vektoralgebra wie folgt dar. Man bilde zuerst

$$v_a^2 = a_1^2 a_2^2 a_3^2 (1 - \cos^2\alpha_1 - \cos^2\alpha_2 - \cos^2\alpha_3 + 2\cos\alpha_1\cos\alpha_2\cos\alpha_3),$$

sodann ist

$$\left.\begin{aligned} b_1^2 &= 1/v_a^2 \cdot a_2^2 a_3^2 \sin^2\alpha_1, \ldots \\ (\mathfrak{b}_1\mathfrak{b}_2) &= 1/v_a^2 \cdot a_3^2 a_1 a_2 (\cos\alpha_1\cos\alpha_2 - \cos\alpha_3), \ldots \end{aligned}\right\} \tag{2'}$$

Ein Beispiel hierfür vergl. Ziff. 32β)

Die reziproken Vektoren sind nicht nur in der Kristallographie, sondern überall da nützlich, wo man in schiefwinkligen Koordinaten rechnen will. Ihr

---

[1]) C. RUNGE, Vektoranalysis, Bd. I. Leipzig: S. Hirzel 1919; J. SPIELREIN, Lehrbuch der Vektorrechnung. 2. Aufl. Stuttgart: K. Wittwer 1926.

[2]) Siehe z. B. Enzykl. d. math. Wiss. Bd. V, 1; 7, Art. LIEBISCH.

allgemeiner Nutzen beruht darauf, daß sich mit ihrer Hilfe die Zerlegung eines beliebigen Vektors $\mathfrak{r}$ nach den schiefwinkligen Achsen $\mathfrak{a}_i$ ausführen läßt:

$$\mathfrak{r} \equiv \mathfrak{a}_1(\mathfrak{b}_1\mathfrak{r}) + \mathfrak{a}_2(\mathfrak{b}_2\mathfrak{r}) + \mathfrak{a}_3(\mathfrak{b}_3\mathfrak{r}) . \tag{3}$$

Ebenso gilt natürlich

$$\mathfrak{r} \equiv \mathfrak{b}_1(\mathfrak{a}_1\mathfrak{r}) + \mathfrak{b}_2(\mathfrak{a}_2\mathfrak{r}) + \mathfrak{b}_3(\mathfrak{a}_3\mathfrak{r}) . \tag{3'}$$

Man bezeichnet $(\mathfrak{b}_i\mathfrak{r})$ als die (bezüglich der Achsen $\mathfrak{a}_i$) kontravarianten, $(\mathfrak{a}_i\mathfrak{r})$ als die kovarianten Komponenten von $\mathfrak{r}$.

Für die Kristallographie werden die reziproken Achsen $\mathfrak{b}_i$ dadurch besonders wertvoll, daß der enge Zusammenhang zu den Netzebenen besteht: der Vektor

$$\mathfrak{h} = h_1\mathfrak{b}_1 + h_2\mathfrak{b}_2 + h_3\mathfrak{b}_3$$

steht senkrecht auf der MILLERschen Netzebene $(h_1h_2h_3)$ im Atomgitter $\mathfrak{a}_i$[1]). Bildet man mit den $\mathfrak{b}_i$ als Translationen ein Gitter, das „reziproke Gitter", so ist darin $\mathfrak{h}$ der Fahrstrahl vom Ursprung zu dem Gitterpunkt $h_1h_2h_3$, und wir erhalten durch alle Fahrstrahlen im reziproken Gitter einen einfachen Überblick über alle rationalen Ebenenstellungen im Atomgitter. Da es erfahrungsgemäß den meisten Menschen leichter fällt, mit Geraden (Vektoren), die durch einen gemeinsamen Anfangs- und einen Endpunkt bestimmt sind, zu operieren als mit Ebenen, die durch drei Achsenabschnitte gegeben sind, gewinnen viele kristallographische Operationen an Anschaulichkeit, wenn man sie ins reziproke Gitter übersetzt.

Hierzu kommt, daß auch der Netzebenenabstand d_h bzw. ihre Besetzungsdichte σ_h eine einfache geometrische Deutung im reziproken Gitter erhält. σ_h ist definiert als die Anzahl Gitterpunkte pro Flächeneinheit einer Netzebene $(h_1h_2h_3)$. Ist N die Zahl der Gitterpunkte in der Volumeinheit, so gilt offenbar

$$\sigma_h \cdot \frac{1}{d_h} = N \quad \text{oder} \quad = \frac{1}{v_a}.$$

Die Besetzungsdichte wird um so geringer, der Abstand der Netzebenen um so kleiner sein, je höher die Indizes der Ebene. Quantitativ gilt hierüber: sei $\mathfrak{h}^*$ der Fahrstrahl zum ersten Gitterpunkt in der durch die Netzebenennormale gegebenen Richtung, so ist[2])

$$d_h = 1 : |\mathfrak{h}^*| . \tag{4}$$

β) Wichtig ist das Verhalten der Achsen $\mathfrak{a}_i$ und $\mathfrak{b}_i$ bei linearen Transformationen. Da sowohl in den Gleichungen (1) wie (3), (3') invariante Größen ausgedrückt sind, folgt, daß $\mathfrak{b}_i$ sich kontravariant zu $\mathfrak{a}_i$ transformieren muß. Führen wir z. B. neue Atomachsen $\mathfrak{A}_i$ ein durch die Gleichungen

$$\begin{aligned} \mathfrak{A}_1 &= \alpha_{11}\mathfrak{a}_1 + \alpha_{12}\mathfrak{a}_2 + \alpha_{13}\mathfrak{a}_3 \\ &\cdots\cdots\cdots\cdots \\ \mathfrak{A}_3 &= \alpha_{31}\mathfrak{a}_1 + \cdots + \alpha_{33}\mathfrak{a}_3 , \end{aligned}$$

deren Auflösung gleich angegeben sei

$$\begin{aligned} \mathfrak{a}_1 &= \beta_{11}\mathfrak{A}_1 + \beta_{12}\mathfrak{A}_2 + \beta_{13}\mathfrak{A}_3 \\ &\cdots\cdots\cdots\cdots \\ \mathfrak{a}_3 &= \beta_{31}\mathfrak{A}_1 + \cdots + \beta_{33}\mathfrak{A}_3 , \end{aligned}$$

so wird das Schema der β_{ik} kolonnenweise statt zeilenweise gelesen, angeben, wie sich die $\mathfrak{B}_i$ durch die alten $\mathfrak{b}_i$ ausdrücken und ebenso das α_{ik}-Schema von

[1]) Zum Beweise zeigt man, daß das Vektorprodukt aus den beiden in der Netzebene gelegenen Vektoren $\mathfrak{a}_1/h_1 - \mathfrak{a}_2/h_2$ und $\mathfrak{a}_1/h_1 - \mathfrak{a}_3/h_3$ parallel zu $\mathfrak{h}$ ist.

[2]) Für den Beweis s. etwa P. P. EWALD, Kristalle und Röntgenstrahlen, Berlin, J. Springer, 1923, S. 249.

oben nach unten gelesen den Übergang von $\mathfrak{B}_i$ zu $\mathfrak{b}_i$ vermitteln. Man stellt sich die Transformation am besten in dem Sinn vor, daß das Atomgitter bzw. das reziproke Gitter das physikalisch gegebene Ding ist, das in verschiedenen Systemen beschrieben werden soll. Demgemäß wird die alte Netzebene $(h_1 h_2 h_3)$ mit den neuen $(\mathfrak{A}_i)$-Achsen neue Indizes $(H_1 H_2 H_3)$ erhalten. Da

$$\mathfrak{h} = \sum h_i \mathfrak{b}_i = \sum H_i \mathfrak{B}_i$$

invariant ist, müssen die h_i sich entgegengesetzt wie die $\mathfrak{b}_i$, d. h. wie die $\mathfrak{a}_i$ transformieren (gemäß Schema α_{ik}). Hiervon hat man bei der Entzifferung von Röntgenogrammen oder der Verwertung von Goniometermessungen oft Gebrauch zu machen. Insbesondere kommt oft der Übergang von hexagonalen zu rhomboedrischen Achsen vor, dessen Transformationsformeln in Tab. 5 IIa und b zu finden sind. Die allgemeine Transformation sei nochmals in einem Schema zusammengestellt:

$$\begin{array}{rr|ccc|l} & & h_1 & h_2 & h_3 & \\ & & \to\mathfrak{a}_1 & \mathfrak{a}_2 & \mathfrak{a}_3 & \\ \hline H_1; & \mathfrak{A}_1 = & \alpha_{11} & \alpha_{12} & \alpha_{13} & \mathfrak{B}_1 \\ H_2; & \mathfrak{A}_2 = & \alpha_{21} & \alpha_{22} & \alpha_{23} & \mathfrak{B}_2 \\ H_3; & \mathfrak{A}_3 = & \alpha_{31} & \alpha_{32} & \alpha_{33} & \mathfrak{B}_3 \\ \hline & & \mathfrak{b}_1 = & \mathfrak{b}_2 = & \mathfrak{b}_3 = & \uparrow \end{array} \qquad \begin{array}{rr|ccc|l} & & H_1 & H_2 & H_3 & \\ & & \to\mathfrak{A}_1 & \mathfrak{A}_2 & \mathfrak{A}_3 & \\ \hline h_1; & \mathfrak{a}_1 = & \beta_{11} & \beta_{12} & \beta_{13} & \mathfrak{b}_1 \\ h_2; & \mathfrak{a}_2 = & \beta_{21} & \beta_{22} & \beta_{23} & \mathfrak{b}_2 \\ h_3; & \mathfrak{a}_3 = & \beta_{31} & \beta_{32} & \beta_{33} & \mathfrak{b}_3 \\ \hline & & \mathfrak{B}_1 = & \mathfrak{B}_2 = & \mathfrak{B}_3 = & \uparrow \end{array}$$

γ) Am reziproken Gitter deuten wir am einfachsten das in Ziff. 2 (δ) ausgesprochene Gesetz, daß drei beliebige (nicht komplanare) Kristallkanten geeignete Achsenrichtungen abgeben; es läßt sich auch so aussprechen: drei beliebige nicht gleichzonige (siehe ζ) Kristallflächen dürfen als Achsenebenen gewählt werden. Ihnen entsprechen im reziproken Gitter drei beliebige Fahrstrahlen $\mathfrak{h}_1$, $\mathfrak{h}_2$, $\mathfrak{h}_3$, und es ist anschaulich klar, daß alle Richtungen des reziproken Gitters durch ein aus drei beliebigen Fahrstrahlen des Gitters aufgebautes (im allgemeinen gröbermaschiges) Gitter ebensogut dargestellt werden.

δ) Das reziproke eines kubischen Gitters der Kante a ist ein ebensolches Gitter der Kante $1/a$. Ein rhombisches Gitter hat ein ebensolches reziprokes von den Kanten $1/a$, $1/b$, $1/c$. Ein rhomboedrisches Gitter vom Kantenwinkel α hat als reziprokes ein rhomboedrisches Gitter vom Kantenwinkel β:

$$\cos\beta = \frac{-\cos\alpha}{1+\cos\alpha}.$$

Das reziproke zu einem hexagonalen Gitter (die Nebenachsen bilden den Winkel 120°) ist hexagonal, aber nicht in der üblichen Aufstellung, da die positiven Richtungen der Nebenachsen den Winkel 60° bilden. (Die übliche Aufstellung wird erreicht nach Vorzeichenumkehr bei einer Nebenachse.) Die reziproken zu den Achsen des flächenzentriert-kubischen Gitters haben die Richtung der Achsen des körperzentriert-kubischen und umgekehrt (in der Lagebeziehung wie bei Abb. 45 und 46).

ε) Auch für ein Gitter mit Basis, d. i. ein Punktsystem oder — bei verschiedenen Atomsorten — sogar eine Ineinanderstellung mehrerer Punktsysteme, muß eine Beschreibung nach Ebenen so gut wie die nach Punktlagen angängig sein[1]). Das bisher betrachtete reziproke Gitter ist dazu nicht befähigt, da es als einfaches Translationsgitter stets die holoedrische Symmetrie seines Systems aufweist. Andererseits muß das bisherige reziproke Gitter in den Grundzügen erhalten bleiben, da ja die rationalen Ebenenstellungen auch im Punktsystem

[1]) P. P. EWALD, ZS. f. Krist. Bd. 56, S. 129. 1921.

durch die Translationen allein bestimmt sind. Betrachtet man eine Netzebenenschar des Punktsystems, so besteht sie aus einer periodischen Folge von im allgemeinen ungleich dicht besetzten und ungleich entfernten Ebenen. Durch Angabe der Besetzungsdichte und Abstände der einzelnen Netzebenen aller Scharen sind die Atomorte als Schnitte der Netzebenen festgelegt. Diese Angaben müssen also auf einer Punktreihe $p\mathfrak{h}^*$ (p ganzzahlig) des reziproken Gitters abzulesen sein. Ausgehend von dem Gesichtspunkt, daß das reziproke Gitter etwas Invariantes sein muß, d. h. z. B. bei Auswechslung der Translationen $(\mathfrak{a}_i)$ des Atomgitters gegen damit rational zusammenhängende $(\mathfrak{A}_i)$ unverändert bleiben muß, gelingt es, eine Gewichtsfunktion $\mathfrak{G}_h$ zu bestimmen, die jedem Punkt des bisherigen reziproken Gitters beigelegt werden muß. Diese Gewichtsfunktion ist wesentlich identisch mit dem „Strukturfaktor" der Interferenzentheorie (genauer „Strukturamplitude"). Seien die Atomsorten des Gitters durch gewisse Zahlen m_t voneinander unterschieden (Massen, Streuvermögen, Ionenladungen) und seien $\mathfrak{r}_t$ die Fahrstrahlen zu den Atomen der Basis. Dann ist das Gewicht des Punktes $\mathfrak{h}$ im reziproken Gitter

$$\mathfrak{G}_h = \frac{1}{v_a}\sum_t m_t e^{2\pi i(\mathfrak{h}\mathfrak{r}_t)}. \tag{5}$$

Die Gewichte sind im allgemeinen komplex d. h. sie bestehen aus einem Betrag Γ_h und einer Phase γ_h:

$$\mathfrak{G}_h = \Gamma_h \cdot e^{i\gamma_h}. \tag{6}$$

Ist das Gitter zentrisch-symmetrisch (zum Atom m_t, $\mathfrak{r}_t$ findet sich auch m_t, $-\mathfrak{r}_t$), so ist $\mathfrak{G}_h$ reell, kann aber positiv oder negativ sein.

Die Reziprozität bleibt bei dieser Gewichtsbestimmung erhalten: betrachtet man das reziproke Gitter als das Ausgangsgitter, dessen $\mathfrak{G}_h$ die Rolle der m_t spielen, und bildet davon wieder das reziproke, so kommt man zum alten Atomgitter einschließlich Angabe der Basisorte und Basismassen zurück (evtl. bis auf eine Inversion). Würde man aus den Intensitäten der Röntgeninterferenzen die $\mathfrak{G}_h$ selbst gewinnen, so wäre die Konstruktion des Atomgitters daraus eine einfache Aufgabe der Algebra, die durch die Gleichung (5) erledigt wäre. Tatsächlich gewinnt man nur die Γ_h [Gleichung (6)], da die Intensitätsmessung die Phasen bzw. bei zentrisch-symmetrischen Kristallen die Vorzeichen prinzipiell nicht erfassen kann. Die Aufgabe, die fehlende Phasenkenntnis durch Angabe der vorkommenden Atommassen (chemische Zusammensetzung des Kristalls) zu ersetzen, ist behandelt worden, aber noch nicht ideal gelöst[1]).

Greifen wir im reziproken Gitter eine Gittergerade $p\mathfrak{h}^*$ mit den Gewichten $\mathfrak{G}_h = \mathfrak{G}_{ph^*}$ heraus, so ist zu zeigen, daß diese ein Bild der darauf senkrechten Netzebenenschar des Atomgitters ist. Die „Identitätsperiode" dieser Schar, d. h. der Netzebenenabstand in einem der einfachen Gitter, aus denen das zusammengesetzte aufgebaut ist, ist $d^* = 1/|\mathfrak{h}^*|$ [Gleichung (4)]; die einzelnen nicht identischen Ebenen der Schar mögen vom Ursprung die Abstände d_s $(< d^*)$ haben, und ihre Belastung (Summe der Massen, die im Parallelogramm der Netzebene liegen, dividiert durch dessen Flächeninhalt) sei σ_s. Dann ist nach (5)

$$\mathfrak{G}_{ph^*} = \frac{1}{v_a}\sum_t m_t e^{2\pi i p(\mathfrak{h}^*\mathfrak{r}_t)} = \frac{1}{v_a}\sum m_t e^{2\pi i p\cdot\left(\frac{1}{d^*}\cdot\mathfrak{r}_{t\parallel}\right)};$$

dabei ist $\mathfrak{r}_{t\parallel}$ die Komponente des Basisfahrstrahls parallel zu $\mathfrak{h}$, also für alle Atome in der $s$ten Netzebene gleich d_s. Beachtet man, daß $v_a = (d^* \cdot \text{Inhalt}$ des Parallelogramms) ist, so läßt sich auch schreiben:

$$\mathfrak{G}_{ph^*} = \frac{1}{d^*}\sum \sigma_s e^{2\pi i p\frac{d_s}{d^*}}.$$

[1]) Vgl. Fußnote 1 auf S. 242.

Die Gewichte dieser Punktreihe sind mithin ebenso groß, als rührten sie von einem eindimensionalen Gitter der Periode d^* her, dessen Basis durch die Belastungen und Abstände der Netzebenen gegeben ist. Indem man das Reziproke bildet, kann man also von einer Gittergeraden des reziproken Gitters zur Kenntnis der Ebenenfolge im dreidimensionalen Atomgitter gelangen. [Vgl. Ziff. 20 δ)].

Es zeigt sich, daß die 230 SCHOENFLIESschen Punktsysteme sich dadurch voneinander unterscheiden, daß in ihren reziproken Gittern Gewichte zu Null werden. Wegen des engen Zusammenhangs mit dem Strukturfaktor bedingt dies den Ausfall gewisser Interferenzen. Durch ihren Ausfall erhält man die sichersten Kriterien für die Auswahl der Raumgruppen. Diese finden sich bei NIGGLI[1]) und bei ASTBURY und YARDLEY[2]) für allgemeine Punktlagen, in mehreren Arbeiten von WYCKOFF[3]) auch für spezielle Punktlagen aufgeführt.

ζ) Die Verallgemeinerung des reziproken Gitters durch die Einführung der Gewichte läßt auch für einfache Gitter den Dualismus zwischen Atom- und reziprokem Gitter in deutlicherem Licht erscheinen als vorher. Nicht ein Punkt — der Endpunkt des Vektors $\mathfrak{h}^*$ — entspricht im reziproken Gitter der Netzebene $(h_1 h_2 h_3)$, sondern der Schar identischer Netzebenen entspricht die gleichbelastete Punktreihe $p\mathfrak{h}^*$. Hat man im Atomgitter zwei Netzebenenscharen, so erzeugen ihre Schnitte ∞^2 Gerade, die wir als die Zonenachsenschar bezeichnen dürfen. (Flächen einer Zone heißen in der Kristallographie alle Flächen, die die gleiche „Zonenachse" enthalten, sich also längs dieser durchsetzen.) Dieselbe Zonenachsenschar wird von irgend zwei Netzebenenscharen der gleichen Zone erzeugt. Andererseits bestimmen im reziproken Gitter zwei Punktreihen eine Netzebene; diese kann auch als von andern Punktreihen erzeugt gedacht werden. Der ganzen Zone im Atomgitter (d. h. der Gesamtheit der Flächen, deren Normale senkrecht zur Zonenachse A steht) entspricht natürlich im reziproken Gitter die ganze Netzebene $\perp A$. Will man aus zwei Flächensymbolen $(h_1 h_2 h_3)$ und $(h_1' h_2' h_3')$ die zugehörige Zonenachse A finden, so ist das Vektorprodukt $[\mathfrak{h}\mathfrak{h}']$ zu bilden. Da hierbei die Produkte $[\mathfrak{b}_1 \mathfrak{b}_2]$ usw. die Richtungen der Achsen $\mathfrak{a}_3$ usw. haben, ergibt sich die Richtung der Zonenachse im Atomgitter durch Ausführung der Komponenten des Vektorproduktes nach dem bekannten Schema:

Symbole der ersten Fläche kreuzweise multipliziert mit Symbolen der zweiten Fläche	h_1	h_2	h_3	h_1	h_2	h_3
	h_1'	h_2'	h_3'	h_1'	h_2'	h_3'
Symbol der Zonenachse		$(h_2 h_3' - h_3 h_2')$,	$(h_3 h_1' - h_1 h_3')$,	$(h_1 h_2' - h_2 h_1')$		

Nach demselben Schema des Vektorprodukts bestimmt die Zugehörigkeit zu zwei Zonen die Indizes der Netzebene.

III. Allgemeine Theorie der Röntgeninterferenz in idealen Kristallen.

10. Historische Bemerkungen. Versuche, die Röntgenstrahlen an Spalten oder Gittern zu beugen, um Klarheit über ihr Wesen zu erhalten, sind seit der

[1]) P. NIGGLI, Geom. Krist. d. Diskont., Haupttabelle XII, S. 493.

[2]) W. T. ASTBURY u. K. YARDLEY, Phil. Trans. (A) Bd. 224, S. 221. 1924 (Angabe der „abnormen" Ebenenabstände im Atomgitter).

[3]) R. W. G. WYCKOFF, The Structure of Cristals, S. 219. New York 1924; ZS. f. Krist. B. 61, S. 425. 1925; Bd. 62, S. 540. 1925; Bd. 63, S. 507. 1926.

Entdeckung der Strahlen oft angestellt worden. RÖNTGEN selbst schreibt in seiner ersten Mitteilung[1]: „Nach Interferenzerscheinungen der X-Strahlen habe ich viel gesucht, aber leider, vielleicht nur infolge der geringen Intensität derselben, ohne Erfolg." Bekanntlich sind kurz vor der LAUEschen Entdeckung einigermaßen zuverlässige Beugungserscheinungen an keilförmig zulaufenden Spalten erhalten worden[2], die von KOCH[3] ausphotometriert und von SOMMERFELD[4] zur Bestimmung einer wirksamen Wellenlänge von etwa 0,4 Å verwandt worden sind. Diese Bestimmung bildete, wie v. LAUE in seinem Nobelvortrag hervorhebt, den einen Pfeiler, auf dem die LAUEsche Entdeckung sich aufbaut. Daß die Ausführung der Interferenzbeobachtungen 17 Jahre nach RÖNTGENS Entdeckung möglich wurde, liegt zum guten Teil an der Vervollkommnung, die Röhren und Röntgeninstrumentarien inzwischen durch den Bedarf der medizinischen Diagnose und Therapie erfahren hatten. Der andere Pfeiler, von dem LAUES Gedanke sich erhob, war die Vorstellung vom regelmäßigen gitterartigen Aufbau der Kristalle — ein an sich alter Gedanke, der aber gerade in den vorangehenden Jahren durch seine erfolgreiche Benutzung bei der Theorie der spezifischen Wärmen[5] und der Kristalloptik[6] neues Interesse bei den Physikern gefunden hatte. Für die experimentelle Ausführung des LAUEschen Gedankens, die den Herren FRIEDRICH und KNIPPING zu verdanken ist, waren sehr wesentlich die Erfahrungen, die man über die Stärke der Streustrahlung, insbesondere bei der von BARKLA entdeckten „charakteristischen Strahlung", gesammelt hatte. Ohne die richtige Abschätzung der benötigten (sehr großen) Belichtungsdauer hätten sonst diese Versuche leicht aus dem gleichen Grunde, wie die RÖNTGENS, scheitern können.

Die nächste, für die Erforschung der Kristallstruktur bedeutungsvollste Entdeckung im Anschluß an die Arbeiten an LAUE, FRIEDRICH und KNIPPING war die Ausbildung des „Spektrometerverfahrens" durch W. H. BRAGG und W. L. BRAGG[7]. Auch hierzu mußten verschiedene Ideen zusammenkommen: zunächst die Auffassung der Röntgeninterferenzen als Reflexionen des Primärstrahls an den inneren Netzebenen des Kristalls; weiter der von MOSELEY geäußerte Vorschlag, daß auch Reflexe von der Kristalloberfläche zu erwarten seien, und zwar für jede Wellenlänge unter bestimmten Winkeln; und schließlich die Kenntnis, die gerade W. H. BRAGG aus jahrelanger Arbeit mit „charakteristischen Strahlen" gewonnen hatte, wie eine möglichst monochromatische Röntgenstrahlung herzustellen sei. Die Fülle schönster Kristallbestimmungen, die aus den beiden Laboratorien von BRAGG (Vater) und BRAGG (Sohn) stammen, sind die unmittelbare Frucht dieser Methode.

Der nächste wesentliche Schritt, der das Anwendungsgebiet der Röntgeninterferenzen stark erweiterte und die späteren Metall- und Faseruntersuchungen vorbereitete, war die Entdeckung und Diskussion der Pulverinterferenzen, die während des Krieges unabhängig von DEBYE und SCHERRER[8] in Göttingen (1916) und von HULL[9] in Schenectady (1917) erfolgte.

---

[1] C. W. RÖNTGEN, Sitz.-Ber. phys.-med. Ges. Würzburg 1895. S. 9.

[2] B. WALTER u. R. POHL, Ann. d. Phys. Bd. 25, S. 715. 1908; Bd. 29, S. 331. 1909.

[3] P. P. KOCH, Ann. d. Phys. Bd. 38, S. 507. 1912.

[4] A. SOMMERFELD, Ann. d. Phys. Bd. 38, S. 473. 1912.

[5] Vgl. ds. Handb. Bd. X (Art. SCHRÖDINGER).

[6] P. P. EWALD, Münchener Dissert. Göttingen 1912; s. auch Ann. d. Phys. Bd. 49, S. 1 u. 117. 1916.

[7] W. H. BRAGG u. W. L. BRAGG, Proc. Roy. Soc. London (A) Bd. 88, S. 428. 1913.

[8] P. DEBYE u. P. SCHERRER, Göttinger Nachr. 1915/16.

[9] A. W. HULL, Phys. Rev. Bd. 10, S. 661. 1917.

Nicht unerwähnt bleiben darf die gewaltige Arbeit der Röntgenspektroskopiker (MOSELEY, WAGNER, SIEGBAHN, DUANE u. v. a.), deren Hauptinteresse die Erforschung der Röntgenstrahlen bzw. des Atombaues ist, die aber durch ihre genauen Wellenlängenbestimmungen auch für die Kristallvermessung die einheitliche Grundlage geschaffen haben.

Schließlich ist gewissermaßen als Abschluß des logischen Aufbaues der Strukturbestimmung der Beugungsversuch von A. H. COMPTON[1]) zu nennen, der durch Beugung der Röntgenwellen an einem optischen Beugungsgitter von gar nicht besonders hoher Strichdichte eine absolute Bestimmung der Röntgenwellenlänge nach dem beim Licht üblichen Verfahren ermöglichte, während vorher aus den Interferenzen nur das Verhältnis der Wellenlänge zu dem — unbekannten oder nur auf Grund einer vollen Strukturbestimmung anzugebenden — Identitätsabstand im Gitter zu entnehmen war.

11. Übersicht über die Theorie der Interferenzen. Bei der Theorie der Röntgeninterferenzen hat man das rein Geometrische von den Intensitätsfragen zu trennen. Für das erste, nämlich die Frage, unter welchen Richtungen Maxima des Beugungsfeldes auftreten, genügt die Betrachtung, die von der primitiven Theorie der optischen Strichgitter her geläufig ist: unter welchen Richtungsbedingungen haben alle von den Zellen des Kristallgitters ausgehenden Kugelwellen ganzzahlige Gangunterschiede? Offenbar ergibt sich in diesen Richtungen die stärkste Wellensumme, die möglich ist. In eng benachbarten Richtungen werden sekundäre Maxima auftreten wie beim Strichgitter; um die in ihnen steckende Intensität zu erhalten, ist eine weitere wellenkinematische Verfolgung des Vorgangs notwendig, die von LORENTZ[2]) zuerst angegeben worden ist. Doch leidet die ganze Theorie, die auf M. LAUES 1912 zugleich mit der ersten Veröffentlichung formulierten Ansätzen fußt[3]), an dem Mangel, daß sie rein wellenkinematisch ist und das dynamische Verhalten der Atome nicht mitberücksichtigt. Daher wird auch durch den von LORENTZ angegebenen Faktor, von dem unten noch zu sprechen ist, die Intensität der Interferenzen noch nicht richtig dargestellt. Die Ansätze für eine dynamische Theorie der Interferenzen und damit für eine rationellere Erklärung der Intensitäten stammen von DARWIN[4]) und EWALD[5]).

Allen bisher ausgeführten Theorien ist gemeinsam, daß sie das einzelne Atom im Kristallgitter als Ausgangspunkt einer Kugelwelle ansehen, die durch das optische Feld, in dem das Atom sich befindet, induziert wird. Die LAUEsche Theorie vernachlässigt die Wechselwirkung der Atome; damit bleibt als „erregendes" optisches Feld nur die von außen einfallende Welle übrig (= Primärstrahl). In der dynamischen Theorie, die begrifflich strikte an die Theorie der Dispersion anschließt, findet eine Brechung des einfallenden Strahls statt (wenn auch von sehr kleinem Betrag) und es ist zwischen der einfallenden Welle und dem im Kristallinnern verlaufenden „Primärstrahl" zu unterscheiden.

Von großer Wichtigkeit für die Intensitätsfrage ist schließlich die Temperaturbewegung im Kristall. Die Atome führen bei gewöhnlicher Temperatur in Kristallen mit normaler Bindung, wie NaCl, Schwingungen aus, die ihre Abstände bis etwa 3% des Normalwertes ändern, das sind bei Interferenzen höherer Ordnung Strecken von der Größe von $^1/_4$ Wellenlänge. Daß überhaupt die Interferenzerscheinung so gut den Gesetzen der primitiven Theorie folgt,

[1]) A. H. COMPTON u. R. L. DOAN, Proc. Nat. Acad. Amer. Bd. 11, S. 598. 1925.
[2]) H. A. LORENTZ, veröffentlicht durch P. DEBYE, Ann. d. Phys. Bd. 43, S. 49. 1914.
[3]) M. v. LAUE, Sitzungsber. Bayr. Akad. d. Wiss. math. phys. Kl. 1912, S. 303.
[4]) C. G. DARWIN, Phil. Mag. Bd. 27, S. 315 u. 675. 1914.
[5]) P. P. EWALD, Ann. d. Phys. Bd. 54, S. 519. 1918.

die eigentlich nur für den absoluten Nullpunkt (ohne Nullpunktsenergie) Geltung beanspruchen könnte, liegt daran, daß nach den Sätzen der statistischen Mechanik die kleinen Ausschläge der Gitteratome in der Richtung senkrecht zur reflektierenden Netzebene weitaus häufiger sind als die großen[1]). Die Theorie der Interferenzen mit Wärmebewegung ist von DEBYE[2]) aufgestellt worden.

Schließlich ist ein weiterer Punkt offenbar von größter Bedeutung für die Erklärung der praktisch gemessenen Intensitäten: Kristalle sind nie vollkommene Gitter, sondern stets mehr oder weniger gestört (Mosaikkristalle). Oft sieht man sogar bei oberflächlicher Betrachtung, wie die Kristallflächen nicht wahrhaft eben, sondern nach Art eines Mosaikbodens aus ebenen Stückchen fast parallel zusammengesetzt sind. Eine solche Struktur hat man wohl auch in mikroskopischem oder gar submikroskopischem Ausmaß bei solchen Kristallen anzunehmen, die für die optische Betrachtung tadellos erscheinen. Die Wirkung des Mosaiks ist eine Heraufsetzung des Reflexionsvermögens der Kristallflächen, da gleichzeitig mehrere Facetten reflektieren können. Auf diesen Umstand hat zuerst DARWIN[3]) hingewiesen.

12. LAUEsche Theorie. Interferenzen in einem einfachen Gitter. α) Das Kristallgitter werde beschrieben durch die Achsen (Translationen) $\mathfrak{a}_i (i = 1, 2, 3)$, die Basis $m_t, \mathfrak{r}_t (t = 1 \ldots s)$. m_t bedeutet dabei nicht eigentlich die Atommasse, sondern das Streuungsvermögen der Atome für Röntgenstrahlen; dieses selbst kann eine Funktion der Wellenlänge und der Richtungen von einfallendem und gestreutem Strahl sein. Wir setzen es zunächst als von der Richtung unabhängig voraus und bringen die Abhängigkeit von der Wellenlänge nicht näher zum Ausdruck. Grob gesprochen ist m_t proportional dem Atomgewicht oder der Elektronenzahl des betreffenden Atoms.

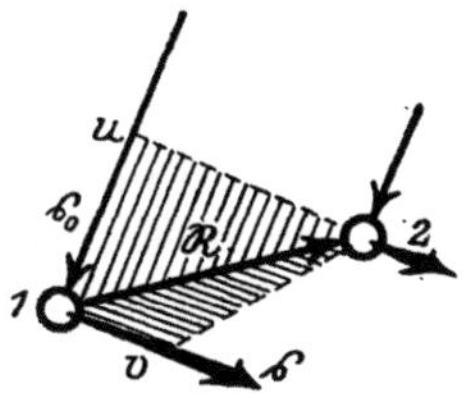

Abb. 72. Gangunterschiede.

Betrachten wir (Abb. 72) zwei Atome im Abstand $\mathfrak{R}$, die unter der Einwirkung einer einfallenden Welle, deren Strahlrichtung durch den Einheitsvektor $\mathfrak{s}_0$ bezeichnet wird, in die Beobachtungsrichtung $\mathfrak{s}$ Sekundärwellen aussenden. Dann ist der entstehende Gangunterschied die Summe der Strecken $u1$ und $1v$, die von den Normalen zu den Strahlrichtungen abgeschnitten werden. Es ist aber $u1 = -(\mathfrak{R}\mathfrak{s}_0)$, $1v = (\mathfrak{R}\mathfrak{s})$. Damit beide Atome phasengleich zusammenwirken, muß also

$$(\mathfrak{R}, \mathfrak{s} - \mathfrak{s}_0) = h\lambda \tag{1}$$

sein, wo h eine (positive oder negative) ganze Zahl, λ die Wellenlänge der auffallenden Strahlung ist.

Wir denken uns zunächst ein Gitter mit einfacher Basis, d. h. aus einer Atomsorte m bestehend, mit $\mathfrak{r}_t = 0$.

Damit alle Zellen im ganzen Gitter phasengleich zusammenwirken, ist die obige Bedingung anzuwenden auf beliebige Abstände

$$\mathfrak{R}_l = l_1 \mathfrak{a}_1 + l_2 \mathfrak{a}_2 + l_3 \mathfrak{a}_3 .$$

Soll die Bedingung unabhängig von den ganzen Zahlen l_i gelten, so ist notwendig [und wegen der Linearität der Gleichung (1) auch hinreichend], daß sie für die drei Wertetripel $(l_1 l_2 l_3) = (100), (010), (001)$ erfüllt ist, d. h. daß jeweils die

[1]) Dies gilt im gleichen Sinn, wie daß bei der MAXWELLschen Geschwindigkeitsverteilung in einem Gase der wahrscheinlichste Wert einer Geschwindigkeitskomponente Null ist.

[2]) P. DEBYE, Ann. d. Phys. Bd. 43, S. 49. 1914.

[3]) C. G. DARWIN, s. Fußnote 4 auf S. 246, sowie Phil. Mag. Bd. 43, S. 800. 1922.

auf den Kristallachsen benachbarten Atome zusammenwirken. Dies gibt die LAUEschen Interferenzbedingungen:

$$\left.\begin{aligned}(\mathfrak{a}_1, \mathfrak{s} - \mathfrak{s}_0) &= h_1 \lambda \\ (\mathfrak{a}_2, \mathfrak{s} - \mathfrak{s}_0) &= h_2 \lambda \\ (\mathfrak{a}_3, \mathfrak{s} - \mathfrak{s}_0) &= h_3 \lambda\end{aligned}\right\} h_1 h_2 h_3 \text{ drei ganze Zahlen.} \qquad (2')$$

Das ganzzahlige Tripel $(h_1 h_2 h_3)$ heißt die Ordnung der Interferenz oder des Spektrums (letztere Bezeichnung ist vom optischen Gitter herübergenommen). Für Kristalle mit orthogonalen Achsen, (rhombisch, tetragonal, kubisch) sind die Komponenten von $\mathfrak{s}_0$ bzw. $\mathfrak{s}_1$ die Richtungskosinus der Einfalls- bzw. Beobachtungsrichtung gegen die Achsen und man kann die Gleichungen in der von LAUE ursprünglich angegebenen Gestalt schreiben:

$$\left.\begin{aligned}\alpha - \alpha_0 &= h_1 \frac{\lambda}{a} \\ \beta - \beta_0 &= h_2 \frac{\lambda}{b} \\ \gamma - \gamma_0 &= h_3 \frac{\lambda}{c}\end{aligned} \quad \begin{array}{l}(a,\ b,\ c \text{ Achsenlängen,} \\ \alpha, \beta, \gamma \text{ bzw. } \alpha_0, \beta_0, \gamma_0 \\ \text{die Richtungskosinus).}\end{array}\right\} \qquad (2'')$$

Im allgemeinen Fall vereinigt man die drei skalaren Gleichungen (2′) zu einer völlig äquivalenten und besonders übersichtlichen Vektorgleichung:

$$\boxed{\mathfrak{s} - \mathfrak{s}_0 = \lambda \mathfrak{h}} \quad \text{Fundamentalgleichung.} \qquad (2)$$

Hierin ist $\mathfrak{h} = h_1 \mathfrak{b}_1 + h_2 \mathfrak{b}_2 + h_3 \mathfrak{b}_3$ der schon oben [Ziff. 9 α)] eingeführte Fahrstrahl im reziproken Gitter; die Gleichung entsteht aus den vorigen (2′) durch Multiplikation dieser mit $\mathfrak{b}_1$ bzw. $\mathfrak{b}_2$, $\mathfrak{b}_3$ und Addition auf Grund der für jeden beliebigen Vektor $\mathfrak{v}$ (hier $\mathfrak{s} - \mathfrak{s}_0$) gültigen Identität:

$$\mathfrak{v} = \mathfrak{b}_1(\mathfrak{a}_1 \mathfrak{v}) + \mathfrak{b}_2(\mathfrak{a}_2 \mathfrak{v}) + \mathfrak{b}_3(\mathfrak{a}_3 \mathfrak{v}) \quad [\text{vgl. Ziff. } \alpha)].$$

β) Gleichung (2) führt sofort zu einer geometrischen Konstruktion der Interferenzrichtungen, die zu einer gegebenen Einfallsrichtung $\mathfrak{s}_0$ und Wellenlänge λ gehören. Trägt man nämlich (Abb. 73) im reziproken Gitter vom Ursprung O aus den Vektor $-\mathfrak{s}_0/\lambda$ ab, so gelangt man zu dem „Ausbreitungspunkt“ A (der innerhalb der LAUEschen Theorie auch als „Anregungspunkt“ bezeichnet werden kann, vgl. Ziff. 14 ε). Da $\mathfrak{h}$ ein Gitterfahrstrahl und $\mathfrak{s}/\lambda$ ein Vektor von der Länge $1/\lambda$ sein muß, ergeben sich die Interferenzrichtungen als die Vektoren vom Ausbreitungspunkt A zu irgendwelchen Gitterpunkten, die auf der um A geschlagenen Kugel vom Radius $1/\lambda$ (die durch den Nullpunkt geht) liegen[1].

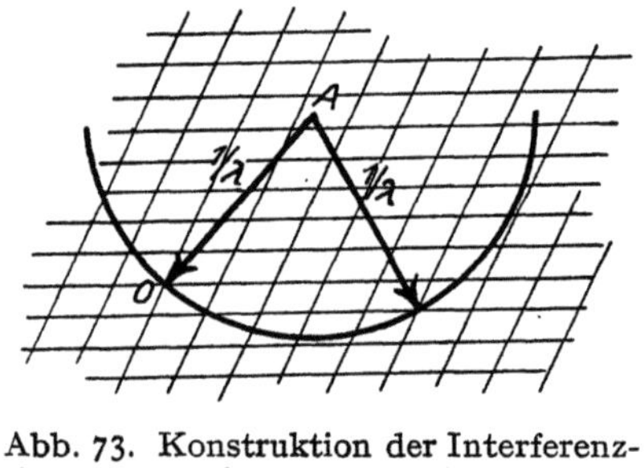

Abb. 73. Konstruktion der Interferenzrichtungen mit der Ausbreitungskugel.

Diese Konstruktion mit Hilfe der „Ausbreitungskugel“ gibt oft den besten Überblick über die Gesamtheit der Interferenzerscheinung und insbesondere über Symmetrieverhältnisse. Sie gestattet auch sofort den „Reziprozitätssatz“[1] abzulesen, der so ausgesprochen werden kann: Das Bündel der Interferenzstrahlen ist eine Einheit; es ist ganz gleichgültig, welcher der Interferenz-

[1]) P. P. EWALD, Phys. ZS. Bd. 14, S. 465. 1913; M. v. LAUE, Enzyklopädie der mathematischen Wissenschaften Bd. V, S. 24.

strahlen eines Bündels als Primärstrahl angesehen wird, es entsteht stets das gleiche Bündel. Dieser Satz bildet die Grundlage der dynamischen Theorie.

γ) Betrachtet man in der Konstruktion Abb. 73 den Primärstrahl und einen beliebigen Interferenzstrahl, so baut sich über dem Vektor $\mathfrak{h}$ ein gleichschenkliges Dreieck von der Schenkellänge $1/\lambda$ auf. Da aber nach Ziff. 9 α) $\mathfrak{h}$ die Normalenrichtung der Ebene $(h_1 h_2 h_3)$ ist, so erkennt man hieraus die Berechtigung der von W. L. BRAGG[1]) ausgesprochenen Auffassung: Jeder Interferenzstrahl entsteht aus dem Primärstrahl durch „Spiegelung" an einer (inneren oder äußeren) Netzebene des Kristallgitters; dabei gehört zur Interferenz $(h_1 h_2 h_3)$ gerade die MILLERsche Ebene $(h_1 h_2 h_3)$ als Spiegelebene. Sind die $(h_1 h_2 h_3)$, die nach ihrer Bedeutung als Gangunterschiede sehr wohl einen gemeinsamen Faktor haben können, nicht teilerfremd, und bezeichnet man mit $h_1^* h_2^* h_3^*$ das gekürzte Flächensymbol (Ziff. 3 δ), so schreibt man

$$(h_1 h_2 h_3) = n(h_1^* h_2^* h_3^*) \tag{3}$$

und nennt die Interferenz auch die Reflexion n-ter Ordnung an der Fläche $(h_1^* h_2^* h_3^*)$. Die Reflexion 6. Ordnung an (110) ist also auch (660) zu schreiben.

Interessiert man sich für die Reflexe an einer bestimmten Fläche, so hat man die Gittergerade im reziproken Gitter zu betrachten, die nach Ziff. 9 α) das Bild dieser Fläche ist. Damit außer einem Anfangspunkt ein weiterer Punkt $n\mathfrak{h}^*$ dieser Geraden (Punktabstand $|\mathfrak{h}^*| = 1/d_h$ nach Ziff. 9 α) auf der Ausbreitungskugel vom Radius $1/\lambda$ liegt, muß der Ausbreitungspunkt so liegen (Abb. 74), daß

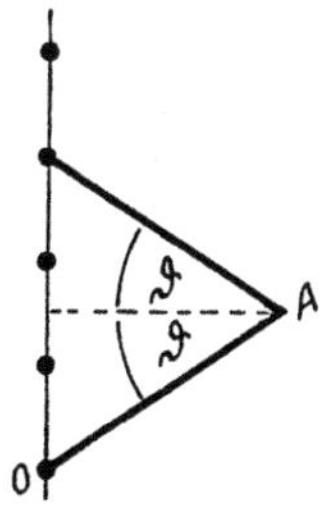

Abb. 74. Ableitung des BRAGGschen Gesetzes.

$$\left.\begin{aligned} n|\mathfrak{h}^*| &= 2\frac{1}{\lambda}\sin\vartheta \\ \text{oder} \qquad n\lambda &= 2d_h\sin\vartheta \end{aligned}\right\} \tag{4}$$

ist. Dabei ist d_h der Abstand der Netzebenen $(h_1 h_2 h_3)$ und ϑ der gegen die Spiegelebene gemessene Einfalls- bzw. Reflexionswinkel (sog. „Glanzwinkel", eine auch in der geometrischen Optik gebräuchliche Bezeichnung). Die zweite Form dieser Gleichung ist die vielgebrauchte BRAGGsche Reflexionsbedingung[2]), neben (2) die wichtigste Formel der ganzen Theorie.

Läßt man Strahlen von ein und derselben Wellenlänge unter wechselnden Winkeln auf eine Netzebenenschar auffallen, so entstehen nur unter gewissen Winkeln Reflexe, eben den durch die BRAGGsche Reflexionsbedingung ausgewählten, deren Sinus sich wie die ersten ganzen Zahlen verhalten, und die im übrigen umgekehrt proportional zum Netzebenenabstand sind. So erhielt BRAGG Reflexionen, die für KCl in folgender Form aufgetragen werden können (Abb. 75). Abszisse ist dabei der Ablenkungswinkel 2ϑ (bei den kleinen Winkeln ist $2\vartheta \approx 2\sin\vartheta$), Ordinate die Intensität des Reflexes. Uns interessiert nur die Abszisse der Reflexion, die innerhalb jeder Reihe dem Gesetz (4) mit $n = 1, 2, 3, \ldots$ genügt und von einer Reihe zur andern Netzebenenabstände anzeigt, die sich wie Wür-

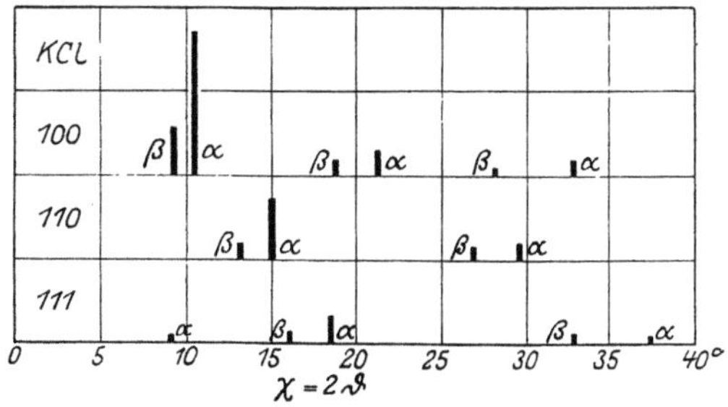

Abb. 75. Reflexionen an KCl.

[1]) W. L. BRAGG, Proc. Cambridge Phil. Soc. Bd. 17, S. 43. 1913.

[2]) W. H. BRAGG u. W. L. BRAGG, Proc. Roy. Soc. London Bd. 88, S. 428. 1913.

felkante a zu halber Würfelflächendiagonale $(a/\sqrt{2})$, zu $1/3$ Würfelkörperdiagonale $(a/\sqrt{3})$ verhalten. Dies sind die Abstände in einem gewöhnlichen kubischen Gitter, wie man entweder direkt oder aus der Länge der Fahrstrahlen $\mathfrak{h}^*$ des zugehörigen reziproken Gitters ersieht.

δ) Aus den Gleichungen (2) bzw. (4) aus (letzteren unter weiterer Berücksichtigung der Gittergeometrie) erhält man die Zusammenhänge zwischen Wellenlänge λ, Reflexionswinkel ϑ bzw. Abbeugungswinkel $\chi (= 2\vartheta)$ und Ordnungstripel $(h_1 h_2 h_3)$ bzw. $\mathfrak{h}$:

$$\lambda = -2\frac{(\mathfrak{h}\mathfrak{s}_0)}{\mathfrak{h}^2}, \tag{5}$$

$$\cos\chi = 1 - 2\frac{(\mathfrak{h}\mathfrak{s}_0)^2}{\mathfrak{h}^2}, \tag{6}$$

$$= 1 + \lambda(\mathfrak{h}\mathfrak{s}_0), \tag{6'}$$

$$\sin\vartheta = \tfrac{1}{2} n\lambda|\mathfrak{h}^*| = \tfrac{1}{2}\lambda|\mathfrak{h}|. \tag{6''}$$

Ferner sei darauf aufmerksam gemacht, daß beim Übergang zu neuen Achsen $(\mathfrak{a}_i \to \mathfrak{A}_i)$ auch die Gangunterschiede zwischen den längs der Achsen benachbarten Atome andere werden $(h_i \to H_i)$. Wegen der Identität der Gangunterschiede mit MILLERschen (ungekürzten) Indizes der Spiegelebene gilt für die Transformation der h_i das Schema in Ziff. 9 β).

13. Interferenzen im zusammengesetzten Gitter. α) Die bisherigen Ausführungen knüpften an ein Gitter mit einfacher Basis an. Befinden sich in der Zelle mehrere Atome, so behalten sie ihre Gültigkeit trotzdem. Denn es bleibt die in Ziff. 12 α) ausgesprochene Bedingung für das Auftreten eines Interferenzmaximums bestehen: daß alle Gitterzellen phasengleich zusammenwirken müssen. Wäre das nicht der Fall, so würde die aus einem Teil des Kristalls kommende optische Wirkung die aus einem andern Teil kommende wegen entgegengesetzter Phasen aufheben. Auch im Gitter mit Basis sind also (2) bzw. (4) die Interferenzbedingungen. Es können keine neuen Interferenzen auftreten. Aber es ist nicht mehr angängig, bei einer ausgedehnten Basis das Streuvermögen als gleich in allen Richtungen anzusehen. Man wird gleichmäßige Streuung zunächst noch für die einzelnen Atome voraussetzen (über die Erweiterung dieser Voraussetzung s. Ziff. 18), aber wegen der mit der Wellenlänge vergleichbaren Entfernungen $\mathfrak{r}_t$ innerhalb der Basis treten zwischen den Basisbestandteilen Gangunterschiede auf.

Stellen wir uns das Gitter mit Basis als zusammengesetzt aus s einfachen Gittern vor, so kann dieselbe Überlegung auch so geführt werden: Jedes einfache Gitter gibt Interferenzen nur nach Gleichung (2) bzw. (4). In jeder Interferenzrichtung summieren sich die optischen Felder der s einfachen Gitter, und zwar mit Phasenunterschieden.

Nimmt man ein im Gitternullpunkt $(\mathfrak{r}_t = 0)$ befindliches (wirkliches oder hinzugedachtes) Atom als Norm für die Phasenangaben, so läßt sich der Gangunterschied der vom Basisatom m_t stammenden Welle durch Anwendung von Abb. 72 bestimmen zu

$$1/\lambda \cdot (\mathfrak{r}_t, \mathfrak{s} - \mathfrak{s}_0),$$

und nach der Fundamentalgleichung ist dies $= (\mathfrak{r}_t \mathfrak{h})$. Ebenso groß ist der Gangunterschied des vom t-ten Teilgitter erzeugten Interferenzstrahls gegen den als Norm gewählten. Die Amplitude, die vom t-ten Gitter stammt, ist proportional zu m_t. Nach der Regel, wie in komplexer Darstellung Wellen mit

Gangunterschieden überlagert werden[1]), ist mithin die Amplitude des Interferenzstrahls $(h_1 h_2 h_3)$ proportional zu

$$S = \sum_t m_t e^{2\pi i (\mathfrak{h}\mathfrak{r}_t)}. \tag{9}$$

Wir bezeichnen diesen Faktor, der den Einfluß der geometrischen Anordnung der Basis auf die Interferenzen wiedergibt, als den Strukturfaktor, genauer als die Strukturamplitude. Der Vergleich mit Ziff. 9 ε) zeigt, daß die Strukturamplitude nichts anderes ist als das „Gewicht" im reziproken des Atomgitters. Im allgemeinen ist dieser Faktor komplex. Das bedeutet, daß die Interferenzstrahlen eines an einem Gitter mit Basis erzeugten Interferenzenbündels im allgemeinen Phasenunterschiede gegeneinander aufweisen. Könnte man diese Phasenunterschiede bemerkbar machen, so wäre damit die Möglichkeit einer der mikroskopischen Abbildung vergleichbaren eigentlichen „Abbildung" der Feinstruktur des Kristalls gegeben, wie zuerst durch v. LAUE[2]) betont worden ist [vgl. Ziff. 9 ε)].

Besitzt das Gitter Symmetriezentra und wird der Nullpunkt in ein solches gelegt, so wird — bei reellen m_t — S reell (gleich einer Summe von cos-Termen). Es sind dann nur noch gleiche oder entgegengesetzte Phasen (+ und —) innerhalb des Bündels möglich.

β) Die Intensität der Interferenzstrahlen ist ziemlich allgemein dem Quadrat des Betrages der Strukturamplitude proportional gesetzt worden[3]). Das entspricht dem Gedankengang der LAUEschen Theorie, ist aber im Rahmen der dynamischen Theorie nicht richtig [Ziff. 15 ε)]. Man erhält das Quadrat des Betrages, indem man S mit dem konjugiert komplexen Wert $\bar{S}$ multipliziert

$$J = S\bar{S} = \sum_t \sum_{t'} m_t m_{t'} e^{2\pi i (\mathfrak{h}\mathfrak{r}_t - \mathfrak{r}_{t'})}. \tag{10}$$

[1]) Bei komplexer Darstellung eines Schwingungsvorganges schreibt man an Stelle der trigonometrischen Funktionen

$$a \cos 2\pi(\omega t + \delta) \quad \text{bzw.} \quad a \sin 2\pi(\omega t + \delta)$$

(a Amplitude, ω Schwingungszahl, δ Phase der Schwingung)

die Exponentialfunktion $a\, e^{2\pi i(\omega t + \delta)}$, meint aber nur den reellen oder den mit i multiplizierten imaginären Teil. Genauer läßt sich dies durch ein vorgesetztes Operationszeichen $\mathfrak{Re}$ oder $\mathfrak{Im}$ andeuten. Häufig wird der Faktor $e^{2\pi i\delta}$ noch mit a zur „komplexen Amplitude" $A = a\, e^{2\pi i\delta}$ vereinigt, so daß die Form $A\, e^{2\pi i\omega t}$ entsteht. Wenn man gleichwohl kurzweg von der Amplitude A spricht, so ist darunter eine Größe verstanden, die gleichzeitig maximale Schwingungsweite und Phasenverschiebung angibt.

Der Überlagerung von Schwingungen entspricht die algebraische Addition ihrer komplexen Ausdrücke. Dabei ist die Reihenfolge von $\mathfrak{Re}$ bzw. $\mathfrak{Im}$ und Summation vertauschbar. Hierin liegt der Vorzug dieser Schreibweise: Hat man z. B. bei den Interferenzrechnungen eine Folge von Wellen zu überlagern, deren jede sich um eine konstante Phasenverschiebung von der vorhergehenden unterscheidet, so entsteht bei der komplexen Rechnung eine geometrische Reihe, deren Summe leicht zu bilden ist.

Die Produktbildung unterliegt nicht gleich einfachen Gesetzen, deshalb ist bei Energieberechnungen Vorsicht geboten. Die Bildung des Quadrats der reellen Amplitude z. B. geschieht durch Multiplikation der komplexen Amplitude mit ihrem konjugiert komplexen Wert, denn

$$A\bar{A} = a^2 e^{2\pi i\delta} e^{-2\pi i\delta} = a^2$$

(vgl. Formel 10 und 10'').

[2]) M. v. LAUE, Naturwissensch. Bd. 8, S. 968. 1920.

[3]) Das entspricht der Vorstellung einer monochromatischen ebenen Welle, für welche der elektromagnetische Energiestrom $\mathfrak{S} = c/4\pi \cdot [\mathfrak{E}\mathfrak{H}]$ durch das Amplitudenquadrat schon wesentlich gekennzeichnet wird. Bei der Beurteilung der experimentell gewonnenen Intensitäten von Röntgeninterferenzen genügt diese einfache Vorstellung nicht, vielmehr muß der Öffnungswinkel des Strahlenbüschels und der in ihm enthaltene Spektralbereich in Betracht gezogen werden.

Eine andere, viel benutzte, aber formell weniger einfache Darstellung besteht darin, erst S in reellen und imaginären Teil zu spalten

$$S = A + iB = \sum m_t \cos 2\pi (\mathfrak{h}\mathfrak{r}_t) + i\sum m_t \sin 2\pi (\mathfrak{h}\mathfrak{r}_t),$$

und dann zu bilden

$$J = A^2 + B^2. \tag{10'}$$

In beiden Fällen ist das „Streuungsvermögen" m_t, d. h. genauer gesagt die Amplitude der vom Atom ausgehenden Streuwelle als reell vorausgesetzt. Komplexes m_t ist sehr wohl möglich, ja nach neueren Untersuchungen, welche die völlige Analogie zwischen der Röntgenoptik und der gewöhnlichen Optik, insbesondere der Dispersionstheorie, dartun, für manche Wellenlängen durchaus wahrscheinlich. Um in diesem Fall von S auf J überzugehen, ist unter Benutzung des zu m_t konjugiert komplexen Wertes $\overline{m}_t$ zu bilden:

$$J = S\overline{S} = \sum_t \sum_{t'} m_t \overline{m}_{t'} e^{2\pi i (\mathfrak{h}\mathfrak{r}_t - \mathfrak{r}_{t'})}. \tag{10''}$$

γ) Wenn auch das Ineinanderschieben einfacher Gitter zu einem Gitter mit Basis keine neuen Interferenzen erzeugen kann, so gibt es doch charakteristische Ausfallserscheinungen, die in sicherster Weise einen Rückschluß auf die Raumgruppe des Kristalls gestatten, vorausgesetzt, daß Beobachtungen an genügend vielen Netzebenen vorliegen.

Der einfachste Fall solcher Ausfallserscheinungen liegt dann vor, wenn man ein einfaches Gitter mit Translationen $\mathfrak{a}_i$ dadurch künstlich als ein Gitter mit Basis ansieht, daß man Achsen der doppelten Länge $\mathfrak{A}_i = 2\mathfrak{a}_i$ zugrunde legt. In der neuen, achtmal größeren Zelle liegt eine Basis aus acht Atomen. Die in den alten Achsen als (h_i) bezeichneten Interferenzen erhalten in den neuen, da die Achsen verdoppelt sind, die Indizes $H_i = 2h_i$. Es sind also nur gerade Interferenzen vorhanden, indem die zu den $\mathfrak{A}_i$ gehörenden ungeraden Interferenzen durch die Eigenart der Basis ausgefallen sind. Durch Aufstellung der Basiskoordinaten und des Strukturfaktors läßt sich das leicht rechnerisch nachprüfen. Etwas allgemeiner kann man sagen: kommen von einer Indexsorte bei den Interferenzen nur die geraden Zahlen vor, so läßt sich die entsprechende Achse halbieren, um auf eine kleinere Zelle zu kommen. Ein Kriterium dafür, daß man bei gegebenen Achsenrichtungen die „wahren" Achsenlängen der Indizierung zugrunde gelegt hat, ist das Auftreten von geraden und ungeraden Indizes.

Zwei andere besonders wichtige Beispiele für systematischen Ausfall geben körper- und flächenzentrierte Gitter. Bei ersteren sind die Zellen aller einfachen Gitter zentriert, d. h. zu jedem Basisatom $(m_t, \mathfrak{r}_t)$ findet sich ein zweites $[m_t, \mathfrak{r}_t + \frac{1}{2}(\mathfrak{a}_1 + \mathfrak{a}_2 + \mathfrak{a}_3)]$. Infolgedessen läßt sich aus der Strukturamplitude (9) der Faktor

$$\{1 + e^{2\pi i \cdot \frac{1}{2}(\mathfrak{h}, \mathfrak{a}_1 + \mathfrak{a}_2 + \mathfrak{a}_3)}\} = \{1 + e^{\pi i (h_1 + h_2 + h_3)}\} \tag{11}$$

ausklammern. Dieser ist gleich 0, wenn $h_1 + h_2 + h_3$ ungerade, andernfalls, entsprechend dem Zusammenwirken der zwei einfachen Gitter, aus denen jedes körperzentrierte besteht, gleich 2. Das Ausfallen aller Interferenzen mit ungerader Indexsumme ist (gleichgültig, ob es sich um recht- oder schiefwinklige Achsen handelt) das Kriterium für eine körperzentrierte Zelle. Beim flächenzentrierten Gitter treten zu jedem Atom $(m_t, \mathfrak{r}_t)$ drei weitere gleiche, die um $\frac{1}{2}(\mathfrak{a}_1 + \mathfrak{a}_2)$, $\frac{1}{2}(\mathfrak{a}_2 + \mathfrak{a}_3)$, $\frac{1}{2}(\mathfrak{a}_3 + \mathfrak{a}_1)$ verschoben sind. Aus der Strukturamplitude tritt mithin der Faktor

$$\{1 + e^{\pi i (h_1 + h_2)} + e^{\pi i (h_2 + h_3)} + e^{\pi i (h_3 + h_1)}\} \tag{11'}$$

heraus, der nur die Werte 4 oder 0 annehmen kann: Fallen alle Interferenzen mit „gemischten" (d. h. teils geraden, teils ungeraden) Indizes aus, so ist die Zelle flächenzentriert.

Wir haben hierin Spezialfälle der in Ziff. 9 ε) erwähnten Ausfallerscheinungen zu erblicken, die zu Auswahlkriterien für die Raumgruppen führen.

Stehen die Streuvermögen der Basisatome in einfachen rationalen Verhältnissen, so kann dadurch Ausfall von Flecken in anderer Art auftreten: während bisher die Wirkungen von strukturell gleichwertigen Atomen einander kompensierten, ist es dann auch bei ungleichen Atomsorten möglich. Beispiele bilden die Flecken (111) bei MgO [GERLACH[1])] sowie (222) bei CaF_2 [BRAGG[2])]. Im letzteren Fall (Fluorit) ist $m_F = \frac{1}{2} m_{Ca}$, und zwei mit Fluor besetzte Netzebenen kompensieren eine mit Kalzium besetzte (vgl. die Struktur, Abb. 150).

δ) Nach Bestimmung der Raumgruppe, am besten aus ausfallenden Flecken, ist die Unterbringung der Atome in der Zelle zu ermitteln. Systematisches hierüber s. Ziff. 35. Hier soll nur bemerkt werden, daß die sehr mangelhafte Messung und die noch zweifelhafte theoretische Interpretation der Intensitäten diesen Teil der Strukturermittlung sehr viel unsicherer als den vorhergehenden macht, sobald es sich um kontinuierlich veränderliche Lagemöglichkeiten (Lagen mit „Parameter") handelt. Nur wenn es auf Grund der (aus Zellendimensionen und Dichte des Kristalls zu ermittelnden) Molekülzahl der Basis für die Unterbringung der Atome nur ein Entweder-Oder gibt (wie es häufig der Fall ist), kann man die Strukturbestimmung als ganz verläßlich betrachten. Für alle anderen Fälle ist es zur vollen Strukturbestimmung dringend erwünscht, eine Methode zu haben, um die in den Intensitäten enthaltenen Angaben auszuwerten, da man sonst gezwungen ist, fremde, in ihrer Zuverlässigkeit noch unerprobte Methoden — etwa chemische Konstitutionsvorstellungen oder das Platzbedürfnis der Atome — mit heranzuziehen.

ε) Schließlich möge auf die Frage eingegangen sein, welche Symmetrieeigenschaften der Kristalle sich in den Röntgeninterferenzen vorfinden. Wie FRIEDEL[3]) zuerst — wenn auch mit mangelhafter Begründung — gezeigt hat, ist der Vorgang der Interferenzabspaltung selbst zentrischsymmetrisch. Daher fallen alle jene Klassen zusammen, die sich nur durch Symmetriezentra unterscheiden, und es bleiben nur die 11 in Tabelle 4 vermerkten Gruppen übrig.

Die grundlegende Behauptung über die Zentrosymmetrie der Interferenzen läßt sich auch so aussprechen: ersetzt man $\mathfrak{h}$ durch $-\mathfrak{h}$ (bzw. $h_1 h_2 h_3$ durch $\bar{h}_1 \bar{h}_2 \bar{h}_3$), so bleibt die Intensität der Interferenz ungeändert. Denn daß die Strahlrichtungen sich bei Umkehr des Welleneinfalls einfach alle umkehren, folgt unmittelbar aus der Zentrosymmetrie des gewöhnlichen reziproken Gitters und der Kugelkonstruktion. Auch für die Intensitäten ist aber die Behauptung bei gewissen Voraussetzungen über die Natur des atomaren Streuvermögens richtig. Nehmen wir an, daß alle m_t in Gleichung (9) reell seien, so wird der Ersatz von $\mathfrak{h}$ durch $-\mathfrak{h}$ die Strukturamplitude S in ihren konjugiert komplexen Wert $\bar{S}$ überführen und der liefert die gleiche Intensität. Sind aber die m_t selbst komplex, so entsteht ein völlig anderer Wert der Strukturamplitude und der FRIEDELsche Satz scheint nicht zu gelten. Experimentell ist an einer Reihe von Kristallen

---

[1]) W. GERLACH u. O. PAULI, ZS. f. Phys. Bd. 7, S. 116. 1921; ähnlich bei NaF: P. DEBYE u. P. SCHERRER, Phys. ZS. Bd. 19, S. 474. 1918.

[2]) W. L. BRAGG, Proc. Roy. Soc. London A Bd. 89, S. 468. 1914.

[3]) G. FRIEDEL, C. R. Bd. 157, S. 1533. 1913.

sichergestellt, daß die FRIEDELsche Symmetriebehauptung mindestens grob zutrifft[1]). — Soll man nun aus diesen Bestätigungen schließen, daß alle atomaren Kugelwellen ihre Atome in gleicher (oder entgegengesetzter) Phase zur Primärwelle verlassen? Hierüber ist zur Zeit noch kein ganz sicheres Urteil möglich[2]). Es erscheint nicht aussichtslos, in geeignet hemiedrischen Kristallen mit einer stark absorbierenden Atomsorte Verstöße gegen die FRIEDELsche Behauptung experimentell aufzufinden. In den meisten praktisch vorkommenden Fällen wird aber die FRIEDELsche Regel gelten.

ζ) Die bisherigen Ausführungen über die LAUEsche Theorie haben ganz an die Fundamentalgleichung (2), Ziff. 12 angeknüpft, die die Richtungen völlig phasengleichen Zusammenwirkens aller Atome im Kristall ausdrückt. LAUE hat in der ersten Veröffentlichung sofort eingehendere Formeln kinematischen Inhalts gegeben, welche das Ergebnis der atomaren Kugelwellen auch in andern als den Hauptinterferenzrichtungen enthalten. Die Intensität in der sehr großen Entfernung R vom Kristall ergibt sich durch elementare Summation der Kugelwellen für ein einfaches Gitter zu:

$$J = \frac{|\psi|^2}{R^2} \frac{\sin^2 \frac{N_1 \pi}{\lambda} (\mathfrak{s} - \mathfrak{s}_0, \mathfrak{a}_1)}{\sin^2 \frac{\pi}{\lambda} (\mathfrak{s} - \mathfrak{s}_0, \mathfrak{a}_1)} \cdot \frac{\sin^2 \frac{N_2 \pi}{\lambda} (\mathfrak{s} - \mathfrak{s}_0, \mathfrak{a}_2)}{\sin^2 \frac{\pi}{\lambda} (\mathfrak{s} - \mathfrak{s}_0, \mathfrak{a}_2)} \cdot \frac{\sin^2 \frac{N_3 \pi}{\lambda} (\mathfrak{s} - \mathfrak{s}_0, \mathfrak{a}_3)}{\sin^2 \frac{\pi}{\lambda} (\mathfrak{s} - \mathfrak{s}_0, \mathfrak{a}_3)}. \tag{12}$$

Dabei ist ψ (evtl. abhängig von Einfalls- und Austrittsrichtungen $\mathfrak{s}_0$ und $\mathfrak{s}$) das Streuvermögen des einzelnen Atoms bzw. der Basis; der Kristall ist parallelepipedisch abgeschnitten und enthält in den drei Achsenrichtungen bez. $2N_1$, $2N_2$, $2N_3$ Atome. Der einzelne Sinusquotient hat einen Maximalwert für $\frac{1}{\lambda}(\mathfrak{s} - \mathfrak{s}_0, \mathfrak{a}_1) = h_1$ usw., nämlich N_i^2. Demnach scheint das Intensitätsmaximum dem Quadrat der vorhandenen Atome proportional. Siehe hierzu Ziff. 16. Die Intensität hängt nur von der Differenz der Vektoren $\mathfrak{s}$ und $\mathfrak{s}_0$ ab; setzt man $\frac{1}{\lambda}(\mathfrak{s} - \mathfrak{s}_0) = \mathfrak{h} + \Delta\mathfrak{h}$ ($\Delta\mathfrak{h}$ die Abweichung des Endpunktes der Vektorendifferenz der linken Seite von einem Gitterpunkt des reziproken Gitters), so hat man

$$J = \frac{|\psi|^2}{R^2} \frac{\sin^2 N_1 \pi (\mathfrak{a}_1 \Delta\mathfrak{h})}{\sin^2 \pi (\mathfrak{a}_1 \Delta\mathfrak{h})} \cdot \frac{\sin^2 N_2 \pi (\mathfrak{a}_2 \Delta\mathfrak{h})}{\sin^2 \pi (\mathfrak{a}_2 \Delta\mathfrak{h})} \cdot \frac{\sin^2 N_3 \pi (\mathfrak{a}_3 \Delta\mathfrak{h})}{\sin^2 \pi (\mathfrak{a}_3 \Delta\mathfrak{h})}. \tag{13}$$

Dies hängt von $\mathfrak{h}$ selbst sowie von $\mathfrak{s}$ und $\mathfrak{s}_0$ nicht mehr ab: um jeden Gitterpunkt im reziproken Gitter wiederholt sich die Intensitätsverteilung in gleicher Weise.

14. Die dynamische Theorie der Interferenzen. α) Darstellung der dynamischen Theorie. Den Grundgedanken der dynamischen Theorie kann man so aussprechen: So gut wie der einfallende Strahl wird auch jeder Interferenzstrahl die Atome zum Aussenden von Streuwellen anregen. Wegen des Reziprozitätssatzes [Ziff. 12 β)] entstehen dadurch keine neuen Interferenzrichtungen; aber die Intensitäten werden durch die Wechselwirkung maßgebend beeinflußt werden. Es erhebt sich daher zunächst die Frage: Wie muß die Verteilung der Intensitäten innerhalb des Interferenzbündels sein, damit dies Bündel überhaupt existenzfähig oder, anders gesagt, dynamisch in sich abgeschlossen ist? Im Grunde ist dies dieselbe Fragestellung wie bei der optischen

[1]) W. FRIEDRICH u. P. P. EWALD, Ann. d. Phys. Bd. 44, S. 1183. 1914; F. RINNE, Leipziger Ber. Bd. 67, S. 303. 1915; Bd. 68, S. 11. 1916; Bd. 71, S. 225. 1919; F. M. JAEGER, Lectures on the Principle of Symmetry. 2. Aufl. Amsterdam 1920.

[2]) Der vom Verfasser kürzlich in Physica Bd. 5, S. 363. 1925 auf Grund der dynamischen Theorie gegebene Beweis muß leider als falsch zurückgezogen werden.

Dispersionstheorie. Auch dort fragt man nämlich: In welcher Art muß eine ebene Welle im dispergierenden Körper angesetzt werden, damit sie dynamisch möglich ist, d. h. damit die Welle mit einer vom Ort unabhängigen Amplitude sich fortpflanzen kann und dabei die Atome zum Aussenden von Sekundärwellen gerade in solchem Maße veranlaßt, wie es notwendig ist, um aus ihnen die optische Welle selbst zusammenzubauen[1])?

Während für das sichtbare Licht die einzelne ebene Welle die einfachste, allein existenzfähige Form des optischen Feldes ist, spielt für Röntgenfrequenzen ein ganzes Interferenzbündel die gleiche Rolle. Aus wieviel Strahlen dies Bündel besteht, das hängt — nach der LAUEschen Theorie bzw. der Kugelkonstruktion — von der Richtung irgendeines der Interferenzstrahlen ab (Reziprozitätssatz). Wir können zunächst einen beliebigen der Interferenzstrahlen als „Primärstrahl" 1 auszeichnen, indem wir seine Richtung gegeben denken. Wie in der optischen Dispersionstheorie betrachten wir erst die Ausbreitung eines solchen einfachsten Feldes ganz im Innern des allseits unendlich ausgedehnten Kristalls. Erst später folgt bei der Betrachtung eines abgeschnittenen, berandeten Kristalls die Einführung einer „einfallenden Welle", und hiermit wird dann auch eindeutig festgelegt, welcher der Strahlen des Interferenzbündels als „Primärstrahl" im gewöhnlichen Sinne zu betrachten ist (nämlich derjenige, der die — nur um einen sehr kleinen Winkel gebrochene — Fortsetzung des einfallenden Strahls ins Kristallinnere hinein bildet).

Wir benutzen also in Zukunft die LAUEsche Theorie als eine erste Näherung, die uns zur Orientierung über die geometrische Beschaffenheit des Interferenzfeldes dient (auftretende Interferenzstrahlen und ihre Winkel). Abweichend von dieser Theorie und der optischen Dispersionstheorie gemäß, werden wir über die Geschwindigkeiten der einzelnen Interferenzstrahlen keine Voraussetzung machen dürfen. In der geeigneten Festsetzung dieser Geschwindigkeiten liegt vielmehr für die Röntgenwellen wie für gewöhnliches Licht das Regulativ, um die Dynamik in Ordnung zu bringen. Wir müssen die Möglichkeit offenlassen, daß jeder Interferenzstrahl seine eigene, etwas vom Vakuumswerte $c = 3 \cdot 10^{10}$ cm/sec abweichende Phasengeschwindigkeit hat. Es hat also keinen Sinn, von einem Brechungsindex des Mediums für Röntgenstrahlen zu sprechen: sobald mehrere Interferenzstrahlen auftreten, hat jeder Strahl seinen eigenen „Brechungsindex".

β) An sich wäre die Abweichung des Brechungsindex vom Vakuumswerte 1 von geringerem Interesse. Sie ist erst in der letzten Zeit experimentell direkt ermittelt worden[2]). Aber in unmittelbarem Zusammenhang damit steht die Intensität der Strahlen, wie für das Innere eines unbegrenzten Kristalls die eingehende, genaue Berechnung des optischen Feldes als Summe der ausgesandten Kugelwellen lehrt. Ist nämlich q die Phasengeschwindigkeit und setzt man den „Brechungsindex"

$$\mu = \frac{c}{q} = 1 + \varepsilon ,$$

so ist der Rechnung gemäß die Amplitude eines mit der Geschwindigkeit q forteilenden Strahles proportional zu[3])

$$\frac{1}{\varepsilon} .$$

[1]) Wegen dieser Fassung der Dispersionstheorie vgl. P. P. EWALD, Physica Bd. 4, S. 234. 1924. Fortschr. d. Chem., Phys. u. phys. Chem. Bd. 18, H. 8. 1925; sowie L. NATANSON, Phil. Mag. Bd. 38, S. 269. 1919.

[2]) A. LARSSON, M. SIEGBAHN u. I. WALLER, Naturwissensch. Bd. 12, S. 1212. 1924; M. SIEGBAHN, Journ. de phys. et le Radium Bd. 6, S. 228. 1925; A. LARSSON, ZS. f. Phys. Bd. 35, S. 401. 1926; E. HJALMAR, Ann. d. Phys. Bd. 79, S. 550. 1926.

[3]) Vgl. die in Fußnote 1 zitierten Arbeiten des Verfassers.

Verdeutlichen wir uns das aus einem Primärstrahl von bekannter Frequenz ω und Richtung $\mathfrak{s}_1$, aber unbekannter, etwas von c abweichender Geschwindigkeit q_1 durch Summation der Kugelwellen[1]) entstehende Interferenzfeld im reziproken Gitter, so besteht es (Abb. 76) aus einer Reihe von starken Interferenzwellen, deren Richtungen $\mathfrak{s}_i$ und Geschwindigkeiten

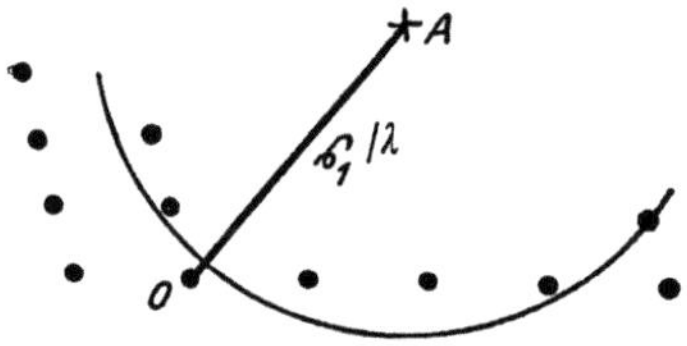

Abb. 76. Konstruktion der Interferenzfelder im Kristall.

$$\mathfrak{q}_i = \frac{\omega \lambda_i}{2\pi} \quad (\omega \text{ die Kreisfrequenz})$$

durch die Pfeile vom Ausbreitungspunkt A zu den der Ausbreitungskugel nah benachbarten Gitterpunkten des reziproken Gitters dargestellt werden. Die Pfeillänge beträgt dabei $1/\lambda_i$, und weicht ab von dem Radius $1/\lambda_0$ der Ausbreitungskugel (λ_0 die zur Frequenz ω gehörende Vakuumswellenlänge). Die Ausbreitungskugel geht nicht mehr durch den Nullpunkt, da auch die Geschwindigkeit des Primärstrahles offengelassen wurde. Der Wert ε ist also der nach außen positiv gezählte Abstand eines Gitterpunktes von der Ausbreitungskugel, gemessen mit deren Radius als Einheit. Die Nähe eines Gitterpunktes an der Ausbreitungskugel gibt direkt ein Maß für die Amplitude des zugehörigen Interferenzstrahls. Rückt der Punkt auf die Kugel, so wird die Amplitude unendlich groß, tritt er durch die Kugel hindurch, so ändert die Amplitude das Vorzeichen (Phasensprung um 180°). Diese für Resonanzvorgänge charakteristischen Erscheinungen führten auf die Bezeichnung „Resonanzfehler" für ε.

Aus der Abb. 76 ist abzulesen, daß auch jetzt noch der Reziprozitätssatz gilt, der kurz so ausgesprochen werden kann: Sowohl für die Lage wie Intensität der Interferenzstrahlen eines Bündels ist es ganz gleichgültig, welcher von ihnen als „Primärstrahl" bezeichnet wird, d. h. durch welchen der Strahlen man sich die Sekundärwellen der Atome angeregt denkt.

γ) Wir betrachten nun als Grundlage für den Aufbau der dynamischen Theorie die zur einfachen LAUEschen Theorie gehörige Konstruktion der Interferenzstrahlen mit Hilfe der in Abb. 73 und 76 geschilderten Ausbreitungskugel. Diese gibt an, welche und wieviele Punkte des reziproken Gitters überhaupt in genügender Nähe der Ausbreitungskugel gelegen sind, um — auch unter Berücksichtigung der Wechselwirkung — starke Interferenzen zu erzeugen. Dies seien n Punkte. Die Abgrenzung, bis zu welchen Abstand von der LAUEschen Ausbreitungskugel solche Punkte zu berücksichtigen sind, ist nicht ängstlich zu nehmen, denn es ergibt sich, daß die weiter entfernten Punkte von geringerem Einfluß auf das Ergebnis sind.

Um nun die Ausbreitung des Feldes im Innern zu schildern, denken wir uns die Richtung $\mathfrak{s}_1$ des einen „Primär"strahls gegeben; dann kann die Auswahl des dynamisch möglichen röntgenoptischen Feldes nur in der Festlegung des Ausbreitungspunktes A in der Richtung $\mathfrak{s}_1$ bestehen. Man erhält sie durch Betrachtung des Kräftespiels bei den Atomschwingungen (die man als „Dipolschwingungen" auffaßt), genau wie in der optischen Dispersionstheorie. Doch soll hier nur das Ergebnis geschildert werden: Es zeigt sich nämlich, daß die Festlegung des Ausbreitungspunktes A nicht eindeutig, sondern $2n$-deutig ist (n die Anzahl der Interferenzstrahlen), so daß auf $\mathfrak{s}_1$ $2n$ dynamisch mögliche

[1]) Diese Summation wurde zum erstenmal ausgeführt von P. P. EWALD, Münchner Dissert. 1912 (Göttingen 1913), und zwar gültig für beliebige Wellenlängen, so daß der Fall der Röntgenstrahlen, der Fall des sichtbaren Lichtes und — in der Grenze — der Fall elektrostatischer Potentiale eingeschlossen ist ($\lambda = \infty$) (vgl. Ann. d. Phys. Bd. 64, S. 253. 1921).

Ausbreitungspunkte entstehen. Es werde nun die Richtung $\mathfrak{s}_1$ etwas abgeändert, aber nicht so stark, daß dadurch die Anzahl n der Interferenzstrahlen modifiziert wird. Dann schließen sich die zu jeder Richtung gehörenden $2n$ Ausbreitungspunkte zu einer $2n$-schaligen Fläche, der „Dispersionsfläche“, zusammen. Diese Fläche ist der geometrische Ort für die dynamisch möglichen Ausbreitungspunkte, sofern überhaupt die betrachteten n Interferenzstrahlen in merklicher Stärke entstehen.

δ) Es sei die Dispersionsfläche für den einfachsten Fall zweier Strahlen: Primärstrahl und ein Sekundärstrahl (reflektierter Strahl) wirklich aufgezeichnet, allerdings maßstäblich gegenüber dem reziproken Gitter ungeheuer (etwa 10^5mal) vergrößert (Abb. 77). Die Fläche muß aus vier Schalen bestehen; es sind hier zwei auf der Einfalls- (Zeichen-) Ebene senkrecht stehende Hyperbelzylinder, welche als Asymptotenebenen die Normalebenen zu den beiden Strahlrichtungen haben. Der Punkt L der Abbildung („Lauepunkt“) bedeutet denjenigen Punkt der Einfallsebene, der von beiden Gitterpunkten des reziproken Gitters den Abstand $1/\lambda_0$ hat; die Pfeile $L1$ und $L2$ geben die Richtungen der beiden Strahlen gemäß der LAUEschen Theorie. L liegt bei einfachen Gittern auf der einen Hyperbelschale; bei Gittern mit Basis haben die Schalen — bei gleichem Mittelpunkt — engeren oder weiteren Abstand. Nach der dynamischen Theorie sind Strahlen von etwas abweichenden Richtungen und Wellenlängen (bzw. Geschwindigkeiten q) ebenfalls möglich, z. B. wenn A als Ausbreitungspunkt genommen wird, ein Primärstrahl von geringerer Neigung und Überlichtgeschwindigkeit als Phasengeschwindigkeit und ein Sekundärstrahl, der stärker geneigt ist und $q < c$ hat (umgekehrt für A^*). Der punktierte Hyperbelzylinder bezieht sich auf Strahlen, deren elektrischer Vektor in der Strahlenebene liegt, der ausgezogene auf Strahlen mit $\mathfrak{E} \perp (\mathfrak{s}_1, \mathfrak{s}_2)$. Daß die Dispersionsfläche hier und in den folgenden Zeichnungen zwischen dem Lauepunkt und den Gitterpunkten 1, 2 hindurchgeht, bedeutet negatives ε, d. h. Brechungsindex $\mu < 1$, wie es dem „Normalfall“ für Röntgenstrahlen entspricht (s. unten). Bei „anomaler Dispersion“ (Röntgenfrequenz höher als die „Eigenfrequenzen“ der beugenden Atome) wäre die Lage umgekehrt.

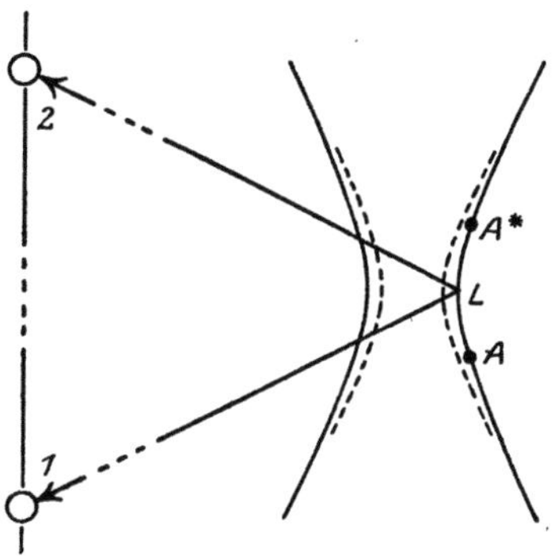

Abb. 77. Vollständige Dispersionsfläche für 2 Strahlen.

ε) Die Dispersionsfläche ist der Schlüssel für die Behandlung der Röntgenoptik, so wie das FRESNELsche Ellipsoid der Schlüssel zur Kristalloptik ist. Es ist daher gut, sich die Entstehung dieser Fläche noch weiter plausibel zu machen. Wäre Strahl 1 allein vorhanden, so würde er nach den Grundsätzen der Dispersionstheorie eine gewisse, von c nur um etwa 10^{-6} abweichende Geschwindigkeit haben. Man kann, solange keine Interferenzstrahlen entstehen, genau wie in der Lichtoptik, von einem Brechungsindex als einer Materialkonstante sprechen und zu seiner Berechnung die übliche Dispersionsformel heranziehen. Wollte man sich die Ausbreitung dieses einen Strahls im Bilde klarmachen, so müßte man als „Dispersionsfläche“ um den Punkt 1 als Ausgangspunkt (Abb. 78) eine Kugel vom Radius $1/\lambda = \mu/\lambda_0$ schlagen, da die Konstante μ (wenigstens mit der gebrauchten Genauigkeit der theoretischen Betrachtung) von der Richtung des

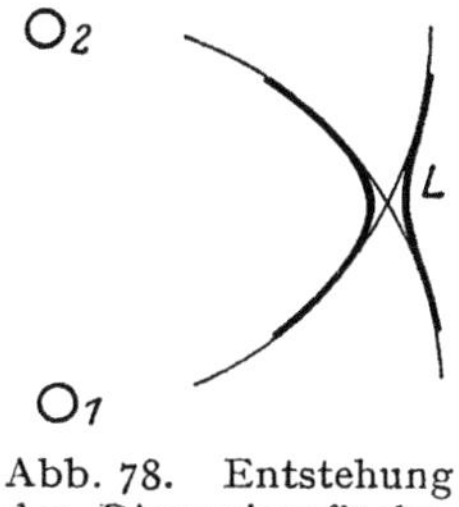

Abb. 78. Entstehung der Dispersionsfläche.

Strahls nicht abhängt. Für die Mehrzahl der Elektronen des Stoffes liegt normalerweise die Röntgenfrequenz höher als ihre Eigenfrequenzen. Daher befindet man sich, optisch gesprochen, im Gebiet jenseits der Eigenschwingungen, mit $\mu < 1$. Nur die am festesten gebundenen K-Elektronen haben evtl. Eigenfrequenzen ihrer Bindung, die die Röntgenfrequenz noch übertreffen, so daß ein positiver Beitrag zu $\mu^2 - 1 = 2\pi N e^2/m \frac{1}{\omega_0^2 - \omega^2}$ entsteht, der unter Umständen groß werden kann. Wir setzen in den Zeichnungen den „normalen" Fall $\mu < 1$, $\lambda < \lambda_0$ voraus und bezeichnen die Summe über alle Resonatoren der Basis $\varepsilon_0 = \frac{2\pi}{v} \sum \frac{e^2/m}{\omega_0^2 - \omega^2}$ als den „normalen Resonanzfehler". Mit diesem wäre die Dispersionskugel um Punkt 1 zu zeichnen. Eine zweite Dispersionskugel vom gleichen Radius $1/\lambda$, um den Punkt 2 geschlagen, würde alle Ausbreitungspunkte enthalten, die einen im Punkt 2 endigenden Strahlpfeil liefern können, solange nur dieser eine Strahl im Kristallinnern vorhanden ist. An der Durchsetzungslinie beider Kugeln wären aber beide Strahlen zugleich stark und die Wechselwirkung bedingt, daß der Ausbreitungspunkt von den Kugeln heruntertritt, d. h. die Dispersionsfläche spaltet sich auf (Abb. 78 für die eine Polarisationsrichtung). Auch in komplizierteren Fällen (z. B. gleichzeitige Abspaltung von mehreren Interferenzstrahlen bei symmetrischen Laueaufnahmen) gibt die entsprechende Überlegung einen ersten Überblick über die Dispersionsfläche. Wegen der Kleinheit des Aufspaltungsgebietes dürfen die Kugeln durch ihre Tangentialebenen und die Dispersionsfläche durch den Hyperbelzylinder ersetzt werden. In besonderen Fällen (z. B. Reflexion um 180°) versagt offenbar diese Näherung. Manche derartige Fälle sind bei I. WALLER[1]) diskutiert.

ζ) So wie in der Optik neben dem Problem der Dispersion das der Reflexion und Refraktion behandelt werden muß, so führt auch hier die alleinige Betrachtung des Ausbreitungsvorganges im Kristallinnern (die in der Dispersionsfläche zusammengefaßt ist) noch nicht zu experimentell prüfbaren Beziehungen. Hierzu muß vielmehr ein begrenzter Kristall zugrunde gelegt werden, auf dessen Oberfläche eine Röntgenwelle einfällt. Welches Feld wird im Kristallinnern durch diese Anregung entstehen und wie wird die Intensität der wieder austretenden Interferenzstrahlen sein?

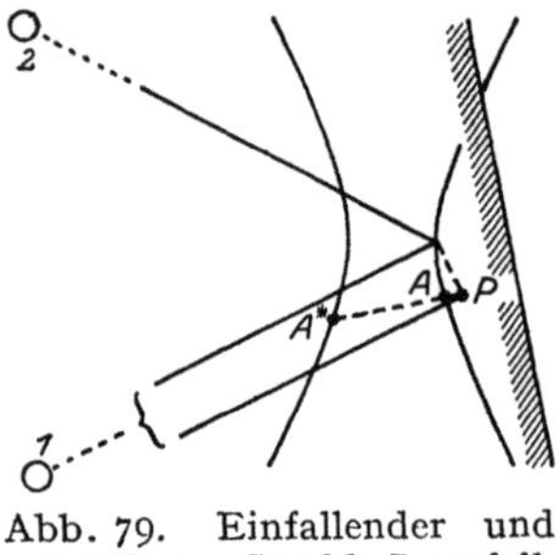

Abb. 79. Einfallender und reflektierter Strahl, Lauefall.

Die Antwort möge wieder nur für den wichtigsten Fall zweier Interferenzstrahlen gegeben werden (Primärstrahl und reflektierter Strahl). Es sei (Abb. 79 u. 80) $P1$ der Pfeil, der die einfallende Welle darstellt, daher P der „Anregungspunkt"; ferner sei L der „Lauepunkt", die Hyberbel die Dispersionsfläche für Strahlen, deren elektrischer Vektor senkrecht zur Strahlenebene schwingt (auf solche mögen wir uns der Einfachheit halber beschränken). Die Richtung der Kristalloberfläche sei durch die schraffierte Linie außerhalb der Abbildung angedeutet; der Allgemeinheit wegen setzen wir nicht voraus, daß die Oberfläche die Spiegelebene, die zu den beiden Strahlen gehört, sei. Dann ist die Behauptung der Theorie: durch den Anregungspunkt P entsteht im Kristallinnern das Rönt-

[1]) I. WALLER, Theoretische Studien zur Interferenz- und Dispersionstheorie der Röntgenstrahlen. Upsala: Univers. Årskrift 1925.

genfeld, das durch die Ausbreitungspunkte A und A^* völlig gekennzeichnet ist, wenn noch hinzugefügt wird, mit welcher Stärke die den Punkten A bzw. A^* entsprechenden Felder auftreten. A und A^* werden von P aus erhalten, indem man senkrecht zur Oberfläche fortschreitend die Schnitte mit der Dispersionsfläche aufsucht. Wir haben nun zwischen zwei charakteristisch verschiedenen Fällen zu unterscheiden: im „Lauefall" dringen beide Strahlen in das Kristallinnere ein. Die Kristalloberfläche liegt etwa parallel der Richtung 12 oder ähnlich. Die durch die Senkrechte zur Oberfläche gefundenen Ausbreitungspunkte A und A^* liegen auf verschiedenen Hyperbelzweigen (Abb. 79). — Der andere Fall ist der „Braggfall", auf den sich Abb. 80 bezieht. Hier gehören A und A^* zur selben Hyperbelschale, aber wenn der einfallende Strahl gedreht wird, d. h. der Anregungspunkt P auf der Normalen zu $1P$ verschoben wird, so gelangt man zu Anregungen, bei denen überhaupt kein reeller Schnitt mit der Dispersionsfläche entsteht. Diesen letzten Fall werden wir sogleich näher betrachten. Vorher beschäftigen wir uns mit den Folgerungen aus der Existenz zweier reeller Schnitte A und A^*, wobei es zunächst einerlei ist, ob diese Schnitte beim Lauefall oder beim Braggfall auftreten.

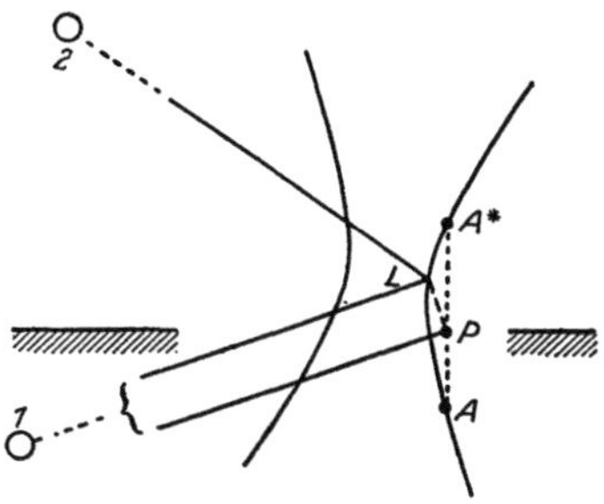

Abb. 80. Einfallender und reflektierter Strahl, Braggfall.

Im Kristallinnern entstehen dann sowohl in der Richtung des Primärstrahls wie in der des Sekundärstrahls genau genommen je zwei Strahlen von etwas verschiedenen Richtungen und Geschwindigkeiten. Zwei solche Wellen lassen sich zu einer einzigen von langsam veränderlicher Amplitude (Schwebungen) zusammenfassen.

Im Lauefall setzt am Rand die Primärwelle (welche bis auf eine kleine Brechung als Fortsetzung der einfallenden angesehen werden kann) mit einem Schwebungsmaximum von der Größe der einfallenden Amplitude ein, die Sekundärwelle hat einen Schwebungsknoten, ihre Amplitude ist Null. Verfolgt man das Feld vom Rand aus in größere Tiefen, so wächst die Amplitude der Sekundärwelle auf Kosten der Primärwelle an. Dem Schwebungscharakter entspricht es, daß die Sekundärwelle bei zunehmender Tiefe wieder geringere Amplitude — bis auf Null herab — erhält. Die Energieströmung erfolgt dann wieder ganz in Richtung der Primärwelle. Dies Pendeln des Energiestroms zwischen den Richtungen 1 und 2 führt auf die Bezeichnung „Pendellösung". Es besteht eine weitgehende formale Analogie zwischen der (räumlichen) Ausbreitung der Energie in Primär- und Sekundärstrahl und der zeitlichen Verteilung der Energie in einem Paar gekoppelter Pendel (etwa zwei Pendeln, die an einer gemeinsamen Querschnur aufgehängt sind). Man befindet sich, wenn anders die Interferenz stark auftreten soll, stets in der nächsten Nähe der vollständigen Resonanz. Unter diesen Umständen wird Energie, die dem ersten Pendel erteilt wird, nach einiger Zeit sich fast ganz beim zweiten vorfinden, um dann wieder aufs erste zurückzufließen.

Bei der Pendellösung ist der ganze Kristall parallel zur Oberfläche in Schichten zerlegt, die durch die Tiefe einer vollen Schwebung gegeben sind und an der Oberfläche ansetzen. An der Oberseite jeder Schicht fängt sozusagen der Kristall aufs neue an, insofern, als der Sekundärstrahl dort wieder mit der Amplitude Null anhebt (Abb. 81). Die Weite einer solchen Schicht wird um so größer, je näher Richtungen und Geschwindigkeiten der beiden, von A und A^* in Abb. 79

bzw. 80 ausgehenden Wellen des Primärstrahls bzw. Sekundärstrahls zusammenfallen. Hier tritt nun schon ein wesentlicher Unterschied zwischen Laue- und Braggfall auf: im Lauefall (Abb. 79) können A und A^* nicht näher als in die Entfernung der Hyperbelscheitel aneinanderkommen. Daher übersteigt die Schichtweite nicht eine gewisse Größe, die auf etwa $^1/_{20}$ mm (bei $\lambda = 1 \cdot 10^{-8}$, $\varepsilon = 10^{-6}$, Abbeugungswinkel χ klein) abgeschätzt werden kann. Die Schichttiefe variiert im allgemeinen so schnell mit wechselndem Einfallswinkel, daß sie experimentell wegen der Schwierigkeit der Herstellung genügend ebener einfallender Wellen nicht nachweisbar ist. In der unmittelbaren Umgebung des LAUEschen Einfallswinkels ist der Nachweis aussichtsreicher.

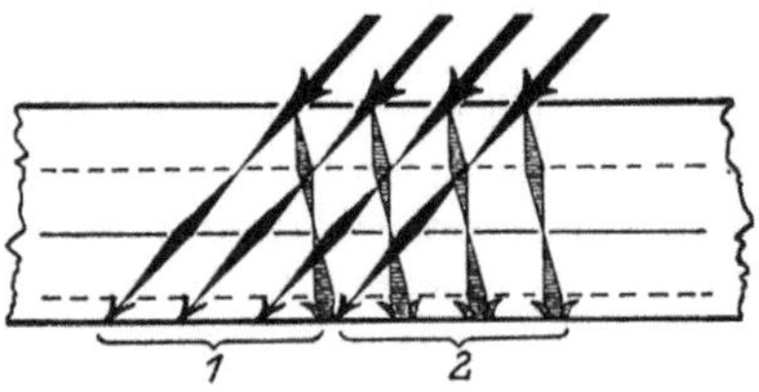

Abb. 81. Pendellösung im Lauefall.

Denkt man sich den Kristall in einer Tiefe H parallel zur Oberfläche abgebrochen (Kristallplatte), so treten die Strahlen mit der Amplitude aus, die sie in der Tiefe H gerade erreicht haben.

Im Braggfall, zu dem wir nunmehr übergehen, können die Schnitte A und A^*, da sie auf der gleichen Hyperbelschale liegen, sich beliebig nahekommen. Die Schichtweite wird dabei größer und größer, und in dem Maß, als P sich dem Lauepunkt L nähert, würde sie leichter nachweisbar werden, wenn nicht gleichzeitig die Empfindlichkeit der Schichttiefe gegen kleine Änderungen des Einfallswinkels immer größer würde. Der Wert $^1/_{100}$ mm der Schichtweite wird erreicht, wenn der einfallende Strahl schätzungsweise 5 bis 20″ vom LAUE-BRAGGschen Reflexionswinkel entfernt ist. Rückt P bei Variation der Einfallsrichtung, von unten kommend, (Abb. 80) in L hinein, so verschmelzen die Wellenpaare von A und A^* zu einer einzigen und die Schichtung wird unendlich. Das gleiche, nur in umgekehrter Reihenfolge, wiederholt sich, wenn P über das Gebiet hinaustritt, in dem keine reellen Schnittpunkte mit der Dispersionsfläche entstehen.

Es sei noch bemerkt, daß im Braggfall die Amplitude des an der Oberfläche einer Platte von der Dicke H austretenden reflektierten Strahls gleich ist der Amplitude des Strahls 2 in der Tiefe 0, die des durchgelassenen gleich der Amplitude des Strahls 1 in der Tiefe H. Der reflektierte Strahl setzt an der Unterseite der Platte mit der Amplitude 0 ein (Abb. 82); seine Amplitude nimmt nach oben hin erst zu, dann wegen der Schwebungen bei genügender Dicke der Platte wieder ab. Mit welcher Amplitude er austritt, hängt von der Plattendicke H ab. Bei Annäherung der Ausbreitungspunkte A und A^* aneinander findet schließlich auch in einer dicken Platte keine volle Schwebung mehr Platz, und der reflektierte Strahl nimmt monoton nach oben hin zu.

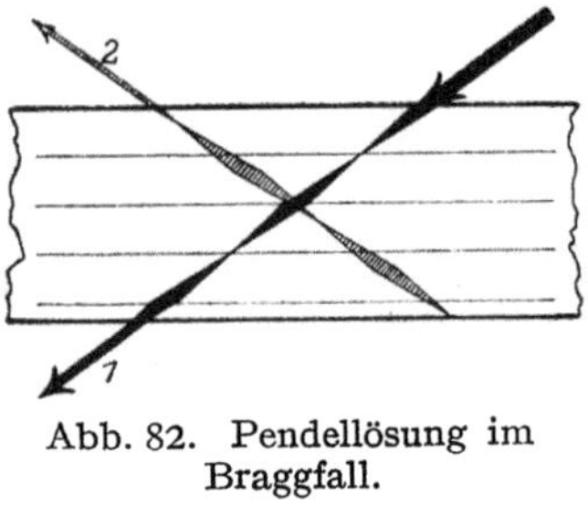

Abb. 82. Pendellösung im Braggfall.

η) Was geschieht, wenn der Anregungspunkt P in Abb. 79 so liegt, daß keine reellen Schnitte mit der Dispersionsfläche entstehen? Es ist dann kein Interferenzsystem der bisher betrachteten Art dynamisch möglich. Man sieht aber leicht, daß der Ansatz exponentiell gedämpfter Wellen zu dynamisch möglichen Feldern führt. Für die Befriedigung des Randproblems kommen nur Wellen in Frage, deren Amplitude in Ebenen parallel zur Oberfläche gleich ist, aber mit wachsender Tiefe z exponentiell zu- oder abnimmt. Das sind inhomogene Wellen, wie sie z. B. bei Behandlung der optischen Totalreflexion im dünneren Medium auftreten. Aus diesem Grunde heißen die Lagen der Anregung P, die zu keinem reellen Schnitt mit der Dispersionsfläche führen, das Gebiet der Totalreflexion. Analytisch stellen sich inhomogene Wellen durch komplexe Ausbreitungsvektoren

$$\mathfrak{K}_i = \mathfrak{k}_i + i\, k_0\, \varkappa\, \mathfrak{z}$$

dar: der reelle Teil ist der Ausbreitungsvektor, der die Phasengeschwindigkeit und die Stellung der Ebenen konstanter Phase angibt und der bisher allein benutzt wurde. Der imaginäre Teil, der durch den Einheitsvektor $\mathfrak{z}$ senkrecht zur Oberfläche den Vektorcharakter, durch die unbestimmte Größe $\varkappa$ die Größe erhält, gibt die Ebenen konstanter Amplitude und den Sinn und die Größe des exponentiellen Amplitudenabfalles an. Um uns die beiden inhomogenen Wellen im Kristallinnern an der Dispersionsfläche vorzustellen, ergänzen wir diese (Abb. 83) durch die Verbindungslinie der Hyperbelscheitel. Fällen wir von P aus auf diese das Lot (bei symmetrischer Reflexion), so ergibt der Schnittpunkt A, mit 1 bzw. 2 verbunden, die reellen Teile der Ausbreitungsvektoren. Die beiden, in Richtung jedes Interferenzstrahls auch jetzt noch vorhandenen Wellen, geben keine Schwebungen mehr, da sie gleiche Richtung und Phasengeschwindigkeit haben. Die eine von ihnen wächst aber mit der Tiefe z exponentiell an, die andere nimmt ebenso ab. Damit an der Unterseite der Platte der reflektierte Strahl mit der Amplitude 0 anfängt (kein einfallender Strahl an der Unterseite!), muß die exponentiell anwachsende Lösung an der Unterseite so stark werden, wie dort die exponentiell gedämpfte Lösung ist. An der Oberseite ist deshalb bei dickeren Kristallen die anwachsende Welle unmerklich schwach und ohne Einfluß auf den reflektierten Strahl. Man kann überhaupt im Gebiet der Totalreflexion zur Grenze unendlich dicker Kristallplatten übergehen, da die Unterseite wegen der Dämpfung von verschwindendem Einfluß ist. Die Lösung stellt sich dann so dar (Abb. 84), daß bei beiden Wellen die Intensität nach dem Innern hin exponentiell abfällt: jede Netzebene reflektiert ein- und denselben Bruchteil der auf sie fallenden Energie, und diese reflektierte Energie erreicht (im Gegensatz zum Lauefall) nicht mehr die tieferen Netzebenen; daher das exponentielle Gesetz. Alle einfallende Energie muß zur Oberfläche wieder austreten. Daher ist im ganzen Bereich dieses Lösungstyps die reflektierte Amplitude (bei symmetrischer Reflexion und Vernachlässigung der Absorption) gleich der einfallenden. Bei unsymmetrischer Reflexion treten aus demselben Grund Faktoren wie

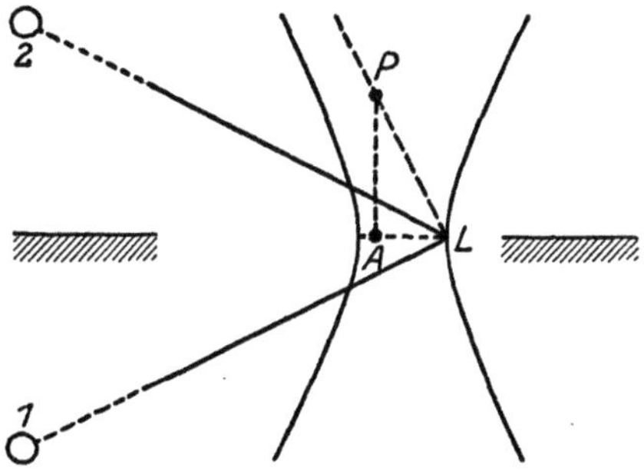

Abb. 83. Konstruktion der Ausbreitungsvektoren im Gebiet der Totalreflexion.

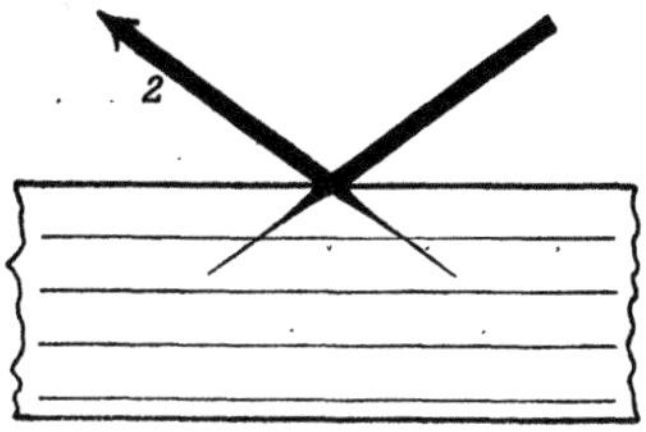

Abb. 84. Extinktion im Gebiet der Totalreflexion.

$$\sqrt{\frac{\sin 2\,(2\vartheta - \varphi)}{\sin 2\varphi}}$$

(φ = Winkel des einfallenden Strahls gegen Oberfläche, ϑ = Winkel der Braggschen Reflexionsbedingung)

vor die reflektierte Amplitude, welche davon herrühren, daß die Einheit der Oberfläche sich in die Richtungen des einfallenden und des reflektierten Strahls verschieden projiziert und die Normalkomponente der Energieströmung bei beiden Strahlen verschieden ist. Doch heben sich diese Faktoren bei Berechnung der reflektierten Gesamtenergie wieder fort und sind ohne tieferes Interesse.

ϑ) Das exponentielle Abklingen des röntgenoptischen Feldes nach innen wird von Ewald als „dynamische Absorption", von DARWIN als „primary extinction" bezeichnet (secondary extinction kommt beim Mosaikkristall vor)[1]. Es ist wichtig, sich von ihrer Größe Rechenschaft zu geben. Die Amplitudenabnahme auf der Strecke einer Wellenlänge ist $e^{-2\pi\varkappa}$ (wie aus dem Ausdruck für den komplexen Ausbreitungsvektor [s. o. (η)] folgt). $\varkappa$ selbst variiert innerhalb des Streifens der Totalreflexion; an den Rändern (Anschluß an die Pendellösung) ist es Null, in der Mitte erreicht es den Maximalwert (bei symmetrischer Reflexion) $\frac{\varepsilon}{2\sin\vartheta}$ (ε die Abweichung des normalen Brechungsindex von 1). Da die Strecke, die der Strahl bis zur Erreichung der Tiefe λ durchläuft, $s = \lambda/\sin\vartheta$ ist, kann man die maximale Dämpfung in der Form

$$e^{-\pi\varepsilon s/\lambda}$$

schreiben. Die gewöhnliche Massenabsorption wäre für die Amplitude als

$$e^{-\mu s/2}$$

anzusetzen. Der Vergleich zeigt, daß die dynamische Absorption maximal wirkt wie eine Massenabsorption mit dem Koeffizienten

$$\mu = 2\pi\frac{\varepsilon}{\lambda} \backsim \frac{6\cdot 1\cdot 10^{-6}}{1\cdot 10^{-8}} = 600\,.$$

Der Massenabsorptionskoeffizient[2]) für $\lambda = 1$ Å in Steinsalz ist etwa $\mu = 50$, also bedeutend kleiner. Bis auf einen ganz schmalen Rand kurz vor dem Übergang zur „Pendellösung" ist die dynamische Extinktion ungleich wirksamer als die Massenabsorption. Abfall des Feldes auf $1/e$ findet z. B. bei PYRIT (200) mit CuKα-Strahlung nach den Zahlen der Tabelle 6 innerhalb einer Tiefe von $\lambda\sin\vartheta/\pi\varepsilon \backsimeq 1\,\mu$ statt. Man kann sagen, daß für Reflexionsversuche nach BRAGG die Massenabsorption erst im Mosaikkristall eine Rolle spielt.

15. Vergleich der dynamischen Theorie mit der Erfahrung. Die Geltung der dynamischen Theorie ist an besonders gut kristallisierte Substanzen geknüpft. Für die üblichen Kristalle ist eine weitere Ausgestaltung der Theorie unerläßlich (vgl. Ziff. 19). Beim Arbeiten mit sehr guten Kristallen sind folgende Abweichungen von der LAUE-BRAGGschen Theorie festgestellt worden, die außer der logischen Vollständigkeit (insbesondere betreffs aller Energiefragen) für die Richtigkeit der Ansätze der dynamischen Theorie sprechen:

α) Abweichungen vom Braggschen Reflexionsgesetz bei symmetrischer Reflexion. Wie Abb. 80 zeigt, liegt der Streifen der Totalreflexion in einfachen Kristallen ganz auf einer Seite des LAUEpunktes. In Kristallen mit Basis ist die Mittellinie der Dispersionshyperbel nicht abgeändert, nur ihr Scheitelabstand. Daher erfolgt die Reflexion in einem Winkelgebiet symmetrisch um einen Winkel ϑ_m, der vom Winkel ϑ_0 (dem LAUE-BRAGGschen) etwas abweicht. Der gemessene Winkel ϑ_m wird im Normalfall (Brechungsindex < 1), auf den die Abbildungen sich beziehen, größer als ϑ_0 sein. Die Abweichung beträgt

---

[1]) Vgl. Ziff. 19 (γ). Im Anschluß an DARWIN wird im folgenden von dynamischer Extinktion statt Absorption gesprochen.

[2]) Hierunter ist im Augenblick nicht wie sonst μ/ϱ, sondern μ selbst verstanden.

z. B. bei Pyrit[1]) für $MoK\alpha_1$ Strahlung 4″ bei Reflexion (100). Am sichersten läßt sich die Abweichung in verschiedenen Ordnungen n vergleichen, indem man $\sin\vartheta/n$ aufträgt, das nach BRAGG für alle Ordnungen gleich sein müßte. In der Tat wurde man zuerst dadurch auf die Abweichungen aufmerksam, daß der aus verschiedenen Ordnungen berechnete Gitterabstand d sich verschieden ergab[2]). In Abb. 85 sind nach A. LARSSON[3]) die Werte $\log(\sin\vartheta/n)$ gegen die Ordnungen aufgetragen. Dazu die aus der Theorie gewonnene Beziehung[4])

$$\log\frac{\sin\vartheta}{n} = C + \frac{A}{n^2} \quad (C \text{ und } A \text{ von } n \text{ unabhängig}).$$

Die Messungen erstrecken sich bis zur 11. Ordnung und stimmen vorzüglich mit der Formel überein. (Man beachte die Genauigkeit der Messungen; die Einzelablesungen schwanken nur um etwa $\pm 1''$!) Die nachstehende Tabelle 5[5]) zeigt, daß die Berücksichtigung dieser Abweichungen es ermöglicht, auch im Röntgengebiet die „spektroskopische“ Genauigkeit, d. h. relative Wellenlängenbestimmung auf 10^{-6} genau, zu erreichen: die erste Spalte ergibt die $CuK\alpha$-Linie, wie sie sich aus den verschiedenen Ordnungen unter Verwertung der theoretischen Formel berechnet, die zweite zeigt die systematischen Abweichungen nach der BRAGGschen Formel.

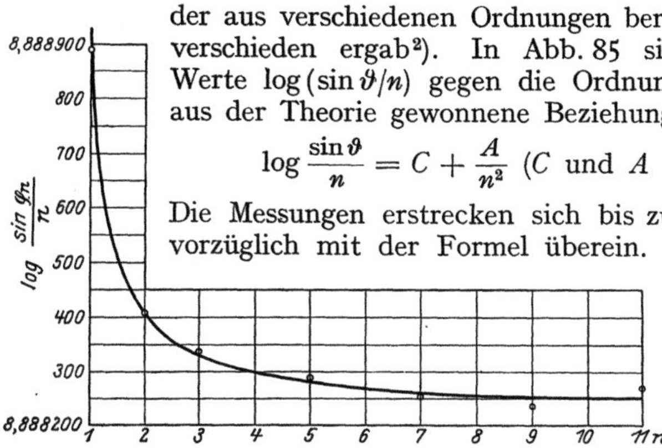

Abb. 85. Abweichungen vom BRAGGschen Gesetz an Glimmer.

Tabelle 5. Präzision der Röntgenwellenlängenmessung.

Ordnung	λ in X-Einheit	λ nach BRAGG
1	1537,260	1537,260
2	1537,261	1535,457
3	1537,261	1535,123
4	1537,261	1535,006
5	1537,261	1534,952
6	1537,261	1534,922
7	1537,262	1534,905
9	1537,262	1534,893
8	1537,262	1534,885
10	1537,262	1534,880

β) Unsymmetrische Reflexion. Denkt man sich in Abb. 86 die Kristalloberfläche so gelegt, daß der einfallende Strahl fast streifend eintritt, so liefert die Konstruktion der Ausbreitungspunkte (Abb. 80) ein Gebiet der Totalreflexion, dessen Mitte um eine viel größere Strecke ML verschoben ist (Abb. 87), als bei symmetrischer Reflexion. Umgekehrt ist die Verschiebung ein Minimum, wenn der reflektierte Strahl streifend die Oberfläche verläßt. BERGEN DAVIS[6]) hat den glücklichen Gedanken gehabt, die Abweichungen vom BRAGGschen Gesetz durch streifende Inzidenz auf einen passend abgeschliffenen Kristall zu vergrößern und der genauen Messung leichter zugänglich zu machen. Ein ungeschliffener Pyrit gab bei symmetrischer Reflexion an (100) ($MoK\alpha$-Strahlung) 4″ Abweichung; nach Abschleifen der Oberfläche, bis der einfallende Strahl nur mehr einen Winkel von 14′ 11,5″ mit ihr machte, ergaben sich 159″ Abweichung.

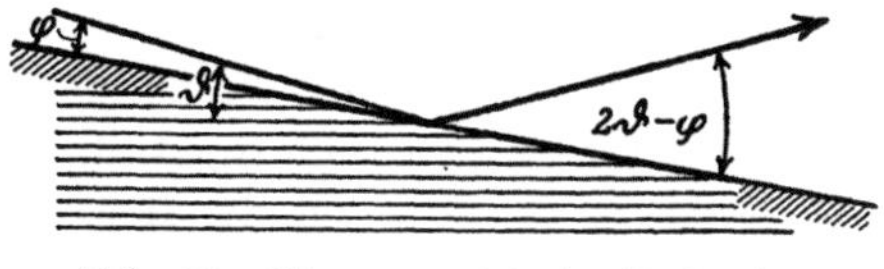

Abb. 86. Unsymmetrische Reflexion.

[1]) BERGEN DAVIS u. R. v. NARDROFF, Proc. Nat. Acad. Amer. Bd. 10, S. 60. 1924.
[2]) W. STENSTRÖM, Experimentelle Untersuchung der Röntgenspektra. Dissert. Lund 1919.
[3]) A. LARSSON, Ark. f. Mat., Astron. och Fys. Bd. 19 A, Nr. 14. 1925.
[4]) P. P. EWALD, ZS. f. Phys. Bd. 2, S. 332. 1920.
[5]) A. LARSSON, ZS. f. Phys. Bd. 35, S. 401. 1925.
[6]) BERGEN DAVIS u. H. M. TERRILL, Proc. Nat. Acad. Amer. Bd. 8, S. 357. 1922.

Es läßt sich zeigen[1]), daß die Mitte des Reflexionswinkels nach der obigen dynamischen Theorie dieselbe Lage hat, als wenn man mit einem normalen Brechungsindex μ des Kristalls rechnet[2]) und das BRAGGsche Gesetz für das Kristallinnere mit abgeänderter Wellenlänge λ' und abgeänderten Neigungswinkeln ϑ' anwendet:

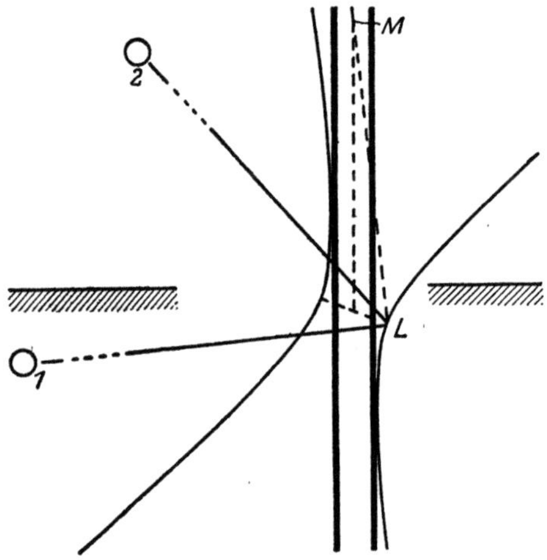

Abb. 87. Gebiet der Totalreflexion bei unsymmetrischem Einfall.

$$n\lambda' = 2d\sin\vartheta'; \quad \mu = \frac{\lambda}{\lambda'} = \frac{\cos\vartheta_m}{\cos\vartheta'}.$$

(Diese Formeln gelten nur für symmetrische Reflexion; für unsymmetrische sind sie leicht abzuändern.) Diese Übereinstimmung entsteht dadurch, daß in Abb. 87 für die Mitte des Streifens der Totalreflexion gerade der Hyperbelmittelpunkt maßgebend ist, der nach der in Ziff. 14 ε) gegebenen Erklärung der Dispersionsfläche in der Tat gerade derjenige Punkt ist, für den beide Strahlen den normalen Wert des Brechungsindex haben. Was aber aus der eben angedeuteten Rechnungsweise nicht hervorgeht, ist die Breite des Gebiets der Totalreflexion (s. unten).

BERGEN DAVIS und V. NARDROFF[3]) haben aus den Abweichungen den normalen Brechungsindex des Pyrit für eine Reihe von Wellenlängen ermittelt. Es ergab sich das sehr interessante Resultat, daß die gewöhnliche DRUDE-LORENTZsche Dispersionsformel auch in diesem Frequenzgebiet anwendbar ist. Ja, ihre Anwendung wird viel einfacher als in der Lichtoptik, weil die Zahl der Elektronen und ihre Eigenfrequenzen bekannt sind: man hat alle Elektronen aller Atome zu berücksichtigen; sie sind als „frei" (Eigenfrequenz $\omega_0 = 0$) anzusehen, sofern sie genügend weit außen am Atom liegen, nur für die Elektronen, deren Wiederkehr in ihre Normalbahn ein Strahlen des Atoms mit einer Frequenz bedingt, die der auffallenden benachbart ist, muß die Eigenfrequenz (und zwar wie es scheint, die Frequenz der Absorptionskante) eingesetzt werden. Für Pyrit (FeS_2; Fe hat 2 K- und 24 andere Elektronen, S 2 K- und 14 andere; K-Absorptionsfrequenzen $\nu_{Fe} = 0{,}575 \cdot 10^8 \cdot c$, $\nu_S = 0{,}1987 \cdot 10^8 \cdot c$) sieht die Dispersionsformel so aus:

$$\varepsilon = 1 - \mu = \frac{N e^2/m}{2\pi}\left[\frac{2}{\nu^2 - \nu_{Fe}^2} + \frac{2}{\nu^2 - \nu_S^2} + \frac{24 + 2\cdot 14}{\nu^2}\right]$$

(N = Zahl der Moleküle FeS_2 im ccm, e und m Ladung und Masse des Elektrons).

Die Tabelle gibt den Vergleich zwischen berechnetem und gemessenem $1 - \mu$.

Tabelle 6. Brechungsindex von Pyrit für Röntgenstrahlen. aus der Reflexion an Pyrit $\varepsilon = 1 - \mu$

	berechnet:	beobachtet:	
für Mo K_α, ($\lambda = 0{,}7077$)	$3{,}31 \cdot 10^{-6}$	$3{,}35 \cdot 10^{-6}$	$\pm 0{,}20$
Mo K_β, ($\lambda = 0{,}6310$)	$2{,}64 \cdot 10^{-6}$	$2{,}87 \cdot 10^{-6}$	$\pm 0{,}20$
Cu K_α, ($\lambda = 1{,}537$)	$17{,}6 \cdot 10^{-6}$	$17{,}6 \cdot 10^{-6}$	$\pm 0{,}5$
Cu K_β, ($\lambda = 1{,}389$)	$13{,}53 \cdot 10^{-6}$	$13{,}2 \cdot 10^{-6}$	$\pm 0{,}4$

[1]) R. V. NARDROFF, Phys. Rev. Bd. 24, S. 143. 1924; P. P. EWALD, ZS. f. Phys. Bd. 30, S. 1. 1924.

[2]) Dies hatte bereits STENSTRÖM (Fußnote 2 auf S. 263) getan.

[3]) BERGEN DAVIS u. R. V. NARDROFF, Proc. Nat. Acad. Amer. Bd. 10, S. 384. 1924.

Diese weitgehende Anwendbarkeit der Dispersionstheorie stärkt das Zutrauen zur Behandlung der Röntgenoptik nach den Methoden der klassischen Optik. Allerdings haben neuere Untersuchungen[1]) charakteristische Unterschiede im Dispersionsverlauf bei Röntgenstrahlen und Licht nachgewiesen; diese berühren aber nicht den wellenkinematischen Teil der Dispersions- (und somit auch Interferenz-) Theorie, sondern allein die quantenmäßige Reaktion der „Atomresonatoren“ auf die Strahlung. Wie überall, so ist auch hier das Verhältnis von Quantentheorie (Comptoneffekt) und klassischer Theorie (Interferenzen) ungeklärt.

γ) Die Intensität bei unsymmetrischer Reflexion. Die größeren Abweichungen vom BRAGGschen Gesetz bei streifender Inzidenz bringen nach Abb. 87 notwendig eine größere Breite des Gebiets der Totalreflexion mit sich (gemessen in Winkelverschiebung des Anregungspunktes P). Die gesamte, bei Drehung des Kristalls oder bei nicht extrem ausgeblendetem einfallenden Bündel reflektierte Strahlung also muß direkt proportional zur Abweichung sein. Bei streifender Inzidenz sollte die Intensität des reflektierten Strahls groß, bei streifendem Austritt die des reflektierten Strahls klein sein. Dies ist von NARDROFF beobachtet worden. Seine Angaben reichen leider kaum zur quantitativen Verwertung hin[2]).

δ) Abhängigkeit der Intensität vom Winkel ϑ. Man kann ohne großen Fehler annehmen, daß — bei gleichem Strukturfaktor — stets der gleiche Bruchteil (schätzungsweise über 80%) der reflektierten Intensität durch Totalreflexion erzeugt wird. Für die Berechnung der Intensität ist dann die Breite des Gebiets der Totalreflexion maßgebend, und zwar ausgedrückt als Winkelintervall für den einfallenden Strahl. Die Reflexionskurve (J aufgetragen gegen eine Variable ξ) für Polarisation (d. h. Richtung der elektrischen Feldstärke) senkrecht zur Ebene der Strahlen und unter Annahme eines einfachen Gitters zeigt Abb. 88. Bei symmetrischer Reflexion ist dabei der Zusammenhang zwischen ξ und der Abweichung $\Delta\vartheta$ des Einfallswinkels vom BRAGGschen Winkel ϑ_0 ($\vartheta = \vartheta_0 + \Delta\vartheta$):

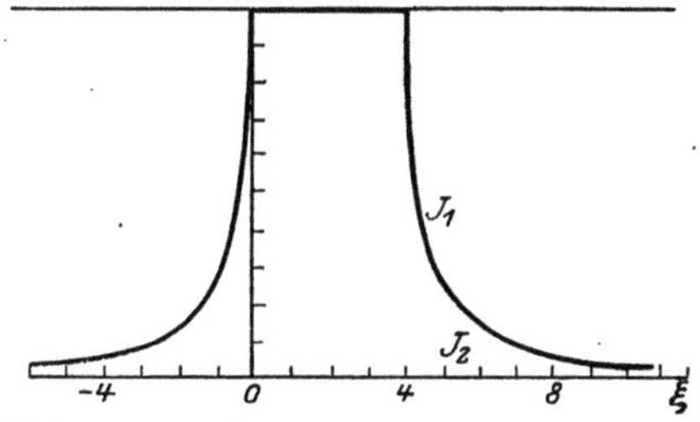

Abb. 88. Reflexionskurve im Braggfall.

$$\Delta\vartheta = \frac{\xi}{\sin 2\vartheta_0}\varepsilon_0. \quad [\varepsilon_0 = \text{normaler Resonanzfehler, Ziff. 14 } \varepsilon).]$$

Die andere Polarisationsrichtung hat eine entsprechende Kurve, nur ist das Gebiet der Totalreflexion bei gleicher Mittellinie um einen Faktor $\cos 2\vartheta_0$ verengert. Setzen wir voraus, daß die einfallende Intensität nicht polarisiert ist und gleichmäßig über die Winkel verteilt ist, so ergeben sich als reflektierte Intensitäten für die beiden Polarisationsrichtungen:

$$J_{\perp} \backsim 4\varepsilon_0 \frac{1}{\sin 2\vartheta_0}; \quad J_{\parallel} \backsim 4\varepsilon_0 \left| \frac{\cos 2\vartheta_0}{\sin 2\vartheta_0} \right|.$$

In $J_{\parallel}$ wechselt der $\cos 2\vartheta_0$ beim Überschreiten des Ablenkungswinkels $2\vartheta_0 = 90°$ das Vorzeichen. Dies läßt sich an der Dispersionsfläche als eine Vertauschung

[1]) Weitere Dispersionsmessungen bei A. LARSSON, ZS. f. Phys. Bd. 35, S. 401. 1926; E. HJALMAR, Ann. d. Phys. Bd. 79, S. 550. 1926; H. MARK u. H. KALLMANN, Naturwissensch. Bd. 14, S. 648. 1926; C. M. SLACK, Phys. Rev. Bd. 27, S. 691. 1926. Die neueste quantentheoretische Entwicklung der Dispersionstheorie (E. SCHRÖDINGER, Ann. d. Phys. 1926 [im Erscheinen]) gibt die charakteristischen Abweichungen zwischen der Dispersion im Licht- und Röntgengebiet wieder.

[2]) In Fußnote 1 auf Seite 264 zitiert; siehe aber P. P. EWALD, Phys. ZS. Bd. 26. S. 29. 1925.

der beiden Hyperbeläste deuten; für $\vartheta_0 = 45°$ entartet die Hyperbel in ein Geradenpaar. Da es für die Intensität nur auf den Absolutwert ankommt, sind im Ausdruck für $J_{\|}$ Absolutstriche gesetzt.

Addition beider Intensitäten ergibt bei unpolarisierter einfallender Strahlung als reflektierte Intensität:

$$\vartheta_0 \leq 45° : J \sim 4\,\varepsilon_0 \operatorname{cotg} \vartheta_0; \qquad \vartheta \geqq 45° : J \sim 4\varepsilon_0 \operatorname{tg} \vartheta_0 .$$

Diese theoretische Winkelabhängigkeit ist in Abb. 89 aufgetragen. Man bemerke übrigens, daß das Verhältnis der in beiden Polarisationsrichtungen reflektierten Energien den Wert

$$1 : \cos 2\vartheta_0 = 1 : \cos \chi \quad (\chi \text{ Abbeugungswinkel})$$

hat. Nach der LAUEschen Theorie müßte das Amplitudenverhältnis $1 : \cos\chi$, das Intensitätenverhältnis $1 : \cos^2\chi$ sein, wie es im sog. Polarisationsfaktor zum Ausdruck kommt [s. Ziff. 18 α).]

Die Winkelabhängigkeit des Reflexionsvermögens scheint bei ausgesuchten Kristallen die obige Form zu haben. Messungen von Sir W. H. BRAGG[1]) an kleinen runden, von den Röntgenstrahlen völlig umspülten Diamanten ergaben die in Abb. 90 aufgetragenen Werte der reflektierten Intensitäten. Sie fallen, gegen cotg ϑ_0 aufgetragen, innerhalb der Meßgenauigkeit von etwa 5% auf zwei Gerade, die sich auf der Achse $\vartheta = 90°$ schneiden. Die zwei Geraden (statt einer) rühren vom Strukturfaktor her [vgl. unter (ε)]; daß die Geraden nicht durch den Nullpunkt gehen, rührt vermutlich davon her, daß bei einer Korrektur für Streustrahlung ein konstanter Betrag (nämlich die in der charakteristischen Strahlung enthaltene Energie) zuviel abgezogen worden ist[2]). Der Wiederanstieg der Intensität für cotg $\vartheta < 1$ ist in der Abbildung nicht zu bemerken, da die Messungen nicht weit genug gehen[3]).

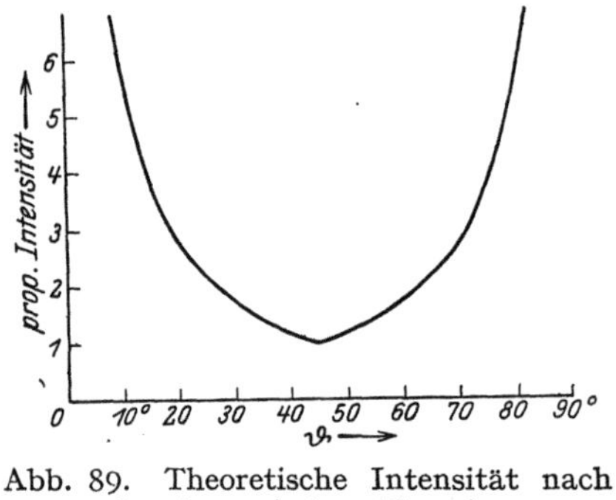

Abb. 89. Theoretische Intensität nach der dynamischen Theorie.

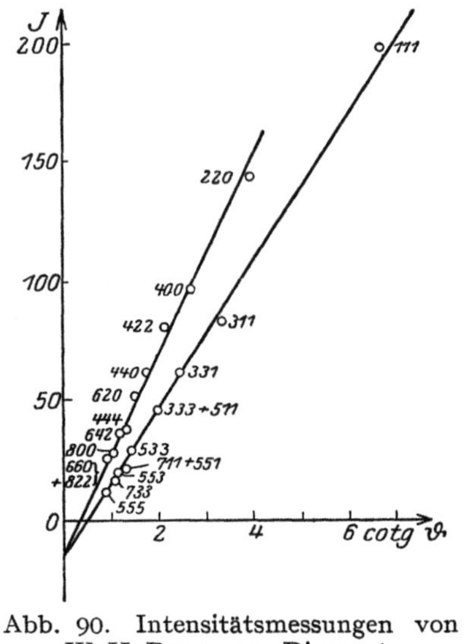

Abb. 90. Intensitätsmessungen von W. H. BRAGG an Diamant.

---

1) W. H. BRAGG, Proc. Phys. Soc. London Bd. 33, S. 304. 1921.

2) P. P. EWALD, Phys. ZS. Bd. 26, S. 29. 1925.

3) Noch unveröffentlichte Messungen von H. MARK, W. EHRENBERG und dem Verfasser an Diamant bestätigen die BRAGGschen Intensitätswerte und das theoretische Gesetz bis zu $\vartheta = 45°$. Von da ab ergibt sich jedoch bis zu den größten untersuchten Ablenkungen eine fast konstante Intensität. Gegen tgϑ_0 aufgetragen, erscheint die Intensität zwar linear, aber nur sehr wenig wieder anzuwachsen. Jedenfalls ist also die von Abb. 89 geforderte Symmetrie um $\vartheta = 45°$ nicht vorhanden.

Es muß darauf aufmerksam gemacht werden, daß für die Übereinstimmung zwischen Theorie und Versuch außer der Güte des Kristalls noch zwei Punkte wesentlich sind: a) die Umspülung des kleinen Kristalls mit Röntgenstrahlen („Bademethode“). Es kann hierdurch erstens im ganzen Kristall die Wechselwirkung zwischen Primär- und Sekundärstrahl eintreten, die bei Begrenzung des Einfalls durch Blenden (namentlich bei der Laueanordnung) mangelhaft ist. Außerdem bleibt der Anteil der Streustrahlung bei allen Kristallstellungen gleich. b) Die runde Form des Diamanten. Gemäß γ) hängt die Intensität davon ab, wie die Oberfläche gegen die reflektierende Netzebene liegt. Würde die Bademethode angewandt auf einen blättchenförmigen Kristall, so würden diejenigen Reflexe stark bevorzugt werden, bei denen der Einfall streifend zur großen Kristallfläche stattfindet. Die von verschiedenen Teilen der Oberfläche stammenden Intensitäten werden verschieden sein, aber da ein möglichst runder Kristall ausgesucht worden war, betrifft dieser „Kristallformfaktor“ alle Interferenzordnungen gleichmäßig. Er würde sich erst bei einer absoluten Intensitätsberechnung geltend machen.

ε) Abhängigkeit der Intensität von der Struktur. In einem Kristall mit Basis ist die Dispersionsfläche enger oder weiter als in einem entsprechenden einfachen. Ihr Mittelpunkt hingegen liegt vom Lauepunkt in der gleichen Entfernung ε_0 ($\mu = 1 + \varepsilon_0$) wie bisher; daher sind die Abweichungen vom BRAGGschen Gesetz ebensogroß, als wäre die Basis in einem Punkt konzentriert. Aber der Scheitelabstand der beiden Hyperbeläste hat jetzt die Größe

$$4\varepsilon_0 |S| = 4\varepsilon_0 \left| \sum_t m_t e^{2\pi i(\mathfrak{h}\mathfrak{r}_t)} \right|.$$

$|S|$ ist der Betrag der Strukturamplitude. Sind die m_t reell und von einerlei Vorzeichen, so ist $|S|$ stets kleiner als wenn die Basis in den einen Punkt $\mathfrak{r}_t = 0$ konzentriert wäre. Läßt man aber zu, — komplexe m_t —, daß nicht alle Atome auf das erregende Feld mit einer Streuwelle der gleichen Phase ansprechen, so kann es vorkommen, daß eine Schwächung, die durch die räumliche Ausdehnung der Basis entsteht, teilweise, ganz oder sogar überkompensiert wird durch diese Phaseneffekte. Vgl. hierzu die Ausführungen zum Atomformfaktor bzw. ψ in Ziff. 18 ζ).

Da somit das Gebiet der Totalreflexion proportional zu $|S|$ ist, sollte das gleiche für die reflektierte Gesamtintensität gelten, für die wir nunmehr zusammen mit dem unter δ) Gesagten die Darstellung erhalten:

$$J = \begin{cases} 4\varepsilon_0 |S| \operatorname{cotg}\vartheta & \text{für } \vartheta < 45^\circ \\ 4\varepsilon_0 |S| \operatorname{tg}\vartheta & \text{für } \vartheta > 45^\circ. \end{cases}$$

Nach der LAUEschen Theorie wäre die Intensität proportional zu $|S|^2$.

An den W. H. BRAGGschen Diamantmessungen (Abb. 90) bestätigt sich bei großen Intensitäten die Proportionalität mit $|S|$. Die Interferenzen des Diamanten (Struktur Ziff. 37 A) zerfallen in solche, für die $\sum h_i$ bei Teilung durch 4 den Rest 0, ± 1 oder 2 läßt. Die Interferenzen $\equiv 2$ (mod 4) müssen ausfallen, sofern man die Atome als punktförmige Ausgangsstellen der Kugelwellen ansehen kann, die übrig bleibenden geraden Interferenzen ($\equiv 0$) haben $|S| = 2$, die ungeraden ($\equiv \pm 1$) $|S| = \sqrt{2}$. Man überzeugt sich in Abb. 90, daß tatsächlich die ungeraden Interferenzen auf der unteren, die geraden auf der oberen Linie liegen, und daß die Ordinaten der beiden Geraden bei gleicher großer Abszisse sich recht gut wie $1 : \sqrt{2}$ verhalten, nicht aber wie $2:4$ (den Werten $|S|^2$).

Somit ist man berechtigt, gut gewachsene Diamanten als ideale Kristalle anzusehen. Leider sind das bisher die einzigen solchen Kristalle. Guter Calcit und Pyrit und eine Reihe harter Edelsteine dürften ebenfalls recht gute Kristalle (in diesem Sinne) sein — aber leider liegen keine verwertbaren Intensitätsmessungen nach der Bademethode vor. Die weichen Kristalle, wie Steinsalz, gehören jedenfalls nicht dem Typ an, auf den sich die geschilderte einfache Theorie anwenden läßt; sie haben, auch bei bestem Wachstum, Mosaikstruktur.

Es sei noch darauf aufmerksam gemacht, daß bei Diamant die Übereinstimmung zwischen Theorie und Versuch erzielt wurde ohne Benutzung des Polarisationsfaktors [Ziff. 18 α)] und des LORENTZschen Faktors. In der Tat fußen diese beiden Faktoren gänzlich auf der Annahme, daß die Atomwellen an jedem einzelnen Atom allein durch den Primärstrahl erregt werden — sie stehen in Widerspruch zur dynamischen Theorie, wenigstens beim idealen Kristall von großer Ausdehnung.

IV. Die Intensität der Röntgeninterferenzen.

16. Der LORENTZsche und die verwandten Intensitätsfaktoren. Bereits auf Grund der LAUEschen Interferenztheorie versuchte man mit einigem Erfolg eine Deutung der Intensitätsmessungen zu geben. Eine Rechtfertigung für die Anwendung der einfachen LAUEschen Theorie — statt der dynamischen — findet sich bei der Behandlung des Mosaikkristalls Ziff. 19 δ).

Zunächst war es H. A. LORENTZ[1]), der darauf aufmerksam machte, daß nicht das Intensitätsmaximum, sondern nur ein Integralwert der Intensität bei jeder Interferenz meßbar sei. Die durch Berücksichtigung dieses Umstandes entstehenden Faktoren heißen Lorentzfaktoren. Je nach den Voraussetzungen über die experimentelle Anordnung sind verschiedene Lorentzfaktoren möglich. Zu ihrer Veranschaulichung ziehen wir die Kugelkonstruktion im reziproken Gitter heran. Ein Ausbreitungspunkt A repräsentiert einen völlig ebenen und völlig monochromatischen Primärstrahl. Das Kristallgitter sei durch und durch kohärent, aber es sei begrenzt und endlich. Haben wir dann aus der Kugelkonstruktion eine Interferenzrichtung $\mathfrak{s}$ gewonnen, so wird es sehr eng benachbarte Richtungen geben, in denen noch sämtliche Atome ungefähr gleichphasig zusammenwirken. Es geht vom endlichen Gitter aus Energie innerhalb eines kleinen Richtungenbündels ins Unendliche. Dies entspricht den Verhältnissen beim optischen Beugungsgitter, durch die das Auflösungsvermögen dieses Instruments entsteht. Um die Ausdehnung dieses Strahlenfächers abzuschätzen, in dem die Intensität zwischen dem Maximalwert (proportional dem Quadrat der Anzahl der reagierenden Atome) und dem Wert Null schwankt, ist die Konstruktion FRESNELscher Zonen nützlich. χ sei der Abbeugungswinkel des Interferenzmaximums. Das erste Minimum entsteht unter einem solchen Nachbarwinkel $\chi + \Delta\chi$, daß die eine Atomhälfte entgegengesetzte Phasen liefert wie die andere. Ist also l eine Querdimension des austretenden Sekundärstrahls bzw. die Projektion der normal zur Spiegelebene gemessenen Ausdehnung des Kristalls, so ist

$$\Delta\chi = \frac{\lambda}{l}.$$

Für $\lambda = 1$ Å ist $\Delta\chi = 1''$, wenn der Kristalldurchmesser etwa $^1/_{50}$ mm ist.

Selbst wenn die Anregung durch eine ebene monochromatische Welle erfolgen könnte, wäre also eine Integration über die Austrittsrichtungen $\mathfrak{s}$ erforderlich. Tatsächlich dürfte eine einfallende Welle aber nur als eben angesehen werden,

[1]) H. A. LORENTZ's Betrachtung wurde von P. DEBYE veröffentlicht: Ann. d. Phys. Bd. 43, S. 49. 1914.

wenn ihre Normale um weniger als den soeben berechneten Winkel $\Delta\chi$ schwankte. So scharfe Ausblendungen lassen sich aus Intensitätsgründen nicht erziehen; eine Blende von $^1/_{10}$ mm in etwa 20 cm Abstand von der Strahlenquelle gibt eine Ausblendung von etwa 100″. Man hat also auch die Einfallsrichtung $\mathfrak{s}_0$ variieren zu lassen und erhält so eine Doppelintegration über zwei Richtungen, die im reziproken Gitter derart darzustellen wäre, daß sowohl der Anfangspunkt von $\mathfrak{s}_0$, wie der Endpunkt von $\mathfrak{s}$ die den Interferenzlagen benachbarten Lagen unter strenger Wahrung der Längen $1/\lambda_0$ für die beiden Vektoren durchstreifen. Dabei ist es natürlich, die Variation von $\mathfrak{s}_0$ senkrecht zur Ebene der beiden Strahlen zu beschränken oder zu unterdrücken, da ja der Öffnungswinkel des einfallenden Bündels in dieser Richtung nur einen Proportionalitätsfaktor bedingt (Länge des Spektrometerspaltes). Man erhält bei der Integration auch dann einen endlichen Wert, wenn man „durch die Reflexionsstellung durchdreht", d. h. die Integrationsgrenzen beliebig weit nimmt.

Hierbei ist die einfallende Welle streng monochromatisch vorausgesetzt. Wollte man auch die Wellenlänge noch variieren, so entstände kein endlicher Wert unabhängig von den Integrationsgrenzen. Denn wenn man aus der ursprünglichen Interferenzstellung für λ herausdreht, so fände sich stets ein anderes λ, für das die abgeänderte Einfallsrichtung $\mathfrak{s}_0$ die passende wäre. Man müßte also entweder den $\mathfrak{s}_0$- oder den $\mathfrak{s}$-Bereich durch eine Blende oder den λ-Bereich durch das Spektrum begrenzt denken, um einen endlichen Wert zu erzielen — und dieser würde von der Art der Begrenzung abhängen. Soll daher λ variiert werden, so muß die Richtung entweder von $\mathfrak{s}_0$ oder von $\mathfrak{s}$ festgehalten werden. Im ersteren Falle z. B. erhält man als Ausbreitungspunkte die Punkte einer Geraden $\mathfrak{s}_0/\lambda$.

In Ziff. 13 ζ) wurde geschildert, wie die Intensitätsverteilung des endlichen Gitters sich im reziproken Gitter darstellt. Je nach dem Zusammenhang zwischen dem dort eingeführten $\Delta\mathfrak{h}$ und den primär variablen Größen λ, $\mathfrak{s}$, $\mathfrak{s}_0$ bzw. den Einfalls- und Austrittswinkeln ist aber der $\Delta\mathfrak{h}$-Bereich mit verschiedenem Gewicht zu versehen, da gleiches $\Delta\mathfrak{h}$ in verschiedenster Weise realisiert werden kann (Funktionaldeterminante!). So ergibt sich folgende Zusammenstellung von „Faktoren" für verschiedene Fälle[1]):

Tabelle 7. Lorentzfaktoren.

λ	$\mathfrak{s}_0$	$\mathfrak{s}$	Intensität proportional zu
veränderlich	veränderlich	fest	$\dfrac{F}{8\pi^2\left(\dfrac{\sin\vartheta}{\lambda}\right)^2} = J_{\text{Lorentz}}$
veränderlich	fest	veränderlich	$\dfrac{F\lambda^2}{32\pi^2\sin^3\vartheta} = \dfrac{1}{4\sin\vartheta} J_{\text{Lorentz}}$
fest	veränderlich	veränderlich	$\dfrac{\lambda^3 F\Delta\psi_0}{32\pi^3\cos\vartheta\sin^2\vartheta} = \dfrac{\lambda\Delta\psi_0}{4\pi\cos\vartheta} J_{\text{Lorentz}}$.

F ist das Integral der Intensitätsfunktion über die Umgebung eines Punktes im reziproken Gitter, also nach (13), Ziff. 13 ζ) unabhängig von den Ordnungszahlen $(h_1 h_2 h_3)$ der Interferenz. Bei Zugrundelegung der LAUEschen Funktion (12), Ziff. 13 ζ) hat F den Wert $8\pi^3 M/v_a$, wo M die Gesamtzahl der getroffenen Atome ist. Schließlich ist $\Delta\psi_0$ die Winkelöffnung des einfallenden Strahlenkegels senkrecht zur Einfallsebene. (Diese Öffnung projiziert sich vom reflektierten Strahl aus gesehen verschieden je nach dem $\sphericalangle\vartheta$).

[1]) M. v. LAUE, ZS. f. Krist. Bd. 64, S. 115. 1926.

17. Der Temperatureinfluß. α) Die Temperaturbewegung ändert die regelmäßigen Atomlagen so stark ab, daß ein erheblicher Einfluß, vor allem auf die Interferenzen hoher Ordnung, zu erwarten ist. Den Phasenunterschied, der durch eine Verschiebung des Atoms um einen Vektor $\mathfrak{r}$ aus der Gleichgewichtslage neu entsteht, kann man bequem auf Grund der Spiegelungsvorstellung erhalten: Verschiebung des Atoms innerhalb der Spiegelebene (d. h. der Ebene, die die Einfalls- in die Beobachtungsrichtung überführt, einerlei, ob der Kristall dabei in Reflexionsstellung ist oder nicht) ändert die Phase nicht ab. Man hat also nur die Verschiebung ξ normal auf der Spiegelebene in Rechnung zu ziehen.

Die Dynamik der Kristallgitter hat ganz bestimmte Vorstellungen über die Art der thermischen Bewegung in einem Kristall ausgebildet und das Ergebnis der Intensitätsrechnung hängt bis zu einem gewissen Grade von der Anwendung dieser Vorstellungen ab. Wir erhalten aber die charakteristischen Teile der von DEBYE[1]) zuerst aufgestellten Formel, wenn wir die einfachere Vorstellung zugrunde legen, die auch für die elementare Theorie der spez. Wärme von EINSTEIN genügte: daß die Atome des festen Körpers unabhängig voneinander an Gleichgewichtslagen durch eine elastische Bindung von der Stärke f gebunden sind. Ist die potentielle Energie bei einem Ausschlag ξ senkrecht zur Spiegelebene $f\xi^2/2$ so ist die Wahrscheinlichkeit, ein Atom im Abstand ξ anzutreffen nach dem BOLTZMANNschen Prinzip (T absolute Temperatur, $k = 1{,}37 \cdot 10^{-16}$ Erg/Grad)

$$W(\xi) = \sqrt{\frac{f}{2\pi k T}}\, e^{-\frac{f}{2kT}\xi^2}.$$

Nehmen wir nun etwa die durch die Kristallmitte gehende Spiegelebene O (Abb. 91) als Norm für die Phasenzählung an, so wird ein in der Tiefe $ld + \xi$ liegendes Atom dagegen mit einem Gangunterschied zur Wirkung kommen von der Größe $(ld + \xi) \cdot 2 \sin\vartheta$ ($\vartheta = \chi/2$ = halber Abbeugungswinkel).

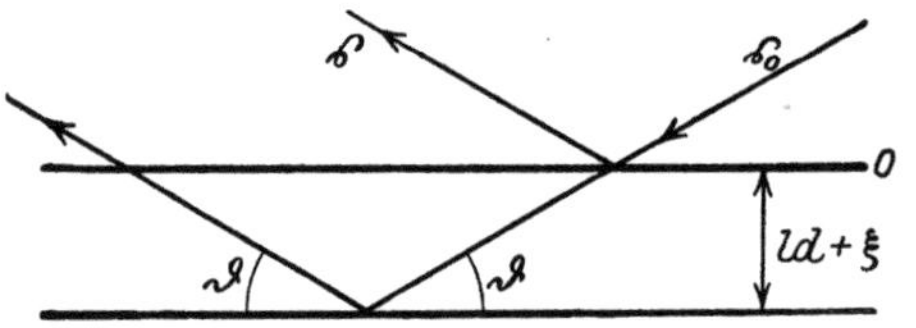

Abb. 91. Zur Ableitung des Temperatureinflusses.

Wir wollen nun für den Augenblick die Spiegelebenen durch den Index l, das einzelne Atom in ihnen durch den Index ϱ bezeichnen und die Summation über alle Atome so führen, daß erst über alle Atome einer Spiegelebene (ϱ) summiert wird, sodann über l. Für die erste Summation sei das Zeichen S eingeführt. Die Summe aller Kugelwellen wird proportional zu

$$\sum_l \mathop{\mathsf{S}}_{\varrho} e^{\frac{2\pi i}{\lambda} \cdot 2 \sin\vartheta\, (ld + \xi)}$$

und daher die Intensität

$$J = \sum_l \sum_{l'} \mathop{\mathsf{S}}_{\varrho} \mathop{\mathsf{S}}_{\varrho'} e^{\frac{2\pi i}{\lambda} 2 \sin\vartheta \{(l-l')d + \xi - \xi'\}}.$$

Sofern ξ und ξ' sich auf verschiedene Atome beziehen, sind sie voneinander als unabhängig anzusehen (gerade dies wird von der Gitterdynamik bestritten); der zeitliche Mittelwert der Summe kann dann durch Anwendung des Wahrscheinlichkeitsgesetzes berechnet werden. Indem wir die auf das gleiche Atom

[1]) P. DEBYE, Verh. d. D. Phys. Ges. Bd. 15, S. 678. 1913.

$(l, \varrho) = (l', \varrho')$ bezüglichen N Summenglieder (N = Gesamtzahl der Atome) je vom Wert 1 hervorziehen

$$J = N + \sum\sum S S' e^{\frac{2\pi i}{\lambda} \cdot 2\sin\vartheta \{(l-l')d + \xi - \xi'\}},$$

behalten wir in der Summe nur Glieder mit unabhängigen Ausschlägen ξ, ξ'. Der wahrscheinlichste Wert (= zeitl. Mittelwert) der Exponentialfunktion für ein bestimmtes Atompaar ist

$$\iint\limits_{-\infty}^{+\infty} e^{\frac{2\pi i}{\lambda} \cdot 2\sin\vartheta(\xi - \xi')} \cdot W(\xi)\, W(\xi')\, d\xi\, d\xi',$$

wofür man leicht findet $e^{-\left(\frac{2\pi\sin\vartheta}{\lambda}\right)^2 \frac{4kT}{f}}$.

Dieser Wert ist unabhängig von der Lage des Atompaares und tritt daher vor die Summe. Diese hat genau die gleiche Gestalt, wie für das ideale Gitter ohne Temperaturstörung, bis auf den Umstand (der durch den Akzent angedeutet wurde), daß die N Glieder $(l, \varrho) = (l', \varrho')$ herausgenommen worden sind. Bezeichnen wir also mit J_0 die Intensität, die bei völlig ruhenden Atomen unter gleichen Einfalls- und Beobachtungsbedingungen gefunden würde, so ist die Intensität bei der Temperatur T:

$$\begin{aligned} J &= N + e^{-\left(\frac{2\pi\sin\vartheta}{\lambda}\right)^2 \cdot \frac{4kT}{f}} \{J_0 - N\} \\ &= e^{-BT} J_0 + N(1 - e^{-BT}); \qquad B = \left(\frac{2\pi}{\lambda}\sin\vartheta\right)^2 \frac{4k}{f}. \end{aligned} \tag{1}$$

Da wir wissen, daß J_0 auf die Interferenzrichtungen und ihre nächste Umgebung beschränkt ist, sehen wir, daß durch die Temperaturbewegung ein allgemeiner Streuungshintergrund geschaffen wird. Dieser Hintergrund unterlagert sich auch den Interferenzen. Da aber das Maximum von J_0 proportional zu N^2 ist, wird die Schärfe der Interferenzen dadurch nicht wesentlich beeinträchtigt. Je kleiner aber die Kristalle eines Pulvers, oder auch die in sich kohärenten Teile eines großen — scheinbar einheitlichen — Kristallindividuums werden, um so mehr stört die allgemeine Streuung. Bei kleinen Abbeugungswinkeln ist der Streuhintergrund schwach; er nimmt von 0 bis 180° Abbeugung monoton zu. Dies ist verständlich, weil ein und dieselbe Rauhigkeit der einzelnen Netzebene offenbar um so weniger Phasenunterschied hervorbringt, je streifender der Einfall ist. (Auch ein Asphaltpflaster liefert bei sehr schrägem Draufblicken eine optisch ganz brauchbare Spiegelung.) Je mehr aber die Netzebenen ideal spiegeln, um so mehr vernichten sich — außer in den Interferenzlagen — ihre Wirkungen.

Für Interferenzrichtungen ist $2\sin\vartheta/\lambda = n/d = |\mathfrak{h}|$ und man sieht, daß die Schwächung einer Interferenz proportional zu

$$e^{-\frac{kT}{f}(2\pi\mathfrak{h})^2} \tag{2}$$

ist. Hierin ist der Grund zu sehen, daß die Zahl der Interferenzen auch bei Verwendung eines ausgedehnten Spektrums beschränkt ist. Vergleicht man die aufeinanderfolgenden Reflexe an einer Fläche, so stehen ihre Intensitäten im Verhältnis $\exp(-\text{Const} \cdot T \cdot n^2)$.

Die im Exponenten vorkommende Konstante läßt sich auf die quasielastische Kraft f zurückführen, die auch für die primitive Theorie der spezifischen Wärme wesentlich ist. $f/m = \omega_0^2 = (2\pi\nu_0)^2$ liefert nämlich die Eigenfrequenz der Atome, die in der EINSTEINschen Formel (vgl. ds. Handb. Bd. X, Kap. 1,) vorkommt:

$$c_v = 3\,RH\left(\frac{\Theta}{T}\right); \qquad H(x) = \frac{x^2 e^x}{(e^x-1)^2}; \qquad \Theta = \frac{h\nu_0}{k}. \tag{3}$$

Auch die ultraroten Eigenfrequenzen (Reststrahlfrequenzen) der Kristalle lassen eine Schätzung von ν_0 zu.

M. v. LAUE hat gezeigt[1]), daß für ein zusammengesetztes Gitter, in welchem die Basisatome — im Sinne der bisherigen Darstellung — an feste Ruhelagen elastisch gebunden sind, der Temperatureinfluß sich folgendermaßen darstellt: jede Atomsorte erhält wegen ihrer besondern Bindung f_t einen gesonderten Exponenten B_t. Die Intensität der Interferenz wird erhalten, indem man im Strukturfaktor (9), Ziff. 13 α) das Streuvermögen m_t jeweils mit $e^{-B_t T}$ multipliziert. — Unter Berücksichtigung der Gitterdynamik läßt sich dies Resultat nicht aufrecht erhalten.

β) Obwohl die Formel (1) bereits die wesentlichen Teile des Wärmeeinflusses enthält, ist sie doch wegen der vereinfachenden Annahme von der Unabhängigkeit der Atome nicht in den Einzelheiten ernst zu nehmen. Sie entspricht einer vereinfachten Darstellung der ersten beiden Noten von DEBYE[2]) und etwa der Art, wie DARWIN[3]) den Wärmeeinfluß behandelt. In der endgültigen Fassung der DEBYEschen Theorie[4]) wird die Wärmebewegung im Kristall durch das System der ebenen elastischen Wellen dargestellt, das das Gitter durchzieht.

Hierbei kommt es nach wie vor auf die Wahrscheinlichkeit des Ausschlags ξ eines Atoms an; aber diese läßt sich mit dem BOLTZMANNschen Prinzip nur berechnen, indem die Normalkoordinaten des Gitters eingeführt werden. Denn die Energie, die zu einem Ausschlag ξ gehört, hängt auch von den Ausschlägen ξ' der andern Atome ab, weil alle aneinander, nicht an feste Gitterorte gebunden sind.

Unter der gleichen Annahme hatte bereits SCHRÖDINGER[5]) den Wärmeeinfluß bei einem eindimensionalen Kristall untersucht. Er fand entgegen DEBYES Resultat, daß bei steigender Temperatur die Interferenzen sich verbreitern und schließlich durch ihre Unschärfe verschwinden müßten. Der Unterschied gegen DEBYES Behandlung der Punktreihe besteht darin, daß bei diesem auch beliebig weit entfernte Atome sich bis auf ihre beiden individuellen Wärmeausschläge in den „kohärenten" Gitterorten befinden, während bei gegenseitiger Koppelung durch Addition der Verschiebungen der zwischenliegenden Atome die entfernten Atome viel stärker verschoben sein können. Dies bedingt einen andern Charakter des Wärmeeinflusses. Aber es ist physikalisch wahrscheinlich, daß im dreidimensionalen Gitter dieser Unterschied sehr gering ist oder gar fortfällt. Denn dort ist im Gegensatz zum eindimensionalen Fall die Verschiebung zweier entfernter Atome das Resultat der Übertragung auf so vielen Wegen, daß nur kleine Schwankungen um die Mittellage der Entfernung vorkommen werden, ähnlich wie bei der zur obigen Ableitung der Formel gemachten Annahme.

In der Tat findet denn auch DEBYE eine der früheren ganz ähnliche Formel. An Stelle der durch die Bindungskraft f bestimmten Frequenz ν_0 tritt ein $\nu_{\max}$ auf, die Grenzfrequenz des elastischen Spektrums. Sie kann zur Definition der „charakteristischen Temperatur Θ" verwandt werden, die

[1]) M. v. LAUE, Ann. d. Phys. Bd. 42, S. 1561. 1913.
[2]) P. DEBYE, Verh. d. D. Phys. Ges. Bd. 15, S. 678 u. 738. 1913.
[3]) C. G. DARWIN, Phil. Mag. Bd. 27, S. 315. 1914.
[4]) P. DEBYE, Ann. d. Phys. Bd. 43, S. 49. 1914.
[5]) E. SCHRÖDINGER, Phys. ZS. Bd. 15, S. 79 u. 497. 1914.

auch in der DEBYEschen Theorie der spezifischen Wärme eine wichtige Rolle spielt

$$\Theta = \frac{h\,\nu_{\max}}{k}. \tag{4}$$

Der Wärmeinhalt des Kristalls besteht aus gequantelten Normalschwingungen. Läßt man als möglichen untersten Quantenzustand die Ruhe zu (keine „Nullpunktsenergie"), so wird in der Intensitätsformel (1) bzw.

$$J = e^{-M} J_0 + N(1 - e^{-M}) \tag{5}$$

für hohe Temperaturen ($T \gg \Theta$):

$$M = \frac{6h^2}{m\,k\,\lambda^2\,\Theta^2}\sin^2\vartheta \cdot T = \frac{6k\,T}{m\,\nu_{\max}^2}\left(\frac{\sin\vartheta}{\lambda}\right)^2. \tag{5'}$$

Setzen wir in (1) statt f die Eigenfrequenz $(2\pi\,\nu_0)^2 = f/m$ ein, so wird dort

$$B\,T = \frac{4\,k\,T}{m\,\nu_0^2}\left(\frac{\sin\vartheta}{\lambda}\right)^2,$$

und wir sehen, daß die alte Formel (1) brauchbar ist, wenn nur unter der „Eigenfrequenz" das $\sqrt{\frac{2}{3}}$fache der Grenzfrequenz des elastischen Spektrums verstanden wird.

Hingegen ist in der Grenze für sehr tiefe Temperaturen ($T \ll \Theta$) der Exponent proportional zu T^2:

$$M = \frac{\pi^2\,h^2}{m\,k\,\lambda^2\,\Theta^3}\sin^2\vartheta \cdot T^2 = \frac{\pi^2\,k^2}{h\,m\,\nu_{\max}^3}\cdot T^2 \cdot \left(\frac{\sin\vartheta}{\lambda}\right)^2.$$

Den Übergang zwischen diesen beiden Grenzfällen stellt DEBYE durch Kurven dar.

Als Zahlenwert sei genannt, daß nach Messungen von W. H. BRAGG[1]) an Steinsalz bei nicht zu tiefen Temperaturen (bis zu flüssiger Luft) der Faktor $B = 4{,}12$ den Intensitätsverlauf ungefähr wiedergibt.

γ) Die DEBYEsche Berechnung ist verschiedentlich überprüft bzw. richtiggestellt worden [FAXÉN[2]), WALLER[3])]. Zwei wichtige Abweichungen haben sich dabei ergeben: erstens ist (nach WALLER) der Exponent der e-Funktion zu verdoppeln. Das kommt durch eine andere Auffassung der Normalkoordinaten des Kristallgitters zustande. WALLER verwendet stehende, DEBYE (im Anschluß an BORNS Gitterdynamik) fortschreitende Wellenzüge als diejenigen Schwingungsformen, aus denen die allgemeine Bewegung der Kristallatome so aufzubauen ist, daß sowohl die kinetische wie die potentielle Energie sich als reine Quadratsumme darstellt (Separation, derart daß das BOLTZMANNsche Prinzip bzw. die Quantenstatistik sich anwenden läßt). Hiermit würde also der Zusammenhang zwischen der Schwächung der Interferenzen durch die Wärmebewegung und der spezifischen Wärme bzw. Reststrahlfrequenz abzuändern sein.

Und zweitens ergibt sich (FAXÉN, später WALLER) eine Anhäufung der Streustrahlung in der Umgebung der Interferenzrichtungen, im Gegensatz zu der durch den zweiten Summanden in (1) ausgedrückten räumlich gleichmäßigen Verteilung. Hier nähert sich das Ergebnis also der von SCHRÖDINGER für den eindimensionalen Kristall aufgestellten Behauptung. Auch BRILLOUIN[4]) hat auf Grund einer andersartigen und für Röntgenstrahlen wohl nicht

---

[1]) W. H. BRAGG, Phil. Mag. Bd. 27, S. 897. 1914.

[2]) H. FAXÉN, Ann. d. Phys. Bd. 54, S. 615. 1918; ZS. f. Phys. Bd. 17, S. 266. 1923.

[3]) Insbesondere seine „Theoretischen Studien zur Interferenz- und Dispersionstheorie der Röntgenstrahlen", Upsala: Univ. Arsskr. 1925.

[4]) L. BRILLOUIN, Ann. de phys. Bd. 17, S. 88. 1922.

einwandfrei begründeten Methode ähnliche Resultate bekommen. Seine Methode ist jedoch anschaulich genug, um sein und FAXÉNS Ergebnis aussprechen zu können. Man betrachte zunächst ein Kontinuum, das nur von einer longitudinalen elastischen Welle von dem Ausbreitungsvektor $\mathfrak{w}$ durchzogen wird. Diese Welle verdichtet das Medium räumlich periodisch (von der zeitlichen Ausbreitung der Welle kann man absehen) und wirkt grob gesprochen ähnlich, als ob in Abständen der elastischen Wellenlänge neue Netzebenen (Massenanhäufungen) entstanden wären. Ist die BRAGGsche Reflexionsbedingung in bezug auf diese erfüllt, so wird eine bevorzugte „Reflexion" an diesen Ebenen auftreten. Gegenüber der üblichen BRAGGschen Bedingung besteht aber der Unterschied, daß nur ein Reflex 1. Ordnung entstehen kann, da die Massendichte selbst harmonisch (und nicht diskontinuierlich) verteilt ist[1]). Ist d_{el} die Wellenlänge der elastischen Welle, also $|\mathfrak{w}| = 2\pi/d_{el}$ ihr Ausbreitungsvektor, so läßt sich die Reflexionsbedingung

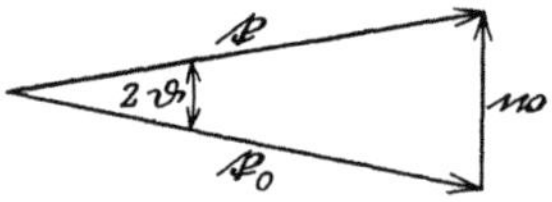

Abb. 92. Richtung der Interferenz an einer Wärmewelle.

$$\lambda = 2 d_{el} \cdot \sin\vartheta \quad \text{oder} \quad |\mathfrak{w}| = 2|\mathfrak{k}|\sin\vartheta$$

durch die Konstruktion Abb. 92 klarmachen ($\mathfrak{k}_0$ und $\mathfrak{k}$, beide von Betrag $|\mathfrak{k}|$, sind die Ausbreitungsvektoren der einfallenden und reflektierten Röntgenwelle). Zu einer festen Einfalls- und gegebenen Beobachtungsrichtung läßt sich also eine elastische Welle bestimmen, die die nötigen Spiegelebenen liefert. Denken wir nunmehr an das kristalline Diskontinuum, so sind die spiegelnden Ebenen der bisherigen Überlegung nicht überall, sondern nur in den Gitterpunkten besetzt. Infolgedessen muß zwischen zwei Atomen der gleichen Spiegelebene nicht mehr der Gangunterschied Null herrschen, sondern es darf ein beliebiger ganzzahliger sein. Die Bedingung hierfür ist aber, daß zwischen den Endpunkten von $\mathfrak{k}$ und $\mathfrak{k}_0$ ein beliebiger Fahrstrahl $2\pi\mathfrak{h}$ im reziproken Gitter liegt. So kommt es, daß sich als die Bedingung für ein Intensitätsmaximum bei FAXÉN ergibt

$$\mathfrak{k} - \mathfrak{k}_0 = 2\pi\mathfrak{h} + \mathfrak{w}.$$

Nun wird in der Gitterdynamik gezeigt, daß die Endpunkte der Ausbreitungsvektoren $\mathfrak{w}$ aller überhaupt möglichen elastischen Wellen gerade den Bereich einer Zelle des reziproken Gitters erfüllen[2]). Wir können also um einen beliebigen Punkt H (Abb. 93) des reziproken Gitters eine Zelle abgrenzen und die Konstruktion des zu einem Primärstrahl $\mathfrak{k}_0 = 2\pi\mathfrak{s}_0/\lambda$ gehörenden Sekundärstrahls so ausführen: Wir schlagen um den Anregungspunkt (= Ausbreitungspunkt) A die Kugel vom üblichen Radius $1/\lambda$; sie schneidet aus der H umgebenden Zelle ein Flächenstück aus, aus Punkten W bestehend. $2\pi\cdot\overrightarrow{HW}$ sind vorkommende elastische Ausbreitungsvektoren $\mathfrak{w}$. AW ist die zu den Wellen $\mathfrak{w}$ und $\mathfrak{k}_0$ gehörende Sekundärwelle $\mathfrak{k}$. Hier-

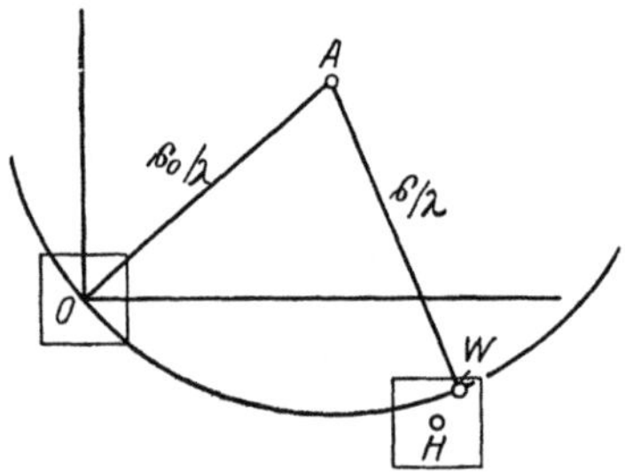

Abb. 93. Zusammensetzung der Interferenzen im Kristall und an Wärmewellen.

[1]) Die Massenverteilung sei $\cos 2\pi\, x/d$, d hier die elastische Wellenlänge. Dann hat die von einer Schicht dx in der Tiefe x ausgehende Sekundärwelle bei der Reflexion n-ter Ordnung die Amplitude

$$\cos 2\pi \frac{x}{d} \cdot e^{-2\pi i n x/d} \cdot dx,$$

und die von allen Schichten zusammengebrachte Wirkung ist das Integral hierüber. Es erhält nur große Werte, wenn $n = 1$.

[2]) Vgl. auch P. P. EWALD, ZS. f. Krist. Bd. 56, S. 129. 1921.

nach ist also die eigentliche Interferenzrichtung von Nachbarrichtungen umgeben, in die infolge der Wärmebewegung auch gespiegelt wird. Die Intensität dieser Spiegelung nimmt nach außen schnell ab, und es ist überhaupt nicht sicher, ob die Größenordnung zur Beobachtung einer Verflachung der Interferenz ausreicht. Für die nähere Diskussion sei auf WALLERS umfassende Schrift verwiesen.

δ) Ganz anders als nach der DEBYEschen Theorie ist der Mechanismus der Wärmebewegung gemäß der dynamischen Theorie. Er ist hier von WALLER untersucht worden. Denken wir etwa an die symmetrische Reflexion an der Oberfläche eines idealen Kristalls. Im Gebiet der Totalreflexion [Ziff. 14 η)], das den Hauptteil der Energie liefert, ist die Reflexion vollständig. Hört die Totalreflexion infolge der Wärmebewegung auf? Nein, sondern die Wärmestörung wirkt auf die Dynamik der Röntgeninterferenzen genau wie eine Ausdehnung der „Basis" durch die Zelle ein(Strukturfaktor): sie verändert die Dispersionsfläche. Die Dispersionsfläche der zwei Strahlen Abb. 83 rückt zusammen, und damit wird auch die Breite des Gebiets der Totalreflexion geringer und hierdurch das gesamte Reflexionsvermögen. Im übrigen ergibt sich trotz dieser verschiedenen Wirkungsweise die gleiche Abhängigkeit von der Temperatur wie in der nichtdynamischen Theorie.

18. Der Atomfaktor. α) Die LAUEsche Theorie beruht ganz auf der Phasenzusammensetzung von Kugelwellen. Die Amplitude der Kugelwellen tritt nur als Faktor vor die zu bildenden Summen. Daher konnte LAUE die Frage nach der elementaren Ausstrahlung des einzelnen Atoms bis zuletzt offenlassen. Er berücksichtigt die Möglichkeit, daß das Atom in verschiedenen Richtungen verschieden stark ausstrahlt, durch die Einführung einer Ausstrahlungsfunktion Ψ, die von der Orientierung des einfallenden und des beobachteten Strahls ($\mathfrak{s}_0$ und $\mathfrak{s}$) gegen das Atom bzw. gegen das Gitter abhängen kann. Sie ist an Stelle der Größen m_t in den Strukturfaktor (9) Ziff. 13 einzuführen. Ψ_t kann für die gleiche Atomsorte, wenn sie in verschiedenen Orientierungen in der Basis vorkommt (z. B. bei Diamant), verschieden sein.

Die genaue Definition des Atomfaktors wird unten gegeben.

Gehen wir zunächst von der einfachsten Annahme aus, daß die Dimensionen des Atoms vernachlässigbar klein gegen die Wellenlänge seien (wie in der Lichtoptik). Dann verhält sich ein Atom mit Z Elektronen wie ein Dipol mit den Ladungen $\pm Ze$. Di eHERTZsche Lösung für das Feld, das von dem Dipol erzeugt wird, ist bekannt. Es gilt hier dieselbe Art der Ausstrahlung wie in der Optik, wonach (vgl. ds. Handb. Bd. XXIII, Art. BOTHE) bei Einfall eines unpolarisierten Strahls $\mathfrak{s}_0$ von der Intensität 1 auf das Atom das von diesem gestreute Feld im Abstand r im zeitlichen Mittel unter dem Abbeugungswinkel χ insgesamt die Intensität hat (e elektromagnetisch $= 1{,}59 \cdot 10^{-20}$)

$$\left(\frac{Ze^2/m}{r}\right)^2 \frac{1+\cos^2\chi}{2}. \tag{1}$$

Hierbei ist angenommen, daß es sich um frei bewegliche Ladungen handelt. Bestände eine elastische Bindung an eine Ruhelage, die zu einer Eigenfrequenz ω_0 der Ladung Anlaß gäbe, so träte ein Faktor $\omega^4/(\omega^2-\omega_0^2)^2$ hinzu. Der erste der beiden Teile, aus denen die Intensität besteht, rührt von solchen Schwingungen her, die senkrecht auf $\mathfrak{s}$ und $\mathfrak{s}_0$ stattfinden (in der Einfallebene polarisierte Strahlung nach optischem Sprachgebrauch); der zweite, zum $\cos^2\chi$ proportionale Teil von der andern Polarisation, deren Schwingungsrichtung in der Beobachtungsrichtung nur verkürzt zur Geltung kommt. Man bezeichnet $\frac{1}{2}(1+\cos^2\chi)$ als den Polarisationsfaktor. Dieser Polarisationsfaktor macht sich z. B. bei

Pulveraufnahmen, bei denen oft große Abbeugungswinkel vorkommen, bemerkbar. Er liefert um 90° Ablenkung ein flaches Minimum des Streuhintergrundes.

β) Daß die wahre Ausstrahlung des einzelnen Atoms vom Wert (1) abweicht, sucht man durch die Ausdehnung des Atoms zu deuten, die zu Gangunterschieden und Interferenzen zwischen den Kugelwellen führt, die von den einzelnen Elektronen des Atoms ausgehen sollen. (Der Atomkern ist stets viel zu schwer, um durch die schnellen Röntgenfrequenzen als Ganzes in Schwingung zu geraten; andererseits ist anzunehmen, daß seine einzelnen Teile so fest gekoppelt sind, daß auch durch ihre Schwingungen keine nennenswerten elektrischen Momente entstehen.)

Als Atomfaktor wollen wir das Verhältnis der Ausstrahlung eines wirklichen Atoms zur Ausstrahlung eines einzelnen freien Elektrons verstehen. Je nach Bedürfnis werden wir einen Atomamplitudenfaktor, von einem Atomintensitätsfaktor zu unterscheiden haben; der letztere ist eine reelle reine Zahl, der erstere im allgemeinen eine komplexe Zahl. Wo es auf die Unterscheidung nicht ankommt, sprechen wir von Atomfaktor schlechthin.

Der Atomfaktor wird nach zwei Richtungen verwandt: einerseits um Aussagen über die Struktur der Atome zu gewinnen und andererseits umgekehrt zur Deutung der Intensitäten der Röntgeninterferenzen. Es ist klar, daß das erste Ziel nur erreicht wird, wenn es gelingt, wirklich den Atomfaktor von allen übrigen Faktoren, die die Intensität beeinflussen, zu isolieren. Man kann nicht sagen, daß dies heute einwandfrei möglich wäre, da selbst fundamentale Fragen, z. B. ob die Intensitäten proportional zur Strukturamplitude S oder zu deren Quadrat sind, noch zur Diskussion stehen. Es würden sich natürlich ganz verschiedene Bilder des Atoms ergeben, je nachdem ob z. B. für einen Anstieg der Intensitäten, der oberhalb von 90° Ablenkung erfolgt, das Atom oder die Gitterwirkung verantwortlich gemacht wird. Wenn also in zahlreichen Arbeiten Atomfaktoren isoliert worden sind und daraus die Größe oder gar Konstitution der Atome bestimmt wurden, so ist dies mit großer Vorsicht aufzunehmen.

Der umgekehrte Weg, nämlich die Benutzung vorher berechneter Atomfaktoren bei Strukturbestimmungen, wird neuerdings von W. L. BRAGG und seinen Schülern beschritten. Der Haupteinwand gegen dies Verfahren besteht darin, daß es heute gar nicht sicher scheint, ob ein Atom auf eine einfallende Welle so reagiert, daß jedes Elektron für sich eine Kugelwelle aussendet und diese Wellen sich überlagern. Die Auffassung läßt sich vielmehr vertreten, daß die Reaktion auf die einfallende Welle eine Angelegenheit des Atoms als Ganzen ist und daß mithin über die augenblickliche — oder auch zeitlich gemittelte — Lage der Einzelladungen weder etwas daraus folgt, noch umgekehrt ein Modell der Elektronenbahnen zur Berechnung der Streuwirkung herangezogen werden darf.

γ) Rechnerisch läßt sich der ganz-klassische Standpunkt verhältnismäßig leicht durchführen, nach dem jedes Elektron als unabhängige Quelle einer Kugelwelle auftritt. Es müssen dabei nur eine Reihe von Möglichkeiten im Auge behalten werden, die meist nicht deutlich genug getrennt werden. Denn wenn schon die Phasendifferenzen dieser Wellen berücksichtigt werden, muß man sich klar machen, ob a) zwischen den Elektronen des gleichen Atoms Beziehungen in der Umlaufsphase bestehen sollen oder nicht (solche Beziehungen würde eine wörtliche — wohl allzu wörtliche — Auffassung der Kristallsymmetrie in all den Fällen verlangen, wo das Atom eine Mindestsymmetrie höher als C_1 aufweist); b) ob zwischen benachbarten Atomen Beziehungen in der Umlaufsphase herrschen oder nicht (bei nichtpolaren Kristallen [Diamant] würde man Phasenbeziehungen für das Zustandekommen der Gitterkräfte gern heranziehen). Es besteht auch eine Wahrscheinlichkeit dafür, daß solche Phasenbeziehungen nur angenähert gelten, so daß sich die Beziehung nicht über größere Entfernungen fortsetzt[1]); c) schließlich ist anzugeben, ob die Strahlung jedes Atoms für sich zeitlich gemittelt werden soll oder ob die Mittelung über die Wirkung des ganzen Kristalls zu erstrecken ist.

Diese Möglichkeiten sind bisher noch nicht genügend systematisch behandelt worden. Das übliche Vorgehen ist derart, daß die gemessenen Intensitäten um die bekannten Faktoren gekürzt werden (Lorentzfaktor, Temperaturfaktor, Polarisationsfaktor, evtl. weitere geometrische Faktoren — siehe die einzelnen Meßmethoden in Abschnitt IV sowie Ziff. 20) und das, was übrigbleibt, als Atomintensitätsfaktor des einzelnen Atoms angesprochen wird. Dies Verfahren mag berechtigt sein, aber der Beweis und die zugrunde liegenden Annahmen sind unklar.

Schon frühzeitig wurde die verwandte Frage ziemlich genau diskutiert, ob bei Diamant Elektronen um die Mitten der Verbindungslinien zwischen Nachbaratomen kreisen können — eine Anordnung, die man in Analogie zum alten (falschen) BOHRschen H_2-Modell zur Erklärung der Gitterkräfte nachzuweisen wünschte. Die Arbeiten von COSTER[2]) und KOLKMEIJER[3]) behandeln das Problem unter den beiden Annahmen, daß die Zeitmittelung am einzelnen Atom — vor Berechnung der Gitterwirkung — geschehen kann (COSTER) bzw. eine Gleichheit der Umlaufsphasen für sämtliche Kristallatome besteht und daher so zu rechnen ist wie bei dem Temperaturfaktor: erst Summation der Felder aller Atome, dann Übergang zum Momentanwert der Intensität, schließlich zeitliche Mittelung (KOLKMEIJER). Die Ergebnisse und Schlußfolgerungen beider Autoren sind verschieden; doch spielen noch so viel andere (heute längst überholte) Quantenspekulationen herein, daß man eine Neuuntersuchung dieser Frage begrüßen könnte. Die Untersuchungen sind hier hauptsächlich angeführt worden, weil sie zeigen, daß die Voraussetzungen a) bis c) auf das Ergebnis erheblich einwirken.

Ließe sich mit einiger Sicherheit der Atomfaktor isolieren, so wäre das richtige Vorgehen wohl, daß man daraus zunächst möglichst allgemeine Eigenschaften der elektrischen Verteilung um den Atomkern ableitete, die die Aussagen der Röntgenuntersuchung in ähnlicher Weise zusammenfassen, wie etwa die Angabe von Trägheitsmomenten (nicht eines speziellen Molekülmodells) die Ergebnisse der Bandenspektren. Nur auf solche Art läßt sich ein sicherer Aufbau der Atomkonfiguration erreichen.

δ) Der umgekehrte Weg, die Berechnung von Atomfaktoren auf Grund von Atommodellen, ist insbesondere auf Veranlassung von W. L. BRAGG, von HARTREE begangen worden[4]). HARTREE verwendet die aus den optischen Termen gewonnenen Kenntnisse dazu, auch bei Ellipsenbahnen die Aufenthaltsdauer der Elektronen in den verschiedenen Entfernungen vom Atomkern zu gewinnen und so die Grundlage für die Rechnung zu erhalten. An diesen Atomrechnungen deren Ergebnis Abb. 94 veranschaulicht, sieht man drei Punkte von allgemeiner Bedeutung: daß der Abfall des Atomfaktors bei kleinen Winkeln für die stark positiven und daher „kondensierten" Ionen besonders klein ist (vgl. in Abb. 94 S^{+6} mit S^{-2} oder O^{-2}); daß bei größeren Winkeln die Ionisierung keine Rolle mehr spielt; schließlich daß die leichten Atome schon bei kleineren Winkeln auf den halben Maximalwert sinken als die schweren — welch letztere wegen des Überwiegens der Ausstrahlung der kernnahen Elektronen

[1]) Vgl. P. P. EWALD, Kristalle und Röntgenstrahlen, S. 184—185.
[2]) D. COSTER, Proc. Amsterdam Bd. 22, S. 536. 1919.
[3]) N. H. KOLKMEIJER, Proc. Amsterdam Bd. 23, S. 120. 1920.
[4]) D. R. HARTREE, Phil. Mag. Bd. 46, S. 1091. 1923; Bd. 50, S. 289. 1925.

sich der Dipolausstrahlung nähern (vgl. Cs). Der letzte Punkt wird von W. L. BRAGG neuerdings derart zur Strukturanalyse benutzt, daß zunächst aus Interferenzen mit großen Abbeugungswinkeln die Lage der schweren Atome bestimmt wird und dann aus den Interferenzen niedriger Ordnung die Orte der leichten.

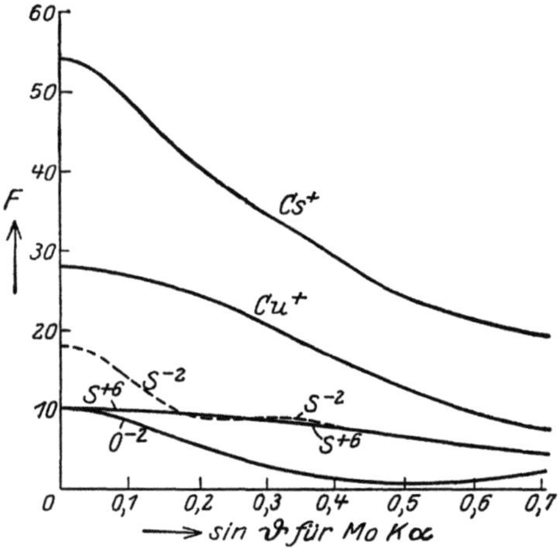

Abb. 94. Atomfaktoren nach HARTREE.

Zum Vergleich dessen, was mit dem Atomfaktor zur Zeit erreicht wird, diene Abb. 95, die durch Punkte den Atomamplitudenfaktor (die Wurzel aus dem Intensitätsfaktor) auf Grund der Intensitätsmessungen von W. L. BRAGG und Schülern zeigt, nach möglichster Bereinigung der gemessenen Werte von allen andern bekannten Faktoren (die Werte werden hierdurch in den höheren Ordnungen sehr stark abgeändert). Die Kreuze und Kreise der Abb. 95 beziehen sich auf berechnete Atomamplitudenfaktoren unter Voraussetzung der BOHRschen bzw. STONERschen Elektronenverteilung.

ε) Eine besondere Anwendung des Atomfaktors besteht in der Bestimmung der Ladung, die die Atome in den Kristallen tragen und die über den Ioni-

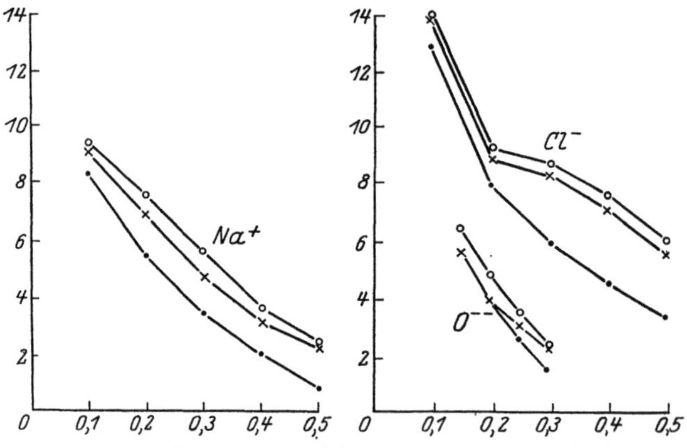

Abb. 95. Vergleich der Atomfaktoren gemessen • mit den nach BOHR × und nach STONER o berechneten.

sierungszustand des Kristallinnern Auskunft geben. Wenn das Atom einfach so reagierte, als ob seine Z Elektronen in einem Punkte konzentriert wären, so würde der Atomintensitätsfaktor Z^2 sein [vgl. (1)]; daß eine räumliche Abhängigkeit des atomaren Streuvermögens besteht, folgt z. B. aus der Beobachtung von GERLACH und PAULI[1]) an Periklas MgO, wonach zwar die Interferenz (111) auch bei stärkster Belichtung fehlte (wie es dem NaCl-Typ von MgO und der doppelten Ionisierung entspricht), daß aber (311), (331), (333), wenn auch schwach, auftraten. DEBYE und SCHERRER[2]), die zuerst an Kristallen eine Untersuchung

[1]) W. GERLACH u. O. PAULI, ZS. f. Phys. Bd. 7, S. 116. 1921.
[2]) P. DEBYE u. P. SCHERRER, Phys. ZS. Bd. 19, S. 474. 1918.

der Ionisierung ausführten, wählten sich dazu LiF aus. Bei diesen leichten Atomen muß die Bestimmung der Elektronenzahl besonders genau werden. Ein wesentlicher Punkt ihrer Bestimmung besteht in der Extrapolation der Kristallinterferenzen auf den Abbeugungswinkel 0: LiF hat Steinsalzstruktur und mithin Interferenzen, deren Intensitäten proportional zu $(\mathrm{Li}+\mathrm{F})^2$ und solche, die proportional $(\mathrm{Li}-\mathrm{F})^2$ sind. Das Verhältnis $(\mathrm{Li}+\mathrm{F}):(\mathrm{Li}-\mathrm{F})$ ließ sich für drei Abbeugungswinkel feststellen und wurde durch eine Parabel auf den Winkel Null reduziert. Es ergab sich 1,52,— gegen den Wert 1,5 bei einfach, 1,2 bei doppelt aufgeladenen und 2,0 bei ungeladenen Atomen[1]).

Die Benutzung des Atomfaktors beim Winkel Null muß als besonders geschickter Zug hervorgehoben werden. Denn in diesem Grenzfall wirken die Elektronen eines Atoms unabhängig von ihrer momentanen Lage phasengleich zusammen, sofern sie alle als frei angesehen werden dürfen. Bei Li und F ist dies der Fall. Das Ergebnis ist somit frei von den weiteren Modellvorstellungen, die in die Berechnung des Atomfaktors bei größeren Winkeln eingehen.

ζ) Bisher ist die Frequenzabhängigkeit des Atomfaktors unerörtert geblieben. Sie entsteht aus zweierlei Ursachen. Erstens hängt die räumliche Verteilung der Ausstrahlung von der Wellenlänge deshalb ab, weil die Atomdimensionen nur im Verhältnis zur Wellenlänge auftreten und Gangunterschiede erzeugen. Der Übergang zu einer größeren Wellenlänge wirkt hierin genau wie eine Reduktion der Atomgröße. Zweitens aber kann es sein, daß die einzelnen Elektronen des Atoms je nach ihrer „Bindung" gesondert betrachtet werden müssen — entgegen der Voraussetzung, unter der (1) abgeleitet ist. Seien ω_e die (neben dem ω der einfallenden Welle nicht mehr zu vernachlässigenden) Eigenfrequenzen der Elektronen, so tritt an Stelle von (1)

$$(e^2/mr)^2 \cdot \tfrac{1}{2}\,(1+\cos^2\chi)\,\{\textstyle\sum \omega^2/(\omega_e^2-\omega^2)\}^2,$$

wobei die Summe über die Z Elektronen des Atoms nicht mehr Z gleiche Glieder hat. Es kann vorkommen, daß ein Teil der Z Elektronen sich in der Wirkung nach außen kompensiert, sei es, daß nur die Phasen 0° und 180° (gegen die einfallende Welle) vorkommen, oder auch andere Phasenwinkel, wie bei der optischen Theorie der Dispersion mit Absorption. Unter diesen Umständen ist auch beim Abbeugungswinkel 0° nicht mehr Proportionalität der Atomstreuung mit Z^2 zu erwarten; dieser Fall liegt z. B. bei der Streuung mittelharter Röntgenstrahlen durch schwere Atome vor (ω^2 zwischen ω_K^2 und ω_L^2): man würde erwarten, nach den gewöhnlichen Formeln auf eine zu geringe Elektronenzahl des Atoms geführt zu werden, weil die K- und L-Elektronen gegeneinander wirken.

Diese Frequenzabhängigkeit ist erst in einem Fall einigermaßen sicher festgestellt: Mark und Szilard[2]) haben an RbBr (Steinsalztyp) die Reflexion an der Oktaederfläche bei Verwendung von Cu-K-, Sr-K- und Br-K-Strahlung untersucht. Da die Ionen Rb und Br gleiche Elektronenzahlen haben, sollten die ungeraden Reflexe 111 und 333 fortfallen. Sie tun dies für Kupferstrahlung und für Bromstrahlung; für die Strontiumstrahlung hingegen treten beide Reflexe mit ziemlich guter Intensität auf. Die Absorptionsgrenzen für Br und Rb liegen bei $\lambda = 0{,}9179$ bzw. $0{,}8143$ Å, die Sr-K-α-Linie fällt dazwischen, da $\lambda = 0{,}871$ ist. (Br-K-α hat $\lambda = 1{,}035$.) In Anbetracht dessen, daß die Wellenlängen-

---

[1]) Bemerkt sei, daß die Anwendung der aus der dynamischen Theorie folgenden Formel: Intensität proportional $|S|$ (statt S^2) den extrapolierten Wert 2,22 statt 1,52 liefern würde, der schlecht paßt. Ein Kristall wie LiF ist aber auch von dem idealen Zustand so weit entfernt, daß die Anwendung der dynamischen Theorie falsch wäre.

[2]) H. Mark u. L. Szilard, ZS. f. Phys. Bd. 33, S. 688. 1925.

änderung, die sicheres Auftreten und Verschwinden der Reflexe erzeugt, maximal etwa 15% ist, dürfte es sich hier um eine wahre Wirkung des Resonanznenners handeln, nicht um einen Interferenzeffekt der ersterwähnten Art.

In einer anderen Arbeit [MARK und TOLKSDORF[1])] wird in ähnlicher Weise das Auftreten „verbotener" Flecken am $SrCl_2$ nachgewiesen, wenn Strahlungen benutzt werden, die zwischen den Absorptionsgrenzen der beiden Atomsorten liegen. Hier scheint sich — wie aus dem Vergleich der Angaben über Cu-, Zn- und Fe-Strahlung hervorgeht — eine Abhängigkeit des Richtungseffekts von der Wellenlänge noch dem Resonanzeffekt zu überlagern.

19. Die Theorie des Mosaikkristalls nach DARWIN. Obwohl die vorstehend behandelten Intensitätsfaktoren in mancher Beziehung zutreffend zu sein scheinen und ihre theoretische Begründung ebenfalls in vielen Punkten richtig sein dürfte, reichen sie dennoch nicht zur Erklärung der absoluten Größe der Reflexwirkung des Kristalls aus. Hierauf hat zuerst DARWIN[2]) — zum Teil bereits in einer Arbeit mit MOSELEY aus dem Jahr 1913 hingewiesen. Er hat auch den Gedanken ausgesprochen, daß Kristallfehler gerade in dem gewünschten Sinn wirken müssen, nämlich das Reflexionsvermögen des Kristalls zu erhöhen.

α) Vor allem handelt es sich um eine genaue Definition dessen, was unter Reflexionsvermögen verstanden sein soll. Denken wir nur an symmetrische äußere Spiegelung, so gibt es bereits zwei prinzipiell verschiedene Arten, diese Größe im Anschluß an Experimente zu definieren: am stehenden und am durchgedrehten Kristall. Die Definition am stehenden Kristall wäre die unmittelbar an die Definition in der Optik anknüpfende. Zum Unterschied gegen die Optik ist aber der Reflexionswinkel hier äußerst eng begrenzt. Man hätte also mit Bündeln zu arbeiten, die eng gegen diesen Winkel von einigen Sekunden bis bestenfalls wenigen Minuten sind. Das bietet einerseits experimentelle Schwierigkeiten, andererseits vereiteln kleine Gitterstörungen, wie sie im Kristall die Regel sind, überhaupt die Einheitlichkeit des Einfallswinkels über die ganze Fläche. Wie die Reflexe an einem nichtidealen Kristall aussehen, zeigte sich in Spektralaufnahmen SEEMANNS mit feststehendem Kristall[3]): das Abbild des Spaltes bestand aus einem Gewirr von feinen Linien, die damals irrtümlich für Spektrallinien gehalten wurden[4]). Unter diesen Umständen hätte es keinen Sinn, das Reflexionsvermögen etwa durch die in der optimalen Stellung des Kristalls reflektierte Energie zu definieren, da diese von den Zufälligkeiten der Ausblendung und der Abstände (zufällige fokusierende Wirkung mehrerer Mosaikstückchen) abhinge. (Vgl. jedoch in Ziff. 20 ζ die „rocking-curves" von BERGEN DAVIS.)

Bei den BRAGGschen Spektrometermessungen hat sich ganz von selbst das Verfahren der Messung des Reflexionsvermögens ausgebildet, das von W. L. BRAGG[5]) zur Grundlage der Definition dieser Größe genommen wurde: Der Kristall wird mit gleichmäßiger Winkelgeschwindigkeit ω durch die ganze Reflexionsstellung durchgedreht und die gesamte im Elektrometer frei werdende Ladung E der Intensität des reflektierten Strahls proportional gesetzt. Wegen der fokussierenden Eigenschaft des Spektrometers schickt jeder Teil des Kristalls, auch wenn er etwas falsch orientiert sein sollte, die Reflexion in die Ionisierungskammer. Die Ladung E ist natürlich um so größer, je langsamer der Kristall gedreht wird, $E\omega$ gibt die Intensität selbst in willkürlichem Maß. Um sie mit der Intensität

---

[1]) H. MARK u. S. TOLKSDORF, ZS. f. Phys. Bd. 33, S. 681. 1925.

[2]) H. G. J. MOSELEY u. C. G. DARWIN, Phil. Mag. Bd. 26, S. 210. 1913.

[3]) H. SEEMANN, Phys. ZS. Bd. 15, S. 794. 1914.

[4]) Siehe E. WAGNER, Phys. ZS. Bd. 16, S. 30. 1915.

[5]) W. L. BRAGG, R. W. JAMES u. C. H. BOSANQUET, Phil. Mag. Bd. 41, S. 309. 1921, Bd. 42, S. 1. 1921.

des einfallenden Strahls zu vergleichen, ist auch dieser durch die Dimension (Ladung pro Zeit) auszudrücken, d. h. durch den Strom I zu messen, der vom Primärstrahl im Elektrometer erzeugt wird. Die dimensionslose Zahl $E\omega/I$ heißt nach BRAGG das Reflexionsvermögen. In den DARWINschen Arbeiten wird diese Größe als „integrales Reflexionsvermögen" bezeichnet, zum Unterschied des (innerhalb des Reflexionsbereichs variabeln) Reflexionsvermögens, das wie in der Optik durch das Verhältnis von reflektierter zu einfallender Intensität bei festem Reflexionswinkel und ebenen Wellen definiert wird.

β) Wir legen nun der Betrachtung einen „Mosaikkristall" zugrunde, d. h. einen Kristall, der aus kleinen in sich idealen (kohärenten) Blöckchen von unbestimmtem mittlerem Volumen ΔV besteht, die mit kleinen Neigungen und Versetzungen gegeneinander gelagert sind. Sei (Abb. 96) ON die mittlere Normalenrichtung der Kristall-„fläche"; man wird zur Beschreibung des Kristalls von den Normalen der einzelnen Blöckchen die Neigung gegen ON angeben müssen. Ist $\mathfrak{s}_1$ die Einfalls-, $\mathfrak{s}_2$ die (mittlere) Reflexionsrichtung, so kommt es ersichtlich nur auf die Neigung der Normalen in der Einfallsebene an (Abweichungen der Blöckchennormalen längs AB). Die Neigungen in dazu senkrechter Richtung (CD) bewirken ein Austreten des reflektierten Strahls aus der mittleren Einfallsebene — und dies findet durch die Beiträge von Blöckchen, die außerhalb der Einfallsebene liegen, seine Kompensation.

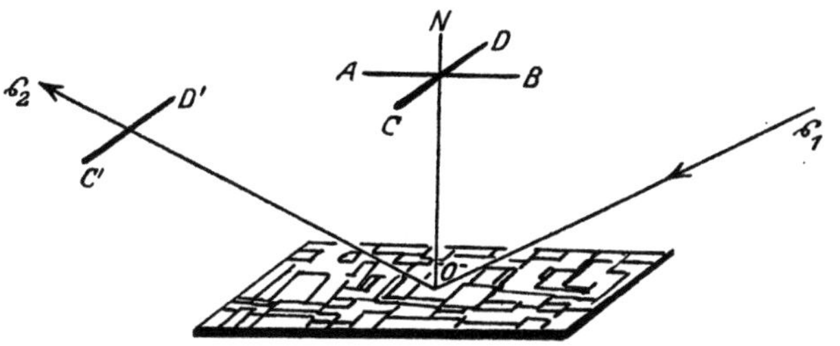

Abb. 96. Mosaikkristall.

Zur Charakterisierung des Kristallmosaiks genügt also die Angabe, welches Teilvolumen $W(\nu)\,\Delta V d\nu$ eine um den ebenen Winkel zwischen ν und $\nu + d\nu$ von ON abweichende Normalenrichtung hat.

γ) Die Vergrößerung des Reflexionsvermögens beim Mosaik gegenüber dem einheitlichen Kristall ist eine Tiefenwirkung. Nimmt man eine einzige Blockschicht, so würde die Normalenstreuung nur zur Folge haben, daß die zeitliche Folge der Reflexblitze beim Durchdrehen verschoben wäre, aber es würde nicht insgesamt mehr reflektiert werden. Wenn sich aber unter der ersten Schicht weitere befinden, so kann ein Strahl, der die erste an einer Stelle wegen ungeeigneter Lage des Blöckchens ungespiegelt durchsetzt hat, im weiteren Verlauf an ein geeignet orientiertes Stück kommen und so doch noch gespiegelt wieder austreten.

Da hierbei der reflektierte Strahl den Kristall bis zu ganz andern Tiefen durchsetzt als bei der Reflexion am idealen Kristall, wo im Gebiet der Totalreflexion die starke Extinktion den Spiegelungsvorgang auf die oberste Schicht beschränkt, so tritt im Mosaik der Absorptionskoeffizient als Faktor beim Reflexionsvermögen auf. Sei nämlich $IQ\Delta V$ die Energie, die ein Block vom Volum ΔV pro Sekunde aus einem einfallenden Strahl I entnimmt und reflektiert. Q ist das Reflexionsvermögen im optischen Sinn, bis auf die Abweichung, daß für Licht die reflektierte Energie auf die Oberfläche, nicht auf das Volum ΔV bezogen werden würde. Q selbst hängt sowohl vom mittleren Reflexionswinkel ϑ, als von der Abweichung ν gegen diese Stellung ab. Sei ferner μ der Schwächungskoeffizient der Strahlung. Dieser setzt sich zusammen aus dem wahren Massenabsorptionskoeffizienten, dem gewöhnlichen Streukoeffizienten und schließlich einem Teil, der „secondary extinction", der durch die „primary extinction" verursacht wird, d. h. durch die dynamische Extinktion des Strahls bei teilweiser gleichzeitiger Reflexion in höher gelegenen Blöckchen von geeigneter Stellung. (Dies wirksame μ wird auf sofort anzugebende Weise experimentell eigens bestimmt.) Da der Strahl, um in der Tiefe z reflektiert zu werden, eine Strecke $2z/\sin\vartheta$ durchlaufen muß und dabei das vom Strahl bedeckte Volumen proportional $dz:\sin\vartheta$ ist, wird das Reflexionsvermögen des ganzen Kristalls folgendermaßen mit dem des einzelnen Blocks zusammenhängen

$$\frac{E\omega}{I} = \int_0^\infty\!\!\int Q(\nu)\, e^{-2\mu z/\sin\vartheta}\, W(\nu)\, d\nu \frac{dz}{\sin\vartheta} = \frac{1}{2\mu}\int Q(\nu)\, W(\nu)\, d\nu .$$

Läßt man andererseits den Strahl an inneren Netzebenen des Kristalls reflektieren (Lauefall), indem man ihn auf der Rückseite einer Platte von der Dicke D austreten läßt, so findet man

$$\frac{E\omega}{I} = \int_0^D\!\!\int Q(\nu)\, e^{-\mu D/\cos\vartheta}\, W(\nu)\, d\nu \frac{dz}{\cos\vartheta} = \frac{D}{\cos\vartheta}\, e^{-\mu D/\cos\vartheta}\int Q(\nu)\, W(\nu)\, d\nu .$$

Durch Kombination beider Versuche wird das wirksame μ bestimmt. Man findet beispielsweise[1]) als Einfluß der Extinktion eine Erhöhung des „Absorptionskoeffizienten" um 52% (von 10,7 auf 16,30).

δ) Ein weiterer leicht verständlicher Punkt der Theorie des Mosaikkristalls betrifft das Verhältnis zwischen dynamischer Theorie und Lauetheorie. Die dynamische Theorie (ohne Berücksichtigung der Wärmestörung) ist vollkommen auf der Voraussetzung der Kohärenz des Kristallgitters aufgebaut. Nur so wird die Wechselwirkung der Interferenzstrahlen an jedem Gitterpunkt einen angebbaren Wert haben. Aber einzelne Ergebnisse dieser Theorie müssen auch über die Voraussetzung hinaus gelten, vor allem die in Abb. 81 und 84 dargestellte allmähliche Ablenkung des Energiestroms aus der Einfalls- in die Interferenzrichtung. Haben wir kleine Kristalle, so wird die Wechselwirkung überhaupt schwach bleiben, und man wird die LAUEsche Theorie als ausreichende Näherung auch für Intensitätsrechnungen betrachten dürfen. In Ziff. 14 ζ) wurde das Hin- und Herpendeln der Energie vom Primär- in den Sekundärstrahl mit dem gleichen Vorgang bei gekoppelten Pendeln verglichen. Diese Analogie ist weiter zu verfolgen: Bekanntlich steigt im Fall sehr guter Resonanz die Amplitude eines schwingungsfähigen Systems in der ersten Zeit linear an, wenn es aus der Ruhe heraus der Einwirkung einer periodischen Zwangskraft ausgesetzt wird (Anfang einer ersten, sehr langen Schwebung). Ebenso nimmt auch die Amplitude des Sekundärstrahls mit der Tiefe zunächst linear zu, solange die Tiefe klein bleibt gegenüber der Schichtungsweite bzw. der Halbwerttiefe [Ziff. 14 ζ)]. Unter diesen Umständen ist die abgebeugte Intensität proportional dem Quadrat der Dicke oder des Volumens des abbeugenden Kristallsplitters. Das gleiche Ergebnis entstand in der LAUEschen Theorie auch für größere Kristalle, wofern das Hauptmaximum der Beugung betrachtet wurde (vor der Lorentzintegration). Das Ergebnis kann offenbar nicht der beobachtbaren Intensität entsprechen, da diese dem Volumen (oder gar der Oberfläche) des Kristalls direkt proportional sein muß. In der LAUEschen Theorie wird dies durch die Lorentzintegration erklärt. In der dynamischen Theorie hört die Proportionalität mit V^2 auf, sobald die Kristalldicke vergleichbar mit der Schichtweite bzw. im Gebiet der Totalreflexion vergleichbar mit der Halbwertdicke ist. Mit wachsender Kristalldicke

[1]) W. L. BRAGG, R. W. JAMES u. C. H. BOSANQUET. Phil. Mag. Bd. 42, S. 12. 1921.

muß ein Übergang von der einen Formel zur anderen stattfinden, in dem Sinn, daß, wenn m die Netzebenenzahl eines Blocks ist, die Intensität bei kleinen m proportional m^2, bei großen proportional m ist (Volumeffekt). DARWIN findet als Ergebnis der Wechselwirkung, daß das Reflexionsvermögen eines Blocks, welches auf Grund der LAUEschen Theorie Q wäre, genauer ist

$$Q' = Q \frac{\mathfrak{Tg}\, m q}{m q}, \qquad (1)$$

d. h. Q für dünne, Q/mq für dicke Blöcke. q ist dabei das Reflexionsvermögen einer einzelnen Netzebene. Die Berücksichtigung der Wechselwirkung bringt also eine leichte Abänderung des errechneten Q-Wertes mit sich[1]).

ε) Die Berechnung des „integralen Reflexionsvermögens" $E\omega/I$ ist hiermit auf die Angabe des „optischen" Reflexionsvermögens Q für den einzelnen Block und für jede Abweichung ν von der eigentlichen Reflexionsrichtung, sowie auf die Integration des entstehenden Ausdrucks zurückgeführt. Vom Standpunkt der LAUEschen Theorie aus ist diese Integration nichts anderes als die LORENTZsche. Bei DARWIN ist dies eine erste Näherung. Sie ergibt

$$Q = \frac{N^2 f^2 \lambda^3}{\sin 2\vartheta}; \qquad (2)$$

hierbei ist N die Anzahl Zellen in der Volumeinheit. f ist „die Streuamplitude einer Zelle", die sowohl den Strukturfaktor wie den Atomfaktor enthält. Ihre genaue Definition ist so

$$f = \sum_t \frac{e^2/m}{c^2 \omega^2} \cdot A_t e^{2\pi i (\mathfrak{h} \mathfrak{r}_t)}. \qquad (3)$$

Der erste Faktor dieser Summanden bedeutet die Amplitude, die von einem freien Elektron im Nullpunkt der Zelle gestreut würde; es mögen sich statt dessen in den Punkten $\mathfrak{r}_t$ Atome mit dem Atomamplitudenfaktor A_t befinden, das ergibt den Rest der Summanden.

ζ) Faßt man alle Faktoren (Polarisation, Temperatur) zusammen, die vorher besprochen wurden, so ergibt sich nach DARWIN für das „integrale Reflexionsvermögen" in erster Näherung (entwickelt wird nach dem Reflexionsvermögen selbst):

$$\frac{E\omega}{I} = V \cdot \frac{N^2 f^2 \lambda^3}{\sin 2\vartheta} \cdot \frac{1 + \cos^2 2\vartheta}{2} \cdot e^{-B \sin^2 \vartheta} \cdot \frac{\mathfrak{Tg}\, m q}{m q} \cdot \frac{1}{2\mu}. \qquad (4)$$

In zweiter Näherung erhält man, wenn die ganze vorstehende rechte Seite mit $VQ'/2\mu$ bezeichnet wird,

$$\frac{E\omega}{I} = V \frac{Q'}{2(\mu + g_2 Q')}, \qquad (5)$$

wobei g_2 durch die mittlere Neigung $\bar{\nu}$ ausgedrückt werden kann (genauer ist $\bar{\nu}$ die Wurzel aus dem mittleren Abweichungsquadrat $\overline{\nu^2}$ bei Annahme einer GAUSSschen Fehlerkurve für die Abweichungen der Blocknormalen von der mittleren Normalen der Fläche):

$$g_2 = \frac{\sqrt{\pi}}{2\bar{\nu}}. \qquad (6)$$

Für $\bar{\nu}$ errechnet DARWIN aus den BRAGG-JAMES-BOSANQUETschen Versuchen an Steinsalz (100) $\bar{\nu} = 6'$ — während die direkte Messung der Reflexionsbreite einen größeren Wert wahrscheinlich macht.

Der von DARWIN durchgeführte Vergleich mit den Messungen von BRAGG, JAMES und BOSANQUET führt zu keiner voll befriedigenden Deutung der Zahlen.

[1]) Vgl. I. WALLEH, Ann. d. Phys. Bd. 79, S. 261. 1926.

Die DARWINsche Formel ist unabhängig von ihm von A. H. COMPTON[1]) nochmals abgeleitet worden. COMPTON hat aber nur flüchtig untersucht, ob die Formel an sich richtig ist und hat sofort versucht, Atomfaktoren zu bestimmen, so daß die Verwertung der experimentellen Daten bei ihm für unsern Zweck wertlos ist.

20. Kontinuumstheorien der Röntgeninterferenzen. α) Wie für jede physikalische Erscheinung, läßt sich auch für die Röntgeninterferenz eine Deutung unter Aufrechterhaltung der Vorstellung von kontinuierlich verteilter Materie geben. Dies steht in keinem Widerspruch dazu, die Röntgeninterferenzen als eines der kräftigsten Argumente für den atomistischen Aufbau der Materie anzusehen. Denn es stellt sich ja niemand in Wahrheit unter diskontinuierlichem Aufbau einen Aufbau aus mathematischen Massenpunkten vor. Daher erscheint es als eine reine Zweckmäßigkeitsfrage, ob man durch den Namen Atom betont, daß die Materie in gewissen Bezirken stark verdichtet (gegenüber der nächsten Umgebung) vorkommt oder ob man durch den Namen Kontinuum bezeugt, daß es sich nicht um Unstetigkeiten im mathematischen Sinne handelt. Die prinzipielle philosophische Disjunktion zwischen Kontinuum = beliebig weit teilbarer, und Diskontinuum = nicht beliebig weit teilbarer Materie, ist daher für den Physiker ziemlich belanglos und er wird jeweils das Bild bevorzugen, das ihm suggestiver erscheint. Für die Zweckmäßigkeit der Nomenklatur sind sehr oft die Energieverhältnisse maßgebend, die zur Zerteilung notwendig sind: Wir betrachten den Sandhaufen als Kontinuum, bis wir beim Zerkleinern auf das Sandkorn stoßen; der Quarz bleibt uns Kontinuum, bis wir an Energien kommen, die daraus Atome absprengen; das Atom erscheint uns als Einheit, bis wir Elektronen daraus abspalten und kein vernünftiger Atomistiker wird das starre Dogma aufstellen wollen, daß die Elektronen unter keinen Umständen geteilt werden können — es sei denn, daß für diese vorläufige Erfahrungstatsache gewichtige theoretische Gründe beigebracht werden könnten.

Andererseits gibt im Fall der Kristalle die Vorstellung vom Gitteraufbau aus Atomen eine so einleuchtende Deutung für die beobachtbaren verwickelten Massenverteilungen, welche die Kontinuumstheorie rein phänomenologisch durch stetige dreidimensionale Fourierreihen darstellt, ohne für deren Koeffizienten von Kristall zu Kristall Brücken schlagen zu können, daß man die Überlegenheit der atomistischen Ausdrucksweise hier wohl unzweideutig wird anerkennen dürfen.

Obwohl also die prinzipielle Forderung[2]), alles aus dem Kontinuum erklären zu müssen, nicht als stichhaltig anerkannt werden soll, so soll doch über die Kontinuumstheorien berichtet werden, da die neuere Entwicklung dahingeht, von diesen mehr als bisher Gebrauch zu machen.

β) Die ausführlichste Kontinuumstheorie stammt von E. LOHR[3]). Den Ausgangspunkt bildet die JAUMANNsche Form der MAXWELLschen Gleichungen[4]) und der Ansatz einer Dielektrizitätskonstante, die um einen festen Mittelwert räumlich periodisch schwankt. Ihr veränderlicher Teil ist durch eine dreifache Fourierreihe dargestellt. Das einzelne Glied einer solchen Reihe kann als ebene Welle gedeutet werden, deren „Ausbreitungsvektor" oder „Fouriervektor" ein Fahrstrahl in dem zur Periodizitätszelle gehörenden reziproken Gitter ist. Man gelangt also zu einer ganz ähnlichen Behandlung des Interferenzproblems, wie sie bei BRILLOUINS Kontinuumstheorie des Wärmeeinflusses in Ziff. 17 γ) ge-

[1]) A. H. COMPTON, Phys. Rev. Bd. 9, S. 29. 1917.
[2]) G. JAUMANN, Physik d. kontinuierlichen Medien, Wien. Denkschr. Bd. 95, S. 461. 1918.
[3]) E. LOHR, Wiener Ber. Bd. 133, S. 5, 517—572. 1924.
[4]) S. auch E. LOHR, Wärmestrahlung und Kontinuitätstheorie. Wiener Denkschr. Bd. 99, S. 11. 1924; sowie Wiener Berichte Bd. 121, S. 633. 1912.

schildert wurde, nur daß jetzt die Periodizität der Materiewellen von der Größenordnung der Zelldimensionen ist und daher die LAUEschen Interferenzrichtungen durch sie entstehen. Wegen der Existenz der Dielektrizitätskonstanten tritt eine kleine Abänderung der Interferenzrichtungen auf, in gleicher Art, wie in Ziff. 14 ε), Abb. 78 geschildert. Im Gegensatz zur dynamischen Theorie bestimmt sich aber diese Abweichung nicht dynamisch, sondern ist durch die angesetzte Form des Brechungsindex (Dielektrizitätskonstante) bestimmt. Bei der Behandlung des Randgebiets treten im Lauefall nur Pendellösungen, im Braggfall in den Außengebieten Pendellösungen, im Kerngebiet Totalreflexion auf, genau wie in Ziff. 14. Auch ergibt sich genau wie in der dynamischen Theorie eine Intensitätsverteilung, die zu den bekannten Abweichungen vom BRAGGschen Gesetz führt.

γ) Eine weitere Kontinuumstheorie ist neuerdings von R. SCHLAPP aufgestellt worden[1]). Sie knüpft an die DARWINsche Form der dynamischen Theorie an, die selbst zwar die Spiegelung an einer einzelnen Netzebene wie an einem Kontinuum behandelt (indem die „Nebenspektra“ des Kreuzgitters unberücksichtigt bleiben), aber eine Diskontinuität der Spiegelebenenschar voraussetzt. SCHLAPP betrachtet die Ausbreitung einer elektromagnetischen Welle nach den MAXWELLschen Gleichungen in einem bezüglich der Dielektrizitätskonstante geschichteten Medium; sein Ansatz unterscheidet sich von dem LOHRschen dadurch, daß er die Periodizität nur in einer Dimension annimmt, nämlich längs der Normalen zu den Spiegelebenen. Die mathematische Behandlung führt auf eine Differentialgleichung, die in der Störungstheorie des Mondes nach G. W. HILL genannt wird. An physikalischen Ergebnissen entstehen die üblichen Lösungsformen: Pendellösung und Totalreflexion, diesmal einschließlich der Abweichungen vom BRAGGschen Gesetz, die proportional zum Überschuß der angesetzten Dielektrizitätskonstanten über den Vakuumswert 1 sind. Bei mehrfacher Periodizität der Materialeigenschaften wird die Intensität des reflektierten Strahls proportional der Strukturamplitude, nicht ihrem Quadrat.

δ) Eine dritte, mit der Kontinuumstheorie wenigstens eng verwandte Methode der Deutung der Interferenzintensitäten ist zuerst von W. H. BRAGG[2]) angedeutet, später, auf Veranlassung von DUANE[3]), von HAVIGHURST[4]) aufgegriffen und angewandt worden. In der Formulierung des letzteren handelt es sich darum, aus den gemessenen Intensitäten auf die Elektronenverteilung im Kristall zurückzuschließen. Die Netzebenen werden nicht als unendlich dünn vorausgesetzt, sondern sie sind nur gewisse Häufungsstellen der Elektronendichte. Denkt man sich diese nach FOURIER zerlegt, so gibt die Wurzel aus der Intensität der Reflexion $(h_1 h_2 h_3)$ den Fourierkoeffizienten $A_{h_1 h_2 h_3}$ der Fourierreihe, und aus einer genügenden Anzahl von Messungen läßt sich eine (abgebrochene) Fourierreihe herstellen und summieren. HAVIGHURST benutzt für NaCl 46, für KI, NH_4Cl, NH_4I je etwa 25 Intensitätsmessungen zur Konstruktion der Kurve der Elektronendichte (modifiziert durch den Temperatureinfluß, den er nicht absondert). Die Kurven zeigen an den Stellen, denen man auch sonst die Atomlagen zuschreibt, ausgeprägte Maxima, deren Flächeninhalte z. B. bei NaCl im Verhältnis 10:19,2 stehen (10:19 entspricht ionisierten Atomen; es zeigt sich hier vielleicht eine Methode, den Ionisierungszustand auch ohne Extrapolation auf

[1]) R. SCHLAPP, Phil. Mag. Bd. 1, S. 1009. 1926.
[2]) W. H. BRAGG, Trans. Roy. Soc. London Bd. 215, S. 253. 1915.
[3]) W. DUANE, Proc. Nat. Acad. Amer. Bd. 11, S. 489. 1925.
[4]) R. J. HAVIGHURST, Proc. Nat. Acad. Amer. Bd. 11, S. 502 u. 507. 1925; Am. J. Sci. Bd. 10, S. 15. 1925.

den Ablenkungswinkel Null festzustellen). Bei Chlor entsteht eine Elektronendichte, die beiderseits des Hauptmaximums schwache Nebenmaxima hat, während zwischen den Na- und Cl-Atomen die Dichte unregelmäßig um den Wert Null schwankt.

Die HAVIGHURSTsche Methode ist ferner von W. L. BRAGG und WEST[1]) bei der Strukturermittlung von Beryll verwendet worden.

Denken wir an das in Ziff. 9 (ε) über die Verallgemeinerung des reziproken Gitters Gesagte zurück, so läßt sich die HAVIGHURSTsche Methode als eine Ermittlung der Gewichtsfunktion des reziproken Gitters aus den Beobachtungen darstellen. Es erweist sich dabei als einfacher, eine stetig verteilte Basis anzusetzen und eine graphische Auswertung der Fourierreihe vorzunehmen, anstatt bei einer diskontinuierlich angesetzten Massenverteilung eine algebraische Lösung zu finden. Es darf hierbei aber nicht übersehen werden, daß in die HAVIGHURSTsche Methode Ansätze über die „Phasen" der Gewichte — bzw, die Phasen der Glieder der Fourierreihe — getragen werden müssen, die nur in gewissen Symmetriefällen und unter der Voraussetzung reellen Streuvermögens berechtigt sind. Am klarsten kommt dies bei BRAGG und WEST zum Ausdruck, welche die Vorzeichen der Fourierglieder aus einer vorherigen annähernden Strukturbestimmung mit Hilfe der alten (Diskontinuums-) Methoden entnehmen. Läßt man dies und die Annahme reeller Streuvermögen gelten, so gibt die HAVIGHURSTsche Methode in der Tat einen geeigneten Rahmen ab zur Formulierung der Atomfaktoren. Erwünscht wäre es aber, sie zu einer vollen Strukturbestimmung auszubauen.

21. Die Ergebnisse der experimentellen Intensitätsuntersuchung. Obwohl seit 1913 von vielen Forschern große Mühe auf einwandfreie Intensitätsmessungen gewendet worden ist, liegt doch nur sehr wenig mit der Theorie vergleichbares Material vor. Wie man aus der Besprechung der zahlreichen Intensitätsfaktoren sieht, ist das Problem der Intensitäten sehr kompliziert. Fast scheint es, als wäre irgendein wesentlicher Faktor noch unberücksichtigt oder falsch berücksichtigt worden, und daher der Vergleich zwischen Experiment und Theorie so wenig befriedigend. Die zukünftige Forschung wird besonders darauf bedacht sein müssen, die einzelnen Faktoren zu isolieren und gesondert zu prüfen, um so sicherer aufzubauen, als bei dem Versuch, gleich die Gesamtheit aller Einflüsse zu erfassen.

Für die Intensitätsmessung hat sich der Ionisierungsnachweis dem photographischen wegen der bekannten Schwierigkeiten des letzteren überlegen gezeigt. Daher sind die meisten Arbeiten mit dem Spektrometer ausgeführt worden. Fast jede Strukturbestimmung enthält zwar Intensitätsangaben, aber nur bei verhältnismäßig wenigen Arbeiten ist auf die Intensitätsmessung das Hauptgewicht gelegt worden.

α) Am durchsichtigsten ist in vielen Beziehungen die schon in Ziff. 15 δ) genannte Arbeit von W. H. BRAGG[2]) an Diamant. Die Bademethode (Kristall kleiner als Blenden) gestattet freie Wechselwirkung der Strahlen im Gegensatz zu dem Arbeiten mit engem Spalt, das sonst angewandt wird; Diamant ist ein sehr regelmäßig wachsender Kristall; seine geringe Wärmebewegung macht ihn so „ideal" wie einen anderen Kristall bei der Temperatur des flüssigen Wasserstoffs; die fast kugelige äußere Gestalt des von BRAGG ausgesuchten Exemplars schaltete beim Vergleich verschiedener Reflexe den Einfluß wechselnder Streustrahlung und Kristallform aus. Das Ergebnis dieser Messungen ist in Ziff. 15 schon mitgeteilt worden (Abb. 90).

[1]) W. L. BRAGG u. J. WEST, Proc. Roy. Soc. London Bd. 111, S. 691. 1926.
[2]) W. H. BRAGG, Proc. Phys. Soc. London Bd. 33, S. 304. 1921.

β) Mit ähnlicher Sorgfalt wurden von W. H. BRAGG Spektrometermessungen mit Spalt an einem Calcitkristall ausgeführt[1]). Die Intensitäten und Reflexionswinkel sind in Abb. 97 zusammengestellt worden. Die Abszisse ist $\sin\vartheta$, die Ordinaten sind die gemessenen Intensitäten, nach Reduktion auf Grund folgender Annahmen: Parameterwert (Abstand $C - O$ dividiert durch Abstand CC in der gleichen Basisebene) $u = 0{,}25$; keine Ionisierung der Atome, d. h. das Streuungsvermögen von Ca, C und O proportional zu bzw. 20, 6 und 8; Intensität proportional zur Strukturamplitude S. Wie man sieht, ergibt sich eine einigermaßen gute Einordnung der reduzierten Intensitäten auf eine glatte Kurve, welche die Form

$$\text{konst.}/\sin^2\vartheta$$

hat. — Dies Ergebnis ist sehr auffallend. Erstens würde man erwarten, nur für ionisierte Atome eine Übereinstimmung zu finden. Die polare Natur der Ca^{++}-$(CO_3)^{--}$-Bindung ist wohl außer Zweifel; ob die doppelte Gesamtladung des CO_3 auf die einzelnen Atome verteilt werden sollte oder nicht, spielt bei dem verhältnismäßig engen Bau dieser Gruppe nur eine untergeordnete Rolle. Tatsächlich zeigt sich aber bei der Voraussetzung ionisierter Atome eine viel schlechtere Einordnung der gemessenen Werte. Andererseits wird man sich nur schwer entschließen, an dem ganzen Strukturtyp zu zweifeln. Auch bei der Diskussion der Lauebilder von Calcit ergeben sich kleine Widersprüche in den Intensitäten, die dazu geführt haben, den Parameter teils zu $u = 0{,}303$ zu bestimmen [SCHIEBOLD[2])], teils zu $u = 0{,}25$ [WYCKOFF[3])]. Übrigens liegen auch von den BRAGGschen Punkten einige erheblich weiter von der glatten Kurve ab, als der Fehlergrenze der Messungen entspricht.

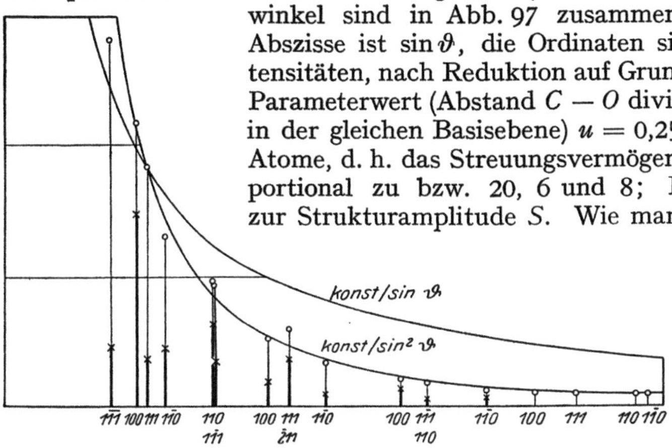

Abb. 97. Calcitmessungen von W. H. BRAGG.
× gemessen o reduziert

Der zweite auffallende Punkt ist die gute Einordnung der Beobachtungen bei Reduktion mit $|S|$, nicht $|S|^2$. Diese Erfahrung, welche vom Standpunkt der LAUEschen Theorie unverständlich ist, steht nicht vereinzelt da, sondern wiederholt sich in neueren Arbeiten aus der W. L. BRAGGschen Schule (s. unten). Die dynamische Theorie läßt zwar diese Abhängigkeit voraussehen, aber die zugehörige Winkelabhängigkeit (proportional $\operatorname{cotg}\vartheta$) ist sicher nicht erfüllt.

Andererseits stimmt die Winkelabhängigkeit der reduzierten Calcitintensitäten (proportional $1:\sin^2\vartheta$) mit der vom „Lorentzfaktor" geforderten überein.

Die Schwierigkeit, um zu einem abschließenden Urteil zu gelangen, besteht darin, daß die in Frage kommenden Einflüsse sich alle gegenseitig bedingen, so daß sie sich kaum trennen lassen. Was von dieser Calcituntersuchung allgemeingültig, was durch besondere Verhältnisse bedingt ist, ist nur durch vergleichbare Messungen an andern Kristallen entscheidbar.

γ) Aus Arbeiten der W. L. BRAGGschen Schule geht zunächst ziemlich deutlich hervor, daß die Intensität von der Strukturamplitude weder genau nach dem

[1]) W. H. BRAGG, Phil. Trans. (A) Bd. 215, S. 253. 1915. Vgl. unsere Abb. 123.
[2]) E. SCHIEBOLD, Leipziger Abhandlgn. Bd. 36, S. 69. 1919.
[3]) R. W. G. WYCKOFF, Sill. Journ. Bd. 50, S. 317. 1920.

Gesetz $\sim |S|$ noch $\sim |S|^2$ abhängt. W. L. BRAGG selbst[1]) schlägt mit einiger theoretischer Begründung vor,

$$J \sim \frac{|S|^2}{\mu + \alpha J}$$

zu setzen. Der Nenner entspricht etwa dem der Formel (5), Ziff. 19, unter der Annahme, daß zu einer Massenabsorption μ noch eine dynamische Extinktion ε hinzutritt, die mit dem Reflexionsvermögen und damit mit der Gesamtintensität J der Interferenz steigt. Ist J groß genug, so wird es $\sim |S|$, ist es klein, so ist es $\sim |S|^2$. Dieser Wechsel des Gesetzes soll der allgemeinen Erfahrung bei den Strukturmessungen entsprechen. Die Calcitmessungen W. H. BRAGGS, die sich einheitlich nach Reduktion mit $|S|$ einordnen ließen, sprechen nicht gerade zugunsten des W. L. BRAGGschen Vorschlags. Die Strukturfaktoren, mit denen reduziert wurde, variierten für die Flecken wie 1:9.

δ) Besonders sorgfältige Intensitätsuntersuchungen sind von W. L. BRAGG, JAMES und BOSANQUET, meist an NaCl, angestellt worden[2]); sie wurden von DARWIN[3]) zur Prüfung seiner Theorie des Mosaikkristalls herangezogen (s. Ziff. 19), aber ohne zu recht befriedigenden Ergebnissen zu gelangen. BRAGG, JAMES und BOSANQUET betonen in dieser Arbeit den großen Einfluß, den die Bearbeitung auf das Reflexionsvermögen der Kristallflächen hat. Gespaltene Flächen reflektieren weniger als polierte: NaCl (100) nach Spalten von oben nach unten, reflektierte mit Einfallsebene horizontal bzw. senkrecht (Intensität in willkürlichem Maß) 25,4 bzw. 12,9; nach Polieren 100. Der störende Einfluß des Spaltens soll etwa millimetertief gehen. Merkwürdigerweise soll die Breite der Reflexion bei der Spaltfläche nicht größer sein als bei der polierten. Es wurden polierte Flächen benutzt.

Von Einfluß ist ferner die Lage der Außenfläche des Kristalls zu den reflektierenden inneren Netzebenen. Ist z. B. eine Reflexionsfläche mit einem Fehler in der Orientierung angeschliffen, so ist die Umkehr des Strahlengangs von Einfluß auf das Reflexionsvermögen. Eine Neigung der Außenfläche um weniger als 30′ bringt in den Reflexen erster Ordnung Unterschiede wie 100 und 116,6, in zweiter Ordnung 21,3 und 21,8 an NaCl (100) hervor. Es ist daher ungünstig, die erste Ordnung als Vergleichsintensität heranzuziehen; die Autoren nehmen statt dessen die zweite Ordnung, deren Stärke sie willkürlich gleich 19,9 setzen, so daß (100) in erster Ordnung [genauer = (200)] nach der besten Bestimmung den Wert 100 erhält. Der Einfluß der Asymmetrie der äußeren Begrenzung ist von W. H. BRAGG schon früh gefunden worden. Er macht das Absorptionsvermögen dafür verantwortlich; die dynamische Theorie ergibt das gleiche auf anderer Grundlage [vgl. Ziff. 15 γ)].

Für das Reflexionsvermögen [s. Ziff. 19 α)] finden BRAGG, JAMES und BOSANQUET [es wird in natürlichen Winkeleinheiten (= 57,3°) gemessen]:

$$\text{NaCl (200)}^{4)};\quad E\omega/I = 0{,}00054 \;(= 0{,}031 \text{ für } \omega \text{ in Grad/Zeiteinh.}).$$

Aus diesem Wert berechnet DARWIN[5]) die mittlere Neigung der Mosaiknormalen zu 6′, während die Breite der Reflexion auf höhere Werte ($^1/_2$°) schließen läßt.

[1]) W. L. BRAGG, Phil. Mag. Bd. 50, S. 306. 1925.
[2]) W. L. BRAGG, R. W. JAMES u. C. H. BOSANQUET, Phil. Mag. Bd. 41, S. 309. 1921.
[3]) C. G. DARWIN, Phil. Mag. Bd. 43, S. 800. 1922.
[4]) In unserer rationalen Indizierung; die englischen Autoren nennen es (100); es ist die Intensität, die den relativen Wert 100 hat.
[5]) C. G. DARWIN, Phil. Mag. Bd. 43, S. 824. 1922.

Auch bei Steinsalz ist die Intensität ungefähr proportional $1/\sin^2\vartheta$, wie aus der Darstellung Abb. 98 der Beobachtungen hervorgeht. [Die Ordinate der Abb. 98 ist die Wurzel aus dem Reflexionsvermögen! Die zwei „Geraden" entsprechen den zwei vorkommenden Werten des Strukturfaktors (Na + Cl) und (Na — Cl).]

Durch eigne Bestimmung der Extinktion (bei Durchgang durch eine Platte) wird aus $E\omega/I = Q/2\mu$ auf Q zurückgerechnet [vgl. Ziff. 19 γ)], welches seinerseits nach Gleichung (2) und (3), Ziff. 19 mit dem Atomfaktor zusammenhängt. Durch Kombination der Messungen, für die (Na + Cl) mit denen für die (Na — Cl) wirksam ist, kann der Atomfaktor für Na und Cl getrennt angegeben werden. Abb. 99 zeigt die erhaltenen Kurven — gestrichelt ohne, ausgezogen mit Berücksichtigung der Extinktion neben der Absorption. Befriedigend ist an diesen Kurven, daß sie bei sehr kleinen Winkeln ohne Zwang in die Punkte 10 und 18 einmünden, die gleich den Elektronenzahlen der einfach ionisierten Atome sind. Es liegt hierin eine Bestätigung der Intensitätsrechnung für sehr kleine Winkel wie bei dem DEBYE-SCHERRERschen Versuch [vgl. Ziff. 18 ε)].

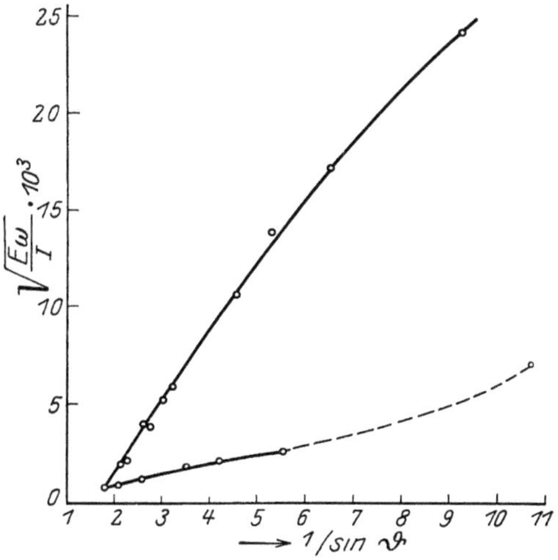

Abb. 98. Intensitäten von Reflexionen an Steinsalz.

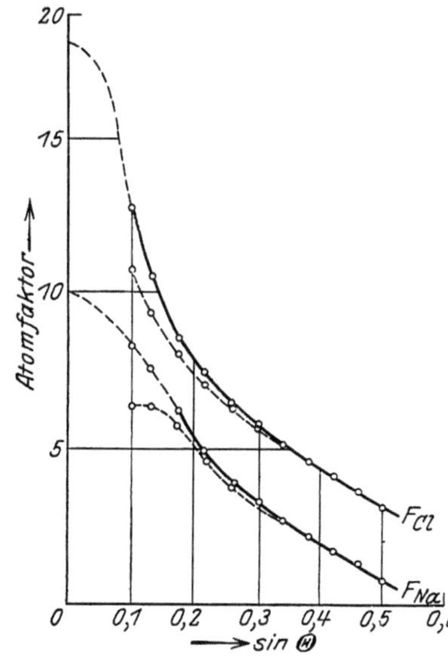

Abb. 99. Atomfaktoren von Na und Cl.

Die Reflexion an Steinsalz wurde, unter Verwendung einer andern Methode zur Bestimmung der Extinktion, auch von WASASTJERNA[1]) eingehend untersucht.

ε) Eine sehr wichtige und sorgfältige Untersuchung der Intensität an Steinsalz (Würfel-) und Calcit (Spaltfläche) stammt von WAGNER und KULENKAMPFF[2]). Diese Forscher arbeiten mit weicher Cu- und Fe-K-Strahlung; sie benutzen die Methode der Doppelreflexion an zwei nahezu parallelen Kristallen, von denen der erste als Monochromator, der zweite als der eigentliche Reflektor wirkt. Beobachtet wird mit Ionisierungskammer, und zwar wird zur absoluten Messung des Reflexionskoeffizienten der monochromatisierte mit dem am Sekundärkristall reflektierten Strahl verglichen. Dies ist die gleichzeitig auch bei BRAGG und bei

[1]) J. A. WASASTJERNA, Comm. Fenn. Bd. 2, S. 15. 1925.
[2]) E. WAGNER u. H. KULENKAMPFF, Ann. d. Phys. Bd. 68, S. 369. 1922.

BERGEN DAVIS benutzte Methode. Die BRAGGsche Definition des Reflexionsvermögens am durchgedrehten Kristall wird angewandt, aber es werden zuvor genaue Messungen über die Reflexionsbreiten angestellt. Dabei zeigt sich auch hier die Abhängigkeit der Reflexionsbreite von der Flächenbearbeitung. Abb. 100 zeigt die Reflexion an NaCl (100) I von einer guten Spaltfläche, II von der stark abgeschliffenen und flüchtig polierten Fläche, III nach besserer, IV nach bester Politur. Die Verschmierung der Oberfläche beim Polieren verbreitert erheblich den Reflexionsbereich und erhöht dadurch das „integrale" Reflexionsvermögen um 50%, unter Herabdrückung des Optimums. Als Reflexionsbereich des geschliffenen Kalkspats (100) ergab sich 1′; bei NaCl (100) — s. Abb. 100 — bestenfalls etwa 20′. Für Kalkspat ergab sich $E\omega/I = 8 \cdot 10^{-5}$, für NaCl (100) einige $20 \cdot 10^{-5}$. Letzteres scheint bei kürzeren Wellen besser zu reflektieren. In relativen Messungen wurden die Reflexionskoeffizienten in den zweiten Ordnungen festgestellt (hierzu war die Monochromatisierung nicht notwendig). Es ergab sich, wenn der Reflex erster Ordnung gleich 100 gesetzt wurde, in zweiter Ordnung für Kalkspat etwa 8,2, für NaCl 15 (gegen 19,9 bei BRAGG, JAMES, BOSANQUET). Weitere gleich sorgfältige Arbeiten — mit ebenso ausführlicher Veröffentlichung der Apparatedaten — wären sehr zu begrüßen.

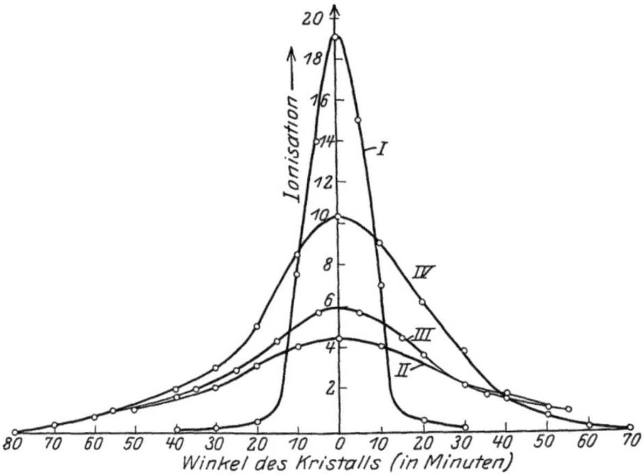

Abb. 100. Reflexionsbreite an Steinsalz (WAGNER und KULENKAMPFF).

ζ) Mit der vorangehenden Arbeit berührt sich die Untersuchung von BERGEN DAVIS und STEMPEL[1]). Auch sie benutzten die Doppelreflexion und nahmen „Wackelkurven" bei Drehung des zweiten Kristalls von der Art der in Abb. 100 gezeigten auf. Bei frischen unberührten Calcitspaltflächen waren die Kurven sehr eng — Halbwertbreite 16″; nach Politur erreichten sie die Breite von fast 1′, wie bei WAGNER. Als Reflexionsvermögen definierten DAVIS und STEMPEL das Maximum der Kurve; es betrug bei frischer Spaltfläche fast 50% — eine gute Näherung an die von der dynamischen Theorie geforderte Totalreflexion, wenn man bedenkt, daß der auf den zweiten Kristall fallende „monochromatisierte" Strahl ja noch nicht im Sinn der Theorie monochromatisch und eben ist. Offenbar nähert sich ausgesucht guter Kalkspat schon dem Idealkristall. Auch Steinsalz wurde untersucht. An frischer Spaltfläche waren die Wackelkurven 50mal breiter als an Calcit, d. h. etwa 13′. Das ist etwas enger als der von BRAGG und der von WAGNER angegebene Wert (20′ für den polierten Kristall). Das Integral genommen über die Wackelkurve ist, nach Division mit der benutzten Winkeleinheit, das BRAGG-DARWINsche integrale Reflexionsvermögen. Es zeigt sich ein **Anstieg des Reflexionsvermögens mit abnehmender Wellenlänge**. Abb. 101[2]) stellt die von DAVIS, BRAGG, COMPTON[3]) und WAGNER gefundenen Ergebnisse

[1]) BERGEN DAVIS u. W. M. STEMPEL, Phys. Rev. Bd. 11, S. 608. 1921.
[2]) vgl. auch ds. Handb. XXIII, Kap. 4, Ziff. 15.
[3]) A. H. COMPTON, Phys. Rev. Bd. 9, S. 29. 1927.

für bestens polierte NaCl-(100)-Flächen zusammen. Die Übereinstimmung dieser verschiedenen Messungen ist befriedigend.

η) Verschiedene Forscher haben den Temperatureinfluß auf die Intensitäten untersucht[1]). Die Untersuchung muß so vorgenommen werden, daß an denselben Flächen bei einer Reihe von Temperaturen beobachtet wird, sodaß für jede Fläche eine eigene Temperaturkurve aufgestellt werden kann, die durch mehrere Punkte festgelegt ist. BACKHURST hat gezeigt, daß die Kurven für verschiedene Flächen sich stark unterscheiden können. Als Beispiel seien Kurven für einen Aluminiumeinkristall wiedergegeben (Abb. 102). Die gestrichelten Kurven sind

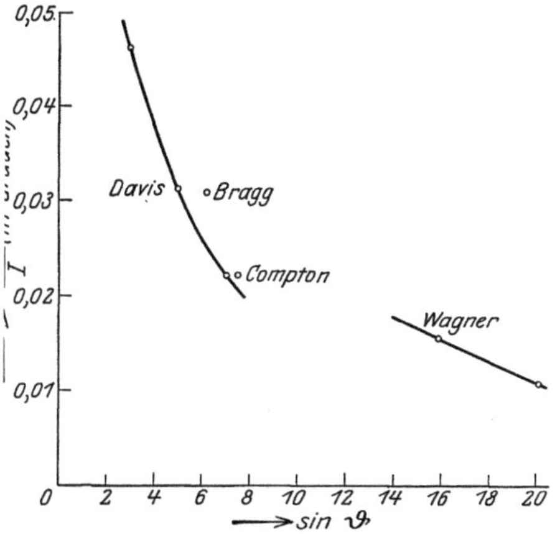

ɔb. 101. Reflexionsvermögen des Steinlzes in Abhängigkeit von der Wellenlänge.

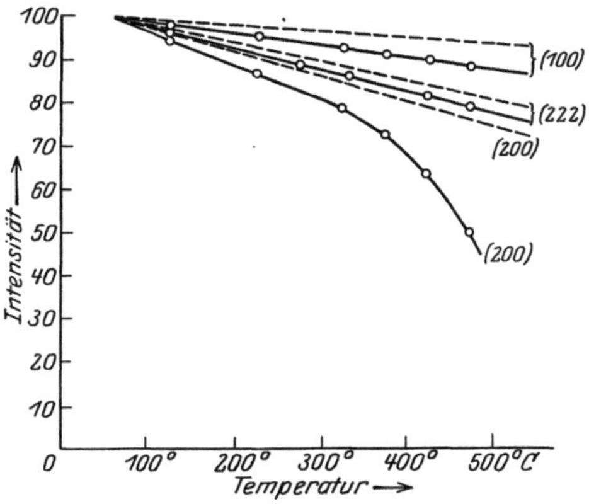

Abb. 102. Temperaturabhängigkeit der Intensitäten bei Reflexion an Aluminium nach BACKHURST.

die theoretisch nach Formel (1) Ziff. 17 zu erwartenden, wenn die von DEBYE angegebene charakteristische Temperatur $\Theta = 396^\circ$ K eingesetzt wird. Man bemerkt, daß der Abfall steiler ist, als die Theorie ergibt — eine Erfahrung, die überall aufgetreten ist (COLLINS, JAMES).

JAMES untersucht die Reflexe zweiter, dritter, vierter Ordnung an NaCl (100) mit Rb- und Mo-K-Strahlung. Er bestätigt die Abhängigkeit nach einer Exponentialfunktion, deren Exponent das Quadrat der Ordnungszahl als Faktor hat und kann die Ergebnisse an den zwei Wellenlängen in gute Deckung bringen. Aber statt der Proportionalität des Exponenten mit T ergibt sich mit guter Genauigkeit eine solche mit T^2. Seine Beobachtungen lassen sich durch die Formel darstellen:

$$R_T/R_0 = e^{-1{,}162\cdot 10^{-5}(\sin\vartheta/\lambda)^2 T^2}.$$

Daß bei hohen Temperaturen die Intensitäten der Interferenzen stark abnehmen, ist schon 1913 festgestellt worden[2]).

Der Temperaturabfall der Intensitäten mit höherer Ordnung ist i. a. sehr viel schwächer als die vom Lorentzfaktor verursachte Abnahme. Daher kann für Strukturbestimmungen meist vom Temperaturfaktor abgesehen werden, da wegen der Unsicherheit des Lorentzfaktors und anderer Einflüsse ohnehin stets

[1]) W. H. BRAGG, Phil. Mag. Bd. 27, S. 881. 1914; G. E. M. JAUNCEY, Phys. Rev. Bd. 20, S. 421. 1922; I. BACKHURST, Proc. Roy. Soc. London (A) Bd. 102, S. 431. 1922; E. H. COLLINS, Phys. Rev. Bd. 24, S. 152. 1924; R. W. JAMES, Phil. Mag. Bd. 49, S. 585. 1925; E. NIES, Ann. d. Phys. Bd. 79, S. 673. 1926.

[2]) M. v. LAUE u. J. S. VAN DER LINGEN, Phys. ZS. Bd. 15, S. 75. 1914; M. DE BROGLIE, Le Radium Bd. 10, S. 186. 1913.

nur die Intensitäten von Flecken mit möglichst gleicher Ordnung $\mathfrak{h}^2$ verglichen werden dürfen.

22. Zusammenfassung über die Intensitäten[1]). Sowohl für die Zwecke der Spektroskopie (Intensitätsverhältnis der Serienlinien, kontinuierliches Röntgenspektrum), als für die Strukturanalyse der Kristalle (Parameterwerte, Atomfaktor) wäre eine Kenntnis der Intensitätsgesetze sehr erwünscht. Was bisher vorliegt, steckt noch recht in den Anfängen. Die Röntgenoptik ist in diesem Punkt nicht viel weiter als die geometrische Optik zur Zeit, als GALILEI sein Fernrohr baute. Der Mosaikkristall ist ein sehr unvollkommenes optisches Werkzeug, und daher ist die Deutung seiner Wirkungen entsprechend schwierig. Für die praktische Strukturanalyse bewährt sich zur Zeit am meisten ein weitgehend empirischer Standpunkt, der nur den groben Verlauf der Intensität in Abhängigkeit vom Abbeugungswinkel berücksichtigt, wie er durch den Lorentzfaktor gegeben wird, vielleicht mit gewissen allgemein aus der Idee des Atomfaktors folgenden Modifikationen. Der von W. H. BRAGG eingeführte „Normalabfall" 100:20:7:3:1 der Reflexe an gut ausgeprägten (dicht besetzten) Netzebenen gleicher Art erfüllt diese Aufgabe auch heute noch einigermaßen; für komplizierte Netzebenen (große Ablenkungswinkel auch in erster Ordnung) erfolgt der Abfall schneller. WYCKOFF[2]) stellt für Abbeugung unterhalb 90° ($\vartheta < 45°$) den Normalabfall empirisch durch

$$(d/n)^{2,35} \cdot \sigma^2 \begin{cases} d = \text{Netzebenenabstand,} \\ \sigma = \text{Belastung der Spiegelebenen} \end{cases}$$

dar. Was nach Reduktion der gemessenen Intensitäten mit diesem Faktor übrig bleibt, kann mit einiger Wahrscheinlichkeit als Strukturfaktor der Netzebenenfolge angesehen werden.

Sehr beachtenswert ist jedenfalls der in den BRAGGschen Arbeiten viel vertretene Standpunkt[3]), daß die Aufgabe der rationellen Strukturermittlung und die Auffindung der wirklichen Intensitätsgesetze nur gleichzeitig und durch sukzessive Annäherung gelöst werden können.

Es sei noch darauf hingewiesen, daß bisher keine Intensitätstheorie die Modifikationen berücksichtigt, die das Entstehen der Comptonstrahlung erfordert (vgl. dieses Handbuch, Bd. XXIII, Art. BOTHE).

V. Die experimentellen Verfahren der Röntgenuntersuchungen von Kristallen.

23. Vorbemerkung. Herstellung und Nachweis der Röntgenstrahlen[4]). α) Das historisch älteste ist das von LAUE, FRIEDRICH und KNIPPING[5]) angegebene Verfahren; es ist auch heute in Verbindung mit der Strukturtheorie und einer Kenntnis des benutzten Spektrums zur Kristallbestimmung sehr geeignet, wie die zahlreichen, nach dieser Methode ausgeführten Bestimmungen von

---

1) Man vergleiche hierzu die zusammenfassende Arbeit von W. L. BRAGG, R. W. JAMES u. C. G. DARWIN, Phil. Mag. Bd. 1, S. 897. 1926.

2) R. W. G. WYCKOFF, The Structure of Crystals, S. 102. New York 1924.

3) W. L. BRAGG u. J. WEST, Proc. Roy. Soc. London (A) Bd. 111, S. 691. 1926.

4) Es soll hier nur an einige diesbezügliche Punkte erinnert werden. Ausführlicheres s. ds. Handb. Bd. XIX. An neueren Darstellungen und Hilfsbüchern für den Betrieb von Röntgeneinrichtungen für Strukturbestimmung vgl. GÜNTHER, Tabellen zur Röntgenspektralanalyse. Berlin 1924; K. BECKER, Die Röntgenstrahlen als Hilfsmittel für die chemische Forschung. Braunschweig 1924; L. THOMASSEN, Kjemisk Røntgenspektrografi. Oslo 1926; H. MARK, Röntgenstrahlen in Chemie und Technik. Handbuch der physikalischen Chemie, Bd. XIV. Leipzig 1926.

5) M. LAUE, W. FRIEDRICH u. P. KNIPPING, Münchener Ber. 1912, S. 303.

WYCKOFF[1]) zur Genüge zeigen. Prinzipiell einfacher, weil mit einfarbigem Röntgenlicht arbeitend, sind das Spektrometerverfahren von BRAGG[2]) und das ihm sehr nahestehende Drehkristallverfahren[3]). Diese Verfahren setzen einheitliche Kristalle (unbeschadet des Mosaikcharakters) voraus; es bedeutete daher eine große Erweiterung des Anwendungsgebiets, als es DEBYE und SCHERRER[4]) [sowie unabhängig von ihnen, aber später HULL[5])] gelang, Interferenzaufnahmen von Pulvern zu erhalten und zu diskutieren. Ein weiteres, prinzipiell verschiedenes Verfahren ist jüngst von DUANE und CLARK[6]) angegeben worden. Seine Anwendung ist wohl nur in seltenen Fällen möglich, und hat bisher meist zu falschen Bestimmungen geführt. Trotzdem ist es als viertes Hauptverfahren zu nennen, während die zum Teil experimentell recht wichtigen Abänderungen und Kombinationen der genannten Verfahren bei diesen besprochen werden können. (Vgl. jedoch Ziff. 28.)

β) Strahlungsart und Nachweis. Als monochromatische Strahlungen werden bei diesen und den Pulververfahren meist die K-Eigenstrahlungen gewisser Antikathodenmaterialien benutzt. Um die β-Linie loszuwerden und allein mit den nah benachbarten α_1- und α_2-Linien zu arbeiten, bedient man sich mit Vorteil geeignet dicker Filter aus solchen Stoffen, die eine Absorptionskante zwischen den $(\alpha_1 \alpha_2)$- und β-Linien der Antikathode haben. Die Tabelle 8 gibt eine Zusammenstellung brauchbarer Strahlungen nebst Filtern. Die „mittlere Wellenlänge" ist ein aus α_1 und α_2 unter Berücksichtigung ihres Intensitätsverhältnisses[7]) von etwa 1:2 gebildetes Mittel. Nur bei hohem Auflösungsvermögen (sehr enger Spalt, hohe Ordnung der Interferenz) sind α_1 und α_2 getrennt. Damit die Linien sich möglichst stark von dem kontinuierlichen Untergrund abheben, ist es notwendig, die Spannung weder zu hoch zu wählen (da sonst der Untergrund zu stark wird), noch zu niedrig [da die Linienintensität mit $(V - V_k)^{\frac{3}{2}}$ wächst, wo $V_k = \frac{12{,}34}{\lambda_k}$ — in Kilovolt und Ångströmeinheiten — die zur Absorptionskante gehörige Spannung ist]. Praktisch ergibt sich als die günstigste Betriebsspannung das 1,5-fache der zur Erreichung der Linie notwendigen kritischen Spannung. Die Flächendichten der Filter sind in der vorletzten Spalte von Tabelle 8 nur dort angegeben, wo genügendes experimentelles Material für ihre Bestimmung vorlag. Die Filterdicke ist so bestimmt, daß die übrig bleibende α-Linie eine Schwächung auf ein Drittel ihres Wertes erfährt. Abb. 103 gibt einen Überblick über das von HULL benutzte Spektrum unter folgenden Betriebsbedingungen: Antikathode Mo-Spannung [durch Glühkathodengleichrichter („Kenotrons" oder „Glühventile") gleichgerichteter Wechselstrom, der durch Kapazitäten auf etwa 1% Schwankungen ausgeglichen wurde]: 30 kV, Filter: a) keines, b) 0,35 mm Zirkon, c) 0,5 mm Zirkon (gepulvertes Mineral $ZrSiO_4$).

Es ist zu beachten, daß je nach den Nachweismitteln die wirksame Spektralkurve noch erheblich verzerrt werden kann.

---

[1]) Siehe dessen Buch. Anm. 2 auf vor. S.

[2]) W. H. u. W. L. BRAGG, Proc. Roy. Soc. London (A) Bd. 88, S. 428. 1913.

[3]) H. SEEMANN, Phys. ZS. Bd. 20, S. 55 u. 169. 1919; E. SCHIEBOLD u. F. RINNE, Einführung in die krist. Formenlehre, 3. Aufl., S. 198. Leipzig 1919; s. auch M. POLANYI, E. SCHIEBOLD u. K. WEISSENBERG, ZS. f. Phys. Bd. 23, S. 337. 1924.

[4]) P. DEBYE u. P. SCHERRER, Göttinger Nachr. 1915 u. 1916; Phys. ZS. Bd. 18, S. 291. 1917.

[5]) A. HULL, Phys. Rev. Bd. 10, S. 661. 1917.

[6]) G. L. CLARK u. W. DUANE, Phys. Rev. Bd. 20, S. 85. 1922; Proc. Nat. Acad. Amer. Bd. 8, S. 90. 1922.

[7]) Siehe M. SIEGBAHN, Spektroskopie der Röntgenstrahlen (Julius Springer 1924) Ziff. 22 oder etwa A. JÖNSSON, ZS. f. Phys. Bd. 36, S. 426. 1926.

Tabelle 8. Erzeugung monochromatischer Röntgenstrahlung (Wellenlängen in X-Einheiten [10^{-3} Å]).

	α_2	α_1	Mittleres (α_1 α_2)	β_1	K-Kante	Filter Stoff	Kante	$\frac{mg}{cm^2}$	Halbwertsschicht Al. in cm
26 Fe	1936,51	1932,30	1933,70	1752,72	1737,7	Mn	1889,3		0,003
28 Ni	1658,54	1654,61	1655,92	1497,03	1489,0	Co	1601,8		0,004
29 Cu	1541,16	1537,30	1538,59	1389,33	1378,5	Ni	1489,0	17	0,005
30 Zn	1435,87	1432,06	1433,33	1292,71	1296,3	Cu	1378,5	20	0,006
33 As	1177,41	1173,44	1174,76	1055,11	1043,5	Ge	1114,6		0,011
34 Se	1106,42	1102,41	1103,75	990,00	979,0	As	1043,5		0,013
35 Br	1041,72	1037,68	1039,03	930,73	917,9	Se	979,0		0,016
37 Rb	927,73	923,61	924,98	826,73	814,3	Br	917,9		0,023
38 Sr	877,75	873,28	874,67	781,06	769,6	Rb	814,3		0,027
42 Mo	711,87	707,59	709,02	630,75	618,42	Zr	687,2	55	0,055
44 Ru	645,88	641,54	642,99	—	558,4	Mo	618,42	70	0,064
45 Rh	616,37	612,01	613,46	544,67	533,0	Ru	558,4		0,083
46 Pd	588,60	584,21	585,67	519,48	507,5	Rh	533,0	72	0,092
47 Ag	562,59	558,16	559,67	495,85	485,0	Pd	507,5	79	0,102
50 Sn	493,88	489,41	490,09	434,25	424,2	Cd	463,2		0,14
74 W	213,52	208,85	210,47	184,36	178,06				0,88
78 Pt	190,10	185,28	186,89	163,4	158,1	W	178,06		1,05

Den Einfluß der Absorptionskanten auf die Empfindlichkeit des Strahlennachweises sieht man schön bei der Wirkung auf die photographische Platte. WAGNER[1]) zeigte den Empfindlichkeitssprung der Platte bei der Silber-K-Kante $\lambda = 0{,}485$, sowie der Brom-K-Kante $\lambda = 0{,}918$. Den Empfindlichkeitssprung bei der Silberkante bestimmten GLOCKER und FROHNMAYER[2]) zu 1 : 2, bei der Br-Kante wesentlich kleiner.

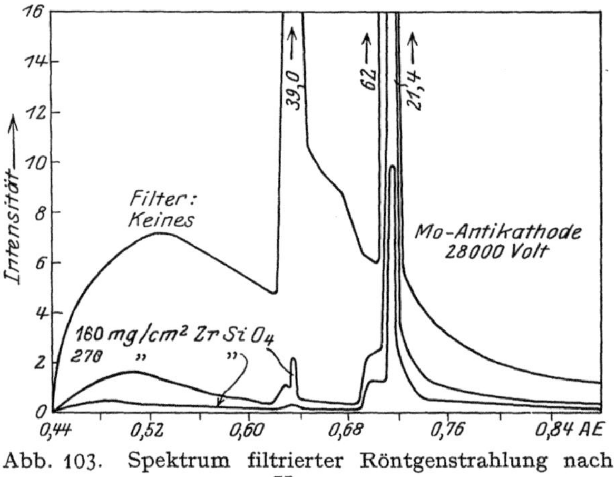

Abb. 103. Spektrum filtrierter Röntgenstrahlung nach HULL.

Beim Nachweis mit Ionisierungskammer ist es üblich, die Kammer mit einem schweren Gas zu füllen, um die Absorption zu erhöhen. Im Anschluß an W. H. BRAGG viel benutzt ist Methyljodid CH_3J und Aethylbromid. Die kritischen Stellen der Absorptionssprünge sind bei ihnen durch die Grenzwellenlängen 0,918 Å (Br) und 0,374 Å (J) gegeben.

Da Methyljodid Hartgummi angreift, müssen die Durchführungen an der Ionisierungskammer aus Schwefel genommen werden. Das Gas zersetzt sich mit der Zeit und die Empfindlichkeit des Ionisierungsnachweises ändert sich daher ständig, so daß das Arbeiten mit Methyljodid lästig ist. Bedeutend empfehlenswerter ist nach dem Vorgang von MARK[3]) eine Füllung mit einem

---

[1]) E. WAGNER, Ann. d. Phys. Bd. 46, S. 868. 1915; R. BERTHOLD, ebenda Bd. 76, S. 409. 1925.

[2]) R. GLOCKER u. W. FROHNMAYER, Ann. d. Phys. Bd. 76, S. 369. 1925.

[3]) H. MARK, Röntgenstrahlen in Chemie und Technik. Handbuch der physikalischen Chemie Bd. 14. Leipzig: J. A. Barth 1926.

schweren Edelgas, Argon oder Xenon, zumal dies unter Atmosphärendruck, oder einem stets kontrollierbaren kleinen Überdruck von einigen mm Hg eine erheblich größere Dichte hat als Methyljodiddampf bei gewöhnlicher Temperatur.

Eine gasdichte Ionisierungskammer nach DUANE und BLAKE zeigt Abb. 104. Bei A ist die Glasröhre als Eintrittsfenster für die Röntgenstrahlen dünn ausgeblasen.

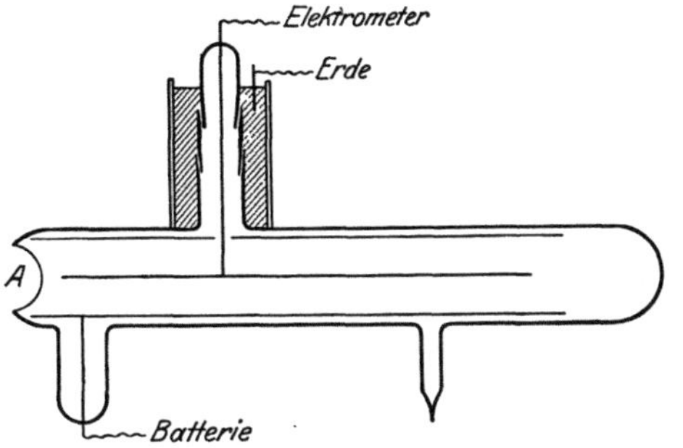

Abb. 104. Ionisierungskammer.

In Verbindung mit der Ionisierungskammer werden Elektrometer von kleiner Kapazität benutzt. Ein Saitenelektrometer (50 bis 100 Skalenteile pro Volt) ist wegen seines stabilen Nullpunktes empfehlenswert und eignet sich gut zu einer Kompensationsschaltung[1]) (Abb. 105), bei welcher die Ladung, die infolge der Ionisierung auf die zentrale Elektrode der Kammer J kommt, durch die Influenzladung kompensiert wird, die man vermöge des Zylinderkondensators C und der Potentiometerschaltung P erzeugt. Abgelesen wird dabei die vom Potentiometer entnommene Spannung.

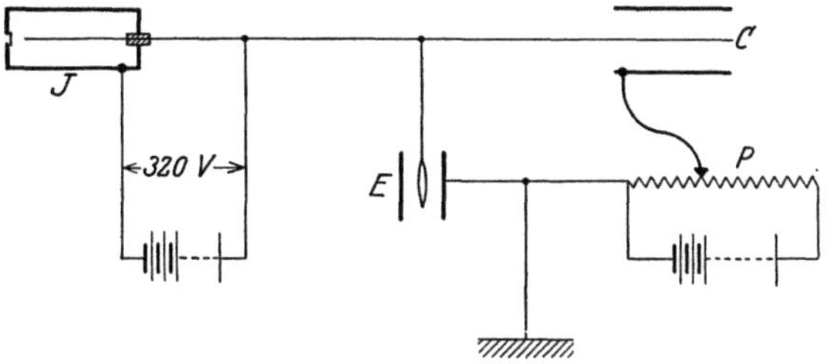

Abb. 105. Kompensationsschaltung.

Ein selbstregistrierender ionometrischer Nachweis wurde von A. H. COMPTON[2]) angegeben. Er benutzt ein Elektrometer hoher Empfindlichkeit (25000 mm pro Volt).

Zum bloßen Nachweis sehr schwacher Interferenzen ist von der Verstärkung durch Stoßionisation Gebrauch gemacht worden[3]). Dabei wird zwischen die innere und äußere Elektrode der Ionisierungskammer eine Spannung gelegt, die nur wenig geringer ist als die Funkenspannung. Zur genauen Messung eignet sich diese Art von Verstärkung nicht, da der Verstärkungsfaktor sehr labil ist.

24. Das Spektrometer- und Drehkristallverfahren. α) Das Röntgenspektrometer (Abb. 106) besteht aus dem drehbaren Tisch, auf dem der Kristall montiert ist, aus der um die gleiche Achse schwenkbaren Ionisierungskammer und der Blendenanordnung, die das Kollimatorrohr ersetzt. Der Kristall selbst ist auf einem Goniometerkopf oder einer sonstigen Vorrichtung befestigt, die ihn um die zwei zur Spektroskopachse senkrechten Achsen schwenkbar macht. Das Elektroskop pflegt unter dem Apparat in der Verlängerung der Spektroskopachse zu stehen, so daß die Zuleitungen bei allen Stellungen der Kammer die gleiche Form haben und in Blechrohren elektrostatisch geschützt geführt werden können. Die drei Spalte S_1, S_2 und S_3 gestatten (S_1) eine gröbere Abblendung, (S_2) Ausblendung einer bestimmten Kristallstelle und (S_3) Begrenzung der Öffnung der Ionisierungskammer. Normalerweise ist Spalt S_2, der ganz nahe an die Kristallfläche gerückt werden kann, die eigentliche Strahlenbegrenzung.

---

1) W. L. BRAGG, R. W. JAMES u. C. W. BOSANQUET, Phil. Mag. Bd. 41, S. 309. 1921.
2) A. H. COMPTON, Phys. Rev. Bd. 7, S. 646 u. Bd. 8, S. 703. 1916.
3) Z. B.: H. G. J. MOSELEY u. C. G. DARWIN, Phil. Mag. Bd. 26, S. 210. 1913.

Ein Punkt von wesentlicher Bedeutung für die Wirkungsweise des Spektrometers, vor allem bei photographischer Registrierung der Interferenzen ist die „Fokussierung“. Von der Blende geht ein Strahlenbündel aus, dessen Öffnung erheblich größer ist als die Reflexionsbreite des Kristalls. Ist aber der Kristall groß genug, um die Strahlen aufzufangen, so kommen trotzdem alle Strahlen des Bündels zur Reflexion, indem sie bei der Umdrehung des Kristalls nacheinander und an verschiedenen Teilen der Spiegelfläche in Reflexionsstellung kommen. Man überzeugt sich leicht von der von W. H. BRAGG erkannten Eigenschaft, daß alle reflektierten Strahlen durch einen Punkt hindurchgehen, der von der Drehachse des Kristalls die gleiche Entfernung hat, wie der Spalt. Im Spektrographen müssen also die Blenden S_1 und S_3 bzw. statt letzterer die photographische Platte auf dem gleichen Kreis um die Spektrometerachse liegen und der Kristall muß sorgfältig so justiert werden, daß seine Spiegelebene durch die Drehachse geht. Einstellverfahren und Diskussion der Fehlerquellen siehe in den SIEGBAHNschen Arbeiten zur Präzisionsspektrographie, sowie in seinem Buch Spektroskopie der Röntgenstrahlen[1]).

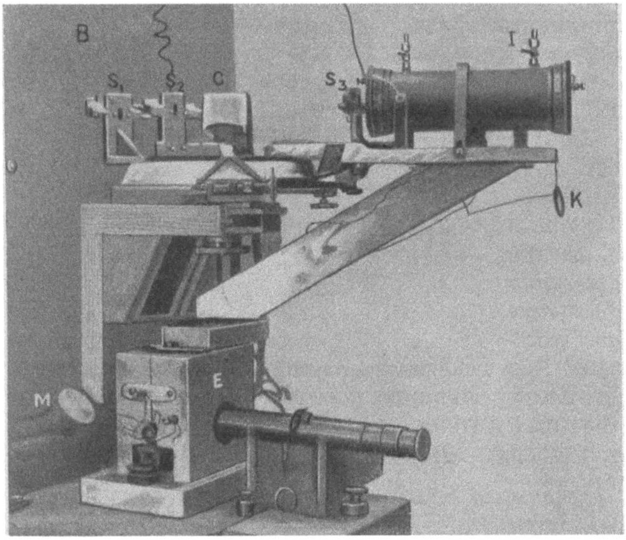

Abb. 106. Spektrometer nach BRAGG.

B Bleischutzwand, S_1 S_2 S_3 Spalte, C Kristall, I Ionisierungskammer, E Elektrometer, M Beleuchtungsspiegel, K Erdungsschlüssel.

Das Charakteristische an den Röntgenspektrometermessungen ist, daß die Reflexionsstellungen des Kristalls abgelesen werden, nicht die Winkel der Reflexe. Man erhält sowohl die Reflexionswinkel ϑ der Spiegelebenen und damit nach der Reflexionsbedingung ihren Netzebenenabstand, als auch die Winkel α dieser Ebenen gegen eine als Bezugsfläche gewählte Kristallfläche indem man die Reflexionsstellungen ψ_1 und ψ_2 des Kristalls nach links und nach rechts notiert (Abb. 107). Auf die Stellung der Kammer kommt es dabei nicht an und ihr Spalt S^3 kann beliebig weit sein — abgesehen davon, daß er etwaige andere Reflexe, die bei benachbarten Kristallstellungen (aber im all-

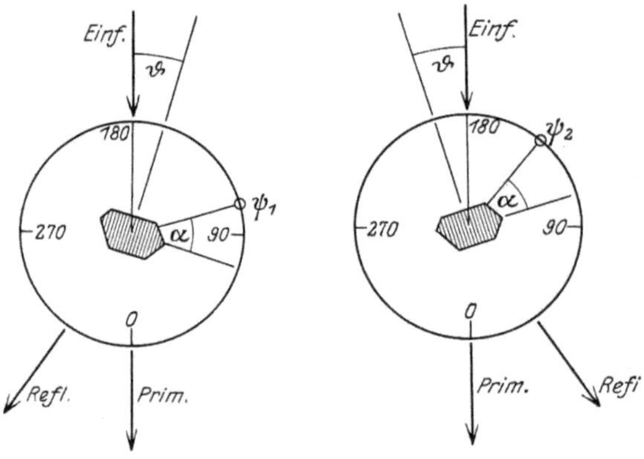

Abb. 107. Methode der Messung mit Spektrometer.

[1]) M. SIEGBAHN, Spektroskopie der Röntgenstrahlen. Berlin: Julius Springer 1924.

gemeinen unter erheblich andern Reflexionswinkeln) auftreten könnten, abzuschirmen hat. Daß zusammen mit den Identitätsperioden auch ihre gegenseitigen Neigungen unmittelbar gemessen werden, ist ein Vorzug des BRAGGschen Verfahrens und des Ionisierungsnachweises. Schon beim Drehkristallverfahren mit photographischem Nachweis fällt die Kenntnis der Kristallstellung beim Akt der Reflexion fort und somit die unmittelbare Zuordnung der Richtungen zu den Identitätsabständen. Ebenso bei Pulveraufnahmen. Dieser Ausfall an Daten muß bei den genannten Verfahren durch die „Bezifferung" (Aufstellen einer quadratischen Form) ausgeglichen werden.

Die Gefahren beim BRAGGschen Verfahren liegen hauptsächlich in ungenügender Justierung. Die Drehachse muß mit einer Zone des Kristalls zusammenfallen, dann gewinnt man beim Drehen die Reflexe an sämtlichen Flächen dieser Zone[1]). Ist die Drehachse falsch eingestellt, so liegen die Reflexe nicht in der Ebene, in der die Ionisierungskammer geschwenkt wird und bei groben Fehlern können Reflexe verlorengehen. Wegen der Länge des Eintrittsspaltes zur Ionisierungskammer ist dies weniger wahrscheinlich, als daß Reflexe, die in Wirklichkeit nicht zum Hauptspektrum, sondern zur ersten Schichtlinie (s. unten) gehören, unbeabsichtigt mit vermerkt werden. Je größer der Identitätsabstand auf der Zonenachse, um die gedreht wird, um so leichter kann dies stattfinden. Die Kombination von Spektrometermessungen mit einer photographischen Drehaufnahme, die den vollen Überblick über die vorhandenen Reflexe erleichtert, ist empfehlenswert.

β) Die Drehaufnahmen[2]) bedeuten experimentell im Grunde nur eine Ausführung des BRAGGschen Verfahrens mit photographischem Nachweis. Neu hinzukommt die Möglichkeit, bei einer Aufnahme die Spektren auch solcher Ebenen zu registrieren, die gegen die Drehachse geneigt sind. Hierdurch wird die Langsamkeit des photographischen gegenüber dem Ionisierungsnachweis ausgeglichen. Abb. 108 und 133, 134 (Ziff. 35) zeigen typische Drehaufnahmen, die

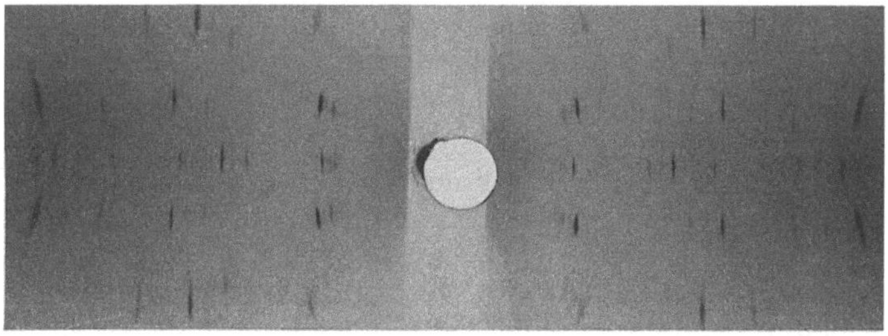

Abb. 108. Drehaufnahme an Zink (nach MARK, POLANYI und SCHMID, ZS. f. Phys. Bd. 12, S. 58. 1922).

erstere um eine Achse mit kleinem, die beiden anderen um Achsen mit größerem Identitätsabstand. Man unterscheidet das Hauptspektrum oder die Schichtlinie 0 von den Nebenspektren oder den Schichtlinien 1, 2, ..., — 1, — 2, ... Die experimentelle Anordnung ist die gleiche, wie für Pulveraufnahmen (in Abb. 110—113), nur daß der Kristall auf einem Goniometerkopf fein justierbar

[1]) Definition von Zone s. Ziff. 9 (ζ).

[2]) Nachdem schon früher gelegentlich als Drehaufnahmen anzusprechende Aufnahmen zu spektroskopischen Zwecken gemacht worden waren (DE BROGLIE, C. R. Bd. 157, S. 924. 1913; HERWEG, Verh. d. D. Phys. Ges. Bd. 15, S. 555. 1913) wurden Apparatur und Methodik der Drehaufnahmen zur Strukturbestimmung entwickelt von H. SEEMANN und E. SCHIEBOLD (vgl. Fußnote 3, S. 103).

aufgestellt ist und während der Aufnahme um 360° oder Bruchteile davon gedreht wird. Auch muß die Kamera die Benutzung eines genügend breiten Filmstreifens gestatten, um die Nebenspektra — bis zu Schichtwinkeln von etwa 60° — aufzufangen. Die Anordnung der Flecken auf Schichtlinien kann man sich sofort klarmachen, wenn man sich daran erinnert, daß die Zonenachse, um die gedreht wird, eine Gittergerade ist. Die Interferenzen, bei denen zwischen der Wirkung benachbarter Atome dieser Gittergeraden h_3 Wellenlängen Gangunterschied bestehen, liegen auf einem Kegelmantel um die Achse und schneiden den zylindrischen Film auf einem Parallelkreis zu seinem „Äquator". (Abb. 109.) Der „Schichtwinkel" σ ist gegeben durch (d sei der Identitätsabstand auf der Drehachse)

$$d \sin \sigma = h_3 \lambda .$$

Nimmt man zur Gitterbeschreibung als die eine Translation $\mathfrak{a}_3$ den fraglichen Identitätsabstand, so ist durch die Abzählung der Schichtlinien mit großer Sicherheit der Index h_3 der Interferenzen bzw. der Identitätsabstand auf einer Achse bestimmt.

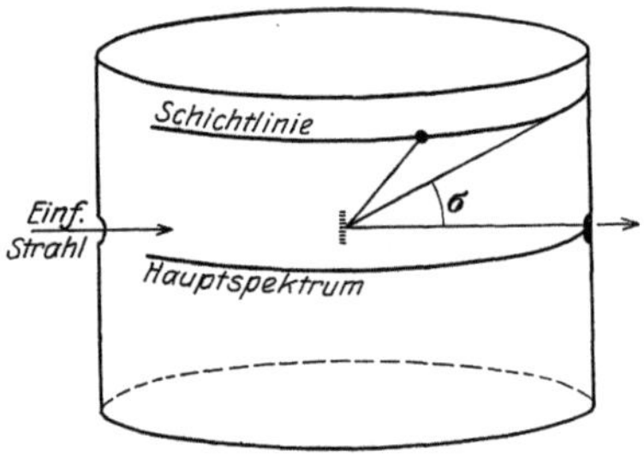

Abb. 109. Schichtwinkel.

Innerhalb jeder Schichtlinie sind die Interferenzflecke noch mit den beiden Indizes h_1 und h_2 zu beziffern (s. Ziff. 35).

Bei hemiedrischen Kristallen können sich Interferenzen decken, die für holoedrische völlig gleichwertig wären, in der Hemiedrie aber bezeichnende Intensitätsunterschiede aufweisen. Um diese zur Geltung zu bringen, darf die Umdrehung nicht rundum geschehen, sondern es darf nur in einem kleinen Winkelbereich geschwenkt werden. Man spricht dann von Schwenkaufnahmen oder beschränkten Drehaufnahmen.

Bei der Intensitätsberechnung einer Drehaufnahme entsteht ein besonderer Faktor dadurch, daß für die verschiedenen Ebenen die Änderungsgeschwindigkeit des Reflexionswinkels ϑ verschieden ist, und zwar nach OTT[1]) proportional zu $\sqrt{1 - (\sin\sigma/\sin 2\vartheta)^2}$. Ceteris paribus wird die Intensität umgekehrt proportional zu dieser Änderungsgeschwindigkeit sein.

Für gewöhnlich wird bei Schichtlinienaufnahmen ein kurzer, der Drehachse paralleler Spalt benutzt. Mit H. MARK[2]) kann man, um die Schichtlinienabstände so scharf wie möglich zu erhalten, den Spalt quer zur Drehachse nehmen. Bei großen Schichtwinkeln σ ist eine Verbreiterung der Linien infolge schiefer Durchsetzung der photographischen Schicht nur umständlich zu vermeiden.

25. Pulververfahren (DEBYE-SCHERRER). α) Über die verwendete Strahlung gilt das in Ziff. 22 Gesagte. Je kurzwelliger die Strahlung, um so enger ist das Interferenzbild. Daher ist es oft von Vorteil, zwei Aufnahmen, mit weicher und harter Strahlung (etwa Cu und Rh oder Mo) zu kombinieren, von denen die erste die niedrig indizierten Linien, die zweite die hochindizierten Linien besser zu messen gestattet.

Von großer Wichtigkeit ist es, klare Diagramme zu bekommen. Damit die zahlreichen Linien — namentlich nicht-kubischer Substanzen — scharf zu trennen sind, müssen sie selbst scharf sein und es muß die allgemeine Schwärzung des Films durch Streustrahlung soweit wie möglich unterdrückt werden. Die Linienschärfe erreicht man durch enge Lochblenden und sehr dünne Prä-

---

[1]) H. OTT, ZS. f. Phys. Bd. 22, S. 201. 1924.
[2]) H. MARK, ZS. f. phys. Chem. Bd. 111, S. 321. 1924.

parate. Um die Intensität nicht zu sehr herabzusetzen, kann man kurze Spalte parallel zum Pulverpräparat verwenden; die Linien bleiben damit auf dem Äquator des Films scharf, so daß die Meßgenauigkeit nicht leidet.

Abb. 110. Kammer für Pulveraufnahmen von DEBYE und SCHERRER.

Die nach DEBYE und SCHERRER übliche Kamera zeigt Abb. 110[1]). Der Filmradius von nur 28 mm ist zur Erzielung genauer Winkelwerte reichlich klein; ein Filmradius von 4 cm (geeignet zum Gebrauch der medizinischen 18 × 24 Röntgenfilms) hat sich gut bewährt. Die Aufnahmezeit verlängert sich allerdings mit dem Anwachsen des Filmradius. Kammern von 20 cm Radius benutzte DAVEY[2]) in Verbindung mit einer sehr gleichmäßig laufenden Coolidgeröhre. Die notwendige Belichtung betrug 200 mA/st (Mo-Strahlung). Zwei solche nur für Aufnahmen bis zu 90° Ablenkung konstruierte Kammern sind in Abb. 115 zu sehen.

Die Beseitigung von Streustrahlung ist im wesentlichen eine Frage geschickter Ausblendung. Sehr häufig gibt der letzte Blendenrand selbst Pulverinterferenzen, die man zwar auf dem Film als solche erkennen kann (da sie ja einen anderen Ausgangsort haben als die regulären Interferenzen), die aber das Bild unnötig verwirren und unbedingt vor Inbetriebnahme des Apparates beseitigt werden sollten. Die aus Abb. 111 hervorgehende Blendenform von DEBYE und SCHERRER bewährt sich hierfür. Eine zweite Quelle starker Streustrahlung ist die Durchstoßstelle des Primärstrahles mit dem Film bzw. der Rückwand des Apparates. Daher sollte der Film gelocht werden, um dem Primärstrahl freien Durchtritt zu gestatten und der Auftreffpunkt des Primärstrahls in einen Ansatzstutzen der Kammer verlegt bzw. mit einer Bleimanschette abgeschlossen werden.

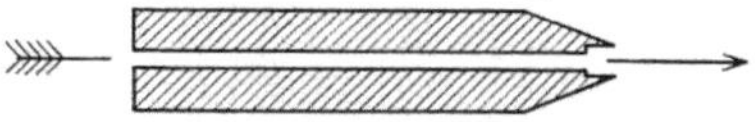

Abb. 111. Blendenform nach DEBYE und SCHERRER.

Abb. 112 zeigt eine von der Firma C. H. F. MÜLLER in Hamburg in den Handel gebrachte Kamera nach der Konstruktion von W. M. LEHMANN. Zum Arbeiten mit Kupfer- und Eisenstrahlung wird diese Kamera in Verbindung mit einer Röhre mit „Lindemannfenster", d. h. einer eingeschmolzenen Stelle aus Lithium-Berylliumborat (nur ganz leichte Atome, keine nennenswerte Absorption) benutzt.

SCHERRER benutzt seine Kammer mit einer von R. v. TRAUBENBERG angegebenen gashaltigen Spezialröhre[3]); andere Röhrentypen mit kleinem Abstand Antikathode—Spalt dürften dafür aber bequemer sein[4]). Für härtere Strahlen (ab Mo-K oder W-L) sind die technischen Röntgenröhren, die nicht an der Pumpe zu liegen brauchen, vorzuziehen.

---

[1]) Vgl. auch P. SCHERRER in R. ZSIGMONDY, Kolloidchemie, 3. Aufl. Leipzig 1920.
[2]) W. P. DAVEY, Gen. Electr. Rev. (Schenectady) Bd. 25, S. 564. 1922.
[3]) R. v. TRAUBENBERG, Phys. ZS. Bd. 18, S. 241. 1917.
[4]) Näheres hierüber s. M. SIEGBAHN, Spektroskopie der Röntgenstrahlen. Berlin: Julius Springer 1924; K. BECKER u. F. EBERT, Metallröntgenröhren (Samml. VIEWEG) sowie ds. Handb. Bd. XVII und Bd. XIX.

Normale Belichtungsenergien bei 4 cm Filmradius, Cu-Kα-Strahlung und NaCl-Kristallen sind etwa 1000 mA · Min.

Abb. 112. Kammer für Pulveraufnahmen nach W. M. LEHMANN, hergestellt von C. H. F. Müller, Hamburg.

A. Uhrwerk. B. Blende. C und D Große und kleine Filmtrommel.

Abb. 113 zeigt[1]) eine von WESTGREN entwickelte Kamera zur Untersuchung von Drähten bei hohen Temperaturen. Der Draht ist nur am oberen Ende fest eingespannt und hängt mit dem unteren Ende in Quecksilber. Er wird durch einen Strom zum Glühen gebracht, der durch die Drehvorrichtung auf dem isolierenden Kameradeckel zugeleitet wird. Seine Temperatur wird optisch durch die rückwärtige Öffnung der Kamera bestimmt. Energische Kühlung der Kamera geschieht durch zwei Wasserspülungen, deren obere den Film trägt, während auf die untere ein Schutzschirm aus Papier geschoben wird, um die Wärmestrahlung des Drahtes vom Film fernzuhalten.

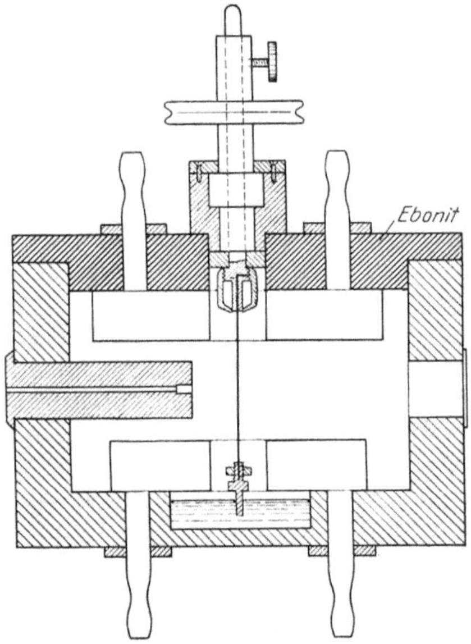

Abb. 113. WESTGRENsche Kammer zur Untersuchung von Metalldrähten bei hoher Temperatur.

β) Das Kristallpräparat wird in verschiedener Weise hergestellt. Grobe Stäbchen bis herab zu $^1/_2$ mm Dicke erhält man durch Einfüllen in kleine Hülsen aus Zigarettenpapier, die man durch Umwickeln eines Drahtes herstellt. Manche Substanzen lassen sich aus einer Glaskapillare in Form eines Stäbchens herausdrücken, das auf einige Millimeter Länge genügend fest zusammen hält. Man stellt das Kapillarrohr mit dem herausragenden Präparat in die Kammer. Nötigenfalls ist etwas Bindemittel (Gelatine, Gummiarabikum) zuzusetzen, um das Stäbchen fester zu machen. Sehr dünne Präparate erzielt man durch Wälzen eines mit Klebstoff bestrichenen Kokonfadens oder Haares oder eines Spinnfadens in dem sehr feinen Kristallpulver.

---

[1]) Nach Svenska Fysikersamfundets Årsbok „Kosmos“ 1923.

Mit bloßem Auge kaum sichtbare Mengen genügen oft, um gute Aufnahmen zu geben. Die Kammer muß für die genaue Zentrierung dieser Fadenpräparate eigens eingerichtet sein. Die Fadenpräparate haben den Vorteil, daß die Absorption im Präparat eine kleinere Rolle spielt, als bei massiven Stäben und auch die unvermeidliche, im Präparat entstehende Streustrahlung geringer ist. Bei Stäbchen werden die gleichen beiden Ziele erreicht, indem man das Pulver mit leichten indifferenten Stoffen vermengt, z. B. Stärkemehl. — Bei allen Methoden der Präparatherstellung (außer vielleicht dem reinen Auspressen aus dem ausgezogenen Glasrohr) ist es erforderlich, Leeraufnahmen mit langer Belichtung zur Kontrolle herzustellen, ob nicht die Zusatzsubstanzen (Zigarettenpapier, Gelatine, Fäden, Stärke) selbst Interferenzen geben.

γ) Der Genauigkeit des Pulververfahrens ist außer durch den Präparaten- und Blendendurchmesser eine weitere Grenze gesetzt durch die Registrierung der Interferenzen auf einem gebogenen Film. Zunächst ist es sehr wichtig, daß die Filmachse mit der Präparatmitte zusammenfällt. Dies wird am besten erreicht, indem sowohl für Film wie Präparat im Boden und Deckel der Kamera Führungen hergestellt werden, deren Zentrierung durch die Art der Herstellung — Drehen auf einer guten Bank ohne Neueinspannung — sichergestellt ist. Weiter entstehen Fehler durch das Schrumpfen des Films nach dem Entwickeln und durch sein Abrollen zur Vermessung. Man muß bedenken, daß es eine große Erleichterung in der Bezifferung — gerade bei Pulveraufnahmen — bedeutet, wenn die Genauigkeit der Abbeugungswinkel innerhalb möglichst enger Grenzen verbürgt werden kann. Es sollten die Winkel möglichst auf 5′ genau festgestellt werden (das ist ein Wert, wie er bei goniometrischer Vermessung an den besseren Flächen von Einzelkristallen meist gut erreichbar ist) und das bedeutet bei einem Filmradius von 4 cm eine Kenntnis des Linienortes auf etwa 0,01 mm. Fehler von dieser Größe entstehen durch Filmschrumpfen[1]).

Weitere „optische“ Fehler, die unter Umständen die mechanischen der Zentrierung überwiegen, entstehen durch die Stäbchendicke. Vor allem bei stark absorbierenden Substanzen wird hauptsächlich die Vorderseite des Präparats reflektieren, und zwar je nach dem Abbeugungswinkel ein mehr oder weniger großer Teil der Vorderseite. Die Interferenzlinie wird dadurch unsymmetrisch bzw. verschoben, und zwar um Strecken von der Ordnung der Stäbchendicke. Es sind zwar rechnerische Korrekturen angegeben worden[2]); aber das geeignete Verfahren, das mechanische wie optische Korrekturen zugleich ergibt, ist die Vermischung der zu untersuchenden Substanz bei einer zweiten Aufnahme mit einer bekannten Eichsubstanz, z. B. NaCl oder MgO. Man hat dann die Abbeugungswinkel der unbekannten Substanz nur zwischen denen der Eichsubstanz zu interpolieren und ist bei genügend starker Vermischung beider sicher, daß die Stäbchendicke, Absorption und die mechanischen Unvollkommenheiten auf beide Spektra gleichmäßig einwirken. — Die Eichsubstanz muß natürlich soweit von der zu untersuchenden chemisch verschieden und zu ihr indifferent sein, daß nicht Umsetzungen oder Mischkristalle beim Vermengen entstehen! Diamantstaub dürfte oft geeignet sein.

Durch diese Eichung der Pulveraufnahme sind auch mit dieser Methode Präzisionsbestimmungen von Gitterlängen möglich. Ein von DAVEY mehrfach benutztes Verfahren bestand darin, in die untere Hälfte einer Glaskapillare die zu

---

[1]) Siehe J. M. CORK, Journ. Opt. Soc. Amer. Bd. 11, S. 505. 1925 sowie A. P. WEBER, ZS. f. wiss. Photogr. Bd. 23, S. 149. 1925.

[2]) O. PAULI, ZS. f. Krist. Bd. 56, S. 591. 1921; A. HADDING, Centralbl. f. Min. 1921, S. 631; C. F. BLAKE, Phys. Rev. Bd. 26, S. 60. 1925; H. OTT, Phys. ZS. Bd. 24, S. 209. 1923; H. BOHLIN, Ann. d. Phys. Bd. 61, S. 55. 1920.

untersuchende Substanz und darüber eine Eichsubstanz zu schichten. Eine Metallmanschette in Höhe der Trennungslinie sorgte dafür, daß die Spektren sich nicht durchkreuzten und man erhielt die beiden Aufnahmen unmittelbar übereinandergrenzend auf dem gleichen Film. Das Verfahren dürfte in Fällen nützlich sein, wo es schwer ist, neutrale Eichsubstanzen zu finden, sonst aber ist es experimentell schwieriger als das Mischungsverfahren und eliminiert nicht so radikal den Einfluß der Absorption, der sehr wichtig ist.

δ) Die zahlreichen Aufgaben, die sich mit der Pulvermethode angreifen lassen, haben eine Reihe von Spezialkonstruktionen gezeitigt. Vor allem hat man heiz- und kühlbare Kammern benutzt, um Modifikationsänderungen zu untersuchen. Für mäßige Erwärmung oder Kühlung ist es wohl am bequemsten, das Präparat mit einer Art Schornstein zu umgeben, der durch Deckel und Boden der Kammer geführt ist und das Präparat mit kalter oder warmer Luft zu umspülen gestattet (ohne daß der Film durch die Hitze leidet). Die WESTGRENsche Kammer zum Studium der Modifikationsänderungen des Eisens ist schon erwähnt worden. Verflüssigte und verfestigte Gase sind von KEESOM[1]) und im Anschluß an ihn von MARK[2]) und SIMON[3]) in Kammern untersucht worden, in deren Achse das untere, kapillar ausgezogene Ende einer Thermosflasche hineinragte (Abb. 114). Die Thermosflasche selbst wurde mit flüssiger Luft bzw. flüssigem Wasserstoff gefüllt und die Kammer mit dem gut getrockneten und gereinigten zu untersuchenden Gas beschickt, das sich dann kleinkristallin an der Kapillare außen ansetzte. Auf mögliche Fehlerquellen bei diesem Verfahren infolge gerichteten Ankristallisierens (z. B. Nadeln senkrecht zur Oberfläche) macht MARK[2]) aufmerksam.

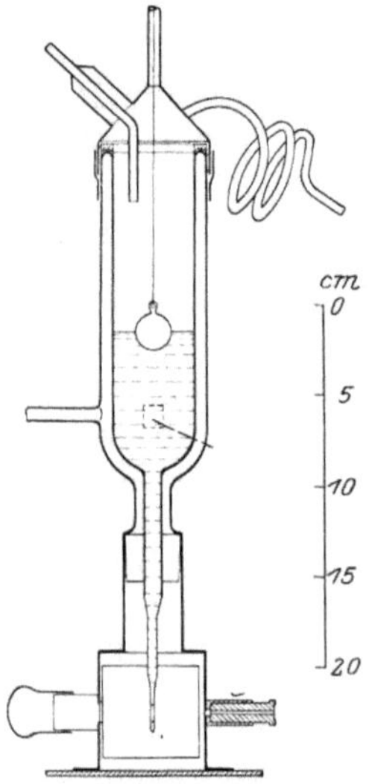

Abb. 114. Röntgenmäßige Untersuchung verfestigter Gase nach KEESOM.

DAVEY[4]) hat eine technische Anordnung von Kammern zur Pulveraufnahme angegeben, die 15 Aufnahmen gleichzeitig mit einer Röntgenröhre auszuführen gestattet, zwecks Fabrikationskontrolle in chemischen Fabriken. Abb. 115 zeigt das ganze Aggregat: den Transformator und die daraufgesetzte Coolidgeröhre, deren Antikathode sich in Höhe der 15 Schlitze befindet, und zwei von den 15 vertikal angeordneten Kammern, die wenig mehr als 90° umfassen. An ihrer gebogenen Außenwand liegt innen der Film an; an der Vorderwand befinden sich Blenden und das Präparat.

W. H. BRAGG[5]) führte Pulveruntersuchungen auf dem Spektrographen aus, indem er mit dem Pulver eine Glasplatte bestäubt, die an Stelle des einheitlichen Kristalls auf den Spektrometertisch kommt. Infolge der Fokussierungseigenschaft [Ziff. 24 α)] entstehen auch bei weitem einfallenden Bündel an den über die Platte verstreuten zur Reflexion geeignet orientierten Kriställchen scharfe Interferenzen. Die der Filmschwärzung entsprechende Ionisierungskurve (Abb. 116)[5]) wird punktweise, aber wie versichert wird, schnell und bequem aufgenommen.

---

1) W. H. KEESOM u. J. DE SMEDT, Proc. Amsterdam Bd. 25, Nr. 3. 1922.
2) H. MARK u. E. POHLAND, ZS. f. Krist. Bd. 61, S. 293. 1925.
3) F. SIMON u. CL. V. SIMSON, ZS. f. Phys. Bd. 25, S. 160. 1924.
4) W. P. DAVEY, Gen. Electr. Rev. (Schenectady) 1922, S. 565; A. W. HULL, Journ. Frankl. Inst. Bd. 193, S. 189. 1922.
5) W. H. BRAGG, Proc. Phys. Soc. Bd. 33, S. 222. 1921.

Auch das Drehkristallverfahren wird von W. L. BRAGG mit Ionisierungsnachweis angewandt[1]).

Zur Erhöhung der Intensität und weil es bei manchen Substanzen Schwierigkeiten bereitet, sie in Stäbchenform zu bringen, haben SEEMANN[2]) sowie BOHLIN[3]) ebenfalls Flächen aus dem zu untersuchenden Kristallpulver hergestellt (gepreßt) und dabei von der fokussierenden Eigenschaft in etwas anderer Form Gebrauch gemacht (Abb. 117). Wesentlich für die Linienschärfe ist, daß der Spalt, das Pulver und der Film genau einen einzigen Kreis bilden.

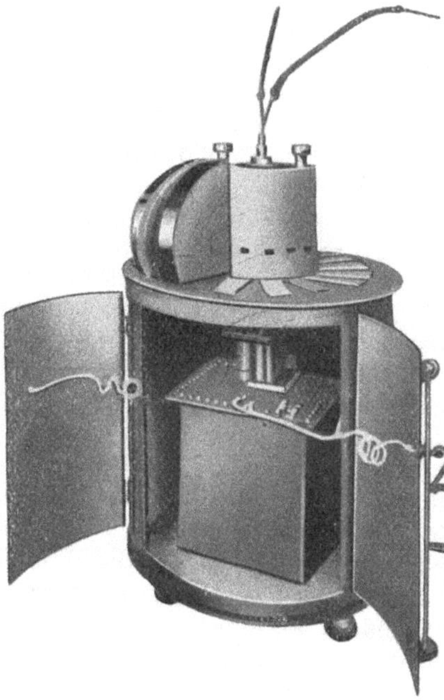

Abb. 115. Anordnung für 15 Pulveraufnahmen nach DAVEY.

26. Aufnahmen bei stehendem Kristall (Laueverfahren). α) Die Aufnahmen bei stehendem Kristall setzen die Benutzung weißen, d. h. nicht-monochromatischen, Röntgenlichts voraus. Die feststehenden — inneren oder äußeren — Netzebenen müssen sich die zu ihren Neigungen ϑ gegen den einfallenden Strahl gemäß der Reflexionsbedingung

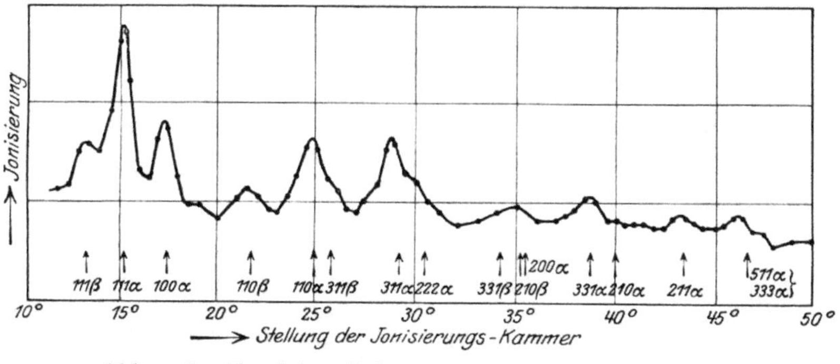

Abb. 116. Aluminium-Pulvermessungen von W. H. BRAGG.

$n\lambda = 2d\sin\vartheta$ passenden Wellenlängen aussuchen können. Das Interferenzbild selbst ist, um mit optischen Ausdrücken zu reden, bunt; jeder Interferenzfleck enthält eine monochromatische Strahlung von im allgemeinen anderer Wellenlänge. Nur durch Symmetrieverknüpfung oder zufällige Beziehungen können mehrere Flecke die gleiche Wellenlänge enthalten. Öfter aber kommt es vor, daß ein Fleck „Obertöne" enthält, d. h. verschiedene λ-Werte, die den Ordnungen $n = 1, 2, \ldots$ in der obigen Gleichung ent-

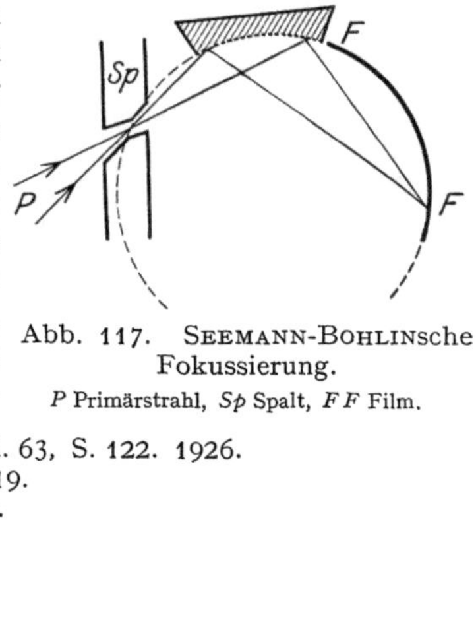

Abb. 117. SEEMANN-BOHLINsche Fokussierung.
P Primärstrahl, *Sp* Spalt, *FF* Film.

[1]) W. L. BRAGG u. G. B. BROWN, ZS. f. Krist. Bd. 63, S. 122. 1926.
[2]) H. SEEMANN, Ann. d. Phys. Bd. 59, S. 455. 1919.
[3]) H. BOHLIN, Ann. d. Phys. Bd. 61, S. 430. 1920.

sprechen. Für die Diskussion ist dieser Umstand lästig; es ist daher oft von Vorteil, mit weißem Röntgenlicht von begrenztem Spektrum zu arbeiten, das man sich durch Filter herstellt.

Wegen der hohen Empfindlichkeit der photographischen Platte für Strahlen etwas härter als die Silberabsorptionskante $\lambda = 0{,}485$ Å eignet sich der Spektralbereich im allgemeinen gut, den man bei einer Spannung von etwa 60 kV unter Verwendung einer Zinnfolie ausblendet (wirksam 0,485 bis 0,424 Å). Einen breiteren Bereich erhält man z. B. durch ein Bariumfilter (Absorptionsgrenze 0,33 Å), oft auch ohne besonderes Filter infolge Ba-Gehaltes des Glases der Röntgenröhre. Als Antikathode ist solches Material zu verwenden, das möglichst keine Eigenstrahlung in dem benutzten Intervall emittiert, z. B. Pt, W, Mo. Auf jeden Fall ist es sehr wünschenswert, und spart selbst bei Aufnahmen zur bloßen Feststellung der Symmetrie manche Enttäuschung, wenn man sich durch eine Spektralaufnahme [z. B. mit dem SEEMANNschen Schneidenspektrographen[1])] Gewißheit über das verwendete Spektrum beschafft. Ist das Spektrum von Linien durchzogen, so können ganz kleine Einstellungsfehler, die geometrisch noch nicht nachweisbar sind, die Intensitäten der Flecken so stark abändern, daß falsche Schlüsse auf die Symmetrie gezogen werden.

Beim Laueverfahren ist (infolge Verwendung von Platten) mehr als bei den andern Verfahren die Benutzung von Verstärkungsschirmen[1]) üblich. Die wirksame Spektralkurve wird hierdurch insofern abgeändert, als der Silberabsorptionssprung zum Teil ausgeglichen wird, da ja ein erheblicher Teil der gesamten photographischen Wirkung durch das ultraviolette Licht des Schirmes entsteht. Nach Untersuchungen von GLOCKER[2]) und SCHLECHTER[3]) steigt die verstärkende Wirkung mit der Intensität erheblich an. Ganz schwache Flecken, die an der Sichtbarkeitsgrenze liegen, werden nicht deutlicher, neue nicht hervorgerufen. Zudem ändert sich die Verstärkung erheblich mit der Wellenlänge. Für Aufnahmen zur Strukturbestimmung, bei denen es auf Intensitätsdiskussion ankommt, wird man daher den Schirm nicht verwenden, sondern hauptsächlich für Einstellaufnahmen und zur Erzielung effektvoller Bilder.

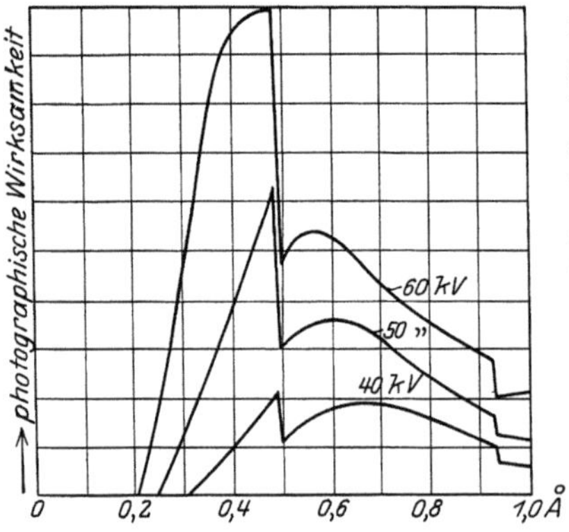

Abb. 118. Photographisch wirksames Spektrum nach WYCKOFF.

Lehrreich ist die Kurve, die WYCKOFF[4]) für die photographische Wirkung des Röntgenlichts berechnet unter Benutzung der von ULREY[5]) gewonnenen spektralen Intensitätskurven bei verschiedenen Spannungen und der photographischen Gesetze. Abb. 118 gibt das bei Betrieb einer Wolframröhre zu erwartende photographische Spektrum für die Spannungen 60, 50 und 40 kV. Steigert man die Spannung auf über 60 kV, so treten Wellenlängen auf, die kleiner als die halben Wellenlängen im spektralen Maximum sind und die als mögliche Obertöne die Diskussion des Bildes erschweren würden.

β) Die Aufnahmeapparate sind verhältnismäßig weniger gut durchkonstruiert als

[1]) Siehe ds. Handb. Bd. XIX.
[2]) R. GLOCKER, Fortschr. a. d. Geb. d. Röntgenstr. Bd. 29, S. 100. 1922.
[3]) E. SCHLECHTER, Phys. ZS. Bd. 24, S. 29. 1923.
[4]) R. W. G. WYCKOFF, The Structure of Crystals, S. 142. New York 1924.
[5]) C. T. ULREY, Phys. Rev. Bd. 11, S. 401. 1918.

bei den andern Verfahren. Der historische LAUE-FRIEDRICH-KNIPPINGsche Apparat[1]), der sich jetzt im Deutschen Museum in München befindet, ist in Abb. 119 wiedergegeben und hat etwa folgende Hauptmaße: Abstand Antikathode—Blende etwa 27 cm (verwendet wurden damals die medizinischen Röntgenröhren mit 30 cm Kugeldurchmesser); Abstand Blende—Kristall 5 cm,

Abb. 119. Anordnung von LAUE, FRIEDRICH und KNIPPING.

Kristall—Platte 3 bis 7 cm. Die eigentliche Strahlenbegrenzung wird durch den dem Kristall zugewandten Teil der Blende gegeben; dies ist eine drehbar befestigte Bleiplatte von 8 mm Dicke, welche Bohrungen von 2 mm, 1 mm und $^1/_2$ mm Durchmesser enthält, die nach Wahl in den Strahlengang gestellt werden können. Der Kristall — am besten ein Plättchen von $^1/_2$ bis 1 mm Dicke, bei stark absorbierenden Substanzen ein dünneres — ist in üblicher Weise mit Klebwachs auf dem Tischchen eines Goniometers befestigt. Die Einstellung geschieht vermittels eines entfernt aufgestellten Fernrohrs, dessen Achse die optische Achse bildet, auf die der Reihe nach die Blenden, der Röhrenbrennfleck und schließlich der Kristall eingestellt werden. Die Platte steht auf einem Plattenhalter. Belichtung z. B. für die bekannten Zinkblendeaufnahmen etwa 1800 mA/min, ohne Verstärkungsschirm. Die Strahlenausnutzung ist infolge des großen Abstandes Antikathode—Blende recht ungünstig. Der an einem Gestell durch Gegengewicht ausbalancierte Bleikasten wird nach Einstellen des Apparates darübergestülpt, um die Streustrahlung abzuhalten. (Da die Röhre selbst nicht eingebaut ist, ist der Beobachter ungeschützt!)

Wesentlich bessere Röhrenausnutzung gibt der Apparat von RINNE[2]) (Abb. 120) durch Verwendung der modernen schlanken Röhrenform (bei ihm einer Lilienfeldröhre) und Aufbau mehrerer Aufnahmeapparate um die Röhre

[1]) M. LAUE, W. FRIEDRICH u. P. KNIPPING, Münchener Ber. 1912, S. 303.
[2]) F. RINNE, Leipziger Ber. Bd. 67, S. 303. 1915.

herum. Die Röhre ist in einem mit Bleiblech verkleideten Schutzhaus auf Porzellanisolatoren bzw. Durchführungen montiert; die Aufnahmeapparate, bestehend aus einer Doppelblende mit aufgeklebtem Kristallplättchen und dem Plattenhalter, sind auf schräg gestellten Schienen verschiebbar angeordnet, so daß sie die Strahlen der Antikathode streifend entnehmen — was bekanntlich die wirksame Flächenhelle der Antikathode steigert. Es wird meist mit Verstärkungsschirm und Blende von etwa $1^1/_2$ mm Durchmesser gearbeitet. Belichtung für eine übliche Aufnahme (Calcit) etwa $^1/_2$ Stunde bei 15 mA.

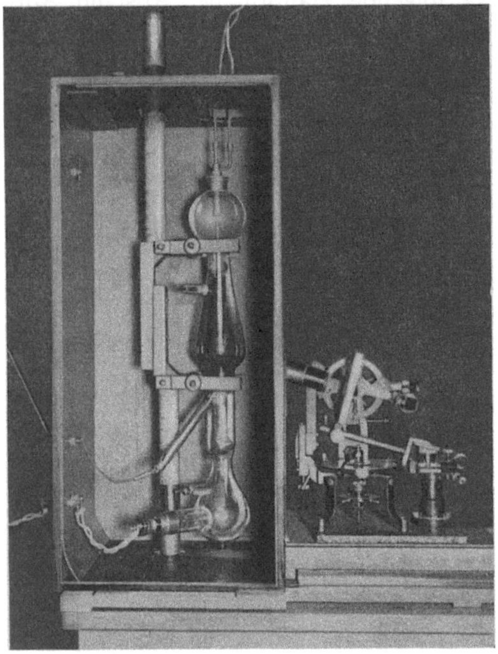

Abb. 120. Anordnung von F. RINNE.

Eine etwas andere Konstruktion gibt WYCKOFF[1]) in seinem Buch an. — Abb. 121 zeigt nach dem Katalog von A. HILGER Ltd. in London einen von dieser Firma in den Handel gebrachten Apparat, der für alle Arten von Aufnahmen (Spektrographen-, Drehkristall-, Pulver- und Laueaufnahmen) eingerichtet ist. — Zu Aufnahmen bei hohen Temperaturen dient eine von LAUE und v. D. LINGEN[2]) beschriebene Kammer.

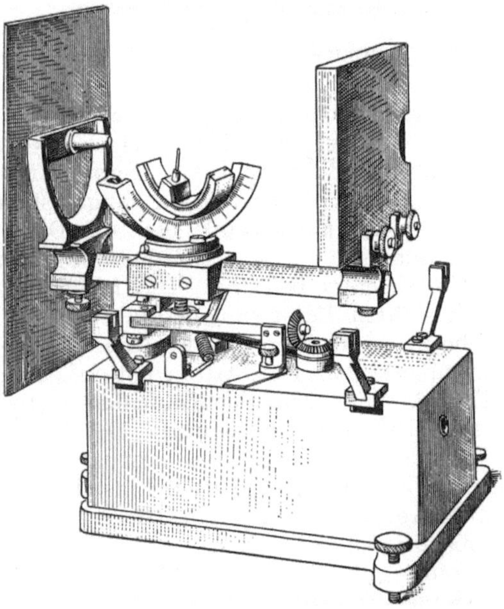

Abb. 121. Müllerspektrograph der Firma A. Hilger, London. Eingestellt für Laueaufnahmen.

Für viele Zwecke ist es erforderlich, den genauen Abstand Kristall — Platte zu kennen — nämlich immer dann, wenn aus der absoluten Größe der Abbeugungswinkel ein Achsenverhältnis des Kristalls bestimmt werden muß. Die Genauigkeit sollte, um an die goniometrische Bestimmung von Achsenverhältnissen heranzukommen, mindestens $^1/_{20}$ mm betragen; der Abstand ist von der Kristallmitte aus zu rechnen. Wahrscheinlich ist das Genaueste, für eine Aufstellung der Platte genau senkrecht zum Primärstrahl zu sorgen (evtl. Kontrolle mittels des Fernrohrs, wie bei LAUE-FRIEDRICH-KNIPPING) und den Abstand aus der Aufnahme selbst rechnerisch zu ermitteln. Oder

[1]) R. W. G. WYCKOFF, The Strukture of Crystals, S. 142. New York 1924.
[2]) M. LAUE u. J. S. v. D. LINGEN, Phys. ZS. Bd. 15, S. 75. 1914.

aber man stellt zwei Platten mit genau meßbarem Schichtabstand (durch einen planparallel gefrästen Zwischenrahmen von 1 bis 2 cm Breite auseinandergehalten) hintereinander, so daß wenigstens die stärksten Flecken auch auf der zweiten Platte sichtbar werden. Aus dem Verhältnis der Abstände ähnlicher Flecken auf beiden Platten ermittelt man leicht zeichnerisch oder rechnerisch die Entfernung des wirksamen Beugungszentrums im Kristall.

Da sich Reste von Antikathodeneigenstrahlung nicht vermeiden lassen und wegen des Empfindlichkeitssprunges der Platte muß die Einstellung auf etwa eine Minute genau sein, um auch in den Intensitäten genau symmetrische Aufnahmen zu erhalten. Für viele Zwecke der Diskussion ist es aber vorteilhafter, Aufnahmen zu haben, die um einige Minuten aus der vollen Symmetrie verdreht sind. Dann befinden sich in den sonst völlig gleichberechtigten Flecken (die z. B. die Kristallplatte unter fast gleichen Neigungen durchlaufen haben und daher durch Absorption, schiefen Einfall auf die photographische Schicht usw. gleichmäßig betroffen sind) verschiedene Wellenlängen, und man gewinnt aus ihnen einen Anhalt über das wirksame Spektrum. Die Verdrehung des Kristalls aus der Symmetriestellung ist entweder am Goniometer abzulesen (wenn die Stellung voller Symmetrie bekannt ist) oder aus der Aufnahme, am besten aus ihrer gnomonischen Projektion, zu ermitteln.

Die Anwendung der Intensitätstheorie auf Laueaufnahmen ist dadurch erschwert, daß infolge der engen Ausblendung des Primärstrahls nur in einem Teil der Kristallplatte die von der Theorie verlangte Wechselwirkung zwischen ihm und den Sekundärstrahlen stattfinden kann. Nur bei Kristallplatten, die dünn sind gegenüber dem Blendendurchmesser, ist die Voraussetzung der freien Wechselwirkung — bis auf einen zu vernachlässigenden Randstreifen — erfüllt. Vom Standpunkt der theoretischen Erfassung der Intensitäten sind die von SEEMANN[1]) angegebenen Anordnungen viel einfacher, bei denen die Blende hinter die Kristallfläche gelegt wird. Doch sind sie praktisch nur bei einigermaßen weichen Strahlen durchführbar, wo eine dünne Blende genügt.

Diesen letzten Methoden nahe verwandt ist eine von RUTHERFORD und ANDRADE[2]) zur Wellenlängenbestimmung der γ-Strahlen benutzte Anordnung (Abb. 122): Das Radiumpräparat R wirkt als punktförmige Strahlenquelle, die Steinsalzplatte reflektiert mit den inneren Würfelflächen, und die Blende sorgt in Verbindung mit dem Bleiklötzchen, das den Zentralstrahl von der Platte fernhält, dafür, daß nur reflektierte Strahlen die Platte treffen. Die Ausmessung des Abstandes der Interferenzlinien auf der Platte gab als Wellenlängen der benutzten (sehr weichen) γ-Strahlung des Ra B Werte von $\lambda = 0{,}07$ Å an aufwärts. Vermutlich entstehen die Streifen aber nicht durch die γ-Strahlung selbst, sondern es sind die K-Linien von Pb, die durch sie im Präparat sekundär erregt werden[3]).

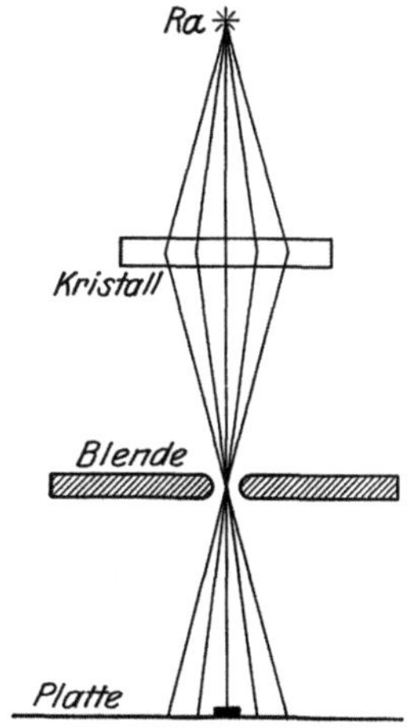

Abb. 122. Anordnung von RUTHERFORD und ANDRADE.

27. Das DUANE-CLARKsche Verfahren. Im Grunde gehört das von DUANE und CLARK ausgearbeitete Verfahren[4]) zu den Verfahren mit feststehendem

[1]) H. SEEMANN, Phys. ZS. Bd. 18, S. 242. 1917.

[2]) E. RUTHERFORD u. E. N. DA C. ANDRADE, Phil. Mag. Bd. 27, S. 854. 1914.

[3]) Neuere Erfolge bei der Spektroskopie der γ-Strahlen nach dem gewöhnlichen Spektrographenprinzip siehe bei J. THIBAUD, Thèse. Paris 1925 sowie Journ. de phys. Ser. 6, Bd. 6, S. 82. 1925.

[4]) G. L. CLARK u. W. DUANE, Phys. Rev. Bd. 20, S. 85, 1922. Bericht über dies Verfahren mit Instrumentenzeichnungen siehe J. C. HUDSON, Journ. Opt. Soc. Am. Bd. 9, S. 259.

Kristall und weißem Röntgenlicht. Es unterscheidet sich aber prinzipiell von dem Laueverfahren dadurch, daß eine absolute Bestimmung der in jedem Interferenzfleck enthaltenen größten Wellenlänge vorgenommen wird. Das ist eine Ergänzung, die für jede Serie von Netzebenenabständen den absoluten Maßstab liefert, der im Laueverfahren fehlt. Die Bestimmung geschieht auf Grund der EINSTEINschen Gleichung zwischen dem Potential V, das die Kathodenstrahlen erzeugt, und der minimalen, aus ihnen entstehenden Wellenlänge λ bzw. Frequenz $\nu = c/\lambda$:

$$eV = h\nu \quad \text{oder} \quad \lambda_{\text{Å}} V_{\text{Kilovolt}} = 12{,}34\,.$$

Die Anwendung geschieht so: das Röntgenrohr (Coolidgerohr) wird mit Gleichspannung betrieben, der Kristall steht fest, ein Interferenzstrahl wird mit der Ionisierungskammer beobachtet. Nun wird die Röhrenspannung gesenkt, dabei verringert sich die Intensität der Interferenz, weil die zu ihrer Erzeugung notwendige Wellenlänge in geringerem Maße produziert wird. Bei einer kritischen Voltzahl $V_{\min}$ wird die Intensität in der Ionisierungskammer Null, und es ergibt sich daraus die reflektierte Wellenlänge. Enthält die Interferenz diese Wellenlänge nicht als Grundton, so konstatiert man immerhin bei dem $V_{\min}$ für den Oberton einen Knick in der Kurve, die die Ionisierung als Funktion der Spannung darstellt, auch wenn diese Kurve nicht bis auf Null geht.

Voraussetzung für diese ganze Methode ist also eine sichere Messung der angelegten Spannung und eine sehr wenig pulsierende Spannung. Die Methode ist hierdurch eigentlich auf die wenigen amerikanischen Laboratorien zugeschnitten, wo eine Akkumulatorenbatterie bis zu 50 000 V — bei Milliampere Entnahme — zur Verfügung steht[1]). Man könnte daran denken, gleichgerichteten und durch Kapazitäten seiner Schwankungen beraubten Wechselstrom für diese Methode dienstbar zu machen. Seine Schwankungen lassen sich (bei Verwendung einer 500-Perioden-Maschine, großer Kapazitäten und sorgfältiger Konstanthaltung der Primärspannung) auf etwa $^1/_2$% herabdrücken. Die Spannungsmessung würde wahrscheinlich aus dem Übersetzungsverhältnis des Umformers zu erfolgen haben. Doch ist das Verfahren in der Art noch nicht ausprobiert worden.

28. Das Verfahren der Aufhellungslinien. Dies Verfahren ist zwar zur praktischen Kristallbestimmung noch nicht erprobt worden; da es aber auf Grundlagen beruht, die von denen der anderen Verfahren stark abweichen, so mag es als ein weiteres Hauptverfahren genannt sein.

Wie WAGNER, SIEGBAHN und wohl andere Röntgenspektroskopiker schon 1919 wußten, entstehen bei der Aufnahme des Spektrums von weißem Röntgenlicht etwa an einer Steinsalz-Würfelfläche innerhalb des Spektrums feine Linien geringer Schwärzung (Aufhellung der Platte). Diese Linien finden sich nicht, wenn der Kristall vor einer zweiten Spektralaufnahme um die Normale der reflektierenden Fläche gedreht worden ist. Sie entstehen dadurch[2]), daß außer der „Hauptreflexionsfläche", welche das kontinuierliche Spektrum entwirft, bei manchen Kristallstellungen und zugehörigen Wellenlängen weitere „Nebenreflexionsebenen" in Wirksamkeit treten, die einen Teil der auffallenden Energie statt in das Hauptspektrum in eine andere Richtung werfen. Diese Erscheinung ist neuerdings sehr schön von BERG[3]) experimentell studiert

[1]) A. H. ARMSTRONG u. W. W. STIFLER, Journ. Opt. Soc. Am. Bd. 11, S. 509, 1925; J. C. HUDSON, Journ. Opt. Soc. Am. Bd. 9, S. 259, 1924; J. C. HUDSON u. G. L. CLARK, Journ. Opt. Soc. Am. Bd. 8, S. 681. 1924.

[2]) Siehe E. WAGNER, Phys. ZS. Bd. 21, S. 632. 1920.

[3]) O. BERG, Wiss. Veröffentl. a. d. Siemens-Konz. Bd. 5, S. 89. Berlin: Julius Springer 1926; s. auch Naturwissensch. Bd. 14, S. 887. 1926.

worden. Verwendet man zur Erzeugung des Hauptspektrums einen Spalt von einiger Länge, so gibt es Aufhellungslinien, die das Hauptspektrum senkrecht durchziehen, und solche, die schräg dazu laufen. Erstere entstehen bei Nebenreflexion an Ebenen, deren Zonenachse die Drehachse des Kristalls ist, letztere an schief zur Drehachse gelegenen Ebenen. Die ersteren werden von einer einheitlichen Wellenlänge erzeugt, innerhalb der letzteren variiert die Wellenlänge während der Kristalldrehung in dem Maße, als verschiedene Teile des (einigermaßen weit geöffneten) Einfallsbündels zur Reflexion an den verschiedenen Teilen der schrägen Ebene kommen. Die Geometrie dieser Erscheinung ist mit dem reziproken Gitter leicht aufzustellen und gestattet Rückschlüsse auf die Kristallstruktur.

Im Prinzip ähnlich ist das von SCHACHENMEIER[1]) angegebene Verfahren. Nur werden hier zwei Kristalle benutzt: der eine zerlegt das weiße Röntgenlicht (Analysator) und erzeugt vermöge zweier gekreuzter Spalte im Verlauf der Drehung ein astigmatisches Strahlenbündel, dessen Strahlen je nach ihrer Richtung verschiedene Wellenlänge besitzen. Diesem Strahlenbündel wird der zu bestimmende Kristall fest in den Weg gestellt. Seine Netzebenen suchen sich aus dem auf ihn fallenden Bündel die zur Reflexion geeigneten heraus und werfen sie in andere Richtungen. Infolgedessen erscheint das vom Analysator entworfene kontinuierliche Spektrum von Aufhellungslinien durchzogen. — Auch hier ist die Geometrie im reziproken Gitter leicht zu übersehen und zur Strukturbestimmung auszuwerten. Das Verfahren soll sich für Dünnschliffe eignen. — Beide Verfahren sollten jedenfalls weiter ausgebaut werden.

29. Varianten. Begreiflicherweise existieren zahlreiche Abänderungen der Hauptverfahren, die zum Teil schon oben besprochen wurden. Im folgenden mögen einige nützliche Hinweise auf Abänderungen und Einzelheiten und auf die entsprechende Literatur Platz finden, die naturgemäß keinen Anspruch auf Vollständigkeit machen können.

SEEMANNS „spaltlose" Anordnungen. a) „Schneidenmethode": Auf die reflektierende Kristallfläche wird eine stumpfe Schneide aus Wolfram aufgesetzt. Für die Reflexion wirksam ist hierdurch nur der unmittelbar unter der Schneide gelegene Kristallteil. Eine Linienkante bleibt trotz der Eindringungstiefe der Strahlen in dem Kristall scharf. H. SEEMANN, Phys. ZS. Bd. 18, S. 242. 1917.

b) „Fenstermethode": Vor dem Kristall liegt keine Blende, erst hinter dem Kristall. (Ebendort.)

Geometrische Optik der Röntgenstrahlen in bezug auf die experimentellen Verfahren: H. SEEMANN, Phys. ZS. Bd. 18, S. 242. 1917 u. Bd. 27, S. 10. 1926; W. S. UHLER, Phys. Rev. Bd. 11, S. 1. 1918; G. GOUY, Ann. de phys. Bd. 5, S. 241. 1916; J. BRENTANO, Proc. Phys. Soc. London Bd. 37, S. 184. 1925.

Blendenkonstruktion. H. S. UHLER, Phys. Rev. Bd. 11, S. 1. 1918: Wird als Kollimator ein System aus zwei gleichen Spalten (Weite b) in den Abständen s_1 und s_2 vom Kristall verwendet, so füllt der reflektierte Strahl (rotierender Kristall, Spektrographenmethode) zwischen den Entfernungen s_1 und s_2 vom Kristall die gleiche Breite b gleichmäßig aus.

W. SOLLER, Phys. Rev. Bd. 24, S. 158. 1924: Angabe eines Kollimatorspaltes, d. h. einer Blende, die durch Zusammenlegen von sehr dünnen (0,08 mm) Pb-Blechen mit lichten Abständen von 1,24 mm hergestellt wird. Länge 206 mm, d. h. Schachtlänge = 166 mal Schachtbreite. Eine solche Blende (vgl. die medizinische „Buckyblende") gestattet bei gleicher Auflösung des Spektrographen viel größere Kristallstücke zu benutzen und steigert daher die Intensität. Es wird eine Kollimatorblende vor, eine hinter dem Kristall verwandt. Dabei ergibt sich eine Bestimmung der Linienlage auf 7″ genau (bei 45° Ablenkung).

UHLER-COOKSEYS Verschiebungsmethode (Phys. Rev. Bd. 16, S. 305. 1920). Zur Präzisionsbestimmung von Gitterkonstanten oder Spektrallinien werden auf die gleiche Platte zwei Aufnahmen gemacht, zwischen denen die — entsprechend montierte — Platte um eine genau meßbare Strecke parallel verschoben wird. Hierdurch erübrigt sich die Benutzung des schwer bestimmbaren Abstandwertes Kristall—Platte. Die Winkelmessung

[1]) R. SCHACHENMEIER, ZS. f. Phys. Bd. 19, S. 94. 1923; s. auch Phys. Ber. Bd. 5, S. 460. 1924.

reduziert sich auf zwei Längenmessungen auf der gleichen Platte. Damit nicht durch ungleiche Schwärzungen innerhalb der Linien Verschiebungen der Linienschwerpunkte vorgetäuscht werden, müssen gewisse Blendenbedingungen erfüllt sein (s. oben).

Spektrometer mit schneller Präzisionsablesung (H. M. TERRILL, Journ. Opt. Soc. Amer. Bd. 9, S. 189. 1924). Drehung von Kristall und Kammer erfolgt durch Schnecke und Trieb. Durchmesser des Schneckenrades 36,6 cm, der Triebspindel 20 mm. Ablesegenauigkeit 12″.

Das Spektrometerverfahren mit feststehendem Kristall erfordert ein sehr weit geöffnetes Strahlenbündel, so daß mehrere Reflexe gleichzeitig entstehen. Hierfür benutzt man ein in der Nähe des Kristalls aufgestelltes Metallblech als Sekundärstrahler. Auf den Kristall wird — als einzige Blende — eine Schneide aufgesetzt, wie bei dem SEEMANNschen Schneidenspektrographen. Siehe z. B. P. A. Ross, Phys. Rev. Bd. 23, S. 662. 1924.

Präzisionsmethoden zur Bestimmung der Gittergröße: a) mit Pulverfahren: WESTGREN und PHRAGMÉN (Journ. Iron a. Steel Inst. Bd. 109, S. 159. 1924) verwenden Interferenzen hoher Ordnung (Ablenkung etwa 140°), die auf einer im Innern der Pulverkamera aufgestellten Platte aufgefangen werden; b) mit der SEEMANNschen Schneidenmethode: sehr gründliche Untersuchung dieser Methode auf ihre Brauchbarkeit zur Präzisionsbestimmung von Wellenlängen bzw. Gitterabständen, sowie weitere Diskussion der bei Präzisionsmessungen auftretenden Fehlerquellen bei A. P. WEBER, ZS. f. wiss. Photogr. Bd. 23, S. 249. 1925.

Kombination von Laue- und Drehkristallaufnahme (F. RINNE, Kristallogr. Formenlehre usw. 4. u. 5. Aufl. Leipzig 1922). Der Hauptteil der Belichtung erfolgt bei festem Kristall und weißer Strahlung; anschließend wird der Kristall durch einen kleinen Winkelbereich gedreht, so daß die starken Emissionslinien, die sich vom Untergrund der weißen Strahlung abheben, noch zur Reflexion nach Art eines Schichtliniendiagramms gelangen.

Drehkristallaufnahmen mit Ionisierungskammer statt mit Platte oder Film werden von W. L. BRAGG benutzt (ZS. f. Krist. Bd. 63, S. 122. 1926).

Schichtlinienverfahren mit mitbewegter Platte (H. SEEMANN, Phys. ZS. Bd. 20, S. 317. 1919). Bei SEEMANNS ursprünglicher Anordnung war die Platte mit dem Kristallhalter starr verbunden. Die Linien des Hauptspektrums sind dann auf der Platte nur durch den einfachen Glanzwinkel ϑ getrennt. Da auch die Bezifferung eher komplizierter ist, als bei dem Drehkristallverfahren mit fester Platte, so hat sich diese Anordnung nicht eingebürgert.

Drehkristallverfahren mit Registrierung des Reflexionszeitpunktes. K. WEISSENBERG (ZS. f. Phys. Bd. 23, S. 229. 1924) blendet eine Schichtlinie aus und fängt die Reflexe auf einem Filmzylinder auf, der sich parallel der Drehachse des Kristalls verschiebt, wenn dieser sich dreht. Man erreicht so die gleiche Kenntnis der Reflexionsstellungen des Kristalls, wie beim Spektrometerverfahren, verliert dafür aber auch den Vorteil des Drehkristallverfahrens, alle Schichtlinien auf einmal zu liefern.

Pulverkamera für weiche Strahlen. Um das Fenster der Vakuumkamera zu umgehen, bauen SCHADE und GANTZKOW (ZS. f. Phys. Bd. 15, S. 184. 1923) Kamera und Röhre zu einer Einheit zusammen.

BOHLINsches Verfahren: H. BOHLIN, Ann. d. Phys. Bd. 61, S. 421. 1920; H. SEEMANN, ebenda Bd. 59, S. 455. 1919; F. KIRCHNER, ebenda Bd. 69, S. 59. 1922.

Pulveraufnahmen mit ebenem Präparat. W. H. BRAGG (Proc. Phys. Soc. London Bd. 33, S. 222. 1921) hat zuerst auf die Achse seines Spektrometers ein Al-Blech montiert und mit dem Ionisierungsverfahren Aufnahmen gemacht. J. BRENTANO (Proc. Phys. Soc. London Bd. 37, S. 184. 1925) hat die Geometrie dieses Verfahrens diskutiert und durch Einführung einer Blende, die sich beim Drehen der Pulverplatte axial verschiebt, scharfe Linien über den ganzen Kreisumfang erhalten (photographisch).

Benutzung gebogener Glimmerblättchen zur Konzentration der reflektierten Strahlen in einem Brennpunkt auf der Achse: DARBORD, Journ. de Phys. 1922, S. 218.

Orientierung von Kristallen mittels Röntgenaufnahmen (Röntgengoniometer): R. GROSS, Zentralbl. f. Mineral. 1920, S. 52; W. P. DAVEY, Phys. Rev. Bd. 23, S. 764. 1924 (Doppelaufnahme auf einem feststehenden und einem mit dem Kristall gedrehten Film); A. MÜLLER, Proc. Roy. Soc. London (A) Bd. 105, S. 500. 1924; E. SCHIEBOLD, Preisschrift der Fürstl. Jablonowskischen Gesellschaft, Leipzig 1925; E. SCHIEBOLD u. G. SACHS, ZS. f. Krist. Bd. 63, S. 32. 1926 (Benutzung der Laueaufnahme).

VI. Die Strukturermittlung aus Interferenzaufnahmen.

30. Vorbemerkungen. Die Daten, die bei den Interferenzverfahren erhalten werden, sind bei aller Verschiedenheit im einzelnen doch stets nur grundsätzlich von zweierlei Art: 1. geometrische Daten, bestehend in Aussagen über die Reflexionsstellungen des Kristalls (Spektrometerverfahren) oder die Abbeugungswinkel der Interferenzstrahlen (übrige Verfahren), und 2. Intensitätsdaten, das sind bestenfalls genaue ionometrische Angaben über die Intensitäten der Interferenzstrahlen oder photometrische Registrierungen der Schwärzungen (z. B. von DEBYE-SCHERRER-Aufnahmen). Aber auch Schätzungen ohne den Versuch einer quantitativen Angabe, sondern mit alleiniger Entscheidung über „stärker" und „schwächer" liefern oft genügende Angaben zu einem sicheren Entscheid über die Struktur.

Diesen beiden Typen von Daten entsprechen bei der Strukturermittlung zwei ebenso verschiedene Schritte: aus den geometrischen Daten wird die Bestimmung der Grundzelle des Gitters vorgenommen, aus den Intensitäten auf die Anordnung der Basis in dieser Zelle geschlossen. Dies ist wenigstens das prinzipielle und allgemeine Schema einer Strukturbestimmung. Oft findet es sich, daß scheinbar schon die geometrischen Daten allein zur vollen Bestimmung auch der Basislagen genügen. Das ist dann der Fall, wenn gemäß der Strukturtheorie in der Grundzelle die notwendige Zahl von Molekülen bzw. Atomen nur in einer einzigen Art untergebracht werden kann („nonvariante Punktlagen"). In Wirklichkeit gehört auch hier zur Prüfung der stillschweigend gemachten Annahmen eine Intensitätsdiskussion notwendig zur vollen Strukturbestimmung. Diese Annahmen laufen entweder darauf hinaus, daß gewisse Atome gleichberechtigt auftreten sollen (etwa alle C-Atome im Diamant) oder daß die aus den geometrischen Daten ermittelte Zelle auch wirklich die wahre, d. h. strukturtheoretisch richtige Zelle sei — was doch erst durch die Strukturermittlung zu beweisen wäre. Es macht eben einen großen Unterschied, ob die Strukturermittlung nur eine mögliche, oder die wahre bzw. systematisch alle möglichen Anordnungen geben soll[1]). Manchmal kann allerdings die Intensitätsdiskussion sich darauf reduzieren, daß der Ausfall gewisser Sorten von Interferenzen konstatiert wird. Dann gehören scheinbar diese Aussagen noch zu den geometrischen.

Wir besprechen zunächst den Schluß auf die Zelle aus den geometrischen Daten und darauf die Ermittlung der Raumgruppe und der Basis aus den Intensitäten.

31. Allgemeines über die Bezifferung der Interferenzbilder und die Ermittlung der Gitterzelle. α) Unter der Bezifferung wird die Ermittlung eines einheitlichen Systems von Indizes $(h_1 h_2 h_3)$ für die beobachteten Interferenzen verstanden. Dies ist geradezu identisch mit der Festlegung auf gewisse Achsen. Denn nach der Bedeutung der h_i als Gangunterschieden zwischen Atomen, die nach den drei Translationen des Gitters benachbart sind [Ziff. 12 α)] hat die Festlegung der h_i nur dann Sinn, wenn die Translationen $\mathfrak{a}_i$ gegeben sind. Andererseits bedeutet jeder Wechsel in den Achsen einen gleichen Wechsel in den Indizes [vgl. Ziff. 12 δ)].

Während zu einem zusammengehörigen Achsen- und Bezifferungssystem bei Transformation zwangläufig ein anderes folgt, ist doch allein aus den geometrischen Daten niemals eine Eindeutigkeit in der Zuordnung von

[1]) Dieser Punkt wird besonders von WYCKOFF betont.

Achsen und Indizes erreichbar. Denn offenbar ist es stets möglich, einem Interferenzbild, das bei den Achsen $\mathfrak{a}_i$ durch die Indizes h_i erklärt wird, bei gleichen Achsen andere, durch lineare ganzzahlige Transformationen aus dem h_i entstehende Indizes η_i zuzuordnen, wenn man nur die Annahme zuläßt, daß (infolge des Strukturfaktors) nicht alle Interferenzen aufzutreten brauchen. So könnte man beispielsweise sämtliche Ordnungen verdoppeln — müßte dann aber gleichzeitig feststellen, daß alle ungeraden Interferenzen ausfallen.

Ganz anders wird dies Verhältnis, wenn man zu den rein geometrischen (Winkel-)daten der Aufnahmen noch eine Längenbestimmung zufügt, sei es die Kenntnis einer Wellenlänge oder eines Gitterabstandes im Kristall. Nachdem einmal das doppelte Problem der gleichzeitigen Bestimmung beider Größen in glücklichster Weise von W. L. BRAGG[1]) gelöst worden ist, kann man für die heutigen Bestimmungen die Wellenlänge λ für alle Verfahren mit monochromatischem Licht als gegeben ansehen. Das Laueverfahren benutzt keine charakteristische Wellenlänge und bedarf daher einer solchen Kenntnis nicht — oder nur in ganz untergeordneter Weise. Dies ergibt einerseits die Schwierigkeiten bei der alleinigen Benutzung des Laueverfahrens, andererseits ist es aber der Grund dafür, daß die erste Strukturbestimmung, die zur ersten Wellenlängenbestimmung nötig war — die soeben zitierte — aus dem Lauebild gewonnen wurde.

β) Man wird daher heute das Schema einer Strukturbestimmung folgendermaßen aufbauen: Gegeben λ; gemessen die Abbeugungswinkel der Interferenzstrahlen. Letztere sind verträglich mit einer Bezifferung (h_i) und zugehörigen Achsen $(\mathfrak{a}_i)$, die durch λ ihrer absoluten Größe nach bestimmt sind. v_a sei das von ihnen aufgespannte Volumen, $m_H = 1{,}64 \cdot 10^{-24}$ g die absolute Masse eines Wasserstoffatoms (genauer von $^1/_{16}$ Atom O), μ das Molekulargewicht der Substanz. Z Moleküle seien in der Zelle, dann ist die Dichte σ des Kristalls gleich Zellmasse durch Zellvolumen und man erhält für die Molekülzahl der Basis

$$Z = \frac{\sigma}{\mu\, m_H} v_a = \frac{\sigma}{1{,}64 \cdot \mu} v_a,$$

wenn die Achsen $\mathfrak{a}_i$ in Ångströmeinheiten, v_a in Å^3, gemessen werden. Diese Zahl Z hängt durch v_a von der Achsenwahl und der Bezifferung ab. Eine erste Bedingung, die sie erfüllen muß, ist, daß sie innerhalb der Fehlergrenzen ganzzahlig sein muß. Erscheint sie gebrochen, so muß durch Achsentransformation ein geeignetes Vielfaches des bisherigen Volumens als Inhalt der neuen Grundzelle gewonnen werden. Man gelangt so zu einer ersten, provisorisch als richtig anzusehenden Bezifferung und hat das Bezifferungsverfahren insofern zu einem vorläufigen Abschluß gebracht, als alle aus Intensitätsgründen etwa notwendig werdenden Abänderungen dieses Achsensystems durch Transformation aus den bisherigen, die geometrische Lage der Interferenzen und die Dichte des Kristalls richtig gegeneinander abpassenden Achsen gewonnen werden.

γ) Auf Grund der Annahme, daß gewisse, chemisch gleiche Atome im Kristall auch strukturell gleichwertig auftreten sollen, führt man die Strukturermittlung manchmal noch einen Schritt weiter: Es kann sich aus dieser Annahme, aus dem Wert der Zahl Z und der chemischen Formel nämlich ergeben, daß eine Reihe von Raumgruppen ausscheidet, weil sich in ihnen nicht die erforderliche Zahl gleichberechtigter Teilchen unterbringen läßt. Man erhält so eine Auswahl möglicher Raumgruppen — und zwar die einfachsten —, aber

[1]) W. L. BRAGG, Proc. Cambridge Phil. Soc. Bd. 17, S. 43. 1913; s. auch ZS. f. anorg. Chem. Bd. 90, S. 153. 1915.

nicht alle möglichen Raumgruppen. Denn es wäre durchaus denkbar, daß bei einer neuerlichen Achsentransformation, die auf eine größere Grundzelle und Zahl Z führt, neue Raumgruppen befähigt werden, die Basisatome aufzunehmen. Offenbar ist eine Strukturbestimmung erst dann als eindeutig und damit endgültig anzusehen, wenn gezeigt ist, daß auch alle denkbaren Erweiterungen der Basis stets wieder auf die gleiche räumliche Atomanordnung — nur in wechselnder Beschreibung — zurückführen. Dieser Beweis ist im allgemeinen durch die Diskussion des Strukturfaktors zu führen, aber es fehlt noch sehr an den gittertheoretischen Grundlagen dazu[1]). Im besonderen kann man es an der Beibringung einer Art statistischen Materials genug sein lassen, um mit großer Wahrscheinlichkeit zu schließen, daß alle Erweiterungen der Basis tatsächlich die mit einer kleineren Basis beschreibbare Struktur ergeben, etwa nach folgendem Gedankengang: Vergrößerung der Basis bedeutet Erhöhung der Ordnung der Interferenzen. Soll diese Vergrößerung nicht bloß formal sein, so muß sie sich darin bemerkbar machen, daß auch neue, nur zwischen die vergrößerten Ordnungszahlen der Interferenzen einschiebbare Interferenzen auftreten. Umgekehrt: kann man alle Interferenzen, die nach der Art der Aufnahme zu erwarten sind, durch eine gewisse Zellenwahl erklären und finden sich keine weiteren, so wird man schließen, daß eine Vergrößerung der Zelle nur auf eine formal umständlichere Beschreibung des gleichen Gitters führen würde. In der Beibringung besonders zahlreichen Materials zu dieser Frage liegt ein Hauptvorteil des Laue- und des Drehkristallverfahrens. Man erhält mit ihnen leicht Reflexe von Hunderten von Netzebenen unter den verschiedensten Bedingungen[2]), während das Spektrometer und das Pulververfahren viel weniger Daten liefern. Eine Übersicht über die möglichen und die vorhandenen Flecken liefert das „Indexfeld“ [s. Ziff. 33 ϑ)]. — Die mit der Dichte des Kristalls und dem Indexfeld übereinstimmende Bezifferung ist solange als verbindlich anzusehen, als nicht gewichtige Gründe der Intensitäten (des Strukturfaktors) in Verbindung mit der Strukturtheorie zu einer letzten Abänderung zwingen.

Sollte sich — abweichend von dem oben Angenommenen — bei der mit der Dichte übereinstimmenden Zelle überhaupt keine Raumgruppe finden, in der eine Unterbringung der erforderlichen Atomzahl möglich ist, so ist damit sofort die Notwendigkeit gegeben, auf eine größere Zelle überzugehen.

Die Kenntnis der kristallographischen Symmetrie schränkt die Auswahl an Raumgruppen erheblich ein. Aber wegen der Unsicherheit, welche Bedeutung die kristallographisch festgestellte Symmetrie für die Anordnung der Atomschwerpunkte besitzt (NaCl und KCl haben z. B. hemiedrische Ätzfiguren!), sollte man sich eigentlich prinzipiell nicht auf diese Angabe verlassen.

32. Die Bezifferung beim Spektrometerverfahren. α) Bei diesem Verfahren reduziert sich die Bezifferung auf ein Minimum, weil es das einzige ist, das zu jedem Reflex aus der Kristallstellung die reflektierende Fläche unmittelbar angibt [Ziff. 24 α)]. Ihre (gekürzten) MILLERschen Indizes seien $(h_1^* \, h_2^* \, h_3^*)$. (Goniometrische Vermessung oder sonst Festlegung auf ein Achsensystem auf Grund der Reflexe darf vorausgesetzt werden.) Es bleibt nur übrig, den gemessenen Reflexen die richtigen Ordnungen zuzuschreiben. In der Literatur geschieht dies meist so inkonsequent, daß der Bezifferungsakt scheinbar bei diesem Verfahren ausfällt.

---

[1]) Z. B. wieviel Intensitäten müssen gemessen werden, um ein Gitter eindeutig zu bestimmen? Gibt es überhaupt immer eine eindeutige Zuordnung?

[2]) Man vergleiche etwa die Arbeiten der RINNEschen Schule: Leipziger Ber. Bd. 36, Nr. 2. 1919; Bd. 38, Nr. 3. 1921.

β) Als Beispiel möge die Vermessung des Calcits nach W. H. BRAGG behandelt werden. Abb. 123 gibt die mit Rh-K-Strahlen $\lambda = 0{,}6121$ erhaltenen Spektren graphisch wieder, Abscisse ist $\sin\vartheta$. Der Bezeichnung der Flächen ist dabei das kristallographisch übliche Achsensystem zugrunde gelegt, dessen Zelle dem Spaltungsrhomboeder des Calcits ähnlich ist ($\alpha = 101^\circ\,55'$). Ist a die Kante des Elementarrhomboeders, so ergibt sich für das reziproke Gitter [s. Ziff. 9 α)]

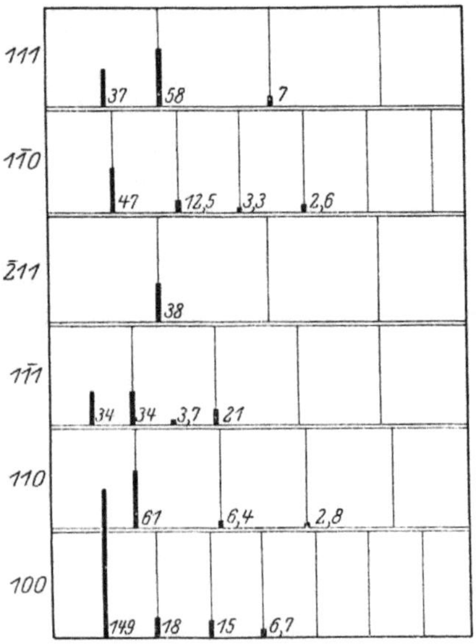

Abb. 123. Calcitspektren von W. H. BRAGG.

$$\mathfrak{b}_i^2 = \frac{1{,}120}{a_i^2},$$

$$\cos(\mathfrak{b}_i\,\mathfrak{b}_k) = 0{,}261\ (\beta = (74^\circ\,52').$$

Die Sinus der Reflexionswinkel erster Ordnung sind aus der Form

$$\sin^2\vartheta = (\lambda/2)^2\,\mathfrak{h}^2 = \frac{\lambda^2 b^2}{4}$$

$$\{h_1^2 + h_2^2 + h_3^2 + 2\cos\beta\,(h_1 h_2 + h_1 h_3 + h_2 h_3)\}$$

zu erhalten. Der kleinste an (100) beobachtete Winkel ist $5^\circ\,48'$, $\sin^2\vartheta = 0{,}0102$. Dies liefert, als Reflex (100) interpretiert, für den Faktor der quadratischen Form

$$(\lambda/2)^2 \cdot \mathfrak{b}^2 = 0{,}0102,$$

woraus $a = 3{,}21$ Å folgt. Aus der quadratischen Form berechnen sich weiter folgende Reflexwinkel (mittlere Zeile):

Reflex	111	$\bar{1}0\bar{2}$	$\bar{1}11$	$1\bar{1}1$	110	100
$\sin\vartheta$ ber.	0,216	0,123	0,213	0,159	0,161	0,101
$\sin\vartheta$ beob.	0,108	0,124	0,214	0,081	0,161	0,101

Man kann sich für die Reflexe ein Ordnungsnetz konstruieren mit den berechneten $\sin\vartheta$-Werten als Einheiten. Die beobachteten Werte sind unter Angabe der Intensitäten durch die Länge der Striche, in Abb. 123 in dies Netz eingetragen. Man sieht, daß die Reflexe an 111 und $1\bar{1}1$ nicht durch das Ordnungsnetz aufgenommen werden, sondern daß sie halbwegs zwischen die Netzabstände fallen. Will man den Rhomboederwinkel der Achsen wahren, so muß ihre Länge verdoppelt werden, so daß der bisherige Reflex (100) nunmehr als (200) zu bezeichnen ist usw. Das Ordnungsnetz wird hierdurch doppelt so dicht und nimmt nunmehr alle Reflexe auf. An den Flächen $\bar{2}11$, 100, $1\bar{1}0$, 110 treten jetzt nur noch gerade Reflexe auf. Das Rhomboedervolumen der neuen Achsen $a = 6{,}42$ Å, $\alpha = 101^\circ\,55'$ beträgt $0{,}924 \cdot a^3 = 245{,}2$ Å^3. Bei der Dichte 2,712 enthält es $Z = 4$ Moleküle vom Gewicht $100 \cdot 1{,}64 \cdot 10^{-24}$ g (genauer folgt $Z = 4{,}06$).

Hiermit ist ein erstes Achsensystem als Grundlage für die Struktur gefunden, das provisorisch beibehalten werden kann. Die weitere experimentelle Untersuchung würde aber nochmals Reflexe liefern, die zwischen Striche des Ordnungsnetzes fallen. Allerdings sind diese Reflexe verhältnismäßig schwach; aber sie zwingen dazu, nochmals die Achsenlänge zu verdoppeln, um alle Flecken unter Wahrung des kristallographischen Achsenwinkels deuten zu können. Die neue Zelle müßte 32 Moleküle aufnehmen. Man sieht aber aus den Auslöschungen, daß schon bei der vorigen Achsenabänderung insofern geschickter verfahren werden kann, als unter Preisgabe des kristallographischen Achsenwinkels eine Rhomboederzelle mit $Z = 1$ eingeführt werden kann, die die oben angeführten Beobachtungen auch wiedergibt: durch die erste Achsenverdopplung sind alle „gemischten“ Interferenzen fortgefallen; es ist also das Kriterium des flächenzentrierten Gitters für die Achsen $a = 6{,}42$ Å erfüllt und wir können statt der Kanten dieses Rhomboeders seine halben Flächendiagnonalen als Achsen $\mathfrak{A}_i$ einführen. Ihr Achsenwinkel ist $A = 75°\,54'$, ihre Länge 4,03 Å und das zugehörige $Z = 1$. Die weiteren, diesen Achsen widersprechenden Beobachtungen machen ihre Verdoppelung ($Z = 8$) bzw. eine nochmalige Transformation nötig. Tatsächlich sind diese Beobachtungen nicht gemacht worden, sondern man hat mit den Achsen $\mathfrak{A}_i$ die Intensitätsdiskussion begonnen und erst zum Schluß zur Beschreibung der fertigen Struktur die endgültigen Achsen eingeführt. Aber das wäre bei systematischer Anwendung der Strukturtheorie (die den beiden Braggs lange fremd war) anders gewesen.

33. Die Bezifferung beim Laueverfahren. α) Beim Laueverfahren läßt sich prinzipiell nur eine Bezifferung in gekürzten Symbolen angeben, solange man nicht die Kenntnis des Spektrums und die Kenntnis einer Gitterkonstante hinzunimmt. Erst dann ist nämlich abzuschätzen, welche Ordnungen bzw. Obertöne in den Interferenzflecken enthalten sein können.

β) Die ersten symmetrischen Aufnahmen wurden nach einem von W. L. Bragg angegebenen Verfahren beziffert, das auf der Einordnung der Flecken auf Zonenellipsen beruht. Diese Ellipsen lassen sich in guter Näherung durch Kreise ersetzen, die durch den Primärfleck gehen und deren Mittelpunkt der Einstich der Zonenachse auf der Platte ist. Durch eine einfache Überlegung über die zugehörige Kristallstellung gelangt man bei hinreichend symmetrischen Aufnahmen leicht zur Bezifferung der Zonen und erhält das Symbol des Fleckes in bekannter Weise [Ziff. 9 ζ)] durch seine Zugehörigkeit zu zwei Zonen. Dies Verfahren arbeitet schnell und direkt, wenn die Aufnahme reichhaltig genug ist, um keine Zweifel über die Zonenzusammengehörigkeit der Flecke zuzulassen. Im allgemeinen ist aber wohl heute zur Bezifferung von Lauebildern das Verfahren der gnomonischen Umzeichnung vorzuziehen.

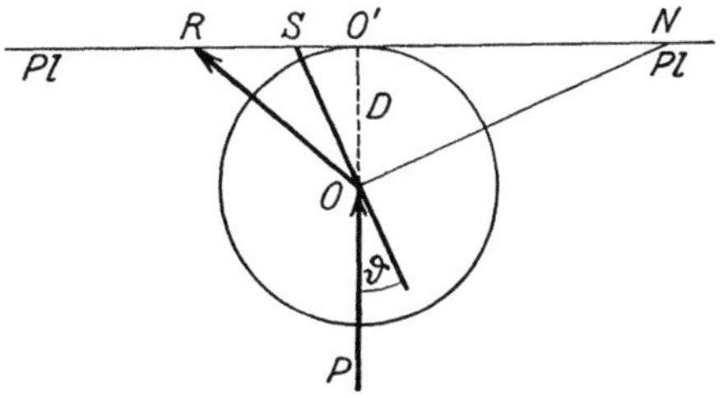

Abb. 124. Entstehung der gnomonischen Projektion.

γ) Die gnomonische Projektion als Hilfsmittel zur Bezifferung von Lauebildern wurde von Rinne[1]) verwandt und vor allem von Wyckoff[2]) ausgestaltet. Abb. 124 zeigt den Zusammenhang zwischen dem Abstand RO' des Interferenzpunktes R auf der Platte Pl vom Auftreffpunkt O' des Primärstrahls PO' und der Lage der gnomonischen Umzeichnung N des Fleckes R. Die Ebene, in welche die gnomonische Projektion eingetragen werden soll, ist dabei einfachheitshalber als die Ebene der photographischen Platte angenommen worden (Abstand D vom Kristall). Stellen wir den Zusammenhang allgemein so auf, daß die gnomonische Ebene den Abstand D' von der Platte hat, so ist, da ON senkrecht auf der reflektierenden Fläche OS stehen muß

$$\frac{O'N}{O'R} = \frac{D'}{D}\,\frac{\operatorname{cotg}\vartheta}{\operatorname{tg}2\vartheta}\,.$$

---

[1]) F. Rinne, Leipziger Ber. Bd. 67, S. 303. 1915.
[2]) R. W. G. Wyckoff, Sill. Journ. Bd. 50, S. 317. 1920.

Es ist bequem, das Verhältnis D'/D offenzulassen, damit man erreicht, daß die gnomonische Umzeichnung ganz außerhalb des Lauebildes liegt.

Zur Ausführung der Umzeichnung bedient man sich nach WYCKOFFS Vorbild des „gnomonischen Lineals" (Abb. 125), dessen Mitte durch eine Nadel

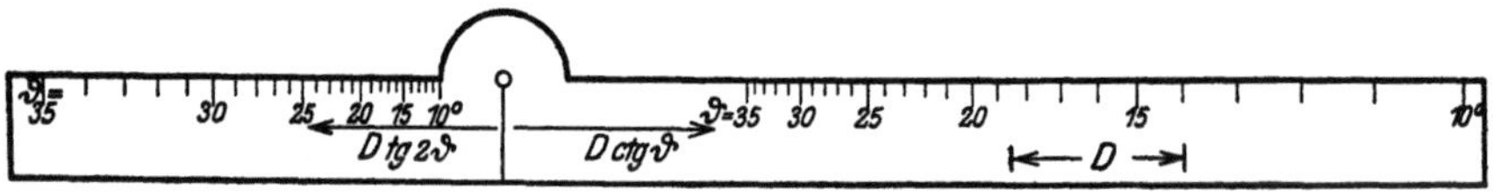

Abb. 125. Gnomonisches Lineal.

im Primärfleck festgespießt wird und dessen einer Schenkel auf einem Papierabzug des Lauebildes von Punkt zu Punkt geführt wird, während die entsprechenden Marken des andern Schenkels die Orte der Umzeichnungen angeben. Die Übertragung geht so sehr schnell und mit großer Genauigkeit.

Der Vorteil der gnomonischen Projektion ist, daß alle Flecke, die einer Zone angehören, auf eine Gerade zu liegen kommen und daß ein Zonenbüschel (d. h. solche Zonen, daß ihre Achsen eine Ebene bilden) Gerade liefern, die durch einen Punkt hindurchgehen — evtl. durch den unendlich fernen (parallele Geraden). Da es nicht schwer ist, zu beurteilen, wie durch die Punkte der Umzeichnung, evtl. unter einem gewissen Maß von Fehlerausgleichung, Gerade zu legen sind, ist die Zonenzugehörigkeit der Flecken nach dieser Methode besonders leicht festzustellen.

Die Deutung der gnomonischen Projektion im Zusammenhang mit dem reziproken Gitter ist besonders anschaulich. Da die Fahrstrahlen $\mathfrak{h}$ dieses Gitters die sämtlichen Ebenennormalen ON der Abb. 124 darstellen, sind die Punkte der gnomonischen Projektion nichts anderes als die Durchstoßpunkte dieser Fahrstrahlen mit der Projektionsebene.

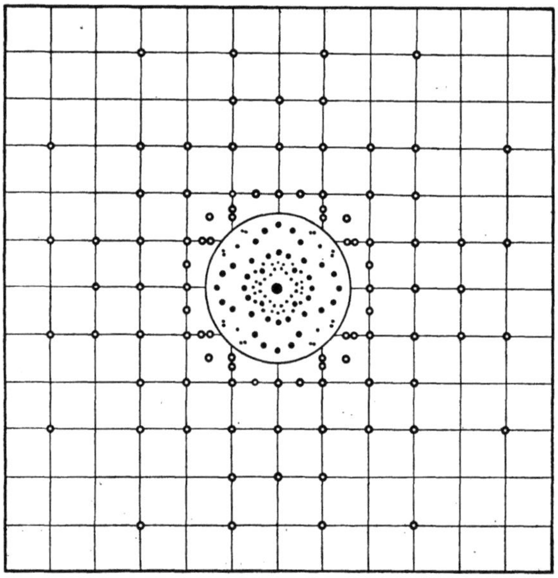

Abb. 126. Laueaufnahme an Periklas und gnomonische Umzeichnung.

Abb. 126[1]) zeigt in der Mitte die Darstellung einer vierzähligen Aufnahme von Periklas (MgO), um sie herum die gnomonische Projektion. Wie man sieht, läßt sich durch die Mehrzahl der Punkte ein quadratisches Netz legen. Es ist dies das Bild der ersten Netzebene des reziproken Gitters senkrecht zum Primärstrahl (also hier der Netzebene $h_3 = 1$). Eine Reihe von Punkten fällt aber in die Netzmaschen. Wollten wir sie einordnen, so müßten wir das Netz doppelt so eng machen, oder (für 8 von den Punkten, die auf $^1/_3$-Abstände fallen) dreimal so eng. Das heißt: diese Punkte gehören den Netzebenen $h_3 = 2$ oder 3 des reziproken Gitters an, und hieraus folgt sofort ihre Bezifferung.

[1]) Nach R. W. G. WYCKOFF, The Structure of Crystals. New York 1924.

Aus dem Zusammenhang zwischen reziprokem Gitter und gnomonischer Projektion ist ersichtlich, daß die Indizes von Punkten, die zwischen die indizierten Punkte einer Netzteilung fallen, nach einer Schwerpunktsrechnung interpoliert werden können: verhalten sich die Abstände des unbekannten Punktes $(x_1 x_2 x_3)$ zu zwei bekannten $(h_1 h_2 h_3)$ und $(h_1' h_2' h_3')$, zwischen denen er liegt, wie $a:b$, so sind seine Indizes

$$(x_1\, x_2\, x_3) = b\,(h_1\, h_2\, h_3) + a\,(h_1'\, h_2'\, h_3');$$

liegt er auf der Geraden $(h_1 h_2 h_2) \to (h_1' h_2' h_3')$ über den zweiten Fleck hinaus und hat die Abstände a und b von ihnen $(a > \mathfrak{b})$, so ist

$$(x_1\, x_2\, x_3) = a\,(h_1'\, h_2'\, h_3') - b\,(h_1\, h_2\, h_3).$$

Natürlich sind evtl. die Zahlen $x_1 x_2 x_3$ noch zu kürzen.

δ) Der Index h_3, der im vorliegenden Fall auf jeder zur Projektionsebene parallelen Netzebene des reziproken Gitters konstant ist, heißt der „Aufzählungsindex", weil es das natürliche ist, die Interferenzen symmetrischer Lauebilder nach diesem Index zu ordnen, wenn man sich durch Aufzählung aller möglichen und Vergleich mit allen vorkommenden Interferenzen die statistische Übersicht über die Richtigkeit der gewählten Zelle verschaffen will. Allgemeiner kann man sich bei beliebiger Einfallsrichtung $\mathfrak{s}_0$ stets das reziproke Gitter in Netzebenen senkrecht zur dieser zerlegt denken. $(\mathfrak{h}\,\mathfrak{s}_0) = \text{const}$ ist dann die Gleichung einer solchen Ebene und diese lineare Kombination der drei Indizes, deren Wert von Ebene zu Ebene in gleichen Schritten zunimmt, ist somit der Aufzählungsindex. Da $(\mathfrak{h}\,\mathfrak{s}_0) = \frac{n}{d_h} \sin\vartheta = \frac{2\sin^2\vartheta}{\lambda}$, so kann man sagen, daß durch den Aufzählungsindex die Flecken mit gleichem λ nach ihren Ablenkungswinkeln $\chi = 2\vartheta$, bei gleichem ϑ aber nach ihren Wellenzahlen $1/\lambda$ geordnet werden. Im Fall sehr „irrationaler" Einfallsrichtung (z. B. nur etwas gegen die vierzählige Achse geneigt) fallen die Vorteile bei der Benutzung des Aufzählungsindex fort und man wird der Übersichtlichkeit wegen für die Aufzählung denjenigen Index benutzen, der zur nächsten „rationalen" Richtung $\mathfrak{s}_0$ gehört.

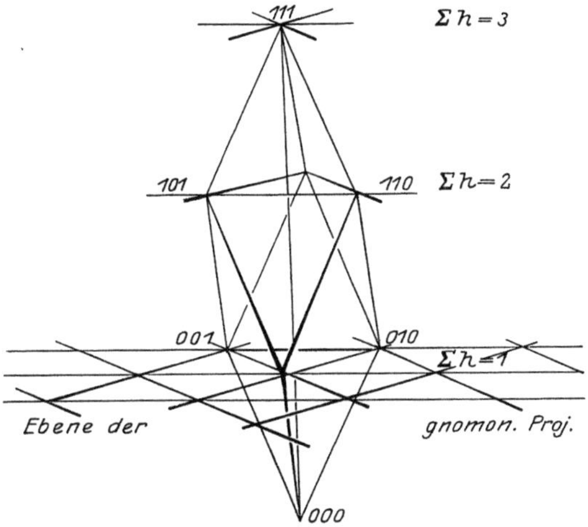

Abb. 127. Gnomonische Projektion eines rhomboedrischen Kristalls.

ε) Die Netzteilung der gnomonischen Projektion hat im allgemeinen den Primärfleck nicht als Gitter- bzw. Nullpunkt. Dies kann auch bei symmetrischen Aufnahmen für die vom niedrigsten Aufzählungsindex herrührende (und daher im allgemeinen auffälligste) Netzteilung gelten, insbesondere bei rhomboedrischen Kristallen, auf die sich Abb. 127 bezieht. Man sieht, wie die erste Netzebene des reziproken Gitters (in welche der Einfachheit wegen die gnomonische Projektion verlegt ist), eine den Primärpunkt umschließende Dreiecksteilung gibt. Der Aufzählungsindex ist hier $\Sigma h_i = h_1 + h_2 + h_3 = 1$. Auch die nächste Ebene $\Sigma h = 2$ würde eine (halb so große) Dreiecksteilung um den Primärpunkt geben, und erst die Flecke mit $\Sigma h = 3$ geben eine weitere

Dreiecksteilung, ein Drittel so groß wie die erste, die den Primärfleck enthält. In Abb. 128 ist eine Aufnahme des dem Calcit fast gleichen rhomboedrischen $MnCO_3$ längs der trigonalen Achse mit ihrer gnomonischen Umzeichnung wiedergegeben. Die starkbesetzten, weit nach außen hinausgreifenden drei Zonen der Aufnahme ergeben in der gnomonischen Projektion die dichtbesetzten Geraden, die den Anfang der stark gezeichneten Dreiecksteilung in Abb. 128b bilden. Abb. 128b ist als „Deckblatt" zu 128a aufzufassen; die Koordinaten sind in letztere nicht gleich eingetragen, um dem Leser die unbeeinflußte Auffassung der gnomonischen Umzeichnung nicht zu stören. — Auf der Suche nach weiteren Zonengeraden kommt man zwanglos zu der zweiten, in Abb. 128b gestrichelt gezeichneten Netzteilung, die zur Hälfte auf die schon vorhandene fällt.

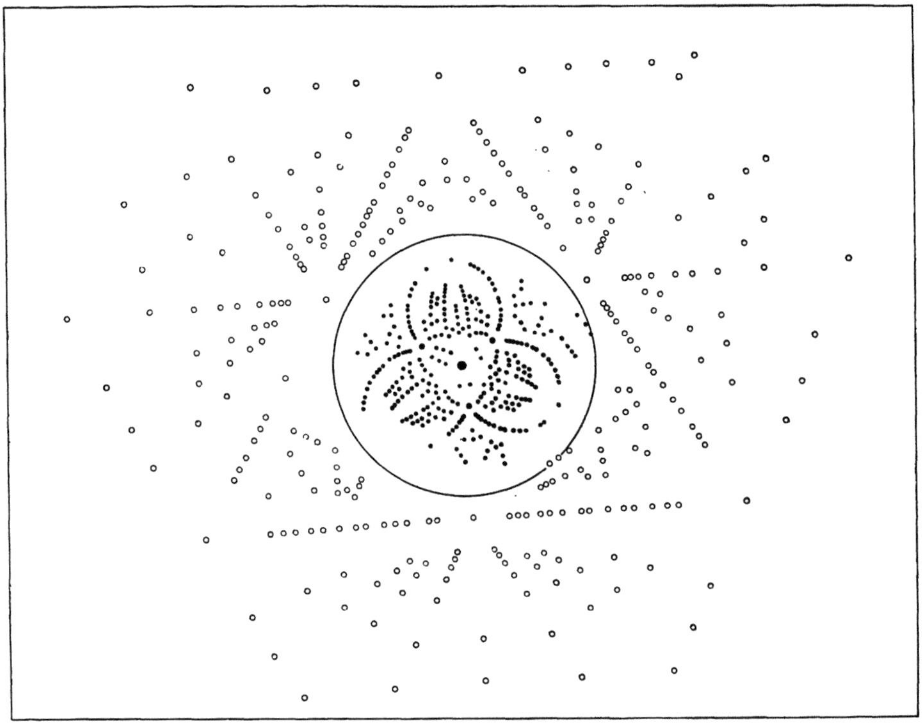

Abb. 128a. Laueaufnahme an Rhodochrosit und gnomonische Umzeichnung nach WYCKOFF[1]).

Das ist gemäß Abb. 127 die Ebene der Punkte mit $\Sigma h = 2$. Zuletzt findet man Geraden einer dritten Lage (dünn ausgezogen in Abb. 128b)[2]), und diese bilden die erste Netzteilung, deren Anfang mit dem Projektionszentrum, dem Primärfleck, zusammenfällt. Sie enthalten die Punkte $\Sigma h = 3$. Aus diesen Lageverhältnissen folgt die Berechtigung, die ersten Eckpunkte der fett ausgezogenen Teilung als die Punkte 100, 010, 001 anzusehen. Alle andern Indizes folgen aus diesen drei Fundamentalpunkten durch Interpolation nach der obigen Regel.

ζ) Ist der Plattenabstand und der angenommene Abstand der Projektionsebene (d. h. das gnomonische Lineal) bekannt, so lassen sich ohne Mühe Formeln

[1]) Nach R. W. G. WYCKOFF, Sill. Journ. Bd. 50, S. 317. 1920.

[2]) In Abb. 128b ist es eine Parallelogrammteilung, die man sich durch Eintragen der fast vertikal verlaufenden Diagonalen zu einer Dreiecksteilung ergänzen möge.

ableiten, die den Rückschluß auf die Achsenverhältnisse zunächst im reziproken, sodann im Kristallgitter gestatten.

An den gnomonischen Umzeichnungen lassen sich ferner in bequemer Weise Achsentransformationen deuten und beurteilen: sie entsprechen verschiedenartigen Zusammenfassungen der Punktreihen zu Geraden. Hat man mehrere verschiedene Laueaufnahmen ein und desselben Kristalls, so wird man jede zunächst für sich so deuten, wie es die gnomonische Umzeichnung nahelegt. Um dann auf einheitliche Achsen für alle Aufnahmen zu kommen, stellt man am bequemsten Transformationsformeln zwischen den vorläufigen, zur Deutung der Platten benutzten Achsensystemen bzw. Indizes auf. Dies ist nicht schwierig, da meist die Orientierungen der Aufnahmen gegeneinander bekannt sind.

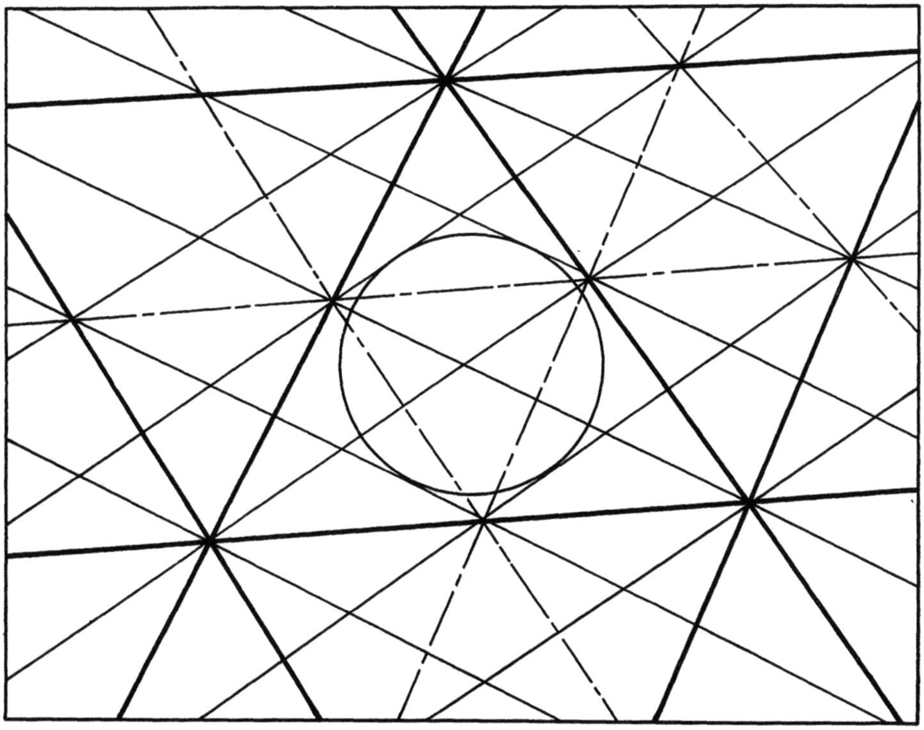

Abb. 128b. Koordinatennetz zu 128a.

η) Ein anderes Mittel, verschiedene gnomonische Projektionen in Beziehung zu setzen, ist die Rotation der Projektionsebene. Das Prinzipielle dabei ist leicht abzulesen, wenn man sich vorstellt, daß die Projektionsebene, d. h. die Ebene, mit der die Fahrstrahlen des reziproken Gitters zum Durchstoß gebracht werden, nicht mehr senkrecht zum Primärstrahl gewählt, sondern schräg angenommen wird. Zur praktischen Ausführung der Rotation bedient man sich des „HILTONschen Netzes", Abb. 130[1]), dessen Bedeutung aus Abb. 129[2]) hervorgeht. Die Richtung jedes Fahrstrahls $\mathfrak{h}$ kann auf einer „Lagenkugel" durch Länge und Breite festgelegt werden, beide beurteilt gegen die Rotationsachse EF der Ebene. Die Breitenkreise projizieren sich in die gnomonische Ebene als Hyperbeln, die Längenkreise als parallele, aber nicht äquidistante

[1]) H. HILTON, Mineral. Mag. Bd. 14, S. 18. 1904.
[2]) Nach R. W. G. WYCKOFF, The Structure of Crystals. New York 1924.

Gerade. Wird die Ebene rotiert, oder was auf dasselbe hinausläuft, die Lagenkugel mit den Durchstoßpunkten der Fahrstrahlen gegen sie um EF gedreht, so ist der neue Ort des Durchstoßes von $\mathfrak{h}$ mit der Ebene auf derselben Hyperbel gelegen, aber um eine gewisse Zahl von Längenkreisen — entsprechend dem Drehwinkel — verschoben. Legt man also das HILTONsche Netz unter die — auf durchsichtigem Papier ausgeführte — Zeichnung, so kann man die Ebene der gnomonischen Projektion um beliebige Winkel drehen, das heißt z. B. von der zweizähligen Aufnahme eines kubischen Kristalls zu der vierzähligen übergehen. (Natürlich werden durchaus nicht immer auf der zweizähligen Aufnahme alle die Flecke vorhanden sein, die auf der vierzähligen symmetrisch gleich sind.)

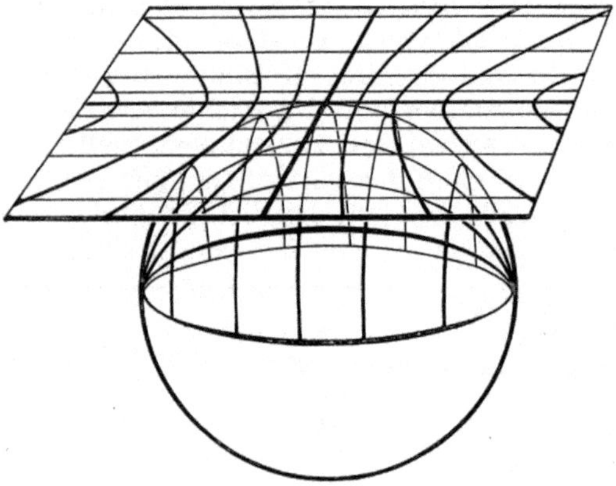

Abb. 129. Zur Rotation der gnomonischen Projektion.

Bei unbekannter Orientierung der Laueaufnahme kann das HILTONsche Netz zur Ermittlung der Verdrehung aus einer bekannten Lage dienen. Das geht

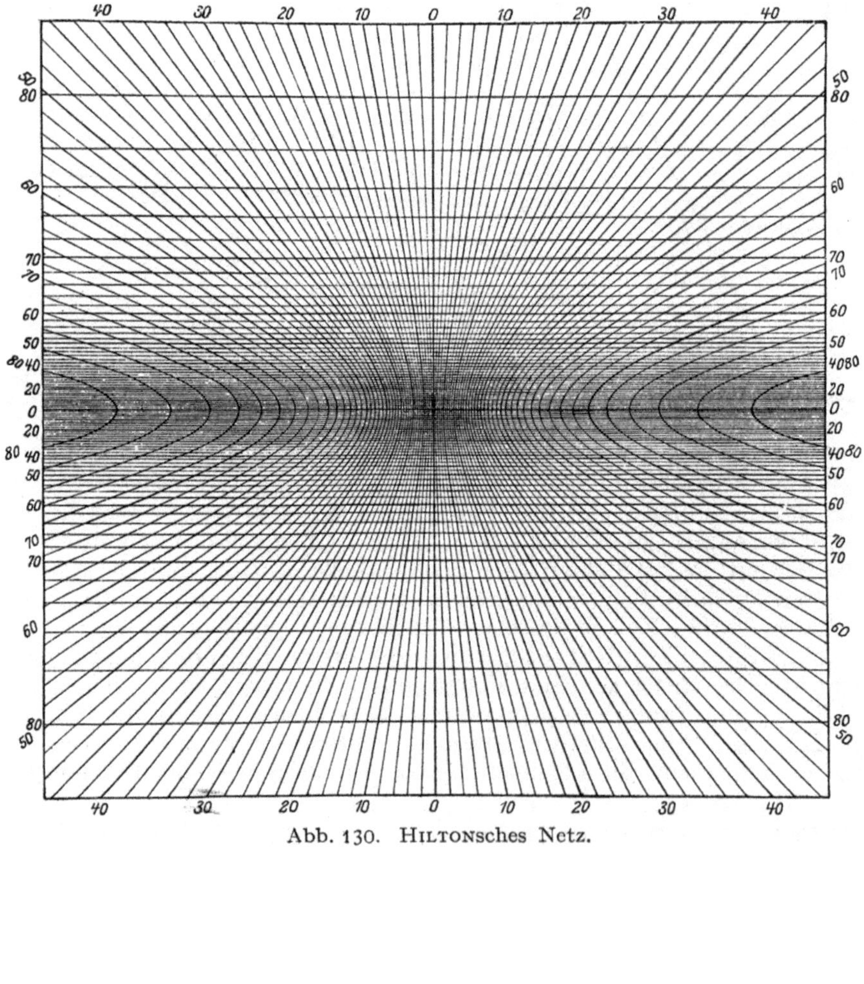

Abb. 130. HILTONsches Netz.

namentlich dann bequem, wenn (bei Verdrehungen bis etwa 10°) noch eine Ähnlichkeit des unsymmetrischen mit dem symmetrischen Bilde unmittelbar festzustellen ist.

ϑ) Nachdem die Laueaufnahme derart eine erste, ihre rein geometrischen Eigenschaften befriedigende Bezifferung erhalten hat, kann man auf Grund der Kenntnis des Spektrums und einer Gitterdimension (genauer gesagt, wird nur das Verhältnis der gebrauchten Wellenlängen zu der Gitterkonstante benötigt) darangehen, die Bezifferung durch Angabe der in den Punkten enthaltenen Ordnungen n zu vervollständigen. Zu diesem Zweck hat man die Flecke in einer tabellarischen Übersicht aufzuzählen und für jeden gemäß der Formel

$$\lambda = 2\frac{(\mathfrak{h}\,\mathfrak{s}_0)}{\mathfrak{h}^2}$$

die Wellenlänge auszurechnen. Meist ist es rechnerisch bequemer, $1/\lambda$ anzugeben, das für alle Flecke mit gleichem Aufzählungsindex proportional $\mathfrak{h}^2$ ist. Die Ordnungen der Flecke sind dann so zu wählen, daß alle Wellenlängen in den benutzten Spektralbereich fallen. Was dann an Flecken ausfällt, muß durch den Strukturfaktor erklärt werden.

Eine bequeme graphische Übersicht über diese Aufzählung gewährt das „Indexfeld"[1]). Wegen der seitlichen Begrenzung der Platte sind keine Flecken zu erwarten, deren Abbeugungswinkel χ größer als ein gewisses X ist. (Die Platte wird als kreisförmig idealisiert.) Ferner sind die Flecken, die in unmittelbare Nachbarschaft des Primärflecks fallen würden, durch dessen Hof oder Ausblendung verdeckt. Es muß also

$$\sin\chi/2 = \frac{(\mathfrak{h}\,\mathfrak{s}_0)}{|\mathfrak{h}|}$$

zwischen zwei Grenzen s und S liegen, oder nach Umformung

$$\mathfrak{h}^2 \quad \text{zwischen} \quad \frac{(\mathfrak{h}\,\mathfrak{s}_0)^2}{S^2} \quad \text{und} \quad \frac{(\mathfrak{h}\,\mathfrak{s}_0)^2}{s^2}.$$

Andererseits ergeben die minimale und maximale Wellenlänge für $\mathfrak{h}^2$ die Beschränkung

$$\mathfrak{h}^2 \quad \text{zwischen} \quad 2\frac{(\mathfrak{h}\,\mathfrak{s}_0)}{\lambda_{\max}} \quad \text{und} \quad 2\frac{(\mathfrak{h}\,\mathfrak{s}_0)}{\lambda_{\min}}.$$

Schließlich muß wegen des Lorentz- und Debyefaktors der Intensität $\mathfrak{h}^2$ unterhalb eines — empirisch zu bestimmenden — Grenzwerts bleiben. Trägt man also $\mathfrak{h}^2$ als Abszisse, den Aufzählungsindex $A = (\mathfrak{h}\,\mathfrak{s}_0)$ als Ordinate ab, so entsteht in dieser Ebene (Abb. 131) ein geschlossenes Gebiet, in welches alle Flecken hineinfallen müssen, die von einem einfachen Gitter mit der angenommenen Zelle geliefert werden würden. Um die Vollständigkeit des beobachteten Fleckensystems zu prüfen, hat man neben dieser Zeichnung eine systematische Tabelle

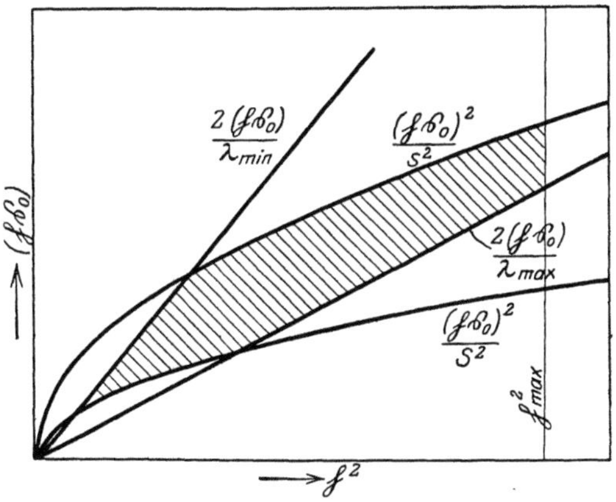

Abb. 131. Indexfeld.

[1]) R. Gross, Centralbl. f. Min. 1918; vgl. auch die Darstellung durch R. Gross in Ostwald-Luther, Physiko-chemische Messungen (Leipzig, Akad. Verlagsges. 4. Aufl. 1925).

der in Frage kommenden $\mathfrak{h}^2$-Werte aufzustellen. Man kann dann etwaige Ausfallgesetze, die durch den Strukturfaktor zu erklären sind, bemerken.

34. Die Bezifferung beim Pulververfahren. α) Beim Pulververfahren ist durch die regellose Orientierung der Kristalle nur der Abbeugungswinkel als charakteristische Größe der Interferenzen erhalten geblieben. Die Bezifferung muß sich daher gänzlich an die aus der Fundamentalgleichung durch Quadrieren folgende Formel (6''), Ziff. 12 anschließen

$$\lambda^2 \mathfrak{h}^2 = 2(1 - \cos\chi) = 4\sin^2\vartheta. \tag{1}$$

Sie besagt, daß die aus der Aufnahme gefundenen $\sin^2\vartheta$-Werte sich in eine „quadratische Form"

$$\frac{\lambda^2}{2}\mathfrak{h}^2 = C\{h_1^2 \mathfrak{b}_1^2 + h_2^2 \mathfrak{b}_2^2 + h_3^2 \mathfrak{b}_3^2 + 2h_2 h_3(\mathfrak{b}_2 \mathfrak{b}_3) + 2h_3 h_1(\mathfrak{b}_3 \mathfrak{b}_1) + 2h_1 h_2(\mathfrak{b}_1 \mathfrak{b}_2)\} \tag{2}$$

einordnen lassen müssen. Die Koeffizienten dieser Form sind die sechs Größen $\mathfrak{b}_1^2 \ldots (\mathfrak{b}_1 \mathfrak{b}_2)$, die nach Ziff. 9 ($\alpha$) das Achsensystem des reziproken Gitters, und somit auch das des Kristallgitters genau festlegen.

Die erste Verwertung der Pulveraufnahme wird die Feststellung der Werte von $\sin^2\vartheta$ sein, wobei auf die in Ziff. 24 (γ) besprochenen Korrekturen bzw. Interpolationen Rücksicht zu nehmen ist.

β) Sodann folgt, im Hinblick auf die Einordnung in eine Form, eine „Textkritik"[1]) in zweifacher Hinsicht. Erstens nämlich finden sich häufig Linien, die von verschiedenen Strahlungen herrühren — sei es, daß ohne Filter gearbeitet wurde und daher die α- und β-Linien Interferenzen erzeugt haben, sei es, daß bei großen Ablenkungswinkeln die α- und α'-Linien getrennt sind. Das Verhältnis der fraglichen Wellenlängen ist bekannt, und daher auch das Verhältnis der Konstanten C und C', die z. B. für α- und β-Linien gelten. Man wird also nach Linienpaaren suchen, deren $\sin^2\vartheta$-Werte in diesem Verhältnis stehen. Zusammengehörende Linien sind meist auch an den Intensitäten und an der gesetzmäßig mit wachsendem ϑ steigenden Trennung als solche zu erkennen bzw. vermuten. Natürlich können aber β-Linien der einen auf α-Linien einer anderen Ordnung fallen.

Hat man zusammengehörige Linien gefunden, so kann man die an den schwächeren β-Linien abgelesenen $\sin^2\vartheta$-Werte benutzen, um die entsprechenden Werte der α-Linien zu verbessern, indem man den β-Wert durch Multiplikation mit $(\lambda_\alpha/\lambda_\beta)^2$ auf α-Strahlung umrechnet und dann unter Abschätzung der Ablesegenauigkeit mit dem direkten α-Wert kombiniert. Dies Verfahren kann eine erwünschte Verbesserung geben; es enthält aber mehrere Voraussetzungen. Erstens nämlich, daß die Verbesserung nicht über den Genauigkeitsgrad der interpolatorischen Bestimmung der $\sin^2\vartheta$-Werte hinausgeht (es wird angenommen, daß mit einer Eichsubstanz gearbeitet wird). Und zweitens entsteht statt einer Verbesserung eine Verschlechterung, wenn die zur Korrektur benutzte Linie gar nicht eine β-Linie, sondern eine α-Linie in anderer Ordnung war. Namentlich bei linienreichen Spektren wird es sehr leicht vorkommen, daß sich zu α-Linien scheinbare β-Begleiter finden, da ja bei der Beziehung beider Linien aufeinander die Summe der Meßfehler beider Linien die Genauigkeitsgrenze liefert. So wertvoll daher diese Textkritik ist, so sollte sie doch nur dann unternommen werden, wenn durch eine zweite Aufnahme mit ganz anderer Strahlung oder mit einem Filter, dessen Absorptionssprung zwischen den fraglichen Wellenlängen liegt, die Wellenlängen der Linien sichergestellt sind.

---

[1]) A. JOHNSEN u. O. TOEPLITZ, Phys. ZS. Bd. 19, S. 47. 1918.

Das Suchen nach dem konstanten Verhältnis $(\lambda_\alpha/\lambda_\beta)^2$ erleichtert man sich eventuell, indem man die Werte $\log\sin^2\vartheta$ aufträgt. Man hat dann nach konstanten Abständen der Punkte zu suchen.

γ) Mit dem „gereinigten" $\sin^2\vartheta$-Werten allein der α-Linien beginnt nun die Aufstellung der quadratischen Form. Das Verfahren von RUNGE[1]) wird als das übersichtlichste und am leichtesten auf den speziellen Fall anzupassende bevorzugt. Im reziproken Gitter kann man sich die Aufgabe so klar machen: Gegeben sind [Gleichung (1)] die $\mathfrak{h}^2$-Werte, d. h. im reziproken Gitter die Absolutwerte der Abstände von Gitterpunkten (nicht notwendig aller) vom Nullpunkt. Es kommen offenbar in jedem Gitter nur bestimmte Abstandsverhältnisse vor. Denkt man sich die Zelle des reziproken Gitters, und mit ihr das ganze Gitter wie eine Nürnberger Schere gestreckt und gestaucht, so werden die Abstandsverhältnisse der Gitterpunkte sich ändern; und umgekehrt muß man also aus den vorkommenden Abständen auf die Winkel und Längen der Gitterzelle rückschließen können. Bei einem kubischen reziproken Gitter von der Kantenlänge $1/a$ kommen beispielsweise die Abstände

$$\mathfrak{h}^2 = 1/a^2,\ 2/a^2,\ 3/a^2,\ \ldots \qquad \text{nicht aber } 7/a^2,\ 15/a^2$$

vor. Verzerrt man das kubische zu einem rhomboedrischen Gitter, so sind die Abstandsverhältnisse nicht mehr ganzzahlig und die früher gleichberechtigten Oktanten geben verschiedene Werte. Der Linienreichtum einer Pulveraufnahme läßt den Kenner unter Berücksichtigung der Härte der verwendeten Strahlung einen Wahrscheinlichkeitsschluß darauf ziehen, ob das Pulver von hoch- oder niedrigsymmetrischen Kristallen herrührt.

Die Einordnung in eine quadratische Form bedeutet geometrisch, zu den Abstandswerten ein Gitter zu konstruieren. Die Hauptschwierigkeiten hierbei sind einmal die Meßungenauigkeit, sodann das Ausfallen von Interferenzen. Offenbar nämlich liegen die größeren Abstandswerte zunehmend dichter, und es wird immer schwerer, eine eindeutige Zuordnung zwischen dem — auf sagen wir $\pm 2\%$ — bekannten Abstandswert und einem Gitterpunkt von bestimmter Richtung anzugeben. Deshalb bedeutet gerade bei diesem Verfahren jede geringste Steigerung der Genauigkeit der Messung einen sehr großen Vorteil für die Sicherheit der Schlüsse. Das Ausfallen von Interferenzen (Gitterpunkten) stört insofern, als es nicht möglich ist, auf die Anwesenheit eines zur Kontrolle benötigten Abstandswertes zu rechnen.

δ) Man sucht nun nach RUNGE zunächst nach Gittergeraden, die durch den Nullpunkt des reziproken Gitters gehen; d. h. man sucht aus der Tabelle der $\sin^2\vartheta$-Werte jene heraus, die in den Verhältnissen 1:4: 9:16: 25 ... stehen. Möglicherweise sind nur die höheren Glieder dieser Reihen vorhanden; dann sind die ersten Glieder zu ergänzen, da sie ausfallenden Flecken entsprechen. Man nimmt nun die zwei kleinsten $\sin^2\vartheta$-Werte, die vorkommen — sei es unter den gemessenen Werten, sei es unter den ergänzten Reihengliedern. Diese entsprechen den zwei kleinsten im Gitter festgestellten Abständen. Versuchsweise wird angesetzt, daß die zugehörigen Q-Werte (d. h. $4/\lambda^2 \cdot \sin^2\vartheta$) $1 \cdot \mathfrak{b}_1^2$ und $1 \cdot \mathfrak{b}_2^2$ bedeuten. Ist dies richtig, so ist unter den Q-Werten auch

$$Q_+ = (\mathfrak{b}_1 + \mathfrak{b}_2)^2 = Q_1 + Q_2 + 2\,\mathfrak{b}_1\,\mathfrak{b}_2$$

und

$$Q_- = (\mathfrak{b}_1 - \mathfrak{b}_2)^2 = Q_1 + Q_2 - 2\,\mathfrak{b}_1\,\mathfrak{b}_2$$

zu erwarten, deren Summe gleich $2(Q_1 + Q_2)$ ist. Findet man zwei solche Werte, so gibt $Q_+ - Q_- = 4(\mathfrak{b}_1\mathfrak{b}_2)$ die Neigung der Achsen $\mathfrak{b}_1$ und $\mathfrak{b}_2$ gegeneinander.

---

[1]) C. RUNGE, Phys. ZS. Bd. 18, S. 509. 1917.

Man kann dann fortfahren, zunächst weitere lineare Kombinationen $(h_1 \mathfrak{b}_1 + h_2 \mathfrak{b}_2)^2$ aufzusuchen, also die Abstände in einer Achsenebene des reziproken Gitters. Hat man so eine Reihe gemessener Werte eingeordnet, so baut man das reziproke Gitter in der dritten Dimension aus, indem man wiederum den kleinsten der noch ungeklärten Q-Werte als $\mathfrak{b}_3^2$ anspricht, und ähnlich wie oben die Achsenebenen $(h_3 \mathfrak{b}_3 + h_1 \mathfrak{b}_1)^2$ bzw. $(h_3 \mathfrak{b}_3 + h_2 \mathfrak{b}_2)^2$ erforscht, woraus sich dann alle Koeffizienten der Form ergeben.

ε) Bei der Anwendung des RUNGEschen Verfahrens entstehen Schwierigkeiten aus zwei Gründen: erstens wegen des Ausfalls von Interferenzen. Es ist gar nicht gesagt, daß die Punkte 100, 010, 001 bei einer bequemen Achsenwahl auftreten. Man könnte unter Umständen schneller zum Ziele kommen, indem man die kleinsten Q-Werte als 200, 020, 002 anspricht. Das würde etwa bedeuten, daß man von vornherein solche Achsen einführt, in denen sich das Gitter als flächenzentriert darstellt. Eine Erweiterung der RUNGEschen Methode in diesem Sinn ist von WEVER[1]) ausgeführt worden. Nach dieser Richtung hin läßt sich bei Versagen der Methode offenbar noch mehr unternehmen.

Zweitens kann es Schwierigkeiten bereiten, wenn derselbe kleinste $\mathfrak{b}^2$-Wert tatsächlich öfter vorkommt. Nehmen wir den Fall eines kubischen, quadratischen oder rhomboedrischen Kristalls, so wären die geeignetsten Achsen solche, bei denen zwei oder drei $\mathfrak{b}^2$-Werte gleich groß sind. Auf diese Beschreibung könnte man bei dem RUNGEschen Verfahren nicht kommen, wenn man es nicht ausdrücklich in diesem Sinne ergänzt.

Für das RUNGEsche Verfahren sind die kleinsten $\sin^2\vartheta$-Werte die wichtigsten. Um sie mit einiger Sicherheit zu erhalten, empfiehlt es sich, linienarme Aufnahmen mit Cu- oder Fe-Strahlung zu machen, bei denen auch die innersten Interferenzringe schon neben die Schwärzung des Primärflecks bzw. neben die ausgeblendete Stelle des Films fallen. Aufnahmen mit härteren Strahlungen dienen dann zur Bestätigung der Achsen $\mathfrak{b}_i$.

Um von einem Achsensystem $\mathfrak{b}_i$ bzw. $\mathfrak{a}_i$ auf das der Gittersymmetrie angemessene überzugehen, ist eine „Reduktion" der quadratischen Form vorzunehmen. Sie ist von JOHNSEN[2]) bequem dargestellt worden.

Graphische Verfahren zur Bezifferung kubischer, tetragonaler, rhomboedrischer und hexagonaler Pulverdiagramme sind von HULL[3]) angegeben worden.

35. Die Bezifferung beim Drehkristallverfahren. α) Je nachdem, ob zur Aufnahme Platten (senkrecht zum Primärstrahl) oder Films (zylindrisch um die Drehachse als Mittellinie) verwandt werden, gestaltet sich die Berechnung der Indizes in den Einzelheiten verschieden. Wir legen hier eine Aufnahme mit Film zugrunde. Wie Abb. 109 Ziff. 23 zeigt, sind die Schichtlinien auf dem aufgerollten Film Gerade, die dem Filmäquator oder Hauptspektrum parallel laufen. Man hat zuerst aus den überhaupt vorkommenden Abständen der Flecke senkrecht zum Äquator den größten gemeinsamen Teiler herauszusuchen und kann daraufhin die Numerierung der Schichtlinien vornehmen. Voraussetzung ist, daß die Drehachse mit einer dicht besetzten Geraden des Gitters hinreichend genau zusammenfällt, so daß sich Schichtlinien überhaupt klar abheben. Nicht alle Schichtlinien brauchen vorzukommen. Sodann kann man etwa den gemäß Abb. 132 definierten Winkel τ auf dem Film ausmessen und den gesamten Ablenkungswinkel χ vermittels der Beziehung

$$\cos\chi = \cos\sigma \cos\tau$$

---

1) F. WEVER, Mitt. a. d. K. W. J. f. Eisenforsch. Bd. 4, S. 67. 1922.
2) A. JOHNSEN, Fortschr. d. Miner., Krist. u. Petrogr. Bd. 5, S. 17. 1916.
3) A. W. HULL u. W. P. DAVEY, Phys. Rev. Bd. 17, S. 266 u. 549. 1921.

entnehmen. $\cos\chi$ läßt sich durch eine quadratische Form darstellen, da nach Gleichung (6), Ziff. 12 $\cos\chi = 1 - h_3^2 \lambda^2/2$ ist. Da h_3 als Schichtindex bekannt ist, reduziert sich hierdurch die Bezifferung auf die Einordnung der Werte $2 \cdot (1 - \cos\chi)/\lambda^2$ in eine quadratische Form von zwei Variabeln. Vgl. unten (γ).

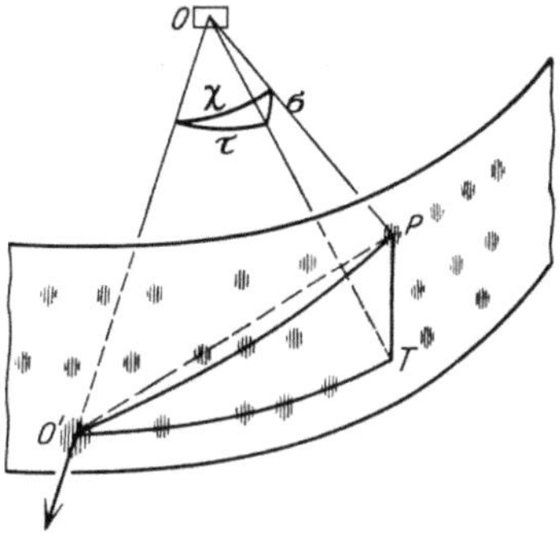

Abb. 132. Berechnung des Abbeugungswinkels mit Hilfe des Schichtwinkels.

β) Lehrreich sind die zwei Aufnahmen von OTT[1]) an Karborund (CSi) mit Drehung um die Normale zur Blättchenebene. Karborund kommt in drei oder vier Modifikationen vor, die sich zwar sehr wenig voneinander unterscheiden, aber doch durch die liebevollen kristallographisch-goniometrischen Untersuchungen BAUMHAUERS als solche erkannt worden sind. Abb. 133 bezieht sich auf den trigonalen CSi I, Abb. 134 auf den hexagonalen CSi II. Beide Modifikationen haben abnorm große Identitätsabstände längs der Hauptachse: CSi II 15,17 Å, CSi I gar das 5/2fache: 37,95 Å. Daher sind die Schichtlinien in Abb. 134 noch enger zusammengerückt als in Abb. 133 (vgl. hierzu Abb. 108, Ziff. 23). Der Kristall mußte bis auf $^1/_5$ mm Durchmesser abgebrochen werden, damit die anfangs verschwommenen Linien die wahre Aufspaltung zeigten! Die Einstellung der

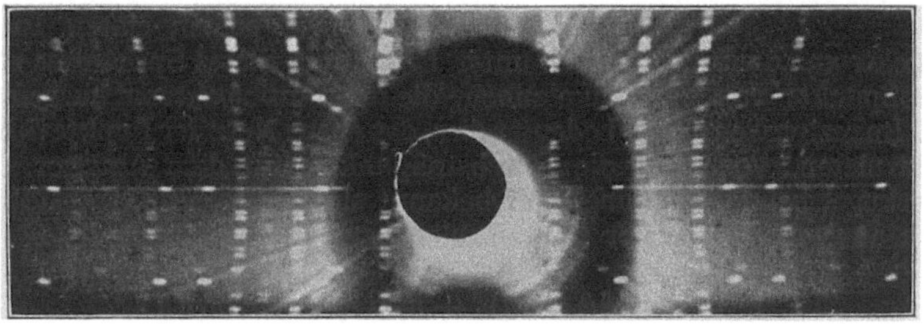

Abb. 133. Schichtliniendiagramm von Karborund I nach OTT.

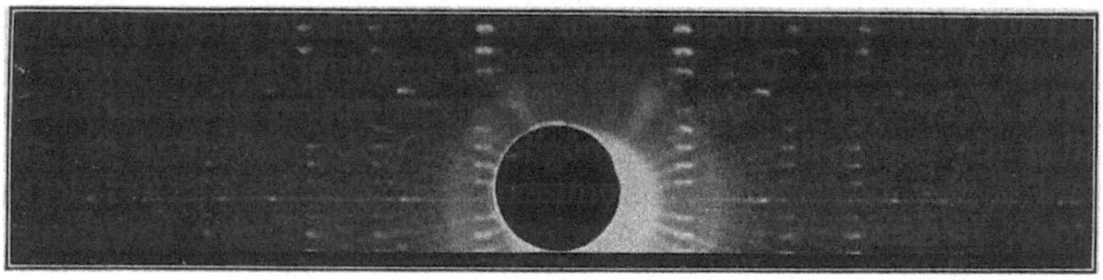

Abb. 134. Schichtliniendiagramm von Karborund II nach OTT.

Drehachse muß dabei auf drei Bogenminuten genau sein, weil sonst die Schichtlinien durcheinanderfließen. Das sind zwar extreme Verhältnisse, sie zeigen aber, wie nur peinlich genaues Arbeiten Erfolg verbürgt.

γ) Bei allen Schichtlinienaufnahmen ist die Anordnung der Flecken auf vertikalen Geraden auffallend (richtiger gesagt, gestreckten Kurven vierten Grades, etwa wie sie bei Durchsetzung einer Kugel und eines Zylinders ent-

[1]) H. OTT, ZS. f. Krist. Bd. 62, S. 201. 1925; Bd. 61, S. 515. 1925.

stehen). In den vorgeführten Beispielen ist sie extrem ausgeprägt. Man versteht sie, wenn man im reziproken Gitter die Richtung der Strahlen konstruiert, die von solchen (dichtbesetzten) Geraden erzeugt werden, die zur Drehachse $\mathfrak{f}$ parallel sind. In Abb. 135 ist die Ausbreitungskugel und eine solche Gittergerade gezeichnet, die bei der Rotation des Kristalls (und damit auch des reziproken Gitters unter Festhaltung der Ausbreitungskugel) einen Zylinder beschreibt, der diese durchsetzt. Auf der Ausbreitungskugel entsteht als geometrischer Ort für die Endpunkte der vom Mittelpunkt A ausgehenden Ausbreitungsvektoren die Durchsetzungskurve von Kugel und Zylinder. Denkt man sich die Pfeile von A zu diesen Punkten bis zum Schnitt mit dem um den Äquator der Ausbreitungskugel gelegten Filmzylinder verlängert, so erhält man auf diesem Fleckenreihen, die noch merklich geradlinig und normal zum Hauptspektrum sind. In diesen Fleckenreihen variiert nur der Schichtindex h_3, die beiden ersten Indizes sind die gleichen, wie im Hauptspektrum, für welches $h_3 = 0$ ist.

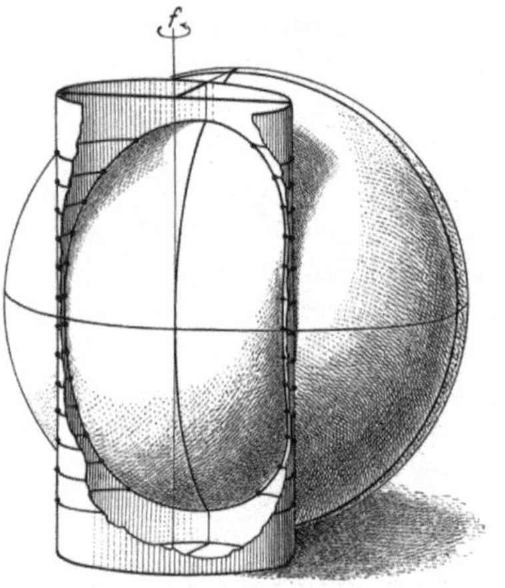

Abb. 135. Entstehung der vertikalen Kolonnen im Drehdiagramm.

Der Anfangspunkt des reziproken Gitters liegt auf der Drehachse $\mathfrak{f}$ im Berührungspunkt der Kugel.

Die Bezifferung läßt sich also auch darauf zurückführen, die beiden ersten Indizes im Hauptspektrum zu ermitteln, evtl. unter Ergänzung dieses Spektrums durch die Durchstoßpunkte von Fleckenkolonnen, die im Hauptspektrum ausgefallen sein können. Im reziproken Gitter bedeutet dies, das ebene Netz der Punkte $h_1 \mathfrak{b}_1 + h_2 \mathfrak{b}_2$ zu konstruieren, von dem die Durchstoßpunkte mit dem Äquator der Ausbreitungskugel bei der Drehung um $\mathfrak{f}$ bekannt sind. Aus den Durchstoßpunkten läßt sich auch die Größe der Fahrstrahlen bzw. ihr Quadrat

$$\mathfrak{h}^2 = \frac{\lambda^2}{4} \sin^2\vartheta = h_1^2 \mathfrak{b}_1^2 + h_2^2 \mathfrak{b}_2^2 + 2 h_1 h_2 (\mathfrak{b}_1 \mathfrak{b}_2)$$

angeben. Wir haben in dieser Bezifferung genau die gleiche Aufgabe vor uns wie bei Pulveraufnahmen, nur mit dem sehr erleichternden Unterschied, daß es sich hier um eine quadratische Form von 2 Variabeln (statt 3) mit 3 Koeffizienten (statt 6) handelt. Das Prinzip der Einordnung ist das gleiche wie dort.

36. Die Verwendung der Intensitäten zur vollen Strukturbestimmung. α) Um über die Feststellung einer möglichen Strukturzelle und die zugehörige Molekülzahl Z der Basis hinauszukommen, muß der Strukturfaktor untersucht werden. In Abschnitt IV ist dargelegt worden, daß seine Isolierung aus den Intensitäten, selbst wenn diese quantitativ einwandfrei gemessen sind, noch recht fraglich ist. Zum Glück lassen sich weitreichende Schlüsse unter einer minimalen Benutzung der Intensitäten ziehen, indem nur das „Stärker" und „Schwächer" ausgesuchter Flecken bzw. das Verschwinden anderer Gruppen von Flecken benutzt wird. Obwohl wir für die folgenden Erörterungen voraussetzen wollen, daß die Strukturfaktoren der Flecke durch das Experiment mit einiger Sicherheit geliefert werden, soll bei der Anordnung des Stoffes mit dem Fall begonnen werden, der am wenigsten Ansprüche an die Kenntnis des Strukturfaktors stellt. Alle Verfahren (LAUE, BRAGG usw.) sind hier nach den gleichen Grundsätzen zu behandeln, sobald einmal die beobachteten Intensitäten mit den in Betracht kommenden Faktoren (siehe die einzelnen Verfahren) bereinigt sind.

Unser Ausgangspunkt ist, daß wir ein das Geometrische erklärendes Achsensystem $\mathfrak{a}_i$ gefunden haben und durch eine genügend zuverlässige Dichtebestimmung wissen, welche ganze Zahl Z von Molekülen in der Zelle liegt. Wir werden im einzelnen unterscheiden müssen, ob die kristallographische Symmetrieklasse als bekannt angesehen werden darf oder nicht.

β) Z Moleküle nur in nonvarianten Lagen. Es kann vorkommen, daß durch die Zahl Z und die chemische Formel die Struktur schon völlig festgelegt ist. Ist z. B. $Z = 1$, so liegt „das" Molekül, d. h. sein Schwerpunkt oder ein bestimmtes seiner Atome, im Eckpunkt der Zelle. Damit sind die Lagen der einzelnen Atome noch nicht bestimmt. Sei der Kristall aber z. B. als ditrigonal-skalenoedrisch bekannt (D_{3d}, vgl. die Diskussion der Raumgruppen in Ziff. 8), so daß nur die Raumgruppen D_{3d}^1 bis D_{3d}^6 in Betracht kommen. Und sei ferner seine chemische Formel AB, so daß je ein A- und ein B-Atom untergebracht werden muß. Dann ergibt sich schon, daß dies nicht möglich ist in den Raumgruppen D_{3d}^2, D_{3d}^4 und D_{3d}^6, da in ihnen mindestens je zwei, durch Inversionszentren gleichwertige Atome auftreten müssen. Von den übrigen Raumgruppen weisen D_{3d}^1 und D_{3d}^3 die beiden benötigten einzähligen Punkte in den Lagen 000 und $00^1/_2$ auf, D_{3d}^5 in 000 und $^1/_2\,^1/_2\,^1/_2$. Eine dieser Lageverteilungen kommt nur in Betracht: die Strukturtheorie führt auf ein scharfes Entweder-Oder. Selbst eine ganz grobe Intensitätsbetrachtung läßt zwischen den beiden Möglichkeiten entscheiden, wofern die Atomsorten A und B einigermaßen vergleichbares Streuvermögen haben: bei der ersten Lagerung erhalten alle Flecke mit ungeradem dritten Index h_3 die Intensität proportional $(A - B)^2$, bei geradem h_3 aber $(A + B)^2$, während bei der zweiten Lagerung diese beiden Faktoren für ungerade bzw. gerade Indexsumme $h_1 + h_2 + h_3$ auftreten.

Man erkennt an diesem Beispiel, wie wichtig die Untersuchung einer Reihe als isomorph festgestellter Kristalle sein kann. Denn dann kann unter Umständen auch im Fall, daß die Atome A und B sehr verschieden stark streuen und $(A + B)^2$ sich von $(A - B)^2$ nicht sicher unterscheiden läßt, die Struktur durch Analogie entschieden werden.

Es wurde soeben vorausgesetzt, daß die Zugehörigkeit des Kristalls zur Klasse D_{3d} bekannt sei. Ist hingegen nur bekannt, daß der Kristall rhomboedrisch ist, so kommen noch eine Reihe anderer Raumgruppen in Betracht, nämlich alle rhomboedrischen, die zwei einzählige Lagen aufweisen: C_{3i}^1, C_{3i}^2, D_3^2, D_3^1, D_3^7 weisen zwei oder mehr feste (parameterlose) einzählige Lagen auf; C_3^1, C_3^4, C_{3v}^1, C_{3v}^2, C_{3v}^5 gestatten, die beiden Atome in einzähligen Lagen mit einem Parameter (d. h. nur durch gewisse Achsen festgelegt) unterzubringen. Wie man sieht, ist die Einschränkung durch Kenntnis der Kristallklasse eine große Erleichterung. Bei den Lagen mit Parameter muß zudem das Entweder-Oder gänzlich verschiedener Anordnungen durch eine Parameterbestimmung aus den Intensitäten ersetzt werden, vgl. unten. Manche Autoren fühlen sich in einem solchen Fall berechtigt, die parameterfreien Anordnungen zu bevorzugen — ein Vorgehen, das gewiß mehr der Natur des Autors als der des Kristalls gemäß ist.

γ) Struktur mit einem Parameter. Manchmal läßt sich wegen der Atomzahlen, die in der Zelle unterzubringen sind, für eine Reihe von Atomen eine feste Platzanweisung erzielen, und es bleibt nur eine Atomsorte in Lagen, die durch einen Parameter festgelegt sind. (Beispiel: Calcit; die Ca- und C-Atome sind parameterfrei untergebracht, O hat einen Parameter u.) Ob diese Struktur richtig ist, kann nur dadurch entschieden werden, daß ein Parameterwert ausfindig gemacht wird, der imstande ist, alle Intensitäten zu erklären. Gelingt dies nicht, so vgl. unten.

Der Parameterwert wird bestimmt, indem man den Strukturfaktor für eine Reihe von Flecken als Funktion des Parameters in Kurvenform aufträgt. Es ist zu dem Zweck bequem, den Parameter, der meist das Verhältnis zweier Längen, also eine reine Zahl ist, durch Multiplikation mit $180/\pi$ in Winkelmaß umzuwandeln, da der Strukturfaktor sich aus Sinus und Kosinus zusammensetzt, die dann bequem aufgeschlagen werden können. Die verschiedenen Flecken reagieren auf eine Parameteränderung sehr verschieden; die Intensitätsfolgen kehren sich oft in sehr kleinen Intervallen geradezu um, so daß es meist keine Mühe macht, aus dem Verlauf weniger Strukturfaktoren die möglichen Bereiche für den Parameter auszusondern, die nun an weiteren Fleckenpaaren genau zu untersuchen sind. Wegen der Ungenauigkeit der Intensitätsangaben liefert zwar jedes Fleckenpaar noch einen verhältnismäßig breiten Spielraum für den Parameter, aber die Überdeckung aller Spielräume findet bei fleckenreichen Aufnahmen, z. B. für Laueaufnahmen, nur an einer sehr engbegrenzten Stelle statt. Daher sind Parameterangaben auf 1% oft möglich.

Daß die Lage der Atome innerhalb der Zelle mit solcher Genauigkeit festgestellt werden kann, ist in Anbetracht der Ausdehnung des Atoms bzw. der vermutlich komplizierten Elementarwelle, die von ihm ausgeht, erstaunlich. Es ist eigentlich nicht zu verwundern, daß man auch an Fälle gerät, wo sich nicht ein einheitlicher Parameterwert zur Deutung aller Flecke ergibt. Streng genommen sollte man daraus auf die Unzulänglichkeit des Strukturtyps schließen. In vielen Fällen wird das auch das Richtige sein, und man wird z. B. durch Vergrößerung der Basis zu einer besseren Deutung der Intensitäten gelangen. Trotzdem gibt es Strukturen, deren innere Wahrscheinlichkeit so groß ist, daß man an ihre Richtigkeit glauben wird, auch wenn die Deutung der Intensitäten nicht restlos gelingt. Hierzu gehört z. B. Calcit. Der Parameterwert u ist von BRAGG zu 0,3, von WYCKOFF zu 0,25 angegeben worden. Beide Werte erklären viele, keiner alle Flecke — während Zwischenwerte oder andere Werte ganz grobe Widersprüche ergeben. In Abb. 97 sind die gemessenen Intensitäten unter der Annahme $u = 0{,}25$ reduziert worden. Auch unter den wenigen dort aufgetragenen Interferenzen finden sich mehrere, die von der Einordnung in die „glatte" Kurve mehr abweichen, als den Meßfehlern entspricht. Soll man hier an eine Wirkung des Atomfaktors glauben oder sollte man das Zutrauen zum Gittertyp aufgeben? Man sieht, wie not eine Theorie der Intensitäten tut!

Läßt sich mit einem Parameter keine Deutung der Intensitäten erzielen, so ist es nötig, entweder unter Beibehaltung der Zelle Lagen mit mehr Freiheitsgraden in Betracht zu ziehen — diese sind, falls vorhanden, natürlich auch zu diskutieren, wenn sich eine passende einparametrige Struktur findet —; oder aber, falls mit der alten Zelle keine mehrparametrigen passenden Lagen vorhanden sind, so ist zu einer größeren Zelle überzugehen. Bei größerem Z steigt die Unterbringungsmöglichkeit, weil mehr Atome in parameterhaltige Lagen rücken. Natürlich wird die Bestimmung auf rein röntgenmäßiger Grundlage um so schwieriger.

δ) Struktur mit mehreren Parametern. Um mehrere Parameter systematisch zu bestimmen, muß man das oben für einen Parameter geschilderte Verfahren in zwei oder mehr Dimensionen durchführen: die Intensitäten bei einer Reihe von Flecken in Funktion der Parameter berechnen und durch Vergleich mit der Messung gewisse Gebiete als allein mögliche für die Parameter ausscheiden. Dies ist bei zwei Parametern in verschiedenen Fällen durchgeführt worden[1]), ist aber schon da recht mühsam. Unsere Unkenntnis der Gesetze

[1]) Z. B.: R. W. G. WYCKOFF, Sill. Journ. Bd. 1, S. 127. 1921; R. G. DICKINSON u. A. L. RAYMOND, Journ. Amer. Chem. Soc. Bd. 45, S. 22. 1923.

der Atomstreuung und der Intensitäten läßt hervorragende Forscher[1]) dieser Aufgabe gegenüber bewußt Verzicht leisten. Wenn dies auch vielleicht ein zu radikaler Standpunkt ist, so sollte man doch die Sicherheit solcher simultaner Parameterbestimmungen recht vorsichtig schätzen.

Besser sind die Aussichten, wenn die Bestimmung mehrerer Parameter getrennt möglich ist. Es möge sich z. B. bei einem tetragonalen Kristall um zwei Parameter handeln, deren einer (u) eine Verschiebung in der Basis (001), der andere (v) in einer Seitenebene (1 0 0) angibt. Gelingt es, eine Reihe von Reflexen an (0 0 1) und an (1 0 0) zu vermessen, so geschieht die Bestimmung der Parameter nacheinander, da die Reflexe an (0 0 1) unabhängig von u, die andern unabhängig von v sind. Man hätte dies als separierte Parameterbestimmung von der simultanen zu unterscheiden.

In der Praxis der Strukturbestimmungen lassen sich oft Anordnungen ausscheiden, die zu allzu kleinen Atomabständen oder zu chemisch sehr unwahrscheinlichen Atomgruppierungen u. ä. führen. Dies sind der reinen röntgenmäßigen Strukturbestimmung fremde Gesichtspunkte, deren Berechtigung in vielen Fällen anzuerkennen ist, die aber hier nicht weiter besprochen werden sollen (vgl. Artikel GRIMM Kap. 6 dieses Bandes).

Die mit der Parameterbestimmung in engem Zusammenhang stehenden Arbeiten von HAVIGHURST sind bereits in Ziff. 20 besprochen worden.

VII. Darstellung der erforschten Strukturen[2]).

37. Anorganische Kristalle. Bei der Darstellung der erforschten Strukturen muß an dieser Stelle die Übersichtlichkeit über das Streben nach Vollständigkeit gestellt werden. Denn bei dem derzeitigen — stets noch anwachsenden — Arbeitstempo auf diesem Gebiete würde das Kapitel in bezug auf Vollständigkeit bald veraltet sein.

In die folgenden Tabellen sind daher nur diejenigen Strukturen aufgenommen, die als einigermaßen vollständig und sicher bestimmt gelten können, und zwar auf Grund ihrer Röntgeninterferenzen. Die angegebenen Zahlwerte sind, falls mehrere Bestimmungen vorliegen, als die zuverlässigsten oder mit ähnlichen am besten vergleichbaren ausgewählt. Von einem Literaturnachweis ist abgesehen worden, da eine vollständige kritische Zusammenstellung aller bis Ende 1925 ausgeführten Strukturarbeiten demnächst (ab Frühjahr 1927) in der Zeitschrift für Kristallographie erfolgen soll. Erst nach einer kritischen Durchsicht aller Arbeiten wird es möglich sein, mit einiger Sicherheit die Genauigkeit der Zahlwerte abzuschätzen. Wenn in den nachfolgenden Tabellen durch Kleindruck der letzten Ziffer hier und da eine Genauigkeitsangabe erstrebt wird, so beruht diese meist auf Angaben der Autoren, die nicht immer verbürgt werden können.

Bei der Basisbeschreibung wurde mehr Gewicht auf leichte Vorstellbarkeit des Gitters gelegt als darauf, die kristallographisch „richtige“ Beschreibung zu geben. Letztere sucht die kleinste Basis aus und muß hierzu z. B. bei kubischen Gittern, die auf dem flächen- oder körperzentrierten Gitter aufgebaut sind, die zugehörigen schiefwinkligen Achsen von Γ_c' und Γ_c'' benutzen (Abb. 45 und 46, Tab. 5). Wenn dies auch beim kubischen Gitter noch angeht und nur die

[1]) Vor allem R. W. G. WYCKOFF in fast allen seinen Arbeiten.

[2]) Die Strukturtabellen dieses Abschnittes beruhen teilweise auf Arbeiten, für deren finanzielle Unterstützung ich dem Elektrophysikausschuß der Notgemeinschaft der Deutschen Wissenschaft zu großem Dank verpflichtet bin. Auch Herrn Dr. C. HERMANN möchte ich herzlich danken für seine wertvolle Hilfe bei diesem Abschnitt sowie bei Ziff. 8 dieses Kapitels (Raumgruppendiskussion von D 3d).

Unbequemlichkeit mit sich bringt, daß auch die Basiskoordinaten natürlich schiefwinklig zu verstehen sind, so kompliziert sich diese Beschreibung doch bald über Gebühr. Die entsprechenden körperzentrierenden tetragonalen Achsen Γ_t' erfordern z. B. schon die Angabe der Längen und Winkel; das charakteristische Achsenverhältnis c/a läßt sich nur rückwärts durch Rechnung wiedergewinnen, und die Vergleichbarkeit verschiedener Gitter sowie die Übersicht über ihre Symmetrie und die Beziehung zur kristallographischen Aufstellung ist erschwert. Obwohl man diese Beschreibung für rechnerische Zwecke in der Gitterdynamik vorziehen wird, ist es gut, für die anschauliche Beschreibung möglichst die Achsen der einfachsten Bravaisgitter (der ungestrichenen Γ...) zugrunde zu legen.

Öfters lassen sich Gitter am deutlichsten als Deformationen anderer, einfacherer Typen beschreiben. Die „undeformierten" Gitter bilden dann einen „Idealfall", der sich durch ein besonderes Wertesystem von Achsenverhältnissen und Parametern auszeichnet (siehe z. B. bei $D\,1$-Typ Korund).

Zur bequemeren Orientierung sind die Typen in Abteilungen A, B, C ... eingeteilt und innerhalb dieser numeriert. Die Abteilungen bedeuten:

A Elemente,
B binäre Verbindungen der Form AB,
C binäre Verbindungen der Form AB_2,
D weitere binäre Verbindungen,
E—H Gitter mit mehr als zwei Atomsorten, und zwar:
E Atomgitter,
F Gitter mit linearem Radikal,
G „ „ ebenem oder offenem Radikal,
H „ „ geschlossenem Radikal.

Die Einteilung bleibt bis zu einem gewissen Grade willkürlich. So könnte z. B. NaN_3 in Klasse D genommen werden. Dabei würde aber der enge Zusammenhang zwischen NaN_3 und $NaHF_2$ verlorengehen, und es würde nicht zum Ausdruck kommen, daß eines der N eine ganz andere Rolle spielt als die beiden andern. Ähnlich bei Fe_3O_4(H 5). Auch die Unterscheidung zwischen „offnem" Radikal und „räumlich geschlossenem" Komplex ist nicht scharf. Es wäre einfacher und zum Aufsuchen einer Substanz vielleicht auch übersichtlicher gewesen, die Gitter mit mehr als zwei Atomsorten nicht weiter zu unterteilen. Wenn ich mich trotzdem zu dieser — sicherlich provisorischen — Einteilung entschlossen habe, so liegt das an dem Wunsch, dem Benutzer einen, wie mir scheint, physikalisch und chemisch wesentlichen Charakterzug der mannigfachen Typen einer jeden Abteilung zur Orientierung sofort darzubieten.

Bei jedem Typ sind die kleinsten Atomabstände d, e, f, ... angegeben; wo sie im Gitter zu finden sind, wird meist aus den Abbildungen hervorgehen und ist nur in wenigen Fällen besonders vermerkt.

Die Raumgruppenangabe liefert nur die höchstsymmetrische Raumgruppe, in der die Struktur untergebracht werden kann. Es sind natürlich viele weniger symmetrische Raumgruppen möglich. Sie aufzuführen, geht schon deshalb nicht an, weil für ihre Beschränkung die Annahmen jeweils genau präzisiert werden müßten (z. B. Gleichwertigkeit von Atomen der gleichen Sorte, Bestimmtheit der kristallinen Symmetrieklasse bzw. des Systems usw.). Man findet diese Raumgruppen ohne Mühe in den Ziff. 7 (δ) zitierten Strukturtabellen.

Bei der Basisbeschreibung ist ausgiebiger Gebrauch von den Zeichen $\pm$ und $\circlearrowright$ (zyklische Vertauschung) gemacht worden. Sollten Zweifel entstehen, wie diese gemeint sind, so achte man auf die Anzahl der Basisatome. Wenn ein Gitter sich ganz auf flächen- oder körperzentrierten Gittern aufbaut, so ist in der Basis unter Angabe dieser Tatsache nur je eines der vier bzw. zwei zu den orthogonalen Achsen gehörenden Basisatome aufgeführt.

Unter a_w, a, c, α usw. sind die Längen und Winkel derjenigen Achsen verstanden, die sich mit der kristallographischen Aufstellung decken. Strukturtheoretisch benötigte abweichende Achsen sind mit großen Buchstaben bezeichnet; aus den Transformationsformeln ist ihr Zusammenhang mit der kristallographischen Aufstellung zu ersehen.

A. Elemente.

A1-Typ: Flächenzentriert-kubisches Gitter Γ_c' (Kupfer) (Abb. 45). Auf orthogonale kubische Achsen Γ_c (Länge a_w) bezogen ist die Basis:

$$\begin{pmatrix} 0 & 0 & 0 \\ 1/2 & 1/2 & 0 \\ & \circlearrowleft & \end{pmatrix}.$$

Raumgruppen: O_h^4, O_h^5.

Element	Cu	Ag	Au	Ca	Al	Ce—β	Th	Pb
a_w	3,597	4,079	4,065	5,56	4,046	5,12	5,04	4,920
d	2,54	2,88	2,88	3,97	2,860	3,62	3,56	3,48

Element	Fe—γ	Co—β	Ni—α	Rh	Pd	Ir	Pt
a_w	3,63	3,55	3,54	3,820	3,859	3,823	3,912
d	2,57	2,51	2,50	2,70	2,73	2,70	2,77

A2-Typ: Körperzentriert-kubisches Gitter Γ_c'' (Wolfram) (Abb. 46). Auf Γ_c-Achsen (a_w) bezogen ist die Basis: $(0\,0\,0,\ {}^1/_2\,{}^1/_2\,{}^1/_2)$.
Raumgruppen: O_h^2, O_h^3, O_h^4, O_h^9.

Element	Li	Na	K	V	Ta	Cr	Mo	W
a_w	3,50	4,30	5,20	3,04	3,272	2,895	3,142	3,155
d	3,03	3,72	4,50	2,63	2,83	2,51	2,72	2,73

Element	Fe—α	Fe—β	Fe—δ
a_w	2,87	2,90	2,93
d	2,49	2,51	2,54

A3-Typ: Hexagonale dichteste Packung: Magnesium (Abb. 136).

Hexagonale Achsen Γ_h Basis: 2 Mg $(0\,0\,0;\ {}^1/_3\,{}^2/_3\,{}^1/_2)$.

Raumgruppe: D_{6h}^4.

Idealfall: $c/a = 2\sqrt{\frac{2}{3}} = 1{,}633$: dichteste Kugelpackung. Bei Abweichung hiervon ist zwischen den horizontalen Abständen $d = a$ und den schrägen e zu unterscheiden.

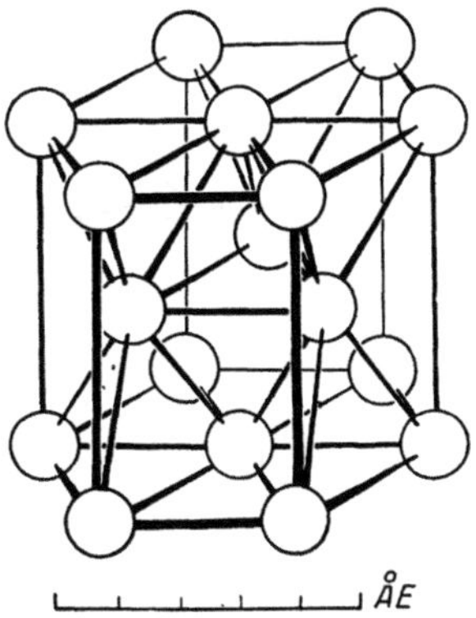

Abb. 136. Magnesium.

Element	Be	Mg	Zn	Cd	Tl (?)	Ti	Zr	Hf	Ce—α	Co—α	Ru	Os
a	2,283	3,22	2,670	2,960	3,40	2,97	3,23	3,32	3,65	2,514	2,686	2,714
c	3,607	5,23	4,966	5,632	5,51	4,72	5,14	5,46	5,96	4,107	4,272	4,32
c/a	1,580	1,624	1,860	1,89	1,62	1,59	1,59	1,64	1,63	1,633	1,59	1,59
d	2,28	3,22	2,67	2,96	3,40	2,97	3,23	3,32	} 3,65	2,514	2,69	2,71
e	2,23	3,21	2,92	3,28	3,30	2,93	3,18	3,32			2,64	2,67

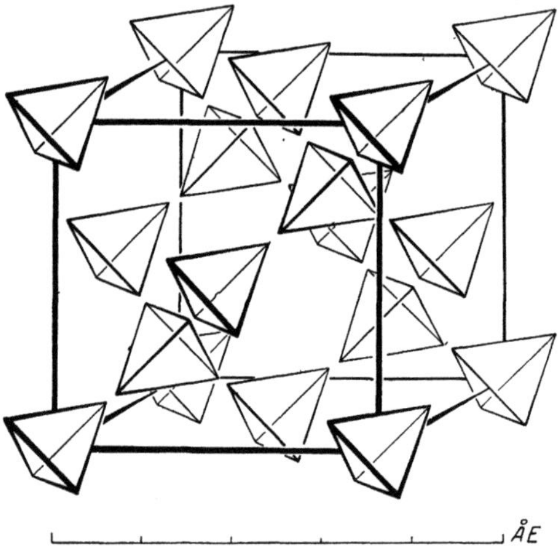

Abb. 137. Diamant.

A4-Typ: Diamant (Abb. 137).

Zwei flächenzentrierte kubische Gitter mit Verschiebung $(^1/_4\,^1/_4\,^1/_4)$ ineinandergestellt.

Reines Tetraedergitter

$$\left(d = \tfrac{1}{4}a\sqrt{3}\right).$$

Raumgruppe: O_h^7.

Element	C[1])	Si	Ge	Sn[2])
a_w	$3{,}55_{97}\pm 10$	5,43	5,63	6,46
d	1,540	2,34	2,44	2,80

[1]) Diamant, [2]) graues Zinn.

A5-Typ: Weißes Zinn (Abb. 138).

Nur Sn bekannt.

Kann beschrieben werden als ein stark in der c-Achse gedrücktes Diamantgitter, hierfür $a = 8{,}25$, $c = 3{,}16$, Basis aus 8 Sn bestehend wie bei A4. Besser werden die Nebenachsen um 45° gedreht: $a' = 5{,}83$, $c' = 3{,}16$, zwei körperzen-

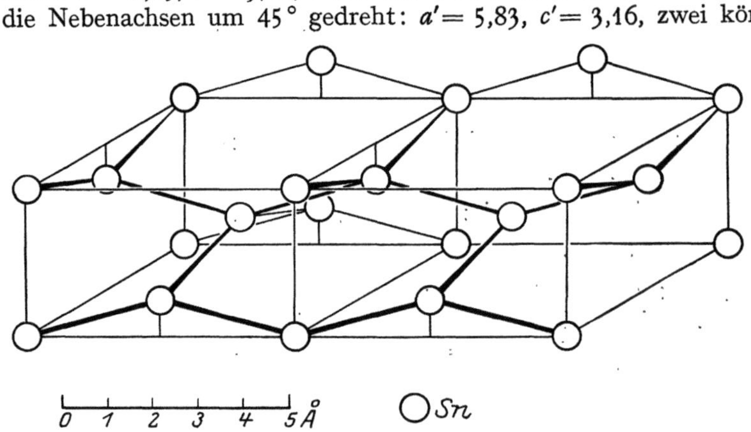

Abb. 138. Weißes Zinn.

trierte Gitter beginnen in (0 0 0) und ($^1/_2$ 0 $^1/_4$). Abstand d von den vier „Tetraedernachbarn" = 3,02 Å; infolge der Kompression längs der c-Achse ist aber die Entfernung zu den Nachbarn in vertikaler Richtung nicht viel größer: e = 3,16 Å.

Raumgruppe: D_{4h}^{19}.

A6-Typ: Indium.

Schwach tetragonal deformiertes flächenzentriertes kubisches Gitter.

Raumgruppen: D_{4h}^{4} D_{4h}^{6} D_{4h}^{9} D_{4h}^{12} D_{4h}^{14} D_{4h}^{15} D_{4h}^{17}.

Element	a	c	c/a	d	e
In	4,58	4,86	1,06	3,24	3,34
Tl (?)	4,75	5,40	1,14	3,36	3,59
Mn (γ)	3,77$_4$	3,53$_3$	0,937	2,67	2,59

A7-Typ: Antimon (Abb. 139).

Rhomboedrische Achsen. Nimmt man die fast kubischen, die kristallographisch üblich sind, so besteht das Gitter aus zwei flächenzentrierten rhomboedrischen Gittern mit Anfangspunkten in 0 0 0 und ($^1/_2 - u$, $^1/_2 - u$, $^1/_2 - u$).

Idealfall: $\alpha = 90°$, $u = 0$: einfaches kubisches Gitter von der Kante $a/2$.

Raumgruppe: D_{3d}^{5}.

Nachbarn: Da die Struktur sich als Deformation einer NaCl-Struktur deuten läßt, hat jedes Atom 3 + 3 Nachbarn in Abständen d (vom raumzentrierenden Atom der Abb. 139 zur Flächenmitte nach oben) und d' (zur Flächenmitte nach unten).

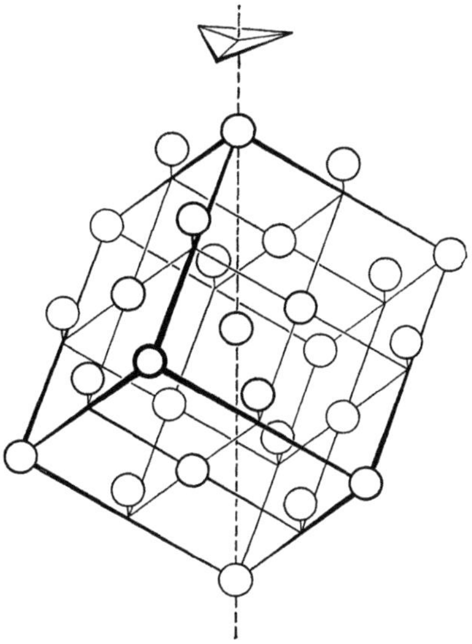

Abb. 139. Antimon.

Element	a	α	u	d	d'
As	5,60	84° 36′	0,048	2,51	3,16
Sb	6,20	86° 58′	0,037	2,87	3,37
Bi	6,56	87° 34′	0,026	3,10	3,47

A8-Typ: Selen (Abb. 140).

Hexagonale Achsen Γ_h. Basis 3 Se (x0 0, 0x $^1/_3$, $\bar{x}\bar{x}$ $^2/_3$). Dies ist ein SOHNCKEsches „Dreipunktschraubengitter".

Jedes Atom hat zwei Nachbarn d um die gleiche Schraubenachse herum und vier Nachbarn e zu andern Schraubenachsen.

Raumgruppen: D_3^4 und D_3^6 (enantiomorph).

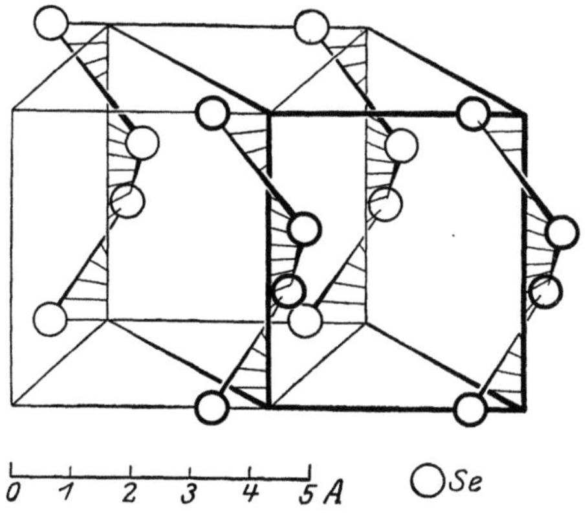

Abb. 140. Selen.

Element	a	c	c/a	x	d	e
Se	4,35	4,96	1,14	0,22	2,35	3,45
Te	4,44	5,91	1,33	0,27	2,87	3,46

Bemerkungen zu den Elementen.

1. Das einfache kubische Gitter ist bisher noch nicht angetroffen worden. Am nächsten kommt ihm der Antimontyp, der aber Deformationen aufweist.

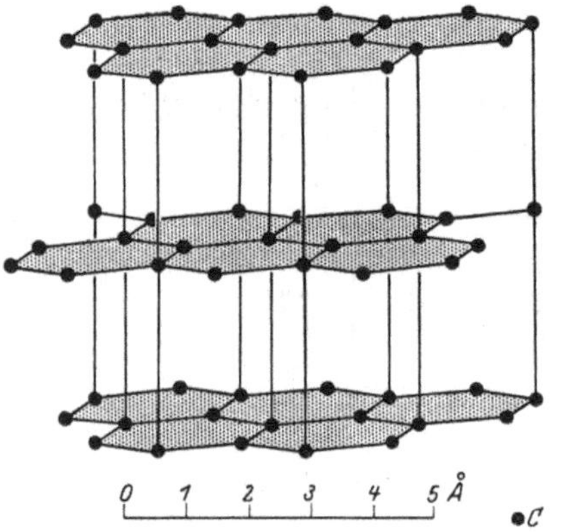

Abb. 141. Graphit nach HASSEL und MARK.

2. Im Antimontyp gehen die Abweichungen vom kubischen in den Winkeln und in der Basisdeformation (u) fast proportional.

3. Von Hg, S, Graphit liegen nur unfertige oder noch nicht ganz sichere Bestimmungen vor. Bei S handelt es sich jedenfalls um ein Molekülgitter; Hg ist wohl polymorph. Für Graphit ist am wahrscheinlichsten die von HASSEL und MARK[1]) angegebene Struktur (Abb. 141): hexagonale Achsen, $a = 2{,}47$, $c = 6{,}70$, $c/a = 2{,}717$, 4C(000, $0\,0\,{}^1/_2$, ${}^1/_3\,{}^2/_3\,p$, ${}^2/_3\,{}^1/_3\,p + {}^1/_2$), $p < {}^1/_{60}$, C—C = 1,43 in der Basisebene, C—C = 3,35 senkrecht zur Basisebene.

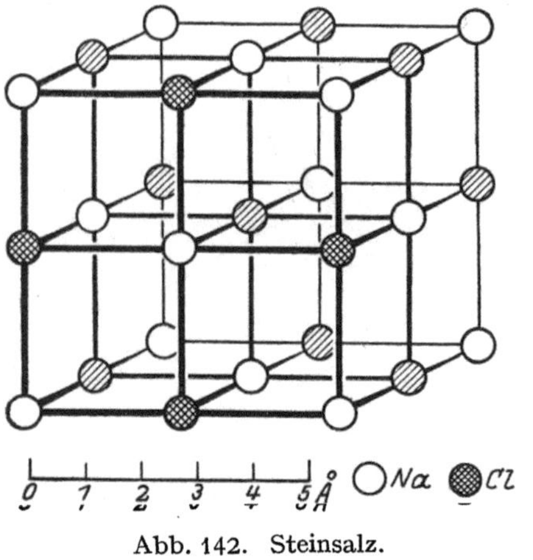

Abb. 142. Steinsalz.

B. Binäre Verbindungen AB.

B1-Typ: Steinsalz NaCl (Abb. 142).

Achsen Γ_c. Flächenzentrierte Gitter fangen an in Na (0 0 0), Cl (${}^1/_2\,{}^1/_2\,{}^1/_2$).

Raumgruppen: O_h^1, O_h^5,

Stoff	LiF	LiCl	LiBr	LiJ	NaF	NaCl	NaBr	NaJ	KF	KCl	KBr	KJ
a_w	4,14	5,132	$5{,}49_0$	6,06	4,620	$5{,}629_4$	5,936	6,462	5,328	6,276	6,570	7,050
d	2,07	2,57	$2{,}74_5$	3,03	2,31	$2{,}814_7$	2,968	3,231	2,664	3,138	3,285	3,525

Stoff	RbCl	RbBr	RbJ	CsF-α	AgCl	AgBr	NH_4Cl-β	NH_4Br-β	NH_4J	MgO	CaO
a_w	6,534	6,836	7,310	6,008	5,54	5,78	6,532	6,90	7,20	$4{,}20_3$	$4{,}79_0$
d	3,267	3,418	3,655	3,00	2,77	2,89	3,266	3,45	3,60	2,10	2,40

Stoff	SrO	BaO	CdO	MnO	FeO	NiO	MgS	CaS	SrS	BaS	PbS	MnS	CaSe
a_w	$5{,}10_4$	$5{,}49_6$	4,72	4,40	$4{,}29_4$	$4{,}17_2$	$5{,}0_{78}$	$5{,}60_0$	5,87	5,35	5,91	$5{,}21_4$	$5{,}91_4$
d	2,55	2,75	2,36	2,20	2,15	2,09	$2{,}5_4$	2,80	2,94	2,67	2,96	2,61	2,96

[1]) O. HASSEL u. H. MARK, ZS. f. Phys. Bd. 25, S. 317. 1924.

Stoff	SrSe	BaSe	PbSe	TiC	ZrC	VC	NbC	TaC	ZrN	TiN	NbN	VN	ScN
a_w	$6{,}23_4$	$6{,}61_6$	$6{,}16_2$	4,60	4,76	4,30	4,40	4,49	4,63	4,40	4,41	4,28	4,44
d	3,12	3,31	3,08	2,30	2,38	2,15	2,20	2,25	2,32	2,20	2,21	2,14	2,22

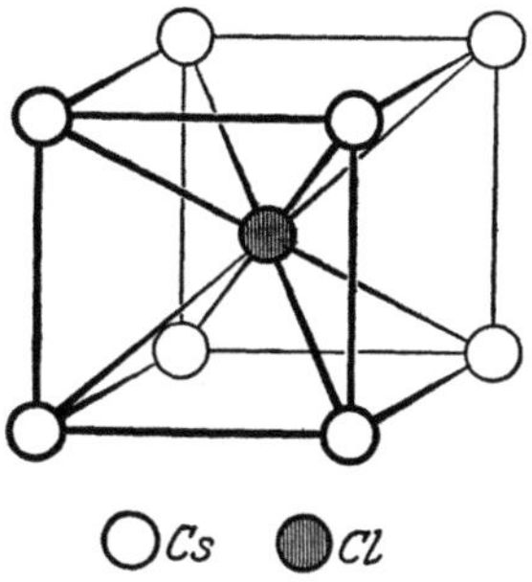

Abb. 143. Cäsiumchlorid.

B2-Typ: Cäsiumchlorid CsCl (Abb. 143).
Achsen Γ_c. Basis: 1 Cs (0 0 0), 1 Cl ($^1/_2\,^1/_2\,^1/_2$).
Raumgruppe: O_h^1.

Stoff	RbF(?)	CsCl	CsBr	CsJ	TlCl	TlBr	NH_4Cl-α	NH_4Br-α
a_w	3,663	4,118	4,287	4,558	3,837	3,968	3,859	3,988
d	3,17	3,63	3,71	3,95	3,32	3,43	3,34	3,45

Stoff	CuZn	AgZn	AuZn	CuPd	AlNi
a_w	2,945	3,156	3,146	2,988	2,82
d	2,55	2,73	2,72	2,57	2,44

B3-Typ: Zinkblende ZnS (Abb. 137).
Kubische Achsen Γ_c. Flächenzentrierte Gitter beginnen in Zn (0 0 0), S ($^1/_4\,^1/_4\,^1/_4$).
Die Gesamtheit der Atomschwerpunkte bildet das Diamantgitter.
Tetraedergitter!
Raumgruppe T_d^2.

Stoff	CuCl	CuBr	CuJ	AgJ-β [1]	BeS	ZnS [2]	CdS-β [3]	HgS [4]	ZnSe	ZnTe	CdTe	HgTe [5]	CSi [6]	AlSb
a_w	5,49	5,82	6,10	6,493	4,853	$5{,}39_0$	5,820	$5{,}85_4$	$5{,}65_1$	6,07	6,444	6,36	4,37	6,13
d	2,38	2,52	2,64	2,81	4,20	2,33	2,52	2,54	2,45	2,63	2,79	2,75	1,90	2,65

[1]) über 146° C, [2]) Zinkblende, [3]) synthetisch, [4]) Metacinnabarit als „amorpher" schwarzer Niederschlag, [5]) Coloradoit, [6]) „amorph".

B4-Typ: Wurtzit ZnS (Abb. 144).
Hexagonale Achsen Γ_h. $2\mathrm{Zn}\begin{pmatrix} 0 & 0 & 0 \\ ^2/_3 & ^1/_3 & ^1/_2 \end{pmatrix}$, $2\mathrm{S}\begin{pmatrix} 0 & 0 & u \\ ^2/_3 & ^1/_3 & u+{}^1/_2 \end{pmatrix}$.
Reines Tetraedergitter, falls $u = {}^3/_8$ und $c/a = 1{,}633$ (Idealfall).
Raumgruppe: C_{6v}^4.
Der Abstand ist als $d = {}^3/_8\, c$ berechnet (entsprechend dem Idealfall).

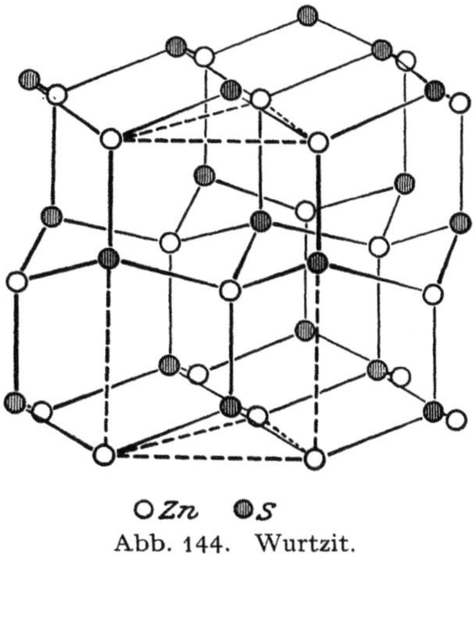

Abb. 144. Wurtzit.

Stoff	AgJ-α[1]	BeO	ZnO	ZnS[2]	CdS-α[3]	AlN	TaN
a	4,593	2,694	3,22	3,836	4,142	$3{,}11_3$	3,05?
c	7,500	4,392	5,16	$6{,}27_7$	6,724	$4{,}98_1$	—
c/a	1,633	1,630	1,608	1,635	1,623	$1{,}60_2$	1,62?
u	0,375	0,375	0,375	—	0,375	0,38	—
d	2,813	1,65	1,935	2,35	2,52	1,87	—

[1]) Jodyrit, stabil unter 146°, [2]) Wurtzit, [3]) Greenockit.

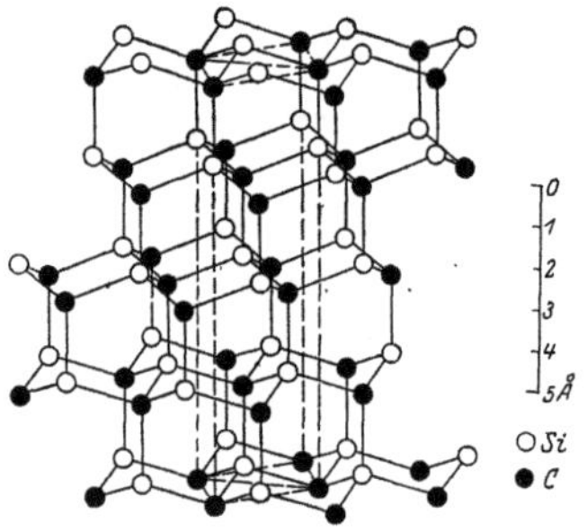

Abb. 145. Karborund III.

B5-Typ: Karborund III (Abb. 145).

Hexagonale Achsen Γ_h. Basis aus vier Molekülen:

$$4\,\mathrm{C}\begin{pmatrix} 0 & 0 & 0 \\ 0 & 0 & 1/2 \\ 1/3 & 2/3 & u \\ 2/3 & 1/3 & u+1/2 \end{pmatrix} \qquad 4\,\mathrm{Si}\begin{pmatrix} 0 & 0 & v \\ 0 & 0 & v+1/2 \\ 1/3 & 2/ & w \\ 2/3 & 1/3 & w+1/2 \end{pmatrix}$$

Bei dem allein bekannten Karborund entsteht ein reines Tetraedergitter durch die speziellen Werte der Parameter $u = 1/4$, $v = 3/16$, $w = 7/16$ und das spezielle Achsenverhältnis $c/a = 4\sqrt{2/3} = 3{,}262$.

Raumgruppe: C_{6v}^4.

CSi $a = 3{,}095$, $c = 10{,}09$, $d = 1{,}90$.

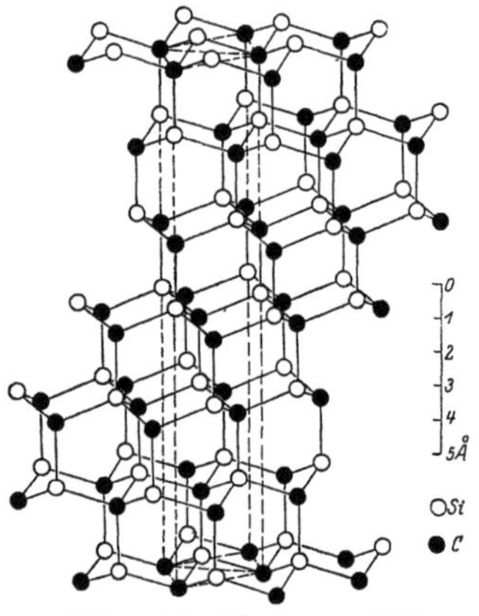

Abb. 146. Karborund II.

B6-Typ: Karborund II (Abb. 146).

Hexagonale Achsen Γ_h. Basis aus sechs Molekülen:

$$6\,\mathrm{C}\left(\begin{matrix} 0 & 0 & 0 \\ 1/3 & 2/3 & u \\ 1/3 & 2/3 & u' \end{matrix}\;\middle|\;\begin{matrix} 0 & 0 & 1/2 \\ 2/3 & 1/3 & u+1/2 \\ 2/3 & 1/3 & u'+1/2 \end{matrix}\right)$$

$$6\,\mathrm{Si}\left(\begin{matrix} 0 & 0 & v \\ 1/3 & 2/3 & w \\ 1/3 & 2/3 & w' \end{matrix}\;\middle|\;\begin{matrix} 0 & 0 & v+1/2 \\ 2/3 & 1/3 & w+1/2 \\ 2/3 & 1/3 & w'+1/2 \end{matrix}\right).$$

Bei dem allein bekannten Karborund II entsteht ein reines Tetraedergitter durch spezielle Werte

$u = 1/6$, $u' = -1/6$; $v = 1/8$; $w = 7/24$, $w' = -1/24$

und das Achsenverhältnis $c/a = 6\sqrt{2/3} = 4{,}901$.

Raumgruppe: C_{6v}^4.

CSi $a = 3{,}09_5$, $c = 15{,}17$, $c/a = 4{,}901$, $d = 1{,}90$.

B7-Typ: Karborund I (Abb. 147).

Rhomboedrische Achsen Γ_{rh}. Basis aus fünf Molekülen:

5 C (in Lagen $u\,u\,u$), 5 Si (in Lagen $v\,v\,v$).

Bei dem allein bekannten Karborund sind die Parameter u_i und v_i derart, daß ein reines Tetraedergitter entsteht: $u_1 = 0$, $u_2 = 2/15$, $u_3 = 6/15$, $u_4 = 9/15$, $u_5 = 13/15$; $v_i = u_i + 1/20$.

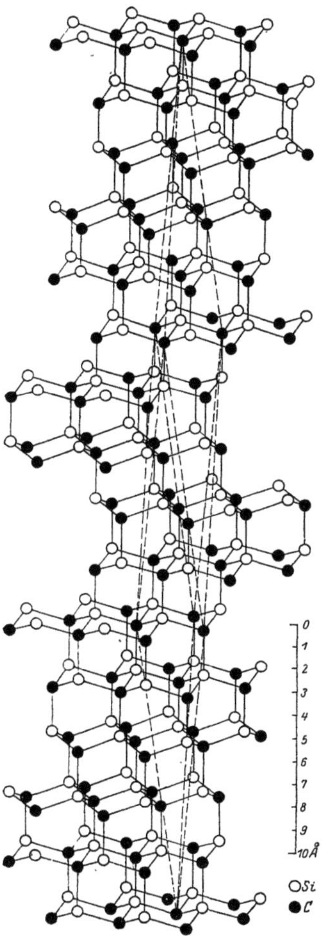

Abb. 147. Karborund I.

Achsenverhältnis auf hexagonale Achsen bezogen: $c/a = 15 \cdot \sqrt{2/3} = 12{,}25$. Abstand CSi = 1,90. Die rhomboedrischen Achsen sind

$$a = 12{,}78,\ \alpha = 13°\,55',$$

die hexagonalen $a = 3{,}095$, $c = 37{,}95$ Å.

Raumgruppe: C_{3v}^5.

B8-Typ: Rotnickelkies NiAs (Abb. 148). Hexagonale Achsen Γ_h. Basis aus zwei Molekülen:

$$2\,\text{Ni}: (0\,0\,0,\ 0\,0\,{}^1/_2);\quad 2\,\text{As}\ ({}^1/_3\,{}^2/_3\,u,\ \ {}^2/_3\,{}^1/_3\,u+{}^1/_2).$$

Mit $c/a = 2 \cdot \sqrt{2/3} = 1{,}633$ und $u = {}^1/_4$ bilden die As-Atome für sich eine hexagonale Kugelpackung; die Ni-Atome liegen in den Lücken dieser Packung zwischen je sechs As-Atomen. Abstand Ni—As = d.

Raumgruppe: C_{6v}^4; wenn genau $u = {}^1/_4$ ist, D_{6h}^4.

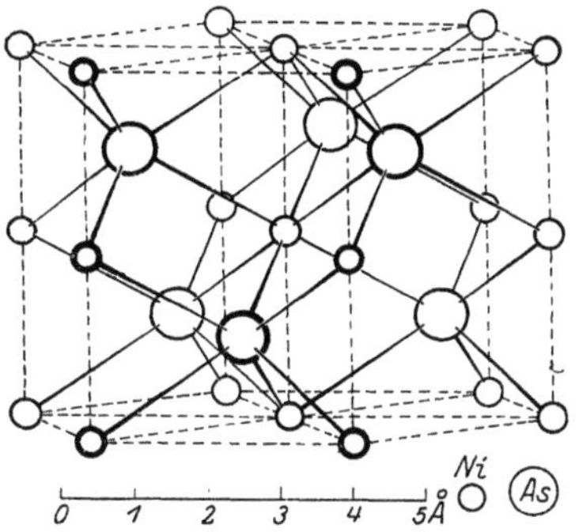

Abb. 148. Rotnickelkies.

Stoff	NiAs	FeS	FeSe	CoS	NiS ¹)	NiSe	NiSb
a	3,61	3,43	3,61	3,37	3,42	3,66	3,92
c	5,03	5,79	5,87	5,14	5,30	5,33	5,11
c/a	1,393	1,689	1,626	1,525	1,550	1,457	1,304
u	$\sim {}^1/_4$	$\sim {}^1/_4$	—	—	$\sim {}^1/_4$	—	—
d	2,43	2,45	2,55	2,33	2,38	2,50	2,60

¹) synthetisch. [Wo u nicht angegeben, ist d für $u = {}^1/_4$ berechnet.]

B9-Typ: Zinnober HgS.
Hexagonale Achsen Γ_h. Basis aus drei Molekülen:

$$3\,\text{Hg}: (u\,0\ {-}{}^1/_3;\quad \bar{u}\,\bar{u}\,0;\quad 0\,u\ \ {}^1/_3)$$
$$3\,\text{S}: \quad (v\,0\ \ {}^1/_6;\quad \bar{v}\,\bar{v}\,{}^1/_2;\quad 0\,v\ {-}{}^1/_6).$$

Raumgruppen: D_3^4 und D_3^6 (enantiomorph).
Bei dem allein bekannten Zinnober ist $u = {}^1/_3$; $v = 0{,}21$.

Die Hg-Atome bilden daher ein einfaches rhomboedrisches Gitter, die S-Atome bilden ein Dreipunktschraubengitter. Jedes Hg ist von 6S, jedes S von 6Hg umgeben, die paarweise gleiche Abstände haben: d, e, f:

$$a = 4{,}160;\ c = 9{,}540;\ c/a = 2{,}291;\ d = 2{,}53\ \text{Å};\ e = 2{,}92\ \text{Å};\ f = 3{,}21\ \text{Å}.$$

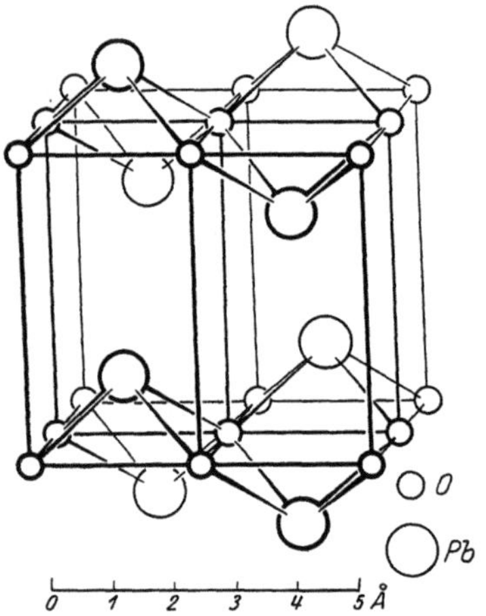

Abb. 149. Rotes Bleioxyd.

B10-Typ: Bleioxyd PbO (rote Modifikation) (Abb. 149).

Tetragonale Achsen Γ_t. Basis aus zwei Molekülen:

2Pb: $(0\,{}^1/_2\,u;\ {}^1/_2\,0\,\bar{u})$; 2O: $(0\,0\,0;\ {}^1/_2\,{}^1/_2\,0)$.

(Schichtengitter.)

Die Abb. 149 ist gegen diese Aufstellung um 45° gedreht.

Raumgruppe: D_{4h}^7.

Zum gleichen Typ gehört auch PH_4J, Phosphoniumjodid, wenn auch Achsenverhältnis und Parameter völlig andere sind und daher der Schichtencharakter fast verwischt ist. PH_4 tritt an die Stelle des Pb, J an die von O.

Entfernungen Pb—O = d; Pb—Pb (benachbarte Schichten) = f; O—O (derselben Schicht) = e; [P — J = d u. d' (gleiche und benachbarte Schichten); P—P = f; J—J = e].

Stoff	a	c	c/a	u	d	d'	e	f
PbO	3,99	5,01	1,256	0,24	2,34	—	2,82	3,84
PH_4J	6,34	4,62	0,728	0,40	3,67	4,22	4,48	4,57

Bemerkungen zu den B-Typen.

1. Unter diese Typen sind auch die Ammoniumhalide gerechnet in B1 und B2. Der B1-Typ wird bei höheren Temperaturen angenommen.

2. ZnS ist dimorph. Bei gewöhnlicher Temperatur ist Zinkblende die stabilere Modifikation, in welche sich Wurtzit z. B. schon beim Zerreiben im Mörser großenteils umwandelt.

3. RbF wurde von DAVEY[1]) als isotyp mit CsCl angegeben; er hat aber nach WYCKOFFS Kritik[1]) ein Hydrat in Händen gehabt.

4. Sowohl in dem NaCl-Typ wie im CsCl-Typ kommen Substanzen mit ganz verschiedenen Bindungsweisen und chemischen Eigenschaften vor: ausgesprochene Salze, Oxyde und Sulfide und schließlich Karbide und Nitride. Die letzte, jedenfalls nicht-polar gebundene Gruppe von Substanzen zeichnet sich durch Härte und Metallcharakter von den beiden ersten Gruppen aus. Mit CuPd und AlNi enthält der CsCl-Typ auch reine Metallverbindungen.

5. CuO, Tenorit, ist nach P. NIGGLI als trikline Deformation des Steinsalztyps aufzufassen.

6. Kalomel HgCl s. unter E.

7. Ähnlich der Zinkblende kristallisiert auch Chalkopyrit $FeCuS_2$. Das Gitter geht aus dem von ZnS hervor, wenn man die Zn-Atome mit $z = 0$ durch Fe, die mit $z = \frac{1}{2}$ durch Cu ersetzt. Der Kristall wird dadurch tetragonal, R.-Gr. V_d^5. Auch die z-Koordinade der S-Atome ist nicht mehr durch die Symmetrie zu $\pm{}^1/_4$

1) W. P. DAVEY, Phys. Rev. Bd. 21, S. 143. 1923; R. W. G. WYCKOFF u. E. POSNJAK, Journ. Washington Acad. Bd. 13, S. 393. 1923.

bedingt, sondern ist als $\pm u$ anzusetzen. Allerdings scheint sie nicht sehr verschieden von $^1/_4$ zu sein (0,21 bis 0,25). — $a = 5{,}23$ Å, $c = 5{,}15$ Å.

8. Ersetzt man in Chalkopyrit wiederum die Hälfte der Fe-Atome (z. B. die in ($^1/_2\,^1/_2\,0$) durch Sn, so erhält man Zinnkies ,Cu_2FeSnS_4. Die R-.Gr. wird dabei V_d^1; auch die x- und y-Koordinaten der S-Atome erhalten dabei einen Parameter, der aber wieder nahezu $^1/_4$ zu sein scheint. $a = 5{,}577$; $c = 5{,}180$.

9. Für rotes Bleioxyd PbO ist kürzlich von LEVI und NATTA[1]) eine andere Struktur angegeben worden als die hier beschriebene, die von DICKINSON und FRIAUF[2]) stammt. Die Raumgruppe, Zellengröße und die Lage der Pb-Atome bleibt, wie unter B10 beschrieben. Die O-Atome nehmen dagegen eine Lage ($0\,\frac{1}{2}\,v$; $\frac{1}{2}\,0\,\bar{v}$) ein, mit $v \approx u + \frac{1}{2}$. Diese Struktur stellt also ein schwach tetragonal deformiertes B1-Gitter dar.

C. Verbindungen der Form AB_2.

C1-Typ: Fluorit CaF_2 (Abb. 150).

Achsen Γ_c. Flächenzentrierte Gitter fangen an:

$$\text{Ca } 000, \quad \text{F} \pm(^1/_4\,^1/_4\,^1/_4).$$

Dies Gitter entsteht aus dem Zinkblendetyp, wenn in die Zn Symmetriezentren gelegt werden. Daher nur ein Abstand d.

Raumgruppe: O_h^5.

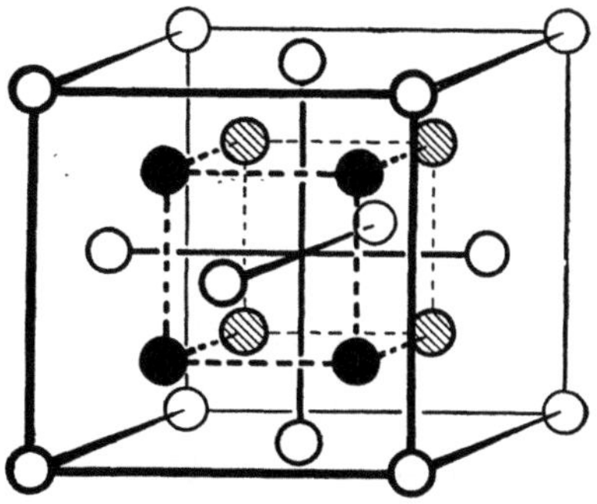

Abb. 150. Fluorit.

Stoff	CuF_2	PbF_2-β	SrF_2	BaF_2	CdF_2	$SrCl_2$
a_w	5,455	5,93	5,86	6,20	5,40	7,00
d	2,36	2,57	2,54	2,69	2,34	3,03

Stoff	ZrO_2	CeO_2	ThO_2	UO_2	Li_2O	Li_2S	Na_2S	Cu_2Se
a_w	5,08	5,41	5,61	5,47	4,61	5,70	6,53	5,75
d	2,20	2,34	2,43	2,37	2,00	2,47	2,84	2,49

C2-Typ: Pyrit FeS_2 (Abb. 151); Kohlendioxyd CO_2.

Kubisch dyakisdodekaedrisch. Achsen Γ_c; Basis:

$$4\,\text{Fe}\begin{pmatrix} 0 & 0 & 0 \\ ^1/_2 & ^1/_2 & 0 \\ & \circlearrowleft & \end{pmatrix}, \qquad 8\,\text{S} \pm \begin{pmatrix} u & u & u \\ \bar{u} & ^1/_2-u & ^1/_2+u \\ & \circlearrowleft & \end{pmatrix}.$$

Die Schwefelatome bilden S_2-Gruppen auf den dreizähligen Achsen; beim CO_2 ist der Parameter u so klein, daß sich CO_2-Gruppen (ebenfalls auf den trigonalen Achsen) abheben.

Abstände: d = S—S innerhalb einer Gruppe, e = S—Fe; f = O—C—O, g = O—C bei Nachbarmolekülen.

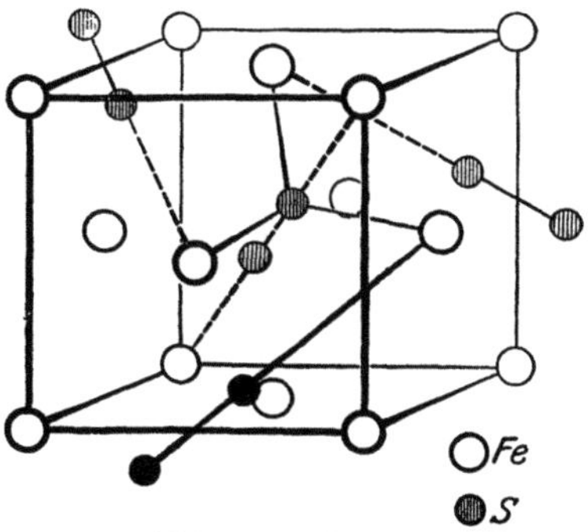

Abb. 151. Pyrit.

[1]) G. R. LEVI u. E. G. NATTA, Nuovo Cimento Bd. 3, Nr. 3. 1926.

[2]) R. G. DICKINSON u. J. B. FRIAUF, Journ. Amer. Chem. Soc. Bd. 46, S. 2457. 1924.

Stoff	FeS_2	MnS_2	$PtAs_2$		CO_2	ON_2
a_w	5,38	—	5,92		5,63	5,72
u	0,388	0,400	0,38		0,108	0,117
d	2,09	—	2,46	f	2,11	2,32
e	2,26	—	2,46	g	3,18	3,17

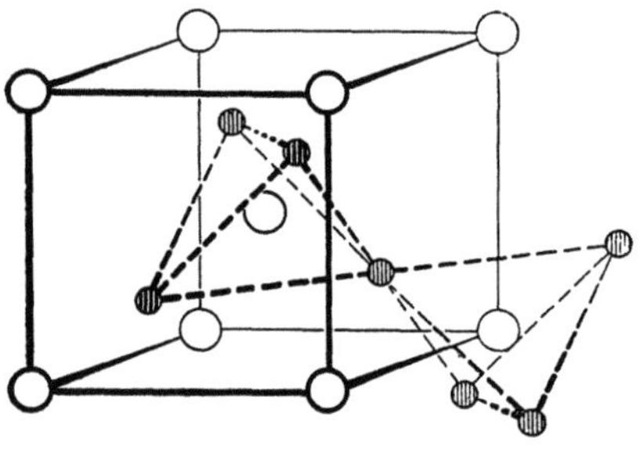

Abb. 152. Cuprit.

C3-Typ: Cuprit Cu_2O (Abb. 152).

Achsen Γ_c,

$$\text{Basis } 4\,\text{Cu}\begin{pmatrix} 1/4 & 1/4 & 1/4 \\ 3/4 & 3/4 & 1/4 \\ & \circlearrowleft & \end{pmatrix}, \qquad 2\,\text{O}\begin{pmatrix} 0 & 0 & 0 \\ 1/2 & 1/2 & 1/2 \end{pmatrix}.$$

Raumgruppe: O_h^4.

Stoff	Cu_2O	Ag_2O
a_w	4,26	4,69
d	1,84	2,03

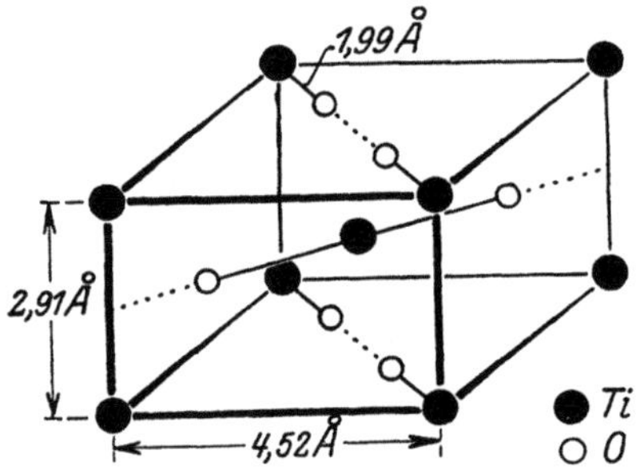

Abb. 153. Rutil.

C4-Typ: Rutil TiO_2 (Abb. 153).

Tetragonale Achsen Γ'_t.

$$\text{Basis: } 2\,\text{Ti}\begin{pmatrix} 0 & 0 & 0 \\ 1/2 & 1/2 & 1/2 \end{pmatrix}, \qquad 4\,\text{O}\begin{pmatrix} \pm u & \pm u & 0 \\ 1/2 \pm u & 1/2 \mp u & 1/2 \end{pmatrix}.$$

Abstände: jedes O liegt zwischen 3Ti in fast gleichen Abständen (horizontal d, schräg d'). Ti hat $2d$-, $4d'$-Nachbarn O.

Raumgruppe: D_{4h}^{14}.

Stoff	MgF_2	MnF_2	FeF_2	CoF_2	NiF_2	ZnF_2	TiO_2	VO_2	MnO_2	NbO_2
a	4,62	4,87	$4{,}8_3$	4,70	4,65	4,72	4,58	4,54	4,41	4,77
c	3,06	3,31	$3{,}3_6$	3,18	3,08	3,14	2,95	2,88	2,88	2,96
c/a	0,663	0,680	0,69	0,676	0,661	0,665	0,6447	0,633	0,6525	0,620
u	0,314	—	—	—	—	—	0,311	—	—	—
d	2,05	—	—	—	—	—	2,01	—	—	—
d'	1,95	—	—	—	—	—	1,91	—	—	—

Stoff	MoO_2	RuO_2	SnO_2	TeO_2	WO_2	OsO_2	JrO_2	PbO_2
a	4,86	4,51	4,75	4,79	4,86	4,51	4,49	4,96
c	2,79	3,11	3,19	3,77	2,77	3,19	3,14	3,39
c/a	0,573	0,689	0,673	0,788	0,571	0,707	0,700	0,6825
u	—	—	0,315	—	—	—	—	—
d	—	—	2,12	—	—	—	—	—
d'	—	—	2,02	—	—	—	—	—

C5-Typ: Anatas TiO_2 (Abb. 154).

Tetragonale Achsen Γ_t ($\mathfrak{A}_i$). Körperzentrierte Gitter beginnen in:

$$\text{Ti}\begin{pmatrix} 0 & 0 & 0 \\ 1/2 & 0 & 1/4 \end{pmatrix}, \qquad \text{O}\,(= \text{Ti} \pm 0\,0\,u).$$

Dreht man die Nebenachsen um 45°, so tritt die Diamantähnlichkeit der Ti-Anordnung hervor (freilich sehr stark nach der c-Achse gedehnt):

$\Gamma_t(\mathfrak{a}_i)$; flächenzentrierte Gitter beginnen in $\mathrm{Ti}\begin{pmatrix} 0 & 0 & 0 \\ 1/4 & 1/4 & 1/4 \end{pmatrix}$,

$$\mathrm{O}\,(=\mathrm{Ti} \pm 0\,0\,u)\,.$$

Die Abb. 154 zeigt die beiden Grundbereiche, aber nur in den ersten sind die O-Atome eingetragen.

Nachbarn: O liegt, ähnlich wie bei Rutil zwischen 3Ti in fast gleichen Abständen (d vertikal $= uc$, d' schräg); Ti hat sechs Nachbarn ($2d$, $4d'$).

Raumgruppe: D_{4h}^{19}.

Bekannt ist nur:

TiO_2 Anatas: $a = 5{,}27$, $c = 9{,}37$, $c/a = 1{,}777$, $u = 0{,}208$, $A = 3{,}72$, $d = 1{,}95_5$, $d' = 1{,}96_0$.

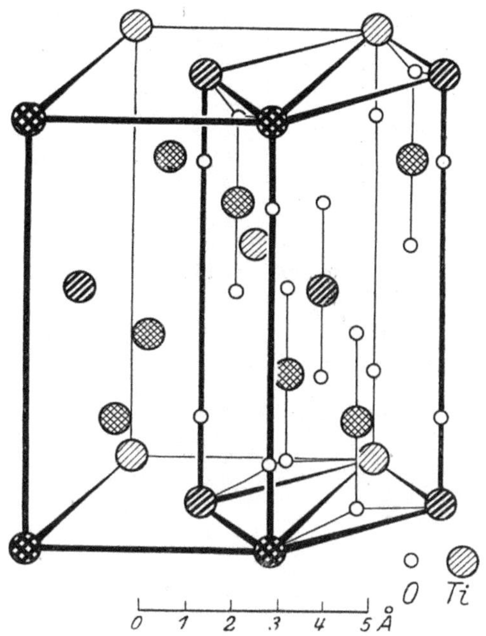

Abb. 154. Anatas.

C6-Typ: Kadmiumjodid CdJ_2 (Abb. 155).

Hexagonale Achsen Γ_h. Basis:

$$\mathrm{Cd}\,(0\,0\,0)\,,\ 2\,\mathrm{J} \pm (^2/_3\,{}^1/_3\,u)\,.$$

Idealfall: mit $c/a = 1{,}633$, $u = {}^1/_4$ bilden die J-Atome allein eine hexagonale Kugelpackung.

Abstände: Cd—J in der gleichen Schicht $= d$, Cd—J von Schicht zu Schicht $= e$, J—J von Schicht zu Schicht $= f$.

Raumgruppe: D_{3d}^3.

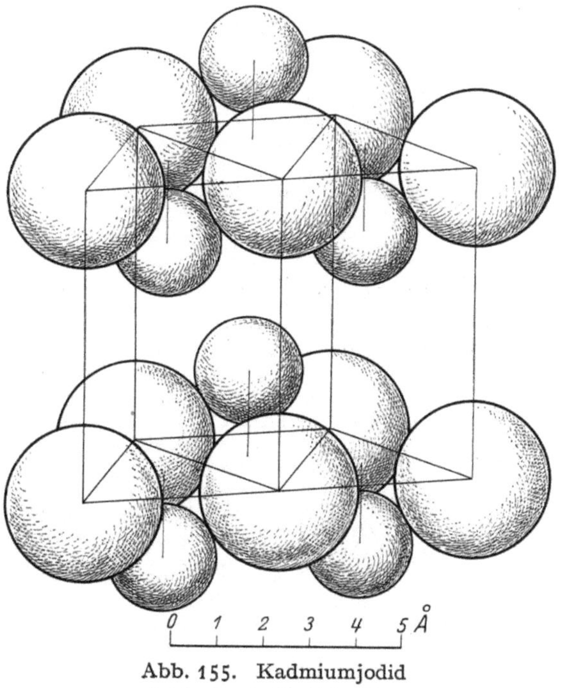

Abb. 155. Kadmiumjodid (große Kugeln Cd, kleine J).

Stoff	CdJ_2	ZrS_2	$ZrSe_2$	$Mg(OH)_2$	$Mn(OH)_2$	$Cd(OH)_2$	Ni(OH)	$Ca(OH)_2$
a	4,24	3,68	3,79	3,13	3,34	3,47	3,07	3,52
c	6,84	5,85	6,18	4,75	4,68	4,64	4,605	4,93
c/a	1,612	1,59	1,63	1,521	1,40	1,355	1,50	1,40
u	0,25	$\sim {}^1/_4$	$\sim {}^1/_4$	${}^2/_9$	—	$\sim {}^1/_3$	—	—
d	3,00	2,58	2,68	2,09	—	2,55	—	—
e	5,68	4,88	5,12	4,60	—	4,86	—	—
f	4,21	3,61	3,78	4,12	—	4,04	—	—

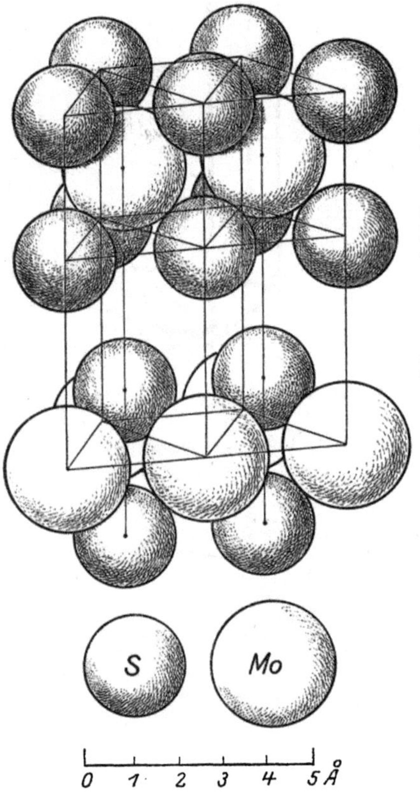

Abb. 156. Molybdenit.

C7-Typ: Molybdenit MoS_2 (Abb. 156). Hexagonale Achsen Γ_h.

Basis: $2\,Mo\begin{pmatrix}0 & 0 & 0\\ {}^1/_3 & {}^2/_3 & {}^1/_2\end{pmatrix}$, $4\,S\begin{pmatrix}0 & 0 & \pm u\\ {}^1/_3 & {}^2/_3 & {}^1/_2 \pm u\end{pmatrix}$.

Ausgesprochenes Schichtengitter. Abbildung 156 hat nicht die volle Höhe der Elementarzelle.

Raumgruppe: D_{6h}^4.

Es ist nur Molybdenit bekannt:

MoS_2: $a = 3{,}14$, $c = 12{,}30$, $c/a = 3{,}84$, $u = {}^3/_8$, Mo—S = 2,84,

S—S in derselben Schicht 3,08,

S—S in Nachbarschichten 3,57.

C8-Typ: β-Quarz SiO_2 (Abb. 157). Hexagonale Achsen Γ_h. Basis:

$$3\,Si\begin{pmatrix}{}^1/_2 & {}^1/_2 & 0\\ 0 & {}^1/_2 & {}^1/_3\\ {}^1/_2 & 0 & {}^2/_3\end{pmatrix},\quad 6\,O\begin{pmatrix}\mp u & \pm u & {}^1/_2\\ \pm 2u & \pm u & -{}^1/_6\\ \pm u & \pm 2u & {}^1/_6\end{pmatrix}.$$

Raumgruppen: D_6^4 oder D_6^5 (enantiomorph).

Nur β-Quarz bekannt:

SiO_2: $a = 4{,}89$, $c = 5{,}375$, $c/a = 1{,}10$, $u = 0{,}21$.

Jedes Si ist von einem fast regulären Tetraeder aus O umgeben: Si—O = 1,55; Si—Si 3,03; O—O 2,55.

α-Quarz (stabil unterhalb 575°) ist sehr ähnlich. Raumgruppe vermutlich D_3^4 oder D_3^6.

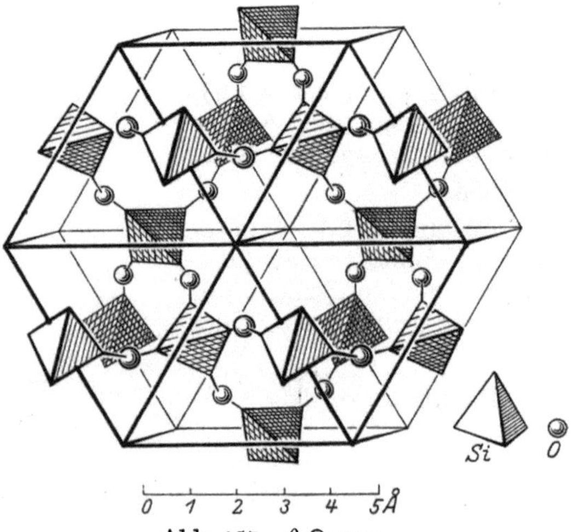

Abb. 157. β-Quarz.

C9-Typ: β-Cristobalit SiO_2 (Abb. 158).

Kubisch: Diamantgitter aus Si mit Sauerstoffatomen mitten zwischen je zwei Si.

Achsen Γ_c. Flächenzentrierte Gitter beginnen in:

$$\mathrm{Si}\begin{pmatrix} 0 & 0 & 0 \\ {}^1/_4 & {}^1/_4 & {}^1/_4 \end{pmatrix}, \quad \mathrm{O}\,{}^1/_8\begin{pmatrix} 1 & 1 & 1 \\ 1 & \bar{1} & \bar{1} \\ & \circlearrowleft & \end{pmatrix}.$$

Raumgruppe: O_h^7.

Bekannt ist nur β-Cristobalit (stabil von 1470° bis 1710°):

SiO_2: $a_w = 7{,}12$, Si—O 1,541, Si—Si 3,08.

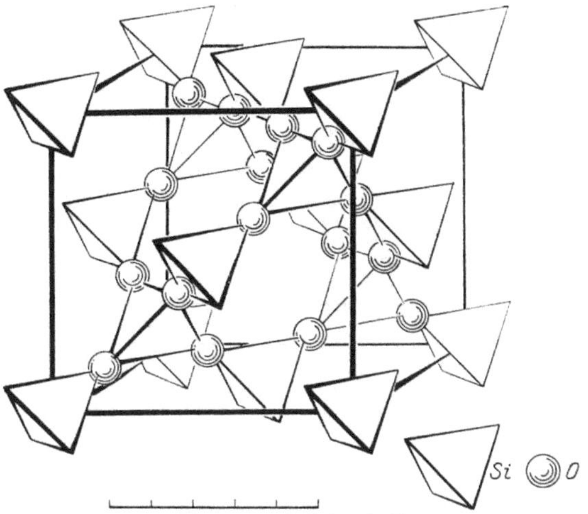

Abb. 158. β-Cristobalit.

Bemerkungen zu den C-Typen.

1. Dem Cuprittyp verwandt ist die Struktur von MnO_2 Polianit: ein zu tetragonaler Symmetrie gestauchtes Cupritgitter mit O statt Cu, Mn statt O; $a = 4{,}44$, $c/a = 0{,}651$.

2. Zirkon $ZrSiO_4$ entsteht aus dem Rutiltyp, indem man dessen Zelle nach jeder Seite verdoppelt und die Ti in gesetzmäßigem Wechsel durch Zr und Si ersetzt. Ebenso Xenotim.

Raumgruppe: C_{4v}^{11}.

Zirkon $ZrSiO_4$ $a = 9{,}20$, $c = 5{,}88$, $c/a = 0{,}640$; Zr—O 2,71; Si—O 1,08.

Xenotim YPO_4 $a = 9{,}60$, $c = 5{,}94$, $c/a = 0{,}618$; Y—O 2,55; P—O 1,42.

3. Eis OH_2 hat wahrscheinlich in einer seiner zahlreichen Modifikationen die von W. H. Bragg vorgeschlagene Struktur, nach der die O liegen wie die beiden Atomsorten in Wurtzit zusammen.

4. KCN hat eine dem Pyrit nahe verwandte Struktur. C—N tritt an Stelle der S_2-Gruppe. $a_w = 6{,}55$.

Raumgruppe: T^4.

D. Weitere Gitter mit zwei Atomsorten.

D1-Typ: Korund Al_2O_3 (Abb. 159).

Rhomboedrische Achsen Γ_{rh} ($\mathfrak{A}_i$). Basis:

$$4\,\mathrm{Al} \pm \begin{pmatrix} u & u & u \\ {}^1/_2+u, & {}^1/_2+u, & {}^1/_2+u \end{pmatrix},$$

$$6\,\mathrm{O}\begin{pmatrix} 0\ v\ \bar{v}, & {}^1/_2, {}^1/_2-v, {}^1/_2+v \\ \circlearrowleft & \circlearrowleft \end{pmatrix}.$$

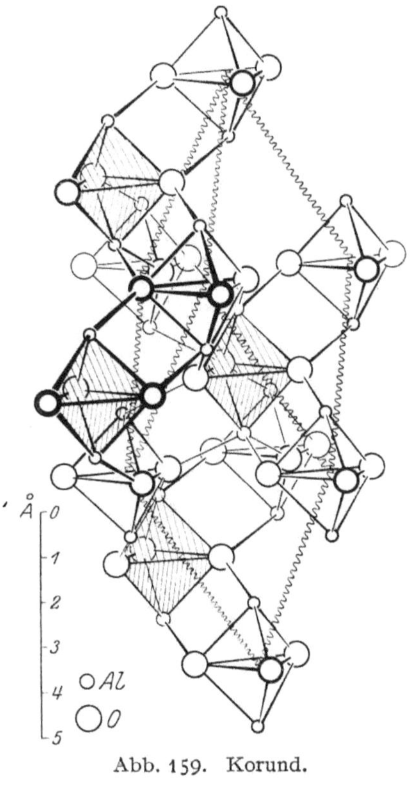

Abb. 159. Korund.

Aufstellung: Obige $\mathfrak{A}_i$ (Winkel A) sind die Diagonalen eines der kristallographischen Zelle entsprechenden Rhomboeders. In der Abb. 159 ist das $\mathfrak{A}_i$-Rhomboeder angegeben.

Molekülgitter; es gibt Moleküle in rechten und linken Stellungen (in der Abb. 159 ist die eine Sorte schraffiert). Jedes Al hat drei O-Nachbarn im gleichen Molekül (AlO $= d$) und drei in Nachbarmolekülen (AlO $= e$); jedes O vier ($= 2 + 2$) Al-Nachbarn d und e. Die O allein bilden eine etwas deformierte hexagonale Kugelpackung. Der Abstand O—O im gleichen Molekül ist f.

Raumgruppe: D_{3d}^6.

Stoff	a	α	$\mathfrak{A}$	A	u	v	d	e	f
Al_2O_3	3,51	85° 43′	5,12	55° 17′	$0{,}10_5$	$0{,}30_3$	$1{,}9_{90}$	$1{,}8_{45}$	$2{,}4_{95}$
Fe_2O_3	3,70	85° 43′	5,42	55° 17′	$0{,}10_5$	$0{,}29_2$	$2{,}0_{60}$	$1{,}9_{85}$	$2{,}5_{45}$
Cr_2O_3	3,63	85° 27′	5,34	55° 0′	—	—	—	—	—

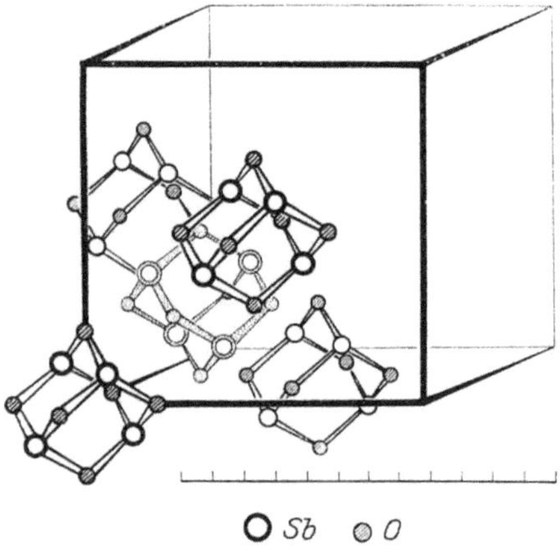

Abb. 160. Senarmontit.

D2-Typ: Senarmontit Sb_2O_3 (Abbildung 160).

Kubisch. Diamantgitter aus Molekülen Sb_4O_6.

$$\text{Achsen } \Gamma_c'\text{: } 8\,\text{Sb}\left(\begin{matrix}0\;0\;0 + \\ {}^1/_4\,{}^1/_4\,{}^1/_4 -\end{matrix}\left\{\begin{matrix}u\;u\;u \\ u\;u\;\bar{u} \\ \circlearrowleft\end{matrix}\right\}\right);$$

$$12\,\text{O}\left(\left.\begin{matrix}0\;0\;0 \\ {}^1/_4\,{}^1/_4\,{}^1/_4\end{matrix}\right\}\pm\left\{\begin{matrix}v\;0\;0 \\ \circlearrowleft\end{matrix}\right.\right).$$

Das Molekül enthält ein Tetraeder aus Sb und ein Oktaeder aus O, die sich durchsetzen. Abstand im Molekül Sb—O $= d$, Abstand Molekül—Molekül $= e$.

Raumgruppe: O_h^7.

Stoff	a_w	u	v	d	e
As_2O_3	11,06	−0,105	0,21	2,01	4,78
Sb_2O_3	11,14	−0,115	0,23	2,22	4,83

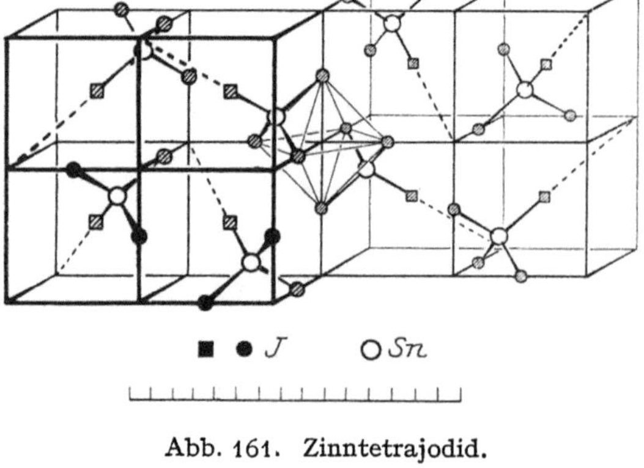

Abb. 161. Zinntetrajodid.

D3-Typ: Zinntetrajodid SnJ_4 (Abb. 161).

Kubisch, Achsen Γ_c. Basis mit acht Molekülen:

$$8\,\text{Sn} \pm \begin{pmatrix} u & u & u \\ {}^1/_2 + u & {}^1/_2 - u & \bar{u} \\ & \circlearrowleft & \end{pmatrix},$$

$$8\,\text{J} \pm \begin{pmatrix} v & v & v \\ {}^1/_2 + v & {}^1/_2 - v & \bar{v} \\ & \circlearrowleft & \end{pmatrix};$$

$$24\,J \pm \begin{pmatrix} x\,y\,z, & 1/2+x,\,1/2-y,\,\bar{z}, & 1/2-x,\,y,\,1/2+z, & \bar{x},\,1/2+y,\,1/2-z \\ \circlearrowright & \circlearrowright & \circlearrowright & \circlearrowright \end{pmatrix}$$

Raumgruppe: T_h^6.

Bekannt ist nur SnJ_4 mit:

$u = 0{,}129,\ v = 0{,}253,\ x = 0{,}009,\ y = 0{,}001,\ z = 0{,}253.$

Mit $u = 1/8,\ v = z = 1/4,\ x = y = 0$ wären die Moleküle reguläre Tetraeder mit Abstand Sn—J$=d$, J—J zwischen Nachbarmolekeln $= e$.

SnJ_4: $a_w = 12{,}23,\ d = 2{,}63,\ e = 4{,}21$.

D4-Typ: Kalomel Hg_2Cl_2 (Abb. 162).

Tetragonale Achsen Γ_t. Flächenzentrierte Gitter beginnen in

$$Hg(0\,0\,\pm u), \qquad Cl(1/2\,0\,\pm v).$$

Diese Achsenwahl entspricht der kristallographisch üblichen. Das Gitter erscheint hierbei als ein Steinsalztyp aus Hg_2 und Cl_2-Gruppen, die parallel der Hauptachse liegen. Hierdurch entsteht die Streckung des Steinsalzwürfels nach der c-Achse.

Nachbarn: Hg—Hg $= d$, Cl—Cl $= e$, Hg—Cl $= f$.

Raumgruppe: D_{4h}^4.

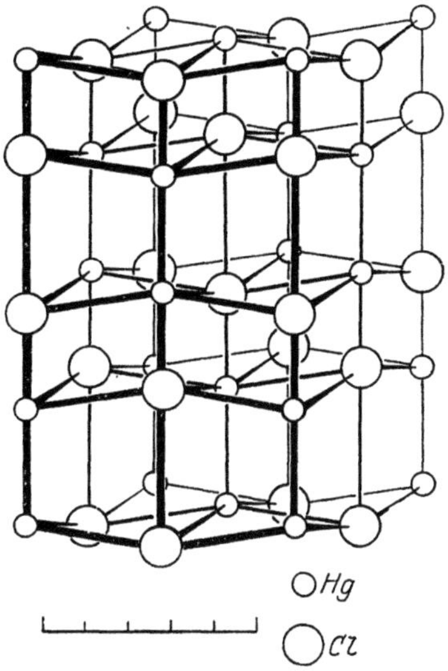

Abb. 162. Kalomel.

Stoff	a	c	c/a	u	v	d	e	f
Hg_2Cl_2	6,30	10,88	1,728	$\infty 1/8$	$\infty 1/6$	2,72	3,63	2,27
Hg_2Br_2	6,61	11,16	1,689	$\infty 1/8$	$\infty 1/6$	2,79	3,72	2,33
Hg_2J_2	6,95	11,57	1,665	$\infty 1/8$	$\infty 1/6$	2,89	3,86	2,41

D5-Typ: Diboran B_2H_6.

Hexagonale Achsen Γ_h. Basis aus zwei Molekülen. Lage der B-Atome:

$$(1/3\,2/3\,u,\ 1/3\,2/3\,\bar{u};\quad 2/3\,1/3\,1/2+u,\ 2/3\,1/3\,1/2-u).$$

Raumgruppe: D_{6h}^4.

Abstand: B—B im gleichen Molekül d,

B—B in benachbarten Molekülen e.

Stoff	a	c	c/a	u	d	e
B_2H_6 Diboran	4,54	8,69	1,91	0,10	1,8	3,7
C_2H_6 Äthan	4,46	8,91	1,995	0,09 bis 0,10	1,55	4,5

Bemerkungen zu den D-Typen.

1. NaN_3, KN_3, CsJ_3 und Fe_3O_4 s. unter E-Typen.

2. Ammoniak NH_3 kristallisiert kubisch, in der Raumgruppe T^4, mit vier Molekülen in der Zelle. Lage der N-Atome:

$$(u\,u\,u;\quad u,\,1/2+u,\,1/2-u;\ \circlearrowright)\ \text{mit}\ u = 0{,}220,\ a_w = 5{,}19.$$

E. Gitter mit mehr als zwei Atomsorten: Atomgitter.

E1-Typ: Kalium-Magnesium-Fluorid $KMgF_3$.

Kubische Achsen Γ_c. Basis aus einem Molekül:

$$K: (000); \quad Mg: (\tfrac{1}{2}\tfrac{1}{2}\tfrac{1}{2}); \quad 3F: ((0\tfrac{1}{2}\tfrac{1}{2}) \circlearrowleft).$$

Raumgruppe: O_h^1.

$a_w = 4{,}00$; Entfernungen: Mg—F = 2,00; K—F = 2,83; K—Mg = 3,46; F—F = 2,83. K hat 12, Mg 6 F-Nachbarn, F 2 Mg- und 4 K-Nachbarn.

F. Gitter mit mehr als zwei Atomsorten: Radikalionengitter mit linearem Radikal.

F1-Typ: Kaliumcyanid K(CN).

Diese Struktur ist dem Pyrit (C2) nahe verwandt.

Kubische Achsen. Basis aus vier Molekülen. Alle drei Atomarten in Punktlagen vom Typ:

$$((u\,u\,u), \quad (\tfrac{1}{2}+u, \tfrac{1}{2}-u, \bar{u}) \circlearrowleft).$$

Raumgruppe: T^4.

Praktisch scheint bei allen hierhergehörigen Substanzen sehr nahe $u_K = 0$; $u_C = -u_N = u$ zu sein, so daß die Struktur, abgesehen von der chemischen Verschiedenheit der C- und N-Atome, in die Pyritstruktur übergeht. Entfernungen: C—N = d; K—C $\approx$ K—N = e:

Stoff	K(CN)	Co(AsS)	Ni(AsS)	Ni(SbS)
a_w	6,55	5,65	5,68	5,91
u	0,45	—	—	—
d	1,15	—	—	—
e	3,0	—	—	—

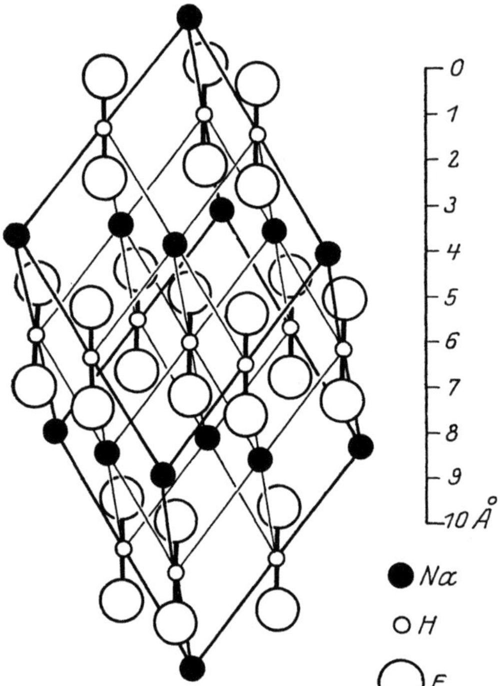

Abb. 163. $NaHF_2$.

F2-Typ: Natriumhydrofluorid $NaHF_2$ (Abb. 163).

Rhomboedrische Achsen Γ_{rh} (halbe Flächennormalen des Rhomboeders Abb. 163). Ein Molekül in der Basis:

$$Na: (000), \quad H: (\tfrac{1}{2}\tfrac{1}{2}\tfrac{1}{2}), \quad 2F: \pm(u\,u\,u).$$

Raumgruppe: D_{3h}^5.

Entfernungen: NaF in der trigonalen Achse d, NaF kürzeste Entfernung d', HFe, NaHf.

Stoff	a	α	u	d	d'	e	f
$NaHF_2$	5,17	39° 44′	0,417	5,95	2,35	1,19	3,13
NaN_3	5,841	38° 43′	0,423	6,43	2,50	1,17	3,29
$CsJCl_2$	5,46	70° 42′	0,312	3,80	3,66	2,26	4,18

F3-Typ: Kaliumhydrofluorid KHF_2. (Abb. 164).

Tetragonale Achsen Γ_t. Basis aus vier Molekülen.

Innenzentrierte Gitter Γ_t' beginnen in:

K: $(0\,0\,{}^1/_4;\; {}^1/_2\,{}^1/_2\,{}^1/_4)$;

H: $(0\,{}^1/_2\,0;\; {}^1/_2\,0\,0)$;

F: $(u\;{}^1/_2+u\;0;\; \bar{u}\;{}^1/_2-u\;0;\; {}^1/_2+u\;\bar{u}\;0;\; {}^1/_2-u\;u\;0)$.

Raumgruppe: D_{4h}^{18}.

Entfernungen: K—K = H—H (in der c-Achse) $= d$;

K—K = H—H (senkrecht zur c-Achse) $= d'$;

K—F $= e$; H—F $= f$;

K—H $= g$.

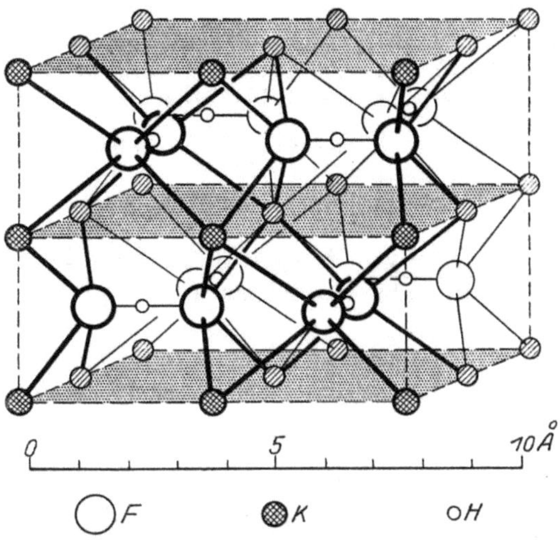

Abb. 164. KHF_2.

Stoff	a	c	c/a	u	d	d'	e	f	g
KHF_2	5,67	6,81	1,20	0,14	3,41	4,01	2,77	1,13	3,31
KN_3	6,094	7,056	1,16	$0{,}13_5$	3,53	4,31	2,96	1,16	3,52
KCNO[1])	6,070	7,030	1,16	0,13	3,52	4,29	2,59	1,16	3,51

[1]) Welches von den Atomen C, N, O an die Stelle von H, welche an die von F treten, läßt sich röntgenmäßig nicht entscheiden. Genau genommen gehört KCNO in einen besonderen Typ, dessen Basis wahrscheinlich doppelt so groß ist wie die hier angegebene, und dessen Raumgruppe D_{4h}^{2} ist.

G. Gitter mit mehr als zwei Atomsorten und ebenem oder offenem Radikal.

G1-Typ: Calcit $CaCO_3$ (Abb. 165).

Rhomboedrische Achsen Γ_{rh} $(\mathfrak{A}_i)$. Basis:

$$2\,\mathrm{Ca}\begin{pmatrix}0 & 0 & 0\\ {}^1/_2 & {}^1/_2 & {}^1/_2\end{pmatrix},\qquad 2\,\mathrm{C}\pm({}^1/_4\,{}^1/_4\,{}^1/_4),$$

$$6\,\mathrm{O}\pm\left({}^1/_4\,{}^1/_4\,{}^1/_4+\left\{\begin{matrix}u\;\bar{u}\;0\\ \circlearrowleft\end{matrix}\right\}\right).$$

Die Abb. 165 zeigt das von diesen Achsen gebildete spitzwinklige Rhomboeder, und außerdem das Spaltungsrhomboeder $(\mathfrak{a}_i)$:

$$2\mathfrak{a}_i = 3\mathfrak{A}_i - \mathfrak{A}_j - \mathfrak{A}_k,\qquad 2\mathfrak{A}_i = 2\mathfrak{a}_i + \mathfrak{a}_j + \mathfrak{a}_k.$$

Letzteres dient zur kristallographischen Aufstellung, ist aber kein Grundbereich (erst nach Verdoppelung der Kanten!).

Entfernungen: C—O $= d$, C—Ca $= e$, Ca—O $= f$.

Raumgruppe D_{3d}^{6}.

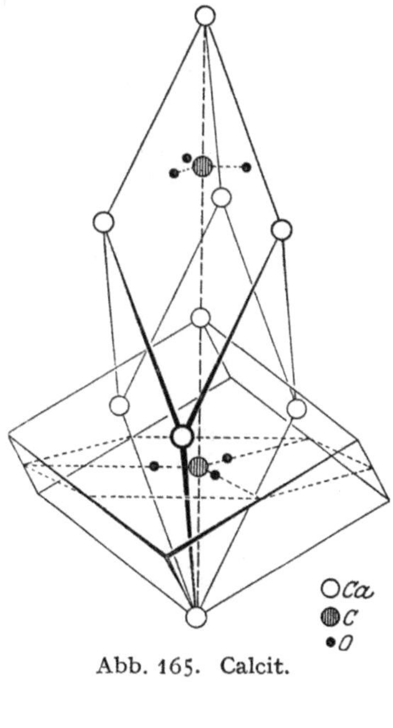

Abb. 165. Calcit.

Stoff	a	α	$\mathfrak{A}$	A	u	d	e	f
$CaCO_3$	6,36	101° 55′	6,32	46° 7′	0,25	1,29	3,23	2,45
$MgCO_3$	5,84	103° 21½′	5,61	48° 13′	—	—	—	—
$ZnCO_3$	5,87	103° 28′	5,62	48° 23′	—	—	—	—
$MnCO_3$	6,24	103° 4′	6,03	47° 46′	0,27	1,32	3,04	2,11
$FeCO_3$	6,25	103° 10′	6,03	47° 50′	0,27	1,32	3,05	2,11
$NaNO_3$	6,49	102° 42′	6,32	47° 14′	0,25	1,32	3,26	2,47

G2-Typ: Aragonit $CaCO_3$ (Abb. 166).
Rhombische Achsen Γ_0. Basis:

$$4\,\mathrm{Ca}\begin{pmatrix} 0 & u & v \\ 1/2 & \bar{u} & 1/2 - v \\ 0 & 1/2 - u & 1/2 + v \\ 1/2 & 1/2 + u & -v \end{pmatrix};\quad 4\,\mathrm{C}\begin{pmatrix} 0\ p\ q \\ \text{(wie} \\ \text{bei Ca)} \end{pmatrix};\quad (4+8)\,\mathrm{O}\begin{pmatrix} 0\ s\ t \\ \text{(wie} \\ \text{bei Ca)} \end{pmatrix};\quad \begin{pmatrix} \pm x & y & z \\ 1/2 \pm x & \bar{y} & 1/2 - z \\ \pm x & 1/2 - y & 1/2 + z \\ 1/2 \pm x & 1/2 + y & -z \end{pmatrix}.$$

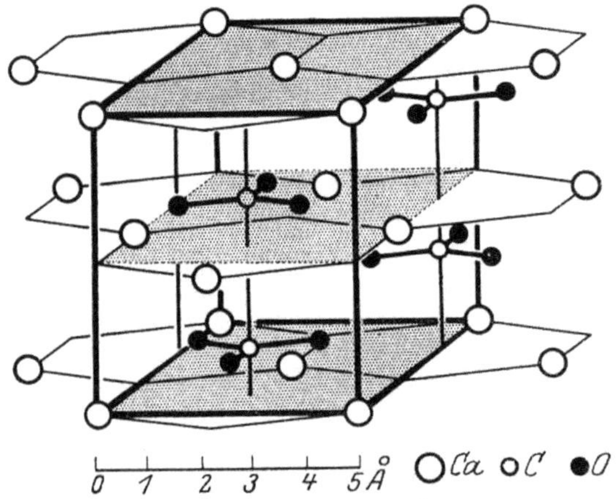

Abb. 166. Aragonit.

Nur Aragonit bekannt. Pseudohexagonal. Der Nullpunkt der Basisbeschreibung ist gegen den der Zeichnung um $(0\ -{}^1/_{12}\ 0)$ verschoben. CO_3-Gruppen wie in Calcit:

$$\mathrm{C{-}O} = d, \quad \mathrm{C{-}Ca} = e.$$

Die Bestimmung der 9 Parameter ist nicht rein röntgenmäßig.

$$a = 4{,}94, \quad b = 5{,}72, \quad c = 7{,}94,$$
$$a : b : c = 0{,}649 : 0{,}797 : 1.$$
$$u = {}^1/_{12}, \quad v = 0, \quad p = -{}^1/_4, \quad q = {}^1/_3, \quad s = -{}^1/_{12}, \quad t = {}^1/_3,$$
$$x = 0{,}23, \quad y = -{}^1/_3, \quad z = {}^1/_3. \quad d = 1{,}32, \quad e = 2{,}96.$$

Raumgruppe: V_h^{16}.

G3-Typ: Dolomit $CaMg(CO_3)_2$.

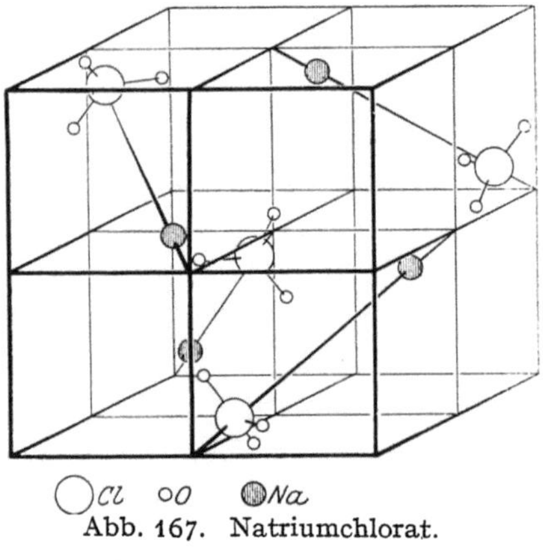

Abb. 167. Natriumchlorat.

Analog Calcit, nur ist jede zweite Netzebene (111) aus Ca durch eine solche aus Mg ersetzt.

Achsen Γ_{rh}; Ca (0 0 0), Mg $({}^1/_2\,{}^1/_2\,{}^1/_2)$, $2\,\mathrm{C} \pm (v v v)$, $6\,\mathrm{O} \pm \left(v' v' v' + \left\{\begin{matrix} u\ u\ 0 \\ \circlearrowleft \end{matrix}\right\}\right)$.

Raumgruppe: C_{3i}^2.

Bekannt ist nur Dolomit mit Achsen ähnlich wie Calcit:

$a = 6{,}14$, $\alpha = 102° 52'$, $v = v' = {}^1/_4$, $u = 0{,}25$, C—O 1,25, C—Ca bzw. C—Mg 3,09.

G4-Typ: Natriumchlorat $NaClO_3$ (Abb. 167).

Achsen Γ_c. Basis aus vier Molekülen:

$$4\,\mathrm{Na}\begin{pmatrix} u & u & u \\ \tfrac{1}{2}+u & \tfrac{1}{2}-u & \bar{u} \\ & \circlearrowleft & \end{pmatrix};\quad 4\,\mathrm{Cl}\begin{pmatrix} v & v & v \\ \tfrac{1}{2}+v & \tfrac{1}{2}-v & \bar{v} \\ & \circlearrowleft & \end{pmatrix}$$

$$12\,\mathrm{O}\left(\left.\begin{matrix} x & y & z \\ \tfrac{1}{2}+x & \tfrac{1}{2}-y & \bar{z} \\ \tfrac{1}{2}-x & \bar{y} & \tfrac{1}{2}+z \\ \bar{x} & \tfrac{1}{2}+y & \tfrac{1}{2}-z \end{matrix}\right\}\ \text{und}\ \circlearrowleft\right).$$

Die Bestimmung der fünf Parameter ist nicht sehr eindeutig; u. a. ist strittig, ob die ClO_3-Gruppe annähernd eben ist oder nicht. Sie sind deshalb hier nicht zahlenmäßig angegeben.

Raumgruppe: T_4.

Stoff	a_w	u	v
$NaClO_3$	6,56	0,08	0,43
$NaBrO_3$	6,72	0,09	0,41

G5-Typ: Bleinitrat $Pb(NO_3)_2$ (Abb. 168).
Kubische Achsen Γ_c. Basis aus vier Molekülen:

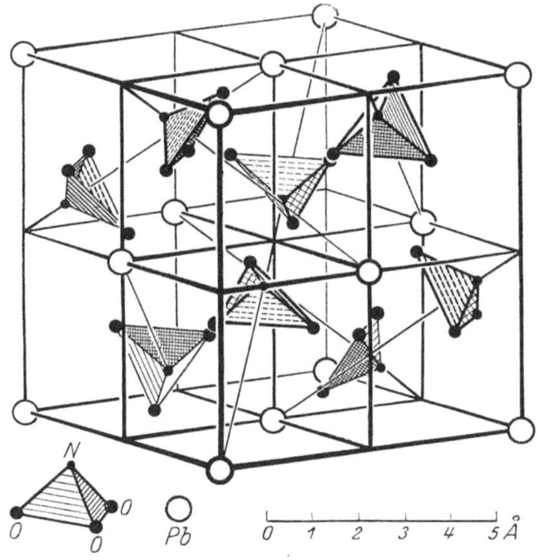

Abb. 168. Bleinitrat.

$$4\,\mathrm{Pb}\begin{pmatrix} 0 & 0 & 0 \\ \tfrac{1}{2} & \tfrac{1}{2} & 0 \\ & \circlearrowleft & \end{pmatrix};\quad 8\,\mathrm{N}\pm\begin{pmatrix} u & u & u \\ \tfrac{1}{2}+u & \tfrac{1}{2}-u & \bar{u} \\ & \circlearrowleft & \end{pmatrix}$$

$$24\,\mathrm{O}\pm\left(\left.\begin{matrix} v+w, & v-w, & v-w \\ \tfrac{1}{2}+v-w, & -v+w, & \tfrac{1}{2}-v-w \\ \tfrac{1}{2}+v-w, & -v-w, & \tfrac{1}{2}-v+w \\ \tfrac{1}{2}+v+w, & -v+w, & \tfrac{1}{2}-v+w \end{matrix}\right\} + \circlearrowleft\right).$$

Kann aus dem Pyrittyp entwickelt werden durch Ersatz der S_2-Gruppen durch $(NO_3)_2$.

Abstände: N—O der gleichen Gruppe $= d$, O—O der gleichen Gruppe e, N—N entsprechend S—S in Pyrit f, Pb—O $= g$.

Raumgruppe: T_h^6.

Stoff	a_w	u	v	w	d	e	f	g
$Ca(NO_3)_2$	7,60	0,411	0,388	0,104	1,50	2,24	2,34	2,80
$Sr(NO_3)_2$	7,81	0,414	0,390	0,101	1,51	2,23	2,33	2,80
$Ba(NO_3)_2$	8,11	0,417	0,395	0,097	1,49	2,22	2,33	2,93
$Pb(NO_3)_2$	7,84	0,414	0,390	0,101	1,51	2,24	2,34	2,81

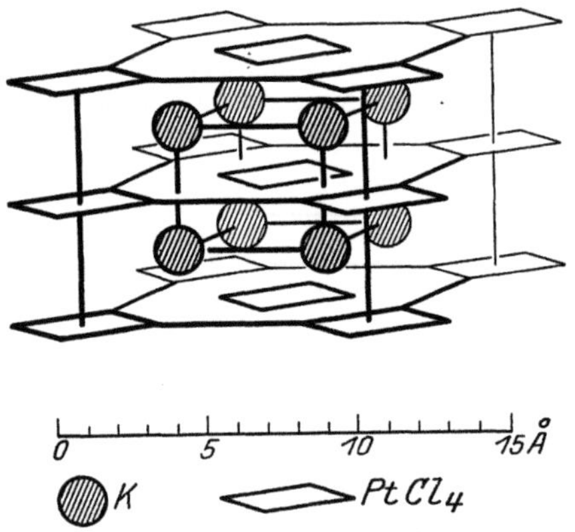

Abb. 169. $[PtCl_4]K_2$.

G6-Typ: Tetrachloroplatinsaures Kalium $[PtCl_4]K_2$ (Abb. 169).

Tetragonale Achsen Γ_t. Basis

$$\mathrm{Pt}\ (0\,0\,0) \qquad 4\,\mathrm{Cl} \pm \begin{pmatrix} u & u & 0 \\ \bar{u} & u & 0 \end{pmatrix}$$

$$2\,\mathrm{K} \begin{pmatrix} 0 & 1/2 & 1/2 \\ 1/2 & 0 & 1/2 \end{pmatrix}.$$

Die Abb. 169 zeigt eine um 45° gedrehte Zelle von doppelter Höhe.)

Abstände: Pt—Cl $= d$, Cl—Cl $= e$, K—Cl $= f$, Pt—K $= g$.

Raumgruppe: D_{4h}^1.

Stoff	a	c	c/a	u	d	e	f	g
K_2PtCl_4	6,99	4,13	0,591	0,23	2,27	3,21	2,27	4,07
K_2PdCl_4	7,04	4,10	0,582	0,23	2,29	3,24	2,26	4,07
$(NH_4)_2PdCl_4$	7,21	4,26	0,591	0,23	2,34	3,31	2,33	4,20

H. Gitter mit mehr als zwei Atomsorten und räumlich abgeschlossenen Radikalen oder Komplexen.

H1-Typ: Anhydrit $CaSO_4$.

Rhombische Achsen Γ_0. Basis aus vier Molekülen:

$$4\,\mathrm{Ca} \pm \begin{pmatrix} u & 1/4 & 0 \\ 1/2+u, & 1/4 & 1/2 \end{pmatrix}, \qquad 4\,\mathrm{S} \pm \begin{pmatrix} u' & 1/4 & 0 \\ 1/2+u', & 1/4, & 1/2 \end{pmatrix}.$$

$$(8+8)\,\mathrm{O} \pm \begin{Bmatrix} (v\ w\ 0); & (v,\ 1/2-w,\ 0); & (1/2+v,\ w,\ 1/2); & (1/2+v,\ 1/2-w,\ 1/2) \\ (x\ 1/4\ z); & (x\ \ 1/4\ \ \bar{z}); & (1/2+x,\ 1/4,\ 1/2+z); & (1/2+x,\ 1/4,\ 1/2-z) \end{Bmatrix}.$$

Bekannt ist nur Anhydrit mit den Zahlwerten:

$CaSO_4$: $a = 6{,}24$ $\qquad u = 0{,}65 \quad u' = 0{,}15$
$b = 6{,}98 \quad a:b:c = 0{,}8932:1:1{,}0008$ (Groth). $\quad v = 0{,}31 \quad w = 0{,}06$
$c = 6{,}98 \qquad x = -0{,}01 \quad z = 0{,}19$.

Hiermit bilden die SO_4-Radikale fast reguläre Tetraeder.

Abstände: S—O = 1,65; O—O $\begin{cases}\text{der gleichen } SO_4\text{-Gruppe } 2{,}65 \text{ und } 2{,}74 \\ \text{verschiedener } SO_4\text{-Gruppe } 2{,}51 \text{ und } 2{,}78\end{cases}$

Ca—O = 2,18; 2,38; 2,50.

Raumgruppe: V_h^{17}.

H2-Typ: Baryt $BaSO_4$.

Rhombische Achsen Γ_0. Basis aus vier Molekülen:

$$4\,\mathrm{Ba} \pm \{(5/16+x,\ 1/4,\ 1/3+z),\ \ (3/16-x,\ -1/4,\ -1/6+z)\}$$
$$4\,\mathrm{S} \pm \{(1/16+x',\ -1/4,\ 1/3+z'),\ \ (7/16-x',\ 1/4,\ -1/6+z')\}.$$

Die O bilden ungefähr reguläre Tetraeder um die S.

Die Bestimmung von R. W. JAMES und W. A. WOOD [Proc. Roy. Soc. (A) Bd. 109, S. 540. 1925] ist nicht rein röntgenmäßig.

Raumgruppe: V_h^{16}; Abstand Ba—S $= d$.

Stoff	$BaSO_4$	$SrSO_4$	$PbSO_4$	$KMnO_4$
a	8,85	8,36	8,45	—
b	5,43	5,36	5,38	5,70
c	7,13	6,84	6,93	—
x	0,0055	0,0083	0,0028	—
x'	0,0055	— 0,0055	0,0055	—
z	— 0,028	— 0,028	0,0042	—
z'	0,0055	+ 0,0055	— 0,028	—
d	3,54	3,39	3,41	—

H3-Typ: Silberphosphat Ag_3PO_4.

Kubische Achsen Γ_c. Basis aus zwei Molekülen:

$2P$: $(0\,0\,0)$, $(^1/_2\,^1/_2\,^1/_2)$,

$6Ag$: $\pm\,(0\,^1/_2\,^1/_2)$ ↻,

$8O$: $(u\,u\,u)$, $(u\,\bar u\,\bar u)$ ↻; $(^1/_2+u,\ ^1/_2+u,\ ^1/_2+u)$, $(^1/_2+u\ \ ^1/_2-u\ \ ^1/_2-u)$ ↻.

Raumgruppe: T_d^4.

Stoff	Ag_3PO_4	Ag_3AsO_4
a_w	$5{,}99_3$	6,12
u	—	—

H4-Typ: Kaliumdihydrophosphat KH_2PO_4.

Tetragonale Achsen Γ_t. Basis aus vier Molekülen. Innenzentrierte Gitter Γ_t' fangen an in:

P: $(0\,0\,0,\ ^1/_2\,0\,^1/_4)$.

K: $(^1/_2\,^1/_2\,0,\ 0\,^1/_2\,^1/_4)$.

O: $(x\,y\,z,\ \bar x\,\bar y\,z,\ y\,\bar x\,\bar z,\ \bar y\,x\,\bar z)$,

$((^1/_2\,0\,^1/_4)+(\bar y\,\bar x\,z,\ y\,x\,z,\ x\,\bar y\,\bar z,\ \bar x\,y\,\bar z))$.

Raumgruppe: V_d^{12}. x, y, z nicht bestimmt. Vermutlich $z < {}^1/_4$.

Stoff	KH_2PO_4	$(NH_4)H_2PO_4$
a	7,42	7,48
c	6,97	7,56
c/a	0,939	1,01

H5-Typ: Spinell $(MgO_4)Al_2$ (Abb. 170).

Kubische flächenzentrierende Achsen Γ_c'. Basis aus zwei Molekülen:

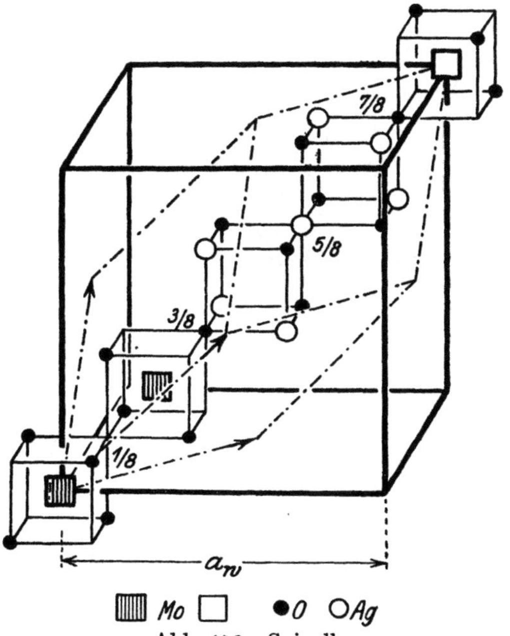

Abb. 170. Spinell.

$$2\,\mathrm{Mg} \pm (\tfrac{1}{8}\,\tfrac{1}{8}\,\tfrac{1}{8}),\quad 8\,\mathrm{O} \pm \left(\tfrac{1}{8}\,\tfrac{1}{8}\,\tfrac{1}{8} + \left\{\begin{matrix} u & u & u \\ u & u & -3u \\ & \circlearrowleft & \end{matrix}\right.\right),\quad 4\,\mathrm{Al}\begin{pmatrix} \tfrac{1}{2} & \tfrac{1}{2} & \tfrac{1}{2} \\ 0 & \tfrac{1}{2} & \tfrac{1}{2} \\ & \circlearrowleft & \end{pmatrix}.$$

Abstände: MgO $= d$, Al—O $= e$.
Raumgruppe: O_h^7.

Stoff	Al_2MgO_4	Ag_2MoO_4	Fe_2FeO_4	$K_2Zn(CN)_4$[1]	$K_2Cd(CN)_4$[1]	$K_2Hg(CN)_4$[1]
a_w	8,06	9,26	8,30	12,54	12,84	12,76
u	$<\tfrac{1}{8}$	$\backsim \tfrac{1}{8}$	$\backsim \tfrac{1}{8}$	0,12	0,12	0,12
d	1,75	2,00	1,80	2,61	2,67	2,65
e	2,02	2,31	2,08	3,20	3,28	3,25

[1]) u bezieht sich auf den Schwerpunkt der CN-Gruppe. Abstand C—N etwa 1 bis 1,5 Å.

H6-Typ: Hexachloroplatinsaures Kalium $(PtCl_6)K_2$ (Abb. 171). Kubische Achsen Γ_c. Flächenzentrierte Gitter beginnen in:

$$\mathrm{Pt}\ (0\,0\,0),\qquad \mathrm{Cl} \pm \begin{pmatrix} u\,0\,0 \\ \circlearrowleft \end{pmatrix},\qquad \mathrm{K} \pm (\tfrac{1}{4}\,\tfrac{1}{4}\,\tfrac{1}{4}).$$

Abstände: Pt—Cl $= d$, Cl—Cl $= e$, K—Cl $= f$, Pt—K $= g$.
Raumgruppe: O_h^5.

Stoff	K_2PtCl_6	K_2SnCl_6	$(NH_4)_2PtCl_6$	$(NH_4)_2SnCl_6$	$(NH_4)_2SiF_6$
a_w	9,7	9,96	$9{,}84_3$	10,05	8,38
u	0,165	0,245	$0{,}23_5$	$0{,}24_5$	$0{,}20_5$
d	1,6	2,44	2,31	2,46	1,72
e	2,26	3,45	3,27	3,48	2,43
f	3,5	3,52	3,48	3,55	2,98
g	4,2	4,31	4,26	4,35	3,63

Stoff	$Cl_2Ni(NH_3)_6$	$Br_2Ni(NH_3)_6$	$J_2Ni(NH_3)_6$
a_w	10,09	10,48	11,01
u	0,24	—	0,24
d	2,42	—	2,64
f	3,57	—	3,89
g	4,37	—	4,77

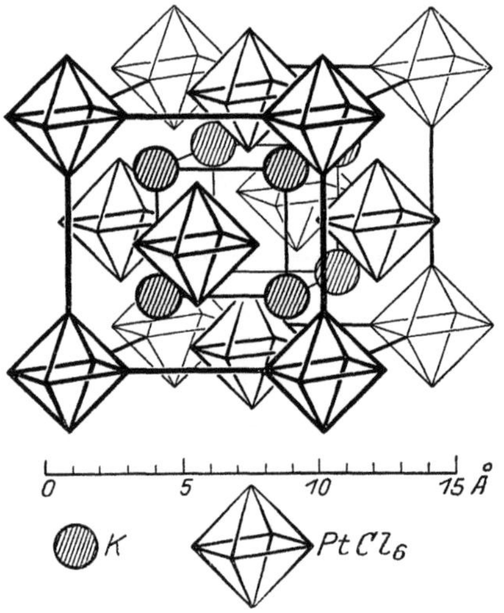

Abb. 171. $[PtCl_6]K_2$.

38. Mischkristalle, Metallegierungen. α) VEGARD[1]) ist der erste gewesen, der Mischkristalle untersucht hat. Er verwandte Mischungen von KCl und KBr und stellte fest, daß die aus Lösungen von KCl und KBr sich ausscheidenden Kristalle einheitlich sind: es ist nicht so, daß sich homogene Bereiche von KCl neben solchen von KBr bilden, wie man es sich etwa durch lamellenweise Verwachsung oder sonstige benachbarte Ausscheidung der reinen Komponenten vorstellen könnte. Es müßte dann nämlich ein Pulverdiagramm entstehen wie bei einer Mischung von KCl-Pulver mit KBr-Pulver, also eine Superposition zweier bekannter Diagramme. Statt dessen zeigt sich ein einheitliches Diagramm,

[1]) L. VEGARD u. H. SCHJELDERUP, Phys. ZS. Bd. 18, S. 93. 1917; L. VEGARD, ZS. f. Phys. Bd. 5, S. 17 u. 393. 1921.

das denen der beiden Komponenten sehr ähnelt und bezüglich Linienlagen und Intensitäten zwischen ihnen liegt.

Durch genaue Messungen hat sich in diesem und in ähnlichen Fällen ergeben, daß bei wechselnder Zusammensetzung die Gittergröße a' des Mischkristalls einer linearen Regel folgt [$a' = c_1 a_1 + c_2 a_2$, wenn c_1 und c_2 die Atomkonzentrationen oder Molenbrüche der Komponenten sind; VEGARDsche Regel[1])].

Die Abhängigkeit der Gitterdimensionen vom Reinheitsgrad der Substanz macht es nötig, bei der Präzisionsbestimmung von Gitterkonstanten auf die Reinheit der zu untersuchenden und der etwa benutzten Eichsubstanz die größte Sorgfalt zu verwenden. So sind wiederholt Bestimmungen, z. B. der Alkalihalogenide und von Metallen, im Röntgenteil mit großer Sorgfalt durchgeführt worden[2]), ohne daß die Ergebnisse in dem beabsichtigten Sinn verwertbar wären. Erst Bestimmungen an einwandfrei reinen Substanzen ergaben Ergebnisse, die mit denen anderer Methoden übereinstimmten[3]). Hier liegt die Hauptgefahr bei Dichtebestimmungen mit Röntgeninterferenzen oder vielmehr die Schwierigkeit bei der Verwertung der Angaben der Autoren zur Berechnung der Dichte, da in den seltensten Fällen genügende Angaben über die Reinheit der Substanzen in den Röntgenarbeiten enthalten sind.

β) Mischkristalle spielen in der Metallographie eine bedeutende Rolle, und die meisten Untersuchungen sind dem Aufbau der Metallmischkristalle gewidmet worden. Manche Metalle sind in beliebigen Verhältnissen mischbar, andere nur innerhalb gewisser Zusammensetzungen. Die physikalischen Gründe, die Mischbarkeit nach sich ziehen, werden im Kap. 6 dieses Handbuchbandes besprochen werden; hier ist nur auf die Ergebnisse der Röntgenuntersuchung und ihre Deutung einzugehen.

Dabei ist die Hauptfrage, in welcher Weise der Kristall aus der Atomsorte A die Atom- oder Molekülsorte B in sich aufnimmt: ob in regelmäßiger oder unregelmäßiger Anordnung. Für die regelmäßige Anordnung sind von G. TAMMANN[4]) gewichtige Gründe beigebracht worden, vor allem fußend auf der Beobachtung der „Resistenzgrenzen". Die regelmäßige Anordnung soll aber nur ein Idealfall sein, der nach unendlich langem Lagern bzw. nach genügendem Anlassen durch innere Umordnung erreicht werden kann. Es ist hierzu notwendig, einen Platzwechsel der Atome im Kristallgitter anzunehmen, wie er durch die Erscheinungen der elektrolytischen Leitung in nichtleitenden Kristallen und der Selbstdiffusion [auch in Metallen[5])] sowie durch die Anwesenheit „vagabundierender Bestandteile"[6]) auch sonst wahrscheinlich gemacht wird. Jeder Zusammensetzung würde so ein bestimmtes Kristallgitter von gewohnter Regelmäßigkeit als Idealfall entsprechen, dessen Zelle und Basis im allgemeinen sehr groß wären und bei einer kleinen Änderung in der Zusammensetzung sich radikal ändern würden.

Von einer bestimmten Legierung in der idealen TAMMANNschen Normalanordnung würde im Röntgendiagramm diejenige Interferenzwirkung, die der Zelle und Basis der Normalanordnung entspricht, zu erwarten sein. Das sind Linien, die (wegen der Größe der Zelle) erheblich enger liegen als die von dem

---

[1]) L. VEGARD u. H. SCHJELDERUP, Phys. ZS. Bd. 18, S. 93. 1917; L. VEGARD, ZS. f. Phys. Bd. 5. S. 17 u. 393. 1921.

[2]) Vgl. W. P. DAVEY, Phys. Rev Bd. 19, S. 538. 1922.

[3]) Für Alkalihalogenide: H. OTT, ZS. f. Krist. Bd. 64, im Erscheinen. 1926.

[4]) Vor allem in „Mischkristalle und Atomverteilung", Leipzig 1919, L. Voss; sowie ZS. f. anorg. Chem. Bd. 107, S. 1. 1919.

[5]) J. GROH u. G. v. HEVESY, Ann. d. Phys. Bd. 63, S. 85. 1920; Bd. 65, S. 216. 1921.

[6]) G. HÜTTIG, Fortschr. d. Chem., Phys. u. phys. Chem. Bd. 18, Heft 1. Berlin: Gebr. Bornträger 1924.

Grundgitter der Atomsorte A stammenden. Derartige „Überstrukturlinien" sind von PHRAGMÉN[1]) und WESTGREN[2]) bei Fe—Si, bei Pd—Cu von JOHANSSON und LINDE[3]) gefunden worden.

Ob der Rückschluß aus dem Auftreten solcher Linien auf die Existenz der TAMMANNschen Normalverteilung eindeutig ist, ist wohl noch nicht genügend theoretisch geklärt. Die Möglichkeit einer statistischen Deutung dürfte noch nicht ausgeschaltet sein. Vielleicht besteht bei den in Frage kommenden Konzentrationen überhaupt kein so großer Unterschied zwischen der Beschreibung der wahren Atomanordnung als Abweichung vom TAMMANNschen Idealfall der Normalverteilung und einer Beschreibung auf Grund der statistischen Gesetze der Durchmischung, evtl. unter der Annahme, daß diese noch dadurch verstärkt wird, daß gleiche Atome geringere Anziehungen aufeinander ausüben als ungleiche. Diese Fragen dürften — bei der intensiven Arbeit, die in allen Ländern darangesetzt wird — bald so viel besser geklärt sein, daß ein eingehenderer Bericht über den heute vorliegenden, noch wenig durchsichtigen Stand füglich unterbleiben kann.

Eine gedrängte Zusammenstellung von Untersuchungen an Legierungen findet sich im Ergänzungsband zu LANDOLT-BÖRNSTEIN, 5. Aufl. (Berlin: Julius Springer 1926) sowie in International Critical Tables Bd. 1 (New York: Mc GRAY 1926).

39. Organische Kristalle. Bei den organischen Substanzen liegen nur wenige vollständige Bestimmungen vor, und auch diese lassen die Lage der Wasserstoffatome unbestimmt. Auch ist — bei gleichen Atomzahlen — die Unterscheidung der leichten Atome C, N, O auf Grund des Streuungsvermögens sehr unsicher. Bei der Kompliziertheit der Mehrzahl organischer Moleküle sind die Strukturbestimmungen in den meisten Fällen mit mehr oder weniger sicheren chemischen Argumenten durchsetzt. Eine scharfe Trennung des Röntgenbefundes von den Spekulationen auf Grund von Konstitutionsvorstellungen ist nur in seltenen Fällen durchgeführt, obwohl von jedem Autor unbedingt in der Zusammenfassung seiner Arbeit eine derartig kritische Darstellung verlangt werden muß. Denn für die Leser ist es — zumal bei nur teilweiser Wiedergabe des experimentellen Materials — sehr schwierig, die unausgesprochenen Annahmen des Autors herauszufinden.

In vielen Fällen liegt das unmittelbare Interesse der Untersuchung organischer Verbindungen in der Entscheidung von Streitfragen betr. der chemischen Konstitution, z. B. ob im festen Zustande eine Polymerisation vorliegt; oder ob bei polyzyklischen Verbindungen die Ringebenen parallel oder gekreuzt sind u. a. m. Für diese Fragen genügt oft die Angabe der Raumgruppe und der Molekülzahl der Basis. Da meist nur wenige Moleküle in der Zelle liegen, sind sie an Orte gebunden, wo sich Symmetrieelemente kreuzen und die Mindestsymmetrie der Moleküle läßt sich aus den Strukturtabellen (SCHOENFLIES, NIGGLI, WYCKOFF, ASTBURY-YARDLEY[4])) entnehmen. Allerdings ist diese Angabe über die Mindestsymmetrie mit Vorsicht zu benutzen. Denn steht man auf dem Standpunkte, daß die Röntgenuntersuchung nur die Molekülschwerpunkte liefert — und mehr ist wegen der geringeren Linienzahl vieler organischer Stoffe oft nicht zu entnehmen —, so ist röntgenmäßig nicht völlig sicher entscheidbar, ob die angenommene Zelle wirklich auch der feineren Röntgenuntersuchung genügen würde. Hätte man aber die Zelle zu vergrößern, so würde sich damit

[1]) G. PHRAGMÉN, Stahl u. Eisen Bd. 45, S. 299. 1925.

[2]) A. WESTGREN, Ergänzungsbd. Kolloid-ZS. Bd. 36, S. 48. 1925.

[3]) C. H. JOHANSSON u. J. O. LINDE, Ann. d. Phys. Bd. 78, S. 439. 1925.

[4]) Zitate in Ziff. 7 δ).

in vielen Fällen auch die Bestimmung der Mindestsymmetrie abändern, und zwar würde diese meist erniedrigt werden.

Die Tendenz der nachstehenden Tabellen geht dahin, die rein röntgenmäßigen Befunde zusammenzustellen und — soweit sich das bei einer ersten Durcharbeitung der Literatur feststellen läßt — sie möglichst von weiteren Annahmen über die Konstitution zu trennen. Dem entspricht die Einteilung der Aufzählung. Die Zahl Z gibt die Anzahl Moleküle von der angegebenen chemischen Formel an, die in der Zelle liegt. Min. Mol.-Sym. ist die Mindestsymmetrie der Molekel unter Annahme der angegebenen Raumgruppe. Ob hierbei Polymerisierung (gegenüber der angegebenen Bruttoformel) eintritt, zeigt die letzte Angabe unter Polymerisation. Dabei darf aus dieser Angabe nicht ohne weiteres geschlossen werden, daß eine chemisch oder physikalisch bedeutungsvolle Polymerisation eingetreten ist; es handelt sich vielmehr darum, daß die Kristallsymmetrie eine engere Beziehung zwischen der angegebenen Molekülzahl zuläßt. Höhere Polymerisationen sind jedoch ausgeschlossen, da sie sofort zu engeren Beziehungen führen würden, die sich durch den ganzen Gitterbau erstrecken und die deshalb dem Begriff einer endlichen, abgeschlossenen Baugruppe widersprechen.

A. Volle röntgenmäßige Strukturbestimmung.

1. $C_6H_{12}N_4$ Hexamethylentetrammin (Urotropin) (Abb. 172)[1][2].

Kubisch: $a_w = 7{,}02$ Å, $Z = 2$, Γ_c''.

Körperzentrierende Wiederholung von Molekülen:

$$4\,\mathrm{N}\begin{pmatrix} u\,u\,u \\ u\,\bar{u}\,\bar{u} \\ \circlearrowleft \end{pmatrix}, \quad 6\,\mathrm{C} \pm \begin{pmatrix} v\,0\,0 \\ \circlearrowleft \end{pmatrix}.$$

$u = 0{,}13$, $v = 0{,}26$.

N—C = 1,48 Å; C—C = 2,58 Å.

Raumgruppen: T_d^3 oder T_d^4.
Min. Mol.-Sym. T_d bzw. T.
Polymerisation 1.

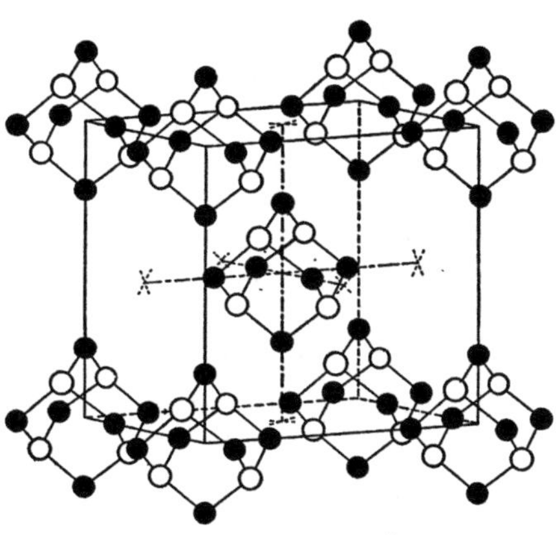

Abb. 172. Hexamethylentetrammin (Urotropin).

2. $(CH_3)_2$ Äthan[3]) s. unter anorganischen Substanzen D5-Typ.

3. CJ_4 Tetrajodmethan[4].
Kubisch: $a_w = 5{,}81$, $Z = 1$, Γ_c.
Falls der Charakter eines Ionengitters ausgeschlossen wird, bleibt nur die Raumgruppe T_d^1 mit min. Mol.-Sym. T_d. Polymerisation 1.
C: 0 0 0.
J: $u\,u\,u$, $u\,\bar{u}\,\bar{u}$, $\bar{u}\,u\,\bar{u}$, $\bar{u}\,\bar{u}\,u$.
Mit $u = 0{,}22$ bis $0{,}25$.
(„ $u = 0{,}25$ wird C—J = 2,5 Å; J—J = 4,1 Å; C—C = a = 5,8 Å.
„ $u = 0{,}22$: C—J = 2,2; J—J = $\begin{Bmatrix} 4{,}15 \\ 4{,}6 \end{Bmatrix}$.

---

[1]) R. G. Dickinson u. A. L. Raymond, Journ. Amer. Chem. Soc. Bd. 45, S. 22. 1922.
[2]) H. W. Gonell u. H. Mark, ZS. f. phys. Chem. Bd. 107, S. 181. 1923.
[3]) W. Mark u. E. Pohland, ZS. f. Krist. Bd. 62, S. 103. 1925.
[4]) H. Mark, Chem. Ber. Bd. 57, S. 1820. 1924.

B. Röntgenmäßige Bestimmung bis zur Molekülsymmetrie.

1. CBr_4 Tetrabrommethan[1]):
oberhalb 46,9° C kubisch, wie CJ_4, $a_w = 5{,}67$;
unterhalb 46,9° C monoklin.

$$a = 12{,}10, \quad b = 3{,}41, \quad c = 10{,}20; \qquad \beta = 125°\,3', \quad Z = 8.$$

Raumgruppe: $\underbrace{C_{2h}^3 \text{ oder } C_{2h}^6}$.
Min. Mol.-Sym. C_1.
Polymerisation 2.

2. $OC(NH_2)_2$ Harnstoff[2]): tetragonal skalenoedrisch:

$$a = 5{,}63, \quad c = 4{,}70, \quad c/a = 0{,}836; \quad Z = 2.$$

Raumgruppe: V_d^3.
Min. Mol.-Sym. C_{2v}, d. h. das Molekül ist eben.
Polymerisation 1.

3. $OC(NH_2)NHCH_3$ Monomethylharnstoff[1]): rhombisch disphenoidisch:

$$a = 5{,}63, \quad b = 5{,}64, \quad c = 4{,}70; \quad Z = 4.$$

Raumgruppe: V^4; min. Mol.-Sym. C_1, Polymerisation 1.

4. $OC(NHCH_3)_2$ symmetrischer Dimethylharnstoff[1]): rhombisch pyramidal:

$$a = 4{,}53, \quad b = 10{,}9, \quad c = 5{,}14; \quad Z = 2.$$

Raumgruppe: C_{2v}^7; min. Mol.-Sym. C_s, Polymerisation 1.

5. $(CH_3COH)_x$ Metaldehyd[3]): tetragonal:

$$a = 10{,}34, \quad c = 4{,}10, \quad c/a = 0{,}280; \quad Z = 8.$$

Zelle körperzentriert.

Raumgruppe:		C_4^5	oder	C_{4v}^9.
Min. Mol.-Sym. für eines der acht gleichwertigen Moleküle mit	$x = 1$	C_1	,,	C_s.
Polymerisation	$x =$	4	,,	4.
Min. Mol.-Sym. mit	$x = 4$	C_4	,,	C_{4v}.

6. CH_3COHNH_3 Acetaldehydammoniak[3]): ditrigonal skalenoedrisch:

$$\Gamma_{rh}, \quad a = 8{,}17, \quad \alpha = 84°\,50'; \quad Z = 6.$$

Raumgruppe: D_{3d}^5.
Min. Mol.-Sym. C_2 oder C_s, letzteres chemisch wahrscheinlicher.
Polymerisation 6.

7. $Be_4O(C_2H_3O_2)_6$ basisches Berylliumazetat[4]): kubisch:

$$a_w = 15{,}72; \quad Z = 8.$$

Angeblich eine Diamantanordnung von Molekülen, bei denen O im Mittelpunkt, Be an den Ecken eines Tetraeders und die Azetatgruppen in der Ebenen (OBe_2) liegen. Sicher ist wohl nur eine der

Raumgruppen: $\underbrace{O_h^7,\ T_d^2}_{T_d}$, oder $\underbrace{O^4,\ T^2}_{T}$,
Mol.-Sym. T_d T
Polymersation 1.

---

[1]) H. MARK, Chem. Ber. Bd. 57, S. 1820. 1924.
[2]) H. MARK u. K. WEISSENBERG, ZS. f. Phys. Bd. 16, S. 1. 1923.
[3]) O. HASSEL u. H. MARK, ZS. f. phys. Chem. Bd. 111, S. 357. 1924.
[4]) W. H. BRAGG u. G. T. MORGAN, Proc. Roy. Soc. London (A) Bd. 104, S. 437. 1923.

8. $(COOH)_2$ wasserfreie Oxalsäure[1]):
a) rhombische Modifikation:

$$a = 6{,}46, \quad b = 7{,}79, \quad c = 6{,}02; \quad Z = 4.$$

Raumgruppe: V_h^{15}; min. Mol.-Sym. C_i, Polymerisation 1.
b) monokline Modifikation (nadelförmig).
Nur Identitätsabstand längs Nadelachse zu 5,28 Å bestimmt.

9. $(COOH)_2 \cdot 2H_2O$ Oxalsäurehydrat[1]): monoklin prismatisch:

$$a = 6{,}05, \quad b = 3{,}57, \quad c = 11{,}9, \quad \beta = 106^\circ\,12'; \quad Z = 2.$$

Raumgruppen:	C_{2h}^5	oder C_{2h}^4.
Min. Mol.-Sym.	C_i	C_i oder C_s.
Polymerisation	1	1.

10. $(CH_2 \cdot COOH)_2$ Bernsteinsäure[2]): monoklin prismatisch, Γ_m:

$$a = 5{,}07, \quad b = 8{,}92, \quad c = 5{,}52; \quad \beta = 91^\circ\,20'; \quad Z = 2.$$

Raumgruppe: C_{2h}^2.
Mol.-Sym. C_i oder C_s, letzteres chemisch wahrscheinlicher.
Polymerisation 1.

11. $(CH_2CO)_2O$ Bernsteinsäureanhydrit[2]): rhombisch:

$$a = 6{,}9_3, \quad b = 11{,}6_6, \quad c = 5{,}3_9; \quad Z = 4.$$

Raumgruppe:	C_{2v}^1	oder V_h^1.
Mol.-Sym.	C_1	C_s.
Polymerisation	4	4.

12. $(CH_2CO)_2NH$ Succinimid[2]): rhombisch bipyramidal:

$$a = 7{,}5_0, \quad b = 9{,}6_0, \quad c = 12{,}7_5; \quad Z = 8.$$

Raumgruppe: V_h^1, Mol.-Sym. C_1, Polymerisation 8.

13. $JN(CH_2CO)_2$ Succinjodimid[3]): tetragonal pyramidal:

$$a = 6{,}29, \quad c = 15{,}55, \quad Z = 4.$$

Raumgruppen C_4^2 bzw. C_4^4 (enantiomorph). Min. Mol.-Sym. C_1.
Polymerisation 1.

14. $(HC \cdot COOH)_2$ Maleinsäure[4]): monoklin prismatisch:

$$a = 7{,}49, \quad b = 10{,}14, \quad c = 7{,}12; \quad \beta = 117^\circ\,7'; \quad Z = 4.$$

Raumgruppe C_{2h}^5.
Min. Mol.-Sym. C_1.
Polymerisation 1.

15. $(HC \cdot COOH)_2$ Fumarsäure[4]): triklin:

$$\left.\begin{array}{l} a = 7{,}56, \quad b = 15{,}00, \quad c = 6{,}20 \\ \alpha = 90^\circ\,40', \quad \beta = 88^\circ\,30', \quad \gamma = 89^\circ\,48' \end{array}\right\} Z = 6.$$

Polymerisation 6.

16. $\begin{pmatrix} \text{H C COOH} \\ \text{Cl C COOK} \end{pmatrix}$ Kaliummonochlormaleat[5]): rhombisch bipyramidal:

$$a = 7{,}62, \quad b = 15{,}74, \quad c = 10{,}95; \quad Z = 8.$$

Raumgruppe V_h^{16}. Min. Mol.-Sym. C_1. Polymerisation 2.

---

[1]) H. HOFFMANN u. H. MARK, ZS. f. phys. Chem. Bd. 111, S. 321. 1924.
[2]) K. YARDLEY, Proc. Roy. Soc. London (A) Bd. 105, S. 451. 1924.
[3]) K. YARDLEY, Proc. Roy. Soc. London (A) Bd. 108, S. 542. 1925.
[4]) K. YARDLEY, Journ. chem. soc. Bd. 127, S. 2207. 1925.
[5]) K. YARDLEY, Phil. Mag. Bd. 50, S. 864. 1925.

17. $\begin{pmatrix} \mathrm{H} & \mathrm{C\,COONH_4} \\ \mathrm{COOH\,C} & \mathrm{H} \end{pmatrix}$ Ammonium-Wasserstoff-Fumarat[1]): triklin pinakoidal:

$$\left.\begin{array}{lll} a = 7{,}00, & b = 7{,}44, & c = 6{,}56 \\ \alpha = 107^\circ\,1', & \beta = 117^\circ\,58', & \gamma = 69^\circ\,16' \end{array}\right\} Z = 2.$$

Raumgruppe C_i^1.
Min. Mol.-Sym. C_1, wenn der Formel halber C_i ausgeschlossen wird.
Polymerisation 2.

18. $\begin{pmatrix} \mathrm{H} & \mathrm{C\,COO\,NH_4} \\ \mathrm{COO\,NH_4\,C} & \mathrm{Cl} \end{pmatrix}$ Ammoniumchlorfumarat[1]): monoklin:

$$a = 9{,}30, \quad b = 6{,}70, \quad c = 6{,}735, \quad \beta = 108^\circ\,25'; \quad Z = 2.$$

Raumgruppe wahrscheinlich C_2^2 (monoklin-sphenoidisch).
Min. Mol.-Sym. hiermit C_1.
Polymerisation hiermit 1.

19. $C_4H_6O_6$ wasserfreie Traubensäure[2]).
Triklin pinakoidal. Das kristallographische Achsenverhältnis führt auf eine Zelle $a = 7{,}41$, $b = 4{,}87$, $c = 4{,}99$; $\alpha = 82^\circ\,20'$, $\beta = 122^\circ\,56'$, $\gamma = 111^\circ\,52'$, die nur ein Molekül enthalten würde und den Kristall nur ungenügend beschreibt. Man müßte ihn entweder aus zweierlei solchen Zellen (rechten und linken) abwechselnd aufbauen oder andere Achsen $\mathfrak{A}_1 = \mathfrak{a}_1 + \mathfrak{a}_2$, $\mathfrak{A}_2 = \mathfrak{a}_1 - \mathfrak{a}_2$, $\mathfrak{A}_3 = \mathfrak{a}_3$ einführen. Diese $\mathfrak{A}$-Zelle enthält dann zwei Moleküle ohne Eigensymmetrie, die polymerisiert sind.
Raumgruppe C_i^1.

20. $C_4H_{10}O_4$ *i*-Erythrit[3]): tetragonal:

$$a = 12{,}76, \quad c = 6{,}80; \quad Z = 8, \quad \Gamma_t' \text{ (raumzentriert)}.$$

Raumgruppe C_{4h}^6.
Min. Mol.-Sym. C_i oder C_2.
Polymerisation 1 2.

21. $C_5H_{12}O_4$ Pentaerythrit[4]): ditetragonal pyramidal:

$$a = 6{,}16, \quad c = 8{,}76; \quad Z = 2.$$

(Nach Drehung der Nebenachsen um 45° pseudokubisches innenzentriertes Gitter.)
Raumgruppe C_{4v}^9. Min. Mol.-Sym. C_4. Polymerisation 1.

22. $C_5H_8O_{12}N_4$ Pentaerythritoltetranitrat[5]): tetragonal holoedrisch:

$$a = 13{,}20, \quad c = 6{,}66; \quad Z = 4.$$

Raumgruppe D_{4h}^7.
Min. Mol.-Sym. C_{2h} bzw. C_{2v}, vermutlich letzteres.
Polymerisation 1 2.

---

1) K. Yardley, Phil. Mag. Bd. 50, S. 864. 1925.
2) W. T. Astbury, Proc. Roy. Soc. London (A) Bd. 104, S. 219. 1923.
3) W. G. Burgers, Phil. Mag. Bd. 1, S. 289. 1926.
4) H. Mark u. K. Weissenberg, ZS. f. Phys. Bd. 17, S. 301. 1923.
5) J. E. Knaggs, Mineral Mag. Bd. 20, S. 346. 1925.

23. C_6H_6 Benzol[1]): rhombisch:

$$a = 9{,}7, \quad b = 7{,}4, \quad c = 6{,}8-6{,}9; \quad Z = 4.$$

Raumgruppe: wahrscheinlich V_h^{11}, V_h^{15} oder V_h^{16}.
Min. Mol.-Sym. C_i, falls keine Polymerisation stattfindet.

24. C_6Cl_6 Hexachlorbenzol[1]): monoklin prismatisch:

$$a = 8{,}06, \quad b = 3{,}84, \quad c = 16{,}6; \quad \beta = 116^\circ\, 50'; \quad Z = 2.$$

Raumgruppe sehr wahrscheinlich C_{2h}^4. Min. Mol.-Sym. C_i. Polymerisation 1.

25. C_6Br_6 Hexabrombenzol[1]): wie C_6Cl_6:

$$a = 8{,}44, \quad b = 4{,}04, \quad c = 17{,}3; \quad \beta = 116^\circ\, 30'.$$

26. $C_{10}H_8$ Naphthalin[2]): monoklin prismatisch:

$$a = 8{,}34, \quad b = 6{,}05, \quad c = 8{,}69; \quad \beta = 122^\circ\, 49'; \quad Z = 2.$$

Raumgruppe C_{2h}^5. Mol.-Sym. C_i. Polymerisation 1.

27. $C_{14}H_{10}$ Anthracen[3]): monoklin prismatisch:

$$a = 8{,}58, \quad b = 6{,}02, \quad c = 11{,}18; \quad \beta = 125^\circ\, 0'; \quad Z = 2.$$

Raumgruppe C_{2h}^5. Mol.-Sym. C_i. Polymerisation 1.

C. Röntgenmäßige Bestimmung der Zelle.

1. $NaH(C_2H_3O_2)_2$ saures Natriumacetat[4]): kubisch:

$$a_w = 15{,}98; \quad Z = 24.$$

Raumgruppe T_h^7?

2. $Be_4O(CH_3CH_2CO_2)_6$ bas. Berylliumpropionat[5]): monoklin:

$$a = 16{,}00, \quad b = 9{,}76, \quad c = 9{,}15; \quad \beta = 116^\circ\, 7'; \quad Z = 2.$$

3. $C_4H_6O_6$ d- oder l-Weinsäure[6]): monoklin sphenoidal:

$$a = 7{,}69, \quad b = 6{,}04, \quad c = 6{,}20; \quad \beta = 100^\circ\, 17'; \quad Z = 2.$$

4. $CH_3(CH_2)_{16}COOH$ Stearinsäure[7]): monoklin:

$$a = 5{,}60, \quad b = 7{,}38, \quad c = 50{,}9; \quad \beta = 59^\circ\, 40'; \quad Z = 4.$$

5. C_6H_5COOH Benzoesäure[8]): monoklin:

$$a = 5{,}44, \quad b = 5{,}18, \quad c = 21{,}6; \quad \beta = 97^\circ\, 5'.$$

6. $C_6H_4(OH)_2$ Hydrochinon [1, 4-Dioxybenzol][8]): monoklin:

$$a = 13{,}58, \quad b = 5{,}22, \quad c = 8{,}13; \quad \beta = 107^\circ; \quad Z = 4.$$

7. $C_6H_4(OH)_2$ Resorzin [1, 3-Dioxybenzol][8]): rhombisch pyramidal:

$$a = 9{,}56, \quad b = 10{,}25, \quad c = 5{,}64.$$

8. $C_6H_4(OH)_2$ Brenzkatechin [1, 2-Dioxybenzol][8]): monoklin:

$$a = 11{,}05, \quad b = 6{,}88, \quad c = 7{,}05; \quad \beta = 95^\circ\, 15'; \quad Z = 4.$$

---

1) H. Mark, Chem. Ber. Bd. 57, S. 1820. 1924.
2) W. H. Bragg, Proc. Phys. Soc. London Bd. 34, S. 33. 1921.
3) W. H. Bragg, Proc. Phys. Soc. London Bd. 35, S. 167. 1923.
4) R. W. G. Wyckoff, Sill. Journ. Bd. 4, S. 193. 1922.
5) W. H. Bragg u. G. T. Morgan, Proc. Roy. Soc. London (A) Bd. 104, S. 437. 1923.
6) W. T. Astbury, Proc. Roy. Soc. London (A) Bd. 102, S. 506. 1923.
7) A. Muller, Nature Bd. 116, S. 45. 1925.
8) W. H. Bragg, Trans. Chem. Soc. Bd. 121, S. 2766. 1922.

9. $C_6H_4OHCOOH$ Salizylsäure [1, 2-Hydroxybenzoesäure][1]: monoklin:
$a = 11{,}56$, $b = 11{,}22$, $c = 4{,}93$; $\beta = 91^\circ\, 22'$.

10. $C_6H_4OHCOOH$ 1, 3-Hydroxybenzoesäure[1]: rhombisch:
$a = 6{,}31$, $b = 9{,}03$, $c = 11{,}03$; $Z = 4$.

11. $C_6H_4OHCOOH$ 1, 4-Hydroxybenzoesäure[1]: monoklin:
$a = 10{,}1$, $b = 4{,}15$, $c = 18{,}27$; $\beta = 126^\circ\, 42'$; $Z = 4$.

12. $C_6H_4(NO_2)_2$ 1, 2-Dinitrobenzol[1]: monoklin:
$a = 7{,}95$, $b = 13{,}0$, $c = 7{,}45$; $\beta = 112^\circ\, 7'$.

13. $C_6H_4(NO_2)_2$ 1, 3-Dinitrobenzol[1]: monoklin:
$a = 10{,}52$, $b = 11{,}15$, $c = 6{,}07$; $\beta = 90^\circ$.

14. $C_6H_4(NO_2)_2$ 1, 4-Dinitrobenzol[1]: monoklin:
$a = 14{,}1$, $b = 6{,}93$, $c = 7{,}23$; $\beta = 92^\circ\, 18'$.

15. $CH(C_6H_5)_3$ Triphenylmethan[2]: rhombisch pyramidal:
$a = 15{,}16$, $b = 26{,}25$, $c = 7{,}66$; $Z = 8$.

16. Zellulose (unbehandelt) $(C_6H_{10}O_5)$[3]: rhombisch:
$a = 8{,}60$, $b = 7{,}78$, $c = 10{,}22$; $Z = 4$. [Faserachse ist c.]

16a) Merzerisierte Zellulose[3]: rhombisch:
$a = 8{,}88$, $b = 8{,}05$, $c = 9{,}88$; $Z = 4$.

16b) Zellulosenitrat[3]: rhombisch:
$a = 10{,}1$, $b = 8{,}6$, $c = 10{,}8$; $Z = 4$.

16c) Zelluloseazetat[3]: rhombisch:
$a = 9{,}2$, $b = 7{,}1$, $c = 9{,}8$; $Z = 4$.

40. Sonstige organische Substanzen. Besondere Erwähnung verdienen die Untersuchungen an langen organischen Kettenmolekülen (Fettsäuren, hohe Alkohole, Dikarbonsäuren). Es handelt sich dabei um zwei Fragen: 1. die Bestimmung der chemischen Formel, speziell der Anzahl Kohlenstoffatome im Molekül und 2. die Bestimmung der Stellung bestimmter Gruppen (z. B. der Ketogruppe C=O) innerhalb der Kette. Die erste Frage wird durch Ermittlung des Netzebenenabstands innerhalb einer homologen Reihe zugänglich. Es zeigt sich, daß diese Kettenmoleküle sich auf (Glas- oder Wasser-)Oberflächen gerichtet niederschlagen, vermutlich mit ihrer Längsachse schräg zur Oberfläche, aber untereinander parallel eingestellt. Der Einfluß der Zufügung neuer Glieder in die Kette besteht daher in einer Vergrößerung des Identitätsabstandes, und zwar in guter Annäherung für jedes zugefügte Kettenglied um gleich viel. So ergibt sich eine lineare Beziehung zwischen Netzebenenabstand und Gliedzahl. Beispielsweise haben PIPER, BROWN und DYMENT[4] aus einem Paraffinwachs sieben chemisch einheitliche Komponenten isoliert, deren Identitätsabstände zwischen 30 und 42 Å betrugen. Der Formeltyp dieser Substanzen ist $C_nH_{2(n+1)}$, und für bekannte (synthetisch hergestellte) Mitglieder der Reihe

[1] W. H. BRAGG, Trans. Chem. Soc. Bd. 121, S. 2766. 1922.
[2] H. MARK u. K. WEISSENBERG, ZS. f. Phys. Bd. 17, S. 347. 1923.
[3] R. O. HERZOG, Journ. phys. chem. Bd. 30, S. 457. 1926.
[4] S. H. PIPER, D. BROWN u. S. DYMENT, Journ. chem. soc. Bd. 127, S. 2194. 1925.

ist der Abstand $C_{30}H_{62}$ 40,4 Å; $C_{32}H_{66}$ 42,7 Å; $C_{34}H_{70}$ 45,3 Å. Die Abb. 173 zeigt die Schärfe, mit der die gefundenen Netzebenenabstände (Kreise) sich auf die durch die Eichwerte (Kreuze) festgelegte lineare Beziehung einordnen, und zwar gerade an den ganzzahligen Abszissenwerten.

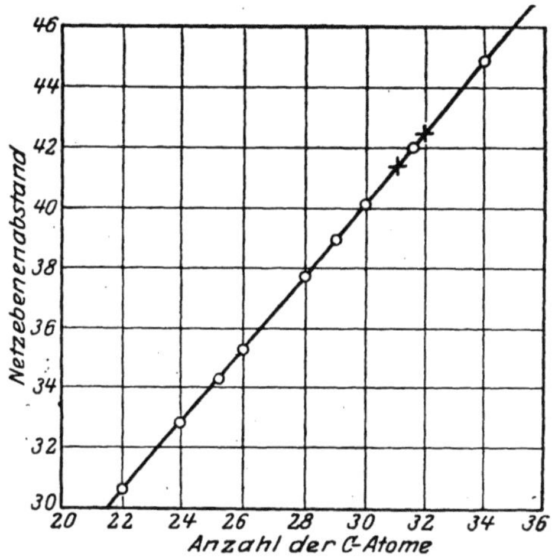

Abb. 173. Netzebenenabstände der Fettsäuren.

Aus den Untersuchungen von SHEARER[1]) sowie von TRILLAT[2]) geht hervor, daß Moleküle mit aktiven (dipolhaltigen) Gruppen am Ende sich anders verhalten als die reinen Kohlenwasserstoffe: erstere legen sich beim Niederschlagen zu zweit mit ihren aktiven Enden aneinander und bewirken dadurch eine Verdoppelung des Identitätsabstandes, wie aus folgenden Zahlen TRILLATS hervorgeht, die aus größeren Reihen dort entnommen sind, wo die gleiche Kohlenstoffzahl vorkommt.

Tabelle 9. Netzebenen von Fettsäuren und Dikarbonsäuren.

Fettsäuren	n	d	Δ	Dikarbonsäuren	n	d	Δ
Caproinsäure	8	19,30	4,00	Suberinsäure	8	9,3	2,1
Caprinsäure	10	23,30	3,94	Sebacinsäure	10	11,4	
Laurinsäure	12	27,24					

Die Polarität der Fettsäure bewirkt offenbar die Lagerung

$$[CH_3-(CH_2)_{n-2}-COOH; COOH-(CH_2)_{n-2}-CH_3],$$

während die Anziehung der symmetrisch verteilten aktiven Gruppen der Dikarbonsäuren

$$[COOH-(CH_2)_{n-2}-COOH]$$

keine Verdoppelung des Identitätsabstandes gegenüber der Moleküllänge herbeiführt.

Aus der gleichmäßigen Zunahme des Identitätsabstandes innerhalb homologer Reihen ist zu schließen, daß die Molekülneigung gegen die Oberfläche sich in der Reihe nicht stark ändert. Von Reihe zu Reihe tritt ein Wechsel in der Einstellung auf, wie sich z. B. auch beim Vergleich der Längen der obigen Dikarbonsäuren mit der von Azelainsäure (ungerade Dikarbonsäure mit $n = 9$) ergibt: $d = 9{,}6$ (statt Mittel aus 9,3 und 11,4, d. i. 10,4). Es ist anzunehmen, daß die ungeraden Dikarbonsäuren sich schräger als die geraden einstellen.

Die zweite Frage, die Stellung besonderer Gruppen im Molekül betreffend, muß durch Intensitätsdiskussion entschieden werden. Es handelt sich gewissermaßen um den Strukturfaktor des Moleküls. SHEARER[3]) ersetzt die Kette durch eine stetige Massenbelegung; ist nun z. B. an einer gewissen Stelle ketonisiert worden, d. h. eine $C=O$-Gruppe statt CH_2 eingeführt, so ist an dieser Stelle das Streuvermögen (O gegen H_2!) erhöht. Diese überschüssigen Massen

[1]) G. SHEARER, Trans. Chem. Soc. Bd. 123, S. 3152. 1923; Proc. Roy. Soc. London (A) Bd. 108, S. 655. 1925.

[2]) J. J. TRILLAT, C. R. Bd. 180, S. 1329. 1925.

[3]) G. SHEARER, Proc. Roy. Soc. London (A) Bd. 108, S. 655. 1925.

wirken wie eingelagerte Netzebenen und geben ihre eigenen Interferenzen, die mit denen des Untergrundes in bestimmten Phasenbeziehungen stehen und je nach der Ordnung der Reflexion anders mit ihnen interferieren. So bewirkt z. B. in Alkoholen die endständige OH-Gruppe zusammen mit der geschilderten Anlagerung der aktiven Enden eine Schwächung aller ungeraden Reflexionen. Der Vergleich der beobachteten Intensitäten an Ketonen und Estern mit den berechneten zeigt, daß sich die Orte der CO bzw. COO-Gruppe gut feststellen lassen.

VIII. Gefügeuntersuchung mit Röntgenstrahlen.

41. Vorbemerkung. Die Röntgeninterferenzen haben gezeigt, daß der kristalline Zustand in weitaus mehr Fällen vorliegt, als man dies früher vermutete. Metalle, Gesteine, aber auch viele Kolloide und Faserstoffe sind mikrokristallin oder kryptokristallin aufgebaut, d. h. sie bilden ein Haufwerk von sehr vielen sehr kleinen homogenen Kristallbröckchen. Bei solchen Stoffen besteht die Aufgabe der Strukturerforschung — die die Grundlage für das weitere Verständnis der physikalischen Eigenschaften bilden soll — in zweierlei: erstens: Strukturermittlung des einzelnen Kristallkorns, zweitens: Gefügeermittlung, d. h. Untersuchung der Größe und Lagerung der Kristallkörner. Die erste Aufgabe ist mit den bisher besprochenen Methoden zu behandeln; für die zweite werden neue Methoden benötigt, die natürlich auf der gleichen physikalischen Grundlage, der Interferenztheorie, beruhen, die aber einen besonderen Einschlag durch die statistische Fragestellung erhalten. Denn selbstverständlich handelt es sich bei Fragen der Korngröße und der Regelung[1]) um Mittelwerte, um die herum im allgemeinen eine starke Streuung stattfinden wird.

Bevor über die am meisten untersuchten Stoffe, die Metalle, berichtet wird, seien die Ergebnisse bei einigen andern Stoffgruppen vorangeschickt.

42. Kolloide und Flüssigkeiten. α) Bei „Kolloiden" sind solche, die scharfe Interferenzen geben, zu unterscheiden von denen, die „Flüssigkeitsinterferenzen" geben (s. u.). Erstere sind ihrem innersten Wesen nach kristallin und zeichnen sich von andern Formen mikrokristalliner Materie nur durch den besonders feinen Verteilungsgrad aus. Für die Teilchengröße liegen von physikalisch-chemischer Seite zahlreiche Schätzungsmethoden vor[2]). Die Röntgenaufnahmen gestatten, aus der Linienbreite eine weitere Schätzung zu entnehmen, die im allgemeinen mit den andern Methoden gut übereinstimmende Aussagen liefert. Hat man nämlich sehr kleine Stückchen Kristallgitter zur Erzeugung der Interferenzen benutzt, so ist das Hauptmaximum der Interferenz nicht mehr sehr scharf. Genau der gleiche Umstand setzt beim optischen Beugungsgitter mit geringer Strichzahl das Auflösungsvermögen herab. Schließlich kann die Winkelbreite des Interferenzmaximums mit der des Primärstrahls vergleichbar werden und so zu einer sichtbaren Verbreiterung der Interferenzen führen. SCHERRER[3]) gibt für die Halbwertsbreite der unter dem Abbeugungswinkel 2ϑ entstehenden Linie einer Pulveraufnahme an würfelförmigen Kristallen von der Kantenlänge Λ den Wert (in natürlichem Winkelmaß)

$$B = 2\sqrt{\frac{\lg 2}{\pi}} \cdot \frac{\lambda}{\Lambda} \frac{1}{\cos\vartheta} \quad (\lambda = \text{Wellenlänge})$$

---

[1]) Der bei den Geologen gebrauchte Ausdruck „Regelung" hat sich gut bewährt, um die Tatsache einer nicht völlig ungeregelten Orientierung der Einzelkriställchen zu bezeichnen.

[2]) Siehe z. B. R. ZSIGMONDY, Kolloidchemie.

[3]) Siehe z. B. R. ZSIGMONDY, Kolloidchemie.

an. Hierbei ist von der Divergenz des Primärstrahls abgesehen, die man nach SCHERRER einfach addieren soll. Einen genaueren Ausdruck mit Berücksichtigung dieser Divergenz, sowie einer nichtwürfeligen Teilchenform gibt v. LAUE[1]).

Typische kristalline Kolloide sind die Metalle in kolloidaler Lösung (Au, Ag, Cu, Bi, ...). Kohle besteht aus Graphit in kolloidal-dispersem Zustand. Die Teilchenkante bei kolloidalem Gold mittlerer Teilchengröße (mit Gelatine als Schutzkolloid eingedampft, lieferte beim Lösen eine hochrote Flüssigkeit) ergab sich als $\Lambda = 86{,}2$ Å, d. h. etwa 20 Kantenlängen des Elementarwürfels von Gold (4,07 Å). Besonders kleine Goldteilchen hatten $\Lambda = 18{,}6$ Å, bestanden also nur noch aus etwa 80 Atomen. Innerhalb der Genauigkeit der Ausmessung der verbreiterten Linien auf dem Film ist die Gitterkonstante der Kolloidteilchen die gleiche wie von großen Kristallen.

β) Amorphe Kolloide mit „Flüssigkeitsinterferenzen" sind z. B. Gelatine und Glas. Glas befindet sich allerdings in einem langsamen Zustand der Kristallisation, da lange gelagertes Glas Kristallinterferenzen, wenn auch schwach, zeigt. Auch sonstige Gründe sprechen ja dafür, Glas als unterkühlte Flüssigkeit von großer innerer Zähigkeit anzusehen.

Daß bei Hochofenschlacke und Schlackensand keine Interferenzen auftreten und diese Produkte als amorph anzusehen sind, hat WEVER[2]) gezeigt. Fertig abgebundener Portlandzement weist deutliche Interferenzen auf, die erst nach dem Abbinden entstehen. Hierdurch ist der Vorgang des Abbindens als kolloidchemischer Prozeß charakterisiert (WEVER).

Auch an Flüssigkeiten zeigen sich Interferenzen. Sie sind von DEBYE und SCHERRER[3]), WYCKOFF[4]), KEESOM und DE SMEDT[5]) und anderen untersucht worden. Der Grund ihrer Entstehung und damit ihre Verwendung zu Aussagen über die Konstitution der Flüssigkeit ist noch nicht geklärt. Dem Aussehen nach handelt es sich stets um erheblich verwaschenere Interferenzen, die werder mit Interferenzen von Kristallen noch von kristallinen Kolloiden zu verwechseln sind.

Ein hiermit zusammenhängendes, noch wenig geklärtes Gebiet bilden die Interferenzen und ihre Änderungen bei gequollenen Substanzen. Man sehe hierüber den ausführlichen Bericht von KATZ[6]) über Quellung nach.

Bemerkenswert sind die Interferenzerscheinungen an Kautschuk[6]). Rohkautschuk zeigt für gewöhnlich Flüssigkeitsinterferenzen. Dehnt man aber den Kautschuk sehr stark und durchstrahlt ihn in gedehntem Zustand, so entstehen scharfe Kristallinterferenzen. Nach HAUSER und MARK[7]) handelt es sich bei Kautschuk um ein chemisch inhomogenes System, in welchem durch die Dehnung Kristalle zum Ausfällen gebracht werden. Die hierbei freiwerdende Kristallisationswärme erklärt das anomale thermische Verhalten des Kautschuk bei der Dehnung.

43. Flüssige Kristalle. Zwischen dem kristallinen Zustand und der üblichen „amorphen" oder besser „isotropen" flüssigen Phase sind bei einer großen Reihe organischer Substanzen von langem schlanken Molekülbau weitere durch Diskontinuität der physikalischen Eigenschaften und der örtlichen Er-

---

[1]) M. v. LAUE, ZS. f. Krist. Bd. 64, S. 115. 1926.

[2]) F. WEVER, Zement 1926, Nr. 12.

[3]) P. DEBYE u. P. SCHERRER, Göttinger Nachr. Bd. 17. Dez. 1915.

[4]) R. W. G. WYCKOFF, Sill. Journ. Bd. 5, S. 455. 1923.

[5]) W. H. KEESOM u. J. DE SMEDT, Proc. Amsterdam Bd. 26, S. 112. 1923; Physica Bd. 5, S. 125. 1924.

[6]) J. R. KATZ, Ergebn. d. exakt. Naturwiss. Bd. III u. IV. Berlin: Julius Springer 1925 u. 1926.

[7]) E. A. HAUSER u. H. MARK, Kolloidchem. Beihefte Bd. 22, S. 63. 1926.

streckung scharf abgegrenzte Aggregatzustände eingeschaltet, die am besten nach G. FRIEDEL als „mesomorphe" Aggregatzustände zusammengefaßt werden. Die Untersuchungen O. LEHMANNS haben zu einer Unterscheidung mehrerer mesomorpher Zustände geführt, die als flüssig-kristallin und fließend-kristallin bezeichnet wurden. Heute folgt man wohl besser der von FRIEDEL[1]) auf Grund ausgedehnter eigner Versuche in einem vortrefflichen Bericht gegebenen Einteilung in den smektischen (σμῆγμα Seife) und nematischen (νῆμα der gesponnene Faden) Zustand, deren letzterer in zwei durch die Erscheinungen auseinanderfallende Gruppen unterteilt wird: den eigentlich nematischen und den nematisch-cholesterischen. Ein und dieselbe Substanz kann bei steigender Temperatur zwischen fest-kristallinischer und isotropflüssiger Phase in den smektischen oder einen nematischen oder nacheinander in diese Zustände geraten (hingegen scheinen beide nematischen Typen bei der gleichen Substanz ausgeschlossen zu sein). — Es würde zu weit führen, eine Begründung für die Ansicht zu geben, die FRIEDEL sich von der Natur der mesomorphen Zustände gemacht hat und die zum Teil von OSEEN[2]) in einer Reihe interessanter Abhandlungen mathematisch gefaßt und verfolgt wurde. Hier mag vielmehr die Angabe genügen, daß die langen „Bleistift"-Moleküle, um die es sich allein handelt, in beiden Zustandstypen parallel liegen. In dem smektischen Zustand, der nie bei höherer Temperatur als der nematische auftritt, sind die ordnenden Kräfte noch stark genug, um eine gewisse Ordnung in seitlicher Richtung zu erzwingen. Bei dem Vergleich mit Bleistiften[3]) hätte man Schichten von gebündelten Bleistiften übereinanderzustellen, so daß im smektischen Zustand zwar in der Achsenrichtung eine feste Identitätsperiode sich einstellt, aber keine dazu seitliche. Bei Eintritt des nematischen Zustands geht die seitliche Festlegung der Moleküle verloren; es ist, als ob die Bleistiftbündel auf eine unebene Unterlage aufgestoßen würden, und daher gehen auch die Identitätsperioden in Richtung der Molekülachse verloren, obwohl die Parallellagerung der Moleküle erhalten bleibt.

Die Röntgenuntersuchung müßte imstande sein, die Richtigkeit dieser Vorstellung nachzuprüfen. Frühere Durchstrahlungen von HÜCKEL[4]) an Azoxyanisol, Azoxyphenetol und Anisaldazin („flüssige Kristalle"; eigentlich-nematischer Typ) und an Cholesterin-propionat und -benzoat („fließende Kristalle"; nach FRIEDEL nematisch-cholesterischer Typ) haben keine Interferenzen ergeben. An smektischen Stoffen (Oleaten von Ammonium, Natrium und Kalium) fanden hingegen DE BROGLIE und FRIEDEL[5]) drei scharfe Ringe in sehr kleinem Winkelabstand um den Primärstrahl, aus denen eine Identitätsperiode von 43,5 Å gefolgert wurde, die in guter Übereinstimmung zu den sonstigen Messungen über die Länge von Ölsäuremolekülen steht. Damit ist eine erste Bestätigung der FRIEDELschen Ansichten über die Konstitution der flüssigen Kristalle durch Röntgenmethoden gewonnen.

44. Natürliche Fasern. Die geordnete Lagerung von Kristalliten in natürlichen Fasern wurde zuerst von R. O. HERZOG eingehend studiert, nachdem schon 1913 NISHIKAWA und ONO[6]) Röntgenogramme von Hanffasern hergestellt und durch die Annahme orientierter Kristalle gedeutet hatten. Ähnliche Lage-

---

[1]) G. FRIEDEL, Ann. de phys. Bd. 18, S. 273. 1922.
[2]) C. W. OSEEN, Verh. d. Schwed. Akad. Bd. 61. Nr. 16 u. Bd. 63. Nr. 1 u. 12; Ark. f. Mat., Astron. och Fys. Bd. 18, Nr. 4. 1923.
[3]) Vgl. J. R. KATZ, Die Quellung, in Ergebn. d. exakt. Naturwiss. Bd. IV. 1925.
[4]) E. HÜCKEL, Phys. ZS. Bd. 22, S. 561. 1921.
[5]) M. DE BROGLIE u. E. FRIEDEL, C. R. Bd. 176, S. 738. 1923.
[6]) S. NISHIKAWA u. N. ONO, Tokyo Sugaku-Butwigakkwai Kizi Bd. 7, Nr. 8. 1913.

rungseinflüsse bei Interferenzen in Wachs waren auch von FRIEDRICH[1]) untersucht worden. In der Folge haben dann POLANYI, WEISSENBERG und andere die Faserstrukturen quantitativ untersucht und daraus vor allem Methoden entwickelt, die der analogen Untersuchung der Regelung in Metallen zugute kamen[2]).

Typische Faserstrukturen, z. B. die von natürlich gewachsener Zellulose, Asbest, Haar usw. zeigen Interferenzbilder, die mit Drehaufnahmen an Einzelkristallen bis auf eine gewisse Verwaschenheit übereinstimmen. In diesen Fasern liegt also eine kristallographische Richtung der Kryptokristalle annähernd parallel zur Faserachse. Die Identitätsperiode in dieser Richtung läßt sich gut, die in den Richtungen der beiden andern Zellkanten nur wenig genau bestimmen. In Asbest (Anthophyllit) ist nach MARK[3]) die b-Achse (5,27 Å) der Faserachse parallel, die a- und c-Achsen haben Längen von 8,7 und 12,40 Å. Auch Benzol[4]) schlägt sich auf festen Unterlagen „gefasert" (d. h. mit einer festen Richtung $c = 6{,}8$ Å in Richtung der Flächennormalen) nieder (b und c wahrscheinlich 7,6 und 9,6 Å). Die Einstellung von Asbest und Benzol ist die normale: dicht besetzte Gittergerade in Richtung der ausgezeichneten Achse.

Richtige Faserstrukturen finden sich auch bei elektrolytisch abgeschiedenen Metallfolien. GLOCKER und KAUPP[5]) haben festgestellt, daß in die Stromlinienrichtung sich bei Cu [0 1 1], bei Fe [1 1 1] und [1 1 2], bei Ni [0 0 1], bei Cr [1 1 2] einstellt. Dabei ist die Zusammensetzung der Lösung, aus der die Abscheidung erfolgt, nicht ohne Einfluß und zwar, wie es scheint, ähnlich wie bei der Beeinflussung der Kristalltracht durch Lösungsgenossen (s. Ziff. 3), durch Beeinflussung der Wachstumsgeschwindigkeit in den kristallographischen Richtungen. Die Richtung größter Wachstumsgeschwindigkeit wird Faserachse.

Neben der „einfachen Faser" finden sich in gewachsenen Substanzen verwickeltere Anordnungen, wie z. B. „Spiralfaser" und „Ringfaser", die durch Deformation der einfachen Faser entstanden, gedacht werden können. Man sehe hierüber Arbeiten von WEISSENBERG[6]), HERZOG und GONELL[7]) nach.

In vielen gewachsenen Stoffen (z. B. Chitinpanzern von Insekten) ist der Aufbau dadurch kompliziert, daß Faserung nach verschiedenen Achsen vorliegt[8]). Die nach genügender Präparierung mikroskopisch erkennbaren „Balkenlagen" in Insektenflügeln sind z. B. die Richtungen von zwei senkrecht aufeinanderstehenden Faserachsen. Auch „Ringfasern" und „Spiralfasern" sind gefunden worden[6]).

45. Metalle. α) Auch bei Metallen haben schon frühe, allerdings nicht genügend ausgedeutete Aufnahmen auf eine regelmäßige Lagerung der Kristallite (Regelung) hingewiesen[9]).

Es handelt sich bei der Untersuchung des Metallgefüges, die an rein wissenschaftlichem wie technischem Interesse dauernd gewinnt, um die Fragen der Korngröße und der Kornlagerung und um den Mechanismus der Verfesti-

---

[1]) W. FRIEDRICH, Phys. ZS. Bd. 14, S. 317. 1913.
[2]) Vgl. den Bericht von H. MARK, ZS. f. Krist. Bd. 61, S. 75. 1925.
[3]) H. MARK, ZS. f. Krist. Bd. 61, S. 75. 1925.
[4]) Nach W. T. ASTBURY u. W. H. BRAGG, Annual Report Chem. Soc. Bd. 22, S. 247. 1925.
[5]) R. GLOCKER u. E. KAUPP, ZS. f. Phys. Bd. 24, S. 121. 1924.
[6]) K. WEISSENBERG, ZS. f. Phys. Bd. 8, S. 20. 1921; ZS. f. Krist. Bd. 61, S. 58. 1925.
[7]) R. O. HERZOG u. O. GONELL, Kolloid-ZS. Bd. 36, S. 44. 1925; Naturwissensch. Bd. 12, S. 1153. 1924.
[8]) Siehe R. O. HERZOG, Naturwissensch. Bd. 12, S. 955. 1924.
[9]) E. HUPKA, Phys. ZS. Bd. 14, S. 623. 1913; H. B. KEENE, Nature Bd. 91. S. 607. 1913.

gung durch „Reckung". Reckung bedeutet hierbei die plastische (überelastische) Deformation der Metalle durch Hämmern, Walzen, Ziehen u. ä. Wird die Deformation bei Zimmertemperatur erzeugt, so bezeichnet man sie als Kaltreckung.

β) Die Korngröße wird gewöhnlich nach Anschleifen und Ätzen des Metallstückes durch Auszählen der durch die nunmehr sichtbaren Korngrenzen getrennten Kristallkörner unterm Meßmikroskop bestimmt. Bei Durchleuchtung des Metallstückes nach Art einer Laueaufnahme, aber mit monochromatischem oder fast-monochromatischem Röntgenlicht, entstehen Interferenzringe wie bei Pulveraufnahmen — nur daß hier bei Vorhandensein einer Regelung die Ringe nicht über den vollen Umfang ausgebildet zu sein brauchen. Bewegt man das Metallstück nicht während der Aufnahme, so bilden sich Kristallkörnchen von geeigneter Reflexionsstellung auf der Platte ab und die Ringe sind ungleichförmig geschwärzt.

Durch systematisches Studium der geometrischen Optik dieser Abbildung muß sich eine genauere Bestimmung der Korngröße erzielen lassen. Bisher ist die Erscheinung mehr qualitativ verwertet worden, um über Änderung der Korngröße (z. B. nach dem Anlassen) Auskunft zu erhalten. Die röntgenmäßige Korngrößenbestimmung liefert einen Durchschnittswert durch die ganze Dicke des Präparats, die mikroskopische Auszählung den Wert an der angeschliffenen Fläche (bei Gußstücken nahe der Oberfläche verschieden!).

Eine der auffälligsten Erscheinungen, die Vergrößerung des Korns beim Anlassen bzw. beim Lagern des Metalls ist zuerst von NISHIKAWA und ASAHARA[1]) röntgenmäßig untersucht worden. An ihren Bildern ist die zunehmende Körnelung des Röntgenbildes beim Lagern und ihre Beschleunigung durch Temperaturerhöhung sehr schön zu sehen. Das Kornwachstum (Rekristallisation) tritt besonders energisch nach einer vorangegangenen Reckung und bei höherer Temperatur auf. Hierauf beruht eine Methode[2]) der Züchtung von Metalleinkristallen: das Metall wird — bei Al um 2 bis 6% — gedehnt und dann längere Zeit angelassen und schließlich langsam gekühlt. Hierdurch sind bei Al, Cu, Fe und vielen andern Metallen Einkristalle von dezimetergroßen Abmessungen herzustellen. [Andere Herstellungsmethoden (aus der Schmelze) sind von CZOCHRALSKI[3]), OBREIMOW und SCHUBNIKOW[4]), von BRIDGMAN u. a. angegeben worden.]

γ) Die Regelung. Die eigentliche Regelung, d. h. die Orientierung der Kristallite, ist natürlich nur statistisch zu erfassen. Um eindeutig die Lage eines einzelnen Kriställchens anzugeben, ist es erforderlich, gegen den Metallkörper zwei positive Gitterrichtungen festzulegen — oder wenn man auf die Angabe des Richtungssinnes verzichten will, noch eine dritte Gitterrichtung festzulegen. Man wird einen Überblick über die „statistische Anisotropie" der Regelung erhalten, wenn auf einer „Lagenkugel" die Durchstoßpunkte dieser zusammengehörigen Richtungen für jeden Kristalliten vermerkt werden. Die Angabe der Regelung besteht in der üblichen stereographischen Projektion dieser Lagekugel[5]). Wegen der Kristallsymmetrie ist es manchmal angängig, von den äquivalenten Gitterrichtungen jene auszuwählen, die auf einen Bruchteil der Lagekugel (z. B. einen Oktanten) stoßen und die Projektion hierdurch einzuschränken. WEISSEN-

---

[1]) S. NISHIKAWA u. G. ASAHARA, Phys. Rev. Bd. 15, S. 38. 1920.

[2]) S. CZOCHRALSKI, Moderne Metallkunde. Berlin: Julius Springer 1924; s. auch H. C. H. CARPENTER u. C. F. ELAM, Proc. Roy. Soc. London (A) Bd. 100, S. 329. 1921.

[3]) J. CZOCHRALSKI, ZS. f. phys. Chem. Bd. 92, S. 219. 1918.

[4]) L. OBREIMOW u. L. SCHUBNIKOW, ZS. f. Phys. Bd. 25, S. 31. 1924.

[5]) Siehe z. B. F. WEVER, ZS. f. Phys. Bd. 28, S. 69. 1924.

BERG[1]) hat systematisch untersucht, welche Symmetrieverhältnisse durch die Regelung entstehen können. Es können, im Gegensatz zur kristallographischen Symmetrie, sowohl unendlich vielzählige Achsen wie fünfzählige Achsen vorkommen. Da die Röntgenbilder stets durch den zentrisch-symmetrischen Vorgang der Reflexion entstehen [FRIEDEL, Ziff. 13 ε)] ergeben sich nur acht Symmetrieklassen, von denen aber nur wenige bisher beobachtet worden sind.

Von großer Wichtigkeit für die Regelungsuntersuchung sind die Methoden, um aus den Interferenzaufnahmen auf die Orientierung des einzelnen Kriställchens zu schließen. Geometrische Methoden hierfür, deren eingehende Darlegung zu weit führen würde, sind von GROSS[2]), MÜLLER[3]), GLOCKER[4]), SCHIEBOLD und SACHS[5]) u. a. angegeben worden.

Am leichtesten ist die durch Ziehen entstehende Regelung zu untersuchen. Bei diesem Prozeß besteht ja die Drahtachse als Symmetrieachse und die entstehende Struktur ist eine regelrechte „Faser". Es zeigt sich, daß beim Ziehen wie auch beim Walzen der Gittertyp die Einstellung verursacht, nicht die Individualität des Kristalls. Beim Ziehen der Metalle mit raumzentriertem kubischen Gitter (W, Fe, Mo) stellt sich die kristallographische Richtung [1 0 1] in die Drahtachse, bei den flächenzentriert-kubischen Metallen (Cu, Al, Pd, Ag, Au, Pt ...) treten zwei verschiedene Endlagen nebeneinander auf: [1 1 1] oder [1 0 0] in der Achsenrichtung; [1 1 1] ist hierbei bevorzugt.

Beim Walzen sind zwei geometrische Bezugsgrößen gegeben: die Walzrichtung und die Walzebene. Es zeigt sich, daß wieder die Metalle mit körperzentriertem und die mit flächenzentriertem kubischen Gitter je unter sich gleichen Endlagen zustreben:

Γ_c'': [1 0 1] in der Walzrichtung, (1 0 0) in der Walzebene,

Γ_c': zwei Kristallgruppen:

a) [1 1 2] in der Walzrichtung, (0 1 1) in der Walzebene;

b) [1 0 0] in der Walzrichtung, (0 0 1) in der Walzebene.

Wegen der zwei Lagen a) und b), von denen die erste jedoch bevorzugt auftritt, spricht man im letzteren Fall von einer „doppelten Faserstruktur". Bei der Anordnung a) stellt sich [1 1 2] mit einer Schwankung von etwa 8° — auch in stark ausgewalzten Blechen — in die Walzrichtung, während die Einstellung der (0 1 1)-Ebene in die Walzebene viel ungenauer ist (Streuung etwa 35°). GLOCKER[6]) hat auf den Zusammenhang zwischen der „Dehnungs-" oder Faserstruktur, die beim Ziehen erhalten wird, und der Walzstruktur aufmerksam gemacht: die Walzstruktur ist als beschränkte Faserstruktur aufzufassen, die zur totalen Faserstruktur im gleichen Verhältnis steht, wie eine totale zu einer beschränkten Drehaufnahme an einem Einzelkristall [Ziff. 23 β)].

δ) Von großem Interesse ist die Frage, wie eine durch starkes Walzen erreichte Endlage der Kristallite beim Anlassen des Metalls die nachfolgende Rekristallisation beeinflußt. Aus Untersuchungen von GLOCKER, KAUPP und WIDMANN[7]) geht hervor, daß die Lagerung der neu entstehenden Kristallite nicht allein eine Gitterfunktion ist: während Ag, Al und α-Messing nach dem Walzen gleiche Rekristallisationslagen haben, weicht Cu hiervon ab. Den Rekristallisationsvorgang, der auf Grund der Röntgenaufnahmen als eine Drehung der

---

1) K. WEISSENBERG, Ann. d. Phys. Bd. 69, S. 409. 1922; ZS. f. Krist. Bd. 61, S. 74. 1925.
2) R. GROSS, Zentralbl. f. Mineral. 1920, S. 52.
3) A. MÜLLER, Proc. Roy. Soc. London (A) Bd. 105, S. 500. 1924.
4) R. GLOCKER, ZS. f. Phys. Bd. 31, S. 386. 1925.
5) E. SCHIEBOLD u. G. SACHS, ZS. f. Krist. Bd. 63, S. 34. 1926.
6) R. GLOCKER, ZS. f. Phys. Bd. 31, S. 386. 1925.
7) R. GLOCKER, ZS. f. Metallkde. Bd. 16, S. 180. 1924; Bd. 17, S. 353. 1925.

Kristallite bis zu paralleler Verwachsung gedeutet werden könnte, ist wohl vielmehr als ein durch die vorherige Deformation bevorzugtes Wachstum günstig orientierter Kleinkristalle auf Kosten der ungünstig gelegenen, also als eine Art von „Verdauung“ der letzteren, anzusehen — wobei es noch nicht sichergestellt ist, ob die Wachstumszentren beim Anlassen neu entstandene Kristallkeime oder die schon vorher vorhandenen günstig gelegenen Kriställchen sind. Man vergleiche hierzu auch die Ergebnisse von CARPENTER und ELAM[1]), sowie POLANYI und SCHMID[2]). Daß hiernach die Vollständigkeit einer Rekristallisation nicht allein durch die Korngröße festgestellt werden kann, hat GLOCKER[3]) betont. Nach ihm ist als Kennzeichen der vollständigen Rekristallisation außer dem Aufhören des Kornwachstums auch das Verschwinden jeder Vorzugsrichtung der Kristallitlagerung festzustellen.

ε) Über den Mechanismus, wie die Deformationsstruktur während des Zieh- oder Walzprozesses erreicht wird, geben die Untersuchungen über das Verhalten von Einkristallen bei plastischen Deformationen Aufschluß. Von POLANYI und Mitarbeitern[4]) wurden die Gleiterscheinungen an Einkristallen von Zink, Zinn, Blei, Aluminium, Wismut studiert. Es zeigte sich — was kristallographisch bekannt war —, daß die Gleitung nur in bestimmten Gleitebenen und in diesen wieder nur in bestimmten Gleitrichtungen erfolgen kann. Unter Umständen können Gleitebenen und -richtungen verschiedener Güte auftreten. Die nachstehende Tabelle gibt einen Überblick über die Ergebnisse[5]).

Tabelle 10. Gleitrichtungen und -flächen in Metalleinkristallen.

Metall	Kristallsystem	Gleitrichtungen	Gleitflächen	Bemerkungen	Verfasser	Dichtest besetzte Gittergerade	Dichtest besetzte Gitterebene
Zn	hexagonal	$[1 0 \bar{1} 0]$	1*: $(0 0 0 1)$ 2: $(1 0 \bar{1} 0)$	* Die Zahlen geben die Bevorzugung an	MARK-POLANYI-SCHMID 1922	$[1 0 \bar{1} 0]$	$(0 0 0 1)$ $(1 0 \bar{1} 0)$
Sn	tetragonal	1: $[0 0 1]$ 2: $[1 0 1]$ 3: $[1 1 1]$	$(1 0 0)$ $(1 1 0)$	Beide Gleitflächen anscheinend gleichwertig	MARK-POLANYI 1923	1: $[0 0 1]$ 2: $[1 0 0]$ 3: $[1 1 1]$ 4: $[1 0 1]$	1: $(1 0 0)$ 2: $(1 1 0)$
Bi	rhomboedrisch	1: $[1 0 1]$ 2?: $[1 \bar{1} 0]$	1: $(1 1 1)$ 2?: $(1 \bar{1} 1)$	—	POLANYI-SCHMID 1923	1: $[1 0 1]$ 2: $[1 \bar{1} 0]$	1: $(1 1 1)$ 2: $(1 \bar{1} 1)$
Al	kubisch, Γ_c'	$[1 0 1]$	$(1 1 1)$	—	TAYLOR-ELAM 1923	$[1 0 1]$	1: $(1 1 1)$ 2: $(1 0 0)$

Aus dem Vergleich der beiden letzten Spalten dieser Tabelle mit den vorhergehenden ergibt sich eine deutliche Parallelität zwischen den Gleiteigenschaften und der Atombelegung.

Bei der Deformation eines polykristallinen Materials treten nun solange Gleitungen ein, als Deformationen entstehen. Es ist aber nicht so, daß die Gleitung bei jedem Kristalliten nur in einer Art geschieht; vielmehr tritt bei Vorhandensein mehrerer Gleitebenen, z. B. in kubischen Kristallen, die Konkurrenz der Gleitebenen auf: die Gleitung beginnt in derjenigen der gleichwertigen Gleitebenen, in der die größte Schubspannung herrscht. Es ist dies die Gleitebene, deren Winkel zur Zugachse am nächsten zu 45° liegt. Durch die

[1]) H. C. H. CARPENTER u. C. F. ELAM, Proc. Roy. Soc. London (A) Bd. 107, S. 171. 1925.
[2]) M. POLANYI u. E. SCHMID, ZS. f. Phys. Bd. 32, S. 684. 1925.
[3]) R. GLOCKER, ZS. f. Phys. Bd. 31, S. 386. 1925.
[4]) H. MARK, M. POLANYI u. E. SCHMID, ZS. f. Phys. Bd. 12, S. 58. 1923.
[5]) Nach G. SACHS, Grundbegriffe der mechanischen Technologie der Metalle. Leipzig: Akad. Verlagsges. 1925.

Gleitung nähert sich diese Ebene der Zugachse und allmählich kommt eine andere Gleitebene der günstigsten Lage unter 45° näher, so daß nunmehr hier eine Gleitung auftritt. So kann es kommen, daß sich — etwa bei kubischen Kristallen — überhaupt nicht eine Gleitebene oder -richtung, sondern eine Symmetrieebene oder -achse in die Richtung der größten Verformung einstellt. Z. B. war das Ergebnis vorsichtiger Zugversuche von TAYLOR und ELAM[1]) mit Al-Einkristallen eine Einstellung von [1 1 2] in die Zugachse; diese Richtung liegt symmetrisch zu den beiden Gleitrichtungen [1 0 1] und [0 1 1]. Unter Umständen wird diese Erscheinung im polykristallinen Material abgeändert, in dem zunächst durch eine Art von innerer Reibung die Schubspannungen längs den Gleitflächen höhere Werte erreichen können, und schließlich eine simultane Gleitung längs allen Gleitflächen eintritt. So erklären wenigstens ETTISCH, POLANYI und WEISSENBERG[2]) die Tatsache, daß sie auch im polykristallinen Al [1 1 1] und [1 0 0] als Endlagen fanden.

ε) Von welcher Art der eigentliche Prozeß der Verfestigung durch Reckung ist, ist trotz der zahlreichen Untersuchungen wohl noch nicht voll geklärt worden. Am wahrscheinlichsten dürfte eine von POLANYI und MARK, sowie von GROSS vertretene Ansicht sein, daß bei der Reckung eine „Biegegleitung" auftritt und mit dieser eine dauernde Vorspannung der einzelnen Kristallteilchen bestehen bleibt. Die bloße parallele Gleitung eines Einkristalls etwa in Drahtform würde ja, wenn die Gleitfläche einen Winkel mit der Drahtachse bildet, eine Schrägstellung der Drahtachse (oder der Achse des Bandes, das bei der Gleitung aus einem annähernd runden Draht-Einkristall entsteht) bewirken. Damit sich die Drahtachse in die Zugrichtung einstellt, muß also außer der Gleitung auch eine Umbiegung der gleitenden Lamellen stattfinden (Biegegleitung). Hierbei liegen die äußeren, gedehnten Oberflächen der inneren Lamellen gegen die inneren, verkürzten Flächen der nächstäußeren Lamellenschicht an. Es ist möglich, daß hierdurch Kräuselungen der Gleitflächen entstehen, die weiteres Gleiten verhindern und so zur Verfestigung führen[3]). Auch scheint es, daß die Orte der stärksten Biegegleitung den Ausgangspunkt für die Rekristallisation beim Anlassen bilden[4]).

Im ganzen muß man sagen, daß sich durch die Röntgenuntersuchung und durch die Möglichkeit der Herstellung großer Einkristalle ganz neue Grundlagen für das Verständnis des elastischen und plastischen Verhaltens der Metalle ergeben haben und daß bei der intensiven Bearbeitung dieses technologisch überaus wichtigen und für die allgemeine Kristallphysik sehr interessanten Gebiets eine baldige Aufklärung der zahlreichen heute noch recht dunklen Punkte zu erhoffen ist[5]).

---

[1]) G. I. TAYLOR u. C. F. ELAM, Proc. Roy. Soc. London (A) Bd. 102, S. 643. 1923.

[2]) M. ETTISCH, M. POLANYI u. K. WEISSENBERG, ZS. f. Phys. Bd. 7, S. 181. 1921.

[3]) H. MARK, M. POLANYI u. E. SCHMID, ZS. f. Phys. Bd. 12, S. 111. 1923.

[4]) M. POLANYI u. E. SCHMID, ZS. f. Phys. Bd. 32, S. 684. 1925.

[5]) An zusammenfassenden Darstellungen aus neuerer Zeit vgl. J. CZOCHRALSKY, Moderne Metallkunde. Berlin: Julius Springer 1923; G. MASING u. M. POLANYI, Kaltreckung und Verfestigung, in Ergebn. d. exakt. Naturwiss. Bd. II, S. 177—245. Berlin: Julius Springer 1923; G. SACHS, Grundbegriffe der mechanischen Technologie der Metalle. Leipzig: Akad. Verlagsges. 1925.

Kapitel 5.

Der Aufbau der festen Materie. Theoretische Grundlagen.

Von

M. BORN und O. F. BOLLNOW, Göttingen.

Mit 24 Abbildungen.

I. Die formalen Gesetze des Gleichgewichts im natürlichen und verzerrten Zustand.

1. Einleitung. Die Entwicklung der modernen Physik wurde dadurch eingeleitet, daß die Existenz der Atome aus dem Zustand einer wahrscheinlichen Arbeitshypothese endgültig zur unmittelbaren Gewißheit erhoben wurde. Damit ergab sich die Aufgabe, alle Eigenschaften der Materie, die die bisherige „Kontinuums"-Physik nur in phänomenologischen Gesetzen beschrieb, auf Grund ihres atomaren Baus wirklich zu verstehen. Zu einer vollständig befriedigenden Theorie wäre eine eingehende Kenntnis der im Innern der Atome waltenden Gesetzlichkeit notwendig; denn nur so kann man auch ihre Wirkungen nach außen hinreichend genau übersehen. Solange uns die Atomphysik diese Kenntnis nicht zu vermitteln vermag, ist man gezwungen, wenn man die Behandlung makroskopischer Erscheinungen nicht ganz aufgeben will, zu versuchen, welche Eigenschaften der Materie man unter Verzicht auf alle feineren Vorstellungen, allein aus der Voraussetzung ihres atomaren Baus ableiten kann. Diese Aufgabe ist für Gase seit langem in deren kinetischer Theorie behandelt worden; die Flüssigkeiten entziehen sich vorläufig einer solchen Behandlungsweise, da hier zwei Komplikationen zusammentreffen, molekulare Unordnung und hohe Dichte. Ansätze zu einer Theorie der festen Körper sind seit mehr als hundert Jahren vorhanden; aber erst in den letzten Jahrzehnten sind diese dadurch erfolgreich ausgebildet worden, daß man die regelmäßige Anordnung, die Gitterstruktur, systematisch benutzte.

Die festen Körper sind entweder Kristalle oder Gemenge kleinster Kristallsplitter (kristallinisch) oder wahrhaft amorph (glasig). Amorphe Körper faßt man als unterkühlte Flüssigkeiten von hoher Zähigkeit auf. Tatsächlich fließen sie (wie etwa Glas und Siegellack) bei dauernder Belastung, während sie sich unter dem Einfluß rasch wechselnder Kräfte wie elastische Festkörper verhalten[1]). Die Eigenschaften kristallinischer Körper aber kann man durch Mittelwertbildung aus denen der Kristalle gewinnen. So bleiben die Kristalle als eigentliche Vertreter der festen Körper. Kristalle aber sind aus Atomen aufgebaute

---

[1]) Vgl. G. TAMMANN, Aggregatzustände, S. 3. Leipzig 1922.

:aumgitter. Daher ist eine Atomtheorie des festen Zustandes notwendig eine Dynamik der Kristallgitter".

Man erkennt, inwiefern die Atomtheorie der festen Körper viel größere chwierigkeiten bietet als die des gasförmigen Zustandes. Während nämlich ort Temperaturbewegung und molekulare Unordnung alle feineren Wirkungen erstören und infolgedessen das Verhalten der Gase durch ganz wenige Beiehungen dargestellt werden kann, verstärkt der regelmäßige Bau der Kristalle ie Wirkung von Atom zu Atom, so daß bei ihnen die physikalischen Erscheiungen eine weit größere Mannigfaltigkeit zeigen. Aber gerade das macht die Kristallphysik so anziehend, daß man hier schon aus der bloßen Voraussetzung es atomaren Baus eine fast unübersehbare Fülle von Gesetzlichkeiten vertehen kann. Schon W. VOIGT[2]) rühmt, ,,wie Kristalle ganze Erscheinungsgebiete eigen können, die bei den anderen Körpern absolut fehlen, und daß andere Gebiete sich bei ihnen in wundervoller Mannigfaltigkeit und Eleganz entwickeln, lie bei den übrigen Körpern nur in trübseligen, monotonen Mittelwerten aufreten. Nach meinem Gefühl tönt die Harmonie der physikalischen Gesetznäßigkeiten in keinem anderen Gebiet in so vollen und reichen Akkorden, wie n der Kristallphysik".

Man kann eine Atomtheorie der festen Körper begründen[1]), ohne überhaupt las Kraftgesetz zu kennen, das die Teilchen im Gitter zusammenhält; man braucht lazu nur anzunehmen, daß die Lagerung der Atome im Kristall, wie sie aus Röntgenmessungen her bekannt ist, eine stabile Gleichgewichtslage der Gitterkräfte larstellt. Es zeigt sich, daß man schon aus dieser, fast selbstverständlich erscheinenden Annahme zu einer vollständigen Erklärung des qualitativen Veraufs der Kristalleigenschaften kommt, wie sie in der beschreibenden Kristallphysik[2]) ausgesprochen sind. Die Fruchtbarkeit dieser Voraussetzung ist eineuchtend: Bei kleinen Verrückungen aus der Gleichgewichtslage stellt sich der Einfluß aller übrigen Teilchen als eine quasielastische Kraft dar, die das Teilchen in seine Gleichgewichtslage zurücktreibt. Bei dem größten Teil der Kristalleigenschaften kann man wirklich die Ausschläge der Teilchen gegen ihren Abstand als klein betrachten. Die Frage, warum der Körper gerade in der vorkommenden und keiner anderen Form kristallisiert, muß dabei vorläufig zurückgestellt werden.

In folgendem handelt es sich um einen kurzen Überblick über die Ergebnisse, die die Atomtheorie des festen Körpers bisher gezeigt hat. Auf die oft ziemlich verwickelte mathematische Begründung kann hier nicht eingegangen werden[3]).

2. Geometrie des Kristallgitters. Das Punktsystem, durch das die Lage der Atome im Kristall festgelegt ist, nennen wir ein Gitter. Wir wollen in folgendem einfach ,,Teilchen" statt Atom sagen, um uns von jeder Voraussetzung über die Natur der Bausteine der Kristalle freizuhalten. Wir legen den Betrachtungen in der Regel das allgemeinste trikline Gitter zugrunde. Es entsteht durch kongruente Wiederholung einer innerhalb eines kleinen Parallelflachs gelegenen Anordnung von Gitterpunkten. Dieses Parallelflach, durch das das ganze Gitter schon vollständig bestimmt ist, heißt seine Zelle. Sie wird bestimmt durch drei nicht in einer Ebene gelegenen Vektoren $\mathfrak{a}_1$, $\mathfrak{a}_2$, $\mathfrak{a}_3$. Man

---

[1]) M. BORN, Dynamik der Kristallgitter. Leipzig u. Berlin 1915.

[2]) Über die Kontinuumsphysik der Kristalle vgl. namentlich W. VOIGT, Lehrbuch der Kristallphysik. Leipzig u. Berlin 1910; F. POCKELS, Lehrbuch der Kristalloptik. Leipzig u. Berlin 1906.

[3]) Vgl. darüber M. BORN, Atomtheorie des festen Zustandes. Leipzig u. Berlin 1923. Eine kurze Übersicht gibt auch G. HECKMANN, Ergebn. d. exakt. Naturwiss. Bd. IV. 1925.

gelangt zu allen Zellen des Gitters, wenn man die ursprüngliche allen möglichen, den drei Vektoren entsprechenden Parallelverschiebungen unterwirft. Ihre Anfangspunkte sind also bestimmt durch die Vektoren

$$\mathfrak{r}^l = l_1 \mathfrak{a}_1 + l_2 \mathfrak{a}_2 + l_3 \mathfrak{a}_3 . \tag{1'}$$

l_1, l_2, l_3 sind drei ganze Zahlen, die die Lage der Zelle bestimmen. Wir schreiben dafür meist einfach l und nennen l den Zellenindex. Die Menge aller Punkte $\mathfrak{r}^l$ heißt ein einfaches Gitter.

Die Anzahl der innerhalb einer Zelle gelegenen Atome sei s. Ihre Lage wird bestimmt durch s Vektoren $\mathfrak{r}_k$ ($k = 1 \ldots s$). Die Anordnung dieser s Atome nennt man die Basis, den Buchstaben k, der aus der Basis ein bestimmtes Teilchen herausgreift, den Basisindex.

Man erhält alle Punkte eines Gitters, wenn man sowohl den Basis- als auch den Zellenindex alle möglichen Werte durchlaufen läßt. Die Punkte werden also bestimmt durch Vektoren

$$\mathfrak{r}_k^l = \mathfrak{r}_k + \mathfrak{r}^l . \tag{1}$$

Den Vektor, der einen Punkt der Basis mit einem beliebigen anderen Gitterpunkt verbindet, bezeichnen wir kurz mit

$$\mathfrak{r}_{kk'}^l = \mathfrak{r}^l + \mathfrak{r}_k - \mathfrak{r}_{k'} . \tag{2}$$

Aus diesem allgemeinen Gitter erhält man alle übrigen durch Berücksichtigung ihrer besonderen Symmetrieverhältnisse. An dieser Stelle kann natürlich nicht darauf eingegangen werden, wie sich die Gittereigenschaften in den verschiedenen Kristallklassen vereinfachen. Darin muß auf die ausführlichen Darstellungen der beschreibenden Kristallphysik verwiesen werden. Weil aber gerade in einfachen Beispielen die allgemeinen Eigenschaften besonders durchsichtig werden, wollen wir gelegentlich eine Art spezieller Gitter heranziehen, auf die auch bisher die Gittertheorie fast ausschließlich angewandt worden ist, nämlich diejenigen kubischen Gitter, deren sämtliche Basisteilchen auf den

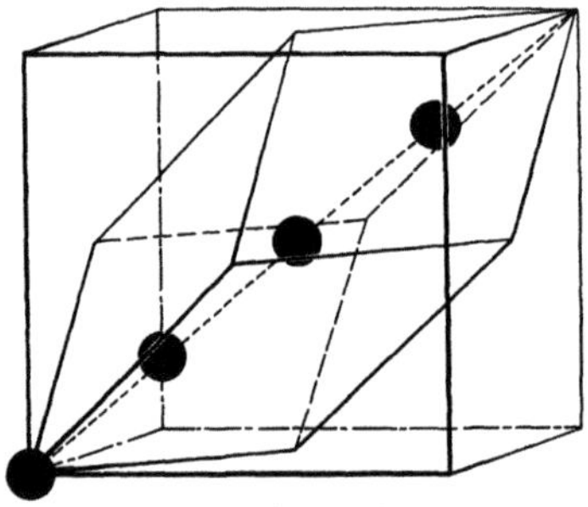

Abb. 1. Diagonalgitter.

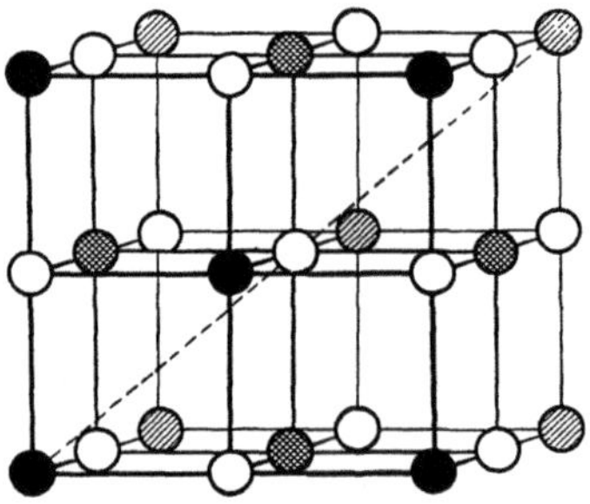

Abb. 2. Steinsalztyp.

Raumdiagonalen des Elementarwürfels angenommen werden können. Wir bezeichnen sie kurz als Diagonalgitter. Die genauere Überlegung zeigt, daß der allgemeinste Typus solcher Gitter als kleinste Zelle ein Rhomboeder hat; die Kanten der Zelle sind die Vektoren von einer Würfelecke nach den Mittelpunkten der benachbarten Würfelflächen; die Basis besteht aus vier (gleichen oder verschiedenen) Punkten auf der Würfeldiagonale in gleichen Abständen voneinander (vgl. Abb. 1); ihre Massen seien $m_1 \ldots m_4$.

Aus diesem allgemeinen Diagonalgitter erhält man die für die Gittertheorie wichtigsten Kristalltypen, wenn man einzelne Teilchen einander gleichsetzt, andere ganz fortläßt. Man erhält:

Steinsalztyp (Abb. 2) $m_2 = m_4 = 0$
Zinkblendetyp (Abb. 3) $m_3 = m_4 = 0$
Diamanttyp $\begin{cases} m_1 = m_2 \\ m_3 = m_4 = 0 \end{cases}$
Flußspattyp (Abb. 4) $\begin{cases} m_2 = m_4 \\ m_3 = 0 \end{cases}$
Cäsiumchloridtyp (Abb. 5) $\begin{cases} m_1 = m_3 \\ m_2 = m_4 \end{cases}$
Kupfertyp $m_1 = m_3 = m_4 = 0$
Lithiumtyp $m_1 = m_2 = m_3 = m_4$

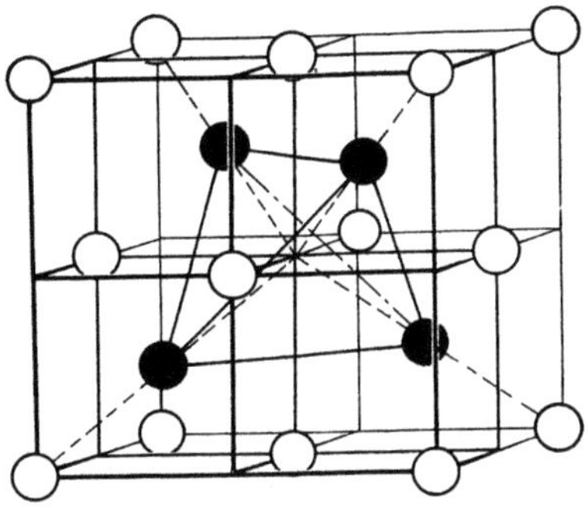

Abb. 3. Zinkblendetyp.

In Fall 5 und 7 kann man, wie es auch ı Abb. 5 schon gezeichnet ist, den Würfel ıit halber Kantenlänge als Zelle nehmen.

3. Gitterenergie. Die Kraft, mit der zwei Teilchen des Gitters aufeinander ·irken, soll als konservative Zentralkraft angenommen werden, deren endliche ortpflanzungsgeschwindigkeit vernachlässigt werden kann. [Später wird es ch als notwendig herausstellen, zwischen den Atomen auch Drehkräfte einzu-

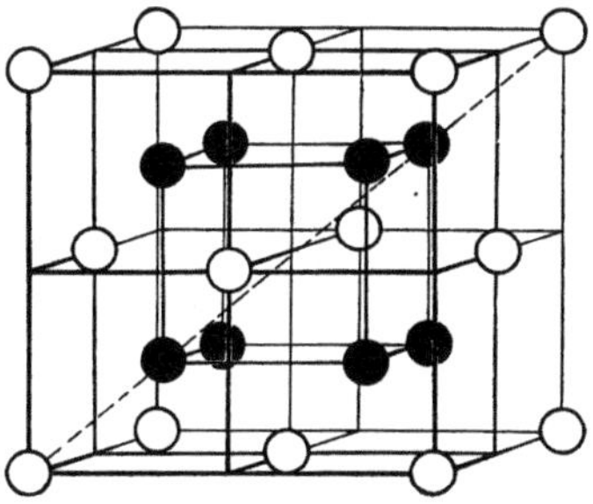

Abb. 4. Flußspattyp.

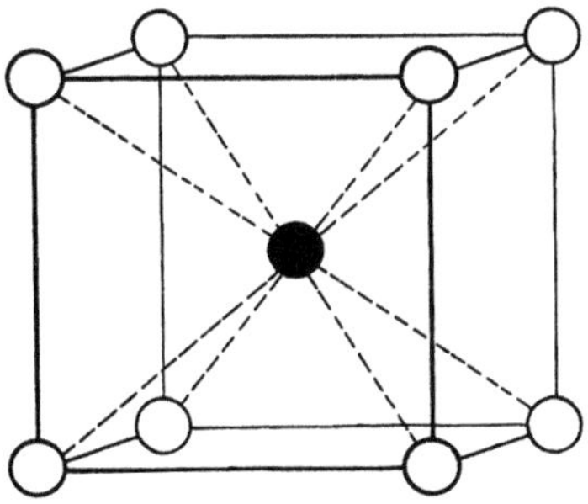

Abb. 5. Cäsiumchloridtyp.

ühren, die von in ihnen induzierten Dipolen herrühren, und bei schnellen ;chwingungen die Fortpflanzungsgeschwindigkeit der elektromagnetischen Wellen ,u berücksichtigen. Darüber vgl. Abschnitt VI und VII.] Das Potential eines Teil- :hens (l, k) auf ein anderes (l', k') hängt dann allein von der Natur der beiden Teilchen und ihrer skalaren Entfernung ab. Wir bezeichnen es mit $\varphi_{kk'}^{l-l'}$. Die ›otentielle Energie des ganzen Gitters auf ein einzelnes Teilchen erhält man lurch Summation über l und k. Um die mathematisch schwierige Behandlung ler Randschichten zu vermeiden, setzen wir, wenn nichts Besonderes vermerkt st, das Gitter immer als unendlich ausgedehnt voraus. Dann wird die potentielle Energie des Gitters auf ein Teilchen unabhängig von der Lage der Zelle, in der las Teilchen liegt, so daß man sich auf die Betrachtung von Basisteilchen be- ;chränken kann; man erhält

$$\underset{l}{\mathrm{S}} \sum_{k} \varphi_{kk'}^{l} .$$

Dabei ist zur größeren Übersichtlichkeit die Summation über den Zellenindex durch das besondere Symbol S bezeichnet. Damit die Reihe hinreichend gut konvergiert, muß vorausgesetzt werden, daß die Wirkung einer Zelle auf ein Teilchen mit wachsender Entfernung sehr schnell abnimmt. Daß man die schnelle Abnahme nur von der Wirkung der ganzen Zelle, nicht des einzelnen Teilchens zu fordern braucht, erkennt man am Beispiel der elektrischen Kräfte. Das Potential einer einzelnen Ladung nimmt zwar nur mit der reziproken Entfernung ab, aber die Neutralität der ganzen Zelle bedingt, daß ihre Gesamtwirkung in viel stärkerem Maße konvergiert. Summiert man noch über die Teilchen der Basis und dividiert das Volumen Δ der Zelle, so erhält man die Energiedichte

$$U_0 = \frac{1}{2\Delta} \underset{l}{\mathrm{S}} \sum_{kk'} \varphi^l_{kk'} . \qquad (3)$$

In der Doppelsumme durchlaufen beide Indizes unabhängig voneinander ihren Wertbereich. Gleichung (3) gilt für den Fall, wo sich alle Teilchen des Gitters in ihren natürlichen Gleichgewichtslagen befinden. Werden sie unter dem Einfluß äußerer Kräfte daraus entfernt, so wird die Energiedichte natürlich eine Funktion der Verzerrung.

4. Homogene Verzerrung des Gitters. Unter allen möglichen Störungen der Gleichgewichtslage bevorzugt die Gittertheorie die, bei denen gleiche Volumenelemente in gleicher Weise verzerrt werden. Man bezeichnet sie als homogene Verzerrungen. Weil die Kantenlänge einer Zelle von der Größenordnung 10^{-8} cm ist, also klein gegen die Längenausdehnungen aller betrachteten Kristallstücke, werden die Verzerrungen auch da, wo sie sich von Ort zu Ort ändern, doch erst auf eine sehr große Zahl von Zellen eine merkliche Verschiedenheit zeigen, so daß man wenigstens für hinreichend kleine Gebiete, die immer noch eine große Anzahl von Zellen umfassen, die Verzerrung als homogen betrachten kann.

Eine homogene Verzerrung besteht aus zwei Bestandteilen. Der erste entspricht einer homogenen Verzerrung des Kontinuums. Das Gitter erfährt in seiner Gesamtheit eine gleichmäßige Dehnung oder Schrumpfung nach drei aufeinander senkrechten Achsen,

$$\mathfrak{u}_x = u_{xx} \cdot x + u_{xy} y + u_{xz} \cdot z .$$
$$\cdots\cdots\cdots\cdots\cdots\cdots\cdots\cdots$$

Wir schreiben dafür kurz

$$\mathfrak{u}_x = \sum_y u_{xy} \cdot y .$$

Weil einfache Drehungen des unverzerrten Kristalls für sein elastisches Verhalten ohne Bedeutung sind, kann man von ihnen absehen und den Tensor u_{xy} als symmetrisch voraussetzen.

Der zweite Bestandteil ist charakteristisch für den gitterartigen Aufbau der Kristalle und hat kein Gegenstück in der Physik der Kontinua. Die einzelnen einfachen Gitter können sich nämlich auch als ganze gegeneinander um einen Betrag $\mathfrak{u}_{kk'}$ verschieben. Diese Art der Verzerrung ist nicht direkt sichtbar, sie könnte sich höchstens durch Röntgenstrahlen nachweisen lassen. Trotzdem sind gerade diese „inneren Verrückungen" für das Verhalten der Kristalle von großer Wichtigkeit.

Danach hat die allgemeinste homogene Verrückung die Gestalt

$$\mathfrak{u}^l_{kk'} = \mathfrak{u}_{kx} + \sum_y u_{xy} y^l_k , \qquad (4)$$

die Verrückung zweier Teilchen gegeneinander

$$\mathfrak{u}^{ll'}_{kk'} = \mathfrak{u}^l_k - \mathfrak{u}^{l'}_{k'} .$$

5. Gleichgewichtsbedingungen der Gitterkräfte. Um das Verhalten des Gitters unter dem Einfluß äußerer Kräfte zu übersehen, entwickelt man die Energiedichte nach Potenzen der Verrückungskomponenten. Da die natürliche Lage der Teilchen als stabiles Gleichgewicht der Gitterkräfte vorausgesetzt war, müssen die Faktoren der in den Verrückungen linearen Glieder verschwinden. Das liefert die Bedingungen für das Gleichgewicht des Gitters.

Um diese Bedingungen anschaulich zu verstehen, muß man auf eine Schwierigkeit eingehen, die man am besten an einem eindimensionalen Beispiel übersieht[1]). Gegeben sei eine Reihe von Punkten $x_1, x_2, \ldots, x_n$. Das Potential $\varphi(x)$ zweier Punkte aufeinander möge so schnell mit der Entfernung abnehmen, daß es nur zwischen Nachbarpunkten merklich in Betracht kommt. Dann ist die Energie der Kette

$$U = \varphi(x_2 - x_1) + \varphi(x_3 - x_2) + \ldots + \varphi(x_n - x_{n-1}).$$

Zwischen ihnen besteht Gleichgewicht, wenn die n-Gleichungen

$$\begin{aligned}
\frac{\partial U}{\partial x_1} &= \qquad\qquad\quad - \varphi'(x_2 - x_1) = 0\\
\frac{\partial U}{\partial x_2} &= \varphi'(x_2 - x_1) - \varphi'(x_3 - x_2) = 0\\
&\cdots\cdots\cdots\cdots\cdots\cdots\cdots\cdots\\
\frac{\partial U}{\partial x_n} &= \varphi'(x_n - x_{n-1}) \qquad\qquad\quad = 0
\end{aligned}$$

erfüllt sind. Dazu müssen alle $x_k - x_{k-1}$ denselben Wert δ haben. Der Wert von δ folgt aus der Randbedingung als Wurzel der Gleichung $\varphi'(\delta) = 0$.

Nimmt man dagegen die Kette als unendlich ausgedehnt an, so folgt zwar ebenso, daß alle Punkte den gleichen Abstand δ haben, dagegen scheint das Fehlen der Randbedingung zu bedeuten, daß sich der absolute Wert von δ nicht ergibt; denn bei gleichem Abstand halten sich ja die Kräfte für jeden Wert dieses Abstandes das Gleichgewicht. Das Gleichgewicht der Kräfte reicht also noch nicht aus, sondern ebenso wie in der Kontinuumstheorie muß das Verschwinden der Spannungen hinzukommen. Man muß verlangen, daß das Gleichgewicht beider Hälften nicht zerstört wird, wenn man die Kette an einer Stelle zerschneidet. Das liefert wiederum die Gleichung $\varphi'(\delta) = 0$. Man übersieht auch leicht den Zusammenhang mit unserem allgemeinen Ansatz; denn die Forderung, daß die Energiedichte zum Minimum wird, ist nur eine andere Formulierung desselben Problems. Die Energie pro Gitterpunkt wird $2\varphi(\delta)$. Daraus folgt sofort wieder $\varphi'(\delta) = 0$.

Im allgemeinen dreidimensionalen Gitter verhält es sich entsprechend. Wenn in einem Kristall ein Teilchen Symmetriezentrum ist, behält es diese Eigenschaft auch bei beliebiger gleichmäßiger Dehnung oder Schrumpfung. Neben die $s - 1$ vektoriellen Gleichungen, die das Verschwinden der Ableitungen nach den $s - 1$ relativen Verrückungen $\mathfrak{u}_{kk'}$ besagen, tritt noch eine tensorielle Gleichung, die den Ableitungen nach den Komponenten des Deformationstensors entspricht und die erst die Absolutdimensionen der Zelle festlegt. Zusammen hat man $3(s + 1)$ skalare Gleichungen, die die $3(s + 1)$ Bestimmungsstücke des Gitters festlegen, $3(s - 1)$ relative Koordinaten der Zelle, 3 Kantenlängen und 3 Kantenwinkel.

Diagonalgitter enthalten nur ein Bestimmungsstück, die Kantenlänge der Zelle, kurz Gitterkonstante genannt. Die Lage aller Teilchen innerhalb der Zelle ergibt sich allein aus Symmetriebeziehungen. Bei ihnen müssen sich infolgedessen auch die Gleichgewichtsbedingungen auf eine einzige beschränken. Die vektoriellen Gleichgewichtsbedingungen sind bei ihnen identisch erfüllt, weil jedes Teilchen symmetrisch von seinen Nachbarn umgeben ist (Koordinations-

---

[1]) M. Born, Verh. d. D. Phys. Ges. Bd. 20, S. 224. 1918.

gitter, vgl. Ziff. 37 und 43). Die tensorielle Bedingung artet in eine skalare aus, weil alle Koordinatenachsen untereinander gleichberechtigt sind. Man schreibt sie am einfachsten in der Form

$$\frac{\partial U_0}{d\Delta} = 0. \tag{5}$$

6. Elastizität. HOOKEsches Gesetz. Wenn äußere Kräfte auf ein Gitter einwirken, wird es unter deren Einfluß so weit aus seiner Gleichgewichtslage entfernt, bis die durch die Verzerrung entstandenen rücktreibenden Kräfte den äußeren Einflüssen das Gleichgewicht halten. Zur Untersuchung des elastischen Verhaltens der Kristalle ist darum eine nähere Kenntnis dieses Zusammenhanges notwendig. Entsprechend den zweierlei Komponenten der Verzerrung erhält man die durch sie erzeugten Einzelkräfte und Spannungen als Ableitungen der Energiedichte U nach den entsprechenden Komponenten der homogenen Verzerrung,

$$\text{Einzelkräfte } \mathfrak{K}_{kx} = -\frac{\partial U}{\partial \mathfrak{u}_{kx}},$$

$$\text{Spannungen } K_{xy} = -\frac{\partial U}{\partial \mathfrak{u}_{xy}}.$$

Entwickelt man die Energiedichte nach Potenzen der Verrückung, so fallen wegen der Gleichgewichtsbedingung die linearen Glieder fort. Den Einfluß der Glieder dritter und höherer Ordnung kann man vernachlässigen und erhält die Verzerrungsenergie als homogene quadratische Form der Verzerrungskomponenten

$$U_2 = \frac{1}{2}\sum_{kk'} \begin{bmatrix} kk' \\ xy \end{bmatrix} \mathfrak{u}_{kx}\mathfrak{u}_{k'y} + \sum_{k}\sum_{xyz} \begin{bmatrix} k \\ xyz \end{bmatrix} \mathfrak{u}_{kx} u_{yz} + \frac{1}{2}\sum_{xy\bar{x}\bar{y}} [xy\bar{y}\bar{x}]\, u_{xy} u_{\bar{x}\bar{y}}. \tag{6}$$

Dabei bedeuten die Klammerzeichen gewisse Kombinationen der partiellen zweiten Ableitungen

$$\left.\begin{aligned}
&\text{a)} \begin{bmatrix} kk' \\ xy \end{bmatrix} = \frac{1}{\Delta} \mathop{\mathsf{S}}_{l} (\varphi^l_{kk'})_{xy}, \\
&\text{b)} \begin{bmatrix} k \\ xyz \end{bmatrix} = \frac{1}{\Delta} \sum_{k'} \mathop{\mathsf{S}}_{l} (\varphi^l_{kk'})_{xy}\, z^l_{kk'}, \\
&\text{c)} [xy\bar{x}\bar{y}] = \frac{1}{2\Delta} \sum_{kk'} \mathop{\mathsf{S}}_{l} (\varphi^l_{kk'})_{xy}\, \bar{x}^l_{kk'}\, \bar{y}^l_{kk'}.
\end{aligned}\right\} \tag{7}$$

Für die partiellen Ableitungen sind die Abkürzungen

$$(\varphi^l_{kk'})_{xy} = \left(\frac{\partial^2 \varphi_{kk'}}{\partial x\, \partial y}\right)_{\mathfrak{r}_{kk'}}$$

gebraucht.

Die Zeichen $\begin{bmatrix} kk' \\ xy \end{bmatrix}$ sind zunächst nur für $k \neq k'$ definiert. Man ergänzt sie auch für $k = k'$ durch die Bedingung

$$\sum_{k'} \begin{bmatrix} kk' \\ xy \end{bmatrix} = 0. \tag{7'}$$

Ferner gilt

$$\sum_{k} \begin{bmatrix} k \\ xyz \end{bmatrix} = 0. \tag{7''}$$

den Zeichen (7) können alle x, y, z und k, k' miteinander vertauscht werden[1]). mit wird

$$\left.\begin{aligned} \text{a)}\quad & \mathfrak{K}_{xk} = \sum_{k'}\sum_{y}\begin{bmatrix} k\,k' \\ x\,y \end{bmatrix}\mathfrak{u}_{k'y} - \sum_{yz}\begin{bmatrix} k \\ x\,y\,z \end{bmatrix} u_{xy}, \\ \text{b)}\quad & K_{yx} = -\sum_{k}\sum_{z}\begin{bmatrix} k \\ x\,y\,z \end{bmatrix}\mathfrak{u}_{kz} - \sum_{\bar{x}\bar{y}}[x\,y\,\bar{x}\,\bar{y}]\,u_{\bar{x}\bar{y}}. \end{aligned}\right\} \tag{8}$$

Wir beschränken uns auf den Fall der reinen Elastizitätslehre, wo auf den örper nur Spannungen, aber keine Einzelkräfte einwirken. Dann folgt aus (8a) ne Beziehung zwischen den $\mathfrak{u}_{kx}$ und den u_{xy}

$$\sum_{k'}\sum_{y}\begin{bmatrix} k\,k' \\ x\,y \end{bmatrix}\mathfrak{u}_{k'y} - \sum_{yz}\begin{bmatrix} k \\ x\,y\,z \end{bmatrix} u_{xy} = 0, \tag{8a'}$$

it deren Hilfe man die $\mathfrak{u}_{kx}$ ausrechnen kann,

$$\mathfrak{u}_{kx} = \sum_{k'}\sum_{xy\bar{x}}\begin{Bmatrix} k\,k' \\ x\,y \end{Bmatrix}\begin{bmatrix} k \\ \bar{y}\,y\,z \end{bmatrix} u_{yz} + \mathfrak{A}_x. \tag{9}$$

Wegen der Homogenität der Gleichungen (8a') bleibt in der Lösung ein ektor $\mathfrak{A}$ willkürlich, der aber später keine Rolle mehr spielt.

Weil die inneren Verrückungen $\mathfrak{u}_{kx}$ im äußeren Verhalten der Kristalle icht direkt wahrnehmbar sind, eliminiert man sie aus (8b) mittels (9) und erhält neue Beziehungen von der Form

$$K_{xy} = -\sum_{\bar{x}\bar{y}}[|x\,y|\bar{x}\,\bar{y}|]\,u_{\bar{x}\bar{y}}. \tag{10}$$

ie $[|xy|\bar{x}\bar{y}|]$ sind ähnliche Klammerzeichen wie die $[xy\,xy]$; sie unterscheiden ch durch die bei der Elimination der inneren Verrückungen hinzutretenden usatzglieder. Dabei geht ein Teil der Symmetrie verloren. Wie schon in der chreibweise angedeutet ist, sind nicht mehr alle $x, y, \bar{x}, \bar{y}$ beliebig vertauschbar, ondern nur noch x und y, $\bar{x}$ und $\bar{y}$, sowie die beiden Paare $x\,y$ und $\bar{x}\,\bar{y}$.

Gleichung (9) ist schon der volle Ausdruck des HOOKEschen Gesetzes. Die lastischen Spannungen sind lineare Funktionen der Verzerrungskomponenten. Jm in Übereinstimmung mit der Kontinuumstheorie zu kommen, ersetzt man

$$K_{xx},\ K_{yy},\ K_{zz},\ K_{yz} = K_{zy},\ K_{xz} = K_{zx},\ K_{xy} = K_{yz}$$

urch

$$X_x,\ Y_y,\ Z_z,\ Y_z = Z_y,\ Z_x = X_z,\ X_y = Y_x,$$

benso

$$u_{xx},\ u_{yy},\ u_{zz},\ u_{yz} + u_{zy},\ u_{zx} + u_{zx},\ u_{xy} + u_{yx}$$

urch

$$x_x,\ y_y,\ z_z,\ y_z = z_y,\ z_x = x_z,\ x_y = y_x$$

ınd bezeichnet die „Elastizitätskonstanten" mit

$$[|x\,y|\bar{x}\,\bar{y}|] = c_{ij} = c_{ji},$$

vo den Paaren $x\,y$ der Reihe nach die Zahlen 1, 2, ..., 6 zugeordnet sind. Dann vird

$$\left.\begin{aligned} -X_x &= c_{11}x_x + c_{12}y_y + c_{13}z_z + c_{14}y_z + c_{15}z_x + c_{16}x_y. \\ &\cdots\cdots\cdots\cdots\cdots\cdots\cdots\cdots \\ &\cdots\cdots\cdots\cdots\cdots\cdots\cdots\cdots \\ -Y_z &= c_{41}x_x + c_{42}y_y + c_{43}z_z + c_{44}y_z + c_{45}z_x + c_{46}x_y. \\ &\cdots\cdots\cdots\cdots\cdots\cdots\cdots\cdots \\ &\cdots\cdots\cdots\cdots\cdots\cdots\cdots\cdots \end{aligned}\right\} \tag{11}$$

[1]) Wegen der eingehenderen mathematischen Entwicklung vgl. M. BORN, Atomtheorie les festen Zustandes. Leipzig u. Berlin 1923.

Die Anzahl der Elastizitätskonstanten beträgt 21. Das ist wichtig; denn nach den älteren Molekulartheorien der festen Körper (namentlich von CAUCHY) ergaben sich zwischen den 21, auch von der Kontinuumstheorie geforderten Elastizitätskonstanten sechs Beziehungen, die CAUCHYschen Relationen, durch die die Anzahl der Elastizitätskonstanten auf 15 herabgesetzt wurde. So standen sich lange die „Rarikonstanten"- und die „Multikonstantentheorie" gegenüber. Als die Erfahrung die letztere bestätigte, schien damit die Möglichkeit einer Atomtheorie der festen Körper in Frage gestellt zu sein.

Die Aufklärung dieses Widerspruches war erst möglich, als man die feineren Eigenschaften der Gitterstruktur berücksichtigte[1]; denn der Kristall ist im allgemeinen kein einfaches Gitter, sondern aus mehreren ineinandergestellten Atomgittern zusammengesetzt. Deren Verschiebungen gegeneinander waren in den älteren Molekulartheorien nicht enthalten.

In der Tat, vernachlässigt man in Gleichung (8b) die $\mathfrak{u}_{kx}$, so wird

$$c_{ij} = [\,|xy|\bar{x}\bar{y}|\,] = [xy\,\bar{x}\bar{y}]\,.$$

Die Indizes werden unbeschränkt vertauschbar. Das ergibt sechs neue Beziehungen

$$\left.\begin{aligned} c_{23} &= c_{44}, & c_{56} &= c_{14}, \\ c_{31} &= c_{55}, & c_{64} &= c_{25}, \\ c_{12} &= c_{66}, & c_{45} &= c_{36}. \end{aligned}\right\} \qquad (12)$$

Das sind gerade die CAUCHYschen Relationen. Bei Berücksichtigung der durch die inneren Verrückungen bedingten Zusatzglieder werden die CAUCHYschen Relationen zerstört, und man erhält sofort die volle Zahl der Elastizitätskonstanten.

Bei würfelförmiger Zelle beschränken sich, wie man leicht sieht, die Elastizitätskonstanten auf das System

$$\begin{matrix} c_{11} & c_{12} & c_{12} & 0 & 0 & 0 \\ & c_{11} & c_{12} & 0 & 0 & 0 \\ & & c_{11} & 0 & 0 & 0 \\ & & & c_{44} & 0 & 0 \\ & & & & c_{44} & 0 \\ & & & & & c_{44}, \end{matrix}$$

es gibt also nur drei. Dann bleibt von den CAUCHYschen Relationen nur die eine

$$c_{12} = c_{44}\,(= c_{66})$$

übrig.

Wenn ein Kristall so gebaut ist, daß jedes Teilchen in ihm Symmetriezentrum ist, so kann auch bei beliebiger Verzerrung diese Eigenschaft nicht verlorengehen. Bei ihnen sind also durch die Art ihres Baues die inneren Verrückungen ausgeschlossen; bei ihnen müssen die CAUCHYschen Relationen gelten. Das ist z. B. beim Steinsalz- und beim Cäsiumchloridtyp der Fall (Abb. 2 u. 5).

Nach Angaben von VOIGT[2] und FÖRSTERLING[3] ist das am Steinsalz und Sylvin auch wirklich erfüllt. Es ergab sich für Steinsalz

$$c_{12} = 1{,}32 \cdot 10^8, \qquad c_{44} = 1{,}29 \cdot 10^8,$$

für Sylvin

$$c_{12} = 0{,}65 \cdot 10^8, \qquad c_{44} = 0{,}64 \cdot 10^8.$$

---

[1] M. BORN, Dynamik der Kristallgitter. Leipzig u. Berlin 1915.

[2] W. VOIGT, Göttinger Nachr. 1888, S. 330.

[3] K. FÖRSTERLING, ZS. f. Phys. Bd. 2, S. 172. 1920.

Löst man die Gleichungen (11) nach den Verzerrungskomponenten auf, so erhält man neue Beziehungen von der Form

$$\left.\begin{array}{l} -x_x = s_{11}X_x + s_{12}Y_y + s_{13}Z_z + s_{14}Y_z + s_{15}Z_x + s_{16}X_y \\ \cdots\cdots\cdots\cdots\cdots\cdots\cdots\cdots \\ -y_z = s_{41}X_x + s_{42}Y_y + s_{43}Z_z + s_{44}Y_z + s_{45}Z_x + s_{46}X_y \\ \cdots\cdots\cdots\cdots\cdots\cdots\cdots\cdots \end{array}\right\} \qquad (13)$$

Die Koeffizienten s_{ij} nennt man Elastizitätsmoduln. Sie messen die durch gegebene Spannungen erzeugten Verzerrungen. Man erhält sie aus den Elastizitätskonstanten c_{ij} als durch deren Determinante dividierte Unterdeterminanten.

7. Piezoelektrizität und Elektrostriktion. Während in der Elastizitätstheorie die inneren Verrückungen nur mittelbar, durch das Zerstören der CAUCHYschen Relationen, bemerkbar wurden, gewinnen sie eine unmittelbar anschauliche Bedeutung in den Erscheinungen, die auf der Wechselwirkung der elastischen mit den elektrischen Kräften beruhen. Als solche kommen namentlich die Piezoelektrizität in Betracht, die Erzeugung eines elektrischen Momentes bei einer Verzerrung des Kristalls, und ihr Umkehreffekt, die Elektrostriktion, die Verzerrung eines Kristalls im elektrischen Feld. Die älteren Molekulartheorien (Lord KELVIN, RIECKE, VOIGT) bedurften zu ihrer Erklärung noch besonderer Hilfsannahmen; dagegen erscheinen sie als eine notwendige Folgerung bei den von BORN zugrunde gelegten allgemeineren Anschauungen über den Bau eines Kristallgitters aus mehreren Einzelgittern, wenn man die Gitterteilchen selbst als Träger elektrischer Ladungen auffaßt. Wir beschränken uns also in dieser Ziffer auf die Betrachtung von Ionengittern. In der Tat sind diese Erscheinungen auch an Gittern, die aus elektrisch neutralen Atomen bestehen (etwa Metallgittern), nicht beobachtet worden.

Die elektrische Ladungsverteilung im ganzen Kristall ist bestimmt durch die der Basis. Wir ordnen jedem Basisteilchen eine elektrische Ladung e_k zu. Weil das Gitter als Ganzes elektrisch neutral ist, muß natürlich

$$\sum_k e_k = 0$$

sein. Dennoch kann die Anordnung der Ladungen innerhalb der Zelle bedingen, daß sie ein elektrisches Moment hat. Auf die Volumeinheit bezogen hat es die Größe

$$\mathfrak{p}_0 = \frac{1}{\Delta}\sum_k e_k \mathfrak{r}_k .$$

Dieses konstante elektrische Moment ist nach außen hin nicht wahrnehmbar, weil es im Laufe der Zeit durch die Gegenwirkung einer auf dem Kristall entstehenden Oberflächenladung unwirksam gemacht wird[1]).

Wenn dagegen bei Verzerrungen des Kristalls die Teilchen gegeneinander verschoben werden, entstehen elektrische Zusatzmomente, die von der Art und Stärke der Verzerrung abhängig sind und wieder verschwinden, wenn der Kristall in seine Ruhelage zurückkehrt. Man muß dazu in der letzten Gleichung $\mathfrak{r}_{kx}$ durch $\mathfrak{r}_{kx} + \mathfrak{u}^l_{kx}$ ersetzen, wo die $\mathfrak{u}^l_{kx}$ die in (4) definierte homogene Verrückung darstellen. Die von den Zellenindizes abhängigen Glieder heben sich bei der Summation über den ganzen Kristall fort, und man erhält ein elektrisches Zusatzmoment

$$\mathfrak{p} = \frac{1}{\Delta}\sum_k e_k \mathfrak{u}_k . \qquad (14)$$

[1]) Vgl. W. VOIGT, Kristallphysik § 408, S. 815.

In den inneren Verrückungen $\mathfrak{u}_k$ erkennt man den Grund für das Auftreten dieser Erscheinung. Das elektrische Moment muß dabei immer auf die Volumeinheit des undeformierten Kristalls bezogen werden, weil die Anzahl der vorhandenen Teilchen, nicht der von ihnen eingenommene Raum, bei der Verzerrung erhalten bleibt[1]).

Um die Abhängigkeit dieses piezoelektrischen Momentes von der äußerlich wahrnehmbaren Verzerrung zu erkennen, muß man die $\mathfrak{u}_{kx}$ in Gleichung (14) nach Gleichung (9) durch die u_{xy} ausdrücken. Man erhält

$$\mathfrak{p}_x = \sum_{yz} [\,|x|yz|\,]\, u_{yz}. \tag{15}$$

Das elektrische Moment wird eine lineare Funktion der Verzerrungskomponenten. Dabei drücken sich die neuen Klammerzeichen $[\,|x|yz|\,]$ folgendermaßen durch die alten aus

$$[\,|x|yz|\,] = \frac{1}{\Delta}\sum_{kk'}\sum_{\bar{x}} \begin{Bmatrix} k\,k' \\ x\,\bar{x} \end{Bmatrix} \begin{bmatrix} k' \\ \bar{x}\,y\,z \end{bmatrix} e_k. \tag{16}$$

Um in Einklang mit den Bezeichnungen der Kontinuumsphysik zu kommen, setzt man

$$[\,|x|yz|\,] = e_{ij} \qquad \begin{pmatrix} i = 1, 2, 3 \\ j = 1, 2, \ldots 6 \end{pmatrix} \tag{16'}$$

und schreibt

$$\left.\begin{array}{l} \mathfrak{p}_x = e_{11} x_x + e_{12} y_y + e_{13} z_z + e_{14} y_z + e_{15} z_x + e_{16} x_y \\ \cdots\cdots\cdots\cdots\cdots\cdots\cdots\cdots \end{array}\right\} \tag{17}$$

Man nennt die e_{ij} die piezoelektrischen Konstanten. Ihre Anzahl beträgt im allgemeinen Falle 18.

Dieselben Konstanten messen zugleich die Umkehrerscheinung der Piezoelektrizität, die Elektrostriktion, die Verzerrung eines Kristalls im elektrischen Feld. Die vom Feld $\mathfrak{E}$ auf die Teilchenart k ausgeübte Kraft beträgt, auf die Volumeinheit bezogen,

$$\mathfrak{F}_k = -\mathfrak{K}_k = \frac{e_k}{\Delta}\mathfrak{E}. \tag{18}$$

Setzt man diesen Wert in die Gleichungen (8) ein und nimmt an, daß keine äußeren Spannungen vorhanden sind, so kann man aus den beiden Gleichungen wieder die inneren Verrückungen eliminieren und erhält die Verzerrung des Kristalls in Abhängigkeit vom elektrischen Feld

$$\left.\begin{array}{l} x_x = d_{11}\mathfrak{E}_x + d_{21}\mathfrak{E}_y + d_{31}\mathfrak{E}_z \\ \cdots\cdots\cdots\cdots\cdots \\ y_z = d_{14}\mathfrak{E}_x + d_{24}\mathfrak{E}_y + d_{34}\mathfrak{E}_x \\ \cdots\cdots\cdots\cdots\cdots \end{array}\right\} \tag{19}$$

Dabei hängen die neuen Konstanten d_{ij} mit den früher eingeführten e_{ij} und s_{ij} durch die Beziehung

$$d_{ij} = \sum_k e_{ik}\, s_{jk} \qquad \begin{pmatrix} i = 1, 2, 3 \\ j = 1, 2 \ldots 6 \end{pmatrix} \tag{20}$$

zusammen.

Diagonalgitter haben nur eine einzige piezoelektrische Konstante e_{14}. Auch diese verschwindet, wenn, wie etwa beim Steinsalz, jedes Gitterteilchen Symmetriezentrum ist. Bei der Zinkblende dagegen wird die Würfeldiagonale vom Schwefelatom im Verhältnis 1 : 3 geteilt (Abb. 3), und keinerlei Symmetriebedingung bürgt dafür, daß dies Verhältnis beim Druck längs der Diagonale erhalten bleibt. Vielmehr wird der kleinere Abstand viel stärker versteift sein

[1]) W. VOIGT, Phys. ZS. Bd. 17, S. 287, 307. 1916; Bd. 18, S. 59. 1917.

als der größere, bei Druck also fast allein der größere verkürzt werden. Die innere Verschiebung des Zinkgitters gegen das Schwefelgitter bedingt das Auftreten der Piezoelektrizität.

Bei Kristallen, denen die piezoelektrische Erregbarkeit fehlt, wird dagegen eine andere Erscheinung wahrnehmbar, die, obgleich strenggenommen bei allen Kristallen vorhanden, doch gewöhnlich durch die bedeutend stärkere Piezoelektrizität verdeckt wird. Beim Fehlen der elektrischen Dipolmomente wird nämlich der Einfluß der elektrischen Quadrupole (Momente zweiter Ordnung) wahrnehmbar. Sie erzeugen eine Wirkung, die man im Gegensatz zur gewöhnlichen „vektoriellen" als „tensorielle" Piezoelektrizität bezeichnet. Bei homogener Verzerrung müssen an der Oberfläche des Kristalls elektrische Doppelschichten entstehen und die elektrischen Kräfte infolgedessen von den Kanten auszugehen scheinen. Ein sicherer Nachweis dieser Erscheinung ist noch nicht erbracht, doch ist ihr Dasein von VOIGT[1]) sehr wahrscheinlich gemacht worden.

Wegen der Beobachtungsergebnisse sei auf den Artikel von FALKENHAGEN[2]) in diesem Handbuch verwiesen.

8. Dielektrische Erregung. Auf genau dieselbe Weise gelangt man zu einer Darstellung der dielektrischen Erregbarkeit. In einem elektrischen Felde verschieben sich die positiv geladenen Teilchen mit dem Feld, die negativ geladenen Teilchen gegen das Feld, bis die durch die Verschiebung erzeugte elastische Kraft dem äußeren Einfluß das Gleichgewicht hält. Dadurch wird ein elektrisches Moment erzeugt, das sich dem ursprünglichen Feld überlagert.

Die vom Felde auf die Teilchen ausgeübte Kraft ist durch Gleichung (18) gegeben. Diesen Wert setzt man in Gleichung (8a) ein und vernachlässigt als unwesentlich die gleichzeitig eintretende Elektrostriktion, d. h. das Glied mit u_{xy}. Dann kann man die Gleichung nach $\mathfrak{u}_{kx}$ auflösen und erhält entsprechend zu (9)

$$\mathfrak{u}_{kx} = \frac{\mathfrak{E}}{\Delta} \sum_{k'} \sum_{y} \begin{Bmatrix} k\,k' \\ x\,y \end{Bmatrix} e_{k'} \,. \tag{9'}$$

Setzt man diesen Wert für die inneren Verrückungen in Gleichung (14) für das elektrische Moment ein, so erhält man

$$\mathfrak{p}_x = \sum_y [\,|xy|\,]\, \mathfrak{E}_y \,, \tag{21}$$

wobei

$$[\,|xy|\,] = -\frac{1}{\Delta^2} \begin{Bmatrix} k\,k' \\ x\,y \end{Bmatrix} e_k e_{k'} \tag{21'}$$

ist.

Meist schreibt man für die Konstanten der dielektrischen Erregung

$$[\,|xy|\,] = a_{ij} \,, \qquad (i, j = 1,\, 2,\, 3)\,; \tag{22'}$$

also

$$\left.\begin{array}{l} \mathfrak{p}_x = a_{11}\mathfrak{E}_x + a_{12}\mathfrak{E}_y + a_{13}\mathfrak{E}_z \\ \ldots\ldots\ldots\ldots\ldots \\ \ldots\ldots\ldots\ldots\ldots \end{array}\right\} \tag{22}$$

Mit den gewöhnlichen Dielektrizitätskonstanten, die ja die Summe aus ursprünglichem und erregtem elektrischen Feld messen, hängen die a_{ij} durch die Beziehungen

$$a_{ij} \begin{cases} = \dfrac{\varepsilon_{ij} - 1}{4\pi} & (i = j) \\[2ex] = \dfrac{\varepsilon_{ij}}{4\pi} & (i \neq j) \end{cases} \tag{23}$$

zusammen.

---

[1]) W. VOIGT, Phys. ZS. Bd. 17, S. 287. 1916.

[2]) M. FALKENHAGEN, dieses Handbuch, Bd. XIII.

Das Schema der a_{ij} ist symmetrisch, d. h. es gilt

$$a_{ij} = a_{ji},$$

ihre Zahl beträgt also im allgemeinen sechs.

Diagonalgitter haben nur eine Dielektrizitätskonstante. Ihr elastisches und elektrisches Verhalten ist also durch fünf Konstanten bestimmt: drei Elastizitätskonstanten, eine piezoelektrische und eine dielektrische Konstante. Nimmt man an, daß die Ionen des Gitters ausdehnungslose Kraftzentra sind, so zeigt sich, daß nur vier atomare Konstanten (Gittersummen) auftreten. Daher muß zwischen den fünf meßbaren Konstanten noch eine Abhängigkeit bestehen

$$e_{14}^2 = \frac{\varepsilon - 1}{4\pi} (c_{12} - c_{44}) \frac{c_{44}}{c_{12}}. \tag{24}$$

Diese zuerst von BORN[1]) aufgestellte Gleichung beruht auf dem engen Zusammenhang zwischen dem Verschwinden der Piezoelektrizität und der Gültigkeit der CAUCHYschen Relationen, die beide bei fehlenden inneren Verrückungen eintreten.

Zu ihrer Prüfung liegen nur bei der Zinkblende Messungen vor. Bei der Berechnung der Dielektrizitätskonstante war nur die Verschiebung der Ionen gegeneinander berücksichtigt. In Wirklichkeit bestehen die Ionen wieder aus negativ geladenen Elektronen und positiv geladenen Kernen, deren gegenseitige Verschiebung im elektrischen Feld auch einen Beitrag zur Dielektrizitätskonstante liefert. Man kann dieser „Ionendeformierbarkeit" dadurch Rechnung tragen, daß man $\varepsilon - 1$ durch $\varepsilon - \varepsilon_0$ ersetzt, wobei man den Anteil ε_0 der Elektronen an der Dielektrizitätskonstante aus optischen Messungen entnehmen kann. Trotzdem versagte Gleichung (24) vollständig[2]). Auf die Gründe des Versagens kommen wir später (Ziff. 51) noch zurück.

Über den Zusammenhang der eben besprochenen Konstanten mit der Reststrahlfrequenz vgl. Ziff. 12.

II. Eigenschwingungen der Gitter.

9. Schwingungen eines eindimensionalen Gitters. Die Beschäftigung mit den Bewegungen der Gitterteilchen innerhalb eines Kristalls führt auf die Untersuchung seiner Eigenschwingungen; denn nach einem bekannten Satz der Mechanik kann man sogar jeden beliebigen Schwingungszustand durch Übereinanderlagerung von Eigenschwingungen darstellen. Bei einem endlichen Gitter bestehen die Eigenschwingungen in stehenden Wellen, deren besondere Gestalt erst durch Berücksichtigung der an der Oberfläche geltenden Grenzbedingungen bestimmt werden kann. Für die Erscheinungen im Innern des Kristalls ist aber der Einfluß der Grenzschichten offenbar ohne wesentliche Bedeutung. Wir betrachten darum im folgenden allein das unendliche Gitter. Dort treten an Stelle der stehenden ebene, sich fortbewegende Wellen.

Um zuerst einen Überblick über die möglichen Schwingungsformen eines Gitters zu bekommen, gehen BORN und v. KÁRMÁN[3]) aus von einem eindimensionalen Gittermodell und zeigen, daß man an diesem einfachen Beispiel schon alle charakteristischen Eigenschaften auch des allgemeinen dreidimensionalen Gitters verstehen kann.

Gegeben sei eine unendliche Reihe von Punkten k, die voneinander alle den gleichen Abstand a haben. Sie sollen abwechselnd die Massen m und μ

[1]) M. BORN, Phys. ZS. Bd. 19, S. 539. 1918.

[2]) Vgl. M. BORN, Atomtheorie, S. 572.

[3]) M. BORN u. TH. v. KÁRMÁN, Phys. ZS. Bd. 13, S. 297. 1912.

ıgen und um ihre Ruhelage Schwingungen mit dem Ausschlag u_k ausführen. Die raft, die die Teilchen in ihre Ruhelage zurücktreibt, soll nur von dem Abstand von inen beiden Nachbarn abhängen und dessen Änderungen direkt proportional sein.

Dann gelten die Bewegungsgleichungen

$$\left.\begin{aligned} m\ddot{u}_{2n} &= \alpha(u_{2n+1} + u_{2n-1} - 2u_{2n}), \\ \mu\ddot{u}_{2n+1} &= \alpha(u_{2n+2} + u_{2n} - 2u_{2n+1}). \end{aligned}\right\} \qquad (25)$$

ie Konstante α ist darin ein Maß für die quasielastische Bindung der Teilchen.

Wir setzen die Lösung zeitlich und :tlich periodisch, d. h. nach Art einer ırmonischen Welle voraus. Die Anzahl ɜr Schwingungen in 2π Sekunden sei ie (Kreis-) Frequenz ω, die Wellenlänge 'erde mit λ bezeichnet. Wir setzen zur .bkürzung

$$\tau = \frac{2\pi}{\lambda}; \qquad (26)$$

ann mißt τ (bis auf den Faktor 2π) ie Zahl der Teilchen, nach denen im ɨitter derselbe Ausschlag wiederkehrt.

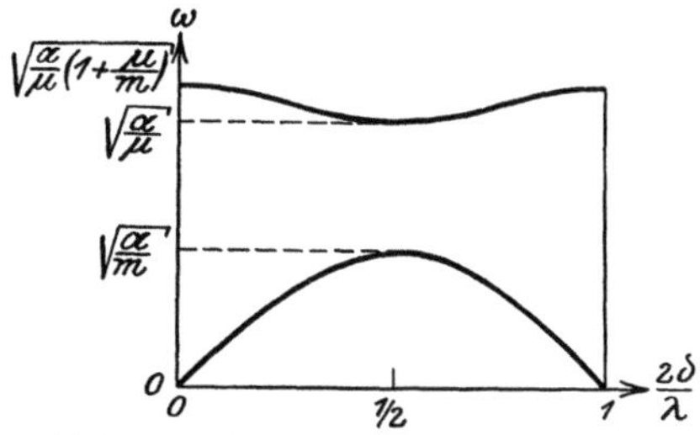

Abb. 6. Elastisches Spektrum nach Born und v. Kármán.

)er harmonischen Welle entspricht der Ansatz

$$\left.\begin{aligned} u_{2n} &= u'\, e^{i(\omega t + 2na\tau)}, \\ u_{2n+1} &= u''\, e^{i[\omega t + 2(n+1)a\tau]}. \end{aligned}\right\} \qquad (27)$$

)arin bedeutet t die Zeit, na mißt die Ortskoordinate. Der Ansatz (27) liefert zur ʒestimmung der Amplituden u' und u'' beider Arten von Teilchen die Gleichungen

$$\left.\begin{aligned} (m\omega^2 - 2\alpha)\,u' + 2\alpha\cos a\tau\, u'' &= 0, \\ 2\alpha\cos a\tau\, u' + (\mu\omega^2 - 2\alpha)\,u'' &= 0. \end{aligned}\right\} \qquad (28)$$

Diese Gleichungen haben außer der trivialen Lösung $u' = u'' = 0$ dann und ıur dann eine Lösung, wenn die Determinante der Koeffizienten verschwindet.)as gibt eine quadratische Gleichung zur Bestimmung der Abhängigkeit der ·requenz von der Wellenlänge. Ihre Wurzeln sind

$$\omega^2 = \frac{\alpha}{m\mu}\left\{m + \mu \pm \sqrt{m^2 + \mu^2 + 2m\mu\cos a\tau}\right\}. \qquad (29)$$

Abb. 6 gibt einen Überblick über den Verlauf dieser Funktion. Man sieht laraus deutlich, daß die Funktion in zwei völlig getrennte Zweige zerfällt: Es ;ind gar nicht alle Frequenzen möglich; sie zerfallen in zwei sich nicht überleckende Bereiche. Im Grenzfall unendlich langer Wellen ($\tau \to 0$) strebt der ɜine Zweig der Funktion gegen den endlichen Grenzwert

$$\omega_0 = 2\alpha\,\frac{m+\mu}{m\mu},$$

ler andere geht gegen Null.

Man erkennt das besonders deutlich an der Potenzreihenentwicklung

$$\left.\begin{aligned} &\text{a)}\ \omega_1^2 = \tau^2\frac{a^2}{2}\,\frac{\alpha}{m+\mu} + \cdots, \\ &\text{b)}\ \omega_2^2 = 2\alpha\,\frac{m+\mu}{m\mu} - \tau^2\frac{a^2}{2}\,\frac{\alpha}{m+\mu} + \cdots \end{aligned}\right\} \qquad (30)$$

Es gibt also zwei wesentlich verschiedene Arten von Schwingungsvorgängen in einem Gitter. Die ersten (30a), die mechanischen oder akustischen Schwingungen, entsprechen vollständig den Schwingungen eines Kontinuums. Faßt man etwa die beiden Arten von Teilchen als Atome eines Moleküls auf, so spielt ihre Verschiebung gegeneinander gar keine Rolle, sondern die Moleküle schwingen als ganze, wie etwa die Punkte einer schwingenden Saite (Abb. 7). Man sieht ja auch unmittelbar, wenn man beide Seiten der Gleichung (25) durch den Abstand a dividiert, steht auf der rechten Seite ein zweiter Differenzenquotient. Beim Übergang zu stetiger Massenverteilung erhält man daraus gerade die Gleichung der schwingenden Saite. Man erhält aus dem ersten Gliede der Reihenentwicklung (30a) den Grenzwert c der Schallgeschwindigkeit für lange Wellen

$$c = \lim_{\lambda \to \infty} \nu\lambda = \lim_{\tau \to 0} \frac{\omega}{\tau} = a\sqrt{\frac{\alpha}{2(m+\mu)}}\,. \tag{31}$$

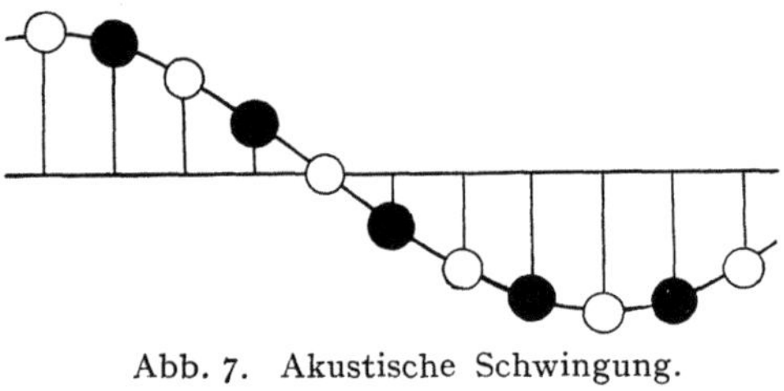

Abb. 7. Akustische Schwingung.

Die zweite Art der Schwingungen (30b) hat in der Mechanik stetig verteilter Massen kein Analogon; sie ist charakteristisch für den gitterartigen Aufbau der Kristalle. Sie besteht nämlich in einer Schwingung der Atome innerhalb eines Moleküls, wobei dessen Schwerpunkt näherungsweise als ruhend angenommen werden kann. Im Grenzfall unendlich langer Wellen artet diese Art von Schwingungen in solche der in sich starren Ionengitter gegeneinander aus (Abb. 8).

Weil die zweite Art von Schwingungen durch die viel stärkere Bindung benachbarter Teilchen aneinander bedingt ist, haben sie eine viel höhere Frequenz. Sie sind charakteristisch für das optische Verhalten der Kristalle. Bei wirklichen Kristallen liegen diese Eigenfrequenzen im Ultraroten.

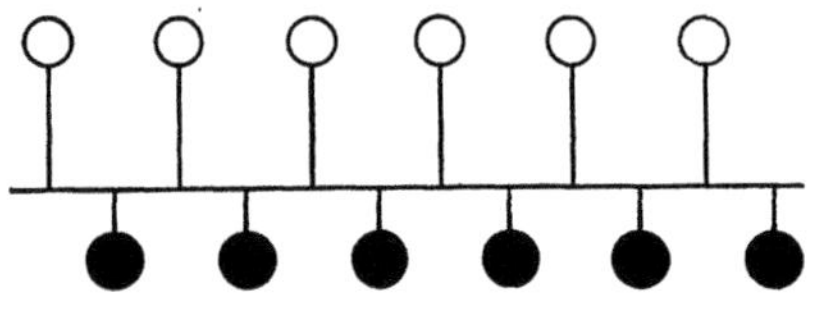

Abb. 8. Ultrarote Eigenschwingung.

10. Freie Schwingungen des allgemeinen Gitters. Im allgemeinen dreidimensionalen Gitter liegen die Verhältnisse ganz entsprechend. Die allgemeinen Bewegungsgleichungen heißen

$$m_k \ddot{u}_k^l = \mathfrak{K}_k^l, \tag{32a}$$

wo für die Kraft $\mathfrak{K}$ die Ableitung des Potentials nach der Verschiebung des Teilchens einzusetzen ist. Diese ist nach Gleichung (6) und (7) (wie man leicht umrechnet)

$$\mathfrak{K}_k^l = \sum_{k'} \mathop{S}_{l} \sum_{y} (\varphi_{kk'}^{l-l'})_{xy}\, \mathfrak{u}_{k'y}^{l'} = 0\,. \tag{32b}$$

Man geht in die allgemeinen Bewegungsgleichungen mit dem Ansatz einer ebenen Welle

$$\mathfrak{u}_k^l = u_k\, e^{-i\omega t} e^{i\tau(\mathfrak{s}\mathfrak{r}_k^l)} \tag{33}$$

ein, wobei $\mathfrak{s}$ den zur Wellenfront senkrechten Einheitsvektor, das skalare Produkt $(\mathfrak{s}\mathfrak{r}_k^l)$ also den kürzesten Abstand der durch den Punkt gelegten Wellenfläche vom Koordinatenausgangspunkt bedeutet. Man erhält dann, entsprechend zu den früheren Gleichungen (25), ein System von $3s$ Gleichungen

$$\omega^2 m_k \mathfrak{U}_{kx} + \sum_{k'} \sum_{y} \left[\!\!\left[{kk' \atop xy} \right]\!\!\right] \mathfrak{U}_{k'y} = 0\,. \tag{34}$$

Dabei sind zur Abkürzung die Klammerzeichen für

$$\begin{bmatrix} k\,k' \\ x\,y \end{bmatrix} = \mathop{\mathrm{S}}_{l} (\varphi^{l}_{k k'})_{x y}\, e^{-i\tau(\mathfrak{s}\,\mathfrak{r}^{l}_{k k'})} \tag{35}$$

eingeführt. Das sind dreifache Fourierreihen, die außer von der zwischen den Gitterteilen wirkenden Kraft auch von den Bestimmungsstücken der Welle, ihrer Frequenz ω und ihrer Richtung $\mathfrak{s}$, abhängen.

Aus den Gleichungen (34) kann man die Amplituden $\mathfrak{U}_{kx}$ der Schwingung bestimmen, genauer die Amplitudenverhältnisse, denn ein gemeinsamer Faktor bleibt wegen der Homogenität der Gleichungen unbestimmt. Physikalisch ist das dadurch bedingt, daß in der Nähe der Gleichgewichtslage die rücktreibenden Kräfte der Entfernung aus der Ruhelage direkt proportional sind (vgl. kleine Schwingungen eines Pendels).

Das System der homogenen Gleichungen (34) ist wieder nur dann lösbar, wenn die Determinante ihrer Koeffizienten verschwindet. Das gibt eine Gleichung $3s$-ten Grades zur Bestimmung der Frequenzen $\Omega = \omega^2$ in Abhängigkeit von den Bestimmungsstücken der Welle. Aus den Symmetrieeigenschaften der Klammerzeichen $\begin{bmatrix} k\,k' \\ x\,y \end{bmatrix}$ folgt, daß alle Wurzeln der Gleichung reell sind; sie können außerdem nicht negativ werden, weil die Gleichgewichtslage als echtes Minimum vorausgesetzt war.

Wir bezeichnen die Wurzeln der Determinantengleichung mit

$$\Omega_1 = \omega_1^2, \quad \Omega_2 = \omega_2^2, \ldots \Omega_{3s} = \omega_{3s}^2.$$

Eine explizite Angabe der Schwingungsfrequenzen und -Amplituden ist im allgemeinen Falle nicht mehr möglich. In den meisten Fällen genüge es aber, ihr Verhalten für lange Wellen (kleine τ) zu kennen; denn bei der Kleinheit des Atomabstandes in einem Gitter können die gewöhnlichen Lichtwellen immer als groß gegen die Ausmaße einer Zelle angesehen werden. Es gibt ein Näherungsverfahren¹), nach dem man die $\mathfrak{U}_k$ und ω in der Umgebung des Punktes $\tau = 0$ berechnen kann.

Genau wie im eindimensionalen Fall gibt es auch hier zwei wesentlich verschiedene Arten von Schwingungsvorgängen. Die einen sind die mechanischen (oder akustischen) Schwingungen, bei denen das Gitter in seiner Gesamtheit wie ein Kontinuum schwingt. Für den Grenzfall unendlich langer Wellen geht diese Art von Schwingungen in eine einfache Parallelverschiebung des ganzen Gitters über. Die Schwingungsdauer wird dabei unendlich lang, d. h. die Frequenz hat den Grenzwert $\tau = 0$, genau wie im eindimensionalen Beispiel (30a). Im zweiten Falle haben dagegen die Frequenzen endliche Grenzwerte, die den Charakter von Resonanzstellen haben. Sie beruhen auf den Schwingungen der Gitterteilchen gegeneinander. In der Grenze $\tau = 0$ bleibt dabei ihr gemeinsamer Schwerpunkt ruhen. Ihnen entsprechen die schnelleren optischen Schwingungen.

Von den akustischen Schwingungen gibt es genau drei, entsprechend den drei Parallelverschiebungen nach den Koordinatenachsen, von den optischen Schwingungen $3(s-1)$, entsprechend den $3(s-1)$ inneren Verrückungskomponenten einer Zelle²).

Am deutlichsten wird der Unterschied beider Schwingungsformen wieder in der Potenzreihenentwicklung nach τ. Bei den akustischen Schwingungen fehlt das absolute Glied, und man erhält

$$\omega_j = \tau_j \tau + \cdots \qquad (j = 1, 2, 3), \tag{36a}$$

¹) M. Born, ZS. f. Phys. Bd. 8, S. 390. 1922.
²) M. Born, Dynamik der Kristallgitter.

während man für die optischen Schwingungen schreiben kann

$$\omega_j = \omega_j^{(0)} + \omega_j^{(1)}\tau + \cdots \qquad [j = 1, 2, \ldots 3(s-1)]. \tag{36b}$$

Besonders einfach wird der Fall unendlich langer Wellen. Dabei treten an Stelle der ω_j einfach die $\omega_j^{(0)}$, und die Frequenzen werden unabhängig von der Wellenrichtung. Zu jeder Wurzel $\Omega_j^{(0)} = \omega_j^{(0)2}$ der Determinantengleichung gehören dann eben so viel linear unabhängige Lösungen $\mathfrak{U}_j^{(0)} = \mathfrak{a}_{kj}$, als der Grad ihrer Vielfachheit beträgt. Man kann diese Lösungen so normieren, daß die Bedingungen

$$\sum_k m_k \mathfrak{a}_{kj}^2 = 1, \qquad \sum_k m_k \mathfrak{a}_{kj}\mathfrak{a}_{kj'} = 0 \qquad (j \neq j') \tag{37}$$

erfüllt sind.

Die $\mathfrak{a}_{kj}$ heißen die normierten Eigenschwingungen oder Eigenvektoren des Gitters. Jede beliebige Lösung läßt sich als lineare Verbindung der Eigenlösungen darstellen. Zu den akustischen Schwingungen gehören dabei die Eigenvektoren

$$\mathfrak{a}_{kj} = \frac{\mathfrak{i}_j}{\sqrt{\sum_k m_k}} \qquad (\mathfrak{i} = 1, 2, 3),$$

wo die $\mathfrak{i}_j$ die Einheitsvektoren nach den Koordinatenrichungen bedeuten.

Die folgenden Glieder der Reihenentwicklung kann man mit Näherungsformeln nacheinander bestimmen. Bemerkenswert ist, daß dabei die mechanischen Schwingungen in der ersten Näherung genau dasselbe Ergebnis liefern, als wenn man von den Elastizitätskonstanten der Gleichungen (6) direkt zur gewöhnlichen Kontinuumsphysik übergeht. Das war natürlich zu erwarten, denn für lange und langsam schwingende Wellen muß sich das Gitter wie ein Kontinuum verhalten. In dieser Näherung erhält man die Schwingungsgleichungen

$$\varrho c_j^l \mathfrak{U}_x - \sum_y \mathfrak{U}_y \sum_{\bar{x}\bar{y}} [\,|xy|\bar{x}\bar{y}|\,]\, \mathfrak{s}_{\bar{x}} \mathfrak{s}_{\bar{y}} = 0. \qquad (j = 1, 2, 3) \tag{38}$$

Die $[\,|xy|xy|\,]$ bedeuten darin die Elastizitätskonstanten aus (10), ϱ die Massendichte

$$\varrho = \frac{\sum_k m_k}{\Delta}. \tag{39}$$

Die c_j sind die ersten Entwicklungskoeffizienten aus (36a). Sie haben die anschauliche Bedeutung der Grenzwerte der Schallgeschwindigkeit für lange Wellen

$$c_j = \lim_{\tau \to 0} \frac{\omega_j}{\tau} = \lim_{\lambda \to \infty} \nu_j \lambda. \tag{40}$$

Die Lösbarkeitsbedingung der drei linearen homogenen Gleichungen (38) besteht wieder in dem Verschwinden ihrer Determinante. Das ergibt die Abhängigkeit der Schallgeschwindigkeit von der Wellenrichtung und den Konstanten, die das elastische Verhalten des Körpers bestimmen.

Es liegt nahe, durch Übergang zu Normalkoordinaten[1]) das Problem auf Schwingungen ungekoppelter Resonatoren zurückzuführen. Die Darstellung der Energie durch Normalkoordinaten findet sich zuerst bei BORN und v. KÁRMÁN[2]) am eindimensionalen Beispiel. Der allgemeine Fall ist später von BORN[3]) entwickelt worden. Die von ihm angegebenen Koordinaten sind noch nicht ganz unabhängig voneinander. Die vollständige Zerlegung gelang erst WALLER[4]).

---

[1]) Vgl. etwa COURANT-HILBERT, Methoden der mathematischen Physik, Kap. 5. Berlin 1924.

[2]) M. BORN u. TH. v. KÁRMÁN, Phys. ZS. Bd. 13, S. 297. 1912.

[3]) M. BORN, Dynamik der Kristallgitter; M. BORN, Atomtheorie des festen Zustandes.

[4]) J. WALLER, Uppsala Univ. Årsskr. 1925.

11. Reststrahlen. Die Eigenschwingungen eines Gitters treten in seinem äußeren Verhalten als Resonanzstellen in Erscheinung. Lichtwellen etwa, deren Schwingungszahl mit der einer Eigenfrequenz des Kristalls zusammenfällt, werden in besonders hohem Maße absorbiert und ihre Energie in Schwingungsenergie des Gitters umgesetzt. Infolgedessen kann man durch Messung des Absorptions- (und demgemäß auch des Reflexions-) Vermögens eines Kristalls die Lage seiner Eigenfrequenzen bestimmen.

Es hat sich gezeigt, daß die für das Gitter charakteristischen Eigenschwingungen stets im ultraroten Gebiet des Spektrums liegen, und zwar kann man deutlich zwei Gruppen unterscheiden:

Eine kurzwelligere Gruppe ($\lambda = 10$ bis $20\,\mu$) ist noch mit spektrometrischen Methoden erreichbar und ist namentlich von SCHÄFER und SCHUBERT[1]) genauer untersucht worden. Sie beruhen auf den Schwingungen der einzelnen Atome innerhalb der Radikalionen, etwa der CO_3-, der SO_4-Gruppe usw. Wegen der besonders festen Bindung der Atome innerhalb des Ions haben sie eine bedeutend höhere Frequenz als die eigentlichen Gitterschwingungen. Sie sind eine Eigenschaft des betreffenden Ions und werden auch beim Übergang in ein anderes Salz nicht wesentlich geändert. Häufig bleiben sie sogar in der Lösung des Salzes erhalten.

Die zweite Gruppe beruht auf den Schwingungen der ganzen Ionen gegeneinander. Nur sie sind eigentlich für das Gitter charakteristisch. Sie gehen in allen Fällen in der Lösung des Salzes verloren. Sie liegen im äußersten Ultrarot ($\lambda = 30$ bis $150\,\mu$) und sind nur durch die Reststrahlmethode erreichbar. Dies Gebiet ist namentlich von RUBENS[2]) und seinen Mitarbeitern erforscht worden.

In Diagonalgittern kommen Schwingungen der kurzwelligen Gruppe natürlich gar nicht vor, von den langwelligen gibt es nur eine einzige. Allgemein hat BRESTER[3]) untersucht, wie in den einzelnen Kristallklassen[4]) durch Symmetriebeziehungen die Anzahl der Reststrahlfrequenzen von $3(s-1)$ auf eine kleinere Zahl eingeschränkt wird. Seine Untersuchungen sind rein geometrischer Art; sie ergeben nur die Zahl der theoretisch zu erwartenden Schwingungen, verzichten aber auf ihre wirkliche Berechnung. Man muß dabei zwischen aktiven und inaktiven Schwingungen unterscheiden, je nachdem das zu ihnen gehörige elektrische Moment

$$\mathfrak{L}_j = \frac{1}{\Delta} \sum_K e_k \mathfrak{a}_{kj}, \tag{41}$$

das Eigenmoment der Schwingung, vorhanden ist oder verschwindet. Nur aktive Schwingungen können im optischen Verhalten der Kristalle wirksam werden.

Die Eigenfrequenzen der kurzwelligen Gruppe, die auf den Bewegungen innerhalb eines Ions beruhen, erhält man in erster Annäherung, wenn man das Ion als frei betrachtet. Dann ist z. B. für ein Ion mit drei Sauerstoffatomen

---

1) CL. SCHÄFER u. M. SCHUBERT, Ann. d. Phys. Bd. 50, S. 283. 1916; ZS. f. Phys. Bd. 7, S. 297, 309, 313. 1921; CL. SCHÄFER u. M. THOMAS, ebenda Bd. 12, S. 330. 1923; O. REINKOBER, ebenda Bd. 3, S. 1, 318. 1920; Bd. 5, S. 192. 1921.

2) Die wichtigsten Abhandlungen sind: H. RUBENS u. E. F. NICHOLS, Wied. Ann. Bd. 60, S. 45. 1897; H. RUBENS u. E. ASCHKINASS, ebenda Bd. 65, S. 253. 1899; Bd. 67, S. 459. 1899; H. RUBENS u. H. HOLLNAGEL, Phil. Mag. Bd. 19, S. 761. 1910; H. RUBENS, Verh. d. D. Phys. Ges. Bd. 13, S. 102. 1911; H. RUBENS u. G. HERTZ, Berl. Ber. 1912, S. 256; H. RUBENS, ebenda 1913, S. 513; H. RUBENS u. H. v. WARTENBERG, ebenda 1914, S. 169; H. RUBENS, ebenda 1915, S. 4; 1916, S. 1280; TH. LIEBISCH u. H. RUBENS, ebenda 1919, S. 198 u. 876.

3) C. J. BRESTER, Kristallsymmetrie und Reststrahlen. Utrecht 1923.

4) Vgl. den Artikel von P. P. EWALD. Kap. 4 dieses Bandes.

(CO_3, NO_3, ClO_3, ...) der natürliche Zustand der, wo die drei Sauerstoffatome das Zentralatom in Form eines gleichseitigen Dreiecks umgeben. Ein solches Gebilde hat zwei Doppelschwingungen in der Ebene des Dreiecks, eine einfache Schwingung senkrecht dazu. Abb. 9 zeigt, wie die Beobachtungen am F_2CO_3 die theoretischen Erwartungen bestätigten. Die Kurve *a* bezieht sich auf natürliches Licht und zeigt deutlich die drei Maxima des Absorptionsvermögens, die den Schwingungen entsprechen, die Kurven *b* und *c* beziehen sich auf Licht, das in und senkrecht zu der Dreiecksebene schwingt. Die Schwingungen erscheinen deutlich getrennt.

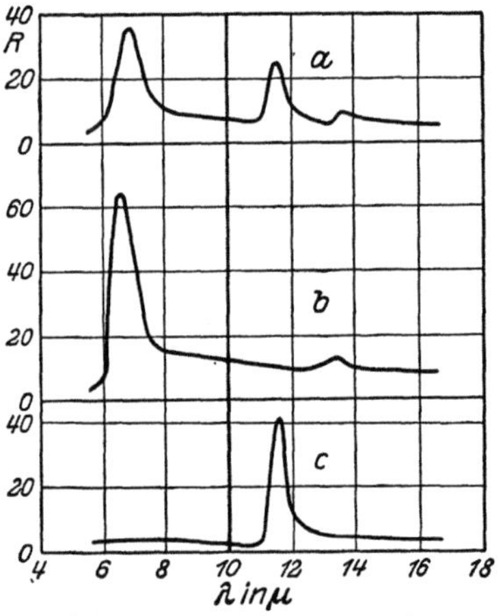

Abb. 9. Schwingungen des CO_3-Ions in F_2CO_3.

Der Einfluß des übrigen Gitters kann darin zum Ausdruck kommen, daß die Lage der drei Sauerstoffatome sich ein wenig von dem gleichseitigen Dreieck unterscheidet. Das bedingt, daß die beiden Doppelmaxima sich in zwei getrennte Maxima aufspalten. Auch das wird von der Erfahrung durchaus bestätigt. Abb. 10 zeigt es am Beispiel des $CaCO_3$.

Man kommt so zu guter Übereinstimmung bei den Karbonaten, Nitraten, Chloriden, Bromiden und Jodiden. Nur sind bei den letzteren die Messungen noch unvollständig, da sich die Schwingungszahlen bei zunehmender Masse des Zentralatoms immer mehr ins langwellige Gebiet verschieben. Bei Ionen mit vier Sauerstoffatomen kommt man ebenfalls zu guter Übereinstimmung zwischen Beobachtung und Theorie, wenn man das Tetraeder als die natürliche Lage betrachtet. Dagegen zeigen sich beim SiO_2 mehr Reflexionsmaxima, als nach der Theorie zu erwarten sind; die Struktur der Quarzes muß also recht verwickelt sein.

Entsprechend sind die Ergeb-

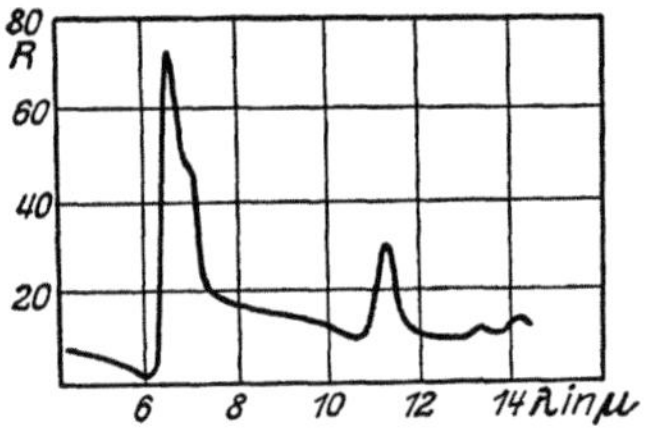

Abb. 10. Schwingungen des CO_3-Ions in $CaCO_3$.

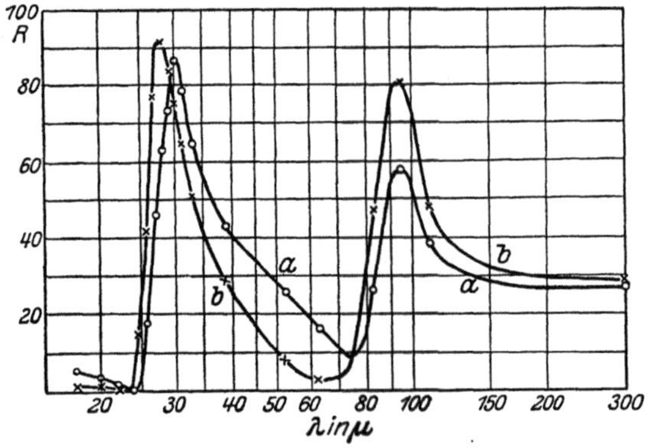

Abb. 11. Die langwelligen Gitterschwingungen in $CaCO_3$.

nisse für die eigentlichen Gitterschwingungen. Beim Kalkspattyp z. B. sind außer den eben behandelten Schwingungen des CO_3-Ions noch fünf weitere Reflexionsmaxima zu erwarten, zwei für den ordentlichen, drei für den außerordentlichen Strahl. Abb. 11 gibt die Beobachtungen von LIEBISCH und RUBENS am Kalkspat wieder. Man beobachtet für jeden Strahl nur je zwei Maxima, doch scheint bei $\lambda = 53\,\mu$ wirklich noch ein Ansatz zu dem fehlenden fünften Maximum vorhanden zu sein. Ähnlich ist die Übereinstimmung bei den anderen Salzen, nur sind bei der Schwierigkeit der Messungen nicht alle theoretisch zu erwartenden Schwingungen wirklich beobachtet worden.

Zu einem Widerspruch führt nur der Flußspat. Bei ihm als Diagonalgitter wäre nur eine Schwingung zu erwarten, während die Beobachtung ihrer zwei ergibt. Die Deutung des zweiten (kurzwelligeren) Maximums, wenn es überhaupt reell ist, steht noch aus.

12. Zusammenhang der Eigenschwingungen mit andern Kristalleigenschaften. Als erster hat MADELUNG[1]) einen Zusammenhang der Reststrahlfrequenz mit den elastischen Eigenschaften der Kristalle erkannt. Er rechnete ursprünglich mit einem Kristall wie mit einem elastischen Kontinuum und trug seinem atomaren Bau nur dadurch Rechnung, daß er von allen möglichen (elastischen) Schwingungen diejenige als die kürzeste annahm, deren halbe Wellenlänge gleich dem Abstand zweier Atome ist. Die so berechnete Maximalfrequenz hielt er für die Reststrahlfrequenz. Bald darauf konnte er auch aus rein gittertheoretischen Vorstellungen dieselbe Beziehung ableiten.

Schon 1910, vor der Ausbildung einer Atomtheorie der Kristalle, schloß er aus der Natur der Reststrahlen, daß nicht die Moleküle, sondern die elektrisch geladenen Atome, d. h. die Ionen, als die eigentlichen Bausteine der Kristalle aufzufassen seien, und gab schon damals für das Steinsalz den Gitterbau an, wie er später durch die Röntgenmessungen bestätigt wurde, indem er die Ecken eines kubischen Gitters abwechselnd mit positiven und negativen Ionen besetzte. Die zwischenatomaren Kräfte stellte er sich unter dem Bilde von elastischen Stäben vor. Er erhielt

$$\lambda = C \varkappa^{\frac{1}{2}} M^{\frac{1}{3}} \varrho^{\frac{1}{6}} . \tag{42}$$

Darin bedeutet ϱ die Dichte (39), M setzt sich aus den Atomgewichten M_1 und M_2 der beiden Ionenarten folgendermaßen zusammen

$$M = \frac{(M_1 M_2)^{\frac{3}{2}}}{(M_1 + M_2)^2} . \tag{42'}$$

C bedeutet eine Konstante, $\varkappa$ eine gewisse lineare Verbindung der Elastizitätskonstanten, die beide verschieden ausfallen, je nach der Modellvorstellung, die man sich von elastischen Kräften macht. Darum verzichtet MADELUNG auf eine exakte Begründung und betrachtet seine Beziehung nur als Dimensionsformel. Wenn man annimmt, daß in Gittern derselben Art die entsprechenden Elastizitätskonstanten ähnlich sind, kann man jede lineare Verbindung aus ihnen durch jede andere und einen konstanten Faktor ausdrücken. Man setzt darum für $\varkappa$ zweckmäßig die am genauesten gemessene Kompressibilität ein. Indem man aus der Reststrahlfrequenz vom Kochsalz die Konstante zu

$$C = 1{,}117 \cdot 10^3 \ \mathrm{sec}^{-1}$$

bestimmt, berechnet man nebenstehende Tabelle 1 für die Reststrahlen der anderen Diagonalgitter. Zum Vergleich sind in der letzten Spalte unter λ_R auch die von RUBENS beobachteten Werte angegeben.

Tabelle 1. Reststrahlfrequenzen nach Madelung.

Stoff		$\lambda_{\mathrm{ber.}}$	λ_R
Steinsalz . . .	$NaCl$	(52,0)	52,0
Sylvin	KCl	61,0	63,4
Bromkalium . .	KBr	79,5	82,6
Jodkalium . .	KJ	96,5	94,1
Flußspat . . .	CaF_2	33,5	31,6

Die Übereinstimmung beweist die Gültigkeit der MADELUNGschen Gleichung als Dimensionsformel. Aus der strengen Gittertheorie folgt sie nicht.

Unabhängig von MADELUNG hat auch EINSTEIN[2]), angeregt durch ähnliche

[1]) E. MADELUNG, Göttinger Nachr. 1909, S. 100; 1910, S. 43; Phys. ZS. Bd. 11, S. 898. 1910.

[2]) A. EINSTEIN, Ann. d. Phys. Bd. 34, S. 170, 590. 1911; Bd. 35, S. 679. 1911.

Überlegungen SUTHERLANDS[1]), dieselbe Gleichung (42) für einatomige Stoffe abgeleitet. M bedeutet dann einfach das Atomgewicht des betreffenden Stoffes.

Eine ähnliche Beziehung folgt aus der strengen Gittertheorie zwischen den Eigenfrequenzen der Diagonalgitter und ihrer dielektrischen Erregbarkeit. Sie ist zuerst von DEHLINGER[2]), später davon unabhängig von BORN[3]) aufgestellt worden. Die Gleichung heißt für zweiatomige Diagonalgitter

$$\omega^{(0)\,2} = \frac{4\pi}{\varepsilon - \varepsilon_0}\,\frac{z^2 e^2}{\Delta}\cdot\left(\frac{1}{m_1} + \frac{1}{m_2}\right). \tag{43 a}$$

Darin bedeuten m_1 und m_2 die Massen bei der Ionenarten, $e\,z$ ihre Ladungen. Entsprechend gilt für dreiatomige Diagonalgitter, in denen zwei Atome gleich sind (etwa Flußspat, Abb. 4)

$$\omega^{(0)\,2} = \frac{4\pi}{\varepsilon - \varepsilon_0}\,\frac{z^2 e^2}{\Delta}\left(\frac{2}{m_1} + \frac{1}{m_2}\right). \tag{43 b}$$

Diese Beziehungen haben eine gewisse Ähnlichkeit zu der früher angegebenen Gleichung (24). Auch hier ist dem in dem gittertheoretischen Ansatz nicht enthaltenen Beitrag der Polarisierbarkeit der Ionen selbst zum elektrischen Feld dadurch Rechnung getragen, daß man $\varepsilon - 1$ durch $\varepsilon - \varepsilon_0$ ersetzte. Für die praktische Anwendung der Gleichung (43) geht man zweckmäßig zu direkt beobachtbaren Größen über. Es sei N die Anzahl der Moleküle in einem Mol (LOSCHMIDTsche Zahl pro Mol), F die aus der Elektrolyse her bekannte Äquivalentladung des Mol in elektrostatischen Einheiten. Dann wird $e = \frac{Fz}{N}$ und die Atomgewichte der Ionen $M_1 = m_1 N$, $M_2 = m_2 N$, ferner die Dichte

$$\varrho = \frac{M_1 + p\,M_2}{N\Delta},$$

wo $p = 1$ bei zweiatomigen, $p = 2$ bei dreiatomigen Gittern zu setzen ist. Dann erhält man

$$\lambda_0^2 = \frac{4\pi c^2}{\omega^{(0)\,2}} = \frac{c^2\pi}{z^2 F}\cdot\frac{(\varepsilon - \varepsilon_0)\,M_1 M_2}{p\cdot\varrho}. \tag{43'}$$

Darin wird der Zahlenfaktor

$$\frac{c^2\pi}{F^2} = 3{,}367\,.$$

Die Übereinstimmung der so berechneten Reststrahlwellenlängen mit den von RUBENS beobachteten war zunächst schlecht, bis FÖRSTERLING[4]) darauf aufmerksam machte, daß das beobachtete Maximum des Reflexionsvermögens λ_m gar nicht mit der Eigenschwingung zusammenfällt. Er berechnete für den Unterschied

$$\frac{1}{\lambda_m^2} = \frac{1}{\lambda_0^2} + p\,\frac{2\pi F^2 z^2 \varrho}{M_1 M_2 \varepsilon_0}.$$

In nebenstehender Tabelle 2 sind die so berechneten Werte mit der Erfahrung verglichen.

Tabelle 2. Gittertheoretisch berechnete Reststrahlfrequenzen.

Stoff		λ_0	λ_m	λ_R
Steinsalz	NaCl	66,7	50,9	52,0
Sylvin	KCl	78,0	61,6	63,4
Bromkalium . . .	KBr	94,0	76,8	82,6
Jodkalium . . .	KJ	115,0	95,3	94,1
Flußspat	CaF_2	43,5	22,6	31,6
Zinkblende . . .	ZnS	53,5	30,0	30,9
Chlorsilber . . .	AgCl	127,0	93,6	81,5
Bromsilber . . .	AgBr	183,0	136,0	112,7

1) W. SUTHERLAND, Phil. Mag. Bd. 20, S. 657. 1910.
2) W. DEHLINGER, Phys. ZS. Bd. 15, S. 276. 1914.
3) M. BORN, Berl. Ber. 1918, S. 604; Phys. ZS. Bd. 19, S. 539. 1918.
4) K. FÖRSTERLING, Ann. d. Phys. Bd. 61, S. 577. 1920.

Die Übereinstimmung ist bei den Silbersalzen unbefriedigend, bei den hier nicht angegebenen Thalliumsalzen noch schlechter, bei allen übrigen Stoffen aber auffallend gut. Für die Abweichungen von dieser Beziehung machte BORN schon in der ersten Arbeit die Wechselwirkung zwischen Ionen- und Elektronenschwingungen verantwortlich. Es zeigt sich, daß man so die Abweichungen verstehen kann. Wir werden später noch von anderer Seite noch einmal hierauf zurückkommen (Ziff. 51).

Beachtenswert ist namentlich die gute Übereinstimmung bei der Zinkblende, weil sie für die Zweiwertigkeit der Zink- und Schwefelionen im kristallisierten Zustand spricht.

Einen anderen Zusammenhang stellte LINDEMANN[1]) zwischen der Reststrahlfrequenz und der Schmelztemperatur T_s fest. Er erhielt

$$\lambda = C M^{\frac{1}{2}} V^{\frac{1}{3}} T_s^{-\frac{1}{2}}. \tag{44}$$

Darin bedeutet M das Molekulargewicht, V das Molekularvolumen. LINDEMANN nahm an, daß ein Körper schmilzt, sobald benachbarte Atome bei der Wärmebewegung zusammenstoßen. Auch unabhängig von diesen Vorstellungen ist die Beziehung (44) nach EINSTEIN[2]) und GRÜNEISEN[3]) als Dimensionsformel richtig. Tabelle 3 zeigt eine befriedigende Übereinstimmung der so berechneten mit den beobachteten Werten. Die Konstante C ist dabei aus der Reststrahlwellenlänge des Sylvin zu

$$C = 4{,}20 \cdot 10^{12}$$

berechnet worden.

Tabelle 3. Reststrahlen nach Lindemann.

Stoff		$\lambda_{\text{ber.}}$	$\lambda_{\text{beob.}}$
Sylvin	KCl	(63,4)	63,4
Bromkalium . .	KBr	85,6	82,6
Jodkalium . . .	KJ	112,2	94,1
Steinsalz	NaCl	49,8	52,0

13. Das Verteilungsgesetz der Eigenschwingungen. Für die Lehre von der spezifischen Wärme genügt es nicht, die Eigenschwingungen im Grenzfall unendlich langer Wellen zu kennen, sondern man muß ihre Verteilung in Abhängigkeit von der Wellenlänge in ihrem ganzen Verlauf wenigstens ungefähr übersehen können. Man muß wissen, wieviel Eigenschwingungen in ein gegebenes Frequenzintervall fallen.

Diese Fragestellung hat natürlich nur für ein endliches Gitter einen Sinn; denn bei einem unendlich ausgedehnten Kristall wird die Anzahl der Eigenschwingungen ebenfalls unendlich. Beim endlichen Gitter aber ergeben sich Schwierigkeiten bei der Berücksichtigung der Randbedingungen. Für große Kristalle wird ihr Einfluß allerdings gering, und WEYL[4]) hat bewiesen, daß die asymptotische Verteilung der Eigenschwingungen für große Körper von deren Form unabhängig ist. Darauf stützen sich die folgenden Berechnungen.

Man geht aus von einem Kristall mit $N = n^3$ Zellen, der in seiner Gestalt der einzelnen Zelle ähnlich ist, dessen Kanten also durch die Vektoren $n\mathfrak{a}_1$, $n\mathfrak{a}_2$, $n\mathfrak{a}_3$ gegeben sind, und wiederholt dies Gebilde mit Einschluß seiner Bewegungsformen periodisch nach allen Seiten. Dann erhält man ein unendliches Gitter, das infolge seiner Periodizitätseigenschaften nur die $3N$ Freiheitsgrade eines endlichen Gitters hat. In ihm bilden sich stehende Schwingungen aus,

[1]) F. A. LINDEMANN, Phys. ZS. Bd. 11, S. 609. 1910.
[2]) A. EINSTEIN, Ann. d. Phys. Bd. 35, S. 689. 1911.
[3]) E. GRÜNEISEN, Verh. d. D. Phys. Ges. Bd. 13, S. 836. 1911; Ann. d. Phys. Bd. 39, S. 257. 1912.
[4]) H. WEYL, Math. Ann. Bd. 71, S. 441. 1911; Crelles Journ. Bd. 141, S. 163. 1912; Bd. 143, S. 177. 1914; Rend. Palermo Bd. 39, S. 1. 1915.

die dadurch bestimmt sind, daß die drei Kantenlängen $n\mathfrak{a}_1 \ldots$ ganzzahlige Vielfache der betreffenden Projektionen der Wellenlänge sind, d. h.

$$n(\mathfrak{s}\mathfrak{a}_i) = p_i \lambda_i . \qquad (i = 1, 2, 3)$$

Dabei durchläuft p_i alle ganzen Zahlen von 1 bis n; denn die längste Wellenlänge ist durch die Länge der ganzen Kante $n\mathfrak{a}_i$, die kürzeste durch die der Zellenkante $\mathfrak{a}_i$ gegeben. Man schreibt dafür auch

$$\varphi_i = \tau(\mathfrak{s}\mathfrak{a}_i) = \frac{2\pi}{n} p_i \qquad (i = 1, 2, 3) \tag{45}$$

und nennt die φ_i die Phasenkomponenten der Welle. Man kann die Frequenz τ und die Richtung $\mathfrak{s}$ der Welle nach (45) leicht aus den φ_i berechnen.

Man erhält alle möglichen Eigenschwingungen, wenn man die φ_i innerhalb des Würfels

$$-\pi \leqq \varphi_i \leqq +\pi \qquad (i = 1, 2, 3)$$

alle möglichen Werte annehmen läßt. Diese Punkte bilden ein kubisches Gitter mit der Kantenlänge $2\pi/n$, sie liegen also innerhalb des Würfels überall gleich dicht verteilt.

Entsprechend den $3s$ Eigenschwingungen einer Zelle gehören zu jedem Punkt des Phasenraumes $3s$ Frequenzen ω_j (vgl. Ziff. 10). Von jeder liegen im Volumelement des Phasenraumes $d\varphi = d\varphi_1\, d\varphi_2\, d\varphi_3$, unabhängig von dessen Lage, stets gleichviel Frequenzen

$$dz = \frac{N}{(2\pi)^3} d\varphi . \tag{46}$$

Dieses Verteilungsgesetz der Eigenschwingungen gilt streng für den periodisch fortgesetzten Kristall, näherungsweise für große N auch für beliebige endliche Kristalle. Es ist für einfache Gitter zuerst von BORN und v. KÁRMÁN[1]) aufgestellt, bald darauf von DEHLINGER[2]) auch auf zweiatomige Gitter übertragen worden. Für den allgemeinen Fall ist der Beweis zuerst in BORNS Dynamik der Kristallgitter, später besonders einfach in seiner Atomtheorie des festen Zustandes erbracht worden.

Um die Verteilung der Eigenschwingungen in der Frequenzskala zu übersehen, muß man die ω_j in ihrer Abhängigkeit von den φ_i wirklich kennen und dann die φ_i rückwärts durch die Richtung und Frequenz der Welle ausdrücken. Das gelingt in erster Näherung unter Benutzung der Potenzreihenentwicklung (36).

Die eigentlichen Gitterschwingungen mit endlicher Grenzfrequenz kann man, namentlich bei wesentlich verschiedenen Massen, in erster Näherung als konstant annehmen

$$\omega_j = \omega_j^{(0)} . \qquad (j = 1, 2 \ldots 3(s-1)) \tag{47}$$

Auf jede dieser Frequenzen entfallen dann $3N$ Eigenschwingungen. Streng genommen haben die $\omega_j^{(0)}$ natürlich nur die Bedeutung eines Häufungspunktes der $3N$ in gewisser Weise in der Frequenzskala verteilten Schwingungen.

Bei Schwingungen mit verschwindender Grenzfrequenz ist diese Näherung nicht mehr erlaubt. Man kann hier nach BORN und v. KÁRMÁN folgendermaßen verfahren:

Man ersetzt die φ_i in (45) rückwärts durch τ und $\mathfrak{s}$. Das entspricht dem Übergang von rechtwinkligen zu Polarkoordinaten; man erhält

$$d\varphi_1\, d\varphi_2\, d\varphi_3 = \Delta \tau^2 d\tau\, d\Omega .$$

---

[1]) M. BORN u. TH. v. KÁRMÁN, Phys. ZS. Bd. 14, S. 15, 65. 1913.
[2]) W. DEHLINGER, Phys. ZS. Bd. 15, S. 276. 1914.

)arin bedeutet Δ die Determinante der $\mathfrak{a}_{1x}$, also das Zellenvolumen, $d\Omega$ das)berflächenelement der Einheitskugel. Indem man über diese integriert und $N\Delta$ .urch das Volumen V des Kristalls ersetzt, erhält man

$$dz = \frac{4\pi V}{(2\pi)^3}\tau^2 d\tau\,, \tag{48}$$

ür die Anzahl, die von jeder Art akustischer Schwingungen im Intervall $d\tau$ liegt. Entnimmt man jetzt in erster Näherung aus der Potenzreihenentwicklung (36)

$$\tau = \frac{\omega}{c_j} = \frac{2\pi V}{c_j}\,, \tag{49}$$

;o erhält man für alle drei akustischen Zweige zusammen

$$dz = 3\,V F \nu^2 d\nu\,, \tag{50}$$

ıls Zahl der Schwingungen im Frequenzintervall $d\nu$. Dabei bedeutet F die Abkürzung

$$F = \frac{4\pi}{3}\left(\frac{1}{c_1^2} + \frac{1}{c_2^2} + \frac{1}{c_3^2}\right). \tag{51}$$

Da die Schallgeschwindigkeiten in Kristallen von der Wellenrichtung abhängen, ist F bei ihnen nicht konstant. Nur für isotrope Körper ist sie konstant. Da gilt

$$F = \frac{4\pi}{3}\left(\frac{1}{c_l^2} + \frac{2}{c_t^2}\right). \tag{52}$$

c_l und c_t sind die Geschwindigkeiten der longitudinalen und transversalen Schallwellen.

Die Formel (50) ist zuerst von DEBYE[1]) für das Kontinuum aufgestellt, später von BORN und v. KÁRMÁN[2]) auf Gitter übertragen worden.

III. Optik.

14. Erzwungene Schwingungen. Die Untersuchung der optischen Eigenschaften eines Gitters muß damit beginnen, allgemein sein Verhalten unter dem Einfluß schnell wechselnder äußerer Kräfte festzustellen. Solche erzwungene Schwingungen lassen sich ganz ebenso wie die freien Schwingungen behandeln, wenn man die von außen einwirkenden Kräfte ebenfalls als ebene Wellen voraussetzt. Wir machen für die auf den Gitterpunkt (kl) wirkende Kraft den zu (33) entsprechenden Ansatz

$$\mathfrak{F}_k^l = \mathfrak{B}_k\, e^{-i\omega t}\, e^{i\tau(\mathfrak{s}\mathfrak{r}_k^l)}\,. \tag{53}$$

Die von derselben Welle auf verschiedene Teilchen einer Zelle ausgeübten Kräfte sind natürlich verschieden je nach der Natur dieser Teilchen. Man erhält zur Bestimmung der Schwingungsamplituden ein System von Gleichungen

$$\omega^2 m_k \mathfrak{U}_{kx} + \sum_{k'} \sum_{y} \left[\!\left[\begin{matrix} k\,k' \\ x\,y \end{matrix}\right]\!\right] \mathfrak{U}_{k'y} = -\mathfrak{B}_{kx}\,. \tag{54}$$

Das sind die zu den homogenen Gleichungen (34) gehörigen inhomogenen.

Eine explizite Lösung dieses Gleichungssystems anzugeben, ist wieder unmöglich. Da aber die Lichtwellen (außer den Röntgenstrahlen) groß sind gegen die Linearausdehnung einer Zelle, $\tau = 2\pi/\lambda$ also sehr klein, so liegt es nahe, $\mathfrak{U}_k$ nach Potenzen von τ zu entwickeln,

$$\mathfrak{U}_k = \mathfrak{U}_k^{(0)} + \tau\,\mathfrak{U}_k^{(1)} + \tau^2\,\mathfrak{U}_k^{(2)} + \cdots. \tag{55}$$

---

[1]) P. DEBYE, Ann. d. Phys. Bd. 39, S. 7, 89. 1912.
[2]) M. BORN u. TH. v. KÁRMÁN, Phys. ZS. Bd. 4, S. 15. 1913.

Man erhält so zur Bestimmung der Schwingungsamplituden ein System von Näherungsgleichungen, die man auflösen kann, sobald man die Lösungen der entsprechenden homogenen Gleichungen (Ziff. 10) kennt. Wenn $\omega_j^{(0)}$ die ersten Glieder der Entwicklung (36b) der Eigenfrequenzen nach Potenzen von τ bedeuten, $\mathfrak{a}_{kj}$ die nach (37) normierten Eigenvektoren der ersten Näherung für die Lösung der homogenen Gleichungen, so kann man mit ihrer Hilfe die ersten Näherungen von $\mathfrak{U}_k$ ausdrücken. Man erhält

$$\left.\begin{aligned}
&\text{(a)}\quad \mathfrak{U}_k^{(0)} = i\sum_{j}\frac{\mathfrak{a}_{kj}}{\omega_j^{(0)2}-\omega^2}\sum_{k'}\mathfrak{B}_{k'}\mathfrak{a}_{k'j}\,,\\
&\text{(b)}\quad \mathfrak{U}_k^{(1)} = i\sum_{jj'}\frac{\mathfrak{a}_{kj}(\mathfrak{z}\mathfrak{R}_{jj'})}{(\omega_j^{(0)2}-\omega^2)(\omega_{j'}^{(0)2}-\omega^2)}\sum_{k'}\mathfrak{B}_{k'}\mathfrak{a}_{k'j}\,.
\end{aligned}\right\} \tag{56}$$

Darin bedeutet $\mathfrak{R}_{jj'}$ eine gewisse Vektorfunktion der normierten Eigenschwingungen

$$\mathfrak{R}_{jj'} = -\sum_{kk'}\mathop{\mathrm{S}}_{l}\mathfrak{r}_{kk'}^{l}\sum_{xy}(\varphi_{kk}^{l})_{xy}\,\mathfrak{a}_{kjx}\mathfrak{a}_{k'j'y}\,. \tag{57}$$

Wichtig sind in den Gleichungen (56a) und (56b) namentlich die Nenner, in denen die Resonanz[1]) beim Übereinstimmen der auffallenden Welle mit einer Eigenschwingung des Gitters zum Ausdruck kommt.

Der Faktor $i = e^{i\frac{\pi}{2}}$ besagt, daß die Glieder zweiter Näherung gegen die Glieder erster Näherung einen Phasenunterschied von $\pi/2$ haben.

In derselben Weise kann man fortfahren und die folgenden Näherungen bestimmen. Für die Anwendung in der Optik sind sie bisher nicht in Betracht gekommen. Nur H. A. LORENTZ[2]) hat schon 1878 darauf aufmerksam gemacht, daß die Glieder höherer Ordnung neuartige optische Erscheinungen zeigen müßten. Danach würde z. B. ein kubischer Kristall nicht mehr als isotrop anzusehen sein. Später hat er diese Überlegungen wieder aufgenommen. Die Versuche, die er zur Auffindung dieser Wirkung anstellte, führten aber zu keinem sicher positiven Ergebnis.

15. Lichtwellen. Nimmt man die äußeren Einflüsse, die die Schwingungen des Gitters erregen, als elektromagnetische Lichtwellen an, so ergeben sich aus dem gitterartigen Aufbau der Kristalle ohne alle weiteren Hilfsannahmen alle ihre optischen Eigenschaften.

Der einfachste Weg, auf dem man diese Aufgabe anfassen kann, besteht darin, daß man in der gewöhnlichen elektromagnetischen Lichttheorie MAXWELLS, die mit stetig zusammenhängenden Stoffen rechnet, diejenigen Größen, die von den besonderen Eigenschaften der Körper abhängen, im wesentlichen also den elektrischen Verschiebungsvektor, mit Hilfe der Gittertheorie bestimmt. Der Weg besteht also in einer Vermengung von Molekular- und Kontinuumsphysik: Man berechnet die stofflichen Eigenschaften aus der Annahme eines atomaren Baus der Kristalle, vernachlässigt dann aber gerade diesen atomaren Bau und entnimmt den Zusammenhang der elektrischen und magnetischen Bestimmungsstücke mit den optischen Eigenschaften der Kristalle der MAXWELLschen Kontinuumstheorie. Eine strenge, rein gittertheoretische Methode ist von EWALD[3]) entwickelt worden. Dabei treten neuartige mathematische Schwierigkeiten auf (elektromagnetische Gitterpotentiale), die eine besondere Behandlung

---

[1]) Eine kurze, klare Behandlung der Resonanzerscheinungen steht bei COURANT-HILBERT, Methoden der mathematischen Physik, S. 222ff. Berlin 1924.

[2]) H. A. LORENTZ, Verh. d. Akad. van Wet. te Amsterdam 1878, Bd. 30, S. 362. 1921.

[3]) P. P. EWALD, Ann. d. Phys. Bd. 49, S. 1, 117. 1916.

erfordern. Da außerdem die elementare Methode durch die strengere bestätigt und nur quantitativ ergänzt wird, soll diese im letzten Abschnitt (Ziff. 54) nachgeholt werden.

Die MAXWELLschen Feldgleichungen lauten für einen Isolator

$$\left.\begin{aligned} \operatorname{rot} \mathfrak{H} &= \frac{1}{c}\dot{\mathfrak{D}}\,. \\ \operatorname{rot} \mathfrak{E} &= -\frac{1}{c}\dot{\mathfrak{B}} \end{aligned}\right\} \tag{58a}$$

und gelten in Verbindung mit den skalaren Gleichungen

$$\left.\begin{aligned} \operatorname{div} \mathfrak{D} &= 0\,, \\ \operatorname{div} \mathfrak{B} &= 0\,. \end{aligned}\right\} \tag{58b}$$

Dabei bedeuten, wie üblich, $\mathfrak{E}$ die elektrische, $\mathfrak{H}$ die magnetische Feldstärke, $\mathfrak{D}$ die elektrische, $\mathfrak{B}$ die magnetische Verschiebung, c die Lichtgeschwindigkeit.

Für einen nicht merklich magnetisierbaren Körper ist

$$\left.\begin{aligned} \mathfrak{D} &= \mathfrak{E} + 4\pi\mathfrak{P}\,, \\ \mathfrak{B} &= \mathfrak{H} \end{aligned}\right\} \tag{59}$$

zu setzen, wobei $\mathfrak{P}$ das elektrische Moment der Volumeinheit ist. Wenn man aus den vier Gleichungen (58a) und (58b) $\mathfrak{D}$, $\mathfrak{H}$ und $\mathfrak{B}$ eliminiert (der bekannte Weg, um von den MAXWELLschen Gleichungen zu elektromagnetischen Schwingungen überzugehen), so erhält man eine Beziehung zwischen $\mathfrak{E}$ und $\mathfrak{P}$

$$\frac{1}{c^2}\ddot{\mathfrak{P}} - \operatorname{grad}\operatorname{div}\mathfrak{P} = \frac{1}{4\pi}\left(\Delta\mathfrak{E} - \frac{1}{c^2}\ddot{\mathfrak{E}}\right). \tag{60}$$

Für ebene Wellen, in denen alle Vektoren proportional zu $e^{-i\omega t}\,e^{i\tau(\mathfrak{s}\mathfrak{r})}$ sind, geht die Beziehung über in

$$\mathfrak{P} - n^2\mathfrak{s}(\mathfrak{s}\mathfrak{P}) = \frac{1}{4\pi}\mathfrak{E}(n^2 - 1)\,, \tag{61}$$

wo

$$n = \frac{\tau c}{\omega} = \frac{c}{\nu\lambda} \tag{62}$$

den Brechungsindex bedeutet. Wenn das elektrische Wechselfeld und das dadurch erzeugte elektrische Moment bekannt sind, kann man aus Gleichung (61) den Brechungsindex in seiner Abhängigkeit von Bestimmungsstücken des Gitters und der auffallenden Welle bestimmen und beherrscht damit das optische Verhalten des Kristalls.

Es kommt also darauf an, das elektrische Moment $\mathfrak{P}$ aus den Verrückungen der Gitterteilchen zu berechnen, die das elektrische Feld nach den Formeln (55) und (56) für die erzwungene Schwingung erzeugt. Versteht man unter $\mathfrak{E}$ die Amplitude der elektrischen Welle, so ist die im Gitterpunkt wirkende Kraft durch Gleichung (53) gegeben, wenn man darin

$$\mathfrak{B}_k = e_k\mathfrak{E} \tag{63}$$

setzt. Sie erzeugt die durch Gleichung (56) bestimmten Verrückungen. Aus ihnen läßt sich die Amplitude des Momentes pro Volumeinheit zu

$$\mathfrak{P} = \frac{1}{\Delta}\sum_k{}' e_k\mathfrak{U}_k$$

berechnen. Die Ausschläge $\mathfrak{U}_k$ sind lineare Funktionen des Feldes $\mathfrak{E}$.

Durch Gleichung (41) ist jeder eigentlichen Eigenschwingung ein elektrisches Moment $\mathfrak{L}_j$ zugeordnet worden. Man nennt die $\mathfrak{L}_j$ die Eigenmomente des Gitters. Mit ihrer Hilfe kann man das elektrische Moment ausdrücken. Man erhält bis auf Glieder zweiter und höherer Ordnung in τ

$$\mathfrak{P} = \mathfrak{P}^{(0)} + \mathfrak{P}^{(1)}, \tag{64a}$$

$$\mathfrak{P}^{(0)} = \Delta \sum_j \frac{\mathfrak{L}_j (\mathfrak{E}\,\mathfrak{L}_j)}{\omega_j^{(0)2} - \omega^2}, \tag{64b}$$

$$\mathfrak{P}^{(1)} = i\tau\Delta \sum_{jj'} \frac{(\mathfrak{s}\,\mathfrak{R}_{jj'})\,\mathfrak{L}_j (\mathfrak{E}\,\mathfrak{L}_{j'})}{(\omega_j^{(0)2} - \omega^2)(\omega_{j'}^{(0)2} - \omega^2)}. \tag{64c}$$

Dabei treten nur aktive Eigenschwingungen (Ziff. 11) auf.

Damit ist der gittertheoretische Teil der Aufgabe gelöst. Indem man die Ausdrücke (64) in Gleichung (59) einsetzt, erhält man den elektrischen Verschiebungsvektor. Die Glieder erster Ordnung ergeben

$$\mathfrak{D}_x^{(0)} = \mathfrak{E}_x + 4\pi\,\mathfrak{P}_x^{(0)} = \varepsilon_{11}\mathfrak{E}_x + \varepsilon_{12}\mathfrak{E}_y + \varepsilon_{13}\mathfrak{E}_z. \tag{65}$$

Die darin eingeführten sechs Größen

$$\varepsilon_{11} = 1 + 4\pi\Delta \sum_j \frac{\mathfrak{L}_{jx}^2}{\omega_j^{(0)2} - \omega^2} \quad \cdots \quad \varepsilon_{23} = 4\pi\Delta \sum_j \frac{\mathfrak{L}_{jy}\mathfrak{L}_{jz}}{\omega_j^{(0)2} - \omega^2} \cdots \tag{66}$$

heißen die optischen Dielektrizitätskonstanten. Sie gehen für unendlich lange Schwingungszeiten in die gewöhnlichen elektrostatischen Dielektrizitätskonstanten über [Gleichung (23)]. Sie unterscheiden sich von ihnen infolge der Resonanzerscheinungen in der Umgebung der Eigenschwingungen.

Indem man das durch $\mathfrak{D}_x^{(0)}$, $\mathfrak{D}_y^{(0)}$ und $\mathfrak{D}_z^{(0)}$ bestimmte Ellipsoid auf die Hauptachsen transformiert, kann man es stets erreichen, daß die ε_{23} verschwinden und erhält statt (65)

$$\mathfrak{D}_{(x)}^{(0)} = \varepsilon_1\mathfrak{E}_x, \quad \mathfrak{D}_y^{(0)} = \varepsilon_2\mathfrak{E}_y, \quad \mathfrak{D}_z^{(0)} = \varepsilon_3\mathfrak{E}_z, \tag{65'}$$

wo

$$\varepsilon_1 = 1 + 4\pi\Delta \sum_j \frac{\mathfrak{L}_{jx}^2}{\omega_j^{(0)2} - \omega^2} \tag{66'}$$

ist. Die Konstanten des so transformierten Koordinatensystems heißen die Hauptdielektrizitätskonstanten. Bei Kristallen mit geringer Symmetrie (ohne drei aufeinander senkrechte Symmetrieachsen) hängt die Lage der Hauptachsen noch von der Frequenz ω ab. Man bezeichnet diese Erscheinung als Dispersion der Achsen.

Der Ausdruck (64c) für $\mathfrak{P}^{(1)}$ läßt sich leicht umformen in

$$\mathfrak{P}^{(1)} = i\,[\mathfrak{E}\,\mathfrak{G}]. \tag{64c'}$$

Dabei bedeutet $\mathfrak{G}$ den Vektor

$$\mathfrak{G} = \frac{\tau}{2}\Delta \sum_{jj'} \frac{(\mathfrak{s}\,\mathfrak{R}_{jj'})\,[\mathfrak{L}_j\,\mathfrak{L}_{j'}]}{(\omega_j^{(0)2} - \omega^2)(\omega_{j'}^{(0)2} - \omega^2)}. \tag{67}$$

Man nennt $\mathfrak{G}$ die Gyration. Somit wird die gesamte dielektrische Erregung, bezogen auf elektrische Hauptachsen,

$$\mathfrak{D}_x = \varepsilon_1\mathfrak{E}_x + i\,[\mathfrak{E}\,\mathfrak{G}]_x, \ \ldots \tag{65''}$$

Der erste Bestandteil ergibt die gewöhnliche Doppelbrechung, der zweite die optische Aktivität.

16. Doppelbrechung. Wegen einer vollständigen Entwicklung des optischen Verhaltens der Kristalle muß auf die ausführlichen Darstellungen der beschreibenden Kristallphysik[1]) verwiesen werden. Hier soll auf diese Erscheinungen nur so weit eingegangen werden, wie nötig ist, zu erkennen, daß die gesamte formale Kristalloptik sich aus den oben gegebenen Ansätzen (65''), (66'), (67) ergibt.

Wir gehen aus von der ersten Näherung, den Gliedern nullter Ordnung in τ,

$$\mathfrak{D}_x = \varepsilon_1 \mathfrak{E}_x, \ldots \tag{65'}$$

Der Vektor $\mathfrak{D}$, gewöhnlich als Lichtvektor bezeichnet, steht senkrecht auf der Fortpflanzungsrichtung der Welle; denn aus div $\mathfrak{D} = 0$ folgt für eine ebene Welle

$$\mathfrak{D}\mathfrak{s} = (\mathfrak{E} + 4\pi \mathfrak{P}_1, \mathfrak{s}) = 0. \tag{68}$$

Dann läßt sich die Gleichung (61) umformen in

$$\mathfrak{D} = n^2\{\mathfrak{E} - \mathfrak{s}(\mathfrak{s}\mathfrak{E})\}. \tag{69}$$

Wegen (65') wird

$$\mathfrak{D}_x\left(\frac{1}{n^2} - \frac{1}{\varepsilon_1}\right) = -\mathfrak{s}_x(\mathfrak{s}\mathfrak{E}),$$

und in Verbindung mit (68) folgt sodann das FRESNELsche Gesetz

$$\frac{\mathfrak{s}_x^2}{\frac{1}{n^2} - \frac{1}{\varepsilon_1}} + \frac{\mathfrak{s}_y^2}{\frac{1}{n^2} - \frac{1}{\varepsilon_2}} + \frac{\mathfrak{s}_z^2}{\frac{1}{n^2} - \frac{1}{\varepsilon_3}} = 0. \tag{70}$$

Durch diese Gleichung wird zu jeder Wellenrichtung $\mathfrak{s}$ ein Brechungsindex n und damit eine Normalengeschwindigkeit $c_n = \frac{c}{n}$ bestimmt. Man erhält

$$\left.\begin{aligned} n^4(\varepsilon_1 \mathfrak{s}_x^2 + \varepsilon_2 \mathfrak{s}_y^2 + \varepsilon_3 \mathfrak{s}_z^2) - n^2(\varepsilon_2\varepsilon_3[\mathfrak{s}_y^2 + \mathfrak{s}_z^2] + \varepsilon_3\varepsilon_1[\mathfrak{s}_z^2 + \mathfrak{s}_x^2] \\ + \varepsilon_1\varepsilon_2[\mathfrak{s}_x^2 + \mathfrak{s}_y^2]) + \varepsilon_1\varepsilon_2\varepsilon_3 = 0. \end{aligned}\right\} \tag{70'}$$

Die Gleichung ist quadratisch in n^2, d. h. sie hat im allgemeinen zwei verschiedene Wurzeln $n_0'^2$ und $n_0''^2$; in einer beliebigen Wellenrichtung pflanzen sich zwei Wellen mit verschiedener Geschwindigkeit fort. Wenn man das Indexellipsoid[2])

$$\frac{x^2}{\varepsilon_1} + \frac{y^2}{\varepsilon_2} + \frac{z^2}{\varepsilon_3} = 1$$

mit der auf der Wellennormalen senkrechten Ebene schneidet, geben die Hauptachsen der Schnittellipse die beiden Brechungsindizes, ihre Richtungen die der zugehörigen Lichtvektoren.

Aus den Gleichungen (69) folgen die gesamten Gesetze der Lichtausbreitung in optisch anisotropen Körpern. Das Wesentliche ist, daß infolge der Ungleichwertigkeit der Kristallachsen für ihren geometrischen Bau zugleich eine verschiedene Festigkeit der Ionen gegenüber Schwingungen in Richtung dieser Achsen bedingt wird und so das elektrische Moment von seiner Lage zu den Achsen abhängt.

Für reguläre Kristalle verschwindet natürlich diese Abhängigkeit von den Achsen und damit die Doppelbrechung. Man erhält einfach

$$n^2 = \varepsilon = 1 + \frac{4\pi}{3}\Delta \sum_j \frac{\mathfrak{L}_j^2}{\omega_j^{(0)2} - \omega^2}. \tag{71}$$

Es sei noch bemerkt, daß infolge der großen Trägheit der Ionen ihre Eigenschwingungen im Ultraroten liegen und sich ihr Beitrag zur Doppelbrechung

---

[1]) Namentlich F. POCKELS, Lehrbuch der Kristalloptik. Berlin u. Leipzig 1906.

[2]) Über die Bezeichnungen s. F. POCKELS, Lehrbuch der Kristalloptik. Berlin und Leipzig 1906.

erst dort bemerkbar macht. Die Doppelbrechung im sichtbaren Gebiet beruht im wesentlichen auf den Eigenschwingungen innerhalb der Atome.

17. Dispersion. Die Gleichung (71) läßt deutlich die Abhängigkeit des Brechungsindex von der Frequenz des auffallenden Lichtes, die Dispersion, erkennen. Wenn die auftreffende Welle mit einer Eigenschwingung zusammenfällt, tritt Resonanz ein. Der Brechungsindex zeigt an dieser Stelle ein scharfes Maximum. Schon in Ziff. 11 hatten wir dieses Maximum benutzt, um daraus auf die Lage der Eigenschwingungen zu schließen. Der Theorie nach müßte n sogar von $+\infty$ nach $-\infty$ springen. Dieses physikalisch unmögliche Verhalten beruht auf der Vernachlässigung der Dämpfung, für die eine befriedigende atomistische Theorie fehlt. Infolgedessen muß man den Streifen in unmittelbarer Nachbarschaft einer Eigenfrequenz von der Betrachtung ausschließen. Zwischen zwei Eigenfrequenzen wächst n monoton mit ω; hier hat man normale Dispersion.

Für anisotrope Kristalle ist die Dispersion zwar verwickelter, aber in ihrem wesentlichen Verlauf ganz entsprechend.

Gleichung (71) stimmt genau mit der überein, die vor dem Ausbau der Gittertheorie schon DRUDE[1]) aus der Annahme freier, quasielastisch an eine Gleichgewichtslage gebundener Teilchen erhielt, ohne ihre Wechselwirkungen zu berücksichtigen. Dann werden die Eigenmomente

$$\mathfrak{L}_k^{(i)} = \frac{1}{\Delta} \frac{e_k}{\sqrt{m_k}} \mathfrak{i}_i, \qquad (i = 1, 2, 3), \tag{41'}$$

wo $\mathfrak{i}_i$ die Einheitsvektoren nach den Koordinatenachsen bedeuten. Man erhält

$$n^2 = \varepsilon = 1 + \frac{4\pi}{\Delta} \sum_k \frac{\frac{e_k^2}{m_k}}{\omega_k^{(0)2} - \omega^2}. \tag{70'}$$

Bei diesem allgemeinen Ansatz konnte DRUDE auch die Eigenschwingungen innerhalb der einzelnen Ionen mit umfassen, die in den gittertheoretischen Ansätzen nicht enthalten sind. Es zeigt sich, daß die Ionen- und die Elektronenschwingungen deutlich getrennt liegen, die einen im Ultraroten, die anderen im Ultravioletten. DRUDE nahm nur je eine Schwingung von der Art an ω_r und ω_v. Er ersetzte die Zahl der Zellen $1/\Delta$ durch die der vorhandenen schwingungsfähigen Teilchen auf die Volumeinheit N_r und N_v und erhielt

$$n^2 = \varepsilon = 1 + \frac{4\pi \frac{N_r e_r^2}{m_r}}{\omega_r^2 - \omega^2} + \frac{4\pi \frac{N_v e_v^2}{m_v}}{\omega_v^2 - \omega^2}.$$

Führt man statt dessen die Wellenlänge im Vakuum $\lambda_0 = \frac{2\pi c}{\omega}$ ein, so wird

$$n^2 = \varepsilon_0 + \frac{A_r}{\lambda_0^2 - \lambda_r^2} + \frac{A_v}{\lambda_0^2 - \lambda_v^2}.$$

Darin bedeutet

$$\varepsilon_0 = 1 + \frac{N_r l_r^2 e_r^2}{\pi c^2 m_r} + \frac{N_v e_v^3 \lambda_v^2}{\pi c^2 m_v}$$

die statische Elektrizitätskonstante und

$$A_r = \frac{N_r e_r^2 \lambda_r^2}{\pi c^2 m_r}, \qquad A_v = \frac{N_v e_v^2 \lambda_v^2}{\pi c^2 m_v}.$$

---

[1]) P. DRUDE, Ann. d. Phys. Bd. 14, S. 677. 1904.

Die Neutralität des gesamten Stoffes besagt, daß

$$\frac{A_r}{\lambda_r^4}\frac{m_r}{e_r}+\frac{A_v}{\lambda_v^4}\frac{m_v}{e_v}=0\,.$$

λ_r, λ_v, A_r und A_v lassen sich aus Dispersionsmessungen bestimmen.

Diese Betrachtungen sind für die Entwicklung der Gittertheorie insofern bedeutsam geworden, als man aus ihnen zum erstenmal einen Schluß auf die elementaren Bestandteile der Kristalle ziehen konnte. Es ergab sich nämlich das Verhältnis $\frac{A_v}{\lambda_v^4}:\frac{A_r}{\lambda_r^4}$ von der Größenordnung 10^5, demnach müßte auch das Verhältnis $\left|\frac{m_r}{e_r}\right|:\left|\frac{m_v}{e_v}\right|$ von derselben Größenordnung sein. DRUDE schloß daraus, daß die ultraroten Eigenschwingungen auf den Bewegungen der Ionen, die ultravioletten auf denen der Elektronen beruht. In der Tat hat das Verhältnis der Elektronenmasse zu der schwererer Ionen gerade die verlangte Größenordnung.

Auf einen anderen einfachen Zusammenhang hat HABER[1]) aufmerksam gemacht. Unter der Annahme, daß die quasielastische Kraft für die Ionen und die Elektronen gleich ist, ergibt sich

$$\frac{\lambda_r}{\lambda_v}=\sqrt{\frac{m_r}{m_v}}=42{,}8\sqrt{M}\,,$$

wo M das Molekulargewicht bedeutet. Diese Beziehung ist in der Erfahrung gut bestätigt worden. So erhält man beim Sylvin aus $\lambda_r = 61{,}1\,\mu$ [2]) und $M = 74{,}6$ berechnet $\lambda_v = 163{,}5\,\mu\mu$ gegen beobachtet $\lambda_v = 160{,}7\,\mu\mu$[3]). Die Gültigkeit der HABERschen Beziehung besagt, daß in polar gebauten (vgl. Ziff. 33) festen Körpern die Kräfte, die die Ionen zu einem Gitter zusammenhalten, wesensgleich sind mit denen, die das Elektron an den Kern binden, nämlich beide elektrischer Natur.

Vom Standpunkt der strengen Gittertheorie können diese Überlegungen natürlich nur als ganz grobe Näherungen gelten. Indessen führt eine genauere Durchführung[4]) nicht über diese Ergebnisse hinaus, sondern bestätigt sie nur in ihrer Eigenart als Größenordnungsbeziehungen.

18. Optische Aktivität. Die älteren Versuche zur Erklärung der optischen Aktivität[5]) waren gezwungen, besondere Hilfsannahmen einzuführen, nach denen sich die optisch wirksamen Elektronen in Schraubenlinien bewegen sollten, d. h. außer ihrer Verschiebung in Richtung des elektrischen Feldes eine Kreisbewegung senkrecht dazu ausführen. OSEEN[6]) und BORN[7]) erkannten fast gleichzeitig und unabhängig voneinander, daß die schraubenförmige Bewegung der Elektronen, die in den älteren Theorien als ganz willkürliche, eigens dazu eingeführte Annahme erschien, sich bei einer strengeren Durchführung der Atomtheorie der festen Körper als notwendige Folgerung aus deren gitterartigem Aufbau ergab. Beide Arbeiten gehen aus von demselben Grundgedanken, sie unterscheiden sich nur in der Art ihrer Durchführung. Während OSEEN von

---

[1]) F. HABER, Verh. d. D. Phys. Ges. Bd. 13, S. 1117. 1911.

[2]) H. RUBENS u. E. ASCHKINASS, Wied. Ann. Bd. 67, S. 459. 1899.

[3]) F. F. MARTENS, Ann. d. Phys. Bd. 6, S. 603. 1901.

[4]) M. BORN, Dynamik der Kristallgitter. Leipzig u. Berlin 1915.

[5]) W. GIBBS, Sill. Journ. (3) Bd. 23, S. 460. 1882; P. DRUDE, Göttinger Nachr. 1892, S. 366; 1904, S. 1; Lehrbuch der Optik Kap. VI. Leipzig 1900.

[6]) C. W. OSEEN, Ann. d. Phys. Bd. 48, S. 1. 1915.

[7]) M. BORN, Dynamik der Kristallgitter, Leipzig u. Berlin 1915; Phys. ZS. Bd. 14, S. 251. 1915; Berl. Ber. 1916, S. 614; Ann. d. Phys. Bd. 55, S. 177. 1918; ZS. f. Phys. Bd. 8, S. 390. 1922.

bestimmteren Vorstellungen über die Natur der Kräfte ausgeht, ordnen sich die BORNschen Arbeiten ohne weitere Voraussetzungen in die von ihm entwickelte Gittertheorie ein.

Der eine grundlegende Unterschied dieser Ansätze gegenüber den älteren von DRUDE liegt darin, daß bei ihnen die schwingungsfähigen Teilchen nicht mehr als unabhängig voneinander angenommen werden, sondern daß man ihre Wechselwirkung aufeinander berücksichtigt. Dadurch wird eine schraubenförmige Anordnung der Atome im Kristall dynamisch wirksam und zwingt die Elektronen zu einer Kreisbewegung senkrecht zur Richtung des elektrischen Feldes, die sich ihrer einfachen Verschiebung in dieser Richtung überlagert.

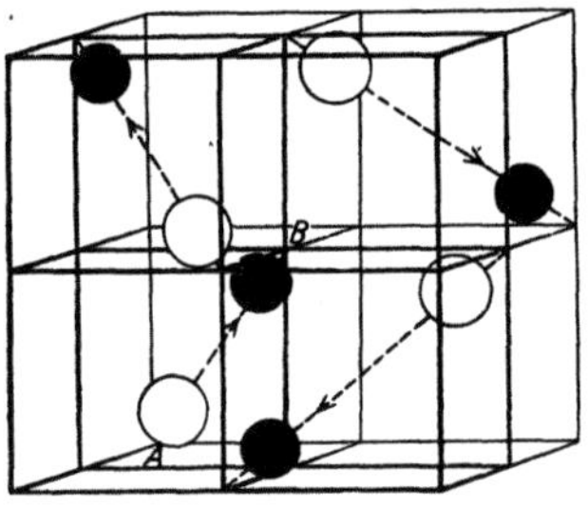

Abb. 12. Natriumchlorattyp.

Abb. 12 soll am Beispiel des Natriumchlorat zeigen, wie in einem Gitter eine schraubenförmige Anordnung seiner Bestandteile möglich ist. Betrachtet man die ClO_3-Gruppe als einfaches Ion, so kann man sich das Natriumchloratgitter dadurch aus dem Steinsalzgitter entstanden denken, daß man die beiden Ionenarten paarweise so durch Würfeldiagonalen verbindet, daß die Verbindungslinien der vier zu einer Zelle gehörigen Paare den vier Würfeldiagonalen entsprechen, und dann die so verbundenen Ionen sich um ein Sechstel ihres ursprünglichen Abstands nähern läßt. Blickt man in der Abbildung etwa in der Richtung AB, so sieht man, wie die Verbindungslinien der anderen Ionen schraubenförmig um diese Richtung liegen. Entsprechendes gilt natürlich für jede andere Richtung.

Man sieht an diesem Beispiel, daß die optische Aktivität auf einer gewissen Unsymmetrie des Gitters beruht. VOIGT[1]), der sich von rein phänomenologischen Gesichtspunkten aus mit dieser Erscheinung beschäftigte, erkannte als notwendige Bedingung das Fehlen eines Symmetriezentrums; Symmetrieebenen können dagegen vorkommen.

Außerdem kann, namentlich bei organischen Verbindungen, der Grund für die Drehung der Polarisationsebene schon in einer Unsymmetrie des Moleküls liegen. Solche Substanzen (wie etwa Traubenzucker) behalten diese Eigenschaft natürlich auch in ihrer Lösung. An dieser Stelle kommt nur der Anteil in Frage, der allein von der Unsymmetrie des Gitters herrührt. Dieser Anteil verschwindet in der Lösung des Kristalls.

Die zweite Grundannahme OSEENS und BORNS besteht darin, daß das Verhältnis der Gitterkonstante zu Wellenlänge nicht mehr vernachlässigt, sondern als kleine Größe erster Ordnung mitgeführt wird. In unseren allgemeinen Ansätzen (64) kommt das darin zum Ausdruck, daß man zur Bestimmung des elektrischen Momentes einen Schritt weiter gehen muß, als zur Berechnung der Doppelbrechung nötig war, und auch den Anteil der in τ linearen Glieder berücksichtigen. Die zweite Annahme ist eine notwendige Folgerung der ersten, denn erst in dieser Näherung wird die Koppelung zwischen den Elektronen wirksam.

Wir gehen aus von dem Ausdruck

$$\mathfrak{D}_x = \varepsilon_1 \mathfrak{E}_x + i\,[\mathfrak{E}\mathfrak{G}]_x \tag{68}$$

und identifizieren ihn mit der aus den MAXWELLschen Gleichungen folgenden Beziehung

$$\mathfrak{D} = n^2\,\{\mathfrak{E} - \mathfrak{s}\,(\mathfrak{s}\,\mathfrak{E})\}\,. \tag{69}$$

---

[1]) W. VOIGT, Drudes Ann. Bd. 69, S. 307. 1899; Göttinger Nachr. 1903, S. 155; Ann. d. Phys. Bd. 18, S. 646. 1905.

Man erhält so drei lineare Gleichungen für die Komponenten von $\mathfrak{E}$. Das Verschwinden ihrer Determinante ergibt eine Gleichung (70′) entsprechende quadratische Gleichung zur Bestimmung von n^2, das jetzt außer von der Dielektrizitätskonstante noch von dem Gyrationsvektor $\mathfrak{G}$ abhängt. Sind n_0' und n_0'' die Lösungen der ersten Näherungsgleichung (70′), so läßt sich die neue Beziehung schreiben

$$(n^2 - n_0'^2)(n^2 - n_0''^2) = g^2 . \tag{72}$$

Darin ist g, der skalare Parameter der Gyration, ein Korrektionsglied von der Größenordnung τ, das die Abhängigkeit der optischen Aktivität von den Bestimmungsstücken des Gitters und der Wellenrichtung zum Ausdruck bringt. Diese Abhängigkeit ist im allgemeinen recht verwickelt, aber wenn man zur Berechnung von g die Anisotropie der Dielektrizitätskonstante vernachlässigt, d. h. $\varepsilon_1 = \varepsilon_2 = \varepsilon_3 = \varepsilon$ setzt, erhält man einfach

$$g = (\mathfrak{s}\,\mathfrak{G}) . \tag{73}$$

Setzt man diesen Ausdruck in (67) ein, so wird

$$g = g_{11}\mathfrak{s}_x^2 + g_{22}\mathfrak{s}_y^2 + g_{33}\mathfrak{s}_z^2 + 2g_{23}\mathfrak{s}_y\mathfrak{s}_z + 2g_{31}\mathfrak{s}_z\mathfrak{s}_x + 2g_{12}\mathfrak{s}_x\mathfrak{s}_x \tag{74}$$

und

$$\left.\begin{aligned} g_{11} &= \frac{\tau}{2}\Delta\sum_{jj'}\frac{R_{jj'x}[\mathfrak{L}_j\mathfrak{L}_{j'}]_x}{(\omega_j^{(0)2}-\omega^2)(\omega_{j'}^{(0)2}-\omega^2)}, \ldots \\ g_{23} &= \frac{\tau}{4}\Delta\sum_{jj'}\frac{R_{jj'y}[\mathfrak{L}_j\mathfrak{L}_{j'}]_z + R_{jj'z}[\mathfrak{L}_j\mathfrak{L}_{j'}]_y}{(\omega_j^{(0)2}-\omega^2)(\omega_{j'}^{(0)2}-\omega^2)} \ldots \end{aligned}\right\} \tag{74'}$$

Trägt man $1/\sqrt{g}$ auf dem zugehörigen Vektor $\mathfrak{s}$ ab, so erhält man eine (nicht notwendig definite) Fläche zweiter Ordnung, die Gyrationsfläche. Da g bei der Vertauschung von $\mathfrak{s}$ mit $-\mathfrak{s}$ ungeändert bleibt, sind für zwei in entgegengesetzten Richtungen fortschreitende Wellen die Erscheinungen der optischen Aktivität dieselben.

Für reguläre Kristalle artet die Gyrationsfläche in eine Kugel aus. Man erhält statt des Tensors g_{ik} den konstanten Wert

$$g = \frac{\tau}{6}\Delta\sum_{jj'}\frac{(R_{jj'}[\mathfrak{L}_j\mathfrak{L}_{j'}])}{(\omega_j^{(0)2}-\omega^2)(\omega_{j'}^{(0)2}-\omega^2)} . \tag{75}$$

Man erhält statt der Maxwellschen Beziehung

$$n^2 = \varepsilon \tag{71}$$

die neue

$$n^2 = \varepsilon \pm g , \tag{76}$$

die aus (72) für $n_0' = n_0'' = \varepsilon$ hervorgeht. Eine genauere Untersuchung der Schwingungsvorgänge lehrt, daß das eine Vorzeichen für eine rechts-, das andere für eine linkszirkular polarisierte Welle gilt. Beide pflanzen sich also im Kristall mit verschiedenen Geschwindigkeiten

$$n_l = \bar{n} + \frac{g}{2\bar{n}}, \qquad n_r = \bar{n} - \frac{g}{2\bar{n}} \tag{76}$$

fort, wobei $\bar{n} = \sqrt{\varepsilon}$ den Brechungsindex ohne Berücksichtigung der Aktivität bedeutet. Nach den bekannten Fresnelschen Vorstellungen resultiert aus beiden zirkular polarisierten eine linear polarisierte Welle, deren Schwingungsebene sich dreht. Das spezifische Drehvermögen, d. h. die Drehung der Polarisationsebene, die eine Platte von 1 cm Dicke hervorbringt, wird

$$\varrho = \frac{\omega}{2c}(n_l - n_r) = \frac{\omega g}{2c\bar{n}} = \frac{\pi g}{\lambda \bar{n}^2} . \tag{77}$$

Für nicht reguläre Kristalle ist die Erscheinung in Richtung der optischen Hauptachse, wo die Doppelbrechung verschwindet, genau dieselbe. Für davon abweichende Richtungen arten die zirkular polarisierten Wellen in elliptisch polarisierte aus, deren Exzentrizität sich mit zunehmender Abweichung sehr schnell vergrößert.

Die Dispersion der optischen Aktivität ist in den Gleichungen (74′) für die g_{ik} mit enthalten. Die Verhältnisse sind im allgemeinen denen bei der gewöhnlichen Dispersion analog. Wesentlich ist nur, daß in den Nennern Produkte aus Ausdrücken von der Form $(\omega_j^{(0)2} - \omega^2)$ vorkommen. Bei einer Partialbruchzerlegung treten also außer linearen auch quadratische Glieder auf. Während bei den ersteren das Drehvermögen beim Durchgang durch einen Absorptionsstreifen von sehr großen zu sehr kleinen Werten überspringt, verläuft es im zweiten Falle symmetrisch.

Wenn man wieder zwischen ultraroten und ultravioletten Eigenschwingungen unterscheidet und statt der Frequenz die Wellenlänge im Vakuum $\lambda_0 = 2\pi c/\omega$ einführt, erhält man eine den Formeln der gewöhnlichen Dispersionstheorie entsprechende Darstellung für das Drehvermögen

$$\varphi = \sum_r \frac{P_r \lambda_0^2}{(\lambda_0^2 - \lambda_r^2)^2} + \frac{Q_r}{(\lambda_0^2 - \lambda_r^2)} + \sum_v \frac{P_v \lambda_0^2}{(\lambda_0^2 - \lambda_v^2)^2} + \frac{Q_v}{(\lambda_0^2 - \lambda_v^2)}\,.$$

Im sichtbaren Gebiet haben erfahrungsgemäß die ultraroten Schwingungen keinen nennenswerten Einfluß. Für die Darstellung des Beobachtungsmaterials sind verschiedene Reihenentwicklungen angegeben worden. Diesbezüglich muß auf die betreffenden Darstellungen der beschreibenden Kristallphysik[1]) verwiesen werden.

IV. Thermodynamik der festen Körper.

19. Klassische Theorie der Atomwärme. Im folgenden Teil soll auf die thermischen Eigenschaften der festen Körper nur insoweit eingegangen werden, als für sie der atomare Aufbau charakteristisch ist. Vom Standpunkt der Wärmelehre beschäftigen sich namentlich die Artikel von E. GRÜNEISEN, Zustand des festen Körpers, Bd. X, Kapitel 1, und E. SCHRÖDINGER, Spezifische Wärme, Bd. X, Kapitel 5, mit demselben Gegenstand. In allen Einzelheiten, auch wegen ausführlicherer Literaturangaben, muß auf diese Artikel verwiesen werden. Wir können uns darum kurz fassen.

Die kinetische Theorie der Materie führt die Wärme auf die ungeordnete Bewegung der Atome und Moleküle zurück. Sie gründet sich auf den Satz von der Gleichverteilung der Energie auf die Freiheitsgrade, nach dem die Energie eines mechanischen Systems, das rein quadratisch von zusammen n Koordinaten und Impulsen abhängt, im Mittel den Wert

$$n\frac{kT}{2} \tag{78}$$

hat. Darin bedeutet, wie üblich, T die absolute Temperatur, k die BOLTZMANNsche Konstante, die Gaskonstante, bezogen auf ein Atom,

$$k = \frac{R}{N} = 1{,}371 \cdot 10^{-16}\ \text{erg grad}^{-1}\,,$$

wobei R die gewöhnliche Gaskonstante, bezogen auf ein Mol, ist, N die Anzahl der darin enthaltenen Moleküle, die LOSCHMIDTsche Zahl.

[1]) Vgl. dieses Handbuch Bd. XXI.

In einem einatomigen Gas hängt die kinetische Energie jedes Atoms homogen quadratisch von seinen drei Impulsen ab. Infolgedessen ist sein gesamter Energieinhalt für ein Grammatom

$$\tfrac{3}{2}NkT = \tfrac{3}{2}RT.$$

Die spezifische Wärme, d. h. die Wärme, die nötig ist, das Gas um ein Grad zu erwärmen, wird

$$C_v = \tfrac{3}{2}R.$$

Bei festen Körpern kommt zu der kinetischen noch eine potentielle Energie, die in der bisher betrachteten Näherung eine rein quadratische Funktion der Verrückungskoordinaten wird. Dadurch verdoppelt sich die Anzahl der Freiheitsgrade. Man erhält für feste Körper

$$C_v = 3R = 5{,}956 \text{ cal grad}^{-1}. \tag{79}$$

Der Index v deutet an, daß es sich um die spezifische Wärme bei konstantem Volumen handelt, die sich von der gewöhnlich gemessenen spezifischen Wärme bei konstantem Druck um den Betrag

$$C_p - C_v = \frac{9\alpha^2 VT}{\varkappa}\ ^{1)}$$

unterscheidet, wobei V das Atomvolumen, α den linearen Ausdehnungskoeffizienten und $\varkappa$ die Kompressibilität bedeutet. Nach der klassischen Rechnung hat also die Atomwärme (spezifische Wärme, bezogen auf ein Grammatom) für alle festen Körper denselben Wert $3R$, ein Zusammenhang, der als DULONG-PETITsches Gesetz schon seit mehr als hundert Jahren bekannt ist.

Man weiß aber auch schon seit langem, daß dies Gesetz durchaus nicht ausnahmslos gültig ist. Namentlich Kohlenstoff, Bor und Silizium ergeben bedeutend geringere Werte. Später ist, namentlich von NERNST und seiner Schule, gezeigt worden, daß bei allen Körpern die spezifische Wärme für hinreichend tiefe Temperaturen unter den theoretisch zu erwartenden Wert herabsinkt, ja bei sinkender Temperatur schließlich ganz verschwindet[2]).

Zur Erklärung dieses Verhaltens blieb der klassischen Theorie kein anderer Weg, als anzunehmen, daß bei sinkender Temperatur die Anzahl der Freiheitsgrade abnimmt, indem an Stelle elastischer Kräfte starre Bindungen treten. Diese Annahme würde aber eine Abnahme der Kompressibilität bei sinkender Temperatur verlangen; das widerspricht der Erfahrung. Außerdem schließt die einfache Abzählung der Freiheitsgrade nach dem Gleichverteilungssatz ein allmähliches Steiferwerden aus. Solange ein Freiheitsgrad überhaupt noch angeregt werden kann, hat er den vollen Energiebeitrag $\frac{1}{2}kT$. Bei seinem Aussetzen ändert sich die Energie sprungartig.

Eine Beseitigung dieser gedanklichen Härte gelang erst EINSTEIN[3]), indem er die inzwischen von PLANCK auf dem Gebiet der Wärmestrahlung entwickelte Quantentheorie heranzog.

20. Quantentheorie der Atomwärme. In der Strahlungstheorie konnte man nämlich nur so zu einer physikalisch sinnvollen Darstellung der spektralen Energieverteilung kommen, daß man den Gleichverteilungssatz aufgab und einem Resonator die Energie

$$kTP\left(\frac{h\nu}{kT}\right), \tag{80}$$

---

[1]) Vgl. dieses Handbuch Bd. X.

[2]) Vgl. etwa W. NERNST, Die theoretischen und experimentellen Grundlagen des neuen Wärmesatzes. Leipzig 1918.

[3]) A. EINSTEIN, Ann. d. Phys. Bd. 22, S. 180, 800. 1907; Bd. 34, S. 170, 590. 1911.

zuteilte, wobei die PLANCKsche Transzendente

$$P(x) = \frac{x}{e^x - 1}, \tag{81}$$

eine charakteristische Abhängigkeit der Energie von der Frequenz des Resonators ausdrückt.

Die statistische Deutung dieser Formel führte PLANCK zu der Vorstellung, daß die Energie des Resonators nicht beliebige Werte annehmen könne, sondern nur ganzzahlige Vielfache eines kleinsten Betrages $h\nu$. $h = 6{,}55 \cdot 10^{-27}$ erg/sec ist eine neue Naturkonstante, das PLANCKsche Wirkungsquantum[1]).

EINSTEIN betrachtete die Atome eines festen Körpers als unabhängige Resonatoren und führte für ihre Energie den PLANCKschen Wert (81) ein. Er erhielt für den Energieinhalt eines Grammatoms

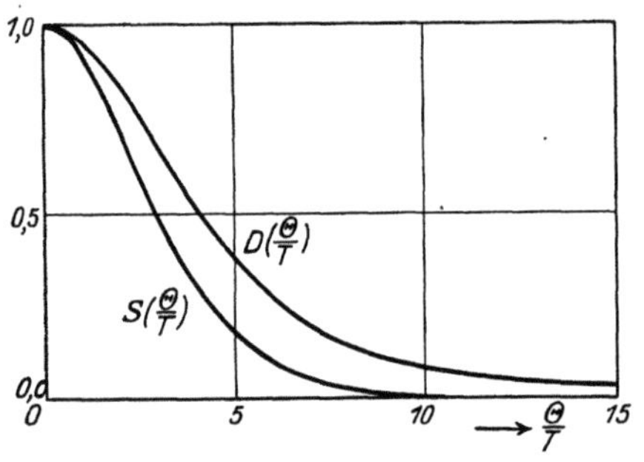

Abb. 13. Spezifische Wärme nach EINSTEIN und DEBYE.

$$E = 3RTP\left(\frac{\Theta}{T}\right). \tag{82}$$

Darin ist statt ν die charakteristische Temperatur

$$\Theta = \frac{h\nu}{k} = 4{,}76 \cdot 10^{-11}\nu = 1{,}428\,\frac{1}{\lambda}$$

eingeführt. Für die Atomwärme folgt aus (82)

$$C_v = 3RS\left(\frac{\Theta}{T}\right), \tag{83}$$

wo zur Abkürzung

$$S(x) = P(x) - xP'(x) = \frac{x^2 e^x}{(e^x - 1)^2} \tag{84}$$

gesetzt ist.

Abb. 13 gibt eine Vorstellung von dem Verlauf der Funktion $S\left(\frac{\Theta}{T}\right)$. Für große Werte des Arguments (hohe Frequenz und tiefe Temperatur) nimmt die Funktion exponentiell ab, für kleine Werte (niedrige Frequenz und hohe Temperatur) nähert sie sich asymptotisch dem Werte $S(0) = 1$. Bei fester Temperatur gibt es für die Wellen eine Grenze (bei Zimmertemperatur $\lambda \backsim 5\,\mu$), unterhalb von der sie keinen merklichen Beitrag zur Wärmeenergie liefern, und eine zweite Grenze ($\lambda \backsim 95\,\mu$), oberhalb von der die Schwingungen die volle, von der klassischen Theorie verlangte Energie haben. Zwischen beiden Grenzen fällt die Kurve steil, aber stetig ab.

Man sieht daraus, daß für die Wärmeenergie nur die Schwingungen der ganzen Atome in Betracht kommen. Die Schwingungen der Elektronen innerhalb des Atoms haben eine viel zu hohe Frequenz. Aber schon die Atomschwingungen können bei leichten Atomen so schnell werden, daß ihre Energie merklich vom klassischen Wert abweicht. In der Tat sind die Abweichungen vom DULONG-PETITschen Gesetz bei Zimmertemperatur gerade bei leichten Elementen beobachtet worden.

Indessen bedingt die verschiedene Lage der Atomfrequenz nur eine Maßstabänderung der Kurve, die die Temperaturabhängigkeit der Atomwärme wiedergibt, ihr Gesamtverlauf bleibt immer derselbe (Gesetz der korrespondierenden Zustände). Für hohe Temperaturen hat die Atomwärme den klassischen Wert $3R$, bei tiefen Temperaturen nimmt sie sehr schnell ab und erreicht beim absoluten Nullpunkt, in Übereinstimmung mit dem NERNSTschen Wärmetheorem, den Wert Null. Die EINSTEINsche Theorie gibt für eine große Anzahl von Stoffen

[1]) Vgl. dieses Handbuch Bd. XXIII.

den Verlauf der spezifischen Wärme in guter Annäherung wieder, wenn man für ν einen geeigneten Wert einsetzt. Nur für tiefe Temperaturen zeigen sich systematische Abweichungen. Der von der Theorie geforderte experimentelle Abfall wird von der Erfahrung nicht bestätigt.

NERNST und LINDEMANN[1]) stellten eine empirische Formel auf, die sich den Beobachtungen besser anschloß. Sie berücksichtigten außer den Schwingungen mit der Frequenz ν noch solche mit der halben Frequenz $\nu/2$ und erhielten

$$C_v = 3R\frac{1}{2}\left\{S\left(\frac{\Theta}{T}\right) + S\left(\frac{\Theta}{2T}\right)\right\}.$$

Bei tiefen Temperaturen versagt auch diese Formel. Auch sie fällt für kleine T exponentiell ab, während die Messungen eine wesentlich langsamere Abnahme (mit einer Potenz von T) zeigen.

21. DEBYES Theorie der Atomwärme. Der Grund dieser Unstimmigkeiten lag auf der Hand: man rechnete mit gleichen, ungekoppelten Resonatoren, während die wirklichen Bewegungsformen eines Gitters sich aus ziemlich kompliziert verteilten Eigenschwingungen zusammensetzen. Es kam darauf an, einen Überblick über die Eigenschwingungen eines Gitters zu gewinnen. Den ersten Schritt auf diesem Wege tat DEBYE[2]). Er ersetzte das Gitter durch ein elastisches Kontinuum. In einem Kontinuum entfallen nach (50) auf ein Frequenzintervall $d\nu$

$$dz = 3VF\nu^2 d\nu$$

Schwingungen, wobei sich F nach (52) aus den Schallgeschwindigkeiten ausdrückt. Die Anzahl aller überhaupt vorhandenen Eigenschwingungen ist natürlich unendlich (wie bei einer Saite außer dem Grundton beliebig viele Oberschwingungen vorkommen). DEBYE berücksichtigt den atomarmen Bau, indem er die Eigenschwingungen des Kontinuums an der Stelle abbricht, wo ihre Anzahl gleich der der möglichen Schwingungen des Gitters ist, d. h. er bestimmt eine Maximalfrequenz ν_m durch die Forderung

$$3N = \int_0^{\nu_m} 3VF\nu^2 d\nu = VF\nu_m^3,$$

$$\nu_m = \sqrt[3]{\frac{3N}{VF}}. \tag{85}$$

Dann erhält man für die Wärmeenergie

$$E = kT\int_0^{\nu_m} P\left(\frac{h\nu}{kT}\right) 3VF\nu^2 d\nu = 3RTD\left(\frac{\Theta}{T}\right), \tag{86}$$

worin die charakteristische Temperatur jetzt

$$\Theta = \frac{h\nu_m}{k} = \frac{h}{k}\sqrt[3]{\frac{3N}{VF}} \tag{87}$$

und die DEBYEsche Funktion

$$D(x) = \frac{3}{x^3}\int_0^x P(\zeta)\zeta^2 d\zeta = \frac{3}{x^3}\int_0^x \frac{\zeta^3}{e^\zeta - 1} d\zeta \tag{88}$$

bedeutet. Die Atomwärme wird

$$C_v = 3R\left\{4D\left(\frac{\Theta}{T}\right) - 3P\left(\frac{\Theta}{T}\right)\right\}. \tag{89}$$

1) W. NERNST u. F. LINDEMANN, Berl. Ber. 1911, S. 494.
2) P. DEBYE, Ann. d. Phys. Bd. 39, S. 789. 1912.

Sie geht für hohe Temperaturen ähnlich wie schon der EINSTEINsche Ausdruck gegen den klassischen Wert, verschwindet aber für tiefe Temperaturen nur mit der dritten Potenz. Es wird für kleine T

$$C_v = \frac{12\pi^4}{5} \frac{R}{\Theta^3} T^3. \tag{90}$$

Die DEBYEsche Formel ist von der Erfahrung in weitgehendem Maße bestätigt worden. Auch für die Näherungsformel (90) erhielt man gute Übereinstimmung. Ebenso wie bei der EINSTEINschen Formel gilt auch hier das Gesetz der korrespondierenden Zustände. Ein Unterschied liegt nur darin, daß in der EINSTEINschen Theorie die charakteristische Temperatur Θ erst aus den Messungen entnommen werden mußte, während sie bei DEBYE nach Gleichung (87) und (52) aus dem elastischen Verhalten berechnet werden kann. Das gibt eine Möglichkeit zur Prüfung der Theorie. In Tabelle 4 sind für einige Elemente die aus der Atomwärme und die aus dem elastischen Verhalten berechneten Θ-Werte verglichen.

Tabelle 4. Atomwärmen nach Debye.

Stoff	Θ Atomwärme	Θ Elastizität
Al	396	402
Cu	309	332
Ag	215	214
Pb	95	72

Tabelle 5. Atomwärmen nach Debye, aus den Reststrahlen berechnet.

Stoff		Θ Atomwärme	Θ Reststrahl
Steinsalz	$NaCl$	284	274
Sylvin	KCl	232	227
Bromkalium	KBr	179	173
Flußspat	CaF_2	479	452

Der Vergleich spricht für die Richtigkeit der DEBYEschen Theorie.

In Kristallen ist eine Berechnung der charakteristischen Temperatur nicht mehr möglich, weil die Abhängigkeit der in (52) eingehenden Schallgeschwindigkeiten von den Elastizitätskonstanten zu verwickelt wird. Dagegen zeigt sich für viele einfache Verbindungen gute Übereinstimmung mit dem aus dem Reststrahl berechneten Wert (Tabelle 5).

Dieser Zusammenhang ist natürlich, ähnlich wie die MADELUNGsche Beziehung (42), nur als Dimensionsformel richtig.

Bei allen komplizierteren Verbindungen versagt dagegen die DEBYEsche Formel. Der Grund davon ist ja auch leicht verständlich. Bei DEBYE erscheint die Annahme eines atomaren Baues der Materie erst nachträglich und ziemlich künstlich in die sonst auf dem Boden einer reinen Kontinuumsphysik entstandenen Betrachtungen eingefügt. Die besondere Art ihrer Lagerung wird gar nicht berücksichtigt. Infolgedessen erzielten seine Ergebnisse eine ausreichende Übereinstimmung mit der Erfahrung, soweit es sich um einfach gebaute Stoffe handelte, sie versagten, sobald die Gitterstruktur eine Rolle zu spielen beginnt. Es ergab sich damit die Aufgabe, die Lehre von der Atomwärme auf rein gittertheoretischem Wege aufzubauen und so den Einfluß zu übersehen, den der spezielle Bau des Kristalls darauf ausübt.

22. Einfluß des Gitterbaues auf die Atomwärme. Man gelangt zu einem strengen Ausdruck für die Wärmeenergie, wenn man in dem Verteilungsgesetz (46) der Eigenschwingungen den PLANCKschen Wert für die Energie einsetzt:

$$E = \frac{Nk}{(2\pi)^3} T \sum_j \int P\left(\frac{h\nu_j}{kT}\right) d\varphi. \tag{91}$$

Dabei sind die Zweige ν_j der Frequenzfunktion als Funktionen der φ_i anzusehen, die Integration ist über den Würfel $-\pi \leqq \varphi_i \leqq +\pi$ des Phasenraumes zu erstrecken. Optische Frequenzen, d. h. Schwingungen innerhalb des Atoms, brauchen natürlich nicht berücksichtigt zu werden, weil für sie der Wert der PLANCKschen Energiefunktion schon praktisch Null ist.

Eine direkte Methode zur Auswertung dieser Formel ist von THIRRING[1]) für hohe Temperaturen gegeben worden (hoch gegen den absoluten Nullpunkt). Er gibt eine Reihenentwicklung an, deren Koeffizienten man auf rationalem Wege aus den Atomkräften berechnen kann. An einigen einfachen Gittern hat er seine Betrachtungen durchgeführt und eine befriedigende Übereinstimmung erhalten.

Allgemein ist man aber auf angenäherte Darstellungen angewiesen. Man ersetzt die ultraroten Schwingungen durch ihre Grenzfrequenzen $\omega_j^{(0)} = 2\pi\nu_j^{(0)}$ und erhält von ihnen einen Beitrag zur spezifischen Wärme, der aus Gliedern von der EINSTEINschen Form besteht. Auf die akustischen Frequenzen wendet man die schon häufiger benutzte Näherung

$$\omega_j = 2\pi\nu_j = c_j\tau$$

an und findet von ihnen einen Beitrag, der im wesentlichen mit der DEBYEschen Darstellung übereinstimmt. Man hatte nach Ziff. 13 für jeden Zweig der Frequenzfunktion

$$d\varphi_1\, d\varphi_2\, d\varphi_3 = \Delta\,\tau^2\, d\tau\, d\Omega.$$

Man ersetzt die Integration über den Würfel $-\pi \leqq \varphi_i \leqq +\pi$ durch die über die inhaltsgleiche Kugel und bestimmt daraus den Radius $\bar{\tau}$ zu

$$\bar{\tau} = 2\pi\sqrt[3]{\frac{3}{4\pi\Delta}}.$$

Dann wird die Energie

$$E = RT\left\{\sum_1^3{}_j\int D\left(\frac{\Theta_j}{T}\right)\frac{d\Omega}{4\pi} + \sum_4^{3s}{}_j P\left(\frac{\Theta_j}{T}\right)\right\}. \tag{92}$$

Dabei ist

$$\left.\begin{aligned} &\text{a)}\quad \Theta_j = \frac{h c_j}{k}\sqrt[3]{\frac{3}{4\pi\Delta}} &&(j = 1, 2, 3)\,,\\ &\text{b)}\quad \Theta_j = \frac{h\nu_j^{(0)}}{k} &&(j = 4 \ldots 3s)\,. \end{aligned}\right\} \tag{93}$$

Der Unterschied gegenüber der DEBYEschen Theorie liegt einmal darin, daß hier die ultraroten Eigenschwingungen mitberücksichtigt sind, die DEBYE, der vom Kontinuum ausging, natürlich nicht erhalten konnte. Zum zweiten ist die Richtungsabhängigkeit der Schallgeschwindigkeiten berücksichtigt. Hier liegt die wesentliche Schwierigkeit bei der Auswertung der Gleichung (92). Man muß sich dabei mit Mittelwertbildungen begnügen, und zwar ist es in den meisten Fällen zulässig, den Mittelwert über die DEBYEsche Funktion durch den über ihr Argument zu ersetzen.

Tabelle 6. Spezifische Wärme beim Steinsalz nach Born und v. Kármán.

T	$C_{v\,\text{ber.}}$	$C_{v\,\text{beob.}}$
25	0,28	0,29
28	0,39	0,40

Für reguläre Kristalle mit geringer Anisotropie ihrer elastischen Konstanten haben BORN und v. KÁRMÁN[2]) die Mittelwertbildung wirklich ausgeführt. Sie erhielten so beim Steinsalz eine vorzügliche Übereinstimmung (Tabelle 6).

Den Fall beliebiger Anisotropie haben HOPF und LECHNER[3]) mit Hilfe eines Interpolationsverfahrens behandelt. Auch hier war die Übereinstimmung

[1]) H. THIRRING, Phys. ZS. Bd. 14, S. 867. 1913; Bd. 15, S. 127, 180. 1914.
[2]) M. BORN u. TH. v. KÁRMÁN, Phys. ZS. Bd. 14, S. 15, 65. 1913.
[3]) L. HOPF u. G. LECHNER, Verh. d. D. Phys. Ges. Bd. 16, S. 643. 1914.

gut, doch lagen die berechneten Werte systematisch über den beobachteten. FÖRSTERLING[1]) hat das THIRRINGsche Verfahren auf die Näherung (93) übertragen. Indem er aus dem Verlauf der Atomwärme auf die Eigenschwingungen zurückschloß, erhielt er eine gute Übereinstimmung (Tabelle 7).

In einer späteren Arbeit[2]) fand FÖRSTERLING eine Darstellung der Atomwärme in Abhängigkeit von der Kompressibilität, die durch die Beobachtungen ebenfalls sehr gut bestätigt wurde. Einen für beliebige Temperaturen gangbaren Weg gab FÖRSTERLING[3]) durch eine den numerischen Verhältnissen angepaßte Methode schrittweiser Näherungen. Man kann den Inhalt aller dieser Arbeiten dahin zusammenfassen, daß es gelingt, die spezifische Wärme aus den elastischen und optischen Eigenschaften der Körper zu berechnen.

Neuere Messungen von GRÜNEISEN und GOENS[4]) haben allerdings gezeigt, daß die Näherung der Gleichung (92) nicht in allen Fällen ausreicht. Sie beobachteten bei den stark anisotropen Kristallen Zink und Kadmium einen Verlauf der spezifischen Wärme, der weit über den nach (92) berechneten Werten lag. Sie sahen den Grund dafür darin, daß die Abhängigkeit der Schallgeschwindigkeit von der Wellenlänge vernachlässigt worden war. Eine allgemeine Theorie für diese „Dispersion der Schallgeschwindigkeit" besteht nicht. Für eine eindimensionale Punktreihe (vgl. Ziff. 9) hatten BORN und v. KÁRMÁN

Tabelle 7.
Thermisch berechnete Eigenschwingungen nach Försterling.

Stoff	$\lambda_{0\,\text{optisch}}$	$\lambda_{0\,\text{thermisch}}$
Steinsalz	66,7	64,5
Sylvin	78,0	77,0
Flußspat	53,1	51,0

$$\nu = \nu_m \sin \frac{\pi a}{\lambda}$$

gefunden, worin a den Abstand zweier benachbarter Gitterpunkte bedeutet und ν_m die höchste Frequenz ist, die zur kürzesten Wellenlänge $\lambda = 2a$ gehört. Man findet daraus den Grenzwert der Schallgeschwindigkeit für unendlich lange Wellen

$$c_\infty = \lim_{\lambda \to \infty} \nu \lambda = \frac{\pi}{2} c_m .$$

Die Schallgeschwindigkeiten der kürzesten und der längsten Wellen unterscheiden sich also um einen Faktor $\pi/2$. Dieselbe Beziehung gilt natürlich auch für Wellen, die in einem kubischen Kristall sich in Richtung einer Würfelkante ausbreiten. GRÜNEISEN und GOENS übernehmen sie auch für beliebige Kristalle, berücksichtigen dabei aber, daß die vom Abstand zweier Netzebenen abhängige kleinste Wellenlänge sich mit der Richtung der Wellen ändert. Trotz dieser rohen Annahmen kommen sie zu einer guten Übereinstimmung.

23. Überschreiten des klassischen Wertes. Für hohe Temperaturen gehen alle angegebenen Formeln (83), (89) und (92) in den klassischen Wert $C_v = 3\,R$ über. In Wirklichkeit zeigt sich bei hohen Temperaturen ein neuer Anstieg der spezifischen Wärme über den DULONG-PETITschen Wert hinaus. Der Grund dieser Erscheinung liegt darin, daß die Wärmeschwingungen zu groß sind, um sie als rein harmonisch anzusehen. Man darf sich in der Potenzreihenentwicklung der Energie nicht mehr auf die rein quadratischen Glieder beschränken, sondern muß auch die Beiträge dritter und vierter Ordnung berück-

[1]) K. FÖRSTERLING, Ann. d. Phys. Bd. 61, S. 549. 1920.
[2]) K. FÖRSTERLING, ZS. f. Phys. Bd. 8, S. 251. 1922.
[3]) K. FÖRSTERLING, ZS. f. Phys. Bd. 3, S. 9. 1920.
[4]) E. GRÜNEISEN u. F. GOENS, ZS. f. Phys. Bd. 26, S. 235, 250. 1924.

sichtigen. BORN und BRODY[1]) haben zuerst auf quantentheoretischem Wege diesen Einfluß berechnet. Später ist SCHRÖDINGER[2]) von der klassischen Theorie aus zu demselben Ergebnis gekommen. Sie erhielten eine Abweichung von dem DULONG-PETITschen Wert, die der absoluten Temperatur proportional ist

$$C_v = 3R + CT. \tag{94}$$

Die Konstante C ist positiv, wenn der Einfluß der Glieder dritten Grades, negativ, wenn der der Glieder vierten Grades überwiegt. Die Beobachtungen sprechen für den ersten Fall.

Wenn man sich also in einem Temperaturbereich bewegt, in dem der Einfluß der Quantentheorie verschwindend klein ist, liegen die Werte von C_v auf einer geraden Linie, die, auf den absoluten Nullpunkt extrapoliert, genau den DULONG-PETITschen Wert ergibt. Schon lange vorher hatten MAGNUS und LINDEMANN[3]) aus den damals vorliegenden Beobachtungen bemerkt, daß der Verlauf der spezifischen Wärme bei hohen Temperaturen, geradlinig auf den Nullpunkt verlängert, einen gemeinsamen Wert ergibt. Da sie C_p statt C_v nehmen, außerdem systematische Meßfehler vorkamen, lag ihr Wert zu tief. Später ist von MAGNUS[4]) am Platin die Temperaturabhängigkeit sehr genau gemessen worden. Er stellte einen genau linearen Anstieg fest. Nach Umrechnung von C_p auf C_v erhält man durch Extrapolation auf den absoluten Nullpunkt $C_v = 5{,}957$ cal in ausgezeichneter Übereinstimmung mit dem DULONG-PETITschen Wert $3\,R = 5{,}956$ cal. Wesentlich ungenauere Messungen von RICHARDS und FRANZIER[5]) am Kupfer ergaben $C_v = 5{,}93$ cal.

24. MIEsche Zustandsgleichung. Unter einer Zustandsgleichung versteht man eine Beziehung zwischen den Größen, die den äußerlich wahrnehmbaren, d. h. kontinuumsphysikalischen Zustand eines Körpers bestimmen. Das sind bei einem Gas Druck, Volumen und Temperatur. Bei festen Körpern sind aus zweierlei Gründen die Verhältnisse verwickelter. Die festere Bindung der Atome an eine Gleichgewichtslage bedingt einmal das Auftreten elektrischer Erscheinungen, die in Flüssigkeiten und Gasen durch die ungeordnete Molekularbewegung unterdrückt werden, anderseits eine Anisotropie des elastischen Verhaltens, so daß Druck- und Volumänderung nicht mehr durch Skalare, sondern durch entsprechende Tensoren bestimmt werden. Die Wechselwirkungen zwischen Druck, Verzerrung und elektrischem Moment sind schon im ersten Abschnitt behandelt worden. Hier handelt es sich um die Erscheinungen, die durch das Hinzutreten der Temperatur bedingt sind, also um die Volumänderung unter dem Einfluß der Temperatur, die Wärmeausdehnung sowie des durch die Wärme bedingte Auftreten eines elektrischen Moments, die Pyroelektrizität, und ihre Umkehrerscheinungen, die Deformationswärme und den elektrokalorischen Effekt.

Die erste Zustandsgleichung fester Körper geht auf MIE[6]) zurück. Im Gegensatz zu den bisherigen Entwicklungen, in denen die zwischenatomaren Kräfte allgemein als Zentralkräfte vorausgesetzt waren, ging MIE von viel spezielleren Vorstellungen aus. Er dachte sich die Kraft zusammengesetzt aus einer VAN DER WAALSschen Kohäsionskraft, die den Zusammenhalt des ganzen Körpers bedingt, und einer mit einer höheren Potenz der Entfernung abnehmenden Abstoßungskraft, die verhindert, daß sich benachbarte Atome zu weit nähern

---

[1]) M. BORN u. F. BRODY, ZS. f. Phys. Bd. 6, S. 132. 1921; Bd. 8, S. 205. 1922.
[2]) E. SCHRÖDINGER, ZS. f. Phys. Bd. 11, S. 170, 396. 1922.
[3]) A. MAGNUS u. F. A. LINDEMANN, ZS. f. Elektrochem. Bd. 16, S. 269. 1910.
[4]) A. MAGNUS, Ann. d. Phys. Bd. 48, S. 983. 1915; ZS. f. Phys. Bd. 7, S. 141. 1921.
[5]) RICHARDS u. FRANZIER, Chem. News Bd. 68. 1893.
[6]) G. MIE, Ann. d. Phys. Bd. 11, S. 657. 1903.

und schließlich ganz ineinanderstürzen. Indem wir nach GRÜNEISEN[1]) die Beschränkung auf VAN DER WAALSsche Kräfte fallen lassen, machen wir für das Potential zweier Gitterpunkte aufeinander den Ansatz

$$\varphi_{k k'}(r) = -\frac{a_{k k'}}{r^m} + \frac{b_{k k'}}{r^n}, \qquad n > m. \tag{95}$$

Das ist das einfachste Gesetz, das die Wirkung zweier Atome aufeinander wiedergeben kann. Auf große Entfernungen wirkt fast allein die mit einer niederen Potenz abnehmende Anziehung, während für kleine Entfernungen die mit einer Potenz abnehmende Abstoßungskraft den Ausschlag gibt, dazwischen gibt es eine Entfernung, in der sich beide Kräfte gerade das Gleichgewicht halten, den gewöhnlichen Abstand der Atome voneinander. Abb. 14 gibt einen Überblick über den Verlauf der Funktion. Für einatomige Gitter nimmt die potentielle Energie eines Grammatoms im Ruhezustand genau dieselbe Form an

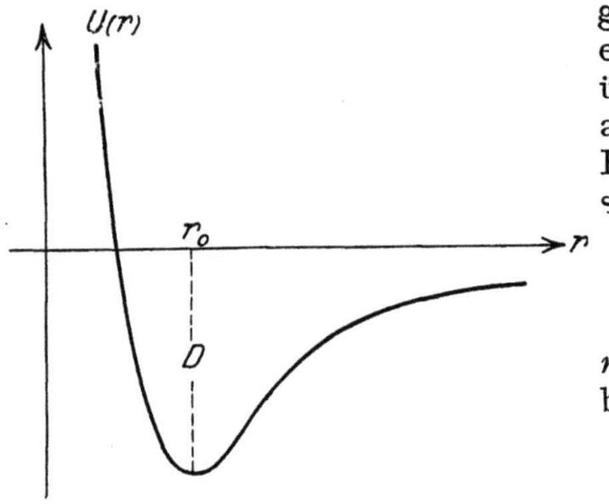

Abb. 14. Allgemeines Potentialgesetz.

$$\Phi_0 = -\frac{a\, s_m}{r_0^m} + \frac{b\, s_n}{r_0^n}. \tag{96}$$

r_0 ist darin der Abstand zweier benachbarter Atome, s_m und s_n sind die Summen

$$s_n = \sum_p \left(\frac{r_0}{r_p}\right)^n N_p, \tag{96'}$$

wobei N_p die Anzahl der im Abstand r_p vom Nullpunkt befindlichen Atome ist. Die Summen hängen nur von dem Exponenten n und der (hier allerdings vernachlässigten) Gitterstruktur ab.

Führt man das Atomvolumen

$$V = N r_0^3$$

ein und setzt zur Abkürzung

$$\frac{a}{2} N^{\frac{m}{3}} s_m = A, \qquad \frac{b}{2} N^{\frac{n}{3}} s_n = B,$$

so wird

$$\Phi_0 = -\frac{A}{V^{\frac{m}{3}}} + \frac{B}{V^{\frac{n}{3}}}. \tag{97}$$

Auf dieses Kraftgesetz wendet man den CLAUSIUSschen Virialsatz

$$3pV = 2\bar{L} + \overline{\sum r f(r)}$$

an. p bedeutet darin, wie üblich, den Druck, V das Volumen, L die kinetische Energie eines Teilchens; obere Striche bedeuten Mittelwerte im Sinne der statistischen Mechanik. Daraus erhält man die Zustandsgleichung

$$pV + G(V) = \gamma \cdot 2\bar{L}, \tag{98}$$

wo

$$\left.\begin{aligned} &\text{a)}\quad G = V\frac{d\Phi_0}{dV} = \frac{mA}{3V^{\frac{m}{3}}} - \frac{nB}{3V^{\frac{n}{3}}}, \\ &\text{b)}\quad \gamma = \frac{1}{3}\left(1 + \frac{m}{2}\eta + \frac{n}{2}(1-\eta)\right) \end{aligned}\right\} \tag{99}$$

[1]) E. GRÜNEISEN, Ann. d. Phys. Bd. 26, S. 393. 1908.

ist. η ist darin ein echter Bruch, der den Anteil der Anziehungskraft an der Schwingungsenergie mißt, $(1-\eta)$ also den der Abstoßungskraft.. Man vernachlässigt den ersten Anteil gegen den zweiten, setzt die anziehenden Kräfte als VAN DER WAALSsche Kräfte, d. h. $m = 3$ voraus und setzt endlich für Wärmeenergie $2\bar{L}$ den klassischen Wert $3RT$ ein. Dann erhält man die MIEsche Zustandsgleichung

$$pV + \frac{A}{V} - \frac{nB}{3V^{\frac{n}{3}}} = RT\frac{n+2}{2}. \tag{100}$$

25. GRÜNEISENsches Gesetz. Nach MIE hat namentlich GRÜNEISEN[1]) diese Gedanken weiter verfolgt und eine Fülle beachtenswerter Folgerungen daraus gezogen. Wir müssen diesbezüglich auf die Darstellungen der Thermodynamik verweisen[2]), nur auf eine Folgerung muß etwas näher eingegangen werden, weil sie für die weitere Entwicklung von Bedeutung gewesen ist. Bekanntlich hängt der Spannungskoeffizient $\left(\frac{\partial p}{\partial T}\right)_v$ mit dem linearen Ausdehnungskoeffizienten α und der Kompressibilität $\varkappa$ durch die Beziehung

$$\left(\frac{\partial p}{\partial T}\right)_v = \frac{3\alpha}{\varkappa}$$

zusammen. Indem man diesen Wert mit dem aus Gleichung (98) durch Differentiation nach T entstandenen vergleicht und bedenkt, daß

$$2\bar{L} = \int_0^T C_v\, dT$$

ist, erhält man

$$\frac{3\alpha V}{\varkappa C_v} = \gamma. \tag{101}$$

Diese Beziehung erlaubt es, γ und, wenn man nach MIE $\eta = 0$ setzt, den Abstoßungsexponenten n zu berechnen. Für alle Metalle mit einem Atomgewicht größer als 100 (ausgenommen Wismut und Antimon, die bei den meisten Regelmäßigkeiten der Metalle herausfallen) erhält man nahezu denselben Wert $\gamma = 2{,}3$ und berechnet daraus

$$n = 12.$$

Für Elemente mit niedrigem Atomgewicht zeigen sich dagegen erhebliche Abweichungen von diesem Wert; sie zeigen, daß diese Vorstellungen nur als eine ganz rohe Näherung aufzufassen sind.

Als eine Verallgemeinerung der Gleichung (101) kann man das von GRÜNEISEN zuerst empirisch aufgestellte, bald darauf auch theoretisch begründete Gesetz auffassen, daß der Quotient von Ausdehnungskoeffizient und spezifischer Wärme eines Metalls temperaturunabhängig ist. Dieses Gesetz ist für viele Metalle in weitem Umfange erfüllt, versagt aber bei tiefen Temperaturen. Die theoretische Begründung dieses Gesetzes führte GRÜNEISEN zu einer genaueren Bestimmung des Teilverhältnisses η in Gleichung (99b). Er sieht die Schwingungen der Atome als monochromatisch an und und kommt zu einer Abhängigkeit der Atomfrequenz von der Volumänderung. Er erhält

$$\gamma = -\frac{V}{\nu}\frac{d\nu}{dV}. \tag{102}$$

[1]) E. GRÜNEISEN, Ann. d. Phys. Bd. 26, S. 211, 393. 1908; Bd. 39, S. 257. 1912.
[2]) Vgl. namentlich Bd. X, Kapitel 1 ds. Handbuches: E. GRÜNEISEN, Zustand des festen Körpers.

Da nach (99b) γ notwendig positiv ist, bedeutet die Gleichung, daß bei Kompression ($dV < 0$) die Frequenz erhöht, bei Dilatation die Frequenz erniedrigt wird, wie es ja auch anschaulich klar ist.

Auch die Dimensionsformeln von MADELUNG [Gleichung (42)] und LINDEMANN [Gleichung (44)] lassen sich von hier aus begründen.

26. Einführung der Quantentheorie. Man könnte die MIE-GRÜNEISENsche Zustandsgleichung einfach dadurch auch auf tiefe Temperaturen ausdehnen, daß man für die Schwingungsenergie in (98) den quantentheoretischen Wert einsetzt. Es ist aber zweckmäßiger, von der Betrachtung der freien Energie auszugehen, weil man aus ihr durch Differentiations- und Eliminationsprozesse sämtliche thermodynamischen Größen erhalten kann. Die freie Energie hängt bekanntlich mit der Gesamtenergie durch die Beziehung

$$u = f - T\frac{\partial f}{\partial T} \tag{103}$$

zusammen, man erhält danach für die freie Energie des Resonators unter Berücksichtigung von (81)

$$f = kTF\left(\frac{h\nu}{kT}\right), \quad \text{wo} \quad F(x) = \ln(1 - e^{-x}). \tag{104}$$

RATNOWSKY[1]) und ORNSTEIN[2]) gehen aus von der monochromatischen Theorie EINSTEINS und erhalten für die freie Energie eines festen Körpers

$$F = \Phi_0 + 3RTF\left(\frac{h\nu}{kT}\right).$$

DEBYE[3]) benutzte seine bei der spezifischen Wärme bewährte Methode und erhielt

$$T = \Phi_0 + 3RT\,3\left(\frac{T}{\Theta}\right)^3 \int_0^{\frac{\Theta}{T}} F(x)\,x^2\,dx,$$

wobei Θ durch die Maximalfrequenz ν_m bestimmt ist, $\Theta = \frac{h\nu_m}{k}$. Mit Hilfe einer partiellen Integration wird

$$F = \Phi_0 + 3RT\left\{F\left(\frac{\Theta}{T}\right) - \frac{1}{3}D\left(\frac{\Theta}{T}\right)\right\}. \tag{105}$$

Aus der freien Energie erhält man dann durch Differentiation nach T die Entropie, durch Differentiation nach V den Druck

$$p = -\frac{\partial F}{\partial V} = -\frac{d\Phi_0}{dV} - 3RTD\left(\frac{\Theta}{T}\right)\frac{1}{\Theta}\frac{d\Theta}{dV}. \tag{99a'}$$

Setzt man entsprechend zu (102)

$$\frac{V}{\Theta}\cdot\frac{d\Theta}{dV} = \frac{V}{\nu_m}\cdot\frac{d\nu_m}{dV} = \gamma, \tag{102'}$$

so erkennt man sofort die Übereinstimmung mit dem Ergebnis, das man durch direktes Einsetzen der DEBYEschen Funktion in (99a) erhält.

27. Der unharmonische Oszillator. Wichtig ist in der Formel (99a') namentlich die Abhängigkeit der Atomfrequenz von der Volumänderung. Bei ihrer Vernachlässigung verschwindet die Temperaturabhängigkeit von Volumen und

---

1) S. RATNOWSKY, Ann. d. Phys. Bd. 38, S. 637. 1912; Verh. d. D. Phys. Ges. Bd. 15, S. 75. 1913.

2) L. S. ORNSTEIN, Proc. Amsterdam 1912, S. 983.

3) P. DEBYE, Phys. ZS. Bd. 14, S. 259. 1913; Wolfskehl-Kongreß, Göttingen 1913, Leipzig 1913.

Druck. Das zwingt uns, die bisherige Beschränkung auf quadratische Glieder in der Entwicklung der Energiedichte nach den Verrückungskomponenten aufzugeben und auch höhere Potenzen zu berücksichtigen; denn im ersten Falle schwingen alle Eigenschwingungen rein harmonisch. Dann kann bei noch so großer Energie weder die Frequenz geändert, noch der Schwingungsmittelpunkt verlagert werden. Ein so gebauter fester Körper könnte also unter keinen Umständen eine Wärmeausdehnung zeigen. Die Wärmeausdehnung beruht vielmehr darauf, daß die Atomkräfte sich einer Annäherung zweier Atome stärker widersetzen, als einer Entfernung. Abb. 14 zeigt, daß der MIE-GRÜNEISENsche Potentialansatz diese Eigenschaft hat. Bei steigender Temperatur, d. h. bei wachsender Schwingungsenergie, wird der zeitliche Mittelwert der Atomentfernung immer mehr vergrößert. Der Körper dehnt sich aus, und zwar beruht die Ausdehnung gerade auf der Abweichung des elastischen Verhaltens von dem HOOKEschen Gesetz.

DEBYE hat diese Verhältnisse am unharmonischen Oszillator klargelegt. Dessen potentielle Energie sei gegeben durch

$$\varphi(x) = m\frac{\omega^2}{2}x^2 + g x^3. \tag{106}$$

Dann erhält man für den zeitlichen Mittelwert von x, d. h. für die Verlagerung des Schwingungsmittelpunktes

$$\bar{x} = -\frac{3g}{m^2\omega^4}\cdot u\,, \tag{107}$$

wo

$$u = \frac{m}{2}(\dot{x}^2 + \omega^2 x^2) \tag{108}$$

die gesamte Schwingungsenergie bei Vernachlässigung des unharmonischen Zusatzgliedes ist. Die Verschiebung des Schwingungsmittelpunktes ist also in erster Näherung der Schwingungsenergie proportional. Hier liegt der innere Grund für das GRÜNEISENsche Gesetz von der Proportionalität von Wärmeausdehnung und spezifischer Wärme.

Für die Frequenz der unharmonischen Schwingung erhält man

$$\bar{\nu} = \nu\left(1 + \frac{3g}{m\omega^2}\bar{x}\right); \tag{109}$$

sie hängt jetzt im Gegensatz zum rein harmonischen Oszillator, von der Temperatur ab. Dann wird die freie Energie

$$F = \frac{m\omega^2}{2}\bar{x}^2 + kTF\left(\frac{h\bar{\nu}}{kT}\right), \tag{110}$$

sie hat, außer der kleinen Änderung der Frequenz, genau die Form wie beim harmonischen Oszillator. Es läßt sich nämlich sowohl quantentheoretisch wie klassisch allgemein beweisen, daß die freie Energie eines Systems von unharmonischen Oszillatoren, entwickelt nach Potenzen der Abweichungen g vom harmonischen Verhalten, keine in g linearen Glieder hat. Der Beweis ist für einen Freiheitsgrad von BOGUSLAWSKI[1]), für mehrere von BORN und BRODY[2]) und SCHRÖDINGER[3]) erbracht worden. In dieser Näherung stimmen also die freie Energie des unharmonischen und des harmonischen Oszillators überein. Damit ist nachträglich die Berechtigung dafür erbracht, in Gleichung (105) mit dem PLANCKschen Energiewert für den Oszillator zu rechnen, obgleich die wirk-

[1]) S. BOGUSLAWSKI, Phys. ZS. Bd. 15, S. 569. 1914.
[2]) E. SCHRÖDINGER, ZS. f. Phys. Bd. 11, S. 170, 396. 1922.
[3]) M. BORN u. F. BRODY, ZS. f. Phys. Bd. 6, S. 140. 1921.

lichen Atomschwingungen sicher nicht mehr als harmonisch betrachtet werden können.

28. Einfluß der Gitterstruktur. Die bisherigen Betrachtungen galten allgemein für Festkörper. Der gerade für die Kristalle charakteristischen Anisotropie war noch nicht Rechnung getragen. Wenn man diese berücksichtigen will, muß man die Volumänderung dV durch den Verzerrungstensor $x_x x_y \dots$ ersetzen. ORTVAY[1]) hat diesen Gedanken zuerst durchgeführt. Man erhält dann die freie Energie als Funktion aller sechs Verzerrungskomponenten und entsprechend statt der einen Zustandsgleichung, die den Druck als Funktion von Temperatur und Volumen darstellt, sechs Spannungsgleichungen, die die Komponenten des Spannungstensors als Funktion der Verzerrungen und der Temperatur geben. Nach ORTVAY ist diese Theorie durch eine Reihe holländischer Arbeiten[2]) vom kontinuumsphysikalischen Gesichtspunkt aus ausgestaltet worden. Die systematische Gittertheorie erstrebt die Zurückführung der in der freien Energie oder den thermischen Zustandsgleichungen auftretenden Parameter auf die Atomkräfte[3]). Unter Benutzung des Verteilungsgesetzes der Eigenschwingungen (50) erhält man für die freie Energie eines beliebig deformierten Kristalls, bezogen auf die Volumeinheit des undeformierten Zustandes

$$F = U_0 + U_2 + \frac{kT}{(2\pi)^3 \Delta} \int \sum_j F\left(\frac{h\bar{\nu}_j}{kT}\right) d\varphi . \tag{111}$$

Darin ist U_0 die potentielle Energie des undeformierten Zustandes, U_2 die nach (6) zu berechnende Verzerrungsenergie, das lezte Glied die freie Energie der Eigenschwingungen des Gitters; der Strich über der Frequenz $\bar{\nu}_j$ bedeutet, daß es sich um die Eigenschwingungen des verzerrten Kristalls handelt.

Man sieht sofort, daß außer der direkten Wechselwirkung zwischen Temperatur und Volumen die Gleichungen (111) eine Korrektion der im ersten Abschnitt behandelten elastischen Eigenschaften bedingt. Die dort entwickelten Gesetze gelten streng genommen nur für den absoluten Nullpunkt. Durch Berücksichtigung des letzten Gliedes erhält man eine Temperaturabhängigkeit des elastischen Verhaltens.

Eine strenge Behandlung des Ausdruckes (111) ist nicht möglich. Ein Versuch von STERN[4]), die freie Energie auf die Determinante der Schwingungsgleichungen zurückzuführen, gelang nur an einem eindimensionalen Beispiel. Im allgemeinen ist man auf die schon wiederholt benutzten Näherungen

$$\bar{\nu}_j = \frac{\bar{c}_{\lambda j}}{2\pi} \cdot \tau \qquad (j = 1, 2, 3)$$

$$\bar{\nu}_j = \bar{\nu}_j^{(0)} \qquad (j = 4 \dots 3s)$$

angewiesen. Die $\bar{c}_j$ und $\bar{\nu}_j^{(0)}$ werden lineare Funktionen der Verzerrungskomponenten u_{xy} und $\mathfrak{u}_k$. Ihre Berechnung gelingt im verzerrten Gitter ganz ebenso, wie in Ziff. 10 im unverzerrten Gitter. Man erhält schließlich für die freie Energie einen Ausdruck von der Form

$$F = F_0 - \sum_k \mathfrak{K}_k^0 \mathfrak{u}_k - \sum_{xy} K_{xy}^0 u_{xy} + U_2 . \tag{112}$$

Darin mißt F_0 die freie Energie bei fehlender Verzerrung, $\mathfrak{K}_k^0$ und K_{xy}^0 den Einfluß der betreffenden Verzerrungskomponenten. Alle diese Größen lassen sich

1) R. ORTVAY, Verh. d. D. Phys. Ges. Bd. 15, S. 773. 1913.

2) Zit. bei M. BORN, Atomtheorie des festen Zustandes, S. 665.

3) M. BORN, ZS. f. Phys. Bd. 7, S. 217. 1921; M. BORN u. F. BRODY, ebenda Bd. 11, S. 327. 1921.

4) O. STERN, Ann. d. Phys. Bd. 51, S. 237. 1916.

vollständig aus den zwischen den Atomen wirkenden Kräften berechnen, wenn man außer ihren zweiten auch ihre dritten Ableitungen berücksichtigt. Eine wirkliche Durchführung der Rechnung würde hier zu weit führen[1]). U_2 ist die schon vorher berechnete potentielle Energie des ruhenden, verzerrten Gitters.

Aus der freien Energie F erhält man dann durch Differentiation und Elimination alle mechanischen und thermischen Größen. Meist empfiehlt es sich, statt $\mathfrak{u}_k$ die äußeren Kräfte $\mathfrak{F}_k = -\mathfrak{K}_k$ als unabhängige Veränderliche einzuführen. Man erhält durch die LEGENDREsche Transformation

$$F^* = F + \sum_k (\mathfrak{K}_k \mathfrak{u}_k)\,. \tag{113}$$

$$F^* = F_0^* + \sum_k (\mathfrak{u}_k^0 \mathfrak{K}_k) - \sum_{xy} \tilde{K}_{xy}^0 u_{xy} + U_2^*\,. \tag{113'}$$

Dabei lassen sich die Koeffizienten der neuen Gleichung F_0^*, $\mathfrak{u}_k^0$, $\tilde{K}_{xy}^0$, U_2^* natürlich ganz entsprechend berechnen. Man erhält daraus durch Differentiation

$$\left.\begin{aligned} &(a) \qquad \mathfrak{u}_{kx} = \frac{\partial F^*}{\partial \mathfrak{K}_{kx}} = \mathfrak{u}_{kx}^0 + \frac{\partial U_2^*}{\partial \mathfrak{K}_{kx}}\,, \\ &(b) \qquad K_{xy} = -\frac{\partial F^*}{\partial \mathfrak{K}_{kx}} = \tilde{K}_{xy}^0 - \frac{\partial U_2^*}{\partial u_{xy}}\,. \end{aligned}\right\} \tag{114}$$

29. Wärmeausdehnung. Die $\tilde{K}_{xy}^0$ messen bei fehlenden äußeren Einflüssen die durch die Wärmebewegung im Kristall erzeugten Spannungen. Aus ihnen läßt sich nach den in der Elastizitätslehre entwickelten Methoden sofort die durch die Wärme bewirkte Volumänderung des Körpers berechnen. Wenn man die $\tilde{K}_{xx'}^0$, $\tilde{K}_{yy'}^0$, ... einfach als $\tilde{K}_1^0$, $\tilde{K}_2^0$, ... durchnumeriert, erhält man für Deformationstensor

$$u_i^0 = \sum_j s_{ij} \tilde{K}_{j'}^0\,, \tag{115}$$

wo die s_{ij} die Gleichung (13) definierten Elastizitätsmoduln sind. Durch eine Hauptachsentransformation des dazugehörigen Ellipsoides erhält man sofort die linearen Ausdehnungskoeffizienten nach drei aufeinander senkrechten Koordinatenrichtungen. Sie sind verschieden, weil entsprechend dem verschiedenen elastischen Verhalten Schwingungen leichter in der einen, als in der anderen Richtung angeregt werden können.

Besonders deutlich werden die Verhältnisse durch neuere Messungen von GRÜNEISEN und GOENS[2]) an Zink und Kadmium. Beide Metalle kristallisieren hexagonal und sind parallel zur hexagonalen Achse viel stärker dehnbar als senkrecht dazu. Entsprechend ist auch der Ausdehnungskoeffizient in Richtung der hexagonalen Achse bedeutend größer als senkrecht dazu. In Band X, Kapitel 1, Ziff. 27 dieses Handbuchs sind die Messungen von GRÜNEISEN und GOENS wiedergegeben. Die Gesamtausdehnung steigt monoton mit wachsender Temperatur; aber wichtig ist gerade ihre Verteilung auf die beiden Richtungen. Der Ausdehnungskoeffizient parallel zur hexagonalen Achse steigt sehr schnell, erreicht dann aber ein Maximum und fällt wieder, während der Ausdehnungskoeffizient senkrecht dazu zuerst sogar negative Werte annimmt und dann erst steigt.

Vom theoretischen Standpunkt aus sind diese Verhältnisse durchaus verständlich. Die größere Festigkeit in der einen Richtung bedingt höhere Frequenzen, die niedrigere Festigkeit senkrecht dazu kleinere Frequenzen. Da nach der PLANCKschen Formel ein Resonator bei tiefen Temperaturen um so mehr Energie aufnimmt, je kleiner seine Frequenz ist, so werden, wenn man den

---

[1]) Vgl. M. BORN, Atomtheorie des festen Zustandes, § 31.

[2]) E. GRÜNEISEN u. F. GOENS, ZS. f. Phys. Bd. 29, S. 141. 1924.

Kristall vom absoluten Nullpunkt aus erwärmt, zuerst die langsameren Schwingungen parallel zur senkrechten Achse angeregt. Sie bewirken eine Dehnung in dieser Richtung, die nach bekannten Gesetzen der Elastizitätslehre mit einer Querkontraktion verbunden ist. Erst bei höheren Temperaturen treten auch die Schwingungen senkrecht zur hexagonalen Achse in Erscheinung, die jetzt hier eine Ausdehnung hervorrufen, dabei aber natürlich die Ausdehnung in der ersten Richtung hemmen.

GRÜNEISEN und GOENS haben auch die Wärmeausdehnung nach der BORNschen Theorie entwickelt und mit der Erfahrung verglichen. Unter Berücksichtigung der Symmetrieeigenschaften der hexagonalen Klasse gehen die Gleichungen (115) über in

$$\left.\begin{aligned} &\text{(a)} \qquad \alpha_\perp = (s_{11} + s_{12})\tilde{K}_\perp^0 + s_{13}\tilde{K}_\parallel^0, \\ &\text{(b)} \qquad \alpha_\parallel = 2\,s_{13}\tilde{K}_\perp^0 + s_{33}\tilde{K}_\parallel^0, \end{aligned}\right\} \tag{116}$$

wo mit $\alpha_\perp$ und $\alpha_\parallel$ die beiden verschiedenen Ausdehnungskoeffizienten bezeichnet sind, mit $\tilde{K}_\perp^0$ und $\tilde{K}_\parallel^0$ die entsprechenden thermischen Spannungen.

Die Berechnung der thermischen Spannungen wird sehr umständlich. GRÜNEISEN und GOENS begnügen sich mit den durch Mittelwertbildung entstandenen Näherungsformeln

$$\left.\begin{aligned} &\text{(a)} \quad \tilde{K}_\perp^0 = \frac{3k}{\Delta}\,\bar{\gamma}_\perp D\left(\frac{\bar{\Theta}_\perp}{T}\right), \\ &\text{(b)} \quad \tilde{K}_\parallel^0 = \frac{3k}{\Delta}\,\bar{\gamma}_\parallel D\left(\frac{\bar{\Theta}_\parallel}{T}\right). \end{aligned}\right\} \tag{117}$$

$\bar{\gamma}_\perp$, $\bar{\gamma}_\parallel$, $\bar{\Theta}_\perp$, $\bar{\Theta}_\parallel$ sind vier Konstanten, die man aus den Beobachtungen bestimmt. In dieser Näherung wird die Ausdehnung dargestellt durch Subtraktion zweier mit verschiedenen Faktoren multiplizierten Debyefunktionen ($s_{11} + s_{22} > 0$, $s_{33} > 0$, $s_{13} < 0$). Die danach theoretisch berechneten Kurven geben alle wesentlichen Züge der Beobachtungen wieder. Die Abweichungen sind bei der Größe der Vernachlässigungen nicht verwunderlich.

Das GRÜNEISENsche Gesetz [Gleichung (101)] bleibt bei der Anisotropie der Wärmeausdehnung natürlich nicht erhalten.

30. Pyroelektrizität. Nach Gleichung (114a) bewirkt die Schwingung eine innere Verschiebung der Atome gegeneinander. Das bedingt, wie schon bei der Piezoelektrizität, das Auftreten eines elektrischen Momentes

$$\mathfrak{p}^0 = \frac{1}{\Delta}\sum_k e_k \mathfrak{u}_k^0. \tag{118}$$

Man nennt diese Erscheinung Pyroelektrizität, $\mathfrak{p}^0$ das wahre pyroelektrische Moment. Es tritt auf, wenn ein Körper bei fehlender Deformation erwärmt wird. Der direkten Beobachtung ist dagegen nur das pyroelektrische Moment bei fehlender äußerer Spannung zugänglich. Es entsteht durch das Zusammenwirken der wahren Pyroelektrizität und der durch die Wärmeausdehnung bewirkten Piezoelektrizität. Man erhält

$$\tilde{\mathfrak{p}}_x^0 = \mathfrak{p}_x^0 + \sum_j d_{ij}\tilde{K}_j^0, \tag{119}$$

wobei die d_{ij} die in Gleichung (20) definierten Konstanten bedeuten. Man erhält für das pyroelektrische Moment in der benutzten Näherung einen Ausdruck von der Form

$$\mathfrak{p}^0 = \frac{kT}{\Delta}\left\{\sum_{j=1}^{3}\overline{\mathfrak{C}^j D\left(\frac{\Theta_j}{T}\right)} + \sum_{j=4}^{3s}\mathfrak{C}^j P\left(\frac{\Theta_j}{T}\right)\right\}, \tag{120}$$

wobei die $\mathfrak{C}^j$ gewisse, durch das elastische Verhalten bestimmte Vektoren sind, die von der Temperatur nicht mehr abhängen.

Die Temperaturabhängigkeit der Pyroelektrizität ist schon vor Ausbildung einer exakten Gittertheorie von BOGUSLAWSKI[1]) vom Standpunkt der monochromatischen EINSTEINschen Theorie aus untersucht worden. Sie zeigte, ganz ähnlich wie die EINSTEINsche Berechnung der spezifischen Wärme, für tiefe Temperaturen einen viel zu steilen Abfall. BOGUSLAWSKI führte darum statt dessen die DEBYEsche Funktion ein, aber diese, wie auch der hier angegebene Ausdruck, fallen in der Nähe des Nullpunktes mit der vierten Potenz der Entfernung ab, während die Beobachtungen[2]) für die zweite Potenz sprechen. Der Widerspruch ist noch nicht aufgeklärt. BOGUSLAWSKI stellt empirisch eine ähnlich gebaute Funktion mit den gesuchten Eigenschaften auf. Die Versuche, diese Funktion theoretisch zu begründen, sind aber gescheitert. HECKMANN[3]) vermutet, daß der flachere Abfall der Beobachtungen in ähnlicher Weise zu verstehen ist wie die von GRÜNEISEN und GOENS untersuchte Abweichung zwischen Ausdehnungskoeffizient und spezifischer Wärme, denn auch bei der Pyroelektrizität handelt es sich um einen linearen Vorgang, dessen Richtungsabhängigkeit in den angegebenen Formeln nicht berücksichtigt ist.

Ähnlich wie bei der Piezoelektrizität ist auch hier bei solchen Kristallen, deren zentrische Symmetrie das Auftreten eines elektrischen Momentes verhindert, eine neue Erscheinung zu erwarten, die auf einer durch die Wärme hervorgerufenen Erregung elektrischer Quadrupole beruht. Die Existenz dieser „tensoriellen Pyroelektrizität" ist von VOIGT[4]) wahrscheinlich gemacht worden.

Als Umkehrwirkung der Pyroelektrizirät ist eine Erwärmung des Kristalls in einem elektrischen Feld zu erwarten, der elektrokalorische Effekt. Er beträgt bei fehlender Deformation bzw. bei fehlender Spannung

$$\left.\begin{aligned} dQ_v^{(e)} &= T\left(\frac{d\mathfrak{p}^0}{dT}\,d\mathfrak{E}\right), \\ dQ_p^{(e)} &= T\left(\frac{d\tilde{\mathfrak{p}}^0}{dT}\,d\mathfrak{E}\right). \end{aligned}\right\} \tag{121}$$

Diese Erscheinung wurde von THOMSON[5]) vorhergesagt und von STREUBEL[6]) experimentell nachgewiesen.

31. Verdampfen und Schmelzen. Für das Verdampfen folgt aus dem zweiten Hauptsatz der Thermodynamik die CLAUSIUS-CLAPEYRONsche Gleichung

$$\frac{d\ln p}{dT} = \frac{\lambda}{RT^2}. \tag{122}$$

Darin bedeutet λ die Verdampfungswärme eines Mol bei Sättigungsdruck. Für diese hat man

$$\lambda = \lambda_0 + C_p T - E. \tag{123}$$

C_p ist die Atomwärme des Gases bei konstantem Druck, $C_p T$ also die Energie des Gases, E die des festen Körpers. Man erhält durch Integration

$$\ln p = -\frac{\lambda_0}{RT} + \frac{C_p}{R}\ln T - \int_0^T \frac{E}{RT^2}\,dT + C.$$

---

1) S. BOGUSLAWSKI, Phys. ZS. Bd. 15, S. 569. 1914.
2) W. ACKERMANN, Dissert. Göttingen 1914; Ann. d. Phys. Bd. 46, S. 197. 1915.
3) G. HECKMANN, Ergebn. d. exakt. Naturwiss. Bd. IV, 1925.
4) W. VOIGT, Göttinger Nachr. 1905, S. 394.
5) W. THOMSON, Math.-Phys. Pap. Bd. I, S. 316.
6) R. STREUBEL, Göttinger Nachr. 1902, S. 161; F. LANGE, Dissert. Jena 1905.

Die Integrationskonstante C ist die NERNSTsche chemische Konstante. Man kann die gesamte Energie E durch die freie Energie F ausdrücken, denn aus der bekannten Beziehung

$$E = F - T\frac{\partial F}{\partial T}$$

folgt

$$\frac{E}{T^2} = -\frac{d}{dT}\left(\frac{F}{T}\right),$$

benutzt man noch die für $x \ll 1$ gültige Entwicklung

$$F(x) = \ln x - \frac{x}{2},$$

so wird für hinreichend hohe Temperaturen

$$F = 3RT\left(\ln\frac{h\tilde{\nu}}{kT} - \frac{1}{2}\frac{h\bar{\nu}}{kT}\right),$$

wo $\bar{\nu}$ das arithmetische, $\tilde{\nu}$ das geometrische Mittel aller Frequenzen bedeutet. Damit wird

$$\ln p = -\frac{\lambda_0'}{RT} - \left(3 - \frac{C_p}{R}\right)\ln T + C + 3\ln\frac{h\tilde{\nu}}{k}, \qquad (124)$$

wobei

$$\lambda_0' = \lambda_0 + 3N\frac{h\bar{\nu}}{2} \qquad (124)$$

ist.

Dieselbe Gleichung läßt sich auch rein kinetisch gewinnen; diese Ableitung findet sich schon bei MIE[1]) und wurde später unabhängig davon von STERN[2]) auf das vorliegende Problem angewandt. Die in der angegebenen Gleichung schon enthaltene Berücksichtigung der durch die Gitterstruktur bedingten Verteilung der Eigenschwingungen geht auf TETRODE[3]) zurück. Er rechnete allerdings noch mit den DEBYEschen Vorstellungen. Bei der kinetischen Ableitung erhält man gleichzeitig den Wert der chemischen Konstante. Sie beträgt bei einatomigen Gasen

$$C = C_0 + \tfrac{3}{2}\ln M, \qquad (125)$$

wo M das Atomgewicht und

$$C_0 = \ln\frac{(2\pi)^{\frac{3}{2}} R^{\frac{5}{2}}}{N^4 h^3} \qquad (125')$$

eine universelle Konstante ist. Diese Beziehung ist an einem umfangreichen Beobachtungsmaterial geprüft und bestätigt worden[4]).

Bei zweiatomigen Gasen tritt infolge der Rotation und Schwingung der beiden Atome gegeneinander nach STERN[2]) noch der Betrag

$$-\ln\frac{h\nu}{h} + \ln\frac{8\pi^2 J k}{h^2} \qquad (125'')$$

hinzu, wo ν die Frequenz der Atomschwingung, J das Trägheitsmoment der Molekel bedeutet. Auch diese Formel ist von STERN[5]) am Beispiel der Dissoziation des Joddampfes bestätigt worden.

---

[1]) G. MIE, Ann. d. Phys. Bd. 11, S. 657. 1903.

[2]) O. STERN, Phys. ZS. Bd. 14, S. 629. 1913; Ann. d. Phys. Bd. 51, S. 237. 1916.

[3]) H. TETRODE, Proc. Amsterdam Bd. 17, S. 1167. 1915; weitere Literatur vgl. M. BORN, Atomtheorie, S. 702ff.

[4]) Vgl. etwa W. NERNST, Die theoretischen und experimentellen Grundlagen des neuen Wärmesatzes. Leipzig 1918.

[5]) O. STERN, Ann. d. Phys. Bd. 44, S. 497. 1914; A. EINSTEIN u. O. STERN, ebenda Bd. 40, S. 551. 1913.

Eine entsprechende Theorie des Schmelzens ist bisher nicht entwickelt worden. Als Ansatz dazu ist die LINDEMANNsche Beziehung zwischen Schmelztemperatur und Reststrahlfrequenz [Gleichung (44)] aufzufassen.

32. Irreversible Vorgänge. Eine Molekulartheorie der irreversiblen Vorgänge steckt erst in den Anfängen. Wichtig ist besonders ein Versuch DEBYES[1]), die Wärmeleitung in Kristallen kinetisch zu erklären. Nach experimentellen Ergebnissen von EUCKEN[2]) ist nämlich die Wärmeleitfähigkeit von Kristallen ungefähr umgekehrt proportional zur absoluten Temperatur; sie müßte also bei $T = 0$ unendlich groß sein. Hiermit stimmt die Vorstellung der Gittertheorie überein, daß bei tiefen Temperaturen, wo die Schwingungsamplituden sehr klein sind, die quasielastischen Bindungskräfte zwischen den Atomen deren Ausschlägen direkt proportional werden; denn dann geht der Transport von Schwingungsenergie mit Schallgeschwindigkeit, also praktisch unendlich schnell vor sich. Bei höheren Temperaturen treten Abweichungen von diesem idealen Verhalten ein, die sich u. a. in der Wärmeausdehnung äußern. Es liegt nahe, anzunehmen, daß diese Abweichungen eine ungestörte Fortpflanzung der elastischen Wellen verhindern und dadurch eine Energiezerstreuung bewirken, die schließlich das als Wärmeleitung beobachtbare langsamere Vorrücken der mittleren Energie verursacht. DEBYE untersucht daher zuerst die formalen Gesetze der Fortpflanzung elastischer Wellen unter Berücksichtigung einer Zerstreuung. Durch die sich kreuzenden Wellenzüge der Molekularbewegung entstehen Dichteschwankungen, deren statistische Gesetze man kennt[3]). Man kann zeigen, daß jeder Wellenzug an den Verdichtungsstellen eine Zerstreuung erfährt, die ihm Energie entzieht, und so für jeden Wellenzug eine Art „mittlere Weglänge" definieren. Man findet diese umgekehrt proportional zur Temperatur; daraus folgt, im Einklang mit den Versuchsergebnissen EUCKENS, dasselbe für den mittleren Wärmestrom.

Sodann bringt DEBYE die Zerstreuung in Zusammenhang mit der Abweichung von der Linearität der Schwingungsgleichungen. Er entnimmt diese Abweichungen aus der Wärmeausdehnung des Steinsalzes und kann so die Größe der Wärmeleitfähigkeit abschätzen. In Anbetracht der stark vereinfachten Rechnung sind seine Ergebnisse durchaus befriedigend.

DEBYE rechnet, wie auch in seinen anderen Arbeiten, mit einem elastischen Kontinuum. SCHRÖDINGER[4]) zweifelt jedoch das DEBYEsche Ergebnis an. Er zeigt auf Grund einer ausführlichen Betrachtung einer einfachen Punktreihe, daß bei einem Gitter die Verhältnisse wesentlich anders liegen als beim Kontinuum. Die Art der Energiefortpflanzung hängt wesentlich davon ab, ob die Bewegung des Anfangszustandes geordnet ist oder nicht. Im letzteren Falle glaubt SCHRÖDINGER keine Wärmeausbreitung mit Schallgeschwindigkeit erwarten zu dürfen.

Die Ursache der langsamen Ausbreitungsgeschwindigkeit der Energie in Kristallen ist also noch nicht endgültig aufgeklärt. Wahrscheinlich erscheint nur, daß sie als Zerstreuung elastischer Wellen gedeutet werden muß. Auch für das damit eng zusammenhängende Problem der Absorption ultraroter Eigenschwingungen, d. h. der Umwandlung ultraroter Strahlung in Wärmeenergie, liegt noch keine durchgebildete Theorie vor. Ein idealer fester Körper, bei dem die Atome quasielastisch an eine Gleichgewichtslage gebunden sind, darf

---

[1]) P. DEBYE, Wolfskehl-Vorträge zu Göttingen, Leipzig 1914, Anhang.
[2]) A. EUCKEN, Phys. ZS. Bd. 12, S. 1005. 1911; Ann. d. Phys. Bd. 34, S. 185. 1911.
[3]) Vgl. ds. Handb. Bd. IX.
[4]) E. SCHRÖDINGER, Ann. d. Phys. Bd. 44, S. 916. 1914; vgl. dagegen L. S. ORNSTEIN, u. F. ZERNIKE, Proc. Amsterdam Bd. 19, S. 1295. 1916.

nur Zerstreuung, aber nicht Absorption der Strahlung bewirken. Man wird auch hier mit einer höheren Potenz der Entfernung abnehmende Kräfte annehmen müssen. Bei der Integration der Bewegungsgleichungen ergibt sich dann aber merkwürdigerweise noch nicht die gesuchte Umwandlung der Energie der ultraroten Eigenschwingungen in Wärmeenergie. PAULI[1]) zeigte neuerdings, daß diese Schwierigkeit auf einem Versagen der üblichen Näherungsmethoden beruht; denn in den Ausdrücken für die Amplituden der in der Lösung enthaltenen Kombinationsschwingungen können Divisionen durch die Differenz nahe benachbarter Frequenzen, sog. „kleine Nenner" auftreten, die man, ähnlich wie in der Dispersionstheorie, gerade durch die Absorption von Eigenschwingungen deuten kann.

PAULI erhält für eine eindimensionale Punktreihe als Dämpfungskonstante

$$\gamma = \frac{4\varepsilon^2 k T}{m\,\omega_0},$$

wobei ω_0 die Eigenfrequenz, m die Atommasse und ε die aus der Wärmeausdehnung zu entnehmende Abweichung von der quasielastischen Kraft bedeutet. Die Dämpfung wird proportional zur absoluten Temperatur. Die Übereinstimmung mit der Erfahrung ist in Anbetracht der starken Vereinfachung ausreichend.

Die Lehre von der elektrischen Leitfähigkeit[2]) steckt ebenfalls noch voller Widersprüche in sich und mit der Erfahrung.

V. Elektrostatische Gittertheorie.

33. Einführung in die elektrostatische Gittertheorie. Die bisher entwickelte formale Gittertheorie beschränkt sich darauf, die stofflichen Eigenschaften der Körper auf Grund ihres atomaren Baus qualitativ zu verstehen. Sie liefert ohne weitere Hilfsannahmen, nur aus der Voraussetzung, daß der in der Natur beobachtete Gitterbau einer Gleichgewichtslage der zwischen den Atomen wirksamen Kräfte darstellt, die allgemeine Form kristallphysikalischer Gesetze; sie zeigt auch deutlich die Zusammenhänge verschiedenartiger Kristalleigenschaften untereinander und erlaubt es so vielfach, Eigenschaften der einen Art aus Eigenschaften der anderen Art zu berechnen, etwa die Reststrahlfrequenz aus dem elastischen Verhalten, den Wärmeinhalt aus den optisch beobachtbaren Eigenschwingungen usw. Um aber zu wirklich quantitativen Angaben über die in den allgemeinen Gesetzen enthaltenen individuellen Konstanten zu kommen, sind bestimmtere Kenntnisse von den zwischen den Kristallteilchen wirksamen Kräften nötig. Das Ziel dieses zweiten Teiles des vorliegenden Kapitels ist es, aus genaueren Vorstellungen über die physikalische Natur der Gitterteilchen zu einer zahlenmäßigen Darstellung der Kristalleigenschaften zu gelangen.

Dabei ist ein Bedenken zu beachten: Unsere Vorstellungen, die namentlich die Quantentheorie über den Bau der Atome liefert, sind viel zu ungenügend, um daraus die Art und Weise berechnen zu können, wie sich Atome zu festen Körpern zusammenfügen. Der einzige Weg, der übrigbleibt, ist der, zuerst aus den Kristalleigenschaften Rückschlüsse zu tun auf die Natur ihrer Bestandteile und dann aus deren so erschlossenem Verhalten andere Kristalleigenschaften zu berechnen und aus dem Erfolg dieser Rechnungen die Berechtigung der ursprünglichen Vorstellungen zu erweisen. Die Gittertheorie muß sich also ihre

[1]) W. PAULI, Verh. d. D. Phys. Ges. (3) Bd. 6, S. 10. 1925.
[2]) Vgl. z. B. J. FRENKEL, ZS. f. Phys. Bd. 29, S. 214. 1924.

Kenntnis von den Kräften, mit denen sich Atome beeinflussen, erst selbst verschaffen.

Dabei kann es als gesichertes Ergebnis des ersten Teiles übernommen werden, daß der Begriff eines gesonderten Moleküls im Kristall seine besondere Bedeutung verliert, daß vielmehr der ganze Kristall als ein einziges, riesiges Molekül aufzufassen ist. Die Kräfte, die im gasförmigen und flüssigen Zustand den Zusammenhang der Moleküle bewirken, sind dieselben, die auch die festen Körper zusammenhalten. (Auch in den später [Ziff. 48] zu besprechenden Ausnahmen, den Molekülgittern, wird der festere Zusammenhang der Atome im Molekül nur durch infolge der kleineren Entfernung stärker wirkende, nicht durch andersartige Kräfte bedingt.) Daher ist eine Theorie der Kohäsion fester Körper gleichbedeutend mit einer Theorie der chemischen Bindung.

Als wesentliches Kennzeichen der „Kohäsionskräfte" erscheint ihre kurze Reichweite. Einmal auseinandergebrochene Teile eines festen Körpers halten, auch wenn man sie nachträglich wieder aneinandersetzt, nicht mehr zusammen. Auch noch aus anderen Eigenschaften schien zu folgen, daß die Kohäsionskräfte von den sonst in der Natur bekannten Kräften (COULOMBsche, NEWTONsche Kräfte) wesentlich verschieden seien. Sie unterscheiden sich von ihnen durch eine viel stärkere Abnahme mit der Entfernung. Dagegen sind von der Chemie aus schon seit langem elektrische Kräfte zur Erklärung der chemischen Bindung herangezogen worden; der erste Versuch dieser Art geht auf BERZELLIUS zurück. Er erklärte die chemische Affinität als das Bestreben der Atome, sich durch Austausch ihrer elektrischen Ladungen zu einem neutralen Gebilde zu vereinigen. Diese dualistische Theorie scheiterte aber, als die organische Chemie Beispiele für die Ersetzbarkeit eines elektropositiven durch ein elektronegatives Ion beibrachte. Das zeigte, daß in Wirklichkeit die Natur der chemischen Bindung doch viel komplizierter ist. ABEGG[1]) gab es darum auf, die chemische Affinität überall durch denselben Bindungsvorgang zu erklären. Er gewann einen guten Überblick über die Erscheinungen durch die Unterscheidung zwischen homopolarer und heteropolarer Bindung. Zu den letzteren gehören alle Salze; nur sie dissoziieren in gelöstem Zustande in elektrolytische Ionen. Für sie gilt die alte BERZELLIUSsche Betrachtungsweise, die Affinität beruht auf der elektrostatischen Anziehung der Ionenladungen. KOSSEL[2]) nahm diese Gedanken auf, brachte sie in Verbindung mit der BOHRschen Atomtheorie und kam so zu einem vertieften Verständnis dieser Erscheinungen. Ausgehend von der merkwürdigen Stabilität der Edelgasschalen, die sich namentlich in deren chemischer Trägheit äußert, erklärt er bei heteropolaren — im folgenden sagen wir häufig einfach polaren — Verbindungen die chemische Affinität als das Bestreben der Atome, sich unter Aufnahme und Abgabe von Elektronen zu vollen Edelgasschalen zu ergänzen. Dabei gehen die neutralen Atome in elektrisch geladene Ionen über. Die zwischen ihnen wirksamen COULOMBschen Kräfte bedingen den Zusammenhang der Moleküle oder Gitter. Dagegen ist die homöopolare Bindung wesentlich verwickelter. Sie besteht in einer wesentlichen Umlagerung oder Verschmelzung der beiderseitigen Elektronenhüllen und ist sicher erst bei einer genaueren Kenntnis der inneratomaren Gesetzlichkeiten verständlich.

In Wirklichkeit ist eine strenge Trennung dieser beiden Bindungsarten natürlich nicht durchführbar. Sie sind nur als äußerste Grenzfälle vorzustellen,

---

[1]) R. ABEGG, ZS. f. anorg. Chem. Bd. 34, S. 330. 1904; s. auch F. W. HINRICHSEN, Ann. d. Chem. Bd. 336, S. 168. 1908

[2]) W. KOSSEL, Ann. d. Phys. Bd. 49, S. 229. 1916. Ähnliche Vorstellungen sind unabhängig davon von G. N. LEWIS, Proc. Nat. Acad. Amer. Bd. 2, S. 586. 1916; Journ. Amer. Chem. Soc. Bd. 38, S. 762. 1916; Science N. S. Bd. 46, S. 297. 1917 und J. LANGMUIR, Journ. Amer. Chem. Soc. Bd. 41, S. 868. 1919; Journ. Frankl. Inst. 1919, S. 359 entwickelt worden.

zwischen denen ein vollkommen stetiger Übergang vorhanden ist. Jede in der Natur vorkommende chemische Verbindung nähert sich dem einen oder dem anderen Grenzfall, ohne doch je einen rein darzustellen. Es kommt darauf an, von der einigermaßen durchsichtigen heteropolaren Bindung aus allmählich zu einem Verständnis auch der homöopolaren Bindung vorzudringen. Wir beschränken uns zunächst auf polar gebaute Kristalle.

Während aber die KOSSELsche Theorie nur zu einem qualitativen Verständnis führte, konnte durch die Anwendung dieser Gedanken auf die aus dem Bau der Kristalle bekannten Tatsachen eine quantitative Theorie sowohl der polaren chemischen Verwandtschaft als auch der Gittereigenschaften polar gebauter Kristalle begründet werden. Es sei zunächst ganz kurz an die Ergebnisse erinnert, die schon vor der Ausbildung dieser Theorie dafür sprachen, daß nicht die neutralen Atome, sondern die elektrisch geladenen Ionen als Bausteine des Kristalls aufzufassen seien. Zuerst schloß DRUDE aus der Dispersionskurve (vgl. Ziff. 17), daß die ultraroten Eigenfrequenzen auf Schwingungen elektrisch geladener Massen von der Größenordnung der Atommassen beruhen, insbesondere folgerte HABER[1]) schon 1911 daraus, daß die Kräfte zwischen den einzelnen Atomen wesensgleich sind mit denen, die Kern und Elektronen zum Atom zusammenhalten. Damit war eigentlich schon die elektrische Natur der Kohäsionskräfte erkannt. HABER[1]) und durch ihn angeregt LINDEMANN[2]) haben schon damals versucht, aus den elektrostatischen Anziehungs- und Abstoßungskräften Kristalleigenschaften zu berechnen. Ihre Ergebnisse blieben rein qualitativer Art und sind in den folgenden strengeren Betrachtungen mitenthalten. Hierher gehört auch die MADELUNGsche[3]) Arbeit (Ziff. 12), in der er zuerst den Charakter der ultraroten Eigenschwingung aufklärte. Eine wirklich quantitative Theorie gelang dagegen erst durch Verbindung der strengeren Gittertheorie mit den KOSSELschen Vorstellungen von der polaren Bindung.

34. MADELUNGS Methode zur Berechnung elektrostatischer Gitterpotentiale. Setzt man also die Kohäsionskräfte als COULOMBsche Kräfte voraus, so ergibt sich als erste Aufgabe, Potential und Energie eines solchen Gitters zu berechnen. Man erhält für das elektrostatische Potential eines Gitters in einem Punkt $\mathfrak{r}$

$$\varphi(\mathfrak{r}) = \mathop{\mathrm{S}}_{l} \sum_{k} \frac{e_k}{R_k^l}, \quad R_k^l = |\mathfrak{r}_k^l - \mathfrak{r}|. \tag{126}$$

Als Selbstpotential eines Gitters auf einen Gitterpunkt bezeichnet man das Potential aller Gitterpunkte bis auf einen auf diesen einen. Man erhält

$$\varphi_{k'} = \varphi_{k'}(\mathfrak{r}_{k'}) = \mathop{\mathrm{S}}_{l} \sum_{k'}{}' \frac{e_k}{R_{kk'}^l}, \quad R_{kk'}^l = |\mathfrak{r}_{kk'}^l|. \tag{127}$$

Ein Strich am Summenzeichen bedeutet dabei, daß die Indexkombination $l = 0$, $k = k'$ fortzulassen ist. Die elektrostatische Energie eines Gitters pro Zelle ist gleich dem elektrostatischen Potential φ_0 aller Gitterpunkte auf eine Zelle

$$\varphi_0 = \sum_{k'} e_{k'} \varphi_{k'} = \mathop{\mathrm{S}} \sum_{kk'}{}' \frac{e_k e_{k'}}{R_{kk'}^l}. \tag{128}$$

Bei der Berechnung dieser Potentiale ergibt sich die Schwierigkeit, daß die COULOMBschen Kräfte so langsam mit der Entfernung abnehmen, daß das

---

[1]) F. HABER, Verh. d. D. Phys. Ges. Bd. 13, S. 1117. 1911.
[2]) F. A. LINDEMANN, Verh. d. D. Phys. Ges. Bd. 13, S. 1107. 1911.
[3]) E. MADELUNG, Phys. ZS. Bd. 11, S. 898. 1910.

Potential jedes einfachen Punktgitters, dessen Gitterpunkte mit gleichen elektrischen Ladungen besetzt sind, für sich genommen divergiert. Erst die Neutralität der Zelle bedingt, daß diese aus größerer Entfernung gar nicht als System elektrischer Ladungen, sondern als Multipol höherer Ordnung zur Geltung kommt und infolgedessen ihre Wirkung mit einer viel größeren Potenz der Entfernung abnimmt. Hier liegt die Erklärung dafür, daß sich die Kohäsionskräfte trotz ihrer geringen Reichweite als elektrische Erscheinung auffassen lassen. Die elektrostatischen Potentiale sind also nur bedingt konvergent, d. h. die Konvergenz ist abhängig von der Reihenfolge der Summation. Darin liegt die Schwierigkeit. Eine direkte Auswertung der Summen (127) und (128) ist umständlich und fast unmöglich. Es kommt darauf an, sie auf Formen zu bringen, die sich zur numerischen Berechnung besser eignen.

In mathematischer Formulierung handelt es sich um folgende Aufgabe: Es ist eine Lösung der Potentialgleichung zu finden, die dreifach periodisch ist mit den durch die drei Zellenvektoren $\mathfrak{a}_1$, $\mathfrak{a}_2$, $\mathfrak{a}_3$ gegebenen Perioden und an den Gitterpunkten einfache Pole hat. Vom mathematischen Gesichtspunkt aus hat zuerst APPELL[1]) eine vollständige Theorie dieser Potentiale entwickelt. Seine Arbeiten wurden aber von den Physikern nicht beachtet. Unabhängig davon kam MADELUNG[2]) bei der Berechnung von Gitterpotentialen zu denselben Ergebnissen. Eine ähnliche Methode gaben auch ORNSTEIN und ZERNIKE[3]) an.

Die MADELUNGsche Methode berechnet zuerst das Potential einer linearen Punktreihe und baut aus den Potentialen von Punktreihen das eines ebenen Netzes, aus denen wieder das eines Raumgitters auf. Sie besteht also in einem Aufsteigen von einer zu zwei, von zwei zu drei Dimensionen. Man gelangt zu einer Darstellung des Potentials einer Punktreihe, wenn man zunächst von einer stetig verteilten, aber periodischen Ladungsverteilung ausgeht. Die Periode sei a; die Gerade sei die x-Achse. Dann läßt sich die Ladungsdichte $\varrho(x)$ als eine FOURIERsche Reihe darstellen.

$$\varrho(x) = \sum_{-\infty}^{+\infty}{}'_n \varrho_n e^{\frac{2\pi i n x}{a}}. \tag{129}$$

Wenn wir uns auf neutrale Punktreihen beschränken, fehlt in der Fourierreihe das absolute Glied, wie es durch einen Strich am Summenzeichen angedeutet ist. MADELUNG behandelt auch Gebilde mit gleichnamigen Ladungen. Da deren Potential natürlich divergiert, muß er seinen Reihen eine „unendlich große Konstante" hinzufügen. Ihm kam es im wesentlichen auf die Berechnung des elektrischen Feldes einer solchen Ladungsverteilung an; darum störte ihn diese Schwierigkeit nicht. Wir beschränken uns hier auf die Betrachtung neutraler Gebilde[4]).

Das Potential der Ladungsverteilung (129) wird dieselbe Periodizität zeigen wie die Ladung selbst; es kann also in der Form

$$\varphi^{(1)}(x, r) = \sum_{-\infty}^{+\infty}{}'_n f_n(r) e^{\frac{2\pi i n x}{a}}$$

vorausgesetzt werden, wo $r = \sqrt{y^2 + z^2}$ den senkrechten Abstand von der x-Achse mißt. Die Koeffizienten $f_n(r)$ müssen einzeln der Potentialgleichung

---

[1]) P. APPELL, Acta Math. Bd. 4, S. 313. 1884; Bd. 8, S. 265. 1886; Journ. de math. (4) Bd. 3, S. 5. 1887; Palermo Rend. Bd. 22, S. 361. 1906.

[2]) E. MADELUNG, Phys. ZS. Bd. 19, S. 524. 1918.

[3]) L. S. ORNSTEIN u. F. ZERNIKE, Proc. Amsterdam Bd. 21, S. 911. 1918.

[4]) Vgl. M. BORN, Atomtheorie des festen Zustandes, § 37.

genügen. Es zeigt sich, daß sie bis auf konstante Faktoren die HANKELschen Funktionen $K_0\left(\frac{2\pi n x}{a}\right)$[1] sind. Die konstanten Faktoren ergeben sich aus dem Zusammenhang zwischen linearer Dichte und Potential

$$\varrho(x) = -\frac{1}{2}\left[r\frac{d\varphi}{dr}\right]_{r=0}.$$

Man erhält so eine Fourierentwicklung des Potentials

$$\varphi_x^{(1)}(x, r) = 2\sum_{-\infty}^{+\infty}{}_n \varrho_n K_0\left(\frac{2\pi n r}{a}\right) e^{\frac{2\pi i n x}{a}}.$$

Durch einen geeigneten Grenzübergang erhält man daraus auch das Potential einer unstetigen Ladungsverteilung. In den Punkten x_k seien die punktförmigen Ladungen e_k angebracht. An Stelle der Funktion $\varrho(x)$ tritt eine Summe über die Ladungen. Man erhält

$$\varphi_x^{(1)}(x, r) = \frac{2}{a}\sum_{-\infty}^{+\infty}{}_n \sum_k e_k K_0\left(\frac{2\pi n r}{a}\right) e^{\frac{2\pi i n}{a} x - x_k} \tag{130}$$

Die Reihe konvergiert überall, außer in den Punkten x_k, und zwar außerhalb der x-Achse sehr schnell.

Das Selbstpotential einer Punktreihe läßt sich auf verschiedene Weise berechnen. MADELUNG führt es auf die GAUSSsche Γ-Funktion zurück. Er geht aus von der bekannten Beziehung[2])

$$\Psi(z) = \frac{d\ln\Gamma(z)}{dz} = -\gamma + \sum_{p=0}^{\infty}\left(\frac{1}{p+1} - \frac{1}{p+z}\right),$$

wo γ die EULERsche Konstante ist. Setzt man voraus, daß der Punkt $x_{k'}$, auf den das Selbstpotential dargestellt werden soll, links von allen übrigen Basispunkten liegt (was man durch eine Umnumerierung stets erreichen kann), so erhält man durch eine Umformung

$$\varphi_{k'}^{(1)} = -\frac{1}{a}\sum_{k \neq k'} e_k\left\{\Psi\left(\frac{x_k - x_{k'}}{a}\right) + \Psi\left(1 - \frac{x_k - x_{k'}}{a}\right)\right\} + \frac{2\gamma e_{k'}}{a}. \tag{131}$$

Da die Funktion Ψ im Intervall von 0 bis 1 gebraucht wird, aber meist im Intervall von 1 bis 2 tabuliert ist, muß man sie durch die Beziehung

$$\Psi(z) = \Psi(z+1) - \frac{1}{z}$$

umrechnen.

Besonders einfach liegen die Verhältnisse, wenn der Abstand benachbarter Teilchen überall gleich ist. Man erhält dann Selbstpotential und Energiedichte als Spezialfall des später zu besprechenden Grundpotentials (Ziff. 36).

Das Potential eines ebenen Netzes, das in der x-y-Ebene mit den Vektoren $\mathfrak{a}_1$ und $\mathfrak{a}_2$ aufgespannt ist, erhält man ganz entsprechend wie das einer einfachen Geraden durch Grenzübergang von einer stetigen periodischen Ladungsverteilung. Man erhält so eine Darstellung

$$\varphi^{(2)}(x, y, z) = \frac{2\pi}{|\mathfrak{a}_1\mathfrak{a}_2|}\sum_k\sum_l{}' e_k \frac{e^{-|\mathfrak{k}_l|\cdot|z|}}{|\mathfrak{k}_l|} e^{i(\mathfrak{k}_l, \mathfrak{r}-\mathfrak{r}_k)}. \tag{132}$$

---

[1]) Vgl. etwa COURANT-HILBERT, Methoden der mathematischen Physik; tabuliert (in etwas anderer Bezeichnung) in E. JAHNKE u. F. EMDE, Funktionentafeln. Leipzig 1909.

[2]) Vgl. etwa JAHNKE-EMDE, Funktionentafeln, S. 27.

Dabei verbindet der Vektor $\mathfrak{k}_l$ den Anfangspunkt mit allen Gitterpunkten der zu $\mathfrak{a}_1$ und $\mathfrak{a}_2$ reziproken Vektoren $\mathfrak{b}_1$ und $\mathfrak{b}_2$

$$\left.\begin{aligned} \mathfrak{b}_{1x} &= \frac{\mathfrak{a}_{2y}}{|\mathfrak{a}_1\mathfrak{a}_2|}, & \mathfrak{b}_{1y} &= \frac{-\mathfrak{a}_{2x}}{|\mathfrak{a}_1\mathfrak{a}_2|}, \\ \mathfrak{b}_{2y} &= \frac{\mathfrak{a}_{1x}}{|\mathfrak{a}_1\mathfrak{a}_2|}, & \mathfrak{b}_{2x} &= \frac{\mathfrak{a}_{1y}}{|\mathfrak{a}_1\mathfrak{a}_2|}. \end{aligned}\right\} \tag{133}$$

$|\mathfrak{a}_1\mathfrak{a}_2|$ ist die Determinante aus den Komponenten der Vektoren $\mathfrak{a}_1$ und $\mathfrak{a}_2$.

Das Selbstpotential eines ebenen Netzes kann man nach MADELUNG nur dann berechnen, wenn man das Netz als eine Folge von parallelen neutralen Punktreihen auffassen kann. Dann läßt sich das Selbstpotential zusammensetzen aus dem Selbstpotential der durch den betrachteten Punkt gehenden Punktreihe und den Potentialen der übrigen Punktreihen in diesem Punkt.

Wählt man die x-Achse und den Vektor $\mathfrak{a}_1$ parallel zu der neutralen Punktreihe ($\mathfrak{a}_{1x} = a$, $\mathfrak{a}_{1y} = 0$), so erhält man

$$\varphi_{k'}^{(2)} = \varphi_{k'}^{(1)} + \frac{2}{a}\sum_{-\infty}^{+\infty}{}' {}_{n,l} \sum_k{}' e_k K_0\left(\frac{2\pi n\,|\,y_{k'} - y_k + l\,\mathfrak{a}_{2y}|}{a}\right) \cdot e^{\frac{2\pi i n}{a}(x_{k'} - x_k + l\,\mathfrak{a}_{2x})}. \tag{134}$$

Dabei ist für $\varphi_{k'}^{(1)}$ der Wert (131) einzusetzen. Durch Summation über alle Punkte des Netzes erhält man daraus die Energie der Netzebene.

Entsprechend kann man fortfahren und das Selbstpotential eines räumlichen Gitters zusammensetzen aus dem Selbstpotential einer durch den betrachteten Punkt gehenden Netzebene und den Potentialen (132) der übrigen, zu dieser parallelen Netzebenen auf den Punkt. Durch Summation über die Gitterpunkte erhält man daraus wieder die Energie bzw. die Energiedichte des gesamten räumlichen Gitters. Diese Methode setzt immer eine gute Übersicht über den geometrischen Bau des Gitters voraus. Man verwendet darum häufig mit größerem Vorteil eine andere Methode, die von EWALD zur Berechnung der Potentiale räumlicher Gitter angegeben wurde und die den Umweg über die Berechnung von Gebilden niedrigerer Dimension vermeidet.

35. Die EWALDsche Methode. Man geht wieder aus von einer stetigen periodischen Ladungsverteilung im Raum. Sie läßt sich als FOURIERsche Reihe der Form

$$\varrho = \underset{l}{\mathsf{S}}{}' \varrho^l e^{i(\mathfrak{q}^l \mathfrak{r})}$$

darstellen. Dabei ist $\mathfrak{q}^l$ das 2π-fache des Vektors, der den Nullpunkt mit einem beliebigen Punkt des reziproken Gitters verbindet, also

$$\mathfrak{q}^l = 2\pi(l_1\mathfrak{b}_1 + l_2\mathfrak{b}_2 + l_3\mathfrak{b}_3), \tag{135}$$

wo $\mathfrak{b}_1$, $\mathfrak{b}_2$, $\mathfrak{b}_3$, die Grundvektoren des reziproken Gitters, sich aus den Gleichungen

$$\mathfrak{b}_1 = \frac{1}{\Delta}[\mathfrak{a}_2\mathfrak{a}_3], \qquad \mathfrak{b}_2 = \frac{1}{\Delta}[\mathfrak{a}_3\mathfrak{a}_1], \qquad \mathfrak{b}_3 = \frac{1}{\Delta}[\mathfrak{a}_1\mathfrak{a}_2] \tag{135'}$$

bestimmen. Man kann das Potential als eine entsprechende Fourierreihe voraussetzen und deren Koeffizienten durch die POISSONsche Differentialgleichung

$$\Delta\varphi = -4\pi\varrho$$

bestimmen. Man gelangt so zu einer Darstellung des Potentials

$$\varphi = \sum_k e_k \psi(\mathfrak{r} - \mathfrak{r}_k), \tag{136}$$

wo die ψ, die Potentiale der einzelnen einfachen Gitter, die Gestalt

$$\psi = \frac{4\pi}{\Delta} \mathop{\mathrm{S}'}_{l} \frac{e^{i(\mathfrak{q}^l \mathfrak{r})}}{|\mathfrak{q}^l|^2} \tag{137}$$

haben. Auch diese Reihe konvergiert noch sehr schlecht. Man bringt sie darum nach EWALD auf folgendem Wege auf eine praktisch gut berechenbare Gestalt: Mit Hilfe der Identität

$$\frac{1}{a} = \int_0^\infty e^{-a\xi}\, d\xi$$

formt man die Reihe (137) um in

$$\psi = \frac{4\pi}{\Delta} \int_0^\infty e^{-|\mathfrak{q}^l|^2 \xi + i(\mathfrak{q}^l \mathfrak{r})}\, d\xi .$$

Dies Integral kann man durch einen beliebigen Trennungspunkt in zwei Teile zerlegen, ein Integral von Null bis zu diesem Punkt und ein zweites von da bis unendlich. Das zweite Integral läßt sich elementar ausführen, das erste kann man mit Hilfe der Transformationsformel der ϑ-Funktionen[1]) umformen. Man erhält so die Darstellung.

$$\psi = \psi_1 + \psi_2 \qquad \left.\begin{aligned} \psi_1 &= \frac{4\pi}{\Delta} \mathop{\mathrm{S}'}_{l} \frac{e^{-\frac{1}{k^l}|q^l| - i(q^l)}}{|\mathfrak{q}^l|^2}, \\ \psi_2 &= \mathop{\mathrm{S}}_{l} \frac{G(\varepsilon\,|\mathfrak{r}^l - \mathfrak{r}|)}{|\mathfrak{r}^l - \mathfrak{r}|} - \frac{\pi}{\Delta\,\varepsilon^2}. \end{aligned}\right\} \tag{138}$$

Dabei hängt die Funktion $G(x)$ mit der GAUSSschen Fehlerfunktion

$$F(x) = \frac{2}{\sqrt{\pi}} \int_0^x e^{-\alpha^2}\, d\alpha$$

durch die Beziehung

$$G(x) = 1 - F(x) = \frac{2}{\sqrt{\pi}} \int_x^\infty e^{-\alpha^2}\, d\alpha \tag{138'}$$

zusammen.

Die Transformationsformel der ϑ-Funktion, die den Übergang von ψ_1 zu ψ_2 vermittelt, beruht physikalisch darauf, daß man jede Lösung der Wärmeleitungsgleichung einmal durch Übereinanderlegung von Eigenfunktionen (D'ALEMBERTsche Lösung), andererseits nach der Methode der Wärmequellen darstellen kann (FOURIERsche Lösung). Nach der Eindeutigkeit der Lösungen einer partiellen Differentialgleichung müssen beide Ausdrücke gleich sein. Das liefert gerade die gesuchte Transformationsformel. Mit ihrer Hilfe gelangt man auch hier zu zweierlei Lösungen des Problems. Für $\varepsilon = \infty$ verschwindet ψ_2 und man erhält in ψ_1 die FOURIERsche Lösung; für $\varepsilon = 0$ verschwindet ψ_1 und ψ_2 geht bei geeigneter Anordnung der Summationsfolge in die ursprüngliche quellenmäßige Darstellung über. Der EWALDsche Gedanke ist nun der, durch eine geeignete Wahl der Trennungsstelle ε von beiden Lösungen den Teil auszunutzen, wo sie gut konvergieren. ψ_1 konvergiert um so besser, je kleiner ε ist, ψ_2 um so besser,

[1]) Vgl. etwa A. KRATZER, Lehrbuch der D-Thetafunktionen. Leipzig 1903.

je größer ε ist. Durch geeignete Wahl von ε kann man es stets erreichen, daß beide Reihen sehr schnell konvergieren. Aus dem Wert der Summe $\psi = \psi_1 + \psi_2$ muß die Trennungsstelle ε natürlich hinausfallen. Indem man für ε zwei verschiedene Werte einsetzt, erhält man so eine Kontrolle für die Richtigkeit der numerischen Rechnung.

Für das Selbstpotential eines räumlichen Gitters erhält man so die entsprechende Darstellung

$$\bar{\psi} = \bar{\psi}_1 + \bar{\psi}_2 \quad \left.\begin{aligned} \bar{\psi}_1 &= \frac{4\pi}{\Delta} \mathop{\mathrm{S}'}_{l} \frac{e^{-\frac{1}{4\varepsilon^2}|\mathfrak{q}^l|^2}}{|\mathfrak{q}^l|^2} - \frac{2\varepsilon}{\sqrt{\pi}} \\ \bar{\psi}_2 &= \mathop{\mathrm{S}'}_{l} \frac{G(\varepsilon|\mathfrak{r}^l|)}{|\mathfrak{r}^l|} - \frac{\Delta\varepsilon^2}{\pi} \end{aligned}\right\} . \tag{139}$$

Wenn man zwei gleiche elektrische Punktladungen von verschiedenem Vorzeichen so aneinanderrücken läßt, daß dabei das Produkt aus Abstand und Entfernung konstant bleibt, erhält man im Grenzfall verschwindenden Abstandes einen elektrischen Dipol (Moment erster Ordnung). Auf demselben Wege entsteht aus zwei Dipolen ein Quadrupol (Moment zweiter Ordnung). KORNFELD[1]) hat die EWALDsche Methode auch auf die Berechnung solcher Gitter übertragen, die aus elektrischen Di- und Quadrupolen aufgebaut sind.

36. Das Grundpotential. Jede beliebige Ladungsverteilung in einer Zelle mit den Grundvektoren $\mathfrak{A}_1$, $\mathfrak{A}_2$, $\mathfrak{A}_3$ läßt sich mit beliebiger Genauigkeit durch eine solche annähern, die auf die rationalen Punkte

$$\mathfrak{r}_k = \frac{k_1}{n}\mathfrak{A}_1 + \frac{k_2}{n}\mathfrak{A}_2 + \frac{k_3}{n} = k_1\mathfrak{a}_1 + k_2\mathfrak{a}_2 + k_3\mathfrak{a}_3 \tag{140}$$

verteilt ist. Dabei sind die

$$\mathfrak{a}_i = \frac{\mathfrak{A}_i}{n} \qquad (i = 1, 2, 3) \tag{140'}$$

die Grundvektoren eines neuen Gitters, an dessen Eckpunkten man die Ladungen der ursprünglichen Zelle annehmen kann. Sie lassen sich, entsprechend zu (129) als Überlagerung von sinusförmigen Ladungsverteilungen auffassen

$$e_k = \sum_p \xi_p e^{-\frac{2\pi i}{n}(kp)}. \tag{141a}$$

Dabei ist zur Abkürzung

$$(kp) = k_1 p_1 + k_2 p_2 + k_3 p_3 \tag{142}$$

gesetzt. Das Gleichungssystem (141a) läßt sich durch das entsprechende System

$$\xi_p = \sum_k e_k e^{\frac{2\pi i}{n}(kp)} \tag{141b}$$

auflösen. Dann läßt sich das Selbstpotential (127) umformen in

$$\varphi_{k'} = \mathrm{S} \sum_q{}' \frac{e_{k'+q}}{r_{q+ln}} = \sum_p{}' \xi_p e^{-\frac{2\pi i}{n}(k'p)} \mathop{\mathrm{S}'}_{l} \frac{e^{-\frac{2\pi i}{n}(p\,l)}}{r^l},$$

$$\varphi_{k'} = \sum_p \xi_{pk'} \Pi\left(\frac{p}{n}\right), \tag{143}$$

---

[1]) H. KORNFELD, ZS. f. Phys. Bd. 22, S. 27. 1924.

wobei

$$\xi_{pk'} = \xi_p e^{-\frac{2\pi i}{n}(pk')} + \xi_{-p} e^{+\frac{2\pi i}{n}(pk')} \tag{144}$$

und die Funktion

$$\Pi(z) = \mathop{\mathrm{S}'}_{l} \frac{\cos 2\pi l z}{r_l} \tag{145}$$

ist. Durch Summation über k' erhält man die elektrostatische Energiedichte

$$\frac{1}{2}\varphi_0 = \sum_p \sigma \Pi\left(\frac{p}{n}\right), \tag{146}$$

wobei

$$\sigma_p = \sum_k s_k \cos\frac{2\pi}{n}(pk), \qquad s_k = \sum_k e_{k'} e_{k'+k} \tag{147}$$

ist. Das Selbstpotential und die Energiedichte sind zurückgeführt auf die Berechnung der Werte, die die Funktion $\Pi(z)$ an den rationalen Punkten $(p_1/n, p_2/n, p_3/n)$ annimmt. Man nennt $\Pi(z)$ das Grundpotential. Es ist von BORN[1]) zuerst für rechtwinklige, später auch für allgemeine Gitter abgeleitet worden. Mit Hilfe der EWALDschen Formeln kann man auch das Grundpotential auf eine ähnliche Form

$$\Pi = \Pi_1 + \Pi_2, \qquad \left.\begin{aligned} \Pi_1 &= \frac{1}{\pi} \mathop{\mathrm{S}}_{l} \frac{e^{-\frac{\pi^2}{\varepsilon^2}(\mathfrak{b}, l-z)^2}}{(\mathfrak{b}, l-z)^2} - \frac{2\varepsilon}{\sqrt{\pi}} \\ \Pi_2 &= \mathop{\mathrm{S}}_{l} \sum_k \cos 2\pi(kz) \frac{G(\varepsilon|\mathfrak{r}_{k+ln}|)}{|\mathfrak{r}_{k+ln}|} \end{aligned}\right\} \tag{148}$$

bringen.

Der wesentliche Vorteil dieses Grundpotentials liegt darin, daß man, wenn das Grundpotential einmal für eine Zelle berechnet ist, die Potentiale aller beliebigen Ladungsverteilungen mit Leichtigkeit daraus zusammensetzen kann. EMERSLEBEN[2]) hat eine Tafel des Grundpotentials für die quadratische Zelle berechnet. Aus ihr kann man heute die Energie jedes beliebigen regulären Kristalls leicht entnehmen.

Man ist ursprünglich auf einem anderen Wege auf das Grundpotential geführt worden. Die Tatsache, daß unter allen zweiatomigen Kristallen der Steinsalztyp so besonders häufig vorkommt, führte zu der Vermutung, daß dieser Gittertyp durch eine Extremaleigenschaft seiner elektrostatischen Energie ausgezeichnet sei. Man fragte nach derjenigen elektrisch neutralen und periodischen Verteilung der Ladungen $e_k = \pm 1$, für die die elektrische Energie zum Minimum wird.

Man geht dazu aus von einem einfachen Gitter mit dem Zellenvolumen 1. Man faßt n^3 Zellen zu einer neuen Zelle zusammen, in der man die Gitterpunkte des ursprünglichen Gitters mit beliebigen Ladungen besetzt, und wiederholt diese Anordnung periodisch. Dann ist die doppelte elektrostatische Energie gegeben durch

$$\varphi_0 = \sum_{kk'} e_k e_{k'} C_{k-k'}, \tag{149}$$

wo

$$C_0 = \bar{\psi}(0), \qquad C_k = \psi(\mathfrak{r}_k). \tag{149'}$$

[1]) M. BORN, ZS. f. Phys. Bd. 7, S. 124. 1921; Atomtheorie des festen Zustandes, S. 730ff.

[2]) O. EMERSLEBEN, Phys. ZS. Bd. 24, S. 73, 97. 1923; auch abgedruckt in M. BORN. Atomtheorie des festen Zustandes, S. 782.

Es handelt sich also um die mathematische Aufgabe, die quadratische Form (149) zum Minimum zu machen unter den Nebenbedingungen

$$\left.\begin{aligned} &(a) \qquad \sum_k e_k = 0\,, \\ &(b) \qquad \sum_k e_k^2 = n^2\,. \end{aligned}\right\} \tag{150}$$

Die Nebenbedingung (150b) enthält offenbar jede Verteilung der Ladungen $e_k = \pm 1$ als Spezialfall. Sie mußte um des analytischen Charakters der Aufgabe willen allgemeiner gefaßt werden.

Man kann nun leicht zeigen, daß die eben gestellte Minimalaufgabe äquivalent ist mit der, für welches rationale Tripel der Indizes z_1, z_2, z_3 das Grundpotential $\Pi(z)$ seinen kleinsten Wert annimmt. Die Funktion hat für $z_1 = z_2 = z_3 = \frac{1}{2}$ ein Minimum. Es ist sehr wahrscheinlich, daß es sich um das absolute Minimum handelt. Der Beweis dafür hat sich allerdings für drei Dimensionen bisher nicht erbringen lassen. Für eine Dimension ist er von Born, für zwei Dimensionen von Emersleben geführt worden. Dem Minimum bei $z_i = \frac{1}{2}$ entspricht die Ladungsverteilung

$$e_k = (-1)^{k_1+k_2+k_3}\,.$$

Das ergibt für reguläre Gitter gerade die Ladungsverteilung des Steinsalztyps. Ihr kommt also unter allen Ladungsverteilungen, die den Nebenbedingungen (150) genügen, die kleinste elektrostatische Energie zu.

37. Berechnung von Parametern. Schon diese letzte Fragestellung wies über den in der formalen Gittertheorie innegehaltenen Rahmen hinaus. Denn während dort der Aufbau des Gitters aus den Atomen als grundlegende Voraussetzung benutzt wurde, kommt es jetzt darauf an, gerade diesen Bau verständlich zu machen. Wenn man über den Bau der Ionen keine weiteren Voraussetzungen macht, muß man natürlich die Struktur des Gitters als gegeben hinnehmen, aber sobald man nähere Angaben über die Eigenschaften der Ionen macht, hat es einen Sinn, zu fragen, zu was für welchen Gittern sich diese Ionen zusammensetzen; denn der in der Natur vorkommende Gittertyp wird sich unter allen möglichen Anordnungen durch die größte Stabilität auszeichnen müssen.

Einen ersten Vorstoß in dieser Richtung bedeutet der Versuch, die Parameter eines Gitters theoretisch zu erfassen. Unter einem Parameter[1]) versteht man bekanntlich eine Größe, die, wie etwa die Kantenverhältnisse oder Kantenwinkel der allgemeinen trigonalen Zelle durch Symmetriebedingungen noch nicht festgelegt sind. Die in Ziff. 2 beschriebenen Diagonalgitter zeichnen sich dadurch aus, daß sie parameterfrei sind, d. h. daß in ihnen die Lage aller Gitterteilchen allein durch die Symmetrie bestimmt ist, wenn man nur eine einzige Länge, die Gitterkonstante, d. i. die Kante der würfelförmigen Zelle, kennt.

Bei nicht parameterfreien Gittern liegt es nahe, diese Parameter durch die Forderung zu bestimmen, daß für sie die elektrostatische Energie zum Minimum wird. Der dadurch festgelegte Wert entspricht einer Gleichgewichtslage der zwischen den Ionen wirksamen elektrischen Kräfte. Die Coulombschen Kräfte allein reichen zur Erzeugung einer stabilen Anordnung noch nicht aus, denn unter ihrem alleinigen Einfluß würden entgegengesetzt geladene Ionen einfach ineinanderstürzen, was natürlich physikalisch unmöglich ist. Der einfachste Weg, dies zu verhindern, ist der, den auch schon Kossel zur Erklärung der chemischen Verbindungen heranzog, nämlich sich die Ionen als undurchdringliche, starre Kugeln vorzustellen. Es ist ohne weiteres klar, daß es sich bei dieser Annahme

[1]) Vgl. den Artikel von P. P. Ewald, Kap. 4 des vorliegenden Bandes.

nur um eine ganz grobe Näherung handeln kann. Aber für manche Fälle, wie für die Berechnung der Parameter, erweist sie sich als ausreichend. Sie bedeutet dabei, daß man die Entfernungen benachbarter Ionen als fest betrachtet und nur die Winkel des Gitters verändern kann.

BRAGG, CHAPMAN, TOPPING und MORRAL[1]) konnten auf diese Weise die Achsenwinkel der Kristalle vom Kalkspattyp berechnen. Man kann sich den Kalkspattyp bekanntlich dadurch aus dem Steinsalztyp entstanden denken, daß man die räumliche Ausdehnung des CO_3-Ions berücksichtigt. Die CO_3-Gruppen liegen, untereinander parallel, in ebenen Dreiecken, senkrecht zu der einen Würfeldiagonale. Das bewirkt eine Dehnung in der Ebene der CO_3-Ionen; das ursprünglich kubische Gitter wird zu einem rhomboedrischen verzerrt[2]). Dessen Achsenwinkel ist der von ihnen berechnete Parameter.

Sie berechneten die Energie in ihrer Abhängigkeit von diesem Parameter und hielten dabei die Abstände von einem C- zu einem O-Atom und von einem O- zu einem Metallatom konstant. Indem sie für beide Entfernungen die durch Röntgenmessungen bekannten Werte (Abstand CO = 1,25 Å) einsetzten, erhielten sie zunächst eine schlechte Übereinstimmung. Das war verständlich, denn unter der unmittelbaren Nachbarschaft des vierfach geladenen C-Atoms werden die O-Atome sicher stark verzerrt. Man kann diesen Einfluß aus spektroskopischen Daten abschätzen. Indem sie den Abstand so wählten, daß er sich den Beobachtungen gut anschloß (Abstand CO = 0,92 Å), erhielten sie in guter Übereinstimmung den Gang für die verschiedenen Salze. Dabei war die Änderung des Abstandes CO gerade gleich dem spektroskopisch abgeschätzten Einfluß. In folgender Tabelle 8 sind die beobachteten und berechneten Werte des Rhomboederwinkels α verglichen.

Tabelle 8. Rhomboederwinkel beim Kalkspattyp.

Stoff	Zellenkante	α ber.	α beob.
$MgCO_3$	4,61	103°28′	103°21,5′
$ZnCO_3$	4,64	103°18′	103°28′
$FeCO_3$	4,70	103° 6′	103°4,5′
$MnCO_3$	4,77	102°52′	102°50′
$^1/_2(MgCa)CO_3$	4,78	102°44′	102°53′
$CdCO_3$	4,92	102°15′	102°30′
$CaCO_3$	4,96	102° 4′	101°55′

Ihr Verfahren hat den Nachteil, daß dabei das Verhältnis der beiden festen Abstände unbestimmt bleibt. BORN und BOLLNOW[3]) vermieden diese Schwierigkeit, indem sie Koordinationsgitter betrachteten, Gitter aus nur zwei Ionenarten, in denen immer ein Ion der einen Art von einer bestimmten Anzahl Ionen der anderen Art in gleichem Abstand umgeben ist. Von den nicht parameterfreien Kristallen kann man den Rutil- und Anatastyp[4]) in erster Näherung als Koordinationsgitter auffassen. Die Koordinationsannahme bedingt eine Beziehung zwischen den beiden Parametern, so daß man den einen eliminieren und den anderen aus der Minimalbedingung bestimmen kann. In Tabelle 9 sind für den Rutiltyp die damals beobachteten[5]) und der berechnete Wert für

[1]) W. L. BRAGG u. S. CHAPMAN, Proc. Roy. Soc. London (A) Bd. 106, S. 369. 1924.

[2]) S. SHAPMAN, J. TOPPING und J. MORRAL. Proc. Roy. Soc. London (A) Bd. 111, S. 25. 1926. Vgl. Kap. 4 des vorliegenden Bandes.

[3]) M. BORN u. O. F. BOLLNOW, Naturwissensch. Bd. 13, S. 559. 1925; Göttinger Nachr. 1925, S. 18; O. F. BOLLNOW, ZS. f. Phys. Bd. 33, S. 741. 1925.

[4]) Vgl. Kap. 4 des vorliegenden Bandes.

[5]) Zahlreiche neuere Messungen von V. M. GOLDSCHMIDT, Vid. Akad. Skr. Oslo I. M.-N. Kl. 1926. Nr. 1 ergeben eine ähnliche Übereinstimmung.

den Parameter (das Verhältnis des Abstandes eines Metallatoms von einem Sauerstoffatom zur Diagonale der quadratischen Grundfläche) angegeben. Für den beobachteten Parameter gibt es stets zwei Zahlen, weil die Koordinationsannahme in der Natur nicht streng erfüllt ist und infolgedessen der direkt beobachtete Parameter von dem mit Hilfe der Koordinationsbedingung aus dem anderen berechneten abweicht. In der letzten Spalte sind die Abstände zweier benachbarten Ionen angegeben. Man sieht, daß bei wachsendem Abstand die Übereinstimmung zunimmt. Die Gründe dafür werden aus den Betrachtungen von Ziff. 38 verständlich. Vom Anatastyp ist bisher erst ein einziger Kristall bekannt. Die Übereinstimmung ist ähnlich wie beim Rutil.

38. Die Abstoßungskraft. Das oben benutzte Bild von den Ionen als undurchdringliche starre Kugeln ist natürlich äußerst unbefriedigend, denn abgesehen von der gedanklichen Härte, die darin liegt, daß das Potential bei Annäherung zweier Ionen sich wie die reziproke Entfernung verhält und dann plötzlich beim Zusammenstoß unendlich wird, es also nicht durch eine analytische Funktion darstellbar ist, bleiben auch so einfache Eigenschaften wie die Kompressibilität, ja allgemeiner das gesamte elastische, optische und thermische Verhalten unverständlich. Man wird darum die Kraft, die zwei verschieden geladene Ionen an dem Zusammenstürzen hindert und sie in einer endlichen Entfernung voneinander in einer Gleichgewichtslage hält, anstatt durch die Vorstellung starrer, undurchdringlicher Kugeln durch einen anderen Ansatz in Rechnung bringen müssen. Es liegt nahe, die Bohrsche Atomtheorie zur Erklärung dieser auf kleine Entfernungen wirksamen Abstoßungskraft heranzuziehen. Schon nach ihrem allgemeinsten Grundzug, nach dem ein positiv geladener Kern von negativ geladenen Ionen umkreist wird, ist das Vorhandensein einer solchen Abstoßungskraft klar; denn während die Ionen auf größere Entfernungen einfach als Punktladungen aufgefaßt werden können, kommt auf nahe Entfernungen die Ladungsverteilung innerhalb des Ions zur Geltung. Sobald sich die beiderseitigen Elektronenhüllen hinreichend nahe gekommen sind, muß ihre gegenseitige Abstoßung die Anziehung der resultierenden Ionenladungen überwiegen.

Tabelle 9. Parameter beim Rutiltyp.

Stoff	Parameter		Ionenabstand
Berechnet	0,315		—
PbO_2	0,309	—	2,15 Å
SnO_2	0,307	0,315	2,04 Å
MgF_2	0,304	0,315	2,00 Å
TiO_2	0,302	0,311	1,95 Å
MnO_2	0,303	—	1,91 Å

Man wird diese abstoßende Kraft in erster Näherung als eine mit einer höheren Potenz der Entfernung abnehmende Zentralkraft ansetzen dürfen und für das Potentialgesetz zwischen zwei Ionen

$$\varphi(r) = -\frac{e^2}{r} + \frac{b}{r^n} \tag{151}$$

schreiben. Es ist ein Spezialfall des schon Ziff. 24 angegebenen Mieschen Potentialgesetzes, der daraus hervorgeht, wenn man die erste Kraft als elektrostatisch annimmt, d. h. $m = 1$, $a = e^2$ setzt. Der qualitative Verlauf der Funktion (151) stimmt mit dem auf Abb. 14 wiedergegebenen überein.

Genau wie in Gleichung (97) läßt sich dann das Potential des ganzen Gitters auf die Form bringen

$$\varphi_0 = -\frac{A e^2}{\delta} + \frac{B}{\delta^n}, \tag{152}$$

wobei δ die durch die Gleichung $\delta^3 = \Delta$ bestimmte Gitterkonstante bedeutet. Für kubische Gitter ist es einfach die Kantenlänge des Würfels.

Streng genommen müßte im zweiten Glied natürlich von jedem verschiedenen Paar von Ionen ein besonderer Beitrag herrühren. Man setzt aber meist, was keine große Vernachlässigung bedeutet, den Abstoßungsexponenten n als zwischen allen Ionen eines Gitters gleich voraus und unterscheidet nur die Konstanten b in (151). Dann kann man alle Abstoßungsglieder in eines zusammenziehen. In zweiatomigen Salzen, um die es sich in der Folge meist handeln wird, unterscheidet man zwischen der Abstoßungskraft zwischen ungleichartigen Ionen $b r^{-n}$ und der zwischen gleichartigen Ionen $\beta b r^{-n}$ und erhält dann für das letzte Glied in Gleichung (152)

$$B = B_1 + \beta B_2. \tag{153}$$

Vielfach kann man die Verhältnisse noch weiter vereinfachen, indem man $\beta = 1$, d. h. die abstoßenden Kräfte zwischen allen Ionen als gleich voraussetzt. Dieses sei vorläufig immer angenommen.

Der Faktor A läßt sich nach den eben behandelten Methoden zur Auswertung elektrostatischer Gitterpotentiale bestimmen. Der Faktor B läßt sich wegen der schnelleren Konvergenz dieses Bestandteils meist durch direkte Summation bestimmen. EMERSLEBEN[1]) hat die EWALDsche Methode auch zur Berechnung der Potentiale eines mit einer beliebigen Potenz abnehmenden Kraftgesetzes übertragen. Seine Reihen sind allgemeine EPSTEINsche Z-Funktionen, von denen die von EWALD benutzten ϑ-Funktionen einen Spezialfall darstellen. Auf einem ähnlichen Wege haben JONES und INGHAM[2]) für einige spezielle reguläre Gitter (einfach kubisch, kubisch raumzentriert, kubisch flächenzentriert, Steinsalztyp) den Wert des Faktors B für alle Abstoßungsexponenten von $n = 4$ bis $n = 30$ berechnet. Ihre Tabelle[3]) ist für manche numerischen Rechnungen nützlich.

Nach Gleichung (152) folgt aus der Gleichgewichtsbedingung

$$\frac{\partial \varphi_0}{\partial \delta} = 0$$

für die Gitterkonstante die Beziehung

$$\delta = \sqrt[n-1]{\frac{A}{nB}}. \tag{154}$$

Ähnlich erhält man für die Kompressibilität aus

$$\varkappa = \frac{1}{2\Delta}\frac{\partial \varphi_0}{\partial \Delta} \qquad (\Delta = \delta^3),$$

unter Berücksichtigung von (154)

$$\frac{1}{\varkappa} = (n-1)\frac{e^2 A}{9\delta^4}. \tag{155}$$

Es besteht also, wie es ja auch anschaulich klar ist, eine umgekehrte Proportionalität zwischen Kompressibilität und Abstoßungsexponent: Je kleiner der Abstoßungsexponent ist, d. h. je flacher die Kurve der Abb. 14 für kleine Abstände verläuft, um so weniger Widerstand setzt der Körper einer Kompression entgegen; umgekehrt, je größer der Abstoßungsexponent ist, um so schwerer läßt sich der Körper zusammenpressen, um so kleiner ist die Kompressibilität.

---

[1]) O. EMERSLEBEN, Phys. ZS. Bd. 24, S. 73, S. 97. 1923.

[2]) I. E. JONES u. A. E. INGHAM, Proc. Roy. Soc. London Bd. 107, S. 636. 1924.

[3]) I. E. JONES u. A. E. INGHAM, l. c. S. 640.

Die in voriger Ziffer benutzte Vorstellung starrer Ionen läßt sich als Grenzfall des allgemeinen Gesetzes für $n \to \infty$ auffassen. Nach (155) wird dann die Kompressibilität, wie zu erwarten, gleich Null.

Man erkennt jetzt ohne weiteres, warum der in Ziff. 37 berechnete Parameter des Rutiltyps um so besser übereinstimmt, je größer der Abstand zweier benachbarter Ionen ist; denn mit wachsender Entfernung tritt der Einfluß der (dort vernachlässigten) Abstoßungskraft immer mehr hinter den der COULOMBschen Kraft zurück.

39. Modellmäßige Bestimmung des Abstoßungsexponenten. Sobald man die Bahnen der Elektronen innerhalb des Atoms kennt, kann man aus ihnen die Größe der Abstoßungskraft berechnen. Es schien eine Zeitlang, als ob die Annahme, nach der die Elektronen den Kern in ebenen Ringen (Polygonen) umkreisten, durch die Beobachtungen an den Röntgenspektren bestätigt würde. BORN und LANDÉ[1]) gingen darum seinerzeit von solchen Ringmodellen aus. Es ergab sich eine Abstoßungskraft umgekehrt proportional zur fünften Potenz der Entfernung. Durch eine geeignete, mit den Ergebnissen der BOHRschen Theorie in Einklang stehende Wahl der den einzelnen Ringelektronen zugeordneten Quantenzahlen kamen sie zu einer guten Darstellung der Atomabstände in den Gittern der Alkalihalogenide. In vollständigem Widerspruch mit der Erfahrung standen aber die nach Gleichung (155) berechneten Kompressibilitäten. Sie waren viel zu groß. BORN und LANDÉ[2]) berechneten umgekehrt aus der Kompressibilität den Abstoßungsexponenten und erhielten daraus Werte, die ungefähr bei $n = 9$ liegen.

Damit war erwiesen, daß die ebenen Ringmodelle nicht ausreichen, um das elastische Verhalten der Salzkristalle zu erklären. BORN und LANDÉ erkannten, daß der größere Wert des Abstoßungsexponenten nur durch einen höheren Grad der Symmetrie bedingt sein kann. Sie schlossen daraus, daß die Elektronen räumlich um den Kern verteilt sein müßten, und benutzten den naheliegenden Gedanken, die Anzahl acht der zu einer vollen Edelgasschale gehörigen Elektronen mit den acht Ecken des Würfels in Verbindung zu bringen, zum Bau würfelförmiger Atommodelle. BORN[3]) berechnete die elektrostatische Energie zweier einfacher Ionenmodelle, die aus je einem positiven Kern bestanden, von denen der eine sieben, der andere neun elektrische Ladungen trug, und aus je acht Elektronen, die an den Ecken eines den Kern als Mittelpunkt umgebenden Würfels liegen. Sie erhielten für parallele Lage der Würfelkanten

$$\varphi(r) = -\frac{e^2}{r} + \frac{e^2(a_1^4 - a_2^4)}{r^5} f_5 + \frac{e^2 a_1^4 a_2^4}{r^9} \cdot f_9 + \cdots \tag{156}$$

a_1 und a_2 sind darin die Kantenlängen der beiden Würfel, $f_5, f_9, \ldots$ Funktionen der Richtung der Verbindungslinie der Kerne zu den Würfelkanten, Kugelfunktionen 5., 9., ... Grades. Für gleich große Würfel, d. h. für $a_1 = a_2$, fällt das Glied mit r^{-5} fort, für annähernd gleich große Ionen wird es sehr klein. Damit wird die Größenordnung des Abstoßungsexponenten verständlich.

Diese Vorstellungen sind in einer Reihe von Arbeiten weiter ausgebaut worden. FAJANS und HERZFELD[4]) rechneten mit dem dreigliedrigen Potentialgesetz (156) und konnten durch geeignete Wahl der Ionenradien a_1 und a_2 bei vier Halogen- und drei Alkaliionen die Gitterkonstanten von elf Salzen mit befriedigender Genauigkeit richtig darstellen.

[1]) M. BORN u. A. LANDÉ, Berl. Ber. 1918, S. 1048.
[2]) M. BORN u. A. LANDÉ, Verh. d. D. Phys. Ges. Bd. 20, S. 210. 1918.
[3]) M. BORN, Verh. d. D. Phys. Ges. Bd. 20, S. 230. 1918.
[4]) K. FAJANS u. K. F. HERZFELD, ZS. f. Phys. Bd. 2, S. 309. 1920.

SMEKAL[1]) hat die BORNsche Formel (156), die sich nur auf parallele Richtung der Würfelkanten bezieht, auch für beliebige Lage der Würfel verallgemeinert. RELLA[2]) hat diese Betrachtungen auf Atommodelle übertragen, die zwar die Symmetrieeigenschaften eines Würfels oder eines Tetraeders, aber sonst beliebigen Bau haben. Mit diesen Formeln kann man auch sich bewegende Elektronen behandeln, während die bisherigen Betrachtungen auf statische Probleme beschränkt waren. SCHWENDENWEIN[3]) hat von diesem Gesichtspunkt aus die FAJANS-HERZFELDschen Rechnungen ergänzt.

40. Das Abstoßungsgesetz als phänomenologischer Ansatz. Heute haben diese Rechnungen an Bedeutung verloren, weil die Unzulänglichkeit dieser Modellvorstellungen immer deutlicher geworden ist. Das Ziel, alle Eigenschaften der Ionen aus den Quantengesetzen abzuleiten, nach denen sich Kern und Elektronen zu Atomen zusammenfügen, ist noch nicht erreicht worden. Es bleibt darum kein anderer Ausweg als der, das durch (151) gegebene Potentialgesetz als phänomenologischen Ansatz zu betrachten, dessen Konstanten man nicht mehr aus irgendwelchen Modellvorstellungen berechnen kann, sondern die man durch den Vergleich mit der Erfahrung bestimmen muß. Dieser Weg ist von BORN[4]) eingeschlagen worden.

Nach dieser Auffassung ist ein Salz durch drei empirisch zu bestimmende Eigenschaften charakterisiert, die elektrische Ladung der Ionen e, die Konstante b des Abstoßungsgesetzes zwischen zwei Ionen und den Abstoßungsexponenten n. Die Ionenladung ist durch die chemische Formel stets bekannt. Die Konstanten b und n bestimmt man aus der Gitterkonstante und der Kompressibilität mittels der Gleichungen (154) und (155). Von den beiden Konstanten ist b ziemlich unwesentlich, weil sie nur die Lineardimensionen des Gitters bestimmt. Der Exponent n ist dagegen ausschlaggebend für das elastische Verhalten.

Wenn man in Gleichung (155) die Gitterkonstante aus der Dichte ϱ und den Atomgewichten M_1 und M_2 der beiden Ionenarten ausdrückt

$$\delta = 2\sqrt[3]{\frac{M_1 M_2}{2\varrho N}},$$

und für e, N und A die numerischen Werte einsetzt (über den Wert von A vgl. Ziff. 41), so erhält man für den Steinsalztyp

$$n = 1 + 3{,}496 \cdot 10^{-13} \cdot \frac{1}{\varkappa} \left(\frac{M_1 + M_2}{\varrho}\right)^{\frac{4}{3}} \tag{157}$$

und kann so den Abstoßungsexponenten aus ϱ und $\varkappa$ berechnen. Entsprechende Formeln lassen sich auch für alle anderen Gittertypen aufstellen.

Da es sich so um ein reines Erfahrungsgesetz handelt, wird der nach Gleichung (157) berechnete Abstoßungsexponent natürlich keine ganze Zahl mehr. Man hat von diesem Standpunkt aus das Gesetz (151) etwa so zu verstehen: Das Potentialgesetz wird als eine reine Zentralkraft vorausgesetzt. Dabei werden außer der einfachen COULOMBschen Kraft durch eine irgendwie vorhandene Symmetrie des Gebildes die niederen Glieder der Potenzreihenentwicklung unterdrückt. Wir approximieren die Funktion durch eine einzige, empirisch zu bestimmende Potenz. In Wirklichkeit liegen die Verhältnisse natürlich ver-

[1]) A. SMEKAL, ZS. f. Phys. Bd. 1, S. 309. 1920.
[2]) J. RELLA, ZS. f. Phys. Bd. 3, S. 157. 1920.
[3]) H. SCHWENDENWEIN, ZS. f. Phys. Bd. 4, S. 73. 1921; vgl. auch A. LANDÉ, ebenda Bd. 4, S. 450. 1921.
[4]) M. BORN, Ann. d. Phys. Bd. 61, S. 87. 1919.

wickelter. Das hat z. B. SLATER[1]) an der Druckabhängigkeit der Kompressibilität gezeigt. Die Erfahrungstatsachen reichen aber nicht zur Aufstellung eines genaueren Gesetzes aus.

In folgender Tabelle 10 sind die aus den Kompressibilitätsmessungen von MADELUNG und FUCHS[2]), sowie RICHARDS, JONES und SOERENS[3]) berechneten Abstoßungsexponenten für die Alkalihalogenide zusammengestellt.

SLATER[4]) mißt die Kompressibilität bei zwei verschiedenen Temperaturen und extrapoliert linear auf den absoluten Nullpunkt. Er erhält dabei die in Tabelle 11 eingetragenen Werte.

Weil die Abhängigkeit von der Temperatur nicht auf einfache Weise dargestellt werden kann, ist nicht sicher, ob diese Werte besser sind als die in Tabelle 10 angegebenen. Im allgemeinen nimmt der Abstoßungsexponent mit wachsender Ionengröße zu. Bei anderen Salzen sind wenig Kompressibilitäten bekannt. In Tabelle 12 sind die noch bekannten Zahlen zusammengestellt.

Tabelle 10. Abstoßungsexponenten der Alkalihalogenide.

Alkali	F	Cl	Br	J
Li	—	6,3	6,1	6,1
Na	—	7,8	8,4	8,2
K	—	8,8	9,7	9,3
Rh	—	8,4	8,7	11,0
Cs	—	10,2	10,3	10,0

Tabelle 11. Abstoßungsexponenten beim absoluten Nullpunkt.

Alkali	F	Cl	Br	J
Li	5,9	8,0	8,7	—
Na	—	9,1	9,5	—
K	7,9	9,7	10,0	10,5
Rb	—	—	10,0	11,0

Einen Anhalt für die Größe des Abstoßungsindex erhält man aus thermochemischen Angaben. Dieser Weg führt bei den Oxyden der Erdalkalien auf

Tabelle 12. Abstoßungsexponenten.

Stoff	AgCl	AgBr	FlCl	HgO	CaF_2	ZnS
n	13	13	10	4,1	7,5	5,1

Werte $n \sim 4$, bei den Seleniden auf $n \sim 3$ [5]). Man erkennt sofort den Zusammenhang dieser Zahlenangaben mit der modellmäßigen Deutung des periodischen Systems. Der Abstoßungsexponent ist am größten für Ionen mit abgeschlossener Edelgasschale, steigt bei ihnen in der Regel mit wachsendem Atomgewicht und hängt außerdem noch von dem Größenverhältnis der beiden Ionen ab. Für nicht edelgasähnliche Ionen ist der Abstoßungsexponent infolge der geringeren Symmetrie sofort merklich kleiner.

Das Unbefriedigende des eben erwähnten Verfahrens liegt darin, daß sich die Gittertheorie die Kenntnis des zwischen den Ionen gültigen Kraftgesetzes, d. h. der in Gleichung (151) enthaltenen Konstanten b und n, erst durch Messung an den Kristallen selbst verschaffen muß. Daß man überhaupt diese Konstanten empirisch bestimmen muß, läßt sich ja bei dem gegenwärtigen Stande der Forschung nicht vermeiden, aber man kann versuchen, zu ihrer Bestimmung andere, nicht an den festen Aggregatzustand gebundene Eigenschaften der

1) J. C. SLATER, Phys. Rev. Bd. 23, S. 488. 1924.

2) E. MADELUNG u. R. FUCHS, Ann. d. Phys. Bd. 65, S. 289. 1921.

3) F. W. RICHARDS u. G. JONES, Journ. Amer. Chem. Soc. Bd. 31, S. 158. 1909. T. W. RICHARDS u. E. P. R. SOERENS, ebenda Bd. 46, S. 934. 1924.

4) J. C. SLATER, Phys. Rev. Bd. 23, S. 488. 1924.

5) Die Zahlenangaben dieser Ziffer sind der Zusammenstellung von F. HUND, ZS. f. Phys. Bd. 34, S. 833. 1925, entnommen.

Ionen heranzuziehen. Dieser Weg ist neuerdings von LENNARD-JONES und TAYLOR[1]) mit gutem Erfolg eingeschlagen worden.

Der Grundgedanke, von dem ihre Arbeiten ausgehen, ist der, daß Gebilde mit geometrisch ähnlich gebauter Elektronenhülle, also etwa die Jonen O^{--}, F^-, Ne, Na^+, Mg^{++} oder S^{--}, Cl^-, A, K^+, Ca^{++} usw. auch ähnliche Kraftfelder haben müssen, d. h. sie haben denselben Abstoßungsexponenten n und unterscheiden sich nur in dem die Größe der Ionen messenden Faktor b. Das Größenverhältnis der Ionen und Atome im gasförmigen Zustand ist aber aus Messungen der Ionen- bzw. Atomrefraktion bekannt. LENNARD-JONES und TAYLOR machen die naheliegende Annahme, daß dieses Verhältnis beim Übergang in den festen Aggregatzustand nicht geändert wird, und können dann, sobald sie das Kraftgesetz eines einzigen aus einer Reihe ähnlich gebauter Ionen kennen, etwa das des Edelgases, auch die aller übrigen Atome berechnen.

Zuerst versuchte LENNARD-JONES[2]), das Kraftgesetz eines Edelgasatoms allein aus seinem gaskinetischen Verhalten zu bestimmen, und untersuchte die Abhängigkeit der inneren Reibung, des zweiten Virialkoeffizienten, auch der Wärmeleitfähigkeit von der Form des Kraftgesetzes. Es zeigt sich aber dabei, daß die Abhängigkeit zu gering ist, um den Abstoßungsexponenten eindeutig daraus bestimmen zu können; dagegen erlauben diese Erscheinungen bei gegebenem n eine genaue Bestimmung des dazugehörigen b. Ganz kann man auf die Kenntnis der Kristalleigenschaften doch nicht verzichten. Darum schlugen LENNARD-JONES und TAYLOR einen Mittelweg ein, bei dem an einer einzigen Stelle eine Kristallmessung verwandt wird. Sie berechneten für den neonähnlichen und den argonähnlichen Typ für jedes n ein zugehöriges b und bestimmten dann für den Exponenten selbst einen ganzzahligen Wert so, daß sich für NaF und KCl für die Gitterkonstante Übereinstimmung mit der Erfahrung ergab. Sie erhielten $n = 11$ für neonähnliche, $n = 9$ für argonähnliche Ionen. In einer zweiten Arbeit hat LENNARD-JONES dann diese Betrachtungen auch auf kryptonähnliche und xenonähnliche Ionen übertragen. Hier wurde der Abstoßungsexponent aus der Kompressibilität des RbBr und CsJ zu $n = 10$ im ersten und $n = 11$ im zweiten Falle bestimmt und dann das zugehörige b gaskinetisch berechnet. Das b hängt natürlich bei allen Salzen von der Ionengröße beider Bestandteile ab. Indem man noch für die Wechselwirkung von Ionen mit verschieden gebauter Elektronenhülle passend interpoliert, kann man alle Kristalleigenschaften der Alkalihalogenide und der entsprechenden Verbindungen zweiwertiger Ionen auf Grund der Kenntnis des Kraftgesetzes berechnen.

In Tabelle 13 sind die so erhaltenen Werte der Gitterkonstanten mit den beobachteten Zahlen verglichen (gemessen in Ångströmeinheiten).

Tabelle 13. Gitterkonstanten nach Lennard-Jones und Taylor.

	F		Cl		Br		J	
	ber.	beob.	ber.	beob.	ber.	beob.	ber.	beob.
Na	2,30[3])	2,31[3])	2,85	2,81	2,99	2,97	3,19	3,23
K	2,63	2,66	3,13[3])	3,14[3])	3,24	3,28	3,47	3,52
Rb	3,37	3,66	3,24	3,27	3,43	3,42	3,58	3,65
Cs	2,97	3,00	4,21	4,24	4,34	4,29	4,56	4,56

[1]) J. E. LENNARD-JONES u. P. A. TAYLOR, Proc. Roy. Soc. London (A) Bd. 109, S. 476. 1925; J. E. LENNARD-JONES, ebenda Bd. 109, S. 584. 1925.

[2]) J. E. LENNARD-JONES, Proc. Roy. Soc. London (A) Bd. 106, S. 441, 463, 709. 1924; Bd. 107, S. 157. 1925.

[3]) Diese Werte sind in Übereinstimmung mit der Erfahrung gewählt. Die kleine Abweichung rührt von der Ganzzahligkeitsforderung für n her.

Die Übereinstimmung ist ganz ausgezeichnet, ähnlich gut auch für die weiwertigen Salze. Man darf allerdings nicht vergessen, daß die Abhängigkeit er Gitterkonstante vom Abstoßungsexponenten außerordentlich gering ist. Für ie ebenso berechneten Elastizitätskonstanten ist die Übereinstimmung auch vesentlich schlechter (gegen 20% Fehler). Vor allem aber kann der Grundedanke, aus der Ähnlichkeit der Ionen die Ähnlichkeit ihrer Kraftfelder zu olgern, schon darum nur mit beschränkter Genauigkeit gelten, weil der Abstoßungsexponent im Gitter eine Eigenschaft beider Ionen ist, bei dem man n Stelle eines einfachen Mittelwertes auch ihr Größenverhältnis berücksichtigen nuß. Ähnlich wie es Gleichung (156) für den Fall würfelförmiger Elektronennordnung zeigt, ist auch allgemein wegen der größeren Symmetrie bei gleichroßen Ionen der Abstoßungsexponent größer als bei verschiedenen. Diesen Einfluß können LENNARD-JONES und TAYLOR nicht erfassen. Man sieht aber us den Tabellen 10 und 11, daß er auf den Abstoßungsexponenten einen nerkbaren Einfluß ausübt, und wird darum doch zweckmäßig diese Werte vorziehen. Trotzdem muß man es als wesentlichen Fortschritt bezeichnen, daß s so möglich ist, Kristalleigenschaften aus Zahlen zu berechnen, die der Gittertheorie an sich fremd sind.

41. Berechnung der Gitterenergie. Unter der Gitterenergie versteht man lie Arbeit, die notwendig ist, um das Gitter in die voneinander unendlich entfernten Ionen aufzulösen. Sie steht in engem Zusammenhang mit thermochemischen Angaben und erlaubt so eine Prüfung der Theorie auf chemischem Wege. Nach (152) beträgt die Gitterenergie (bezogen auf ein Mol)

$$U = -\frac{1}{2p} N \varphi_0 = \frac{1}{p} N \left(\frac{A z^2 \varepsilon^2}{\delta} - \frac{\beta B}{\delta^n} \right).$$

Darin bedeutet p die Anzahl der in einer Zelle enthaltenen Moleküle, z die Ionenadungszahl und ε die elektrische Elementarladung. Mit Hilfe der Gleichgewichtsbedingung eliminiert die Konstante B und erhält

$$U = \left(1 - \frac{1}{n}\right) N \frac{A z^2 \varepsilon^2}{p \delta}. \tag{158}$$

Drückt man noch durch die Beziehung

$$\delta^3 N \varrho = M p$$

die Gitterkonstante durch die Dichte ϱ und das Molekulargewicht M aus und setzt für N und ε die bekannten Werte ein, so erhält man

$$U = 1{,}169 \cdot 10^{13} \frac{A z^2}{p} \left(1 - \frac{1}{n}\right) \left(\frac{\varrho}{M}\right)^{\frac{4}{3}} \text{erg} \tag{158'}$$

oder in thermischem Maß

$$U = 279{,}1 \frac{A z^2}{p} \left(1 - \frac{1}{n}\right) \left(\frac{\varrho}{M}\right)^{\frac{4}{3}} \text{Cal}. \tag{158''}$$

Die auf der Abstoßungskraft beruhende Zusatzenergie beträgt also den $n$ten Teil der elektrostatischen Energie. Die Berechnung der Gitterenergie ist damit auf die Berechnung der elektrostatischen Energie, d. h. der Konstanten A zurückgeführt. In Tabelle 14 sind die bisher bekannten Werte der Konstanten A angegeben und, wie es für manche Zwecke vorteilhaft ist, dieselben Konstanten, bezogen auf den kürzesten Ionenabstand r_0:

$$A' = \frac{r_0}{\delta} A,$$

Tabelle 14. Gitterenergien.

Stoff	A	A'	Autor
NaCl	2,2017	1,7476	[1] [5]
CsCl	2,0354	1,763	[5]
ZnS (Zinkblende)	2,3831	1,639	[4] [5]
ZnS (Wurzit)	—	1,64	[6]
CaF$_2$	7,3305	5,039	[2] [3] [5]
TiO$_2$ (Rutil)	—	4,82	[7]
TiO$_2$ (Anatas)	—	4,80	[7]
Cu$_2$O	4,7522	4,115	[5]

42. Die Gitterenergie als thermochemische Konstante. Die Prüfung der so berechneten Gitterenergien gelingt nach BORN[8]) mit Hilfe eines Kreisprozesses, den man nach HABER[9]) am übersichtlichsten durch folgendes Schema darstellt.

$$\begin{array}{ccc} X^+, Y^- & \xrightarrow{\quad J_X \quad} & X, Y \\ & -E_Y & \\ \uparrow & & \\ -U_{XY} & & S_X \Big| D_Y \\ & & \downarrow \\ [XY] & \xleftarrow{\quad Q_{XY} \quad} & [X], \tfrac{1}{2} Y_2 \end{array}$$

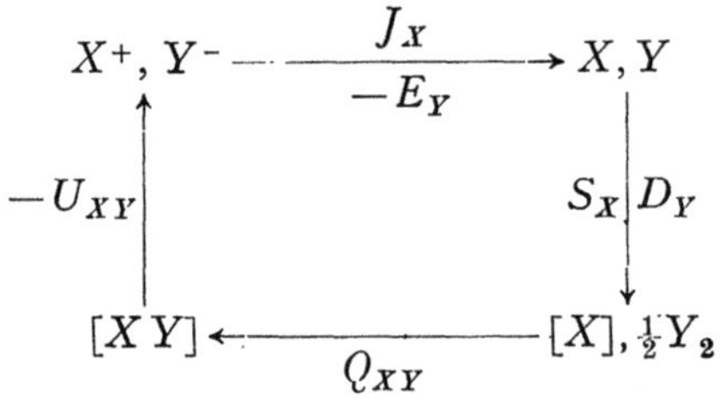

Dabei bedeutet X ein Alkaliion, Y ein Halogenion.

Der feste Zustand ist durch eckige Klammern, der gasförmige Zustand ohne besonderes Zeichen angedeutet. Der Kreisprozeß besagt, daß man die Gitterenergie auf folgendem Wege zusammensetzen kann:

1. Man zerreißt das Gitter unter Aufwendung der Bildungswärme Q_{XY} in festes Metall X und gasförmiges Halogen Y_2.
2. Man führt das Metall unter Aufwendung der Sublimationswärme S_X in den gasförmigen Zustand über.
3. Man entreißt dem Metalldampf unter Aufwendung der Ionisierungsarbeit J_X ein Elektron.
4. Man zerspaltet im Halogengas die Moleküle unter Aufwendung der Dissoziationsarbeit D_Y.
5. Man führt den Halogenatomen ein Elektron zu. Dabei wird die Elektronenaffinität E_Y frei.

Es gilt somit die Gleichung

$$U_{XY} = Q_{XY} + S_X + J_X + D_Y - E_Y. \tag{159}$$

Durch eine geeignete Verbindung bekannter thermochemischer Größen kann man daraus die Gitterenergie bestimmen. So ergibt sich für Umsetzungen vom Typus

$$X_1 Y + X_2 = X_2 Y + Y_1$$

---

[1]) E. MADELUNG, Phys. ZS. Bd. 19, S. 524. 1918.
[2]) A. LANDÉ, Verh. d. D. Phys. Ges. Bd. 20, S. 217. 1918.
[3]) F. BORMANN, ZS. f. Phys. Bd. 1, S. 55. 1920.
[4]) M. BORN u. F. BORMANN, Ann. d. Phys. Bd. 62, S. 218. 1920.
[5]) O. EMERSLEBEN, Phys. ZS. Bd. 24, S. 73, 97. 1923.
[6]) F. HUND, ZS. f. Phys. Bd. 34, S. 833. 1925.
[7]) O. F. BOLLNOW, ZS. f. Phys. Bd. 33, S. 741. 1925.
[8]) M. BORN, Verh. d. D. Phys. Ges. Bd. 21, S. 679. 1919.
[9]) F. HABER, Verh. d. D. Phys. Ges. Bd. 21, S. 750. 1920.

deren Wärmetönung nach Gleichung (159) zu

$$Q_{X_1Y} - Q_{X_2Y} = U_{X_1Y} - U_{X_2Y} + S_{X_1} - S_{X_2} + J_{X_1} - J_{X_2}.$$

Die Wärmetönung ist aus der Thermochemie bekannt; auch die Sublimationswärmen S_X lassen sich kalorimetrisch messen oder aus dem Sublimationsdruck als Funktion der Temperatur entnehmen; die Ionisierungsenergie J_X bestimmt man durch die Methode des Elektronenstoßes nach FRANCK und HERTZ oder genauer mit Hilfe der Quantengleichung

$$J_X = Nh\nu$$

auf der Grenzfrequenz derjenigen Serie, die der Metalldampf im Normalzustand absorbiert[1]). Man kommt so zu befriedigender Übereinstimmung.

Man kann Gleichung (159) auch direkt auswerten, wenn man einen zuerst von FRANCK angegebenen Weg zur Bestimmung von E_X heranzieht. Wenn nämlich in einem Halogengas bei hohen Temperaturen eine merkliche Anzahl negativer Metallionen vorhanden sind, so muß man ein kontinuierliches Spektrum beobachten mit einer scharfen Kante auf der langwelligen Seite; dieses entsteht z. B. in Absorption dadurch, daß das Licht dem Metallion das überzählige Ion entreißt, und die kleinste Frequenz, die das leistet, entspricht der Elektronenaffinität nach der Formel

$$E_X = Nh\nu_{\min}.$$

FRANCK[2]) glaubte, in Spektralaufnahmen von STREUBING (beim J) und EDER und VALENTA (beim Br) dieses Band und die Kante gefunden zu haben. Genauere Untersuchungen haben aber gezeigt, daß es sich um eine Art Bandenspektrum anderen Ursprungs handelt. Erst neuerdings glauben v. ANGERER und MÜLLER[3]), das FRANCKsche Spektrum wirklich gefunden zu haben. Bis zur endgültigen Klärung seien unter Vorbehalt ihre Werte benutzt.

Die Dissoziationswärme bestimmt man aus der Temperaturabhängigkeit der Dissoziationskonstanten unter Benutzung der VAN 'T HOFFschen Gleichung. In nebenstehender Tabelle 15 sind die zur Berechnung der Gitterenergie nach Gleichung (159) nötigen Zahlenwerte zusammengestellt[4]). Die sich daraus ergebenden Werte der Gitterenergie sind in Tabelle 16 mit den aus der elektrostatischen Gittertheorie berechneten[5]) verglichen.

Tabelle 15.

Q_{XY}	Na	K	Rb	D_Y	E_Y
Cl	99	104	105	27	88
Br	90	97	99	23	80
J	77	85	87	17	71
S_X	26	21	20		
J_X	117	99	95		

[1]) Vgl. ds. Handbuch Bd. XXIII.

[2]) J. FRANCK, ZS. f. Phys. Bd. 5, S. 428. 1921.

[3]) J. v. ANGERER u. A. MÜLLER, Phys. ZS. Bd. 26, S. 643. 1925; wir legen trotz der noch bestehenden Unsicherheit diese Messungen zugrunde, weil uns die in dieser Ziffer angedeuteten Gedankengänge wichtig erscheinen. Selbst für den Fall, daß sich diese Messungen als falsch erweisen sollten, bleibt dieser Weg zur experimentellen Prüfung der Theorie bestehen, man müßte nur die endgültigen Werte für die Elektronenaffinitäten abwarten.

[4]) Die Bildungswärmen nach LANDOLT-BÖRNSTEIN, S_{Na} und S_K nach R. LADENBURG u. R. MINKOWSKI, ZS. f. Phys. Bd. 8, S. 137. 1921, S_{Rb} aus dem Siedepunkt geschätzt, J_X aus spektroskopischen Angaben, D_{Br} und D_J nach M. BODENSTEIN, ZS. f. Elektrochem. Bd. 16, S. 966. 1910; Bd. 22, S. 327. 1916, D_{Cl} nach H. v. WARTENBERG u. F. A. LANGBEIN, Ber. d. dtsch. chem. Ges. 1922, S. 1003; F. A. LANGBEIN, ZS. f. anorg. Chem. Bd. 123, S. 137. 1922, E_Y nach J. v. ANGERER u. A. MÜLLER, Phys. ZS. Bd. 26, S. 643. 1925.

[5]) Die berechneten Werte sind der Zusammenstellung bei M. BORN u. W. HEISENBERG, ZS. f. Phys. Bd. 23, S. 388. 1924 entnommen.

Tabelle 16. Gitterenergien der Alkalihalogenide.

Stoff	$U_{\text{beob.}}$	$U_{\text{ber.}}$	Stoff	$U_{\text{beob.}}$	$U_{\text{ber.}}$	Stoff	$U_{\text{beob.}}$	$U_{\text{ber.}}$
NaCl	181	183	KCl	163	164	RbCl	159	156
NaBr	176	172	KBr	160	156	RbBr	157	149
NaJ	166	158	KJ	151	145	RbJ	148	140

Die Übereinstimmung ist in Anbetracht der zum Teil sehr ungenau bekannten Werte recht gut. Eine genauere Diskussion müßte auch die neuesten Messungen der chemischen Größen und ihre Temperaturabhängigkeit in Betracht ziehen und ist noch nicht durchgeführt worden; man müßte dazu wohl erst die endgültige Klärung der Frage nach der Elektronenaffinität abwarten. Man kann es als gesichertes Ergebnis betrachten, daß die elektrostatische Kohäsionstheorie den weitaus größten Teil der chemischen Energie heteropolarer Kristalle richtig wiedergibt.

Ehe die Werte für die Elektronenaffinitäten bekannt waren, mußte man einen Umweg einschlagen. BORN[1]) und FAJANS[2]) führten denselben Kreisprozeß wie Gleichung (159) für die entsprechenden Halogenwasserstoffe durch

$$U_{HY} = Q_{HY} + D_H + J_H + D_Y - E_Y . \tag{159'}$$

Durch Subtraktion ergibt sich

$$U_{XY} = Q_{XY} + U_{HY} - Q_{HY} + S_X + J_X - D_H - J_H . \tag{160}$$

Die Dissoziationswärme des Wasserstoffs D_H ist durch direkte Messungen, seine Ionisierungsenergie aus der BOHRschen Theorie seines Atombaues bekannt. Die Werte für U_{HY} entnahm man aus Beobachtungen beim Elektronenstoß. Die erzielte Übereinstimmung war ausgezeichnet. Da es sich neuerdings herausgestellt hat, daß die beim Elektronenstoß bestimmten Werte nicht die Zerspaltung des festen Halogensalzes in seine Ionen darstellen, sei darauf nicht näher eingegangen. Die Sachlage bedarf jedenfalls noch der Klärung.

Ganz entsprechend, wie es hier für Kristalle vom Typus XY geschah, kann man natürlich auch beim Typus XY_2 verfahren.

Ein anderer Weg zur Bestimmung der Gitterenergie, der die Unsicherheit des Kreisprozesses vermeidet, ist von WESSEL[3]) angegeben worden. Man mißt bei mehreren (im einfachsten Falle drei) Temperaturen den Partialdruck der dissoziierten Ionen des mit dem Salz im Gleichgewicht stehenden Gases und bestimmt die Gitterenergie durch Auflösung eines im Massenwirkungsgesetz begründeten Systems thermodynamischer Gleichungen. Leider liegen Messungen in dieser Richtung noch nicht vor.

Wegen der chemischen Bedeutung dieser Betrachtungen, namentlich wegen zahlreicher daraus folgender Beziehungen zwischen thermochemischen Angaben und dem periodischen System der Elemente muß auf die Darstellungen der Chemie verwiesen werden[4]).

43. Die Stabilität der Koordinationsgitter. Schon in Ziff. 37 war darauf aufmerksam gemacht worden, daß man, sobald man den Ionen bestimmte Eigenschaften zuschreibt, den Gitterbau nicht mehr als beliebig gegeben ansehen darf, sondern daß er durch die Eigenschaften der Ionen bedingt sein muß.

---

[1]) M. BORN, Verh. d. D. Phys. Ges. Bd. 21, S. 679. 1919.

[2]) K. FAJANS, Verh. d. D. Phys. Ges. Bd. 21, S. 539, 549, 709. 1921; s. auch M. BORN u. E. BORMANN, ZS. f. Phys. Bd. 1, S. 250. 1920; M. BORN u. W. GERLACH, ebenda Bd. 5, S. 433. 1921.

[3]) W. WESSEL, ZS. f. Phys. Bd. 30, S. 217. 1924.

[4]) Vgl. namentlich den Artikel von H. G. GRIMM, Kap. 6 des vorliegenden Bandes. Dort ist auch ausführlichere Literatur zitiert.

Unter allen möglichen Arten, wie sich die Ionen zu einem Kristallgitter zusammenfügen können, muß sich das wirklich vorkommende Gitter dadurch auszeichnen, daß es die größtmögliche Stabilität, d. h. die kleinste Gitterenergie hat. So erklärt sich auch die verhältnismäßig geringe Zahl der in der Natur vorkommenden Gittertypen. Daß überhaupt Kristalle von der gleichen chemischen Formel in verschiedenen Typen kristallisieren, muß durch die Verschiedenheit der individuellen Eigenschaften der Ionen bedingt sein, in unserer Näherung (152) also, da die Konstante b nur die Ausdehnungen beeinflußt, allein durch z und n. Dieser Gedanke ist neuerdings von HUND[1]) in den Vordergrund gestellt und von GOLDSCHMIDT[2]) an Hand eines umfangreichen Beobachtungsmaterials weiterverfolgt worden. GOLDSCHMIDT, dessen Betrachtungsweise vorwiegend beschreibender Art ist, nimmt allerdings als einzige individuelle Eigenschaft der Ionen deren Größe, die ja bei ähnlich gebauten Elektronenhüllen auf den Abstoßungsexponenten einen wesentlichen Einfluß hat und von der daneben der Gittertyp auch noch direkt abhängig ist. Der Rückgang auf die Ionengröße ist überall da der einzige Ausweg, wo die entsprechenden Kompressibilitäten nicht gemessen sind.

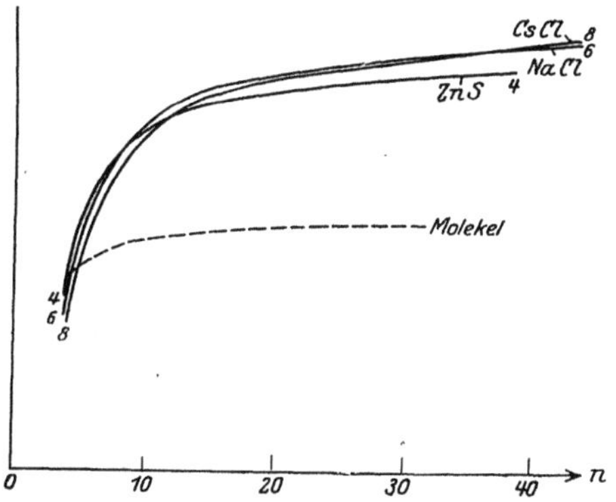

Abb. 15. Die Gitterenergien der zweiatomigen Koordinationsgitter.

Die zwischen den Ionen wirkenden Kräfte sind reine Zentralkräfte. Ihr wesentlicher Anteil sind die COULOMBschen Kräfte. Sie wirken anziehend zwischen gleichartigen, abstoßend zwischen ungleichartigen Ionen und bedingen so einen Gitterbau, in dem sich gleichartige Ionen möglichst fern, ungleichartige möglichst nahe liegen. Das sind die schon Ziff. 37 erwähnten Koordinationsgitter. Betrachten wir zunächst den Fall, wo beide Ionenarten in gleicher Zahl vorhanden sind, also den Typ XY. Man überzeugt sich leicht, daß bei zweiatomigen Verbindungen nur drei Arten von Koordinationsgittern möglich sind, je nachdem die Ionen von 8, 6 oder 4 entgegengesetzt geladenen Nachbarionen umgeben sind, die an den Ecken eines Würfels, Oktaeders oder Tetraeders liegen. Ihnen entspricht der Cäsiumchlorid-, der Steinsalz- und der Zinkblende- (oder der ihm ganz ähnliche Wurzit-) Typ.

Um die Gitterenergien miteinander vergleichen zu können, muß man sie auf gleichen Abstand benachbarter Ionen und gleiche elektrische Ladungen beziehen. Der elektrostatische Anteil der so normierten Gitterenergie ist in Tabelle 14 unter A' eingetragen. Man erkennt, daß bei Vernachlässigung der Abstoßungskraft der Cäsiumchloridtyp am stabilsten ist (die Energie ist eine negative Zahl), also der Typ, bei dem jedes Ion die meisten Nachbarn hat. HUND hat genauer untersucht, wie sich die Verhältnisse bei Berücksichtigung des Abstoßungsindex ändern, und konnte zeigen, daß für große n der Cäsiumchloridtyp, für mittlere n der Steinsalztyp und für kleine n der Zinkblendetyp am stabilsten ist. In Abb. 15 ist der Verlauf der Gitterenergie für diese drei Typen als Funktion des Abstoßungsexponenten dargestellt.

In Tabelle 17 sind die beobachteten Gittertypen eingetragen — die Ziffern dieser Tabelle sind den Zusammenstellungen bei HUND und GOLDSCHMIDT ent-

---

[1]) F. HUND, ZS. f. Phys. Bd. 34, S. 833. 1925.

[2]) V. M. GOLDSCHMIDT, Skrifter Kristiania Nr. 3—7. 1925; Nr. 1 u. 2. 1926.

nommen —; dabei bedeutet 8 den Cäsiumchlorid-, 6 den Steinsalz- und 4 den Zinkblende- oder Wurzittyp.

Tabelle 17. Gittertypen zweiatomiger Salze.

Metall	F	Cl	Br	J	Metall	O	S	Se	Te
Li	6	6	6	6	Be	4	4	4	4
Na	6	6	6	6	Mg	6		6	
K	6	6	6	6	Ca	6	6	6	6
Rb	8	6	6	6	Sr	6		6	6
Cs	6	8	8	8	Ba	6	6	6	6
Cu		4	4	4	Zn	4	4	4	4
Ag		6	6	4	Cd	6	4	4	4
					Hg		4	4	4
Tl		8	8	8	Mn	6			
					Fe	6			
					Co	6			
					Ni	6			
					Pb		8		

Zu einer quantitativen Bestimmung des Gittertyps durch den Abstoßungsexponenten reicht die Genauigkeit nicht aus; qualitativ stimmt die Verteilung der beobachteten Gittertypen mit der nach der aus den Abstoßungsexponenten (Tabelle 10—12) zu erwartenden überein. Der Steinsalztyp überwiegt, der Cäsiumchloridtyp kommt nur bei besonders hohem Abstoßungsindex, der Zinkblendetyp nur bei nicht edelgasähnlichen Ionen und infolgedessen geringem Abstoßungsexponenten vor (dagegen AgJ!). Der merkwürdige Wechsel zwischen RbF und CsF hängt wahrscheinlich damit zusammen, daß beim CsF das Größenverhältnis zwischen Kation und Anion schon zu groß ist (vgl. Ziff. 40, Ende).

Tabelle 18. Gittertypen dreiatomiger Salze.

Metall	F_2	Cl_2	Br_2	J_2	Metall	O_2	S_2	Se_2
					C	*M*		
Mg	6,3				Ti	6,3		
Ca	8,4				Zr	8,4	*S*	*S*
Sr	8,4				Hf	8,4		
Ba	8,4				Th	8,4		
Zn	8,4			*S*	Ge	6,3?		
Cd	8,4	*S*	*S*	*S*	Sn	6,3	*S*	
Hg	8,4				Pb	6,3		
Mn	6,3				V	6,3		
Fe	6,3				Mn	6,3		
Co	6,3			*S*				
Ni	6,3		*S*	*S*				
					Nb	6,3		
Cu		*S*			Mo	6,3	*S*	
Rh		*S*			Ru	6,3		
Pd		*S*			Te	6,3		
					W	6,3		
Ir		*S*			Os	6,3		
Pt		*S*			Ir	6,3		
					Ce	8,4		
Pb	8,4			*S*	Pb	8,4		
					U	8,4		

Entsprechend liegen die Verhältnisse bei den Verbindungen von der Form XY_2. Koordinationsgitter sind möglich, wenn ein Ion von 8, das andere von 4 Nachbarn umgeben ist, oder das eine von 6, das andere von 3, oder endlich das eine von 4, das andere von 2 Nachbarn. Ihnen entsprechen der Flußspat, der Rutil- und Anatas- und der Cuprittyp. (Die Umgebung durch 6 und 3 Nachbarn läßt sich in einem reinen Koordinationsgitter nicht verwirklichen. Rutil und Anatas lassen sich nur in einer gewissen Näherung so auffassen. Infolgedessen sind diese Typen auch nicht parameterfrei.) Die Stabilität der verschiedenen Typen ist ähnlich wie im vorigen Fall. Für große n ist der Flußspat-, für mittlere n der Rutil- und Anatastyp, für kleine n der Cuprittyp am stabilsten. In Tabelle 18 sind die bisher vorliegenden Beobachtungen zusammengestellt.

6,3 bedeutet Rutil-, 8,4 Flußspattyp; im Cuprittyp kristallisieren Cu_2O und Ag_2O. Auf die mit S und M bezeichneten Gitter kommen wir später zurück. GOLDSCHMIDT, dessen Darstellung im wesentlichen empirisch ist, benutzt statt des Abstoßungsexponenten das Größenverhältnis der Ionen, von dem ja bei gleichgebauten Ionen der Abstoßungsexponent allein [vgl. Gleichung (156!)], bei nicht wesentlich verschieden gebauten Ionen sehr stark abhängt und das daneben (vgl. RbF — CsF!) auch einen direkten Einfluß auf den Gittertyp ausübt. Er erhält die Grenze zwischen Rutil- und Flußspattyp bei einem Größenverhältnis 1 : 0,67. Diese Betrachtungsweise erlaubt, wie schon oben gesagt, einen ungefähren Schluß auf den zu erwartenden Gittertyp noch da, wo keine Kompressibilitäten gemessen sind.

44. Berechnung elastischer Eigenschaften. Sobald man aus der Kompressibilität und der Gitterkonstante die Glieder b und n der Abstoßungskraft berechnet hat, kann man daran gehen, auf Grund der Vorstellung der durch diese Eigenschaften charakterisierten Ionen das übrige Verhalten der Gitter zu berechnen. HECKMANN[1]) hat die EWALDsche Methode zur Berechnung elektrostatischer Gitterpotentiale allgemein auf die Berechnung der im ersten Teil angegebenen elastischen und elektrischen Konstanten (dort mit Klammersymbolen bezeichnet) übertragen.

Angewandt sind diese Gedanken bisher nur auf ganz wenige einfache Fälle. BORN[2]) hat auf diese Weise die Elastizitätskonstante c_{11} der Kristalle Steinsalz und Sylvin berechnet und eine recht befriedigende Übereinstimmung erhalten. Man kann nach BORN und BRODY[3]) diese Übereinstimmung noch verbessern, wenn man die bisher vernachlässigte, nämlich als eins angenommene Konstante β in Gleichung (153) berücksichtigt, d. h. bedenkt, daß die abstoßende Kraft nicht zwischen allen Ionen eines Gitters gleich ist, sondern, je nachdem sie zwischen gleichartigen oder ungleichartigen Ionen wirkt, verschieden ist. Streng genommen müßte man sogar noch berücksichtigen, daß zwischen zwei Halogen- und zwei Alkaliionen verschiedene Kräfte wirken. Hierauf braucht man meist nicht einzugehen, weil die betreffenden Gittereigenschaften nur von dem Mittelwert aus beiden abhängen. Bestimmt man die Konstante β so, daß man für die Elastizitätskonstante die beste Übereinstimmung erhält, so erhält man das zunächst überraschend erscheinende Ergebnis, daß β negativ wird. Man erhielt für $\beta = -0{,}5$ eine sehr gute Übereinstimmung. Das bedeutet, daß die mit der n-ten Potenz der Entfernung abnehmende Zusatzkraft zwischen gleichartigen Ionen anziehend wirkt. Zu demselben Ergebnis kamen BORN und BORMANN[4]) an der

[1]) G. HECKMANN, ZS. f. Phys. Bd. 23, S. 47. 1924.
[2]) M. BORN, Ann. d. Phys. Bd. 61, S. 87. 1919; Verh. d. D. Phys. Ges. Bd. 21, S. 119, 533. 1919.
[3]) M. BORN u. F. BRODY, ZS. f. Phys. Bd. 7, S. 217. 1922.
[4]) M. BORN u. E. BORMANN, Ann. d. Phys. Bd. 62, S. 218. 1920.

Zinkblende und HECKMANN[1]) am Flußspat. In allen diesen Fällen wird die Zusatzkraft anziehend zwischen physikalisch gleichen und gittergeometrisch gleichberechtigten Ionen, sonst abstoßend. Im einfachsten Fall der Alkalihalogene hat also die Zusatzkraft immer das entgegengesetzte Vorzeichen wie die COULOMBschen Kräfte. Dies Ergebnis erscheint wichtig zum Verständnis der zwischenatomaren Kräfte. Man überzeugt sich leicht, daß im Zeitmittel eine Anziehungskraft entsteht, wenn in zwei gleichartigen Ionen die Elektronen so umlaufen, daß die durch sie gebildeten elektrischen Dipole immer parallel bleiben. Ein solches Verhalten wäre zwar nach der klassischen Physik ein unendlich unwahrscheinlicher Zustand; dagegen werden, wie BORN und HEISENBERG[2]) gezeigt haben, von der Quantentheorie solche exakten Phasenbeziehungen gefordert. Damit wird die Natur dieses Kraftgesetzes verständlich.

Bei den Kristallen Steinsalz und Sylvin ist neben der Elastizitätskonstante c_{11} auch die zweite $c_{12} = c_{44}$ von VOIGT gemessen worden. Die Berechnung dieser Konstanten würde aber keine Prüfung der Theorie erlauben, weil sie durch c_{11} und $\varkappa$ schon mitbestimmt ist (denn es ist $3/\varkappa = c_{11} + 2\,c_{12}$).

Tabelle 19. Elektrostatisch berechnete Reststrahlen.

Stoff	λ berechnet	λ beobachtet
NaCl	50	52,0
KCl	61	63,4
KBr	75	82,6
KJ	93	94,1

Dagegen kann man daran denken, mit dem eben bestimmten Wert $\beta = -0{,}5$ die Reststrahlwellenlänge zu berechnen. Wenn man nach FÖRSTERLING (Ziff. 12) die Wellenlänge der Eigenschwingung auf die der stärksten Reflexion umrechnet, erhält man Tabelle 19.

Die Übereinstimmung ist durchaus befriedigend und spricht für die Berechtigung der benutzten Vorstellung vom Bau der Ionen. Auch die Wärmeausdehnung konnten BORN und BRODY auf diese Weise darstellen. Auf ganz ähnliche Weise haben BORN und BORMANN die elastischen Konstanten der Zinkblende berechnet. Ihre Betrachtungen sind auch insofern wichtig, als durch sie die Zweiwertigkeit ihrer Ionen im Gitter gestützt wird. Das Verfahren versagte bei der Berechnung der piezoelektrischen Konstante. Wir machen schon hier darauf aufmerksam, weil an dieser Stelle eine neue Auffassung von den Eigenschaften der Ionen einsetzen muß.

45. Oberflächenenergie. Als Oberflächenenergie σ einer Netzebene bezeichnet man die auf die Flächeneinheit bezogene halbe Arbeit, die nötig ist, um die beiden Hälften des längs dieser Ebene gespaltenen Kristalls so weit voneinander zu entfernen, bis sie keine Wirkung mehr aufeinander ausüben. Man bezeichnet das Potential der Hälfte 1 auf die Hälfte 2 mit Φ_{12}, die Grenzfläche mit F; dann wird

$$\sigma = \frac{\Phi_{12}}{2F}\,. \tag{161}$$

Dieser Wert geht für $F \to \infty$ gegen einen endlichen Grenzwert. Streng genommen müßte man noch berücksichtigen, daß nach der Spaltung die neuentstandenen Grenzschichten verzerrt werden. MADELUNG[3]) hat diese Verzerrung am Steinsalztyp genauer untersucht und gefunden, daß die an der neuentstandenen Grenze gelegenen Ionen ein wenig ins Innere verschoben werden. Der Betrag dieser Verschiebung ist für beide Ionenarten etwas verschieden und nimmt gegen das Innere exponentiell ab. Die relative Verschiebung der beiden Ionen-

[1]) G. HECKMANN, ZS. f. Phys. Bd. 22, S. 349. 1924.
[2]) M. BORN u. W. HEISENBERG, ZS. f. Phys. Bd. 14, S. 44. 1923.
[3]) F. MADELUNG, Phys. ZS. Bd. 20, S. 494. 1919.

arten gegeneinander muß sich in dem Auftreten einer elektrischen Doppelschicht äußern. MADELUNG hat versucht, durch Bestäubung frischer Bruchflächen mit Schwefel-Mennigepulver die Wirkung der Doppelschichten nachzuweisen. Die Versuche blieben ergebnislos. Man muß daraus schließen, daß die Oberflächenverzerrung äußerst gering ist. Der Ansatz (161) ist also gerechtfertigt. Auch von dem eindimensionalen Beispiel in Ziff. 5 aus betrachtet ist diese Wirkung verständlich. In diesem Beispiel wirkt die Kraft nur zwischen Nachbarteilchen; dort ist die Oberflächenverzerrung überhaupt gleich Null. Auch nach der Spaltung wird der Abstand der Teilchen als Wurzel der Gleichung $\varphi'(\delta) = 0$ bestimmt. Die Verzerrung hängt also nur von dem Übergreifen der von den Teilchen ausgehenden Kraft über seine nächsten Nachbarn ab und ist von der gleichen Größenordnung wie dieses.

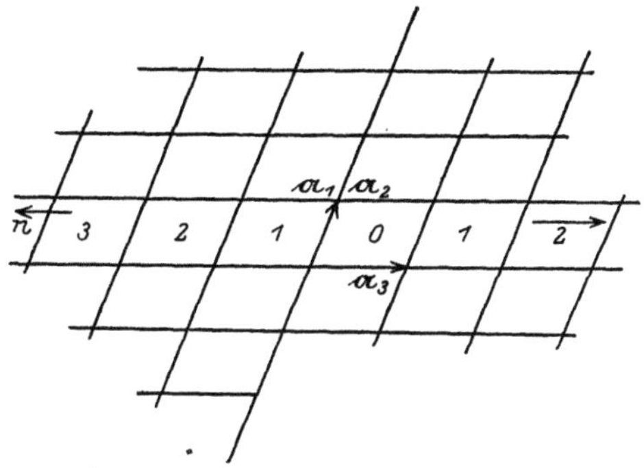

Abb. 16. Zur Berechnung der Oberflächenenergie.

Es seien $\mathfrak{a}_1$ und $\mathfrak{a}_2$ die Gittervektoren der Trennungsebene, $|\mathfrak{a}_1 \mathfrak{a}_2|$ der absolute Betrag ihres Vektorproduktes, $\mathfrak{a}_3$ der ins Innere hineinweisende Zellenvektor; dann wird

$$\sigma = -\frac{1}{2|\mathfrak{a}_1 \mathfrak{a}_2|} \sum_{kk'} \underset{l_3 \leqq 0}{\mathrm{S}} \sum_{p>0} \varphi_{kk'}^{l_1, l_2, l_3+p}$$

(vgl. Abb. 16). Dabei durchläuft der Index p die Zellen einer auf dem Grundparallelogramm der Grenzfläche aufgebauten Säule. Die Summation über p kann man ausführen, denn jedes Glied $\varphi_{kk'}^{l_1, l_2, l_3+p}$ kommt in der Summe $l_3 + p$ mal vor. Man erhält

$$\sigma = -\frac{1}{2|\mathfrak{a}_1 \mathfrak{a}_2|} \sum_{kk'} \underset{l_3 > 0}{\mathrm{S}} l_3 \varphi_{kk'}^{l}. \tag{162}$$

Nimmt man das Potentialgesetz in der einfachen Form (151) an, so läßt sich der von den COULOMBschen Kräften herrührende Anteil nach der MADELUNGschen Methode, der der Zusatzkräfte durch direkte Summation berechnen.

Die so bestimmte Oberflächenenergie läßt sich auf zweierlei Weise an der Erfahrung prüfen. Einmal beeinflußt die Oberflächenenergie den Dampfdruck und die Löslichkeit. Diese Wirkung erlaubt eine experimentelle Bestimmung von σ. BORN und STERN[1]) haben auf diese Weise die Oberflächenenergie der Würfelfläche (100-Ebene) beim Steinsalztyp berechnet. Die Übereinstimmung mit den aus der Schmelze beobachteten Werten ist schlecht. Die berechneten Werte sind etwa um das Doppelte zu groß. BORN und STERN sehen den Grund in der vernachlässigten Temperaturabhängigkeit. Die berechneten Werte beziehen sich ja auf den absoluten Nullpunkt. Neuerdings hat BIEMÜLLER[2]) diese Betrachtungen verfeinert durch Berücksichtigung der Deformierbarkeit der Ionen (s. Abschn. VI), die einen wesentlichen Beitrag zur Oberflächenenergie liefert. Dadurch ist der Anschluß an die Werte für die Schmelzen der Salze wesentlich verbessert worden. Bei BIEMÜLLER finden sich auch Zahlenangaben für die Energie vieler Flächen und Kurven, die die Abhängigkeit von der Flächennormale zeigen.

---

[1]) M. BORN u. O. STERN, Berl. Ber. 1919, S. 901.
[2]) J. BIEMÜLLER, Göttinger Dissert. 1926.

Ein zweiter Einfluß der Oberflächenenergie besteht darin, daß sie im thermodynamischen Gleichgewicht mit dem umgebenden Dampf oder der Lösung die Form des Kristalls bestimmt. GIBBS[1]) und CURIE[2]) folgerten aus der Forderung, daß die freie Energie des Kristalls im Gleichgewicht ein Minimum hat, die Bedingung

$$\sum_p \sigma_p F_p = \text{Min.} \tag{163}$$

mit der Nebenbedingung

$$V = \text{konst.} \tag{163'}$$

Dabei bedeuten F_p die Flächeninhalte der durch die Oberflächenenergien σ_p charakterisierten Grenzebenen, V das Gesamtvolumen.

Eine anschauliche Lösung dieser Minimalaufgabe erhält man nach WULFF[3]) folgendermaßen: Man konstruiert von einem Ausgangspunkt aus die Normalen auf alle möglichen Netzebenen und trägt ihnen zur Oberflächenenergie proportionale Strecken ab. Die Normalebenen in den Endpunkten dieser Strecken umhüllen einen Raum, der die gesuchte Kristallform darstellt. Man erkennt ohne weiteres, daß nur Flächen mit kleiner Energie an der Begrenzung teilnehmen können.

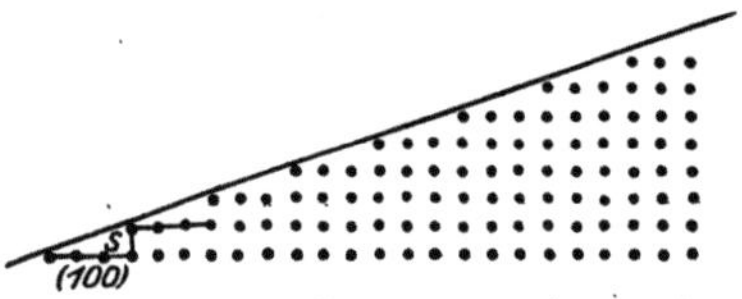

Abb. 17. Oberflächenenergie nach YAMADA.

Diese Überlegung wird nur für den ersten Anfang der Kristallbildung, d. h. für ganz kleine Kristalle gültig sein. Bei größeren Kristallen wird die Oberflächenenergie im Verhältnis zur Gitterenergie zu gering. Die wirklich beobachtete Form oder „Tracht" der Kristalle hängt, da diese ja niemals im Gleichgewicht mit ihrer (gasförmigen oder flüssigen) Umgebung stehen, viel mehr von der „Wachstumsgeschwindigkeit" ab, d. h. dem dynamischen Vorgang ihrer Bildung, der ebenfalls von Fläche zu Fläche verschieden sein kann, als von den Gleichgewichtsbedingungen des ungestörten Systems.

Auch eine Theorie der Temperaturabhängigkeit der Oberflächenenergien fehlt. Da es sich aber hier nur um die Verhältnisse, nicht um die Absolutwerte handelt, kann ihre Temperaturabhängigkeit weniger ins Gewicht fallen. BORN und STERN berechneten beim Steinsalz für das Verhältnis der Energien der Würfel-(100-)Fläche und der durch eine Kante und eine Flächendiagonale bestimmten (011) Ebene

$$\frac{\sigma_{011}}{\sigma_{100}} = 2{,}71\,.$$

Aus diesem Wert folgt nach der WULFFschen Konstruktion, daß die (011)-Ebenen an der Kristalloberfläche nicht teilnehmen können.

EITEL[4]) hat in ähnlicher Weise die Oberflächenenergien einiger Ebenen des Zinkblendekristalls untersucht.

YAMADA[5]) hat ein Verfahren angegeben, nach dem man beim Steinsalztyp die Energien der übrigen Flächen berechnen kann, wenn die (etwa nach BORN und STERN berechnete) Energie der Würfelfläche bekannt ist. Beschränkt man sich zunächst auf solche Flächen, die die Würfelebene parallel zu einer Würfelkante schneiden, so ist deren Energie gleich der einer Treppenfläche (vgl. Abb. 17), deren Stufenhöhe gleich dem Durchmesser einer einatomigen Schicht ist, deren

[1]) J. W. GIBBS, Connecticut Acad. III, New Haven 1876 u. 1878; Scient. Pap. Bd. I, S. 55.

[2]) P. CURIE, Bull. Soc. Min. de France Bd. 8, S. 145. 1885; Oeuvres S. 153; vgl. auch P. EHRENFEST, Ann. d. Phys. Bd. 48, S. 360. 1915.

[3]) G. WULFF, ZS. f. Krist. Bd. 34, S. 449. 1901; H. HILTEN, Zentralbl. f. Mineral. 1901, S. 753; s. auch H. LIEBMANN, ZS. f. Krist. Bd. 53, S. 171. 1914.

[4]) W. EITEL, Senckenbergiana Bd. 2, S. 81. 1920.

[5]) M. YAMADA, Phys. ZS. Bd. 24, S. 364. 1923; Bd. 25, S. 52. 1924.

Stufenbreite gleich einem kleinen ganzzahligen Vielfachen davon. Man kann die „Stufenenergie" berechnen als die halbe Arbeit, die nötig ist, um ein ebenes Ionennetz längs einer Geraden zu trennen, und die gesamte Energie der Oberfläche zusammensetzen aus der bekannten Energie der Würfelebene und den Stufenenergien. Schneidet die Fläche, deren Energie zu berechnen ist, die Würfelfläche längs einer beliebigen Geraden, so hat man entsprechend die Gerade durch einen rechtwinkligen Polygonzug zu ersetzen und die Energie der neuen Stufen aus denen der alten und der Energie der einen Hälfte einer eindimensionalen Ionenreihe auf die andere zusammenzusetzen. YAMADA konnte auf diese Weise zeigen, daß für eine geringe Reichweite der Atomkräfte die Flächen, deren Stufen durch kleine ganze Zahlen bestimmt sind, vor den anderen energetisch ausgezeichnet sind (Gesetz der rationalen Indizes). Dieselbe Methode läßt sich natürlich auch auf beliebige andere Kristalle übertragen. Auch die Spaltbarkeit erklärt sich so zwanglos.

46. Die Zerreißfestigkeit. Bei der Berechnung der Zerreißfestigkeit haben sich bisher noch nicht überwundene Schwierigkeiten ergeben. Man kann nach ZWICKY[1]) zu ihrer Berechnung so verfahren, daß man unter Berücksichtigung der gleichzeitig eintretenden Querkontraktion die Kraft berechnet, die nötig ist, um die Ionen aus ihrem normalen Abstand r_0 zu einem neuen $r > r_0$ auseinanderzuziehen. Diese Kraft steigt bis zu einem scharf ausgeprägten Maximum an und fällt dann wieder ab. Diese maximale Kraft bezeichnet man als Zerreißfestigkeit. ZWICKY hat sie beim Steinsalz unter Verwendung des Kraftansatzes (151) berechnet und fand

$$R = 2 \cdot 10^{10}\ \mathrm{dyn/cm^2}$$

statt der beobachteten

$$R = 6{,}31 \cdot 10^{7}\ \mathrm{dyn/cm^2}.$$

Der theoretische Wert ist fast 400mal zu groß.

JOFFÉ, KIRPITSCHEWA und LEWITZKY[2]) erklären diesen Widerspruch zwischen Theorie und Beobachtung dadurch, daß durch Risse und Spalten die Festigkeit des Kristalls so stark heruntergesetzt wird. Soweit diese Fehler in der Oberfläche begründet sind, kann man sie dadurch beseitigen, daß man den Kristall in Wasser untertaucht; denn infolge der Auflösung der äußeren Schichten wird so eine stets neue Oberfläche erzeugt. Sie erzielten dadurch eine außerordentlich starke Erhöhung der Zerreißfestigkeit und erreichten bis zu vier Fünftel des theoretischen Wertes. Ihre Ergebnisse werden allerdings von EWALD und POLANYI[3]) bezweifelt. Die Erhöhung der Festigkeit im Wasser wird von ihnen darauf zurückgeführt, daß sich der Kristall unter dem Einfluß des Wassers schon bei gewöhnlichen Temperaturen plastisch verhält. Der Kristall kommt ins Fließen und verfestigt sich dabei. Diese Erscheinungen gehören nicht in den Rahmen dieses Referats. Soviel ist sicher, daß, wenn man durch Eintauchen in Wasser die störenden Einflüsse beseitigt, man der Größenordnung nach Übereinstimmung mit dem von ZWICKY berechneten Wert erhält. Zahlenmäßige Übereinstimmung ist schon darum nicht zu erwarten, weil sich die Gleitung, wie sie etwa längs der Oktaederflächen sicher eintritt, gittertheoretisch nicht erfassen läßt.

Neuerdings haben JOFFÉ und LEWITZKY[4]) diese Schwierigkeiten dadurch vermieden, daß sie allseitige Zugspannungen im Innern rasch erhitzter Steinsalz-

[1]) F. ZWICKY, Phys. ZS. Bd. 24, S. 131. 1923.
[2]) A. JOFFÉ, M. W. KIRPITSCHEWA u. M. A. LEWITZKY, ZS. f. Phys. Bd. 22, S. 286. 1924.
[3]) W. EWALD u. M. POLANYI, ZS. f. Phys. Bd. 28, S. 29; Bd. 31, S. 746. 1924; A. JOFFÉ u. M. A. LEWITZKY, ebenda Bd. 31, S. 576. 1924; s. auch H. MÜLLER, Phys. ZS. Bd. 25, S. 223. 1925.
[4]) A. JOFFÉ u. M. LEWITZKY, ZS. f. Phys. Bd. 35, S. 442. 1926.

kugeln untersuchten. Die Oberflächenbeschaffenheit spielt hier keine Rolle, weil die Zugspannungen dauernd gleich Null bleiben. Sie fanden eine Zerreißfestigkeit, die bei weitem größer als die bei einseitigem Zug beobachtete ist und in der Größenordnung den aus der Annahme elektrostatischer Kohäsion berechneten Wert erreicht.

Einen anderen Weg schlugen GRIFFITH[1]), POLANYI[2]), SMEKAL[3]) und ANTONOFF[4]) ein. Sie gingen aus von der Vorstellung, daß der durch vorgegebene Kräfte hervorgerufene Deformationszustand durch ein Minimum der Energie ausgezeichnet sei und infolgedessen das Zerreißen in dem Augenblick eintritt, wo die zu einer weiteren Verzerrung gebrauchte Arbeit größer wird als die beim Zerreißen gegen die Oberflächenspannung zu leistende. Auch hier ergibt sich der Widerspruch zwischen der aus der Annahme molekularer Kräfte zu erwartenden „molekularen“ zu der beobachteten „technischen“ Festigkeit, die sich nur durch eine große Zahl von mikroskopischen Löchern und Spalten erklären läßt. Dieser Weg geht im wesentlichen von kontinuumsphysikalischen Gedanken aus, er ergibt darum keinen Anhalt zur Erklärung des atomaren Vorgangs beim Reißen.

VI. Gittertheorie des polarisierbaren Ions.

47. Die Polarisierbarkeit des Ions. Bei der Berechnung der piezoelektrischen Konstante bei der Zinkblende und schon vorher bei der Gleichung (24) zwischen der piezoelektrischen Konstante und der Differenz der Elastizitätskonstanten $c_{12} - c_{44}$ sowie bei der Reststrahlwellenlänge der Silber- und Thalliumsalze (12) hatte sich ein grundsätzliches Versagen der bisher benutzten Vorstellungen von den Kraftwirkungen zwischen den Ionen ergeben. Schon frühzeitig[5]) hatte man den Grund dafür in der Polarisierbarkeit der Ionen erkannt. Wenn man die Ionen als System räumlich verteilter elektrischer Ladungen auffaßt, so verschieben sich in einem homogenen elektrischen Feld die Schwerpunkte der positiven und negativen Ladungen gegeneinander und erzeugen so ein elektrisches Moment, das man in erster Näherung als proportional zur elektrischen Feldstärke annehmen kann:

$$\mathfrak{p} = \alpha \mathfrak{E}. \tag{164}$$

Der Proportionalitätsfaktor α ist eine individuelle Konstante des betreffenden Ions. Man bezeichnet sie als seine Polarisierbarkeit (oder auch Deformierbarkeit). Es ergab sich, daß man qualitativ bei ihrer Berücksichtigung die genannten Abweichungen zwischen Theorie und Erfahrung verstehen kann.

Neuerdings hat sich gezeigt, daß die Polarisierbarkeit der Ionen mit einer Reihe anderer Erscheinungen eng zusammenhängt, aus denen man unabhängig von kristallphysikalischen Angaben ihren Wert entnehmen kann. HEYDWEILER[6]), WASASTJERNA[7]) und FAJANS und JOOS[8]) berechneten sie aus der Molekularrefraktion. Die Polarisierbarkeit hängt mit dem Brechungsindex n durch die LORENTZ-LORENZsche Formel

$$\alpha = \frac{3}{4\pi N} \frac{n^2 - 1}{n^2 + 2}$$

---

[1]) A. A. GRIFFITH, Phil. Trans. London (A) Bd. 221, S. 163. 1920.

[2]) M. POLANYI, ZS. f. Phys. Bd. 7, S. 323. 1921.

[3]) A. SMEKAL, Naturwissensch. Bd. 10, S. 799. 1922.

[4]) G. N. ANTONOFF, Phil. Mag. Bd. 10, S. 62. 1922.

[5]) In den S. 390, Fußnote 3, zitierten Arbeiten.

[6]) A. HEYDWEILER, Ann. d. Phys. Bd. 41, S. 499. 1903; Bd. 48, S. 681. 1915; Bd. 49, S. 653. 1916; Verh. d. D. Phys. Ges. Bd. 16, S. 722. 1914.

[7]) J. A. WASASTJERNA, Comm. Fenn. Bd. 1, S. 7. 1913.

[8]) K. FAJANS u. G. JOOS, ZS. f. Phys. Bd. 23, S. 1. 1924.

zusammen. Dabei bedeutet N die Anzahl der Atome in der Volumeinheit. BORN und HEISENBERG[1]) fanden eine zweite Berechnung aus der Rydberg- und Ritzkorrektion der Serienspektra. Beide Ergebnisse stimmen (wenn man die azimutale Quantenzahl halbzahlig wählt) überein. In Tabelle 20 sind die beobachteten Werte der Polarisierbarkeit zusammengestellt, weil sie für das Verständnis vieler Kristalleigenschaften wesentlich sein werden.

Tabelle 20. Polarisierbarkeiten der Ionen.

$\alpha \cdot 10^{24} =$			He	Li^+	Be^{++}	B^{+++}	
			0,202	0,075	(0,028)	(0,0145)	
$\alpha \cdot 10^{24} =$	O^{--}	F^-	Ne	Na^+	Mg^{++}	Al^{+++}	Si^{++++}
	(3,1)	0,99	0,392	0,21	0,12	0,065	0,043
$\alpha \cdot 10^{24} =$	S^{--}	Cl^-	A	K^+	Ca^{++}	Sc^{+++}	Ti^{++++}
	(7,25)	3,05	1,629	0,85	(0,57)	(0,38)	(0,27)
$\alpha \cdot 10^{24} =$	Se^{--}	Br^-	Kr	Rb^+	Sr^{++}	Y^{+++}	Zr
	(6,4)	4,17	2,46	1,81	1,42	(1,04)	(0,80)
$\alpha \cdot 10^{24} =$	Te^{--}	J^-	X	Cs^+	Ba^{++}	La^{+++}	Ce^{++++}
	(9,6)	6,28	4,00	2,79	(2,08)	(1,56)	(1,20)

BORN und HEISENBERG fanden, daß für Ionen mit ähnlichen Elektronenschalen sich die Polarisierbarkeiten wie die dritten Wurzeln aus den effektiven Kernladungen verhalten. Danach kann man Ionendeformierbarkeiten, die direkt noch nicht gemessen sind, extrapolieren. In der Tabelle 20 sind die extrapolierten Werte eingeklammert. Besonders unsicher erscheinen die Werte für O^{--} und S^{--}. Die Deformierbarkeit nimmt in einer Vertikalspalte des periodischen Systems mit steigender Atomnummer zu, in einer Horizontalspalte ab.

Man kann die so gewonnenen Werte zu einer neuen Bestimmung der Gitterenergien der Alkalihalogenide benutzen. Man kann nämlich die Gitterenergie U zusammensetzen aus der Sublimationswärme S, die zum Auflösen des Kristallgitters in die einzelnen Moleküle nötig ist, und der Ionisierungsarbeit V, die weiter erforderlich ist, um das Molekül in seine Ionen zu zerlegen:

$$U = S + V. \tag{165}$$

Im festen Zustand kann die Polarisierbarkeit der Ionen keinen Einfluß haben, weil sie dort von ihren Nachbarn regelmäßig umgeben sind (Koordinationsgitter), dagegen werden die Ionen im Molekül einseitig beansprucht und infolgedessen stark verzerrt.

Wenn man in der durch die Polarisierbarkeit und die Konstanten der Gleichung (152) bestimmten Gleichgewichtslage das Potential der Ionen aufeinander berechnet, so macht sich der Einfluß der Polarisierbarkeit mit 10 bis 20% der Ionisierungsarbeit geltend. Die Übereinstimmung der so erhaltenen Werte der Gitterenergie mit den nach Ziff. 41 aus der Annahme elektrostatischer Kohäsion berechneten war ausgezeichnet. FAJANS[2]) bemerkte, daß die Übereinstimmung verschlechtert wird, wenn man statt der versehentlich benutzten Verdampfungswärmen der flüssigen Alkalihalogenide beim Siedepunkt die Sublimationswärme beim absoluten Nullpunkt anwendet. Der Unterschied beträgt etwa 10 Cal., die dadurch bedingte Abweichung ist so groß, daß von hier aus ein Beweis für die Polarisation der Moleküle nicht erbracht werden kann; denn merkwürdigerweise stimmen die von REIS[3]) unter der Annahme starrer Ionen berechneten Zahlen besser mit der Erfahrung überein als die so gewonnenen

[1]) M. BORN u. W. HEISENBERG, ZS. f. Phys. Bd. 23, S. 388. 1924.

[2]) K. FAJANS, ZS. f. Krist. Bd. 61, S. 18. 1925; s. auch K. FAJANS u. O. STELLING, ZS. f. Phys., erscheint demnächst.

[3]) A. REIS, ZS. f. Phys. Bd. 1, S. 204, 294, 299. 1920; Bd. 2, S. 57. 1920.

Werte. Da die Polarisation anderweitig hinreichend gesichert ist, bedürfen diese Dinge noch der Klärung.

48. Molekülgitter. Schon bald, nachdem man zwischen heteropolarer und homöopolarer Bindung zu unterscheiden gelernt hatte, fiel es auf, daß die Halogenwasserstoffe, die doch ihrer chemischen Zusammensetzung nach unzweifelhaft heteropolarer Natur sind, sich im festen Zustand wesentlich von den Alkalihalogeniden unterscheiden. Das kommt besonders stark in der verschiedenen Flüchtigkeit zum Ausdruck; die Sublimationswärmen der Halogenwasserstoffe betragen etwa ein Hundertstel der Sublimationswärmen der Alkalihalogenide (gegen 5 Cal.). REIS[1]) und KOSSEL[2]) erkannten, daß dies Verhalten mit der Annahme eines aus Ionen zusammengesetzten Koordinationsgitters unverträglich ist, und schlossen daraus, daß die Halogenwasserstoffe (und noch andere, später zu erwähnende Verbindungen) in einer vollständig anderen Art von Kristallgittern, in Molekülgittern, kristallisieren. Während nämlich im gewöhnlichen Ionengitter der Begriff eines einzelnen Moleküls seine selbständige Bedeutung verloren hat, da ja

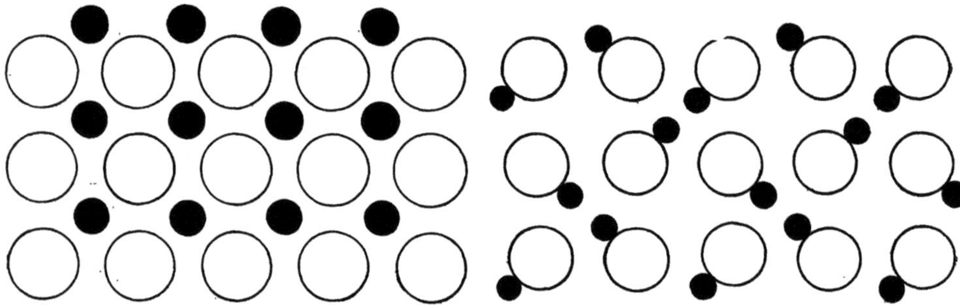

a b

Abb. 18. a Ionengitter, b Molekülgitter.

immer ein Atom der einen Art von einer Anzahl Atomen der anderen Art in gleichem Abstand umgeben ist, also von den energetischen Bindungen an die Nachbaratome keine irgendwie vor der anderen bevorzugt ist, so muß man sich im Gegensatz dazu ein Molekülgitter aus neutralen Molekülen zusammengesetzt denken, die sich nur verhältnismäßig locker zu einem Gitterverband zusammenfügen. So erklärt sich auch ihre viel größere Flüchtigkeit und stärkere Kompressibilität. In Abb. 18 ist der Unterschied zwischen einem Ionen- und einem Molekülgitter an einem zweidimensionalen Beispiel verdeutlicht.

Die Molekülgitter nehmen eine Art Mittelstellung ein zwischen heteropolar und homöopolar gebundenen Festkörpern. Die Bindung der Atome zu einem Molekül ist heteropolar, dagegen die der Moleküle zu einem Gitter homöopolar. BORN und KORNFELD[3]) führten die homöopolare Bindung der Moleküle auf Dipolwirkungen zurück. Über den Gitterbau der Halogenwasserstoffe war damals noch nichts bekannt. BORN und KORNFELD gaben ein Gitter an, bei dem sich die Dipole an den Ecken eines einfachen kubischen Gitters befinden und ihre Richtungen abwechselnd mit den vier Raumdiagonalenrichtungen zusammenfallen. Es zeigte sich, daß in einem solchen Gitter die Dipolwirkungen der Moleküle in der Tat eine Kohäsion ergeben. Indem sie aus der gemessenen Sublimationswärme das Dipolmoment berechneten, erhielten sie größenordnungsmäßige Übereinstimmung mit den Werten, die man aus der Elektrostriktion

---

[1]) A. REIS, ZS. f. Phys. Bd. 1, S. 204, 294, 299. 1920; Bd. 2, S. 57. 1920.
[2]) W. KOSSEL, ZS. f. Phys. Bd. 1, S. 395. 1920.
[3]) M. BORN u. H. KORNFELD, Phys. ZS. Bd. 24, S. 121. 1923.

der betreffenden Gase[1]) und der Temperaturabhängigkeit ihrer Dielektrizitätskonstante[2]) entnehmen kann.

Die Übereinstimmung der Zahlenwerte war schlecht. Sie wird auch nicht verbessert, wenn man berücksichtigt, daß nach späteren Messungen von SIMON und v. SIMSON[3]) das von ihnen vermutete Gitter falsch war, daß die Messungen am Chlorwasserstoff ein kubisch flächenzentriertes Gitter ergeben[4]). Trotzdem kann man wohl die Vermutung, daß ein wesentlicher Anteil der Kohäsionsenergie der Molekülgitter auf der Anziehung der Dipole beruht, als gesichert annehmen. Streng genommen wird man natürlich auch das Molekülgitter nur als einen idealen Grenzfall betrachten dürfen, zu dem vom Ionengitter ein stetiger Übergang möglich ist; denn einerseits bleibt zwischen den Ionen des Moleküls immer noch ein endlicher Abstand, andererseits liegen auch bei Koordinationsgittern Anzeichen vor, daß bei ihnen der Abstand zu gleichartigen Nachbaratomen nicht überall gleich ist[5]).

49. Die Stabilität der Molekülgitter. Es ergibt sich sofort die Frage, warum Verbindungen von demselben chemischen Typ bald in Ionen-, bald in Molekülgittern kristallisieren. HUND[6]) erkannte den Grund in der verschiedenen Stärke der Polarisierbarkeit. In einem Koordinationsgitter kann wegen der symmetrischen Umgebung jedes Teilchens die Polarisierbarkeit keinen Einfluß haben, dagegen im Molekül. Schon BORN und HEISENBERG[7]) mußten, um die Ionisationsenergie der Moleküle richtig berechnen zu können, deren Polarisierbarkeit berücksichtigen. HUND[8]) hat diesen Gedanken weiterverfolgt und konnte auf diese Weise die Gestalt der Moleküle berechnen. Es zeigt sich, daß bei fehlender oder geringer Polarisierbarkeit ein Molekül vom Typus H_2O symmetrisch ist, d. h. daß das O-Atom im Mittelpunkt der Verbindungsstrecke der H-Atome liegt, entsprechend bei einem Molekül vom Typus H_3N das N-Atom im Mittelpunkt eines von den drei H-Atomen gebildeten gleichseitigen Dreiecks liegt. Bei größerer Polarisierbarkeit schlägt dann die symmetrische Lage um in eine unsymmetrische, beim H_2O-Typ in ein gleichschenkliges Dreieck, beim NH_3-Typ in eine Pyramide. HUND zeigte, daß ebenso im Kristallgitter für große Werte der Polarisierbarkeit an Stelle des symmetrischen Ionengitters das unsymmetrischere Molekülgitter tritt.

Die Energie der Ionengitter ist schon aus Gleichung (158) bekannt. Bei den Molekülgittern kann man die durch die Dipole bedingte Kohäsionsenergie vernachlässigen und sich auf die potentielle Energie der einzelnen Moleküle beschränken. Man überzeugt sich leicht, daß für eine kleine Verrückung ξ, die das Molekül in eine unsymmetrische Form überführt, die Energie eine Entwicklung von der Form

$$U = U_0 + \xi^2 (A - B\alpha)$$

ergibt. Dabei ist A der von den abstoßenden Kräften, B der von der Polarisierbarkeit herrührende Anteil. Man sieht, daß eine Gleichgewichtslage, die für $\alpha = 0$ stabil ist, für große Werte von α instabil werden kann.

Für ein Molekül vom Typus XY wird die Energie

$$U = -\frac{z\,e^2}{r} + \frac{b\,e^2}{r^n} - \alpha\frac{z^2\,e^2}{2\,r^4}\,.$$

[1]) O. F. FRIVOLD u. E. HASSEL, Phys. ZS. Bd. 24, S. 82. 1923.
[2]) H. FALKENHAGEN u. H. WEIGT, Phys. ZS. Bd. 23, S. 87. 1922.
[3]) F. SIMON u. C. v. SIMSON, ZS. f. Phys. Bd. 21, S. 174. 1924.
[4]) Nach einer unveröffentlichten Rechnung von H. KORNFELD.
[5]) Vgl. den Artikel von P. P. EWALD, Kap. 4 des vorliegenden Bandes.
[6]) F. HUND, ZS. f. Phys. Bd. 34, S. 833. 1925.
[7]) M. BORN u. W. HEISENBERG, ZS. f. Phys. Bd. 23, S. 388. 1924.
[8]) HUND, ZS. f. Phys. Bd. 31, S. 81. 1925; Bd. 32, S. 1, 1925.

Man braucht dabei nur die Polarisierbarkeit des Anions zu berücksichtigen, weil sie nach Tabelle 10 die des Kations bei weitem übersteigt. Durch teilweise Elimination von r mittels der Gleichgewichtsbedingung erhält man

$$U = -e^2 \sqrt[n-1]{\frac{z^{2n}}{r\,b}}\left(1 - \frac{1}{n} + \frac{\alpha}{2r^3}\right). \tag{167}$$

Die Energie des Moleküls steigt also linear mit der Polarisierbarkeit, während die des Gitters davon unabhängig bleibt. Ein entsprechender Wert ergibt sich für die Energie eines Moleküls vom Typus XY_2. In Abb. 19 ist für den einheitlichen Wert $n = 9$ die Energie in Abhängigkeit von α aufgetragen. Man sieht deutlich, wie für große Werte von α das Molekül-, für kleine Werte das Koordinationsgitter stabil wird.

Da die Energie von dem Verhältnis α/r^3 abhängt, hat man bei gleichen

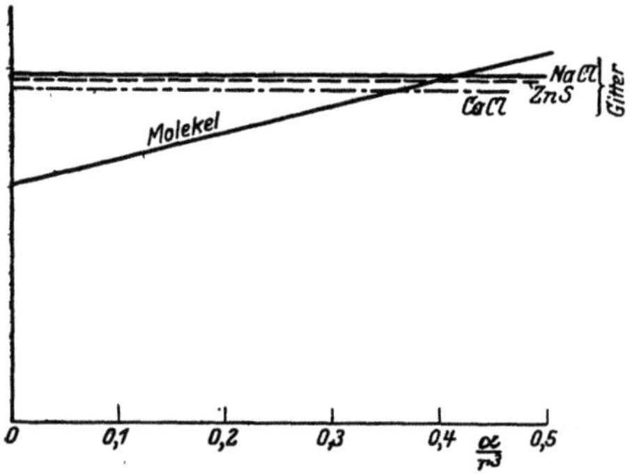

a

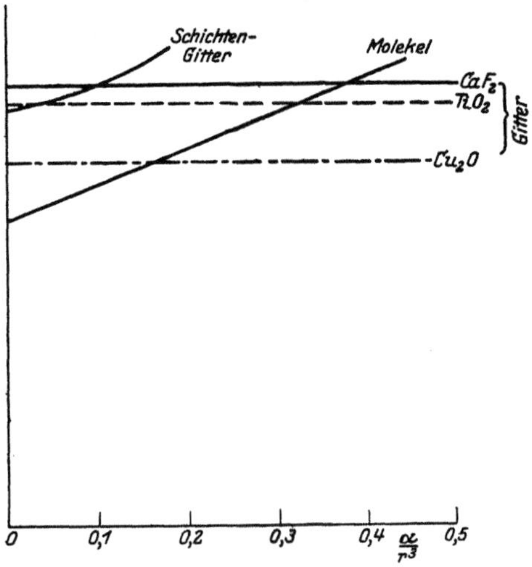

b

Abb. 19. Gitterenergie in Abhängigkeit der Polarisierbarkeit. *a* XY-Typ, *b* XY_2-Typ.

Anionen Molekülgitter bei kleinem r, d. h. bei kleinem Kation, zu erwarten. Dem entspricht es vollkommen, daß von den Halogeniden gerade die Halogenwasserstoffe in Molekülgittern kristallisieren. Bei den Salzen vom Typus XY_2 kommt ein Molekülgitter (in Tabelle 18 mit M bezeichnet) nur beim CO_2 vor. In der Tat zeichnet sich das vierfach positive C-Ion von allen in der Tabelle angegebenen Sauerstoffverbindungen durch besondere Kleinheit aus. Darin ist wieder rückwärts die große Flüchtigkeit des Kohlendioxyds begründet.

Für Stoffe mit komplizierterer chemischer Formel sind wenig Gitterstrukturen bekannt. KOSSEL[1]) hat an der Verschiedenheit der Flüchtigkeit bei den Stoffen vom Typus YX_n gezeigt, daß auch dort ein gesetzmäßiger Wechsel zwischen Ionen- und Molekülgitter besteht. Von den in Tabelle 21 zusammengestellten Fluoriden sind die oberhalb der Trennungslinie als Molekül-, die unterhalb davon als Ionengitter aufzufassen.

Tabelle 21. Molekül- und Ionengitter bei den Fluoriden.

LiF	B_2F_2	BF_3	CF_4		
NaF	MgF_2	AlF_3	SiF_4	PF_5	SF_6
KF	CaF_2	ScF_3	TiF_4	VF_5	

50. Schichtengitter. In diesem Zusammenhange hat HUND auch auf eine andere, bisher wenig beachtete Art von Gittern hingewiesen, die er als Schichtengitter bezeichnet. Eine Ebene von Ionen der einen Art wird auf beiden Seiten von je einer Ebene der Ionen der anderen (stärker polarisierbaren) Art begleitet.

[1]) W. KOSSEL, ZS. f. Phys. Bd. 1, S. 395. 1920.

Diese Schicht von drei Ebenen wiederholt sich in regelmäßigem Abstand. Dahin gehören der Kadmiumjodid- und der Molybdänselenidtyp[1]).

Abb. 20 gibt entsprechend zu Abb. 19a und b das zweidimensionale Analogon eines Schichtengitters. Man sieht daraus deutlich, wie das Schichtengitter eine Mittelstellung zwischen Ionen- und Molekülgitter einnimmt. Die Ionen innerhalb einer Schicht sind heteropolar nach Art eines Ionengitters gebunden, die Schicht als ganze ist aber elektrisch neutral, die Schichten untereinander sind also homöopolar nach Art eines Molekülgitters gebunden. Da diese Bindung natürlich viel schwächer ist, zeichnen sich die Schichtengitter durch eine blättrige Struktur aus.

Die stärker polarisierbaren Anionen liegen stets in den äußeren Schichten; sie werden infolgedessen einseitig beansprucht, deformiert. HUND hat für den Grenzfall starrer Kugeln ($n \to \infty$) die Energie des Kadmiumjodidgitters berechnet. Sie ist in Abb. 18b ebenfalls eingezeichnet. Das Schichtengitter verhält sich energetisch ganz ähnlich wie ein Molekülgitter. Zu einer Entscheidung zwischen diesen beiden Arten reicht die Genauigkeit der Rechnung nicht aus. Man hat Schichtengitter ebenfalls da zu erwarten, wo eine starke Polarisierbarkeit des Anions mit einer Kleinheit des Kations verbunden ist. Das stimmt in der Tat mit dem in Tabelle 18 zusammengestellten empirischen Befund überein. Schichtengitter finden sich bei den Schwefel- und Selenverbindungen, wo bei den entsprechenden Sauerstoffverbindungen noch Koordinationsgitter vorkommen, ebenso bei den Chlor-, Brom- und Jodverbindungen, wo die entsprechenden Fluorverbindungen noch in Koordinationsgittern kristallisieren. Das liegt in der verhältnismäßig geringen Polarisierbarkeit von Sauerstoff und Fluor (vgl. Tabelle 20) begründet. Für das Größenverhältnis vom Anion zum Kation, bei dem das Koordinationsgitter in ein Molekül- oder Schichtengitter umschlägt, findet GOLDSCHMIDT[2]) an Hand eines umfangreichen Beobachtungsmaterials etwa den Wert 1 : 0,45.

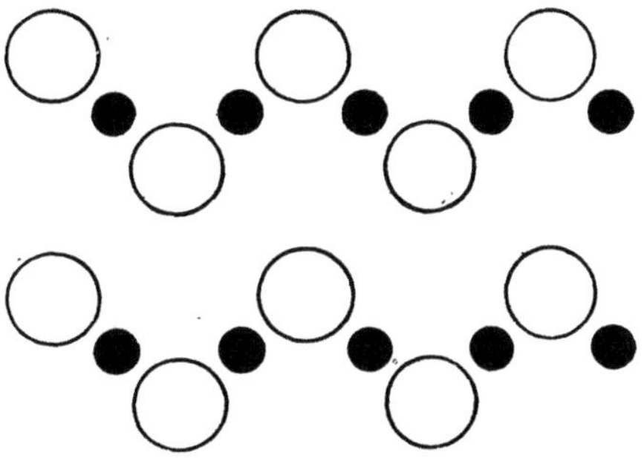
Abb. 20. Schichtengitter.

51. Beeinflussung des elastischen Verhaltens. Sobald man erkannt hatte, daß die Polarisierbarkeit einen merklichen Bestandteil der Gesamtenergie eines Kristallgitters ausmacht, entstand die Aufgabe, ihren Einfluß auf das elastische und optische Verhalten der Kristalle zu untersuchen. Denn da die Dipole nicht mehr mit Zentralkräften, sondern mit allgemeineren Drehkräften aufeinander wirken, bleiben bei deren Berücksichtigung die Ergebnisse der ersten Ziffern nicht mehr gültig, sondern es ist an den dort entwickelten Beziehungen eine durch die Polarisierbarkeit der Ionen bedingte Korrektur anzubringen. Diese Verhältnisse sind für zweiatomige Diagonalgitter von HECKMANN[3]) ausführlich untersucht worden. Er legt ein Kraftgesetz von der Form (151) zugrunde und entwickelt, ähnlich wie in Ziff. 6, die Energiedichte nach Potenzen der Verrückungskomponenten. Ganz wie damals ergaben sich die betreffenden Konstanten durch Differentiations- und Eliminationsprozesse.

Dabei ergibt sich, daß die elastischen Konstanten c_{11} und c_{12} (und die dadurch bestimmte Kompressibilität $\varkappa$) durch die Polarisierbarkeit nicht beeinflußt

[1]) Vgl. den Artikel von P. P. EWALD, Kapitel 4 des vorliegenden Bandes.
[2]) V. W. GOLDSCHMIDT, Vid. Akad. Skr. Oslo I. M. N. Kl. 1926, Nr. 1 u. 2.
[3]) G. HECKMANN, ZS. f. Krist. Bd. 61, S. 250. 1925; ZS. f. Phys. Bd. 31, S. 219. 1925.

werden. Das war zu erwarten, weil sich diese Konstanten auf eine gleichmäßige Verzerrung des Gitters beziehen, bei denen die Ionen nicht einseitig beansprucht werden. Alle übrigen Konstanten erleiden eine mehr oder weniger große Beeinflussung.

In Abb. 21 ist das in einem elektrischen Feld erzeugte Dipolmoment schematisch dargestellt. Man sieht ohne weiteres, daß die Polarisierbarkeit eine Verstärkung der elektrostatischen Anziehung bewirkt. Diese verstärkte elektrische Anziehung wirkt der Abstoßungskraft entgegen und mildert den steilen Anstieg des Gesamtpotentials bei Annäherung der beiden Kerne, d. h. die Bindung der Ionen an ihre Gleichgewichtslage wird gelockert. Das findet seinen physikalischen Ausdruck in einer Verkleinerung der ultraroten Eigenfrequenz, also einer Verschiebung des Reflexionsmaximums nach längeren Wellen.

Eben dieselbe Auflockerung der Bindung beeinflußt auch die Konstanten c_{14} und c_{44}. Hinzu tritt bei ihnen noch ein neuer Anteil, der von dem durch die Scherung bedingten Feld herrührt. Der Beitrag, den die durch ein Feld erzeugten Dipole zur Dielektrizitätskonstante liefern, war rein phänomenologisch schon Ziff. 8 berücksichtigt worden. In den genaueren Formeln muß natürlich auch die Wechselwirkung zwischen elektrischen Ladungen und Dipolen berücksichtigt werden.

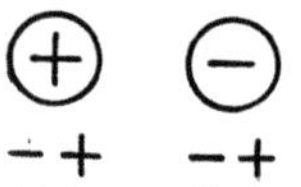

Abb. 21. Induzierte Dipole.

Bei der Berechnung aller dieser Konstanten ergeben sich vollkommen verkehrte Werte, wenn man für die Polarisierbarkeit die aus Tabelle 20 bekannten Werte einsetzt. Der Grund dieses Versagens ist nicht recht aufgeklärt. HECKMANN weist darauf hin, daß einmal die Ionen selbst von derselben Größenordnung sind wie ihre Abstände, infolgedessen das Feld stark inhomogen ist und es ungerechtfertigt erscheint, für die Verzerrung der Elektronenhülle das Feld im Mittelpunkt einzusetzen, vor allem aber auch die Wechselwirkungen der Elektronenhüllen zu berücksichtigen sind. HECKMANN berücksichtigt alle diese Einflüsse ganz roh dadurch, daß er in der Energieentwicklung alle die Glieder, die auf den Dipolwirkungen beruhen, mit einem Faktor β multipliziert.

Auch die Beziehungen (24) und (43) werden durch die Polarisierbarkeit der Ionen abgeändert. Man erhält statt (43a)

$$(\varepsilon - \varepsilon_0)\,\omega^{(0)2} = \frac{4\pi z^2 e^2}{\Delta}\left(\frac{1}{m_1} + \frac{1}{m_2}\right)\left(1 + \frac{\varepsilon_0 - 1}{3}\beta\right)^2 \tag{168}$$

und kann diese Gleichung zur Bestimmung von β benutzen. Führt man statt des Zellvolumens Δ und der Ionenmassen m_1 und m_2 die Dichte ϱ und die Atomgewichte M_1 und M_2 ein und berücksichtigt die FÖRSTERLINGsche Beziehung zwischen der Wellenlänge der Eigenschwingung und der des größten Reflexionsvermögens, so erhält man statt (168)

$$\left(1 + \frac{\varepsilon_0 - 1}{3}\beta\right)^2 = 3{,}378 \cdot \frac{M_1 M_2}{z^2 \varrho} \frac{2\varepsilon_0(\varepsilon - \varepsilon_0)}{\lambda_M^2(\varepsilon + \varepsilon_0)}. \tag{169}$$

In Tabelle 22 sind für einige Salze die Werte für β zusammengestellt. Sie ergeben sich in der Regel auffallend klein, ja negativ. Nur beim Thallium nimmt β

Tabelle 22. Werte des Faktors β für verschiedene Salze.

Stoff	NaCl	KCl	KBr	KJ	AgCl	AgBr	ZnS	TlCl	TlBr	TlJ
$\beta =$	−0,15	−0,16	−0,28	+0,09	+0,14	+0,17	+0,134	+0,69	+0,75	+0,64

beträchtliche Werte an. Man muß annehmen, daß bei starker Näherung die von den Elektronenhüllen des Kations auf das Anion ausgeübten Kräfte die Anziehung der Kerne schwächen, zum Teil sogar aufheben können.

Eine piezoelektrische Konstante kommt bei zweiatomigen Diagonalgittern nur bei der Zinkblende vor. HECKMANN hat seine Beziehungen an der Zinkblende geprüft; er ist aber auch so noch zu keiner befriedigenden Übereinstimmung mit der Erfahrung gekommen. Dabei zeigt sich, daß die piezoelektrische Konstante außerordentlich empfindlich ist gegen kleine Änderungen der Abstoßungskraft, so daß der einfache Ansatz b/r^n sicher ungenügend ist. Da aber die Unsicherheit der Rechnung bei jeder neu hinzukommenden Konstante nur vergrößert wird, scheint es, als ob eine Weiterentwicklung der Gittertheorie heteropolarer Salze nur möglich sein wird, wenn die Quantentheorie genauere Aussagen über den Bau der Ionen machen kann und so die bei jeder Verfeinerung der Theorie steigende Anzahl der individuellen Atomkonstanten aus der Gesetzlichkeit verständlich wird, aus denen sich Kern und Elektronen zu Atomen zusammenfügen.

52. Die homöopolare Bindung. So verhältnismäßig gut wir über die heteropolar gebauten Salze Bescheid wissen, so gering sind unsere Kenntnisse vom Wesen der homöopolaren Bindung. Einen naheliegenden Gedanken zog HABER[1]) zur Erklärung der Kohäsion der Metallgitter heran. Er nahm an, daß jedes einwertige Metallatom ein Elektron abspaltet und diese übrigen Elektronen ein eigenes Gitter bilden. Zu diesem Gedanken paßt gut die Tatsache, daß die meisten Metalle kubisch flächenzentriert kristallisieren und so durch Einfügung des Elektronengitters zum Steinsalztyp ergänzt würden. Man nennt diese Vorstellung, nach der die homöopolare als eine versteckte heteropolare Bindung aufgefaßt wird, auch pseudopolare Bindung. HABER wendet die dort gültigen Beziehungen (Ziff. 38 bis 41) an. Wegen der großen Kompressibilität der Alkalimetalle findet er kleine Werte des Abstoßungsexponenten. Die Beziehung

$$U = S + J, \tag{165'}$$

wo S die Sublimationswärme, J die Ionisierungsenergie bedeutet, steht in recht gutem Einklang mit der Erfahrung. HABER will die Annahme, daß die Elektronen an bestimmte Gleichgewichtslagen gebunden sind, nur als vorläufig betrachtet sehen, in Wirklichkeit werden sich die Elektronen nach bestimmten Quantengesetzen bewegen. FRENKEL[2]) hat diese Vorstellung insofern abgeändert, daß er die Bewegung der Valenzelektronen als ungeordnete Diffusionsbewegung betrachtet und darum die einzelnen Elektronen durch eine stetig verteilte Ladungsdichte ersetzt. Er kann so die Kompressibilität der Alkalimetalle mit einem Fehler von etwa 30% berechnen. Bei mehrwertigen Kristallen ist die Abweichung größer, wenn man die Anzahl der Valenzelektronen mit der Gruppennummer des Elements identifiziert. So ergeben sich bei Kupfer und Silber bei $z = 1$ etwa viermal zu kleine Werte, bei $z = 2$ dagegen eine gute Übereinstimmung.

Einige andere Arbeiten suchen von dem geometrisch gut bekannten Diamantgitter aus das Wesen der homöopolaren Bindung zu verstehen. Es sind im wesentlichen zwei Ansätze zu unterscheiden:

1. THIRRING[3]) nimmt an, daß sich von den Kohlenstoffatomen einzelne Elektronen abspalten, die sich zu besonderen Ringen zwischen den übrigbleibenden Kohlenstoffionen zusammenfügen. Diese Elektronenringe bilden selbständige Bauteile des Gitters. Die COULOMBschen Kräfte zwischen den negativen Ringen und den positiven Restionen bedingen den Zusammenhang des Gitters. Es handelt sich also um eine Übertragung der HABERschen Vorstellung von der pseudopolaren Bindung. Gegen diese Annahme spricht allerdings, daß solche „Zwischenringe" bei der Röntgenuntersuchung nicht aufgefunden wurden[4]).

[1]) F. HABER, Berl. Ber. Bd. 30, S. 506, 990. 1919.

[2]) J. FRENKEL, ZS. f. Phys. Bd. 29, S. 214. 1924.

[3]) H. THIRRING, ZS. f. Phys. Bd. 4, S. 1. 1921; s. auch A. C. CREGORE, Phil. Mag. (6) Bd. 30, S. 257, 613. 1915.

[4]) Vgl. P. DEBYE u. P. SCHERRER, Phys. ZS. Bd. 19, S. 474. 1918; D. COSTER, Proc. Amsterdam Bd. 22, Nr. 6. 1920; H. H. KOLKMEIJER, ebenda Bd. 23, Nr. 1. 1920.

2. Einen anderen Weg hat LANDÉ[1]) eingeschlagen. Auch er ging von der Annahme aus, daß sämtliche Kohäsionskräfte auf die elektrischen Anziehungen und Abstoßungen zwischen den ruhenden Kernen und den bewegten Elektronen zurückgehen. Er nahm an, daß die Bewegung der Elektronen im Kristall geordnet sei, im einfachsten Fall also sich die Elektronen gittergeometrisch gleichberechtigter Atome in gleicher Phase bewegen. Zwei solche „synchrone" Atome wirken in jedem Augenblick aufeinander wie zwei parallele Dipole und ergeben im Zeitmittel eine anziehende Kraft. LANDÉ hat auf Grund spezieller Vorstellungen vom Bau des Kohlenstoffatoms die Verhältnisse durchgerechnet. Er erhielt dabei z. B. die Gitterkonstante bis auf 10% genau, wenn er die äußeren Elektronen sich in zweiquantigen Ellipsenbahnen bewegen läßt. FRENKEL[2]) geht ebenfalls vom LANDÉschen Modell des Kohlenstoffatoms aus. Er berechnet das Potential zweier solcher Atome aufeinander und bestimmt die gegenseitige Orientierung und die Phasenbeziehungen der Atome aus der Forderung, daß die potentielle Energie zum Minimum wird. Er gelangt so zu der schon von LANDÉ ins Auge gefaßten Vorstellung, daß benachbarte Ionen entgegengesetzte Phase haben. Seine Rechnungen zeigen eine starke Abhängigkeit von relativ kleinen Änderungen des Atommodells. Seitdem sich das von ihnen benutzte Atommodell als unrichtig erwiesen hat, sind damit auch die genaueren Rechnungen hinfällig geworden, aber der Grundgedanke LANDÉS, Phasenbeziehungen zur Deutung der homöopolaren Bindung heranzuziehen, scheint irgendwie ihr inneres Wesen erfaßt zu haben. Dafür spricht besonders, daß nach BORN und HEISENBERG[3]) solche Phasenbeziehungen auch von der Quantentheorie notwendig gefordert werden. Dagegen scheint es, als ob eine weitere Gruppe homöopolarer Verbindungen auf einer wesentlichen Verschmelzung der beiderseitigen Elektronenhüllen beruht. Man kann diese Gruppe von den durch bloße Phasenbeziehungen zusammengehaltenen Verbindungen durch ihre wesentlich größere Dissoziationsenergie leicht unterscheiden.

Zwischen den rein homopolaren und rein heteropolaren Bindungen stehen anscheinend die Dipol- und Multipolwirkungen, die den Zusammenhalt der Molekül- und Schichtengitter bewirken (vgl. Ziff. 48). Neuerdings haben GRIMM und SOMMERFELD[4]) die ursprünglich aus der Deutung des spektroskopischen Beobachtungsmaterials entstandene STONERsche Untergruppeneinteilung des periodischen Systems[5]) zur Deutung der chemischen Bindung herangezogen, indem sie neben der seit KOSSEL schon lange betonten Stabilität der Edelgasschalen auf eine wenn auch weniger ausgesprochene Bevorzugung der Zweier- und Viererschalen aufmerksam machten. Im Diamant liegt ein Fall einer Bindung zwischen aus Viererschalen bestehenden Atomen vor. Sie weisen auf die Tatsache hin, daß der bis auf die Verschiedenheit der Ionen mit dem Diamant äquivalente Zinkblendetyp und der davon nur unwesentlich verschiedene Wurzittyp, bei denen ja schon durch die tetraedrische Umgebung die Zahl Vier ausgezeichnet ist, stets da auftreten, wo sich die Elektronenhüllen beider Bestandteile zu vollen Viererschalen ergänzen können (SiC, BN, BeO, AlN, AlP, ZnO, ZnS, ZnSe, CdO, CdS ...). GRIMM und SOMMERFELD schließen daraus, daß bei diesen Stoffen sich die Elektronenhüllen der beiderseitigen Bestandteile zu Konfigurationen zusammensetzen, die mit denen des Diamanten im wesentlichen übereinstimmen und von der von einer festen Zuordnung der Elektronen an ein einzelnes Atom

[1]) A. LANDÉ, ZS. f. Phys. Bd. 4, S. 410. 1921; Bd. 6, S. 10. 1921.
[2]) J. FRENKEL, ZS. f. Phys. Bd. 25, S. 1. 1924; Bd. 30, S. 50. 1924.
[3]) M. BORN, Naturwissensch. Bd. 10, S. 677. 1922; M. BORN u. W. HEISENBERG, ZS. f. Phys. Bd. 14, S. 44. 1923.
[4]) H. G. GRIMM u. A. SOMMERFELD, ZS. f. Phys. Bd. 36, S. 36. 1926.
[5]) Vgl. Bd. XXIII ds. Handb.

nicht mehr die Rede ist, vielmehr eine vollständige Verschmelzung der beiderseitigen Elektronenhüllen eintritt. Sie bezeichnen diese Erscheinung, ohne auf den speziellen Bildungsmechanismus einzugehen, als tetraedrische Bindung.

Zugunsten dieser Deutung spricht, daß nach Röntgenuntersuchungen von OTT[1]) beim BeO, AlN und SiC eine Zusammensetzung aus Ionen von der durch die heteropolare Deutung geforderten Ladung ausgeschlossen erscheint. Zugunsten dieser Deutung spricht ferner, daß nach GOLDSCHMIDT[2]) die aus dem Zinkblende- und Wurzittyp entnommenen Ionenradien zwar untereinander, aber nur schlecht mit den Werten übereinstimmen, die aus den im Steinsalz- oder Caesiumchloridtyp kristallisierenden Gittern entnommen sind. Dagegen spricht das Vorhandensein der Piezoelektrizität und vor allem die numerische Übereinstimmung der aus der Voraussetzung heteropolarer Bindung berechneten Reststrahlfrequenz mit der Beobachtung. Eine Entscheidung zwischen beiden Möglichkeiten erscheint heute unmöglich.

Schon in Ziff. 33 war darauf aufmerksam gemacht worden, daß heteropolare und homöpolare Bindung zur leichteren Deutung der Erscheinungen erfundene Grenzfälle darstellen, die in der Natur nie ganz rein dargestellt sind. Während die Alkalihalogenide den Typ der heteropolaren Bindung in ziemlicher Reinheit darzustellen scheinen, scheinen umgekehrt die Kristalle des Zinkblendetyp eine merkwürdige Mittelstellung zwischen beiden Bindungsarten einzunehmen, die durch die Zunahme des Größenverhältnisses der Bestandteile und die verstärkte Polarisierbarkeit bedingt ist und die ihre gittertheoretische Behandlung erschwert. Wahrscheinlich hängt es damit zusammen, daß gerade die Zinkblende der rein elektrostatischen Behandlung stets Schwierigkeiten gemacht hat.

Vorläufig wird man zur Berechnung der Eigenschaften homöopolarer Kristalle auf das allgemeine Kraftgesetz von MIE und GRÜNEISEN zurückgreifen und dessen Konstanten aus dem Beobachtungsmaterial bestimmen müssen. Arbeiten in dieser Richtung liegen erst in geringer Zahl vor. JONES[3]) berechnet für Argon die Exponenten der Anziehungskraft aus dessen thermodynamischem Verhalten im gasförmigen Zustand, nämlich aus der Temperaturabhängigkeit der inneren Reibung und der des zweiten Virialkoeffizienten in der Zustandsgleichung, und kommt in beiden Fällen zu einer Anziehung mit der fünften und einer Abstoßung mit etwa der fünfzehnten Potenz der Entfernung. Es gelingt ihm auf diese Weise, die Gitterkonstante des festen Argons richtig darzustellen. Für die anderen Edelgase erhielt er ein ähnliches Kraftgesetz. SIMON und v. SIMSON[4]) erhielten aus anderen thermodynamischen Daten für das Potentialgesetz beim Argon die Exponenten 9 und 15.

Aus den schon Ziff. 38 erwähnten, von JONES und INGHAM berechneten Gitterpotentialen für beliebige Werte des Exponenten lassen sich ganz allgemein einige Aussagen über die Stabilität der Gittertypen machen. Es folgt, daß das kubisch flächenzentrierte Gitter stabiler als das raumzentrierte ist und dieses wieder stabiler als das einfache kubische Gitter. Für ein spezielles Modell des Kohlenstoffatoms zeigte FRENKEL[5]), daß das Diamantgitter die stabilste Anordnung darstellt.

Unter Verzicht auf jede genauere Aussage über die Natur der Anziehungskräfte hat YAMADA[6]) für die vier genannten Gittertypen die relativen Größen

[1]) H. OTT, ZS. f. Phys. Bd. 22, S. 201. 1924; ZS. f. Krist. Bd. 61, S. 529. 1925.
[2]) V. W. GOLDSCHMIDT, Vid. Akad. Skr. Oslo I. M. N. Kl. 1926, Nr. 1 u. 2.
[3]) J. E. JONES, Proc. Roy. Soc. London (A) Bd. 106, S. 441, 463, 709. 1924; Bd. 107, S. 157. 1925.
[4]) F. SIMON u. C. v. SIMSON, ZS. f. Phys. Bd. 25, S. 160. 1924.
[5]) J. FRENKEL, ZS. f. Phys. Bd. 25, S. 1. 1924; Bd. 30, S. 50. 1924.
[6]) M. YAMADA, Phys. ZS. Bd. 24, S. 289. 1925.

der verschiedenen Oberflächenenergien berechnet. Das ist möglich, wenn man sich, wie es bei dem steilen Abfall des Potentialgesetzes in erster Näherung sicher erlaubt ist, auf die Kraftwirkungen zwischen benachbarten Atomen beschränkt; denn dann ist die Oberflächenenergie einer beliebigen Spaltfläche proportional der Anzahl der pro Flächeneinheit von dieser Fläche geschnittenen Verbindungslinien benachbarter Atome. Mittels seines Ziff. 45 erwähnten Verfahrens findet er als Kristallisationsform beim einfachen kubischen Gitter den Würfel, beim raumzentrierten Gitter den Rhombendodekaeder, beim flächenzentrierten Gitter eine Durchdringung von Würfel und Oktaeder und beim Diamantgitter den reinen Oktaeder. Die Berücksichtigung nicht benachbarter Atome kann die Ergebnisse ein wenig beeinflussen.

VII. Elektromagnetische Gittertheorie.

53. Elektromagnetische Gitterpotentiale. Die Formeln der elektrostatischen Gittertheorie sind streng nur für Gleichgewichtszustände und näherungsweise für langsam veränderliche Vorgänge anwendbar. Bei schnellen Schwingungen muß die Ausbreitungsgeschwindigkeit der elektromagnetischen Störungen berücksichtigt werden. Sie bewirkt eine Verzögerung der Beeinflussung zweier Teilchen durcheinander mit wachsender Entfernung.

Schon bei der Behandlung optischer Eigenschaften (Ziff. 15) hatten wir darauf aufmerksam gemacht, daß das dort angewandte Verfahren auf einer Verbindung kontinuums- und molekularphysikalischer Vorstellungen beruht. Man berechnete auf gittertheoretischem Wege die in den MAXWELLschen Gleichungen vorkommenden Materialkonstanten und erhielt durch formale Anwendung der eigentlich nur für das Kontinuum gültigen MAXWELLschen Gleichungen trotz der zeitlosen Ausbreitung der statischen Gitterpotentiale eine endliche Ausbreitungsgeschwindigkeit der Lichtwellen. Wegen einer genaueren Begründung dieses Verfahrens war schon damals auf eine Rechtfertigung durch eine strengere Theorie verwiesen worden.

Wir übergehen alle diejenigen Arbeiten, die, obschon auf molekulartheoretischer Grundlage, doch den eigentlich gitterartigen Bau der Kristalle außer acht lassen[1]. Die streng gittertheoretische Behandlung dieser Erscheinungen geht auf EWALD[2] zurück.

Man kann nach EWALD die elektromagnetischen Wirkungen eines schwingenden Gitterteilchens als Dipolstrahlung betrachten, indem man jedes Gitterteilchen durch eine gleiche, aber entgegengesetzte ruhende Ladung zu einem Dipol ergänzt. Diese ruhende Ladung kann man durch eine zweite ruhende Ladung kompensieren, die, da zeitlich konstant, die Schwingungen nicht beeinflußt. Dann sind alle elektromagnetischen Erscheinungen im Gitter durch das Feld bestimmt, das durch Überlagerung dieser Dipolschwingungen entsteht.

Man erhält bekanntlich alle elektromagnetischen Bestimmungsstücke durch Differentiationsprozesse aus dem Vektorpotential. EWALD[3] hat zur Berechnung eines durch Überlagerung von Dipolschwingungen entstehenden Vektorpotentials einen Weg eingeschlagen, als dessen Spezialfall die Ziff. 35 angegebene Methode zur Berechnung elektrostatischer Potentiale aufzufassen ist.

Das Vektorpotential $\mathfrak{Z}$ genügt der Wellengleichung

$$\Delta\mathfrak{Z} - \frac{1}{c^2}\ddot{\mathfrak{Z}} = 0. \tag{170}$$

[1] Vgl. eine kurze Übersicht bei M. BORN, Atomtheorie des freien Zustandes, § 41.
[2] P. P. EWALD, Dissert. München 1912; Intern. Congr. of Mathematics, Cambridge 1912.
[3] P. P. EWALD, Ann. d. Phys. Bd. 64, S. 253. 1921.

Wir setzen die elektromagnetische Welle nach (53) als eben und rein periodisch voraus. Sie besteht aus den Verrückungen (33)

$$\mathfrak{u}_k^l = \mathfrak{U}_k\, e^{-i\omega t}\, e^{i\tau(\mathfrak{s}\mathfrak{r}_k^l)}$$

der Gitterpunkte, verbunden mit einem entsprechenden Felde

$$\mathfrak{Z} = \mathfrak{S}\, e^{-i\omega t}\, e^{i\tau(\mathfrak{s}\mathfrak{r}_k^l)}. \tag{171}$$

Durch diesen Ansatz ist die Aufgabe auf die Bestimmung der reinen Ortsfunktion $\mathfrak{S}$ zurückgeführt worden.

$\mathfrak{S}$ ist überall regulär außer in den Gitterpunkten $\mathfrak{r}_k^l$, wo sie Pole erster Ordnung mit den Residuen

$$\mathfrak{p}_k = e_k\, \mathfrak{U}_k \tag{172}$$

hat. Man genügt dieser Forderung, indem man

$$\mathfrak{S} = \sum \mathfrak{p}_k\, S(\mathfrak{r} - \mathfrak{r}_k) \tag{173}$$

ansetzt, wo $S(\mathfrak{r})$ jetzt eine skalare Ortsfunktion ist. $S(\mathfrak{r})$ ist

1. periodisch im Gitter mit der durch die drei Zellenvektoren gegebenen Periodizität;

2. überall analytisch außer im Nullpunkt, wo es einen Pol erster Ordnung mit dem Residuum 1 hat;

3. genügt der durch Substitution von (173) und (171) in (170) entstehenden Differentialgleichung

$$\tau^2\left(\frac{1}{n^2} - 1\right) S + 2\pi i \tau (\mathfrak{s}, \operatorname{grad} S) + \Delta S = 0. \tag{174}$$

Darin bedeutet

$$n = \frac{c \cdot \tau}{\omega} = \frac{c}{\nu \cdot \lambda} \tag{62}$$

den Brechungsindex. Durch diese drei Bedingungen ist S eindeutig bestimmt.

Man kann S in eine Fouriersche Reihe

$$S = \mathop{\mathsf{S}}_{l} s^l\, e^{i(\mathfrak{q}^l \mathfrak{r})}$$

entwickeln, in der $\mathfrak{q}^l$ das durch Gleichung (135) definierte 2π-fache des reziproken Vektors bedeutet, erhält durch Benutzung der Greenschen Formel eine Darstellung für die Koeffizienten der Fourierentwicklung und kann

$$S = \frac{4\pi}{\Delta} \mathop{\mathsf{S}}_{l} \frac{e^{i(\mathfrak{q}^l \mathfrak{r})}}{(\mathfrak{q}^l + \tau\mathfrak{s})^2 - \frac{\tau^2}{n^2}} \tag{175}$$

schreiben. Diese Formel gilt streng für jede Wellenlänge. Der Fall der Röntgenstrahlen soll weiter unten behandelt werden, darum kann jetzt $\lambda \gg \delta$ vorausgesetzt werden. Das entspricht dem gewöhnlichen, sichtbaren Licht. In diesem Falle wird das absolute Glied der Reihenentwicklung ($l = 0$) besonders groß. Man trennt es darum am besten ab und schreibt

$$\left.\begin{aligned} S &= \frac{4\pi}{\Delta} \frac{n^2}{n^2 - 1} \frac{1}{\tau^2} + S^*, \\ S^* &= \frac{4\pi}{\Delta} \mathop{\mathsf{S}'}_{l} \frac{e^{i(\mathfrak{q}^l \mathfrak{r})}}{(\mathfrak{q}^l + \tau\mathfrak{s}) - \frac{\tau^2}{n^2}}. \end{aligned}\right\} \tag{176}$$

Die Konvergenz der Fourierentwicklung ist wieder schlecht. Um sie auf eine praktisch berechenbare Form zu bringen, wendet Ewald genau dieselbe Umformung an wie in Ziff. 35. Er zerlegt die Darstellung durch eine willkürliche Trennungsstelle ε und geht mit dem einen Teil der Darstellung mit Hilfe der Transformationsformel der dreifachen δ-Funktionen zur quellenmäßigen Darstellung über. Man erhält so

$$\left.\begin{aligned} S^* &= S_1 + S_2, \quad S_1 = \frac{4\pi}{\Delta} \mathop{\mathsf{S}'}_{l} \frac{e^{-\frac{1}{4\varepsilon^2}\left[(\mathfrak{q}^l + \tau\mathfrak{s})^2 - \frac{\tau^2}{n^2}\right] + i(\mathfrak{q}^l \mathfrak{r})}}{(\mathfrak{q}^l + \tau\mathfrak{s}) - \frac{\tau^2}{n^2}}, \\ S_2 &= \frac{4\pi}{\Delta} \frac{n^2}{n^2 - 1} \cdot \frac{1}{\tau^2}\left(e^{-\frac{n^2-1}{n^2}\frac{\tau^2}{4\varepsilon^2}} - 1\right) \\ &+ \mathop{\mathsf{S}}_{l} \frac{e^{i\tau(\mathfrak{r}^l - \mathfrak{r}, \mathfrak{s})}}{2|\mathfrak{r}^l - \mathfrak{r}|}\left\{e^{i\frac{\tau}{n}|\mathfrak{r}^l - \mathfrak{r}|} G\left(\varepsilon|\mathfrak{r}^l - \mathfrak{r}| + \frac{i\tau}{2\varepsilon n}\right) + e^{-i\frac{\tau}{n}|\mathfrak{r}^l - \mathfrak{r}|} G\left(\varepsilon|\mathfrak{r}^l - \mathfrak{r}| - \frac{i\tau}{2\varepsilon n}\right)\right\}. \end{aligned}\right\} \quad (177)$$

Die Reihe konvergierte bei geeigneter Wahl der Trennungsstelle ε gut, und zwar S_1 um so besser, je kleiner ε, S_2 um so besser, je größer ε ist.

Für $\varepsilon = \infty$ verschwindet S_2, und man erhält wieder die ursprüngliche Darstellung (176), für $\varepsilon = 0$ verschwindet S_1, und man erhält durch einen Grenzübergang die quellenmäßige Darstellung

$$S = \mathop{\mathsf{S}}_{l} \frac{e^{i\tau(\mathfrak{r}^l - \mathfrak{r}, \mathfrak{s}) + \frac{i\tau}{n}|r^l - \mathfrak{r}|}}{|\mathfrak{r}^l - \mathfrak{r}|} \quad (178)$$

und daraus mittels (171) und (173)

$$\mathfrak{Z} = e^{-i\omega t} \sum_k \mathop{\mathsf{S}}_{l} \mathfrak{p}_k e^{i\tau(\mathfrak{r}_k^l \mathfrak{s})} \frac{e^{\frac{i\tau}{n}|\mathfrak{r}_k^l - \mathfrak{r}|}}{|\mathfrak{r}_k^l - \mathfrak{r}|}. \quad (179)$$

Man sieht dieser Darstellung unmittelbar ihre physikalische Natur an. Sie entsteht durch Superposition von Kugelwellen mit der Frequenz ω und der Geschwindigkeit c (es ist ja $\tau/n = \omega/c$), die von Dipolen mit dem Moment

$$\mathfrak{p}_k e^{-i\omega\tau} e^{i\tau(\mathfrak{r}_k^l \mathfrak{s})} = e_k \mathfrak{u}_k^l$$

erzeugt werden.

54. Strenge Theorie der Kristalloptik. In dem früher angewandten Verfahren berechnete man die Polarisation aus den durch die einfallende Welle angeregten erzwungenen Schwingungen des Gitters. Bei Berücksichtigung der endlichen Ausbreitungsgeschwindigkeit verliert dies Verfahren seinen Sinn. Es ist ja gar nicht mehr die ursprüngliche Kraft, die auf ein vom Ausgangspunkt der Erregung entfernt liegendes Teilchen einwirkt, sondern indem sich eine Welle ausbreitet, wird sie durch die Gitterteilchen gestört und erreicht erst, durch diese Störungen schon beeinflußt, das betrachtete Teilchen. EWALD betrachtet daher die Wellenausbreitung als freie Schwingungen des aus Äther und Gitterteilchen bestehenden Systems.

Er nennt, ähnlich wie bei den elektrostatischen Potentialen, das Feld, das alle Teilchen bis auf eines auf dieses ausübenden, das erregende Feld $\mathfrak{Z}_k^l$. Sein Vektorpotential läßt sich aus den Gleichungen der vorigen Ziffer leicht entnehmen. Daraus läßt sich in bekannter Weise die elektrische und magnetische Feldstärke und aus beiden die auf das Teilchen ausgeübte Kraft berechnen (die Wirkung des magnetischen Feldes braucht übrigens in dieser Näherung nicht beachtet zu werden).

Dann wird die auf ein Teilchen einwirkende Kraft

$$\mathfrak{F}_k^l = [e_k \mathfrak{E}]_{\mathfrak{r}_k^l} = e_k \left[\operatorname{grad} \operatorname{div} \mathfrak{Z}_k^l + \frac{\tau^2}{n^2} \mathfrak{Z}_k^l\right]_{\mathfrak{r}_k^l}, \tag{180}$$

und es zeigt sich, wenn man für $\mathfrak{Z}$ das nach (177) zu berechnende Gitterpotential einsetzt, daß die Schwingungsgleichungen genau dieselbe Form annehmen wie in der früheren Behandlungsweise (Ziff. 14)

$$\omega^2\Big(\mathfrak{m}_k \mathfrak{U}_{kx} + \sum_{k'} \mathfrak{m}_{kk'} \mathfrak{U}_{k'x}\Big) + \sum_{k'} \sum_{y} \left[\!\left[\begin{matrix} k k' \\ x y \end{matrix}\right]\!\right] \mathfrak{U}_{k'y} = -\mathfrak{V}_{kx}. \tag{181}$$

Hinzu treten nur die elektromagnetischen Massen $\mathfrak{m}_{kk'}$ des Gitters; sie sind aber klein und können stets vernachlässigt werden. Sie hängen mit der elektrostatischen Gitterenergie durch die Beziehung[1])

$$\sum_{kk'} \mathfrak{m}_{kk'} = \frac{\varphi_0}{c^2}$$

zusammen. Auch die Klammerzeichen $\left[\!\left[\begin{matrix} k k' \\ x y \end{matrix}\right]\!\right]$ haben jetzt eine etwas andere Bedeutung. Zu den dort allein betrachteten Atomkräften tritt jetzt ein Glied, das von den elektromagnetischen Wechselwirkungen herrührt und das sich durch Differentiationsprozesse aus dem elektromagnetischen Potential gewinnen läßt. Im Grenzfall $\tau \to 0$, d. h. langer Wellen, fällt der durch die elektromagnetischen Wechselwirkungen bedingte Anteil fort, die Formeln gehen vollkommen in die elektrostatischen über, aber auch wo diese Vernachlässigung nicht erlaubt ist, bleibt die formale Gestalt der Gleichung (54) trotzdem unverändert. Damit bleibt die Gültigkeit der in Ziff. 15 daraus gezogenen Folgerungen, d. h. die gesamte formale Kristalloptik, erhalten. Die strengere Theorie bestätigt so vollkommen die früheren Ergebnisse.

Trotzdem führt die neue Behandlungsweise darüber hinaus. Während nämlich dort formal aus den MAXWELLschen Feldgleichungen nur die Tatsache folgte, daß eine Lichtwelle im Kristall sich langsamer fortbewegt als im Vakuum, kann man jetzt die atomare Bedeutung dieses Vorgangs übersehen. Die wirkliche Fortpflanzungsgeschwindigkeit der elektrischen Welle ist die Lichtgeschwindigkeit, aber beim Durchgang durch eine Netzebene tritt eine Störung, eine verwickelte Interferenzerscheinung auf, die sich als Phasensprung der Welle bemerkbar macht. Diese von Netzebene zu Netzebene immer wiederkehrenden Phasensprünge bewirken, daß sich die Welle im Kristall mit einer geringerer Geschwindigkeit auszubreiten scheint.

EWALD[2]) hatte diese Gedanken für unter Einwirkung des Feldes stehende Resonatoren durchgeführt. Die Einordnung in die systematische Gittertheorie und Verallgemeinerung auf beliebige Kräfte geht auf BORN[3]) zurück. BORN stellte den Anschluß an die früheren Entwicklungen dadurch her, daß er auch den von den elektromagnetischen Wechselwirkungen herrührenden Anteil an den Klammerzeichen $\left[\!\left[\begin{matrix} k k \\ x y \end{matrix}\right]\!\right]$ der sich nach den von EWALD angegebenen Methoden berechnen läßt, nach Potenzen von τ entwickelte. Zur Erklärung der Dispersion und Doppelbrechung genügen dann, wie in Ziff. 16, die Glieder nullter Ordnung; sie messen für den Grenzfall langer Wellen die elektrische Wechselwirkung der Ionen und stellen die durch den gitterartigen Aufbau der Kristalle bedingte

---

1) M. BORN, Berl. Ber. 1918, S. 712.

2) P. P. EWALD, Ann. d. Phys. Bd. 49, S. 1. 1916.

3) M. BORN, Dynamik der Kristallgitter; vgl. auch Atomtheorie des freien Zustandes, § 43.

Verallgemeinerung der LORENTZschen Kraft dar. EWALD hat sie zuerst für ein tetragonales Gitter, BORN später für den allgemeinen Fall berechnet. Dabei stellte sich heraus, daß sich für Diagonalgitter wieder genau die LORENTZsche Kraft ergibt.

55. Doppelbrechung im sichtbaren Gebiet. Schon in Ziff. 16 war darauf aufmerksam gemacht worden, daß sich der Beitrag der Ionenschwingungen zur Doppelbrechung erst im Ultraroten bemerkbar macht; die Doppelbrechung im sichtbaren Gebiet beruht auf dem Einfluß der Elektronen. Man nimmt sie am einfachsten als am Orte des Ions befindliche Dipole an und kann dann deren elektromagnetische Potentiale ebenfalls nach der EWALDschen Methode berechnen. EWALD hat diese Größen für eine tetragonale Zelle wirklich ausgerechnet und konnte auf diese Weise die Doppelbrechung des Anhydrits ($CaSO_4$) wenigstens der Größenordnung nach darstellen. Daß überhaupt eine tetragonale Zelle eine Doppelbrechung zeigen muß, macht man sich leicht an Abb. 22 klar. Man sieht ohne weiteres, daß die Dipole sich ganz anders beeinflussen müssen, je nachdem sie in Richtung ihrer kürzesten Verbindungslinie schwingen oder senkrecht dazu. Infolgedessen werden sich elektrische Wellen mit anderer Geschwindigkeit in Richtung der tetragonalen Achse als senkrecht dazu ausbreiten. Mehr als größenordnungsmäßige Übereinstimmung konnte EWALD schon deshalb nicht erwarten, weil die Sauerstoffionen, die ja den größten Beitrag zur Polarisierbarkeit liefern, sicher nicht ein einfaches tetragonales Gitter bilden.

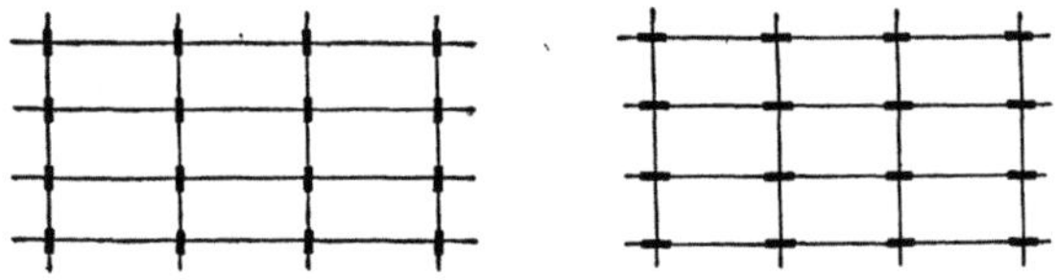

Abb. 22. Dipolschwingungen eines tetraedrischen Gitters.

Zur Berechnung der zirkularen Doppelbrechung muß man auch die ersten Entwicklungskoeffizienten der Gitterpotentiale bestimmen. So hat HERMANN[1]) für die Kristalle $NaBrO_3$ und $NaClO_3$ mit Hilfe von EWALD angegebener Methoden zur Berechnung elektromagnetischer Wechselwirkungen das optische Drehvermögen bestimmt. Beide Salze kristallisieren in demselben, schon in Abb. 12 wiedergegebenen Typ. Sie haben den Vorteil, daß bei ihnen eine schraubenartige Anordnung der Ionen mit einem regulären Gitter, d. h. die optische Aktivität mit dem Fehlen einer Doppelbrechung verbunden ist. HERMANN vereinfacht das Problem dadurch, daß er im komplexen Anion das System von N Resonanzelektronen durch einen Resonator mit N-facher elektrischer Ladung ersetzt. Die Ladung (d. h. die Anzahl der Resonanzelektronen) und die Frequenz des Resonators entnimmt er aus der Dispersionskurve der gewöhnlichen Brechung. Dann konnte er die optische Aktivität in ihrer Abhängigkeit von der Wellenlänge berechnen. Trotz der Roheit des Modells erhielt er beim $NaClO_3$ eine befriedigende, beim $NaBrO_3$ sogar eine gute Übereinstimmung. In Abb. 23 ist der von ihm berechnete Verlauf (ausgezogen) mit dem beobachteten (punktiert) verglichen. Es scheint, als ob man schon durch geringe Verschiebung des Elektronenschwerpunktes völlige Übereinstimmung erzielen könnte.

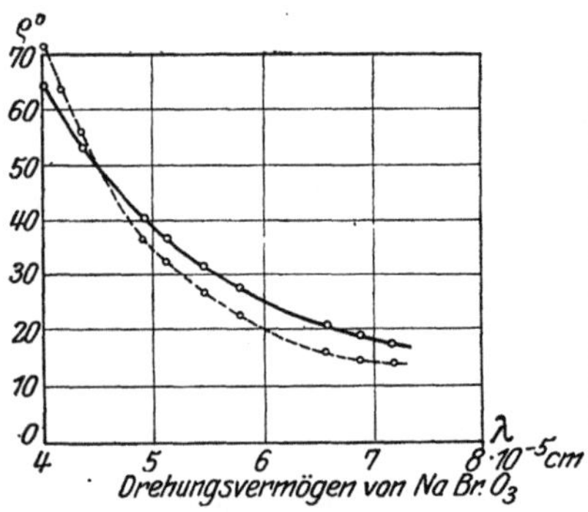

Abb. 23. Drehvermögen beim Natriumbromat.

---

[1]) E. HERMANN, ZS. f. Phys. Bd. 16, S. 103. 1923.

In ganz ähnlicher Weise hat neuerdings HYLLERAAS[1]) beim Kalomel (Hg_2Cl_2), das im tetragonalen System kristallisiert, die Doppelbrechung berechnet. Auch er macht einen geeigneten Ansatz für die Resonanzelektronen und entnimmt ihre Anzahl und Frequenz der Dispersionskurve. Er erhielt so eine ausgezeichnete Übereinstimmung der berechneten Doppelbrechung mit der Erfahrung. Dabei zeigte sich eine starke Abhängigkeit der Doppelbrechung von verhältnismäßig kleinen Änderungen der Parameter des Gitters.

Trotz der guten Übereinstimmung, die HYLLERAAS bei seiner Berechnung erhielt, erscheint es bei diesem Verfahren unbefriedigend, daß man über das Verhalten der optisch wirksamen Elektronen aus der Theorie des Atombaues noch nicht die nötige Kenntnis hat und infolgedessen sie sich erst aus dem optischen Verhalten selbst verschaffen muß. Dabei sinkt natürlich die Zuverlässigkeit der Rechnung um so mehr, je höher die Zahl der erst aus dem Beobachtungsmaterial zu bestimmenden unbestimmten Größen (Lage, Anzahl, Frequenz der Resonanzelektronen usw.) steigt.

Man verringert diese Unbestimmtheit, wenn man dem durch die Verschiebung der Resonanzelektronen im elektrischen Feld erzeugten Moment der Atome (wenigstens summarisch) durch die in Ziff. 47 eingeführte Polarisierbarkeit Rechnung trägt; denn dann wird diese die einzige empirisch zu bestimmende Konstante. Wenn

$$\mathfrak{p} = \alpha \mathfrak{E}$$

das von einem Feld $\mathfrak{E}$ in einem Ion erregte elektrische Moment ist, so ist das Moment der Volumeinheit

$$\mathfrak{p} = N \alpha (\mathfrak{E} + \mathring{\mathfrak{E}}),$$

wo N die Anzahl der in der Volumeinheit enthaltenen Ionen, $\mathring{\mathfrak{E}}$ die durch die Gitterstruktur bedingte Verallgemeinerung der LORENTZschen Kraft bedeutet. Auf diesem Wege ist BRAGG[2]) vorgegangen; er hat die Doppelbrechung der beiden Kristallisationsformen des Calciumkarbonats, des Kalkspats und Aragonits aus der Polarisierbarkeit ihrer Ionen berechnet. Aus den in Tabelle 20 zusammengestellten Werten für die Polarisierbarkeit geht hervor, daß weitaus der größte Teil durch die Sauerstoffionen bedingt ist. BRAGG beschränkt sich darum darauf, deren Beitrag zu berechnen. In beiden Gittern bilden die CO_3-Ionen untereinander parallele, ebene Gebilde; das vierfach positiv geladene Kohlenstoffatom liegt im Mittelpunkt eines von den drei doppelt negativ geladenen Sauerstoffatomen gebildeten gleichseitigen Dreiecks. Die beiden Gitterarten unterscheiden sich nur durch die Art, wie diese Komplexionen zu einem Gitter zusammengefügt sind[3]). In beiden Fällen beobachtet man eine starke Doppelbrechung. Der Brechungsindex für einen in der Ebene der Sauerstoffdreiecke schwingenden Strahl ist bedeutend größer als für einen senkrecht dazu schwingenden Strahl.

Dies Verhalten ist aus dem Gitterbau auch leicht verständlich. Wegen des steilen Abfalls des Potentials zweier Dipole aufeinander kann man in erster Näherung von den Wechselwirkungen zwischen den einzelnen CO_3-Gruppen absehen. Betrachtet man ein einzelnes Sauerstoffdreieck, so überzeugt man sich leicht, daß bei einem Feld in der Dreiecksebene die in den Sauerstoffionen induzierten Dipole sich in ihrer Wirkung verstärken, bei einem Feld senkrecht auf der Ebene sie sich beeinträchtigen. Das bedeutet, daß im ersten Falle die LORENTZsche Kraft stärker, im zweiten Falle schwächer ist als im isotropen

---

[1]) E. HYLLERAAS, ZS. f. Phys. Bd. 36, S. 859. 1926.
[2]) W. L. BRAGG, Proc. Roy. Soc. London (A) Bd. 105, S. 370. 1924; Bd. 106, S. 346. 1925.
[3]) Vgl. Kapitel 4 des vorliegenden Bandes.

Medium; in der CO_3-Ebene ist der Brechungsindex größer als senkrecht dazu. Schon in dieser Näherung erhielt BRAGG rohe Übereinstimmung mit der Erfahrung. Er verbesserte seine Ergebnisse, indem er auch die Wechselwirkungen zwischen den CO_3-Gruppen berücksichtigte. Er betrachtete den Einfluß der in einer gewissen Umgebung gelegenen Sauerstoffionen und erhielt so eine gute Übereinstimmung mit den Beobachtungen. In Tabelle 23 sind die berechneten mit den beobachteten Werten verglichen.

Tabelle 23. Doppelbrechung beim Kalkspat und Aragonit.

Stoff	Schwingungsrichtung	n berechnet	n beobachtet
Kalkspat	$\mathfrak{E} \perp CO_3$-Ebene	1,488	1,486
(opt. einachsig)	$\mathfrak{E} \parallel CO_3$-Ebene	1,631	1,658
Aragonit	$\mathfrak{E} \perp CO_3$-Ebene	1,538	1,530
(opt. zweiachsig)	$\mathfrak{E} \parallel CO_3$-Ebene	{ 1,694	1,681
		1,680	1,686

Ähnlich verhalten sich auch die anderen Karbonate. Dagegen ergeben sich für die ganz gleich gebauten Nitrate des Natriums und Kaliums gänzlich abweichende Werte. Die Doppelbrechung ist annähernd doppelt so groß wie bei den Karbonaten. BRAGG sieht den Grund dafür darin, daß das nur dreifach geladene Stickstoffion die Sauerstoffatome lange nicht so fest zusammenhält wie das vierfach geladene Kohlenstoffion. Er berechnet darum die Abhängigkeit der Doppelbrechung von der Größe des Dreiecks und findet eine außerordentlich starke Empfindlichkeit. Indem er umgekehrt die Ausmaße des Dreiecks so bestimmt, daß sich die richtige Doppelbrechung ergibt, erhält er beim Karbonat genau den durch Röntgenmessungen bekannten Wert, beim Nitrat, wie zu erwarten, einen kleineren, doch liegen hier zur Prüfung der Theorie noch keine Messungen vor. Es scheint, als ob man bei größerer Genauigkeit so die röntgenometrisch schwer meßbaren Abstände innerhalb eines Radikalions bestimmen könnte.

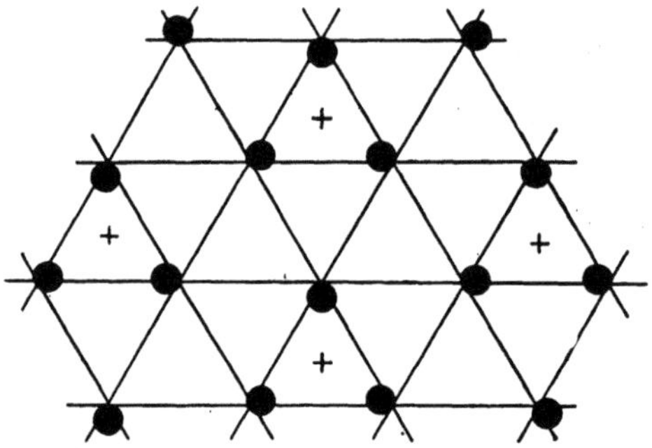

Abb. 24. Sauerstoffebene im Korund ● = O-Ion. Die Al-Ionen liegen oberhalb und unterhalb von +.

Ähnlich liegen die Verhältnisse beim Korund (Al_2O_3). Er kristallisiert trigonal. Die O_3-Gruppen liegen in Dreiecken senkrecht zur trigonalen Achse, die beiden Al-Ionen auf beiden Seiten der Normalen im Mittelpunkt des Dreiecks. Betrachtet man eine Ebene senkrecht zur trigonalen Achse, so bilden die Sauerstoffionen beinahe ein gleichseitiges, dreieckiges Netz (vgl. Abb. 24), nur durch die Anziehung der Aluminiumionen sind die zusammengehörigen Sauerstoffionen ein wenig genähert[1]). BRAGG bestimmt den Betrag dieser Verschiebung (oder das Verhältnis der Dreiecksseite zur Zellenkante) aus der Doppelbrechung und erhält so eine vorzügliche Übereinstimmung mit dem aus Röntgenmessungen bekannten Wert. Im Gegensatz zu den Karbonaten zeigen die Sulfide sämtlich eine außerordentlich geringe Doppelbrechung. Man muß daraus schließen, daß die Lage der vier Sauerstoffatome um ein Schwefelatom von einem Tetraeder nicht

[1]) Über das Korundgitter vgl. das folgende Kapitel des vorliegenden Bandes.

wesentlich abweicht. Das steht in gutem Einklang mit den von BRESTER aus der Zahl der Eigenschwingungen gezogenen Schlüssen.

56. Reflexion und Brechung. Röntgenstrahlen. EWALD[1]) hat mit Hilfe seiner elektromagnetischen Potentiale auch die Erscheinungen näher untersucht, die beim Übergang einer Welle aus dem Vakuum in ein Gitter auftreten. Er geht entsprechend vor wie beim vollen Gitter. Er untersucht die freien Schwingungszustände eines Gitters und fragt nach denjenigen, die mit einer aus dem Vakuum einfallenden Welle im Gleichgewicht stehen. Es zeigt sich, daß es stets einen solchen Schwingungszustand gibt. Dabei wird die einfallende Welle durch eine entsprechende Welle im Innern des Kristalls gerade aufgehoben. Dieser „Auslöschungssatz" war schon vor EWALD von BOTHE[2]) und OSEEN[3]) für isotrope Körper abgeleitet worden. An Stelle der vernichteten tritt im Kristall eine Dipolwelle der in Ziff. 53 behandelten Art, im Äußeren eine durch das Reflexionsgesetz bestimmte reflektierte Welle. Brechungs- und Reflexionsgesetz behalten also auch bei einer streng atomistischen Behandlungsweise ihre Gültigkeit. Für kubische Kristalle konnte EWALD sogar zeigen, daß sich auch Amplitude und Phase der gebrochenen und reflektierten Welle nach dem FRESNELschen Gesetz bestimmen.

EWALD[4]) hat seine Untersuchungen auch auf das Gebiet der Röntgenstrahlen ausgedehnt. Dabei kann es vorkommen, daß in Gleichung (175) ein Nenner

$$(\mathfrak{q}^l + \tau\,\mathfrak{s})^2 - \frac{\tau^2}{n^2} \tag{183}$$

sehr klein wird oder ganz verschwindet. Die betreffende Welle tritt dann besonders stark hervor. Setzt man, was für Röntgenstrahlen mit großer Annäherung erfüllt ist, $n = 1$ (sie erregen keine Polarisation mehr), so ist das Verschwinden des Nenners (183) gleichbedeutend mit der LAUEschen Bedingung für das Auftreten der Interferenzmaxima. Für das austretende Licht ergibt sich gerade die BRAGGsche Bedingung. Die strenge Behandlung führt insofern weiter, als die rein geometrische Betrachtungsweise durch eine dynamische ersetzt ist. EWALD hat die Verhältnisse am Halbgitter genau untersucht. Er fand dabei, daß kleine Abweichungen von der BRAGGschen Reflexionsbedingung zu erwarten sind; denn wenn man die Wechselwirkung der Oszillatoren mit dem Felde genau berücksichtigt, so treten nicht nur bei monochromatischer Anregung und einem exakt dem BRAGGschen Gesetz entsprechenden Einfallswinkel, sondern auch in gewissen kleinen Bereichen Wellen von merklicher Stärke aus. Die durch die Theorie verlangten „Anregungsfehler" sind durch neuere Messungen bestätigt worden[5]).

---

1) P. P. EWALD, Ann. d. Phys. Bd. 49, S. 117. 1916.

2) W. BOTHE, Dissert. Berlin 1914; Ann. d. Phys. Bd. 64, S. 693. 1921.

3) C. W. OSEEN, Ann. d. Phys. Bd. 48, S. 1. 1915; Phys. ZS. Bd. 16, S. 404. 1915.

4) P. P. EWALD, Ann. d. Phys. Bd. 54, S. 519, 557. 1917; Phys. ZS. Bd. 21, S. 617. 1920; ZS. f. Phys. Bd. 2, S. 332. 1920; Phys. ZS. Bd. 26, S. 29. 1925; s. auch C. G. DARWIN, Phil. Mag. Bd. 27, S. 315, 675. 1914; J. WALLER, Uppsala Univ. Årsskr. 1925.

5) Vgl. W. STENSTRÖM, Dissert. Lund 1919; E. HJALMAR, ZS. f. Phys. Bd. 1, S. 439. 1920; Bd. 15, S. 65. 1923; W. H. BRAGG, Proc. Phys. Soc. London, Bd. 33, S. 304. 1921; M. SIEGBAHN, ZS. f. Phys. Bd. 9, S. 68. 1922; B. DAVIS u. H. M. FERRIL, Proc. Nat. Acad. Amer. Bd. 8, S. 357. 1922; W. L. BRAGG, Proc. Roy. Soc. London (A) Bd. 106, S. 346. 1924; B. DAVIS u. R. v. NARDROFF, Proc. Nat. Acad. Amer. Bd. 10, S. 60, 384. 1924; R. v. NARDROFF, Phys. Rev. Bd. 24, S. 143. 1924.

Kapitel 6.

Atombau und Chemie (Atomchemie).

Von

H. G. Grimm, Würzburg[1]).

Mit 41 Abbildungen.

1. Einleitung. Die Aufgaben der Atomchemie[2]). Die großen Fortschritte der Erkenntnis über das Wesen und den Aufbau der Materie, der Atome, Moleküle und Kristalle, haben Physik und Chemie vor eine neue Aufgabe gestellt. Diese besteht darin, von der Atomphysik zur „Atomchemie" zu gelangen, d. h. nicht nur die Physik des einzelnen Atoms — z. B. durch die Erforschung seiner spektralen Eigenschaften — zu betreiben, sondern auch die Änderungen im Bau des betrachteten Atoms zu erforschen, die bei stofflichen Umwandlungen, d. h. bei der Bindung mindestens eines zweiten Atomes stattfinden. Es gilt, mit anderen Worten, die Brücke zu schlagen von den Atomforschungsergebnissen zu dem großen Tatsachenmaterial der Chemie, der Mineralogie, der Geochemie und verwandter Wissenschaften. Während jedoch unsere Kenntnisse vom Bau isolierter Atome und Atomionen durch die Atomphysik, insbesondere durch die Bohrsche Theorie des Atombaues, bereits auf eine neue Grundlage gestellt wurden, sind die Forschungen über den Bau von verbundenen Atomen, auf die sich die empirischen Tatsachen der Chemie fast ausschließlich beziehen, noch in voller Entwicklung begriffen. Die der Atomchemie gestellte Aufgabe, deren erste

1) Herrn Dr. H. Wolff danke ich bestens für seine wertvolle Hilfe bei der Zusammenstellung des Materials, den Herren Prof. Dr. K. Fajans und Dr. G. Wagner für die kritische Durchsicht der Korrekturen, allen drei Herren für ihre wertvollen Ratschläge.

2) Ein zusammenfassender Bericht über dieses in den Anfängen der Entwicklung stehende Gebiet liegt noch nicht vor, doch existieren die folgenden zusammenfassenden Darstellungen über größere Teilgebiete: W. Kossel, Valenzkräfte und Röntgenspektren. 2. Aufl. Berlin 1924; G. N. Lewis, Valence and the Structure of Atoms and Molecules. Amer. Chem. Soc. Monograph. Series (1923). Deutsche Übersetzung von G. Wagner und H. Wolff. Braunschweig 1927. (Im Druck.) Main Smith, Chemistry and Atomic Structure. London 1924; H. G. Grimm, Der Aufbau der Materie, Chemikerkalender ab 1925; K. Fajans, Die Eigenschaften salzartiger Verbindungen und Atombau. ZS. f. Krist. Bd. 61, S. 18. 1925; Fortschr. der phys. Wiss. (russisch). Bd. 5, S. 294. 1926; K. F. Herzfeld und H. G. Grimm, Größe und Bau der Moleküle, ds. Handb. Bd. XXII, Kap. 5. Namentlich in den von Herzfeld bearbeiteten Abschnitten A bis E sind viele einschlägige Arbeiten behandelt, die deshalb hier nicht oder nur kurz erwähnt werden; C. H. Douglas Clark, The Basis of Modern Atomic Theory, London 1926.

Bestimmte Gebiete sind bereits in Lehrbüchern verarbeitet. Vgl. A. Eucken, Grundriß der physikalischen Chemie, 2. Aufl. Leipzig 1924; J. Eggert, Lehrbuch der physikalischen Chemie. Leipzig 1926.

Bearbeitung man namentlich J. J. THOMSON[1]), DRUDE[2]), STARK[3]), KOSSEL[4]), LEWIS[5]) verdankt, erfordert daher zunächst die Charakterisierung der verschiedenen „Bindungsarten" der gebundenen Atome, die Erforschung des Wesens der chemischen Bindung und die Lösung des eng damit verknüpften Problems der chemischen Valenzzahlen, sie erfordert weiterhin die Schaffung einer Systematik der chemischen Verbindungen, die sich auf die Atomphysik gründet.

Neben der Bearbeitung dieser prinzipiellen Fragen ist sodann die Arbeit einer Zurückführung der chemischen und physikalischen Eigenschaften großer Mengen verbundener Atome auf die Hauptzüge des Baues der Einzelatome zu zu leisten. Es handelt sich bei dieser Zuordnung darum, die Ergebnisse ganz verschiedener Forschungsmethoden zu verknüpfen: der physikalischen Methoden, die über den Bau der einzelnen Atome und Moleküle und ihre räumliche Lagerung im Kristall unterrichten, und der chemischen Methoden, welche es nur erlauben, mit wägbaren Substanzmengen zu arbeiten und die Kollektiveigenschaften einer riesigen Zahl von Molekülen, mindestens etwa 10^{18}, zu untersuchen. Da man es jedoch in der Chemie, wie erwähnt wurde, nur in Ausnahmefällen, so bei Edelgasen oder Metalldämpfen, mit unverbundenen Einzelatomen zu tun hat, und über die durch den Bindungsvorgang eintretenden Änderungen im Bau der Elementarteilchen oft unzureichend unterrichtet ist, wird man sich bei der Suche nach Zusammenhängen zwischen dem Atombau und den chemischen Tatsachen heute vielfach noch darauf beschränken müssen, in den Eigenschaften von Verbindungen wenigstens einzelne Züge des Baues ihrer unverbundenen Bausteine aufzusuchen. Mit dem gewonnenen Rüstzeug ist sodann in die einzelnen Sondergebiete der Chemie, z. B. in die Thermochemie, analytische Chemie, Kristallchemie, Geochemie usw. einzudringen, um die zum Teil stark verdeckten Zusammenhänge mit dem Atombau klarzulegen. Es ist nicht mehr zweifelhaft, daß sowohl die Förderung der prinzipiellen Fragen als auch der Zuordnungsarbeit, sowie der Versuch einer auf die Verschiedenheit der Bindungsarten gegründeten Systematik der chemischen Verbindungen Chemiker und Physiker zu neuen Fragestellungen und Experimenten führen wird; verschiedene Ansätze dazu sind bereits gemacht worden.

Die Einteilung dieses Kapitels in einzelne Abschnitte ergibt sich zwanglos aus den gestellten Aufgaben: In Abschnitt I werden die wichtigsten Eigenschaften der die Verbindungen aufbauenden Atome und Ionen besprochen, in Abschnitt II folgt ein Überblick über den gegenwärtigen Stand des Problems der chemischen Bindung und der chemischen Wertigkeit. In Abschnitt III wird die Zuordnung der Atomeigenschaften zu einer Anzahl physikalischer und chemischer Eigenschaften der Verbindungen vorgenommen, hier werden auch die schon erwähnten Teilgebiete der Chemie in bezug auf Zusammenhänge mit dem Atombau behandelt. Einige historische Bemerkungen finden sich an den Anfängen geeigneter Abschnitte oder Ziffern eingefügt.

---

[1]) J. J. THOMSON, Phil. Mag. Bd. 7, S. 237. 1904; Die Korpuskulartheorie der Materie. Sammlung „Die Wissenschaft" 1908.

[2]) P. DRUDE, Ann. d. Phys. Bd. 14, S. 715. 1904.

[3]) J. STARK, Prinzipien der Atomdynamik; III. Die Elektrizität im chemischen Atom. Leipzig 1915; Änderungen der Struktur und des Spektrums chemischer Atome. Leipzig 1920; Natur der chemischen Valenzkräfte. Leipzig 1922.

[4]) W. KOSSEL, Ann. d. Phys. Bd. 49, S. 229. 1916; Naturwissensch. Bd. 7, S. 339 u. 360. 1919; ZS. f. Elektrochem. Bd. 26, S. 314. 1920.

[5]) G. N. LEWIS, Journ. Amer. Chem. Soc. Bd. 38, S. 762. 1916; Proc. Nat. Acad. Amer. Bd. 2, S. 586. 1916.

I. Die Eigenschaften der die Verbindungen aufbauenden Atome und Ionen.

a) Die Atome.

2. Die Elektronenverteilungszahlen und Ionisierungsarbeiten der Atome. Das in ds. Handb. Bd. XXII von PANETH behandelte periodische System der Elemente stellt sowohl eine Systematik der großenteils in kondensiertem Zustand befindlichen chemischen Elemente, der Grundstoffe, als auch der unverbundenen, völlig isolierten Einzelatome dar. Dort sind auch in großen Zügen die bisherigen Forschungsergebnisse über den Bau der einzelnen Atome und die von BOHR[1]) gegebene Theorie des periodischen Systems dargestellt worden. Für die Aufgaben der Atomchemie genügt es somit, an dieser Stelle in Tabelle 1 die BOHRschen Elektronenverteilungszahlen mit der von STONER[2]) und MAIN SMITH[3]) auf die Ergebnisse der Röntgenspektroskopie gegründeten Untergruppeneinteilung aufzuführen. Tabelle 1 läßt für eine Anzahl von Elementen erkennen, wieviel Elektronen durch die am Kopf angegebenen Quantenzahlen, und zwar die Hauptquantenzahl n, die Nebenquantenzahl k, die innere Quantenzahl j, charakterisiert sind; gleichzeitig ist für jedes Elektron das zugehörige Röntgenniveau, z. B. M_{I}, M_{II} usw. abzulesen. Einzelne der in Tabelle 1 zum Ausdruck kommenden Hauptzüge der BOHRschen Theorie des periodischen Systems werden in Ziff. 5 bei Gelegenheit der Besprechung des Baues der Ionen skizziert werden. Zur weiteren Charakterisierung der Einzelatome sind in Tabelle 2 für einige Elemente die Ionisierungsarbeiten I verzeichnet, d. h. die in kcal ausgedrückten Arbeiten, die zur Ablösung des 1., 2., ... n-ten Elektrons pro g-Atom nötig sind. Die Tabelle zeigt z. B., daß die Ablösearbeiten bei „homologen“ Elementen, d. h. solchen derselben Gruppe und Untergruppe (Vertikalreihe) des periodischen Systems, z. B. bei den Alkalimetallen, den Erdalkalimetallen usw. bis zur 6. Periode mit wachsender Hauptquantenzahl n der Valenzelektronen, die gleich der Periodenziffer ist, fallen, dagegen von der 5. zur 6. bzw. 6. zur 7. Periode wieder steigen. Man erkennt ferner, daß die I-Werte für Elemente der sog. Nebenreihen des periodischen Systems, z. B. für Cu, Ag, Au, erheblich höher sind als für die gleichwertigen Elemente derselben Periode, das sind hier K, Rb, Cs. Trägt man die reziproken I-Werte gegen die Ordnungszahl auf, so erhält man einen Überblick über den Gang der Ionisierungsarbeiten sämtlicher Elemente, der wahrscheinlich auch zur ersten Orientierung über den Gang der Atomgrößen dienen kann (vgl. hierzu ds. Handb. Bd. XXII, Kap. 5).

b) Die Ionen.

3. Allgemeines über die Eigenschaften der Ionen. Die elektrisch geladenen Atome, die Ionen, sind für die Chemie von viel größerer Bedeutung als die isolierten Atome, da sie vielfach in Lösungen, sowie als Bausteine zahlreicher kristallisierter anorganischer Verbindungen auftreten. In ihren Eigenschaften unterscheiden sich die Ionen naturgemäß stark von den Atomen, und zwar einmal durch ihre Eigenschaft als Träger von Überschußladungen, dann auch durch mehr oder weniger große Abweichungen im Bau, welche durch die verschiedene Zahl der Außenelektronen hervorgerufen werden.

---

[1]) Vgl. etwa das BOHR-Heft der „Naturwissenschaften“ Bd. 11, S. 535ff. 1923.

[2]) E. C. STONER, Phil. Mag. Bd. 48, S. 719. 1924.

[3]) MAIN SMITH, Journ. Chem. Ind. Bd. 43, S. 323. 1924; Chemistry and Atomic Structure. London 1924; Phil. Mag. (6). Bd. 50, S. 878. 1925.

Tabelle 1. Übersicht über die Elektronengruppen im Normalzustand der Atome der Elemente nach N. Bohr, modifiziert nach Main Smith und E. Stoner[1]).

öntgen Niveau	K	L_I L_{II} L_{III}	M_I M_{II} M_{III} M_{IV} M_V	N_I N_{II} N_{III} N_{IV} N_V N_{VI} N_{VII}	O_I O_{II} O_{III} O_{IV} O_V O_{VI} O_{VII} O_{VIII} O_{IX}	P_I P_{II} P_{III} P_{IV} P_V … P_{XI}	Q_I Q_{II}
uptquantenzahl n	1	2 2 2	3 3 3 3 3	4 4 4 4 4 4 4	5 5 5 5 5 5 5 5 5	6 6 6 6 ·· 6	7 7
benquantenzahl k	1	1 2 2	1 2 2 3 3	1 2 2 3 3 4 4	1 2 2 3 3 4 4 5 5	1 2 2 3 3 ·· 6	1 2
ıere Quantenzahl j	1	1 1 2	1 1 2 2 3	1 1 2 2 3 3 4	1 1 2 2 3 3 4 4 5	1 1 2 2 3 ·· 6	1 1
1 H	1						
2 He	2						
3 Li	2	1					
4 Be	2	2					
5 B	2	2 1					
6 C	2	2 2					
7 N	2	2 2 1					
8 O	2	2 2 2					
9 F	2	2 2 3					
0 Ne.	2	2 2 4					
1 Na	2	2 2 4	1				
2 Mg	2	2 2 4	2				
3 Al	2	2 2 4	2 1				
4 Si	2	2 2 4	2 2				
5 P	2	2 2 4	2 2 1				
6 S	2	2 2 4	2 2 2				
7 Cl	2	2 2 4	2 2 3				
8 Ar	2	2 2 4	2 2 4				
9 K	2	2 2 4	2 2 4	1			
0 Ca	2	2 2 4	2 2 4	2			
1 Sc	2	2 2 4	2 2 4 (3)[2])				
2 Ti	2	2 2 4	2 2 4 (2)	(2)			
— —							
9 Cu	2	2 2 4	2 2 4 4 6	1			
0 Zn	2	2 2 4	2 2 4 4 6	2			
1 Ga	2	2 2 4	2 2 4 4 6	2 1			
— —							
6 Kr.	2	2 2 2	2 2 4 4 6	2 2 4			
7 Rb	2	2 2 4	2 2 4 4 6	2 2 4	1		
8 Sr	2	2 2 4	2 2 4 4 6	2 2 4	2		
— —							
7 Ag.	2	2 2 4	2 2 4 4 6	2 2 4 4 6	1		
8 Cd	2	2 2 4	2 2 4 4 6	2 2 4 4 6	2		
9 In	2	2 2 4	2 2 4 4 6	2 2 4 4 6	2 1		
— —							
54 X	2	2 2 4	2 2 4 4 6	2 2 4 4 6	2 2 4		
55 Cs	2	2 2 4	2 2 4 4 6	2 2 4 4 6	2 2 4	1	
56 Ba.	2	2 2 4	2 2 4 4 6	2 2 4 4 6	2 2 4	2	
57 La	2	2 2 4	2 2 4 4 6	2 2 4 4 6	2 2 4 3		
58 Ce	2	2 2 4	2 2 4 4 6	2 2 4 4 6 1	2 2 4 3		
59 Pr	2	2 2 4	2 2 4 4 6	2 2 4 4 6 2	2 2 4 3		
— —							
71 Cp	2	2 2 4	2 2 4 4 6	2 2 4 4 6 6 8	2 2 4 3		
72 Hf	2	2 2 4	2 2 4 4 6	2 2 4 4 6 6 8	2 2 4 (4)		
— —							
79 Au	2	2 2 4	2 2 4 4 6	2 2 4 4 6 6 8	2 2 4 4 6	1	
80 Hg	2	2 2 4	2 2 4 4 6	2 2 4 4 6 6 8	2 2 4 4 6	2	
81 Tl	2	2 2 4	2 2 4 4 6	2 2 4 4 6 6 8	2 2 4 4 6	2 1	
— —							
86 Em	2	2 2 4	2 2 4 4 6	2 2 4 4 6 6 8	2 2 2 4 6	2 2 4	
87 —	2	2 2 4	2 2 4 4 6	2 2 4 4 6 6 8	2 2 4 4 6	2 2 4	1
88 Ra	2	2 2 4	2 2 4 4 6	2 2 4 4 6 6 8	2 2 4 4 6	2 2 4	2
— —							
18?	2	2 2 4	2 2 4 4 6	2 2 4 4 6 6 8	2 2 4 4 6 6 8	2 2 4 4 6	2 2 4

1) Über die Elektronenzahlen bei den nicht aufgeführten Elementen vgl. R. Swinne, ZS. f. Elektrochem. Bd. 31, S. 417. 1925; Wiss. Veröffentl. aus dem Siemens-Konzern. Bd. 5, S. 80. 1926; F. Hund, ZS. f. Phys. Bd. 33, S. 345. 1925; Bd. 34, S. 296. 1925; R. Samuel u. E. Markovicz, ZS. f. Phys. Bd. 38, S. 22. 1926.

Tabelle 2. Ionisierungsarbeiten einiger Elemente in kcal. pro g Atom[1]). (Neben dem Element steht die Ordnungszahl, darunter die Ionisierungsarbeit für die 1. und 2. Stufe.)

Periodenziffer	Gruppe I		Gruppe II		Gruppe 0
	a	b	a	b	
1	1 H 311				2 He 565
2	3 Li 124		4 Be —		10 Ne 496
3	11 Na 118		12 Mg 175; 345		18 Ar 355
4	19 K 99,5		20 Ca 140; 273		
		29 Cu 177		30 Zn 215; 420	36 Kr 307
5	37 Rb 96,0		38 Sr 131; 253		
		47 Ag 174		48 Cd 206; 400	54 X 265
6	55 Cs 89,5		56 Ba 120; 230		
		79 Au 212		80 Hg 239; (461)	86 Em —
7			88 Ra (123); 236		

Als fundamentale Eigenschaften der Ionen werden zweckmäßig unterschieden

α) die Ladung (Ziff. 4),

β) der Bau, charakterisiert durch die Elektronenverteilungszahlen nach BOHR, MAIN SMITH und STONER (Tabelle 1), insbesondere aber durch die Zahl der Außenelektronen (abgekürzt A. El.) mit der höchsten Hauptquantenzahl n_{max} (Ziff. 5),

γ) die Größe, definiert als Radius der Kugel, die der Elektronenhülle vom Atomkern aus umschrieben werden kann (Ziff. 6),

δ) die Deformierbarkeit der Elektronenhüllen (Ziff. 7).

4. Die Ladung der Ionen. Die Aufladung von Atomen kann auf zweierlei Weise erfolgen: entweder werden durch eine chemische Reaktion Elektronen vom neutralen Atom abgetrennt und positive Ionen erzeugt, oder es werden vom neutralen Atom Elektronen aufgenommen und negativ geladene Ionen gebildet (Näheres in Ziff. 15). Der Ladungssinn der Ionen ist durch das Verhalten bei der Elektrolyse von Lösungen, von Schmelzen oder auch von festen Stoffen durch die Wanderung der Ionen zum entgegengesetzt geladenen Pol eindeutig bestimmt. Die Anzahl e der von einem Ion getragenen Ladungen folgt aus dem FARADAYschen Gesetz. Es gilt

$$e m = g,$$

worin m die bei der Elektrolyse abgeschiedene Stoffmenge in Molen, g die durchgegangene Strommenge, gemessen in elektrochemischen Grammäquivalenten, bedeutet. Die Zahl der von einem Ion getragenen Ladungen ist identisch mit der entsprechenden Valenzzahl, so entsprechen die Ionen Fe^{2+} bzw. Fe^{3+} dem „zwei- und dreiwertigen" Eisen.

5. Der Bau der Ionen. Die chemischen Eigenschaften der Stoffe werden hauptsächlich durch die Beschaffenheit der Atomoberfläche bestimmt; die

[1]) Die Zahlen der Tabelle sind dem Bericht von K. T. COMPTON und F. L. MOHLER Bull. Nat. Res. Counc. Bd. 9, Nr. 48. 1924 entnommen. Deutsche Übersetzung von R. SUHRMANN in Fortschr. d. Chem., Phys. u. phys. Chem. Berlin 1925. Eingeklammerte Zahlen sind nicht ganz sicher.

Zahl der A.El. ist daher von besonderer Wichtigkeit. Bei den Elementatomen ändert sich diese Zahl vielfach von Element zu Element (vgl. Tab. 1). Bei den bei chemischen Reaktionen entstehenden Ionen der im periodischen System aufeinanderfolgenden Elemente dagegen bleibt diese Zahl meistens konstant; die Ionenoberfläche wird von besonders stabilen Elektronenanordnungen mit ganz bestimmten Elektronenzahlen gebildet. Man kann diese Zahlen und den ganzen Bau der Ionen natürlich aus den in Tabelle 1 aufgeführten Elektronenverteilungszahlen der Elemente entnehmen, wenn man für jede negative Ladung des Ions in der Elektronengruppe mit der höchsten Quantenzahl n ein Elektron hinzufügt, für jede positive Ladung ein Elektron abrechnet. Man hat z. B. für das F^--Ion zu schreiben: 2; 2, 2, 4; für das Li^+-Ion: 2; für das Cu^{++}-Ion: 2; 2, 2, 4; 2, 2, 4, 4, 5. Für die Zwecke der Atomchemie genügt es indessen in vielen Fällen, die Elektronengruppen im Atom nur nach den Hauptquantenzahlen n zusammenzufassen und hervorzuheben, wieviel Elektronen mit gleichem n sich in den einzelnen „Schalen" („Elektronengruppen" oder „Niveaus") und insbesondere in der äußeren Schale mit $n_{\max}$ befinden. Die Zahl der an der Oberfläche des Ions befindlichen Elektronen ist deshalb von besonderer Wichtigkeit, weil sie hauptsächlich das Abstoßungspotential der Ionen zu bestimmen scheint, welches angibt, welcher Potenz a des Abstandes r die bei Annäherung eines anderen Ions zu leistende Arbeit φ umgekehrt proportional ist. Soweit wir unterrichtet sind, wächst in $\varphi = \text{konst.}/r^a$ der Exponent von r mit der Zahl der A.El. Doch ist zu bemerken, daß SLATER[1]) aus Kompressibilitätsmessungen an Alkalihalogeniden für die Abstoßungsexponenten der Alkaliionen einen regelmäßigen Gang, aber keinen prinzipiellen Unterschied zwischen den Ionen mit 8 A.El. und dem Li^+-Ion mit 2 A.El. findet (vgl. hierzu K. F. HERZFELD, ds. Handb. Bd. XXII, Kap. 5).

Die Hauptzüge der BOHRschen Theorie und bestimmter Überlegungen von KOSSEL[2]) sind unter den erwähnten Gesichtspunkten nochmals in Tabelle 3 und Abb. 1 zusammengefaßt und ergänzt worden.

Tabelle 3. Elektronenverteilungszahlen derjenigen Elemente oder Ionen, bei denen erstmalig eine neue Elektronengruppe abgeschlossen ist.

Elektronen-Verteilungszahlen										Niveau	n
									8	*P*	6
						8	8	18	18	*O*	5
				8	18	18	32	32	32	*N*	4
		8	18	18	18	18	18	18	18	*M*	3
	8	8	8	8	8	8	8	8	8	*L*	2
2	2	2	2	2	2	2	2	2	2	*K*	1
He	Ne	Ar	Cu^+	Kr	Ag^+	X	Cp^{3+}	Au^+	Em		
2	10	18	29	36	47	54	71	79	86	Ordnungszahl	

In Tabelle 3 sind die Elektronenverteilungszahlen der Edelgase und derjenigen Ionen, bei denen neue stabile „Schalen" erstmalig auftreten, den in der Röntgenspektroskopie üblichen Niveaubezeichnungen zugeordnet. In Abb. 1 ist zudem nach KOSSELS Vorgang der Bau der wichtigsten Atomionen durch Auftragung der in jedem Ion oder Atom vorhandenen positiven und negativen Ladungen graphisch veranschaulicht. Die unter 45° geneigte Gerade verbindet

[1]) J. C. SLATER, Phys. Rev. Bd. 23, S. 488. 1924; vgl. auch J. E. LENNARD-JONES, Proc. Roy. Soc. London (A). Bd. 109, S. 584. 1925.

[2]) W. KOSSEL, Ann. d. Phys. Bd. 49, S. 229. 1916; vgl. hierzu auch R. LADENBURG, Naturwissensch. Bd. 8, S. 6. 1920; ZS. f. Elektrochem. Bd. 26, S. 262. 1920; H. G. GRIMM, ZS. f. Krist. Bd. 57, S. 574. 1923.

die neutralen Atome, in denen die positive Ladung des Kernes Z gerade durch eine entsprechende Elektronenzahl neutralisiert ist. Alle Ionen gleichen Baues, d. h. gleicher Elektronenverteilungszahlen, die im periodischen System nebeneinander stehen, und deren Aufladung mit wachsender Kernladung Z schrittweise wächst, finden sich durch Parallelen zur Abszisse verknüpft, so z. B. die Ne-ähnlichen Ionen N^{3-}, O^{2-}, F^{-}, Ne, Na^{+} bis Cl^{7+}. Hierbei ist jedoch zu bemerken, daß wir bis jetzt keine Ionen kennen, deren negative Ladung 2, deren positive Ladung 4 überschreitet. Die Ionen derjenigen Elemente, bei denen mit wachsendem Z auch die Elektronenzahl zunimmt, und deren Aufladung oder Wertigkeit konstant bleibt, bilden Parallelen zu der unter 45° geneigten Linie der Neutralatome, so die Ionen der Triadenelemente und der seltenen Erden. Für jedes Atom oder Ion läßt Abb. 1 auch die Elektronenverteilungszahlen direkt ablesen; so liest man z. B. für Cs^{+} von unten nach oben 2; 8; 18; 18; 8, für die seltene Erde Yb: 2; 8; 18; 31; 8; 3 ab. Tabelle 3 und Abb. 1 lassen ersehen, daß die zwei Elektronen der He-Schale, die dem K-Niveau in der Röntgenspektroskopie entsprechen, und die 8 Elektronen der Ne-Schale im L-Niveau in allen folgenden Elementen enthalten sind. Im M-Niveau dagegen erfolgt nach Bohr vom Sc ab zwischen Ar mit 8 und Cu^{+} mit 18 A. El. eine Auffüllung der Ar-Schale, welche die Eigentümlichkeiten der ersten großen Periode und der 1. Triade zur Folge hat; die 18-Schale des Cu^{+} verändert sich dann bis zum U nicht mehr. Im N-Niveau findet zweimal die Umbildung einer Schale statt; die 8-Schale des Kr geht in die 18-Schale des Ag^{+}-Ions über, womit die Anomalien vor und bei der 2. Triade im Zusammenhang stehen. Die 18-Schale des Ag^{+} bildet sich nach dem X zwischen Ce und Cp zur 32-Schale um; diese Umbildung verursacht den besonderen chemischen Charakter der seltenen Erden. Vom Cp ab verändert sich die Elektronenzahl im N-Niveau nicht mehr. Im O-Niveau bleibt die 8-Schale des X bei allen seltenen Erden unverändert erhalten und nimmt erst nach dem Cp weitere 10 Elektronen unter Umbildung zur 18-Schale des Au^{+}-Ions auf, womit die chemischen Eigentümlichkeiten vor und in der 3. Triade zusammenhängen. Die stattfindenden Umbildungen von Elektronenschalen sind in Abb. 1 auch in der links oben eingefügten Tabelle mit den Elektronenverteilungszahlen der Edelgase abzulesen, wenn man die Horizontalreihen, die Zahlen desselben Niveaus, vergleicht.

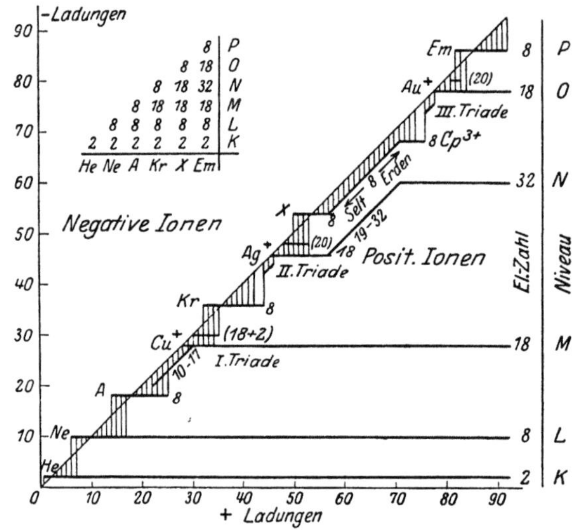

Abb. 1. Bau der Atomionen (nach Kossel, ergänzt).

Je nach der Zahl der A. El. sind die in Tab. 4 aufgeführten hauptsächlichsten Ionenarten zu unterscheiden. In dieser Tabelle werden Ionen mit den A. El.-Zahlen 2, 8, 18 und (18 + 2) (vgl. Ziff. 24) als „stabil" bezeichnet, weil bei ihnen der Abschluß einer Elektronengruppe oder -Untergruppe erreicht ist, und weil sie tatsächlich bei chemischen Reaktionen vor anderen Elektronenzahlen bevorzugt sind. Nur in gewissen Fällen, wie z. B.

Tabelle 4. Die verschiedenen Arten von Atomionen[1]).

Nr.	Zahl der Außen-Elektronen	Ionentypus	Beispiele	Aufbau
1	0	H^+	H^+	Elektronenloser Kern
2	2	He	H^-, Li^+	Aus „stabilen Elektronenschalen" aufgebaut
3	8	„Edelgas"	Na^+, S^{--}	
4	18	Cu^+	Ag^+, Zn^{++}	
5	18 + 2	Tl^+	As^{3+}, Pb^{++}	
6	9 bis 17	Mn^{++}	Ti^{++}, Cu^{++} Fe^{3+}, Pt^{4+}	„Übergangsionen" der Triadenelemente mit unvollständiger Außenschale
7	8	Seltene Erden-Ionen	Ce^{3+}, Gd^{3+}	Mit stabiler Achterschale außen und einer unvollständigen Innenschale, die 19 bis 31 Elektronen enthält

bei Cu^+ mit 18 A. El., besteht Neigung, in Ionen mit anderen A. El.-Zahlen überzugehen.

6. Die Größenverhältnisse der Ionen. Die Methoden zur Bestimmung der Ionengrößen sind in ds. Handb. Bd. XXII von K. F. Herzfeld behandelt worden. Die bisher auf verschiedenen Wegen ermittelten Ionenradien[2]) zeigen untereinander jedoch noch erhebliche Differenzen, so daß man bei Angaben über die Absolutwerte mit Fehlern von vielleicht 20% und mehr zu rechnen hat. Für die Beziehungen zwischen Atombau und Chemie kommt es jedoch weniger auf die Absolutwerte als auf die Größenverhältnisse, auf den Gang der Ionengrößen in Abhängigkeit von der Stellung des betreffenden Ions im periodischen System an.

Der Zusammenhang der Ionengrößen mit der Ordnungszahl ist durch die Kurven der Ionenradien festgelegt, die in ds. Handb. Bd. XXII von H. G. Grimm behandelt worden sind. Dort ist auch auf den Gang der Größen von Ionen derselben Vertikalreihe des periodischen Systems hingewiesen worden, auf den es beim Vergleich der Eigenschaften von Verbindungen in der Chemie besonders ankommt. Dieser Gang wird hier mit Rücksicht auf Abschnitt III in den Abb. 2 und 3 für alle Gruppen des periodischen Systems ausführlicher als in Bd. XXII dargestellt. Als Abszisse ist die Hauptquantenzahl n_{max} der in der äußeren Schale befindlichen Elektronen, als Ordinate der Ionenradius in 10^{-8} cm aufgetragen. Je nachdem nun, ob man innerhalb einer Vertikalreihe des periodischen Systems nur Ionen mit gleicher A. El.-Zahl, also „homologe" Ionen, z. B. die Reihe Na^+, K^+, Rb^+, Cs^+, vergleicht, oder ob man ohne Rücksicht auf die A. El.-Zahl die Ionen in der Reihe der Ordnungszahlen vergleicht, z. B. Na^+, K^+, Cu^+, Rb^+, Ag^+, Cs^+, erhält man Kurvenzüge ganz verschiedenen Charakters, die sich von Gruppe zu Gruppe mehr oder minder ausgesprochen ändern. Vergleicht man in Abb. 2 zunächst in jeder Gruppe nur Ionen vom Edelgastypus mit 8 A. El., so erhält man einen charakteristischen Kurvenzug, der in der 6., 7., 0., 1., 2. Gruppe durch die Ungleichung[3])

$$(a_{Ar} - a_{Ne}) > (a_X - a_{Kr}) \sim (a_{Em} - a_X) > (a_{Kr} - a_{Ar}) \qquad (1)$$

auszudrücken ist. Hierin bedeutet a den Ionenradius, der Index gibt das Edelgas an, dessen Konfiguration den verglichenen Ionen zukommt. In der 3. und

[1]) Vgl. auch H. G. Grimm, Period. Syst. d. Atomionen, ZS. f. phys. Chem. Bd. 101, S. 410. 1922.

[2]) Derselbe, ZS. f. phys. Chem. Bd. 98, S. 390. 1921; derselbe u. H. Wolff, ebenda Bd. 119, S. 254. 1926; G. Joos, ZS. f. Phys. Bd. 32, S. 835. 1925; B. Cabrera, Ann. d. l. Soc. Esp. de Fis. y Quim. Bd. 23, S. 172. 1925.

[3]) H. G. Grimm, ZS. f. phys. Chem. Bd. 98, S. 390. 1921; ebenda Bd. 122, S. 177. 1926.

4. Gruppe erleidet dieser Kurvenzug dadurch eine Unterbrechung, daß in diesen Gruppen, worauf kürzlich VON HEVESY[1]) hinwies, in der 6. Periode je zwei Ionen mit gleicher A. El.-Zahl, nämlich La^{3+} und Cp^{3+}, Ce^{4+} und Hf^{4+}, vorkommen, ein vereinzelter Fall im ganzen periodischen System, der mit dem Auftreten der seltenen Erden zusammenhängt. Eine weitere Folge dieser Anomalie ist sodann, daß von der 5. Gruppe ab der Kurvenverlauf gemäß (1) insofern gestört ist, als der sonst allgemeine Anstieg der Ionengrößen mit n in der 5. und 6. Periode bei Nb und Ta bzw. Mo und W besonders verlangsamt ist, eine Erscheinung, die GOLDSCHMIDT[2]) als „Lanthanidenkontraktion" bezeichnet.

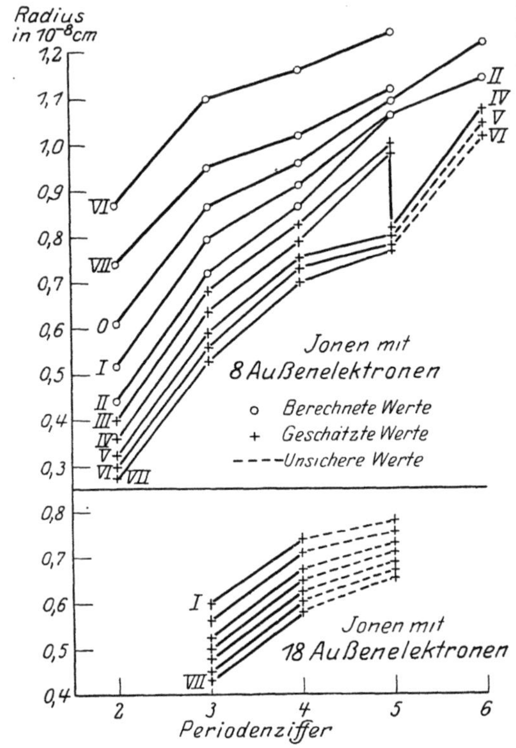

Abb. 2. Gang der Größen von Ionen mit gleicher Ladung und gleicher Außenelektronenzahl.

Der Gang der Größen der homologen Ionen mit 18 A. El. ist nur mit Vorbehalt anzugeben, da es an experimentellen Unterlagen fehlt. Es gilt etwa

$$(a_{Ag} - a_{Cu}) > (a_{Au} - a_{Ag})\,. \qquad (2)$$

Verfolgt man nunmehr in Abb. 3 die Kurvenzüge, welche die gleichgeladenen Ionen einer Gruppe in der Reihenfolge ihrer Ordnungszahlen Z verbinden, dann entnimmt man der Abbildung als wichtigsten Zug ohne weiteres, daß der allgemeine Anstieg der Ionengröße dreimal durch einen Größenabfall unterbrochen ist, eine Erscheinung, die NIGGLI[3]) zuerst aus den Volumverhältnissen gleichgebauter Kristalle entnahm und „Rekurrenzerscheinung" nannte. Der erste und zweite Abfall findet in der Gegend der Elemente der 1. und 2. Triade statt, der dritte Abfall, der in der 1. bis 4. Gruppe besonders groß ist, findet zwischen denjenigen Ionen statt, welche vor und hinter den Elementen der seltenen Erden und der 3. Triade stehen. Da bei den Elementen der drei Triaden und der seltenen Erden nach BOHR die Auffüllung von Elektronenschalen stattfindet, bringt der Gang der Ionengrößen in Abb. 3 direkt einen wichtigen Zug der BOHRschen Theorie zum Ausdruck.

In ds. Handb. Bd. XXII wurde bereits gezeigt, daß die Kurven der Ionengrößen angenähert durch die Formel

$$a = a' \frac{n^2}{Z - s} \qquad (3)$$

wiedergegeben werden können, in der n die Hauptquantenzahl, Z die Kernladung, s die Abschirmungszahl, a' eine Konstante bedeutet. Dieses Ergebnis

[1]) G. v. HEVESY, ZS. f. anorg. Chem. Bd. 147, S. 217. 1925.

[2]) V. M. GOLDSCHMIDT, F. ULRICH, TH. BARTH u. G. LUNDE, Det norske Vidensk. Akad. i Oslo, Skr. I, M.-N. Kl. 1925, Nr. 5 u. 7.

[3]) P. NIGGLI, ZS. f. Krist. Bd. 56, S. 12. 1921.

läßt sich nun benutzen, um genauer festzustellen, wie der in Abb. 3 dargestellte, für das spätere Verständnis vieler Tatsachen wichtige Gang der Ionengrößen innerhalb derselben Vertikalreihe des periodischen Systems zustande kommt. Man denkt sich zu diesem Behuf den Gang einer Reihe von Ionen in eine Anzahl von Stufen zerlegt, bei denen die einzelnen Variablen der Gleichung (3) möglichst nacheinander geändert werden. So kann man sich z. B. den Übergang von K^+ zu Rb^+, bei dem nach Abb. 2 und gemäß (1) der Anstieg der Ionengrößen stark verlangsamt erscheint, in die folgenden Stufen zerlegt denken:

$$K^+ \rightarrow Cu^{11+} \rightarrow Cu^+ \rightarrow$$
$$\rightarrow Rb^{9+} \rightarrow Rb^+.$$

Zunächst denkt man sich also die Kernladung Z von K^+ erhöht von 19 auf 29 und erhält das Ion Cu^{11+}, dessen Größe gegen K^+ stark verringert ist. Sodann läßt man die Auffüllung der 8- zur 18-Schale vor sich gehen, wobei sich nur s ändert, und erhält aus Cu^{11+} das etwas größere Cu^+. Diesem erteilt man sodann die Kernladung 37 des Rb-Atoms, erhält Rb^{9+} und denkt sich nunmehr über diesem Ion unter Änderung von n und s die äußere 8-Schale angesetzt, wobei starke Vergrößerung des Ions stattfindet. Am Beispiel der Ionen der 3. Gruppe wird in Abb. 4 und Tabelle 5 eine vollständige Zerlegung des Ganges der Ionengrößen in der besprochenen Weise durchgeführt. In Abb. 4 ist der dem Ionenradius proportionale Ausdruck $n^2/(Z-s)$ gegen Z für die in Tabelle 5 zusammengestellten Ionen eingezeichnet und durch Linien folgendermaßen verbunden: Die dünnen Linien verbinden die homologen Ionen mit gleicher A. El.-Zahl, einerseits die Ionen vom Edelgastypus mit 8 A. El., andrerseits die mit 18 A. El., die starken Linien verbinden alle Ionen, auch nichtrealisierte, in der Reihenfolge ihrer Z-Werte und zeigen, in welcher Weise der Anstieg der Ionengrößen zerlegt gedacht werden kann. Diese Zerlegung ist zusammen mit Tabelle 5 zu verfolgen, in der am Tabellenkopf angegeben ist, welche der Faktoren Z, n, s von Ion zu Ion ge-

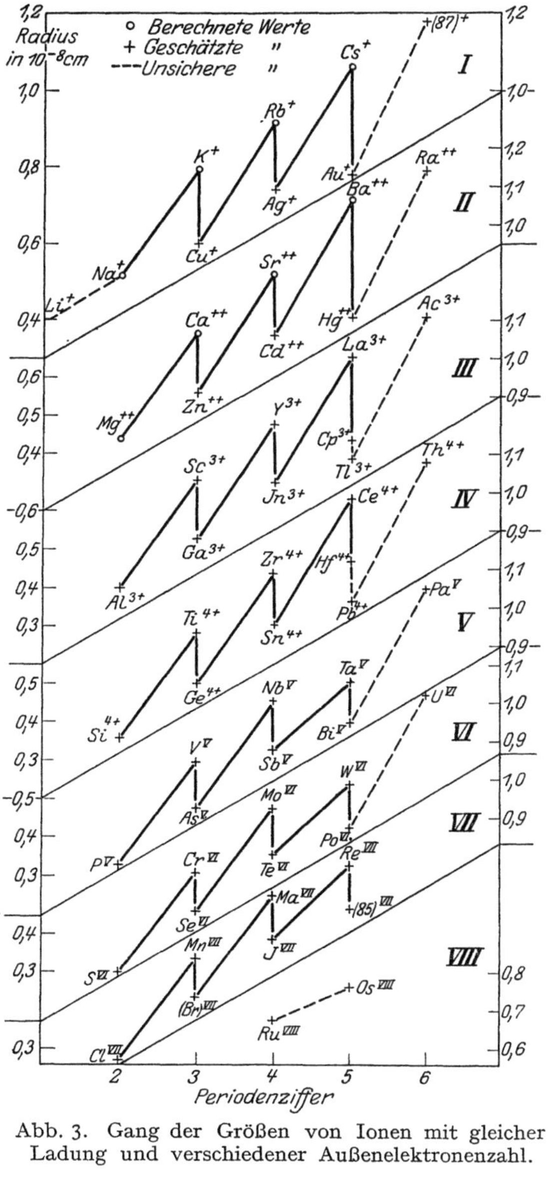

Abb. 3. Gang der Größen von Ionen mit gleicher Ladung und verschiedener Außenelektronenzahl.

Tabelle 5. Zerlegung des Ganges der Ionengrößen in der 3. Gruppe des periodischen Systems.

Bei dem Übergang von links nach rechts werden geändert													Elektronenverteilungszahlen. Die Änderung ist unterstrichen und durch Fettdruck hervorgehoben	$\frac{n^2}{Z-s}$ Δ	Satz	Bemerkungen
	Z		s		Z		s		Z		n s					
								B^{3+}		Al^{11+}		Al^{3+}	2 **8**	(0,2)	I	Normaler Anstieg der Ionengröße mit *n*
								Al^{3+}		Sc^{11+}		Sc^{3+}	2 8 **8**	0,24		
								Ga^{3+}		Y^{11+}		Y^{3+}	2 8 18 **8**	0,28		
								In^{3+}		La^{11+}		La^{3+}	2 8 18 18 **8**	0,28		
								$(63)^{3+}$		Cp^{11+}		Cp^{3+}	2 8 18 32 **8**	0,24		
								Tl^{3+}		Ac^{11+}		Ac^{3+}	2 8 18 32 18 **8**	(0,35)		
								Al^{3+}		Ga^{21+}		Ga^{3+}	2 8 **18**	0,10	II	
								Ga^{3+}		In^{21+}		In^{3+}	2 8 18 **18**	0,14		
								$(63)^{3+}$		Tl^{21+}		Tl^{3+}	2 8 18 32 **18**	0,13		
				Sc^{3+}		Ga^{13+}		Ga^{3+}					2 8 8 → 2 8 **18**	− 0,14	III a	„Rekurrenzerscheinung" (NIGGLI)
				Y^{3+}		In^{13+}		In^{3+}					2 8 18 **8** → 2 8 18 **18**	− 0,14		
				In^{3+}		$(63)^{17+}$		$(63)^{3+}$					2 8 18 **18** → 2 8 18 **32**	− 0,07	III b	
				La^{3+}		$(71)^{17+}$		Cp^{3+}					2 8 18 **18** 8 → 2 8 18 **32** 8	− 0,11		
				Sc^{3+}		Ga^{13+}		Ga^{3+}		Y^{11+}		Y^{3+}	2 8 **8** → 2 8 **18** **8**	0,14	IV	$\Delta_{IV} = \Delta_I + \Delta_{III\,a}$
				Y^{3+}		In^{13+}		In^{3+}		La^{11+}		La^{3+}	2 8 18 **8** → 2 8 18 **18** **8**	0,14		Die Kombination von I und IV ergibt die charakteristische Abstufung nach (1)
				Y^{3+}		$(63)^{27+}$		$(63)^{3+}$		Cp^{11+}		Cp^{3+}	2 8 18 **8** → 2 8 18 **32** 8	(0.03)	V	$\Delta_V = \Delta_I + \Delta_{III\,a} + \Delta_{III\,b}$ — Lanthanidenkontraktion (GOLDSCHMIDT, V. HEVESY)
				In^{3+}		$(63)^{17+}$		$(63)^{3+}$		Tl^{21+}		Tl^{3+}	2 8 18 **18** → 2 8 18 **32** 18	0,06	VI	$\Delta_{VI} = \Delta_{III\,b} + \Delta_{II}$
La^{3+}		$(71)^{17+}$		Cp^{3+}		Tl^{13+}		Tl^{2+}		Ac^{11+}		Ac^{3+}	2 8 18 **18** **8** 2 8 18 → **32** **18** **8**	0,12	VII a	$\Delta_{VII\,a} = \Delta_I + \Delta_{III\,a} + \Delta_{III\,b}$
Y^{3+}		In^{13+}		In^{3+}		$(63)^{17+}$		$(63)^{3+}$		Cp^{11+}		Cp^{3+}	2 8 18 **8** → 2 8 18 **32** **8**	(0,03)	VII b	

ändert werden. Anwachs von Z hat gemäß (3) stets Abnahme der Ionengröße, Anwachs von n und s Zunahme der Ionengröße zur Folge. Der wesentliche Inhalt von Abb. 4 und Tabelle 5 läßt sich in folgende Sätze fassen[1]:

I. Der Ansatz einer Schale von 8 Elektronen über einer solchen mit 2, 8, 18 oder 32 Elektronen hat einen Zuwachs des Ionenradius um etwa 0,2 bis $0,3 \cdot 10^{-8}$ cm zur Folge. Diese Zunahme beruht darauf, daß n^2 rascher wächst als $Z-s$. Die Zerlegung erfolgt in zwei Schritten derart, daß man erst Z, dann gleichzeitig n und s wachsen läßt.

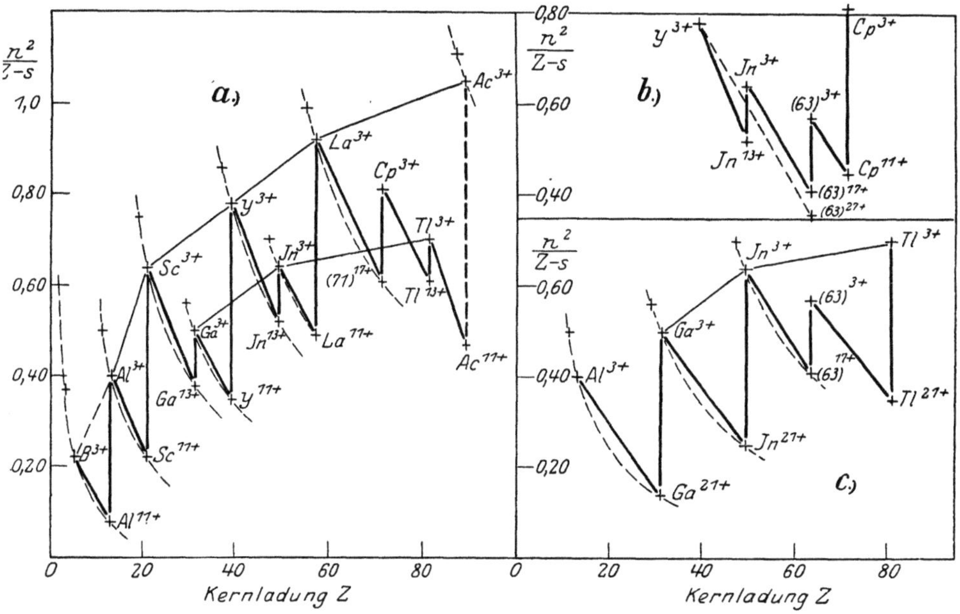

Abb. 4. Zerlegung des Ganges der Ionengrößen in der 3. Gruppe.

II. Der Ansatz einer Schale mit 18 Elektronen über einer solchen mit 8, 18 oder 32 Elektronen hat einen Zuwachs des Ionenradius um etwa 0,1 bis $0,15 \cdot 10^{-8}$ cm zur Folge. Die Zunahme beruht wie bei I. darauf, daß n^2 rascher als $Z-s$ wächst, die gegen I geringere Zunahme darauf, daß der Anwachs von $Z-s$ bei Ausbildung einer 8-Schale etwa 3, bei Ausbildung einer 18-Schale etwa 7 Einheiten beträgt. Die Zerlegung erfolgt wie bei I. in zwei Schritten.

III. a) Der Übergang von einem Ion mit 8 A. El. zu einem Ion mit 18 A. El. und gleichem $n_{\max}$ hat Abfall der Ionengrößen um 0,1 bis $0,2 \cdot 10^{-8}$ cm zur Folge (NIGGLIS „Rekurrenzerscheinung"). Der Abfall beruht darauf, daß bei konstantem n^2 die effektive Kernladung $Z-s$ wächst. Die Zerlegung erfolgt in zwei Schritten so, daß erst Z, dann s geändert wird.

b) Der Übergang von einem Ion mit 18 A. El. zu einem solchen mit 32 A. El. hat ebenfalls großen Abfall zur Folge, einerlei, ob die Umbildung in der äußeren Schale [$In^{3+} \rightarrow (63)^{3+}$] oder im Innern ($La^{3+} \rightarrow Cp^{3+}$) erfolgt.

IV. Wenn der Ansatz einer Schale von 8 Elektronen einhergeht mit der Umwandlung der darunterliegenden 8-Schale in eine 18-Schale ($Sc^{3+} \rightarrow Y^{3+}$; $Y^{3+} \rightarrow La^{3+}$), so findet ein Zuwachs der Ionengröße um etwa 0,1 bis $0,15 \cdot 10^{-8}$ statt. Die Zerlegung erfolgt in vier Schritten, bei denen nacheinander Z, s, Z

[1] H. G. GRIMM, ZS. f. phys. Chem. Bd. 122, S. 177. 1926.

sowie n und s geändert werden. Der nur mäßige Anstieg der Ionengröße kommt so zustande, daß der große Zuwachs Δ_{I} bei Ansatz einer 8-Schale nach I. zum Teil durch den Abfall Δ_{IIIa} bei Umbildung der 8- zur 18-Schale nach III a) kompensiert wird. $\Delta_{\mathrm{IV}} = \Delta_{\mathrm{I}} + \Delta_{\mathrm{IIIa}}$, $\sim 0{,}3 - 0{,}15 \cdot 10^{-8}$, worin der Index auf den entsprechenden Satz und die Rubrik der Tabelle 5 hinweist.

V. Wenn der Ansatz einer Schale von 8 Elektronen einhergeht mit der Umwandlung der darunterliegenden 8-Schale in eine 32-Schale ($Y^{3+} \rightarrow Cp^{3+}$), so bleibt die Ionengröße annähernd konstant. Die Zerlegung erfolgt in vier Schritten, bei denen Z, s, Z, sowie n und s geändert werden. Der geringe Größenunterschied beruht darauf, daß der Größenzuwachs Δ_{I} bei Ansatz der 8-Schale nach I. nahezu kompensiert wird durch den großen Radienabfall bei Umwandlung einer 8- in eine 32-Schale. Diesen Abfall kann man sich nach III. natürlich in zwei Stufen 8 bis 18 und 18 bis 32 zerlegt denken: $\Delta_{\mathrm{V}} = \Delta_{\mathrm{I}} + \Delta_{\mathrm{IIIa}} + \Delta_{\mathrm{IIIb}} \sim 0$.

VI. Wenn der Ansatz einer Schale von 18 Elektronen einhergeht mit der Umwandlung der darunterliegenden 18-Schale in eine 32-Schale ($In^{3+} \rightarrow Tl^{3+}$), so ändert sich die Ionengröße sehr wenig. Die Zerlegung erfolgt in vier Schritten, bei denen Z, s, Z, sowie n und s nacheinander geändert werden. Die geringe Änderung der Ionengröße beruht darauf, daß der bei Ansatz einer 18-Schale nach II stattfindende mäßige Zuwachs Δ_{II} nahezu kompensiert wird durch den Abfall Δ_{IIIb} bei Umbildung der 18- zur 32-Schale nach III b. $\Delta_{\mathrm{VI}} = \Delta_{\mathrm{II}} + \Delta_{\mathrm{IIIb}} \sim 0$.

Diese Kompensation ist die Ursache der Erscheinung, die V. M. GOLDSCHMIDT „Lanthanidenkontraktion" nannte.

VII. a) Wenn der Ansatz einer 8-Schale einhergeht mit der Umwandlung von zwei verschiedenen Schalen, und zwar mit der Umbildung einer 8- zur 18- und einer 18- zur 32-Schale ($La^{3+} \rightarrow Ac^{3+}$), dann wird der Radienzuwachs Δ_{I} für den Aufbau der 8-Schale nach I. großenteils aufgehoben durch den zweimaligen Radienabfall $\Delta_{\mathrm{IIIa}} + \Delta_{\mathrm{IIIb}}$ bei den Umbildungen nach III. $\Delta_{\mathrm{VII}} = \Delta_{\mathrm{I}} + \Delta_{\mathrm{IIIa}} + \Delta_{\mathrm{IIIb}} \sim 0{,}1$.

b) Das gleiche ist der Fall, wenn die Auffüllungen $8 \rightarrow 18$ und $18 \rightarrow 32$ in derselben Schale stattfinden ($Y^{3+} \rightarrow Cp^{3+}$); vgl. Satz V.

Zusammenfassend läßt sich sagen, daß sich im Gang der Größen von Ionen derselben Gruppe die Hauptzüge der BOHRschen Theorie des periodischen Systems in zum Teil komplizierter Weise widerspiegeln. Jedesmal, wenn im Atom die Auffüllung einer Elektronenschale stattfindet, ändert sich auch der Gang der Ionengrößen[1]).

Für die Erforschung der Gittertypen und der Volumverhältnisse spielen neben den Ionengrößen auch die „Wirkungssphären" („Wirkungsradien", „scheinbare Radien") eine wichtige Rolle. Man erhält diese nicht scharf definierbaren Größen, wenn man sich mit W. BRAGG[2]), einen Kristall aus dichtgepackten Atomkugeln aufgebaut denkt und dann den Mittelpunktsabstand zweier benachbarter Kugeln mit Hilfe einer Annahme über das Radienverhältnis der beiden Kugeln zerlegt. BRAGG zeigte nun für eine Reihe von Kristallen, daß sich der Atomabstand r additiv durch die „Atomdurchmesser" r_1 und r_2 wiedergeben läßt, FAJANS und GRIMM[3]) bewiesen gleichzeitig, daß diese Additivität bei Alkalihalogeniden nur in erster Näherung gilt. In Bd. XXII, Kap. 5, wurde sodann allgemeiner darauf hingewiesen, daß man bei derartigen Berechnungen stets zwischen polar, nichtpolar und „metallisch" aufgebauten Stoffen zu unterscheiden hat, und daß die BRAGGsche Additivitätsregel auch bei polar gebauten Salzen nur gilt, wenn man Stoffe mit gleichgebauten Ionen vergleicht.

---

[1]) Vgl. dazu auch M. v. STACKELBERG, ZS. f. phys. Chem. Bd. 118, S. 342. 1925.

[2]) W. L. BRAGG, Phil. Mag. Bd. 40, S. 169. 1920.

[3]) K. FAJANS und H. G. GRIMM, ZS. f. Phys. Bd. 2, S. 299. 1920.

V. M. GOLDSCHMIDT[1]) hat neuerdings den Gedanken von BRAGG wieder aufgenommen, eine neue, physikalisch begründete Ausgangszerlegung eines Ionenabstandes vorgenommen und daraus mit Hilfe eines großen, zum Teil neu geschaffenen Materials über polar gebaute Kristalle Ionenwirkungsradien berechnet, die in den Hauptzügen den gleichen Gang wie die „wahren" Ionenradien zeigen, und nicht mehr wie bei W. L. BRAGG eine Analogie mit der Atomvolumkurve von L. MEYER vortäuschen. Alle Kristallgitter, in denen Ionen anzunehmen sind, wie die Gitter von NaCl, CsCl, CaF_2, TiO_2, faßt GOLDSCHMIDT als „kommensurable" Gittergruppe zusammen (Ziff. 59). Er zeigte sodann, daß man auf analoge Weise wie oben eine zweite Gruppe von Zahlen, nämlich von „Atom-Wirkungssphären", gewinnen kann, wenn man ausschließlich unpolar aufgebaute Kristalle vergleicht, und daß man auch mit diesen Zahlen angenähert die Atomabstände vieler Kristalle additiv darstellen kann. Auch die unpolar gebauten Kristallgitter faßt GOLDSCHMIDT zu einer Gruppe kommensurabler Gittertypen zusammen, zu denen er Diamant, Zinkblende, Wurtzit und Cu_2O, mit Einschränkung auch die häufigsten Metallgitter, das flächenzentrierte und raumzentrierte kubische, sowie die hexagonale dichteste Kugelpackung rechnet. Den neuen Zahlen von GOLDSCHMIDT kommt unbeschadet ihrer nicht ganz durchsichtigen physikalischen Bedeutung ein erheblicher praktischer Wert zu, da sie dazu benutzt werden können, um über die Abhängigkeit des Kristallgittertyps von der chemischen Zusammensetzung zahlenmäßige Näherungsangaben zu machen (vgl. Ziff. 59). Sie sind ferner wichtig, weil sich in ihnen naturgemäß die starken Unterschiede der Gitterdimensionen (Ziff. 31) widerspiegeln, die sich beim Vergleich von Kristallen mit verschiedenem Bindungstypus, z. B. bei AgBr und AgJ, zeigen.

c) Die Deformation der Elektronenhüllen.

7. Einleitung. Historisches. Bei der Berechnung der in Bd. XXII dieses Handbuchs und in der vorigen Ziffer behandelten Ionengrößen wurde die Annahme zugrunde gelegt, daß die Elektronenhülle der Ionen bei gasförmigen wie bei gebundenen Ionen die gleiche Beschaffenheit und Größe habe. Diese für die Orientierung über die Größenverhältnisse ausreichende Annahme starrer Ionen ist jedoch zu verfeinern, wenn es sich um das Verständnis einer Reihe von Eigenschaften chemischer Verbindungen handelt, bei denen die Berücksichtigung von Ladung, Größe und Zahl der A. El. allein nicht ausreicht. In diesen Fällen hat man in Betracht zu ziehen, daß die Elektronenhülle gebundener Ionen in Wirklichkeit nicht starr, sondern polarisierbar, deformierbar ist.

KOSSEL[2]) hat schon 1916 darauf hingewiesen, daß das Feld eines Kations auf die Elektronenhülle eines Anions, die man sich damals noch als Elektronenring dachte, eine Anziehung ausüben und damit eine Verschiebung der Hülle bewirken muß. Er versuchte durch Berücksichtigung der verschiedenen Grade dieser Elektronenverschiebung die mannigfachen Übergangsformen zwischen polar gebauten und nichtpolar gebauten Molekülen verständlich zu machen. Andeutungen über die Verschieblichkeit der Elektronenhüllen finden sich auch bei LEWIS[3]) und LANGMUIR[4]).

---

[1]) V. M. GOLDSCHMIDT, Die Gesetze der Kristallochemie. Det Norske Vid. Akad. Oslo Skr. I. Mat.-Nat. Kl. 1926, Nr. 2.

[2]) W. KOSSEL, Ann. d. Phys. Bd. 49, S. 229. 1916.

[3]) G. N. LEWIS, Valence and the Structure of Atoms and Molecules. Amer. Chem. Soc. Monograph. Series (1923).

[4]) J. LANGMUIR, Journ. Amer. Chem. Soc. Bd. 41, S. 868. 1919.

HABER[1]) zeigte dann 1919, daß die Energie, die bei Vereinigung eines H^+-Kernes mit einem Cl^--Ion frei wird, um etwa 30% größer ist, als man bei Annahme starrer Ionen zu erwarten hätte, und deutete dieses Resultat als Folge einer Verschiebung des Cl-Kernes gegen seine Elektronenhülle. REIS[2]) hat daran anschließend die Sonderstellung der Wasserstoffverbindungen mit der stark deformierenden Wirkung des H^+-Kernes in Zusammenhang gebracht. BORN[3]) äußerte dann, daß man bei der Theorie bestimmter Kristalleigenschaften nicht ohne die Deformierbarkeit der Ionen auskommen könne. MEISENHEIMER[4]) brachte als erster die Farbe mancher Verbindungen, so von PbJ_2 und organischen Verbindungen, mit der Deformation der Elektronenhüllen in Zusammenhang. Von besonderer Bedeutung ist die von DEBYE[5]) stammende Zurückführung der sog. VAN DER WAALSschen „Anziehungskräfte" auf die gegenseitige Polarisation der Moleküle und die Benutzung der Molrefraktion als Maß der Polarisierbarkeit.

FAJANS[6]) und Mitarbeiter[7]) haben sodann den Einfluß der Deformation der Elektronenhüllen insbesondere mit den für die Chemie wichtigen Tatsachen in Beziehung gebracht, so mit der Löslichkeit, der Farbe, der Flüchtigkeit, der Lichtbrechung, den Gitterabständen und Gitterenergien. Diese für die Atomchemie wichtigen Arbeiten werden im folgenden besonders berücksichtigt werden.

Wegen der Arbeiten von BORN, HEISENBERG, HUND[8]) u. a., in denen eine quantitative Behandlung der Ionendeformation durchgeführt wurde, vgl. man Kap. 5 des vorliegenden Bandes (Art. BORN und BOLLNOW).

8. Die Polarisation der Ionen in elektrischen Feldern. Man hat allgemein anzunehmen, daß jedes neutrale Atom in einem homogenen elektrischen Felde, z. B zwischen den Belegungen eines Kondensators, polarisiert wird, wie dies in Abb. 5 angedeutet ist. Der positive Kern wird zur negativen Belegung, die negative Elektronenhülle zur positiven Belegung hingezogen, die im Neutralatom ursprünglich im Atomkern vereinigten Schwerpunkte der positiven und negativen Ladung rücken auseinander. Das Atom ist polarisiert oder „deformiert"; es ist ein **Dipol** entstanden. Regt man ein solches im elektrischen Feld befindliches Atom zum Leuchten an, dann wird die Wellenlänge des emittierten Lichtes verändert, der „Starkeffekt" tritt ein. Es handelt sich nun darum, ein Maß für die Polarisierbarkeit der Ionen zu finden. H. A. LORENTZ hat aus der elektromagnetischen Lichttheorie abgeleitet, daß zwischen der als Maß der Polarisierbarkeit von Teilchen dienenden Konstanten α

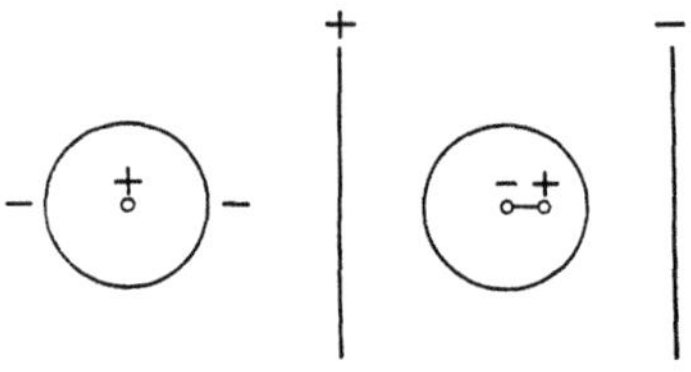

Abb. 5. Polarisation (Deformation) eines neutralen Atoms im elektrischen Felde.

[1]) F. HABER, Verhandl. d. D. phys. Ges. Bd. 21, S. 750. 1919.
[2]) A. REIS, ZS. f. Phys. Bd. 1, S. 308. 1920; ZS. f. Elektrochem. Bd. 26, S. 408 u. 507. 1920.
[3]) M. BORN, Phys. ZS. Bd. 19, S. 539. 1918; M. BORN u. E. BORMANN, Ann. d. Phys. Bd. 62, S. 218. 1920.
[4]) J. MEISENHEIMER, ZS. f. phys. Chem. Bd. 97, S. 304. 1921.
[5]) P. DEBYE, Phys. ZS. Bd. 21, S. 178. 1920; vgl. auch M. POLANYI, ZS. f. Elektrochem. Bd. 26, S. 374. 1920.
[6]) K. FAJANS, Naturwissensch. Bd. 11, S. 165. 1923; ZS. f. Krist. Bd. 61, S. 18. 1925; Fortschr. d. phys. Wiss. (russisch) Bd. V, S. 294. 1926.
[7]) K. FAJANS mit O. HASSEL, ZS. f. Elektrochem. Bd. 29, S. 495. 1923; mit G. JOOS, ZS. f. Phys. Bd. 23, S. 1. 1924; mit C. A. KNORR, Chem. Ber. Bd. 59, S. 249. 1926.
[8]) M. BORN u. W. HEISENBERG, ZS. f. Phys. Bd. 23, S. 388. 1924; W. HEISENBERG, ebenda Bd. 26, S. 196. 1924; H. KORNFELD, ebenda S. 205; M. BORN, ZS. f. Elektrochem. Bd. 30, S. 382. 1924; F. HUND, ZS. f. Phys. Bd. 31, S. 81; Bd. 32, S. 1. 1925.

und dem Brechungsindex n des Lichtes für unendlich lange Wellen die Beziehung gilt:

$$\alpha = \frac{3}{4\pi N} \frac{n^2-1}{n^2+2} \cdot V = \frac{3}{4\pi N} \cdot R, \tag{4}$$

worin V das Molekularvolumen bedeutet, in dem sich $N = 6{,}06 \cdot 10^{23}$ Teilchen befinden; $R = \frac{n^2-1}{n^2+2} \cdot V$ pflegt als Molekularrefraktion bezeichnet zu werden. α ist gleich dem durch Polarisation im homogenen Feld erzeugten elektrischen Moment p pro Einheit der Feldstärke $\mathfrak{E}$. Es gilt[1])

$$\alpha = \frac{p}{\mathfrak{E}} = \frac{e \cdot l}{\mathfrak{E}}, \tag{5}$$

worin e die Ladung, l den Abstand der Pole des erzeugten Dipols bedeutet. Die Größe α wurde von DEBYE[2]) in die Theorie der Molekularkräfte eingeführt, von BORN und HEISENBERG für Berechnung der Deformationseffekte der Ionen benutzt. Nach (4) und (5) ist die Refraktion R also direkt dem elektrischen Moment proportional, das durch die Lichtstrahlen in den Ionen erzeugt wird und als Maß der Polarisierbarkeit der Elektronenhüllen anzusehen ist.

Die Verhältnisse komplizieren sich, wenn man das betrachtete Atom oder Ion nicht in ein homogenes Feld, sondern in das inhomogene Feld eines anderen Ions bringt. Hier hat man anzunehmen, daß alle Elektronen auf Bahnen umlaufen, die nach Maßgabe ihrer Ablösearbeit und ihrer räumlichen Lage in bezug auf das deformierende Ion mehr oder weniger verzerrt sind, und zwar wird ein Kation die Elektronen des anderen Ions anziehen, ein Anion sie abstoßen; die einzelnen Elektronenbahnen erleiden hierbei also einen verschieden großen Starkeffekt. Die Konstante α bzw. die Refraktion R können daher bei den in Wirklichkeit herrschenden verwickelten Verhältnissen nur ein ungefähres Maß für die Verschieblichkeit der Elektronenhüllen abgeben, das jedoch für unsere qualitativen Vergleiche ausreicht.

Im Kristallgitter herrschen wiederum andere Verhältnisse. Hier ist ein Ion mehr oder weniger symmetrisch von anderen Ionen in Abständen von der ungefähren Größe $3 \cdot 10^{-8}$ cm umgeben, welche schon bei der Ladung eins Felder von der Größenordnung 10^8 Volt/cm erzeugen. Man hat daher wohl mit FAJANS anzunehmen, daß auch in jedem polar gebauten Kristall Deformationseffekte, Verzerrungen der Elektronenbahnen in verschiedener Richtung, mitspielen müssen (vgl. hierzu Abb. 8), ja, daß die beim Zusammentritt der Ionen zum Kristall frei werdende Deformationsenergie so erheblich werden kann, daß die chemischen Eigenschaften, bei denen oft geringe Energiedifferenzen eine große Rolle spielen, entscheidend beeinflußt werden.

9. Die Molrefraktion als Maß der Polarisierbarkeit isolierter Ionen. Mit Hilfe der angegebenen Beziehungen und mit den experimentellen Daten über die Molrefraktion von Edelgasen[3]) und gelösten Salzen[4]) gelang es WASASTJERNA[5]),

[1]) Vgl. z. B. K. F. HERZFELD, ds. Hdb. Bd. XXII, Kap. 5.

[2]) P. DEBYE, Phys. ZS. Bd. 21, S. 178. 1920. Vgl. auch M. POLANYI, ZS. f. Elektrochem. Bd. 26, S. 374. 1920.

[3]) C. u. M. CUTHBERTSON, Proc. Roy. Soc. London 1908 bis 1920. Tabellen LANDOLT-BÖRNSTEIN-ROTH-SCHEEL.

[4]) A. HEYDWEILLER, Ann. d. Phys. Bd. 41, S. 499. 1913; Bd. 48, S. 681. 1915; Bd. 49, S. 653. 1916; Verh. d. D. Phys. Ges. Bd. 16, S. 722. 1914; ZS. f. anorg. Chem. Bd. 88, S. 103. 1914; A. KÜMMEL, Dissert. Rostock 1914; G. LIMANN, ZS. f. Phys. Bd. 8, S. 13. 1921.

[5]) J. A. WASASTJERNA, ZS. f. phys. Chem. Bd. 101, S. 193. 1922; Soc. Scient. Fennica, Comment. Phys.-Math. Bd. 1, S. 37 u. 38. 1923; vgl. auch K. SPANGENBERG, ZS. f. Krist. Bd. 57, S. 494. 1923.

FAJANS und JOOS[1]), BORN und HEISENBERG[2]), Einzelwerte für die Refraktionen als Maß der Polarisierbarkeit gasförmiger Atomionen zu berechnen. Die zum Teil auf verschiedenen Wegen gewonnenen Daten weichen nicht sehr voneinander ab, so daß man über die Werte der Refraktionen und damit der Deformierbarkeiten der Ionen gut unterrichtet ist. Trägt man mit FAJANS und JOOS in Abb. 6 die Molrefraktion der Ionen vom Edelgastypus

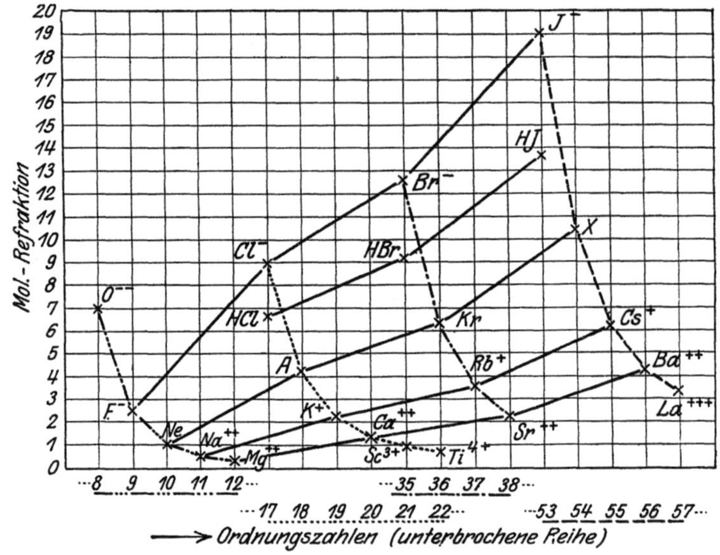

Abb. 6. Molrefraktion von Gasen und gasförmigen Ionen nach FAJANS und JOOS.

gegen die Ordnungszahlen auf, so erhält man ein Diagramm, dessen Ähnlichkeit mit dem Kurvenbild der Ionengrößen (vgl. ds. Handb. Bd. XXII) groß ist und noch besser hervortreten würde, wenn man die dritten Wurzeln der Molrefraktionen auftrüge. Dieser analoge Verlauf der Ionengrößen und der Ionenrefraktionen zeigt zunächst, daß die Polarisierbarkeit der Ionen mit zunehmender Größe der Elektronenhülle beträchtlich zunimmt; so wächst z. B. die Refraktion von Ne bis X von 1,00 auf 10,42. Abb. 6 zeigt sodann, daß der Anstieg der Refraktionen homologer Ionen, z. B. der Halogenionen, mit steigendem Z dieselbe charakteristische Abstufung gemäß Gleichung (1) in Ziff. 6 zeigt wie die Ionengrößen. Vergleicht man Ionen gleichen B a u e s, z. B. O^{--}, F^-, Ne, Na^+, Mg^{++}, dann erkennt man Abfall der Refraktionswerte mit steigender Kernladung; das ist plausibel, da ja mit wachsendem Z die Elektronen immer fester gebunden und damit weniger verschieblich werden.

10. Die Änderung der Polarisierbarkeit der Ionen bei der Verbindungsbildung. Die in Abb. 6 aufgetragenen Refraktionsdaten beziehen sich auf die als konstant angenommene Polarisierbarkeit unverbundener gasförmiger Ionen. Aus diesen müßten sich die Molrefraktionen von Verbindungen additiv berechnen lassen. Da jedoch fast stets Abweichungen von der Additivität der Molrefraktionen der freien Ionen nachzuweisen sind (s. unten), so hat man mit FAJANS anzunehmen, daß die Polarisierbarkeit der Ionen nicht konstant ist, und daß jede solche Abweichung als Anzeichen einer Veränderung der Elektronenhülle

[1]) K. FAJANS u. G. JOOS, ZS. f. Phys. Bd. 23, S. 1. 1924.
[2]) M. BORN u. W. HEISENBERG, ZS. f. Phys. Bd. 23, S. 388. 1924.

des gebundenen oder gelösten Ions zu deuten ist. FAJANS schließt weiter aus umfangreichem, namentlich mit JOOS behandeltem Material, daß der Grad der Veränderung der Polarisierbarkeit Rückschlüsse auf den Zustand und vielleicht auch auf die Bindungsart der Ionen erlaube. So zeigen z. B. die folgenden Zahlen

$$\begin{array}{cccc} & Cl^- & HCl & Ar \\ R = & 9{,}00 & 6{,}67 & 4{,}20\,, \end{array}$$

daß bei Anlagerung des elektronenlosen H^+-Kernes an ein Cl^--Ion die Refraktion stark sinkt; d. h., daß die Elektronenhülle weniger polarisierbar, gewissermaßen „verfestigt" wird. Aus der beigefügten Refraktion des Ar sieht man weiter

Tabelle 6. Molrefraktion (für die D-Linie) der Halogenionen und der gasförmigen Halogenwasserstoffe.

X	F	Cl	Br	J
R_{X^-}	2,50	9,00	12,67	19,24
R_{HX}	(1,90)	6,668	9,142	13,74
Δ	(0,60)	2,33	3,53	5,50

mit BORN und HEISENBERG[1]), daß diese „Verfestigung" weniger groß ist, als sie wäre, wenn man sich den H^+-Kern mit dem Atomkern des Cl^- vereinigt und so aus einem Cl^--Ion ein Ar-Isotop entstanden denkt. Vergleicht man nun die verfestigende Wirkung des H-Kernes bei HCl mit der bei anderen Halogenwasserstoffen, dann sieht man am Anstieg der Werte, daß der offenbar in der Elektronenhülle steckenbleibende H-Kern (vgl. Ziff. 26, 28) um so verfestigender auf die Elektronenhülle des Anions wirkt, je „lockerer", je polarisierbarer das freie Ion war. In Abb. 7 sieht man die gleiche Erscheinung allgemeiner auch an Molekülen mit mehreren H^+-Kernen; so nimmt z. B. die Refraktionserniedrigung in der Reihe O^{--}, OH^-, OH_2, OH_3^+ mit steigender H^+-Zahl immer mehr ab.

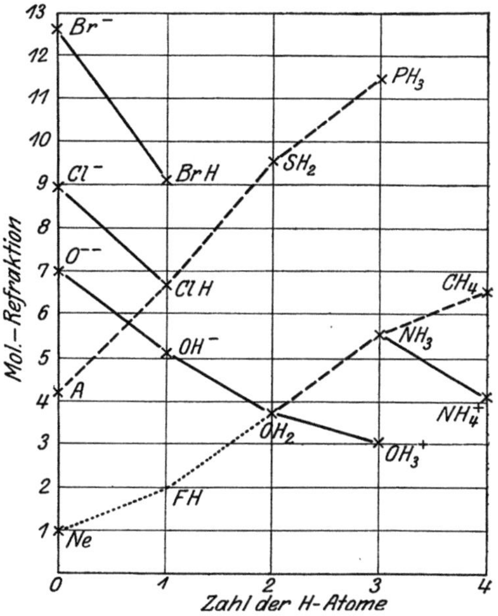

Abb. 7. Beeinflussung der Molrefraktionen durch Einbau von H-Kernen nach FAJANS und JOOS.

Auf den regelmäßigen Gang der R-Werte in der Reihe Ne, FH, OH_2, NH_3, CH_4 hatte früher schon KOSSEL hingewiesen.

Wir zeigen nun noch in Abb. 8, daß auch andere Ionen als der eine ganz besondere Stellung einnehmende elektronenlose H^+-Kern die Verschieblichkeit der Elektronenhüllen deutlich beeinflussen. So zeigen z. B. die folgenden Zahlen

$$\begin{array}{rl} R_{Na^+} + R_{J^-} & = 0{,}50 + 19{,}24 = 19{,}74 \\ R_{[NaJ]} & = 17{,}07^{2)} \\ \hline R_{\text{freie Ionen}} - R_{\text{festes Salz}} & = 2{,}67\,, \end{array}$$

[1]) M. BORN und W. HEISENBERG, ZS. f. Phys. Bd. 23, S. 388, 1924.

[2]) Die Refraktionsdaten fester Alkalihalogenide hat K. SPANGENBERG, ZS. f. Krist. Bd. 57, S. 494. 1923 gemessen bzw. zusammengestellt.

daß die gasförmigen Ionen (Na^+) und (J^-) im Gitter des [NaJ][1]) ihre Refraktion verändern, sonst müßte die Differenz gleich Null sein. Trägt man nun mit FAJANS und JOOS als Ordinate die in analoger Weise für die übrigen Alkalihalogenide berechneten Differenzen zwischen der Summe der Refraktionen der freien Ionen und der Molrefraktion der kristallisierten Salze auf, so erhält man Abb. 8. Die Abbildung zeigt überzeugend, daß die Ionen im Kristallgitter beträchtliche Veränderungen ihres Baues erleiden, die in bestimmter Weise von der Größe der Ionen abhängen. Es ergibt sich ohne weiteres der Satz:

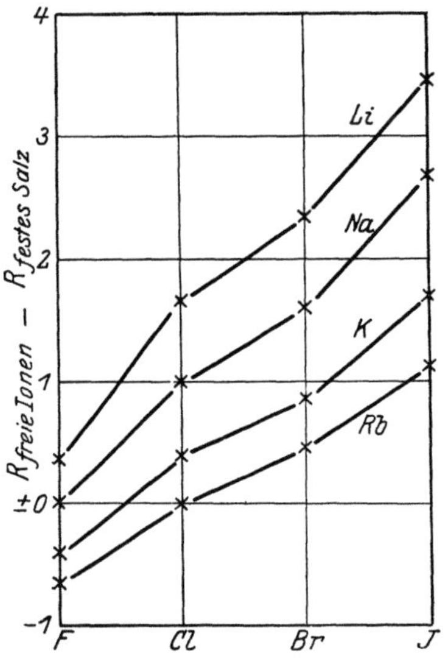

Abb. 8. Gegenseitige Beeinflussung der Refraktion der Alkali- und Halogenionen im Gitter. Nach FAJANS und JOOS.

Die Verminderung der Refraktion bei der Vereinigung der Ionen zum Kristall ist um so größer, je größer die Deformierbarkeit des Anions und je kleiner das Kation ist, d. h. je größer seine Feldwirkung ist.

Die Abbildung bringt also namentlich eine Refraktionsverminderung, d. h. eine „Verfestigung" der Elektronenhüllen der Anionen durch die Kationen zum Vorschein, was einleuchtend ist, da die Anionen im allgemeinen viel größer und deformierbarer als die Kationen sind. Neben diesem Effekt muß jedoch auch die Abstoßung der Elektronenhüllen der Kationen durch die Anionen mitspielen, d. h. es muß wahrscheinlich mit der Verminderung der Anionenrefraktion eine Vermehrung der Kationenrefraktion einhergehen, die als „Lockerung" der Elektronenhülle bezeichnet werden kann. Abb. 8 zeigt nun tatsächlich bei KF und RbF, zwei Salzen mit dem kleinsten Anion und relativ großen Kationen, daß die Refraktion im Salz größer als in den freien Ionen ist; man hat daher mit FAJANS und JOOS anzunehmen, daß in besonderen Fällen der Einfluß des Kations auf das Anion den umgekehrten Einfluß des Anions auf das Kation nicht überdeckt. Auf Grund weiteren Materials, namentlich auch an Lösungen, stellen FAJANS und JOOS die folgenden für Atomionen geltenden allgemeineren Sätze auf:

α) Kationen wirken sowohl auf Anionen als auch auf Wassermoleküle im Sinne einer Verminderung der Refraktion, einer Verfestigung der Elektronenhülle. Die deformierende Wirkung ist um so größer, je stärker das elektrostatische Feld des Kations ist, d. h. je höher seine Ladung, je kleiner sein Radius ist; Ionen vom Edelgastypus mit 2 und 8 A. El. wirken schwächer deformierend als solche mit 18 und (18 + 2) A. El.

β) Die deformierende Wirkung der Anionen auf positive Atomionen ist kleiner als der umgekehrte Effekt. Er wächst mit steigender Ladung und abnehmender Größe der Anionen.

γ) Die Deformierbarkeit der Ionen wächst mit ihrer Größe; Anionen sind vielfach größer als Kationen und daher meistens auch stärker deformierbar als diese.

Tabelle 7 faßt den Inhalt der Sätze α) bis γ) nochmals zusammen.

---

[1]) Siehe Fußnote 3 auf S. 487.

Tabelle 7. Die Deformation der Elektronenhüllen in Abhängigkeit von den Ioneneigenschaften.

Gleichgebaute Ionen vom Edelgastypus	Verschieden gebaute Ionen
← Ladung → ← Radius ← Deformierende Wirkung ↑ (senkrecht, links) · Deformierbarkeit ↓ (senkrecht) · Radius ↓ (senkrecht, rechts)	Die deformierende Wirkung wächst in Richtung der Pfeile
O^{--} F^{-} Ne Na^{+} Mg^{++} Al^{3+} S^{--} Cl^{-} Ar K^{+} Ca^{++} Sc^{3+} Se^{--} Br^{-} Kr Rb^{+} Sr^{++} Y^{3+} Te^{--} J^{-} X Cs^{+} Ba^{++} La^{3+}	Zahl der A. El. 0 2 8 18 18 H^{+} ← Li^{+} ← Na^{+} → Cu^{+} ← Ag^{+} Be^{++} ← Mg^{++} → Zn^{++} ← Cd^{++} ↓
→ Deformierende Wirkung ← Deformierbarkeit	

HERZFELD und WOLF[1]) konnten die von FAJANS und JOOS berechneten Daten und namentlich die über Verfestigung und Lockerung der Elektronenhüllen gemachten Feststellungen durch theoretisch berechnete Refraktionswerte, die sich aus dem Verlauf der Dispersion der Alkalihalogenide berechnen lassen, im wesentlichen bestätigen.

Weitere Ergebnisse und Anwendungen der Deformationstheorie werden in den einzelnen Abschnitten behandelt werden.

II. Der Aufbau der chemischen Verbindungen.

a) Einleitung.

11. Historisches. Das Problem des inneren Aufbaues der chemischen Verbindungen umschließt vornehmlich die Frage nach dem Wesen der chemischen Bindung und die nach der tieferen Bedeutung der chemischen Wertigkeit oder Valenzzahl. Diese beiden Fragen sind so eng miteinander verknüpft, daß sie in den folgenden Unterabschnitten nicht immer getrennt behandelt werden können; sie beschäftigen die Chemiker seit über 100 Jahren auf das lebhafteste. So stellte BERZELIUS schon 1819 die „elektrisch-dualistische" Theorie auf, nach der die Kraft, welche die Atome zwingt, Verbindungen einzugehen, elektrostatischer Natur sei. Es dauerte jedoch bis 1887, bis die Annahme elektrischer Ladungen bei Atomen durch die Erfolge der ARRHENIUSschen Dissoziationstheorie bestätigt wurde. Inzwischen geriet BERZELIUS' Theorie durch die mit WÖHLER und LIEBIG einsetzende Entwicklung der Kohlenstoffchemie in zunehmenden Widerspruch mit der Erfahrung. Man fand nämlich, daß z. B. im Methan CH_4 der als elektropositiv angesehene Wasserstoff sukzessive ersetzt werden kann durch Chlor, ein Element, das man als unzweifelhaft elektronegativ glaubte ansehen zu dürfen. DUMAS stellte daher 1839 der dualistischen Theorie von BERZELIUS seine „unitarische Theorie" gegenüber, welche die polare Natur der Atome bestritt, jedoch keine neue Aussage über das Wesen der chemischen Bindung brachte. Die weitere Entwicklung der Lehre von der chemischen Valenz und „Affinität" baute sich dann jahrzehntelang fast ausschließlich auf den Erfahrungen der organischen Chemie, der Chemie des Kohlenstoffes auf, eines Elementes, dem man heute eine Ausnahmestellung zuerkennt, und mit dem nur noch seine Nachbarn im periodischen System B, N und Si gewisse verwandte Züge zeigen[2]). Diese Entwicklung führte über die Radikaltheorie (etwa 1830

[1]) K. F. HERZFELD u. K. L. WOLF, Ann. d. Phys. [4] Bd. 78, S. 35, 195. 1925.
[2]) Vgl. etwa A. STOCK, Naturwissensch. Bd. 13, S. 1000. 1925.

bis 1845) und die Typentheorie von GERHARDT (1853) allmählich zur Strukturchemie, sie führte KÉKULÉ (1865) zu dem Postulat der Vierwertigkeit des Kohlenstoffs und zur Entwicklung der heutigen Strukturformeln der organischen Chemie. In diesen Formeln wird jede einzelne Valenz bzw. Fähigkeit eines Atoms, ein einwertiges Element zu binden, durch einen Strich symbolisiert. Durch VAN T' HOFF und LE BEL wurde dann auch die räumliche Lagerung der Atome im Molekül berücksichtigt, es wurde die „Stereochemie" begründet, durch die ein großer Tatsachenkomplex über Isomeriefälle dem Verständnis erschlossen wurde.

Einen allgemeineren Fortschritt, der die Valenzforschung vom Spezialfall des Kohlenstoffs loslöste, brachte erst die von WERNER[1]) um 1890 aufgestellte Theorie der Komplexverbindungen, nach der die als Kugeln angenommenen Atome nach Befriedigung der gewöhnlichen Valenzbetätigung infolge eines noch bleibenden „Affinitätsüberschusses" Verbindungen höherer Ordnung bilden können (vgl. Ziff. 42). WERNER nahm an, daß in diesen Verbindungen neben der Valenzzahl eine neue Zahl, die Koordinationszahl, eine Rolle spiele, durch die die Höchstzahl der Atome oder Atomgruppen bestimmt ist, die von einem Zentralatom gebunden werden können. Durch die WERNERsche Theorie wurde die Systematik der chemischen Verbindungen, namentlich der anorganischen, außerordentlich gefördert.

Die weiteren Fortschritte basieren auf der Elektronentheorie der Elektrizität. HELMHOLTZ hatte schon 1881 die Annahme begründet, daß auch die Elektrizität von atomistischer Beschaffenheit sein müsse. Die Untersuchungen über Kathoden- und Kanalstrahlen sowie über die optischen Eigenschaften der Stoffe führten dann zu der Erkenntnis, daß die Elementarteilchen der Elektrizität, die Elektronen, am Aufbau der materiellen Atome beteiligt sind, und es dauerte nicht lange, bis man die Vermutung aussprach, daß die chemischen Valenzzahlen mit einer entsprechenden Zahl locker gebundener Elektronen in Zusammenhang stehen müßten. Diese Auffassung vertrat DRUDE[2]) auf Grund seiner Untersuchungen über die Dispersion, J. J. THOMSON[2]) im Zusammenhang mit Überlegungen an seinem Atommodell. J. J. THOMSON und DRUDE sprachen schon 1904 unabhängig voneinander den Gedanken aus, daß bei Bildung einer binären Verbindung aus den Elementen die eine Atomart Elektronen aufnehme, die andere solche abgebe, und THOMSON behauptete außerdem, daß die entstehenden Ionen besonders „stabile Elektronenanordnungen" besitzen müßten. Speziellere Vorstellungen über die Vorgänge bei der Bildung von Verbindungen entwickelte STARK[2]). Die Schaffung des neuen Atommodells, des sog. „Kernmodells", durch RUTHERFORD und BOHR sowie die BOHRschen Arbeiten vom Jahre 1913 ab ermöglichten es dann 1916 KOSSEL[2]) und LEWIS[2]) etwa gleichzeitig, einen wichtigen, das Wesen der Valenz und Bindung in bestimmten Fällen klärenden Schritt vorwärts zu tun und in größerem Umfang Atomforschungsergebnisse mit chemischen Tatsachen zu verknüpfen. KOSSEL und LEWIS sprachen den Gedanken von THOMSON und DRUDE erneut aus, und namentlich KOSSEL vermochte unter Wiedererweckung der dualistischen Theorie von BERZELIUS, durch Anwendung des COULOMBschen Gesetzes der Elektrostatik eine Theorie der Verbindungsbildung zu schaffen, durch die er einen Teil der anorganischen Verbindungen, nämlich die polar gebauten, unter neuen Gesichtspunkten zusammenfassen konnte. Er konnte sich dabei auf das große im periodischen System der Elemente

---

[1]) A. WERNER, Neuere Anschauungen auf dem Gebiete der anorganischen Chemie, Braunschweig 1905. 5. Aufl., 1923, neu herausgegeben und bearbeitet von P. PFEIFFER.

[2]) Die Literatur wurde in Ziff. 1 zitiert.

zusammengefaßte und von WERNER und ABEGG[1]) für eine rationelle Valenztheorie vorbereitete Tatsachenmaterial stützen. LEWIS versuchte außerdem, Atomforschungsergebnisse auf die nichtpolar gebauten anorganischen wie organischen Verbindungen anzuwenden, indem er jeder chemischen Bindung bestimmte Elektronen zuordnete. Die Ergebnisse von KOSSEL und LEWIS und die neuere, vielfach an diese Forscher anknüpfende Entwicklung wird in diesem Abschnitt ausführlicher behandelt werden.

Inzwischen hatte die Entdeckung der Interferenz der Röntgenstrahlen durch v. LAUE, FRIEDRICH und KNIPPING[2]) im Jahre 1912 die Methode geliefert, welche die räumliche Lagerung der Atome in Kristallen zu ermitteln erlaubt und welche aller zukünftigen Forschung über den Aufbau der Verbindungen eine zuverlässige experimentelle Basis zu geben verspricht.

b) Die empirischen Tatsachen über Bindung und Wertigkeit.

12. Allgemeines über chemische Verbindungen. Der Begriff der „chemischen Verbindung" wird im folgenden nicht nur auf Stoffe angewandt, die aus verschiedenartigen Atomen aufgebaut sind wie [NaCl][3]), (JCl), [SiC], [Cu_2Mg], sondern auch auf solche aus gleichen Atomen, also auf die chemischen Elemente, soweit sie sich nicht im Zustand einatomiger Gase befinden, also z. B. auf [Cu], [C], (J_2), $J_{fl.}$, [J], ferner auch [Ar], $Ar_{fl.}$. Es wird sich nämlich später zeigen, daß ein prinzipieller Unterschied zwischen Verbindungen aus gleichen und verschiedenen Atomen, z. B. zwischen (Cl—Cl), (J—J) und (J—Cl), oder zwischen $[C]_{Diamant}$, [Si] und [SiC], oder zwischen [Mg], [Cu] und [Cu_2Mg] nicht existiert.

Wir denken uns nun den Vorgang der Verbindungsbildung bei Vereinigung mehrerer Einzelatome so geleitet, daß zunächst gasförmige Moleküle, z. B. (HCl), (H_2O), (NaCl), (ClCl) entstehen, d. h. Gebilde, die durch eine ganz bestimmte Atomzahl und ein bestimmtes Molekulargewicht ausgezeichnet sind[4]). Die Kräfte, welche die Atome zum Molekül verknüpfen, werden innermolekulare Kräfte genannt, die Kräfte, welche die Moleküle nach außen ausüben, heißen zwischenmolekulare Kräfte. Die Vereinigung zahlreicher Gasmoleküle führt dann zu höheren Aggregaten, zu Flüssigkeiten und festen, meistens kristallisierten Stoffen. Bei Flüssigkeiten und Kristallen hat man nun in bezug auf die den Zusammenhalt aller Atome bewirkenden Kräfte zwei extreme Fälle zu unterscheiden[5]);

α) Die innermolekularen und zwischenmolekularen Kräfte sind verschieden, der Molekülverband bleibt erhalten und ist experimentell nachweisbar. Bei der Kristallisation entstehen Molekülgitter. Beispiele: [HCl][6]), [CO_2][7]), [NH_3][7]).

---

[1]) R. ABEGG, ZS. f. anorg. Chem. Bd. 39, S. 330. 1904; Bd. 43, S. 116. 1905; R. ABEGG u. G. BODLÄNDER, ebenda Bd. 20, S. 453. 1899.

[2]) M. LAUE, W. FRIEDRICH u. P. KNIPPING, Münchener Ber. 1912, S. 303; Ann. d. Phys. Bd. 41, S. 971. 1913.

[3]) Dem in der Thermochemie üblichen Brauche folgend, bedeuten eckige Klammern feste, runde Klammern gasförmige Stoffe; Flüssigkeiten werden ohne Klammern mit dem Index „fl." geschrieben.

[4]) Über den Molekülbegriff vgl. etwa K. F. HERZFELD, ds. Hdb. Bd. XXII, Kap. 5; J. EGGERT, Lehrbuch der physikalischen Chemie, S. 121ff. Leipzig 1926.

[5]) Vgl. A. REIS, ZS. f. Phys. Bd. 1, S. 204; Bd. 2, S. 57. 1920; ZS. f. Elektrochem. Bd. 26, S. 412. 1920; W. KOSSEL, ZS. f. Phys. Bd. 1, S. 395. 1920; E. FRIEDERICH, ZS. f. Phys. Bd. 31, S. 813. 1925.

[6]) F. SIMON und CL. v. SIMSON, ZS. f. Phys. Bd. 21, S. 168. 1924.

[7]) H. MARK und E. POHLAND, ZS. f. Krist. Bd. 61, S. 293, 532. 1925; J. de SMEDT und W. H. KEESOM, Rep. and Comm. 4. intern. Congr. of Refrig. London 1924, S. 117. Ref. Phys. Ber. Bd. 5, S. 1645. 1924.

β) Die Kräfte sind zwischen allen Atomen gleichartig; Moleküle sind nicht mehr nachweisbar. Der Molekülbegriff hat daher seinen einfachen Sinn verloren; es entstehen Atom- bzw. Ionengitter. Beispiele: [NaCl], [Cu_2Mg], [AlN], [Ar].

13. Übersicht über die verschiedenen Bindungsarten. Soweit es bei der Lückenhaftigkeit unserer Kenntnisse heute möglich ist, versuchen wir nun, unter Vorwegnahme späterer Ergebnisse die chemischen Verbindungen nach ihrer Bindungsart[1]) einzuteilen und knüpfen dabei an ein bestimmtes Schema[2]) an, das man folgendermaßen erhält: Man verzeichnet in einer Tabelle von links nach rechts und von oben nach unten eine der fünf verschiedenen Reihen von Elementen, welche im periodischen System eine bis sieben Stellen vor einem Edelgas stehen, und fügt die Valenzzahlen gegen Wasserstoff (vgl. Ziff. 21) sowie die Gruppennummern hinzu. In die Tabelle werden sodann diejenigen Verbindungen eingetragen, die man erhält, wenn man die an der Ordinate mit den an der Abszisse verzeichneten Atomen zu einer solchen Verbindung zusammentreten läßt, deren stöchiometrische Zusammensetzung den angegebenen Valenzzahlen entspricht. So sind z. B. in dem in Tabelle 8 gegebenen Beispiel die Verbindungen aus zwei Atomarten eingetragen, welche die Elemente der 3. Periode mit denen der 3. Periode, also untereinander, eingehen (z. B. NaCl, MgS usw.); an einigen Stellen sind die entsprechenden Verbindungen nicht bekannt (z. B. Na_4Si), dort sind der Übersicht halber auch Atome aus anderen Perioden verwandt worden. Da die Elemente der 4. bis 7. Gruppe außer ihren Wasserstoffvalenzen auch ihre Sauerstoffvalenzen gegeneinander zu betätigen vermögen, sind in der rechten oberen Ecke der Tabelle 8 in einem kleinen Dreiecksschema diejenigen Verbindungen aufgeführt, welche entstehen, wenn die in der Ordinate verzeichneten Atome ihre Wasserstoffwertigkeit, die in der Abszisse stehenden Atome ihre Sauerstoffwertigkeit betätigen. Man sieht ohne weiteres ein, daß man durch Kombination anderer Elementreihen sowie durch Hinzunahme der vier Reihen von Elementen, die eine bis sieben Stellen nach einem der Edelgase Ar, Kr, X, Em stehen, eine größere Zahl verschiedener Schemata nach Art der Tabelle 8 aufstellen und zu systematischen Vergleichen benutzen kann.

Tabelle 8 wurde zur Erleichterung der Übersicht mit Angaben über den erst weiter unten besprochenen Bindungscharakter versehen, die ohne weiteres verständlich sind. In den drei Ecken des Schemas stehen drei grundsätzlich verschiedene Verbindungstypen: ein Salz [NaCl], ein Nichtmetallmolekül (Cl — Cl), ein Metall [Na]; in der Mitte zwischen Metall und Nichtmetallmolekül hebt sich als vierter Bindungstypus ein diamantartiger Stoff, hier das [Si], heraus. Die den Ecken des Schemas und die dem [Si] benachbarten Stoffe zeigen teilweise noch den Bindungscharakter der typischen Verbindungen, so sind Na_2S, MgS, $MgCl_2$ sehr wahrscheinlich polar gebaute Salze, so hat [AlN] den Bindungscharakter von [Si] usw. Je weiter man sich jedoch von diesen Typen entfernt, desto schwieriger ist es bis jetzt, einer Verbindung eine bestimmte Bindungsart zuzuordnen. Auf die Frage, ob es Übergänge zwischen den erwähnten vier unterschiedenen Bindungstypen gibt, oder ob und wo man in unserer und den weiteren möglichen Tabellen scharfe Grenzlinien einzuzeichnen hat, wird in Ziff. 37 ff. eingegangen werden, nachdem die einzelnen Bindungsarten besprochen sind. In Tabelle 8 befinden sich schließlich noch einige Angaben über einen fünften Bindungstypus, den man in den kondensierten Edelgasen anzunehmen hat.

Die wichtigsten Kennzeichen der einzelnen Bindungsarten sind in Tabelle 9 nochmals zusammengestellt worden. Man sieht vor allem, daß die dort unterschiedenen Bindungstypen sich drei großen, grundsätzlich verschiedenen

---

1) Vgl. z. B. C. A. KNORR, ZS. f. anorg. Chem. Bd. 129, S. 109. 1926.

2) H. G. GRIMM, Chemikerkalender Bd. I, S. 44. 1925.

Tabelle 8. Übersicht über die verschiedenen Bindungsarten.

Metalle	
Gas	Einzelatome
Kristall	Atomgitter aus unpolar verbundenen Atomen. „Metallische Bindung"

Diamantartige Stoffe	
Gas	Einzelatome?
Kristall	Atomgitter aus unpolar verbundenen Atomen. „Tetraederbindung"

P_3N_5 P_2O_5 PCl_5	SO_3 SF_6	Cl_2O_7
5	6	7
Valenzzahlen gegen Sauerstoff		

Valenzzahlen gegen Wasserstoff	Gruppe									
1	1	Na	Na							
2	2	Mg	Cu_2Mg	Mg						
3	3	Al	Ag_3Al	Mg_4Al_3[1]	Al					
4	4	Si	Na_4Sn	Mg_2Si	Al_4C_3	Si				
3	5	P	Na_3P	Mg_3P_2	AlN	Si_3N_4	P			
2	6	S	Na_2S	MgS	Al_2S_3	SiS_2	P_2S_3	S		
1	7	Cl	NaCl	$MgCl_2$	$AlCl_3$	$SiCl_4$	PCl_3	S_2Cl_2[1]	Cl_2	
0	0	Ne	Na	Mg	Al	Si	P	S	Cl	Ar
	Gruppe	0	1	2	3	4	5	6	7	0
	Valenzzahlen gegen Wasserstoff	0	1	2	3	4	3	2	1	0

Salze	
Gas	Salzmoleküle aus Anionen und Kationen. Polare Bindung
Kristall	Ionengitter aus Anionen und Kationen. Polare Bindung. Fast ungerichtete Kräfte

Edelgase	
Gas	Einzelatome
Kristall	Atomgitter aus Atomen, die nur durch VAN DER WAALSsche Kräfte gebunden sind

Nichtmetallmoleküle	
Gas	Nichtmetallmoleküle aus unpolar gebundenen Atomen
Kristall	Molekülgitter. 2 verschiedene Bindungsarten: Zwischen den Molekülen schwache VAN DER WAALSsche Kräfte, innerhalb der Moleküle unpolare Bindung Gerichtete Kräfte

[1]) Mg_3Al_2 und SCl_2 sind nicht bekannt.

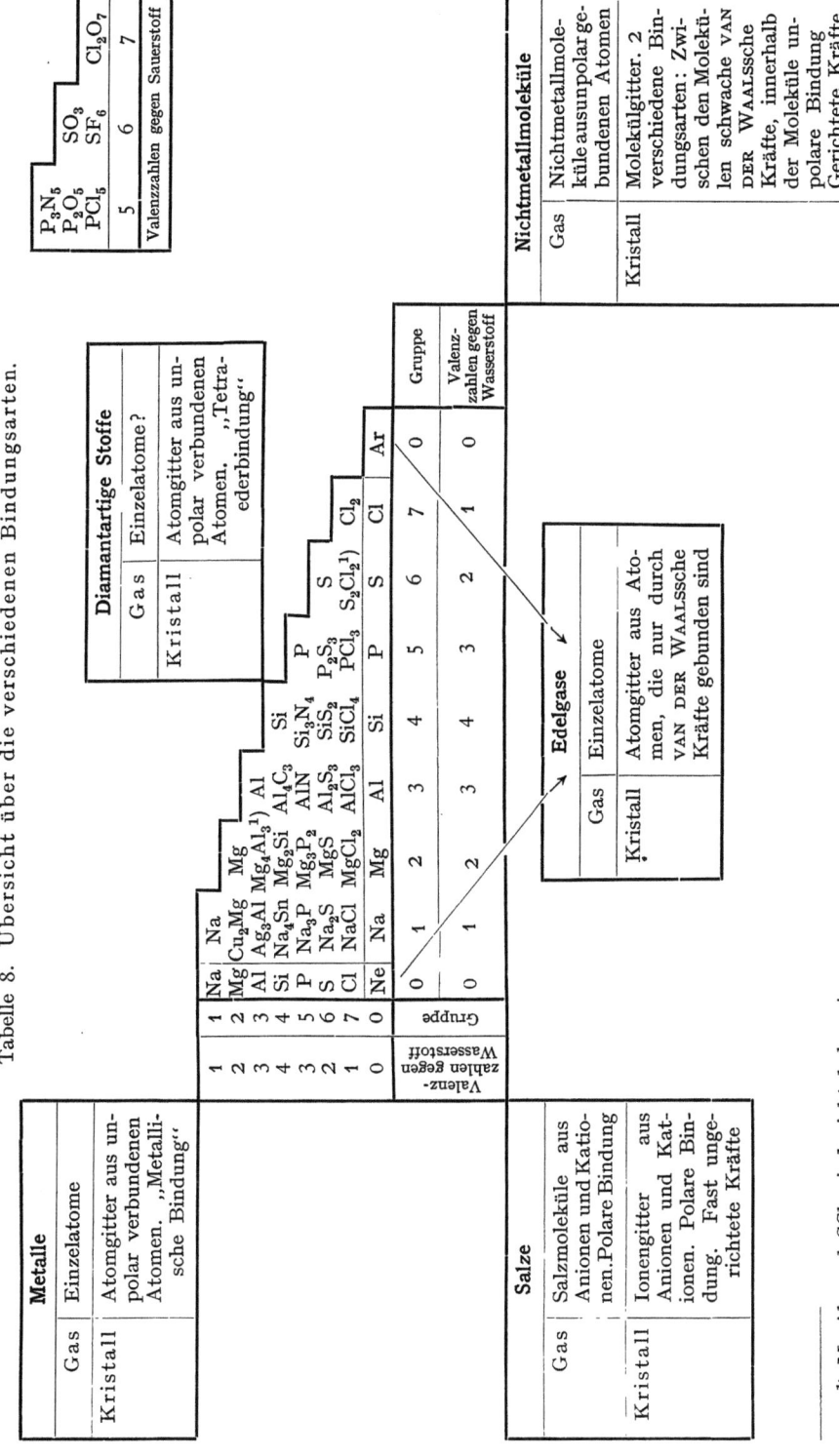

Tabelle 9. Charakterisierung der verschiedenen Bindungsarten.

Verbindungstypus		Polare Verbindungen Salze	Unpolare Verbindungen Metalle	Unpolare Verbindungen diamantartige Stoffe	Unpolare Verbindungen Nichtmetallmoleküle	Edelgase
Die Bausteine der Verbindungen sind	geladen . . .	↔				
	ungeladen . .		↔	↔	↔	↔
Beim Siedepunkt treten auf	Atome		↔	↔		↔
	Moleküle . . .	↔			↔	
Im Kristall sind die zwischen den Atomen wirkenden Kräfte	gleichartig, Atom oder Ionengitter	↔	↔	↔		↔
	verschiedenartig, es gibt inner- und zwischenmolekulare Kräfte, Molekülgitter				↔	
Die Kräfte sind	gerichtet . . .		(↔)	↔	↔	
	nicht oder schwach gerichtet	↔				↔
Die Stoffe sind	Leiter . .	(↔)	↔	(↔)		
	Nichtleiter .			↔	↔	↔

Stoffklassen, den polar gebauten, den unpolar gebauten Verbindungen und den kondensierten Edelgasen zuordnen lassen, wenn man folgende Definitionen vornimmt:

α) In polar aufgebauten Verbindungen bestehen die Elementarteilchen aus entgegengesetzt geladenen, in sich abgeschlossenen Atomrümpfen, aus Ionen. Die Angehörigen dieser Verbindungsklasse sind die Salze.

β) In unpolar aufgebauten Verbindungen sind die Atome durch Elektronen verknüpft, welche zu mehreren Atomkernen in Beziehung stehen. Zu diesen Verbindungen zählen die Nichtmetallmoleküle, die diamantartigen Stoffe und wahrscheinlich auch die Metalle.

γ) In kondensierten Edelgasen ist jedes Atom ebenso isoliert von den anderen Atomen zu denken, wie es die Ionen im Salz sind. Die Edelgasatome sind jedoch keine Träger von Überschußladungen, sondern nur von elektrischen Momenten, die zum Teil durch gegenseitige Polarisation entstanden sind (vgl. Ziff. 34).

Wenn man von etwaigen Übergängen zwischen polarer und nichtpolarer Bindung absieht und sich auf die Extreme beschränkt, so läßt sich der Unterschied der Bindungsarten auch etwa folgendermaßen charakterisieren: Bei ideal polaren Verbindungen wie auch bei den Edelgasen kann man sich zwischen sämtlichen Elementarteilchen Trennungsflächen denken, welche keine Elektronenbahnen schneiden; bei nichtpolaren, also nicht aus Ionen aufgebauten Verbindungen muß jede denkbare Trennungsfläche Elektronenbahnen schneiden.

Wie Tabelle 9 weiter zeigt, haben die fünf verschiedenen Bindungsarten stets einige Züge gemeinsam, während sie durch andere Züge allein ausgezeichnet sind.

14. Die Erfahrungstatsachen über die chemische Wertigkeit. Wenn ein chemisches Element befähigt ist, mit einem zweiten Element verschiedene Verbindungen zu bilden, dann stehen bekanntlich die Mengen der gebundenen Elemente in bestimmten einfachen Zahlenverhältnissen zueinander. So verhalten sich z. B. in $FeCl_2$ und $FeCl_3$ die Massen des mit der gleichen Menge Eisen verbundenen Chlors wie 2:3. Die einfachste Deutung dieses Gesetzes „der multiplen Proportionen“ besteht in der von DALTON gemachten Annahme, daß bei jeder chemischen Reaktion mehrere Atome zu einem neuen einheitlichen Gebilde, dem chemischen Molekül, zusammentreten. Hierbei wird auf Grund des Gesetzes der „konstanten Proportionen“ von J. B. RICHTER vorausgesetzt, daß gleichartige Atome gleiche Masse haben. Die Zahlen, die darüber unterrichten, in welchen kleinsten Zahlenverhältnissen die einzelnen Atome sich zu binden vermögen, sind für jedes Elementatom charakteristisch; sie werden als Wertigkeit der Elemente oder als Valenzzahlen bezeichnet, während das Wort „Valenz“ die Einheit der Wertigkeit kennzeichnen soll[1]).

Als Einheit der Wertigkeit hat man die Wertigkeit oder Valenzzahl des Wasserstoffs gewählt, und zwar weil man nie Verbindungen fand, in denen ein Wasserstoffatom mit mehr als einem anderen Atom verbunden ist; es gibt z. B. nur HCl, nicht aber HCl_2; die Valenzzahl des Wasserstoffs ist somit eins. Wegen des Verhaltens bei der Elektrolyse hat man die Wertigkeit des Wasserstoffs und der Metalle gelegentlich auch mit positivem Vorzeichen, die des Chlors, Sauerstoffs und anderer Nichtmetalle (Metalloide) mit negativem Vorzeichen versehen. Diese Bezeichnungsweise hat jedoch nur bei aus Ionen aufgebauten Verbindungen einen einfachen Sinn (vgl. Ziff. 15). Mit der Festsetzung H = 1 folgen aus der Reihe der Verbindungen HF, H_2O, H_3N, H_4C ohne weiteres die Valenzzahlen F = 1, O = 2, N = 3, C = 4, die angeben, wie viele Valenzen oder Wertigkeitseinheiten jedem Atom eigentümlich sind. Diese Wertigkeitszahlen stellen jedoch keine Konstante für das betreffende Atom dar, sondern hängen vom Verbindungsteilnehmer sowie von den Entstehungsbedingungen ab. So entspricht z. B. die Höchstzahl der Sauerstoffatome, mit denen sich ein Atom zu binden vermag, durchaus nicht immer der Valenzzahl gegen Wasserstoff, wie man an folgender Reihe sieht:

	LiH	BeH_2	BH_3	CH_4	NH_3	OH_2	FH
Valenzzahl gegen H. . . .	1	2	3	4	3	2	1
	Na_2O	MgO	Al_2O_3	SiO_2	P_2O_5	SO_3	Cl_2O_7
Maximalvalenzzahl gegen O	1	2	3	4	5	6	7

Die mit 2 multiplizierte Anzahl der von jedem Atom im Höchstfall gebundenen zweiwertigen Sauerstoffatome pflegt man als „Maximalvalenzzahl“ gegen Sauerstoff zu bezeichnen. Diese Zahl steigt mit der Gruppennummer von 1 auf 7, während die Valenzzahl gegen Wasserstoff von 1 bis 4 steigt und wieder auf 1 sinkt. Verschieden sind ferner die Maximalvalenzzahlen, wenn man Sauerstoff- und Halogenverbindungen bestimmter Elemente vergleicht. So zeigen z. B. Cr und Fe in CrO_3 und FeO_3 die Valenzzahl 6, in $CrCl_3$ und $FeCl_3$ die Zahl 3.

Schließlich vermag eine Anzahl von Atomen je nach den Versuchsbedingungen in mehreren „Valenzstufen“ gegenüber demselben Partner aufzutreten: so zeigt Cl in HOCl, HOClO, ClO_2, $HOClO_2$, $HOClO_3$ die Valenzzahlen 1, 3, 4, 5, 7, so ist Fe in $FeCl_2$ und $FeCl_3$ zwei- und dreiwertig, In in InCl, $InCl_2$, $InCl_3$ ein-, zwei- und dreiwertig; gegen Wasserstoff wird jedoch stets nur eine Valenzstufe betätigt. Faßt man die bei den einzelnen Elementen beobachteten Valenzzahlen ins Auge, so finden sich neben Elementenreihen, von denen man nur eine Valenzzahl kennt, wie den Alkalimetallen oder den Elementen B, Al, Sc, Y, La, solche, die eine ganze Reihe von Valenzzahlen aufweisen. Das ist namentlich bei den Elementen der Fall, die vor oder in einer Triade stehen, wie dies z. B. die folgende Reihe zeigt:

[1]) Vgl. A. WERNER, Handwörterbuch der Naturwissensch. Bd. 10, S. 165.

Ti		2	3	4		
V		2	3	4	5	
Cr		2	3		6	
Mn		2	3	4	6	7
Fe		2	3		6	
Co		2	3			
Ni		2	3	4		
Cu	1	2				

Trotz der zum Teil verwickelten Verhältnisse lassen sich bekanntlich einige allgemeiner gültige Regeln aufstellen, wenn man die auftretenden Valenzzahlen zur Stellung des betreffenden Elementes im periodischen System in Beziehung setzt. Im Zusammenhang mit der Einteilung der Verbindungen in polar gebaute und im weitesten Sinne unpolar gebaute Stoffe (Tabelle 9) ordnen wir auch die folgenden Wertigkeitsregeln in zwei Gruppen α und β:

α) Die Valenzzahlen sind nur aus der Aufladung von Ionen entnommen.

Regel 1. Etwa 70 Elemente, welche mehr als etwa 2 bis 4 Stellen vor einem Edelgas stehen, liefern bei geeigneten Reaktionen positiv geladene Atomionen, deren Wertigkeit durch die Anzahl der Ladungen bestimmt ist (vgl. Ziff. 19).

Regel 2. Negative Atomionen werden, soweit bekannt ist, nur von den Atomen geliefert, die 1 bis 2 Stellen vor einem Edelgas stehen. Auch bei ihnen gilt: Wertigkeit gleich Ladung (vgl. Ziff. 20).

Regel 3. Die an den Periodenanfängen stehenden Elemente der 1. bis 3. Gruppe sind ganz entschieden ein- bis dreiwertig; eine andere Valenzstufe kennt man nur bei wenigen Verbindungen der Erdalkalimetalle (vgl. Ziff. 19).

β) Die Valenzzahlen sind zum Teil aus Verbindungen mit unpolar gebundenen Atomen abgeleitet.

Regel 4. Die Valenzzahl gegen Wasserstoff steigt bei den salzartigen polar gebauten Hydriden vom Typus des [LiH] mit der Gruppennummer von 1 auf 3. Von der 4. bis 7. Gruppe sind sämtliche Hydride nach einer Regel von PANETH[1]) flüchtig. Bei ihnen nimmt die Valenzzahl von 4 auf 1 schrittweise ab. Die Valenzzahl gegen Wasserstoff ist in Verbindungen mit nur einem Metalloidatom für jedes Element eine Konstante (vgl. Ziff. 21).

Regel 5. Die Maximalvalenzzahl gegen Sauerstoff ist bei den Elementen, die 1 bis 7 Stellen vor oder 1 bis 8 Stellen nach einem Edelgas stehen, identisch mit ihrer Gruppennummer im periodischen System. Sie nimmt in allen Horizontalreihen des Systems schrittweise von 1 auf 7 zu. Ausnahmen finden sich bei Cu = 2, O = 2, F = 1, Br = 5 (vgl. Ziff. 22).

Regel 6. Regel 4 und 5 wurden von ABEGG und BODLÄNDER[2]) in dem folgenden, hier modifizierten Satz zusammengefaßt: Die Summe der Höchstwertigkeiten gegen Sauerstoff und gegen Wasserstoff der 1 bis 4 Stellen vor einem Edelgas stehenden Elemente ist gleich 8, z. B. in der Reihe

$$SiH_4{:}4,\quad PH_3{:}3,\quad SH_2{:}2,\quad ClH{:}1,$$
$$SiO_2{:}4,\quad P_2O_5{:}5,\quad SO_3{:}6,\quad Cl_2O_7{:}7.$$

Man vergleiche hierzu die Angaben in Ziff. 22.

Regel 7. Die Elemente, welche 1 bis 5 Stellen vor den Edelgasen stehen, betätigen gegen O, Cl usw. vielfach mehrere Valenzstufen, die sich um 2 Einheiten unterscheiden (vgl. Ziff. 23).

Regel 8. Bei den Elementen der Nebenreihen tritt von der 3. Gruppe ab neben der Maximalvalenzzahl m durchweg die niedrigere Valenzzahl $m - 2$ auf (vgl. Ziff. 24).

---

[1]) F. PANETH, Chem. Ber. Bd. 53, S. 1710. 1920.

[2]) R. ABEGG u. G. BODLÄNDER, ZS. f. anorg. Chem. Bd. 20, S. 453. 1899; R. ABEGG, ebenda Bd. 39, S. 330. 1904.

Regel 9. Die Elemente der drei Triaden und ihre Vorgänger im periodischen System zeigen besonders zahlreiche Valenzstufen, die sich vielfach nur um eine Einheit unterscheiden.

c) Das Wesen von Bindung und Wertigkeit bei polar aufgebauten Verbindungen.

15. Der Vorgang der Bildung eines typischen Salzes. Aus der in Tabelle 8 und 9 gegebenen Übersicht entnehmen wir, daß nur die Salze zu den polaren Verbindungen gehören, deren Bindungsart auch als „heteropolar" (ABEGG) oder „dualistisch" (NERNST) bezeichnet wurde. Sie bilden aus in sich abgeschlossenen Ionen aufgebaute Ionengitter, in denen der Molekülbegriff seine einfache Bedeutung verloren hat. Wir versuchen nunmehr, bei diesen polar aufgebauten Salzen festzustellen, wieweit man bis jetzt das Wesen von Bindung und Wertigkeit durch Verknüpfung mit der Atomforschung aufklären kann, und folgen dabei den von KOSSEL[1]) und LEWIS[1]) entwickelten Gedankengängen. Stellt man sich die Elektronenverteilungszahlen der im periodischen System um ein Edelgas, z. B. um Neon, gruppierten Elemente zusammen:

	O	F	Ne	Na	Mg	Al
	2, 6	2, 7	2, 8	2, 8, 1	2, 8, 2	2, 8, 3
Ionenladung	−2	−1	0	+1	+2	+3

dann sieht man, daß die Zahl der Ladungen, welche die aus diesen Elementen erhältlichen Ionen bei der Elektrolyse zeigen, gleich ist der Anzahl der Stellen, die das betreffende Element vor oder hinter einem Edelgas steht. Man schließt hieraus, daß die im nullwertigen Neon vorhandene Elektronenanordnung 2,8 mit 8 A.El. eine besondere Stabilität haben müsse, die auch von den Nachbarelementen „angestrebt" wird. Die Metallatome geben so viele Elektronen ab, als sie Stellen hinter dem Edelgas stehen, sie „bauen" zur Edelgasschale „ab" und bilden positive Ionen, die Nichtmetallatome nehmen so viele Elektronen auf, als sie Stellen vor einem Edelgasatom stehen, sie „bauen" zur Edelgasschale „auf" und bilden negative Ionen. Bei den Reaktionen

$$(\mathrm{Na}) + (\mathrm{F}) = [\mathrm{NaF}]$$
$$(\mathrm{Mg}) + (\mathrm{O}) = [\mathrm{MgO}]$$

hat man z. B. folgende Zahlenverhältnisse:

	Atome		Ionen		Atome		Ionen	
	Na	F	Na^+	F^-	Mg	O	Mg^{++}	O^{--}
Elektronenzahl	2, 8, 1	2, 7	2, 8	2, 8	2, 8, 2	2, 6	2, 8	2, 8
Kernladung	11	9	11	9	12	8	12	8
Überschußladung	0	0	+1	−1	0	0	+2	−2

Diese am Beispiel der Nachbarn des Ne entwickelten Vorstellungen gelten ganz entsprechend für das Anstreben der Konfigurationen von He mit 2 und der andern Edelgase mit 8 A.El., in bezug auf positive Ionen auch für die Erreichung von Ionen mit 18 A.El. vom Typus Cu^+, Ag^+, mit (18 + 2) A.El. vom Typus Pb^{++} (vgl. Ziff. 5). Die durch Elektronenaustausch entstehenden Ionen ziehen sich elektrostatisch an, bis die Abstoßung ihrer Elektronenhüllen weitere Annäherung verbietet. KOSSEL idealisierte die Ionen in erster Näherung als starre Kugeln mit den Radien r_1 und r_2, die sich infolge ihrer entgegengesetzten Aufladung elektrostatisch anziehen, bis sich bei Berührung der Kugeln eine Abstoßungskraft bemerkbar macht. Diese Kugeln verketten sich im Falle von

[1]) Zitate auf S. 467.

NaF und MgO sodann in der Weise miteinander, daß in den drei Richtungen des Raumes immer abwechselnd positiv und negativ geladene Ionen zu liegen kommen, so wie es W. L. BRAGG[1]) durch die Strukturanalyse des Steinsalzes erwiesen hat. Die Anwendung des COULOMBschen Gesetzes ergibt ohne weiteres, daß die Kraft K, mit der die Ionen aneinander haften, mit ihrer Ladung e steigen, mit wachsendem Kugelradius r aber sinken muß

$$K = \frac{e_1 \cdot e_2}{(r_1 + r_2)^2}. \qquad (6)$$

Die Kraft, mit der die kleinen Ionen Na^+ und F^- zusammenhalten, wird daher z. B. größer sein als die, mit der die größeren Ionen Rb^+ und J^- im RbJ verknüpft sind, sie wird kleiner sein als die, mit der die zweifach geladenen Mg^{++}- und O^{--}-Ionen sich verbinden. Damit stimmt z. B. qualitativ die Lage der Siedepunkte dieser Verbindungen überein, die man als ganz rohes Maß der zwischen den Ionen wirksamen Kräfte ansehen kann (vgl. Ziff. 46)

NaF 1700°   RbJ 1305°   MgO > 2800°.

Der experimentelle Beweis für die KOSSELsche Auffassung, daß in einer Reihe von kristallisierten anorganischen Verbindungen die Bausteine tatsächlich aus Ionen bestehen, gründet sich auf folgende Tatsache (vgl. Kap. 4, Ziff. 18, von P. P. EWALD): Die Intensität der von den Atomen abgebeugten Röntgenstrahlen hängt von der Zahl der Elektronen im Atom ab. Hierdurch ist es möglich, die verschiedenen Atomarten im Kristall zu unterscheiden. So stellten DEBYE und SCHERRER[2]) fest, daß im [LiF] Ionen Li^+ und F^- mit 2 und 10 Elektronen, nicht aber Atome mit 3 bzw. 9 Elektronen die Gitterpunkte besetzen; entsprechend fanden GERLACH und PAULI[3]) bei [MgO], daß Ionen mit je 10 Elektronen als Bausteine auftreten. Für den Aufbau vieler Kristalle aus Ionen sprechen sodann die Rechnungsergebnisse von M. BORN über die „Gitterenergie" der Salze, die in der nächsten Ziffer besprochen werden. Die Existenz der Reststrahlen der Kristalle ist nach MADELUNG[4]) ebenfalls nur bei Annahme von geladenen Atomen verständlich [RUBENS, CL. SCHÄFER[5])], und schließlich ist auch die elektrolytische Dissoziation der Salze in Lösungen, sowie das Leitvermögen geschmolzener Salze mit der Annahme bereits im Kristall vorgebildeter Ionen in gutem Einklang. Neuerdings zeigen sich allerdings Anzeichen dafür, daß unter den Stoffen, die Leitvermögen und Reststrahlen zeigen, auch solche, wie SiC, AgJ, sich befinden, in denen man keine polare Ionenbildung, sondern eine diamantähnliche unpolare Bindung anzunehmen hat (Vgl. Ziff. 31).

Die vorgebrachten Überlegungen berechtigen nunmehr dazu, wenigstens für eine Stoffklasse des Dreiecksschemas der Tabelle 8, nämlich für die Salze, mit KOSSEL und LEWIS die Fragen nach dem Wesen von Wertigkeit und Bindung etwa folgendermaßen zu beantworten:

α) Bei Verbindungen, die aus Ionen aufgebaut sind, gilt für die Metallatome: Valenzzahl (Wertigkeit) = Anzahl positiver Ladungseinheiten = Anzahl der an das Nichtmetallatom abgegebenen Elektronen mit $n_{\max}$. Für die Nichtmetallatome gilt: Valenzzahl = Anzahl negativer Ladungseinheiten = Anzahl der in die Elektronenhülle aufgenommenen Elektronen.

---

1) W. L. BRAGG, Proc. Roy. Soc. London (A) Bd. 89, S. 248. 1913; Bd. 89, S. 468. 1914.
2) P. DEBYE u. P. SCHERRER, Phys. ZS. Bd. 17, S. 277. 1916; ebenda Bd. 19, S. 474. 1918.
3) W. GERLACH u. O. PAULI, ZS. f. Phys. Bd. 7, S. 116. 1921.
4) E. MADELUNG, Phys. ZS. Bd. 11, S. 898. 1910.
5) Vgl. etwa W. GERLACH, Materie, Elektrizität, Energie, S. 116ff. Dresden u. Leipzig 1923.

β) Bei Verbindungen, die aus Ionen aufgebaut sind, ist die „chemische Bindung“ auf die elektrostatische Anziehung von Trägern entgegengesetzter Ladungen zurückzuführen.

γ) Bei den Kristallen einer Reihe von typischen Salzen, wie NaF, MgO, CaF_2, die aus Atomionen aufgebaut sind, hat der Molekülbegriff seinen einfachen Sinn verloren[1]), da man in dem Kristallgitter nicht ohne Willkür ein der chemischen Formel entsprechendes Molekül zusammenfassen kann. Wenn man auch hier den Molekülbegriff beibehalten wollte, hätte man jedes Kristallindividuum als Riesenmolekül aufzufassen.

Mit der Aufstellung dieser Sätze erhebt sich die wichtige Frage nach ihrem Gültigkeitsbereich, die erst weiter unten in Ziff. 35 ff. diskutiert werden kann.

16. Die Gitterenergie von polaren Verbindungen. Die Annahme elektrostatischer Kräfte vermag nur die Anziehung zu erklären, ohne die der feste Zusammenhalt der Salzteilchen nicht verständlich wäre. Die Tatsache aber, daß die Kristalle komprimierbar sind und einer Verringerung der Ionenabstände, d. h. des Volums, einen Widerstand entgegensetzen, der durch Aufwendung von Kompressionsarbeit überwunden werden muß, zeigt, daß man die obenerwähnte Abstoßungskraft nicht genügend durch die Annahme starrer Kugeln mit undurchdringlicher Oberfläche erfassen kann. Diese Abstoßungskraft muß mit wachsender Entfernung rascher abnehmen als die anziehende, sonst wäre ja überhaupt kein Gleichgewicht möglich. Anziehende und abstoßende Kräfte der Ionen überlagern sich und sind in einem ganz bestimmten Abstand, der dem normalen Volum entspricht, einander gleich. Auf Grund dieser Überlegungen machten BORN und LANDÉ[2]) 1919 den Ansatz

$$K = \frac{a}{r^2} - \frac{b}{r^{n+1}} \tag{7}$$

in dem a, b und n Konstanten, r den Ionenabstand bedeuten (vgl. hierzu Kap. 5 von BORN und BOLLNOW). Die Formel besagt, daß die Kraft, mit der sich die Ionen nach dem COULOMBschen Gesetz anziehen, vermindert wird um eine abstoßende Kraft, die rascher mit der Entfernung sinkt als die anziehende. In Gleichung (7) muß daher $n > 1$ sein. Aus den empirischen Daten für die Kompressibilität der Alkalihalogenide konnte entnommen werden, daß in erster Näherung $n \backsim 9$ ist. BORN und LANDÉ gelang es nun unter der Näherungsannahme, daß in den Edelgasionen die Elektronen in den Ecken eines Kubus ruhen, zu berechnen, daß die abstoßende Kraft, welche nach Abzug der Überschußladungen die sog. „Neutralkuben“, die aus je 8 positiven und negativen Ladungen aufgebaut gedacht sind, aufeinander ausüben, ebenfalls mit der 10. Potenz abnimmt. Es gelang weiter, auch die Arbeit U zu berechnen, die frei wird, wenn je ein g-Atom gasförmige Na^+- und Cl^--Ionen aus dem Unendlichen zum festen Salz zusammentreten. Diese Arbeit wird die Gitterenergie der Salze genannt, sie stellt eine neue, fundamentale thermochemische Größe dar. Die BORNsche Formel zur Berechnung der Gitterenergie der Alkalihalogenide lautet

$$U = \frac{N \cdot e_1 \cdot e_2 \cdot \alpha}{8r}\left(1 - \frac{1}{n}\right). \tag{8}$$

Hierin hängt α vom Gittertypus ab [MADELUNGsches Potential][3]), n, der Abstoßungsexponent, wird vom Ionentypus bestimmt und wird bei den Alkali-

[1]) A. REIS, ZS. f. Elektrochem. Bd. 26, S. 412. 1920.

[2]) M. BORN u. A. LANDÉ, Berl. Ber. 1918, S. 1048; Verh. d. D. Phys. Ges. Bd. 20, S. 210. 1918; M. BORN, ebenda Bd. 21, S. 13. 1919; vgl. auch M. BORN, Atomtheorie des festen Zustandes. Leipzig 1923.

[3]) E. MADELUNG, Phys. ZS. Bd. 19, S. 524. 1918.

halogeniden ohne Li-Salze mit 9[1]) angenommen. Die Formel besagt, daß die Gitterenergie einfach umgekehrt proportional dem Ionenabstand r ist: $U = k/r$ (k = konst.) und sagt weiter, daß die Abstoßung der Ionenhüllen, die durch Anziehung frei werdende Arbeit um $1/n$, d. h. bei Alkalihalogeniden um rund 10% vermindert. Setzt man Zahlenwerte, für die LOSCHMIDTsche Zahl $N = 6{,}06 \cdot 10^{23}$, $\alpha = 13{,}94$, $e = 4{,}774 \cdot 10^{-10}$ ESE, $n = 9$ ein, rechnet r aus dem NaCl-Gitter mit $V = 2Nr^3$ zu $r = 0{,}938\sqrt[3]{V} \cdot 10^{-8}$ cm aus, worin V das Mol. Vol. $= \frac{\text{Mol.Gew.}}{\text{Dichte}} = \frac{M}{d}$ ist und rechnet in kcal um, so erhält man die BORNsche Formel

$$U = 545\sqrt[3]{\frac{d}{M}}\,k\,\text{cal} \tag{9}$$

mit der sich z. B. für Kochsalz eine Gitterenergie von 181 kcal/Mol, für andere Alkalihalogenide, die in Tabelle 10 unter $U_{\text{th.}}$ aufgeführten Zahlen berechnen.

17. Der BORNsche Kreisprozeß und die Prüfung der Gittertheorie. Um seine Theorie an der Erfahrung zu prüfen, ersann BORN[2]) einen Kreisprozeß, der von allgemeinerer Anwendbarkeit und Bedeutung ist. In diesem, in Abb. 9 in einer von F. HABER[3]) stammenden Schreibweise dargestellten Kreisprozeß wird die Bildung einer Verbindung auf zwei Wegen vorgenommen, erstens durch direkte Vereinigung der Elemente, wobei die Bildungswärme Q frei wird, und zweitens auf einem Umweg, bei dem man sich die Herstellung z. B. von festem Kochsalz [NaCl] aus metallischem Natrium [Na] und gasförmigem Chlor (Cl_2) in folgende Abschnitte zerlegt denkt:

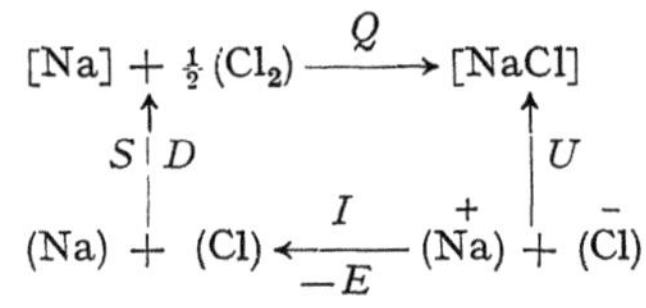

Abb. 9. BORNscher Kreisprozeß.

1. Das [Na] wird sublimiert, wobei ihm die Sublimationswärme S zugeführt wird; die nach außen abgegebene Energie ist $(-S)$.

2. Den gasförmigen (Na)-Atomen wird unter Zufuhr der Ionisationsarbeit I je ein Valenzelektron entrissen $(-I)$.

3. Die Chlormolekeln werden durch Zufuhr der Dissoziationsarbeit D pro Grammatom in Atome zerlegt und durch je ein Elektron in Cl-Ionen verwandelt, wobei die Elektronenaffinität E pro g-Atom Cl frei wird $(E - D)$.

4. Schließlich läßt man die voneinander getrennten gasförmigen (Na^+) und (Cl^-)-Ionen zum festen [NaCl]-Gitter zusammentreten, wobei die Gitterenergie U abgegeben wird $(+U)$.

Alle Größen beziehen sich hierbei auf 1 g-Atom Element oder 1 Mol Salz. Die Pfeilrichtung in Abb. 9 gibt an, in welcher Richtung bei der Systemänderung nach außen Wärme abgegeben wird; diese wird positiv gerechnet. Aus Abb. 9 entnimmt man nun als Schlußgleichung für die Bildungswärme von [NaCl]

$$\begin{aligned} Q_{\text{NaCl}} &= -S_{\text{Na}} - I_{\text{Na}} + E_{\text{Cl}} - D_{\text{Cl}} + U_{\text{NaCl}} \\ 98{,}6 &= -26 - 117{,}5 + E_{\text{Cl}} - 27 + U_{\text{NaCl}}. \end{aligned} \tag{10}$$

Korrekterweise hätte man in (10) alle Zahlenwerte auf den absoluten Nullpunkt umzurechnen; man begnügt sich jedoch bisher mit den auf Zimmertemperatur bezogenen Daten. Schreibt man in Abb. 9 $^1/_2$ (H_2) statt [Na] und D_{H}, die Dissoziationsarbeit des H_2 pro g-Atom, statt S, so ergibt dieser zweite Kreisprozeß

$$E_{\text{Cl}} = Q_{\text{HCl}} + D_{\text{H}} + I_{\bar{\text{H}}} + D_{\text{Cl}} - U_{\text{HCl}}, \tag{11}$$

[1]) Vgl. jedoch J. C. SLATER, Phys. Rev. Bd. 23, S. 488. 1924 sowie J. E. LENNARD-JONES, Proc. Roy. Soc. London (A) Bd. 109, S. 584. 1925.

[2]) M. BORN, Verh. d. D. Phys. Ges. Bd. 21, S. 13, 679. 1919.

[3]) F. HABER, Verh. d. D. Phys. Ges. Bd. 21, S. 750. 1919; vgl. auch K. FAJANS, ebenda S. 539, 549, 709, 714. 1919.

In (10) und (11) sind E_{Cl} und U_{HCl} zunächst unbekannt. Man hat in den letzten Jahren mehrfach geglaubt, diese Werte aus experimentellen Beobachtungen berechnen zu können. So hat man namentlich Stoßionisationsmessungen von KNIPPING[1]) sowie von FOOTE und MOHLER[2]) an Halogenwasserstoffen so gedeutet, als handle es sich um den Vorgang

$$(HCl) + U_{HCl} = (H^+) + (Cl^-).$$

Man nahm deshalb an, daß man aus U_{HCl} mit (11) zunächst E_{Cl} berechnen könne:

$$E_{Cl} = 22 + 42\,(50) + 311 + 27 - 314 \backsim 88\,(96)\ \text{kcal}.$$

Dieser Wert für E_{Cl} gibt sodann mit (10) für die Gitterenergie U_{NaCl} von Natriumchlorid 181 kcal, einen Wert, der in bester Übereinstimmung mit dem oben berechneten theoretischen Wert zu stehen scheint. Wie Tabelle 10 zeigt, ist die Übereinstimmung zwischen theoretisch mit (9) berechneten Gitterenergien $U_{th.}$ und aus empirischen Daten mit (10) gewonnenen Gitterenergien $U_{exp.}$ auch bei anderen Alkalihalogeniden bemerkenswert gut.

Tabelle 10. Gitterenergien U, Sublimationswärmen S, Molekülspaltungsarbeiten A in kcal pro Mol.

		Na	K	Rb
Cl	$U_{exp.}$	181	165	160
	U_{th}	182	163	155
Br	$U_{exp.}$	168	154	150
	$U_{th.}$	172	155	149
J	$U_{exp.}$	156	143	139
	$U_{th.}$	158	145	139
		S	$U_{th.} - S = A$	$A_{th.}$
NaCl		58	124	139
NaBr		51	121	133
NaJ		48	110	126

Neue Untersuchungen von MOHLER[3]) u. a. haben jedoch gezeigt, daß die gemessenen Ionisierungsarbeiten sich auf den Vorgang

$$(HCl) + I_{HCl} = (HCl)^+ + \ominus$$

beziehen, daß es sich also um die Ablösung eines Elektrons handelt. Es liegt nun nahe, die plausible Annahme zu machen, daß die Arbeit zur Entfernung eines H^+-Kernes vom Cl^--Ion von ganz ähnlicher Größe sein wird, wie die zur Entfernung eines Elektrons vom $(HCl)^+$-Molekülion, denn in beiden Fällen hat man eine Elementarladung von einem entgegengesetzt geladenen Ion ähnlicher Größe mit der Ladung eins zu entfernen. Bei Beurteilung aller bisher berechneten Absolutwerte für Gitterenergien und Elektronenaffinitäten der Halogene ist also zu berücksichtigen, daß eine noch unsichere Annahme in der Berechnung enthalten ist, und ferner, daß der benutzte Wert für die Dissoziationsarbeit der Wasserstoffe von 42 kcal[4]) pro g-Atom unsicher ist. Die in der Literatur angegebenen Werte schwanken zwischen 30 und 50 kcal[5]).

Besser als mit der Prüfung der Absolutwerte der Gitterenergien steht es in einigen Fällen mit der Prüfung der Differenzen der Gitterenergien. Aus Abb. 9 entnimmt man ohne weiteres für zwei Salze mit gleichem Kation M und verschiedenen Anionen X' und X''

$$\Delta U_{X'X''} = \Delta Q_{X'X''} + \Delta D_{X'X''} - \Delta E_{X'X''} \tag{12}$$

und für zwei Salze mit gleichem Anion X und verschiedenen Kationen M' und M''

$$\Delta U_{M'M''} = \Delta Q_{M'M''} + \Delta S_{M'M''} + \Delta I_{M'M''}. \tag{13}$$

1) P. KNIPPING, ZS. f. Phys. Bd. 7, S. 328. 1921.

2) P. D. FOOTE u. F. L. MOHLER, Journ. Amer. Chem. Soc. Bd. 42, S. 1832. 1920.

3) F. L. MOHLER, Phys. Rev. Bd. 26, S. 614. 1925; E. F. BARKER und O. S. DUFFENDACK, Phys. Rev. Bd. 26, S. 339. 1925.

4) I. LANGMUIR, ZS. f. Elektrochem. Bd. 23, S. 217. 1917.

5) T. ISNARDI, ZS. f. Elektrochem. Bd. 21, S. 417. 1915; K. WOHL, zitiert nach K. BONHÖFFER, ZS. f. Elektrochem. Bd. 31, S. 522. 1925; TH. KRÜGER, Ann. d. Phys. Bd. 64, S. 288. 1925; H. SCHÜLER und K. L. WOLF, ZS. f. Phys. Bd. 33, S. 42. 1925; E. WITMER, Proc. Nat. Acad. Amer. Bd. 12, S. 238. 1926; vgl. auch G. JOOS und G. F. HÜTTIG, ZS. f. Elektrochem. Bd. 32, S. 203. 1926.

In (12) geht noch die Unsicherheit der Elektronenaffinitäten E ein, aber in (13) stehen rechts nur Größen, die durch die direkte Messung bekannt sind, und hier ist befriedigende Übereinstimmung der theoretischen und experimentellen U-Werte zu konstatieren[1]).

FAJANS[2]) hat die BORNsche Theorie durch Beiziehung der vielfach genau bekannten Lösungswärmen geprüft. Er zeigte, daß in mehreren Fällen Differenzen von Differenzen gemessener und berechneter Werte gut übereinstimmen. Auf die hierbei von FAJANS eingeführte wichtige Zerlegung der Lösungswärmen in fundamentalere Größen kommen wir in Ziff. 40 zurück.

Im Zusammenhang mit der Gittertheorie ist noch bemerkenswert, daß FAJANS und HERZFELD[3]) mit Hilfe dieser Theorie aus den experimentell gegebenen Ionenabständen der im NaCl-Gitter kristallisierenden Alkalihalogenide die Radien der Alkali- und Halogenionen berechneten. Dabei ergab sich, daß die Ionen im Kristall durchaus nicht dicht gepackt liegen, wie das vielfach angenommen wurde, sondern daß die Abstoßung der Elektronenhüllen die Ionen in einem erheblichen Abstand voneinander hält, wie dies in Abb. 10 schematisch für eine Würfelfläche von NaF angedeutet ist.

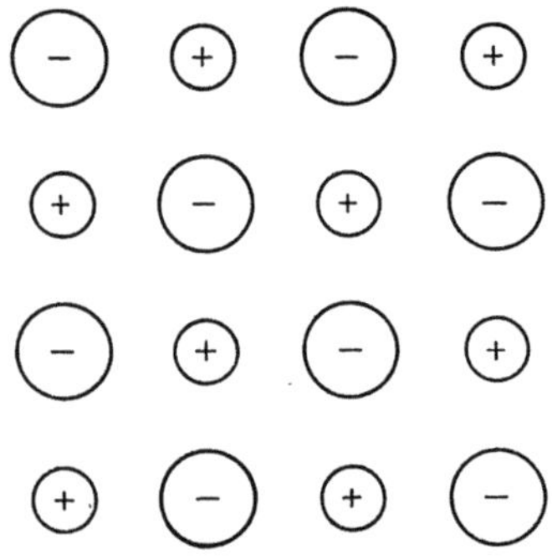

Abb. 10. Würfelfläche eines Kristalls von NaF nach FAJANS und HERZFELD.

18. Die Gitterenergien und die Deformation der Elektronenhüllen. Die BORN-LANDÉsche Theorie rechnet mit starren Elektronenhüllen und berücksichtigt die Deformationserscheinung nicht. Diese Vernachlässigung scheint für Alkalihalogenide berechtigt zu sein, da man mit BORN und HEISENBERG annehmen kann, daß im Gitter eines solchen Salzes jedes Ion so symmetrisch von entgegengesetzt geladenen Ionen umgeben ist, daß es keine einseitige Deformation, sondern nur eine geringe Volumänderung erleidet, und daß die mit (8) berechneten Gitterenergien durch die Deformation nicht merklich beeinflußt werden.

Geht man jedoch vom Ionengitter zu aus Ionen aufgebauten Molekülen über, wie sie z. B. im Dampf des Kochsalzes vorliegen, dann wird der Einfluß der einseitigen Deformation so erheblich, daß man von gerichteten Kräften sprechen muß.

BORN und HEISENBERG[4]) haben modellmäßig die Energie zu berechnen versucht, die frei wird, wenn gasförmige Ionen sich zu Gasmolekülen vereinigen. Sie berücksichtigen bei der Rechnung die einseitige Polarisation der Ionen, durch welche Dipole erzeugt werden, deren gegenseitige Anziehung sich zu der Wirkung der Überschußladungen starrer Ionen addiert. Die Folge ist, daß bei der Bildung der Salzmolekel mehr Energie frei wird, als wenn diese aus starren Ionen aufgebaut wäre. BORN und HEISENBERG prüften ihre Rechnungen durch folgende Beziehung an der Erfahrung: es muß die berechnete Bildungswärme A der Moleküle gleich sein der Gitterenergie U des festen Salzes, vermindert um die von v. WARTENBERG, ALBRECHT und SCHULZ[5]) gemessene Sublimationswärme S. Es gilt also $A = U - S$.

---

1) Vgl. H. G. GRIMM, ZS. f. phys. Chem. Bd. 102, S. 113, 141, 504. 1922.

2) K. FAJANS, Verh. d. D. Phys. Ges. Bd. 21, S. 539, 549, 709, 714. 1919.

3) K. FAJANS u. K. F. HERZFELD, ZS. f. Phys. Bd. 2, S. 309. 1920.

4) M. BORN u. W. HEISENBERG, ZS. f. Phys. Bd. 23, S. 388. 1924.

5) H. v. WARTENBERG u. PH. ALBRECHT, ZS. f. Elektrochem. Bd. 27, S. 162. 1921; H. v. WARTENBERG u. H. SCHULZ, ebenda S. 568.

Der untere Teil der Tabelle 10 zeigt für einige Salze, daß diese Gleichung angenähert erfüllt ist; dabei wurden S-Werte eingesetzt, welche FAJANS und STELLING[1]) aus den gemessenen Daten für Zimmertemperatur berechnet haben. Weitere Rechnungen von HEISENBERG[2]) ergaben, daß im Salzdampf Molekeln $(Na^+Cl^-Na^+)$ oder $(Cl^+Na^-Cl^+)$ nur in ganz geringem Maß auftreten können, da die Reaktion

$$(Na^+Cl^-Na^+) + (Cl^-Na^+Cl^-) = 3\,(NaCl) + 52\,\text{kcal}$$

mit stark positiver Wärmetönung verläuft.

Wenn auch die Ionendeformation bei festen Alkalihalogeniden noch nicht an den Gitterenergien, sondern nur durch die viel genauer bekannten Molekularrefraktionen (Abb. 8) nachweisbar ist, so liegen die Verhältnisse anders, wenn man Verbindungen mit sehr verschieden gebauten Ionen vergleicht. So läßt sich z. B. beim Vergleich von Na- und Ag-Salzen der Einfluß der Deformation auch am Gang der Gitterenergien deutlich nachweisen (Näheres in Ziffer 56).

19. Die Wertigkeit der Kationen bildenden Elemente als Energiefrage[3]). (Ziff. 14, Regel 1 und 3). Für den Fall der Kationen bildenden Elemente hatte sich in Ziff. 15 ergeben, daß im allgemeinen die Valenzzahl gleich ist der Zahl derjenigen Elektronen, die sich als sog. Valenzelektronen mit höchster Quantenzahl n_{max} außerhalb der nächsten stabilen Schale befinden, und die bei chemischen Reaktionen unter Bildung von Ionen vom Atom „leicht" abgetrennt werden. Nach dieser von KOSSEL und BOHR vertretenen Auffassung sind also die Valenzelektronen durch ihre geometrische Lage — höchstes n — ausgezeichnet und leicht ablösbar; z. B. hat das einwertige Li ein zweiquantiges Elektron über der stabilen He-Schale, das dreiwertige Al drei dreiquantige Elektronen außerhalb der Ne-Schale (vgl. Tabelle 1). In einer Anzahl von Fällen dagegen sind die bei chemischen Reaktionen abgelösten Valenzelektronen nicht durch höheres n ausgezeichnet. Das ist z. B. bei Sc der Fall, das nur dreiwertig reagiert, dessen 3 Valenzelektronen jedoch nach BOHR sämtlich oder zum Teil dieselbe Hauptquantenzahl 3 haben wie die 8 Elektronen der Ar-Schale, die im Sc^{3+} die Außenschale bildet. Das ist ferner beim Cu^{++}-Ion der Fall, bei dem das zweite „Valenzelektron" der stabilen 18-Schale des Cu^+-Ions entrissen werden muß, und beim Ce^{4+}-Ion, bei dem 1 Elektron aus dem N-Niveau ($n = 4$) und drei aus dem O-Niveau ($n = 5$), keines aber aus dem P-Niveau ($n = 6$) entnommen wird, auf dem sich bei dem vorangehenden Ba bereits 2 Elektronen befanden (vgl. Tabelle 1). In anderen Fällen, z. B. in der Reihe Ti^{++}, V^{++}, Cr^{++}, Mn^{++}, ferner z. B. bei Sn^{++}, Pb^{++}, werden nicht alle außerhalb der stabilen 8- bzw. 18-Schale liegenden Elektronen abgelöst. Man sieht hieraus, daß die leichte Ablösbarkeit geometrisch ausgezeichneter Elektronen bei chemischen Reaktionen nicht eindeutig durch die Zugehörigkeit oder Nichtzugehörigkeit zu einer „stabilen" Schale bedingt ist.

Das Maß für die Ablösbarkeit eines Elektrons ist die Arbeit I_1, I_2 usw., die man einem Atom zuführen muß, um ihm der Reihe nach das erste, zweite usw. Elektron zu entreißen. Vergleicht man diese Ionisierungsarbeiten bei den Elementen am Anfang der 3. Periode,

	Ne	Na	Mg	Al	
kcal/g-Atom	496	118	174	136	I_1
			344	(440)	I_2
				650	I_3

[1]) Privatmitteilung.

[2]) W. HEISENBERG, ZS. f. Phys. Bd. 26, S. 196. 1924.

[3]) H. G. GRIMM u. K. F. HERZFELD, ZS. f. Phys. Bd. 19, S. 141. 1923; ZS. f. angew. Chem. Bd. 37, S. 249. 1924.

dann sieht man, daß man zur Ionisierung von Ne weniger Energie braucht als zur Bildung von Mg^{++} und Al^{+++}, ja selbst weniger, als man allein zur Entfernung des 3. Elektrons vom Al braucht. Trotz dieser Verhältnisse hat man niemals NeF, leicht dagegen AlF_3 darstellen können, und es erhebt sich die Frage, wodurch das „Valenzelektron" allgemein zu kennzeichnen ist, wenn ausgezeichnete geometrische Lage und leichte Ablösbarkeit zur Charakterisierung nicht immer ausreichen.

Im einzelnen sind etwa folgende Fragen zu stellen: Warum leisten die chemischen Kräfte, welche die Metalle zur Elektronenabgabe und damit zur „Valenz"betätigung zwingen, bei Aluminium, was sie bei Neon nicht zu leisten imstande sind? Wie hängt die Ablösbarkeit eines Elektrons durch chemische Reaktionen mit der Festigkeit seiner Bindung zusammen? Warum machen die „chemischen Kräfte" fast immer vor einer abgeschlossenen Schale halt, d. h. warum kennt man z. B. die Stoffe NeF, NaF_2, MgF_3, AlF_4 nicht?

Zur Beantwortung der gestellten Fragen brauchen wir ein Maß für die „chemischen Kräfte", ein Maß zur Beurteilung der Frage, ob sich eine denkbare Verbindung bilden kann oder nicht. Dieses Maß ist die Änderung der freien Energie, d. h. die maximale Arbeit, die bei der betreffenden Reaktion gewonnen werden kann. Nimmt bei einer Reaktion die freie Energie ab, so verläuft der Vorgang freiwillig. Da wir nur Näherungsrechnungen für einfache, polar aufgebaute feste Körper durchführen können, so benutzen wir statt der Änderung der freien die der Gesamtenergie, also die Bildungswärme, denn das NERNSTsche Theorem zeigt, daß wir dabei innerhalb mäßiger Fehlergrenzen bleiben. Wir rechnen also in erster Näherung mit der Gültigkeit des Prinzips von JUL. THOMSEN und D. BERTHELOT und nehmen an, daß Verbindungen, deren Bildungswärmen stärker negativ als etwa 15 kcal pro g-Äquivalent sind, nicht existieren, daß dagegen Stoffe, deren Bildungswärme größer als 15 kcal ist, sich aus den Elementen bilden können; für Werte, die zwischen + 15 und − 15 kcal liegen, kann ohne genauere Rechnung nichts ausgesagt werden.

Um die Bildungswärme hypothetischer Verbindungen wie NeF, NaF_2, MgF, MgF_3 usw. zu berechnen und daraus auf ihre Existenzmöglichkeit zu schließen, benutzen wir den in Abb. 9 dargestellten BORNschen Kreisprozeß. Ersetzt man dort z. B. [Na] durch [Ne] und $^1/_2\,(Cl_2)$ durch $^1/_2\,(F_2)$, dann ergibt sich

$$Q_{\mathrm{NeF}} = -S_{\mathrm{Ne}} - I_{\mathrm{Ne}} + E_{\mathrm{F}} - D_{\mathrm{F}} + U_{\mathrm{NeF}}\,. \tag{14}$$

Subtrahiert man von dieser Gleichung eine der Gleichung (10) entsprechende für NaF, so folgt

$$\begin{array}{l} Q_{\mathrm{NeF}} = Q_{\mathrm{NaF}} + S_{\mathrm{Na}} - S_{\mathrm{Ne}} + I_{\mathrm{Na}} - I_{\mathrm{Ne}} + \underbrace{U_{\mathrm{NeF}} - U_{\mathrm{NaF}}} \\ \qquad 136{,}6^{1)} + 26 - 0 + 117 - 496 \qquad\quad < 0 \qquad = < -216\,\mathrm{kcal}. \end{array} \tag{15}$$

Die in Gleichung (15) vorkommenden Größen sind mit Ausnahme von U_{NeF} bekannt. Man kann nun annehmen, daß ein aus Ionen Ne^+ und F^- aufgebautes polares Salz eine etwas kleinere Gitterenergie als NaF hätte, da Ne^+ und Na^+ sich nur dadurch unterscheiden, daß in Ne^+ eine der vier 2_{22}-Bahnen unbesetzt ist, die im Na^+-Ion besetzt ist, ferner dadurch, daß Ne^+ wegen der kleineren Kernladung etwas größer als das Na^+-Ion sein muß. Aus dem stark negativen Wert der Bildungswärmen ist zu schließen, daß [NeF] eine außerordentlich instabile Verbindung sein muß, die man nur unter großer Energiezufuhr, etwa durch vorherige Ionisierung von Ne, vorübergehend erhalten könnte.

[1]) Neuer Wert von H. v. WARTENBERG, ZS. f. anorg. Chem. Bd. 151, S. 326. 1926.

Es wäre jedoch noch mit FAJANS denkbar, daß das aus starren Ionen aufgebaut gedachte Salz $[Ne^{+}F^{-}]$ unter Energieabgabe in ein Salz mit stark deformierten Ionen oder gar in eine nichtpolare Verbindung (Ne-F) übergehen könnte, die etwa dem (JCl) analog gebaut sein könnte. An anderer Stelle (Ziff. 36) mitgeteilte Rechnungen zeigen, daß es sich bei derartigen Übergängen von polarer zu nichtpolarer Bindung tatsächlich um beträchtliche Energiemengen handelt, die zwar wahrscheinlich nicht ausreichen, das Vorzeichen der Bildungswärmen umzukehren, ihren Absolutwert jedoch stark verringern könnten, so daß die Existenz bestimmter Edelgashalogenide, wie XeCl, in den Bereich der Möglichkeit rückt. Für derartige nichtpolare hypothetische Verbindungen dürfte jedoch die energetische Betrachtungsweise allein nicht ausreichen, da es sich im (NeF) um ein Gebilde handeln würde, in dem das Ne mit 9 Elektronen in Beziehung stände. Ein solches Gebilde dürfte ebenso unwahrscheinlich sein wie das Ion Ne^{-}.

Durch entsprechende Rechnungen, wie die für NeF, ergab sich allgemeiner, daß viele denkbare chemische Verbindungen deshalb nie gefunden wurden, weil sie stark negative Bildungswärmen haben. Einige Rechnungsergebnisse über Fluoride sind in Tabelle 11a enthalten, aus der man sieht, daß die Bildungswärmen derjenigen Verbindungen negativ sind, bei denen ein Elektron aus der stabilen Ne-Schale herausgeholt werden mußte; sie sind durch eine Zickzacklinie von den übrigen Verbindungen abgetrennt. In Tabelle 11b sind zum Vergleich für die entsprechenden Elemente die Arbeiten zur Erzeugung der einzelnen Ionisierungsstufen verzeichnet, und man sieht, daß diese Arbeit besonders stark wächst, wenn nach Abtrennung der Valenzelektronen die Ne-Schale angegriffen werden soll. Da in beiden Tabellen die Zickzacklinie an der gleichen Stelle liegt, kann man schließen, daß man NeF, NaF_2, MgF_3, AlF_4 deshalb nicht kennt, weil die chemischen Kräfte, im wesentlichen die Gitterenergien, nicht ausreichen, um die hohe Ablösearbeit für ein Elektron aus der stabilen Schale zu leisten, wohl aber, um alle außerhalb dieser Schale liegenden Elektronen abzulösen. Bei Al wird diese hohe Ablösearbeit leicht geleistet, weil hier an ein dreifach geladenes Kation drei Anionen angelagert werden, bei Ne reicht die Gitterenergie des [NeF], in dem nur einfach geladene Ionen vorliegen, jedoch bei weitem nicht zur Ionisierung des Neons aus.

Tabelle 11a. Bildungswärmen in kcal/Mol.

Ne F < -216	Na F 111	Mg F < 30	Al F < 48
	Na F_2 < -156	Mg F_2 211	Al F_2 < 133
		Mg F_3 < -111	Al F_3 249
			Al F_4 $< (-700)$

Tabelle 11b. Ionisierungsarbeiten in kcal/g-Atom.

Ne^{+} 496	Na^{+} 118	Mg^{+} 174	Al^{+} 137
	Na^{++} $> +(800)$	Mg^{++} 344	Al^{++} (440)
		Mg^{+++} $> +1089$	Al^{+++} 650
			Al^{++++} $> +1617$

Um den Zusammenhang der Valenzstufe mit den energetischen Verhältnissen zu zeigen, sind sodann in Abb. 11 die Bildungswärmen einiger Chloride in Abhängigkeit von der Valenzzahl des gleichen Metallatoms aufgetragen. Man sieht z. B. die Werte für AlCl, $AlCl_2$, $AlCl_3$ mit der Valenzzahl des Al steigen, dann aber zum $AlCl_4$ stark absinken. Abb. 11 zeigt somit deutlich, weshalb die auf die Edelgase folgenden Metalle so entschieden ein-, zwei- und dreiwertig sind (Ziffer 14, Regel 3), daß man kaum andere Wertigkeitsstufen kennt. Es stellt sich nämlich diejenige Valenzstufe ein, bei der ein Maximum an Energie frei wird. In dem gewählten Beispiel ist das gerade dort der Fall, wo sämtliche außerhalb einer stabilen Schale befindlichen Elektronen abgelöst sind, nicht mehr und nicht weniger; dies muß aber nicht so sein (vgl. unten Satz β).

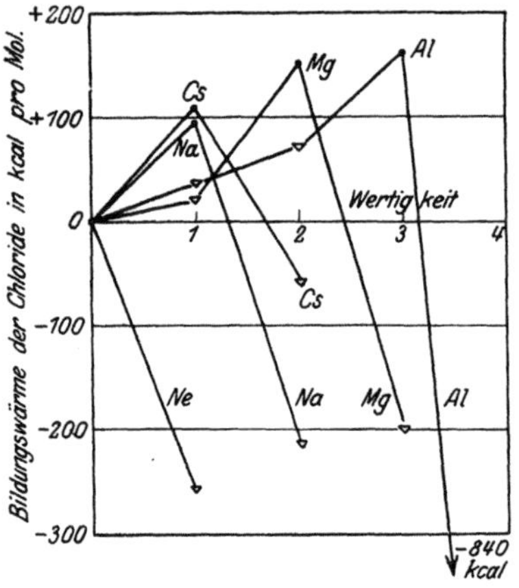

Abb. 11. Bildungswärmen von existierenden und hypothetischen Chloriden nach GRIMM und HERZFELD.

Bei den Erdalkalihalogeniden ergeben die Rechnungen, wie die in Tabelle 12 zusammengestellten Bildungswärmen zeigen, für die Verbindungen mit einem Halogenatom deutlich positive Werte. Damit steht gut im Einklang, daß man CaCl und BaCl tatsächlich als stark gefärbte Stoffe kennt[1]), deren Farbe vermutlich mit dem noch vorhandenen leicht beweglichen Valenzelektron des Kations in Verbindung steht. Die berechneten Bildungswärmen lassen erwarten, daß auch andere Erdalkali-1-halogenide sowie Zn- und Cd-1-halogenide, ferner Dihalogenide des Al unter geeigneten Bedingungen existenzfähig sein könnten.

Tabelle 12. Bildungswärmen[2]) existierender und hypothetischer Verbindungen in kcal pro Mol.

Berechnete Daten sind in Kursivschrift gedruckt.

	F	F_2	Cl	Cl_2	Br	Br_2	J	J_2
Mg	*55*	264,3	*18*	151,0	*10*	129,2	*−5*	99,8
Ca	*82*	289,4	*52*	190,4	*45*	169,2	*33*	141
Sr	*85*	289,3	*57*	195,7	*51*	176,5	*39*	147,5
Ba	*87*	278,9	*61*	197,1	*56*	179,8	*46*	149,9
Zn	—	193	*42*	97,2	*38*	83,4	*33*	64,2
Cd	*48*	173,7 (aq)	*30*	93,2	*27*	82,6	*20*	63,8

Auf Grund eines größeren Zahlenmaterials über Bildungswärmen existierender und hypothetischer Verbindungen läßt sich zusammenfassend etwa folgendes sagen:

α) Im Einklang mit der Erfahrung berechnen sich für zahlreiche bisher vergeblich gesuchte Verbindungen mit unbekannten Valenzstufen, wie Edelgashalogenide, Erdalkalitrihalogenide usw., negative Bildungswärmen oder so kleine positive Bildungswärmen, daß Zerfall in bekannte Verbindungen stattfinden muß.

β) Bei polar aufgebauten Verbindungen ist die Valenzzahl der Metalle dadurch bestimmt, wie viele Elektronen durch die „treibenden chemischen Kräfte", das sind hauptsächlich die Gitterenergien, daneben auch die Elektronenaffinitäten, soweit sie positiv sind, abgetrennt werden können. Diese Zahl ist an den Periodenanfängen im allgemeinen deshalb identisch mit der Zahl geometrisch ausgezeichneter „Valenzelektronen", weil die „chemischen Kräfte" zum Angriff der Edelgasschale nicht mehr ausreichen. Bei der 18-Schale des

[1]) Vgl. etwa R. ABEGG, Handb. d. anorg. Chem. Bd. 2, 2. Abt., S. 105 u. 253. Leipzig 1905.
[2]) Fluoride nach H. v. WARTENBERG, ZS. f. anorg. Chem. Bd. 151, S. 326. 1926.

Cu^+-Ions reichen jedoch diese Kräfte ausnahmsweise aus, auch eine „stabile" Schale anzugreifen und Cu^{++} zu bilden.

γ) Wenn man eine Reihe von Verbindungen verschiedener Valenzstufen desselben Kations vergleicht, z. B. Mg^+, Mg^{++}, Mg^{+++} . . ., dann zeigt die Rechnung, daß sich ein scharfes Maximum für die Bildungswärme derjenigen Verbindung ergibt, deren Kation gerade alle außerhalb einer stabilen Schale liegenden Elektronen abgegeben hat, in dem gewählten Beispiel also bei Mg^{++}. Dieses Ergebnis steht im Einklang mit der Erfahrung und läßt die Tatsache der Entschiedenheit der Wertigkeit der meisten an den Anfängen von Haupt- und Nebenreihen des periodischen Systems stehenden Elemente nun auch zahlenmäßig verstehen.

δ) Die Periodizität der chemischen Eigenschaften, d. h. die mehrfache Wiederkehr ähnlicher Valenzverhältnisse im periodischen System der Elemente, hat ihren Grund nicht nur in der Wiederkehr außen ähnlicher Elektronenanordnungen, sondern vornehmlich darin, daß die Ionisierungsarbeiten homologer Elemente mit steigender Größe der Atomrümpfe in ähnlicher Weise abnehmen wie die Gitterenergien, und daß dadurch die Bildungswärmen von gleicher Größenordnung bleiben.

ε) Die Tatsache, daß die Mehrzahl aller Elemente Kationen liefert (Ziff. 14, Regel 1), beruht darauf, daß es nach Satz β nicht grundsätzlich auf die Erreichung von im BOHRschen Sinne abgeschlossenen Schalen mit ganz bestimmten Elektronenzahlen ankommt. Die Elemente geben vielmehr so viele Elektronen ab, als ihnen durch die „chemischen Kräfte", das sind die Gitterenergien und in einigen Fällen auch Elektronenaffinitäten der Anionen, entrissen werden können.

20. Die energetischen Verhältnisse bei den Anionen bildenden Elementen. Anionen und Kationen zeigen (abgesehen vom entgegengesetzten Ladungssinn) eine Reihe von charakteristischen, in den folgenden Sätzen zusammengestellten Unterschieden:

α) Im Vergleich mit der Anzahl bekannter positiver Ionen ist die Zahl der negativ geladenen Atomionen sehr klein (Ziff. 14, Regel 2, vgl. auch Abb. 1). In Lösungen und Kristallen kennt man nur H^-, F^-, Cl^-, Br^-, J^-; O^{--}, S^{--}, Se^{--}, Te^{--}, Po^{--}.

β) Man kennt negative Atomionen nur mit Edelgaskonfiguration, also mit 2 und 8 A.El., nicht auch solche mit 18, (18 + 2) oder einer anderen A.El.-Zahl[1]).

γ) Bei gleichgebauten Anionen steigen Größe und Deformierbarkeit mit der Überschußladung, bei den entsprechenden Kationen fallen diese Größen.

δ) Negative Atomionen mit mehreren Valenzstufen sind nicht bekannt.

ε) Die Bildung von Kationen aus Metallatomen erfordert stets Zufuhr von Energie, der Ionisierungsarbeit I. Die Bildung von Anionen dagegen erfolgt in einigen Fällen unter Abgabe von Energie, der Elektronenaffinität E.

In den Sätzen β, δ und ε kommt eine Besonderheit des Atombaues zum Ausdruck, die darin besteht, daß die eine (auch zwei?) Stelle vor einem Edelgas stehenden Atome die Edelgasschale wahrhaft „anstreben", denn nur bei ihnen ist die Elektronenaffinität positiv. Für Cl, Br und J zeigten dies zuerst BORN[2]), HABER[3]) und FAJANS[4]) mit Hilfe des BORNschen Kreisprozesses (Ziff. 17) und unter Einsetzung theoretischer Gitterenergiewerte; ähnliche E-Werte ergaben

---

[1]) Vgl. jedoch H. G. GRIMM u. A. SOMMERFELD, ZS. f. Phys. Bd. 36, S. 49. 1926 Anm. über CuH und NiH_2.

[2]) M. BORN, Verh. d. D. Phys. Ges. Bd. 21, S. 13 u. 679. 1919.

[3]) F. HABER, Verh. d. D. Phys. Ges. Bd. 21, S. 750. 1919.

[4]) K. FAJANS, Verh. d. D. Phys. Ges. Bd. 21, S. 539, 549, 709, 714. 1919.

sich sodann unter Benutzung der KNIPPINGschen Messungen an Halogenwasserstoffen (vgl. Ziff. 17). Neuerdings haben sodann von ANGERER und MÜLLER[1]) auf Anregung von HERZFELD durch Messung der Lichtabsorption von Salzdämpfen abermals ganz ähnliche E_X-Werte gefunden und den Wert für F hinzugefügt. Da sich diese Messungen jedoch auf Salzmoleküle beziehen, kann man aus ihnen nichts Sicheres über die E-Werte der freien Ionen entnehmen[2]). Der E-Wert des Wasserstoffatoms, den man mit KASARNOWSKY[3]) sowie Joos und HÜTTIG[4]) aus der auf verschiedene Weise geschätzten Gitterenergie von salzartigen Hydriden, wie LiH, NaH, CaH_2 usw., entnehmen kann, scheint erheblich kleiner zu sein als der der Halogenatome. KASARNOWSKY findet $-22 \pm$ ca. 20 kcal pro g-Atom.

Bei zwei- und mehrfach negativen Anionen müssen die E-Werte allgemein auf Grund folgender Betrachtungen[5]) kleiner sein als bei einwertigen und vielfach negativ werden. Ein neutrales F-Atom vermag seine unbesetzte 2_{22}-Bahn unter Abgabe einer Elektronenaffinität E von rund 10^2 kcal zu besetzen. Ein O-Atom wird eine seiner zwei unbesetzten 2_{22}-Bahnen ebenfalls unter Abgabe einer Energiemenge derselben Größenordnung wie E besetzen; bei dem Vorgang $O^- + \ominus = O^{--}$ dagegen hat man zunächst die Arbeit A für die Heranführung des Elektrons an das negative O^--Ion zu leisten und gewinnt dann erst die bei Besetzung der freien 2_{22}-Bahn freiwerdende Energie E_2. Vollständig muß man also schreiben

$$(O) + 2\ominus = (O^{--}) + E_1 + E_2 - A = (O^{--}) + E_{O^{--}}.$$

Überschlagsrechnungen lassen es als plausibel erscheinen, daß A und $(E_1 + E_2)$ einander so weit ausgleichen, daß die Elektronenaffinität $E_{O^{--}}$ des O-Atoms erheblich kleiner als die des F-Atoms, vielleicht sogar negativ wird. Dementsprechend findet man für die Elektronenaffinität von O-Atomen aus Angaben von BORN und GERLACH[6]) über $(E_{O^{--}} - D_O)$ und von verschiedenen Forschern über die Dissoziationswärme des O_2-Moleküls $2D_O$ den Wert -10 ± 40 (vgl. Ziff. 33).

Kürzlich hat H. SENFTLEBEN[7]) ähnliche Überlegungen angestellt; er macht auf Grund von mit I. REHREN ausgeführten Messungen wahrscheinlich, daß der Vorgang der Abtrennung eines H-Atomes aus der H_2O-Molekel eine Arbeit von höchstens 112 kcal erfordert. Mit dieser Zahl, sowie der auf Grund des Hydridverschiebungssatzes (Ziff. 28) gemachten Annahme $E_{OH} \backsim E_{Cl}$, findet er dann unter Anwendung von Kreisprozessen (Ziff. 17) und Benutzung von $2D_O \backsim 175$ für unsere Gleichung folgende Zahlen: $E_1 = 164$, $E_2 - A = -204$, woraus sich die Elektronenaffinität $E_{O^{--}}$ zu -40 kcal ergibt.

Eine der obigen entsprechende Überlegung für das N-Atom ergibt

$$(N) + 3\ominus = (N^{---}) + E_1 + E_2 + E_3 - A_1 - A_2,$$

worin E_n die abgegebene Energie bei Aufnahme des n-ten Elektrons, A_1 die Arbeit zur Heranführung des Elektrons gegen das einfach, A_2 die zur Heranführung gegen das zweifach geladene Ion bedeutet. In roher Annäherung darf man setzen: $E_1 \backsim E_2 \backsim E_3$, $A_2 \backsim 2A_1$ und erhält

$$(N) + 3\ominus = (N^{3-}) + 3(E - A_1) = (N^{3-}) + E_{N^{3-}}.$$

Da $A_1 \gg E$, wird $3(E - A_1)$, die Elektronenaffinität $E_{N^{3-}}$ stark negativ.

[1]) E. v. ANGERER u. A. MÜLLER, Phys. ZS. Bd. 26, S. 643. 1925.
[2]) Privatmitteilung von Herrn v. ANGERER.
[3]) J. KASARNOWSKY, ZS. f. Phys. Bd. 38, S. 12. 1926.
[4]) G. JOOS und G. F. HÜTTIG, ZS. f. Elektrochem. Bd. 32, S. 201 u. 295. 1926.
[5]) H. G. GRIMM, ZS. f. Elektrochem. Bd. 31, S. 478. 1925; Diskussion S. 480.
[6]) M. BORN u. W. GERLACH, ZS. f. Phys. Bd. 5, S. 433. 1921.
[7]) H. SENFTLEBEN und I. REHREN. ZS. f. Phys. Bd. 37, S. 529. 1926; H. SENFTLEBEN, ebenda S. 539.

Eine Anzahl der bisher angegebenen Daten für Elektronenaffinitäten ist in Tabelle 13 verzeichnet und einigen Ionisierungsarbeiten von Metallen gegenübergestellt, um die ganz verschiedenartigen energetischen Verhältnisse bei

Tabelle 13. Arbeit zur Erzeugung von Ionen aus Atomen in kcal pro Mol. (Zugeführte Arbeit wird hier negativ gerechnet.)

C^{4-} $\ll 0$	N^{3-} $\ll 0$	O^{2-} ca. 0	F^- $+94$	Na^+ -118	Mg^{2+} -520	Al^{3+} -1227
←———		S^{2-} ca. $+40$?	Cl^- $+88$	K^+ $-99{,}5$	Ca^{2+} -413	↑ ———→
Arbeit zur Bildung negativer Ionen			Br^- $+80$	Rb^+ $-96{,}0$	Sr^{2+} -384	Ionisierungsarbeit
			J^- $+71$	Cs^+ $-89{,}5$	Ba^{2+} -350	

Anionen und Kationen hervortreten zu lassen. Die Tabelle erlaubt uns, die obigen Sätze α bis ε folgendermaßen zu ergänzen:

ζ) Um aus Metallatomen Kationen zu erzeugen, ist stets mehr Energie erforderlich als zur Erzeugung von ebenso hoch geladenen Anionen aus Nichtmetallatomen.

η) Bei Anionen wie bei Kationen nimmt die Arbeit zur Erzeugung von Ionen aus Atomen mit der Höhe der Aufladung zu.

Das Auftreten negativer E-Werte ist natürlich dem Auftreten negativer I-Werte durchaus an die Seite zu stellen, so daß man von vornherein die Existenz z. B. von N^{3-} oder Pb^{4-} ebensogut erwarten könnte wie die der ebenso hoch geladenen, gleichgebauten und wohlbekannten positiven Ionen, hier Al^{3+} oder Th^{4+}; die bei der Verbindungsbildung auftretende Gitterenergie könnte ja die Arbeit zum Aufbau von N^{3-} aus N ebensogut liefern, wie sie die zum Abbau des Al zu Al^{3+} tatsächlich liefert. Man könnte sogar zunächst erwarten, daß hochgeladene Anionen im Gegensatz zur Erfahrung zahlreicher auftreten und leichter entstehen als die entsprechenden Kationen mit Edelgasschale, da ja nach Regel ζ die Arbeit zur Erzeugung der Anionen kleiner ist als die zur Herstellung der Kationen. Eine nähere Überlegung zeigt jedoch, daß es wahrscheinlich gerade die energetische „Bevorzugung" der Anionen ist, welche die Existenz hochgeladener Kationen ermöglicht. Die energetischen Verhältnisse sind zwar mangels ausreichender Daten im einzelnen noch nicht zu erfassen, das folgende Schema zeigt jedoch deutlich den wesentlichen Unterschied zwischen Anionen und Kationen.

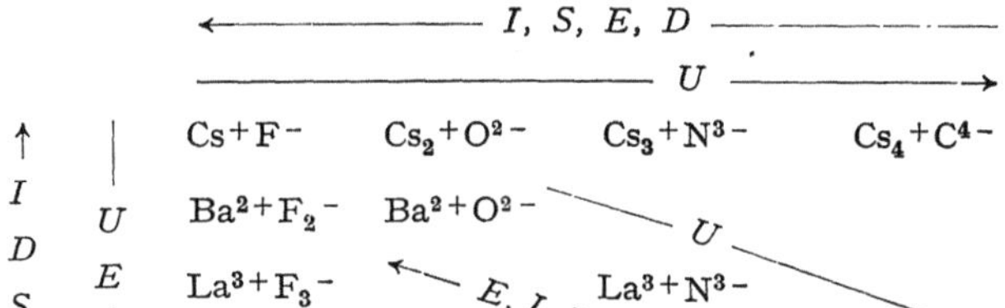

Es bedeuten: U Gitterenergie, S Sublimationswärme des Metalls, I Ionisierungsspannung des Metalls, E Elektronenaffinität des Nichtmetallatoms, D Dissoziationsarbeit des Nichtmetallmoleküls. Die in dem Schema eingezeichneten Verbindungen denken wir uns zunächst aus starren Ionen aufgebaut, wie man sie in NaF und MgF_2 wirklich annehmen kann; durch die Pfeilrichtung wird angedeutet, in welcher Richtung bei der Verbindungsbildung die freiwerdenden Energien zunehmen, die aufzuwendenden abnehmen. Die Pfeile zeigen dann, daß bei den „Salzreihen" CsF bis CeF_4 die aufzuwendenden Arbeiten I, D und S nicht nur von den Gitterenergien, sondern auch von der Elektronenaffinität des Halogenatomes geliefert werden, daß dagegen in den beiden anderen Reihen CsF bis Cs_4C und CsF bis CeC die Elektronenaffinität vom Cs_2O bzw. BaO ab negativ wird, und daß die Gitterenergien nunmehr allein als Energielieferanten auftreten. Die positiven E_F-Werte ermöglichen also die Bildung hochgeladener Kationen wie Ce^{4+} oder Th^{4+}; die Bildung entsprechender Anionen wie C^{4-} oder Pb^{4-} ist jedoch wahrscheinlich nicht möglich, da der die Gitterenergie unterstützende Energielieferant fehlt. Dem CeF_4 würde Cs_4C entsprechen; in letzterem erfordert aber die Bildung beider Ionen Arbeit, so daß die Bildungswärme einer solchen Verbindung negativ werden dürfte, solange man sie sich ideal polar aufgebaut denkt. Die obenerwähnte energetische „Bevorzugung" der Anionen ist somit nur eine scheinbare, da sich bei der Bilanz über alle bei der Verbindungsbildung auftretenden Energiegrößen in Wahrheit eine „Bevorzugung" der Kationen ergibt.

Zu diesem Grunde für die geringe Anionenzahl (Regel α) tritt nun noch ein zweiter, der ihren Existenzbereich weiter verkleinert; er liegt in der großen Deformierbarkeit der Anionen (Regel γ). Wenn sich in der Reihe CsF bis CeF_4 unseres Schemas oder in analogen Reihen die Ionen deformieren, dann wird der polare Zustand in vielen Fällen nicht aufgehoben, da man drei- und vierfach geladene Kationen nachweisen kann. In den anderen beiden Verbindungsreihen des Schemas dagegen deuten viele Tatsachen darauf, daß die hohe Deformierbarkeit des N^{3-}- und C^{4-}-Ions sowie der entsprechenden Homologen zur völligen Aufgabe der polaren Bindungsart und zum Übergang in einen unpolaren Bindungstypus führt. Man wird deshalb etwa zwischen Cs_2O und Cs_3N sowie zwischen BaO und LaN (oder zwischen LaN und CeC) eine Grenze zwischen polar und unpolar gebauten Verbindungen zu ziehen haben (vgl. Ziff. 31 u. 35 ff.).

Zusammenfassend läßt sich feststellen: Die Zahl der Kationen vom Edelgastypus ist größer als die Zahl der entsprechenden Anionen, erstens, weil die energetischen Verhältnisse im ganzen genommen für die Kationenbildung günstiger liegen, und zweitens, weil die mit wachsender Ladung immer größer werdende Deformierbarkeit der Anionen diese leichter zum Verlassen des polaren Zustandes zwingt.

d) Die Bedeutung der chemischen Wertigkeit bei nichtpolar aufgebauten Verbindungen.

21. Die Valenzzahlen gegen Wasserstoff. (Ziff. 14, Regel 4.) Die Bedeutung der konstanten Valenzzahlen gegen Wasserstoff (abgekürzt H-Wertigkeit) bei salzartigen Hydriden, die aus Ionen aufgebaut sind, z. B. $[Li^+H^-]$ [1]), ist die gleiche wie bei anderen polar gebauten Salzen (Ziff. 15). Bei den flüchtigen Hydriden jedoch, z. B. bei CH_4, NH_3, OH_2, FH, liegen die Verhältnisse weniger durchsichtig, weil sich die ältere KOSSELsche Annahme, daß auch bei ihnen Aufbau aus Ionen C^{4-}, N^{3-}, O^{2-}, F^- vorliegt, kaum aufrechterhalten läßt (vgl. Ziff. 10, 28). Immerhin läßt sich im Anschluß an diese Auffassung im Zusammenhang mit den nebenstehenden BOHR-STONERschen Elektronenverteilungszahlen der Satz aufstellen:

n_{kj}	C	N	O	F	Ne
1_{11}	2	2	2	2	2
2_{11}	2	2	2	2	2
2_{21}	2	2	2	2	2
2_{22}	0	1	2	3	4
H-Wertigkeit	4	3	2	1	0

„Die Valenzzahl gegen Wasserstoff ist bei den flüchtigen Hydriden der 1 bis 4 Stellen vor einem Edelgas stehenden Elemente gleich der Anzahl unbesetzter n_{22}-Bahnen" (vgl. Tab. 1).

1) K. MOERS, ZS. f. anorg. Chem. Bd. 113, S. 179. 1920; W. NERNST, ZS. f. Elektrochem. Bd. 26, S. 323. 1920; K. PETERS, ZS. f. anorg. Chem. Bd. 131, S. 140. 1923.

Diese Tatsache deutet darauf hin, daß man tatsächlich mit LEWIS[1]), LANGMUIR[1]), KNORR[2]) u. a. auch bei nichtpolar gebauten Verbindungen von dem „Anstreben" einer Edelgaskonfiguration mit 2 oder 8 A.El. sprechen kann, die allerdings nur dadurch erreicht wird, daß man bestimmte Elektronen als zwei Atomkernen zugehörig betrachtet, eine Annahme, deren Brauchbarkeit in Ziff. 26 und 27 besprochen werden soll.

22. Die Bedeutung der Maximalvalenzzahlen gegen Sauerstoff. (Ziff. 14, Regel 5.) Die Bedeutung dieser Zahlen ist nur am Anfang der folgenden oder entsprechender Reihen von Oxyden Na_2O, MgO, Al_2O_3, SiO_2, P_2O_5, SO_3, Cl_2O_7 durchsichtig, sie sind hier gleich der Zahl der vom Metall an O abgegebenen Elektronen. Von Al_2O_3 ab wird es zweifelhaft, ob Aufbau aus Ionen vorliegt, und bei den folgenden Oxyden wird die Auffassung, daß auch hier der Zusammenhalt auf elektrostatischer Anziehung von Ionen beruhen sollte, immer unwahrscheinlicher, wenn man die Tatsachen über Molekularrefraktionen und Eigenschaftssprünge berücksichtigt (vgl. Ziff. 35 ff). Da jedoch die Maximalvalenzzahl gegen O in allen Horizontalreihen des periodischen Systems genau so von 1 auf 7 wächst wie die Zahl der Elektronen, die nach Ausbildung einer stabilen Schale mit 2, 8 oder 18 A.El. mit der nächst höheren Quantenzahl angesetzt werden (Tabelle 1), so kann man vorläufig feststellen:

„Die Maximalvalenzzahl gegen Sauerstoff ist gleich der Zahl der Elektronen, die bei der Sauerstoffbindung abgelöst oder zur Herstellung nichtpolarer Bindungen ‚beansprucht' werden. Bei den Elementen, die 1 bis 7 Stellen vor einem Edelgas stehen, ist diese Zahl identisch mit der Zahl der Elektronen mit höchster Hauptquantenzahl *n*. Bei den Elementen, die 1 bis 8 Stellen nach einem der Edelgase Ar, Kr, X, Em stehen, ist die Maximalvalenzzahl gleich der Zahl der Elektronen, welche zu der Elektronenzahl der Edelgase in derselben oder nächsthöheren Schale hinzugekommen sind."

Hierbei wird unter „Beanspruchung" eines Valenzelektrons verstanden, daß dieses nicht nur zu dem Atomkern des gebundenen O-Atoms, sondern auch zu dem des Mutteratoms in Beziehung steht (vgl. Ziff. 27). Die Sechswertigkeit des S in SO_3 besagt nach dieser Auffassung, daß beim Schwefel die 6 Elektronen mit der Hauptquantenzahl 3 sämtlich an der Bindung des Sauerstoffs beteiligt sind. Bei dem sechswertigen Chrom in CrO_3 sind es entsprechend die nach dem Ar hinzugetretenen 6 Elektronen, und zwar vielleicht vier 3_{22}- und zwei 4_{11}-Elektronen.

Daß in der Regel von ABEGG und BODLÄNDER (Ziff. 14, Regel 6) und im periodischen System der Elemente die Zahl acht eine besondere Rolle spielt, hängt natürlich damit zusammen, daß die stabilen Edelgasschalen (außer bei He) gerade 8 Elektronen enthalten. Die Folge davon ist, daß man bei den a Stellen ($a = 1$ bis 4) vor einem Edelgas stehenden Elementen durch Aufnahme von a Elektronen zur nächsten Edelgasschale, durch Abgabe von $(8 - a)$ Elektronen dagegen zu der stabilen Schale mit der nächst niedrigeren Quantenzahl gelangt. So kommt man z. B. vom Se-Atom 2, 8, 18, 6 durch Aufnahme von zwei Elektronen zu Se^{--}, d. h. zur Kr-Konfiguration 2, 8, 18, 8, oder durch „Inanspruchnahme" von 6 Elektronen, wie sie in SeO_3 stattfindet, zu der Konfiguration des Cu^+-Ions 2, 8, 18.

23. Die verschiedenen Valenzstufen der Elemente und die Untergruppeneinteilung der Elektronen im Atom. (Ziff. 14, Regel 7.) Die bisher besprochenen Zusammenhänge zwischen Wertigkeit und Atombau beschränken sich auf solche Valenzstufen, bei denen durch gleiche Hauptquantenzahl ausgezeichnete „stabile" Elektronenkonfigurationen angestrebt werden, nämlich die der Edel-

[1]) Zitate Ziff. 1 u. 26. [2]) C. A. KNORR, ZS. f. anorg. Chem. Bd. 129, S. 109. 1923.

gase mit 2 bzw. 8 A.El. und die der Ionen der Nebenreihen mit 18 A.El. vom Typus Cu^+, Ag^+, Au^+.

Es bleibt noch festzustellen, ob die chemischen Tatsachen nicht auch im Zusammenhang mit der von STONER[1]) und MAIN SMITH[2]) vorgeschlagenen Untergruppeneinteilung der Elektronengruppen mit gleichem n stehen. Nach dieser Einteilung werden bei den 7 bis 1 Stellen vor einem Edelgas stehenden Elementen der Reihe nach folgende Elektronenbahnen mit Valenzelektronen besetzt: zwei n_{11}-, zwei n_{21}- und vier n_{22}-Bahnen. Diese Einteilung macht sich nun unzweifelhaft auch bei den Valenzzahlen bemerkbar, worauf zuerst MAIN SMITH und STONER hinwiesen. Man erkennt dies in Tabelle 14, in der die bekannten Valenzstufen der 1 bis 5 Stellen vor einem Edelgas stehenden Elemente verzeichnet sind.

Tabelle 14. Valenzstufen[3]).

Gruppen Nr.	Elemente $n = 2$	3	4	5	6	Aufladung von Ionen	Valenzzahlen = Anzahl der Elektronen, die zur Herstellung der Bindung beansprucht werden.			
VII	F*	Cl	Br	J	—	−1	(1)	3	5	7
VI	O*	S	Se	Te	Po*	−2		2	4	6
V	N	P	As	Sb	Bi			—	3	5
IV	C	Si	Ge	Sn	Pb				2	4
III	B*	Al*	Ga*	In	Tl				1	3
An der Bindung nicht beteiligte Elektronen:						4 2 2 n_{22} n_{21} n_{11}	(2 2 2) n_{22} n_{21} n_{11}	0 2 2 n_{22} n_{21} n_{11}	0 0 2 n_{22} n_{21} n_{11}	0 0 0 n_{22} n_{21} n_{11}

Unter den Valenzzahlen der Tabelle 14 ist die Zahl der Elektronen angegeben, die in entsprechenden Verbindungen an der Herstellung der Bindung nicht beteiligt sind, die man also „stabilen Schalen“ zuzurechnen hat. Man sieht z. B., daß das Pb zwei- und vierwertig auftritt; dem entspricht, daß es zwei n_{11}- und zwei n_{21}-Elektronen besitzt; im $PbCl_2$ sind nur die beiden n_{21}-Elektronen abgelöst, im $PbCl_4$ sind auch die zwei n_{22}-Elektronen abgetrennt oder „beansprucht“. Ferner sieht man, daß das Chloratom drei 3_{22}-, zwei 3_{21}- und zwei 3_{11}-Elektronen hat, die der Reihe nach im drei-, fünf- und siebenwertigen Chlor zur Bindung „beansprucht“ sind, während es im Cl^--Ion die eine im Cl-Atom unbesetzte 3_{22}-Bahn besetzt hat. Vom einwertigen Chlor, wie es in Cl—Cl, KOCl vorliegt, und vom vierwertigen Chlor der instabilen Verbindung ClO_2 geben die Elektronenzahlen jedoch keine Rechenschaft. Bei den mit * versehenen Elementen der Tabelle 14 ist ein Teil der aufgeführten Valenzstufen nicht bekannt. So kennt man vom F neben —1 im Ion nur die Valenzzahl 1 in F—F, so kennt man von B, Al, Ga keine Einwertigkeit. Auffällig ist auch, daß bei keinem Element der 5. Gruppe N, P, As, Sb, Bi mit Sicherheit die Valenzzahl 1 festgestellt ist, obwohl hier das erste „locker“ gebundene n_{22}-Elektron auftritt. Im ganzen läßt sich jedoch feststellen, daß die Tatsachen über verschiedene Wertigkeitsstufen eng mit der Untergruppeneinteilung zusammenhängen müssen, und daß es wahrscheinlich die verschiedene Bindungsfestigkeit der einzelnen Untergruppenelektronen sein wird, welche bestimmte Valenzstufen bevorzugen läßt.

24. Die „Zweierschale“, die Elektronengruppe mit 18 + 2 Außenelektronen. (Ziff. 14, Regel 8.) Nach der Untergruppeneinteilung (Tabelle 1) ist zu erwarten, daß nach Abschluß einer der stabilen Schalen mit 2, 8, 18 Elektronen bereits nach Ansatz der neu hinzutretenden beiden n_{11}-Elektronen die nächste stabile Schale

[1]) E. C. STONER, Phil. Mag. Bd. 48, S. 719. 1924.

[2]) MAIN SMITH, Journ. Soc. Chem. Ind. Bd. 43, S. 323. 1924. Chemistry and Atomic Structure. London 1924.

[3]) H. G. GRIMM u. A. SOMMERFELD, ZS. f. Phys. Bd. 36, S. 36. 1926.

erreicht ist. Der spektroskopische Befund entspricht dieser Erwartung durchaus[1]), doch zeigt auch die in Ziff. 14, Regel 8, erwähnte Tatsache deutlich, daß die STONERsche „Zweierschale" besonders ausgezeichnet ist und in Gestalt stabiler Ionen hervortritt, wenn die nächst tiefere Schale 18 Elektronen enthält. Die in Tabelle 15 aufgeschriebenen Elemente zeigen nämlich fast ausnahmslos die Valenzzahl $m - 2$ neben der Maximalvalenzzahl m und liefern vielfach Ionen, deren „Stabilität" nicht geringer ist als die der Ionen mit 18 A.El. So stellen z. B. Tl^+, Sn^{++}, Pb^{++} durchaus stabile Ionen dar, denen man eine Zweierschale zuschreiben muß. Es ist jedoch hervorzuheben, daß diese Ionen ihrem ganzen chemischen und besonders ihrem kristallchemischen Verhalten (Ziff. 63) nach nicht etwa den Ionen vom He-Typus, sondern den Ionen mit 18 A.El. vom Typus Cu^+, Ag^+, Au^+ an die Seite zu stellen sind[2]), so daß man ihre A.El. zweckmäßig mit $(18 + 2)$ angibt (vgl. Tabelle 4 und Abb. 1). Die niedrigere Valenzstufe $m - 2$ ist in mehreren Fällen sogar in dem Sinne „stabiler" zu nennen als die Valenzzahl m, als Verbindungen mit dem m-wertigen Element relativ leicht in den $(m - 2)$-wertigen Zustand übergehen. So verhält sich z. B. PbO_2 mit vierwertigem Pb wie ein Superoxyd und gibt leicht Sauerstoff ab, wobei es selbst in den zweiwertigen Zustand übergeht, so geht Tl^{3+} sehr leicht in Tl^+ über usw.

Tabelle 15.
Valenzzahlen der Elemente der Nebenreihen.

Valenzzahl	m		1	2	3	4	5	6	7
	$m-2$	−2	−1	0	1	2	3	4	5
		Ni	Cu	Zn	Ga*	Ge	As	Se	Br*
			Ag	Cd	In	Sn	Sb	Te	J
			Au	Hg	Tl	Pb	Bi		

Nach der Untergruppeneinteilung folgt auf die erste Zweierschale der n_{11}-Elektronen eine zweite mit zwei n_{21}-Elektronen; beide Untergruppen könnte man zu einer „Viererschale" zusammenfassen. Das chemische Tatsachenmaterial liefert jedoch keinen Anhalt dafür, daß es in Kristallen oder Lösungen Ionen mit einer „Viererschale" gibt. Dagegen wird in Ziff. 31 gezeigt werden, inwiefern auch die Zahl 4 in der Chemie eine Rolle spielt und zu besonderen Verhältnissen Anlaß gibt.

e) Die chemische Bindung bei unpolar aufgebauten Verbindungen.

25. Einteilung der Stoffe mit unpolarer Bindung. Die Verbindungen, bei denen man keine Anzeichen dafür hat, daß die verbundenen Atome polar, daß sie Ladungsträger sind, nennt man unpolar oder nichtpolar, mit ABEGG und KOSSEL auch homöopolar, mit DUMAS und NERNST auch unitarisch.

Als unpolare Verbindungen im weitesten Sinne wurden bereits in Ziff. 13 alle diejenigen bezeichnet, bei denen die Atome durch Elektronen verknüpft sind, welche (anders als bei polaren Verbindungen) zu mehreren Atomkernen in Beziehung stehen. Zu solchen Verbindungen gehören nach der in den Tabellen 8 und 9 enthaltenen Übersicht über die verschiedenen Bindungsarten drei große Stoffklassen mit sehr verschiedenen Eigenschaften, und zwar:

α) Die in sich abgeschlossenen Nichtmetallmoleküle, das sind die Verbindungen, welche die Atome der 1 bis etwa 4 (beim Bor 5) Stellen vor einem Edelgas stehenden Elemente miteinander eingehen können, z. B. H_2, N_2, O_2, F_2, CO, NO, $SiCl_4$, JCl, $CH_3{-}CH_3$ und fast alle organischen Verbindungen. Bei

[1]) H. G. GRIMM u. A. SOMMERFELD, ZS. f. Phys. Bd. 36, S. 36. 1926; A. SOMMERFELD, Three lectures on atomic physics. London 1926.

[2]) H. G. GRIMM, ZS. f. phys. Chem. Bd. 98, S. 353. 1921.

diesen Verbindungen sind innermolekulare und zwischenmolekulare Kräfte erheblich verschieden, sie bilden Molekülgitter, sind relativ flüchtig und leiten den elektrischen Strom im allgemeinen nicht.

β) Die diamantartigen Stoffe mit „Tetraederbindung", das sind Verbindungen der Atome, die 4 Stellen vor einem Edelgas stehen, z. B. [C], [Si], [CSi], [Ge], [Sn], ferner bestimmte Verbindungen der Nachbarn dieser Elemente, z. B. [BN], [AlN], [ZnS], [AgJ], wahrscheinlich auch [SiO_2], [Al_2O_3], [Si_3N_4], [P_3N_5] u. a. Diese Verbindungen bilden Atomgitter, sind meistens schwer flüchtig, vielfach hart; ein Teil leitet den elektrischen Strom nicht.

γ) Die Metalle und Metallverbindungen, das sind die Verbindungen, welche die Atome der etwa 4 bis 7 Stellen vor einem Edelgas, und der 1 bis zu 10 Stellen nach den Edelgasen Ar, Kr, X, Em stehenden Elemente sowie die seltenen Erdmetalle miteinander einzugehen vermögen, z. B. [Na], [Cu], [Cu_2Mg], [$NiCd_4$], [$FeZn_7$], ferner Legierungen, vielleicht auch Palladiumwasserstoff, CuH, NiH_2. Bei diesen Verbindungen hat man, soweit man weiß, zwischen innermolekularen und zwischenmolekularen Kräften nicht zu unterscheiden. Sie bilden Atomgitter, sind meistens relativ schwer flüchtig und leiten den elektrischen Strom gut. Die Zuordnung der Metalle zu den Stoffen mit unpolarer Bindung ist zunächst nur formal, denn es ist noch unbekannt, ob die unpolare Bindung, welche Nichtmetalle zu Molekülen verknüpft, der „metallischen Bindung" wesensverwandt ist oder nicht.

26. Vorstellungen über die unpolare Bindungsart in Wasserstoff und einfachen Hydridmolekülen. Es ist bis jetzt nicht gelungen, auch nur für die einfachsten unpolar gebauten Verbindungen, z. B. für H_2, F_2, Diamant, ein befriedigendes Molekülmodell zu entwerfen. Das von BOHR[1]) entworfene Modell des H_2 ist in Abb. 12a abgebildet. Ein Elektronenring mit zwei Elektronen verbindet die beiden Kerne, deren Verbindungslinie senkrecht auf der Mitte der Bahnebene steht. Das Modell widerspricht

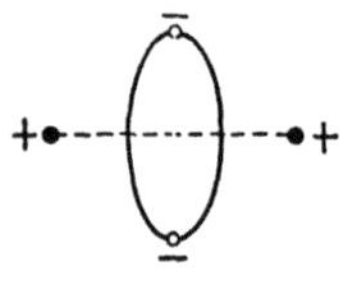

a

b c d

Abb. 12. Wasserstoffmolekülmodelle.

der Erfahrung insofern, als es die Dissoziationswärme $2\,D_{\mathrm{H}}$ des Moleküls in Atome wahrscheinlich zu niedrig errechnen und in Widerspruch mit der Erfahrung Paramagnetismus des H_2 erwarten läßt[2]). LEWIS[3]) ordnet in Anlehnung an das BOHRsche Modell der Strichvalenz in H—H ein Elektronenpaar zu und schreibt H:H, um formal anzudeuten, daß jedem H-Atom gewissermaßen eine Edelgasschale, nämlich die Zweierschale des Heliums, zukommt.

NOYES[4]), SIDGWICK[5]), CAMPBELL[6]), KNORR[7]) haben unabhängig voneinander den Gedanken ausgesprochen, daß die zwei Kerne der H_2-Molekel durch zwei Elektronen verbunden sein könnten, deren Bahnen beide H-Kerne so umlaufen, daß sich die Kerne etwa in den Bahnebenen der Elektronen befinden, wie dies Abb. 12b

[1]) N. BOHR, Phil. Mag. Bd. 26, S. 857. 1913.

[2]) Vgl. z. B. A. EUCKEN, Grundriß der physikalischen Chemie, 1. Aufl., S. 455; G. N. LEWIS, die unter [3]) zitierte Monographie S. 59.

[3]) G. N. LEWIS, Valence and the Structure of Atoms and Molecules, Amer. Chem. Soc. Monogr. Series 1923; dort weitere Literatur.

[4]) W. A. NOYES, Journ. Amer. Chem. Soc. Bd. 39, S. 879. 1917.

[5]) V. N. SIDGWICK, Journ. Chem. Soc. Bd. 123, S. 727. 1923.

[6]) N. R. CAMPBELL, Nature Bd. 111, S. 569. 1923.

[7]) C. A. KNORR, ZS. f. anorg. Chem. Bd. 129, S. 109. 1923.

andeutet. Ein in Ziff. 28 besprochener Zusammenhang zwischen H_2 und He legt sodann die Annahme nahe, daß das von SOMMERFELD[1]) vorgeschlagene He-Modell auch auf die H_2-Molekel und alle unpolar verknüpften Atomkerne auszudehnen sei. In diesem in Abb. 12c abgebildeten He-Modell wird angenommen, daß die beiden Elektronen den Atomkern auf zwei konplanar und diametral gelegenen Ellipsen in entgegengesetztem Sinn umlaufen. Um es auf H_2 zu erweitern, hätte man sich vorzustellen, daß die zwei Kernladungen des He-Kernes etwas auseinandergerückt sind, wie dies Abb. 12d zeigt. Die aufgeführten und weitere von PAULI[2]), NIESSEN[3]), EUCKEN[4]), BORN[5]), NERNST[6]) gemachte Vorschläge über die H_2-Molekel bzw. das H_2^+-Ion sind hypothetisch, sie enthalten aber alle die Annahme, daß die Bindung der beiden Kerne in der H_2-Molekel in gleichartiger Weise durch beide Elektronen besorgt wird, daß man also H:H zu schreiben hat und nicht etwa (H^+H^-).

Bei der H_2-Molekel und ganz allgemein bei unpolar gebauten Stoffen, namentlich bei der großen Zahl der organischen Verbindungen, haben wir es aller Wahrscheinlichkeit nach mit gerichteten Kräften zu tun, deren Richtung mit ausgezeichneten Richtungen im Bau des isolierten oder zumindest des gebundenen Einzelatoms zusammenhängen muß. Die bewährten Strichvalenzen der Strukturchemie erhalten dadurch eine ganz bestimmte, im einzelnen noch unbekannte physikalische Bedeutung, während bei rein polaren Verbindungen der Valenzstrich nur der Zahl abgegebener bzw. aufgenommener Elektronen, nicht aber einer gerichteten Kraft im fertigen Salz entspricht. LEWIS[7]) verleiht dieser Auffassung durch ein Methanmodell Ausdruck, in welchem die vier im CH_4 anzunehmenden Elektronenpaare starr in den Ecken eines Tetraeders angeordnet sind; für Derivate des CH_4 nimmt er weiter an, daß die Elektronenpaare je nach der Art der verknüpften Atome gegen eines derselben verschoben sein und eine Art Aufladung hervorrufen können. LANGMUIR[8]) stellt sich CH_4 als Elektronenkubus vor. Diese Annahme starrer Elektronengebäude ist natürlich physikalisch unmöglich, hat sich jedoch als brauchbare Arbeitshypothese erwiesen.

C. A. KNORR[9]) hat in qualitativen Überlegungen versucht, die Vorstellungen von LEWIS und LANGMUIR mit dem BOHRschen Atommodell zu verknüpfen, indem er annimmt, daß im Methan jedes der vier Elektronenpaare den C-Kern und je einen H-Kern auf Bahnen umlaufen, wie sie Abb. 13 andeutet; die Bahnebenen sind vielleicht tetraedrisch gegeneinander geneigt. Die aufgeführten Modelle sind durch die Schreibweise

```
   H
   ..
H : C : H
   ..
   H
```

zu symbolisieren. Bei dem Modell von KNORR kommt außer der Andeutung bevorzugter Richtungen besonders zum Ausdruck, daß der H^+-Kern in die Elektronenhülle eindringt, so daß ein Molekül entsteht, das wie ein Edelgas außen

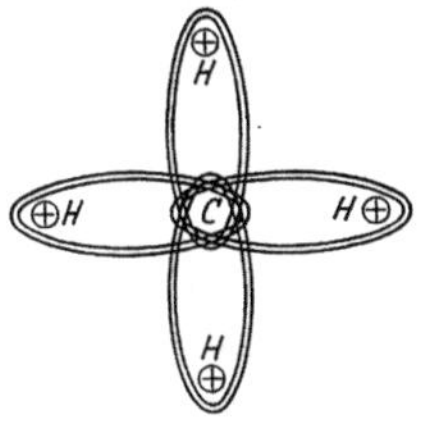

Abb. 13. Modell von CH_4.

[1]) A. SOMMERFELD, Atombau und Spektrallinien. 4. Aufl., S. 203. Braunschweig 1924.
[2]) W. PAULI jr., Ann. d. Phys. (4) Bd. 68, S. 177. 1922.
[3]) K. F. NIESSEN, Ann. d. Phys. (4) Bd. 70, S. 129. 1922.
[4]) A. EUCKEN, Naturwissensch. Bd. 10, S. 533 u. 947. 1922.
[5]) M. BORN, Naturwissensch. Bd. 10, S. 677. 1922.
[6]) W. NERNST, ZS. f. angew. Chem. Bd. 36, S. 453. 1923.
[7]) G. N. LEWIS, Valence etc. Vgl. Fußnote 3 auf S. 510.
[8]) I. LANGMUIR, Journ. Amer. Chem. Soc. Bd. 41, S. 868 u. 1543. 1919; Bd. 42, S. 274. 1920; Science Bd. 54, S. 59. 1921.
[9]) C. A. KNORR, ZS. f. anorg. Chem. Bd. 129, S. 109. 1923; vgl. auch E. MÜLLER, ZS. f. Elektrochem. Bd. 30, S. 493. 1924; Bd. 31, S. 46 u. 143. 1925.

acht Elektronen hat, welche die Ladung der H^+-Kerne in ihrer Wirkung nach außen weitgehend abschirmen. Durch diese Auffassung werden viele Tatsachen, so z. B. die relative Flüchtigkeit der Hydride, die chemische Widerstandsfähigkeit der Paraffine, die Ähnlichkeit der Ammoniumverbindungen mit den Alkaliverbindungen, verständlicher, als sie es bei der früher herrschenden Vorstellung waren, nach der sich die H^+-Kerne außerhalb der Elektronenhülle befinden sollten.

F. HUND[1]) hat versucht, durch quantitative Berücksichtigung der Deformation des O^{--}- bzw. des N^{3-}-Ions bei der Anlagerung von H^+-Kernen zu näheren Aussagen über die Gestalt dieser Molekeln zu gelangen. Er zeigte, daß in der H_2O-Molekel die zwei H^+-Kerne und der O-Kern nicht in einer Geraden liegen können, wie das z. B. KOSSEL angenommen hat, sondern daß bei genügend großer Deformierbarkeit des O^{--}-Ions erst dann die einzige stabile Gleichgewichtslage erreicht ist, wenn die H^+-Kerne und der O^{--}-Kern ein gleichschenkliges Dreieck miteinander bilden. Dieses Rechnungsergebnis stimmt gut zu der schon lange von VORLÄNDER[2]) auf Beobachtungen an flüssigen Kristallen gegründeten Behauptung, daß die H-Atome in der H_2O-Molekel miteinander einen Winkel von etwa 109° wie die Valenzrichtungen im C-Tetraeder bilden müßten. Für die NH_3-Molekel gibt HUND aus entsprechenden Überlegungen an, daß das angenommene N^{3-}-Ion und die drei H^+-Kerne eine Pyramide mit drei gleichschenkligen Seitenflächen bilden, ein Modell, das auf ganz anderem Wege von WERNER, HANTZSCH und anderen Chemikern seit Jahrzehnten aus den Isomerieverhältnissen bei N-Verbindungen abgeleitet wurde. Weitere interessante Rechnungen HUNDS beziehen sich auf die Molekeln H_2S, H_2Se, NaOH, KOH. Die von HUND theoretisch berechneten Ausmaße, Eigenfrequenzen, Protonenaffinitäten (Ziff. 28) u. a. stimmen befriedigend mit der Erfahrung überein. HUND nimmt bei seinen Rechnungen an, daß es im Zentralion seiner Molekülmodelle von vornherein keine vorgebildeten „gerichteten Valenzen" gibt, sondern daß man ein noch undeformiertes Ion als ein nahezu kugelsymmetrisches Gebilde ansehen kann. Die ausgezeichneten Richtungen sollen in dem Ion erst durch die deformierende Wirkung der in der Umgebung befindlichen Ionen entstehen und nur von deren Ladung und Feldstärke abhängen; ein völliges Eindringen der H^+-Kerne in die Elektronenhüllen der Anionen wird nicht angenommen.

Da die Hydride in der Chemie eine besondere Rolle spielen, werden sie in Ziff. 28 noch ausführlicher besprochen werden.

27. Vorstellungen über weitere Nichtmetallmoleküle. Bei unpolaren Molekülen, bei denen beliebige Nichtmetallatome miteinander verknüpft sind, z. B. bei F_2, NO, $COCl_2$, C_2H_6 usw., wird wie bei H_2 und CH_4 angenommen, daß jede Bindung, jede Strichvalenz durch mindestens zwei Elektronen betätigt wird, welche zu den Kernen der beiden verbundenen Atome in Beziehung stehen, vielleicht beide Kerne umlaufen. LEWIS hat an großem Material gezeigt, daß fast sämtliche nichtpolaren Verbindungen eine geradzahlige Summe der äußeren Elektronen haben, z. B. $CO_2 = 4 + 6 + 6 = 16$; $N_2O = 5 + 5 + 6 = 16$; $CH_4 = 4 + 4 = 8$ usw., und daß die wenigen Ausnahmen von dieser Regel, z. B. NO mit 11, NO_2 mit 17, ClO_2 mit 19, $(C_6H_5)_3C$ mit 91 Elektronen, Verbindungen von besonders ungesättigtem Charakter sind, die Paramagnetismus und, mit Ausnahme von NO, auch Farbe zeigen. LEWIS nimmt daher an, daß allgemein auch bei unpolaren Verbindungen die Edelgaskonfiguration mit zwei bzw. acht Elektronen eine Rolle spiele und gewissermaßen „angestrebt" werde.

[1]) F. HUND, ZS. f. Phys. Bd. 31, S. 81; Bd. 32, S. 1. 1925.
[2]) D. VORLÄNDER u. F. H. WEBER, Phys. ZS. Bd. 21, S. 590. 1920.

Namentlich der Zahl zwei, der Schaffung von Elektronenpaaren, mißt LEWIS besondere Bedeutung bei. Er schreibt z. B. unter Kennzeichnung jedes Elektrons durch einen Punkt:

$$:\ddot{F}\cdot + :\ddot{F}\cdot = :\ddot{F}:\ddot{F}:\;;\quad :\ddot{O} + :\ddot{O} = \ddot{O}::\ddot{O}\;;\quad H:\ddot{O}:H\;;\quad \begin{matrix}H\;H\\H:C:C:H\\H\;H\end{matrix}\;;\quad \begin{matrix}H\\H:C:\ddot{C}l:\\H\end{matrix}$$

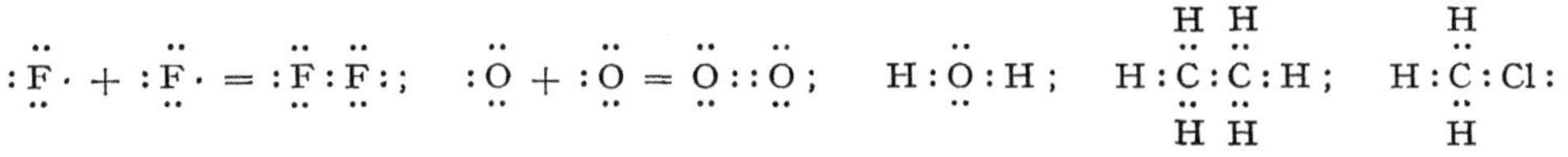

und veranschaulicht so, daß bei der Zuordnung von je zwei Elektronen zu einer Bindung die Achter- bzw. Zweierschale der Edelgase formal erreicht wird. Schreibt man dagegen entsprechende Formeln für ClO_2 und NO_2

$$:\ddot{O}:\ddot{C}l:\ddot{O}:\quad :\ddot{O}:\ddot{N}:\ddot{O}:\;;$$

dann erkennt man, daß sie **ungepaarte** Elektronen haben, welche man mit der besonderen Reaktionsfähigkeit dieser Stoffe in Zusammenhang bringen kann. Bei diesen Formeln handelt es sich natürlich nicht um die Zweier- und Achterschalen, wie sie in isolierten Ionen vom He- oder Ne-Typus vorliegen, sondern um Gruppen von zwei Elektronen, die zu zwei Atomkernen, oder auch um Gruppen von acht Elektronen, die zu mehreren, höchstens fünf Atomkernen, in Beziehung stehen. Stellt man sich wieder wie bei H_2 und CH_4 mit KNORR vor, daß die verbindenden Elektronenpaare stets beide Kerne mit ihren Bahnen umschließen, dann hat man sich auch unter größeren Molekülen wie F_2, NO, CO_2, C_2H_6, C_6H_6 usw. neutrale Systeme mit einer gemeinsamen Elektronenhülle vorzustellen, die nach außen in ähnlicher Weise abgeschlossen und „stabil" sind wie die Hülle eines Edelgases oder eines Ions, und die wie Edelgase nach außen nur geringe Kraftwirkungen, die sog. VAN DER WAALSschen Kräfte (Ziff. 34) ausüben können. Durch dieses Bild wird die relative Flüchtigkeit der Nichtmetallmoleküle ebenso verständlich wie die Aufrechterhaltung des Molekülverbandes im kondensierten Zustand, namentlich im Molekülgitter der Kristalle.

Die Theorie der Elektronenpaare und „Achtergruppen" oder „Oktetts" vermag mit ihren Formeln in einer Reihe von Fällen, so bei Substanzen mit ungepaarten Elektronen, die Tatsachen befriedigender wiederzugeben, als dies bei der üblichen Schreibweise mit Valenzstrichen geschieht. Von Interesse ist z. B. die Formulierung von Sauerstoff- und Halogenosäuren:

Alte Strukturformel	WERNER[1])	KOSSEL[2])	LEWIS[3])
$BF_3 \cdot HF$	$\begin{bmatrix}F\\F\;B\;F\\F\end{bmatrix}^- H^+$	$\begin{bmatrix}F^-\\F^-\;B^{3+}\;F^-\\F^-\end{bmatrix}^- H^+$	$\begin{bmatrix}:\ddot{F}:\\:\ddot{F}:B:\ddot{F}:\\:\ddot{F}:\end{bmatrix}^- H^+$
$\begin{matrix}O\\\parallel\\O{=}S{-}OH\\\vert\\OH\end{matrix}$	$\begin{bmatrix}O\\O\;S\;O\\O\end{bmatrix}^{--}\begin{matrix}H^+\\H^+\end{matrix}$	$\begin{bmatrix}O^{--}\\O^{--}\;S^{6+}\;O^{--}\\O^{--}\end{bmatrix}^{--}\begin{matrix}H^+\\H^+\end{matrix}$	$\begin{bmatrix}:\ddot{O}:\\:\ddot{O}:S:\ddot{O}:\\:\ddot{O}:\end{bmatrix}^{--}\begin{matrix}H^+\\H^+\end{matrix}$
a)	b)	c)	d)

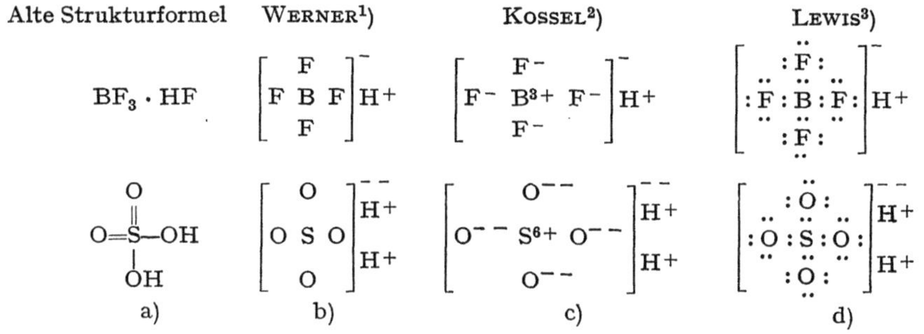

Die Strukturtheorie formuliert HBF_4 und H_2SO_4 nach Formel a), in der HBF_4 als Molekülverbindung, H_2SO_4 als Verbindung des sechswertigen Schwefels mit doppelt gebundenen Sauerstoffatomen erscheint. WERNER[1]) brachte die Analogie

---

[1]) A. WERNER, Neuere Anschauungen auf dem Gebiete der anorganischen Chemie. Braunschweig 1905.
[2]) W. KOSSEL, Ann. d. Phys. Bd. 49, S. 229. 1916.
[3]) G. N. LEWIS, Valence etc. New York 1923.

dieser Verbindungen dadurch zum Ausdruck, daß er nach b) formulierte; um ein Zentralatom gruppieren sich in erster „Sphäre" je vier Halogen- bzw. O-Atome; es entsteht ein Komplex, der in zweiter Sphäre H bindet; an die Stelle der Valenzzahlen drei für Bor und sechs für Schwefel tritt hier die Koordinationszahl (vgl. Ziff. 42) vier für beide Verbindungen. KOSSEL[1]) übernahm die Schreibweise von WERNER, fügte aber die Aussage hinzu, daß es elektrostatische Kräfte seien, welche die Teile des Komplexes zusammenhalten und die Aufladung des gesamten Ions bedingen, wie dies Formel c) zeigt. Die KOSSELsche Auffassung ist bis jetzt nicht endgültig widerlegt worden; die Berücksichtigung der Deformationserscheinungen und der energetischen Verhältnisse macht es jedoch unwahrscheinlich, daß in den Komplexen SO_4^{--} und BF_4^{-} ionogene Bindung vorliegt. LEWIS[2]) formuliert nun nach d); bei seiner Schreibweise sind Halogen- und Sauerstoffatome ganz gleichartig mit je einem Elektronenpaar an das Zentralatom geknüpft. In entsprechender Weise lassen sich alle anderen Sauerstoffsäurereste vom Typus MO_4^{n-} mit „einfach" gebundenem Sauerstoff befriedigend formulieren[3]). Man hat hierbei zu beachten, daß bei dieser Formulierung die durch Elektronenpaare gebundenen O-Atome dadurch eine Art Aufladung erhalten, daß ihr Atomkern von zwei Elektronen „besucht" wird, die teils vom Wasserstoff-, teils vom Zentralatom stammen[4]). Daß in Komplexionen, die wahrscheinlich aus unpolar gebundenen Atomen aufgebaut sind, wie z. B. im $(NO_3)^-$-Ion

$$:\overset{..}{O}:N:\overset{..}{O}:$$
$$:\overset{..}{O}:$$

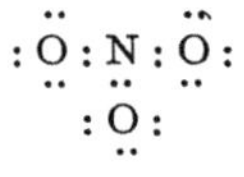

tatsächlich durch verschiedene Aufladung ausgezeichnete Stellen auftreten, konnte kürzlich SCHEIBE[5]) aus der Beeinflußbarkeit des Absorptionsspektrums durch verschieden geladene Fremdionen schließen.

In den besprochenen Fällen, außer bei NO_3^-, stehen die Zentralatome mit acht Elektronen in Beziehung. In anderen wichtigen Fällen wird diese Zahl jedoch nicht erreicht oder auch überschritten; in diesen Fällen bedeutet die Schreibweise mit Elektronenpaaren keinen wesentlichen Fortschritt gegenüber der bisherigen. So lassen sich Halogenide dreiwertiger und Oxyde sechswertiger Elemente, wie BF_3, $AlCl_3$, SO_3, nur mit sechs Elektronen am Zentralatom formulieren, wenn man bei ihnen nichtpolare Bindung annimmt; immerhin läßt sich hier aus der Fähigkeit zur Addition bestimmter Moleküle noch ein „Bestreben" zur Bildung eines „Oktetts" ableiten. So addiert z. B. BF_3 Ammoniak, $AlCl_3$ Äther, SO_3 Wasser. Hierbei sind die addierten Molekeln solche

$$\begin{array}{cccc}
:\overset{..}{F}: & H & :\overset{..}{F}:H & :\overset{..}{O}:H \\
:\overset{..}{F}:B + :\overset{..}{N}:H; \to :\overset{..}{F}:B :\overset{..}{N}:H; & :\overset{..}{Cl}:Al:\overset{..}{O}:; & :\overset{..}{O}:S :\overset{..}{O}:H, \\
:\overset{..}{F}: & H & :\overset{..}{F}:H & :\overset{..}{O}:
\end{array}$$

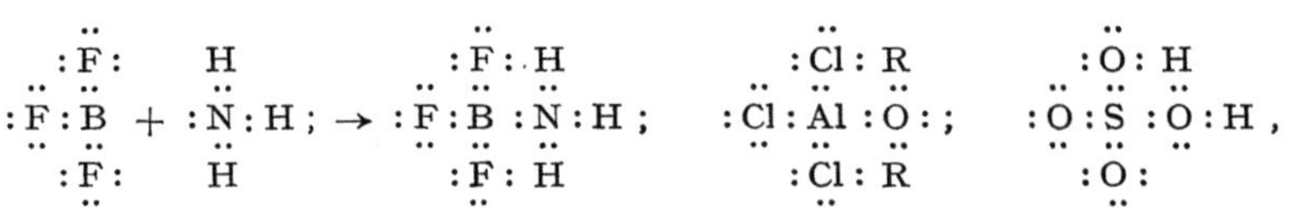

welche „einsame" Elektronenpaare haben, d. h. Paare, die nicht zu anderen Atomkernen in Beziehung stehen. Mit der Betätigung derartiger Elektronenpaare kann man auch z. B. die Aufnahme von H^+ durch NH_3 in Zusammenhang

---

[1]) W. KOSSEL, Ann. d. Phys. Bd. 49, S. 229. 1916.
[2]) G. N. LEWIS, Valence etc. New York. 1923. Vgl. Fußnote 3, S. 510.
[3]) Vgl. auch H. REMY, ZS. f. anorg. Chem. Bd. 116, S. 255. 1921.
[4]) C. A. KNORR, ZS. f. anorg. Chem. Bd. 129, S. 109. 1923; T. M. LOWRY, Trans. Faraday Soc. Bd. 18, S. 285. 1923.
[5]) G. SCHEIBE, Chem. Ber. Bd. 59, S. 1321. 1926.

bringen: der H+-Kern strebt eine „Zweierschale", das NH_3 eine Verkettung seines einzigen einsamen Elektronenpaares mit einem anderen Kern an

$$H^+ + :\!\!\overset{..}{\underset{..}{N}}\!:\!H \rightarrow \left[H:\overset{..}{\underset{..}{N}}:H\right]^+ .$$
$$H\phantom{:\overset{..}{N}:H \rightarrow [}H$$

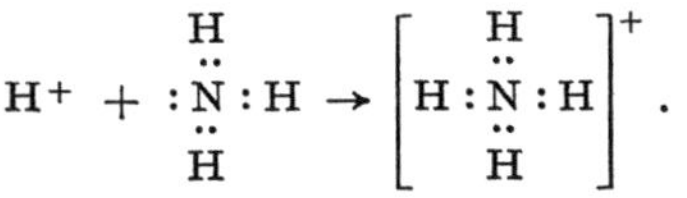

Hier wird also das Bestreben zur „koordinativen Sättigung", zur Erreichung der Koordinationszahl 4, formal auf das Bestreben zur Erreichung bestimmter Elektronenzahlen zurückgeführt. In Ziff. 28 wird gezeigt werden, daß dieser Vorgang tatsächlich angestrebt wird, da er Energie, die sog. Protonaffinität, liefert.

Besondere Schwierigkeiten bereitet die Formulierung von Verbindungen eines Zentralatoms mit mehr als vier Atomen, z. B. von PCl_5, SF_6 und aller Komplexverbindungen, in denen eine höhere Koordinationszahl als 4 auftritt. Hier kann z. B. formuliert werden

KOSSEL	LEWIS	LANGMUIR[1])

$$\begin{array}{ccc} Cl^- \quad Cl^- & :\!\overset{..}{Cl}\!: \quad :\!\overset{..}{Cl}\!: & \left[\begin{array}{c} :\!\overset{..}{Cl}\!: \\ :\!\overset{..}{Cl}\!:\!P\!:\!\overset{..}{Cl}\!: \\ :\!\overset{..}{Cl}\!: \end{array}\right]^+ :\!\overset{..}{Cl}\!: \\ P^{5+} & :\!:\!P\!:\!: & \\ Cl^- \quad Cl^- & :\!\overset{..}{Cl}\!: \quad :\!\overset{..}{Cl}\!: & \\ Cl^- & :\!\overset{..}{Cl}\!: & \end{array}$$

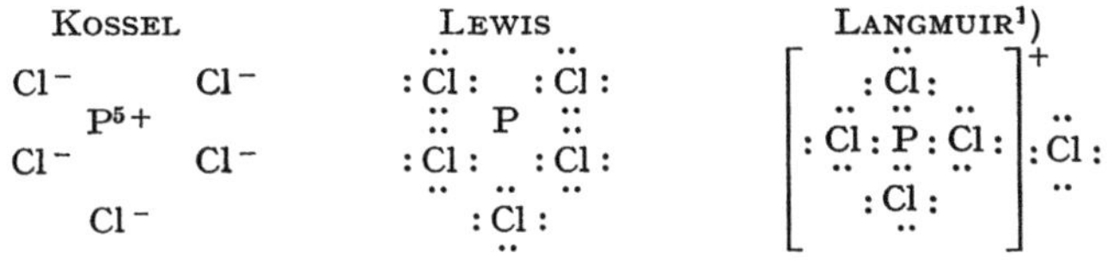

Die KOSSELsche rein polare Formulierung führt zu Ionen mit Edelgasschalen, sie ist aber mit den optischen Verhältnissen (Ziff. 10 u. 36) sowie mit den Leitfähigkeitsverhältnissen (Ziff. 36) schwer in Einklang zu bringen; die LEWISsche Formulierung enthält die Schwierigkeit, daß das P-Atom mit 10, in SF_6 das S-Atom sogar mit 12 Elektronen in Beziehung stehen, die sonst ausgezeichnete Zahl 8 also überschritten werden soll; die Formulierung von LANGMUIR ist ebenfalls unbefriedigend, so daß man sich für keine der genannten Annahmen entscheiden kann. Unentschieden bleibt einstweilen auch die Formulierung des Komplexes $PtCl_6^{--}$ und der zahlreichen anderen Komplexe mit den Koordinationszahlen 6 und 8 (vgl. Ziff. 42).

Auch die in der organischen Chemie auf Grund des KÉKULÉschen Postulates der Vierwertigkeit des Kohlenstoffs angenommenen doppelten und dreifachen Bindungen können durch die Berücksichtigung der Elektronenzahlen einstweilen nicht mit einer bestimmten physikalischen Bedeutung verknüpft werden. LEWIS schreibt z. B. für Äthylen $H_2C=CH_2$

$$\alpha) \; H\!:\!\overset{..}{\underset{.}{C}}\!:\!\overset{..}{\underset{.}{C}}\!:\!H \; ; \quad \beta) \; H\!:\!\overset{..}{C}\!:\!\overset{..}{\underset{..}{C}}\!:\!H \; ; \quad \gamma) \; H\!:\!\overset{..}{C}\!:\!:\!\overset{..}{C}\!:\!H ,$$

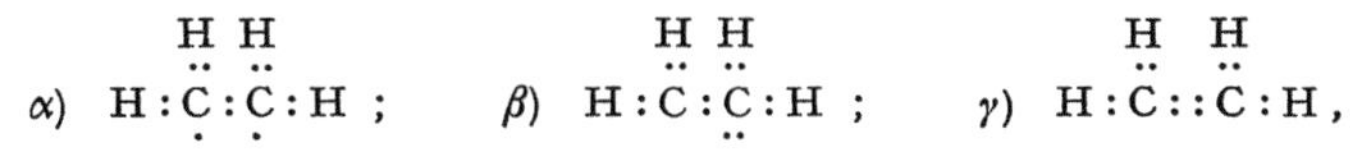

Formeln, in denen der „ungesättigte" Charakter in $\alpha)$ durch zwei nichtgepaarte Einzelelektronen, in $\beta)$ durch ein C-Atom mit einem fehlenden Elektronenpaar, in $\gamma)$ ebenso wie in der Strukturformel der Chemiker durch eine Doppelbindung ausgedrückt wird, bei der jeder Valenzstrich durch ein Elektronenpaar ersetzt ist. Eine Entscheidung für eine der Formeln kann noch nicht getroffen werden.

Besondere Schwierigkeiten setzen sodann die namentlich von STOCK und Mitarbeitern[2]) erforschten interessanten Borwasserstoffe, z. B. B_2H_6, B_4H_{10},

---

[1]) J. LANGMUIR, Journ. Amer. Chem. Soc. Bd. 41, S. 919. 1919. Eine ähnliche Formulierung schlägt E. B. R. PRIDEAUX vor. Chem. and Ind. Bd. 42, S. 672. 1923.
[2]) A. STOCK u. Mitarbeiter, Chem. Ber. Bd. 45 bis 59. 1912 bis 1926. Zusammenfassung: Chem. Ber. Bd. 54, Abt. A, S. 142. 1921.

einer rationellen Formulierung entgegen. Da B_2H_6 und C_2H_6 in einer Reihe von Eigenschaften nach neuen Untersuchungen von STOCK[1]), MARK und POHLAND[2]) und LASKI[3]) sehr ähnlich sind, glaubt man heute, beide analog formulieren zu müssen:

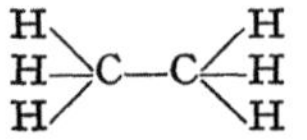 und 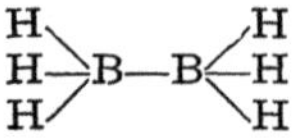

Bei dieser Formulierung von B_2H_6 wird B als vierwertig angenommen; in diesem Falle darf man natürlich die Strichvalenzen nicht durch zwei Elektronen ersetzen, da die Summe der A. El.nicht ausreicht.

Auf Grund der vorhandenen Tatsachen nimmt LEWIS weiter an, daß im allgemeinen Mehrfachbindungen nur bei Elementen der zweiten Periode, bei C, N, O, auftreten können. Er formuliert dementsprechend CO_2 und SiO_2 in ganz ver-

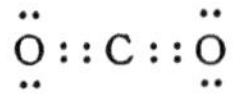 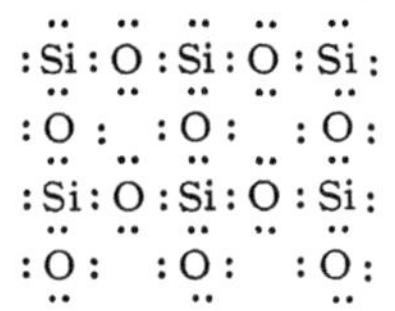

schiedener Weise und bringt dadurch den großen Eigenschaftssprung zwischen den Gasmolekülen CO_2 und dem harten, hochschmelzenden, Riesenmoleküle bildenden Stoff [SiO_2] klar zum Ausdruck. Bei der üblichen Schreibweise O=C=O und O=Si=O bleibt dieser Unterschied ganz unberücksichtigt.

$$\ddot{\mathrm{O}} :: \ddot{\mathrm{C}} :: \ddot{\mathrm{O}}$$

$$\begin{matrix} :\mathrm{Si}:\mathrm{O}:\mathrm{Si}:\mathrm{O}:\mathrm{Si}: \\ :\mathrm{O}: \quad :\mathrm{O}: \quad :\mathrm{O}: \\ :\mathrm{Si}:\mathrm{O}:\mathrm{Si}:\mathrm{O}:\mathrm{Si}: \\ :\mathrm{O}: \quad :\mathrm{O}: \quad :\mathrm{O}: \end{matrix}$$

LANGMUIR[4]) hat die Vorstellungen von LEWIS übernommen und eine Reihe von qualitativen Bildern, bei denen die Moleküle aus „Elektronenkuben" aufgebaut gedacht sind, entworfen. Als bemerkenswertes Ergebnis dieser Überlegungen von LANGMUIR, das unabhängig davon ist, wie weit sich seine spezielleren Vorstellungen der Wirklichkeit nähern, ist hervorzuheben, daß er die große Ähnlichkeit der physikalischen Konstanten einiger Gase, z. B. von N_2 und CO, von N_2O und CO_2 in Zusammenhang damit bringt, daß bei diesen Gasen „Isosterismus" vorliegt, d. h. daß bei ihnen die Gesamtelektronenzahlen und die

Tabelle 16. **Physikalische Eigenschaften „isosterer" Moleküle nach** LANGMUIR.

	CO	N_2	CO_2	N_2O
Schmelzpunkt absolut	66	63	216	171
Siedepunkt „	83	78	195	183
Kritische Temperatur absolut	122	127	305,0	308
Kritischer Druck atm.	35	33	77	75
Kritisches Volumen in Brucht. des Gasvol.			0,0044	0,0044
Wärmeleitfähigkeit bei 100° C			0,0506	0,0506
Flüssigkeitsdichte	0,793[5])	0,796[5])	1,031[6])	0,996[6])
„ bei +10°			0,858	0,856
Brechungsindex der Flüssigkeit (*D*-Linie, 16°)			1,190	1,193
Dielektrizitätskonstante der Flüssigkeit bei 0°			1,582	1,598
Magnetische Suszeptibilität (Gas, 40 Atm., 16°)			$0{,}12 \cdot 10^{-6}$	$0{,}12 \cdot 10^{-6}$
Löslichkeit in Wasser bei 0° in l Gas/l.	0,035	0,024	1,780	1,305
„ „ Alkohol „ 15°.			3,13	3,25
Viskosität $\eta \cdot 10^6$ bei 0°	163	166	148	148

[1]) A. STOCK, Chem. Ber. Bd. 59, S. 2226. 1926; vgl. auch E. MÜLLER, ZS. f. Elektrochem. Bd. 31, S. 382. 1925.

[2]) H. MARK u. E. POHLAND, ZS. f. Krist. Bd. 62, S. 103. 1925.

[3]) G. LASKI, wird in der ZS. f. Phys. erscheinen.

[4]) J. LANGMUIR, Journ. Amer. Chem. Soc. Bd. 41, S. 868 u. 1543. 1919; Bd. 42, S. 274. 1920; Science Bd. 54, S. 59. 1921.

[5]) Beim K. P. [6]) Bei −20°.

Summen der Kernladungen, nebenbei auch die Molekulargewichte, gleich sind. Ähnliche Gedanken hat auch HÜCKEL[1]) entwickelt. Die große Ähnlichkeit zahlreicher physikalischer Eigenschaften von CO und NN führte LANGMUIR und HÜCKEL auf die Vermutung, daß der „Isosterismus" auch eine ähnliche Bindungsweise zur Folge haben könne, und daß die übliche Formulierung C=O falsch und in Analogie zu N≡N durch C≡O zu ersetzen sei. Die Bildung der C≡O-Molekel kann man sich so vorstellen, daß zunächst das C-Atom dem O-Atom ein Elektron entreißt, und daß dann die Ionen C^- und O^+, die beide den Bau von N-Atomen haben, sich ebenso unpolar verknüpfen wie zwei N-Atome.

Für die Annahme einer anderen als zweifachen Bindung in der CO-Molekel sprechen zunächst Rechnungen von V. WEINBERG[2]) und von EUCKEN[3]), aus denen hervorgeht, daß die Arbeit zur Spaltung der =C=O-Bindung in Ketonen und Aldehyden, z. B. in CH_3COCH_3 kleiner ist als in der CO-Molekel. Hypothesenfrei zeigt sodann die folgende Rechnung[4]), daß in der CO-Molekel der Sauerstoff ganz anders gebunden sein muß als in der CO_2-Molekel

$$\begin{array}{rl} Q_{CO} &= x - S_C - D_0 \\ Q_{CO_2} &= 2x' - S_C - 2D_0 \\ \hline x - x' &= Q_{CO} - \tfrac{1}{2} Q_{CO_2} + \tfrac{1}{2} S_C \\ & \quad 26 - 47 + 75 = -21 + \tfrac{1}{2} S_C . \end{array}$$

Hierin bedeuten: $Q_{CO} = 26$ kcal und $Q_{CO_2} = 94$ kcal die Bildungswärmen aus festem Kohlenstoff und molekularem Sauerstoff, x die Spaltungsarbeit der C—O-Bindung in der CO-Molekel, x' die Spaltungsarbeit einer C—O-Bindung in der CO_2-Molekel, S_C die Sublimationswärme des Diamanten.

Da man ganz sicher weiß, daß $1/2\, S_C \gg 21$ kcal ist — man nimmt heute auf Grund vieler Messungen für S_C etwa 150 ± 15 kcal an[5]) —, muß auch x erheblich größer als x' sein.

Mit CO und NN sind nach LANGMUIR auch $(CN)^-$ und $(C{\equiv}C)^{--}$ „isoster", infolge der verschiedenen Ladungen hat man jedoch einstweilen keine Möglichkeit, diese Ähnlichkeit des Baues an den Tatsachen zu prüfen.

Auf kristallographische Beziehungen, die LANGMUIR bei isosteren Gruppen feststellt, z. B. bei $(CNO)^-$ und N_3^-, wird in Ziff. 60 eingegangen werden. Auf einen anderen interessanten Fall von Isosterismus, der bei N≡N und CH≡CH, bei O=O, NH=NH und $CH_2{=}CH_2$, bei F—F und OH—OH, NH_2—NH_2, CH_3—CH_3 vorliegt, hat HÜCKEL (l. c.) zuerst hingewiesen. Er wird in größerem Rahmen in der folgenden Ziffer über Hydride besprochen werden.

28. Die Wasserstoffverbindungen der Nichtmetalle. Während die in Ziff. 21 erwähnten Metallhydride in der Chemie keine besondere Rolle spielen, nehmen die Nichtmetallhydride als Säuren und Basen (Ziff. 41) sowie in den organischen Verbindungen eine so hervorragende Stellung ein und zeigen so viele Eigentümlichkeiten, daß es notwendig ist, sie gesondert zu besprechen. Unzweifelhaft stehen die Eigentümlichkeiten mit dem besonderen Bau des positiven Wasserstoffions, des Protons, im Zusammenhang, denn dieses ist, abgesehen von α-Teilchen, also von He^{++}-Ionen, das einzige elektronenlose Gebilde, das wir

---

1) W. HÜCKEL, ZS. f. Elektrochem. Bd. 27, S. 305. 1921.

2) A. v. WEINBERG, Chem. Ber. Bd. 53, S. 1347 u. 1519. 1920.

3) A. EUCKEN, Lieb. Ann. d. Chem. Bd. 440, S. 111. 1924.

4) Unveröffentlicht.

5) K. FAJANS, ZS. f. Phys. Bd. 1, S. 101. 1920; Chem. Ber. Bd. 53, S. 643. 1920; Bd. 55, S. 2826. 1922; H. KOHN u. M. GUCKEL, ZS. f. Phys. Bd. 27, S. 305. 1924; Naturwissensch. Bd. 12, S. 139. 1924.

kennen. Der praktisch als punktförmige Ladung zu behandelnde H-Atomkern mit einem Durchmesser von höchstens 10^{-13} cm vermag sich anderen Atomen oder Ionen auf viel geringere Entfernungen zu nähern, als dies gewöhnliche Ionen mit Elektronenhüllen zu tun vermögen, und wirkt besonders stark deformierend auf die Elektronenhüllen anderer Ionen ein. Mit dieser Vorstellung steht im Einklang, daß bei der Anlagerung von H^+-Kernen an die neutralen Moleküle H_2O und H_3N Energie frei wird, daß diese Moleküle also „Protonenaffinität" P besitzen[1]). Aus dem folgenden Kreisprozeß[2]):

$$\begin{array}{ccc} (NH_3) + (HCl) & \xrightarrow{\quad Q \quad} & [NH_4Cl] \\ \uparrow U_{HCl} & & \uparrow U_{NH_4Cl} \\ (NH_3) + (H^+) + (Cl^-) & \xrightarrow{\quad P \quad} & (NH_4)^+ + (Cl^-) \end{array}$$

entnimmt man

$$P = U_{(HCl)} + Q_{NH_4Cl} - U_{NH_4Cl},$$

worin nur die Gitterenergie von $[NH_4Cl]$ unbekannt ist. Auf Grund der besonderen Ähnlichkeit der Ionenabstände aller Rb^+- und NH_4^+-Salze und der Ähnlichkeit ihrer Lösungswärmen (vgl. Ziff. 40, Abb. 25a) darf man annehmen, daß die Gitterenergie von $[NH_4Cl]$ annähernd gleich der von $[RbCl]$ ist. Man erhält dann für den Vorgang

$$(NH_3) + H^+ \longrightarrow (NH_4)^+ + P_{NH_3}$$
$$P_{NH_3} = 314 + 42 - 160 = 196 \pm \text{ca. } 25 \text{ kcal.}$$

Eine ähnliche Überlegung ergibt für den Vorgang

$$(H_2O) + (H^+) = (H_3O)^+ + 160 \pm \text{ca. } 15 \text{ kcal.}$$

F. HUND[3]) leitete aus Rechnungen an Molekülmodellen (vgl. Ziff. 26) die Werte ab:

$$P_{H_2O} = 180; \qquad P_{HCl} = 180.$$

Mit der schon mehrfach erwähnten Annahme (Ziff. 10 u. 26), daß der H^+-Kern in die Elektronenhülle anderer Atome eindringt und in bezug auf die Wirkung nach außen gewissermaßen verschwindet, steht eine Reihe von Tatsachen im Einklang, an deren Zusammentragung GROTH[4]), TUTTON[5]), KOSSEL[6]), LEWIS[6]), LANGMUIR[7]), PANETH[8]), HÜCKEL[9]), RANKINE[10]), FAJANS und JOOS[11]), KNORR[12]) u. a. beteiligt sind. Alle diese Erfahrungstatsachen über die Wasserstoffverbindungen der Nichtmetalle, genauer der ein bis vier Stellen vor einem Edelgas stehenden Elemente, lassen sich in einen Satz zusammenfassen, der dem einen der radioaktiven Verschiebungssätze von FAJANS und SODDY[13]) verwandt ist. Nach diesem Satz erhöht sich die Kernladung eines Atoms um 1, wenn ein β-Teilchen abgegeben wird. Die gleiche Erhöhung der Kernladung kann man sich auch

---

[1]) H. G. GRIMM, ZS. f. Elektrochem. Bd. 31, S. 474. 1925.
[2]) Unveröffentlicht.
[3]) F. HUND, ZS. f. Phys. Bd. 32, S. 1. 1925.
[4]) P. GROTH, Elemente der phys. u. chem. Kristallographie, S. 283. München 1921.
[5]) TUTTON, Proc. Roy. Soc. London Bd. 79, S. 370. 1907.
[6]) Zitate s. Ziff. 1. [7]) Zitat s. Ziff. 27.
[8]) F. PANETH, Chem. Ber. Bd. 53, S. 1710. 1920.
[9]) W. HÜCKEL, ZS. f. Elektrochem. Bd. 27, S. 305. 1921.
[10]) A. O. RANKINE, Nature Bd. 108, S. 590. 1921; Trans. Faraday Soc. Bd. 17, S. 719. 1922; A. O. RANKINE u. L. J. SMITH, Phil. Mag. (6) Bd. 42, S. 601. 1921.
[11]) K. FAJANS u. G. JOOS, ZS. f. Phys. Bd. 23, S. 1. 1924.
[12]) C. A. KNORR, ZS. f. anorg. Chem. Bd. 129, S. 109. 1923.
[13]) Siehe z. B. K. FAJANS, Radioaktivität usw., 4. Aufl. Braunschweig 1922.

durch Aufnahme eines H^+-Kernes in den Atomkern hervorgerufen denken, einen Vorgang, bei dem z. B. aus O^{--} ein Isotop von F^- entstehen würde:

	O^{--}	+	H^+	=	F^-
Kernladung . . .	8		1		9
Elektronenzahl .	10		0		10
Masse	16		1		17

Diesen Vorgang kennt man nicht, sondern nur den der chemischen Bindung eines H^+-Kernes $O^{--} + H^+ = OH^-$, bei dem nicht ein dem F^- gleiches Gebilde, sondern das F^--ähnliche Gebilde OH^- entsteht. Entsprechendes gilt für andere Nichtmetallatome, so daß sich der folgende allgemeine Satz aussprechen läßt[1]:

„Die bis zu vier Stellen vor einem Edelgase stehenden Atome verändern ihre chemischen Eigenschaften durch Aufnahme von a Wasserstoffatomen ($a = 1, 2, 3, 4$) derartig, daß die entstehenden Komplexe sich wie Pseudoatome verhalten, die den Atomen der im periodischen System um a Gruppen rechts von ihnen stehenden Elemente ähnlich sind."

Dieser Satz gilt zunächst ganz unabhängig von der Auffassung über den Bau der Hydride. Um den Satz in einer Periode zu veranschaulichen, sind in Abb. 14 von links nach rechts die Valenzzahlen der Elemente C, N, O, F, Ne, Na, von oben nach unten die Zahlen der angelagerten H-Atome aufgetragen. Man sieht dann z. B., daß aus dem O der Oxyde durch H-Anlagerung das halogenähnliche OH, durch Aufnahme eines zweiten H-Atoms das neutrale, relativ flüchtige H_2O, durch Aufnahme eines dritten H-Atoms der Komplex H_3O (s. Ziff. 41) gebildet wird, daß ferner aus dem N die Komplexe NH, NH_2, NH_3, NH_4 mit den Valenzzahlen -2, -1, 0 und $+1$ hervorgehen. Nach dem obigen Satz müssen nun die übereinanderstehenden, gleichwertigen „Pseudoatome" den Elementatomen der betreffenden Gruppen „ähnlich" sein, d. h. es müssen sich z. B. OH, NH_2, CH_3 den Halogenen, HF, OH_2, NH_3, CH_4 den Edelgasen, OH_3^+, NH_4^+, vielleicht auch FH_2^+ den Alkaliionen in bestimmter Weise zuordnen lassen.

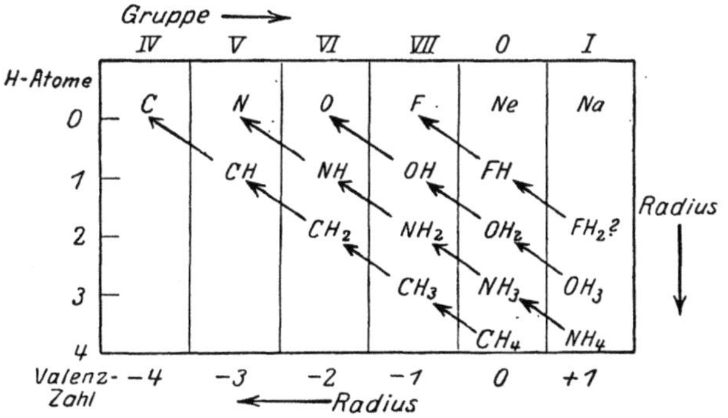

Abb. 14. Hydrid-Verschiebungssatz.

Als „ähnlich" werden hierbei solche Atome und Pseudoatome definiert, die auf andere in die Nähe gebrachte Atome eine ähnliche Feldwirkung ausüben; die Feldwirkung aber hängt im wesentlichen von der Zahl der A.El. und der Größe ab. Da bei den hier verglichenen Atomen und Pseudoatomen die Zahl der A.El. gleich ist und die Wirkung der H^+-Kerne nach außen als weitgehend abgeschirmt angenommen wird, handelt es sich also im wesentlichen um eine Ähnlichkeit in der absoluten Größe, z. B. von OH_2, NH_3, CH_4 usw. Als Kennzeichen ähnlicher Feldwirkung bzw. ähnlicher Größe sind jedoch nur solche physikalische Eigenschaften heranzuziehen, bei denen sich der Einfluß einer durch den Einbau von H-Kernen erzeugten asymmetrischen Ladungsverteilung, also der Einfluß von Dipolmomenten, nicht bemerkbar macht. Derartige Größen sind die Volum-

[1]) H. G. GRIMM, Chem. Kal. Bd. 1, S. 631. 1925; ZS. f. Elektrochem. Bd. 31, S. 474. 1925.

korrektur b der VAN DER WAALSschen Zustandsgleichung, der namentlich von RANKINE[1]) aus der Zähigkeit der Gase berechnete Durchmesser σ, der Gitterabstand in polar gebauten Kristallen und die Befähigung zu Mischkristallbildung (vgl. Ziff 63) sowie die Ionisierungsspannung. Bei dipolfreien Gebilden wie bei den Edelgasen und den symmetrisch gebauten Hydriden mit vier H-Atomen kann man auch aus den Verdampfungswärmen, den diesen proportionalen Siedepunkten, sowie der Druckkorrektur a der VAN DER WAALSschen Gleichung Schlüsse ziehen.

Es ist nun festzustellen, ob der Gang der genannten physikalischen Eigenschaften in allen Fällen ein solcher ist, daß er mit der Annahme von in die Elektronenhülle einbezogenen H^+-Kernen und mit den allgemeinen Modellvorstellungen in Einklang zu bringen ist. Nach letzteren muß in bezug auf die Radien von Ionen zunächst gelten (Ziff. 6)

$$C^{4-} > N^{3-} > O^{--} > F^- > Ne > Na^+.$$

Nach dem Gang der Ionisierungsarbeiten ist ferner wahrscheinlich

$$N > O > F > Ne.$$

Durch Einbau von H^+-Kernen hat man sodann eine kontrahierende Wirkung auf die Elektronenhülle der Ionen bzw. Atome zu erwarten (vgl. Ziff. 10); diese ist jedoch nicht so groß, wie wenn der H^+-Kern mit dem Nichtmetallatomkern völlig vereinigt würde. Es ist daher weiter zu erwarten

$$F^- > HF > Ne; \qquad O^{--} > OH^- > OH_2 > OH_3^+ > Na^+;$$
$$CH_3^- > NH_3 > OH_3^+; \qquad CH_4 > NH_4^+.$$

Diese Schlüsse werden durch die von FAJANS und JOOS[2]) behandelten Refraktionsverhältnisse (Abb. 7) gestützt; die Refraktionsdaten erlauben ferner den modellmäßig nicht selbstverständlichen Schluß:

$$CH_4 > NH_3 > OH_2 > FH, \qquad NH_4^+ > OH_3^+.$$

In Abb. 14 ist der Gang der Größen der Elektronenhüllen durch die mit „Radius" bezeichneten Pfeile angedeutet; dieser Gang läßt verstehen bzw. voraussehen, daß in einer Reihe von Fällen eine besondere Ähnlichkeit der Größe von Atomen mit bestimmten Pseudoatomen auftreten muß. Denn wenn z. B. das Pseudoatomion NH_4^+ größer als das Na^+-Ion sein muß, kann es natürlich einem der anderen Alkaliionen besonders ähnlich an Größe sein, ebenso hat man z. B. für CH_4, NH_3, OH_2 besondere Ähnlichkeit mit einem Homologen des Neons, für CH_3 Ähnlichkeit mit einem Halogen zu erwarten usw. Die empirischen Tatsachen entsprechen nun durchaus der Erwartung und bestätigen so die Brauchbarkeit der benutzten Vorstellungen.

So sieht man z. B. in Tabelle 17, daß die Molekularrefraktion R, die Konstante b der VAN DER WAALSschen Gleichung, der Moleküldurchmesser σ ent-

Tabelle 17. Eigenschaften von Edelgasen und Hydridmolekülen.

	Ne	Ar	Kr	FH	OH_2	NH_3	CH_4
R	1,00	4,20	6,37	(1,9)	3,76	5,61	6,55
$10^6 \cdot b$	763	1437	1776		1362	1655	1910
$10^8 \cdot \sigma$	2,30	2,87	3,10		2,50	2,65	3,14
K. P. abs.	27	87	121	293	373	240	112

[1]) A. O. RANKINE, Nature Bd. 108, S. 590. 1921; Trans. Faraday Soc. Bd. 17, S. 719. 1922; A. O. RANKINE u. C. J. SMITH, Phil. Mag. (6) Bd. 42, S. 601. 1921.

[2]) K. FAJANS u. G. JOOS, ZS. f. Phys. Bd. 23, S. 32. 1924.

sprechend Abb. 14 vom Ne zum CH_4 wachsen. Man sieht ferner, daß CH_4 und Kr einander in den meisten Daten, auch im Siedepunkt K. P. besonders nahestehen, eine Tatsache, die schon LANGMUIR[1]) und RANKINE[2]) mit der bekannten Ähnlichkeit von Rb^+- und NH_4^+-Salzen in Parallele setzten: NH_4^+ und CH_4 sind in Abb. 14 Nachbarn, Rb^+ und Kr sind es im periodischen System. Die in Tabelle 17 mit aufgeführten Siedepunkte von HF, OH_2 und NH_3 zeigen ein ganz anormales Verhalten, weil diese Moleküle Dipolmomente haben (vgl. Ziff. 34). Tabelle 18 läßt sodann erkennen, daß die Arbeit zur Ablösung eines Elektrons bei den Edelgasatomen und bei den Pseudoatomen erwartungsgemäß mit steigender Größe abnimmt, nur bei X und HJ liegt eine kleine Unstimmigkeit vor, da $U_{HJ} > U_X$ zu sein scheint.

Tabelle 18. Ionisierungsspannung in Volt[3]).

Ne 21,5	HF (15)	H_2O 13,2	H_3N 11,1	H_4C 9,5
Ar 15,4	HCl 13,7	H_2S 10,4	→ ↓ Radius	
Kr 13,3	HBr 13,3			
X 11,5	HJ 12,7			

Für die „Ähnlichkeit" von Atomen und Pseudoatomen der 1. Gruppe sprechen die verschiedenen, in Tabelle 19 aufgeführten Eigenschaften; man sieht, daß die Ionen OH_3^+ und NH_4^+ den Ionen K^+ und Rb^+ nahestehen.

Tabelle 19. Vergleich von Alkaliionen und Hydridionen.

	Na^+	K^+	Rb^+	Cs^+	OH_3^+	NH_4^+
Ionenabstand r_{MCl} in 10^{-8} cm	2,816	3,14	3,27	3,57	3,40[4]) 3,12	3,34[5]) 3,22[6])
Molvolumen von $MClO_4$ . .		55,0	64,3		63,0[7])	63,0[7])
Molrefraktion	0,50	2,23	3,68	6,24	3,0	4,1

Tabelle 20 unterrichtet über die Refraktionsverhältnisse in der 7. Gruppe. In diese Tabelle wurden jedoch nicht die sog. „Atomrefraktionen" aufgenommen, die man durch eine physikalisch undurchsichtige Zerlegung der Molekularrefraktion organischer Verbindungen erhält, sondern es wurden die „Oktettrefraktionen" von FAJANS und KNORR[8]), die etwas später auch SMYTH[9]) berechnete, benutzt. Diese erhält man dadurch, daß man angibt, welcher Anteil der Refraktion auf ein Elektronenoktett (Ziff. 27) entfällt; dieser ist z. B. für F in CF_4 gleich 1/4 der Molekularrefraktion, bezieht sich aber natürlich nicht auf das freie, sondern auf das an C gebundene F-Atom. Die Anzahl der jeweiligen

Tabelle 20. Oktettrefraktionen nach FAJANS und KNORR[8]).

≡N 4,93	=O 3,42	—F 1,69
≡CH 7,73	=NH —	—OH 3,23
	$=CH_2$ 7,56	$—NH_2$ 5,13
← Radius ↓		$—CH_3$ 6,32
		—Cl 6,57

[1]) J. LANGMUIR, Journ. Amer. Chem. Soc. Bd. 41, S. 1543. 1919; LANGMUIR vergleicht CH_4 und Ar, NH_4^+ und K^+.

[2]) A. O. RANKINE, Nature Bd. 108, S. 590. 1921; Phys. Ber. Bd. 3, S. 516. 1922. Ref.

[3]) K. T. COMPTON u. F. L. MOHLER, Bull. Nat. Res. Counc. Bd. 9, Nr. 48. 1924. Deutsche Übersetzung von R. SUHRMANN in Fortschr. d. Chem., Phys. u. phys. Chem. Berlin 1925. Edelgase: G. HERTZ, ZS. f. Phys. Bd. 18, S. 307. 1923; G. HERTZ u. R. K. KLOPPERS, ebenda Bd. 31, S. 463. 1925. Der Wert für HF ist geschätzt.

[4]) Das Gitter von $[OH_3^+Cl^-]$ ist nicht bekannt; die obere Zahl wurde unter Annahme des NaCl-Gitters, die untere unter Annahme des CsCl-Gitters berechnet.

[5]) CsCl-Gitter. [6]) NaCl-Gitter.

[7]) M. VOLMER, Lieb. Ann. d. Chem. Bd. 440, S. 200. 1924.

[8]) K. FAJANS u. C. A. KNORR, Chem.-Ztg. Bd. 48, S. 403. 1924; Ber. d. D. Chem. Ges. Bd. 59, S. 249. 1926.

[9]) C. P. SMYTH, Phil. Mag. Bd. 50, S. 361 u. 715. 1925.

anderweitigen Bindungen ist in der Tabelle durch Valenzstriche angedeutet. Die Oktettrefraktionen, die sich von den Atomrefraktionen übrigens nur durch eine für jede Spalte der Tabelle 20 gleiche Konstante unterscheiden, lassen nun den zu erwartenden Gang von F zu CH_3 erkennen, sowie daß CH_3 besonders nahe bei Cl steht. Zu der Reihe stimmt gut, daß die Nachbarn F^- und OH^- in Abb. 14 sich isomorph vertreten, z. B. in Topas, daß CH_3 und Cl in organischen Verbindungen nach GROTH[1]) „morphotropische" Ähnlichkeit zeigen, und daß [LiCl] und [$LiNH_2$] ähnliche Molekularvolumina haben. Es läßt sich erwarten, daß die Gruppen CH_3^-, NH_2^- sich in Salzen wie $NaCH_3$, $NaNH_2$ isomorph mit Cl^- vertreten. Daß einfache organische „Radikale" wie CH_3, C_2H_5 usw. tatsächlich als Ionen auftreten können, geht aus den Untersuchungen von F. HEIN[2]) hervor.

Tabelle 21. Siedepunkte abs.

	O	NH	CH_2
$(CH_3)_2$	250	281	229
$(C_2H_5)_2$	308	329	309
$(C_6H_5)_2$	530	575	533

	N	CH
$(CH_3)_3$	270	263
$(C_2H_5)_3$	362	369
$(C_3H_7)_3$	430	431—433

In der 6. und 5. Gruppe der Abb. 14 entspricht der Gang der in Tab. 20 aufgeführten Oktettrefraktionen ebenfalls der Erwartung. In diesen Gruppen liegen außerdem bemerkenswerte in Tabelle 21 aufgeführte Siedepunktsähnlichkeiten vor, die deutlich zeigen, daß die Gruppen O, NH und CH_2 bzw. N und CH in größeren Molekülen eine so ähnliche Rolle spielen, daß die zwischenmolekularen Kräfte und damit die diesen annähernd proportionalen Siedepunkte einander ganz ähnlich werden. STOCK[3]) wies ferner auf die große Ähnlichkeit von O und NH in Si-Verbindungen, CURTIUS auf die von N und CH in organischen Verbindungen hin.

Die Ähnlichkeit von Atomen und Pseudoatomen in der 5., 6. und 7. Gruppe zeigt sich auch darin, daß sie sich, worauf schon HÜCKEL[4]) und LEWIS[5]) hinwiesen, mit ihresgleichen zu zweiatomigen Molekülen zusammenschließen. Man hat diese Tatsache als Folge der gleichen Elektronenzahlen und Kernladungssummen z. B. von F und OH aufzufassen, welche offenbar bei Atomen und Pseudoatomen eine ähnliche Elektronenanordnung und damit gleiche Valenzverhältnisse zur Folge haben. Die Molekularrefraktionen dieser in Tabelle 22 zusammengestellten Moleküle[6]) zeigen den zu erwartenden Gang: Anstieg mit der Molekülgröße. Wiederum liegt die Molekularrefraktion von Äthan gleich Dimethyl, 11,24, nahe bei der von Cl_2, 11,57; bemerkenswerterweise liegt ferner der R-Wert von 6,48[7]) für CH≡N fast genau in der Mitte zwischen den Werten für HC≡CH und N≡N. Der Anstieg vom F_2- zum N_2-Molekül ist nicht selbstverständlich, da dem Anwachsen der Atomgrößen die Zunahme der Bindungsfestigkeit entgegenläuft.

Tabelle 22.
Molrefraktionen der Moleküle.

N_2	4,42	O_2	4,06	F_2	2,91
$(CH)_2$	8,47			$(OH)_2$	5,80
		$(CH_2)_2$	10,80	$(NH_2)_2$	8,87
← Radius		↓		$(CH_3)_2$	11,24
				Cl_2	11,57

1) P. GROTH, Elemente der Phys. und Chem. Kristallographie. S. 283. München 1921.
2) F. HEIN, ZS. f. Elektrochem. Bd. 28, S. 469. 1922; mit R. PETZSCHNER, K. WAGLER u. FR. A. SEGITZ, ZS. f. anorg. Chem. Bd. 141, S. 161. 1924.
3) A. STOCK, Z. f. Elektrochem. Bd. 32, S. 146. 1926.
4) W. HÜCKEL, ZS. f. Elektrochem. Bd. 27, S. 305. 1921.
5) G. N. LEWIS, Valence etc. S. 80, 81. Neu York 1923.
6) Nach den Tabellen von LANDOLT-BÖRNSTEIN-ROTH-SCHEEL.
7) K. H. MEYER u. H. HOPFF, Chem. Ber. Bd. 54, S. 1713 u. 2175. 1921.

Die Ähnlichkeit der „Feldwirkung" der in Tabelle 22 untereinander stehenden Moleküle wird besonders deutlich, wenn man bei den Hydriden je zwei H-Atome durch Phenylreste ersetzt; sie bilden dann untereinander Mischkristallreihen, die zum größeren Teil lückenlos sind, eine Tatsache, die durch Abb. 15 veranschaulicht wird. In dieser Abbildung ist mit den aus der Röntgenanalyse von Kristallen bekannten C—C-Abständen und mit dem unten geschätzten Radius der CH_2-Gruppe das Dibenzyl schematisch gezeichnet. Ersetzt man nun die $-CH_2-CH_2$-Gruppe durch eine der folgenden Gruppen

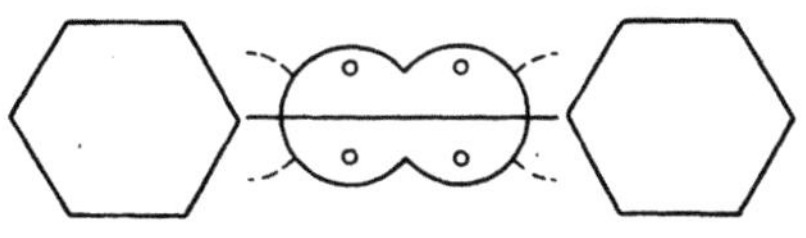

Abb. 15. Modell von Dibenzyl.

$$-C{\equiv}C- \qquad -N{\equiv}N-$$
$$-CH{=}CH- \qquad -NH-NH-$$
$$-CH_2-CH_2-,$$

dann ändert sich in den Bau- und Größenverhältnissen der mittleren Gruppen offenbar so wenig, daß Mischkristallbildung ermöglicht wird. Lückenlose Reihen von Mischkristallen[1]) sind bekannt von

Azobenzol $C_6H_5 \cdot N = N \cdot C_6H_5$ und Stilben $\cdot\, C_6H_5 \cdot CH = CH \cdot C_6H_5$.
Dibenzyl $C_6H_5 \cdot CH_2 - CH_2 \cdot C_6H_5$ und Stilben $\cdot\, C_6H_5 \cdot CH = CH \cdot C_6H_5$
Tolan $C_6H_5 \cdot N \equiv N \cdot C_6H_5$ und Stilben $\cdot\, C_6H_5 \cdot CH = CH \cdot C_6H_5$.
Hydrazobenzol $C_6H_5 \cdot NH - NH \cdot C_6H_5$ und Dibenzyl $C_6H_5 \cdot CH_2 - CH_2 \cdot C_6H_5$.

Die in Tabelle 23 zusammengestellten Dissoziationsarbeiten fügen sich dem Gesamtbild ein.

Tabelle 23.
Dissoziationsarbeiten in kcal/Mol.

N_2	263	O_2	162	F_2	80—120
$(CH)_2$	160			$(OH)_2$	∾64
←		$(CH_2)_2$	115	$(HN_2)_2$	∾62
↑				$(CH_3)_2$	70

Der in Abb. 14 veranschaulichte Hydridverschiebungssatz gilt für alle Perioden, besonders auch für die kurze 1. Periode (Abb. 16). Als Beweis hierfür ist anzusehen, daß die in Tab. 24 zusammengestellten Daten einen bestimmten Gang erkennen lassen, der dafür spricht, daß in bezug auf die Größe der verglichenen Gebilde gilt: H > HH > He. Diese Reihenfolge entspricht aber durchaus der in den anderen Perioden, z. B. F > HF > Ne und deutet darauf, daß man tatsächlich die H_2-Molekel als Pseudoedelgasatom mit He-ähnlichem Bau auffassen kann, wie dies in Abb. 12d geschah.

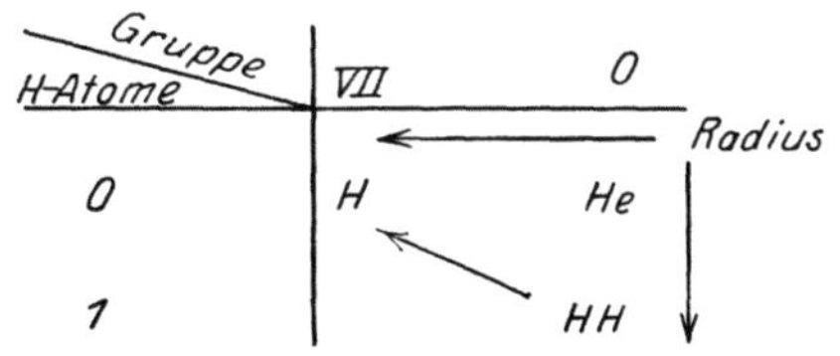

Abb. 16. Hydridverschiebungssatz in der ersten Periode.

Zusammenfassend läßt sich über die flüchtigen Hydride sagen, daß das vorhandene Tatsachenmaterial am besten mit der Vorstellung zu vereinigen ist, daß die H^+-Kerne derartig mit der Elektronenhülle des Zentralatoms verknüpft sind, daß ihre Ladung nach außen praktisch keine Wirkung ausübt, bzw. sich nur als Erzeuger relativ schwacher elektrischer Momente bemerkbar macht.

Neben der besprochenen „Ähnlichkeit" von bestimmten Atomen und wasserstoffhaltigen Pseudoatomen, z. B. von F und OH, kennt man vereinzelte Fälle chemischer Ähnlichkeit, bei denen das Pseudoatom keinen Wasserstoff enthält. Das ist z. B. bei der Cyangruppe CN der Fall, die sich bekanntlich in bezug auf die

1) Tabellen von Landolt-Börnstein-Roth-Scheel 1923. F. Garelli u. F. Calzolani, Gazz. chim. Bd. 29 II, S. 258. 1899; P. Pascal u. L. Normand, Bull. soc. chim (4) Bd. 13, S. 151. 1913.

Eigenschaften vieler polarer und unpolarer Verbindungen sehr ähnlich wie ein Halogenatom verhält. Ähnlich wie bei den Hydriden scheint auch für derartige nichtpolare Atomkomplexe eine Art Verschiebungsregel zu gelten, die folgendermaßen formuliert werden kann: „Die bis zu vier Stellen vor einem Edelgas stehenden Atome verändern ihre Eigenschaften durch Bindung eines a-wertigen Atoms oder Pseudoatoms (das ebenfalls 1 bis 4 Stellen vor einem

Tabelle 24. Physikalische Eigenschaften von Wasserstoff und Helium [1]).

	H	HH	He
Ionisierungsspannung	13,5	15,9	24,5
Siedepunkt absolut		20,4	4,4
Molekularrefraktion		2,08	0,52
Scheinbarer Durchmesser der Moleküle σ — Nach SUTHERLAND		22	19
„ „ — „ CHAPMAN		23	23
„ „ — „ RAMSAUER		39	26
„ „ — „ VAN LAAR		32	32
VAN DER WAALSsche Konstanten — $a \cdot 10^5$		48,7	6,8
„ — $b \cdot 10^6$		1188	1058

Edelgas stehen muß) derartig, daß die entstehenden Komplexe den Atomen ähnlich werden, die im periodischen System a Stellen rechts von ihnen stehen."

Der Satz wird in Abb. 17 veranschaulicht. Die Pfeile zeigen hier die Richtung an, in der die Wertigkeit und die Eigenschaften eines der Atome C, N, O, Cl durch Komplexbildung verschoben werden; hierbei wurde Cl statt F gewählt, da von letzterem keine Verbindungen mit O bekannt sind. Nach dem obigen Satz wäre zu erwarten, daß außer der —CN-Gruppe z. B. auch die Gruppen —NO und —OCl verwandte Züge mit den Halogenen, die =CO-Gruppe Ähnlichkeiten mit einem Homologen des O-Atoms zeigen. Tatsächlich existieren nach GROTH[2]) „morphotrope" Beziehungen (Ziff. 59) zwischen organischen J- und NO-Verbindungen; das sonstige experimentelle Material ist außer bei der CN-Gruppe jedoch noch ganz unzureichend. Jedenfalls hat man sich bei Ähnlichkeitsfällen, wie sie bei (CN) mit Br und Cl vorliegen, vorzustellen, daß beim Komplex die Elektronen beider Atome derartig zu einem neuen Elektronensystem verschmelzen, daß dieses der Elektronenhülle der betreffenden Einzelatome in bezug auf Größe und Bau durchaus ähnlich wird. In diesem Sinne hat man auch die Moleküle Cl_2, O_2, N_2 insofern als edelgasähnlich anzusehen, als sie in sich geschlossene Elektronensysteme darstellen, die genau wie Edelgasatome nur kondensierbar sind, weil sie elektrische Momente höherer Ordnung tragen und einen Influenzeffekt aufeinander ausüben (Ziff. 34). Hierzu stimmt gut die Ähnlichkeit der Eigenschaften von N_2 und Ar, auf die LANGMUIR[3]) schon früher hinwies; er setzte diese Ähnlichkeit in Parallele mit der von CN^- und Cl^-, und zwar weil CN^- und NN sowie Cl^- und Ar untereinander „isoster" sind. BIRCKENBACH und KELLERMANN[4])

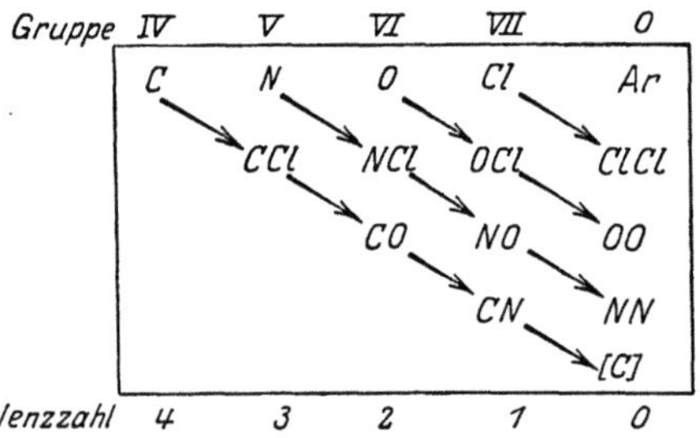

Abb. 17. Molekülverschiebungssatz.

[1]) Die Zahlen sind den Tabellen von LANDOLT-BÖRNSTEIN-ROTH-SCHEEL entnommen.

[2]) P. GROTH, Elemente der physikalischen und chemischen Kristallographie. S. 283. München 1921.

[3]) J. LANGMUIR, Journ. Amer. Chem. Soc. Bd. 41, S. 1543. 1919.

[4]) L. BIRCKENBACH und K. KELLERMANN, Festschr. zur 150-Jahr-Feier der Bergakademie Clausthal, S. 123. 1925.

haben versucht, die Halogenähnlichkeit der Komplexe CNO, CNS, CNSe mit bestimmten Elektronenzahlen und -konfigurationen in Zusammenhang zu bringen.

29. Die Größe einiger Hydride. Über die relative Größe der Pseudoatome der Hydride läßt sich auf folgendem Wege eine Vorstellung gewinnen. Man geht von der Feststellung aus, daß bei den Edelgasen verschiedene physikalische Eigenschaften in linearer Abhängigkeit von der Größe der Atome stehen, wenn man solche Funktionen dieser Eigenschaften wählt[1]), welche die Dimensionen einer Länge haben, z. B. die dritte Wurzel der Molrefraktion, die dritte Wurzel der Volumkorrektur b (VAN DER WAALS), der Durchmesser σ, der sich aus der Zähigkeit der Gase berechnen läßt. Sodann fragt man, welche wahre Größe ein echtes Edelgasatom hätte, das die gleichen physikalischen Eigenschaften hat wie ein wasserstoffhaltiges Pseudoatom, z. B. H_2O, und findet, daß die mit Hilfe ganz verschiedener Eigenschaften berechneten Radien bis auf einige Prozente untereinander übereinstimmen[2]). Es erscheint daher gerechtfertigt, wenn man annimmt, daß die genannten Eigenschaften (Molrefr., b, σ) bei den Pseudoatomen in gleicher Weise von ihrer wahren Größe abhängen wie bei den echten Atomen der Edelgase. Die erhaltenen Schätzungen sind in Tabelle 25 zusammengestellt und in Abb. 18 benutzt worden, um eine Einordnung der Pseudoatome in die entsprechenden Gruppen des periodischen Systems zu versuchen.

Tabelle 25. Geschätzte Radien von Pseudoatomen in 10^{-8} cm.

OH^- 0,81	←	
NH_2^- 0,91	OH_2 0,85	↓
CH_3^- 0,95	NH_3 0,94	OH_3^+ 0,86
	CH_4 0,98	NH_4^+ 0,96

30. Form und Größe einfacher organischer Moleküle[3]). Die Zahlen der Tabelle 25 ermöglichen es, im Zusammenhang mit den weiter unten in Ziff. 33 besprochenen Tatsachen über Spaltungsarbeiten und Atomkernabstände, schema-

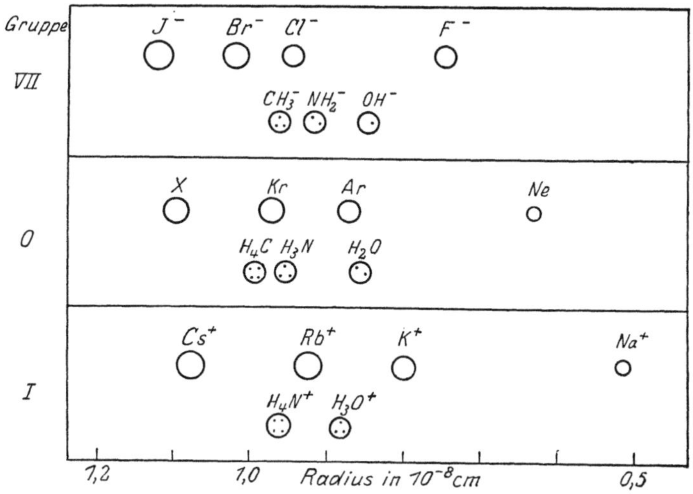

Abb. 18. Einordung von Pseudoatomionen in die entsprechenden Gruppen des periodischen Systems.

tische Molekülbilder einfacher organischer Verbindungen zu entwerfen, die über die üblichen Tetraedermodelle hinausgehen. In den Abb. 19a bis 19d sieht man z. B. das Auseinanderrücken der Atomrümpfe von $CH_3 \cdot F$ zu $CH_3 \cdot CH_3$

[1]) Vgl. ds. Handb. Bd. XXII, Kap. 5 F.
[2]) H. G. GRIMM, ZS. f. Elektrochem. Bd. 31, S. 474. 1925.
[3]) Vgl. auch K. F. HERZFELD, ds. Handb. Bd. XXII, Kap. 5 A bis E.

und das gleichzeitige Anwachsen der Molekülgrößen in der Reihe CH_3F, CH_3OH, CH_3NH_2, CH_3CH_3. Die H^+-Kerne sind stets in die Elektronenhülle einbezogen. In Abb. 19e und f sind Molekülbilder von $(CH_3)_3CH$ und $(CH_3)_3N$, zwei chemisch recht verschiedenen Stoffen; entworfen, die Rechenschaft von der Ähnlichkeit der zwischenmolekularen Kräfte dieser Verbindungen geben sollen, deren in Tab. 21 aufgeführten Siedepunkte annähernd gleich sind.

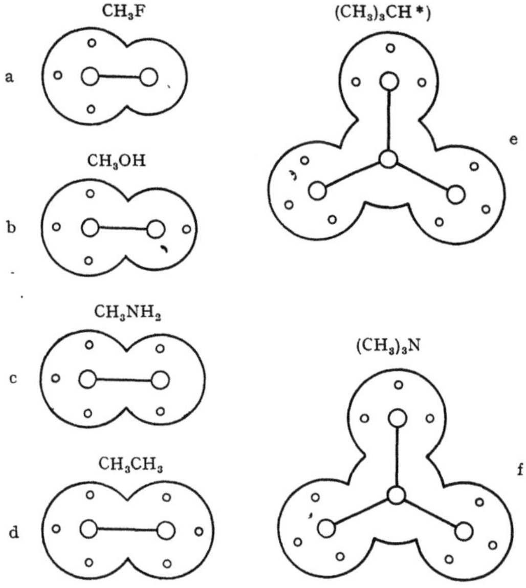

Abb. 19a—f. Bilder zur Veranschaulichung der Größenverhältnisse einfacher organischer Moleküle.

○ Atomrümpfe, ∘ H^+-Kerne, *) Der H^+-Kern der CH-Gruppe ist über dem zentralen Atomrumpf zu denken.

31. Die „Tetraederbindung" der diamantähnlichen Stoffe. Einige Charakteristika dieser Bindungsart wurden bereits in der Übersicht über die unpolaren Stoffe in Ziff. 25 β besprochen. In Ziff. 24 wurde außerdem erwähnt, daß sich der in der MAIN SMITH-STONERschen[1]) Untergruppeneinteilung (Tab. 1) vorgesehene Abschluß einer zweiten Zweierschale von zwei n_{21}-Elektronen, die man mit den zwei n_{11}-Elektronen zu einer „Viererschale" zusammenfassen könnte, anscheinend nicht durch Ausbildung von Atomionen mit 4 A.El. bemerkbar macht. Trotzdem gibt es neben den spektroskopischen auch chemische Tatsachen, die dafür sprechen, daß eine Gruppe von vier Elektronen eine besondere Rolle spielen muß[2]). Um dies zu zeigen, sind in Tabelle 26 die vorhandenen Angaben[3]) [die durch zahlreiche neue Bestimmungen von V. M. GOLDSCHMIDT[4]) und Mitarbeitern vervollständigt wurden] über die Gittertypen der binären Verbindungen vom Typus MX zusammengestellt worden, worin M ein Atom aus der 1. bis 4., X ein Atom aus der 4. bis 7. Gruppe des periodischen Systems bedeutet. Der dabei hervortretende allgemeinere Zusammenhang zwischen dem Gittertypus und dem Bau der verbundenen Atome läßt sich in folgende Sätze zusammenfassen:

α) Das Diamantgitter, in dem jedes Atom von vier andern Atomen in tetraedrischer Anordnung umgeben ist, wurde bisher nur bei solchen Elementen beobachtet, die vier Stellen vor einem Edelgas stehen und nach der BOHR-STONERschen Theorie gerade 4 Elektronen mit höchster Hauptquantenzahl n_{max} haben, nämlich bei C, Si, Ge, Sn.

β) Diejenigen Elemente der 4. Gruppe, die nicht gerade vier Stellen vor einem Edelgas stehen und nach Tab. 1 mehr oder weniger als vier Elektronen mit n_{max}

[1]) I. D. MAIN SMITH, Journ. Soc. Chem. Ind. Bd. 43, S. 323. 1924; Chemistry and Atomic Structure, London 1924; E. C. STONER, Phil. Mag. Bd. 48, S. 719. 1924.

[2]) H. G. GRIMM u. A. SOMMERFELD, ZS. f. Phys. Bd. 36, S. 36. 1926. Dortselbst weitere Literatur; A. SOMMERFELD, Three lectures on atomic physics. London 1926.

[3]) Siehe etwa P. P. EWALD, Kristalle und Röntgenstrahlen, Berlin 1923; R. W. G. WYCKOFF, The Structure of Crystals, New York 1924; derselbe, Tabellen in Internat. Critic tables Bd. 1, S. 538. 1926; Chemikerkalender 1926 III, S. 70ff.

[4]) V. M. GOLDSCHMIDT, Geochemische Verteilungsgesetze der Elemente VII. Norske Vid. Akad. Oslo Skrifter, Mat.-Nat. Kl. 1926, Nr. 2.

besitzen, wie z. B. Ti (2, 8, 10, 2), Zr, Ce, Hf (2, 8, 18, 32, 12), Th, kristallisieren wie viele andere Elemente in einer dichtesten Kugelpackung.

γ) Bei binären Verbindungen vom Typus *MX* wurden das Diamant- und das Wurtzitgitter (abgekürzt D- und W-Gitter) bisher nur dann beobachtet,

Tabelle 26. Kristallgittertypen binärer Verbindungen.

Wertigkeit	A. El.		F	Cl	Br	J
1	2 oder 8	Li bis Cs	NaCl und CsCl			
1	18	Cu	—	D	D	D
		Ag	NaCl	NaCl	NaCl	D, W
1	20	Tl	—	CsCl	CsCl	CsCl

Wertigkeit	A. El.		N	P	As	Sb	Bi
3	2	B	—	—	—	—	—
3	8	Al	W	—	—	D	—
3	8	Sc	NaCl	—	—	—	—
3	8	Ga	—	—	—	D	—
3	8	In	—	—	—	D	—
3	8	Tl	—	—	—	CsCl	CsCl

Wertigkeit	A. El.		O	S	Se	Te
2	2	Be	W	W	D	D
2	8	Mg	NaCl	NaCl	NaCl	—
2	8	Ca	NaCl	NaCl	NaCl	NaCl
		Sr	NaCl	NaCl	NaCl	NaCl
		Ba	NaCl	NaCl	NaCl	—
2	18	Zn	W	D, W	D	W
		Cd	NaCl	D. W	W	W
		Hg	tetrag.	D, W	D	W
2	20	Pb		NaCl	NaCl	NaCl

Wertigkeit	A. El.		C	Si	Ge	Sn
4	2	C	D	—	—	—
4	8	Si	W, D	D	—	—
4	8	Ti	NaCl	—	—	—
		Zr	NaCl	—	—	—

D = Diamantgitter
W = Wurtzitgitter
NaCl = Steinsalzgitter
CsCl = CsCl-Gitter
— bedeutet: nicht bekannt
A.El. bedeutet Zahl der Außenelektronen im Atomrumpf des Partners der 1. bis 4. Gruppe

wenn der eine der Partner 0 bis 3 Stellen vor, der andere 0 bis 3 Stellen nach einem der Elemente C, Si, Ge, Sn, Pb steht.

Diese Elemente sind in Tabelle 27 aufgeführt; die fettgedruckten wurden als Partner von im Diamant- bzw. Wurtzitgitter kristallisierenden Verbindungen bereits beobachtet.

Tabelle 27. Die Reihen der vor den Edelgasen stehenden Elemente mit 1 bis 7 Außenelektronen.
Die fettgedruckten Elemente sind als Partner im Diamant- und Wurtzitgitter nachgewiesen.

I	II	III	IV	V	VI	VII
Li	**Be**	B	**C**	**N**	**O**	F
Na	Mg	**Al**	**Si**	P	**S**	**Cl**
Cu	**Zn**	**Ga**	**Ge**	As	**Se**	**Br**
Ag	**Cd**	**In**	**Sn**	**Sb**	**Te**	**J**
Au	**Hg**	Tl	Pb	Bi	(Po)	—

δ) Bei denjenigen binären Verbindungen, deren „metallischer“ Teil 0 bis 3 Stellen vor den Elementen Ti, Zr, Ce, Th steht, wurde bisher niemals das Diamant- oder Wurtzitgitter, sondern das NaCl- bzw. CsCl-Gitter festgestellt, auch wenn es sich, wie bei ScN, TiC, ZrC, um Atomgitter handelt[1]).

ε) Die Neigung binärer Verbindungen, im D- bzw. W-Gitter zu kristallisieren, wächst mit steigender Ladung, abnehmendem Radius und wahrscheinlich mit

[1]) K. Becker u. F. Ebert, ZS. f. Phys. Bd. 31, S. 268. 1925; A. E. van Arkel, Physica Bd. 4, S. 286. 1924.

steigender A.El.-Zahl des Kations, ferner mit steigendem Radius und steigender Ladung des Anions. Die Neigung, im NaCl- oder CsCl-Gitter zu kristallisieren und aus in sich abgeschlossenen Ionen aufgebaute Kristalle zu liefern, wächst mit sinkender Ladung, steigendem Radius und wahrscheinlich mit abnehmender A.El.-Zahl des Kations und mit abnehmendem Radius und abnehmender Ladung des Anions.

Die Bedingungen für das Zustandekommen des D- oder W-Gitters sind dieselben, die FAJANS und JOOS[1]) für das Zustandekommen der Deformationserscheinungen an Elektronenhüllen aufgestellt haben (vgl. Ziff. 10). Es existiert somit in diesem Falle ein deutlicher Zusammenhang zwischen dem Kristallgittertypus und dem Bau der verbundenen Atome (vgl. Ziff. 59).

So kristallisieren z. B. die Natriumhalogenide mit einfach geladenen Ionen vom Edelgasbau im NaCl-Typus. Bei den Halogeniden CuCl bis CuJ des Cu^+-Ions mit 18 A.El. dagegen haben wir den Diamanttypus; bei dem größeren Ag^+-Ion tritt der D-Typus erst beim Jodid auf, während AgF bis AgBr noch NaCl-Typus haben. MgO hat noch Ionen Mg^{++} und O^{--}[2]); das BeO mit dem kleineren Be^{++} dagegen kristallisiert diamantartig[3]) usw.

ζ) Nichtpolare Verbindungen aus zwei gleichen oder verschiedenen Atomen der zweiten Periode sind feste, diamantartige Stoffe, wenn die Summe der A.El. 8 beträgt; sie bilden zweiatomige Gasmoleküle, wenn die Zahl 8 überschritten wird, Metalle, wenn die Zahl 8 für zwei Atome nicht erreicht ist.

Tabelle 28. Zusammenhang der Eigenschaften und der Bindungsart mit der Zahl der Valenzelektronen.

Metalle	Zahl der Außenelektronen	Feste diamantartige Stoffe	Zahl der Außenelektronen	Gasförmige Stoffe	Zahl der Außenelektronen
LiLi	1, 1	CC	4, 4	CN[4])	4, 5
BeBe	2, 2	SiC	4, 4	CO	4, 6
BB	3, 3	SiSi	4, 4	NN	5, 5
		BN	3, 5	NO	5, 6
		AlN	3, 5	OO	6, 6
		BeO	2, 6	FF	7, 7

Der durch Tabelle 28 belegte Satz gilt zum Teil auch für Atome höherer Perioden, z. B. für AlN, AlP, SiC einerseits, P_2, S_2 (bei höherer Temperatur) andererseits.

Zur Deutung der in Satz α bis ζ aufgeführten Tatsachen haben GRIMM und SOMMERFELD (l. c.) die Annahme gemacht, daß alle Stoffe, die im D- und W-Gitter kristallisieren, nicht nur in bezug auf die tetraedrische Lagerung der Atome, sondern auch in bezug auf den Bindungscharakter mit dem Diamanten verwandt sind. Bei letzterem muß man annehmen, daß die Verkettung der Atome zum Riesenmolekül des Kristalls von den 4 A.El. besorgt wird, die auf 2_{11}- und 2_{21}-Bahnen umlaufen. Jedes derselben wird, wie dies z. B. KNORR[5]) angenommen hat, außer dem Mutteratom noch ein Nachbaratom umlaufen müssen, so daß im Kristallgefüge schließlich jedes C-Atom von acht Elektronenbahnen umschlungen erscheint. Entsprechendes gilt für Si, Ge, Sn, SiC usw. Die in diesen Stoffen auftretende, in bezug auf den Mechanismus noch unbekannte,

---

1) K. FAJANS u. G. JOOS, ZS. f. Phys. Bd. 23, S. 1. 1924.
2) W. GERLACH u. O. PAULI, ZS. f. Phys. Bd. 7, S. 116. 1921.
3) Zitate s. S. 530.
4) Daß CN sich zu flüchtigem $(CN)_2$ polymerisiert, spielt hier keine Rolle.
5) C. A. KNORR, ZS. f. anorg. Chem. Bd. 129, S. 109. 1923.

unpolare Bindungsart wird im folgenden als „Tetraederbindung" oder auch als „Diamantbindung" bezeichnet.

Wenn man nun für alle im D- und W-Typus kristallisierenden Stoffe, z. B. für AlN, BN usw. „Tetraederbindung" annimmt, dann kann man sich den Bindungsvorgang folgendermaßen zerlegt denken: Ein Al(B)-Atom entreißt einem N-Atom das 2_{22}-Elektron, Al hat dann je zwei 3_{11}- und 3_{21}-Elektronen, N je zwei 2_{11}- und 2_{21}-Elektronen. Die gebildeten Ionen Al^- und N^+ haben beide „Viererschalen", gleichen im Bau dem Si- bzw. dem C-Atom und verketten sich dann in „tetraedrischer Bindung" ebenso wie die Atome im SiC oder im Diamanten. Die über die Tetraederbindung gemachte Annahme tritt am deutlichsten hervor, wenn man die von LEWIS[1]) für Diamant benutzte Schreibweise

```
  ..  ..  ..
: C : C : C :
  ..  ..  ..
: C : C : C :
  ..  ..  ..
: C : C : C :
  ..  ..  ..
```

auf alle Substanzen mit Tetraederbindung überträgt und z. B. schreibt:

```
  ..   ..   ..       ..   ..   ..       ..  ..  ..
: Al : N  : Al :   : Zn : S  : Zn :   : M : X : M :
  ..   ..   ..       ..   ..   ..       ..  ..  ..
: N  : Al : N  :   : S  : Zn : S  :   : X : M : X :
  ..   ..   ..       ..   ..   ..       ..  ..  ..
: Al : N  : Al :   : Zn : S  : Zn :   : M : X : M :
  ..   ..   ..       ..   ..   ..       ..  ..  ..
```

Im fertigen AlN, ZnS usw. hat der Begriff „Viererschale" seine Bedeutung verloren, da es keine Atome oder Ionen mit abgeschlossenen Schalen von 4 A.El. gibt. Ebensowenig kann man natürlich von einer „Achterschale" sprechen, wie sie bei den Salzen auftritt. Man kann nur sagen, daß bei „tetraedrisch gebundenen" Atomen jedes Atom mit acht Elektronen und mit vier Nachbaratomen in Beziehung steht, so daß formal im Durchschnitt auf jedes Atom 4 A.El. entfallen. Man muß jedoch erwarten, daß sich die Unterschiede in der Ladungsverteilung, z. B. beim Diamanten einerseits, bei BeO, BN andererseits, dadurch bemerkbar machen werden, daß die mittleren Verweilzeiten der Bindungselektronen bei den einzelnen Atomen Unterschiede aufweisen. Wenn man z. B. beim Diamanten, bei Si, Ge, Sn annehmen darf, daß die Verweilzeiten der Elektronen infolge der Gleichartigkeit aller Bausteine des Gitters gleich sind und daß jedem C- (bzw. Si-, Ge-, Sn-) Atom im Mittel vier Elektronen zugehörig sind, so wird man das bei BeO, ZnS, AlN, selbst bei SiC, nicht mehr annehmen dürfen, da diese Stoffe zwei Atomarten mit verschiedenen Kernladungen enthalten. Die zeitlich unsymmetrische Elektronenverteilung wird daher bei „tetraedrisch gebundenen" Verbindungen wie BeO, AlN, ZnS, SiC usw., eine Art Aufladung der Bausteine des Gitters zur Folge haben müssen, die jedoch ganz wesensverschieden ist von der bekannten Ionenladung, vielleicht aber für das Auftreten von Reststrahlen z. B. bei SiC verantwortlich zu machen ist. NIESSEN[2]) hat an einem einfachen Modell Rechnungen über die Ladungsverteilung bei tetraedrisch gebundenen Stoffen angestellt und tatsächlich gefunden, daß die durch gemeinsame Elektronen gebundenen Atome eine Aufladung besitzen, und zwar kommt für das Metallatom eine negative, für das Nichtmetallatom eine positive Aufladung heraus.

Für die Annahme der „Tetraederbindung" bei allen im D- und W-Gitter kristallisierenden Substanzen sprechen bis jetzt die folgenden Tatsachen:

---

[1]) G. N. LEWIS, Valence and the Structure of Atoms and Molecules, New York 1923.

[2]) K. F. NIESSEN, Phys. ZS. Bd. 27, S. 299. 1926.

α) Für BeO[1]), AlN[2]), SiC[3]), ZnS[4]) sind Gitter aus isolierten Ionen $Be^{++}O^{--}$, Al^{3+}, N^{3-}, Si^{4+}, C^{4-}, Zn^{2+}, S^{2-} experimentell ausgeschlossen worden; bei AlN ergab zudem die Diskussion von OTT, daß das Röntgenbild mit einem Aufbau aus Al^- und N^+ ebensogut verträglich ist, wie mit dem Aufbau aus neutralen Atomen.

β) BN, AlN und BeO sind ähnlich wie Diamant, Si und SiC sehr harte, hochschmelzende Körper. Einige von ihnen zeigen einen ähnlichen Verlauf der spezifischen Wärmen, worauf OTT hinwies.

γ) Während die bekannten Halogenide fast sämtlicher Stoffe einen eindeutigen Gang in den physikalischen Eigenschaften aufweisen, zeigt das Silberjodid, wie aus Tabelle 29 hervorgeht, mehrfach Anomalien, z. B. beim Atomabstand

Tabelle 29. Eigenschaften der Silberhalogenide.

	AgF	Δ	AgCl	Δ	AgBr	Δ	AgJ
Gittertypus	NaCl		NaCl		NaCl		W, D
Atomabstand in 10^{-8} cm	2,46	0,31	2,77	0,10	2,87	−0,6	2,81
Schmelzpunkt in Grad C	435	20	455	−33	422	130	552
$\frac{\text{Mol.-Vol. fest}}{\text{Mol.-Vol. flüssig}}$ beim F.P.	—		0,86	0,01	0,87	0,11	0,98
Ausdehn.-Koeff. linear · 10^6	—		32,9		34,7		−3,97 ∥ Achse 0,65 ⊥ „
Ausdehn.-Koeff. kubisch in geschmolz. Zustand · 10^5			19		18		18

(vgl. Ziff. 45) sowie beim Ausdehnungskoeffizienten im festen Zustand; bemerkenswert ist auch die geringe Volumenvermehrung von nur 2% beim Übergang fest-flüssig, die bei fast allen anderen bekannten Salzen 12 bis 25% beträgt[5]). Auf die besonderen Verhältnisse bei der elektrischen Leitfähigkeit des Silberjodids wird noch in Ziff. 49 eingegangen werden.

δ) V. M. GOLDSCHMIDT[6]) fand, daß die im D- und W-Gitter kristallisierenden Verbindungen MX fast genau gleiche Atomabstände haben, wenn der Partner M vier bis sieben Stellen vor einem bestimmten Edelgas, der Partner X ein bis vier Stellen vor dem gleichen oder einem anderen bestimmten Edelgas steht.

Zum Beweis sind in Tabelle 30 die großenteils von GOLDSCHMIDT und Mitarbeitern festgestellten Atomabstände der durch Satz δ charakterisierten Verbindungen aufgeführt. Vergleicht man mit diesen Zahlen die Atomabstände einer Reihe von MX-Verbindungen, die aus Ionen aufgebaut und in Tabelle 31 zusammengestellt sind, dann sieht man eindeutig die Wirkung der Aufladung der Ionen daran, daß der Ionenabstand sich mit zunehmender Aufladung verringert, eine Tatsache, die bereits formelmäßig erfaßt wurde[7]). Mit GOLDSCHMIDT hat man in seinen Befunden eine wichtige Stütze für die Auffassung zu sehen, daß bei den Stoffen mit diamantartiger Bindung die Gitterpunkte tatsächlich nicht mit Ionen besetzt sind. Die energetischen Verhältnisse derartiger Verbindungen werden noch in Ziff. 33 besprochen werden.

1) W. ZACHARIASEN, ZS. f. phys. Chem. Bd. 119, S. 201. 1926; G. AMINOFF, ZS. f. Krist. Bd. 62, S. 113. 1925; ebenda Bd. 63, S. 175. 1926; MC KEEHAN, Proc. Nat. Acad. Amer. Bd. 8, S. 270. 1922.

2) H. OTT, ZS. f. Phys. Bd. 22, S. 201. 1924.

3) H. OTT, ZS. f. Krist. Bd. 61, S. 529. 1925; ebenda Bd. 62, S. 202. 1925; Bd. 63, S. 1. 1926.

4) H. OTT, Privatmitteilung.

5) Vgl. R. LORENZ u. W. HERZ, ZS. f. anorg. Chem. Bd. 145, S. 88. 1926; W. KLEMM, ebenda Bd. 152, S. 295. 1926.

6) V. M. GOLDSCHMIDT, Geochemische Verteilungsgesetze der Elemente VII. Norske Vid. Akad. Oslo Skrifter, Mat.-Nat. Kl. Nr. 2, S. 48. 1926.

7) Vgl. ds. Handb. Bd. XXII, Kap. 5 F.

Tabelle 30. Atomabstände isosterer Verbindungen mit unpolarer „Tetraederbindung“ nach V. M. GOLDSCHMIDT.

M X	Gesamt-Elektronenzahlen der Atome	Zahl der A.El.	Atomabstand in 10^{-8} cm	M X	Gesamt-Elektronenzahlen der Atome	Zahl der A.El.	Atomabstand in 10^{-8} cm
CC	6 6	4 4	1,55	GaSb	31 51	3 5	2,67
BeO	4 8	2 6	1,65	ZnTe	30 52	2 6	2,63
SiC	14 6	4 4	1,90	CuJ	29 53	1 7	2,62
AlN	13 7	3 5	1,90	SnSn	50 50	4 4	2,79
ZnS	30 16	2 6	2,35	InSb	49 51	3 5	2,79
CuCl	29 17	1 7	2,34	CdTe	48 52	2 6	2,79
GeGe	32 32	4 4	2,44	AgJ	47 53	1 7	2,81
ZnSe	30 34	2 6	2,43				
CuBr	29 35	1 7	2,46				

32. Metalle und Metallverbindungen.

Der „metallische“ Zustand von Elementen, Metallverbindungen, Mischkristallen, Eutektika usw. wird durch hohes elektrisches Leitvermögen, gutes Wärmeleitvermögen, durch starkes Reflexionsvermögen (Metallglanz) und geringe Lichtdurchlässigkeit charakterisiert.

Tabelle 31. Ionenabstände isosterer polarer Verbindungen nach GOLDSCHMIDT.

Atomabstand in 10^{-8} cm				Δ
$M^{+}X^{-}$		$M^{++}X^{--}$		
KF	2,66	CaO	2,38	12%
RbF	2,82	SrO	2,59	9%
CsF	3,01	BaO	2,75	9%
NaCl	2,81	MgS	2,54	11%
RbCl	3,27	SrS	2,93	11%
CsCl	3,57	BaS	3,17	13%
NaBr	2,97	MgSe	2,72	9%
KBr	3,29	CaSe	2,96	11%
CsBr	3,71	BaSe	3,31	12%
RbJ	3,66	SrTe	3,24	13%

Die räumliche Anordnung der Metallatome im kristallisierten Zustand ist bereits für zahlreiche Elemente und einige Verbindungen bestimmt worden, wobei sich die Bevorzugung bestimmter Gittertypen und bei den Elementen ein gewisser Zusammenhang mit der Stellung des betreffenden Elementes im periodischen System ergab; nähere Angaben finden sich bei P. P. EWALD in Kapitel 5 dieses Bandes. Über die Natur der Kräfte, welche im kristallisierten Metall die Atome verknüpfen, wissen wir nichts Bestimmtes. Man nimmt jedoch an, daß die besonderen physikalischen Eigenschaften der Metalle mit dem Vorhandensein freier oder doch relativ leicht beweglicher Elektronen zusammenhängen, und daß es diese Elektronen sind, welche die Atomrümpfe, etwa durch Umlauf um mehrere Atomkerne, zusammenhalten und die „metallische Bindung“ besorgen.

HABER[1]) hat angenommen, daß die Valenzelektronen bei den Metallen die Rolle eines Anions, z. B. des Cl^{-}- im NaCl-Gitter, übernehmen könnten, eine Annahme, die jedoch nach DEBYE und SCHERRER[2]) mit der röntgenspektroskopischen Erfahrung nicht in Einklang zu bringen ist. (Näheres bei K. F. HERZFELD, ds. Handb. Bd. XXII.) FRENKEL[3]) nimmt an, daß im Metallgitter jedes Elektron nur ein oder einige Male dasselbe Atom umkreist bzw. „hineintaucht“, dann aber sich entfernt und dem Nachbaratom so nahe kommt, daß es jetzt in dieses hineintaucht, um sodann auf ein drittes Ion usw. überzugehen. Ähnliche Vorstellungen hat HÖJENDAHL[4]) entwickelt. FRENKEL vermochte auf Grund

---

[1]) F. HABER, Verh. d. D. Phys. Ges. Bd. 13, S. 1128. 1911; Berl. Ber. 1919, S. 506, 990.

[2]) P. DEBYE u. P. SCHERRER, unveröffentlicht, nach F. HABER, Berl. Ber. 1919, S. 990.

[3]) J. FRENKEL, ZS. f. Phys. Bd. 29, S. 214. 1924.

[4]) K. HÖJENDAHL, Phil. Mag. (6) Bd. 48, S. 349. 1924.

seiner Vorstellungen näherungsweise die Kohäsionskräfte und die Kompressibilität der Metalle zu berechnen.

Der schon von LOTHAR MEYER hervorgehobene Abfall der Schmelz- und Siedepunkte homologer Metalle mit der Periodenziffer, den man als rohes Maß für die Abnahme der zwischenatomaren Kräfte ansehen kann, liefert keinen Hinweis auf die Bindungsart in Metallen, denn auch bei den andern bisher besprochenen Verbindungsklassen sinkt, wie wir in der nächsten Ziffer sehen werden, die Arbeit, die man zur Überführung von Verbindungen in freie Ionen bzw. Atome braucht, stets mit der Periodenziffer.

Die „metallische" Bindung könnte durchaus wesensgleich der im Diamanten und in Nichtmetallmolekülen angenommenen, an sich ebenso unbekannten unpolaren Bindung sein; ein wesentlicher Unterschied ist jedoch der, daß bei Stoffen mit Tetraederbindung und bei Nichtmetallmolekülen, die ihr „Elektronenoktett" haben, alle diejenigen Bahnen mit Elektronen besetzt sind, die auch im nächsthöheren Edelgas besetzt sind, während in Metallen unbesetzte Bahnen vorhanden sind, die vermutlich die leichte Verschieblichkeit der Elektronen gestatten. Die Zahl der beweglichen Elektronen dürfte in vielen Fällen mit der Zahl der äußersten Elektronen höchster Quantenzahl identisch sein (s. Tabelle 1); in bestimmten Fällen dagegen, z. B. beim Pd, das nach SOMMERFELD[1]) im Gaszustande eine abgeschlossene 18-Schale hat, kann dies nicht der Fall sein; hier muß man annehmen, daß die metallische Bindung durch die lockersten Elektronen der 18-Schale besorgt wird. Ein Hinweis darauf, daß die „metallische" Bindung der „unpolaren" Bindung tatsächlich wesensverwandt ist, ist darin zu sehen, daß GOLDSCHMIDT[2]) durch geeignete Zerlegungen aus den Atomabständen von Verbindungen mit Tetraederbindung „Atomradien" erhält, die von den aus Metallen wie aus Nichtmetallmolekülen erhältlichen nicht sehr abweichen.

„Atomradien" nach GOLDSCHMIDT.

Atomwirkungsradius in 10^{-8} cm	Be	Zn	Cd	Se	Te
Aus Verbindungen, die im *D*- und *W*-Gitter kristallisieren	1,05	1,33	1,49	1,13	1,33
Aus dem Mindestabstand im Kristallgitter der Elemente	1,14	1,34	1,48	1,16	1,43

Zum Schluß ist noch hervorzuheben, daß bei den Metallverbindungen vielfach sonst völlig unbekannte Valenzzahlen auftreten, z. B. in den Verbindungen $NaZn_{12}$, $NiCd_4$, $FeZn_7$ usw.

33. Die Arbeit zur Spaltung unpolarer Bindungen. Eine der wichtigsten Größen zur Charakterisierung der unpolaren Bindung ist die Arbeit, die zur Spaltung dieser Bindung erforderlich ist. Diese Arbeit, durch die Verbindungen direkt in gasförmige Atome übergeführt werden, ist bei Metallen und diamantartigen Stoffen identisch mit der Sublimationswärme *S*. Bei Nichtmetallmolekülen in kondensiertem Zustand pflegt man als Sublimationswärme *S* dagegen nur diejenige Arbeit zu bezeichnen, die zur Überführung in den Zustand gasförmiger Moleküle nötig ist; erst durch Aufwendung der Dissoziationsarbeit *D* erhält man auch hier Atome. Die folgenden Beispiele

$$[\mathrm{Cu}] + S_{\mathrm{Cu}} = (\mathrm{Cu}); \qquad [\mathrm{J}] + S_{\mathrm{J}} = \tfrac{1}{2}(\mathrm{J}_2);$$
$$[\mathrm{C}] + S_{\mathrm{C}} = (\mathrm{C}); \qquad \tfrac{1}{2}(\mathrm{J}_2) + D_{\mathrm{J}} = (\mathrm{J})$$

[1]) H. G. GRIMM u. A. SOMMERFELD, ZS. f. Phys. Bd. 36, S. 36. 1926.

[2]) V. M. GOLDSCHMIDT, Geochemische Verteilungsgesetze der Elemente VII. Norske Vid. Akad. Oslo Skrifter, Mat.-Nat. Kl. Nr. 2. 1926.

zeigen, daß man beim Vergleich der Arbeiten, die zur Spaltung unpolarer Bindungen nötig sind, bei Metallen und diamantartigen Stoffen die Sublimationswärmen, bei Nichtmetallmolekülen aber die Dissoziationswärmen benutzen muß; will man dagegen die Arbeiten zur Erzeugung von einem Gramm-Atom freier Atome aus den kondensierten Elementen, die „Atombildungsarbeiten", vergleichen, dann muß man bei Nichtmetallmolekülen die Summe $S + D$ nehmen. Das vorhandene Zahlenmaterial über die genannten Größen ist noch sehr lückenhaft und kann auch mangels Kenntnis des Verlaufes der spezifischen Wärmen meistens nicht auf den absoluten Nullpunkt umgerechnet werden. Um überhaupt einen Überblick gewinnen zu können, benutzen wir statt der Sublimationswärmen die Verdampfungswärmen beim Siedepunkt, die zum Teil aus Dampfdruckmessungen bestimmt, zum Teil aus den Siedepunkten berechnet wurden[1]). Trotz der Unsicherheiten mancher Zahlen lassen sich wohl schon jetzt, wie aus Tabelle 32 ersichtlich ist, Zusammenhänge der Atombildungsarbeit mit dem Bau der Atome feststellen.

Tabelle 32. Arbeiten zur Erzeugung von Atomen (Atombildungsarbeiten) in kcal/g-Atom.

Metalle				Diamantartige Stoffe	Nichtmetallmoleküle			Edelgase
Verdampfungswärmen λ beim K.P.					Dissoziationswärmen D_x und Verdampfungswärmen λ beim K.P.			Verdampf.-Wärmen λ beim K.P.
1 a	1 b	2b	3b	4b	5b	6b	7b	0
Li		Be	B	C [2])	N [4])	O [4])	F [5])	Ne
$>$ 40		—	—	136	131,5+0,7=132	81+0,9=82	40−60	—
Na		Mg	Al	Si [3])	P	S	Cl [4])	Ar
26		49	48	82	$D_P + 11$	52+14=66	2,2+28,5=31	1,5
K								
23	Cu	Zn	Ga	Ge	As	Se	Br [4])	Kr
	70	28	—	—	$D_{As} + 19$	$D_{Se} + 21$	3,5+22,6=26	2,4
Rb								
21	Ag	Cd	In	Sn	Sb	Te	J	X
	56	27	—	74	$D_{Sb} + 38,5$	$D_{Te} + 46$	7,5+17,6=25	3,2
Cs								
20	Au	Hg	Tl	Pb	Bi	Po	—	Em
	78	14	38	46	$D_{Bi} + 43$	—	—	4,0

α) Bei Metallen und diamantartigen Stoffen, also in der 1. bis 4. Gruppe, fällt die Sublimationswärme, die Arbeit, die zur Erzeugung von je 1 Gramm-Atom gasförmiger Atome nötig ist, innerhalb der gleichen Untergruppe des periodischen Systems mit der Ordnungszahl der Atome. Ausnahmen finden bei einigen hinter den seltenen Erden stehenden Elementen, z. B. bei Au, statt, bei denen auch die Ionengrößen (Abb. 3) und die Ionisierungsarbeiten (Tabelle 2) infolge der „Lanthanidenkontraktion" (V. M. GOLDSCHMIDT) ein anormales Verhalten aufweisen.

---

[1]) Die Werte für λ bzw. K.P. wurden den Tabellen von LANDOLT-BÖRNSTEIN-ROTH-SCHEEL entnommen. Die Berechnung der λ-Werte aus den Siedepunkten geschah nach der von v. WARTENBERG (ZS. f. Elektrochem. Bd. 20, S. 444. 1914) angegebenen modifizierten TROUTONschen Regel: $\lambda = 7{,}4\, T_{KP} \cdot \log T_{KP}$.

[2]) H. KOHN u. M. GUCKEL, Naturwissensch. Bd. 12, S. 139. 1924.

[3]) O. RUFF, ZS. f. Elektrochem. Bd. 32, S. 519. 1926.

[4]) S. die Anmerkungen 2 und 3 auf S. 537. [5]) Rohe Schätzung.

β) Bei Nichtmetallmolekülen fallen die Dissoziationsarbeiten wie auch die Atombildungsarbeiten innerhalb der gleichen Gruppe des periodischen Systems mit steigender Molekülgröße; Ausnahmen sind bis jetzt nicht bekannt.

Die unter α und β aufgeführte Tatsache, daß in der ersten bis siebenten Gruppe des periodischen Systems die Atombildungsarbeiten mit steigender Ordnungszahl abnehmen, muß natürlich damit im Zusammenhang stehen, daß in derselben Richtung die Quantenzahl der die unpolare Bindung besorgenden Valenzelektronen steigt, daß ihre Ablösbarkeit sinkt (Tabelle 2), und daß mit steigender Ordnungszahl die Atomabstände und die Größe der Atomrümpfe zunehmen.

Regel α und β zeigen im Zusammenhang mit dem in Ziff. 16 und 17 über die Gitterenergie Gesagten, daß bei allen besprochenen Bindungsarten, bei polaren Salzen, Metallen, diamantartigen Stoffen und Nichtmetallmolekülen die Kräfte zwischen den Atomen bzw. Ionen, mit steigender Größe derselben abnehmen. Auf die bedeutsame Ausnahme von diesem Satz, daß die zwischen Edelgasatomen und Molekülen wirkenden Kräfte mit der Molekülgröße wachsen, wird in Ziff. 34 noch eingegangen werden.

γ) In der zweiten und dritten Periode nimmt die Atombildungsarbeit von der ersten zur vierten Gruppe zu und fällt dann bis zur siebenten Gruppe wieder ab. Es ist bemerkenswert, daß dieser Gang durchaus dem Gang der Valenzzahlen gegen Wasserstoff (Ziff. 14, Regel 4) entspricht. Auch in den höheren Perioden scheint für die eine bis fünf oder sechs Stellen vor einem Edelgas stehenden Elemente das Maximum der Atombildungsarbeit in der vierten Gruppe zu liegen.

δ) Die Atombildungsarbeiten der Alkalimetalle sind von ähnlicher Größe wie die der Halogene. Es ist zu vermuten, daß auch in anderen Gruppen von Metallen und Nichtmetallen, die gleich weit vom nächsten Edelgas entfernt stehen, paarweise ähnliche Bindungsfestigkeiten auftreten.

Von besonderer Bedeutung für die Chemie ist der folgende von FAJANS[1]) geführte Nachweis, daß die C—C-Bindung im Diamanten energetisch fast gleichwertig ist der C—C-Bindung in organischen Verbindungen mit offenen Kohlenstoffketten, den aliphatischen Verbindungen. Aus dem Diamantgitter (Abb. 137, S. 332) ergibt sich bekanntlich, daß sich jedes C-Atom im Zentrum eines regulären Tetraeders befindet, dessen Ecken ebenfalls mit C-Atomen besetzt sind. Macht man nun die Annahme, daß im Diamanten jedes C-Atom mit seinen vier Nachbarn durch eine „chemische Bindung" verknüpft ist, die man durch einen Valenzstrich symbolisieren und der man zwei Bindungselektronen zuordnen kann, dann muß man zur Herauslösung von einem C-Atom je vier chemische „Bindungen" spalten, an deren jeder jedoch zwei C-Atome sitzen. Um daher ein Gramm-Atom gasförmiger C-Atome zu erzeugen, hat man die Arbeit zur Spaltung von 4/2, also von 2C—C-Bindungen aufzuwenden, eine Arbeit $2y'$, die identisch mit der Sublimationswärme S_C des Diamanten sein muß, wenn man dessen Dampf als einatomig annimmt. Es gilt dann $2y' = S_C$.

Bezeichnet man mit z die Verbrennungswärme von gasförmigem Kohlenstoff in molekularem Sauerstoff O_2, dann läßt sich die bekannte Verbrennungswärme Q_D des Diamanten zerlegen in

$$Q_D = z - 2y' = 94{,}4\ \text{kcal}. \tag{16}$$

Bezeichnet man weiter mit x und y die Arbeit, die zur Lösung einer C—H- bzw. einer C—C-Bindung in aliphatischen Kohlenwasserstoffen pro Mol erforderlich ist, mit v die Verbrennungswärme von 1 Gramm-Atom Wasserstoffatomen

[1]) K. FAJANS, Chem. Ber. Bd. 53, S. 643. 1920; Bd. 55, S. 2826. 1922; vgl. auch A. v. WEINBERG, ebenda Bd. 53, S. 1347. 1920.

in O_2, dann lassen sich die Verbrennungswärmen zweier beliebiger Kohlenwasserstoffe nach J. THOMSENS[1]) Vorgang wie folgt zerlegen:

$$\left.\begin{array}{ll} C_2H_6: & -y - 6x + 2z + 6v = Q_1 = 370\ \text{kcal}, \\ C_3H_8: & -2y - 8x + 3z + 8v = Q_2 = 527\ \text{kcal}. \end{array}\right\} \quad (17)$$

Unter Eliminierung von x und v erhält man den Ausdruck

$$z - 2y = 3Q_2 - 4Q_1 = 101\ \text{kcal}$$

und unter Berücksichtigung der Verbrennungswärmen zahlreicher anderer Kohlenwasserstoffe den Mittelwert:

$$z - 2y = 103 \pm 8\ \text{kcal}. \quad (18)$$

Aus (16) und (18) folgt dann

$$y' - y = 4 \pm 4\ \text{kcal}, \quad (19)$$

d. h. die praktische Identität von y und y'. Mit Gleichung (19) ist gewissermaßen die Brücke geschlagen von den Stoffen mit Tetraederbindung zu den Nichtmetallmolekülen.

Eine entsprechende Überlegung am Graphit (s. Abb. 141, S. 334) führt zu der Feststellung, daß jedes C-Atom von drei gleichweit entfernten C-Atomen umgeben ist, während das vierte C-Atom relativ so weit liegt, daß man die Arbeit zur Lösung dieser vierten Bindung glaubt vernachlässigen zu können (Gleitvermögen des Graphits). Man kann mit dieser Annahme die Verbrennungswärme Q_G des Graphits zerlegen in

$$Q_G = z - \tfrac{3}{2} y_G, \quad (20)$$

worin y_G die Arbeit zur Spaltung einer C—C-Bindung im Graphit bedeutet. Der Nachweis, daß diese Arbeit angenähert der Arbeit zur Spaltung der C—C-Bindung in aromatischen Verbindungen, also Verbindungen mit Kohlenstoffringen, gleich ist, wurde in analoger Weise wie oben von v. STEIGER[2]) geführt. Aus dem Schema der Abb. 20 folgt

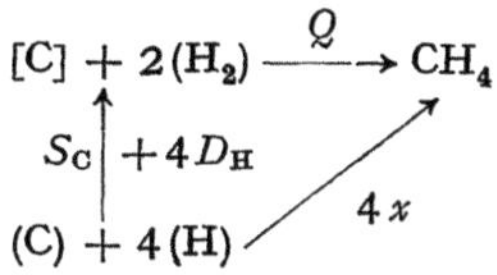

Abb. 20. Zerlegung der Bildungswärme des Methans.

$$x = \tfrac{1}{4}(Q_{CH_4} + S_C + 4D_H) = \tfrac{1}{4}(18 + 150 + 200) = 92 \pm 10\ \text{kcal}. \quad (21)$$

Der Wert für z ergibt sich einfach durch Addition der Sublimationswärme S_C des Diamanten bei Zimmertemperatur zu seiner Verbrennungswärme Q_{CO_2}:

$$z = Q_{CO_2} + S_C = 94 + (150 \pm 10) = 244 \pm 10\ \text{kcal pro Gramm-Atom}.$$

Entsprechend

$$v = \tfrac{1}{2} Q_{H_2O} + D_H = 34 + (50 \pm 5) = 84 \pm 5\ \text{kcal pro Gramm-Atom}.$$

Aus (17) und (18) erhält man dann $y = 71 \pm 9$, $y' = 75 \pm 9$ kcal/Gramm-Atom. Die Arbeiten y'' und y''' zur Lösung einer doppelten und dreifachen Bindung berechnen sich aus Zerlegungsgleichungen für ungesättigte Kohlenwasserstoffe, die (17) analog sind, zu

$$y'' \sim 115\ \text{kcal und } y''' \sim 160\ \text{kcal}.$$

[1]) JUL. THOMSEN, ZS. f. phys. Chem. Bd. 1, S. 369. 1887; Thermochem. Untersuch. IV. 1886; ZS. f. anorg. Chem. Bd. 40, S. 185. 1904.

[2]) A. v. STEIGER, Chem. Ber. Bd. 53, S. 666. 1920.

Mit Hilfe ähnlicher Rechnungen haben sodann v. WEINBERG[1]), EUCKEN[2]) und andere[3]) versucht, aus dem großen Material über Bildungswärmen und Verbrennungswärmen zumeist organischer Substanzen die Arbeiten zu berechnen, die man zur Trennung der verschiedenartigen Bindungen braucht; doch fehlte es bisher an der Kenntnis der nötigen Fundamentalgrößen D_X usw. Eine systematische Neuberechnung ergab die in Tabelle 33 aufgeführten Zahlen[4]). In der

Tabelle 33. Spaltungsarbeiten unpolarer Bindungen in kcal/Mol.

Bindung	Berechnet aus	Spaltungsarbeit in kcal/Mol.	Mittel
	Aliphatische Bindungen		
C—H	13 Kohlenwasserstoffen		**92**
C—F	2 Alkylfluoriden	115—127 (135—147)	125 (bis 145)
	10 weiteren Fluorderivaten	120—133 (140—153)	
C—Cl	7 Alkylchloriden	70— 76	73
C—Br	3 Alkylbromiden	58— 59	59
C—J	3 Alkyljodiden	39— 45	44
C—O	20 Alkoholen	86—102	92
	3 Äthern	87— 89	
C=O	7 Aldehyden	175—191	188
	13 Ketonen	183—204	
C=O	CO_2		203
C—N	7 primären Aminen	62—76	70
	4 sekundären Aminen	67—70	
	4 tertiären Aminen	68—75	
C≡N	7 Nitrilen	208—218	212
C—C	13 Kohlenwasserstoffen		**71**
C=C	11 ungesättigten Kohlenwasserstoffen	111—134	125
C≡C	7 Kohlenwasserstoffen	157—175	166
	Aromatische Bindungen		
C—H	5 Kohlenwasserstoffen		**101**
C—F	3 Arylfluoriden	128—134 (148—154)	131 (bis 151)
C—Cl	2 Arylchloriden	93— 98	96
C—J	3 Aryljodiden	43— 47	45
C—O	9 Phenolen	101—115	109
	6 Phenoläthern	103—111	
C—N	11 Aminen	82— 90	85
$C_{arom.}$-$C_{arom.}$	5 Kohlenwasserstoffen		**96**
$C_{arom.}$-$C_{aliph.}$	16 Kohlenwasserstoffen	76— 85	**80**
CO	CO		257, 258[5])
NO	NO		191, 182[5])
NO	NO_2		145
NO	N_2O		163
NO	2 organischen Nitrosoverbindungen	163—164	164
ClO	Cl_2O		60
SO	SO_2		149
SO	SO_3		134

ersten Spalte deutet jeder Valenzstrich die Anzahl der anzunehmenden unpolaren „Bindungen" an, die jedoch bei gewissen Molekülen wie CO, NO, NO_2,

[1]) A. v. WEINBERG, Chem. Ber. Bd. 52, S. 1501. 1919; Bd. 53, S. 1347 u. 1519. 1920; Bd. 56, S. 463. 1923.

[2]) A. EUCKEN, Liebigs Ann. Bd. 440, S. 111. 1924.

[3]) H. G. GRIMM, ZS. f. phys. Chem. Bd. 102, S. 131. 1922; ZS. f. Elektrochem. Bd. 31, S. 474. 1925.

[4]) H. G. GRIMM u. H. WOLFF, unveröffentlicht.

[5]) Aus Bandenspektren (BIRGE u. SPONER, Zitat S. 537).

Cl_2O, SO_2, SO_3, nicht eindeutig feststeht. Zur Berechnung wurden die folgenden Daten benützt: $S_C = 150 \pm 10$, für die Dissoziationswärmen: $D_H = 50 \pm$ ca. 5[1]) $D_O = 81$[2]) $D_N = 131{,}5$[2]), $D_F = 40$ bis 60 (Schätzung), $D_{Cl} = 28{,}5$[3]), $D_{Br} = 23$[3]), $D_J = 18$[3]) kcal/g-Atom. Die Unsicherheiten dieser Daten gehen natürlich zum Teil in die Spaltungsarbeiten der Tabelle 33 ein. Trotzdem lassen die mit den wahrscheinlichsten Daten berechneten Zahlen in mehrfacher Hinsicht Zusammenhänge erkennen, und zwar sowohl mit der Größe der zu Molekülen verbundenen Atome bzw. Pseudoatome als auch mit dem Abstand der verbundenen Atomkerne. So sieht man zunächst, daß die Spaltung einer C—C-Bindung in aromatischen Verbindungen, z. B. in C_6H_6, mehr Arbeit erfordert als bei aliphatischen Verbindungen, z. B. $H_3C—CH_3$[4]). Dieser Tatsache entspricht, daß auch im Graphit die Spaltungsarbeit größer, der Atomabstand kleiner ist als im Diamanten. Die Tabelle zeigt weiter, daß allgemein die aromatischen Bindungen fester sind als die aliphatsichen, z. B. ist die C—H-Bindung in C_6H_6 fester als die C—H-Bindung in C_2H_6.

Die Spaltungsarbeiten flüchtiger Hydride sind in Tabelle 34 zusammengestellt. Man sieht, daß die Arbeit zur Abspaltung eines H-Atoms in derselben Richtung zunimmt, in der die Größe der Moleküle (Pseudoatome, vgl. Ziff. 28) abnimmt. Ganz entsprechende Zusammenhänge zeigen die in Tabelle 35 zusammengestellten Daten über die Spaltungsarbeiten von Kohlenstoffbindungen. Diese Daten sind in einer der in Abb. 14 enthaltenen Hydridverschiebungsregel entsprechenden Weise eingetragen; man sieht, daß sie von unten nach oben mit abnehmender Atomgröße zunehmen. Von rechts nach links nehmen sie deshalb zu, weil hier die Anzahl der Bindungen von 1 auf 3 wächst und der Einfluß der zunehmenden Atomgröße verdeckt ist. Die $C—CH_3$-Bindung steht auch hier wie oben (Ziff. 28, 29) nahe an der C—Cl-Bindung.

Tabelle 34. Spaltungsarbeiten in Atome pro Gramm-Atom Wasserstoff.

HF 153—173	H_2O 120	H_3N 98	H_4C 92
HCl 100	H_2S 75	H_3P	H_4Si
HBr 85		← ↑	Spaltungsarbeit
HJ 70			

Tabelle 35. Spaltungsarbeiten von C-Bindungen in kcal/Mol.

C≡N	212	C=O	188	C — F	125—145 ↑
C≡C	166			C — O	92
		C=C	125	C — N	70
				C — C	71
				C — Cl	73

Bemerkenswert ist ferner die Tatsache, daß die Atomspaltungsarbeiten der Halogenide des Wasserstoffs und Kohlenstoffs in Tabelle 33 und 34 die Abstufung der Ionengrößen gemäß (1) zeigen; das deutet darauf, daß der Gang der Größen der nichtpolar gebundenen Halogenatome dem der Ionengrößen ähnlich sein muß, und daß auch der Einfluß dieses Ganges auf die Bindungsfestigkeit bei nichtpolar gebauten Verbindungen ein ähnlicher sein muß wie bei polar gebauten Verbindungen.

Weniger durchsichtig sind die Verhältnisse bei den folgenden Substanzreihen, die dem in Abb. 17 aufgeführten Molekülverschiebungssatz entsprechen,

---

1) P. ISNARDI, ZS. f. Elektrochem. Bd. 21, S. 417. 1915; K. WOHL, zitiert nach K. BONHÖFFER, ebenda Bd. 31, S. 522. 1925; TH. KRÜGER, Ann. d. Phys. Bd. 64, S. 288. 1925; E. WITMER, Proc. Nat. Acad. Amer. Bd. 12, S. 238. 1926; vgl. auch J. LANGMUIR, ZS. f. Elektrochem. Bd. 23, S. 217. 1917; H. SCHÜLER u. K. L. WOLF, ZS. f. Phys. Bd. 33, S. 42. 1925; G. JOOS u. G. F. HÜTTIG, ZS. f. Elektrochem. Bd. 32, S. 203. 1926.

2) H. SPONER u. T. BIRGE, Phys. Rev. Bd. 27, S. 640. 1926; dort weitere Literatur.

3) Tabellen von LANDOLT-BÖRNSTEIN-ROTH-SCHEEL. Ferner H. KUHN, Naturwissensch. Bd. 14, S. 600. 1926.

4) A. v. STEIGER, Chem. Ber. Bd. 53, S. 666. 1920.

und bei denen sich bei CN und NN eine noch unverständliche Umkehrung im Gang der in kcal pro Mol angegebenen Spaltungsarbeiten zeigt:

$\equiv$CCl	=NCl	–OCl	ClCl
73	–	60	57
	=CO	–NO	OO
	188	164	162
		–CN	NN
		212	263
			[2 C]
			300

Die Tatsache, daß bestimmte Verbindungsreihen „tetraedrisch" gebundener Stoffe, wie AgJ, CdTe, InSb, SnSn, nach GOLDSCHMIDT[1]) gleiche Atomabstände aufweisen, legt nämlich die Annahme nahe, daß auch die Kräfte fast gleich sind, durch welche die Atomrümpfe der verbundenen Atome durch jeweilig 8 Bindungselektronen pro zwei Atome zusammengehalten werden. Wenn diese Annahme richtig ist, dann muß die Atombildungsarbeit A bei diesen Stoffen annähernd gleich sein, z. B. $A_{AgJ} \simeq A_{CdTe}$ usw. Aus dem folgenden Schema:

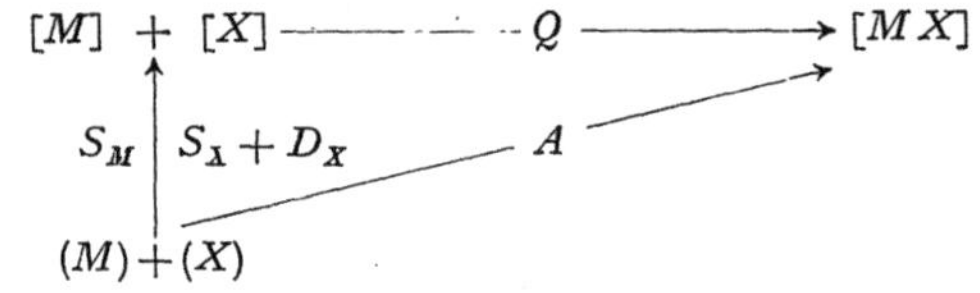
[M] + [X]
Q
[MX]
S_M
$S_X + D_X$
A
(M) + (X)

ergibt sich

$$A = Q + S_M + S_X + D\,,$$

worin bedeuten: Q die Bildungswärme der Verbindung $[MX]$ aus den kristallisierten Komponenten, S_M und S_X die Sublimationswärmen von Metall und Nichtmetall, D_X die Dissoziationswärme von X_n. Die in Tabelle 36 wiedergegebenen noch unsicheren Daten zeigen, daß A bei tetraedrisch gebundenen $[MX]$-Verbindungen gleichen Atomabstandes tatsächlich sehr ähnlich zu sein scheint. Die Zahlen zeigen weiter, daß mit dem Wachsen der Größe von a_M und a_X der verbundenen Atomrümpfe und der Atomabstände genau wie bei organischen Verbindungen die Spaltungsarbeiten sinken.

Tabelle 36. Atomabstände und Atomspaltungsarbeiten bei Stoffen mit Tetraederbindung.

	A	r	a_M	a_X		A	r	a_M	a_X
	kcal/Mol	in 10^{-8} cm				kcal/Mol	in 10^{-8} cm		
CuCl	143	5,41	0,60	0,95	AgCl*	119	2,77	0,74	0,95
ZnS	145	5,42	0,56	1,10	CdS	131	2,52	0,71	1,10
CuBr	135	5,68	0,60	1,02	AgBr*	112	3,09	0,74	1,02
ZnSe	<137	5,61	0,56	1,16	CdSe	<126	2,63	0,71	1,16
CuJ	125	6,05	0,60	1,12	AgJ	101	2,81	0,74	1,12
ZnTe	<137	6,07	0,56	1,24	CdTe	<122	2,79	0,71	1,24
					SnSn	>148	2,79	—	—

Die mit * versehenen Stoffe AgCl und AgBr fallen mit ihren Daten heraus, weil sie aus Ionen aufgebaut sind. Die große Unstimmigkeit bei dem A-Wert von Sn ist unaufgeklärt.

Es wäre natürlich von besonderem Interesse, wenn man ebenso wie bei den polar gebauten auch bei den nicht polar gebundenen Stoffen einen allgemeineren Zusammenhang zwischen Atomabstand und Spaltungsarbeit, etwa umgekehrte

[1]) V. M. GOLDSCHMIDT, Geochemische Verteilungsgesetze der Elemente VII. Norske Vid. Akad. Oslo Skrifter. Mat.-Nat. Kl. Nr. 2. 1926.

Proportionalität, auffände. Bis jetzt läßt sich infolge der Unsicherheit vieler Zahlen jedoch nur ein entgegengesetzter Gang beider Größen erkennen, und nur, wenn man ähnlich gebaute Moleküle vergleicht. Die in der folgenden Tabelle 37 enthaltenen Kernabstände sind zum Teil aus Trägheitsmomenten[1]) berechnet, zum Teil aus Kristallstrukturanalysen, namentlich von MARK und V. M. GOLDSCHMIDT (l. c.) entnommen.

Tabelle 37. Zusammenhang zwischen Kernabstand und Spaltungsarbeit bei nichtpolar gebundenen Stoffen.

Nichtmetallmoleküle:

	HH	HF	H(OH)	HCl	HBr	HJ	CH	$C(NH_2)$	$C(CH_3)$	CBr	CJ
Kernabstand in 10^{-8} cm	0,42—0,48	0,94	1,11	1,28	1,42	(1,50)	1,0—1,1	1,48	1,54	2,1—2,4	2,2—2,5
Spaltungsarbeit in kcal/Mol	100	150—170	120	100	85	70	92	70	71	59	64

Stoffe mit Tetraederbindung:

	CC	SiC	SiSi	ZnO	CuCl	ZnS	ZnSe	CuBr	CdS	CuJ	ZnTe	SnSn	CdTe	AgJ
Kernabstand in 10^{-8} cm	1,54	1,90	2,33	1,93	2,34	2,35	2,43	2,48	2,52	2,62	2,63	2,79	2,79	2,81
Spaltungsarbeit in kcal/Mol	300	230 bis 250	$\sim$160	202	143	145	137	135	131	125	$<$137	148?	$<$122	101

Bei Molekülen mit mehrfachen Bindungen scheinen, wie aus Tabelle 38 hervorgeht, die Verhältnisse komplizierter zu liegen.

Tabelle 38. Zusammenhang zwischen Kernabstand und Spaltungsarbeit bei Molekülen mit mehrfachen Bindungen.

	(CO_2)	(N_2O)	(CO)	(NN)	(NO)	(OO)
Kernabstand in 10^{-8} cm	1,1	1,15	1,16	1,12	1,14	0,85
Abspaltung eines g-Atoms in kcal. .	203	163	257	263	191	162

Die von LANGMUIR[2]) auf den Isosterismus zurückgeführte große Ähnlichkeit von N_2 und CO zeigt sich auch hier und bekräftigt die Auffassung, daß man beiden Molekülen gleiche Strukturformeln geben muß (vgl. Ziff. 27). Bei den ebenfalls isosteren Molekülen N_2O und CO_2 dagegen ist die Arbeit zur Spaltung der Moleküle sehr verschieden.

f) Die „Bindung“ zwischen neutralen Gebilden.

34. Die zwischenatomaren Kräfte der Edelgase und die zwischenmolekularen Kräfte der Nichtmetallmoleküle. Als letzte der in Tabelle 8 zusammengestellten Bindungsarten haben wir noch die „Bindung“ zu besprechen, welche die Edelgasatome in kondensiertem Zustand miteinander verknüpft. Diese Bindungsart hat mit der polaren Bindung der Salze gemeinsam, daß die einzelnen Bausteine des Gitters völlig voneinander isoliert sind; mit der unpolaren Bindung

[1]) A. EUCKEN, Grundriß der phys. Chemie, S. 431. Leipzig 1922; K. F. HERZFELD, ds. Handb. Bd. XXII, Kap. 5.

[2]) J. LANGMUIR, Journ. Amer. Chem. Soc. Bd. 41, S. 1543. 1919.

verbindet sie der Zug, daß die Atome nicht geladen sind. Was für die zwischen den kondensierten Edelgasatomen herrschenden Kräfte gilt, ist nun ebenso auf die Kräfte anzuwenden, welche die in sich abgeschlossenen, im Sinne von Ziff. 28 „edelgasähnlichen" Moleküle aufeinander ausüben. Diese bei der Kondensation von Gasmolekülen und Edelgasatomen in Wirksamkeit tretenden Kräfte pflegt man auch als VAN DER WAALSsche Kräfte zu bezeichnen, weil von ihnen das Glied a/v^2 in der korrigierten Gasgleichung

$$(p + a/v^2)(v - b) = RT$$

herrührt. Als Maß für diese Kräfte hat man die Verdampfungswärmen, sowie die diesen angenähert proportionalen Siedepunkte (TROUTONS Regel) anzusehen. Die Natur dieser Kräfte hat K. F. HERZFELD in Bd. XXII ds. Handb. ausführlicher behandelt, so daß hier der folgende kurze Hinweis genügt:

Die zwischen neutralen Atomen und Molekülen, wie Ar, H_2O, H_4C, herrschende Anziehung ist nach DEBYE[1]) auf zwei verschiedene Ursachen zurückzuführen, und zwar auf einen Richteffekt und auf einen Influenzeffekt. Der Richteffekt tritt auf, wenn nicht kugelsymmetrische Gebilde, wie Dipole, aneinander geraten. KEESOM[2]) zeigte dann, daß er auch bei Molekülen mit Quadrupolen eine erhebliche Rolle spielt. Der Effekt beruht darauf, daß aus thermodynamischen Gründen häufiger die Lagen, in denen Anziehung zwischen den Molekülen herrscht, eingenommen werden als die, bei denen Abstoßung herrscht. Da die Wärmebewegung den Molekülen eine gleichförmige Drehung zu erteilen bestrebt ist, wirkt sie dem Richteffekt entgegen, der daher mit steigender Temperatur abnimmt. Der Influenzeffekt beruht darauf, daß die Moleküle, die alle von vornherein elektrische Momente haben müssen, deformierbar, polarisierbar sind (vgl. Ziff. 7ff.), und daß jedes Molekül durch das Feld des anderen so deformiert wird, daß von den positiven Bestandteilen des einen Moleküls die negativen Bestandteile des anderen Moleküls herangeholt, die positiven aber entfernt werden, so daß stets Anziehung resultiert. Dieser Effekt ist natürlich von der viel langsameren Wärmebewegung unabhängig. Die Größe des Influenzeffektes ist proportional der Stärke der elektrischen Felder und der Deformierbarkeit der Moleküle, wächst daher ebenso wie die Deformierbarkeit und wie die Molekularrefraktion mit der Größe der Elektronenhüllen. Die durch den Influenzeffekt erzeugte Unsymmetrie der Moleküle ist um so größer, je unsymmetrischer die deformierenden Moleküle von vornherein waren.

Mit Hilfe der skizzierten Überlegungen über Richt- und Influenzeffekt lassen sich nunmehr einige auffällige Erscheinungen über den Gang von Siedepunkten bzw. Verdampfungswärmen qualitativ verständlich machen. Bei einatomigen Gasen, sowie bei hochsymmetrisch gebauten Molekülen wie CH_4, überwiegt der Influenzeffekt den Richteffekt bei weitem, auf ihn ist also der Zusammenhalt bei kondensierten Edelgasen und bei CH_4, SiH_4, usw. zurückzuführen. Da die Größe der Edelgasatome mit steigender Ordnungszahl wächst, wachsen auch Deformierbarkeit, Influenzeffekt und Sublimationswärme in gleicher Richtung. Man versteht somit, weshalb die Edelgase in bezug auf die Atombildungswärmen im Gegensatz zu allen anderen Elementen stehen (Tabelle 32). Den gleichen Anstieg sieht man, wenn man in Tab. 39 mit KOSSEL[3]) die Siedepunkte (bzw. Ver-

[1]) P. DEBYE, Phys. ZS. Bd. 21, S. 178. 1920.

[2]) W. H. KEESOM, Comm. Leiden 1912—1914, Nr. 24a, b, 25, 26; 1915—1916, Nr. 39 a, b, c; Phys. ZS. Bd. 22, S. 129, 643. 1921; Bd. 23, S. 225. 1922.

[3]) W. KOSSEL, ZS. f. Phys. Bd. 1, S. 395. 1920.

dampfungswärmen) der Moleküle von Elementen und unpolaren Verbindungen vergleicht, nicht ihre Atombildungsarbeiten, wie dies in Tabelle 32 geschah. Kossel wies auch darauf hin, daß der Anstieg der Siedepunkte bei den Elementen der 5., 6. und 7. Gruppe eine ganz ähnliche Abstufung zeigt wie bei den Edelgasen, und zwar die allgemein vorhandene charakteristische Abstufung gemäß (1). Stoffe, die infolge ihrer unsymmetrischen Ladungsverteilung Dipolcharakter tragen, z. B. HF, H_2O, H_3N, zeigen relativ hohe Siedepunkte, Assoziation, hohe Dielektrizitätskonstanten und hohes Dissoziationsvermögen; bei ihnen überwiegt der Richteffekt. In Abb. 21 sind die Siedepunkte einiger Stoffe als Maß der zwischenmolekularen Kräfte gegen die Gruppennummer des Nichtmetalls aufgetragen. Man sieht daraus, daß die Dipolstoffe HF, H_2O, H_3N wesentlich höher sieden als das symmetrisch gebaute Neon, und weiter, daß das Methan infolge der tetraedrischen Anordnung der vier H^+-Kerne ebenfalls sehr symmetrisch gebaut sein muß, so daß die zwischenmolekularen Kräfte etwa denen gleichgroßer Edelgasatome, wie Ar und Kr, nahestehen[1]). Bei Stoffen, in denen wegen ihrer symmetrischeren Bauart Quadrupole angenommen werden, z. B. bei F_2, O_2, N_2, spielt der Richteffekt nur eine untergeordnete Rolle und wird vom Influenzeffekt überdeckt. Vergleicht man HF und F_2, H_2O und O_2, sowie H_3N und N_2, dann zeigt sich, daß der Richteffekt die zwischenmolekularen Kräfte viel stärker beeinflußt als der Influenzeffekt, dessen Größenordnung für HF und F_2 usw. als gleich anzusehen ist.

Tabelle 39. Absolute Siedepunkte von Nichtmetallmolekülen und Edelgasen als Maß der zwischenmolekularen Kräfte.

V	VI	VII	0			
		H_2	He 4			
N_2 77	O_2 90	F_2 86	Ne 27	BF_3 172	CF_4 258	SiF_4 208
P_n 563	S_n 717	Cl_2 139	Ar 87	BCl_3 285	CCl_4 350	$SiCl_4$ 330
As_n 906	Se_n 961	Br_2 332	Kr 121	BBr_3 363	CBr_4 463	$SiBr_4$ 426
Sb_n 1008	Te_n 1663	J_2 457	X 166	BJ_3 —	CJ_4 563	SiJ_4 483
Bi_n 1779	Po_n —	—	Em 208	—	—	—

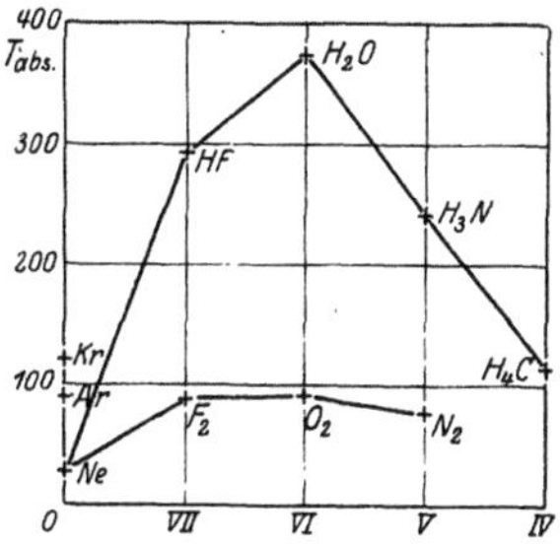

Abb. 21. Siedepunkte.

g) Übergänge und Grenzen zwischen den verschiedenen Bindungsarten.

35. Allgemeines. Die Frage, ob es zwischen den verschiedenen Bindungsarten (Ziff. 13, Tabelle 8) in bestimmten Reihen chemischer Verbindungen allmähliche Übergänge oder scharfe Grenzen gibt, ist noch nicht systematisch behandelt, geschweige denn entschieden beantwortet worden. Es liegen bisher nur einige Arbeiten über bestimmte Reihen von chemischen Verbindungen vor, aus denen man sowohl Argumente für allmähliche Übergänge der Bindungsarten ineinander, als auch für die Annahme scharfer Grenzen entnehmen kann.

Aus der an Tabelle 8 anschließenden Abb. 22 ist ohne weiteres zu ersehen, daß es fünf verschiedene Übergänge gibt, drei vom polar zum unpolar gebauten Stoff (Salz—Metall, Salz—diamantartiger Stoff, Salz—Nichtmetallmolekül) und zwei Übergänge zwischen unpolaren Stoffen untereinander

[1]) Vgl. Ziffer 28 sowie Chemikerkalender 1925 I, S. 71; F. Paneth u. E. Rabinowitsch, Chem. Ber. Bd. 58, S. 1138. 1925.

(Metall—Diamant und Diamant-Nichtmetallmolekül). In Abb. 22 ist auch zum Ausdruck gebracht worden, daß in bezug auf die zwischen den Bausteinen eines Gitters herrschenden Kräfte Reihen existieren, in denen die Kräfte nur dem Grade nach verschieden sind, z. B. die Reihe

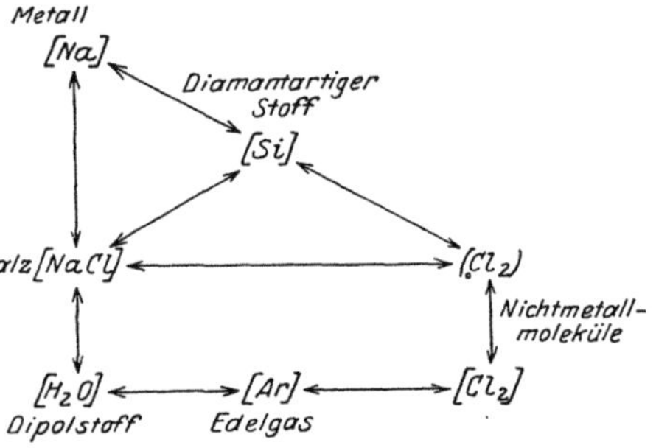

Abb. 22. Schema der Übergänge zwischen den verschiedenen Bindungsarten.

$$[NaCl]\ [H_2O]\ [Ar]\ [Cl_2].$$

Bei diesen Verbindungen stellen die Gitterbausteine in sich abgeschlossene Gebilde vor; bei Cl_2 bzw. Ar bewirkt die gegenseitige Polarisation der Atome bzw. Moleküle den Zusammenhalt, beim H_2O treten zu diesem Influenzeffekt die Dipolkräfte hinzu, die die einzelnen H_2O-Moleküle (Pseudoedelgasatome) aufeinander ausüben; beim NaCl tritt sodann neben den Influenzeffekt ausschlaggebend die elektrostatische Anziehung der Ionen.

36. Übergänge und Grenzen zwischen polaren Salzen und unpolaren Nichtmetallmolekülen. Schon ABEGG[1]) hat angenommen, daß es zwischen der polaren (heteropolaren, dualistischen) und der unpolaren (homöopolaren, unitarischen) Bindungsart Übergänge gibt, und KOSSEL[2]) hat ein erstes vorläufiges Bild derartiger Übergänge, z. B. in der Reihe

$$\text{Ar} \quad \text{HCl} \quad \text{CaO} \quad \text{BN} \quad N_2$$

zu entwerfen versucht. RUFF[3]) hat sodann zuerst auf den großen Eigenschaftssprung zwischen AlF_3 und SiF_4 in der Verbindungsreihe

	NaF	MgF_2	AlF_3	SiF_4	PF_5	SF_6	
F.P.	1040	908	hochschmelzend	−77	−83	−56	Grad C
K.P.	—	—	helle Rotglut	−90	−75	−62	„ „

hingewiesen, in der die Anfangsglieder bis AlF_3 hoch schmelzende, schwer flüchtige Stoffe sind, während vom SiF_4 ab sehr leichtflüchtige Verbindungen vorliegen. KOSSEL[4]) glaubt, diesen Eigenschaftssprung folgendermaßen erklären zu können. Er nimmt in der ganzen Verbindungsreihe Aufbau aus Ionen an und versucht, die Tatsachen im wesentlichen aus den in Abb. 23 dargestell-

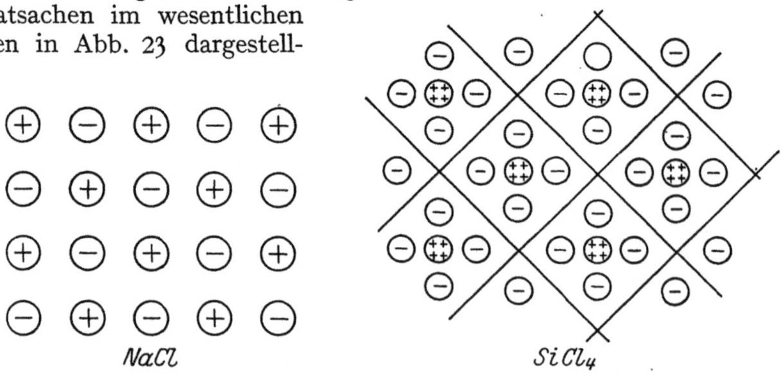

Abb. 23. Schema des Baues von NaCl und $SiCl_4$ nach W. KOSSEL.

[1]) R. ABEGG, ZS. f. anorg. Chem. Bd. 39, S. 330. 1904.
[2]) W. KOSSEL, Ann. d. Phys. Bd. 49, S. 229. 1916.
[3]) O. RUFF, Chem. Ber. Bd. 52, S. 1223. 1919.
[4]) W. KOSSEL, ZS. f. Phys. Bd. 1, S. 395. 1920.

ten geometrischen Verhältnissen verständlich zu machen. Nach KOSSEL ist bei NaF, MgF_2, AlF_3 eine „Verzahnung" der positiven und negativen Ionen im Kristallgitter geometrisch denkbar, von SiF_4 ab soll jedoch die Umhüllung des Kations durch vier und mehr Anionen die Verzahnung, d. h. die Bildung eines polar aufgebauten Salzgitters verhindern. Es soll vielmehr die gegenseitige Abstoßung der negativen Ionen die Bildung von Molekülen bewirken, deren innermolekulare Kräfte groß, deren zwischenmolekulare Kräfte gering sind und die bei der Kondensation in typischen Molekülgittern[1]) kristallisieren.

Die systematische Verfolgung bestimmter Eigenschaften in Abhängigkeit von der chemischen Zusammensetzung ist neuerdings durch Arbeiten von W. BILTZ[2]) mit KLEMM und anderen Mitarbeitern sehr gefördert worden. In diesen Arbeiten wird nachgewiesen, daß große Eigenschaftssprünge in der Flüchtigkeit (s. oben) auch in anderen Verbindungsreihen auftreten und daß man ihnen große Unterschiede im elektrolytischen Leitvermögen und im Molekularvolumen, namentlich im geschmolzenen Zustande, an die Seite stellen kann. Um das zu zeigen, sind in Tabelle 40 die Chloride der Hauptreihen des periodischen Systems der Elemente nebst Schmelzpunkten, die ein ganz rohes Maß für die Kräfte darstellen, und Äquivalentleitfähigkeiten[3]) verzeichnet. Die letztere Größe ist definiert durch das Produkt von spezifischer Leitfähigkeit und Äquivalentvolumen in geschmolzenem Zustande; hierin ist das Äquivalentvolumen gleich dem Molekularvolumen, dividiert durch die Wertigkeit des Kations. In Tabelle 40 trennt nun die verstärkte

Tabelle 40. Schmelzpunkte und Leitfähigkeiten geschmolzener Chloride nach W. BILTZ und KLEMM.

LiCl 613 166	$BeCl_2$ 440 0,086	BCl_3 −107 0	CCl_4 −22 0		
NaCl 800 133,5	$MgCl_2$ 718 28,8	$AlCl_3$ 191 $1{,}5 \cdot 10^{-6}$	$SiCl_4$ −69 0	PCl_5 148 0	
KCl 768 103,5	$CaCl_2$ 780 51,9	$ScCl_3$ 940 15	$TiCl_4$ −22 0		
RbCl 714 78,2	$SrCl_2$ 870 55,7	YCl_3 9,5	$ZrCl_4$	$NbCl_5$ 194 $2 \cdot 10^{-7}\times$	
CsCl 645 66,7	$BaCl_2$ 960 64,6	$LaCl_3$ 860 29,0	$HfCl_4$	$TaCl_5$ 211 $3 \cdot 10^{-7}\times$	WCl_6 275 $2 \cdot 10^{-6}\times$
			$ThCl_4$ ∾810 16		UCl_4 567 0,34×

Die oberen Zahlen geben die Schmelztemperaturen in Celsiusgraden, die unteren die Äquivalentleitfähigkeiten der Schmelzen $\varkappa \cdot \frac{V}{n} = \frac{\text{spezifische Leitfäh.} \cdot \text{Mol.-Vol.}}{\text{Wertigkeit des Kations}}$ beim Schmelzpunkt in cm^3/Ω. $BeCl_2$ ist 35° oberhalb des Schmelzpunktes gemessen: Bei den mit × bezeichneten Stoffen ist statt der Äquivalentleitfähigkeit die spezifische Leitfähigkeit $\varkappa$ angegeben.

[1]) Siehe auch A. REIS, ZS. f. Elektrochem. Bd. 26, S. 412. 1920; ZS. f. Phys. Bd. 1, S. 205. 1920; Bd. 2, S. 57. 1920.

[2]) W. BILTZ, ZS. f. phys. Chem. Bd. 100, S. 52. 1922; W. BILTZ u. A. VOIGT, ZS. f. anorg. Chem. Bd. 126, S. 39. 1923; W. BILTZ u. W. KLEMM, ebenda Bd. 131, S. 22. 1923; W. BILTZ u. A. VOIGT, ebenda Bd. 133, S. 277. 1924; W. BILTZ, ebenda Bd. 133, S. 306. 312. 1924; W. BILTZ u. W. KLEMM, ZS. f. phys. Chem. Bd. 110, S. 318. 1924; ZS. f. anorg. Chem. Bd. 152, S. 225. 1926; W. KLEMM, ebenda Bd. 152, S. 235, 252. 1926; W. BILTZ u. W. KLEMM, ebenda Bd. 152, S. 267. 1926; W. KLEMM, ebenda Bd. 152, S. 295. 1926.

[3]) Führt man statt der Äquivalentleitfähigkeit die von SIMON (ZS. f. phys. Chem. Bd. 109, S. 136. 1924) vorgeschlagene Größe $\varkappa (V/n)^{\frac{1}{3}}$ ein, so ändern sich die Verhältnisse kaum ($\varkappa$ = spezifische Leitfähigkeit, n = Wertigkeit des Kations, V = Molekularvolumen).

Linie die hochschmelzenden schwerflüchtigen Leiter von den flüchtigen Nichtleitern und zeigt, daß in diesen Verbindungsreihen im allgemeinen recht scharfe Eigenschaftsgrenzen existieren. Diese Grenzen verschieben sich von Periode zu Periode in gesetzmäßiger Weise, und zwar nimmt die Neigung, schwerflüchtige und gutleitende Chloride zu bilden, mit steigender Größe und abnehmender Ladung des Kations zu, d. h. bemerkenswerterweise in derselben Richtung, in der die deformierende Wirkung der Kationen auf die Anionen abnimmt (vgl. Ziff. 10 und 31). BILTZ und KLEMM schließen aus ihren Ergebnissen, daß die hochschmelzenden Leiter aus Ionen, die flüchtigen Nichtleiter aus Molekülen aufgebaut sind, sagen aber über die innermolekulare Bindung in den Molekülen nichts Bestimmtes aus.

Während sich KOSSEL die flüchtigen Moleküle noch aus starren Ionen aufgebaut denkt, weist FAJANS darauf hin, daß man in der obigen Reihe der Fluoride bzw. anderer Halogenide, oder auch in der folgenden Reihe der Oxyde

$$Na_2O \quad MgO \quad Al_2O_3 \quad SiO_2 \quad P_2O_5 \quad SO_3 \quad Cl_2O_7\,,$$

die von links nach rechts mit fortschreitender Ladung des Kations zunehmende Deformation der Anionen berücksichtigen muß. FAJANS stützt sich dabei unter anderem auf die mit JOOS[1]) festgestellte Tatsache, daß in den in Tabelle 41 aufgeführten Reihen die Refraktion des Anions mit steigender Ladung bzw. Wertigkeit des Kations abnimmt, daß seine Elektronenhülle also immer stärker deformiert und immer mehr „verfestigt" wird, und schließt aus der zahlenmäßig großen Veränderung der Refraktion der Anionen, daß die Elektronenbahnen der letzteren durch höher geladene Kationen, etwa P^{5+}, derartig verzerrt werden, daß sie auch zu dem Atomkern des Kations in Beziehung treten, und daß man dann nicht mehr von isolierten, in sich abgeschlossenen Ionen sprechen kann. FAJANS[2]) nimmt in diesen Fällen an, daß sich eine neue Bindungsart, eben die unpolare, einstellt, und daß neben kontinuierlichen Übergängen auch diskontinuierliche Grenzen auftreten.

Tabelle 41. Abhängigkeit der Anionenrefraktion vom Kation nach FAJANS und JOOS.

Stoff	Mol-Refraktion	Refraktion des Kations	Refraktion pro Anion
Cl^-	—	—	9,0
RbCl	12,55	3,58	9,0
KCl	10,85	2,23	8,6
NaCl	8,52	0,50	8,0
LiCl	7,59	0,20	7,4 ↓
HCl	6,67	0	6,7
O^{--}	—	—	(7)
CaO	7,4	1,3	6,1
MgO	4,5	0,3	4,2
BeO	3,3	0,1	3,2 ↓
PO_4^{---}	16,3	0,07	4,05
SO_4^{--}	14,6	0,05	3,65
ClO_4^-	13,3	0,04	3,3 ↓

Es erhebt sich jetzt die Frage, ob man derartige scharfe Grenzen aus den Eigenschaften geeigneter Verbindungsreihen erschließen kann. Da in vielen solchen Reihen besonders scharfe Eigenschafts**sprünge** auftreten, nehmen wir im folgenden an, daß diese Sprünge mit einem Wechsel der Bindungsart zusammenhängen. So wird angenommen, daß der Eigenschaftssprung zwischen $ScCl_3$ und $TiCl_4$ (Tabelle 40) einfach darauf beruht, daß der energieärmste Zustand, der stets bei der Verbindungsbildung angestrebt wird, bei $ScCl_3$ einem aus deformierten Ionen gebauten polaren Salz entspricht, bei $TiCl_4$ dagegen einem in sich unpolar gebauten Molekül. Allgemeiner hätte man nach dieser Auffassung an-

[1]) K. FAJANS u. G. JOOS, ZS. f. Phys. Bd. 23, S. 1. 1924.
[2]) K. FAJANS, Naturwissensch. Bd. 11, S. 165. 1923.

zunehmen, daß bei allen links von der Grenzlinie der Tabelle 40 stehenden Stoffen Aufbau aus mehr oder weniger stark deformierten Ionen vorhanden ist, daß dagegen rechts von der Grenzlinie die polare Bindung unter Energieabgabe und Molekülbildung in die unpolare Bindungsart „umgeklappt" ist. Eine Verwischung der scharfen Grenzen, wie sie z. B. bei $BeCl_2$ und BCl_3 vorliegt, deutet darauf, daß die benachbarten Verbindungen sich auch energetisch in der Nähe des Überganges von der einen zur anderen Bindungsart befinden, daß mit anderen Worten z. B. der Energieinhalt vom $[BeCl_2]_{\text{polar}}$ und $[BeCl_2]_{\text{unpolar}}$ nicht sehr verschieden ist.

Die zuletzt vorgebrachte Ansicht, daß die energetischen Verhältnisse die Bindungsart bestimmen, läßt sich im Falle zweier extrem verschieden gebauter Verbindungen, wie es [KCl] und (Cl_2) sind, direkt zahlenmäßig verfolgen. Man kann nämlich die Frage aufwerfen, warum (Cl—Cl) nicht ebenso wie $[K^+Cl^-]$ ein aus Ionen Cl^+ und Cl^- aufgebautes Salz $[Cl^+Cl^-]$ ist und warum ferner das feste [KCl] nicht ebenso wie (Cl—Cl) ein unpolares Gas ist: (K—Cl). Berechnet man hierzu mit Hilfe eines Kreisprozesses, der dem Bornschen nachgebildet ist, die Bildungswärme des hypothetischen Salzes $[Cl^+Cl^-]$ und des hypothetischen Gases (KCl), und vergleicht man diese Zahlen mit den Bildungswärmen der existierenden Verbindungen, so ergibt sich, daß bei den Vorgängen

$$(KCl) \rightarrow [KCl]$$
$$[Cl^+Cl^-] \rightarrow (Cl_2)$$

jedesmal eine große Energiemenge von etwa 100 kcal. frei wird, wenn die nichtexistierende Verbindung in die bekannte übergeht[1]).

Fragt man weiter, in welcher Weise dieses Ergebnis mit dem Bau der Atome zusammenhängt, so ergibt sich:

$$\begin{aligned} Q_{[KCl]} &= U_{KCl} + E_{Cl} - I_K \\ Q_{[Cl^+Cl^-]} &= \sim U_{KCl} + E_{Cl} - I_{Cl} \\ \hline Q_{[KCl]} - Q_{[Cl^+Cl^-]} &= I_{Cl} - I_K = 304 - 99 \sim 200\,\text{kcal}. \end{aligned}$$

Hierin bedeuten die Q-Werte die Bildungswärmen der im Index bezeichneten Verbindung aus Atomen in kcal, I und E bedeuten wie in Ziff. 17 Ablösearbeit und Elektronenaffinität; für $U_{[Cl^+Cl^-]}$ wurde $U_{[KCl]}$ angenommen. Die Zahlen zeigen, daß [KCl] deshalb viel stabiler ist als $[Cl^+Cl^-]$, weil bei K^+ die Ablösearbeit für das 4_{11}-Valenzelektron um ca. 200 kcal pro g-Atom kleiner ist als die zur Entfernung eines 3_{22}-Elektrons vom Cl-Atom, und daß dadurch die Bildungswärme von [KCl] stark positiv, die von $[Cl^+Cl^-]$ negativ ist. Eine entsprechende Rechnung für JCl ergab, daß eine zweiatomige Molekel mit derselben unpolaren Bindungsart wie in (Cl_2) und (J_2) vorliegt, und nicht etwa ein Salz $[J^+Cl^-]$.

37. Grenzen zwischen polarer und „tetraedrischer" Bindungsart. In Ziff. 31 wurde bei Besprechung der „Tetraederbindung" versucht, aus Unterschieden im Kristallgittertypus auf Unterschiede in der Bindungsart zu schließen, und einige der vermuteten Grenzen zwischen polarer und tetraedrischer Bindungsart, z. B. zwischen AgBr und AgJ, mit größeren Unterschieden der physikalischen Eigenschaften in Beziehung zu setzen, Unterschiede, die allerdings viel weniger ausgeprägt sind als etwa bei den in Tabelle 40 aufgeführten Stoffreihen. Als weitere Stütze der Auffassung, daß im Diamant- und Wurtzitgitter kristallisierende Substanzen nicht aus Ionen, sondern „tetraedrisch", diamantartig, aufgebaut sind, ist der im folgenden besprochene Zusammenhang mit den Deformationsregeln von Fajans (Ziff. 10) anzusehen.

[1]) H. G. Grimm u. A. Sommerfeld, ZS. f. Phys. Bd. 36, S. 36. 1926.

Betrachtet man nämlich die Reihe

	NaF	MgO	AlN	SiC
Gitter:	NaCl-	NaCl-	W-	D- und W-Typus,

dann kann man sich zunächst alle Verbindungen aus Ionen aufgebaut denken,

$$Na^{+}F^{-} \quad Mg^{++}O^{--} \quad Al^{3+}N^{3-} \quad Si^{4+}C^{4-}.$$

die sämtlich die Konfiguration des Ne-Atoms aufweisen. Nach den zitierten Regeln nimmt nun die deformierende Wirkung des Kations von Na^{+} bis Si^{4+} zu, weil die Ladung steigt und der Ionenradius fällt, gleichzeitig nimmt auch die Deformierbarkeit des Anions zu, weil Ladung und Größe wachsen. Die Folge ist, daß die Deformation der Elektronenhülle des Anions durch das Kation rasch von links nach rechts wächst. Da im MgO die Ionen Mg^{++} und O^{--} experimentell festgestellt wurden[1]), im AlN dagegen die Ionen Al^{3+} und N^{3-} ausgeschlossen sind[2]), lassen sich die Tatsachen wieder dahin auffassen, daß im $[Al^{3+}N^{3-}]$ infolge starker Deformation des N^{3-} eine „Umklappung" des Bindungsmechanismus unter Abgabe von Energie erfolgt, der zum tetraedrisch gebundenen AlN führt (vgl. Ziff. 31). In diesen Zusammenhang gehörige Arbeiten von HUND und V. M. GOLDSCHMIDT werden in Ziff. 59 besprochen werden.

Grenzen und Übergänge bei den übrigen Bindungsarten. Die Frage nach Grenzen und Übergängen zwischen polaren Salzen und Metallen ist noch nicht behandelt worden. Zwischen den drei Arten unpolarer Bindung sind große Eigenschaftssprünge längst bekannt, z. B. in der Reihe

Li Be B | C | N O F

an den markierten Stellen; daß man sie mit den Elektronenzahlen in Verbindung zu bringen hat, ging bereits aus Tabelle 28 hervor.

38. Die Lage der Grenzen zwischen den Bindungsarten in Abhängigkeit von den Ioneneigenschaften. Die in den Ziff. 36 und 37 besprochenen Tatsachen beziehen sich auf wenige ausgewählte Substanzreihen. Bei einer systematischen Untersuchung über die Grenzen und Übergänge zwischen den einzelnen Bindungsarten, zu der das Tatsachenmaterial noch ganz unzureichend ist, hätte man zunächst die Auswahl aus der großen Zahl möglicher Stoffreihen nach bestimmten Gesichtspunkten vorzunehmen. Beschränkt man sich z. B. auf Verbindungen aus zwei verschiedenen Atomarten, dann ergeben sich bereits durch Variation von Ladung, Größe und Bau der beiden Partner einer beliebigen Verbindung, z. B. NaF, die in Tabelle 42 aufgeführten sieben Stoffreihen (von denen in unserm

Tabelle 42. Veränderungen der Atomeigenschaften in Reihen von Stoffen, die aus zwei Atomarten bestehen.

	Stoffreihen mit Eigenschaftssprüngen.	Variiert wird
1	NaF MgF_2 AlF_3 | SiF_4 PF_5 SF_6	Die Wertigkeit des Kations, damit zugleich die Zahl der Anionen
2	NaF MgO | AlN SiC	Die Wertigkeit beider Partner in gleicher Weise
3	NaF Na_2O Na_3N Na_4C	Die Wertigkeit des Anions, damit die Zahl der Kationen
4	NaF KF RbF CsF	Die Größe des Kations
5	NaF NaCl NaBr NaJ	Die Größe des Anions
6	NaF LiF | CuF TlF | HF	Die A.El.-Zahl, nebenbei auch des Kations
7	NaF NaH	Die A.El.-Zahl, nebenbei auch des Anions

1) W. GERLACH u. O. PAULI, ZS. f. Phys. Bd. 7, S. 116. 1921.
2) H. OTT, ZS. f. Phys. Bd. 22, S. 201. 1924.

Dreiecksschema der Tabelle 8 nur die ersten drei enthalten sind), in denen auffällige Eigenschaftssprünge, die auf Grenzen verschiedener Bindungsarten deuten, durch senkrechte Striche angedeutet sind; einige der aufgeführten Stoffe, so Na_4C, sind nicht bekannt.

Um nun einen Überblick allein über einen Teil der Verbindungen aus zwei Atomarten zu gewinnen, hat man z. B. die zahlreichen, Tabelle 8 entsprechenden Dreiecksschemata zu vergleichen, die sich ergeben, wenn die fünf Elementenreihen vor den Edelgasen (ohne He) kombiniert werden: α) mit den sechs Elementreihen, die hinter den sechs Edelgasen stehen; β) mit den drei Elementreihen, die mit Cu^+, Ag^+, Au^+ beginnen; γ) mit den drei Elementreihen, die mit Ge^{++}[1]), In^+, Tl^+ beginnen (vgl. Ziff. 5). Wählt man nun aus diesen Kombinationen zwei in Tabelle 43a und b enthaltene entferntere Fälle besonders großer und be-

Tabelle 43. Schema von Verbindungen aus zwei Atomarten.

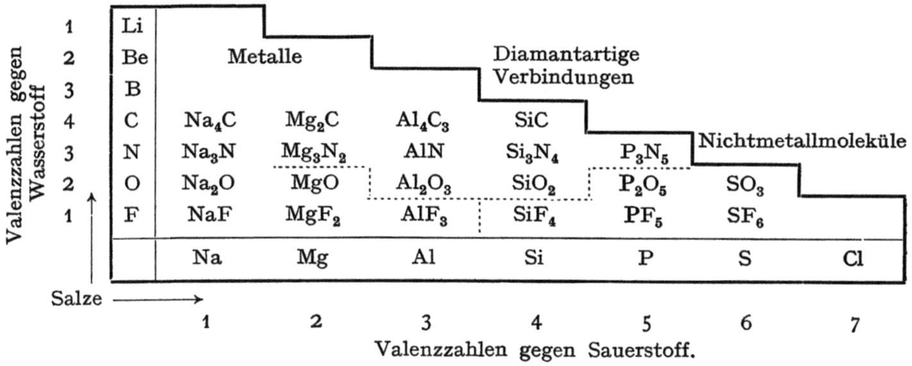

a

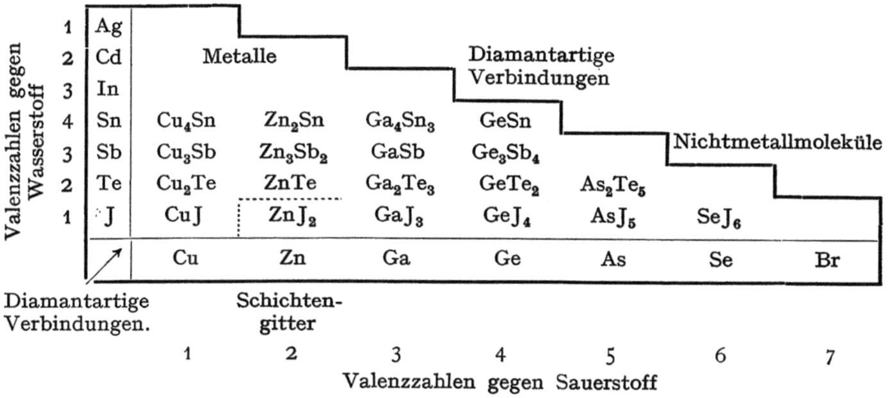

b

sonders kleiner Deformation aus und ordnet man den Verbindungen der Tabelle 43a und b die bisher bekannt gewordenen Kriterien für die Bindungsart (Flüchtigkeit, Leitvermögen der Schmelzen, Gittertypus) zu, soweit das möglich ist, dann lassen sich wenigstens an einigen Stellen Grenzen zwischen den einzelnen Bindungsarten erkennen; sie sind durch punktierte Linien angedeutet. Die Lage dieser Grenzen läßt nun in allgemeinerer Weise den bereits aus Einzelfällen abgeleiteten Satz aufstellen:

[1]) Das hierher gehörige Ga^+-Ion ist nicht bekannt.

Mit zunehmender deformierender Wirkung der Kationen (d. h. mit abnehmendem Radius, zunehmender Ladung und wahrscheinlich auch mit zunehmender Zahl der A.El.) sowie mit zunehmender Deformierbarkeit der Anionen (d. h. zunehmender Ladung und Größe) wächst die Neigung, von der polaren zur tetraedrischen bzw. nichtpolaren Bindungsart überzugehen.

In Tabelle 43a liegen z. B. Kationen der 3. Periode vor, die relativ schwach deformierend auf die kleinsten vorhandenen Anionen der 2. Periode wirken. Man wird in diesem Schema nicht nur bei NaF, sondern auch bei seinen unmittelbaren Nachbarn, und vielleicht auch noch bei AlF_3, Al_2O_3 Aufbau aus mehr oder weniger deformierten Ionen annehmen müssen. Jenseits des durch punktierte Linien angedeuteten mutmaßlichen Bereiches der polar gebauten Stoffe stehen in Tabelle 43a die Substanzen mit den verschiedenen unpolaren Bindungsarten, die bis jetzt nur an einigen Stellen gegeneinander abzugrenzen sind. Geht man dann in Tabelle 43b zu den stärker deformierenden Kationen der ersten Nebenreihe und den stark deformierbaren Anionen der 5. Periode über, dann sieht man, daß der Bereich der polar aufgebauten Salze völlig verschwunden ist, da selbst das aus einwertigen Elementen bestehende CuJ „tetraedrisch" aufgebaut ist und wahrscheinlich keine Ionen enthält. Geht man von CuJ in Tabelle 43b nach rechts, dann läßt sich ein neuartiger Übergang erkennen. Im ZnJ_2 liegt bereits ein Vertreter der von HUND[1]) vorausgesagten und namentlich von V. M. GOLDSCHMIDT und Mitarbeitern[2]) untersuchten Schichtengitter (Ziff. 59) vor. In diesen hat man unpolare Bindung zwischen den Zn- und J-Atomen anzunehmen, wie das die folgende Projektion einer Gitterschicht mit einer Zn- und zwei J-Netzebenen andeutet:

```
  ..   ..   ..   ..   ..
: Zn : J : Zn : J : Zn :
  ..   ..   ..   ..   ..
:  J  :  : J  :  :  J :
  ..   ..   ..   ..   ..
: Zn : J : Zn : J : Zn :
  ..   ..   ..   ..   ..
```

Die Kräfte, welche den Zusammenhalt der einzelnen Schichten besorgen, müssen gering sein; das geht aus der relativ großen Entfernung der Schichten und aus der ausgezeichneten Spaltbarkeit nach der Basis sowie dem blättchenförmigen Habitus der Kristalle hervor[2]). Es liegt daher nahe, Influenz- und Richteffekt (Ziff. 34) für den Zusammenhalt der einzelnen Schichten verantwortlich zu machen. Bei dem rechten Nachbarn von ZnJ_2 in Tab. 43b tritt vielleicht auch noch ein Schichtengitter auf, da GOLDSCHMIDT bei mehreren Verbindungen vom Typus MX_3 diesen Gittertypus gefunden hat. Aber bei den dann folgenden Verbindungen wird man, soweit sie existieren, Molekülgitter finden. Es liegt also in der Reihe CuJ, ZnJ_2 bis SeX_6 ein Übergang vom diamantartigen Verbindungstypus zum Typus der Nichtmetallmoleküle vor, zwischen denen die Stoffe mit Schichtengitter eine Mittelstellung einnehmen. Im [CuJ] sind die Atome in allen drei Richtungen des Raumes gleichartig verknüpft, im [ZnJ_2] ist die gleichartige Verknüpfung nur noch innerhalb der Schichten zu finden, in [SeX_6] nur noch innerhalb eines Moleküls. Im [CuJ] liegt ein System mit einer Bindungsart, in [ZnJ_2] und [SF_6] liegen Systeme mit mehreren Bindungsarten vor.

h) Die Verbindungen und Systeme, an denen verschiedene Bindungsarten beteiligt sind.

39. Allgemeines über Systeme mit verschiedenen Bindungsarten. In der Chemie spielen zahlreiche Verbindungen und Systeme eine große Rolle, bei

[1]) F. HUND, ZS. f. Phys. Bd. 34, S. 833. 1925.

[2]) V. M. GOLDSCHMIDT u. T. BARTH, D. HOLMSEN, G. LUNDE, W. ZACHARIASEN, Geochemische Verteilungsgesetze der Elemente VI. Norske Vid. Acad. Oslo Skr. Mat.-Nat. Kl. Nr. 1. 1926.

denen man es mit verschiedenen Bindungsarten und ganz verschiedenartigen Kräften gleichzeitig zu tun hat; es gehören hierher namentlich Komplexverbindungen im weitesten Sinne, ferner Hydrate, Ammoniakate und Lösungen, sowie alle Nichtmetallmoleküle in kondensiertem Zustand, wie $[Cl_2]$, $[C_6H_6]$, $[H_2O]$, dann Stoffe mit Schichtengittern wie $[CdJ_2]$ usw. Auf einige Systeme dieser Art, wie sie z. B. in Molekülgittern und Radikalionengittern auftreten, haben bereits KOSSEL[1]) und namentlich REIS[2]) hingewiesen, doch fehlt es auch hier noch an einer systematischen Behandlung. In Tabelle 44 ist für eine Reihe von ausgewählten Substanzen und Systemen durch ein +-Zeichen

Tabelle 44. Übersicht über Systeme mit verschiedenen Bindungsarten.

	Polar wie im Salz	Nichtpolar wie im			Influenz-effekt	Richteffekt
		Metall	Diamanten	Nichtmetall-molekül		
Hydrate $[NaBr \cdot 2\,H_2O]$	+			+	(+)	+
Ammoniakate $[NaBr \cdot 5\,NH_3]$	+			+	(+)	+
NaBr gelöst: $Na^+_{aq} + Br^-_{aq}$	+			+	(+)	+
$[NaCN]$	+			+	(+)	(+)
NaCN gelöst: $Na^+_{aq} + (CN^-)_{aq}$	+			+	(+)	+
$[NaOOCCH_3 \cdot 3\,H_2O]$	+			+	(+)	+
$[K_2PtCl_6]$	+			+ ?		
$Ar_{fl.}$ und $[Ar]$					+	(+)
$H_2O_{fl.}$ und $[H_2O]$				+	(+)	+
$Cl_{2\,fl.}$ und $[Cl_2]$				+	+	(+)
$CH_{4\,fl.}$ und $[CH_4]$				+	+	
$[Ar \cdot n\,H_2O]$				+	+	+
Graphit $[C]$		+ (?)	+		+	+
Siloxen $[Si_6H_6O_3]$			+		+	+
CdJ_2			+		+	+

angegeben, welche der am Tabellenkopf verzeichneten Bindungsarten eine Rolle spielt; wenn die betreffende Bindungsart nur in untergeordneter Weise mitwirkt, ist das +-Zeichen eingeklammert. Bei verschiedenen Stoffen ist die Zuordnung bestimmter Bindungsarten noch nicht sichergestellt, so z. B. bei K_2PtCl_6, bei dem noch unentschieden ist, ob die Pt—Cl-Bindung nichtpolar oder polar ist. Beim Graphit wurde angenommen, daß die C—C-Bindung innerhalb der Basisebenen unpolar und ähnlich wie im Diamanten beschaffen ist, daß dagegen die einzelnen Netzebenen untereinander „metallisch" durch das vierte Valenzelektron des Kohlenstoffatoms verknüpft sind. Diese Annahme trägt dem metallischen Leitvermögen[3]) und der im Gleitvermögen und der Spaltbarkeit des Graphits zum Ausdruck kommenden Verschiedenartigkeit der

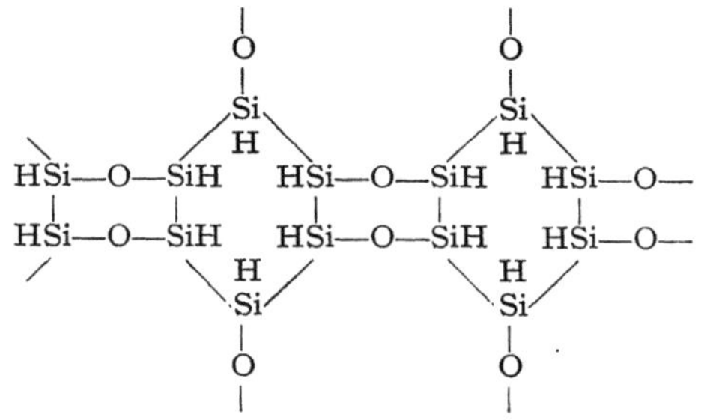

[1]) W. KOSSEL, ZS. f. Phys. Bd. 1, S. 395. 1920.
[2]) R. REIS, ZS. f. Elektrochem. Bd. 26, S. 412. 1920.
[3]) Vgl. E. RYSCHKEWITSCH, ZS. f. Elektrochem. Bd. 29, S. 474. 1923. Dort weitere Literatur.

Kräfte Rechnung. Bei Siloxen hat man nach den Untersuchungen KAUTSKYS[1]) wohl ähnlich wie beim Graphit Netzebenen mit unpolar gebundenen Atomen, „zweidimensionale Riesenmoleküle" anzunehmen, für deren Zusammenhalt jedoch ähnlich wie in Schichtengittern die „VAN DER WAALSschen Kräfte", also Influenz- und Richteffekt, verantwortlich zu machen sein werden. CdJ_2 ist als Vertreter der Schichtengitter aufgenommen worden.

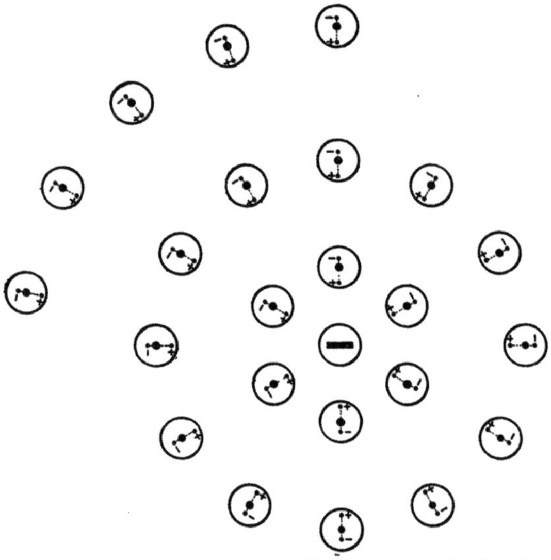

Abb. 24. Polarisation des Wassers durch ein Ion nach FAJANS und HERZFELD.

40. Lösungen[2]). Wir beschränken uns hier auf die Besprechung einiger Tatsachen, bei denen man den Einfluß des Baues der Atome und Ionen bereits diskutieren kann. Das Bild, das man sich heute mit BORN[3]), sowie FAJANS und HERZFELD[4]) von einer Lösung macht, ist durch Abb. 24 veranschaulicht. Ein Ion ist umgeben von einer Hülle von Wassermolekülen, deren Dipole im Felde des Ions gerichtet und angezogen werden, und zwar um so stärker, je kleiner die Entfernung des Dipols vom Ion ist. Die richtende Wirkung des Ions wächst mit seiner Feldwirkung, also mit steigender Ladung und abnehmender Größe und ist bei Ionen ohne Edelgascharakter größer als bei solchen vom Edelgastypus. Um ein quantitatives Maß für die Wirkung der gelösten Ionen auf das Wasser zu gewinnen, berechnet man mit FAJANS[5]) die „Hydratationswärme gasförmiger Ionen" W mit Hilfe der in Abb. 25a enthaltenen Erweiterung des BORNschen Kreisprozesses. Man führt ein Mol Salz unter Aufwendung der Gitterenergie U in gasförmige Ionen über und löst diese in Wasser auf, wobei die Hydratationswärmen W_X des Anions und W_M des Kations frei werden. Aus dem Kreisprozeß entnimmt man

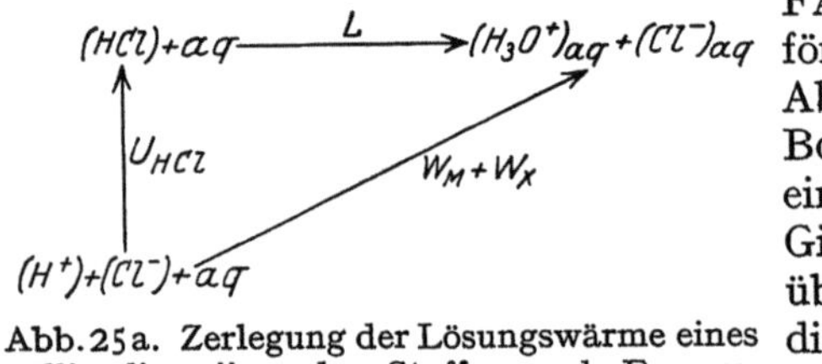

Abb. 25a. Zerlegung der Lösungswärme eines völlig dissoziierenden Stoffes nach FAJANS.

$$W_X + W_M = L + U\,, \tag{22}$$

worin L die experimentell zu messende Lösungswärme bedeutet. Die Summe der Hydratationswärmen von Anion und Kation ist also aus Gitterenergie und Lösungswärme der Salze berechenbar. Durch Anwendung von (22) folgt bei Variation des Anions X

$$\Delta W_{X'X''} = \Delta L_{X'X''} + \Delta U_{X'X''}$$

[1]) H. KAUTSKY, ZS. f. Elektrochem. Bd. 32, S. 349. 1926. Dort weitere Literatur.
[2]) Vgl. auch ds. Handb. Bd. XXII, Kap. 5 von K. F. HERZFELD.
[3]) M. BORN, ZS. f. Phys. Bd. 1, S. 45. 1920.
[4]) K. FAJANS, Naturwissensch. Bd. 9, S. 729. 1921; vgl. auch G. CIAMICIAN, ebenda S. 993.
[5]) K. FAJANS, Verh. d. D. Phys. Ges. Bd. 21, S. 549, 709, 714. 1919.

und bei Variation des Kations M

$$\Delta W_{M'M''} = \Delta L_{M'M''} + \Delta U_{M'M''},$$

so daß man die Differenzen der Hydratationswärmen, d. h. ihren Gang ohne weiteres berechnen kann. Einige der Differenzwerte sind in Tabelle 45 zusammengestellt. Man sieht, daß die Hydratationswärmen tatsächlich mit abnehmender Größe und steigender Ladung wachsen, und daß Ionen mit 18 A.El., z. B. Zn^{++}, höhere Werte aufweisen als solche mit 8 A.El., z. B. Mg^{++}.

Tabelle 45. Differenzen von Hydratationswärmen gasförmiger Ionen nach FAJANS in kcal pro Mol.

					←					
				F^-		Cl^-		Br^-		J^-
					40		11		10	
H^+		Li^+		Na^+		K^+		Rb^+		Cs^+
	113		34		19		5		6	
		Zn^{++}		Mg^{++}		Zn^{++}		Cd^{++}		
			30				25			

Den eigentlichen Vorgang der Auflösung eines Salzes hat man sich mit FAJANS[1]) so vorzustellen, daß die Ionen des Kristalls durch eindringende H_2O-Moleküle voneinander entfernt und zugleich hydratisiert werden; die zur Zerreißung des Kristallgefüges nötige Arbeit wird dabei im wesentlichen durch die Hydratationswärmen geliefert.

41. Säuren und Basen. Als Säuren bezeichnet man bekanntlich Stoffe, welche bei der Auflösung in Wasser H^+-Ionen, als Basen solche, welche OH^--Ionen liefern. Die besondere Rolle, welche die Säuren und Basen in der Chemie spielen, beruht darauf, daß die von ihnen gelieferten Ionen dieselben sind, welche das Wasser aufbauen. Während jedoch in den Basen, z. B. in NaOH, das OH^--Ion bereits vorgebildet ist, befinden sich in den wasserfreien Säuren, z. B. in $HCl_{fl.}$, $H_2O_{fl.}$, $H_2S_{fl.}$, $HNO_{3fl.}$, $H_2SO_{4fl.}$ die H-Atome im Sinne der Ausführungen über Nichtmetallhydride (Ziff. 28) in unpolarer Bindung. Das geht auch daraus hervor, daß HANTZSCH[2]) aus dem Verlauf des Absorptionsspektrums im Ultravioletten entnehmen konnte, daß z. B. Salpetersäure HNO_3, die in wässeriger Lösung die Ionen H_3O^+ und NO_3^- liefert, in wasserfreiem Zustand die Konstitution einer „Pseudosäure" $HONO_2$ besitzt. Die wasserfreien Säuren hat man daher nur als „Säurebildner", als Lieferanten von H^+-Ionen, aufzufassen. Die geringe Leitfähigkeit dieser Säuren wird gewöhnlich dem Vorhandensein einer geringen Menge von H^+-Ionen und negativen Säureresten zugeschrieben. Da jedoch der stark deformierende H^+-Kern große Affinität zu anderen Atomen hat, ist wahrscheinlich, daß die in reinen Säuren auftretenden Ionen durch Überspringen eines H^+-Kernes von einem Molekül auf ein zweites entstehen, z. B.

$$2\,H_2O \rightarrow (H_3O)^+ + OH^-$$

$$2\,HCl \rightarrow (H_2Cl)^+ + Cl^-$$

$$2\,HNO_3 \rightarrow (H_2NO_3)^+ + NO_3^-.$$

Von den dabei zu erwartenden positiven Ionen ist bisher jedoch nur das H_3O^+-Ion experimentell nachgewiesen worden.

Wir diskutieren nun zunächst mit KOSSEL[3]) die in Tabelle 46 aufgeführten Stoffreihen, bei denen die Wertigkeit des Nichtmetallatoms gegen Wasserstoff bzw. die Ladung des Anions von links nach rechts abnimmt, während die Größe

[1]) K. FAJANS, Naturwissensch. Bd. 9, S. 729. 1921; vgl. auch P. LENARD, Probleme komplexer Moleküle I. Heidelberg 1914. Ann. d. Phys. Bd. 61, S. 727. 1920.
[2]) A. HANTZSCH, ZS. f. Elektrochem. Bd. 29, S. 221. 1923.
[3]) W. KOSSEL, Ann. d. Phys. Bd. 49, S. 229. 1916.

der Moleküle bzw. Ionen von oben nach unten wächst. In den gleichen, durch Pfeile angedeuteten Richtungen nimmt nun auch der saure Charakter der Verbindungen, d. h. die Fähigkeit, in wässeriger Lösung H^+-Ionen abzugeben, zu, wie dies teilweise die aufgeführten Dissoziationskonstanten K zeigen, HJ ist eine starke, H_2Te eine schwächere, H_2O eine sehr schwache Säure, NH_3 reagiert sogar basisch, d. h. es liefert beim Auflösen keine H^+-Ionen, sondern OH^--Ionen. HANTZSCH[1]) konnte nachweisen, daß der Dissoziationsgrad auch innerhalb der Reihe der „starken" Säuren HCl bis HJ in der Pfeilrichtung zunimmt.

Tabelle 46. Gang der Dissoziationskonstanten gelöster Hydride.

		→	↓ Acidität
NH_3	OH_2 10^{-14}	FH	
PH_3	SH_2 10^{-7}	ClH	
AsH_3	SeH_2 $1{,}7 \cdot 10^{-4}$	BrH	
SbH_3	TeH_2 10^{-2}	JH	

Wenn man nun auf Grund elektrostatischer Überlegungen annehmen darf, daß mit abnehmender Wertigkeit und zunehmender Größe der Nichtmetallatome die Ionisierungsarbeit zur Abtrennung eines H^+-Kernes abnimmt, dann liegt es nahe, mit KOSSEL den Gang der Dissoziationskonstanten, z. B. in der Reihe H_2O, H_2S, H_2Se, H_2Te im wesentlichen als Folge des Ganges der Ionisierungsarbeiten zu deuten. Nach dieser Auffassung wäre das im H_2O-Molekül angenommene O^{--}-Ion imstande, allen Ionen mit kleinerer Ladung, also F^-, Cl^-, Br^-, J^- und allen mit größerem Radius, also S^{--}, Se^{--}, Te^{--}, ein H^+-Ion zu entreißen, während es seinerseits von dem dreifach geladenen N^{3-}-Ion zur Abgabe von H^+-Ionen gezwungen würde, und man hätte z. B. zu formulieren:

$$HCl + H_2O = H_3O^+ + Cl^-$$
$$H_3N + H_2O = H_4N^+ + OH^-.$$

FAJANS[2]) wies jedoch darauf hin, daß die Verhältnisse wesentlich komplizierter liegen, und daß man neben dem Gang der Ionisierungsarbeiten auch den der Hydratationswärmen zu berücksichtigen hat. Das Bild, das man sich heute auf Grund und unter Fortführung der Überlegungen von KOSSEL und FAJANS vom Vorgang der Auflösung einer Säuremolekel in Wasser und den dabei auftretenden Energieänderungen zu machen hat, wird durch das in Abb. 25b enthaltene Schema am Beispiel der schwachen Säure H_2S veranschaulicht, das an das von FAJANS gegebene der Abb. 25a anschließt: Bezeichnet man mit α den Dissoziationsgrad für die erste Dissoziationsstufe von H_2S, und vernachlässigt man die zweite Dissoziationsstufe völlig, dann erhält man durch Auflösung von einem Mol H_2S in viel Wasser eine Lösung, die je α Mol hydratisierter OH_3^+- und SH^--Ionen, sowie $(1 - \alpha)$ Mol hydratisierter (H_2S)-Molekeln enthält. Die Entstehung dieser Lösung kann man sich nach Abb. 25b auch so geleitet denken, daß man zunächst $\alpha\, H_2S$-Molekeln unter Zuführung der Ionisierungsarbeit αU_{H_2S} je einen H^+-Kern entreißt, wobei je $\alpha(H^+)$- und (SH^-)-Ionen entstehen, die bei der Auflösung in Wasser die Hydratationswärmen $\alpha W_{H^+} + \alpha W_{SH^-}$

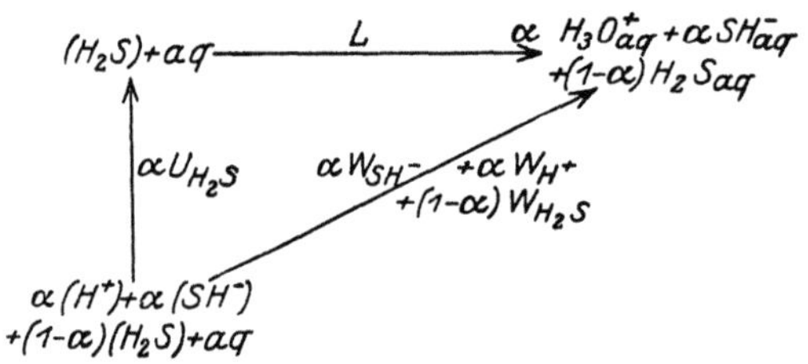

Abb. 25b. Zerlegung der Lösungswärme von unvollständig dissoziierenden Stoffen.

[1]) A. HANTZSCH, Chem. Ber. Bd. 58, S. 626. 1925.
[2]) K. FAJANS, Naturwissensch. Bd. 9, S. 729. 1921.

ergeben; die Auflösung von $(1-\alpha)$ H_2S-Molekülen ergibt die Wärmetönung $(1-\alpha)\ W_{H_2S}$. Für W_{H^+} gilt weiter:

$$W_{H^+} = P_{H_2O} + W_{H_3O^+}\ , \tag{23}$$

worin P_{H_2O} die Protonenaffinität, d. h. die Arbeit bedeutet, die bei Anlagerung eines H^+-Kernes an ein H_2O-Molekül frei wird (vgl. Ziff. 28); $W_{H_3O^+}$ ist die Hydratationswärme des (H_3O^+)-Ions, das wie jedes andere Ion polarisierend auf die Wasserdipole einwirken muß. Die Lösungswärme des H_2S ist nunmehr wie folgt zu zerlegen:

$$L_{H_2S} = \alpha\,(W_{SH^-} + W_{H_3O^+} + P_{H_2O} - U_{H_2S}) + (1-\alpha)\,W_{H_2S}\,,$$

daraus folgt:

$$\alpha = \frac{L_{H_2S} - W_{H_2S}}{W_{SH^-} + W_{H_3O^+} + P_{H_2O} - U_{H_2S} - W_{H_2S}}\,. \tag{24}$$

Da für schwache Säuren aus dem OSTWALDschen Verdünnungsgesetz

$$K \cdot v = \frac{\alpha^2}{1-\alpha}$$

für kleine α, also für schwache Säuren, $\alpha = \sqrt{K v}$ folgt (worin v die Verdünnung in Litern bedeutet), so ist auch der Zusammenhang von α mit der Affinitätskonstanten K gegeben. Man kann daher in Abb. 25b und Formel (24) H_2S durch H_2X ersetzen und versuchen, den Gang der K-Werte der Tabelle 46 mit steigender Größe des Nichtmetallatoms zu diskutieren: P_{H_2O} und $W_{H_2O^+}$ sind konstant, es fallen mit der Größe von X die Werte von W_{SX^-} und U_{H_2X}, es steigen vielleicht die Zahlen für W_{H_2X}; L_{H_2X} steigt von H_2O zu H_2S und fällt zu H_2Se, Absolutwerte sind vielfach unbekannt. Es läßt sich somit durchaus nicht übersehen, ob die im Zähler und Nenner von (24) auftretenden Differenzen steigen oder fallen, und man ist noch nicht in der Lage, den von KOSSEL gefundenen Parallelismus im Gang der Dissoziationskonstanten und der U-Werte auf den Gang der Fundamentalgrößen zurückzuführen.

Bei starken Säuren, z. B. bei den Halogenwasserstoffsäuren HCl, HBr, HJ ist $\alpha \sim 1$, bei ihnen gilt:

$$L = \underbrace{W_{X^-} + W_{H_3O^+} + P_{H_2O}} - U_{HX}\ ^{1)}$$

	$L =$	$W_{X^-} + W_{H_3O^+} + P_{H_2O}$	$- U_{HX}$
HCl	17 =	331	− 314
HBr	19 =	319	− 300
HJ	19 =	310	− 291.

Die hier vorhandenen Zahlen zeigen, daß der Gang der Ionisierungsarbeiten den der Hydratationswärmen des Anions nahezu kompensiert, so daß die Lösungswärmen fast gleich werden, man sieht aber auch hier keineswegs ein, warum bei diesen Säuren HX $\alpha = 1$ ist, während bei den Säuren H_2X α viel kleiner als 1 ist.

Für die Basen, das sind die Verbindungen, die Hydroxylgruppen enthalten, stellte KOSSEL[2]) ähnliche Regelmäßigkeiten wie für die Säuren fest: Bei diesen in Tabelle 47 zusammengestellten Stoffen sind die variierten Atome nicht direkt, sondern durch Vermittlung von Sauerstoffatomen mit Wasserstoffatomen verknüpft; das hat zur Folge, daß sie bei der Reaktion mit Wasser auf

[1]) Nur die L-Werte sind sicher; die U-Werte dürften nur angenähert richtig sein (vgl. Ziff. 17). Die übrigen Zahlen sind aus den L- und U-Werten berechnet.

[2]) W. KOSSEL, Ann. d. Phys. Bd. 49, S. 229. 1916. Valenzkräfte und Röntgenspektren. 2. Aufl. Berlin 1924.

zweierlei verschiedene Weisen gespalten werden können, nämlich bei Säuren in H^+-Ionen und O-haltige Anionen, bei Basen in OH^--Ionen und Metallionen.

Tabelle 47. Gang der Basizität von Hydroxylverbindungen.

⟶ Ladung bzw. Wertigkeit ⟶

$NaOH$	$Mg(OH)_2$	$Al(OH)_3$	$Si(OH)_4$	$PO(OH)_3$	$SO_2(OH)_2$	$ClO_3(OH)$
KOH	$Ca(OH)_2$	$Sc(OH)_3$	⟵ Basizität			
$RbOH$	$Sr(OH)_2$	$Y(OH)_3$			↓	
↓ $CsOH$	$Ba(OH)_2$	$La(OH)_3$			↓	

Radius

In Tabelle 47 wächst die Ladung bzw. Wertigkeit des Zentralatoms vom Na^+ bis zum Cl^{VII}, und gleichzeitig sinkt sein Radius. Es muß daher die Arbeit zur Trennung der Metall-Sauerstoffbindung von links nach rechts, von unten nach oben wachsen. Tatsächlich beobachten wir, daß die Basizität, d. h. die Fähigkeit zur Abspaltung von OH^--Ionen, von rechts nach links, vom amphoteren $Al(OH)_3$ zum NaOH, von oben nach unten, z. B. vom $Al(OH)_3$ zum $La(OH)_3$ wächst; ferner daß vom $Al(OH)_3$ nach rechts die Fähigkeit zur OH^--Bildung enorm sinkt, die zur H^+-Lieferung steigt, d. h. daß der Säurecharakter zunimmt. Es ist also wiederum ein auffälliger Parallelismus zwischen dem nach Größe und Ladung der Ionen zu erwartenden Gang der Trennungsarbeiten und der Fähigkeit, in Wasser OH^--Ionen zu bilden, vorhanden, doch zeigt auch hier die genauere Analyse, daß man außer den Trennungsarbeiten noch die Hydratationswärmen der Ionen und die Deformationseffekte zu berücksichtigen hat, welche eine zahlenmäßige Erfassung der Vorgänge heute noch ausschließen.

42. Komplexverbindungen, Hydrate und Ammoniakate. Koordinationszahl[1]). Unter den gemischten Systemen, an denen verschiedene Bindungsarten beteiligt sind, spielen die sog. Komplexverbindungen eine große Rolle. Nach WERNER[1]) sind Komplexverbindungen solche, in denen bestimmte Atome, die Zentralatome, nach Betätigung von „Hauptvalenzen“ in der Lage sind, weitere Atome, ferner auch Atomgruppen, wie OH, CN, NO_2, oder Moleküle, wie H_2O, NH_3, CO, durch Betätigung von „Nebenvalenzen“, „Restaffinitäten“ in erster „Sphäre“ direkt an sich anzulagern. So vermag z. B. das vierwertige Pt-Atom nicht nur 4 Cl-Atome unter Bildung von $PtCl_4$, sondern auch 6 Cl-Atome unter Bildung des Komplexes $[PtCl_6]^{--}$ anzulagern. Die Aufladung der so entstehenden Komplexionen ergibt sich als algebraische Summe der positiven und negativen „Elektrovalenzen“. Infolge ihrer Aufladung vermögen diese Komplexionen weitere Atome oder Ionen in zweiter „Sphäre“ zu binden. So bildet z. B. der Komplex $[PtCl_6]^{--}$ die Säure $H_2[PtCl_6]$ und das Salz $K_2[PtCl_6]$. Die in erster Sphäre gebundenen Atome usw. können der Reihe nach durch andere ersetzt werden, dies zeigt z. B. die folgende Reihe, in der nacheinander einwertige Cl-Atome durch neutrale NH_3-Moleküle mit der Elektrovalenz 0 ersetzt werden:

$$K_2[PtCl_6]\ \ K[Pt(NH_3)Cl_5]\ \ [Pt(NH_3)_2Cl_4]\ \ [Pt(NH_3)_3Cl_3]Cl\ \ [Pt(NH_3)_4Cl_2]Cl_2\ \ [Pt(NH_3)_6]Cl_4\,.$$

Naturgemäß ändert sich bei diesem Ersatz die Aufladung des komplexen Ions und damit die Zahl und Art der in zweiter Sphäre gebundenen Ionen. In bester Übereinstimmung mit der Formulierung steht der Befund, daß die Leitfähigkeit der gelösten Komplexsalze bei dem nullwertigen Komplex $[PtCl_4(NH_3)_2]$ ein

[1]) Vgl. A. WERNER, Neuere Anschauungen auf dem Gebiete der anorganischen Chemie. Braunschweig 1905. 5. Aufl. 1923, neu herausgegeben und bearbeitet von P. PFEIFFER; K. WEINLAND, Einführung in die Chemie der Komplexverbindungen. 2. Aufl. Stuttgart 1924.

scharfes Minimum aufweist und nach rechts und links mit der Ladungszahl wächst[1]). Während nun die direkt an das Zentralatom gebundenen Atome, Ionen oder Moleküle bei der Auflösung und Elektrolyse als Komplex, z. B. $[PtCl_6]^{--}$, erhalten bleiben, sind die in zweiter Sphäre gebundenen Ionen, z. B. $2\,K^+$, durch Lösungsvorgänge und Elektrolyse leicht abtrennbar. WERNER nennt nun die Zahl der Atome usw., welche ein Zentralatom in direkter Bindung höchstens anlagern kann, die maximale Koordinationszahl (abgekürzt Kozl.) und spricht von koordinativ gesättigten Atomen, wenn das Zentralatom die maximale Kozl. betätigt, von koordinativ ungesättigten Atomen, wenn die maximale Kozl. nicht erreicht ist. Es gelang WERNER, durch seine „Koordinationslehre" ein sehr umfangreiches Tatsachenmaterial unter einheitliche Gesichtspunkte zu bringen und systematisch zu ordnen. Dabei ergab sich in bezug auf die maximale Kozl. eine auffällige Bevorzugung der Zahlen 4, 6 und 8. Außerdem zeigte sich, daß die maximale Kozl. der Elemente gewisse Beziehungen zu ihrer Stellung im periodischen System aufweist, daß z. B. bei den Elementen B, C, N der 2. Periode die Kozl. 4, bei den Elementen der drei Triaden und ihrer Vorgänger, bei Al und zahlreichen anderen Elementen die Zahl 6, in wenigen Fällen, z. B. bei Th, Mo und den Erdalkalimetallen, die Kozl. 8 auftritt. WERNER hat diese Tatsachen mit den geometrischen Verhältnissen innerhalb der Komplexionen in Zusammenhang gebracht und die Annahme gemacht und begründet, daß bei allen Elementen mit der Kozl. 4 die vier direkt gebundenen Atome in den Ecken eines Quadrates oder Tetraeders liegen, und daß bei Atomen mit der Kozl. 6 die direkt gebundenen Atome in den Ecken eines Oktaeders liegen. Die letztere Annahme wurde durch die von WYCKOFF, SCHERRER, DICKINSON[2]) u. a. ausgeführten Kristallstrukturanalysen von $Ni[(NH_3)_6]Cl_2$, $K_2[PtCl_6]$ und zahlreichen anderen Komplexverbindungen experimentell direkt bestätigt.

Es liegt nun eine Reihe von Versuchen vor, die Ergebnisse WERNERS mit der Atomforschung zu verknüpfen. So hat namentlich KOSSEL[3]) seine zur Erklärung der Salzbildung gemachte Annahme elektrostatischer Kräfte zwischen den Bausteinen (vgl. Ziff. 15, 27) auf Komplexverbindungen übertragen und gezeigt, daß durch die Annahme eines höher geladenen Zentralatoms, z. B. eines Pt^{4+}-Ions, ohne weiteres zu verstehen ist, daß dieses Ion in der Lage ist, mehr als vier einfach negative Ionen trotz der gegenseitigen Abstoßung der Ionen um sich zu versammeln, soweit dies die räumlichen Verhältnisse zulassen; dabei entsteht z. B. der Komplex $[Pt^{4+}Cl_6^{6-}]^{--}$. Diese anschauliche und zahlreiche Tatsachen umfassende physikalische Deutung der vorliegenden Verhältnisse ist bis jetzt nicht experimentell bewiesen worden, so daß noch offen bleibt, ob nicht etwa innerhalb des Komplexes durch starke Deformation der Anionen in Wirklichkeit die unpolare Bindung vorliegt (vgl. Ziff. 36). Im Anschluß an WERNER und KOSSEL ist sodann versucht worden, die Bevorzugung bestimmter Koordinationszahlen aus den geometrischen und energetischen Verhältnissen verständlich zu machen. So haben STRAUBEL und HÜTTIG[4]) gezeigt, daß an einer Kugel, an die bereits fünf sich berührende Kugeln regelmäßig angepackt sind, auch noch eine sechste Platz findet, daß ähnliche Verhältnisse vorliegen bei der Anlagerung von 11 und 12, annähernd auch bei 7 und 8 Kugeln. Durch diese geometrischen Überlegungen versuchte HÜTTIG dann zu erklären, daß die Koordinationszahlen

[1]) A. WERNER, ZS. f. anorg. Chem. Bd. 3, S. 267. 1893; Bd. 8, S. 153. 1895; A. WERNER u. MIOLATI, ZS. f. phys. Chem. Bd. 12, S. 35. 1893.

[2]) R. W. G. WYCKOFF und E. POSNJAK, Journ. Amer. Chem. Soc. Bd. 43, S. 2292. 1921; R. W. G. WYCKOFF, ebenda Bd. 44, S. 1239. 1922; R. G. DICKINSON, ebenda Bd. 44, S. 276. 1922; P. SCHERRER u. P. STOLL, ZS. f. anorg. Chem. Bd. 121, S. 319. 1922.

[3]) W. KOSSEL, Ann. d. Phys. Bd. 49, S. 229. 1916.

[4]) R. STRAUBEL, ZS. f. anorg. Chem. Bd. 142, S. 133. 1925; G. HÜTTIG, ebenda S. 135.

5, 7 und 11 nicht auftreten und die geraden Koordinationszahlen 4, 6 und 8 so außerordentlich bevorzugt sind vor den ungeraden. MAGNUS[1]) hat KOSSEL folgend außer den geometrischen die energetischen Verhältnisse durch Annahme elektrostatischer Überschußladungen auf starre Kugeln zu berücksichtigen versucht und findet unter Zugrundelegung bestimmter Kugelradien, die den „Wirkungssphären" der Partner der Komplexverbindungen entsprechen sollen, daß in vielen Fällen einem modellmäßig berechneten Maximum der zu gewinnenden Energie eine besondere Bevorzugung in der Existenz der betreffenden Komplexverbindungen entspricht. Die von HÜTTIG und MAGNUS angestellten Überlegungen lassen auch verstehen, daß die Koordinationszahlen bei Atomen höherer Ordnungszahl größer sind als bei solchen mit kleiner Ordnungszahl, da um ein großes Atom bzw. Ion herum mehr Atome Platz finden können als um ein kleines.

Es liegen sodann einige Versuche vor, die Kozl. mit den Elektronenverteilungszahlen von BOHR bzw. den Untergruppenzahlen von M. SMITH und STONER (Tab. 1) in Zusammenhang zu bringen. Diese namentlich von LANGMUIR[2]), MAIN SMITH[3]), STONER[4]), SIDGWICK[5]) durchgeführten Versuche vermochten jedoch bisher nicht, ohne besondere Hilfsannahmen und ohne Beiseitelassung zahlreicher Ausnahmen auszukommen (vgl. auch die Formeln in Ziff. 27).

Eine Arbeit, in der systematisch die verschiedenen in Komplexverbindungen auftretenden Bindungsarten berücksichtigt und mit den Tatsachen in Zusammenhang gebracht worden sind, liegt bis jetzt nicht vor.

Unter Hydraten und Ammoniakaten versteht man Verbindungen, welche H_2O bzw. NH_3 in stöchiometrischem Verhältnis enthalten. LEMBERT[6]) hat das vorhandene Tatsachenmaterial über Hydrate auf Grund einfacher geometrischer Vorstellungen über die Koordinationszahl systematisch zu behandeln versucht, wobei er die gebundenen H_2O-Moleküle dem Anion und Kation des Kristalles getrennt zuordnet. Bei dieser Zuordnung nimmt er mit FAJANS[7]) an, daß eine gewisse „Konkurrenz der Ionen um das Wasser" stattfindet, wobei das Ion mit der größeren Feldwirkung, also das mit höherer Ladung und kleinerem Radius, das Wasser an sich reißt, daß aber dabei die Zahl der angelagerten H_2O-Moleküle durch die Koordinationszahl begrenzt ist. Mit dieser Vorstellung steht im Einklang, daß die Neigung zur Hydratbildung und die Festigkeit der H_2O-Bindung tatsächlich im allgemeinen bei Verbindungen mit verschieden geladenen Ionen größer ist als bei solchen mit gleichgeladenen Ionen. LEMBERT stellt z. B. auf Grund seiner Überlegungen folgende Formeln für bestimmte Hydratklassen auf (n = Wertigkeit):

$$\overset{\mathrm{n}}{\mathrm{Me}}(\mathrm{OH_2})_{\mathrm{a}}\mathrm{Cl_2} \qquad \mathrm{a} = 0,\ 1,\ 2,\ 3,\ 4,\ 6$$

$$\left[\overset{\mathrm{n}}{\mathrm{Me}}(\mathrm{OH_2})_{\mathrm{a}}\right]\left[\mathrm{SO_4}(\mathrm{OH_2})_{\mathrm{b}}\right]_{\frac{\mathrm{n}}{2}} \qquad \begin{matrix}\mathrm{a} = 0,\ 1,\ 2,\ 3,\ 4,\ 6\\ \mathrm{b} = 0,\ 1,\ 2\end{matrix}$$

$$\left[\overset{\mathrm{n}}{\mathrm{Me}}(\mathrm{OH_2})_{\mathrm{a}}\right]\left[\mathrm{NO_3}(\mathrm{OH_2})_{\mathrm{b}}\right]_{\mathrm{n}} \qquad \begin{matrix}\mathrm{a} = 0,\ 1,\ 2,\ 3,\ 4,\ 6\\ \mathrm{b} = 0,\ 1\end{matrix}$$

die er im allgemeinen mit der Erfahrung im Einklang findet.

---

[1]) A. MAGNUS, ZS. f. anorg. Chem. Bd. 124, S. 289. 1922.
[2]) I. LANGMUIR, Journ. Amer. Chem. Soc. Bd. 41, S. 919. 1919.
[3]) J. D. MAIN SMITH, Journ. Soc. Chem. Ind. Bd. 43, S. 323. 1924.
[4]) E. C. STONER, Phil. Mag. Bd. 48, S. 719. 1924.
[5]) N. V. SIDGWICK, Journ. chem. soc. Bd. 123, S. 725. 1923.
[6]) M. E. LEMBERT, ZS. f. phys. Chem. Bd. 104, S. 101. 1923.
[7]) K. FAJANS, Naturwissensch. Bd. 9, S. 729. 1921.

Die Ammoniakate sind den Hydraten durchaus an die Seite zu stellen, worauf schon WERNER[1]) hinwies. Durch die systematischen Untersuchungen von BILTZ[2]) und seinen Mitarbeitern sowie von HÜTTIG[3]) sind wir genauer über die Wärmetönungen unterrichtet, die bei Einlagerung wechselnder Mengen eines Dipolmoleküls wie NH_3 in Salzgitter auftreten. Diesen Vorgang der NH_3-Einlagerung hat man sich mit BILTZ ähnlich vorzustellen, wie sich FAJANS[4]) den Vorgang der Bildung der Salzhydrate sowie den der Auflösung eines Salzes in Wasser vorstellt (Ziff. 40). BILTZ denkt sich nämlich die Bildung von Salzammoniakaten so geleitet, daß zunächst das Kristallgitter des reinen Salzes unter Aufwendung der Arbeit E so weit gedehnt wird, wie es im Ammoniakat erscheint, und daß dann NH_3-Moleküle unter Freimachung der Anlagerungsarbeit A' in das gedehnte Gitter eingelagert werden. Man hat also anzusetzen $Q_n = A' - E$, worin Q_n die Wärmetönung ist, die bei Anlagerung des ersten bis n-ten NH_3-Moleküls auftritt. Wenn man E mit Hilfe der BORN-LANDÉschen Gittertheorie für einige bekannte Ammoniakate mit sechs Molekülen Ammoniak, z. B. für $[K(NH_3)_6J]$, sowie die Hexammine von Erdalkalihalogeniden näherungsweise berechnet[5]), so ergibt sich, daß A'/n, die Anlagerungsarbeit für ein Mol NH_3, bei Salzen mit einfach geladenen Kationen mit 8 A.El. etwa 14, bei solchen mit doppelt geladenen Kationen mit 8 A.El. etwa 28 kcal pro Mol beträgt und daß der Wert für das kleine Li^+-Ion mit 2 A.El. etwa 21 kcal pro Mol beträgt. Die Zahlen geben einen ungefähren Begriff von den Kräften, die zwischen Ionen und Dipolmolekülen herrschen; diese Kräfte sind natürlich größer als die, welche zwischen den Dipolmolekülen allein herrschen und für die die Verdampfungswärme als Maß dienen kann, und kleiner als die zwischen Ionen herrschenden, die durch die Gitterenergie U charakterisiert sind.

λ_{NH_3}	$1/n\ A'_{K(NH_3)_6J}$	U_{KJ}	
5	14	143	kcal/Mol.

In Ziff. 54 wird noch darauf hingewiesen werden, daß die Gitterenergien der Ammoniakate in eindeutiger Weise mit den Ioneneigenschaften zusammenhängen.

III. Die Zusammenhänge der Eigenschaften von Elementen und Verbindungen mit dem Bau der Atome und Moleküle.

Bei einer systematischen Behandlung der Zusammenhänge der chemischen Tatsachen mit dem Atombau hat man für eine größere Zahl bestimmter Stoffreihen und für eine größere Zahl von Eigenschaften zu untersuchen, in welcher Weise sich erstens der Einfluß der verschiedenen Atomeigenschaften (Ladung, Größe, Zahl der A.El., Deformierbarkeit usw.) auf den Gang der physikalischen und chemischen Eigenschaften geltend macht, und zweitens, inwiefern die verschiedenen Bindungsarten diese Eigenschaften beeinflussen.

In der folgenden Darstellung des noch sehr unvollständigen Materials über die in Frage stehenden Zusammenhänge wird zunächst der Einfluß der wichtigsten

---

[1]) A. WERNER, Neuere Anschauungen auf dem Gebiete der anorganischen Chemie, Braunschweig 1905. 5. Aufl. 1923 neu herausgegeben und bearbeitet von P. PFEIFFER.

[2]) W. BILTZ, ZS. f. anorg. Chem. Bd. 130, S. 93. 1923. Dort weitere Literatur.

[3]) G. HÜTTIG, Literatur ebenfalls bei BILTZ, ZS. f. anorg. Chem. Bd. 130, S. 93. 1923 zitiert.

[4]) K. FAJANS, Naturwissensch. Bd. 9, S. 729. 1921.

[5]) W. BILTZ u. H. G. GRIMM, ZS. f. anorg. Chem. Bd. 145, S. 63. 1925.

Atomeigenschaften, nämlich der Größe, der Zahl der A.El., der Deformierbarkeit, auf eine Reihe von Stoffeigenschaften aufgezeigt. In weiteren Ziffern werden sodann bestimmte Teilgebiete der Chemie, wie Thermochemie, analytische Chemie, Kristallchemie, Geochemie zusammenhängend behandelt werden.

a) Einfluß der Größe und der Zahl der Außenelektronen der Atome.

43. Der Gang der Atom- und Ionengrößen und die empirischen Tatsachen. Wir zeigen zunächst in den Abb. 26 bis 29, daß der durch Ungleichung (1) (S. 473) festgelegte und in Ziff. 6 besprochene „charakteristische Anstieg“ [1]) im Gang der Größen der Ionen vom Edelgasbau sich in allen Gruppen des periodischen Systems und bei den verschiedensten Stoffklassen und Eigenschaften wiederholt.

Um den Gang einer bestimmten Eigenschaft φ in homologen Reihen, d. h. in Abhängigkeit von der Stellung der variierten Elemente im periodischen System graphisch zu veranschaulichen, wählt man zweckmäßig als unabhängige Variable die Periodenziffer bzw. die Hauptquantenzahl n der äußeren Elektronen. Der Gang der Eigenschaften ist dann durch die Differenzwerte

$$\Delta_1 = \varphi_{\mathrm{Ar}} - \varphi_{\mathrm{Ne}}, \quad \Delta_2 = \varphi_{\mathrm{Kr}} - \varphi_{\mathrm{Ar}}, \quad \Delta_3 = \varphi_{\mathrm{X}} - \varphi_{\mathrm{Kr}}, \quad \Delta_4 = \varphi_{\mathrm{Em}} - \varphi_{\mathrm{X}},$$

und zwar durch ihre relative Größe charakterisiert. In den Abb. 26 bis 29 wurde als Ordinateneinheit für jede Eigenschaft $\Delta_2 = \varphi_{\mathrm{Kr}} - \varphi_{\mathrm{Ar}}$ gewählt.

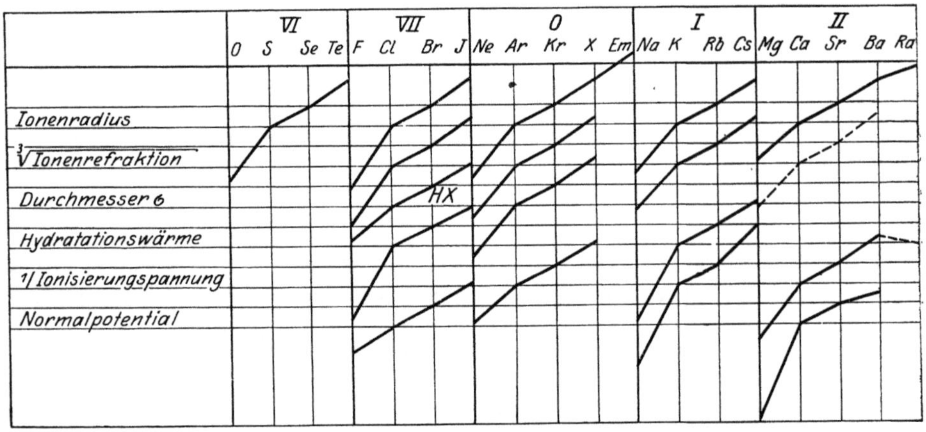

Abb. 26. Gasförmige Ionen, Atome oder Moleküle.

Die Beschriftung auf der linken Seite der Abb. 26 bis 29 wurde so vorgenommen, daß sie auf gleiche Höhe mit den überall parallelen Kurvenstücken für Δ_2 zu stehen kam.

In Abb. 26 ist der Gang einiger am linken Rande verzeichneter Eigenschaften von freien Atomen, Ionen und Molekülen aufgetragen, in Abb. 27 folgen Eigenschaften polarer Verbindungen, in Abb. 28 solche der nichtpolar aufgebauten Stoffe, und zwar der Metalle, der Stoffe mit Tetraederbindung und der Nichtmetallmoleküle. In Abb. 29 sind schließlich bestimmte Eigenschaften von Edelgasen, sowie von flüchtigen Nichtmetallmolekülen verzeichnet, soweit sie die

[1]) H. G. GRIMM, ZS. f. phys. Chem. Bd. 98, S. 367. 1921; Bd. 122, S. 177. 1926.

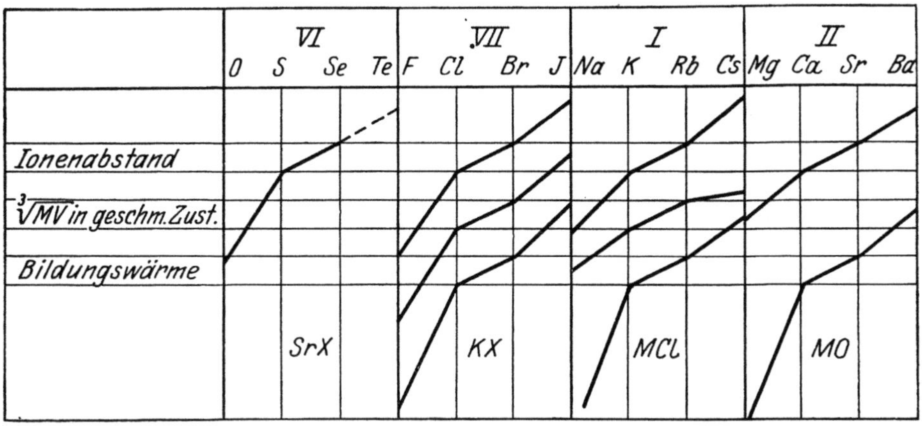

Abb. 27. Polare Verbindungen.

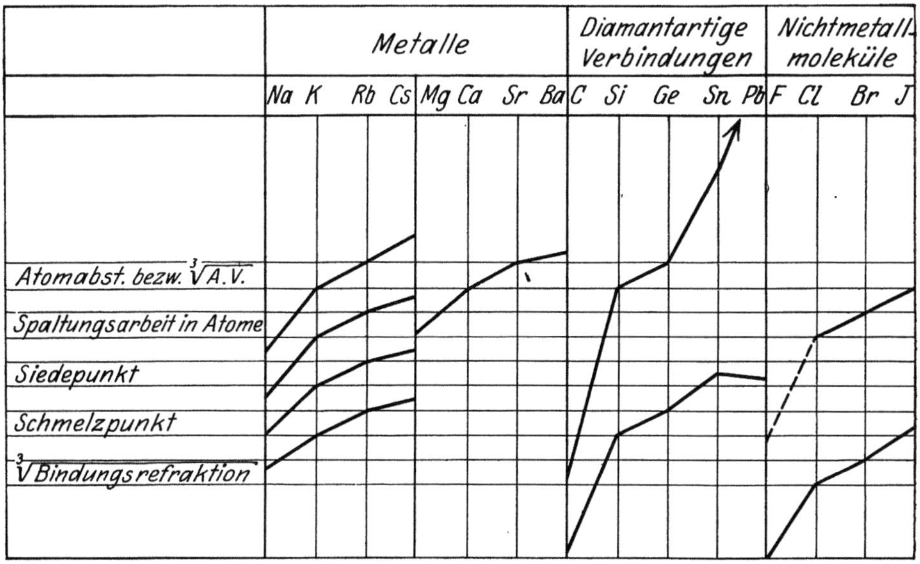

Abb. 28. Nichtpolare Verbindungen. Zwischenatomare Kräfte.

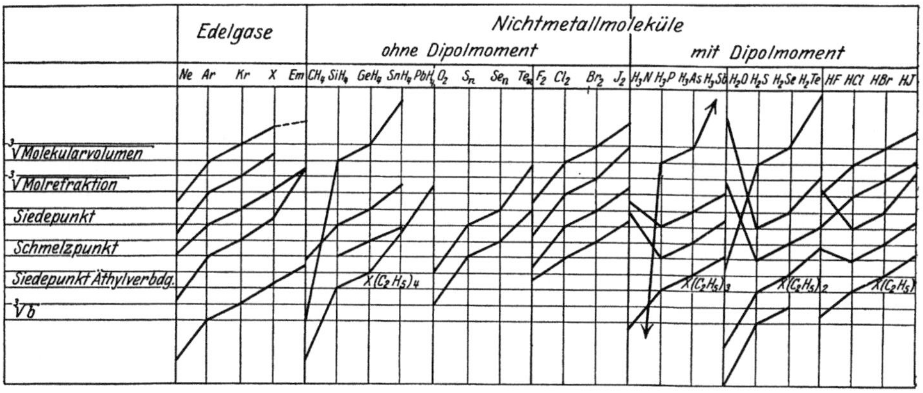

Abb. 29. Zwischenmolekulare Kräfte.

zwischenmolekularen Kräfte der letzteren betreffen; in bezug auf diese sind ja die Nichtmetallmoleküle „edelgasähnlich" (vgl. Ziff. 28).

Die Abbildungen zeigen, daß im allgemeinen der Gang der Eigenschaften in allen Gruppen von ähnlichem Charakter ist und (1) entspricht. Diese Tatsache erscheint plausibel, solange es sich, wie in Abb. 26 und teilweise in Abb. 29, um die Eigenschaften in sich abgeschlossener freier Gebilde, oder wie in Abb. 27, um Eigenschaften von aus Ionen aufgebauten Stoffen handelt. Weniger verständlich erscheint einstweilen, daß der (1) entsprechende Gang der Ionengrößen auch in Abb. 28 hervortritt, wo es sich um Metalle, diamantartige Stoffe und Nichtmetallmoleküle handelt, bei denen gar keine Ionen, sondern nichtpolar verbundene Atome vorliegen und bei denen der chemische Valenzstrich eine bestimmte, an sich unbekannte physikalische Bedeutung hat. Ebenso bemerkenswert ist ferner, daß sich die „charakteristische Abstufung" auch noch bei den mit den zwischenmolekularen Kräften zusammenhängenden Eigenschaften der Nichtmetallmoleküle bemerkbar macht, wie dies Abb. 29 zeigt. Abweichungen von (1) treten bei den flüchtigen Hydriden auf, deren Eigenschaften PANETH und RABINOWITSCH[1]) ausführlich im Zusammenhang mit dem periodischen System diskutiert haben. Die Anomalien bestehen darin, daß die Verdampfungswärmen und Siedepunkte von HF, H_2O, H_3N im Vergleich mit den Hydriden höherer Perioden zu hoch erscheinen (s. Abb. 29). Diese Unregelmäßigkeiten wurden von DEBYE[2]) auf die relativ großen Dipolmomente der Moleküle HF, H_2O, H_3N zurückgeführt, deren Wirkung offenbar den Einfluß des Ganges der Molekülgrößen auf den Influenzeffekt völlig verdeckt. Um auch bei Molekülen mit Dipolmomenten den Einfluß des Ganges der Atomgrößen zu erkennen, muß man Eigenschaften vergleichen, bei denen die Dipole keine Rolle spielen, z. B. die Molrefraktionen, die aus der Zähigkeit der Gase berechneten scheinbaren Durchmesser σ, die Arbeiten I zur Erzeugung von Ionen (vgl. auch Ziff. 28). Der Einfluß des Ganges der Ionengrößen auf weitere physikalische und chemische Eigenschaften wird in mehreren der folgenden Ziffern behandelt werden.

44. Die Zahl der Außenelektronen der Atome und Ionen und die empirischen Tatsachen. In Ziff. 15ff. wurde bereits erwähnt, daß die Zahl der Elektronen mit höchster Quantenzahl bei den neutralen Atomen im allgemeinen die Wertigkeit eines Elementes und damit einen ganzen Komplex von Eigenschaften bestimmt. Darüber hinaus macht sich nun auch der Einfluß der Zahl derjenigen Elektronen bemerkbar, die der Elektronenschale mit der nächstniederen Quantenzahl angehören, und zwar sowohl, wenn die Valenzelektronen, wie in Stoffen mit nichtpolarer Bindung, noch vorhanden sind, als auch besonders, wenn sie in polar gebauten Stoffen abgelöst sind und in den Ionen die Oberfläche von mehr oder weniger abgeschlossenen Elektronenschalen zutage tritt[3]). Es läßt sich bis jetzt erkennen, daß die in Tabelle 4 aufgeführten Ionenarten zunächst in drei große Gruppen zerfallen, die bei der Verbindungsbildung Stoffe mit sehr verschiedenen Eigenschaften liefern, nämlich erstens in die Ionen der Elemente der Hauptreihen vom Edelgastypus mit zwei und acht Außenelektronen, zu denen auch die Ionen der seltenen Erden, mit ebenfalls acht Außenelektronen, zu rechnen sind, und zweitens die Ionen der Elemente der Nebenreihen mit 18 und $(18 + 2)$ A.El. Die 3. Gruppe enthält die Ionen mit einer unvollständigen Elektronenschale, einer A.El.-Zahl, die zwischen 8 und 18 liegt; diese „Übergangsionen" bilden den Übergang zwischen den beiden

[1]) F. PANETH u. E. RABINOWITSCH, Chem. Ber. Bd. 58, S. 1138. 1925.

[2]) P. DEBYE, Phys. ZS. Bd. 22, S. 302. 1921. Siehe auch P. DEBYE im Handb. d. Radiol. Bd. IV, Leipzig 1925 und K. F. HERZFELD, ds. Handb. Bd. XXII.

[3]) Vgl. etwa H. G. GRIMM, ZS. f. phys. Chem. Bd. 98, S. 358. 1921.

ersten Gruppen und zeigen Besonderheiten, auf die namentlich LADENBURG[1]) hingewiesen hat. Einige der wichtigsten Eigenschaftsunterschiede zwischen den verschiedenen Gruppen von Ionen bzw. Atomrümpfen sind folgende:

α) Die Elemente, die an den Anfängen der Hauptreihen stehen, haben erheblich größere Atomvolumina als die an den Anfängen der Nebenreihen. So stehen die Alkalimetalle (außer Li) in den Maximis, Cu, Ag und Au etwa in den Minimis der Atomvolumkurve (vgl. F. PANETH, ds. Handb. Bd. XXII).

β) Bei den Elementen der Hauptreihen sind die Arbeiten zur Herstellung von Atomen (Tabelle 32), die Sublimationswärmen, und von Ionen, die Ionisierungsarbeiten, erheblich kleiner als bei den Elementen der Nebenreihen (vgl. z. B. Tabelle 2). Entsprechendes gilt für die Hydratationswärmen der Ionen (vgl. Ziff. 40).

γ) Nach TAMMANN[2]) bilden nur die Elemente der Hauptreihen, oder solche der Nebenreihen, untereinander Mischkristalle.

δ) Die Edelgasanordnung wird sowohl durch Abgabe wie durch Aufnahme von Elektronen angestrebt; die 18- bzw. 20-Schale, sowie die unvollständigen Schalen der Übergangsionen werden dagegen nur durch Elektronenabgabe erreicht; es gibt daher negative Ionen nur bei den edelgasähnlichen.

ε) Die deformierende Wirkung der Ionen mit 18 bzw. (18 + 2) A.El. übertrifft die etwa gleichgroßer Ionen vom Edelgastypus erheblich[3]).

ζ) Die Gitterenergien von Verbindungen mit Kationen mit 18 A.El. sind erheblich größer als die der Verbindungen der Kationen der gleichen Periode mit 8 A.El., z. B. $U_{Zn^{++}} > U_{Ca^{++}}$. Die Gitterenergien sind auch dann noch größer, wenn die Gitterabstände zufällig gleich sind, z. B. $U_{Ag^+} > U_{Na^+}$ (vgl. Ziff. 53).

η) Die Ionenabstände von Halogeniden der ein- und zweiwertigen Elemente steigen mit zunehmendem Anionenradius bei den Salzen mit Kationen mit 2 und 8 A.El. viel stärker an als bei denen mit Kationen mit 18 und (18 + 2) A.El. (vgl. Ziff. 45). Dem verschiedenartigen Gang der Ionenabstände entspricht der Gang der Gitterenergien (vgl. Abb. 35 und 36).

ϑ) Die Löslichkeitsverhältnisse sind bei entsprechenden Verbindungen der Elemente der Haupt- und Nebenreihen sehr verschieden. Große Unterschiede zeigen auch die Normalpotentiale (vgl. Ziff. 57).

ι) Die Übergangsionen mit einer unvollständigen Außenschale und die Ionen der seltenen Erden mit einer unvollständigen Schale im N-Niveau zeichnen sich durch Farbigkeit (Ziff. 47) und Paramagnetismus aus[1]).

b) Die Deformation der Elektronenhüllen und die empirischen Tatsachen.

Im Anschluß an die bereits in Ziff. 7ff. aufgeführten Tatsachen, die für eine Deformation der Elektronenhüllen von Atomen, Ionen und Molekülen sprechen, soll in den folgenden Ziff. 45 bis 49, sowie mehrfach an späteren Stellen (Ziff. 53), gezeigt werden, daß sich viele chemische Tatsachen nur ungenügend verstehen lassen, wenn man lediglich die bisher behandelten Eigenschaften starrer Ionen, nämlich Ladung, Größe und Zahl der A.El. berücksichtigt. Namentlich durch

[1]) R. LADENBURG, Naturwissensch. Bd. 8, S. 6. 1920; ZS. f. Elektrochem. Bd. 26, S. 262. 1920.

[2]) G. TAMMANN, ZS. f. angew. Chem. Bd. 53, S. 446. 1907.

[3]) K. FAJANS, Naturwissensch. Bd. 11, S. 165. 1923; K. FAJANS und O. HASSEL, ZS. f. Elektrochem. Bd. 29, S. 495. 1923.

Arbeiten von FAJANS[1]), dessen zusammenfassenden Darstellungen wir hier vielfach folgen, wurde nachgewiesen, daß sich eine ganze Reihe bisher schwerverständlicher Erscheinungen wenigstens qualitativ vom Standpunkt der Deformationsauffassung erklären lassen.

45. Die Atomabstände. In Bd. XXII ds. Handb., Kap. 5 wurde bereits darauf hingewiesen, daß man die Atom- bzw. Ionenabstände in Kristallgittern nur dann annähernd additiv aus den Radien bzw. Wirkungssphären berechnen kann, wenn man sich auf Ionen mit gleichen A.El.-Zahlen beschränkt. Wenn man dagegen Verbindungen vergleicht, bei denen die Kationen verschiedene A.El.-Zahlen haben, z. B. Na- und Ag-Salze, dann ist von Additivität keine Rede, wie die Differenzen der folgenden Zahlen zeigen:

NaF 2,31	NaCl 2,81	NaBr 2,97	NaJ 3,23
AgF 2,46	AgCl 2,77	AgBr 2,88	AgJ 3,05
Δ −0,15	0,04	0,11	0,18

Der hier eingesetzte Ionenabstand von AgJ ist Messungen von BARTH und LUNDE[2]) entnommen, welche zeigten, daß AgBr-reiche Mischkristalle Ag(Br, J) das Kochsalzgitter aufweisen, und daß man aus den Atomabständen verschieden zusammengesetzter Mischkristalle durch Extrapolation einen Atomabstand für das polar aufgebaute AgJ gewinnen kann, der sich den anderen Zahlen gut anfügt. Der verschiedene Gang der Atomabstände der Halogenide von Na und Ag wiederholt sich bei den Halogeniden von Kationen mit 8 A.El. einerseits und Kationen mit 18 bzw. (18 + 2) A.El. andererseits, man muß daher annehmen, daß das verschiedene Abstoßungspotential und die damit zusammenhängende verschieden stark deformierende Wirkung der verschieden gebauten Kationen einen Einfluß auf den Gang der Atomabstände haben muß. Nach FAJANS sind die Verhältnisse nun folgendermaßen zu erklären: Im AgF ist die Deformation des relativ kleinen F^--Ions noch gering, von AgCl ab macht sich die Deformation des Anions in steigendem Maße bemerkbar. Das hat zur Folge, daß die zunächst undeformiert gedachten freien Ionen beim Zusammentritt zum Kristallgitter in steigendem Maße zur Abgabe von Deformationsenergie gezwungen werden, wobei gleichzeitig eine zunehmende Verringerung der Ionenabstände stattfindet, die den Gang der obigen Δ-Werte zur Folge hat. Beim AgJ kommt nun noch eine Komplikation hinzu, denn im reinen Zustande kristallisiert es nicht im NaCl-Gitter, sondern im Wurtzit- und Diamantgitter, in denen der Atomabstand 2,81 Å beträgt, und in denen wahrscheinlich die unpolare „tetraedrische" Bindungsart vorliegt. Man hat daher anzunehmen, daß im AgJ die Deformation bereits so stark geworden ist, daß nicht nur eine Verringerung des Ionenabstandes stattfindet, sondern daß darüber hinaus die bereits in Ziff. 31 erwähnte „Umklappung" des Bindungsmechanismus eintritt, die zur Änderung des Kristallgittertypus und zu einer weiteren Verringerung der Atomabstände führt.

V. M. GOLDSCHMIDT[3]) hat neuerdings den Einfluß der Deformation auf die Atomabstände mit großem neuen Material belegt und dabei besonders auf eine neue Erscheinung hingewiesen, die er als „Kontrapolarisation" bezeichnet. Nach GOLDSCHMIDT hängt nämlich der Atomabstand, der sich in Kristallen innerhalb von Komplexionen ausbildet, stark davon ab, welche Ionen sich außerhalb der

[1]) K. FAJANS, ZS. f. Krist. Bd. 61, S. 18. 1925; Fortschr. d. physikal. Wissensch. (russisch) Bd. V, S. 294. 1926. Das deutsche Manuskript zu der letzteren Arbeit, die in der ZS. f. Krist. erscheinen wird, stellte Herr FAJANS in dankenswerter Weise zur Verfügung.

[2]) T. BARTH u. G. LUNDE, Norsk Geologisk Tidsskr. Bd. 8, S. 281. 1926. ZS. f. phys. Chem. Bd. 122, S. 293. 1926.

[3]) V. M. GOLDSCHMIDT, Geochemische Verteilungsgesetze der Elemente VII. Norske Vid. Acad. Oslo Skr. Mat.-Nat. Kl. Nr. 2. 1926.

Komplexionen befinden. So beträgt z. B. der N-O-Abstand in $NaNO_3$ 1,40 Å, in $LiNO_3$ 1,15 Å, und GOLDSCHMIDT deutet diese Erscheinung als Folge davon, daß das kleinere Li^+-Ion stärker polarisierend auf das Komplexion einwirkt als das größere Na^+-Ion. Ebenso findet er, daß der Komplex TiO_3, der nach der Untersuchung BARTHS[1]) in $CaTiO_3$ enthalten ist, „aufgespalten" wird, wenn man das Ca^{++} durch das kleinere Mg^{++}-Ion ersetzt. Es entsteht dabei eine Struktur, die der Struktur des $AlAlO_3$ sehr ähnlich ist und in der Mg und Ti etwa den gleichen Abstand von den nächsten O-Atomen haben. Die „kontrapolarisierende" Wirkung kann in bestimmten Fällen so stark sein, daß sich ein neuer Komplex um das polarisierende Ion bildet. So enthalten die Spinelle MAl_2O_4 den negativ zweiwertigen Komplex $[Al_2O_4]^{--}$, wenn z. B. M = Ca ist. Ersetzt man aber das Ca etwa durch das kleine Be, dann zeigt sich im Kristallgitter der neue, negativ sechswertige Komplex $[BeO_4]^{6-}$, der mit zwei dreiwertig positiven Al-Atomen verknüpft ist. Von besonderem Interesse ist auch die Feststellung, daß beim NH_4F nicht mehr wie bei den anderen Ammoniumhalogeniden Ionen NH_4^+ und X^- festgestellt werden konnten, sondern daß das Röntgenbild auf eine Verbindung von $NH_3 + HF$ hindeutet. Dieser Befund wird mit der deformierenden Wirkung des kleinen F^--Ions (ca. 0,7 Å) auf das NH_4^+-Ion (ca. 0,9 Å) in Zusammenhang gebracht, die zu einer „Aufspaltung" des NH_4-Komplexes führt. Die schon bei niedriger Temperatur stattfindende Dissoziation von NH_4F in HF und NH_3 steht in gutem Einklang mit diesem Ergebnis.

46. Die Flüchtigkeit der Alkalihalogenide. Bei der Verdampfung eines festen Salzes wird der Kristallgitterverband unter Bildung gasförmiger Moleküle, die aus je einem positiven und negativen Ion bestehen, gelöst. Die hierbei zu leistende Arbeit muß bei Annahme starrer Ionen nach REIS[2]) bei gleichem Gittertypus einen konstanten Bruchteil der Gitterenergie ausmachen, so daß man für die Sublimationswärmen der Salze dieselbe Abstufung wie für die Gitterenergien, nämlich Abfall sowohl mit steigendem Radius des Kations wie des Anions, zu erwarten hätte. Trägt man jedoch in Abb. 30 die von v. WARTENBERG und Mitarbeitern[3]) direkt gemessenen Siedepunkte der Alkalihalogenide, die wenigstens annähernd die gleiche Abstufung wie die nur ungenau bekannten Sublimationswärmen zeigen müssen, gegen die Periodenziffer auf, dann zeigt sich folgendes: Es fallen zwar die Siedepunkte der Li-, Na-, K- und Rb-Halogenide mit steigendem Halogenionenradius, bei den Cs-Salzen dagegen steigt der Siedepunkt von CsF zu CsCl. Vergleicht man ferner die Alkalisalze des gleichen Halogens, dann ist der aus dem Verlauf der Gitterenergien (Ziff. 53) zu erwartende Gang noch mehr gestört. So liegt z. B. der Siedepunkt von NaJ unter denen von KJ und RbJ, so liegen ferner die Siedepunkte sämt-

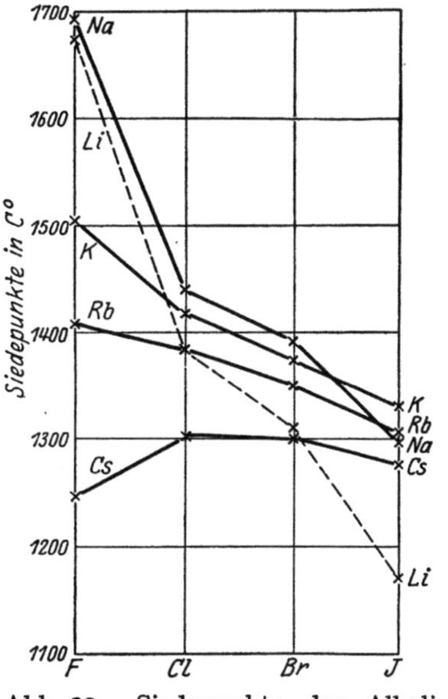

Abb. 30. Siedepunkte der Alkalihalogenide nach H. v. WARTENBERG.

[1]) TH. BARTH, zitiert nach GOLDSCHMIDT l. c.
[2]) A. REIS, ZS. f. Phys. Bd. 1, S. 294. 1920.
[3]) H. v. WARTENBERG u. PH. ALBRECHT, ZS. f. Elektrochem. Bd. 27, S. 162. 1921; H. v. WARTENBERG u. H. SCHULZ, ebenda S. 568.

licher Li-Halogenide unter denen einiger anderer Alkalihalogenide, obwohl diese kleinere Gitterenergie haben. Ähnliche Anomalien zeigen sich auch im Gang der Schmelzpunkte der genannten Salze.

Um die zunächst kompliziert erscheinenden Verhältnisse zu verstehen, denkt man sich mit FAJANS, daß bei dem Verdampfungsvorgang zunächst Moleküle aus dem Gitterverband abgetrennt werden, die aus starren Ionen aufgebaut sind, und daß diese Ionen sich sodann einseitig deformieren, wobei eine gewisse Deformationsenergie frei wird, deren Größenordnung bei Alkalihalogeniden auf 10 bis 15 kcal, d. h. einen ganz erheblichen Bruchteil der Sublimationswärmen zu schätzen ist. Durch das Freiwerden von Deformationsenergie wird nun die Sublimationswärme und damit der Siedepunkt vermindert, und zwar muß diese Verminderung um so größer sein, je größer die Deformationsenergie, d. h. je stärker die deformierende Wirkung der Ionen aufeinander ist. Betrachtet man zunächst nur die Wirkung der Kationen auf die Anionen, dann hat man zu erwarten, daß die Siedepunktserniedrigung von den Cs- zu den Li-Salzen, von den Fluoriden zu den Jodiden zunimmt. Abb. 30 zeigt, daß tatsächlich bei den leicht deformierbaren Jodiden das Li- und das Na-Salz einen anormal tiefen Siedepunkt aufweisen, während bei den weniger deformierbaren Fluoriden nur noch das LiF gegenüber dem NaF eine Siedepunktserniedrigung zeigt. Vergleicht man weiter die Siedepunkte der Na- und Cs-Salze, so zeigt sich, daß der Unterschied bei den Fluoriden 444°, bei den Jodiden nur 20° beträgt. Der geringe Unterschied bei den Jodiden hängt damit zusammen, daß die abgegebene Deformationsenergie bei dem J^--Ion erheblich ist, in der Reihe von Cs^+ bis Na^+ wächst und dem Gang der Gitterenergien von aus starren Ionen aufgebauten Salzen entgegenläuft. Der große Unterschied bei den Fluoriden beruht zunächst darauf, daß das Fluorion wenig deformierbar ist, daß die Sublimationswärmen hier also die Unterschiede der Gitterenergien noch zum Ausdruck bringen. Hinzu kommt aber sodann, daß das F^--Ion seinerseits deformierend auf die Kationen wirkt, und zwar zunehmend von Na^+ bis Cs^+, so daß bei CsF im Einklang mit der Erfahrung ein besonders niedriger Siedepunkt zu erwarten ist.

47. Die Farbe anorganischer Verbindungen. Die Deformation der Elektronenhüllen gebundener Atome oder Ionen muß sich naturgemäß nicht nur durch Veränderungen der Refraktion, sondern auch durch solche der Absorption des Lichtes nachweisen lassen. Tatsächlich erlaubt das vorhandene experimentelle Material über die Farben salzartiger Verbindungen wenigstens qualitativ einen Zusammenhang mit der Deformationsvorstellung nachzuweisen.

In älteren Arbeiten von K. A. HOFMANN und Mitarbeitern[1]) über den Zusammenhang der Farbe mit der Konstitution anorganischer Verbindungen wurde darauf hingewiesen, daß die Farbe mit dem Vorhandensein von Elementen zusammenhängen müsse, die wie Fe, Co, Ni, Cu in mehreren Valenzstufen auftreten können. Um die Farbe zu erklären, wurde die Vorstellung eines „oszillierenden Valenzaustausches" entwickelt, derzufolge z. B. im Pb_2O_3 jedes der Pb-Atome im Wechsel zwei- und vierwertig sein sollte. Diese Vorstellung wurde auch herangezogen, um die Farbe bestimmter organischer Verbindungen, z. B. der Triphenylmethanfarbstoffe[2]) und der „merichinoiden" Verbindungen[3]) zu erklären. ZINTL und RAUCH[4]) konnten jedoch an Pb_2O_3 mit Hilfe der Methode der radioaktiven

[1]) K. A. HOFMANN u. F. RESENSCHECK, Liebigs Ann. d. Chem. Bd. 342, S. 364. 1905; K. A. HOFMANN u. W. METZENER, Chem. Ber. Bd. 38, S. 2482. 1905; K. A. HOFMANN u. K. HÖSCHELE, ebenda Bd. 48, S. 20. 1915.

[2]) A. v. BAEYER, Liebigs Ann. d. Chem. Bd. 354, S. 163. 1907.

[3]) R. WILLSTÄTTER u. J. PICCARD, Chem. Ber. Bd. 41, S. 1458. 1908.

[4]) E. ZINTL u. A. RAUCH, Chem. Ber. Bd. 57, S. 1739. 1924.

Indikatoren zeigen, daß der vermutete Valenzaustausch hier nicht stattfindet. W. BILTZ[1]) wies sodann auf Grund eines größeren Materials auf einen Zusammenhang zwischen der Farbe und der Bindungsfestigkeit bzw. „Valenzbeanspruchung“ hin.

Der erste Versuch, die Farbe mit dem Bau der Atome in Zusammenhang zu bringen, stammt von LADENBURG[2]). Er nahm an, daß die Farbigkeit der Ionen der Triadenelemente und ihrer Vorgänger im periodischen System, sowie die Farbe der Ionen der seltenen Erden, durch die Annahme von besonders leicht beweglichen Elektronen in einer „Zwischenschale“ verständlich zu machen sei. MEISENHEIMER[3]) machte sodann auf die Vertiefung der Farbe zahlreicher Halogenide in der Reihenfolge Cl, Br, J aufmerksam und schloß daraus auf eine zunehmende Verzerrung der Elektronenbahnen. In eingehenderer Weise hat dann FAJANS[4]) die Farbe mit der Deformationsvorstellung zu verknüpfen versucht. Er weist z. B. auf die Farbenänderungen in den Salzreihen hin, die in Tabelle 48 aufgeführt sind. Aus der Farblosigkeit von CuF_2 und wasserfreiem $CuSO_4$ schließt er zunächst auf Farblosigkeit des gasförmigen Cu^{++}-Ions und deutet dann die blaue Farbe wässeriger oder ammoniakalischer Kupferlösungen,

Tabelle 48. Farbe anorganischer Verbindungen.

	F	Cl	Br	J	O	S	Se	SO_4	ClO_4	H_2O	NH_3
II Ni	gelblich[5])	gelbbraun	dunkelbraun	schwarz	dunkelgrün	schwarz	graublau	gelb[5])	gelb[5])	grün	blau
II Cu	farblos[5])	gelbbraun	braunschwarz	unstabil	schwarz	dunkelblau — schwarz	grünlich — schwarz	farblos		blau	blau
Na	farblos	farblos	farblos	farblos	farblos	farblos	farblos	farblos	farblos	farblos	farblos
Ag	gelb	farblos	hellgelb	gelb	braunschwarz	schwarz		farblos	farblos	farblos	farblos

ferner von Hydraten und Ammoniakaten des Kupfers, als Farbe des von H_2O- bzw. NH_3-Molekülen umgebenen Cu^{++}-Ions. Ebenso schreibt er die grüne Farbe der Nickelsalzlösungen nicht dem freien, sondern dem hydratisierten Ni^{++}-Ion zu, da das freie Ni^{++}-Ion farblos, oder nach der Farbe des NiF_2 zu schließen, schwach gelblich sein muß. Die zunehmende Vertiefung der Farbe vom Fluorid zum Jodid deutet FAJANS als Folge der zunehmenden Deformation des Anions, als ein Herüberziehen der Elektronenbahnen des Anions zum Kation, die bei CuJ_2 so stark geworden sein muß, daß ein Jodion in ein Jodatom übergeht, denn CuJ_2 ist bei gewöhnlicher Temperatur nicht existenzfähig. Die Tatsache, daß die Salze $CuSO_4$ (farblos), $NiSO_4$ und $NiClO_4$ (gelblich) ähnliche Farben wie die Fluoride haben, während die Oxyde viel dunkler, und zwar CuO schwarz, NiO dunkelgrün gefärbt sind, wird folgendermaßen plausibel gemacht: in den Oxyden werden die Elektronenbahnen des relativ leicht deformierbaren O^{--}- Ions stark durch die doppelt geladenen Kationen deformiert, in den Salzen der Sauerstoffsäuren dagegen ist das O^{--}-Ion bereits durch die Bindung an den Komplexkern dermaßen „verfestigt“ — seine Refraktion ist nach Tabelle 41 von 7 für das freie

[1]) W. BILTZ, ZS. f. anorg. Chem. Bd. 127, S. 169. 1923.
[2]) R. LADENBURG, Naturwissensch. Bd. 8, S. 6. 1920; ZS. f. Elektrochem. Bd. 26, S. 262. 1920.
[3]) J. MEISENHEIMER, ZS. f. phys. Chem. Bd. 97, S. 304. 1921.
[4]) K. FAJANS, Naturwissensch. Bd. 11, S. 165. 1923. Ferner die auf S. 562 zitierte russische Arbeit.
[5]) A. HOLSTAMM, Dissert. München 1925.

O^{--}-Ion auf 3,65 im SO_4^{--} und 3,32 im ClO_4^- gesunken —, daß es viel weniger deformierbar geworden ist.

Aus dem vorhandenen Material über die Farbe anorganischer Verbindungen ist zusammenfassend zu schließen, daß es namentlich die stark deformierenden edelgasunähnlichen Kationen mit 18 bzw. (18 + 2) A.El., sowie einige Übergangsionen (Tab. 4) sind, welche die Elektronenbahnen der Anionen derartig verzerren, daß Absorption im sichtbaren Gebiet des Spektrums auftritt, während die edelgasähnlichen Kationen mit 2 und 8 A.El., namentlich die niedrig geladenen, farblose Verbindungen liefern. Dieser Satz stellt also fest, daß stark deformierende Ionen häufig Farbe hervorrufen, eine Tatsache, die im Widerspruch mit den Aussagen der Refraktion (vgl. Ziff. 10) zu stehen scheint; denn das Hinüberziehen der Elektronenbahnen des Anions zum Kation bedeutet im Sinne der Refraktion eine „Verfestigung", während die Verschiebung der Absorption aus dem kurzwelligeren ins langwelligere (sichtbare) Gebiet, auf eine „Lockerung" der Elektronen im Sinne STARKS[1]) hinweist. Der Widerspruch ist nach FAJANS jedoch nur ein scheinbarer, denn während die Änderung der Refraktion sich auf den Zustand der normalen Quantenbahn bezieht, handelt es sich bei der Absorption um die Energiedifferenz zwischen zwei Quantenbahnen, deren jede im Felde des Kations (z. B. des Pb^{++} im PbJ_2) eine Deformation erfahren hat, über die die Verschiebung der Absorption nichts Bestimmtes auszusagen vermag. Es bleibt aber auffällig, daß diese Verfestigung von zwei Quantenbahnen meistens so erfolgt, daß ihre Energiedifferenzen kleiner werden. Jedenfalls hat man zwischen „Festigkeit im Sinne der Absorption" und „Festigkeit im Sinne der Refraktion" deutlich zu unterscheiden[2]).

48. Die lichtelektrische Leitfähigkeit von Salzen. GUDDEN und POHL[3]) haben gezeigt, daß auch die Tatsachen über die lichtelektrische Leitfähigkeit von Salzen mit der Deformationsvorstellung in Einklang stehen. Das Zustandekommen der lichtelektrischen Leitfähigkeit stellt man sich bekanntlich so vor, daß in Kristallen unter dem Einfluß des Lichtes von den einzelnen Kristallbausteinen Elektronen abgespalten werden, die im elektrischen Felde den Stromtransport übernehmen. Dabei nimmt man ähnlich wie bei der Theorie der photochemischen Zersetzung der Silberhalogenide an, daß die Lichtenergie in Salzen im allgemeinen die Elektronen des Anions angreift[4]). Nimmt man nun an, daß die in Ziff. 47 als häufige Tatsache festgestellte Verschiebung der Lichtabsorption zu längeren Wellen bei Deformation von Anionen durch Kationen allgemein ist, und macht man die weitere Annahme, daß die Fähigkeit der Elektronen, Licht zu absorbieren, parallel mit der Leichtigkeit geht, mit der sie im Salz vom Anion abgespalten werden, dann muß man erwarten, daß die lichtelektrische Leitfähigkeit im Kristallgitterverband mit steigender Deformation der Anionen zunimmt. Tatsächlich zeigt die folgende Tabelle 49 von GUDDEN und POHL, daß lichtelektrische Leitfähigkeit bei Verbindungen mit stark deformierenden Kationen und leicht deformierbaren Anionen, z. B. den Schwermetallhalogeniden, vorhanden ist, bei den Leichtmetallhalogeniden mit den schwächer deformierend wirkenden Ionen vom Edelgastypus dagegen fehlt. Die Reihenfolge der Deformierbarkeit der Anionen entspricht der von FAJANS aus anderen Eigenschaften abgeleiteten.

---

[1]) J. STARK, Jahrb. d. Radioakt. Bd. 5, S. 124. 1908; Phys. ZS. Bd. 9, S. 85. 1908.
[2]) Vgl. auch G. SCHEIBE, Chem. Ber. Bd. 59, S. 1321. 1926.
[3]) B. GUDDEN u. R. POHL, ZS. f. Phys. Bd. 16, S. 42. 1923.
[4]) Vgl. etwa K. FAJANS, ZS. f. Elektrochem. Bd. 28, S. 499. 1922; W. FRANKENBURGER, ZS. f. phys. Chem. Bd. 105, S. 273. 1923; S. E. SHEPPARD u. E. P. WIGHTMAN, Journ. Frankl. Inst. Bd. 195, S. 271. 1923.

Tabelle 49. Lichtelektrische Leitfähigkeit (nach GUDDEN und POHL).
⟶ Zunehmende Deformierbarkeit.

		F^-	NO_3^-	SO_4^{--}	CO_3^{--}	Cl^-	Br^-	J^-	O^{--}	S^{--}
Edelgas-ähnlich	K^+	—	—	—	—	—	—	—		
	Na^+	—	—	—	—	—	—	—		
	Ba^{++}	—	—	—	—	—				+
	Sr^{++}	—	—	—	—	—				+
	Ca^{++}	—	—	—	—	—			(—)	+
Edelgas-unähnlich	Tl^+		—	—	+	+	+	+	+	+
	Ag^+		—	—		+	+	+	+	+
	Pb^{++}		—	—	+	+	+	+	+	+
	Cu^+						(+)	+	+	+
	Hg^{++}				(+)			+	+	+

+ Lichtelektr. Leitung vorhanden. — Lichtelektr. Leitung fehlt. — ( ) unsicher.

49. Die „Auflockerung“ von Kristallgittern. Die von Ionentransport begleitete Leitfähigkeit fester und geschmolzener Salze steht ebenfalls deutlich mit dem Bau der Ionen in Zusammenhang. Während geschmolzene Salze Leitfähigkeiten von ähnlicher Größenordnung aufweisen, zeigen die kristallisierten Salze namentlich nach den Untersuchungen von TUBANDT[1]) und JOFFÉ[2]) große Leitfähigkeitsunterschiede. Bildet man nun, um den Temperatureinfluß herabzusetzen, mit v. HEVESY[3]) den Quotienten q aus der Leitfähigkeit oberhalb und der Leitfähigkeit unterhalb des Schmelzpunktes, und vergleicht man diese in Tabelle 50 zusammengestellten Quotienten für eine Reihe von Salzen, dann sieht man, daß bei den verschiedenen Stoffen große Unterschiede auftreten. Beim KNO_3 z. B. ist die Leitfähigkeit des festen Salzes verschwindend gering im Vergleich zur Schmelze ($q = 20000$), bei AgJ dagegen leitet der feste Stoff sogar etwa 10% besser als die Schmelze ($q = 0{,}9$). Im AgJ scheint man daher mit v. HEVESY annehmen zu müssen, daß das Gitter für den Ionentransport besonders geeignet, daß es „aufgelockert“ ist. Der Gang der Leitfähigkeitsquotienten in Tabelle 50 zeigt weiter, daß die „Auflockerung“, gemessen an der Abnahme von q, Beziehungen zum Atombau hat, auf die zuerst v. HEVESY hinwies, und die FAJANS[4]) weiter mit der Deformation der Elektronenhüllen in Zusammenhang brachte. Man hat sich vorzustellen, daß die Ionen der Kristallgitter bei Ausführung der Wärmeschwingungen häufig so nahe aneinandergeraten, daß die Elektronen der Anionen gelegentlich weitgehend zu den Kationen herübergezogen werden, wobei der polare Gegensatz der Ionen mehr oder weniger verschwinden muß. In der Umgebung derartiger fast neutraler Gebilde im Kristall ist dann die elektrostatische Anziehung auf die Ionen der Umgebung so ge-

Tabelle 50. Elektrische Leitfähigkeit (l) in der Nähe des Schmelzpunktes.

	$\frac{l \text{ oberhalb}}{l \text{ unterhalb}}$ des F. P. $= q$	Löslichkeit in Mol/l
KNO_3	20000	leicht löslich
$LiNO_3$	10000	leicht löslich
KCl	9000	leicht löslich
NaCl	3000	leicht löslich
TlCl	160	$1{,}2 \cdot 10^{-2}$
TlBr	130	$1{,}4 \cdot 10^{-3}$
TlJ	100	$1{,}5 \cdot 10^{-4}$
AgCl	30	$0{,}9 \cdot 10^{-5}$
AgBr	5	$4{,}5 \cdot 10^{-7}$
AgJ	0,9	$1 \cdot 10^{-8}$

[1]) C. TUBANDT u. S. EGGERT, ZS. f. anorg. Chem. Bd. 110, S. 196. 1920; C. TUBANDT u. H. REINHOLD, ZS. f. Elektrochem. Bd. 31, S. 84. 1925.

[2]) A. JOFFÉ, Ann. d. Phys. Bd. 72, S. 461. 1923.

[3]) G. v. HEVESY, ZS. f. phys. Chem. Bd. 101, S. 337. 1922; ZS. f. Phys. Bd. 36, S. 481. 1926.

[4]) K. FAJANS, Zitat s. S. 562.

schwächt, daß diese beweglicher werden. Diese Auffassung macht verständlich, daß in Tabelle 50 die Auflockerung bei den schwach deformierenden Alkaliionen mit 2 und 8 A.El. klein (großes q), bei den stark deformierenden Ionen Tl^+ mit (18 + 2) und Ag^+ mit 18 A.El. groß (kleines q) ist, und weiter, daß die Auflockerung stets mit der Deformierbarkeit des Anions von Cl^- zu J^- wächst. Die Überlegungen behalten auch ihre Gültigkeit, wenn die Auffassung von SMEKAL[1]) richtig ist, daß die Ionenbewegung in festen Salzen nur an den Oberflächen und Spalten der Kristalle stattfindet. Die Tatsache der Leitfähigkeit von [AgJ] ist mit der in Ziff. 31 begründeten Annahme, daß im Gitter des AgJ keine Ionen vorliegen, natürlich schwer in Einklang zu bringen, wohl aber zu verstehen, wenn man die SMEKALsche Auffassung annimmt. Die q-Werte der Tabelle 50 zeigen schließlich noch einen interessanten Parallelismus mit der Abnahme der Löslichkeit, auf den FAJANS hinwies und den man ebenfalls mit der Deformationsauffassung plausibel machen kann (Näheres in Ziff. 55).

c) Atombau und thermochemische Daten.

Die der Messung zugänglichen thermochemischen Daten, die Bildungs-, Lösungs-, Hydratations-, Neutralisationswärmen, die Schmelz-, Verdampfungs-, Verbrennungswärmen der verschiedenen Elemente und Verbindungen zeigen beim systematischen Vergleich gewisse mehr oder weniger lose Beziehungen zur Stellung der verglichenen Atome im periodischen System. Es besteht jedoch außer bei den Verdampfungswärmen (vgl. Tabelle 32) kein einfacher Zusammenhang mit dem Bau der Atome selbst; ein solcher läßt sich erst nachweisen, wenn man bei polaren wie nichtpolaren Verbindungen die gemessenen Daten auf Größen mit einfacherer physikalischer Bedeutung, und zwar auf Gitterenergien, Hydratationswärmen der gasförmigen Ionen, Atomspaltungsarbeiten usw. zurückführt.

50. Die Bildungswärmen polar gebauter Verbindungen. Das namentlich durch die Untersuchungen von THOMSEN[2]) sowie BERTHELOT[3]) und ihrer Schüler erschlossene Zahlenmaterial über die Bildungswärmen anorganischer Verbindungen aus den Elementen zeigt eine Reihe bemerkenswerter Regelmäßigkeiten, deren einige in Abb. 31 durch Auftragen der Bildungswärmen gegen die Periodenziffer der variierten Ionen veranschaulicht sind; hierbei wurden die alten Zahlen für die Fluoride sämtlich durch Werte ersetzt, die v. WARTENBERG[4]) auf Grund einer neuen Messung der Bildungswärme von HF berechnet hat. Für die Bildungswärmen aller untersuchten Halogenide gilt z. B., daß sie mit steigender Größe des Halogenions abfallen, und zwar in einer Abstufung, die dem Gange der Ionengrößen gemäß (1) (Seite 473) entspricht. Bei Variation einwertiger Kationen sind die Verhältnisse schon weniger einfach. So zeigen bei den Alkalihalogeniden die Fluoride vom LiF ab Abfall, die Jodide vom LiJ ab Anstieg der Bildungswärmen (abgekürzt B.W.), ebenso zeigen die Erdalkalihalogenide teils Anstieg, teils Abfall der B.W. mit steigender Größe des Kations. In anderen Reihen homologer Verbindungen treten Maxima und Minima auf. Die besprochenen Verhältnisse werden erst durchsichtig, wenn man eine Zerlegung des Ganges der B.W.[5]) in homologen Reihen mit Hilfe des bereits in Ziff. 17 besprochenen BORNschen Kreisprozesses vornimmt.

---

[1]) A. SMEKAL, ZS. f. Phys. Bd. 36, S. 288. 1926. Dort weitere Literatur.
[2]) JULIUS THOMSEN, Thermochem. Untersuch. I—IV, Leipzig 1882—1886.
[3]) D. BERTHELOT, Essai de mécanique chimique, fondé sur la thermochimie, Paris 1879.
[4]) H. v. WARTENBERG, ZS. f. anorg. Chem. Bd. 151, S. 326. 1926.
[5]) H. G. GRIMM, ZS. f. phys. Chem. Bd. 102, S. 113, 141, 504. 1922.

Betrachtet man z. B. die B.W. der Natriumhalogenide NaX

	NaF	NaCl	NaBr	NaJ
Q	126	98,56	90,45	76,50
$\Delta Q_{X'X''}$	27,5	8,1	14,0	

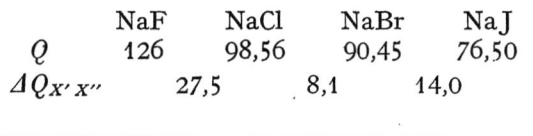

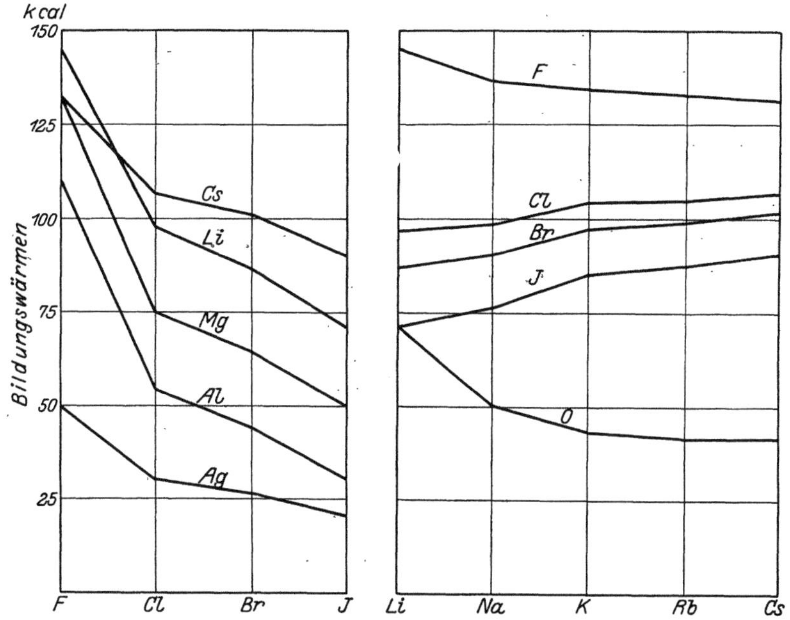

Abb. 31. Bildungswärmen polar gebauter Verbindungen.

dann hat man festzustellen, wie der durch $Q_{X'X''}$ (X' und X'' sind zwei verschiedene Halogenionen) bezeichnete Gang zustande kommt. Man entnimmt aus dem Kreisprozeß Abb. 9:

$$\begin{aligned} Q_{\mathrm{NaF}} &= U_{\mathrm{NaF}} - I_{\mathrm{Na}} + E_{\mathrm{F}} - D_{\mathrm{F}} - S_{\mathrm{Na}} \\ Q_{\mathrm{NaCl}} &= U_{\mathrm{NaCl}} - I_{\mathrm{Na}} + E_{\mathrm{Cl}} - D_{\mathrm{Cl}} - S_{\mathrm{Na}} \\ \hline \Delta Q_{\mathrm{F,Cl}} &= \Delta U_{\mathrm{F,Cl}} + \Delta E_{\mathrm{F,Cl}} - \Delta D_{\mathrm{F,Cl}}\,. \end{aligned} \tag{25}$$

Der Gang der Bildungswärmen von Salzen mit gleichem Kation und verschiedenen Anionen ist somit durch den Gang von drei einfachen Größen bestimmt, die in eindeutiger, wenn auch nicht quantitativ bekannter Abhängigkeit von den Fundamentalgrößen des Atomes stehen, nämlich den Gang der Gitterenergie U der Salze, der Elektronenaffinität E und der Dissoziationswärme D der nichtpolaren Metalloidmoleküle. Da die vorhandenen Daten für $E-D$ bei allen Halogenen wahrscheinlich etwa gleiche Werte haben[1]):

	F	Cl	Br	J
$E-D$	40,4	41,5	45,6	44,0,

sind die in (25) auftretenden Differenzen dieser Ausdrücke stets klein, und so ergibt sich, daß $\Delta Q_{X'X''} \simeq \Delta U_{X'X''}$, d. h. daß der Gang der B.W. der Halogenide nahezu gleich ist dem Gange der Gitterenergien, ein Resultat, das früher[2]) durch

[1]) H. G. Grimm, ZS. f. phys. Chem. Bd. 102, S. 116—117. 1922. Der dort angegebene Wert für $E_F - D_F$ ist zu korrigieren.

[2]) H. G. Grimm, ZS. f. phys. Chem. Bd. 102, S. 113, 141, 504. 1922.

die falschen Werte für alle Fluoride nur zum Teil erkennbar war. Die Ähnlichkeit der $\varDelta Q$- und der $\varDelta U$-Werte läßt auch verstehen, warum der Abfall der B.W. dem charakteristischen Anstieg der Ionengrößen nach (1) Seite 473 entspricht. Diese bestimmen ja die Ionenabstände, denen die Gitterenergien offenbar nicht nur bei den Alkali- und Erdalkalihalogeniden [vgl. BORNS Formel (9)], sondern auch bei anderen Verbindungen umgekehrt proportional sind. In entsprechender Weise entnimmt man aus dem BORNschen Kreisprozeß (Abb. 9) ohne weiteres bei festgehaltenem Anion und variiertem Kation

$$\varDelta Q_{M'M''} = \varDelta U_{M'M''} - \varDelta I_{M'M''} - \varDelta S_{M'M''}, \tag{26}$$

d. h. daß in diesem Fall der Gang der B.W. außer durch den Gang der Gitterenergien durch den Gang der Ionisierungsarbeiten I und der Sublimationswärmen S der Metalle bestimmt ist.

Wir veranschaulichen uns die Zerlegung der B.W. am Beispiel der Alkalifluoride und -jodide in Abb. 32 dadurch, daß wir den Gang der Größen Q, U, I, S vom Nullpunkt des Koordinatensystems aus so einzeichnen, daß die in (26) mit positivem Vorzeichen auftretenden $\varDelta$-Werte nach oben, die mit negativem nach unten aufgetragen sind; ein Abfall der B.W. mit der Ionengröße erscheint hierbei in der Abbildung als Anstieg. Jede Ordinate der Q-Kurve stellt dann die algebraische Summe der drei anderen Größen dar. Die Abb. 32 zeigt, daß, je nachdem, ob der bei Fluoriden und Jodiden verschiedene Gang der Gitterenergien den Gang der Ionisierungsspannungen und Sublimationswärmen überwiegt oder nicht, ein Anstieg oder Abfall der Q-Werte zustande kommt.

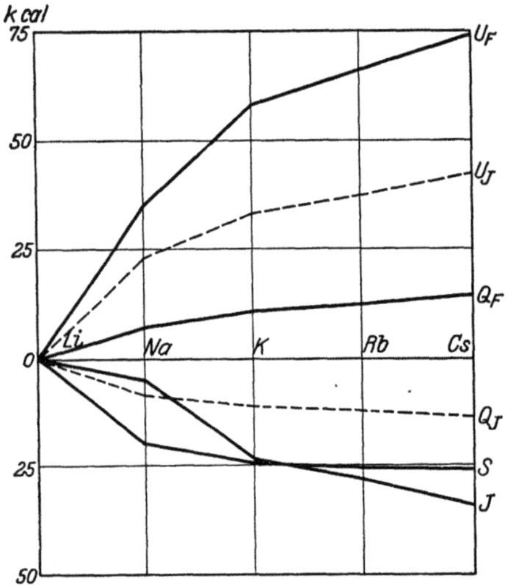

Abb. 32. Zerlegung der Bildungswärmen der Fluoride und Jodide der Alkalimetalle.

51. Die Bildungswärmen gelöster Stoffe. Für die B.W. gelöster, in Ionen dissoziierter Stoffe, d. h. für die Summe von B.W. und Lösungswärmen, gilt bekanntlich das Gesetz der Thermoneutralität von HESS: „Die Differenz der B.W. zweier Salzlösungen mit einem gemeinsamen Ion ist eine für die beiden anderen Ionen charakteristische Konstante und unabhängig von der Natur des gemeinsamen Ions[1]).“ Das Gesetz besagt also, daß der Gang aller B.W. gelöster Salze in homologen Reihen, im Gegensatz zu dem fester Stoffe, der gleiche ist. Zur Zerlegung dieses Ganges benutzt man den von FAJANS[2]) durch die Einbeziehung der Lösungswärmen L erweiterten BORNschen Kreisprozeß (Abb. 9 u. 25a), aus dem leicht zu entnehmen ist:

$$Q + L = Q_{\text{aq}} = W_M + W_X - I_M + E_X - S_M - D_X, \tag{27}$$

durch Differenzbildung folgt:

$$\varDelta Q_{\text{aq}} = \varDelta W_{X'X''} + \varDelta E_{X'X''} - \varDelta D_{X'X''} \text{ bei Variation des Anions,} \tag{28a}$$

$$\varDelta Q_{\text{aq}} = \varDelta W_{M'M''} - \varDelta I_{M'M''} - \varDelta S_{M'M''} \text{ bei Variation des Kations,} \tag{28b}$$

[1]) Zitiert nach W. NERNST, Theoretische Chemie, 11. bis 15. Aufl., S. 684.

[2]) K. FAJANS, Verh. d. D. Phys. Ges. Bd. 21, S. 539, 549, 709 u. 714. 1919.

worin der Index aq anzeigt, daß es sich um die Bildungswärmen gelöster Stoffe handelt; für diese gilt $Q_{aq} = Q + L$. Man sieht aus (28a), daß die konstante Größe des Hessschen Gesetzes bei variiertem Anion durch die Differenzen der Hydratationswärmen, der Elektronenaffinitäten E und der Dissoziationswärmen D bestimmt ist. E und D hängen natürlich nur von dem Bau des Metalloidatoms ab; W könnte noch durch das Kation beeinflußt sein, doch beziehen sich die Q_{aq}-Werte stets auf so große Verdünnungen, daß W praktisch die Hydratationswärme bei unendlicher Verdünnung darstellt. Für variierte Kationen ist die Überlegung mit (28b) ganz analog zu führen. In Abb. 33 wird die Zerlegung der B.W. gelöster Halogenide beliebiger Kationen veranschaulicht; da jedoch die Dissoziationsarbeit des F_2-Moleküls unbekannt ist, können E und D einstweilen nur vom Cl ab getrennt aufgetragen werden (gestrichelte Linien), während vom F ab der Gang der Differenzen (E—D) eingezeichnet ist. Da diese bei allen Halogenen merkwürdigerweise nahezu gleich Null sind (s. Ziff. 50), ergibt sich hier, daß der Gang der Q_{aq}-Werte ähnlich wie der der Q-Werte annähernd mit dem Gang einer Fundamentalgröße, hier der Hydratationswärme W, zusammenfällt.

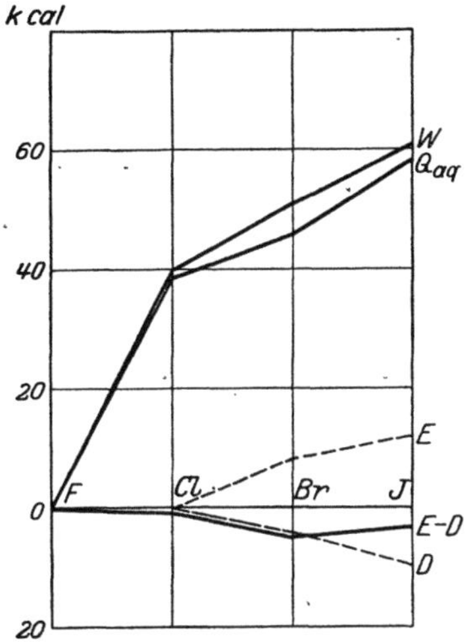

Abb. 33. Zerlegung der Bildungswärmen gelöster, völlig dissoziierter Halogenide mit beliebigen Kationen.

52. Die Bildungswärmen nichtpolar gebauter Verbindungen. Auch nichtpolar gebaute Verbindungen zeigen Regelmäßigkeiten der B.W., die in komplizierterer Weise mit dem Bau der Atome zusammenhängen. So erkennt man in Abb. 34, daß die B.W. der flüchtigen und wahrscheinlich nichtpolar aufgebauten Halogenide (Ziff. 35) von Wasserstoff und Silizium in ganz ähnlicher Weise mit steigender Größe des Halogenatoms abfallen, wie die B.W. der polar gebauten Salze der Abb. 31. Einen ganz entsprechenden Abfall zeigen auch die B.W. der Halogenide von B und C. Fragt man jetzt z. B., wie der ähnliche Gang der Bildungswärmen der Halogenwasserstoffe und der polar aufgebauten Salze zustande kommt, dann hat man die B W. in Fundamentalgrößen zu zerlegen. Es gilt:

	Q	$=$	x	$-D_X$	$-D_H$
HF	63	=	(153)	— (40)	— 50
HCl	22	=	99	— 27	— 50
HBr	12	=	85	— 23	— 50
HJ	1,5	=	69,5	— 18	— 50

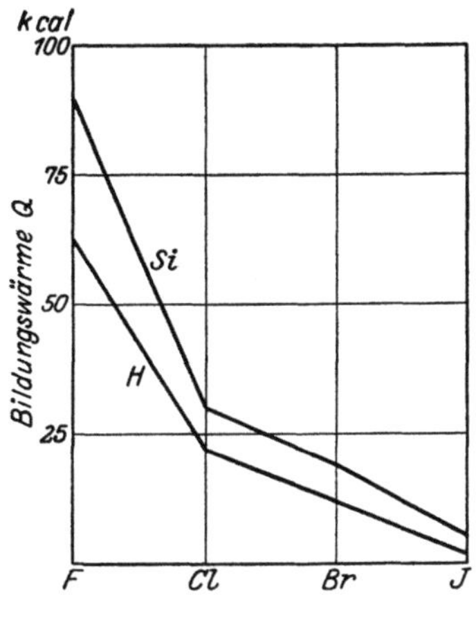

Abb. 34. Bildungswärmen nichtpolar gebauter Halogenide.

Hierin bedeutet D_X die Dissoziationswärme des Halogens[1]), D_H die des Wasserstoffs[2]). Die Zahlen zeigen, daß der stark ausgeprägte Gang der B.W. dem Gang der schon in Tabelle 34 mitgeteilten Spaltungsarbeiten x deshalb ähnlich bleibt, weil

[1]) S. Tabellen von Landolt-Börnstein-Roth-Scheel. Ferner H. Kuhn, Naturwissensch. Bd. 14, S. 600. 1926.

[2]) Vgl. Anm. 1 auf S. 537.

die Abhängigkeit der Dissoziationswärmen der Halogene von der Atomgröße weniger ins Gewicht fällt, D_H aber konstant ist. Da bereits in Ziff. 33 gezeigt wurde, daß der Gang von Atomspaltungsarbeiten nichtpolarer Verbindungen und der Gitterenergien polarer Salze ähnlich ist, und da weiter nach Ziff. 50 bei polaren Salzen der Gang der Bildungswärmen ungefähr gleich dem der Gitterenergien ist, so wird auch verständlich, daß sich im Gange der B.W. nichtpolarer (Abb. 34) und polarer (Abb. 31) Halogenide keine auffälligen Unterschiede zeigen.

53. Die Abhängigkeit der Gitterenergien von den Ioneneigenschaften. Jede der Größen, in die die B.W. einer Substanz mit Hilfe des BORNschen Kreisprozesses (Abb. 9) zu zerlegen ist, hängt, soweit es sich übersehen läßt, in einfacher Weise vom Atombau ab. Für die Ionisierungsarbeiten I der Metalle wurde dies bereits in Tabelle 2 gezeigt und ausführlicher in Bd. XXII ds. Handb. Kap. 5 G dargelegt. Sie fallen in homologen Reihen mit steigender Größe des Atomrumpfes in charakteristischer Weise etwa gemäß (1) (S. 473) ab. In gleichem Sinne fallen die Sublimationswärmen der Metalle (vgl. Tabelle 32), die Dissoziationswärmen (Tabelle 32) und Elektronenaffinitäten der Halogene (Tabelle 13), sowie die Hydratationswärmen der Anionen und der Kationen (Tabelle 45). Die einzige Größe, die gleichzeitig von mehreren Partnern abhängt, ist die Gitterenergie U. Diese für die Thermochemie wichtige neue Größe zeigt nun alle diejenigen Gesetzmäßigkeiten, die man früher bei den Bildungswärmen gesucht hat; die Gitterenergien hängen nämlich stets eindeutig von der Größe, dem Bau, der Deformierbarkeit und der Ladung der verglichenen Ionen ab.

Um das vorhandene Material über Gitterenergien bzw. Differenzen von Gitterenergien, die man mit Hilfe experimenteller Daten aus dem Kreisprozeß (Abb. 9) berechnen kann[1]), zu veranschaulichen, sind in Abb. 35 die Absolutwerte der Gitterenergien einiger Verbindungsreihen gegen die Radien der Halogenionen aufgetragen. In Abb. 36 folgen die Differenzen der Gitterenergien aller zugänglichen Halogenide, wobei mangels Kenntnis der Absolutwerte vieler Gitterenergien die U-Werte der Jodide willkürlich gleich Null gesetzt wurden. Die Abb. 35 und 36 lassen nun zunächst über den Zusammenhang von Gitterenergie und Ionengröße folgende Schlüsse ziehen:

α) Die Gitterenergien polar gebauter Verbindungen fallen mit steigendem Radius sowohl des Anions wie des Kations, wenn die verglichenen Anionen bzw. Kationen die gleiche Zahl von Außenelektronen haben (Abb. 35).

β) Die Gitterenergien zeigen im allgemeinen denselben charakteristischen Gang wie die Ionengrößen.

γ) Die Differenzen zwischen den Gitterenergien der Verbindungen zweier außen gleichgebauter Anionen (Kationen) mit einem gemeinsamen Kation (Anion) mit derselben Außenschale fallen mit steigendem Radius des gemeinsamen Ions (Abb. 36). Z. B. gilt:

$$U_{NaCl} - U_{NaBr} > U_{KCl} - U_{KBr} > U_{RbCl} - U_{RbBr}.$$

δ) Die Arbeiten zur Zerlegung unpolar gebauter Stoffe, wie CuCl, CuBr, CuJ, in Ionen zeigen ähnlichen Gang wie die Gitterenergien entsprechender vermutlich polar gebauter Stoffe, wie TlCl, TlBr, TlJ.

Für die Alkalihalogenide folgt die Abhängigkeit der Gitterenergie von der Ionengröße gemäß Satz α—γ ohne weiteres aus der BORNschen Formel (9)

$$U = k/r,$$

[1]) H. G. GRIMM, ZS. f. phys. Chem. Bd. 102, S. 113, 141, 504. 1922.

in der man r durch $\alpha a + \beta k$, die Summe von zwei den Ionenradien a und k proportionalen Größen annähernd ersetzen kann¹).

Über den Einfluß des Baues der Ionen auf die Gitterenergien kann man aus den Abb. 35 und 36 folgende Sätze entnehmen:

ε) Die Gitterenergien von Verbindungen mit Kationen mit 18 A.El. (Cu^+, Ag^+, Zn^{++}) sind erheblich größer als die der Verbindungen mit Kationen der gleichen Periode mit 8 A.El. So gilt z. B.:

$$U_{Cu+} > U_{K+}; \quad U_{Zn++} > U_{Ca++}.$$

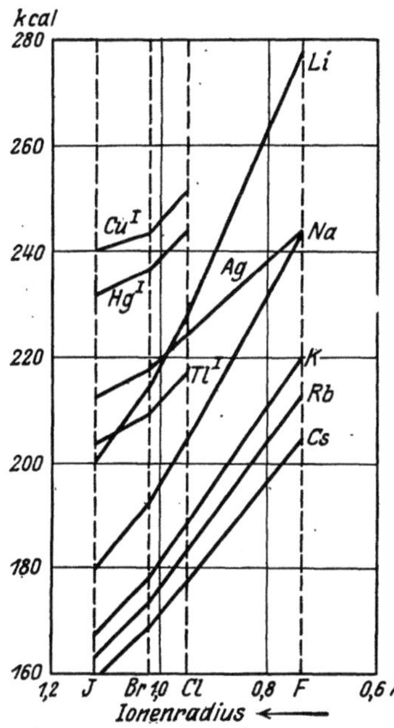

Abb. 35. Gitterenergien von polar (bzw. tetraedrisch) gebauten Verbindungen in kcal pro Mol.

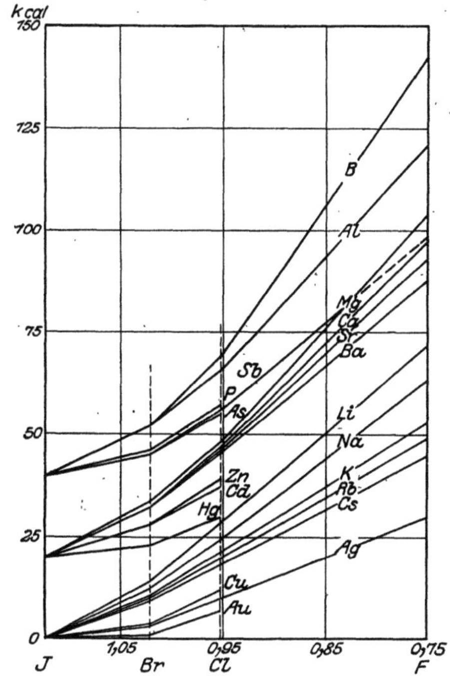

Abb. 36. Gang der Gitterenergien fester Halogenide pro Grammäquivalent.

ζ) Die Halogenide der Kationen mit 18 A.El. zeigen eine viel geringere Abhängigkeit der Gitterenergie vom Anionenradius als die Halogenide der Kationen mit 8 A.El.

η) Die Ionen vom Heliumtypus (Li^+) lassen keine Besonderheiten gegenüber denen vom Edelgastypus mit 8 A.El. (Na^+, K^+ usw.) erkennen. Die Ionen mit (18 + 2) A.El. wie Tl^+, Pb^{++} verhalten sich in bezug auf den Gang der Gitterenergien etwa wie die Ionen mit 18 A.El.; das sieht man z. B. in Abb. 35 daran, daß Tl^+ etwa die Stelle einnimmt, die für Au^+ zu erwarten wäre. Im einzelnen gilt:

$$U_{H+} > U_{Li+} > U_{Na+}; \quad U_{Cu+} > U_{Ag+} > U_{Tl+}; \quad U_{Zn++} > U_{Cd++} > U_{Pb++}.$$

Die Gitterenergien isomorpher Substanzen, also von Stoffen mit gleichem Gittertypus und ähnlichen Gitterabständen (Ziff. 63) zeigen ähnliche Gitterenergien nur, wenn die verglichenen Ionen gleichen Bau haben, z. B. K^+- und

¹) K. Fajans u. K. F. Herzfeld, ZS. f. Phys. Bd. 2, S. 309. 1920.

Rb^+-Salze oder Cl^-- und Br^--Verbindungen. Bei Verbindungen mit verschieden gebauten Ionen sind die Unterschiede der Gitterenergien erheblich, von der Größenordnung 10%, z. B. bei NaCl und AgCl, NaBr und AgBr, Substanzpaaren, welche lückenlose Reihen von Mischkristallen bilden[1]).

Der große Einfluß der verschiedenen Zahl von A.El. auf die Gitterenergien ist natürlich zunächst mit den Unterschieden im Abstoßungspotential der Kationen in Zusammenhang zu bringen. Darüber hinaus vermochte FAJANS zu zeigen, daß sich auch hier die Auffassung von der Deformierbarkeit der Ionen als fruchtbar erweist. Aus Rechnungen von FAJANS und STELLING[2]) ergibt sich nämlich z. B., daß bei Aufbau eines Silberhalogenidgitters aus Ag^+- und Halogenionen, außer der positiven Arbeit der anziehenden Kräfte der Überschußladungen und der negativen, gegen die Abstoßung der Elektronenhüllen zu leistenden Arbeit (die beide bei Kationen mit verschiedener A.El.-Zahl etwas verschieden sein müßten), noch eine positive Deformationsenergie zu berücksichtigen ist, durch welche der Verzerrung der zunächst starr gedachten Ionen Rechnung getragen wird. Diese Zusatzenergie muß mit steigender Deformierbarkeit der Anionen wachsen, d. h. die Differenz der Gitterenergien muß von den Fluoriden zu den Jodiden steigen, wie es nach Abb. 35 tatsächlich der Fall ist; daß die Abgabe von Deformationsenergie sich auch im Gang der Atomabstände ausdrückt, wurde bereits in Ziff. 45 besprochen. FAJANS und SCOTT[3]) haben weiter gezeigt, daß ein allgemeinerer Zusammenhang zwischen dem Gang der Gitterenergien, der Deformierbarkeit der Anionen, gemessen an der Refraktion, und der Farbe der Verbindungen existiert, der in Tabelle 51 hervortritt. Die Tabelle zeigt z. B., daß die Differenzen der

Tabelle 51. Zusammenhang der Deformierbarkeit des Anions mit verschiedenen Eigenschaften nach FAJANS.

X	F^-	NO_3^-	$\frac{1}{2}SO_4^{--}$	$\frac{1}{2}CO_3^{--}$	Cl^-	Br^-	J^-	$\frac{1}{2}O^{--}$	$\frac{1}{2}S^{--}$	$\frac{1}{2}Se^{--}$
$U_{AgX} - U_{NaX}$ in kcal pro Mol.	9,3	10,5	11,5	17,9	25,6	31,4	39,1	45,4	49,8	63,6
Refraktion R[4])	2,5	3,66	3,65	4,08	9,0	12,7	19,2	7	20	25
Farbe des Ag-Salzes	gelb	farblos	farblos	farblos	farblos	hellgelb	gelb	braunschwarz	schwarz	

Gitterenergien zwischen Na- und Ag-Salzen in derselben Reihenfolge zunehmen, in der die Refraktionen der Anionen zunehmen, und in der sich die Farbe vertieft. Die Störung in der Reihenfolge der R-Werte bei Cl^-, Br^-, J^- und O^{--} wird damit erklärt, daß im Ag_2O das O^{--}-Ion infolge seiner doppelten Ladung näher an das Ag^+-Ion herangeholt und stärker deformiert wird als die Halogenionen. Es ist übrigens zu vermuten, daß in AgJ, Ag_2O, Ag_2S, Ag_2Se bereits unpolare Bindung vorliegt (Ziff. 31, 37, 38).

Dem Zusammenhang zwischen Gitterenergie und Ladung der Ionen nachzugehen, wäre besonders interessant, da sich hierbei möglicherweise die Grenze zwischen polarer und nichtpolarer Bindungsart, z. B. in der Reihe

$$LiCl, \quad BeCl_2, \quad BCl_3, \quad CCl_4$$

[1]) C. SANDONINI u. G. SCARPA, Rend. d. R. Acc. dei Lincei Bd. 22, S. 517. 1913; C. SANDONINI, ebenda Bd. 20, S. 760. 1911; W. BOTTA, Zentralbl. f. Miner. 1911, S. 138; S. F. ZEMCZUZNY, ZS. f. anorg. Chem. Bd. 153, S. 47. 1926.

[2]) K. FAJANS u. O. STELLING, wird in der ZS. f. Phys. erscheinen.

[3]) K. FAJANS u. A. SCOTT, Naturwissensch. Bd. 11, S. 165. 1923. Erscheint ausführlich in der ZS. f. Phys.

[4]) Pro Mol Atomionen bzw. pro Oktett des O in komplexen Anionen (vgl. Ziff. 28).

allgemeiner MX_1, MX_2, MX_3, MX_4 (X = Halogen)

feststellen ließe (Ziff. 35). Das vorhandene Material erlaubt jedoch einstweilen nur folgende Feststellung zu machen:

ϑ) Mit wachsender Ladung steigen die Absolutwerte der Gitterenergien, z. B. von Na- zu Mg- zu Al-Salzen, von Ag- zu Zn-Salzen. Im allgemeinen nimmt auch der Anstieg der Gitterenergien vom Jodid zum Fluorid mit steigender Ladung zu.

54. Gitterenergien der Ammoniakate. Die Gitterenergien U' der bereits in Ziff. 42 besprochenen, namentlich von W. BILTZ thermochemisch untersuchten Ammoniakate zeigen zum Teil die gleichen Regelmäßigkeiten wie die ammoniakfreien Salze; U' ist definiert als diejenige Arbeit, die zur Zerlegung

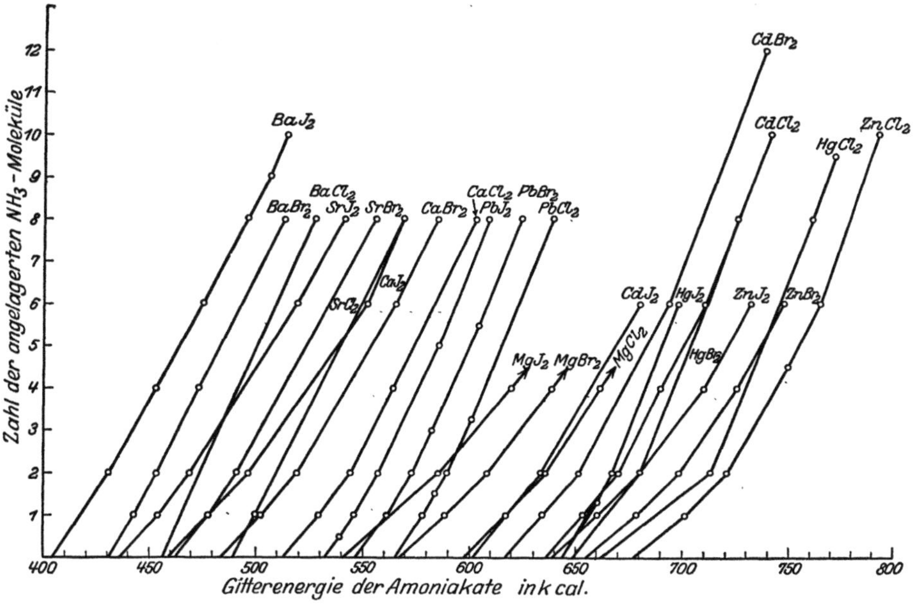

Abb. 37. Gitterenergien der Ammoniakate von Salzen mit zweiwertigen Kationen.

eines Ammoniakates in seine gasförmigen Ionen und NH_3-Moleküle nötig ist. Diese Gitterenergien lassen sich ohne weiteres mit $U' = U + Q_n$ berechnen, worin U die Gitterenergie des reinen Salzes, Q_n die Wärmetönung bei Anlagerung des ersten bis $n$ten Moleküls NH_3 bedeuten. In Abb. 37 sind als Beispiel die Gitterenergien der Ammoniakate von Halogeniden zweiwertiger Kationen in Abhängigkeit von der Anzahl der angelagerten NH_3-Moleküle aufgetragen[1]). Abb. 37 läßt außer den bereits bei den reinen Salzen festgestellten Tatsachen folgendes erkennen:

α) Die Gitterenergien der verschiedenen Ammoniakate ein und desselben Salzes steigen mit der Zahl der angelagerten NH_3-Moleküle. Der Zuwachs der Gitterenergie für je 1 Mol NH_3 nimmt mit der Zahl der schon angelagerten Ammoniakmoleküle ab; die Kurven der Abb. 37 sind daher gegen die Gitterenergieachse konvex.

β) Der Zuwachs an Gitterenergie für die gleiche Zahl angelagerter NH_3-Moleküle ist bei den verschiedenen Salzen von Kationen mit gleicher A.El.-Zahl

[1]) W. BILTZ u. H. G. GRIMM, ZS. f. anorg. Chem. Bd. 145, S. 63. 1925.

um so größer, je höher die Ladung und je kleiner der Radius des Kations ist, z. B. bei Mg-Salzen größer als bei Ba-Salzen.

Bemerkenswert ist außerdem die Feststellung, daß der Verlauf der Gitterenergien der Ammoniakate von Salzen mit verschieden gebauten Kationen, z. B. von $Li(NH_3)_nX$ und $Ag(NH_3)_nX$, worin X ein Halogen sein soll, mit wachsender Zahl der angelagerten NH_3-Moleküle immer ähnlicher wird, und zwar offenbar deshalb, weil mit zunehmender Umhüllung der Kationen die individuellen Unterschiede derselben verwischt werden.

d) Atombau und analytische Chemie.

55. Löslichkeit und Ioneneigenschaften. Die wichtigste Methode, die in der analytischen Chemie zur Erkennung, Trennung und quantitativen Bestimmung der Elemente in Gemischen und Verbindungen angewandt wird, besteht darin, daß man Stoffe herstellt, die sich durch große Löslichkeitsunterschiede unterscheiden. Daneben spielt auch die Überführung in Stoffe mit großen Flüchtigkeitsunterschieden eine Rolle, eine Methode, auf die hier nicht weiter eingegangen wird. Wenn man also Tatsachen der analytischen Chemie mit dem Atombau verknüpfen will, hat man vornehmlich die Löslichkeitsverhältnisse bestimmter Stoffreihen zu berücksichtigen.

Zunächst zeigt Tabelle 52, daß die Abstufung der Ionengrößen edelgasähnlicher Ionen auch die Löslichkeiten einiger Reihen zum Teil schwerlöslicher

Tabelle 52. Löslichkeit in Mol/l[1]).

X =	F	Cl	Br	J	
AgX	9,8	$1,41 \cdot 10^{-5}$	$8,06 \cdot 10^{-7}$	$1,05 \cdot 10^{-8}$	
M =	Na	K	Rb	Cs	
$MClO_4$	leichtlöslich	0,11	0,041	0,05	
M_2PtCl_6	,,	$23 \cdot 10^{-4}$	$2,44 \cdot 10^{-4}$	$1,17 \cdot 10^{-4}$	
$MAl(SO_4)_2$	2,4	0,285	0,043	0,011	
M =	Mg	Ca	Sr	Ba	Ra
MSO_4	2,16	$7,8 \cdot 10^{-3}$	$5,3 \cdot 10^{-4}$	$9,7 \cdot 10^{-6}$	$6,5 \cdot 10^{-8}$
MC_2O_4	$2,7 \cdot 10^{-3}$	$4,2 \cdot 10^{-5}$	$24 \cdot 10^{-5}$	$33 \cdot 10^{-5}$	....

Salze stark beeinflußt[2]). Man erkennt, daß die Salze, welche das Ion vom Ne-Bau enthalten, in der Löslichkeit stets stärker von den Salzen abweichen, in denen Ionen vom Bau der Ar-, Kr-, X-Schale auftreten. So läßt sich z. B. aus einer Lösung, die F^-, Cl^-, Br^-, J^- nebeneinander enthält, das F^- ohne weiteres durch Zugabe von Ag^+-Ionen und Erzeugung der schwerlöslichen Verbindungen AgCl, AgBr, AgJ abtrennen; in gleicher Weise kann man den rechten Nachbarn des Ne, das Na^+ von K^+, Rb^+, Cs^+ durch Zugabe von H_2PtCl_6 oder von $HClO_4$ abtrennen, da die entsprechenden Na^+-Salze leicht-, die von K^+, Rb^+, Cs^+ schwerlöslich sind. Um jedoch die in der Größe ähnlichen Ionen K^+, Rb^+ und Cs^+ voneinander zu trennen, muß man schon zur Methode der fraktionierten Kristallisation, z. B. der Chloroplatinate, greifen, da man keine Verbindungen kennt, deren Löslichkeitsdifferenzen genügend groß sind, um die Trennung in einer Operation zu erreichen. Auf den regelmäßigen Gang der Löslichkeiten der Salze

[1]) Die Daten entstammen dem LANDOLT-BÖRNSTEIN. Sie beziehen sich durchweg auf Zimmertemperatur.

[2]) H. G. GRIMM, Chem.-Ztg. Bd. 46, S. 916. 1922; ZS. f. phys. Chem. Bd. 122, S. 177. 1926.

von K, Rb und Cs, von Ca, Sr und Ba und anderer „eutropischer“ Reihen, die auch zu den isomorphen Reihen gehören (Ziff. 63), wies schon vor längerer Zeit LINCK[1]) hin.

Bei Substanzreihen, die nur relativ leichtlösliche Salze enthalten, liegen die Verhältnisse komplizierter. Das zeigen z. B. in Tabelle 53 die von FAJANS[2])

Tabelle 53. Löslichkeit der wasserfreien Salze in Mol pro Liter bei 0° C.

	F		Cl		Br		J
Li	0,1[3])	→	(27,1)	—	———	→	
	↓		↑		↑		↑
Na	1,0	→	6,1	→	10,9	→	17,9
	│		↑		↑		↑
K	│	←	3,85	→	4,43	→	7,60
	│		↓		↓		↑
Rb	│	←	6,37	←	5,70	→	6,24
	│		↓				↑
Cs	↓	←	9,85		?		1,48

zusammengestellten Löslichkeiten der Alkalihalogenide, die statt eines einfachen Ganges mit der Ionengröße in verschiedenen Reihen Minima der Löslichkeit aufweisen, und zwar bei KCl, KBr, RbBr. FAJANS stellte fest, daß der Gang der Löslichkeiten in Tabelle 53 parallel geht mit der steigenden Differenz der Feldwirkungen, und damit der Differenz der Hydratationswärmen W der Ionen; so ist z. B. die Differenz der Ionenradien und der W-Werte von Na^+ und J^- viel größer als die von Cs^+ und J^-, dementsprechend ist NaJ erheblich löslicher als CsJ.

Die Einflüsse von Bau und Ladung der Ionen auf die Löslichkeitsverhältnisse sind ziemlich komplizierter Art. Sie lassen sich jedoch deutlich an der sog. Gruppeneinteilung der qualitativen chemischen Analyse nachweisen. Durch diese in Tabelle 54 dargestellte Einteilung werden die meisten Elemente je nach

Tabelle 54. Gruppeneinteilung der analytischen Chemie und Ioneneigenschaften.

	HCl	H_2S (Saure Lösung)				$(NH_4)_2S$ (Ammoniakalische Lösung)				$(NH_4)_2CO_3$		In Lösung bleiben
	Ag^+	Cd^{++}	Ge^{++}	Cu^{++}	$\overset{\mathrm{V}}{\mathrm{V}}$	Fe^{++}	$\overset{\mathrm{IV}}{\mathrm{Ti}}$	Al^{+++}	Be^{++}	Mg^{++}[4])	Li^+	Na^+
	Tl^+	Hg^{++}	Sn^{++}	Ru^{+++}	$\overset{\mathrm{VI}}{\mathrm{W}}$	Co^{++}	$\overset{\mathrm{IV}}{\mathrm{Zr}}$	Sc^{+++}		Ca^{++}		K^+
	Pb^{++}	$\overset{\mathrm{V}}{\mathrm{As}}$	Pb^{++}	Rh^{+++}		Ni^{++}	$\overset{\mathrm{IV}}{\mathrm{Ce}}$	Y^{+++}		Sr^{++}		Rb^+
	Hg^+	$\overset{\mathrm{V}}{\mathrm{Sb}}$	$\overset{\mathrm{III}}{\mathrm{As}}$	Pd^{++}		Cr^{+++}	$\overset{\mathrm{IV}}{\mathrm{Th}}$	La^{+++}		Ba^{++}		Cs^+
		$\overset{\mathrm{V}}{\mathrm{Bi}}$	$\overset{\mathrm{III}}{\mathrm{Sb}}$	Os^{++++}		Zn^{++}		Ce^{+++}		Ra^{++}		
		$\overset{\mathrm{IV}}{\mathrm{Sn}}$	$\overset{\mathrm{III}}{\mathrm{Bi}}$	Ir^{+++}		Mn^{++}		Seltene Erden				
				Pt^{++++}								
Zahl der Valenzelek.	1−2	2−5	2−3	2−4	5−6	2−3	4	3	2	2	1	1
Zahl der A.El. der Ionen	18	18	(18+2)	Ü[5])	8	18 Ü[5])	8	8	2	8	2	8

edel ←——— ———→ unedel

[1]) G. LINCK, Grundriß der Kristallographie, 4. Aufl., S. 254ff. Jena 1920.

[2]) K. FAJANS, Naturwissensch. Bd. 9, S. 729. 1921; vgl. auch A. MAGNUS, ZS. f. anorg. Chem. Bd. 124, S. 312. 1922.

[3]) Bei 18° C.

[4]) Mg^{++} fällt mit CO_3^{--}-Ion nur bei Abwesenheit von NH_4^+-Ion aus.

[5]) Ü bedeutet Übergangsionen mit einer zwischen 8 und 18 liegenden Zahl von A.El.

dem Verhalten der wässerigen Lösungen ihrer Verbindungen gegen die „Gruppenreagentien“ HCl, H_2S, $(NH_4)_2S$ und $(NH_4)_2CO_3$ zunächst in fünf größere Gruppen zerlegt, innerhalb deren dann die weitere Scheidung der Elemente nach bekanntem Analysengang erfolgt. Aus dem unteren Teil der Tabelle 54 sieht man nun, daß die Lösungen von mit HCl und H_2S ausfallenden Elementen fast sämtlich Ionen mit 18 oder (18 + 2) A.El. liefern; nur die besonders hochwertigen Elemente V und W mit einem Atomstrumpf von 8 A.El. erscheinen in dieser Gruppe, weil sie in Säuren schwerlösliche Sulfide bilden. Im Gegensatz dazu treten in den beiden letzten Gruppen nur Ionen mit 2 und 8 A.El. auf. In der mittleren, der $(NH_4)_2S$-Gruppe, in der namentlich auch die Übergangsionen (Ziff. 5, 44) auftreten, überschneiden sich die Einflüsse des verschiedenen Baues der Ionen offenbar. Der Zusammenhang der Gruppeneinteilung mit der Ionenladung bzw. Wertigkeit läßt sich insofern erkennen, als diese Größe bei den Ionen vom Edelgastyp von rechts nach links von 1 auf 6 steigt.

Schließlich zeigt Tabelle 54 noch, daß die Ionen der elektrochemisch „edleren“ Elemente links, die der „unedleren“ rechts stehen, daß also der verschiedene Bau der Ionen mit 18 und (18 + 2) A.El. einerseits, mit 2 und 8 A.El. andererseits nicht nur die Gruppeneinteilung der analytischen Chemie, sondern auch die Reihe der Normalpotentiale beeinflussen muß, worauf in Ziff. 57 zurückgekommen wird.

Die Grade der analytischen Trennbarkeit sind außerordentlich verschieden und lassen sich eindeutig mit dem Bau der Ionen in Zusammenhang bringen. Auf Grund der Tatsachen lassen sich etwa folgende Feststellungen machen:

α) Isotope sind durch chemische Methoden nicht zu trennen, weil bei ihnen alle Ioneneigenschaften übereinstimmen.

β) Zwei Elemente sind schwierig trennbar, wenn die Ladung gleich, die Größe ähnlich und die Zahl der A.El. gleich ist. (Beispiele: Seltene Erden; Ba^{2+} und Ra^{2+}; Y und Gd; Nb und Ta; K, Rb und Cs; Cl, Br und J). Mit wachsender Verschiedenheit der Radien nimmt die Trennbarkeit zu. (Beispiele: Ce^{3+} und Cp^{3+}, F^- und Cl^-, Na^+ und K^+, Cl^- und J^-.)

γ) Die Trennbarkeit nimmt zu, wenn bei Ionen ähnlicher Größe und ähnlichen Baues leicht Ladungsunterschiede erzeugt werden können. Dies ist z. B. bei den Übergangsionen Mn, Fe, Co, Ni der Fall.

δ) Ionen mit verschiedener Ladung, z. B. K^+ und Ca^{++}, oder stark verschiedener A.El.-Zahl, z. B. Na^+ und Ag^+, sind leicht trennbar.

56. Löslichkeit und energetische Daten. Um die in Ziff. 55 dargestellten Zusammenhänge wenigstens in einigen Fällen eingehender zu verstehen, knüpft man an die Tatsache an, daß in mehreren Reihen zum Teil schwerlöslicher Salze ein Parallelismus im Gang der Löslichkeiten und der Lösungswärmen existiert, auf den HERZFELD hingewiesen hat[1]). So fällt z. B. die Lösungswärme der Silberhalogenide vom AgF zum AgJ in der gleichen Richtung, in der die Löslichkeit abnimmt. Um diesen Gang zu verstehen, hat man, wie in Ziff. 40, nach FAJANS die Lösungswärmen L_{AgX} in

$$L_{AgX} = -U_{AgX} + W_{Ag} + W_X \tag{22a}$$

zu zerlegen und die Differenzen für zwei Salze AgX′ und AgX″ zu bilden:

$$\Delta L_{X'X''} = \Delta W_{X'X''} - \Delta U_{X'X''} \tag{29}$$

X′ = F, X″ = Cl	19	=	40	—	21
X′ = Cl, X″ = Br	4	=	11	—	7
X′ = Br, X″ = J	6	=	10	—	4.

[1]) K. F. HERZFELD und K. FISCHER, ZS. f. Elektrochem. Bd. 28, S. 460. 1922.

Man erkennt aus den Zahlen, daß der Gang der L-Werte, und damit wohl auch das starke Sinken der Löslichkeiten der Silberhalogenide mit wachsender Größe des Halogenions, durch den Gang der Hydratationswärmen der Anionen und den der Gitterenergien bestimmt ist. Um weiter zu erkennen, warum die Natriumsalze alle leichtlöslich, die Silbersalze zum Teil schwerlöslich sind, zerlegt man die Lösungswärme eines Natriumsalzes mit beliebigem Anion Y nach (22) (Seite 550) und erhält

$$L_{\mathrm{NaY}} = -U_{\mathrm{NaY}} + W_{\mathrm{Na}+} + W_{\mathrm{Y}-} \tag{22b}$$

und kombiniert (22b) mit (22a), wobei in (22a) ebenfalls das Halogen X durch das Anion Y ersetzt wird. Es folgt:

$$L_{\mathrm{AgY}} - L_{\mathrm{NaY}} = (W_{\mathrm{Ag}+} - W_{\mathrm{Na}+}) - (U_{\mathrm{AgY}} - U_{\mathrm{NaY}}),$$

$$\Delta L_{\mathrm{Ag,Na}} = \Delta W_{\mathrm{Ag,Na}} - \Delta U_{\mathrm{Ag\,Na}}. \tag{30}$$

Man sieht, daß die Differenz der Lösungswärmen eines Ag- und eines Na-Salzes mit gleichem Anion Y durch die bei allen Ag- und Na-Salzen konstante Differenz (von etwa 10 kcal) der Hydratationswärmen der Kationen, außerdem aber durch die Differenz der Gitterenergien bestimmt ist. Falls man also aus gleichen Differenzen der Lösungswärmen auf etwa gleiche der Löslichkeiten schließen darf, so hat man zu erwarten[1]), daß Ag- und Na-Salze etwa gleich löslich sind, wenn ΔL gleich Null, d. h. $\Delta W \simeq \Delta U$ ist. Dies ist annähernd bei den Nitraten der Fall, die tatsächlich ähnliche Löslichkeiten zeigen. Je größer jedoch die Differenz der Gitterenergien ΔU ist, desto größer muß ΔL und damit die Differenz der Löslichkeiten werden. Die von FAJANS gezeichnete Abb. 38 zeigt nun, daß die Tatsachen mit der Erwartung übereinstimmen. Trägt man den Logarithmus der Löslichkeit von Na- und Ag-Salzen als Ordinate gegen die Differenzen $U_{\mathrm{Ag}} - U_{\mathrm{Na}}$ ihrer Gitterenergien (vgl. Ziff. 53, Tabelle 51) als Abszisse auf, dann sieht man zunächst, daß die Löslichkeiten aller Na-Salze von ähnlicher Größenordnung sind (NaF 1 Mol/l, NaJ 18 Mol/l), daß dagegen die Löslichkeit der Ag-Salze vom Fluorid und Nitrat ab mit steigendem ΔU gewaltig abnimmt und von 10 Mol/l beim Nitrat auf etwa 10^{-16} Mol/l beim Sulfid sinkt. Mit FAJANS hat man den Inhalt von Abb. 38 so zu deuten, daß bei den Ag-Salzen das stark deformierende Kation die Anionen im Vergleich zu den Na-Salzen zunehmend stärker deformiert, was zur Abgabe von Deformationsenergie und Er-

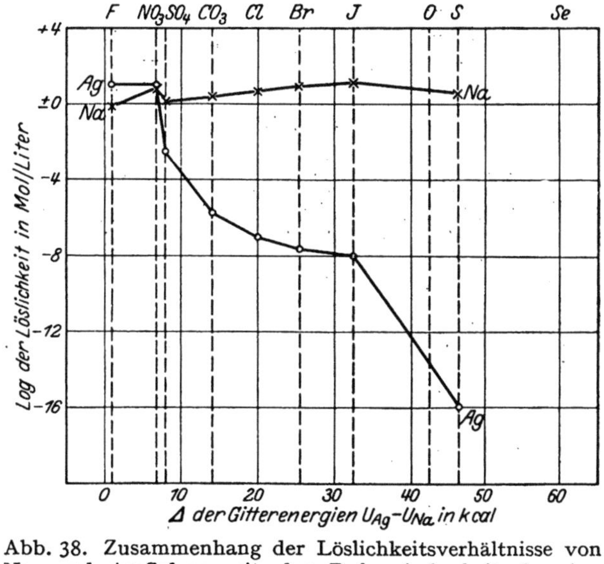

Abb. 38. Zusammenhang der Löslichkeitsverhältnisse von Na- und Ag-Salzen mit der Deformierbarkeit der Anionen nach FAJANS.

[1]) K. FAJANS, Zitat s. S. 562.

höhung der Gitterenergie führt. In (30) wird daher ΔU immer größer, ΔL immer stärker negativ, die Löslichkeit der Ag-Salze immer kleiner. Während also z. B. bei Na_2S die Hydratationswärmen der Ionen [Formel (22b)] zur Überwindung der Gitterenergie voll ausreichen, ist die Gitterenergie von Ag_2S infolge der starken Deformation größer als die Summe der Hydratationswärmen, so daß die Lösungswärme in (22a) sehr stark negativ wird. Diese Überlegung behält auch ihre Gültigkeit, wenn im Ag_2S die große Deformation der S^{--}-Ionen bereits dazu geführt hat, daß die polare Bindungsart in die unpolare übergegangen ist.

Es ist wahrscheinlich, daß ganz allgemein der in Tabelle 54 zum Vorschein kommende große Unterschied im analytischen Verhalten der edelgasähnlichen Ionen und der Ionen mit 18 bzw. (18 + 2) A.El. auf die Unterschiede der Gitterenergien der Verbindungen und damit auf die verschieden starke Deformationswirkung der Kationen zurückzuführen sein wird.

57. Der Gang der Normalpotentiale. Das Normalpotential ist bekanntlich als diejenige Spannungsdifferenz definiert, die ein Element gegen eine Lösung seines eigenen Ions von der Konzentration ein Grammäquivalent pro Liter zeigt, bezogen auf eine Normalelektrode, die Wasserstoffelektrode. Die Reihe der Normalpotentiale zeigt nun gewisse Beziehungen zur Stellung der Elemente im periodischen System, die man Tabelle 55 entnimmt:

Tabelle 55. Normalpotentiale in Volt.

Li −3,02				F_2 −1,9 ↑
Na −2,71 ↑	I	Mg −1,55 ↑		Cl_2 −1,36
K −2,92	Cu +0,52	Ca −2,5	Zn −0,76 ↑	$Br_{fl.}$ −1,08
	Ag +0,80	Sr −2,7	Cd −0,40	[J] −0,54
			II	
	Au +1,5 ↓	Ba −2,8	Hg +0,86	

α) Die elektrochemisch „edleren" Elemente stehen in den Nebenreihen, sie liefern Ionen mit 18 bzw. (18 + 2) A.El.; die „unedleren" Elemente gehören den Hauptreihen an, sie liefern Ionen mit 2 bzw. 8 A.El.

β) Bei homologen Metallen der Hauptreihen werden die Normalpotentiale mit steigender Ionengröße negativer, z. B. von Mg zu Ba; bei den Elementen der Nebenreihen dagegen ist der Gang ein umgekehrter; z. B. bei Zn, Cd, Hg. Bei den Halogenen wird das Normalpotential mit der Atomgröße negativer.

Die in Satz α) und β) enthaltenen Regelmäßigkeiten lassen sich mit den mehrfach erwähnten fundamentalen Energiegrößen in Beziehung setzen[1]), wenn man beachtet, daß man bei einer Reihe von galvanischen Ketten, zu denen die meisten Kombinationen der Tabelle 55 gehören, den Temperaturkoeffizienten der elektrischen Arbeit dE/dT vernachlässigen, also in der HELMHOLTZ-GIBBSschen Fassung des zweiten Hauptsatzes $T \cdot dE/dT \simeq 0$ setzen darf. In diesen Fällen gilt nach dem zweiten Hauptsatz, daß die elektrische Arbeit der Kette annähernd gleich der Abnahme U der Gesamtenergie ist.

$$E - U = T \cdot dE/dT \simeq 0 .$$

Die Änderung der Gesamtenergie U ist identisch mit der Differenz der kalorimetrisch meßbaren Bildungswärmen der gelösten Salze. Es gilt also:

$$E \simeq U \simeq (Q'_{aq} - Q''_{aq}) . \qquad (31)$$

[1]) H. G. GRIMM, Zeitschr. f. phys. Chem. Bd. 102, S. 160. 1922.

und man sieht, daß man den Gang der Normalpotentiale auf den Gang der B.W. gelöster Salze zurückführen kann, deren Zerlegung in fundamentalere Größen bereits in Ziff. 51 vorgenommen wurde.

Um z. B. den obigen Satz α verständlich zu machen, wendet man (31) und (27) auf die B.W. gelöster Mg- und Zn-Salze an und findet:

$$\Delta Q_{aq} = -\Delta I_{Mg,Zn} - \Delta S_{Mg,Zn} + \Delta W_{Mg,Zn}\,,$$
$$\Delta Q_{aq} = +74 \quad - \text{ca. } 7 \quad - 29 \quad = + \text{ca. } 38 \text{ kcal/g-Äquivalent.}$$

Man sieht, daß das positive Vorzeichen von ΔQ_{aq} und damit der elektrochemisch unedlere Charakter von Mg zunächst dadurch zustande kommt, daß $-\Delta I$ positiv wird, und zwar weil dem Mg-Atom seine zwei Valenzelektronen sehr viel leichter entrissen werden können als dem Zn; daneben spielt der Umstand, daß Zn leichter sublimierbar ist als Mg und mehr Hydratationswärme als dieses liefert, eine geringere Rolle.

Um Satz β zu verstehen, zerlegt man wiederum den Gang der B.W. gelöster Stoffe mit (27), (28a) und (28b) und untersucht, wie das verschiedene Vorzeichen, z. B. bei Mg, Ca einerseits, Zn, Cd, sowie F, Cl, Br, J andererseits zustande kommt[1]:

M′, M″	$\Delta Q_{aqM'M''}$	=	ΔW	−	ΔI	−	ΔS
Mg, Ca	−11	=	ca. 51	−	54	−	ca. 8
Zn, Cd	+7	=	19	−	10	−	2

X′, X″	$\Delta Q_{aqX'X''}$	=	$\Delta W_{X'X''}$	+	$\underbrace{\Delta E - \Delta D}$	+	$\Delta \lambda_{X'X''}$
F, Cl	+39	=	40	−	1,1		
Cl, Br	+10	=	11	−	4,1	+	3,5
Br, J	+16	=	10	+	1,6	+	4.

Die Zahlen zeigen, daß das negative Vorzeichen bei Mg, Ca und damit der edlere Charakter des Mg darauf beruht, daß der Gang der I- und der S-Werte den der Hydratationswärmen überdeckt, während umgekehrt bei Zn, Cd der Einfluß der W-Werte überwiegt und das Vorzeichen bestimmt. In der Reihe F, Cl, Br, J beruht der Gang der Q_{aq}-Werte und damit der der Normalpotentiale ganz wesentlich auf dem Gang der Hydratationswärmen.

GÜNTHERSCHULZE[2] hat die folgende empirische Beziehung zwischen dem Normalpotential ε und der Ionisierungsspannung I der Metalle gefunden, die für eine große Reihe von Metallen mit Ausnahme von Li befriedigend gilt:

$$1{,}3\, I - \varepsilon = 5{,}10 \pm 0{,}13\,.$$

Die physikalische Bedeutung dieser Beziehung wäre durch ähnliche Zerlegungen, wie sie oben vorgenommen worden sind, vermutlich aufzuklären.

e) Atombau und Kristallchemie.

58. Allgemeines. Das Gebiet der „chemischen Kristallographie"[3] oder „Kristallchemie" behandelt die Beziehungen, welche zwischen der chemischen

---

[1] Zeichenerklärung s. S. 496, 550.

[2] A. GÜNTHERSCHULZE, ZS. f. Phys. Bd. 32, S. 186. 1925.

[3] Zusammenfassende Darstellungen finden sich bei P. GROTH, Einleitung in die chemische Kristallographie. Leipzig 1904; Elemente der physikalischen und chemischen Kristallographie, S. 273ff. München u. Berlin 1921; Entwicklungsgeschichte der mineralogischen Wissenschaften. Berlin 1926; H. STEINMETZ, Fortschr. d. Miner., Krist. u. Petrogr. Bd. 9, S. 5. 1924; A. JOHNSEN, Naturwissensch. Bd. 13, S. 529. 1925; B. GOSSNER, Handwörterbuch der Naturwissenschaften. Bd. V, S. 1056ff. Jena 1914; A. ARZRUNI, in Graham-Ottos Lehrbuch der anorganischen Chemie. Bd. I. Braunschweig 1893; G. FRIEDEL, Leçons de Cristallographie. Paris 1926.

Zusammensetzung einer Verbindung und den Eigenschaften ihrer Kristalle bestehen, genauer gesagt, die Beziehungen, welche zwischen dem Bau der in den einzelnen Punkten des Raumgitters befindlichen Bausteine, der Atome, Ionen

Tabelle 56. Kennzeichnung der wichtigsten kristallchemischen Begriffe.

	Chemischer Formeltypus (Vgl. Ziff. 61)	Kristallgittertypus	Atomabstände	Misch- und Schichtkristallbildung, Parallelverwachsung usw.	Beispiele
Polymorphie	Formel identisch	Verschieden	Teils gleich, teils verschieden	Nein	$S_{rhomb.}$ und $S_{monoklin}$, Diamant und Graphit, $AgJ_{kub.}$ und $AgJ_{hexag.}$
Morphotropie	Zunächst gleich, dann ähnlich, dann verschieden		Zunächst ähnlich, dann verschieden	Zunächst Mischbarkeit, dann keine M. mehr	M_2SO_4[M = Li, Na, K, Rb, Cs, Ag, Tl, NH_4, H usw.] $NO_2C_6H_4X$ [X = H, CH_3, C_2H_5, Cl, Br, J, NO_2, HSO_3 usw.]
Isotypie	Verschieden	Gleich	Beliebig	Nein	Mg und AgJ
Isomorphie im weiteren Sinne	Gleich	Gleich	Verschieden	Nein	NaF und RbJ, NaF und NaJ, PbO und MgS, NH_4Cl und CsJ
Isomorphie im engeren Sinne	Gleich	Gleich	Ähnlich	Ja	KCl. und KBr, $BaSO_4$ und $KMnO_4$
Antiisomorphie	Gleich, Ladungssinn der Partner vertauscht	Gleich	Ähnlich oder verschieden	Nein	$Na_2^{+}+O^{--}$, $F_2^{-}-Mg^{++}$; $Ca^{++}F_2^{--}$, $[PtCl_6]^{--}K_2^{++}$
Isodimorphie	Gleich	Verschieden	Ähnlich	Ja	$MgSO_4 \cdot 7\,H_2O$, $FeSO_4 \cdot 7\,H_2O$; RbCl, CsCl
Polymere Isomorphie	Einfaches Zahlenverhältnis, z. B. MX_2 und $(MX_2)_n$	n Elementarbereiche von $(MX_2) \cong 1$ El. Ber. von $(MX_2)_n$	Ähnlich oder verschieden	Bisweilen vorhanden	TiO_2 und $FeNb_2O_6$, $FeTa_2O_6$, Rutil und Polyrutile
Anormale Mischbarkeit	Verschieden	Verschieden	Ähnlich oder verschieden	Ja	LiF, MgF_2; NH_4Cl, $FeCl_3$; CaF_2, YF_3

oder Moleküle, und den Eigenschaften des zugehörigen Kristallgitters vorhanden sind. Die einzelnen Fragestellungen der Kristallchemie pflegen im wesentlichen durch die Begriffe Polymorphie (MITSCHERLICH), Morphotropie (GROTH) und Isomorphie (MITSCHERLICH) gekennzeichnet zu werden.

Um diese in der Literatur vielfach in etwas verschiedenem Sinne gebrauchten Begriffe so festzulegen, wie sie hier benutzt werden, charakterisieren wir sie in der Übersichtstabelle 56 unter Vorwegnahme späterer Ergebnisse durch genauere Angaben und Beispiele. Die Tabelle enthält außerdem Angaben über einige Sonderfälle kristallchemischer Verwandtschaft, die mit den Ausdrücken Isotypie (Rinne), Isopolymorphie, Antiisomorphie (V. M. GOLDSCHMIDT), polymere Isomorphie (SCHEERER, V. M. GOLDSCHMIDT) und anormale Mischkristallbildung (JOHNSEN[1])) bezeichnet werden.

In den folgenden Ziffern wird das schon heute recht umfangreiche Tatsachenmaterial der Kristallchemie nur insofern besprochen, als sich Zusammenhänge mit dem Bau der Atome usw. erkennen lassen.

59. Morphotropie: Chemische Zusammensetzung, Kristallstruktur und Atombau. Die zunächst interessierende Frage nach dem Zusammenhang der Struktur eines Kristalles mit der Struktur seiner Bausteine fällt unter die in Tabelle 56 gekennzeichnete Aufgabe der „Morphotropie". Die wichtigsten Ergebnisse dieser Forschungsrichtung bis zur Entdeckung der Interferenz der Röntgenstrahlen in Kristallen lassen sich etwa durch folgende Sätze zusammenfassen:

α) In einer Reihe von Fällen ist die Kristallsymmetrie die gleiche, die man für die Symmetrie der den Kristall aufbauenden Moleküle anzunehmen hat, z. B. bei dem kubischen CJ_4, dem hexagonalen CHJ_3. So zeigen ferner optisch aktive Isomere, deren Moleküle spiegelbildlich gleichgebaut sind, auch Kristallformen, die im Verhältnis der Enantiomorphie stehen (PASTEURS Gesetz). Weiter ist seit langem bekannt, daß die Elemente und eine Reihe einfach gebauter Verbindungen vielfach in Systemen höherer Symmetrie kristallisieren.

β) Ersetzt man in einem Kristall ein Atom oder eine Atomgruppe der Reihe nach durch gleichwertige Atome (Atomgruppen), so ist in zahlreichen Fällen zu beobachten, daß die kristallographischen Eigenschaften sich in gesetzmäßiger Weise ändern.

Seit Einführung der Kristallstrukturanalyse hat sich sodann in bezug auf die Elemente und einfach zusammengesetzte, vornehmlich anorganische Verbindungen herausgestellt, daß in der Natur nur eine relativ kleine Zahl von Kristallgittertypen für jeden Verbindungstypus vorkommt. So hat man bei 45 bisher untersuchten Elementen[2]) (von denen 4 in zwei verschiedenen Gittern kristallisieren) festgestellt, daß 17 im kubisch-flächenzentrierten, 9 im kubisch-raumzentrierten, 10 in der hexagonalen dichtesten Kugelpackung, 4 im Diamantgitter und nur 9 in anderen Gittern auftreten. So kennt man weiter z. B. für Verbindungen vom Typus MX hauptsächlich die folgenden: 3 kubische, das NaCl-, das CsCl- und das Zinkblende- (Diamant-) Gitter, sodann das dem letzteren sehr nahestehende hexagonale Wurtzitgitter; daneben sind bisher nur noch vereinzelte andere Gittertypen, so das trikline, pseudokubische von CuO[3]), das tetragonale Schichtengitter von PbO[4]) und andere bekannt geworden. Für Verbindungen MX_2 wurden vornehmlich die kubischen Gitter von CaF_2 und Pyrit, die tetragonalen Gitter von Anatas und Rutil, das hexagonale Schichttengitter von CdJ_2[5]), daneben auch einige Gitter mit niedrigerer Symmetrie beobachtet.

---

1) A. JOHNSEN, Neues Jahrb. f. Min. Bd. 2, S. 93. 1903.

2) Vgl. P. P. EWALD, Kristalle und Röntgenstrahlen. Berlin 1923; R. W. G. WYCKOFF, The Structure of Crystals. New-York 1924; Tabellen in Internat. Critical Tables, Bd. 1, S. 538. 1926.

3) P. NIGGLI, ZS. f. Krist. Bd. 57, S. 253. 1922.

4) R. G. DICKINSON u. J. B. FRIAUF, Journ. Amer. Chem. Soc. Bd. 46, S. 2457. 1924; G. R. LEVI, Nuovo Cimento Bd. 1, S. 335. 1924.

5) R. M. BOZORTH, Journ. Am. Chem. Soc. Bd. 44, S. 2232. 1922.

Den ersten Versuch, die Kristallgittertypen systematisch einzuteilen und mit der chemischen Bindungsart in Zusammenhang zu bringen, machte REIS[1]), der folgende Typen unterschied: Atomgitter, Atomionengitter, Radikalionengitter und Molekülgitter. WEISSENBERG[2]) hat die Überlegungen von REIS exakt begründet und zu einer umfassenden Theorie ausgebaut (vgl. auch Kap. 4 von P. P. EWALD). Neuerdings hat HUND[3]) versucht, die verschiedenen Gittertypen der Verbindungen vom Typus MX, MX_2, M_2X, MX_3 aus der Vorstellung des isotropen polarisierbaren Ions abzuleiten. Aus der Annahme, daß ein Kristallgitter aus Ionen mit bestimmter Ladung, Polarisierbarkeit und bestimmter nichtcoulombscher Abstoßung b/r^n (vgl. Ziff. 16) aufgebaut ist, leitet HUND ab, daß man bei kleiner Polarisierbarkeit der Ionen Koordinationsgitter, bei großer Polarisierbarkeit Schichtengitter oder auch Molekülgitter erhält. Hierbei werden unter Koordinationsgittern solche verstanden, in denen jedes Atom von 4, 6, 8 oder 12 anderen Atomen in gleichem Abstand umgeben ist. Es muß jedoch hierzu bemerkt werden, daß HUND in Stoffen wie ZnS, AgJ usw. noch Aufbau aus Ionen angenommen hat.

Die Ergebnisse der genannten Forscher fassen wir nun im Zusammenhang mit dem Dreieckschema der Tabelle 8 und den Ausführungen über Übergänge zwischen den Bindungsarten (Ziff. 35ff.) nochmals durch die folgende in Tabelle 57 enthaltene Reihe zusammen:

Tabelle 57. Übersicht über die verschiedenen Kristallgittertypen im Zusammenhang mit der Bindungsart.

Bezeichnung der Gitterart	Beispiel	Bindungsart
Atomgitter	Cu	metallisch
	Graphit	metallisch und diamantartig
	Diamant	diamantartig
Schichtengitter	CdJ_2, Siloxen	diamantartig und Influenz- und Richteffekt
Molekülgitter	Cl_2, Ar, SiF_4	Influenz- (und Richt-) Effekt
	H_2O	Richt- (und Influenz-) Effekt
Ionengitter	NaCl	polar (und Influenz- und Richteffekt)
Radikalionengitter	$CaCO_3$	polar, innerhalb der Radikale
	NH_4CN	unpolar

Die Reihe zeigt, daß man den Graphit als Übergang zwischen den Metallen und diamantartigen Stoffen, CdJ_2, Siloxen und andere in Schichtengittern kristallisierende Substanzen als Übergang zwischen den diamantartigen Stoffen und den Nichtmetallmolekülen aufzufassen hat, ferner daß $[H_2O]$, dann auch Hydrate, Ammoniakate usw. als Übergang vom kondensierten Nichtmetallmolekül zum polaren Salz gelten können.

Ein einfacher Zusammenhang zwischen der chemischen Zusammensetzung der Kristalle und dem Gittertypus scheint nicht zu existieren, denn chemisch so ähnliche Stoffe wie RbCl und CsCl z. B. kristallisieren in verschiedenen Gittern (unterhalb 479°), während chemisch so verschiedene Stoffe wie NaCl, MgO, PbS das gleiche Gitter, das des NaCl aufweisen (vgl. hierzu Tabelle 26). In Ziff. 31 wurde jedoch bereits darauf hingewiesen, daß ein Zusammenhang zwischen der Zahl der A.El., den Polarisationseigenschaften der Partner der MX-Ver-

[1]) A. REIS, ZS. f. Phys. Bd. 1, S. 205. 1920; Bd. 2, S. 57. 1920; ZS. f. Elektrochem. Bd. 26, S. 412. 1920; vgl. auch I. LANGMUIR, Journ. Amer. Chem. Soc. Bd. 38, S. 2221. 1916; W. KOSSEL, ZS. f. Phys. Bd. 1, S. 395. 1920.

[2]) K. WEISSENBERG, ZS. f. Krist. Bd. 62, S. 13 u. 52. 1925; ZS. f. Phys. Bd. 34, S. 406, 420 u. 433. 1925; ZS. f. Elektrochem. Bd. 31, S. 530. 1925.

[3]) F. HUND, ZS. f. Phys. Bd. 34, S. 833. 1925.

bindungen und dem Gittertypus existiert, der auf einen weiteren Zusammenhang mit der Art der chemischen Bindung hindeutet. Es ergab sich dort, daß man für alle im Diamant- und Wurtzitgitter kristallisierenden Stoffe unpolare „tetraedrische" Bindung, für die große Mehrzahl der im NaCl- und CsCl-Gitter kristallisierenden Stoffe polare Bindung anzunehmen habe. Aus den Gitterabstandsverhältnissen zahlreicher Verbindungen schloß sodann V. M. GOLDSCHMIDT[1]), daß die erwähnten zwei Gittergruppen (CsCl, NaCl einerseits, Diamant und Wurtzit andererseits) zwei größeren Gruppen „kommensurabler" Gittertypen angehören, denen hier mit einigem Vorbehalt die Bezeichnungen polar und unpolar zugeordnet werden.

Gruppen kommensurabler Gittertypen.

	Polar	Unpolar
MX	NaCl, CsCl	Zinkblende (ZnS), Wurtzit (ZnS) NaCl, z. B. bei TiC, ZrC
MX_2	Fluorit (CaF_2), Rutil (TiO_2)	CdJ_2, SiO_2
M_2X		Cu_2O
MXO_3	Calcit ($CaCO_3$), Aragonit ($CaCO_3$) Perowskit ($SrTiO_3$)	$AlAlO_3$

GOLDSCHMIDT, dem wir bei den weiteren Ausführungen vielfach folgen, machte nun die wichtige Feststellung, daß in mehreren Reihen einfacher Verbindungen ein bestimmter Gittertyp an ein bestimmtes Verhältnis der Größen und der Polarisierbarkeiten der Partner gebunden ist. So zeigen z. B. die in Tabelle 58 zusammengestellten Verbindungsreihen einwandfrei den Einfluß des Größenverhältnisses M:X der Wirkungsradien.

Tabelle 58. Zusammenhang von Gittertypus und Ionenbau nach V. M. GOLDSCHMIDT.

	Fluorittypus							Rutiltypus								
Fluoride MF_2	Ba	Pb	Sr	Ca	Cd			Mn	Fe	Zn	Co	Ni	Mg			
Oxyde MO_2	Th	U	Ce	Pr	Tb	Hf	Zr	Te	Pb	Sn	Nb	Mo	W	Os	Ir	Ru
								Ti	V	Mn						

← Wirkungsradius von M ←

Als Grenze für den Fluorittypus wird $M:X > 0{,}67$, als Grenze für den Rutiltypus $< 0{,}67$ und $> 0{,}40$ angegeben. Wenn man in Verbindungen MX_2 zu besonders großen und deformierbaren Anionen übergeht, dann wird die Grenze $M:X = 0{,}40$ unterschritten, und es entstehen „Schichtengitter"[2]), wie sie bereits bei einer Anzahl von Substanzen, z. B. bei $M(OH)_2$ mit M = Co, Ni, Cd, Ru, Rh, Pd, Ir, Pt, bei MBr_2 mit M = Cu, Ni, bei MJ_2 mit M = Zn, Cd, Pb und bei MS_2 mit M = Mo, Zr, Sn gefunden wurden. Die folgende kleine Tabelle 59 von GOLDSCHMIDT zeigt wiederum klar den Einfluß der Größe und der Polarisierbarkeit der Ionen auf den Gittertypus.

Tabelle 59. Einfluß von Größe und Polarisierbarkeit des Anions auf den Gittertypus nach V. M. GOLDSCHMIDT.

Rutiltypus	Schichtengitter	Begründung des Unterschieds
SnO_2	SnS_2	S größer und polarisierbarer als O
MoO_2	MoS_2	S „ „ „ „ O
NiF_2	$NiCl_2$, $NiBr_2$	Cl, Br „ „ „ „ F
ZnF_2	ZnJ_2	J „ „ „ „ F

[1]) V. M. GOLDSCHMIDT, Geochem. Verteilungsgesetze der Elemente VI und VII. Det Norske Vid. Akad. Oslo Skr. Mat.-Nat. Kl. Nr. 1 u. 2, 1926.

[2]) F. HUND, ZS. f. Phys. Bd. 34, S. 833. 1925.

Durch „künstliche“ Vergrößerung des Kations eines dieser Stoffe, z. B. durch Übergang vom Ni^{++}-Ion zum Ion $[Ni(NH_3)_6]^{++}$, gelangt man vom Schichtengitter zum Fluorittypus zurück, in dem z. B. $[Ni(NH_3)_6]Cl_2$ kristallisiert.

Ganz analoge Gesetzmäßigkeiten wurden bei den Verbindungen $MM'O_3$ gefunden. Bei diesen führt eine einfache geometrische Überlegung unter der Annahme dichtester Kugelpackungen zu den folgenden Bedingungen für das Auftreten der sog. Perowskitstrukturen[1]), die dem kubischen Perowskit $SrTiO_3$ nahestehen:

$$R_M + R_O = \sqrt{2}(R_{M'} + R_O)$$

$$R_M + R_{M'} = \sqrt{3}(R_{M'} + R_O).$$

Hierin bedeutet R den Wirkungsradius (vgl. Ziff. 6), der Index bezeichnet die Atome M, M' und O. Die Tatsachen zeigen, daß eine gewisse Abweichung von diesen Bedingungen vorkommt, die man durch einen „Toleranzfaktor“ t berücksichtigen kann. Wenn in

$$R_M + R_O = t\sqrt{2}(R_{M'} + R_O)$$

$t = 0{,}8$ bis 1 ist, treten kubische oder pseudokubische Perowskitstrukturen auf, wenn $t < 0{,}8$, entstehen Gitter vom Korund-(Al_2O_3-)typus bzw. vom Ilmenit-($FeTiO_3$-)typus, so wie das Tabelle 60 zeigt:

Tabelle 60. Einfluß des Größenverhältnisses der Wirkungssphären der Atome auf den Gittertypus nach V. M. GOLDSCHMIDT.

	$MgTiO_3$ 0,76			Korund-
	$FeTiO_3$ 0,78			Ilmenit-
$LiNbO_3$ 0,74	$MnTiO_3$ 0,80	$AlAlO_3$ 0,71	$GaGaO_3$ 0,71	typus
$NaNbO_3$ 0,81	$CaTiO_3$ 0,86	$YAlO_3$ 0,89	$LaGaO_3$ 0,93	Perowskit-
	$SrTiO_3$ 0,91	$LaAlO_3$ 0,95		
$KNbO_3$ 0,93	$BaTiO_3$ 0,99			typus

Wenn $t > 1$, entstehen Gitter vom Typus des Calcit bzw. Aragonit.

60. Atombau und Polymorphie. GOLDSCHMIDT[1]) hat weiterhin gezeigt, daß bestimmte Beziehungen zwischen Morphotropie und Polymorphie bestehen. Er weist darauf hin, daß in Substanzreihen mit Radikalionen ein Parallelismus im Gang der Größen der Kationen und der Umwandlungstemperaturen der polymorphen Modifikationen existiert. So ist z. B. in der folgenden Substanzreihe

$LiNO_3$		
$NaNO_3$	$MgCO_3$	Kalkspattypus
KNO_3	$CaCO_3$	
KNO_3	$CaCO_3$	Aragonittypus
	$SrCO_3$	
	$BaCO_3$	

der Calcittypus bei höherer Temperatur stabiler als der Aragonittypus. Ersetzt man nun in $CaCO_3$ das Ca^{++}- durch das stärker kontrapolarisierende Mg^{++}-Ion, dann sinkt offenbar die Umwandlungstemperatur des $MgCO_3$ so tief herab, daß man es nur in der Modifikation vom Calcittypus kennt. Umgekehrt bewirkt Ersatz des Ca durch Sr und Ba offenbar eine solche Heraufsetzung der Umwandlungstemperatur, daß man bei ihnen nur den Aragonittypus kennt. GOLDSCHMIDT kommt nun auf Grund umfangreicher Untersuchungen zu der Ansicht, daß allgemein bei Erhöhung der Temperatur die gleiche Umwandlung

[1]) V. M. GOLDSCHMIDT, Geochem. Verteilungsgesetze der Elemente VII. Det Norske Vid. Akad. Oslo Skr. Mat.-Nat. Kl. 1926, Nr. 2.

des Gittertypus eintritt, welche man auch durch Ersatz des Kations durch ein stärker kontrapolarisierend wirkendes Ion erreichen kann. Es scheint so, als ob die Zunahme der Wärmeschwingungen in ähnlicher Weise vergrößernd auf die Atomabstände, und damit auch verkleinernd auf die Bindungsfestigkeit innerhalb der Radikalionen einwirkt wie etwa die Substitution von K^+ durch Na^+ bzw. Li^+ oder von Ca^{++} durch Mg^{++} oder Be^{++}. Ganz analog wie bei Kalzit-Aragonit liegen die Verhältnisse beim Übergang vom Olivin-(Mg_2SiO_4-)Typus zum Phenakit-(Be_2SiO_4-) und Spinell-(Al_2MgO_4-)Typus. Bei den Oxyden M_2O_3 der seltenen Erden[1]), die in drei Gittertypen *A*, *B* und *C* kristallisieren, wurden ebenfalls wichtige Feststellungen von allgemeinerer Bedeutung gemacht, die in Abb. 39 graphisch veranschaulicht sind. Man sieht, daß die trigonale Modifikation *A*, die ZACHARIASEN[2]) als Schichtengitter erkannt hat, bei höheren Temperaturen und bei Oxyden mit größeren Kationen bevorzugt ist, während die kubische Modifikation *C* bei tieferen Temperaturen und bei Oxyden der kleineren Ionen die stabilere ist. Die weniger symmetrische Kristallart *B* nimmt eine Mittelstellung ein. Auch hier bewirkt die Lockerung der Bindungsfestigkeit durch Temperaturerhöhung dieselbe Änderung des Gittertypus wie die Lockerung infolge Vergrößerung des Kations.

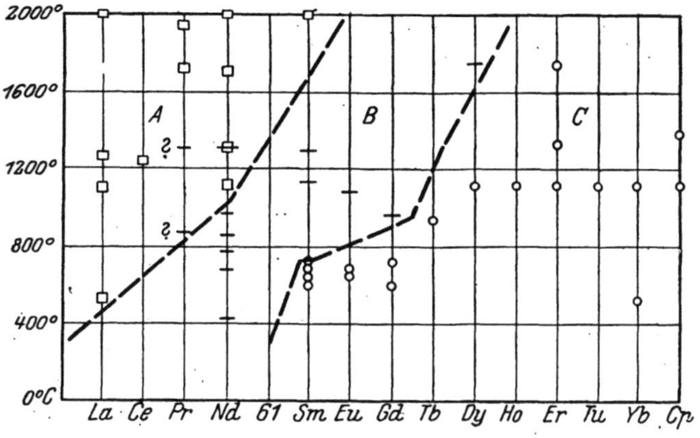

Abb. 39. Polymorphieverhältnisse der Sesquioxyde der seltenen Erden nach V. M. GOLDSCHMIDT.
□ Typus *A*, – Typus *B*, o Typus *C*.

61. Allgemeines über Isomorphie. Wenn man die Betrachtung kristallchemischer Zusammenhänge auf diejenigen Stoffe beschränkt, bei denen der gleiche Gittertypus vorliegt, genauer ein Gitter mit geometrisch ähnlicher Grundzelle und gleicher Zahl entsprechend angeordneter Atome, z. B. auf folgende Substanzen, die nach RINNE[3]) im Verhältnis der Isotypie stehen:

Mg und AgJ sowie ZnO,

dann sieht man sofort, daß ein einfacher Zusammenhang mit der chemischen Zusammensetzung nicht erkennbar ist; es ist auch unbekannt, ob der Isotypie überhaupt eine einfachere physikalische Bedeutung zukommt.

Wählt man jedoch unter den Stoffen mit gleichem Gittertypus nur diejenigen aus, bei denen der gleiche „chemische Bautypus" vorliegt, dann gelangt man zu den Substanzen, die im weitesten Sinne „isomorph" genannt werden können. Unter Stoffen von gleichem chemischem Bautypus werden hierbei solche verstanden, deren stöchiometrische Formel auf eine gleiche allgemeine Form gebracht werden kann, z. B. die Form MX für NaCl, PbS, MgO, AlN, SiC oder die Form $MM'X_4$ für $BaSO_4$, $KMnO_4$, KBF_4, YPO_4. Die „Pseudoatome" der

[1]) V. M. GOLDSCHMIDT, Geochem. Verteilungsgesetze der Elemente IV und V. Det Norske Vid. Akad. Oslo Skr. Mat.-Nat. Kl. 1925, Nr. 5 u. 7; vgl. auch H. MARK, Naturwissensch. Bd. 14, S. 629. 1926.

[2]) W. ZACHARIASEN, zitiert nach GOLDSCHMIDT.

[3]) F. RINNE, N. Jahrbuch f. Min. Bd. 2, S. 1. 1897.

Nichtmetallhydride (Ziff. 28) sind in den allgemeinen Formeln Atomen gleich zu achten, die H-Atome also nicht eigens zu rechnen, z. B. gehören die Stoffe Na(OH), $Na(NH_2)$, $Na(CH_3)$, $(H_3O)Cl$, $(NH_4)Cl$, auch $(NH_4)(CN)$ zu den MX-Verbindungen. Unter diesen Stoffen nun, die den gleichen Gittertypus und den gleichen chemischen Bautypus aufweisen, ist ein Teil zur Äußerung spezieller kristallchemischer Verwandtschaftsäußerungen, zu Misch- und Schichtkristallbildung usw. befähigt; diese Substanzen pflegt man in einem engeren Sinne als isomorph zu bezeichnen, und auf sie bezieht sich die weitaus größte Zahl aller Arbeiten über „Isomorphie".

Die im Jahre 1821 von E. MITSCHERLICH entdeckte Erscheinung der Isomorphie besteht also in der Hauptsache darin, daß chemisch ähnlich zusammengesetzte Substanzen, wie z. B. KH_2AsO_4 und KH_2PO_4, auch ähnliche kristallgeometrische Verhältnisse, ähnliche Symmetrie- und Kohäsionsverhältnisse aufweisen, daß diese Substanzen Mischkristalle und Schichtkristalle zu bilden vermögen bzw. sich aufeinander orientiert ausscheiden können. KOPP fand sodann 1840, daß derartige „isomorphe" Substanzen auch ähnliche Molekularvolumina haben, deren Differenzen bis zu ca. 25% betragen können. Spätere Untersuchungen von RETGERS[1]), LIEBISCH, GOSSNER[2]), TUTTON[3]), BARKER[4]) u. a. ergaben sodann, daß auch die Befähigung zur Misch- und Schichtkristallbildung mit steigender Ähnlichkeit der Molekularvolumina wächst. P. GROTH[5]) definierte 1904 isomorphe Verbindungen im engeren Sinne als Stoffe „mit Kristallstrukturen, deren Raumeinheiten bei gleicher Symmetrie nahe gleiche lineare Dimensionen (Gitterabstände) und folglich auch nahe gleiche Volumina besitzen", und betonte dabei mit KOPP die Relativität des Isomorphiebegriffes. Wir verschaffen uns nun durch Tabelle 61 zunächst einen Überblick über die verschiedenen Arten und Grade kristallchemischer Verwandtschaft und sehen,

Tabelle 61. **Übersicht über die Grade kristallochemischer Verwandtschaft bei Stoffen, die im weiteren Sinne isomorph sind.**

	Gleicher chemischer Bautypus und gleicher Kristallgittertypus ⟶ Die Gitterabstandsdifferenzen wachsen ⟶							
Im Innern des Gitters	Mischbarkeit bei Zimmertemperatur ⟶ Keine merkliche Mischbarkeit (Lückenlos ⟶ begrenzt. Doppelsalzbildung) Mischbarkeit bei höherer Temperatur ⟶							
An der Oberfläche des Gitters	Schichtkristallbildung (Isom. Fortwachsung) ⟶ Orientierte Ausscheidung ⟶ Keine orientierte Ausscheidung; Keimwirkung ⟶ Keine Keimwirkung							
Bezeichnung des Verwandtschaftsgrades	Isomorphie im engeren ⟶ im weiteren Sinne							
Beispiele	$NaCl^{35}$ $NaCl^{37}$	KCl KBr	KCl KJ	$MgCO_3$ $MgCa(CO_3)_2$ $CaCO_3$	NaCl KCl	$NaNO_3$ $CaCO_3$	$NaNO_3$ $MgCO_3$	RbJ MgO NaF

daß die speziellen Verwandtschaftsäußerungen mit steigenden Gitterabstandsdifferenzen von links nach rechts abnehmen. Die Pfeile deuten die Übergänge an; den angeführten Beispielen sind die über ihnen stehenden Verwandtschaftsäußerungen zuzuordnen.

---

[1]) J. W. RETGERS, ZS. f. phys. Chem. 1889—1896.
[2]) B. GOSSNER, ZS. f. Krist. Bd. 44, S. 417—518. 1908.
[3]) A. E. H. TUTTON, Proc. Roy. Soc. London (A) Bd. 96, S. 156. 1919.
[4]) TH. V. BARKER, ZS. f. Krist. Bd. 45, S. 1. 1908.
[5]) P. GROTH, Einleitung in die chemische Kristallographie, Leipzig 1904.

62. Atombau und Isomorphie im weiteren Sinne. Das Bestreben, die Erscheinungen der Isomorphie im weiteren Sinne auf eine fundamentale Konstante der Gitterbausteine zurückzuführen, führte LANGMUIR[1]) und NIGGLI[2]) zu den ersten Versuchen, Atomforschungsergebnisse heranzuziehen. LANGMUIR sprach den Gedanken aus, daß die Ähnlichkeit der kristallographischen Verhältnisse bei einer Reihe chemisch recht verschiedener Substanzen, auf die zuerst BARKER[3]) hingewiesen hat, auf „Isosterismus" beruhe, d. h. damit zusammenhänge, daß in den verglichenen Substanzen die Bausteine gleiche Zahl und Anordnung der äußeren Elektronen besitzen müssen. Entnimmt man z. B. der nach BARKER und LANGMUIR zusammengestellten Tabelle 62 das Substanz-

Tabelle 62. Kristallographisch ähnliche und „isostere" Substanzen. (Nach BARKER und LANGMUIR.)

Trigonal	a : c
$NaNO_3$	1 : 0,8297
KNO_3	1 : 0,8259
$MgCO_3$	1 : 0,8095
$MnCO_3$	1 : 0,8259
$CaCO_3$	1 : 0,8543

Rhombisch	a : b : c
KNO_3	0,5910 : 1 : 0,7011
$CaCO_3$	0,6228 : 1 : 0,7204
$SrCO_3$	0,6090 : 1 : 0,7237
$BaCO_3$	0,5949 : 1 : 0,7413

Rhombisch	a : b : c
$KClO_4$	0,7817 : 1 : 1,2793
$RbClO_4$	0,7966 : 1 : 1,2879
$CsClO_4$	0,8173 : 1 : 1,2976
NH_4ClO_4	0,7932 : 1 : 1,2808
$KMnO_4$	0,7972 : 1 : 1,2982
$RbMnO_4$	0,8311 : 1 : 1,3323
$CsMnO_4$	0,8683 : 1 : 1,3705
$CaSO_4$	0,8932 : 1 : 1,0008
$SrSO_4$	0,7790 : 1 : 1,2800
$BaSO_4$	0,8152 : 1 : 1,3136
$SrCrO_4$	0,9496 : 1 : 1,0352
$BaCrO_4$	0,8231 : 1 : 1,3232

	a : b : c	α	β	γ
$NaHSO_4$	0,6460 : 1 : 0,8346	85° 6′	88° 57′	86° 47′
$CaHPO_4$	0,6467 : 1 : 0,8244	84° 57′	89° 43′	85° 38′
$SrHAsO_4$	0,6466 : 1 : 0,8346	86° 32′	89° 14′	87° 56′

paar $CaCO_3$ und $NaNO_3$, deren Gittertypen identisch sind und deren Gitterabstände einander sehr nahe stehen, dann soll diese Ähnlichkeit darauf beruhen, daß Ca^{++} und Na^{+} je 8 A.El. haben und daß am Aufbau des CO_3^{--}- und NO_3^{-}-Ions je 24 Elektronen beteiligt sind. LANGMUIR sagte verschiedene Fälle kristallographischer Verwandtschaft richtig voraus, z. B. von MgO und NaF, von $NaHSO_4$ und $CaHPO_4$, von Aziden und Cyanaten. LANGMUIRS Idee ist jedoch nicht von allgemeiner Anwendbarkeit, da Isosterismus durchaus nicht immer den gleichen Gittertypus zur Folge hat, z. B. bei AgCl und AgJ. Der Gittertypus hängt, wie bereits in Ziff. 59 gezeigt wurde, nicht nur von den Elektronenverteilungszahlen, sondern auch von den anderen Eigenschaften der Atome bzw. Ionen ab.

63. Atombau und Isomorphie im engeren Sinne. Die schon oben erwähnte Erfahrungstatsache, daß das Auftreten der spezielleren kristallchemischen Verwandtschaftsäußerungen, der Misch- und Schichtkristallbildung, der Parallelverwachsung und der orientierten Ausscheidung an das Vorhandensein einer gewissen Ähnlichkeit der Dimension der Elementarbereiche geknüpft ist, führt nun zu folgenden Fragen:

---

1) J. LANGMUIR, Journ. Amer. Chem. Soc. Bd. 41, S. 1543. 1919.
2) P. NIGGLI, ZS. f. Krist. Bd. 56, S. 12, 167. 1921.
3) TH. V. BARKER, ZS. f. Krist. Bd. 45, S. 1. 1908.

1. Welcher Grad von Ähnlichkeit der Gitterabstände ist erforderlich, wie hängt dieser von der Temperatur und von der chemischen Bindungsart ab?

2. Wie müssen die Gitterbausteine beschaffen sein, damit die nach 1. erforderliche Gitterabstandsähnlichkeit zustandekommt?

Die erste Frage ist nur vorläufig zu beantworten, da es zum Teil an genügenden Unterlagen fehlt. Immerhin läßt die in Tabelle 63 enthaltene Statistik, die auf Grund des vorhanden Materials[1]) aufgestellt wurde, folgendes erkennen:

Tabelle 63. Übersicht über die Mischbarkeitsverhältnisse isomorpher Stoffe.

		Beim Schmelzpunkt				Bei Zimmertemperatur			
		Vollständig mischbar		Unvollständig oder nicht mischbar		Vollständig mischbar		Unvollständig oder nicht mischbar	
		Zahl der Beispiele	Differenz der Gitterabstände Δ in %	Zahl der Beispiele	Differenz der Gitterabstände Δ in %	Zahl der Beispiele	Differenz der Gitterabstände Δ in %	Zahl der Beispiele	Differenz der Gitterabstände Δ in %
Polare Salze Gleicher Gittertypus	Ionen vom Edelgastypus	15	<13,1	10	>13,9	5	<5,9	5	>6,6
	Verschieden gebaute Ionen	7	< 6,6	6	> 7,5				
Diamantartige Stoffe		5	< 7,6	2	>11,3	1	7,08		
Metalle		9	<11,5	4	0,25 bis 8				
Nichtmetallmoleküle	Einfach gebaute Hydride	3	< 8,2						
	Kohlenstoffverbindungen	14	< 6,7						
Polare Salze Versch. Gittertypus (Isodimorphie	Ionen vom Edelgastypus	3	<12,8	2	>23,8			5	>4,0[2])
	Verschieden gebaute Ionen	2	< 6,2	6	>16,5				

α) Polare Salze vom Typus MX, die aus edelgasähnlichen Ionen aufgebaut sind und im gleichen Gittertyp kristallisieren, sind bei Zimmertemperatur in allen Verhältnissen mischbar, wenn die Abstandsdifferenz Δ etwa 6%[3,4]) beträgt. Bei den Schmelztemperaturen dieser Salze kann Δ bis etwa 13% betragen. Wenn nichtedelgasähnliche Ionen bei der Mischkristallbildung beteiligt sind, scheint Δ erheblich kleiner zu sein, da der höchste bei der Schmelztemperatur beobachtete Wert nur ca. 7% beträgt.

β) Diamantartig gebaute und gebundene Stoffe MX sind bei Zimmertemperatur lückenlos mischbar, wenn Δ bis zu 7% beträgt [nur ein Beispiel[5,6])], bei der Schmelztemperatur wurde als höchster Δ-Wert 7,6% beobachtet.

γ) Bei Metallen wurde lückenlose Mischbarkeit bis zu einem Δ-Wert 11,5%[7]) festgestellt. Umgekehrt gibt es jedoch mehrere Fälle, so bei Al und Au, wo

[1]) Tabellen von LANDOLT-BÖRNSTEIN-ROTH-SCHEEL. Berlin 1923. Tabellen 118, 121, 122. S. ferner die folgenden Zitate [4]) bis [6]).

[2]) Ausnahme bei RbCl-NH_4Cl, die trotz nahezu gleicher Atomabstände eine Mischungslücke ergeben.

[3]) H. G. GRIMM, ZS. f. Krist. Bd. 57, S. 574. 1923. Dort wurde etwa 5% angegeben.

[4]) R. J. HAVIGHURST, E. MACH jun. u. F. C. BLAKE, Journ. Amer. Chem. Soc. Bd. 47, S. 29. 1925.

[5]) E. REICHEL, Wiener Monatsh. Bd. 46, S. 355. 1925.

[6]) T. BARTH u. G. LUNDE, ZS. f. phys. Chem. Bd. 122, S. 293. 1926.

[7]) J. A. M. VAN LIEMPT, Rec. Trav. Chim. d. Pays-Bas Bd. 45, S. 203. 1926.

bei kleinem Δ und gleichem Gittertyp keine Mischbarkeit vorliegt. In diesen Fällen muß die Nichtmischbarkeit mit der verschiedenen Zahl und Anordnung der Elektronen zusammenhängen, die die „metallische Bindung" besorgen. Das vorhandene namentlich thermoanalytisch gewonnene Material zeigt, daß die Mischbarkeitsverhältnisse bei Metallen viel undurchsichtiger liegen als bei Salzen und diamantartigen Stoffen.

δ) Bei kondensierten Nichtmetallmolekülen wurden Δ-Werte bis zu ca. 8% beobachtet. Die vorhandenen Beziehungen zum Molekülbau sind vielfach komplizierter Natur.

ε) Wenn die unter α bis γ aufgeführten Differenzen überschritten werden, treten Mischungslücken auf, bei weiterer Erhöhung der Gitterabstandsdifferenzen ist Mischbarkeit nicht mehr nachweisbar.

ζ) Wenn zwei Substanzen von gleichem chemischen Bau und verschiedenem Gittertypus Mischkristalle geben, dann liegt Isodimorphismus vor. In diesem Fall vermag die eine Komponente des Mischkristalls innerhalb bestimmter Konzentrationsbereiche der anderen ihr Kristallgitter aufzuzwingen, z. B. bei RbCl und CsCl[1]). Die bei Salzen beobachteten Δ-Werte entsprechen den unter α aufgeführten.

Von besonderem Interesse ist der von BARTH und LUNDE[2]) geführte Nachweis, daß auch Stoffe wie AgBr und AgJ im Verhältnis der Isodimorphie stehen, denn bei diesen Stoffen wird dem einen Partner des Mischkristalls Ag (Br, J) nicht nur der Gittertypus, sondern auch die Bindungsart des anderen Partners aufgezwungen.

Aus systematischen Untersuchungen BARKERS[3]) über Schichtkristallbildung und orientierte Ausscheidung von Salzen vom Typus MX läßt sich sodann folgendes schließen:

Schichtkristallbildung und orientierte Ausscheidung treten in den meisten Fällen nur ein, wenn der Gittertyp gleich ist. Schichtkristallbildung ist an besondere Ähnlichkeit der Gitterabstände geknüpft; es wurde bei Alkalihalogeniden als höchster Δ-Wert 1,7% beobachtet. Orientierte Ausscheidung wird dagegen bei Zimmertemperatur noch beobachtet, wenn die Abstandsdifferenz bis 24% beträgt.

Im Anschluß an die obigen Feststellungen und die GROTHsche Definition der Isomorphie im engeren Sinne fassen wir die besprochenen Tatsachen dahin zusammen[4]), daß die Befähigung zur Mischkristallbildung bei polar, tetraedrisch und metallisch gebundenen Stoffen im wesentlichen an drei Bedingungen geknüpft sein muß:

α) Der chemische Bautypus muß gleich sein (vgl. S. 587).

β) Der Gittertypus der Kristalle muß gleich sein.

γ) Die Atom- oder Ionenabstände der Kristalle müssen ähnlich sein; der erforderliche Grad der Ähnlichkeit hängt von der Temperatur und vom Bindungstyp ab.

Die oft erhobene Forderung nach der chemischen Ähnlichkeit der zu mischenden Substanzen kommt in diesen drei Bedingungen nicht vor; sie steht auch mit vielen Tatsachen, z. B. der Mischbarkeit von NaCl und AgCl einerseits, der Nichtmischbarkeit von NaCl und KCl (bei Zimmertemperatur) andererseits in Widerspruch, denn Na^+ und Ag^+ sind in ihrem chemischen Verhalten unzweifelhaft unähnlicher als Na^+ und K^+. Ob jedoch umgekehrt alle Stoffe, die den obigen Bedingungen entsprechen, auch Mischkristalle bilden, ist erst zu prüfen.

---

[1]) R. J. HAVIGHURST, Zitat s. S. 590. [2]) T. BARTH u. G. LUNDE, Zitat s. S. 590.

[3]) Th. V. BARKER, ZS. f. Krist. Bd. 45, S. 1. 1908.

[4]) H. G. GRIMM, ZS. f. phys. Chem. Bd. 98, S. 353. 1921; ZS. f. Elektrochem. Bd. 28, S. 75. 1922; Bd. 30, S. 467. 1924; ZS. f. Krist. Bd. 57, S. 574. 1923.

Wir fragen nun, wie bei polar gebauten Substanzen die Bausteine eines Gitters beschaffen sein müssen, damit die für die Mischbarkeit notwendige Ähnlichkeit der Gitterabstände zustande kommt, und benutzen zur Diskussion die von FAJANS und HERZFELD[1]) mit Hilfe der Kristallgittertheorie von BORN und LANDÉ[2]) abgeleitete Näherungsgleichung für die Ionenabstände r der Alkalihalogenide

$$r = \alpha a + \beta k. \tag{32}$$

Hierin bedeuten r den Ionenabstand, a und k die Radien von Anion und Kation, α und β Konstanten, die vom Gittertyp, dem Ionenbau und der Ionenladung abhängen. Aus der Gleichung, die außer auf Verbindungen vom Typus MX auch auf kompliziertere angewandt werden darf, entnimmt man im einfachsten Fall, daß man bei Festhaltung eines Ions, z. B. des Anions (gleiches a) und Variation des andern Ions, z. B. des Kations, nur ähnlichen Ionenabstand erhält, wenn die beiden variierten Kationen bei gleicher Ladung und gleichem Bau (d. h. gleichem α und β) ähnliche Radien k haben. In Tabelle 64 erkennt

Tabelle 64. Zusammenhang von Mischkristallbildung und Ionengröße.

Bau des	Ladung					Valenzbetätigung				
	−2	−1	+1	+2	+3	+4	+5	+6	+7	
He			Li	Be	B	C	N			Diese Elemente vertreten die unter ihnen stehenden teilweise gar nicht, teils erst bei hoher Temperatur, bei hoher Valenzbetätigung oder in großen Molekülen. Grund: Zwischen He- und Ne-Schale Unterschiede in Radius und Bau, zwischen Ne- und Ar-Schale Unterschiede im Ionenradius.
			=	=	=	=	=			
Ne	O	F	Na	Mg	Al	Si	P	S	Cl	
	=	—	—	....		⋮	⋮	|	‖	
A	S	Cl	K	Ca	Sc	Ti	V	Cr	Mn	Die untereinander stehenden Elemente gehören „isomorphen Reihen" an
	‖	‖	‖	‖	‖	|		‖		
Kr	Se	Br	Rb	Sr	Y	Zr	Nb	Mo		
		|	|	|	‖	‖	‖	‖		
X	Te	J	Cs	Ba	La	Hf	Ta	W		
A	S	Cl	K	Ca	Sc	Ti	V	Cr		Die untereinanderstehenden Elemente sind die Endglieder der „isomorphen Reihen".
		⋮	⋮	|						
X	Te	J	Cs	Ba	La	Hf	Ta	W		

Zeichenerklärung:

= Mischbarkeit wurde nicht festgestellt.
— Mischbarkeit nur bei hohen Temperaturen oder in großen Molekülen.
.... Spurenweise Mischbarkeit festgestellt.
‖ Lückenlose Reihe von Mischkristallen ist festgestellt oder Mischungslücke nicht bekannt.
| Mischbarkeit beträchtlich. Mischungslücke.
⋮ Mischbarkeit gering. Große Mischungslücke.
Fehlendes Zeichen bedeutet, daß in der Literatur keine Beispiele gefunden wurden.

man, daß es tatsächlich der Gang der Ionenradien ist, der bei gleichgeladenen und gleich gebauten Ionen die Mischbarkeitsverhältnisse bestimmt. Aus Tabelle 64 und den beigedruckten Zeichen ist z. B. ohne weiteres abzulesen, daß Verbindungen mit Ionen vom Bau des Ar und Kr, die nach Ungleichung (1) (S. 473) besonders ähnliche Ionengrößen haben, lückenlose Reihen von Mischkristallen liefern, z. B. Hg(S, Se) = Onofrit, K(Cl, Br), (K, Rb)Cl, (Ca, Sr)CO_3 = Emmonit, $(Sc, Y)_2O_3$ usw.; Verbindungen mit Kr- und X-ähnlichen Ionen sind ebenfalls mischbar, anscheinend jedoch etwas unvollständiger als Ar- und Kr-ähnliche Ionen. Die Verbindungen mit Ar- und X-ähnlichen Ionen bilden die Endglieder der sog. „isomorphen"

[1]) K. FAJANS u. K. F. HERZFELD, ZS. f. Phys. Bd. 2, S. 309. 1920.
[2]) M. BORN u. A. LANDÉ, Berl. Ber. 1918, S. 1048.

Reihen, sie zeigen infolge der größeren Radiendifferenz nur beschränkte oder sehr geringe Mischbarkeit, z. B. KJ und KCl, Cs_2SO_4 und K_2SO_4. Zwischen den Ne- und Ar-ähnlichen Ionen findet nach (1) der große Sprung der Ionengrößen statt; dementsprechend findet man zwischen Verbindungen mit O^{--} und S^{--}, mit F^- und Cl^-, mit Na^+ und K^+, mit Mg^{++} und Ca^{++} keine Mischbarkeit, oder doch nur bei hochmolekularen Verbindungen oder bei hohen Temperaturen, also unter Bedingungen, bei denen die Größenunterschiede der Ionen eine geringere Rolle spielen. Der Einfluß der Radiendifferenzen ist auch bei hochgeladenen Ionen bzw. hochwertigen Atomen verdeckt, wie sie in den Komplexionen SO_4^{--} und CrO_4^{--}, ferner ClO_4^- und MnO_4 vorliegen, die sich bekanntlich isomorph vertreten.

Daß neben der Ionengröße der Ionenbau eine Rolle für die kristallchemischen Verhältnisse spielt, ergibt folgende Überlegung am Beispiel NaCl, AgCl. Man hält in (32) das Anion fest, α bleibt also konstant, während beim Kation sowohl k als auch β verschieden sind, weil Na^+ und Ag^+ nicht nur verschiedenen Radius k, sondern auch verschiedene A.El.-Zahlen, verschiedenes Abstoßungspotential und verschieden stark deformierende Wirkung auf das Anion haben. Da NaCl und AgCl nahezu gleiche Ionenabstände und gleiches Gitter haben, gilt somit

$$\alpha a + \beta k \cong \alpha a + \beta' k'. \tag{32a}$$

Die Radiendifferenzen von k und k' im Gitter müssen also kompensiert werden durch die Wirkung des verschiedenen Baues der Kationen; man kann dies auch so umschreiben, daß man von der Ähnlichkeit der Feldwirkung ($\beta k = \beta' k'$) des Ag^+- und des Na^+-Ions im Chloridgitter spricht.

In Tabelle 65 ist eine Auswahl der verschiedenen Möglichkeiten für das Zustandekommen ähnlicher Gitterabstände enthalten, durch die ein größeres Tatsachenmaterial einheitlich zusammengefaßt wird. Einige Voraussagen der Tabelle wurden experimentell geprüft; so wurde z. B. von GRIMM und G. WAGNER[1]) nachgewiesen, daß $BaSO_4$ und $KMnO_4$ Mischkristalle mit bis zu ca. 35 Mol% $KMnO_4$ bilden, daß sich $KMnO_4$ und KBF_4 mischen, ferner daß NaBr sich auf PbS orientiert ausscheidet.

Schon seit langem hat man erkannt, daß Beziehungen zwischen der isomorphen Vertretbarkeit der Elemente und ihrer Stellung im periodischen System existieren, und hat eine Anzahl von sogenannten isomorphen Reihen[2]) aufgestellt. Wir verknüpfen nun diese Tatsache zum Schluß noch mit dem Bau der Atome, indem wir die Ionen bzw. Atomrümpfe nach Art des periodischen Systems in einem System der Atomionen anordnen und den Gang der Ionengrößen durch die eingezeichneten Kreise andeuten. Die untereinander stehenden gleichgebauten Ionen vertreten sich in Kristallen, wenn ihre Größendifferenz nur einige Prozente beträgt, größere Radienunterschiede verhindern im allgemeinen Mischkristallbildung, wenn man nicht zu höheren Temperaturen, zu großen Molekülen oder zu hochwertigen Elementen übergeht. Ionen verschiedenen Baues aus den verschiedenen Abteilungen der Abb. 40 vertreten sich, wenn (32a) annähernd erfüllt ist.

Diese gegenseitige Vertretbarkeit verschieden gebauter Ionen mit 2, 8, 18 und (18 + 2) A.El. (letztere sind in Abb. 40 nicht aufgenommen) steht in einer komplizierteren Abhängigkeit von Bau und Größe, da sie sich von Gruppe zu Gruppe mit der Ladung ändert. Abb. 41[3]) deutet dies dadurch an, daß verschieden

---

[1]) H. G. GRIMM u. G. WAGNER, ZS. f. Elektrochem. Bd. 30, S. 467. 1924; G. WAGNER, Dissert. München 1924.

[2]) Vgl. etwa A. ARZRUNI, in Graham-Ottos Lehrbuch der Chemie. Bd. I. Braunschweig 1898; P. GROTH, Einleitung in die chemische Kristallographie. Leipzig 1904.

[3]) H. G. GRIMM, ZS. f. phys. Chem. Bd. 98, S. 389. 1921.

Tabelle 65. Verschiedene Fälle des Zustandekommens ähnlicher Gitterabstände.

Nr.	Variiert werden	Bei den sich vertretenden Atomen ist die Ladungszahl bzw. Wertigkeit	Größe	Zahl der Außenelektronen	Es kompensieren sich die Unterschiede der Eigenschaften	Beispiele	Bisher beobachtete Verwandtschaftsäußerungen
1a	1 Atom	gleich	ähnlich	gleich	—	$KCl + KBr$ Allgemein: Ionen vom Ar- und Kr-Typ	Lückenlose Mischbarkeit bei Zimmertemperatur
1b	1 Atom	gleich	verschieden	verschieden	Größe und Bau	$NaCl + AgCl$	Mischkristallbildung
2a	2 Atome	gleich	verschieden	gleich	Größe	KBr, RbCl u. NaJ $KClO_4 + NaMnO_4$	— —
2b₁	2 gleichsinnig geladene Atome	verschieden	verschieden	gleich	Ladung u. Größe	$NaSi \vdots AlSi_2O_8 + CaAl \vdots AlSi_2O_8$	Lückenlose Mischbarkeit der Plagioklase
2b₁	"	"	"	"	"	$CaSi \vdots MgSiO_6 + AlAl \vdots MgSiO_6$	Lückenlose Mischbarkeit in der Pyroxengruppe. Augit
2b₁	"	"	"	"	"	$BaSO_4 + KMnO_4$	Orientierte Ausscheidung, Mischbarkeit
2b₁	"	"	"	"	"	$CaCO_3 + NaNO_3$	Orientierte Ausscheidung
2b₁	"	"	"	"	"	$YPO_4 + ZrSiO_4$	Parallelverwachsung
2b₂	2 verschiedensinnig geladene Atome	verschieden	verschieden	gleich	Ladung u. Größe	$NaCl + BaO$	—
2b₂	"	"	"	verschieden	Ladung. Größe und Bau	$ZnSnF_4F_2 \cdot 6\,H_2O + ZnMoF_4O_2 \cdot 6\,H_2O$	Begrenzte Mischbarkeit
2b₂	"	"	"	"	Ladung. Größe und Bau	$KMnO_4 + KBF_4$	Mischbarkeit
2b₂	"	gleich	verschieden	verschieden	Größe und Bau	$AgCl + LiBr$	—
2c	"	verschieden	"	"	Ladung, Größe und Bau	$PbS + NaBr$	Orientierte Ausscheidung
3a	3 Atome	verschieden	verschieden	verschieden	Ladung, Größe und Bau	$BaSO_4 + KBF_4$	—

gebaute Ionen mit gleicher Feldwirkung auf gleiche Höhe gesetzt sind, und daß die gleichgebauten durch Linien verbunden sind. *Ge* wurde auf Grund neuerer Untersuchungen von V. M. GOLDSCHMIDT[1]) eingefügt.

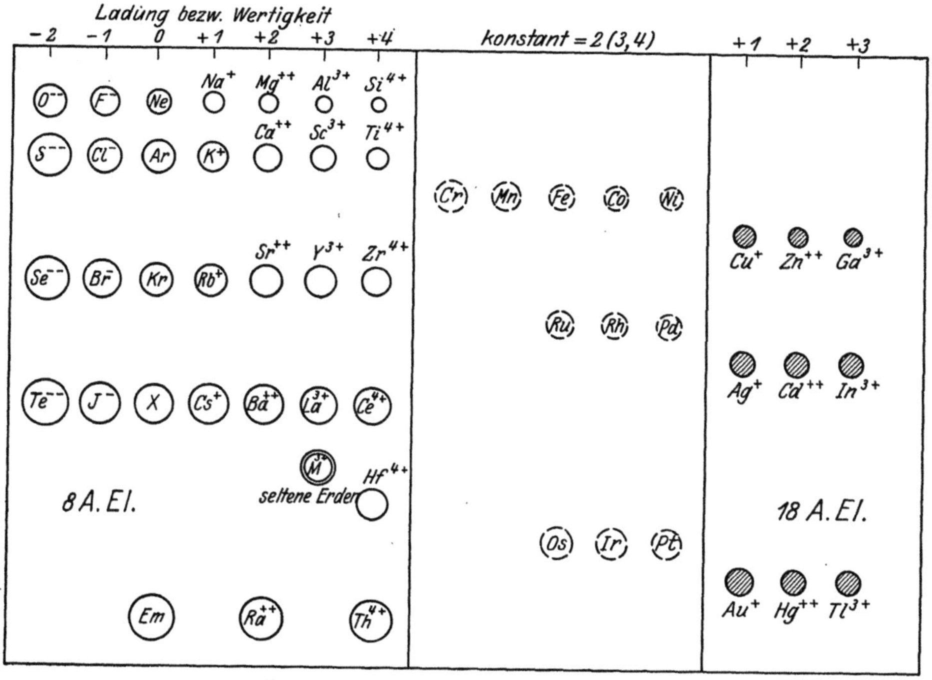

Abb. 40. Übersicht über Bau und Größe der Atomionen.

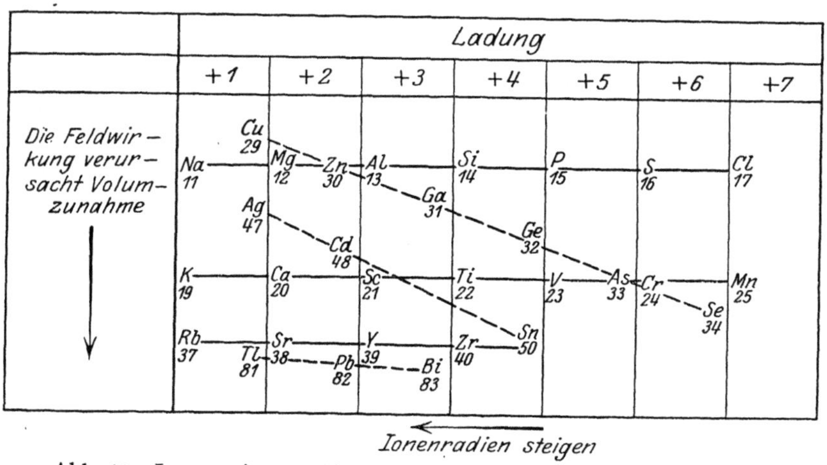

Abb. 41. Ionen mit verschiedenem Bau und ähnlicher Feldwirkung.

f) Atombau und Geochemie.

64. Die geochemische Verteilung der Elemente im Zusammenhang mit dem Atombau. Die erheblichen Fortschritte der neueren geochemischen For-

[1]) V. M. GOLDSCHMIDT, Naturwissensch. Bd. 14, S. 295. 1926.

schung[1]) können im Rahmen dieses Kapitels naturgemäß nur insofern besprochen werden, als es sich um Zusammenhänge der geochemischen Verteilung der Elemente mit dem Atombau handelt. Die hier in Betracht kommenden Arbeiten stammen von WASHINGTON[2]), NIGGLI[3]), TAMMANN[4]) und namentlich von V. M. GOLDSCHMIDT[5]), der mit Mitarbeitern eine ganze Reihe von groß angelegten Arbeiten über die „geochemischen Verteilungsgesetze der Elemente" veröffentlicht hat, und dem wir hier vornehmlich folgen, da seine Arbeiten unter Einbeziehung der Ergebnisse früherer Forscher ein übersichtliches Gesamtbild geben.

Gestützt auf astronomische, seismographische, mineralogische, petrographische und andere Daten betrachtet V. M. GOLDSCHMIDT mit anderen Forschern die Erde als ein physikalisch-chemisches System, das ursprünglich gasförmig oder homogen schmelzflüssig war, sich dann aber unter Ausscheidung einer Gasphase in ein System von drei koexistierenden flüssigen Phasen verwandelt hat, die sich im eigenen Schwerefeld nach der Dichte sonderten und allmählich erstarrten. Die hierbei entstehenden „Schalen" bestehen aus einem Eisen-Nickel-Kern von der Dichte ca. 8, der im Zentrum der Erde liegt und einen Radius von 2900 km besitzen soll. Über diesem Kern folgt eine vornehmlich aus Sulfiden und Oxyden der Schwermetalle bestehende Schale von der Dichte 5 bis 6 und einer Dicke von 1700 km. Die oberste der drei Schalen bildet die Silikathülle mit der mittleren Dichte 3,6 bis 4 (bzw. 2,8 in der 120 km dicken Oberflächenschicht) und einer Dicke von 1200 km.

In bezug auf die Verteilung der Elemente auf die einzelnen Schalen der Erde hatte WASHINGTON[2]) schon früher eine Einteilung der Elemente in zwei Gruppen, in metallogene und petrogene Elemente, vorgenommen. NIGGLI[3]) hatte sodann darauf hingewiesen, daß die metallogenen Elemente fast ausnahmslos den Nebenreihen des periodischen Systems, und die petrogenen Elemente überwiegend den Hauptreihen angehören. NIGGLI betonte ferner, daß ein Zusammenhang zwischen der Verteilung der Elemente auf der Erde und ihrem Atomvolumen existieren müsse, da die schwereren metallogenen Elemente im allgemeinen kleine, die leichteren petrogenen Elemente größere Atomvolumina haben. Er schloß weiter auf bestimmte Beziehungen der Grammatomvolumina, und damit der geochemischen Verteilung, zum Bau der Einzelatome, da sich aus den Volumverhältnissen polarer Salze schließen ließ, daß Ionen der Elemente der Nebenreihen stets ein kleineres Eigenvolumen haben, als die entsprechenden Ionen der Hauptreihen, daß z. B. gelten muß: $Ag^+ < Rb^+$ („Rekurrenzerscheinung" vgl. Ziff. 6).

GOLDSCHMIDT verfolgte nun den Weg, den jedes Element bei der geologischen Entwicklung der Erde genommen hat, genauer und versuchte, die Verteilung der Elemente auf die obenerwähnten vier Schalen oder Sphären festzustellen. Das Ergebnis dieser Untersuchungen ist in Tabelle 66 enthalten, in der die Elemente je nach ihrer Zugehörigkeit zu einer der vier Erdschalen in siderophile, chalkophile, lithophile und atmophile Elemente eingeteilt werden. Diese Tabelle

---

[1]) Vgl. die zusammenfassenden Darstellungen von F. PANETH, Naturwissensch. Bd. 13, S. 805. 1925; S. RÖSCH, ebenda Bd. 12, S. 868. 1924.

[2]) H. S. WASHINGTON, Smithsonian Report for 1920, S. 269; Journ. Frankl. Inst. Bd. 190, S. 757. 1920.

[3]) P. NIGGLI, ZS. f. Krist. Bd. 56, S. 12 u. 167. 1921; Naturwissensch. Bd. 9, S. 463. 1921.

[4]) G. TAMMANN, ZS. f. anorg. Chem. Bd. 131, S. 96. 1923; Bd. 134, S. 269. 1924; ZS. Geophys. Bd. 1, S. 23. 1924.

[5]) V. M. GOLDSCHMIDT, Der Stoffwechsel der Erde, Stammestypen der Eruptivgesteine Geochem. Verteilungsgesetze der Elemente I bis VII. Det Norske Vid. Akad. Skr. Oslo, Mat.-Nat. Kl. 1922—1926; ZS. f. Elektrochem. Bd. 28, S. 411. 1922; Naturwissensch. Bd. 10, S. 918. 1922.

zeigt nun bemerkenswerte Beziehungen zu der bekannten Atomvolumkurve von LOTHAR MEYER (s. ds. Handb. Bd. XXII Kap. 6 von F. PANETH) und zum

Tabelle 66. Geochemische Verteilung der Elemente nach V. M. GOLDSCHMIDT[1]).

Eisenschmelze Siderophile Elemente	Sulfidschmelze Chalkophile Elemente	Silikatschmelze Lithophile Elemente	Dampfhülle Atmophile Elemente
Fe, Ni, Co P, C Mo, (W ?) t,Ir,Os ?,(Pd),Ru,Rh	((O)), S, Se, Te Fe,(Ni),(Co),Mn ? Cu, Zn, Cd, Pb Sn, Ge, (Mo ?) As, Sb, Bi Ag, Au, Hg Pd, (Ru ?), (Pt) Ga, In, Tl	O, (S), (P), (H) Si, Ti, Zr, Hf, Th F, Cl, Br ?, J ? B, Al, Sc, Y, La, Ce, Pr, Nd Sm, Eu, Gd, Tb, Ds, Ho, Er Tu, Yb, Cp Li, Na, K, Rb, Cs Be, Mg, Ca, Sr, Ba (Fe), V, Cr, Mn, ((Ni)),((Co)) Nb, Ta, W, U, (Sn), (Ga) (C)[2])	H, N[3]), (O), (Cl ?), (Br ?), (J ?) He, Ne, Ar, Kr, X (C)[2])
Minima	Aufsteigende Äste	Absteigende Äste	Stellung in der Atomvolumkurve
Zwischen 8 u. 18	18, (18+2)	2,8	Zahl der Außenelektronen der Atomrümpfe
edler	⟶	unedler	Elektrochemisches Verhalten
kleiner	⟶	größer	Bildungswärmen der Oxyde

Bau der Atome[4]). Die bisher gefundenen Beziehungen lassen sich etwa in folgende Regeln zusammenfassen:

α) Die Elemente der drei Triaden, welche Übergangsionen bilden (außerdem Mo, W?), finden sich hauptsächlich in der Eisenschmelze; sie stehen in den Minima der Atomvolumkurve.

β) Die Elemente, welche Ionen mit 18 oder 20 A.El. bilden (außerdem Pd und Cu), finden sich in der Sulfidschmelze; sie stehen an den aufsteigenden Ästen der Atomvolumkurve.

γ) Alle Elemente, welche Kationen vom Edelgastypus bilden, finden sich in der Silikatschmelze (außerdem noch V, Cr und Mn); diese Elemente stehen an den absteigenden Ästen der Atomvolumkurve.

δ) Edelgase und Gasmoleküle wie O_2, N_2, CO_2 mit in sich abgeschlossenen Elektronenhüllen (Ziff. 28) finden sich in der Dampfhülle.

ε) Die Metalloide, darunter diejenigen Elemente, welche negative Ionen liefern, treten in allen vier Sphären der Erde auf, einfache Gesetzmäßigkeiten sind hier nicht zu erkennen.

GOLDSCHMIDT hat weiter erkannt, daß bei der feineren Einteilung der Elemente in geochemische Untergruppen, die isomorphen Beziehungen der Elemente eine wichtige Rolle spielen. So teilt er z. B. die selteneren unter den lithophilen Elementen in die folgenden drei Untergruppen ein:

Elemente der Erstkristallisationen, speziell isomorph mit dreiwertigem Eisen und mit Mg; Beispiele Cr, V und Ni.

Elemente der Hauptkristallisationen, speziell isomorph mit K, Ca und Al; Beispiele Rb, Sr, teilweise Sc.

---

1) Wenn ein Element nur zu einem geringen Teil in eine Phase eingeht, ist es einfach, wenn es nur zu einem sehr geringen Teil eingeht, doppelt eingeklammert.

2) Als CO_2.

3) Bei hoher Temperatur und hohem Druck vielleicht siderophil (in Nitriden).

4) Vgl. die Tafel 1 bei V. M. GOLDSCHMIDT, Geochem. Verteilungsgesetze der Elemente II.

Elemente der Restkristallisationen, nicht isomorph oder nur schwach isomorph mit Na, K, Mg, Ca, Fe, Si; Beispiele Li (teilweise), B, Nb, Th, La.

Da die Beziehungen, die zwischen der Isomorphieerscheinung und dem Atombau bestehen, bereits erkennbar geworden sind (Ziff. 63), zeigt sich somit, daß auch die feinere geochemische Verteilung der Elemente innig mit dem Bau der Atome verknüpft sein muß.

TAMMANN[1]) hat sodann darauf hingewiesen, daß die Verteilung der Elemente auf der Erde einen gewissen Parallelismus mit der Reihe der Normalpotentiale (vgl. Ziff. 57) zeigt, derart, daß alle Elemente, welche unedler sind als das Eisen, sich namentlich in der Silikathülle finden, und daß umgekehrt sich im Eisenkern neben Eisen nur Elemente befinden, welche edler sind als das Eisen, wenn man von dem Auftreten von C und P in Phosphiden und Karbiden absieht. GOLDSCHMIDT und TAMMANN wiesen ferner darauf hin, daß die geochemische Verteilung der Elemente mit der Affinität zum Sauerstoff, d. h. mit der bekannten Tatsache zusammenhängen müsse, daß die Bildungswärmen der Oxyde und anderer Verbindungen der Schwermetalle im allgemeinen kleiner sind als die der entsprechenden Verbindungen der Leichtmetalle. Die Folge dieser Verhältnisse ist nämlich, daß bei der einstmaligen Konkurrenz der Metalle um Sauerstoff und Schwefel zunächst die Leichtmetalle Na, K, Al, Si usw. Verbindungen bilden konnten und daß für die Schwermetalle nur ein Rest O und S übrigblieb, der bei weitem nicht ausreichte, um alles Fe und Ni chemisch zu binden.

Die in Tabelle 66 deutlich hervortretenden Beziehungen der Geochemie zum Atombau und die weiteren Zusammenhänge mit Normalpotentialen und Bildungswärmen dürften in ihren Einzelheiten erst verständlich werden, wenn man die energetischen Verhältnisse mit Hilfe des BORNschen Kreisprozesses (Ziff. 17) untersucht, d. h. wenn man z. B. die Frage stellt, warum die Bildungswärmen der Oxyde der Schwermetalle (Ionen mit 18 und 20 A.El.) kleiner sind als die der entsprechenden Oxyde der Leichtmetalle (Ionen mit 2 und 8 A.El.). Für eine allgemeinere Beantwortung fehlt jedoch noch die Kenntnis wichtiger Daten, vornehmlich beim Eisen. Wir beschränken uns daher auf den Vergleich der Bildungswärmen von Na_2O und Cu_2O. Aus dem Kreisprozeß (Ziff. 17) folgt ohne weiteres für den Fall der Bildung aus Ionen:

$$
\begin{array}{lrcl}
 & Q = & U & -2I - 2S + E - D \\
Na_2O & 101 = & U_{Na} & -235 - 52 + E - D \\
Cu_2O & 41 = & U_{Cu} & -353 - 167 + E - D \\
\hline
 & +60 = & -173 & +118 + 115
\end{array}
$$

Die Zahlen zeigen, daß die Bildungswärme von Na_2O deshalb größer ist als die von Cu_2O, weil die Sublimationswärme und Ionisierungsarbeit von Cu erheblich größer ist als die von Na. Dieses Ergebnis darf man wahrscheinlich verallgemeinern und als wichtigste Ursache der Unterschiede der Bildungswärmen der Verbindungen von Leicht- und Schwermetallen ansehen. Führt man die Zerlegung der Bildungswärmen auch für den Fall der Bildung aus Atomen durch, weil vielleicht Na_2O polar, Cu_2O aber unpolar aufgebaut ist, dann ergibt sich:

$$
\Delta Q = \Delta A - 2\Delta S
$$
$$
60 = -55 + 115,
$$

worin A die Bildungswärme aus gasförmigen Atomen bedeutet; auch hier ist der Einfluß des S-Wertes unverkennbar.

Die Beziehungen, welche zwischen den vorhandenen Mengenverhältnissen der Elemente auf der Erde und ihrer Ordnungszahl bestehen, wurden bereits von F. PANETH in Bd. XXII ds. Handb. Kap. 6 besprochen.

[1]) G. TAMMANN, Zitate auf S. 596.

Sachverzeichnis.

MIX
Papier aus verantwortungsvollen Quellen
Paper from responsible sources
FSC® C105338

If you have any concerns about our products,
you can contact us on
ProductSafety@springernature.com

In case Publisher is established outside the EU,
the EU authorized representative is:
Springer Nature Customer Service Center GmbH
Europaplatz 3, 69115 Heidelberg, Germany

Printed by Libri Plureos GmbH
in Hamburg, Germany